Claudia Kampmann

Evangelische Theologie zwischen Staat, Kirche und Universität

Arbeiten zur Kirchengeschichte

Begründet von
Karl Holl † und Hans Lietzmann †

Herausgegeben von
Christian Albrecht, Christoph Markschies
und Christopher Ocker

Band 168

Claudia Kampmann

Evangelische Theologie zwischen Staat, Kirche und Universität

Eine Ortsbestimmung ausgehend von der Korrespondenz zwischen Adolf Harnack und Friedrich Althoff (1886–1908)

DE GRUYTER

ISBN 978-3-11-914550-3
e-ISBN (PDF) 978-3-11-221319-3
e-ISBN (EPUB) 978-3-11-221349-0
ISSN 1861-5996

Library of Congress Control Number: 2025946809

Bibliografische Information der Deutschen Nationalbibliothek
Die Deutsche Nationalbibliothek verzeichnet diese Publikation in der Deutschen Nationalbibliografie; detaillierte bibliografische Daten sind im Internet über http://dnb.dnb.de abrufbar.

Druck und Bindung: CPI books GmbH, Leck

www.degruyterbrill.com
Fragen zur allgemeinen Produktsicherheit:
productsafety@degruyterbrill.com

MIX
Papier | Fördert gute Waldnutzung
FSC® C083411

Inhalt

Anhang

Abb. 1: Portrait Adolf Harnacks (1904). Fotograf: P.O. Lundt, Berlin. Fotogravure: F. Bruckmann, München (SBB PK, Portraits-Sammlung, Sign.: Theol. gzgr).

Abb. 2: Portrait Friedrich Althoffs (o.D.). Fotograf: Rudolf Dührkoop (SBB PK, NL Althoff, K 5, Nr. 3b).

Vorwort

Wer schon einmal im Lesesaal des Geheimen Staatsarchivs oder dem Handschriftenlesesaal der Staatsbibliothek zu Berlin (beider Preußischer Kulturbesitz) gearbeitet hat, wird wissen, dass Archivrecherche dort nicht bedeutet, in einem dunklen Kellerraum zu versauern, sondern dass bei einer Deckenhöhe von vermutlich rund fünf Metern Raum zum Denken reichlich vorhanden ist. Die Tatsache, dass ich unter derart komfortablen und anregenden Bedingungen die Forschung, die zur nachfolgenden Studie geführt hat, betreiben durfte, verdanke ich verschiedenen Personen und Institutionen.

Als erstes sei Prof. Dr. Wolfram Kinzig gedankt, der mich, nachdem er bereits die Ausarbeitung meiner Dissertationsschrift begleitet hatte, für die Bearbeitung des Briefwechsels zwischen Adolf Harnack und Friedrich Althoff ausgewählt hat. Aus diesem von der Deutschen Forschungsgemeinschaft geförderten Editionsprojekt, das in Kooperation mit der Historischen Kommission bei der Bayerischen Akademie der Wissenschaften durchgeführt wurde, ist die folgende Monografie entstanden, die einerseits weiterführende Informationen für die Briefedition liefert, die 2025 parallel in der Reihe der „Deutschen Geschichtsquellen des 19. und 20. Jahrhunderts" im Verlag Duncker & Humblot von Wolfram Kinzig und mir und 2026 unter https://harnack-althoff-briefwechsel.de/ herausgegeben wird, und die andererseits eine Ortsbestimmung der evangelischen Theologie vornimmt, die über die theologie- und kirchengeschichtlichen Aspekte der Korrespondenz hinausgeht.

Für das Gelingen dieses anspruchsvollen Doppelprojektes sei daher dem Geschäftsführer der Historischen Kommission, Herrn Dr. Gelberg, sowie den Informatikern derselben, Herrn Matthias Reinert und Herrn Maximilian Schrott, für Ihre Unterstützung gedankt, von denen Herr Reinert dankenswerterweise auch den Satz der Monografie übernommen hat.

Den Herausgebern der „Arbeiten zur Kirchengeschichte", den Herren Prof. Dr. Christian Albrecht, Prof. Dr. h.c. mult. Christoph Markschies und Prof. Dr. Christopher Ocker, sei für die Aufnahme in die Reihe im Verlag De Gruyter Brill gedankt. Den Verlagsmitarbeiter:innen gilt mein Dank für die reibungslose Zusammenarbeit.

Außerdem sei an die dankenswerte Unterstützung aller Mitarbeiter:innen während meiner zahlreichen Archiv- und Bibliotheksbesuche, insbesondere im Geheimen Staatsarchiv und in der Staatsbibliothek (beide Preußischer Kulturbesitz), erinnert, die grundlegend zum Erfolg der Recherchen beigetragen hat.

Doch die vorliegende Studie erscheint nicht nur als Monografie parallel zur Briefedition, sondern sie ist auch von der Evangelisch-Theologischen Fakultät der Rheinischen Friedrich-Wilhelms-Universität Bonn als Habilitationsschrift ange-

https://doi.org/10.1515/9783112213193-203

nommen worden. Für die Anregung, meine Studie zu einer kirchenhistorischen Habilitationsschrift auszuarbeiten, danke ich Wolfram Kinzig und Prof. Dr. Martin Keßler. Für das Drittgutachten sei Prof. Dr. Stefan Rebenich (Universität Bern) gedankt, der auch das Editionsprojekt von Beginn an begleitet hat. Ebenso danke ich allen Mitarbeitenden am Lehrstuhl Kinzig und Teilinehmenden am Bonner kirchenhistorischen Forschungskolloquium für ihre kontinuierliche Teilnahme an meinen Projekten. Mein besonderer Dank gilt Johanna Schwarz, die mich über die Jahre als Hilfskraft bei der Ausarbeitung der Edition wie der Monografie durch ihre Zuarbeit unterstützt hat.

Zuletzt gilt mein herzlicher Dank unseren Familien, die mir in den letzten Jahren ebenso wochenweise mit Kinderbetreuung wie auch mit bereichernden Gesprächen geholfen haben. Meinem Mann Roman und unseren Kindern Arvid und Madita danke ich schließlich für ihre Geduld mit meinen Buchprojekten.

Bernau bei Berlin im September 2025 — Claudia Kampmann

Abkürzungs- und Siglenverzeichnis

Die Siglen und Abkürzungen basieren auf *Grun*, Schlüssel zu alten und neuen Abkürzungen, *Dülfer/Korn*, Gebräuchliche Abkürzungen, 9. Aufl.und *Beck*, Die „Deutsche Schrift", bes. 471–474, alle Abkürzungen theologischer Zeitschriften und Reihen folgen *Schwertner*, IATG 3. Aufl.

AdBBAW	Archiv der Berlin-Brandenburgischen Akademie der Wissenschaften
AESK	Archiv des Evangelisch-Sozialen Kongresses
BA	Bundesarchiv
BBKL	Biographisch-Bibliographisches Kirchenlexikon
BBLd	Baltisches biographisches Lexikon digital
D.	Doktor theologiae
DBE	Deutsche Biographische Enzyklopädie, 2. Aufl., hg. von Rudolf Vierhaus
DDP	Deutsche Demokratische Partei
DHI	Deutsches Historisches Institut
DNVP	Deutschnationale Volkspartei
Dr.	Doktor philosophiae
EOK	Evangelischer Oberkirchenrat
ESK	Evangelisch-Sozialer Kongress
FChW	Freunde der Christlichen Welt
FKSK	Freie Kirchlich-Soziale Konferenz
FM	Finanzministerium
Geh.	Geheimer
GStA PK	Geheimes Staatsarchiv Preußischer Kulturbesitz
HRR	Heiliges Römisches Reich Deutscher Nation
i.A.	im Auftrag
lfm	laufende Meter
K	Kasten
KM	Kultusministerium
M.	Mark
MinAA	Königliches Ministerium der auswärtigen Angelegenheiten
MdBayL	Mitglied des Bayerischen Landtages
MdH	Mitglied des Herrenhauses
MdL	Mitglied des Landtags
MdN	Mitglied der Nationalversammlung
MdPrA	Mitglied des Preußischen Abgeordnetenhauses
MdR	Mitglied des Reichstages
OKR	Oberkonsistorialrat
PA AA	Politisches Archiv Auswärtiges Amt
SBB PK	Staatsbibliothek zu Berlin Preußischer Kulturbesitz
S.M.	Seine Majestät
Sr.	Seiner
U.I.	Unterricht I. Abteilung
VE	Verzeichnungseinheit
VfS	Verein für Sozialpolitik

https://doi.org/10.1515/9783112213193-204

Einleitung

1 Einführung, Methodik, Quellenlage und Aufbau der Arbeit

1.1 Einführung

War die evangelische Theologie eine Leitdisziplin des wilhelminischen Deutschlands? Mit dieser Frage eröffne ich die vorliegende Studie, die eine Ortsbestimmung der evangelischen Theologie zwischen Staat, Kirchen und Universität im wilhelminischen Kaiserreich zum Ziel hat. Sie ist dazu von der Korrespondenz zwischen dem renommierten Berliner Kirchenhistoriker Adolf Harnack (1851–1930)[1] und dem einflussreichen Vortragenden Rat für die Personalia der Universitäten im Preußischen Kultusministerium und späteren Ministerialdirektor Friedrich Althoff (1939–1908) ausgegangen, auch um dieselbe theologie- und kirchengeschichtlich auszuwerten. Die Frage nach der Leitdisziplin ist keineswegs einfach zu bejahen oder zu verneinen. Denn obgleich die Geschichtswissenschaft und die Nationalökonomie in der Forschung oftmals als die „gesellschaftlichen Leitdisziplinen" des wilhelminischen Kaiserreichs gelten,[2] spielten, wie Christopher Clark betont,[3] Religion und konfessionelle Themen eine bedeutende Rolle in der Zeit, als Wilhelm II. als König über Preußen und als Kaiser über Deutschland regierte.[4] Dennoch schien die Theologie ihre Rolle als *„theologia sacra"* der Kirche wie auch ihre aus dem Mittelalter herrührende Vormachtstellung als erste Fakultät der Universität eingebüßt zu haben.[5] An den Akademien war sie beispielsweise nicht als eigene Disziplin vertreten und nur wenige Theologen wurden Mitglied der philosophisch-historischen Klas-

---

1 Da die vorliegende Studie sich auf den Zeitraum bis 1914 beschränkt, wird sein Name konsequent ohne den Adelstitel verwendet. Die der Monografie beigefügten Biogramme enthalten kurze biografische Abrisse aller erwähnten Personen, auf die nur dann verwiesen wird, wenn es für Inhalt von besonderer Relevanz ist. Die in den Fußnoten genannten Nummern beziehen sich auf die Briefe der Harnack-Althoff-Edition, die unter dem folgenden Titel erscheint: *Kinzig/Kampmann*, Briefwechsel Harnack-Althoff.

2 *Rebenich*, Mommsen-Harnack, 15 und *Bruch*, Historiker und Nationalökonomen.

3 Vgl. *Clark*, Religion and confessional conflict.

4 Zur wilhelminischen Ära zwischen 1890 und 1918 s. überblickend *Nipperdey*, Deutsche Geschichte 1866–1918, Bd. 1 insgesamt und Bd. 2, 621–748 und *Wehler*, Deutsche Gesellschaftsgeschichte, Bd. 3, 1849–1914, 1000–1168; zu den christlichen Kirchen in dieser Zeit vgl. ebd., 1171–1191 und *Nipperdey*, Deutsche Geschichte 1866–1918, Bd. 1, 428–507.

5 So auch Harnack in seinem Vortrag *Zur gegenwärtigen Lage des Protestantismus* von 1896 (*Harnack*, Lage des Protestantismus, 1896b, 134–136).

https://doi.org/10.1515/9783112213193-001

se.[6] Aufgrund dieser Abschwächung der gesellschaftlichen und universitären Position der akademischen Theologie könnte man meinen, dass die Eingangsfrage nun zu verneinen ist. Doch die als primäre Quellengrundlage der Studie gewählte Korrespondenz deutet ein differenzierteres Bild an, das es im Folgenden zu ergründen gilt. Wie an den vier zentralen Themenbereichen der Korrespondenz – der Berufungspraxis in den evangelisch-theologischen Fakultäten (*Teil I*), der die evangelische und katholische Kirche betreffenden Kirchenpolitik (*Teil II*), den Schulreformen (*Teil III*) und der Wissenschaftsorganisation und -politik (*Teil IV*) – deutlich wird, die zugleich die vorliegende Studie gliedern, ließ Harnack die Theologie mit der Unterstützung Althoffs immer wieder in das Machtzentrum des wilhelminischen Deutschlands einfließen. Der Kirchenhistoriker vertrat die evangelische akademische Theologie vor den Spitzen der Gesellschaft, der Regierung, der Ministerialbürokratie und nicht zuletzt gegenüber den Vertretern der evangelischen Kirche der altpreußischen Union. Dabei repräsentierte er eine spezifische Richtung der evangelischen Theologie, die – bezogen auf die Synodalparteien – keineswegs der Mehrheit der evangelischen Landeskirchen entsprach. Harnacks auf aktive Weltgestaltung drängende „moderne" Theologie der Freiheit erkannte nur die konsequente Umsetzung der historisch-kritischen Methode als legitime theologische Vorgehensweise an.[7] Damit hatte er seit der Veröffentlichung seines *opus magnum*, des *Lehrbuchs der Dogmengeschichte*, 1886 den Protest der Vertreter konservativer theologischer Positionen wie der positiven Theologie um Hermann Cremer oder des konfessionellen Luthertums um Ernst Luthardt und schließlich auch der Mitglieder der höchsten kirchlichen Behörde Preußens des Evangelischen Oberkirchenrats evoziert.

Die vorliegende Studie wird daher erörtern, welchen Ort Harnack und Althoff der evangelischen Theologie in der Kirchen-, Schul-, Universitäts- und Wissenschaftsorganisation und -politik zuwiesen, d.h. auf welche Weise die Korrespondenten die evangelische Theologie in ihren Projekten berücksichtigten. Dabei ist auch zu bedenken, welche weiteren Theologen und Gelehrte anderer Disziplinen sie in ihre organisatorische und politische Tätigkeit involvierten.[8] Es wird zwi-

6 Nach vom Brocke hatte Friedrich der Große die Theologen durch eine Statutenänderung als eigene Klasse ausgeschlossen (vgl. *Brocke*, Großbetrieb, 94).

7 Zum Verständnis von „moderner" Theologie im Allgemeinen s.u. in diesem Teil, Abschnitt 2.3, S. 29 sowie zu Harnacks Theologie im Speziellen s.u. in diesem Teil, Abschnitt 3.2, S. 42–48.

8 Obwohl man Harnack nach Friedrich Wilhelm Grafs Definition (vgl. *Fischer/Graf*, Protestantismus, 557f.) einen protestantischen Theologen nennen könnte, wird in den meisten Fällen von evangelischer und nicht von protestantischer Theologie gesprochen, weil die institutionelle Bezeichnung „evangelisch" war, weil Harnack die Theologie im Briefwechsel nur in Einzelfällen als protestantische bezeichnete und schließlich weil der Begriff „evangelisch" auch die konservativen Strö-

schen Organisation, d.h. Verwaltung des Kirchen-, Schul- und Hochschulwesens, und Politik, d.h. zielgerichteter Gestaltung derselben, unterschieden, auch wenn die Unterschiede zwischen Verwaltung und Politik oftmals verschwimmen, weil Althoffs Verwaltungspraxis in den meisten Fällen Züge einer planmäßigen Gestaltung trug. Nicht zufällig taucht der Begriff „Wissenschafts-Politik" erstmals 1898 in Harnacks Promemoria zu den wissenschaftlichen Akademiebeamten, in seiner Akademiegeschichte von 1900 und schließlich in seiner Grabrede für Althoff 1908 auf.[9]

1.2 Methodik und Quellenlage

Wie die Stichworte Organisation und Verwaltung und die Funktionen Althoffs als Universitätsreferent und Ministerialdirektor schon angedeutet haben, gilt es zur Erörterung der Forschungsfragen methodisch einen verwaltungsgeschichtlichen Zugriff auf die Quellen zu wählen. Denn die Universitäten, Kirchen, Schulen und wissenschaftlichen Institutionen, mit denen Althoff und Harnack sich beschäftigten, wurden in Preußen vom „Ministerium für die geistlichen, Unterrichts- und Medizinalangelegenheiten", organisiert.[10] Die evangelische Theologie als universitäre Disziplin unterstand daher ebenfalls der staatlichen Verwaltung. Dadurch ergibt sich für die Historiographie des Faches Theologie die Notwendigkeit, die überwiegend unpublizierten, handschriftlichen Akten der Ministerial- und Fakultätsverwaltungen einzubeziehen, wie Johannes Wischmeyer es in seiner Studie zu den theologischen Fakultäten Berlin, Erlangen, Jena und Tübingen zwischen 1850 und 1870 bereits getan hat.[11] Für die vorliegende Studie wurden deshalb zusätzlich zu der Korrespondenz zwischen Althoff und Harnack als Hauptquelle die einschlägigen Akten des preußischen Kultusministeriums, der dienstliche Nachlass Friedrich Althoffs

mungen innerhalb der Theologie umfasste. Als protestantische Theologen verstanden sich nämlich überwiegend diejenigen theologischen Richtungen, die das Erbe der Aufklärung positiv rezipierten, zu denen die positiven und lutherisch konfessionellen Theologen nicht gehörten. Darüber hinaus wurde der „Protestantismus"-Begriff häufig im Gegenüber zum Katholizismus und als Bezeichnung bestimmter bürgerlicher Kreise verwendet (zu einer ausführlichen Begriffsdefinition s. *Fischer/Graf*, Protestantismus). Im letztgenannten Sinne wird er auch in der vorliegenden Studie gebraucht.

9 Promemoria Harnacks vom 16.07.1898 (Nr. 128.1, *Briefwechsel*), *Harnack*, Geschichte der Akademie, 1900, Bd. 1,1: 95 und *Harnack*, Althoff, 1908b, 335; vgl. *Brocke*, Althoff, Forschungsstand, Quellenlage, 18 und *Brocke*, Großbetrieb, 92. Brocke kennt das Promemoria von 1898 nicht.

10 Zum Kultusministerium s.u. noch ausführlich in diesem Teil, Abschnitt 2.1, S. 12.

11 Vgl. *Wischmeyer*, Theologiae Facultas.

und die Akten des Geheimen Zivilkabinetts Wilhelms II. als Quellen ausgewertet.[12] Da sich in den Ministerialbeständen die zentralen Dokumente der Fakultätsakten in Kopie oder im Original befinden, wurde – außer bei der Berliner Theologischen Fakultät – darauf verzichtet, die jeweiligen Fakultätsakten eigens zu analysieren, zumal die Überlieferungslage für die zentrale Kultusverwaltung in Einzelfällen besser ist als die Überlieferung der Fakultätsakten.[13]

Die Korrespondenz zwischen Harnack und Althoff als Hauptquelle in den Mittelpunkt der Studie zu rücken, legt sich auch deshalb nahe, weil die Korrespondenten für die evangelische Theologie des Kaiserreichs entscheidende Bedeutung erlangten.[14] Dabei lässt sich allerdings nicht vermeiden, dass Harnacks Perspektive häufig in den Vordergrund tritt, nicht nur weil ein deutliches Ungleichgewicht der Briefe Harnacks zu denjenigen Althoffs vorliegt, sondern auch weil der Kirchenhistoriker seine Profession entsprechend öfter theologische Implikationen in den wissenschaftsorganisatorischen und -politischen Abläufen sah. Der Briefwechsel begann 1886 mit Harnacks Berufung an die als modern geltende Theologische Fakultät der neupreußischen Universität Marburg und endete mit dem Tod Althoffs 1908. Damit sind zugleich die Eckdaten der Studie benannt, die gelegentlich überschritten werden, wenn es inhaltlich angebracht erscheint. Nach derzeitigem Kenntnisstand umfasst der Briefwechsel 220 Briefe und Karten Harnacks an Althoff und 70 Schreiben Althoffs an Harnack. Da die eigenhändigen Briefe und Karten die Kooperation in der Kirchen-, Schul- und Universitätsorganisation und -politik nur annäherungsweise widerspiegeln, wurden auch Notizen, Entwürfe, Denkschriften und Berichte der Korrespondenten sowie Zeitungsartikel, Briefe an und von Dritten und die darauf befindlichen Kommentare berücksichtigt, die ebenfalls in der Edition enthalten sein werden. Die mündliche Kommunikation, die wahrscheinlich einen nicht unbedeutenden Anteil in ihrer Kooperation einnahm, kann nur

---

12 Der dienstliche Nachlass Althoffs im GStA PK, VI. HA, umfasst 23 lfm (1098 VE), die Akten des Kultusministeriums ebd., I. HA, Rep. 76, 2410 lfm (60.213 VE) und diejenigen des Geh. Zivilkabinetts, ebd., I. HA, Rep. 89, 678 lfm (34.533 VE). Zu den benutzten Archiven s.u. Abschnitt „Übersicht über die genutzten Archive“, S. 579.

13 Als Beispiel ist die Überlieferung der Bonner Fakultätsakten zu nennen, die für den betreffenden Zeitraum größtenteils im Zweiten Weltkrieg zerstört wurden (vgl. *Faulenbach*, Die Ev.-Theol. Fakultät Bonn, 19f.).

14 Die Briefe liegen überwiegend im Nachlass Friedrich Althoffs (in: GStA PK, VI. HA, NL Friedrich Althoff, Nrn. 607+649 und in: SBB PK, NL Friedrich Althoff, K 2, Mp. Harnack) und im Nachlass Harnacks (ebd., NL Adolf Harnack, K 26, Mp. Althoff). Darüber hinaus wurden auch Briefe in der Überlieferung des preußischen Kultusministeriums gefunden (in: GStA PK, I. HA, Rep. 76). Der Briefwechsel erscheint 2025 gedruckt bei Duncker & Humblot in Berlin (vgl. *Kinzig/Kampmann*, Briefwechsel Harnack-Althoff) und ein Jahr später digital unter: https://harnack-althoff-briefwechsel.de/.

durch wenige schriftliche Belege nachvollzogen werden.[15] Die Korrespondenz verspricht aufgrund ihres geschäftlich-offiziösem Charakters informative Einblicke in interne Entscheidungs- und Organisationsprozesse im preußischen Kultusministerium. Dazu tragen insbesondere die beruflichen und nebenberuflichen Positionen der Korrespondenten bei, deren Machtfülle sich mit den Jahren erweiterte. Harnack avancierte vom theologisch umstrittenen Ordinarius der Kirchengeschichte zum nebenamtlichen Generaldirektor der Königlichen Bibliothek und nach Althoffs Tod zum Präsidenten der Kaiser-Wilhelm-Gesellschaft, während Althoff vom langjährigen Referenten für die preußischen Hochschulen zum scheinbar allmächtigen Ministerialdirektor im preußischen Kultusministerium, dem „heimlichen Kultusminister",[16] aufstieg. Gleichwohl hatte auch Harnacks und Althoffs Einfluss seine Grenzen, die sich nach der Erkrankung Althoffs 1906 in einem deutlichen Machtzerfall zeigten.[17]

Schließlich wurden zusätzlich zu der Korrespondenz zwischen Althoff und Harnack und den Ministerialakten auch Althoffs Briefwechsel mit anderen Theologen einbezogen, von denen derjenige mit dem bereits genannten Greifswalder Theologen Hermann Cremer besondere Beachtung findet, nicht nur weil er bereits publiziert vorliegt, sondern auch weil Althoff Cremer als äquivalenten „positiv"-theologischen Berater in Berufungsverfahren zu Rate zog.[18] Auch ausgewählte Korrespondenzen Harnacks mit seinen Kollegen und Freunden fanden, sofern sie für die genannten Themen von Relevanz waren, Beachtung. Zu nennen ist an erster Stelle der Briefwechsel Harnacks mit seinem Freund Martin Rade sowie als zweites die partiell publizierten Korrespondenzen mit Friedrich Loofs, Julius Kaftan, Gustav Krüger und Heinrich Weinel.[19]

Der Zugriff über die Verwaltungsgeschichte erscheint nicht nur für die Historiographie der Theologie als universitärer Disziplin einen innovativen Zugang zu bieten, sondern auch für die Theologiegeschichte als Geschichte theologischer Ent-

---

15 S.u. exemplarisch Teil I, Abschnitt 2.6, S. 106, Teil I, Abschnitt 4.1, S. 132, Teil II, Abschnitt 1.3, S. 177, Teil II, Abschnitt 4, S. 202, Teil II, Abschnitt 6.4, S. 260, Teil II, Abschnitt 6.4, S. 261 und Teil II, Abschnitt 6.5, S. 267 sowie die Nrn. 262, 264, 279, 321, *Briefwechsel* in der Korrespondenz.

16 S. Nr. 358, *Briefwechsel*.

17 Zu Althoffs Krankheit s.u. in diesem Teil, Abschnitt 3.1, S. 37.

18 Vgl. dazu bereits *Kampmann*, Althoffs Berufungspraxis in der ev. Theologie, 61–69 und die Briefedition von *Stupperich*, Hermann Cremer.

19 Vgl. *Jantsch*, Harnack-Rade; zu Harnack-Loofs die Archivalien in: ULB Halle/Saale, NL Loofs, Yi 19 IX 1412–1670 und SBB PK, NL Harnack, K 36, Mp. Loofs sowie *Barnikol*, Briefwechsel Loofs-Harnack und *Osthövener*, Historismus und Tradition; zu Harnack-Kaftan a.a.O., NL Harnack, K 34, Mp. Kaftan, Julius (ohne Briefe Harnacks); zu Harnack-Krüger a.a.O., NL Harnack, K 35, Mp. Krüger; zu Harnack-Weinel in: ThULB Jena, NL Weinel 1b, Bl. 66 und 5a, Bl. 264–330, 332–338 und a.a.O., NL Harnack, K 44, Mp. Weinel sowie *Graf*, Harnack zum „Fall Althoff".

würfe, die einzelne oder mehrere Theologen vertraten.[20] Denn die genannten universitären und kultusministerialen Strukturen hatten insofern inhaltliche Auswirkungen auf die evangelische Theologie, als die Kultusbehörde, die Universität und die theologische Fakultät darüber entschieden, welcher Theologe in ein Ordinariat zugelassen und welches theologische Konzept bzw. welche Richtung somit an Einfluss gewinnen konnte. Denn erst der soziale und wissenschaftsinterne Status und die finanzielle Unabhängigkeit der ordentlichen Professur erlaubte es dem Theologen in den meisten Fällen einen größeren Wirkungskreis innerhalb der Theologie, Kirche und Gesellschaft aufzubauen.[21] Die Reichweite eines Theologen innerhalb des Universitätssystems – die publizistischen und kirchlichen Wege werden hier außen vor gelassen – hingen außerdem davon ab, an welcher Universität er lehrte.[22]

Die verwaltungsgeschichtliche Herangehensweise, bei der für die evangelische Theologie- und Kirchengeschichte des Kaiserreichs auf einzelne Studien zurückgegriffen werden kann,[23] wird durch den Blick in semi-geschäftliche und private Korrespondenzen, nicht bloß diejenige zwischen Harnack und Althoff, sondern auch die zwischen Althoff und anderen Theologen[24] und die zwischen Harnack und seinen Kollegen um eine kultur- und sozialgeschichtliche Perspektive ergänzt, wie sie von Historiker:innen in der Forschung zu Briefen und Briefkulturen ebenfalls genutzt wird.[25] Die Konzentration auf die Briefe lässt sich deshalb rechtfertigen, weil sie Einblicke in die interne Verwaltung und Gestaltung der theologischen Fakultäten

20 Für den betrachteten Zeitraum kann nicht inklusiv gesprochen werden, weil Frauen keine Möglichkeit besaßen, in den akademischen Strukturen aufzusteigen. Zu ersten Theologinnen an der Berliner Friedrich-Wilhelms-Universität s. *Kampmann*, Harnack zur „Frauenfrage", 464–503 und *Markschies*, Beobachtungen zu ersten Studentinnen und Pfarrerinnen. Die Theologiegeschichte des 19. und 20. Jahrhunderts wird in weiten Teilen von Systematischen Theolog:innen betrieben, wie Falk Wagner bereits 1988 festgestellt hat (vgl. *Wagner*, Zur Theologiegeschichte, 113f.), und wie die einschlägigen Darstellung der Theologiegeschichte des wilhelminischen Kaiserreichs vor Augen führen (vgl. *Graf*, Protestantische Theologie sowie neuerdings aus Oxford von *Rasmussen/Wolfe/Zachhuber*, Oxford Handbook of Nineteenth-Century Christian Thought und *Kaplan/Vander Schel*, Oxford History of Modern German Theology, 1781–1848).

21 So schon 1970 *Anderson*, Challenge and Change, 37, 43.

22 Zur Rangfolge der Universitäten s.u. in diesem Teil, Abschnitt 2.1, S. 16.

23 Neben *Wischmeyer*, Theologiae Facultas, der diesen Zugang explizit reflektiert (vgl. ebd., 13f.), werten beispielsweise *Besier*, Preußische Kirchenpolitik der Bismarckära, *Rebenich*, Mommsen-Harnack und *Winnebeck*, Apostolikumsstreitigkeiten zentrale staatliche und kirchliche Verwaltungsakten für die Theologie- und Kirchengeschichte aus.

24 Zu Althoffs Korrespondenzen mit anderen evangelischen Theologen s.u. Anm. 8.

25 Vgl. *Berg/Neuhaus*, Einleitung Briefkultur(en), 11f. und die dortige Reflexion über den Zusammenhang von Brief und Biografie.

bieten und sie vereinzelt auch theologische Konzepte, häufig aber kirchenpolitische Auseinandersetzungen erwähnen.

Die Korrespondenzen Althoffs und Harnacks leiten zu der Frage über, welche Bedeutung ihre Netzwerke und Verbindungen für die Realisierung von Projekten besaßen. Diese Frage führt in die historische Netzwerkforschung,[26] wobei in dieser Studie keine datenbasierte technische Analyse, d.h. eine sog. „Soziale Netzwerkanalyse" (SNA), durchgeführt wird, deren Ergebnisse grafisch visualisiert werden, sondern das Netzwerk als Metapher zur Beschreibung sozialer Verbindungen verwendet wird.[27] Gleichzeitig kann diese Studie nicht die umfassende Beschreibung der weitreichenden Netzwerke Althoffs und Harnacks leisten, sondern nur andeuten, welche Strukturen von Bedeutung waren.

Schließlich müssen immer auch die theologischen Konzepte und die theologische Positionierung der behandelten Personen beachtet werden, um beispielsweise beurteilen zu können, welche theologische Richtung möglicherweise gefördert wurde, oder um die den kirchenpolitischen Auseinandersetzungen zugrunde liegenden Fragestellungen zu verstehen. Gerade in der Schulpolitik wie auch in der nationalen und internationalen Wissenschaftspolitik, in denen theologische Themen auf den ersten Blick nicht erwartet werden, können theologische Implikationen erfasst werden, die die theologiegeschichtliche Bedeutung der Korrespondenz zwischen Althoff und Harnack verdeutlichen. Zuletzt sollen durch den biografischen Zugriff, im Anschluss an Friedrich Wilhelm Graf, neue Erkenntnisse über Althoffs Verhältnis zu Theologie und Kirche und die Entwicklung der Theologie Harnacks gewonnen werden.[28]

1.3 Forschungsüberblick

In der bisherigen Forschung wurden Harnacks theologische Position und sein vielfältiges sozialethisches und politisches Engagement bereits eingehend untersucht.[29] Ebenso haben sich Forscher:innen seit Beginn der 1980er Jahre wieder mit Althoffs

---

26 Zur historischen Netzwerkforschung s. *Düring/Eumann*, Historische Netzwerkforschung *Düring u.a. (Hg.)*, Handbuch Historische Netzwerkforschung und *Ahnert u.a.*, The Network Turn.

27 Vgl. *Grandjean*, Introduction to Social Network Analysis, 12 und *Burge)*, Netzwerkforschung, 221–233.

28 Vgl. Grafs Idee der Rekonstruktion einer theologischen Position aus der Biografie in *Graf*, Spuren in Bonn, 129–131.

29 Zur Theologie und der dazugehörigen kirchenhistorischen Konzeption Harnacks vgl. *Glick*, Reality of christianity, *Kampmann*, Patristiker als Idealtypus, *Moeller*, Adolf von Harnack, *Neufeld*, Harnack. Theologie, *Neufeld*, Harnacks Konflikt, *Nowak*, Bürgerliche Bildungsreligion, *Pauck*, Significance, *Pauck*, Harnack and Troeltsch, 3–42, *Powers*, Harnack, Jaeger, *Rendtorff*, Harnack und die

verschiedenen hochschulorganisatorischen und wissenschaftspolitischen Aktivitäten beschäftigt.[30]

Die Korrespondenz zwischen Althoff und Harnack hat bislang in Nowaks biografischer Einführung, Nottmeiers biografischer Studie, in Rebenichs Auswertung des Briefwechsel zwischen Harnack und Theodor Mommsen sowie in vom Brockes Analyse der Harnackschen Wissenschaftsorganisation Beachtung gefunden.[31] Die Frage des Verhältnisses von evangelischer Theologie und Universität ist in den letzten Jahren insbesondere im anglo-amerikanischen Raum betrachtet worden, wie die Studien von Howard und Purvis zeigen, die beide einen Schwerpunkt auf den Anfang des 19. Jahrhunderts legen.[32]

Aus den vier zentralen, bereits genannten Themenbereichen der Korrespondenz – Universitäts-, Kirchen-, Schul-, und Wissenschaftsorganisation und -politik –, die auf ihren Bezug zur evangelischen Theologie hin betrachtet werden, ergibt sich der folgende Aufbau der Studie. Zuerst geht es um die an den evangelisch-theologischen Fakultäten durchgeführten Berufungsverfahren (*Teil I*), an denen sich Ansätze einer systematischen Berufungspolitik Althoffs und Harnacks nachvollziehen lassen. Dabei gewinnt Harnacks Verständnis von Kirchengeschichte an Relevanz, die er als historisch-kritisch arbeitende, aber zugleich theologisch bedeutsame „Leitdisziplin" der Theologie verstand.[33] Sodann zeigt sich in der die

Theologie, *Rumscheidt*, Harnack, 33–41, *Schäfer*, Harnack Symbolfigur, zu Harnacks Haltung zum Judentum und zum Alten Testament s. *Kinzig*, Harnack, Marcion und das Judentum, sowie zu seinem sozialethischen und universitäts- und bildungspolitischen Engagement vgl. *Brocke*, Großbetrieb, *Kampmann*, Harnacks Beteiligung, *Kampmann*, Harnack zur „Frauenfrage", *Markschies*, Harnack. Vom Großbetrieb der Wissenschaft, *Nowak*, Sozialpolitik als Kulturauftrag, *Nowak*, Leibniz und Harnack, *Rebenich*, Mommsen-Harnack und *Vierhaus*, Harnack als Wissenschaftsorganisator. Nowak und Nottmeier haben diese Elemente in biografischer Perspektive verbunden (vgl. *Nowak*, Einführung und *Nottmeier*, Harnack).

30 Vgl. *Brocke*, System Althoff, *Brocke*, Paulsen, Althoff und der Kultusbetrieb des Kaiserreichs, *Calder III*, Rolle Althoffs bei Berufungen von Wilamowitz, *Dietrich*, Friedrich Althoff, *Ebert*, Althoff und die Frauenheilkunde in Preußen, *Laitko*, Althoff und Wissenschaft in Berlin, *Lischke*, Althoff und die Wissenschaftspolitik, *Oelschlägel*, Althoff und die jüdischen Wissenschaftler, *Rasch*, Kommunalisierung, Regionalisierung, *Rebenich/Mommsen-Harnack*, Mommsen-Althoff, *Schreiber*, Althoff und die Wissenschaftspolitik, *Spenkuch*, Preußische Universitätspolitik und *Tobies*, Felix Klein und Friedrich Althoff.

31 S. dazu bislang *Nowak*, Einführung, 16, 18–21, 23, 33, 35, 38–40, 53f., 73–76, auch in *Nowak*, Leibniz und Harnack, 313, *Nottmeier*, Harnack, 158–173, 262–277, *Rebenich*, Mommsen-Harnack, 116–128 und *Brocke*, Großbetrieb, 80–85.

32 Vgl. *Howard*, Protestant Theology und *Purvis*, Theology and the University, s. außerdem *Zachhuber*, Theology as Science und *Zachhuber*, Zwischen Idealismus und Historismus.

33 *Rebenich*, Mommsen-Harnack, 50, so auch *Slenczka*, Die Theologische Fakultät 1880–1945, 56; zu Harnacks Verständnis von Kirchengeschichte vgl. *Völker*, Harnack als Kirchenhistoriker, *Nowak*, evangelische und katholische Konfession betreffenden Kirchenpolitik (*Teil II*), inwiefern Harnack seinen Einfluss über Althoff nutzte, um die von ihm favorisierten Kirchenparteien zu unterstützten, und inwiefern Althoff Harnack für seine kirchenpolitischen Projekte einspannte. Die von Althoff und Harnack realisierten Schulreformen veranschaulichen sowohl die Implikationen von Harnack theologisch fundiertem Bildungsverständnis als auch die Konsequenzen der Reformen für das Theologiestudium (*Teil III*). Schließlich wird im vierten Teil analysiert, inwieweit die von Harnack und Althoff betriebene nationale und internationale Wissenschaftspolitik in Beziehung zur evangelischen Theologie stand (*Teil IV*). Anhand der skizzierten Themenbereiche wird deutlich, dass die vorliegende Studie nicht nur die Theologie- und Kirchengeschichte betrifft. Auch für die Bildungs-, Universitäts- und Wissenschaftsgeschichte des wilhelminischen Kaiserreichs sowie für die preußische Verwaltungsgeschichte fördert sie neue Erkenntnisse zu Tage. Außerdem eröffnen sich neue Perspektiven auf die Biografien der zentralen Protagonisten Althoff und Harnack sowie derjenigen Personen, die in ihr Netzwerk einbezogen waren.

Harnack als Kirchenhistoriker *Kampmann*, Patristiker als Idealtypus und *Teubner*, Jesus and the Ascent of Wissenschaft sowie unten Teil I, Abschnitt 2.1, S. 82 und Nr. 40, *Briefwechsel* in der Korrespondenz.

2 Institutionelle und theologiegeschichtliche Voraussetzungen

2.1 Staat, Kultusministerium und Universitäten zwischen 1886 und 1908

Um den Einfluss Althoffs und Harnacks auf die Kirchen-, Schul- und Universitätspolitik einordnen zu können, bedarf es einer kurzen Darstellung des Aufbaus des Kultusministeriums und seiner organisatorischen und politischen Möglichkeiten im Regierungsapparat.[1] Das sog. „Ministerium für geistliche, Unterrichts- und Medizinalangelegenheiten“ war 1817 gegründet worden und hatte zwischen 1817 und 1840 unter der Leitung von Karl Freiherr von Altenstein gestanden.[2] Am Ende der Amtszeit Altensteins entwickelte man eine Geschäftsordnung, die im Wesentlichen für die nächsten Jahrzehnte galt.[3] Diesem Geschäftsgang gemäß oblag die Leitung der kultusministeriellen Amtsgeschäfte dem vom Kultusminister beauftragten Direktor, dem späteren Unterstaatssekretär, dem die Ministerialdirektoren unterstanden. Den Ministerialdirektoren arbeiteten die Vortragenden Räte zu, die dabei von Hilfsarbeitern unterstützt wurden. Alle im Ministerium eingehenden Angelegenheiten waren zuerst dem Kultusminister und dann dem Unterstaatssekretär vorzulegen, bevor sie in die jeweiligen Abteilungsjournale eingetragen wurden. Während in den 1840er Jahren der genannte Direktor noch alle Abteilungen leitete, oblag die Abteilungsleitung um die Jahrhundertwende den Ministerialdirektoren.

Im Jahre 1900 bestand das Kultusministerium aus drei Abteilungen: der *geistlichen*, die von 1841 bis 1871 je eine separate katholische und evangelische, danach eine gemeinsame Abteilung beinhaltet hatte, der *Unterrichtsabteilung*, die sich in eine Erste Unterrichtsabteilung, die für die Universitäten (U I) und das höhere Schulwesen (U II) zuständig war, und eine Zweite Unterrichtsabteilung aufgliederte, die das niedere Schulwesen verwaltete (U III), dem das Mädchenschulwesen angehörte, und der *Medizinalabteilung*, die bis 1911 dem Kultus-, danach dem Innenministerium zugeordnet war. 1907 wurde die Erste Unterrichtsabteilung, die unter Althoffs

1 Zum Kultusministerium im Zeitraum zwischen 1866 und 1914 vgl. *BBAW*, Behörde und ihr Personal, Acta Borussica 1.1, 32–43, 77–85, 108–112, *Brocke*, System Althoff, 20–24, ebd., 21 und 23 die Tabellen, *Lüdicke*, Preußische Kultusminister, 1–3sowie *Nagel*, Hitlers Bildungsreformer, 20–29 (1871–1918). Zum Gebäude des KM s. ebd., 9–16.

2 Zur Gründung des Ministeriums vgl. *Rathgeber*, Vorgeschichte und Gründung des Kultusministeriums.

3 Vgl. *BBAW*, Behörde und ihr Personal, Acta Borussica 1.1, 139–142.

https://doi.org/10.1515/9783112213193-002

Ägide immens angewachsen war, weiter aufgeteilt und eine Abteilung für Kunst und außeruniversitäre Wissenschaft (U IV) gegründet.[4]

Althoff diente in seiner Amtszeit zwischen 1882 und 1908 fünf Ministern: Gustav von Goßler (1881–91), Robert Graf von Zedlitz-Trützschler (1892/93), Robert Bosse (1892–99), Konrad von Studt (1899–1907) und Ludwig Holle (1907–09), die bis auf den Offizier Zedlitz-Trützschler sämtlich Juristen waren.[5] Althoff arbeitete am erfolgreichsten mit von Studt zusammen, den er bereits aus der gemeinsamen Studienzeit im Bonner *Corps Saxonia* kannte. Unterstaatssekretäre waren in diesem Zeitraum die Juristen Hermann von Lucanus (1881–88), der 1888 zum Chef des Geheimen Zivilkabinetts Wilhelms II. ernannt wurde, Berthold von Nasse (1888–90), Friedrich Wilhelm Barkhausen (1890/91), der zuvor als Ministerialdirektor die geistliche Abteilung geleitet hatte und danach zum Präsidenten des Evangelischen Oberkirchenrats avancierte, Ernst von Weyrauch (1891–99), Robert von Bartsch (1899/1900), und Hermann Wever (1900–10). Als Vortragender Rat unterstand Althoff den Ministerialdirektoren und Juristen Julius Greiff (1873–90) und Richard de la Croix (1890–96). Als Ministerialdirektor leitete er von 1897 bis 1907 die Erste Unterrichtsabteilung mit Hilfe der Vortragenden Räte Ernst Eilsberger (Wissenschaft), Ludwig Elster (Hochschulen), Karl Emil Gruhl (höheres Schulwesen), Martin Kirchner (Medizinalia), Reinhold Köpke (höheres Schulwesen), Adolf Matthias (höheres Schulwesen), Otto Meinertz (höheres Schulwesen), Otto Naumann (Hochschulen), Karl Reinhardt (höheres Schulwesen), Friedrich Schmidt-Ott (Kunst und außeruniversitäre Wissenschaft), Gottlob Schöppa (höheres Schulwesen), und Albert Tilmann (höheres Schulwesen/Hochschulen). Die Mehrheit der staatlichen Beamten stammte aus dem protestantischen Bürgertum,[6] was sich auch an den genannten Räten widerspiegelt, von denen, soweit nachvollziehbar, nur Albert Tilmann katholisch war.[7] Die Vortragenden Räte waren keineswegs nur Juristen, sondern waren zuvor oftmals im Schuldienst tätig gewesen.[8]

Zur politischen Durchsetzung beispielsweise eines Reformvorschlags in den Schulreformen musste der Kultusminister neben dem Preußischen Landtag sein Anliegen dem Staatsministerium vorlegen, in dem alle Ministerien vertreten waren

4 Vgl. ebd., 32 und die Tabellen bei *Brocke*, System Althoff, 21 und 23.

5 Vgl. *Lüdicke*, Preußische Kultusminister, Übersichtstafel, Beilage II und die Tabelle 1 bei *Brocke*, System Althoff, 23; s. außerdem zu den zwischen 1867 und 1918 amtierenden Ministern und Beamten *BBAW*, Behörde und ihr Personal, Acta Borussica 1.1, 223–266. Die der Monografie im Anhang beigefügten Biogramme enthalten kurze biografische aller hier genannten Personen.

6 Vgl. *Röhl*, The Kaiser and His Court, 131–149.

7 Vgl. *Brocke*, System Althoff, 42.

8 Zur Sozialstruktur, Laufbahn und Karriere der Vortragenden Räte des Kultusministeriums zwischen 1867 und 1914/18 s. *BBAW*, Behörde und ihr Personal, Acta Borussica 1.1, 236–255.

und in dem der jeweilige Ministerpräsident und Reichskanzler, ab 1900 Bernhard von Bülow, den Vorsitz hatte. Schließlich oblag es dem Kultusminister Wilhelm II. in einem Immediatbericht, d.h. in einem dem König direkt zugehenden Bericht, das Anliegen vorzutragen. Berufungen von Professoren wurden dem König ebenfalls in einem Immediatbericht präsentiert, der, wenn er der Berufung zustimmte, die Bestallungsurkunde unterzeichnete.

Nicht nur aufgrund dieser Strukturen ergab sich für Althoff und Harnack die Notwendigkeit, dass Wilhelm II. ihre Projekte befürwortete, sondern auch weil der Kaiser seit seiner Amtsübernahme die Entscheidungsgewalt trotz der konstitutionellen Monarchie zunehmend in seiner Person konzentrierte, ein politisches Vorgehen, das John C.G. Röhl als „persönliches Regiment" bezeichnet und ausführlich beschrieben hat.[9] Diese problematische Form der Regierungsführung durch Wilhelm II. schränkte die organisatorischen Handlungsmöglichkeiten liberal orientierter Beamter und Gelehrter wie Althoff, Mommsen und Harnack ab 1890 zwar zunehmend ein, die „partielle Modernität" Wilhelms II. in der Innen-, Kultus- und Sozialpolitik eröffnete aber auch Möglichkeiten,[10] die es geschickt zu nutzen galt. Auf welchen Wegen Althoff und Harnack ihre Pläne beim Kaiser umzusetzen wussten, wird noch besprochen werden.[11]

Zur Finanzierung kultusministerieller Projekte, die extraordinärer Mittel außerhalb des regulären Kultusetats, der im Abgeordnetenhaus debattiert wurde, bedurften, mussten die Ministerialbeamten mit den Kollegen des Finanzministeriums verhandeln, das, wie der Neubau der Königlichen Bibliothek zeigt, eine restriktive Finanzpolitik führte.[12] Neben dem Staatsministerium, dem Geheimen Zivilkabinett des Königs und dem Finanzministerium waren außerdem die Reichsbehörden und das Außenministerium wichtige Austauschpartner für die kultusministerielle Bürokratie, da immer mehr Projekte mit einem gesamtdeutschen bzw. internationalen Bezug zur Tagesordnung gehörten.[13]

Die Universitäten in Preußen waren staatliche Institutionen, die, wie erwähnt, der Kultusverwaltung unterstanden. Zugleich waren sie „privilegirte Korporati-

---

9 Zu Wilhelms persönlichem Regiment s. *Röhl*, Kaiser Wilhelm II, 53–62, *Clark*, Kaiser Wilhelm II, 80–99, *Hüffmeier*, Wilhelm II. Portraitskizze, 24f. sowie *Röhl*, Kaiser Wilhelm II, 63–69 zu Bülows Rolle in diesem politischen Gefüge, für das Röhl auch den Begriff „Königsmechanismus" verwendet hat (vgl. *Röhl*, The Kaiser and His Court, 115–130). Der Begriff „persönliches Regiment", der auf Erich Eyck zurückgeht, wurde Anfang der 1950er Jahre erstmals von Ernst Rudolf Huber und Fritz Hartung aufgegriffen, zugleich aber abgelehnt (vgl. *Huber*, Das persönliche Regiment und *Hartung*, Das persönliche Regiment).

10 *Hüffmeier*, Wilhelm II. Portraitskizze, 31f.

11 S.u. in diesem Teil, Abschnitt 3.4, S. 54–59.

12 Zum Neubau der Königlichen Bibliothek s.u. Teil IV, Abschnitt 2.1, S. 397.

13 Vgl. *Brocke*, System Althoff, 24.

on[en]",[14] die durch die Ordinarien geleitet wurden. Alle Nicht-Ordinarien, d.h. Extraordinarien, Honorarprofessoren und Privatdozenten, die um die Jahrhundertwende mehr als „die Hälfte des habilitierten Lehrkörpers" ausmachten, hatten hingegen keine Mitbestimmungsrechte in den universitären Gremien.[15] Das Extraordinariat war eine Vorstufe des Ordinariats, wobei eine Beförderung in die reguläre professorale Stellung keineswegs gewährleistet war. Die von Althoff betriebene Berufungspolitik an den evangelisch-theologischen Fakultäten, wie unten ausgeführt werden wird,[16] wie auch die Biografien der Theologen zeigen, dass akademische Theologen in ihrer Laufbahn zur regulären Professur für gewöhnlich einige Jahre als Extraordinarius verbringen mussten, bevor sie in ein Ordinariat installiert wurden. Dabei war bis 1906 die Unterscheidung in „etatsmäßige" und „nicht-etatsmäßige" Extraordinarien insofern von zentraler Bedeutung, weil jene eine auskömmliche Remuneration erhielten, während diese ein Dasein ähnlich dem eines unbesoldeten Privatdozenten führten.[17] Gleichwohl gab es, auch an evangelisch-theologischen Fakultäten, Extraordinarien, die in dieser Position blieben und bestenfalls nach Jahrzehnten zum Honorarprofessor ernannt wurden, wie z.B. der Reformationshistoriker Nikolaus Müller oder der Leiter des Institutums Iudaicum Hermann Strack in Berlin.[18] Diese drängenden Probleme versuchte die im Kontext der Hochschullehrertage begründete „Nicht-Ordinarienbewegung" ab 1907 der Öffentlichkeit zu Gehör zu bringen, um dadurch Strukturreformen zu erreichen.[19] Sie zeitigte insofern Erfolge, als das Kultusministerium die Universitäten aufforderte, sich zur „Stellung der außerordentlichen Professoren im Lehrkörper" zu äußern, die wenigstens die Berliner Universität nicht zu ändern gedachte.[20]

Zusätzlich zu den strukturellen und rechtlichen Unterschieden zwischen den Ordinarien, Extraordinarien, Honorarprofessoren und Privatdozenten stand eine weitere Eigenart der Zeit im Hintergrund der Berufungsverfahren und der Kirchenpolitik. Eine übliche Voraussetzung für die Berufung in ein Ordinariat an einer

---

14 *Statuten der Universität zu Berlin*, Abschnitt I, § 1.

15 *Bruch*, Nicht-Ordinarienfrage, 74. Zu den Rechtsverhältnissen der Hochschullehrer in Preußen s. *Bornhak*, Rechtsverhältnisse der Hochschullehrer in Preußen und zur rechtlichen und finanziellen Situation der Extraordinarien und Honorarprofessoren s. *Brocke*, Preußische Hochschulpolitik, 40 und *Spenkuch*, Preußische Universitätspolitik, 7–10.

16 S.u. Teil I.

17 1906 bestimmte ein Ministerialerlass, dass nur noch etatsmäßige Extraordinariate an den preußischen Universitäten eingerichtet werden dürften (vgl. *Elster*, Universitäten, 52).

18 Zu Strack s.u. Teil I, Abschnitt 2.6, S. 105
sowie Nr. 349, *Briefwechsel*.

19 *Bruch*, Nicht-Ordinarienfrage, 80, vgl. ebd., 80–84 und *Bruch*, Gelehrtenpolitik, 122–128.

20 Schreiben des Senats und Rektors Wilhelm Kahl vom 27.11.1908, in: HUB UA, Theol. Fak., Nr. 173, Bl. 20^r–26^r, s. ebd., Bl. 17^r–18^r die Stellungnahme der theologischen Fakultät.

evangelisch-theologischen Fakultät war die Verleihung des theologischen Doktorgrades *honoris causa*, weil der theologische Doktorgrad – im Unterschied zu heute – nicht durch eine Dissertationsschrift und eine anschließende Disputation oder ein Rigorosum erlangt wurde.[21] Vielmehr promovierten viele, wenn auch nicht alle Theologen zuerst mit einer Dissertationsschrift zum *Doctor philosophiae*. Es handelte sich dabei um ein Relikt mittelalterlicher akademischer Strukturen, die eine vorhergehende propädeutische Ausbildung der Theologen in der philosophischen Fakultät vorgesehen hatten.[22] Anschließend erwarben sie, wenn sie eine akademische Karriere anstrebten, mit einer weiteren Qualifikationsschrift, die es durch Thesen in einer öffentlichen Disputation zu verteidigen galt, und nach einer Prüfung den Lizentiatengrad. Dem Theologen wurde infolgedessen der Titel „Lic. theol." für *Licentiatus theologiae* verliehen.[23] Auch wenn das Lizentiat gleichbedeutend mit einer theologischen Promotion war, durfte man den Titel „D." für *doctor theologiae* nur dann führen, wenn einem der *doctor theologiae honoris causa*, also der Doktor der Theologie ehrenhalber, verliehen worden war.[24] Zur Habilitation und der zugehörigen *venia legendi* bedurfte es nach dem Erlangen des Lizentiatengrades an den meisten Fakultäten einer weiteren Prüfung und theoretisch auch einer weiteren Habilitationsschrift, die, wie die Biografie Ernst Troeltschs und anderer Theologen zeigt, dann durch die Lizentiatenschrift ersetzt werden konnte, wenn Lizentiaten- und Habilitationsverfahren gleichzeitig durchgeführt wurden.[25] Insgesamt konnte der beschriebene akademische Qualifikationsprozess im Einzelfall und von Universität zu Universität erheblich variieren, zumal Berufungen prinzipiell auch ohne eine der genannten Qualifikationen möglich waren, wie Althoffs eigene Karriere an der Universität Straßburg verdeutlicht.[26]

Diese inneruniversitären Strukturen spielten sich innerhalb eines „Universitätssystems", das eine Rangfolge unter den Universitäten beschreibt, wie sie von Marita Baumgarten erstmals skizziert worden ist.[27] Demnach gab es „Endstations- und Großuniversitäten", wie Berlin, München und Leipzig, die den Professoren das beste Einkommen, den höchsten Rang und den größten Einfluss versprachen.[28] Die-

---

21 S. dazu insgesamt auch *Wischmeyer*, Theologiae Facultas, 63–82.

22 S. dazu ebd., 64f.

23 Vgl. dazu exemplarisch die Beschreibung von Ernst Troeltschs Lizentiats- und Habilitationsverfahren bei *Graf*, Licentiatus theologiae und Habilitation, 88–93, 96–98.

24 Vgl. Ritschl an Althoff vom 23.06.1885, in: GStA PK, VI. HA, NL Althoff, Nr. 902, Bl. 104[rv] sowie *Wischmeyer*, Theologiae Facultas, 70f.

25 Vgl. *Cremer*, Diskussionsbeitrag 1895, 88, *Graf*, Licentiatus theologiae und Habilitation, 92 und *Wischmeyer*, Theologiae Facultas, 69.

26 S.u. Abschnitt „3.1 Friedrich Althoff und seine Ministerialpolitik".

27 Vgl. *Baumgarten*, Professoren, 221–225, 271f.

28 Ebd., 272, im Anschluss daran auch *Wischmeyer*, Theologiae Facultas, 194f.

sen folgten in ihrem Renommee Bonn und Heidelberg. Den am höchsten angesehenen Hochschulen standen diejenigen gegenüber, die Wissenschaftlern den „Einstieg“ in die akademische Karriere ermöglichten und zu denen Baumgarten Kiel, Gießen, Erlangen, Greifswald und Rostock zählt.[29] Dazwischen befanden sich die sogenannten „Durchgangsuniversitäten“ wie Breslau, Freiburg, Marburg, Königsberg und Jena und die „Aufstiegsuniversitäten“, die Professoren die besten Möglichkeiten zu einer erfolgreichen Fortsetzung ihrer akademischen Karriere boten und zu denen Baumgarten Göttingen, Halle, Straßburg, Tübingen und Würzburg rechnet.[30] Dieses Universitätssystem lässt sich in Ansätzen in den von Althoff und Harnack bearbeiteten Berufungsverfahren wie auch an den Lebensläufen zahlreicher Theologen nachvollziehen, die nach ihrer Erstberufung zum Ordinarius nicht selten zwei- oder dreimal die Universität wechselten.[31] Qualifiziert könnte man dies für Althoffs Berufungspraxis in der Theologie nur beurteilen, wenn man selbst umfangreiche statistische Untersuchungen über die Wechsel der Professoren zwischen den einzelnen Theologischen Fakultäten anstellen würde, die diese Studie nicht zu leisten vermochte.

Gleichzeitig galten für die Theologie noch andere Faktoren, die die evangelisch-theologischen Fakultäten nach ihrer Bedeutung ordneten. Dies wird beispielsweise an den als Einstiegsuniversitäten kategorisierten Standorten Erlangen und Greifswald oder der Aufstiegsuniversität Tübingen deutlich, die für lutherisch-konfessionelle wie für positive Theologen das Ziel ihrer Karriere bedeuteten, weil sie dort mit Theologen derselben Richtung zusammenarbeiten konnten. Schließlich konnte auch die ursprüngliche Herkunft eines Theologen eine Rolle dabei spielen, an welche Universität er zu kommen anstrebte, wie das Beispiel des Württembergers Karl Müller vor Augen führt.[32]

2.2 Staat und Kirche

Die evangelische Kirche der altpreußischen Union, 1817 durch die Vereinigung lutherischer und reformierter Gemeinden mittels königlicher Verordnung entstan-

---

29 *Baumgarten*, Professoren, 272.

30 Ebd. Eine „Durchgangsfakultät für junge Theologen“ nannte Jülicher 1913 bereits die Marburger Theologische Fakultät, allerdings im Sinne einer Kritik an der preußischen Besetzungspolitik in Berlin (*Jülicher*, Entmündigung, 30; s. dazu *Liebing*, Marburger Fakultät, 47).

31 S. beispielsweise die Biografien von Hans Achelis (Biogramm, S. 474), Ernst von Dobschütz (Biogramm, S. 491), Paul Drews (Biogramm, S. 491), Emil Kautzsch (Biogramm, S. 515) und Ferdinand Kattenbusch (Biogramm, S. 515).

32 S. das Biogramm, S. 536.

den, war in neun Kirchenprovinzen aufgeteilt, die jeweils von einem Provinzialkonsistorium geleitet wurden: Brandenburg (Berlin), Pommern (Stettin), West- (Danzig) und Ostpreußen (Königsberg), Posen (Posen), Schlesien (Breslau), Sachsen (Magdeburg), Rheinprovinz (Koblenz) und Westfalen (Münster).[33] Nachdem die preußische Verfassung von 1850 die Kirchen zu einer selbständigen Verwaltung verpflichtet hatte, gründete man für die altpreußischen Kirchenprovinzen den von Berlin aus agierenden Evangelischen Oberkirchenrat den die Konsistorien in den Kirchenprovinzen bei der Leitungstätigkeit unterstützten und dem neben einem juristischen Präsidenten ein geistlicher Vizepräsident vorstand. Oberster Bischof, *summus episcopus*, dieser Kirche war der preußische König, der seit 1871 auch deutscher Kaiser war. Die seit 1866 zu Preußen gehörenden Provinzen Hannover, Hessen-Nassau mit der freien Stadt Frankfurt und Schleswig-Holstein hatten ihre kirchliche Unabhängigkeit konfessionell wie verwaltungstechnisch behalten.[34] Wie sich die kirchenpolitische Situation in Preußen gestaltete, wird im nächsten Abschnitt noch separat behandelt werden.

Die römisch-katholische Kirche war im Verhältnis zur evangelischen Kirche in Preußen in der Minderheit.[35] Seit der päpstlichen Bulle *De salute animarum* von 1821, die die preußischen Diözesen neu geordnet hatte, besaß Preußen die Metropolien Köln mit den Suffraganbistümern Trier, Münster und Paderborn, und Gnesen-Posen mit Culm, während die Diözese Breslau, die auch für die Katholiken in Brandenburg, Pommern und in der Oberlausitz zuständig war, das Bistum Ermland sowie die seit 1866 zu Preußen gehörenden Diözesen Hildesheim und Osnabrück dem Heiligen Stuhl direkt unterstellt waren.[36] Diese Zuordnung betraf die geografische Aufteilung und innerkirchliche Stellung der Bistümer, während sie alle der staatlichen Verwaltung des preußischen Kultusministeriums unterstanden. Die Wahl der Bischöfe oblag zwar den Domkapiteln, musste aber sowohl mit der staatlichen Kultusbehörde als auch mit dem Papst und der Kurie abgestimmt werden. Dabei stand der Katholizismus im wilhelminischen Kaiserreich weiterhin unter dem Eindruck

---

33 Vgl. die Karte von 1922 bei *Thadden*, Preuß. Kirchengeschichte, 236f. Zu den evangelischen Kirchen in Preußen zwischen 1871 und 1918 s. außerdem *Nowak*, Geschichte des Christentums, 158–165, *Nowak*, Ev. Kirchengeschichte bis zum Ende des Ersten Weltkriegs, *Thadden*, Preuß. Kirchengeschichte, 85–95, *Jung*, Protestantismus in Deutschland 1870–1945, 38–101, *Huber/Huber*, Staat und Kirche, Bd. IIIund *Hein*, Wilhelminischer Protestantismus, 35–52.

34 Vgl. *Wächter*, Landeskirchen der alten und neuen Provinzen.

35 1905 lebten in Preußen 13 352 444 Katholiken und 23 341 502 Protestanten (vgl. *Krose*, Ergebnisse der dt. Konfessionszählung, 48, Tabelle I). Zur Geschichte der römisch-katholischen Kirchen in Preußen zwischen 1871 und 1918 s. *Nowak*, Geschichte des Christentums, 149–158, *Wolf*, Kath. Kirchengeschichte im 19. Jh., 152–177 und *Thadden*, Preuß. Kirchengeschichte, 95–106.

36 Vgl. *Allerhöchste Kabinets-Ordre*, vom 23sten August 1821, 116f.; s. dazu *Wolf*, Kath. Kirchengeschichte im 19. Jh., 104f.

des Kulturkampfes, der 1871/72 begonnen und nach 1888 geendet hatte. Dieser wie auch die Entscheidungen des I. Vatikanischen Konzils von 1870/71 hatten in Deutschland den Ultramontanismus, d.h. die Konzentration auf den Papst und die römische Kurie, noch einmal verstärkt, der für die katholische Kirchenpolitik in Preußen der dominierende Faktor blieb. Eine Ausnahme von dieser ultramontanistischen Ausrichtung der katholischen Kirche in Deutschland bildete der pro-preußische Fürstbischof von Breslau, Georg Kardinal Kopp, der Althoff in verschiedenen Projekten der katholischen Kirchenpolitik, der Schulreform und der internationalen Wissenschaftspolitik beratend zur Seite stand.[37] Da er als Breslauer Fürstbischof nicht nur Oberhaupt der größten und reichsten preußischen Diözese, die auch noch auswärtige Anteile in Österrechisch-Schlesien besaß, sondern auch seit 1899 Vorsitzender der Fuldaer Bischofskonferenzen war, besaß die vertrauensvolle Verbindung zwischen Kopp und Althoff eine nicht unerhebliche kirchenpolitische Virulenz.[38]

Die Ausbildung der evangelischen und katholischen Theologen und zukünftigen Geistlichen erfolgte an staatlichen und kirchlichen Einrichtungen. Während alle zukünftigen evangelischen Pfarrer und Religionslehrer an einer der staatlichen Universitäten Theologie studierten, die an einer der neun evangelisch-theologischen Fakultäten in Berlin, Bonn, Breslau, Göttingen, Greifswald, Halle/Saale, Kiel, Königsberg und Marburg gelehrt wurde, bevor sie das kirchliche Predigerseminar besuchten, ging nur ein Teil der zukünftigen Priester an die staatlichen Fakultäten in Bonn, Breslau und Münster.[39] Die übrigen Priesteramtsanwärter lernten an kirchlichen Seminaren, beispielsweise in Braunsberg, Dillingen oder Paderborn, von denen letztere bis zum Anfang des 19. Jahrhunderts noch eigenständige Universitäten gewesen waren.[40] In dieser Konstellation lag auch ein Grund beschlossen, der 1903 zur Gründung einer katholisch-theologischen Fakultät an der Universität Straßburg führte, die Althoff mit Harnacks Beratung seit 1898 vorantrieb, obwohl Elsass-Lothringen Reichsland war und nicht zu Preußen gehörte.[41] Denn Althoff wollte mit der Straßburger Fakultätsgründung die universitäre Ausbildung der zukünftigen Priester unterstützen.

Die Besetzung der theologischen Professuren an den staatlichen Universitäten oblag dem Kultusministerium. Es gestand den Fakultäten seit 1870 das Gewohn-

37 S.u. Teil II, Abschnitt 6.1, S. 236 und Teil III, Abschnitt 2.3, S. 325.

38 Zur Biografie Kopps vgl. *Bräuer*, Handbuch der Kardinäle, 164 und das Biogramm, S. 520.

39 Zur Priesterausbildung im 19. Jahrhundert zwischen Universität und „tridentinischem Seminar" s. *Wolf*, Priesterausbildung.

40 Vgl. *Anderson*, Challenge and Change, 37.

41 S.u. Teil II, Abschnitt 6.2, S. 237.

heitsrecht zu, Kandidaten vorzuschlagen und Präferenzen zu äußern.[42] Die Theologen bewarben sich wiederum nicht selbst auf frei werdende Professuren, sondern warteten auf die Anfrage des Kultusministeriums. Das gewohnheitsmäßige Vorschlagsrecht, bei dem es sich wohlgemerkt nicht um ein Kooptationsrecht, also ein Mitbestimmungsrecht, sondern nur um das Recht handelte, durch Fachgutachten Kandidaten vorzuschlagen,[43] durfte nur in Ausnahmefällen von der Regierung – so auch Friedrich Althoff gegenüber dem Nationalökonom Gustav Schmoller[44] – übergangen werden. Die Entscheidungsgewalt lag letztendlich beim König, dem der Kultusminister seinen favorisierten Kandidaten in einem Immediatbericht präsentierte. Auch die kirchlichen Behörden hatten ein Mitspracherecht bei der Besetzung theologischer Professuren. Der jeweilige Diözesanbischof musste der Berufung katholischer Theologen zustimmen. Bezüglich der evangelischen Theologen wurde der Evangelische Oberkirchenrat um ein Votum zur Lehre und zum Bekenntnis derjenigen Kandidaten gebeten, die an eine Fakultät auf dem Gebiet der evangelischen Kirche der altpreußischen Union berufen werden sollten. Für die neupreußischen Provinzinen galt dieses Recht nicht. Der EOK wurde folglich für die evangelisch-theologischen Fakultäten Berlin, Bonn, Breslau, Greifswald, Halle und Königsberg, nicht aber für Göttingen, Kiel und Marburg gehört. Bei den Berufungen Harnacks nach Marburg und Berlin sollte diese spezielle Konstellation relevant werden.[45]

2.3 Die zentralen Richtungen in der evangelischen akademischen Theologie

Die theologiegeschichtlichen Richtungen, die die evangelische Theologie im wilhelminischen Kaiserreich prägten und somit die von Althoff und Harnack zwischen 1886 und 1908 betriebene Berufungs- und Kirchenpolitik beeinflussten, lassen sich zwar durch gewisse Gruppenzuschreibungen schematisieren, gehen aber nicht in diesen auf. Die Grenzen der Gruppen sind teilweise unscharf und die Übergänge zu anderen Richtungen fließend. Trotzdem sollen im Folgenden – basierend auf

---

42 Vgl. *Huber*, Dt. Verfassungsgeschichte, Bd. 4, 965–967, *McClelland*, Forschungsuniversität, 460 und den anonymen, halbamtlichen Artikel *Das Vorschlagsrecht der Fakultäten* in der *Allgemeinen Zeitung* (München), Nr. 337, Abendblatt, 05. Dezember 1901, S. 2.

43 So auch *Weinhardt*, Wissenschaftliche Theologie und Kirchenleitung, 301.

44 Vgl. den Brief Althoffs an Gustav Schmoller vom 15.07.1908 (GStA PK, VI. HA, NL Althoff, Nr. 653, Bl. 37^{v}), in dem er das preußische Gewohnheitsrecht erläuterte, das die Anhörung der Fakultät oder des Senats bei einer Berufung erfordere, obwohl dieses Recht nicht in universitären oder fakultären Statuten, sofern diese existierten, festgeschrieben sei.

45 S.u. Teil I, Abschnitt 1, S. 67.

der bisherigen theologiegeschichtlichen Forschung[46]– die zentralen Gruppierungen in der akademischen Theologie skizziert werden, die in der Korrespondenz zwischen Harnack und Althoff eine Rolle spielten. Die Zugehörigkeit zu einer Schule oder Richtung wirkte sich nämlich in den zentralen Kontroversen der Zeit, in denen es um Fragen der Kirchenverfassung,[47] der Lehre und der Gottesdienstagende ging,[48] hochschul- und kirchenpolitisch insofern aus, als die Kandidaten nach Richtungen kategorisiert wurden. Da sich die theologischen Strömungen gleichzeitig in kirchenpolitischen Parteien formierten, beeinflussten die theologischen Gruppen oder Schulen der Universitären auch den Raum der Kirche. Einige theologische Richtungen waren dabei engagierter resp. erfolgreicher als andere.

Obgleich Gangolf Hübingers These von der „kulturelle[n] Versäulung der wilhelminischen Gesellschaft“ mehrfach widersprochen wurde, weil sie die verschiedenen theologischen und kirchlichen Strömungen in ein konservatives und ein liberales Sozialmilieu einordnet und diese Einordnung die Unterschiede zwischen den Gruppierungen, Personen und Konzepten nivelliert,[49] hat die These ein zentrales Moment der Theologie des wilhelminischen Kaiserreichs erfasst: die Fundamentalopposition zwischen „Positiven“ und „Modernen“, die zwar durch die kirchlichen Organe und die bürgerlichen Zeitungen stilisiert wurde, die die Beteiligten aber auch als einen zentralen Aspekt wahrnahmen.[50] Wie diese Fremd- und Selbstzuschreibung, die ihren Höhepunkt in den 1890er Jahren erreichte, entstand, soll im Folgenden erörtert werden.

Die theologiegeschichtlichen Konstellationen des wilhelminischen Kaiserreichs basierten auf den theologischen Strömungen, die sich am Anfang des 19. Jahrhunderts im Gefolge der Theologie Friedrich Daniel Ernst Schleiermachers, der kirch-

---

46 Zu den theologiegeschichtlichen Konstellationen des wilhelminischen Kaiserreichs s. *Graf*, Protestantische Theologie, *Rohls*, Prot. Theologie der Neuzeit I, 563–576, 832–844, *Rohls*, Prot. Theologie der Neuzeit II, 60–72, 80–114, *Jung*, Protestantismus in Deutschland 1870–1945, 49–64, *Rasmussen/Wolfe/Zachhuber*, Oxford Handbook of Nineteenth-Century Christian Thought und jetzt *Kaplan/Vander Schel*, Oxford History of Modern German Theology, 1781–1848.

47 Zu den Anfang der 1870er Jahre verabschiedeten synodal-presbyterialen Kirchenverfassungen in der evangelischen Kirche der altpreußischen Union vgl. *Besier*, Preußische Kirchenpolitik der Bismarckära, bes. 255–424 und *Wächter*, Landeskirchen der alten und neuen Provinzen, 153–156.

48 Zu den Apostolikumsstreitigkeiten dieser Zeit, in denen Fragen der Kirchenverfassung, der Lehre und der Gottesdienstordnung thematisiert wurden, s. *Kasparick*, Lehrgesetz, 41–142 und *Winnebeck*, Apostolikumsstreitigkeiten, 191–286.

49 Vgl. *Hübinger*, Kulturprotestantismus und Politik, 303–313 sowie zur Kritik *Kuhlemann*, Das protestantische Milieu auf dem Prüfstand, *Roggenkamp-Kaufmann*, Religionspädagogik als „Praktische Theologie“, 94, 106f. und *Kaufmann*, Harnacks und Seebergs, 220f., Anm. 240.

50 Dietrich Rössler hat diese Opposition mit den Bezeichnungen „positionelle“ und „kritische Theologie“ beschrieben (vgl. *Rössler*, Positionelle und kritische Theologie).

lichen Union in Preußen von 1817 und in Auseinandersetzung mit der Philosophie Immanuel Kants, Georg Friedrich Wilhelm Hegels und des Rationalismus entwickelt hatten. Zu nennen sind die Vermittlungstheologie, die konfessionelle, die spekulative Theologie, die Tübinger Theologie um Ferdinand Christian Baur, die liberale Theologie und die Theologie Albrecht Ritschls.

Die *Vermittlungstheologie* hatte ihren Höhepunkt in der Schülergeneration Schleiermachers zwischen 1830 und 1860, in dessen Nachfolge sie versuchte, die Differenzen zwischen den traditionellen Bekenntnisinhalten und dem durch die Aufklärung angestoßenen Rationalismus zu vermitteln.[51] Außerdem trat sie kirchenpolitisch für die preußische Union ein. Ihre prominentesten Vertreter waren Carl Immanuel Nitzsch und August Twesten in Bonn und Berlin. Vertreter einer mehr spekulativen, d.h. an Hegel anschließenden Vermittlungstheologie war der Systematische Theologe Isaak August Dorner, dem auf konservativer Seite die der Erweckungsbewegung verpflichteten Vermittlungstheologen Johann August Neander, und Friedrich August Tholuck gegenüberstanden.[52] Ihnen war gemein, dass sie sich von der zeitgenössischen restaurativ-konservativen Theologie Ernst Wilhelm Hengstenbergs abgrenzten.[53] Spätere Vermittlungstheologen wie Willibald Beyschlag agierten in den kirchenpolitischen Debatten der 1870er Jahren in der synodalen „Mittelpartei".[54] Die Schleiermacher-Schüler und Vermittlungstheologen des 19. Jahrhunderts prägten zahlreiche kirchliche und akademische Theologen des wilhelminischen Kaiserreichs, wie beispielsweise den „positiven" Theologen Hermann Cremer, aber auch den Ritschlianer Wilhelm Herrmann. Auch außerhalb Deutschlands wirkte die Vermittlungstheologie in der evangelischen und anglikanischen Theologie nach.[55] Harnack selbst würdigte insbesondere Johann August Neander und seinen kirchenhistorischen Beitrag für die Theologie, während er Schleiermachers romantischer Vermittlungstheologie ansonsten eher distanziert gegenüberstand.[56] Trotz ihrer Rezeption und Wirkung spielte die Vermittlungstheologie in der akademischen Theologie im letzten Drittel des 19. Jahrhunderts nur noch eine marginale Rolle.

---

51 Zur Vermittlungstheologie vgl. *Rohls*, Prot. Theologie der Neuzeit I, 447–450, 571–576, 660–666, 674f., *Murrmann-Kahl*, Vermittlungstheologie und *Aubert*, Mediating Theology.

52 Vgl. ebd., 586.

53 Vgl. ebd. *Deuschle*, Hengstenberg.

54 Vgl. *Murrmann-Kahl*, Vermittlungstheologie, 731, *Mau*, Formation der kirchlichen Parteien, 239–243 und *Winnebeck*, Apostolikumsstreitigkeiten, 46.

55 Vgl. *Aubert*, Mediating Theology, 589–592 sowie *Geck*, Pusey–Tholuck Briefwechsel.

56 Vgl. *Harnack*, August Neander, 1889 (s. dazu Nr. 55, *Briefwechsel*) und zum Verhältnis zu Schleiermacher insbesondere *Jantsch*, Harnack-Rade, 503, 639, 837. Zu Neander s. jetzt auch *Bennett*, Neander and the Religion of History und *Purvis*, Neander in Modern History.

Eine *konfessionelle Theologie*, die sich in der Mitte des Jahrhunderts v.a. auf den Kampf gegen die Union zwischen lutherischer und reformierter Konfession konzentrierte, existierte in Deutschland jeweils in lutherisch- und reformiert-konfessioneller Ausprägung.[57] Sie vertrat eine konservative, zum Teil biblizistische Position, die die Theologie der jeweiligen reformatorischen Bekenntnisschriften hervorhob und diese gegen die unionistischen Bestrebungen der Vermittlungstheologie zu verteidigen suchte. Zugleich beabsichtigte sie die reformatorischen Grundlagen neu zu beleben. Die akademische konfessionelle Theologie unterstützte die kirchlichen Bestrebungen, den Konfessionalismus in den Kirchen durchzusetzen. Akademisch-theologische Zentren des Neuluthertums lagen in Erlangen, Dorpat, Leipzig und Rostock, wo ihre Vertreter eine auf den reformatorischen Ursprüngen basierende genuin lutherische Theologie zu betreiben gedachten, die auch pietistische und erweckungstheologische Elemente rezipierte. Harnack entstammte theologisch dieser lutherisch-konfessionellen Strömung, die ihn durch seinen Vater Theodosius Harnack, seine Dorpater Lehrer Moritz von Engelhardt und Alexander von Oettingen sowie die Leipziger Lehrer Christoph Ernst Luthardt und Karl Friedrich Kahnis geprägt hatte, von der er sich aber durch seine kirchenhistorischen Arbeiten seit der Mitte der 1870er Jahre distanzierte.[58]

Die *spekulative Theologie* beschäftigte sich ab 1800 mit dem Erbe Hegels und Friedrich Wilhelm Schellings und rezipierte den philosophischen Idealismus und dessen Religionsphilosophie für die Theologie.[59] Ihre Hauptvertreter waren der Heidelberger Karl Daub und der Berliner Kirchenhistoriker Philipp Konrad Marheineke, für die sich die ewige Religion in der Religion eines Volkes in der Zeit manifestierte. Die Wahrheit der Religion suchten sie durch die spekulative Vernunft zu beweisen und dadurch zugleich den Antagonismus von Rationalismus und Supranationalismus zu überwinden.[60] Beide genannten Theologen vertraten trotz der religionsphilosophischen Spekulation eine kirchlich zugewandte und politisch konservative Position. Sie zeitigten allerdings nur eine geringe Wirkung auf die Theologien der zweiten Hälfte des 19. Jahrhunderts.

Parallel zur spekulativen Theologie rezipierten auch die *Tübinger Theologen* Ferdinand Christian Baur und seine Schüler David Friedrich Strauß und Eduard

---

57 Vgl. *Rohls*, Prot. Theologie der Neuzeit I, 563–570, 676–692, 834– und *Kantzenbach/Mehlhausen*, Neuluthertum.

58 S.u. in diesem Teil, Abschnitt 3.2, S. 40–41.

59 Vgl. *Rohls*, Prot. Theologie der Neuzeit I, 347–349, 452–458, *Danz*, Hegel's Philosophy of Religion, bes. 553–559 und *Zachhuber*, Theology and Early Historicism, 371–373.

60 Vgl. *Rohls*, Prot. Theologie der Neuzeit I, 348.

Zeller die Ideen Hegels und Schellings.[61] Baur entwickelte daraus einen geschichtlichen Zugang zur Theologie, da er „die Geschichte der Religion insgesamt als göttliche Offenbarung“ auffasste.[62] Er wurde dadurch zu dem prägenden Pionier für die historisch-kritische Forschung in der Theologie, auf den sich Albrecht Ritschl und Harnack zwar in erster Linie abgrenzend bezogen, obwohl letzterer dessen historischen Zugriff auf die Theologie übernahm, weshalb sich gewisse Übereinstimmungen zu Baur nachweisen lassen.[63] Strauß hingegen war zwar für die Leben Jesu-Forschung von zentraler Bedeutung, hatte aber auf Harnack keinen – sofern bekannt – bleibenden Einfluss.

Die *liberale Theologie*, deren frühester Protagonist Richard Rothe war, schloss sowohl an Hegelsche Ideen als auch an Gedanken Schleiermachers an.[64] Kirchenpolitisch formierte sich die liberale Theologie seit 1863 unter Rothes Federführung im *Protestantenverein*.[65] Rothe, der insbesondere durch seine theologische Ethik und die darin vertretene These von der „Auflösung der Kirche im modernen, religiös fundierten Kulturstaat“[66] bekannt wurde und umstritten blieb, folgten in der zweiten Jahrhunderthälfte der Berliner Religionsphilosoph Otto Pfleiderer, der Jenenser Theologiehistoriker Richard Adalbert Lipsius und der Baseler Kirchenhistoriker Franz Overbeck.[67] Obwohl die liberale Theologie Pfleiderers, Lipsius’ und des *Protestantenvereins* im wilhelminischen Kaiserreich in der Minderheit war, bildete sie für die moderne, durch Ritschl geprägte Theologie, zu der Harnack zählte, sowie die religionsgeschichtliche Schule eine wichtige Folie, um die eigene Position abzugrenzen.[68]

Zuletzt sei als prägende Gestalt für viele Theologen des wilhelminischen Kaiserreichs der Göttinger Systematische Theologe Albrecht Ritschl genannt, der in seiner Theologie die biblische Überlieferung des Neuen Testaments mit den theologischen Erkenntnissen der Reformation in seinem ersten Hauptwerk über *Rechtfertigung und Versöhnung* zu verbinden suchte.[69] Daraus entwickelte Ritschl in seinem *Unterricht in der christlichen Religion* die Vorstellung, dass die christliche Geschich-

61 Vgl. ebd., 450–452, 527–532, 693–702, *Zachhuber*, Zwischen Idealismus und Historismus, 23–137 und *Lincicum*, Baur and the Tübingen School.

62 *Rohls*, Prot. Theologie der Neuzeit I, 528.

63 Zum Verhältnis Baur–Harnack s.u. in diesem Teil, Abschnitt 3.2, S. 43 und in diesem Teil, Abschnitt 3.2, S. 45.

64 Vgl. *Rohls*, Prot. Theologie der Neuzeit I, 576–581 und *Jacobs*, Liberale Theologie.

65 Vgl. dazu *Mau*, Formation der kirchlichen Parteien, 236–239, *Lepp*, Der deutsche Protestantenverein und *Kirn*, Protestantenverein.

66 *Graf*, Rothe.

67 Vgl. *Rohls*, Prot. Theologie der Neuzeit I, 705–711, 821–824, 859–869.

68 S.u. dazu in diesem Teil, Abschnitt 3.2, S. 42–44.

69 Vgl. *Rohls*, Prot. Theologie der Neuzeit I, 772–780, bes. 773.

te auf das Reich Gottes abziele, das er als sittliche Größe und zugleich in engem Zusammenhang mit der Erlösung stehend verstand.[70] Mit dieser ethischen Ergänzung des Schleiermacherschen Verständnisses des Christentums als Erlösungsreligion schloss Ritschl insbesondere an Immanuel Kant und dessen Vorstellung vom Sittengesetz an.

Angesichts der beschriebenen Vielzahl an theologischen Strömungen des 19. Jahrhunderts, die die akademische Theologie des wilhelminischen Kaiserreichs in Preußen beeinflussten, erstaunt es, dass sich dieselbe seit den 1890er Jahren und zu Beginn des 20. Jahrhunderts zunehmend auf zwei theologische Richtungen zu konzentrieren schien. Welche Nachteile die Anwendung von Hübingers „Versäulungstheorem" auf die skizzierte kirchenpolitische Situation hat, wurde oben bereits erwähnt.[71] Zugleich verdeutlichen die zeitgenössischen Debatten, um die sog. „paritätische" Besetzung der theologischen Lehrstühle[72] und auch die Auseinandersetzungen um das Apostolikum,[73] dass es in der Wahrnehmung der Zeitgenossen – wenigstens für die Jahre zwischen 1890 und 1910 – eine Fundamentalopposition zwischen „positiver" und „moderner" Theologie gab, die die kirchliche und die bürgerliche Presse zusätzlich stilisierte. Die „positiven" oder „modernen" Theologen wurden alternativ mit den parteipolitischen Begriffen „konservativ" und „liberal" oder mit den häresiologischen Kategorien „orthodox" und „heterodox" bezeichnet. Unabhängig davon, welche Begriffe letztlich gewählt wurden, verdeutlichen die Bezeichnungen, dass es in den kirchlichen Organen, den bürgerlichen Zeitungen und in den universitären Berufungsverfahren zwei konkurrierende theologische und kirchenpolitische Lager zu beschreiben galt, die die Debatten dominierten, neben denen es weitere Gruppierungen von geringerer Bedeutung gab.

Die *positive Theologie*, die Hermann Cremer vertrat und die er mit Hilfe Friedrich Althoffs an der evangelisch-theologischen Fakultät in Greifswald etablierte, wählte einen übergeschichtlich-dogmatischen Zugang zu Bibel und Bekenntnis. Sie war insofern „positiv", als sie sich als bekenntnistreu, ernsthaft und auf die Kirche ausgerichtet verstand und sich im Sinne eines Positivismus an den faktischen Theologumena orientieren wollte.[74] Außerdem definierte sie sich als eine „positive" Theologie im Gegensatz zu einer „negativen" Theologie, die sie mit der Arbeit der historisch-kritischen Theologen identifizierte, die Bibel und Bekenntnistradition kritisch und mit einer „negativen" Grundeinstellung untersuchten und dadurch

70 Vgl. ebd., 774f.

71 S.o. Abschnitt 2.3, S. 21.

72 S.u. dazu Teil I, Abschnitt I, S. 64 und Teil II, Abschnitt 4, S. 198.

73 Zu den Apostolikumsstreitigkeiten in diesem Zeitraum und zur Agendenrevision von 1893/94 s.o. Teil II, Abschnitt 3, Anm. 3.

74 Vgl. die Charakterisierung der „Positiven Theologie" bei *Beyrich*, Wieviel Positivität, 214–220.

destruieren würden.[75] In diese theologische Strömung lassen sich neben Cremer sowohl der Hallenser Theologe Martin Kähler und der spätere Tübinger biblische Theologe Adolf Schlatter, die oft auch als „Biblizisten" bezeichnet wurden und die im Details durchaus zu differierenden Ergebnissen kamen, als auch der Lutheraner Paul Tschackert einordnen. Zur Schülergeneration, um die es in Berufungspolitik Althoffs ging, zählten Paul Althaus, Karl Bornhäuser, Wilhelm Lütgert und Erich Schäder, alle Lizentiaten Cremers.[76] Die positive Theologie bzw. die Vorgänger ihrer wilhelminischen Vertreter hatten sich 1875 zu einer kirchenpolitischen Synodalpartei formiert, die sich um den Berliner Hofprediger Rudolf Kögel und den Magdeburger Generalsuperintendenten Leopold Schultze sammelte und gegenüber den konfessionellen Lutheranern für die preußische Union eintrat.[77] Dieser kirchlichen Partei schlossen sich ab den 1880er Jahren auch namhafte Theologieprofessoren wie Cremer an. Die Partei wollte insbesondere in den Debatten der 1870er Jahre um Kirchenverfassung, Agende und Bekenntnis, die Union in der evangelischen Kirche kirchenpolitisch fördern. In späteren Jahren verbanden sie ihre kirchenpolitische Zielsetzung mit einem biblischen Positivismus und einer Bekenntnistreue, die sie auch publizistisch demonstrativ zur Schau trugen. Diese Entwicklung hatte Anfang der 1890er Jahre zur Folge, dass die Debatten zwischen den „positiven" und den „modernen" Theologen und Kirchenvertretern nicht mehr Fragen der Union tangierten, sondern sich primär mit dem methodischen Umgang mit der Bibel und den Bekenntnissen auseinandersetzten. Dabei war die Gruppe der „positiven" Theologen theologisch homogener als diejenige der „modernen". Der Tod Hermann Cremers 1903 veränderte die Situation insofern, als sich die positiv-theologische Gruppierung in Preußen aufzulösen begann, auch wenn dessen Schüler sie an ihren verschiedenen Wirkungsstätten fortzuführen versuchten.

Die durch Cremers Tod 1903 entstehende Lücke wusste in gewissem Maße der Berliner Dogmenhistoriker baltischer Provenienz, Reinhold Seeberg, zu füllen, der beispielsweise im Kultusministerium dessen Position als „positiver" Berater sukzessive übernahm.[78] Seebergs theologische Richtung wird – auf seiner eigenen Begrifflichkeit aufbauend – als „modern-positiv" bezeichnet, weil sie versuchte, bei einer bleibenden konservativen theologischen Ausrichtung die Auseinandersetzung mit

---

75 So auch ebd., 216f.

76 Zu Althaus s.u. Teil I, Abschnitt 2.9, S. 112, zu Bornhäuser Teil I, Abschnitt 4.3, S. 134, zu Lütgert Teil I, Abschnitt 4.1, S. 132 und zu Schäder Teil I, Abschnitt 2.5, S. 101. Zur Theologie Kählers, Cremers, Schlatters, Schäders und Lütgerts vgl. auch *Rohls*, Prot. Theologie der Neuzeit II, 93–102 und zu Tschackert *Lessing*, Geschichte Theologie, 209f.

77 Vgl. *Mau*, Formation der kirchlichen Parteien, 243–247 und *Nüssel*, Unionen. Zu Kögel und Schultze s. das Biogramm, S. 519 und Biogramm, S. 556.

78 S.u. dazu Teil I, Abschnitt 4.7, S. 145.

der Moderne zu ermöglichen und durch Bekenntnis- und Kirchentreue zu beantworten.[79] Auch der Bruder des Ritschlianers Julius Kaftan, Theodor Kaftan, der zwischen 1886 und 1917 Generalsuperintendent von Schleswig war, wird dieser Richtung zugerechnet.[80] Aus der jüngeren Generation gehörten ihr der spätere Rostocker und Erlanger Systematiker Richard Grützmacher, die späteren Wiener Professoren für Systematische Theologie, Karl Beth, und für Neues Testament, Richard Hoffmann, sowie der Dorpater Religionspsychologe Karl Girgensohn an, die in der Korrespondenz zwischen Harnack und Althoff keine Erwähnung finden. Die Schülergeneration entwickelte die Modernität insofern weiter, als sie die Bekenntnisse zunehmend historisch relativierte.

Die „negativen", „kritischen" oder „modernen" Theologen,[81] die sich selbst gerne als „historisch-kritische" oder „moderne" Theologen, nicht aber als „Liberale" bezeichneten,[82] weil sie mit diesem Begriff die zuvor genannte liberale Theologie um Lipsius, Pfleiderer und Overbeck assoziierten[83] und möglicherweise auch den politischen Liberalismus damit verbanden, repräsentierten eine Theologie, die in der Aufklärung wurzelte und sich an der Methodik des Historismus orientierte. Zahlreiche ihrer Vertreter stellten sich in die Nachfolge Albrecht Ritschls, wie die Beispiele Harnacks, Julius Kaftans, Wilhelm Herrmanns, Ferdinand Kattenbuschs und Johannes Gottschicks verdeutlichen.[84] Gleichwohl ging die moderne Theologie nicht in der Ritschl-Schule auf, da auch lutherische Theologen wie Nathanael Bonwetsch,[85] Vertreter der historisch-kritischen Bibelwissenschaft wie Julius Wellhausen[86] oder Pioniere der religionsgeschichtlichen Schule wie William Wrede[87] ihr zugerechnet werden können.

---

79 Vgl. *Kaufmann*, Harnacks und Seebergs, 180 mit Verweis auf *Seeberg*, Kirche Deutschlands, 308.

80 Vgl. *Lessing*, Religionsgeschichtliche und modern-positive Theologie, 395–401 und *Rohls*, Prot. Theologie der Neuzeit II, 105–112.

81 Kultusminister Robert Bosse verortete Harnack in der „kritisch theologische[n] Richtung" (Immediatbericht vom 12.10.1892, in: GStA PK, I. HA, Rep. 89, Nr. 21491, Bl. 61^{r}–78^{v}: 67^{v}).

82 *Rade*, Das System Seeberg, 420 sowie *Jantsch*, Harnack-Rade, 236, 298, 373, Anm. 3, 661, 674, . Rade bezeichnete Harnack als den Repräsentanten der „moderne[n] Theologie" (ebd.).

83 Auch Harnack lehnte den Begriff „liberal" als „unsympathisch" ab (s. Nr. 197, *Briefwechsel*).

84 Vgl. *Schäfer*, Ritschl, Albrecht, *Rohls*, Prot. Theologie der Neuzeit I, 797–799 und *Weinhardt*, Ritschl–Harnack, 68, 110–113. So auch Kurt Nowak, der Harnack als „modern-kritische[n] Theologen" charakterisiert (*Nowak*, Einführung, 7, s. außerdem ebd., 15, 25, 32, 34f.,). Zu Harnacks Rezeption der Theologie Albrecht Ritschls s.u. in diesem Teil, Abschnitt 3.2, S. 43–44. Zu Julius Kaftans Theologie s. *Wittekind*, Geschichtliche Offenbarung, 80–145, *Slenczka*, Die Theologische Fakultät 1880–1945, 65–67 und *Costanza*, Einübung in die Ewigkeit.

85 Zu Bonwetsch s. *Lessing*, Geschichte Theologie, 207f.

86 Zu Wellhausen und seiner Forschung s. *Rohls*, Prot. Theologie der Neuzeit II, 60f., *Smend*, Wellhausen in Göttingen und *Smend*, Fakultätswechsel.

87 Zu Wrede *Rohls*, Prot. Theologie der Neuzeit II, 635f.

Die Vertreter der *religionsgeschichtlichen Schule* hingegen kamen trotz der grundsätzlichen Übereinstimmung in der angewandten Methodik zu anderen Ergebnissen als die meist eine Generation älteren Nachfolger Ritschls, weil sie die historisch-kritische Methode noch konsequenter gebrauchten und um die Perspektive der Religionsgeschichte erweiterten.[88] Die religionsgeschichtliche Schule war aus einem Kreis junger Forscher entstanden, die sich mehrheitlich Anfang der 1890er Jahre in Göttingen habilitiert hatten. Es handelte sich um Wilhelm Bousset, Albert Eichhorn, Hermann Gunkel, Alfred Rahlfs, Ernst Troeltsch, Johannes Weiß und William Wrede.[89] Die genannten „Schulen" und Richtungen der modernen Theologie stimmten schließlich im Gegenüber zur positiven Theologie in der Annahme überein, dass sie die Ergebnisse der Aufklärung und des Historismus positiv rezipierten, indem sie Bibel und Bekenntnisse – wenn auch nicht prinzipiell hinsichtlich ihrer Normativität – kritisch hinterfragten. Diese Gemeinsamkeit der historisch-kritischen Herangehensweise an den theologischen Überlieferungsbestand stellte denn auch den zentralen Unterschied zu den positiven und lutherisch-konfessionellen Theologen dar, die sich dieser historischen Kritik nicht anschließen konnten.[90]

Wie Friedrich Wilhelm Graf gezeigt hat, fassten positive Theologen diese verschiedenen Strömungen der historisch-kritisch agierenden Theologie ab 1904 in dem Kampfbegriff des „Kulturprotestantismus" in Abgrenzung vom „Kulturkatholizismus" – parallel zu anderen „Kultur"-Begriffen wie „Kulturpolitik"[91] oder „Kulturnation"[92] – zusammen, den die damit bezeichneten Gruppen des theologischen Liberalismus um den Protestantenverein wie der modernen Theologie in der Folge Ritschls jedoch beide ablehnten.[93] Der Begriff des Kulturprotestantismus, der nach

88 Vgl. dazu *Claussen*, Jesus-Deutung von Troeltsch, 27–37.

89 Zur religionsgeschichtlichen Schule s. *Lessing*, Religionsgeschichtliche und modern-positive Theologie, *Lüdemann*, Die Religionsgeschichtliche Schule, *Lüdemann/Schröder*, Religionsgeschichtliche Schule, *Lüdemann/Özen*, Religionsgeschichtliche Schule und *Rohls*, Prot. Theologie der Neuzeit II, 63–72.

90 So auch *Harnack*, Ritschl und seine Schule, 1897, 367.

91 Zum um 1900 entstandenen Begriff „Kulturpolitik" s. *Brocke*, Der deutsch-amerikanische Professorenaustausch, 128f. Bei Harnack taucht der Begriff, soweit ich sehe, erstmals in der Grabrede für Althoff bezeichnenderweise neben demjenigen der „Wissenschaftspolitik" auf (vgl. ebd., *Harnack*, Althoff, 1908b, 335f. und danach noch einmal in *Harnack*, Protestantische Kultur, 1912, 212). Zum Begriff „Wissenschaftspolitik s.o. in diesem Teil, Abschnitt 1.1, S. 5 mit Anm. 9.

92 Ein von Harnack ab 1910 wiederholt verwendeter Begriff (vgl. beispielsweise *Harnack*, Begründung von Forschungsinstituten, 1910, 41).

93 Vgl. *Graf, Kulturprotestantismus*, 2.4+2.5. Unter „Kulturkatholizismus" wird eine Strömung innerhalb des Katholizismus verstanden, der sich offen für zeitgenössische Kulturideale zeigte (vgl. ebd., 2.6). Zur Begriffsgeschichte vgl. auch *Graf*, Kulturprotestantismus, Begriffsgeschichte.

Graf in einem dreifachen Sinn erstens für die gesamte Theologie zwischen Schleiermacher und Troeltsch, zweitens speziell für die Ritschl-Schule und drittens als eine „sozial- und frömmigkeitsgeschichtliche Kategorie zur Bestimmung des Wertekosmos des protestantischen Bildungsbürgertums im wilhelminischen Deutschland verwendet" wurde,[94] eignet sich daher m.E. weniger um die bezeichneten theologischen „Schulen" und Richtungen zusammenzufassen, eben weil er primär ein Kampfbegriff war und es auch zum Teil noch ist. Höchstens der dritte Aspekt des Begriffs „Kulturprotestantismus", der das bildungsbürgerliche Milieu beschreibt, in dem sich viele der genannten Theologen und andere Personen in ihrem Umkreis, wie beispielsweise Ministerialbeamte, Frauenrechtlerinnen, Professoren, Pfarrer und Publizisten, bewegten, könnte in diesem Zusammenhang angewandt werden.

Die Verwendung des Begriffes „moderne" Theologie bietet sich m.E. für die Beschreibung des theologischen Lagers, das zwischen 1890 und 1910 in Opposition zur positiven Theologie stand, deshalb an, weil er als Selbst- und Fremdzuschreibung gebraucht wurde.[95] Durch die Übernahme der Begriffe der „Moderne" und der „Modernität", die eine „Geisteshaltung" beschreiben, die sich durch „rationale Erkenntnis und rationale Selbstvergewisserung" auszeichnete, und die gleichzeitig die Haltung zur modernen Industriegesellschaft bezeichnen,[96] lässt sich m.E. das grundsätzliche Verhältnis der genannten historisch-kritisch arbeitenden, an das Erbe der Aufklärung und des Historismus anschließenden Theologen abbilden, die eine prinzipielle Offenheit gegenüber der Gegenwart besaßen, die auch historiografisch als Epoche der „Moderne" tituliert wird.[97]

Während die positive Theologie, wie bereits erwähnt, namentlich und personell mit einer kirchenpolitischen Partei aufs Engste verbunden war, formierte sich die Ritschl-Schule und ihr nahe stehende moderne Theologen kirchenpolitisch erst relativ spät um die von dem Pfarrer Martin Rade seit 1886 herausgegebene Zeitschrift *Die Christliche Welt*. Erst seit 1892 fanden regelmäßige Treffen eines festen Kreises statt, der sich seit 1904 in der *Vereinigung der Freunde der Christlichen Welt* auch vereinsrechtlich formierte.[98]

Die in aller Kürze dargestellten Richtungen in der evangelischen akademischen Theologie werden im Folgenden, insbesondere bei der Analyse der Berufungspolitik, die Althoff und Harnack an den evangelisch-theologischen Fakultäten betrie-

---

94 Ebd., 215f.

95 Vgl. exemplarisch *Jantsch*, Harnack-Rade, 674, Nr. 484 und *Nowak*, Einführung, 7.

96 *Brock*, Die klassische Moderne, 18, zum Begriff der „Moderne" ebd., 17f.

97 Zu den Merkmalen der „Moderne" vgl. ebd., 20–26 und *Heinrichs*, Die Moderne, 109–118.

98 Vgl. die internen Mitteilungen der Vereinigung *Schwöbel (Einl.)*, An die Freunde und *Rade*, Christliche Welt und Freunde.

ben, der Einordnung der genannten Personen dienen und im Zusammenhang der Kirchenpolitik zum Tragen kommen.

2.4 Die zentralen Richtungen in der katholischen akademischen Theologie

Da die Besetzungspolitik in der katholischen akademischen Theologie des wilhelminischen Kaiserreichs in der vorliegende Studie keinen nennenswerten Niederschlag finden wird, weil sie im gewählten Quellenkorpus nur eine marginale Rolle spielte, sollen im Folgenden die Konstellationen in der katholischen akademischen Theologie nur kurz skizziert werden. Sie wurden im wilhelminischen Kaiserreich zum einen noch durch die Entscheidungen des I. Vatikanischen Konzils von 1869/70 und durch den damit verbundenen Neuthomismus sowie zum anderen durch die Rezeption und Anwendung der historisch-kritischen Methode in der Tübinger Schule und ihren Nachfolgern geprägt.[99] Das Erste Vatikanische Konzil, das im Dezember 1869 eröffnet und nach der am 20. September erfolgte Einnahme Roms durch die italienischen Truppen am 20. Oktober 1870 auf unbestimmte Zeit vertagt worden war, verabschiedete am 18. Juli 1870 das Dogma von der Unfehlbarkeit ex cathedra gesprochener päpstlicher Äußerungen zu moralischen und Glaubensfragen. Es hatte vor und während des Konzils kontroverse Debatten um dieses Dogma gegeben, das u.a der englische Erzbischof Henry Edward Manning und der Regensburger Bischof Ignaz von Senestrey unterstützten, während eine Minderheit, zu der der Rottenburger Bischof Joseph von Hefele und der Mainzer Bischof Wilhelm von Ketteler gehörten, Widerstand gegen die exklusive Stellung des Papstes im kirchlichen Gesamtkosmos leisteten.[100] In der Folge des Konzils festigte sich die kirchliche Stellung des erwähnten Neuthomismus nochmals dadurch, dass Papst Leo XIII. den Thomismus durch die Enzyklika *Aeterni Patris Unigenitus* 1879 zur normativen Theologie in der römisch-katholischen Kirche erklärte.[101] Diese Theologie schloss an den mittelalterlichen Theologen Thomas von Aquin und seine auf der aristotelischen Philosophie aufbauende Theologie an. Dabei drängte der neuzeitliche Thomismus die augustinischen Anteile in der Theologie des Thomas zurück.[102] Des Wei-

99 Zur katholischen Theologiegeschichte des 19. Jahrhunderts s. exemplarisch *Menozzi*, Roman Catholicism, *Rohls*, Prot. Theologie der Neuzeit I, 526f., 670f. und *Rohls*, Prot. Theologie der Neuzeit II, 113f.

100 Vgl. *Schatz*, Vatikanum I und II, I. und *Wolf*, Kath. Kirchengeschichte im 19. Jh., 146–152 sowie zu den Nachwirkungen s. *Schatz*, Vatikanum I, Bd. 3.

101 Vgl. *Pesch*, Thomas v. Aquin/Thomismus, 460.

102 Vgl. ebd., 461.

teren bildete sich durch die Ablehnung des Infallibilitätsdogmas die altkatholische Kirche, die ab 1871 eigene Kirchenstrukturen aufbaute. Der preußische Staat, der seit 1871 einen „Kulturkampf" gegen die katholische Kirche in Deutschland führte, beließ daher die nunmehr altkatholischen Theologieprofessoren, die schon vor 1870 an der katholisch-theologischen Fakultät in Bonn gelehrte hatten, in ihren Ämtern, obwohl sie sich dem Unfehlbarkeitsdogma nicht angeschlossen hatten.[103] In Opposition zur dominierenden thomistischen Theologie stand die sog. „Katholische Tübinger Schule", die sich über mehrere Generationen erstreckte und angesichts der Vielzahl an Theologen durch eine große Heterogenität auszeichnete.[104] Neben der scholastischen Theologie berücksichtigte sie auch einen historischen Zugang zur dogmatischen Tradition, vollzog aber keinen strikten Bruch mit der Kirche.

In der zweiten Hälfte des 19. Jahrhunderts entwickelte sich neben der weiterhin dominierenden thomistischen Theologie eine liberale katholische Theologie und ein Reformkatholizismus, die Ansätze einer historisch-kritischen Forschung betrieben, zu der sie auch durch die Arbeiten evangelischer Theologen animiert worden waren.[105] Zu nennen sind hier der Freiburger Kirchenhistoriker Franz Xaver Kraus und der Würzburger Apologetiker Herman Schell sowie für die jüngere Generation die Kirchenhistoriker Joseph Schnitzer, Albert Ehrhard, Sebastian Merkle u.a., mit denen Harnack in Kontakt stand.[106] Obwohl die Theologen des liberalen und Reformkatholizismus in Deutschland sich selbst nicht zum Modernismus zählten, stellte man sie nach dem Erscheinen des Dekrets *Lamentabili sane exitu* und der antimodernistischen Enyzklika *Pascendi dominici gregis* 1907 unter Verdacht.[107] Der Kampf gegen den „Modernismus", der eine vielfältige geistige Bewegung in der katholischen Kirche bezeichnet, die moderne, von der Aufklärung geprägte Gedanken aufnahm und der als Protagonisten der französische Exeget Alfred Loisy und der englische Jesuit George Tyrrell zugerechnet werden, kulminierte 1910 im sog. „Antimodernisteneid", der durch das Motu proprio *Sacrorum antistitum* eingeführt worden war.[108] Dieser zwang alle Dozenten an katholischen Fakultäten oder Seminaren, aber auch alle Priesteramtsanwärter zur Distanzierung vom Modernismus,

---

103 Vgl. *Eßer*, Die Alt-Katholischen Kirchen. Zur Bonner Fakultät s.u. Teil II, Abschnitt 6.2, S. 240 sowie Harnacks Kommentar zu einem Bonner altkatholischen Professor Teil I, Abschnitt 2.11, S. 117.

104 Vgl. *Köpf*, Tübinger Schulen, 170f., *Rohls*, Prot. Theologie der Neuzeit I, 526f. und *Kaplan*, Catholic Tübingen School.

105 Vgl. *Loome*, Liberal Catholicism, Reform Catholicism, Modernism, *Reardon*, Modernismus, 132 und *Rohls*, Prot. Theologie der Neuzeit II, 113f.; zu den zeitlich früheren historisch-kritischen katholischen Theologen s. *Madges*, Roman Catholic Criticism.

106 S.u. Teil II, Abschnitt 6.9, S. 279.

107 Zur Enzyklika und ihren Folgen s.u. Teil II, Abschnitt 6.10.

108 Zum Modernismus und Antimodernismus s. *Reardon*, Modernismus und *Wolf*, Kath. Kirchengeschichte im 19. Jh., 170–175.

nachdem die Enzyklika von 1907 bereits „Überwachungsräte" in Deutschland installiert hatte.[109]

Wie auch im Protestantismus verlief die Trennlinie in der katholischen Theologie primär zwischen denjenigen, die sich für den historisch-kritischen Zugang zur Bibel und zur kirchlichen Tradition öffneten, und denjenigen, die diesen Ansatz ablehnten. Die Richtungen in der katholischen akademischen Theologie werden in den einzelnen Zusammenhängen im *Teil II, Kapitel 6* noch detaillierter zum Ausdruck kommen.[110]

109 S.u. dazu Teil II, Abschnitt 6.10, S. 284 mit Anm. 289.
110 S.u. Abschnitt 6.10..

3 Die Protagonisten

3.1 Friedrich Althoff und seine Ministerialpolitik

Friedrich Althoff wurde 1839 in Dinslaken als Sohn von Friedrich Theodor Althoff, der Domänenrat, d.h. leitender Verwaltungsbeamter der Kriegs- und Domänenkammer war, und seiner zweiten Ehefrau Julie geb. von Buggenhagen geboren. Sachse schreibt den Prägungen seiner Kindheit und Jugend in Dinslaken und Wesel die religiöse und politische Liberalität zu, die Althoffs Tätigkeit in späteren Jahren oftmals kennzeichnete, bietet aber keine vollständig zufrieden stellende Erklärung.[1] Von 1856 bis 1861 studierte Althoff in Bonn und Berlin Rechtswissenschaften und sammelte erste Berufserfahrungen im Justizdienst im Rheinland, wo er seine spätere Ehefrau Marie geb. Ingenohl in Neuwied kennenlernte.[2] Ab 1871 wirkte er beim Oberpräsidenten von Elsass-Lothringen, Eduard von Moeller, als Kirchen- und Schulreferent in Straßburg, das seit dem deutsch-französischen Krieg zum Deutschen Reich gehörte. Parallell war er außerdem als Mitarbeiter des kaiserlichen Kommissars für die Neugründung der Straßburger Universität, Franz Freiherr von Roggenbach, tätig und lehrte als Professor an der juristischen Fakultät.[3] Bereits in Straßburg beschäftigte er sich insofern mit der Organisation der universitären Theologie, als er das *Séminaire Protestant*, das in französischer Zeit von der Universität unabhängig gewesen war, 1872 in die evangelisch-theologische Fakultät an der neugegründeten Straßburger Kaiser-Wilhelm-Universität überführte.[4] Althoff verfasste in diesem Zusammen ein Gesetz, das die Finanzierung der Theologieprofessoren an der Fakultät regelte und das 1903 in der Korrespondenz mit Harnack thematisiert wurde.[5] Die Gründung einer katholisch-theologischen Fakultät wurde zu diesem Zeitpunkt noch abgelehnt, um Konflikte mit dem Bischof bezüglich der Priesterausbildung zu vermeiden.[6] Erst ab 1898 initiierte Althoff als Ministerialdirektor im preußischen Kultusministerium in Kooperation mit der Reichskanzlei

---

1 Vgl. *Sachse*, Althoff, 1f.Der Frage nach Althoffs religiöser und politischer Prägung konnte im Rahmen dieser Studie nicht abschließend nachgegangen werden.

2 Zur Biografie Althoffs vgl. *Schnabel*, Althoff, *Wesseling*, Althoff, der eine ausführliche und präzise Bibliografie der biografischen Literatur zu Althoff bietet, *Brocke*, Friedrich Althoff sowie die gerade wegen des Detailreichtums informative Biografie von Arnold *Sachse*, Althoff von 1928. Zur zeitgenössischen Sicht auf Althoff vgl. die Kompilation der Zeitzeugenaussagen von Joerg Hartwein (vgl. *Hartwein*, Das Bild Althoffs).

3 Zur Straßburger Zeit s. auch *Brocke*, System Althoff, 27–32.

4 Vgl. *Althoff*, Friedrich Althoffs Straßburger Zeit, 23–25, 60.

5 S.u. Teil II, Abschnitt 6.2, S. 247 und Nr. 219, *Briefwechsel*.

6 S.u. Teil II, Abschnitt 6.2, S. 238.

https://doi.org/10.1515/9783112213193-003

und dem Ständigen Vertreter für Elsass-Lothringen beim Bundesrat die Fakultätsgründung, zu der er Harnack als Berater zuzog.[7]

1882 wechselte Althoff auf Bitten des preußischen Kultusministers Gustav von Goßler nach Berlin, um dort als Vortragender Rat die Personalia der Universitäten im Kultusministerium zu verwalten.[8] 1897 wurde er zum Ministerialdirektor der Ersten Unterrichtsabteilung befördert, die für die Universitäten, wissenschaftlichen Institute, Bibliotheken, Museen, die Denkmalpflege, das höhere Schulwesen und seit 1900 auch für das Medizinalwesen zuständig war. In diesen Bereichen entfaltete Althoff eine weitreichende Wirkung, die ihm den Titel des „heimlichen Kultusministers“ eintrug.[9] Obwohl ihm keinem Zeitpunkt seiner Amtstätigkeit die „geistlichen Angelegenheiten“, d.h. die Kirchen unterstanden, beschäftigte er sich immer wieder mit theologie- und kirchenpolitischen Fragestellungen, die ihm in der Universitätsverwaltung begegneten. Diese Beobachtung weist auf ein zentrales Charakteristikum seiner Arbeitsweise hin: Althoff hielt sich oftmals nicht an Ressortgrenzen, sondern überschritt sie in den Projekten, die für ihn von Bedeutung waren, wie beispielsweise in kirchenpolitischen Streitfällen oder der Mädchenschulreform.[10]

Althoffs Erfolg als Universitätsreferent und später als Ministerialdirektor gründete auf dem von ihm geschaffenen „System Althoff“. Es bezeichnet, wie bereits von Bernhard vom Brocke und Stefan Rebenich festgehalten, den Aufbau eines im preußischen Kultusministerium zentralisierten „Großbetriebs der Wissenschaft“,[11] den Althoff mit Hilfe eines Beraternetzwerks organisierte.[12] Der Ministerialbeamte rekrutierte seine Berater aus allen universitären Disziplinen von der Physik bis zur Nationalökonomie und von der Alten Geschichte bis zur katholischen Theologie. Zu ihnen gehörten renommierte Wissenschaftler wie Theodor Mommsen, Felix Klein, Gustav Schmoller, Wilhelm Dilthey, Emil Fischer, Rudolf Virchow, Emil von Behring und Robert Koch.[13] Der Göttinger Nationalökonom Wilhelm Lexis, den Althoff noch

---

7 S.u. ebd.

8 Ein Großteil der Korrespondenzen, die im Nachlass Althoffs archiviert sind, beginnen daher erst um 1885.

9 Der Begriff wurde bereits zeitgenössisch verwendet (vgl. Harnack an Althoff am 28.09.1907, Nr. 358, *Briefwechsel*).

10 So auch *Brocke*, System Althoff, 28, zur Mädchenschulreform s.u. Teil III, Abschnitt 2.1, S. 311.

11 So der gleichnamige Aufsatz Adolf Harnacks über Wissenschaftsorganisation (vgl. *Harnack*, Großbetrieb der Wissenschaft, 1905b).

12 Vgl. *Brocke*, System Althoff, bes. 9–16, *Rebenich*, Mommsen-Harnack, 94–96, 115f., *Lischke*, Althoff und die Wissenschaftspolitik und *Schmoeckel*, Universitärer Aufschwung, 338–346.

13 Vgl. *Brocke*, System Althoff, 70. Zur Kooperation mit Mommsen s. *Rebenich/Mommsen-Harnack*, Mommsen-Althoff und zu Felix Klein s. *Tobies*, Felix Klein und Friedrich Althoff. Weitere Berater waren Eduard Zeller, Bernhard Weiß und Friedrich Paulsen (vgl. *Brocke*, Paulsen, Althoff und der Kultusbetrieb des Kaiserreichs), Emil Fischer (vgl. *Lischke*, Friedrich Althoff, 882f.), Wilhelm Lexis

aus Straßburger Zeiten kannte, nahm unter den Beratern eine besondere Position ein, weil er seit 1897 nebenamtlicher Mitarbeiter im Kultusministerium war.[14] Lexis verfasste für Althoff zahlreiche Denkschriften zu diversen Themen, die sowohl die Universitäten als auch allgemeinere ökonomische oder politische Fragen betrafen. Exemplarisch zu nennen sind die Freiheit der Wissenschaft, die Höchstbeträge der Professorenhonorare, die Einkommensverhältnisse der Ordinarien, die Reform des Honorarwesens, die professorale Altersgrenze, ihre Witwen- und Waisenversorgung, die Gleichwertigkeit der ausländischen Hochschulen, die Maßnahmen gegen Sozialdemokraten, Getreidezölle, Zeppelinluftschiffe sowie Schulreformen.[15] Unter den im Briefwechsel zwischen Althoff und Harnack besprochenen Themen äußerte Lexis sich zum deutsch-amerikanischen Professorenaustausch, zur sog. „Polenfrage", zum Göttinger Alttestamentler Alfred Rahlfs zur Enzyklika *Pascendi dominici gregis* und zur Bibliotheksreform. Während des sog. „Privatdozentenstreits" von 1906, in dem es um den Vorwurf ging, dass das Kultusministerium die positive Theologie gegenüber der modern-theologischen Richtung bevorzugt habe, verfasste Lexis – und nicht Harnack – eine Denkschrift für Althoff.[16] Zu den Bera-

(s. Anm. 14), Eduard Külz, Emil von Behring (vgl. *Brocke*, Berufungspolitik und Berufungspraxis, 93f. mit Anm. 108), Ludwig Enneccerus, Eduard Hitzig und Wilhelm Studemund (vgl. *Brocke*, System Althoff, 70). Wilhelm Dilthey sollte der Liste vom Brockes noch hinzugefügt werden (vgl. den durchaus umfangreichen, bislang anscheinend nicht näher ausgewerteten Briefwechsel zwischen Dilthey und Althoff (1883–1908), abgedruckt in: *Dilthey*, Briefwechsel 1882–1895, Nrn. 600, 605, 625, 639, 640, 653, 659, 674, 685, 686, 734, 735, 851, 854–856, 861, 862, 864–866, 871, 894, 934, 949, 951, 970, 972, 975, *Dilthey*, Briefwechsel 1896–1905, Nrn. 989, 1025, 1112, 1177, 1292, 1317, 1321, 1326, 1343 und *Dilthey*, Briefwechsel 1905–1911, Nrn. 1389, 1395, 1420, 1429, 1482, 1496, 1515, 1519, 1529, 1532, 1537, 1553, 1581, 1583, 1611, 1720; s.u. außerdem Teil IV, Abschnitt 1.4, S. 381). Auch Dilthey verfasste für Althoff kurze Gutachten über Philosophieprofessoren. Eine Überschneidung mit der Korrespondenz Harnack-Althoff gab es anscheinend nicht. Abgesehen von der zitierten Literatur sind die Korrespondenzen der hier genannten Professoren mit Althoff, soweit ich sehe, noch unerforscht.

14 Die Briefe von Lexis finden sich in: GStA PK, VI. HA, NL Althoff, Nr. 617, 618, 619, 830 und 831. Zur Verbindung zwischen Althoff und Wilhelm Lexis vgl. *Klein*, Wilhelm Lexis, 315, *Koch*, Lexis, Wilhelm, *Herrlitz/Titze*, Studiersucht, 112–114 und *Aldenhoff*, Nationalökonomie und Kulturwerte, 55. *Esenwein-Rothe*, Wilhelm Lexis geht auf die Korrespondenz nicht ein. Der Göttinger Mathematiker Felix Klein beschrieb das „Verhältnis" zwischen Althoff und Lexis folgendermaßen: „Das gegenseitige Verhältnis der beiden Männer hat man sich wohl so vorzustellen, daß Althoff die Problemstellungen anregte und die spätere Beschlußfassung sich vorbehielt, Lexis aber aus der Fülle seiner ausgedehnten Kenntnisse die Materialien heranbrachte und ordnete." (*Klein*, Wilhelm Lexis, 315). Auf Lexis' Rolle im „System Althoff" und im Kultusministerium wird hier nur mit Blick auf die Fragestellung der Arbeit eingegangen. Das Thema bedürfte einer tiefer gehenden Untersuchung von einer Historikerin oder einem Historiker mit wirtschaftshistorischen Spezialkenntnissen.

15 Vgl. *Herrlitz/Titze*, Studiersucht, 113f.

16 In: GStA PK, VI. HA, NL Althoff, Nr. 76, Bl. 23^r–26^v. Zum Privatdozentenstreit s.u. Teil I, Abschnitt 4.3, S. 136.

tern Althoffs aus der evangelischen Theologie zählten neben Harnack auch weitere Ordinarien, auf die im Zusammenhang der Berufungspolitik noch näher eingegangen werden wird.[17] Die mit dem Ausbau des Wissenschaftsbetriebs verbundene Bürokratisierung und die das „System Althoff" kennzeichnende informelle Beratung, durch die die Hochschulverwaltung intransparent und willkürlich zu werden drohte, evozierten die Kritik prominenter Gelehrter, zu denen der bereits erwähnte Mommsen und der Heidelberger Ordinarius Max Weber gehörten, obwohl letzterer in Baden gar nicht unter Althoffs Verwaltung stand.[18] Gleichzeitig fand Althoffs Verwaltungspraxis auch zu seinen Lebzeiten schon Unterstützer, zu denen u.a. der Universitäts- und Schulhistoriker Friedrich Paulsen zählte.[19] Im Anschluss an die zeitgenössische Kritik wurde das „System Althoff" bis Ende der 1970er Jahre mehrheitlich kritisch betrachtet. Erst Forscher wie vom Brocke und Rebenich haben seit den 1980er und -90er Jahren angefangen, die Verdienste von Althoffs Wissenschaftsorganisation hervorzuheben, die in einer „Professionalisierung und Modernisierung der Hochschulverwaltung" lagen.[20]

Um einen Eindruck zu gewinnen, wie die Kultusverwaltung modernisiert wurde, und um die mit Harnack bearbeiteten Projekte einordnen zu können, sei kurz auf einige, wenn auch nicht auf alle außertheologischen Wirkungsgebiete Althoffs in der Wissenschaftsorganisation eingegangen, die Bernhard vom Brocke bereits Anfang der 1980er Jahre im Überblick dargestellt hat.[21] In der Hochschulorganisation beschäftigte Althoff sich bis 1897 primär mit den Berufungsverfahren an den preußischen theologischen, philosophischen,[22] juristischen und medizinischen Fakultäten, ab 1897 dann nur noch als seinem Nachfolger Ludwig Elster vorgeordneter Ministerialdirektor. Parallel dazu ließ er zahlreiche neue Institute und Seminare gründen bzw. deren Ausstattung verbessern, wie die zahlreichen Staatswissenschaftlichen Seminare verdeutlichen.[23] Die Seminare sollten nicht nur die Forschung fördern, sondern auch das eigenständige Studium der Studenten wieder-

---

17 S.u. Teil I, Abschnitt I, S. 63.

18 Vgl. *Bruch*, Max Webers Kritik am „System Althoff", *Spinner*, System Althoff und Webers Kritik und *Calder III/Kirstein*, Mommsen und Wilamowitz, 637, Nr. 393 sowie dessen Kritik im sog. „Fall Spahn", s.u. dazu Teil II, Abschnitt 6.3, S. 248.

19 Vgl. *Paulsen*, Friedrich Althoff.

20 *Rebenich*, Mommsen-Harnack, 95f.

21 Vgl. *Sachse*, Althoff, *Brocke*, System Althoff sowie *Brocke*, Von der Wissenschaftsverwaltung zur Wissenschaftspolitik. Eine ökonomische Analyse des Systems Althoff bot schon 2001 Lode Vereeck (vgl. *Vereeck*, Das deutsche Wissenschaftswunder).

22 Zu Althoffs Berufungspolitik in den preußischen philosophischen Fakultäten zwischen 1897 und 1907 s. *Spenkuch*, Preußische Universitätspolitik.

23 Vgl. *Brocke*, System Althoff, 50.

beleben und die Studienbedingungen verbessern.[24] Denn schließlich sollte insbesondere durch den Ausbau der staatswissenschaftlichen Seminare der gestiegene Bedarf an Verwaltungsbeamten gedeckt werden. Diese Strategie bildete die Basis für die 1911 gegründete Kaiser-Wilhelm-Gesellschaft, die sich ausschließlich aus außeruniversitären, reinen Forschungsinstituten zusammensetzte.[25] Besondere Wirksamkeit entfaltete Althoff im Bereich der Medizin und ihrer Erforschung.[26] Er rief an fast allen preußischen Hochschulen „Hygienische Institute" und Kinderkliniken ins Leben, baute die Berliner Charité aus und gründete unter dem Protektorat der Kaiserin 1906 das *Kaiserin Auguste Victoria-Haus zur Bekämpfung der Säuglingssterblichkeit.*[27] Althoff verfolgte damit das Ziel, die Kindersterblichkeit und die Tuberkulose, aber auch andere Krankheiten zu bekämpfen. Außerdem förderte er renommierte naturwissenschaftliche Forscher und spätere Nobelpreisträger wie Emil von Behring, Robert Koch, Paul Ehrlich, Walther Nernst und Max Planck.[28] Dabei unterstützte Althoff in Ansätzen auch Forscher jüdischer Herkunft, wie den genannten Paul Ehrlich, die in den protestantisch geprägten Universitäten Preußens mit erheblichen Widerständen zu kämpfen hatten.[29] Schließlich beschäftigte sich Althoff als ausgebildeter Jurist – wie oben im Zusammenhang mit Lexis erwähnt[30] – auch mit Fragen des Universitätsrechts, den Witwen- und Waisenkassen, der professoralen Besoldung und der damit zusammenhängenden Reform der Kollegiengelder.[31]

Die letzten Lebensjahre Althoffs waren durch immer wiederkehrende Krankheiten geprägt, die letztlich zum Tod führten,[32] obgleich er seine Leiden noch durch verschiedene Kuraufenthalte zu kurieren versuchte. Die Krankheiten und Abwesenheiten von Berlin schränkten in den letzten Jahren seiner Tätigkeit zwischen 1905 und 1907 seine Wirksamkeit erheblich ein, wie sich auch an einigen mit Har-

---

24 Vgl. *Paulsen*, Friedrich Althoff, 969.

25 Vgl. *Brocke*, System Althoff, 53–59.

26 Vgl. *Paulsen*, Friedrich Althoff, 969, *Brocke*, System Althoff, 50–52, 55, *Eckart*, Althoff und die Medizin sowie *Ebert*, Althoff und die Frauenheilkunde in Preußen.

27 Vgl. dazu die Nrn. 298–396 im Nachlass Althoff (GStA PK).

28 Vgl. *Lischke*, Friedrich Althoff, 882f.

29 Vgl. *Oelschlägel*, Althoff und die jüdischen Wissenschaftler, ebd., 25–27 zu Ehrlich sowie die Statistiken bei *Brocke*, Berufungspolitik und Berufungspraxis, 83f., 86.

30 S.o. Abschnitt 3.1, S. 34.

31 Vgl. *Brocke*, System Althoff, 62–64. Zur Kolleggeldreform s.u. in diesem Teil, Abschnitt 3.3, S. 52.

32 Vgl. die Nrn. 339, 341, 345, 355, 365, 366, 375, 376, 377, 378, 379, 381 und 391, *Briefwechsel*; s. auch von Hertling an Althoff am 20.12.1906 (Nr. 322.2, *Briefwechsel*) und Bülow an Althoff am 12.06.1908 (Nr. 375.1, *Briefwechsel*). Zu Althoffs Gesundheitszustand ab 1905 s. *Althoff*, Friedrich Althoffs Berliner Zeit, 111–115, *Sachse*, Althoff, 351 und *Kampmann*, Harnack zur „Frauenfrage", 324, Anm. 383.

nack bearbeiteten Projekten zeigte.[33] Gleichwohl arbeitete Althoff – soweit möglich – auch in den Kurorten weiter an seinen Projekten.[34] Ende September 1907 verabschiedete sich Althoff endgültig aus seinem Amt als Ministerialdirektor, nachdem er in den vorhergehenden Jahren immer wieder zur Durchsetzung politischer Forderungen mit seinem Rücktritt gedroht hatte.[35] Seinem Abschied lagen neben der Erkrankung auch ministeriumsinterne Unstimmigkeiten zu Grunde. Er hatte nämlich bereits nach dem Ausscheiden des Kultusministers Konrad von Studt Ende Juni 1907 geplant, das Ministerium zu verlassen, da er seinen Einflussbereich schwinden sah. Im Zusammenhang der ministeriumsinternen Machtkämpfe vertraute Althoff Harnack seine Kritik am Kultusministerium an, vermutlich auch weil er wusste, dass der Kirchenhistoriker sie teilte.[36] Zugleich ließ Althoff sich auch nach seinem Rücktritt von seinen früheren, ihm befreundeten Mitarbeitern über laufende Projekte informieren und versuchte, seinen Einfluss darauf bestmöglich geltend zu machen. Außerdem bot ihm der Reichskanzler Bernhard von Bülow im Frühjahr 1908 an, zukünftig als informeller Berater für innenpolitische und kultusministerielle Fragen zu fungieren.[37] Obwohl Althoff, wie auch andere ausgeschiedene Ministerialbeamte, eine hochdotierte Stelle als Aufsichtsrat in einem Unternehmen hätte annehmen können, signalisierte er dem Reichskanzler seine Bereitschaft, ohne dass er eine konkrete Position erwartete. Vielmehr sollte Bülows Angebot dazu dienen, Althoffs Kompetenzen zu honorieren und ihm möglicherweise auch die informelle Erlaubnis zu erteilen, die von ihm zuvor verwalteten Projekte weiterhin begleiten zu dürfen. Noch bis kurz vor seinem Tod am 20. Oktober 1908 arbeitete Althoff daher in denjenigen Bereichen weiter, die ihn zuletzt beschäftigt hatten. Dazu gehörten neben der Mädchenschulreform insbesondere die Reform des Bibliothekswesens, aber auch der deutsch-amerikanische Professorenaustausch. Althoffs Tätigkeiten im letzten Lebensjahr verdeutlichen, dass er trotz der körperlichen Beschwerden nicht mit einem baldigen Ableben rechnete, sondern vielmehr mitten aus seiner aktiven Wirksamkeit gerissen wurde.[38]

---

33 S.u. Teil I, Abschnitt 4.3, S. 135, Teil III, Abschnitt 2.3, S. 326, Teil III, Abschnitt 2.3, S. 330 und Teil IV, Abschnitt 1.5, S. 389.

34 S.u. Teil IV, Abschnitt 1.4, S. 381, Teil III, Abschnitt 2.4, S. 333–336 und Teil IV, Abschnitt 1.5, S. 386 sowie die Nrn. 339, 341, 354, 355, 366, 378 und 386, *Briefwechsel.*

35 Vgl. *Brocke*, System Althoff, 32. Friedrich Paulsen veröffentlichte anlässlich des Rücktritts eine Würdigung der Althoffschen Arbeitsleistung (vgl. *Paulsen*, Friedrich Althoff). So auch *Naumann*, Ministerialdirektor Althoff, *Sachse*, Friedrich Althoff und *Lexis*, Althoff.

36 Vgl. die Nrn. 366 und 367, *Briefwechsel.*

37 Vgl. die Nrn. 368, 368.1, 369, 371 und 373–375.1, *Briefwechsel.*

38 Vgl. insbesondere die letzten Notizen in: GStA PK, VI. HA, NL Althoff, Nr. 1094.

3.2 Adolf Harnack und seine Theologie

Adolf Harnack wurde 1851 als erster Sohn des Professors für Praktische Theologie, Theodosius Harnack, und seiner Frau Marie, geb. von Ewers im livländischen Dorpat (heute Tartu, Estland) geboren.[39] Nach seiner älteren Schwester, Anna Harnack, die mit 19 Jahren starb, war Harnack der älteste von vier Brüdern, die er sämtlich überlebte.[40] Nach nur zwei Jahren im Baltikum zog die Familie nach Erlangen um, wo Theodosius Harnack zum Ordinarius berufen worden war. Trotz der 13 Jahre, die Harnack in Franken aufwuchs, in denen 1857 die Mutter bei der Geburt des jüngsten Bruders, Otto Harnack, starb, und in denen der Vater 1864 eine Cousine Marie Harnacks aus baltischem Adel, Helene Baronesse von Maydell, heiratete, sah Adolf Harnack immer das Baltikum als seine Heimat an. Gleichwohl fiel ihm der Wechsel, der 1866 aus dem bürgerlichen Erlangen in die ständisch geprägte Gesellschaft Livlands anstand, weil sein Vater einen Ruf nach Dorpat angenommen hatte, offenbar nicht leicht, wie ein bislang unveröffentlichter Brief Harnacks an seinen Erlanger Schulfreund Wilhelm Stintzing nahelegt.[41] In späteren Jahren deutete Harnack dies nie an, sondern beschrieb die Schul- und Studienjahre zwischen 1866 und 1872, in denen er als Bürgerlicher teiladliger Herkunft in der ständischen Gesellschaft Livlands aufwuchs, als diejenigen, die ihn lebenslang geprägt hatte. Von besonderer theologischer Bedeutung war der Einfluss der lutherischen Frömmigkeit des Baltikums, die durch den Herrenhuter Pietismus und die Lieder Paul Gerhardts

39 Zur Biografie Harnacks vgl. weiterhin *Zahn-Harnack*, Harnack (die erste Auflage ist der zweiten von 1951, *Zahn-Harnack*, Harnack, 2. Aufl., wegen ihres ungekürzten Inhalts vorzuziehen), *Nowak*, Einführung und *Nottmeier*, Harnack. Wenig, bis gar nicht wurde bislang die niederländische, gründlich erarbeitete und umfassende Biografie über Harnack von Kornelis Sietsma von 1933 beachtet (vgl. *Sietsma*, Adolf von Harnack). Für den Literaturhinweis danke ich Prof. Dr. Jan N. Bremmer (Groningen) herzlich. Harnack selbst verfasste keine Autobiografie, hielt aber 1923 einige „Lebenserinnerungen" inklusive einer Reflexion über seine Vorfahren fest (handschriftlicher Entwurf in: SBB PK, NL Harnack, K 13, Mp. Lebenserinnerungen; gedruckt als *Harnack*, Meine Zeitgenossen, 1929).

40 S. zu Anna Harnack das Biogramm, S. 504, zu Axel Harnack das Biogramm, S. 504, zu Erich Harnack das Biogramm, S. 505 und zu Otto Harnack das Biogramm, S. 505.

41 Vgl. Harnack an Wilhelm [Stintzing] am 1./13. Oktober [1867] [„1866 oder 1867" handschriftlich ergänzt], in: SBB PK, NL 217, Adolf von Harnack, Mp. 1, o.Bl. [Entwurf], in dem Harnack das Sommerleben der adligen Oberschicht beschreibt. Der Brief wird in meinem Beitrag über „Harnack's University Politics and the Baltic" in einem von Jan Bremmer, Christoph Markschies, Priit Rohtmets herausgegebenen Band bei Mohr Siebeck erscheinen. Agnes von Zahn-Harnack deutet die Schwierigkeiten des Wechsels nur an (vgl. *Zahn-Harnack*, Harnack, 34f.).

und deren Theologie beeinflusst worden war und die Harnack sein Leben lang bewahrte.[42]

Nach dem Abitur 1868 schrieb Harnack sich 1869 an der Dorpater Universität für Theologie ein, wo er insbesondere bei dem Kirchenhistoriker Moritz von Engelhardt und dem Ethiker Alexander von Oettingen, der sich als „Moralstatistiker" verstand, weil er durch statistisches Material die Sozialethik auf eine empirische Grundlage zu stellen beabsichtigte, studierte.[43] Harnacks wissenschaftliche Exzellenz zeigte sich schon während seines Studiums, als er 1870 die Goldene Preismedaille für seine Schrift über den heterodoxen Theologen des 1./2. Jahrhunderts, Marcion, erhielt, dessen Theologie ihn zeitlebens begleiten sollte.[44] Im Jahr zuvor hatte er bereits eine Preispredigt über Mt 16,13–18 geschrieben, diese dann aber wieder zurückgezogen.[45] An seiner Statt gewann der drei Jahre ältere Nathanael Bonwetsch die silberne Medaille der theologischen Fakultät für seine Predigt über denselben Text, der 1868 bereits die Goldmedaille für seine Studie über die *Arcandisciplin* erhalten hatte.[46] 1871/72 legte Harnack das *Examen pro gradu* und die zugehörige Examenspredigt ab, das ihn zur weiteren akademischen Qualifikation befähigte.[47]

Während seines Studiums war Harnack Mitglied der Verbindung *Livonia*, der auch seine Brüder, aber auch langjährige Freunde wie Gustav Bunge angehörten.[48] Harnack nahm wie seine Brüder und Freunde an dem studentischen Verbindungs-

42 Zu seiner Frömmigkeit vgl. *Cymorek/Graf*, Zwei unbekannte Texte Zahn-Harnacks, 84, *Nowak*, Bürgerliche Bildungsreligion, 348, *Nowak*, Einführung, 44 und *Markschies*, Adolf von Harnack, 86–88, 94. Zum Einfluss der Herrnhuter auf die livländische Kirche hatte Harnacks Vater Theodosius 1860 eine wegweisende Studie veröffentlicht (vgl. *Harnack*, Kirche Livlands und herrnhutische Brüdergemeinde [sic]).

43 Zum Einfluss von Engelhardts vgl. *Blaser*, Geschichte, Kirchengeschichte, Dogmengeschichte, 121–125, *Neufeld*, Harnacks Konflikt, 184–201, *Meijering*, Hellenisierung des Christentums, 15–17, *Nottmeier*, Harnack, 44–46 sowie ebd., 42–44 zum Studium bei von Oettingen.

44 Vgl. *Steck (Hg.)*, Adolf Harnack: Marcion, *Kinzig*, Harnack, Marcion und das Judentum, 43–57 und *Frey*, Theologische Fakultät Dorpat-Jurjew, 72.

45 Vgl. die „Preispredigt geschrieb[en] für 12. Decemb[er] 1869" über Matth. 16,13–18 (das Petrusbekenntnis), in: SBB PK, NL Harnack, K 13, Mp. Predigten, Bl. 1^r–24^v. Nach *Steck (Hg.)*, Adolf Harnack: Marcion, XVIIIf. reichte Harnack die Predigt zwar ein, zog sie aber „vorzeitig aus dem Beurteilungsverfahren" zurück. Zu der von Steck ebd., XIX, Anm. 21 angekündigten Edition dieser ersten Predigt scheint es nicht gekommen sein.

46 Vgl. *Frey*, Theologische Fakultät Dorpat-Jurjew, 71f. und *Bonwetsch*, Arcandisciplin (s. dazu auch Nr. 45, *Briefwechsel*).

47 Vgl. *Bloth (Hg.)*, Adolf Harnacks „erste Predigt". Wie aus Anm. 45deutlich geworden sein dürfte, handelte es sich demnach bei der von Bloth edierten Examenspredigt nicht um Harnacks „erste Predigt".

48 Vgl. *Livonia*, Stiftungsfest, 1872.

leben teil, versuchte aber zugleich der Vereinigung einen wissenschaftlicheren Charakter zu verleihen, was ihm ob des Widerstands der Mehrheit der Verbindungsstudenten nicht gelang.[49] Nach Agnes von Zahn-Harnack lag hierin auch einer der Gründe, die ihn im Oktober 1872 motivierten, sich akademisch in Leipzig weiter zu qualifizieren.[50] Der Umzug nach Leipzig, der gleichzeitig mit demjenigen seines Zwillingsbruders, des Mathematikers Axel Harnack, nach Erlangen stattfand, dürfte zugleich der politischen Situation im Baltikum geschuldet gewesen sein, die sich durch eine zunehmende russische Inkulturationspolitik, die sog. „Russifizierung", auszeichnete.[51] Nicht zuletzt sollte man auch in Rechnung stellen, dass Harnack weiterführende theologische Impulse suchte, die er an der kleinen Dorpater Fakultät, an der er sieben Semester studiert hatte, nicht mehr zu finden hoffte.[52] Beide Studienorten – Dorpat wie Leipzig – veranschaulichen schließlich seine Herkunft aus dem konfessionellen Luthertum.[53]

Harnack erlangte 1873 mit einer Dissertationsschrift an der Leipziger philosophischen Fakultät den Doktor philosophiae. 1874 qualifizierte er sich an der theologischen Fakultät mit der Lizentiatsprüfung und -schrift sowie der sich anschließenden Habilitationsprüfung für die *venia legendi* im Fach Kirchengeschichte. In beiden Schriften befasste er sich mit der Gnosis, wodurch er seinen Schwerpunktsetzung in der älteren Kirchengeschichte festlegte.[54] Es folgten bis 1879 Jahre als Privatdozent und Extraordinarius in Leipzig, in denen er einen festen Schülerkreis aufbaute, zu dem der spätere Redakteur der Zeitschrift *Die Christliche Welt*, Martin Rade, und der Hallenser Kirchenhistoriker, Friedrich Loofs gehörten. Außerdem gründete Harnack 1876 mit seinem Leipziger Kollegen, dem Neutestamentler Emil Schürer, mit dem zusammen er ab 1879 auch in Gießen lehrte, die *Theologische Literaturzei-*

49 Vgl. *Zahn-Harnack*, Harnack, 41–47.

50 Vgl. ebd., 49–51.

51 So auch *Donnert*, Die Universität Dorpat, 54. Vgl. dazu ebd., 58–69 und *Garleff*, Die Baltischen Länder, 80–82; zu Axel Harnack s. Biogramm, S. 504. Auch Harnacks zwei jüngere Brüder, der Pharmakologe, Erich Harnack, und der Literaturwissenschaftler, Otto Harnack, wechselten wenige Jahre später zur akademischen Qualifikation nach Deutschland; Erich erst nach Straßburg, dann nach Göttingen (s. das Biogramm, S. 505 und Biogramm, S. 505).

52 So auch *Weinhardt*, Ritschl–Harnack, 108f., der dort weitere Dorpater Theologen nennt, denen es „an der heimischen Universität so sehr zu eng geworden war, dass sie ihre berufliche Laufbahn änderten" (ebd., 108), sowie Harnack an Bunge am 20.10.1875 (in: *Nottmeier/Osthövener*, Harnack-Bunge, 318f.).

53 Zu Harnacks konfessioneller Prägung s. *Weinhardt*, Ritschl–Harnack, 63–68.

54 Vgl. *Harnack*, Zur Quellenkritik, 1873 und *Harnack*, De Apellis, 1874; s. dazu *Kinzig*, Harnack, Marcion und das Judentum, 57–60 und die Briefe an Engelhardt, in: *Neufeld*, Harnacks Konflikt, 186f. und 190f.

tung als Rezensionsorgan der historisch-kritischen Theologie.[55] Nachdem er 1873 eine Anfrage aus Breslau abgelehnt hatte, stand er 1875/76 zeitweilig für eine kirchenhistorische Professur im lutherischen Straßburg zur Debatte und wurde ihm parallel 1875 eine Dozentur in Dorpat angeboten, die er zuerst annahm, dann aber ablehnte, als man ihn in Leipzig zum Extraordinarius beförderte.[56] Denn schon zu diesem Zeitpunkt hatte sich Harnack insofern von der lutherischen Theologie des Baltikums gelöst, als er die dortige Richtung nach eigener Auffassung nicht mehr vollständig vertreten konnte.[57]

Zum April 1879 schließlich berief ihn die Universität des Großherzogtums Hessen als kirchengeschichtlichen Ordinarius an die Theologische Fakultät in Gießen, die zwischen 1878 und 1882 von dem Alttestamentler Bernhard Stade neu organisiert wurde.[58] Diese Position erlaubte Harnack am 27. Dezember 1879 Amalie Thiersch zu heiraten, mit der er sieben Kinder bekam.[59] Da die Ausübung eines Ordinariats üblicherweise die theologische Doktorwürde erforderte, verlieh ihm die Marburger theologische Fakultät dieselbe im Oktober 1879 *honoris causa*.[60] Das liberale und zugleich arbeitsame Klima der Gießener Fakultät erlaubte Harnack nicht nur die Ausbildung hessischer und internationaler Theologen, sondern auch die Abfassung seines *opus magnum*, des *Lehrbuchs der Dogmengeschichte*, das ihn als historisch-kritischen Theologen in der Nachfolge Albrecht Ritschls auswies, mit dem er zwischen 1875 und 1889 korrespondierte.[61] Bereits im Studium war er unter der Leitung Moritz von Engelhardts mit Ritschls erstem Hauptwerk über die *Entstehung der altkatholischen Kirche* in Kontakt gekommen.[62] Die Theologie Ritschls begleitete ihn nach eigener Aussage kontinuierlich in seiner weiteren theologischen

55 Zur Gründung der ThLZ s. *Karpp*, Theologische Literaturzeitungund *Petzoldt*, Gründung und Entwicklung, 351–356.

56 Vgl. *Frey*, Theologische Fakultät Dorpat-Jurjew, 173, den Brief Harnacks an Theodor Zahn vom 12.12.1875, in: *Hauck*, Briefe Harnacks an Theodor Zahn, 499f., *Bloth (Hg.)*, Adolf Harnacks „erste Predigt", 74f., *Steck (Hg.)*, Adolf Harnack: Marcion, 389, 10 und *Weinhardt*, Reorganisation der Theologischen Fakultät Straßburg, 221–227.

57 Vgl. Harnack an Theodor Zahn am 12.12.1875, in: *Hauck*, Briefe Harnacks an Theodor Zahn, 499f.; s. auch Fanny von Anrep an Axel Harnack am 24.10./05.11.1873, in: *Anrep*, Briefe 1873–1909, 3f. sowie ebd., 11, 13; Harnack an Bunge am 20.10.1875, in: *Nottmeier/Osthövener*, Harnack-Bunge, 321; Harnack an Ritschl am 19.02.1876, in: *Weinhardt*, Ritschl–Harnack, 133f. und *Neufeld*, Harnacks Konflikt, 191f.

58 Vgl. *Stade*, Reorganisation und *Biester*, Harnacks Berufung an die Theol. Fakultät Giessen.

59 Vgl. *Nowak*, Einführung, 11.

60 Vgl. *Biester*, Harnacks Berufung an die Theol. Fakultät Giessen, 127. Zu den akademischen Graden und Positionen s.o. , Abschnitt 2.1, S. 15.

61 Vgl. *Weinhardt*, Ritschl–Harnackund *Harnack*, Dogmengeschichte, 4. Aufl., 1909, 3 Bde.

62 Vgl. *Steck (Hg.)*, Adolf Harnack: Marcion, 389 und Harnack an Ritschl am 19.12.1885, in: *Weinhardt*, Ritschl–Harnack, 415f.

Entwicklung, die 1885 in der Veröffentlichung des ersten Bandes des *Lehrbuchs der Dogmengeschichte* kulminierte.[63]

Der Einfluss Ritschls auf die Theologie Harnacks lässt sich u.a. an seiner Auffassung über die Entstehung der katholischen Kirche nachvollziehen, die um die Wende vom 2. zum 3. Jahrhundert unter dem Eindruck der griechischen Philosophie und Kultur entstanden sei.[64] Diese Entwicklung bezeichnete Harnack als „Hellenisierung" des Christentums, ein Terminus, der nach Christoph Markschies seit Johann Gustav Droysen zum Repertoire der Althistoriker und Patristiker gehörte und bei dessen Verwendung Harnack außerdem auf die Theorien des durch Georg Wilhelm Friedrich Hegel geprägten Tübinger Theologen Ferdinand Christian Baur zurückgriff.[65] Außerdem rezipierte Harnack im dritten Band des *Lehrbuchs der Dogmengeschichte* Ritschls Lutherinterpretation, die ihn zugleich von derjenigen seines Vaters Theodosius Harnack trennte und die sich in der Unterscheidung zwischen dem „ganzen" und dem „wahren" Luther nachvollziehen lässt, von denen man den ersteren noch der katholischen und mittelalterlichen Theologie habe zurechnen müssen.[66] Gleichwohl waren zum Zeitpunkt der Publikation des dritten Bandes 1890 bereits beide Theologen, Ritschl und Theodosius Harnack, die sich in den Jahren zuvor noch einen erbitterten literarischen Kampf um die richtige Lutherinterpretation geliefert hatten, verstorben.[67]

---

63 Vgl. ebd.; zum Einfluss der Theologie Ritschls auf die Harnacksche s. *Blaser*, Geschichte, Kirchengeschichte, Dogmengeschichte, 89–95, *Meijering*, Theologische Urteile, 1–5, *Meijering*, Hellenisierung des Christentums, 18f., 45f., *Neufeld*, Harnack. Theologie, 46–64, *Neufeld*, Harnacks Konflikt, 43–65, *Neufeld*, Ritschl und Harnack, *Weinhardt*, Ritschl–Harnack, 1–4, 61–113, *Zachhuber*, Zwischen Idealismus und Historismus, 318–323 und *Nottmeier*, Harnack, 66–80.

64 Vgl. *Harnack*, Dogmengeschichte, 4. Aufl., 1909, Bd. 1, 337–339; zum Einfluss Ritschls auf diese These s. *Lessing*, Geschichte Theologie, 93, 96, *Völker*, Harnack als Kirchenhistoriker, 215, 224, *Rohls*, Prot. Theologie der Neuzeit I, 788, *Basse*, Konzeptionen, 54f., *Zachhuber*, Zwischen Idealismus und Historismus, 318f. und *Markschies*, Hellenisierung des Christentums, 56.

65 Vgl. ebd., 42–49. Zum Konzept der „Hellenisierung" bei Harnack vgl. *Meijering*, Hellenisierung des Christentums, *Jantsch*, Entstehung des Christentums, 134–139, *Rowe*, Harnack and Hellenization und *Markschies*, Hellenisierung des Christentums, 49–58 (zu Baur s. ebd., 50).

66 Vgl. *Harnack*, Dogmengeschichte, 4. Aufl., 1909, Bd. 3, 810–868 und *Meijering*, Der „ganze" und der „wahre" Luther. Das Zitat mit dem „ganzen" und „wahren" Luther findet sich allerdings nicht in dem benannten Abschnitt über Luthers Theologie, sondern am Ende desjenigen über Augustin (*Harnack*, Dogmengeschichte, 4. Aufl., 1909, , Bd. 3, 139). Zu Harnacks Lutherrezeption in der DG s. außerdem *Bosch*, Lutherreceptie bij Harnack, *Bosch*, Harnacks Lutherreceptie und *Rohls*, Prot. Theologie der Neuzeit I, 790–792 sowie zu seinem „Beitrag zur Lutherrenaissance" s. *Assel*, Harnacks Beitrag.

67 Vgl. *Meijering*, Der „ganze" und der „wahre" Luther, 3–10; zu Albrecht Ritschl s. das Biogramm, S. 547 und zu Theodosius Harnack das Biogramm, S. 505.

Aufbauend auf seiner Theorie zur Entstehung der katholischen Kirche griff Harnack in den 1890er Jahren auch Ritschls Warnung vor einer vermeintlich drohenden „Katholisierung" des Protestantismus auf. Harnack rezipierte damit einen protestantischen Kampfbegriff, den der Göttinger Theologe bereits 1880 in seiner *Geschichte des Pietismus* gebraucht hatte.[68] Zugleich wird deutlich, dass Harnack sich insofern von Ritschl distanzierte, als er ihn als den „letzte[n] lutherische[n] Kirchenvater" bezeichnete, der noch in Verbindung mit der lutherischen Orthodoxie gestanden habe.[69] Harnack verstand seine eigene Position hingegen als eine von der lutherischen Orthodoxie differierende Theologie.

Neben diesen okkasionellen Verortungen Ritschls äußerte Harnack sich 1897 und 1922 zweimal explizit zu Ritschl und seiner Schule, das erste Mal anlässlich der Studie Gustav Eckes, des damaligen Leiters des Bremer Diakonissenhauses, und das zweite Mal anlässlich einer Gedenkfeier zu Ritschls 100. Geburtstag in Bonn.[70]

Ecke, ein positiv-biblizistischer Pastor, hatte es in seiner Studie unternommen, die Theologie Ritschls und die daraus entstandene Ritschlschule zu untersuchen, was Harnack für ein lobenswertes und gelungenes Unternehmen hielt. Harnack zufolge fehlten allerdings drei Elemente in Eckes Studie. Erstens habe Ritschl immer ein einheitliches theologisches System aufbauen wollen, er habe zweitens eine auf der Geschichte fußende Theologie konzipiert und er sei drittens ein zutiefst „antikatholischer" Theologe gewesen.[71] In diesem Sinne habe er den Pietismus „als Katholizismus in evangelischer Drapierung" bekämpft.[72] Insbesondere in Bezug auf das Verhältnis des Protestantismus zum Katholizismus betonte Harnack nochmals den Unterschied zwischen Ritschls und seiner eigenen Theologie, da er das oppositionelle Gegenüber zur katholischen Kirche nicht mehr auf die Art und Weise vertreten wollte, wie es der Göttinger Theologe getan habe.[73] Über diesen Aspekt hinaus enthielt der Kirchenhistoriker sich 1897 einer Beurteilung der übrigen Ritschlianer, da sie ihm „zu nahe" stünden, um über sie zu urteilen.[74]

---

68 Vgl. *Harnack*, Lage des Protestantismus, 1896b, 140–151 und *Harnack*, Bedeutung der Reformation, 1899, 307; s. dazu *Nottmeier*, Harnack, 93 mit Rekurs auf *Ritschl*, Geschichte des Pietismus, Bd. 1, 36–61 und *Beyrich*, Wieviel Positivität, 217.

69 *Harnack*, Lage des Protestantismus, 1896b, 139. Zur Distanzierung von Ritschl s. auch Harnack an Gustav Krüger am 11.09.1896, in: SBB PK, NL Harnack, K 35, Mp. Krüger, Bl. 69^{r}–70^{v}: 69^{v} und *Weinhardt*, Ritschl–Harnack, 2–4 sowie ebd., 80–86 zu Harnacks Kritik an Ritschls *Unterricht*.

70 Vgl. *Harnack*, Ritschl und seine Schule, 1897 mit Rekurs auf *Ecke*, Die theologische Schule Ritschls und *Harnack*, Albrecht Ritschl, 1922.

71 *Harnack*, Ritschl und seine Schule, 1897, 352f.

72 Ebd., 353.

73 Vgl. ebd., 359.

74 Ebd., 358.

1922 hielt Harnack die Rede zum 100. Geburtstag Albrecht Ritschls an der Universität Bonn, an der dieser zwischen 1846 und 1864 als Privatdozent und Extraordinarius für Neues Testament gelehrt hatte.[75] Er zeichnete darin ein biografisch-theologisches Charakterbild, das sowohl auf die Ritschl beeinflussenden Gedanken Hegels und Baurs wie auch auf deren Weiterentwicklung in dessen eigenen Werken einging. An beiden Publikationen zu Ritschl wie auch an den zuvor genannten Äußerungen wird Harnacks ambivalentes Verhältnis zu dem Göttinger Theologen deutlich. Auch wenn er bleibende Impulse in der Beurteilung der ältesten Kirchengeschichte und des Katholizismus und die hohe Wertschätzung Martin Luthers von Ritschl empfangen hatte, distanzierte der Kirchenhistoriker sich von dessen antikatholischen Affekten und lutherisch-orthodoxen Ansichten.[76]

An den Berufungsverfahren Harnacks in Leipzig 1885 und in Marburg 1886, von denen unten noch die Rede sein wird,[77] zeigt sich deutlich, dass das im Dezember 1885 erschienene *Lehrbuch der Dogmengeschichte* den Wendepunkt in der Wahrnehmung der Harnackschen Theologie bildete. Bis dahin hatte Harnack sich – obgleich an die als liberal angesehene theologische Fakultät in Gießen berufen – noch nicht eindeutig von der lutherischen Theologie Dorpat-Leipziger Prägung abgegrenzt, sodass er sowohl 1875 in Straßburg und Dorpat als auch 1885 in Leipzig für lutherisch-konfessionelle Lehrstühle zur Debatte stand.[78] Mit dem *Lehrbuch der Dogmengeschichte* präsentierte er sich nun als ein Theologe des Historismus, der mit seiner dogmenhistorischen Forschung eine „theolog[ische] Geschichtsschreibung" betreiben wolle, „die nicht Tübingisch", das heißt in der Art Ferdinand Christian Baurs, sei.[79] Während Harnack sich in den 1880er und -90er Jahren noch scharf von der Baurschen Geschichtstheologie abgrenzte, was möglicherweise auch der zeitgenössischen Opposition zur liberalen, in der Tradition Baurs stehenden Theolo-

75 Vgl. *Harnack*, Albrecht Ritschl, 1922.

76 Weinhardt reduziert die Differenz zwischen Ritschl und Harnack auf den „Gegensatz zwischen Rationalismus und Supranationalismus" (*Weinhardt*, Ritschl–Harnack, 3).

77 S.u. Teil I, Abschnitt 1, S. 67–68.

78 Vgl. *Biester*, Harnacks Berufung an die Theol. Fakultät Giessen, 130 und *Weinhardt*, Reorganisation der Theologischen Fakultät Straßburg, 221–227.

79 Harnack an Gustav Krüger am 25.06.1896, in: SBB PK, NL Harnack, K 35, Mp. Krüger, Bl. 63r–64r: 64r. Das Zitat stammt aus zwei folgendermaßen lautenden Sätzen: „Aber vergessen Sie [Krüger, C.K.] nicht, daß Sie wissenschaftlich in einem sehr viel gesicherteren Zustand gekommen sind, als der es war, den ich von c. 1874–1884 durchlebt habe. Damals galt es | [64r] das Recht und Ansehen einer theolog[ischen] Geschichtsschreibung, die nicht Tübingisch war, in foro Germaniae zu begründen und durchzusetzen, die Probleme u[nd] Aufgaben zu finden, die es zu bearbeiten lohnte, und die letzten Versuche principieller Unwissenschaftlichkeit, sich die Facultäten zu erobern, abzuwehren" (ebd., Bl. 63v–64r). Dem Verhältnis von Harnack und Baur ging auch Ernst Troeltsch in der Festgabe zum 70. Geburtstag Harnacks 1921 nach (vgl. *Troeltsch*, Harnack und Baur).

gie Otto Pfleiderers und Ritschls Opposition zu jenem geschuldet gewesen sein dürfte, betonte der Berliner Kirchenhistoriker in späteren Reden und Aufsätzen über seine historische Theologie eher die Nähe zum Baurschen Ansatz, die auch Ernst Troeltsch 1921 diagnostizierte.[80] Trotz der Übereinstimmungen Baurs und Harnacks in der konsequenten Anwendung der historischen Methode lässt sich Harnacks Verhältnis zur Tübinger Schule letztendlich, vermutlich auch aufgrund seiner bleibenden theologischen Loyalität zu Ritschl, eher als distanziert beschreiben.[81]

Zusätzlich zu dem Einfluss von Harnacks theologischer Geschichtswissenschaft auf seine Tätigkeit als Wissenschaftsorganisator ist sein bildungs-, sozial- und wissenschaftspolitisches auch in seiner auf Weltwirksamkeit zielenden christlichen Ethik zu verorten.[82] Harnacks Ethik wurzelte in seiner Vorstellung einer „Religion der Freiheit",[83] die – im Anschluss an Martin Luthers Freiheitsschrift – den Glauben befreie und dadurch zur Nächstenliebe befähige, d.h. zum sozialpolitischen Engagement für die Mitbürger:innen.[84] Diese *vita activa*, die Gangolf Hübinger als „Weltfrömmigkeit" und Kurt Nowak als „weltgerichtete Frömmigkeit" bezeichnet haben,[85] zeigte sich biografisch an mehreren sozialpolitischen Projekten Harnacks, von denen seine Beteiligung am Evangelisch-Sozialen Kongress (ESK), als dessen Präsident er zwischen 1902 und 1911 fungierte, und sein Engagement für die „Frauenfrage" die bedeutsamsten waren.[86] Auch sein wissenschaftsorganisatorisches Engagement im Verein mit Althoff sowie nach 1909 mit Friedrich Schmidt-Ott in der „Kaiser-Wilhelm-Gesellschaft zur Förderung der Wissenschaften" (KWG) und nach 1918 in der „Notgemeinschaft der Deutschen Wissenschaft" entsprang insofern dieser Ethik, als er sich als Christ zur Einwirkung auf gesellschaftlich relevante Bereiche wie der Wissenschaftsorganisation verpflichtet sah.[87]

---

80 Ebd., 282f. Ähnlich urteilt, wie bereits erwähnt, auch Christoph Markschies hinsichtlich der Harnackschen Hellenisierungsthese (vgl. *Markschies*, Hellenisierung des Christentums, 50).

81 *Troeltsch*, Harnack und Baur, 283. Zum Verhältnis Harnacks zu Baur s. außerdem *Richards*, Harnack among Church Historians, 335–339 und *Geese*, Aehnlichkeit der beiden Meister.

82 So auch *Jantsch*, Harnack-Rade, 33f., zu Harnacks Ethik s. *Hübinger*, Harnack, Rade und Troeltsch und *Kampmann*, Harnack zur „Frauenfrage", 85–87.

83 *Harnack*, Evangelisch-soziale Aufgabe, 1894, 31. Zu Harnacks Religionsbegriff s. jetzt *Matern*, Gelebte Religion ohne Dogma und Kirche.

84 Vgl. dazu *Harnack*, Evangelisch-soziale Aufgabe, 1894, 29–33, 51.

85 *Hübinger*, Kulturprotestantismus und Politik, 171 und *Nowak*, Bürgerliche Bildungsreligion, 348.

86 Vgl. dazu *Zahn-Harnack*, Harnack, 215–227, *Drehsen*, Evangelisch-sozialer Kongreß, *Jantsch*, Harnack-Rade, 31–45, *Rebenich*, Mommsen-Harnack, 518–537, *Nowak*, Sozialpolitik als Kulturauftrag, *Nottmeier*, Harnack, 189– 232, 331–362 und *Kampmann*, Harnack zur „Frauenfrage", 113–243 (ebd. unter besonderer Berücksichtigung der „Frauenfrage" im ESK).

87 Zu Harnacks wissenschaftspolitischer Tätigkeit in den 1920er Jahren s. *Nowak*, Einführung, 86f., 91–95 und *Nottmeier*, Harnack, 477–484und jetzt *Powers*, Harnack, Jaeger, 43–126.

Schließlich liegt Harnacks bildungs- und wissenschaftspolitischem Engagement auch ein theologisch fundierter Bildungsbegriff zugrunde. Der Kirchenhistoriker wollte das Schul- und Universitätswesen als ein einheitliches von der untersten bis zur obersten Stufe konzipieren[88] und Bildung zugleich nicht auf schulische und universitäre Bildung beschränken, sondern auch in Fortbildungskursen und Volkshochschulen fördern.[89] Harnack verstand, wie er in seinem Vortrag über die *Bedeutung des modernen Bildungsstrebens* 1902 resümierte, unter Bildung einen Prozess, der es ermögliche, sich erstens mit der Natur ins Verhältnis zu setzen, zweitens den Menschen und sein Handeln zu verstehen und drittens einen Beruf zu erlernen.[90] Bildung bedürfe dabei immer einer ethischen Rückbindung, da sie wirkungslos bliebe, wenn sie nicht in einer „Persönlichkeit […] [mit] Charakterstärke" wurzele.[91] Die Persönlichkeit des Schülers oder der Schülerin müsse primär durch die als Vorbild dienende Persönlichkeit des Lehrers oder der Lehrerin und deren ethisch-moralische Erziehung geschaffen werden.[92] Die Bedeutung des Elternhauses für die Bildung reflektierte Harnack an dieser Stelle vermutlich deshalb nicht, weil er sie als selbstverständlich voraussetzte. An dem Erziehungsideal, das er an seinen Kindern erprobte, tritt der grundlegende Einfluss der Eltern auf die Persönlichkeitsbildung des Kindes zutage.[93] Harnacks Verständnis von Bildung als „Persönlichkeitsbildung", das Vorstellungen Johann Wolfgang von Goethes rezipierte,[94] bot ihm die Möglichkeit Bildung, Ethik und Frömmigkeit zu verbinden. Alle Bildung ziele auf eine Persönlichkeit ab und gründe wiederum in derselben. Die Persönlichkeit basiere ebenso auf einer ethisch-moralischen Stärke wie auf dem persönlichen Glauben.[95] Die Ausbildung der Persönlichkeit komme dadurch

88 Vgl. Nr. 328, *Briefwechsel*.

89 Vgl. grundlegend *Harnack*, Bedeutung des modernen Bildungsstrebens, 1902 (zur Verbreitung des Vortrags s.u. Anm. 10) sowie außerdem *Harnack*, Über wissenschaftliche Erkenntnis, 1913, 176f. und *Harnack*, Notwendigkeit des Gymnasiums, 1904. Zu seinem Bildungsverständnis s. *Nowak*, Bürgerliche Bildungsreligion, *Schröder*, Wiedergewonnene Naivität, *Kampmann*, Harnacks Beteiligung, 212f., *Kampmann*, Harnack zur „Frauenfrage", 166–172 und *Matern*, Gelebte Religion ohne Dogma und Kirche, 792.

90 Vgl. *Harnack*, Bedeutung des modernen Bildungsstrebens, 1902, 85f.

91 Ebd., 101f.

92 Vgl. ebd., 101.

93 Zu Harnacks Verhältnis zu seinen Kindern und der Förderung ihrer Bildung s. *Kampmann*, Harnack zur „Frauenfrage", 70–82. Zur frühkindlichen Bildung im wilhelminischen Kaiserreich s. *Groppe*, Bildungsgeschichte des Bürgertums, 141–198 sowie zur männlichen und weiblichen Sozialisation ebd., 199–297 und 299–370. Groppe hält dort fest, dass die Familien des Kaiserreichs „überaus kindzentriert" gewesen seien (ebd., 196).

94 *Voigt*, Goethe-Rezeption, 100, zur Goethe-Rezeption Harnacks s. ebd., 105f., 109–111, *Nowak*, Bürgerliche Bildungsreligion, 329 und *Barner*, Harnack zwischen Goethekult und Goethephilologie.

95 Vgl. *Harnack*, Bedeutung des modernen Bildungsstrebens, 1902, 103.

zustande, dass der sich bildende und Wissenschaft betreibende Mensch, „in die eigene Seele“ einkehre, um „die Wirklichkeit der Wirklichkeit“ zu erkennen.[96] Diese „Wirklichkeit“ liege in der Seele selbst, die sich durch ein „über die Natur erhöhtes Dasein“ auszeichne.[97] An diese „Wirklichkeit“ müsse man allerdings glauben, da es sich dabei nicht um ein „Wissen“ handele.[98] Mit dieser Charakterisierung der menschlichen Seele schloss Harnack an seine im *Wesen des Christentums* skizzierten Vorstellungen von der Seele an,[99] die er in seinem Vortrag von 1902 – in den Nuancen leicht verändert – noch einmal zusammenfasste: „Dem persönlichen Werte der Menschenseele und ihrem inneren Leben, aber auch jener brüderlichen Verbindung der Menschen, die als Ideal vor uns liegt, entspricht nur der christliche Gottesgedanke: Gott ist der Herr und Er ist die Liebe.“[100] Auf dieser Trias Gottes-, Bruder- und Selbstliebe, von denen die letzteren zwei in der ersteren gründeten, basierte nach Harnacks Verständnis jede Bildung und jeder Wissenserwerb, wie er durch einen schöpfungstheologischen Vergleich zusätzlich illustrierte: „Wie wir von ihm [Gott] und zu ihm geschaffen sind, so soll auch unsre Erkenntnis und Bildung in ihm begründet bleiben. Diese Gesinnung erhebt uns aus dem Vergänglichen ins Dauerhafte und Ewige“.[101]

Das in Gott gründende Weltverständnis ermöglichte es Harnack, das Leben und die darin erworbene Bildung wie auch die Arbeit, um die er die Argumentation ergänzte und mit der er seine auf Luther zurückgehende christliche Berufsethik andeutete,[102] über das Materiell-Vergängliche zu heben. Diese „Grundfigur“ des Harnackschen Denkens zeichnete sich, wie F.W. Graf festhält, durch die „Differenz von empirischem und transzendentalem Ich“ aus, auf der die „Bildung des empirischen Ichs zum höheren sittlichen Selbst“ basiere, die die Kirchengeschichtswissenschaft hervorbringen solle. Harnacks Theorie, die auch für seine „Bestimmungen des Wesens der Religion“ und seine „Kultur- und Geschichtstheorie“ zentral war, hat – so Graf – ihren Ursprung in der Philosophie Immanuel Kants, weist aber auch Einflüs-

---

96 Ebd. Roderich Barths Habilitationsschrift, die Harnacks Seelenbegriff erörtert hat, soll im November 2025 unter dem Titel „Seele nach der Aufklärung“ in der Reihe der „Beiträge zur historischen Theologie“ bei Mohr Siebeck erscheinen.

97 *Harnack*, Bedeutung des modernen Bildungsstrebens, 1902, 103.

98 Ebd.

99 Vgl. *Harnack*, Wesen des Christentums, 1900b, 43–47, bes. 46: „In dem Gefüge: Gott der Vater, die Vorsehung, die Kindschaft, der unendliche Wert der Menschenseele, spricht sich das ganze Evangelium aus.“

100 *Harnack*, Bedeutung des modernen Bildungsstrebens, 1902, 105.

101 Ebd. Dieses Zitat steht im Text direkt hinter dem vorherigen.

102 Der nächste Satz lautet: „sie [die Gesinnung, C.K.] adelt auch die geringste Arbeit und vernichtet jeden bloß scheinbaren Wert.“ (ebd.). Zu Harnacks Berufsethik s. auch. *Kampmann*, Harnack zur „Frauenfrage“, 86f., 167.

se Wilhelm Diltheys auf.[103] Durch die metaphysische Rückbindung in Gott verschaffte Harnack seinem persönlichkeitsbasierten, humanistischen Bildungsverständnis wie auch seiner Ethik ein transzendentales Element, das das religiöse und dauerhafte Fundament der Bildung und des tätigen Handelns sein sollte.

Die skizzierte Theologie, Ethik und Bildungsvorstellung ließ Harnack in sein sozial- und bildungspolitisches Engagement ebenso wie in sein hochschul- und wissenschaftsorganisatorisches Wirken einfließen, zu dem sich ihm ab 1888 in der Reichshauptstadt, an deren Universität er gegen den Widerstand des Evangelischen Oberkirchenrats berufen worden war,[104] weitreichende Möglichkeiten boten. In Berlin war er nämlich nicht nur Präsident des Evangelisch-Sozialen Kongresses und der Kaiser-Wilhelm-Gesellschaft, sondern 1900/01 auch Rektor der Friedrich-Wilhelms-Universität (FWU)[105] und ab 1905, wie unten noch dargestellt werden wird, Generaldirektor der Königlichen Bibliothek.[106] Nachdem er 1911 bereits sein Amt als ESK-Präsident abgegeben hatte, endete seine offizielle Lehrtätigkeit – er führte sein kirchengeschichtliches Seminar noch bis 1929 in seinem Privathaus fort – und sein Generaldirektorenamt 1921 mit der Einführung einer Altersobergrenze in der Weimarer Republik. Bis zu seinem Tod, der ihn in Heidelberg während einer Reise für die KWG am 15. Juni 1930 ereilte, blieb er deren Präsident und wirkte als Mitglied und als Leiter der Kirchenväter-Kommission an der Preußischen Akademie der Wissenschaften. Wie Althoff, starb auch Harnack während seiner Amtsgeschäfte, die er parallel zu seiner kirchenhistorischen und theologischen Forschung in den letzten Lebensjahrzehnten geführt hatte.

3.3 Die *amicitia* zwischen Althoff und Harnack

Die Kooperation zwischen Friedrich Althoff und Adolf Harnack, die ihre Korrespondenz widerspiegelt, basierte auf einer freundschaftlichen Verbindung, einer

---

103 *Graf*, Harnacks Kant-Rezeption, 120 und 139, zur Dilthey-Rezeption vgl. ebd., 130f., 141. Zu dem mit sechs Briefen überschaubaren Briefwechsel zwischen Harnack und Wilhelm Dilthey (1897–1910) vgl. *Dilthey*, Briefwechsel 1896–1905, Nrn. 1043, 1088, 1297 und *Dilthey*, Briefwechsel 1905–1911, Nrn. 1394, 1443, 1695, in dem Diltheys Wertschätzung der Harnackschen Forschungen zum Ausdruck kommt, während Harnacks Lob der Diltheyschen Philosophie eher allgemein gehalten ist. Allein *Dilthey*, Jugendgeschichte Hegels rief größere Begeisterung bei ihm hervor (vgl. Harnack an Dilthey am 09.05.1906, abgedruckt ebd., Nr. 1443). Zu Diltheys „hermeneutische[r] Lebensphilosophie“ vgl. *Rohls*, Prot. Theologie der Neuzeit II, 115–120.

104 S.u. Teil I, Abschnitt 1, S. 69.

105 Vgl. *Nottmeier*, Harnack, 173.

106 S.u. Teil IV, Abschnitt 2.2, S. 404.

amicitia, die sich im Laufe der Jahre entwickelte.[107] Zur Entwicklung dieser *amicitia* trugen maßgeblich die wechselseitigen Einladungen zu privaten Essen mit den Ehefrauen sowie Treffen in Berliner Lokalitäten bei.[108] Zudem sah man sich bei gesellschaftlichen Anlässen, wie den Soireen der Fürstin Maria von Bülow.[109] Beide gehörten allerdings nicht der 1863 gegründeten altliberalen Berliner „Mittwochs-Gesellschaft" an, in der zuerst August Twesten und Isaak August Dorner, später dann Hermann von der Goltz, Paul Kleinert und Harnacks Fachkollege Karl Holl die Theologie vertraten.[110] Auch die alljährlichen Neujahrsgrüße, Grußkarten aus den Ferien, Gratulationen zu verliehenen Titeln oder Ehrungen, Grüße über Dritte und gegen Ende der Korrespondenz die regelmäßigen Grüße an die Ehefrauen Marie Althoff und Amalie Harnack förderten den Aufbau einer freundschaftlichen Beziehung.[111] In späteren Jahren erhielt Harnack außerdem von Althoff Geschenke und Bilder für seine Familie.[112] Zugleich eignete der Verbindung trotz aller freundschaftlichen Züge eine gewisse Distanz, die dem dienstlichen Charakter der Zusammenarbeit geschuldet war. Dies zeigte sich beispielsweise daran, dass man sich bis zum Schluss nicht duzte.[113] Die Einladungen, Grüße und Geschenke dienten der wechselseitigen Versicherung der Diskretion, des Wohlwollens und der Loyalität, die die Grundlage für eine erfolgreiche kirchen- und bildungspolitische sowie hochschul- und wissenschaftsorganisatorische Kooperation bildeten.

Die von Harnack erwartete Loyalität Althoff gegenüber, die er im „Fall Spahn" öffentlich bewies,[114] sicherte sich der Ministerialdirektor im Laufe der Jahre, wie auch bei anderen Gelehrten, durch gelegentliche extraordinäre Gehaltserhöhun-

---

107 Stefan Rebenich hat den Begriff bereits auf die Verbindungen zwischen Theodor Mommsen, Harnack und Althoff angewendet (s. *Rebenich*, Wissenschaftspolitik in Briefen, 77). Dabei hat er hervorgehoben, dass der lateinische Begriff politische Allianzen zwischen römischen Aristokraten implizierte.

108 Zu den privaten Einladungen vgl. die Nrn. 56, 87, 224, 226 und 255, *Briefwechsel* sowie zu den Besuchen in Berliner Lokalitäten s. die Nrn. 88, 129, 234, 262.1 mit Anm. 4 und 363.1, *Briefwechsel*. Im Gästebuch der Familie Harnack trugen sich nur Familienmitglieder oder enge Freunde ein, nicht aber geschäftliche Besucher:innen (vgl. Album amicitiae, in: SBB PK, NL 217, Adolf von Harnack). Zu den wechselseitigen Einladungen zwischen Mommsen und Althoff s. *Rebenich/Mommsen-Harnack*, Mommsen-Althoff, 46.

109 Zu ihren Soireen vgl. *Wilhelmy*, Der Berliner Salon im 19. Jh., 617–619.

110 Vgl. *Besier*, Die Mittwochs-Gesellschaft im Kaiserreich, 308–312.

111 Vgl. die Nrn. 223, 208 und 325, *Briefwechsel*. Althoff ließ Harnack beispielsweise durch Paul Fridolin Kehr grüßen, als jener Rom besuchte (vgl. Althoff an Kehr am 04.04.1904, in: GStA PK, VI. HA, NL Althoff, Nr. 1081, Bl. 64^r–65^v: 65^v).

112 Vgl. die Nrn. 136, 147, 212, 232 und 311, *Briefwechsel*.

113 Zu den „formalen Charakteristika und den Kommunikationsmustern der Korrespondenz" vgl. unter der gleichnamigen Überschrift *Kinzig/Kampmann*, Briefwechsel Harnack-Althoff, I. 3..

114 S.u. Teil II, Abschnitt 6.3, S. 248.

gen.[115] Die seit 1891 mehrfach erteilte Bewilligung außerordentlicher Mittel für die kirchenhistorische Bibliothek, die Harnack wiederholt beantragte, zählten nicht primär zu diesen loyalitätsfördernden Zahlungen, sondern zu Althoffs wissenschaftspolitischem Ziel, adäquat ausgestattete Universitätsinstitute aufzubauen.[116] Obwohl Harnack 1894, also sechs Jahre nach seinem Wechsel nach Berlin, vom Kultusministerium eine Gehaltserhöhung in Aussicht gestellt wurde, erhielt er vorerst nur ein jährliches Extraordinarium von 600 M.[117] Nachdem Harnack 1897 anstelle der extraordinären jährlichen Remuneration eine reguläre Gehaltserhöhung von 600 M.[118] und 1902 von 400 M. jährlich zugewiesen worden war und er somit 9400 M. Jahresgehalt plus 900 M. Wohngeldzuschuss sowie sein Akademiegehalt von 900 M. (also jährlich insgesamt 11200 M.) bezog,[119] garantierte das Kultusministerium ihm 1903 schließlich, dass es die Vorlesungshonorare für „eine vierstündige Privatvorlesung" und für ein zweistündiges Seminar oder eine öffentliche, unentgeltliche Vorlesung auf 12000 M. aufrunden werde – wohlgemerkt zusätzlich zu seinem Gehalt –, wenn die tatsächlichen Kollegiengelder unter diesem Betrag bleiben sollten.[120] Dadurch wurde Harnack unabhängig von den tatsächlichen Zuhörerzahlen seiner Vorlesungen, die insofern von finanzieller Bedeutung waren, als sie die Höhe der Kollegiengelder bestimmten. Die anderen Professoren an der evangelisch-theologischen Fakultät mussten währenddessen mit den Kollegen ihres Faches um die Studierenden konkurrieren. Seit 1905 kam außerdem noch das Gehalt als Generaldirektor der Königlichen Bibliothek hinzu, das sich auf 6000 M. belief, sodass er – mit 54 Jahren – insgesamt 29200 M. einnahm, wie schon Bernhard vom Brocke festgehalten hat.[121]

---

115 Vgl. ähnliche Beispiele der Loyalitätsförderung in den philosophischen Fakultäten bei *Spenkuch*, Preußische Universitätspolitik, 7.

116 Harnacks Gesuche um Bibliothekszuschüsse wurden mit Ausnahme des ersten vom 17.04.1891 (Nr. 67.1, *Briefwechsel*) nicht in die Briefedition aufgenommen, weil sie sich formal und inhaltlich ähneln (s. dazu GStA PK, I. HA, Rep. 76 Va, Sekt. 2, Tit. X, Nr. 1, Bd. VI). Zudem waren sie meist direkt an den Kultusminister adressiert, weshalb sich Harnack nur im oben genannten Fall gesondert bei Althoff bedankte (vgl. Nr. 67, *Briefwechsel*).

117 S. die Nrn. 96, 97 und 108, *Briefwechsel* sowie unten Teil I, Abschnitt 2.6, S. 104.

118 Vgl. Nr. 125, *Briefwechsel*.

119 Vgl. Nr. 191, *Briefwechsel*. Rudolf Virchow erhielt 1900 mit 79 Jahren ebenso viel Gehalt (vgl. *Goschler*, Rudolf Virchow, 127).

120 Nr. 220, s. außerdem die Nrn. 218 und 221, *Briefwechsel*.

121 Vgl. *Brocke*, Berufungspolitik und Berufungspraxis, 66. Vom Brocke entnimmt die Zahlen den Notizen unter dem von Friedrich Schmidt-Ott abgeschriebenen Erlass vom 10.11.1903 (s. Nr. 220, *Briefwechsel*, Anm. 2). Als Präsident der KWG erhielt er seit 1913 außerdem eine Aufwandsentschädigung von 15000 M. jährlich, plus 5000 M. seit 1927 (vgl. *Brocke*, Berufungspolitik und Berufungspraxis, 67).

Diese Zusicherung des Kultusministeriums und die hohen Gehälter verdeutlichen die außergewöhnliche Position, die Harnack an der Universität, in der Ministerialbürokratie und im Wissenschaftskosmos Berlins einnahm. Zugleich sind die Gehaltserhöhungen und Zusicherungen im Zusammenhang der von Althoff betriebenen, 1897 umgesetzten Reform der Professorenbesoldung zu verorten, die die Erhöhung des Grundgehalts bei gleichzeitiger Deckelung der Kolleggelder nach sich zog.[122] Die Ordinarien, die, wie Harnack, vor der Reform nach Preußen berufen worden waren, durften entscheiden, ob sie die alte Regelung, d.h. ein niedrigeres Grundgehalt und unbegrenzte Kolleggelder, oder die neue Ordnung, d.h. altersentsprechend steigende Gehälter und gedeckelte Kolleggelder, wählen wollten. In Harnacks Fall erscheint es möglich, dass er sich 1897 für die neue Regelung entschied, da er Ende dieses Jahres eine Gehaltserhöhung erhielt.[123] Allerdings zeigt der Vergleich mit den Einstiegs- und Endgehältern, die in Berlin bei 4800 M. resp. 8400 M. lagen,[124] dass Harnack bereits bei seiner Berufung 1888 das Maximalgehalt erhalten hatte.[125] Außerdem ist anzunehmen, dass die Deckelung der Kolleggelder für den Theologen unerheblicher als beispielsweise für Ordinarien in Fakultäten mit hohen Hörerzahlen war, die nach Geppert zwischen 10000 und 30000 M. Kolleggelder einnehmen konnten.[126] Denn der theologischen Fakultät gehörten 1903 nur noch 366 Studenten an, während es 1887/88 noch 801 gewesen waren.[127] Vielmehr bedeutete für Harnack die Aufrundung der Kolleggeldeinnahmen einen monetären Gewinn, den dieser zu schätzen wusste.[128] Dieses ministeriale Vorgehen stellt einen Sonderfall dar, der, wie bereits erwähnt, die exzeptionelle Position des Kirchenhistorikers verdeutlicht.

Zum geschäftlichen Teil der *amicitia* gehörte auch, dass Harnack Althoff Exemplare seiner aktuellen Publikationen zusandte, obwohl bekannt war, dass Althoff diese ungelesen ins Regal stellte, wahrscheinlich auch, weil er täglich von zahlreichen Professoren deren Veröffentlichungen erhielt.[129] Althoff antwortete dennoch gelegentlich, selten auch inhaltlich auf die Büchersendungen Harnacks, was mög-

122 S. dazu *Andernach*, Der Einfluß der Parteien, 139–141, *Brocke*, Berufungspolitik und Berufungspraxis, 64–68 und *Geppert*, Glanz und Elend, 405–407.

123 S. Nr. 125, *Briefwechsel*.

124 *Geppert*, Glanz und Elend, 406 gibt 7200 M. als Maximalgehalt an.

125 Vgl. Althoff an Harnack am 11.06.1888 (Nr. 20, *Briefwechsel*) und Harnack an Seeberg am 26.12.1892 (Nr. 78.1, *Briefwechsel*).

126 Vgl. *Geppert*, Glanz und Elend, 407, Anm. 140.

127 S. Harnacks eigene „Statistik" vom 10.01.1903 (Nr. 200.1, *Briefwechsel*).

128 Vgl. Nr. 221, *Briefwechsel*.

129 Harnack sandte Althoff folgende Publikationen zu: die Festschrift für Theodosius Harnack (Nr. 11, *Briefwechsel*), den zweiten Band der Dogmengeschichte (Nr. 13, *Briefwechsel*), die zweite Auflage des ersten Bandes der Dogmengeschichte (Nr. 17, *Briefwechsel*), den Vortrag *Legenden als*

licherweise ein gewisses Maß an theologischem Interesse nahelegt, was sich aber auch mit einer forschungsstrategischen Wertschätzung Harnacks erklären lassen könnte.[130] In einigen Fällen forderte er auch spezifische Veröffentlichungen Harnacks an.[131]

In welchem Maße die geschäftliche Beziehung zwischen Althoff und Harnack zunehmend freundschaftliche Aspekte entwickelte, zeigen beispielhaft Althoffs Bemühungen um Harnacks Schwiegersohn Emil Frucht, der sich im Mai 1907 mit Harnacks ältester Tochter Anna Harnack verlobt hatte und sie noch im Dezember desselben Jahres heiratete.[132] Wie auch andere Professoren der Theologie oder anderer Disziplinen setzte sich Harnack bei Althoff im Sommer 1908 für bessere Karrierechancen seines Schwiegersohns ein.[133] Althoff versprach, sich an den höchsten militärischen Stellen, nämlich bei dem Kommandanten des Kaiserlichen Hauptquartiers, Generaloberst Hans von Plessen, für Frucht zu verwenden, dessen Antrag auf Beförderung anscheinend nicht weiterbearbeitet worden war.[134] Der Ministerialdirektor erhoffte sich nicht nur die Unterstützung von Plessens bei der Beförderung

---

Geschichtsquellen (Nr. 61, *Briefwechsel*), den dritten Band der Dogmengeschichte (Nr. 63, *Briefwechsel*), den zweiten Teil des Grundrisses der Dogmengeschichte (Nr. 65, *Briefwechsel*), die Schrift über das Apostolikum (Nr. 75, *Briefwechsel*), die Geschichte der altchristlichen Literatur (Nr. 89, *Briefwechsel*), die dritte Auflage des ersten Bandes seiner Dogmengeschichte (Nr. 94, *Briefwechsel*), die dritte Auflage des dritten Bandes der Dogmengeschichte (Nr. 123, *Briefwechsel*), die Vorlesungen über das Wesen des Christentums (Nr. 145, *Briefwechsel*), das Buch *Lukas, der Arzt* (Nr. 312, *Briefwechsel*), das Büchlein über die *Sprüche und Reden Jesu* (Nr. 324, *Briefwechsel*) und seinen Vortrag über *Protestantismus und Katholizismus* (Nr. 326, *Briefwechsel*); s. außerdem Nr. 9, *Briefwechsel*. Zu Althoffs Ignoranz gegenüber den Zusendungen vgl. *Wilamowitz-Moellendorff*, Erinnerungen, 250, *Sachse*, Althoff, 95, *Rebenich*, Mommsen-Harnack, 123 und *Nottmeier*, Harnack, 167.

130 Vgl. die Nrn. 66, 75 und 312, *Briefwechsel*. Althoff schickte Mommsen ebenfalls kurze Antwortkarten (vgl. *Rebenich/Mommsen-Harnack*, Mommsen-Althoff, 46).

131 Vgl. die Nrn. 22, 30 und 200, *Briefwechsel*.

132 Vgl. die Nrn. 343, 354 sowie 381.1 und Harnacks Dank für die Glückwünsche Althoffs zur Hochzeit (Nr. 361, *Briefwechsel*); zu Anna Frucht, geb. Harnack s. *Kampmann*, Harnack zur „Frauenfrage“, 72f.

133 Vgl. die Nrn. 366, 367, 371, 373, 375, 376, 379–381 und 387, *Briefwechsel*. So handelte auch Hermann Cremer für seinen Sohn Ernst Cremer (vgl. *Kampmann*, Althoffs Berufungspraxis in der ev. Theologie, 65, Anm. 55; s. auch das Biogramm, S. 487), Bernhard Weiß für seinen Sohn Johannes Weiß (s.u. Teil I, Abschnitt 2.8, S. 110, Anm. 175; s. auch das Biogramm, S. 573) und Emil Kautzsch für seinen Sohn Rudolf Kautzsch (vgl. Emil Kautzsch an Althoff am 17.01., 24.05. und 24.07.1894, in: GStA PK, VI. HA, NL Althoff, Nr. 792, Bl. 66ʳ–67ᵛ; 69ʳᵛ; 70ʳᵛ [ediert bei *Freye*, Emil Kautzsch, 341–344] und Althoff an Emil Kautzsch am 20.01.1894, ebd., Bl. 68ʳᵛ; s. auch das Biogramm, S. 516). Auch für Wilhelm Diltheys Tochter Clara Misch und deren Mann Georg Misch setzte Althoff sich ein, wobei Dilthey selbst das Hindernis der Ehe gewesen war (vgl. Nr. 368, *Briefwechsel*, Anm. 6 und Dilthey an Althoff am 03.06. und Anfang Juli 1908, abgedruckt bei *Dilthey*, Briefwechsel 1905–1911, 181–184).

134 Vgl. die Nrn. 367 und 371, *Briefwechsel*.

Fruchts, sondern beabsichtigte außerdem, sich bei dem Chef des Militärkabinetts Wilhelms II., dem General der Infanterie Hans Dietrich Graf von Hülsen-Haeseler, nach Beförderungsmöglichkeiten für Frucht zu erkundigen.[135] Seine Bemühungen trugen insofern Früchte, als von Plessen Althoff Mitte Juli antwortete, woraufhin dieser ihm Informationen über Fruchts Werdegang zukommen ließ.[136] Vermutlich gelang es Althoff nicht abschließend, etwas für Fruchts Karriere zu erreichen, weil die Angelegenheit im September noch nicht entschieden war und sie danach, wahrscheinlich auch wegen Althoffs sich rapide verschlechternden Gesundheit, nicht mehr thematisiert wurde.[137] Das Beispiel von Harnacks Schwiegersohn und die vergleichbaren Exempel von Söhnen anderer Theologieprofessoren verdeutlicht für die Kirchengeschichte des wilhelminischen Kaiserreichs, dass die Theologieprofessoren, auch wenn sie unterschiedlichen theologischen Richtungen folgten, demselben bildungsbürgerlichen Milieu angehörten und ihre Kontakte zur Ministerialbürokratie für persönliche Zwecke zu nutzen wussten.

Die Kooperation zwischen Friedrich Althoff und Adolf Harnack endete kurz vor dem Tod des Ministerialdirektors am 20. Oktober 1908 nicht allein mit dem letzten überlieferten Brief vom 13. Oktober 1908, sondern auch mit einem letzten persönlichen Gespräch.[138] Ihre *amicitia* gipfelte in der Grabrede, die Harnack bei Althoffs kirchlicher Trauerfeier hielt.[139] Die panegyrische Darstellung des Verstorbenen verband der Kirchenhistoriker und Theologe Harnack mit einer auf den Anlass bezogenen theologischen Deutung von Althoffs Persönlichkeit und Wirken unter dem Leitvers aus dem 2. Timotheusbrief 1,7: „Gott hat uns nicht gegeben den Geist der Furcht, sondern der Kraft und der Liebe und der Zucht".[140]

3.4 Die Verbindung zum Kaiserhaus und Reichskanzler

Harnack und Althoff konnten in den gemeinsam bearbeiteten Projekten nur deshalb erfolgreich agieren, weil sie enge Beziehungen zu den regierenden Personen

135 Vgl. Nr. 379, *Briefwechsel*.
136 Vgl. die Nrn. 379–381, *Briefwechsel* mit 381.1, *Briefwechsel*.
137 Vgl. Nr. 387, *Briefwechsel*.
138 Vgl. Harnack an Althoff am 13.10.1908 (Nr. 391, *Briefwechsel*) und *Harnack*, Althoff, 1908b, 336.
139 Vgl. *Harnack*, Althoff, 1908a und *Harnack*, Althoff, 1908b. Auch andere Althoff verbundene Wissenschaftler und Staatsbeamte verfassten nach seinem Tod Nachrufe auf den verstorbenen Ministerialdirektor (vgl. *Schmoller*, Worte der Erinnerung an F. Althoff, *Schwenke*, Friedrich Althoff, *Burgess*, Persönliche Erinnerungen an F. Althoff, *Wever*, Worte der Erinnerung an F. Althoff) und *Hartwein*, Das Bild Althoffs.
140 *Harnack*, Althoff, 1908a, 1378.

pflegten. Althoff verfügte wahrscheinlich seit 1900 über ein direktes Vortragsrecht bei Wilhelm II.,[141] das es ihm ermöglichte, dem Kaiser seine Projekte in geeigneter Weise vorzutragen und nicht auf den Vortrag des Kultusministers angewiesen zu sein. Dieses ging wohl nicht auf Althoffs guten Kontakt zu Wilhelms Erzieher Georg Hinzpeter, sondern auf seine Freundschaft mit dessen Zivilkabinettschef Hermann von Lucanus zurück. Unter von Lucanus' Amtsführung als Unterstaatssekretär im Kultusministerium zwischen 1882 und 1888 hatte Althoff seine Tätigkeit im Universitätsreferat aufgenommen und auch nach dessen Ernennung zum Zivilkabinettschef pflegten Lucanus und Althoff vertrauliche Unterredungen zu führen.[142] Jedenfalls besaß Althoff oftmals die Gunst des Kaisers, auch schon vor 1900, wie die Mitteilung über Harnacks erfolgte Berufung 1888 zeigt, die Althoff „durch private Freundlichkeit" vom Kaiserhof erhielt, ohne das deutlich wird, von wem sie stammte.[143] Ähnliches galt für die spontane Aufforderung, mit der Wilhelm II. den Ministerialdirektor 1905 zu einer für die Bildungs- und Wissenschaftsorganisation wegweisenden Audienz ins Kasseler Schloss Wilhelmshöhe rufen ließ, und für die Einladung zur Mittelmeerreise im Frühjahr desselben Jahres.[144] Seinen Kontakt zu Wilhelm II. pflegte Althoff vermutlich aus rein politischen Motiven, um die Durchsetzung seiner Projekte zu garantieren, da sich bei ihm eine ausgesprochen konservativ-monarchistische Einstellung nicht andeutet. Gleichwohl ähnelt Althoffs Amtsführung dem „persönlichen Regiment" Wilhelms II. insofern, als er einen Beraterkreis um sich scharte und für sich, gerade auch in Berufungsverfahren, die letztgültige Entscheidungsgewalt innerhalb des Kultusministeriums herausnahm.

Wie Harnacks Begegnung mit dem italienischen König Vittorio Emanuele III. im April 1903 und seine Audienz im Juni 1911 bei dem englischen König George V. in London verdeutlichen,[145] suchte er den Kontakt zu den obersten und regierenden Personen. Vollständige Aufnahme in den Kreis der Adligen, in dem er sich in seiner baltischen Jugend bereits bewegt hatte, erfuhr Harnack erst kurz vor Ende der Monarchie in Deutschland durch Erhebung in den erblichen Adelsstand, der ihm

141 Vgl. *Brocke*, System Althoff, 35.

142 Die Briefe Hinzpeters an Althoff in: GStA PK, VI. HA, NL Althoff, Nr. 611 (1904–07) und 769, Bl. 262^r–265^v (1897–1903) bieten keinen Hinweis auf eine direkte Vermittlung der Verbindung zu Wilhelm II., erwähnen diesen aber gelegentlich. Die Verbindung zu von Lucanus war kollegial bis zunehmend freundschaftlich (vgl. die Briefe Althoffs, in: GStA PK, VI. HA, NL Althoff, Nr. 1082, Bl. 64^r–68^v und von von Lucanus ebd., Nr. 844, Bl. 29^r–81^v).

143 Nr. 33, *Briefwechsel*.

144 S. Althoffs Bericht über die Audienz unter Nr. 273 sowie die Belege für die Mittelmeerreise unter den Nrn. 260 und 261, *Briefwechsel*.

145 Vgl. *Siegmund-Schultze*, Freundschaftsarbeit, 755 zur Audienz bei König George V. und zur Begegnung mit Vittorio Emanuele III. s.u. Teil IV, Abschnitt 3.2, S. 436 sowie Nr. 206, *Briefwechsel*.

1914 von Wilhelm II. anlässlich der Eröffnung des Neubaus der Königlichen Bibliothek an der Prachtstraße Unter den Linden verliehen wurde. In seinem Verhältnis zu den höchsten Repräsentanten des Adels stand Harnack, wie sein Schwager Hans Delbrück, den liberalen monarchischen Traditionen näher, wie sie Victoria von Preußen, genannt Kaiserin Friedrich,[146] die Mutter Wilhelms II. verkörperte, als den konservativ-militaristischen, wie der Kaiser selbst sie vertrat. Victoria, zugleich die Tante des genannten George V., tauschte sich mit Harnack über seine Vorlesungen über das *Wesen des Christentums* aus, engagierte sich wie er für die bürgerliche Frauenbewegung und vertrat liberale politische Ansichten.[147] Außerdem unterstützte sie Harnack und Delbrück, der zwischen 1874 und 1879 ihrem vierten und jüngsten, 1879 verstorbenen Sohn Waldemar als Erzieher gedient hatte, als Delbrück 1895 ein Disziplinarverfahren drohte.[148] Seine hohe Auffassung der 1901 gestorbenen Victoria resümierte Harnack schließlich 1908 anlässlich des 25-jährigen Jubiläums des Viktoriahauses für Krankenpflege.[149]

Trotz dieser eher liberal-monarchischen Ansichten stieg Harnack ab 1900 zum Berater Wilhelms II. auf.[150] Wie er seine Hochschätzung Victorias mit seiner Verbindung zu Wilhelm II. vereinen konnte, der in einem konfliktreichen und weitgehend ablehnenden Verhältnis zu seiner Mutter stand,[151] lässt sich nur in Ansätzen nachvollziehen. Doch gerade Harnacks Äußerungen zu Wilhelm II. gegenüber Althoff, der ihm ebenfalls über seine Begegnungen mit dem Kaiser berichtete, eröffnen innovative Perspektiven auf seine Wahrnehmung des Monarchen.[152] Har-

---

146 Zu Harnacks Kontakt zur Kaiserin Friedrich vgl. *Harnack*, Kaiserin Friedrich, 1908, 322f., *Zahn-Harnack*, Harnack, 349 und *Nottmeier*, Harnack, 149, 247. S. auch *Delbrück*, Kaiserin Friedrich, 1901.

147 Vgl. ebd., 621f., *Göttert*, Victoria und die dt. Frauenbewegung und *Kampmann*, Harnack zur „Frauenfrage“, 255, Anm. 53.

148 S.u. Teil II, Abschnitt 3, S. 188 und die Nrn. 110–113, 115, 116 und 119, *Briefwechsel*. Zu Prinz Waldemar von Preußen s. *Beck*, Wilhelm II. und seine Geschwister, 122–130.

149 Vgl. *Harnack*, Kaiserin Friedrich, 1908.

150 Zu Harnacks Beziehung zu Wilhelm II. s. *Zahn-Harnack*, Harnack, 339–348, *Lehmann*, Friedrich Delitzsch, 213, *Rebenich*, Mommsen-Harnack, 537–555, *Pollmann*, Wilhelm II. und Protestantismus, 91f., *Bruch*, Harnack-Wilhelm II., *Hasselhorn*, Politische Theologie Wilhelms II., 136–144 (s. dazu *Dörfler-Dierken*, Rez.: Hasselhorn, Politische Theologie), *Kinzig*, Der Kaiser und der „Evangelist des Rassismus“, *McClelland*, Forschungsuniversität, 443, *Röhl*, Into the Abyss, 518–521, *Röhl*, Kaiser Wilhelm II, 61f., *Nottmeier*, Harnack und Wilhelm II., *Nottmeier*, Harnack, 233–235, 244–253, 259–262 und *Kampmann*, Harnack zur „Frauenfrage“, 95–100; zu seiner Verbindung zu Auguste Viktoria wird hier nicht näher eingegangen, weil sie nur in der Mädchenschulreform für die Kooperation zwischen Althoff und Harnack von Belang war (s. dazu ebd., 100f.).

151 Vgl. dazu *Röhl*, Kaiser Wilhelm II, 10–13, 22–33.

152 Vgl. Harnack an Althoff am 11.04., 09.06., 31.10., 25.11.1901, 24.02., 03.03., 25.10.1903, 05.01.1905, 14.02.1906, 14.06.1908 (Nrn. 151, 157, 163, 166, 203, 204, 219, 251, 296, 373), Althoff an Harnack am 26.03., 04.09.1905, 17.07.[1907] (Nr. 260, 273 und 354, *Briefwechsel*).

nack gelang es offenbar, seine Beraterrolle in der Weise auszuführen, wie sie vom Kaiser erwartet wurde. Er konnte seine Meinung oder sein Anliegen diplomatisch-geschickt oder nach Röhls Perspektive schmeichlerisch-gewandt darbieten, sodass er die Zustimmung Wilhelms erreichte. Die manchmal wohl schwierige, sprunghafte und direkte Art Wilhelms II. deutete Harnack gegenüber Althoff mit einer gewissen Faszination, die er durch Zitate des Kaisers illustrierte, an, auch wenn er gelegentlich davon enerviert gewesen zu sein schien.[153] Die Zustimmung des Kaisers war, wie bereits erwähnt, zur Durchsetzung der bildungs- und wissenschaftspolitischen Projekte, die er mit Althoff betrieb, unerlässlich, weil jener gemäß seiner Regierungsmethode des „persönlichen Regiments" zentrale Entscheidungen selbst fällte. Harnack hatte Einfluss auf die Meinung des Kaisers, auch weil dieser seine Gesellschaft zu schätzen schien. Wilhelm II. lud ihn nicht nur wiederholt ins Berliner Schloss und ins Neue Palais nach Potsdam ein,[154] sondern ließ ihn 1901 auch an einem Treffen des „Liebenberger Kreises" teilnehmen, bei dem es sich um eine von Wilhelms Intimus Philipp Fürst zu Eulenburg-Hertefeld initiierten, teilweise homosexuellen Neigungen nachgehenden Männerrunde in dessen Schloss Liebenberg in der brandenburgischen Uckermark handelte.[155] Auf Schloss Liebenberg begegnete er im Oktober 1901 außerdem dem rassistisch-völkischen Schriftsteller Houston Stewart Chamberlain, dem Harnack bis zu dessen Tod zwar positiv, aber nicht widerspruchslos gegenüberstand.[156] Denn Harnack war zwar von dessen Goetheinterpretation begeistert, lehnte aber Chamberlains völkischen Rassismus und Antisemitismus ab, obgleich er selbst einen im Christentum weit verbreiteten Antijudaismus hegte.[157] Gleichzeitig zeigte Harnack sich gegenüber Althoff an Chamberlains Werk *Die Grundlagen des neunzehnten Jahrhunderts*, das Wilhelm II. enthusiastisch rezipierte, interessiert, da es, obwohl es „an manchen Übertreibungen

---

153 Vgl. bes. die Nrn. 151 und 163, aber auch die Nrn. 203 und 219, *Briefwechsel*. Zur Charakterisierung Wilhelms II. s. *Röhl*, The Kaiser and His Court, 11–17.

154 Nach Otto Dibelius ließ Wilhelm II. Harnack zeitweise nahezu wöchentlich zu sich rufen (vgl. *Dibelius*, Ein Christ, 55–58).

155 Vgl. die Nrn. 151, 163, 203 und 251, *Briefwechsel*. Zum „Liebenberger Kreis" s. *Röhl*, The Kaiser and His Court, 53, 97, 100.

156 Vgl. Nr. 163, *Briefwechsel*. Zu ihrer Verbindung s. *Kinzig*, Harnack, Marcion und das Judentum, 196–201, 207–231, *Kinzig*, Harnack, Chamberlain, First World War, *Liedtke*, Völkisches Denken, 133f., *Bermbach*, Houston Stewart Chamberlain, 185, 202–204, 382–386, *Nottmeier*, Harnack, 254–259 und *Fritz*, Chamberlain Biographie, 349, 350 Anm. 428, 355f.,420, 424, 426, 430, 463f., 540, 549f., 582.

157 Vgl. exemplarisch den Brief Harnacks an Chamberlain vom 24.11.1912, abgedruckt bei *Kinzig*, Harnack, Marcion und das Judentum, 262–266, bes. 263 und 266 und die Abgrenzung vom Rassebegriff in *Harnack*, Rasse, 1907; so auch *Nottmeier*, Harnack und Wilhelm II., 102f. und *Fritz*, Chamberlain Biographie, 549.

u[nd] Excentritäten leide[], […] theologisch […] aufklärend" wirke.[158] Die Begeisterung Wilhelms II. für die *Grundlagen* hatte Harnack bereits im April 1901 bei einer Abendgesellschaft miterlebt, bei der der Kaiser das Buch ausführlich thematisierte, das der Kirchenhistoriker bereits gelesen hatte.[159]

Trotz der wohlwollenden Aufnahme Harnacks als Berater Wilhelms II. traten theologische Differenzen zwischen dem historisch-kritischen, modern-theologischen Kirchenhistoriker und dem einerseits kirchentreuen, andererseits auch neue theologische und philosophische Strömungen aufgreifenden Monarchen zutage, die das Verhältnis belasteten und somit auch die bildungs- und wissenschaftspolitische Kooperation mit Althoff gefährdeten. Dazu zählte neben dem Apostolikumsstreit von 1892/93 und den Äußerungen Harnacks zur Agendenreform 1894 insbesondere der sog. „Bibel-Babel-Streit", auf die in der Folge noch näher eingegangen werden wird.[160] Die theologischen Unterschiede zwischen Harnack und Wilhelm II. stellten sich nach dem Bibel-Babel-Streit als unüberwindlich dar, sodass der Theologe es vorzog, theologische und kirchenpolitische Themen zu vermeiden. Doch die Differenzen hinderten Wilhelm II. offenbar nicht daran, Harnack vereinzelt zu Themen zu befragen, die die katholische Kirchenpolitik betrafen,[161] ihn anlässlich seines Geburtstages am 27. Januar 1907 über *Protestantismus und Katholizismus* vortragen zu lassen,[162] ihn weiterhin als wissenschaftspolitischen Berater zu rekrutieren und ihn bei Ausbruch des Ersten Weltkriegs seinen Kriegsaufruf entwerfen zu lassen.[163] Der positive Eindruck Harnacks bei dem Monarchen überwog dauerhaft die theologischen Differenzen, wie das, wenn auch kritisch zu betrachtende, aber doch wohl authentische Urteil Wilhelms II. belegt, das er in der Retrospektive über Harnack fällte:

> Welch eine Persönlichkeit ist Harnack! Was für eine gebietende Stellung in der Geisteswelt hat er sich errungen! Welchen Nutzen und wieviel Wissen hat mir der rege und intime Verkehr

---

158 Nr. 151, *Briefwechsel* und zum Einfluss Chamberlains auf Wilhelm II. vgl. *Hasselhorn*, Politische Theologie Wilhelms II., 144–163, *Bermbach*, Houston Stewart Chamberlain, 200–205, 443f., *Nottmeier*, Harnack und Wilhelm II., 101f., *Nottmeier*, Harnack, 255f. und *Fritz*, Chamberlain Biographie, 410–431, 454–480 sowie unten Anm. 94. Zum „Christentum in den ‚Grundlagen'" s. *Bermbach*, Houston Stewart Chamberlain, 146–152, 465–471.

159 Vgl. Harnack an Althoff am 11.04.1901 (Nr. 151, *Briefwechsel*).

160 S.u. Teil II, Abschnitt 1.1, S. 170, Teil II, Abschnitt 2, S. 183 und Teil II, Abschnitt 5.4, S. 223. Zur Bedeutung von Religion und Theologie für Wilhelm II. s. den Sammelband von *Samerski (Hg.)*, Wilhelm II. und die Religion, *Hasselhorn*, Politische Theologie Wilhelms II. und *Markschies*, Der Kaiser als Hobbywissenschaftler.

161 Zu der Denkschrift Harnacks von 1907 s.u. Teil II, Abschnitt 6.10, S. 282 und Nr. 359, *Briefwechsel*.

162 S.u. dazu Teil II, Abschnitt 6.9, S. 274.

163 Vgl. *Kinzig*, Harnack, Chamberlain, First World War, 198 mit Anm. 14.

> mit diesem feurigen Geist gebracht! Was hat er als Leiter der Königlichen Bibliothek und als Dekan des Senats der Kaiser-Wilhelm-Gesellschaft geleistet, in der er, der Theologe, die geistvollsten und inhaltreichsten Reden über die exakten Wissenschaften, über Forschungen und Erfindungen auf dem Gebiet der Chemie usw. hielt. An die Persönlichkeit Harnack's und sein Wirken werde ich immer gern zurückdenken.[164]

Doch Harnack fügte sich nicht nur als Berater in Wilhelms „persönliches Regiment" ein, sondern auch durch seinen guten Kontakt zum Reichskanzler Bernhard von Bülow.[165] Harnack besuchte wiederholt dessen Abendgesellschaften und verbrachte im Frühjahr 1907 sogar einige Tage zusammen mit ihm in norditalienischen Rapallo.[166]

Die Verbindungen Althoffs und Harnacks zu den regierenden Personen waren von essentieller Bedeutung zur Durchsetzung bildungs- und wissenschaftspolitischer Projekte, wobei die beiden Protagonisten versuchten, soweit dies im wilhelminischen Staatssystem möglich war, sich insbesondere im Bezug auf die Berufungsverfahren an den evangelisch-theologischen Fakultäten eine eigene Entscheidungsfreiheit zu bewahren.

---

164 *Wilhelm II.*, Ereignisse und Gestalten, 165.

165 Zu Bülows Rolle im „persönlichen Regiment" Wilhelms II. s. *Röhl*, Into the Abyss, 96–126 und *Röhl*, Kaiser Wilhelm II, 63–69.

166 Vgl. die Nrn. 219, 335–341 und 373, *Briefwechsel* sowie unten Teil IV, Abschnitt 1.4, S. 384. Zum Kontakt mit Bülow s. *Nottmeier*, Harnack, 288–295, 300–312 und *Kampmann*, Harnack zur „Frauenfrage", 102f.

Teil I: **Berufungspraxis in der evangelischen Theologie**

Die Beratung von Ministerialbeamten des preußischen Kultusministeriums durch Professoren, wie Albrecht Ritschl,[1] oder Hofprediger, wie Rudolf Kögel, hatte sich, wie von Joachim Weinhardt dargestellt, seit Beginn des 19. Jahrhunderts etabliert.[2] Althoff pflegte sich in diese Tradition ein, wenn er in der Theologie und in anderen universitären Disziplinen Professoren bei den Berufungsverfahren zu Rate zog, die er als Universitätsreferent zu verwalten hatte.[3] In der evangelischen Theologie baute er sich einen Beraterkreis auf, in dem Adolf Harnack und Hermann Cremer jeweils die moderne und die positive Theologie als Hauptberater repräsentierten.[4] Der Greifswalder Ordinarius für Neues Testament, Cremer, beriet Althoff zwischen 1883 und 1903 bei zahlreichen Berufungsverfahren und in kirchenpolitischen Fragen.[5] Er baute mit Althoffs Unterstützung an der evangelisch-theologischen Fakultät in Greifswald ein Zentrum der positiven Theologie auf,[6] das zum einen Althoffs

---

1 S.u. Anm. 11.

2 Vgl. *Weinhardt*, Wissenschaftliche Theologie und Kirchenleitung, 302, 311, *Kögel*, Rudolf Kögel, 33 und *Wolf*, Kögels Kirchenpolitik, 74–86.

3 Althoffs Berufungspraxis haben bislang Rebenich und Mommsen-Harnack und William M. Calder für die Altertumswissenschaft, Hans Cymorek für die neuere Geschichte, Hartwin Spenkuch für die philosophischen Fakuläten Preußens und ich für die Theologie erforscht (vgl. *Rebenich/Mommsen-Harnack*, Mommsen-Althoff, 32–36, *Rebenich*, Berufungspolitik und Schulbildung, *Calder III/Košenina (Hg.)*, Berufungspolitik Altertumswissenschaft, *Cymorek*, Alfred Dove als Berater Althoffs, *Spenkuch*, Preußische Universitätspolitik und *Kampmann*, Althoffs Berufungspraxis in der ev. Theologie). S. außerdem allgemein *Brocke*, Berufungspolitik und Berufungspraxis, bes. 72–95.

4 Zu Harnacks Beraterrolle s. bereits *Rebenich*, Mommsen-Harnack, 116f., 119f., 124–126, *Nottmeier*, Harnack, 168–170 und *Kampmann*, Althoffs Berufungspraxis in der ev. Theologie, 61–74, ebd., 61–69 zu Cremer.

5 Vgl. *Stupperich*, Hermann Cremer. Althoff zog Cremer sowohl schriftlich als auch mündlich zu Rate (vgl. Althoff an Cremer am 19.12.1892 [in: GStA PK, I. HA, Rep. 76 Va, Sekt. 2, Tit. IV, Nr. 44, Bd. IV, Bl. 131^{r}–132^{v}: 132^{v}; gedruckt bei *Stupperich*, Hermann Cremer, 238f.], in dem er von dem „seit Jahr und Tag ertheilten Rathe“ spricht [a.a.O., Bl. 131^{r}]). Obwohl Stupperich keine genauen Angaben über die Herkunft der einzelnen Briefe macht, ließ sich eruieren, dass es sich bei den Briefen Cremers zum Großteil um diejenigen Archivalien handelt, die in GStA PK, VI. HA, NL Althoff, Nr. 694 liegen, während die Briefe Althoffs zum Teil aus der oben genannten Ministerialakte stammen (vgl. die keineswegs vollständige Edition des Briefwechsels mit Althoff in: *Stupperich*, Hermann Cremer, 160–322). Außerdem finden sich weitere Briefe Cremers in der genannten Ministerialakte sowie im Nachlass Althoff, Nr. 108. Zu diesem Briefwechsel s. auch *Tilitzki*, Albertus-Universität, 40, *Nottmeier*, Harnack, 169 und *Kampmann*, Althoffs Berufungspraxis in der ev. Theologie, 61–69. Auf Cremer wird dann eingegangen werden, wenn er sich zu denselben Berufungsverfahren und kirchenpolitischen Fragestellungen äußerte.

6 Vgl. *Garbe*, Entstehung, 155–159, *Beintker*, Cremer, 231 und *Kampmann*, Althoffs Berufungspraxis in der ev. Theologie, 62–64. Zur Geschichte der Greifswalder theologischen Fakultät s. auch den Aufsatzband von *Garbe/Beyrich/Willi (Hg.)*, Greifswalder theologische Profile.

https://doi.org/10.1515/9783112213193-004

Intention der Schwerpunktbildung an einzelnen Universitäten entsprach, das andererseits der paritätischen Besetzung der preußischen Lehrstühle mit modernen und positiven Theologen widersprach. Letzteres Prinzip spielte insbesondere nach dem Apostolikumsstreit von 1892 in der kultusministerialen Berufungspolitik unter Robert Bosse eine maßgebliche Rolle, um die kirchenpolitischen Auseinandersetzung zwischen Modernen und Positiven zu befrieden.[7] Aus den genannten theologischen Richtungen wählte Althoff außerdem Martin Kähler, Adolf Schlatter, Gustav Kawerau und Samuel Oettli für die positive Theologie sowie Friedrich Loofs, Georg Heinrici, Wilhelm Herrmann, Rudolf Kittel, Erich Haupt, Emil Kautzsch und Emil Schürer für die Modernen als Berater aus.[8] Vertreter der konfessionellen Theologie in Preußen, wie die baltischen Theologen Nathanael Bonwetsch oder Ferdinand Mühlau, oder der älteren liberalen Theologie, wie Otto Pfleiderer, befragte Althoff hingegen nicht.[9] Außerdem ließ er sich nicht durch die jüngeren Theologen der aufstrebenden religionsgeschichtlichen Schule beraten, auch weil sie Gegenstand der Beurteilung waren. Neben der Auswahl der Berater nach theologischer Richtung hatte Althoff für jede theologische Disziplin und jeden Fakultätsstandort seine Vertrauten. Schließlich befragte er in den einzelnen Verfahren immer auch Fakultätskollegen der Kandidaten. Unter den genannten theologischen Beratern Althoffs nahm Harnack insofern eine besondere Rolle ein, als er, nachdem er dem Universitätsreferenten ein Jahrzehnt lang in evangelisch-theologischen Berufungsverfahren und kirchenpolitischen Streitfällen zur Seite gestanden hatte, dem zum Ministerialdi-

7 Vgl. den Immediatbericht Bosses vom 12.10.1892, in: GStA PK, I. HA, Rep. 89, Nr. 21491, Bl. 61^{r}–78^{v}: 72^{r} und die von Althoff entworfenen leitenden Gesichtspunkte bei der kultusministerialen Besetzung an den evangelisch-theologischen Fakultäten in: GStA PK, VI. HA, NL Althoff, Nr. 76, Bl. 21^{r}–22^{v}.

8 Vgl. Kählers Briefe an Althoff zwischen 1888 und 1906 a.a.O., NL Althoff, Nr. 788, Bl. 25^{r}–84^{v} (30 Briefe); Schlatters Briefe, a.a.O., NL Althoff, Nr. 923, Bl. 9^{r}–10^{r}; Kaweraus Briefe a.a.O., Sekt. 4, Tit. IV, Nr. 32, Bd. V, Bl. 141^{rv} und a.a.O., NL Althoff, Nr. 792, Bl. 81^{r}–82^{r}; Oettlis Briefe an Althoff zwischen 1895 und 1907 a.a.O., NL Althoff, Nr. 876, Bl. 112^{r}–120^{v} und a.a.O., Sekt. 7, Tit. IV, Nr. 19, Bd. VIII, o.Bl.; Loofs Briefe an Althoff a.a.O., NL Althoff, Nr. 842, Bl. 33^{r}–62^{v}; Heinricis Briefe zwischen 1883 und 1907 a.a.O., NL Althoff, Nr. 760, Bl. 2^{r}–197^{v} (95 Briefe), ebd., Nr. 108 und a.a.O., Sekt. 12, Tit. IV, Nr. 5, Bd. III; Herrmanns Briefe an Althoff zwischen 1883 und 1907 a.a.O. NL Althoff, Nr. 764, Bl. 23^{r}–75^{v} (33 Briefe, 6 Telegramme), a.a.O., Sekt. 12, Tit. IV, Nr. 5, Bd. II+III+IV, a.a.O., Sekt. 6, Tit. IV, Nr. 5, Bd. III, a.a.O., Sekt. 4, Tit. IV, Nr. 32, Bd. VI, Bl. 107^{r}–108^{v}; Kittels Briefe an Althoff zwischen 1888 und 1897 a.a.O., NL Althoff, Nr. 797, Bl. 91^{r}–118^{r} (15 Briefe) und a.a.O., Sekt. 4, Tit. IV, Nr. 32, Bd. V, Bl. 137^{r}–138^{r}; 142^{r}–143^{v}; Haupts Briefe zwischen 1884 und 1902 a.a.O., NL Althoff, Nr. 755, Bl. 37^{r}–90^{v} (31 Briefe und eine Karte); die Briefe von Kautzsch an Althoff zwischen 1888 und 1906 a.a.O., NL Althoff, Nr. 792, Bl. 46^{r}–76^{v} (ein Telegramm, 15 Briefe) und a.a.O., Sekt. 2, Tit. IV, Nr. 44, Bd. V (ausgewertet von *Freye*, Emil Kautzsch, 45, 188, 198, 200f., 205, 207f. und ebd., 307–312, 314f., 316, 318f., 320–328, 331–333, 341–346, 352–356, 360, 370–372, 374f. teilweise ediert, wobei Althoff irrigerweise geadelt wird); Schürers Briefe an Althoff zwischen 1890 und 1906 a.a.O., NL Althoff, Nr. 944, Bl. 49^{r}–62^{r} (sechs Briefe).

9 Vgl. die Briefe Pfleiderers in: GStA PK, VI. HA, NL Althoff, Nr. 885.

rektor aufgestiegenen Althoff auch in bildungs- und wissenschaftspolitischen Angelegenheiten dienlich gewesen war.

Die skizzierten Auswahlkriterien Althoffs für die Gutachter bei Besetzungsverfahren in der evangelischen Theologie dürften außerdem – so steht zu vermuten, ohne eine systematische Analyse durchgeführt zu haben – auch für die Gutachterauswahl in anderen Disziplinen gegolten haben, wobei dies bislang nur wenig erforscht ist. Denn wie bereits Dieter Hoffmann für den Briefwechsel zwischen Hermann von Helmholtz und Althoff festgestellt hat, gehörte der Physiker zwar nicht zu den eingangs genannten Hauptberatern Althoffs, wurde aber bei zentralen Berufungsverfahren in der Physik von dem Universitätsreferenten zu Rate gezogen.[10]

Von Amts wegen arbeitete Althoff mit dem Berliner Neutestamentler und Konsistorialrat Bernhard Weiß zusammen, der von 1880 bis 1899 nebenamtlicher Dezernent für die evangelisch-theologischen Fakultäten im Kultusministerium war.[11] Weiß verfasste für Althoff nicht nur Entwürfe, sondern traf sich auch vorab mit den für eine Professur in Frage kommenden Kandidaten, hörte deren Vorlesungen und nahm an ihren Seminaren teil, um seinen Eindruck von deren akademischer Lehrbefähigung für Althoff in Berichten zusammenzufassen.[12]

Zusätzlich zu den externen Gutachtern und Weiß' Vorarbeiten beriet sich Althoff im weiteren Verlauf der Verfahren oftmals persönlich mit Weiß und Harnack, mit letzterem teilweise nur mittels seines Mitarbeiters, um schließlich dem Minister seine Vorschläge zu präsentieren.[13] Wenn dieser die favorisierten Kandidaten ablehnte, eigene Wünsche äußerte oder die angefragten Theologen absagten, begann der Auswahlprozess von Neuem. Teilweise hielt Althoff auch mögliche Kandidaten in der Hinterhand, wenn er annahm, dass der Erstplatzierte ablehnen würde.[14] Wie vom Brocke bereits festgestellt hat, ist „für die Beantwortung der Frage, was oder wer eine Entscheidung bei ihm [Althoff, C.K.] herbeiführte, in den amtlichen Akten wenig oder nichts zu finden", weil Althoff „nur selten etwas für die Akten geschrieben hat – dafür aber jährlich etwa 3000 Briefe schrieb oder diktierte – und das meiste auf persönlichen Rücksprachen beruhte […] [und er] außerdem innerhalb

---

10 Vgl. *Hoffmann*, Wissenschaft und Bürokratie.

11 Vgl. *Weiß*, Aus neunzig Lebensjahren, 176–183. Weiß nahm seine Position nach dem Eintritt Althoffs ins Kultusministerium deutlicher als „Korreferent" wahr (ebd., 182).

12 Vgl. die Briefe von Althoff und Weiß in: GStA PK, VI. HA, NL Althoff, Nr. 108, 1008 und 1009; s. außerdem *Gregory*, Weiss and New Testament, 37, *Rohde*, Lehrstuhl NT, 541, *Tilitzki*, Albertus-Universität, 39, Anm. 174 und *Nottmeier*, Harnack, 169.

13 Weiß berichtet von „seltenen, aber meist sehr langen Plenarsitzungen" im Kultusministerium, in denen alle vom Minister zu beschließenden Fragen vorgetragen wurden (*Weiß*, Aus neunzig Lebensjahren, 176f.).

14 Vgl. Nr. 47, *Briefwechsel*.

eines ganzen Heeres von direkten und indirekten Beratern gern vertrauliche Wege ging".[15] Dementsprechend bieten die vorliegenden Briefe Althoffs und Harnacks einen Einblick, der sich aus den Ministerialakten nicht erschließen lässt. Darüber hinaus ermöglichen Althoffs Notizen sowie die Marginalien, die er auf Harnacks Briefen anmerkte, Erkenntnisse über seinen Entscheidungsprozess, wenn diese auch, wie Hartwin Spenkuch richtig beobachtet hat, nur selten ausführlich sind.[16]

Harnacks gutachterliche Äußerungen, die Althoff in einigen Fällen für den Geschäftsgang abschreiben ließ,[17] befinden sich in seinen Briefen an Althoff, umfassen teilweise ein gesamtes Schreiben, sind manchmal aber auch nur ein Teil desselben. Zudem äußerte sich Harnack in seinen Briefen zunehmend zu mehreren Berufungsverfahren gleichzeitig.[18]

Aufbauend auf der vorhergehenden Beschreibung des „Systems Althoff" in der Theologie und der ministerialen Arbeitsweise sowie basierend auf den eingangs dargestellten Konstellationen innerhalb der evangelischen Theologie sollen die von Althoff und Harnack thematisierten Berufungsverfahren an preußischen evangelisch-theologischen Fakultäten in der Folge analysiert werden.[19] Die Berufungspolitik des Kultusministeriums in der evangelischen Theologie spielte in der Korrespondenz zwischen Harnack und Althoff bis zu deren Ende 1908 mitunter die bedeutendeste Rolle. In jedem Fall stellt sie das für die Theologiegeschichte maßgebliche Thema dar, weil sie die in der Forschung bereits beschriebenen Schulbildungen in vielen Fällen bestätigt, teilweise aber auch relativiert.[20] Die Beschäftigung mit den Berufungsverfahren an den evangelisch-theologischen Fakultäten, die gelegentlich um solche an katholisch-theologischen und philosophischen Fakultäten ergänzt wurde, konzentriert sich, wie bereits erwähnt, auf die Jahre zwischen 1888 und 1897. Da Althoffs und Harnacks Zusammenarbeit auf den Erfahrungen beruhte, die sie während der Harnackschen Berufungsverfahren in Marburg und Berlin gemacht hatten, sollen diese zuerst Beachtung finden.

15 *Brocke*, System Althoff, 43.

16 Vgl. *Spenkuch*, Preußische Universitätspolitik, 4.

17 Vgl. die eckigen Klammern in den Nrn. 40, 45 und 64, *Briefwechsel*.

18 So z.B. in Nr. 95, *Briefwechsel* und Nr. 104, *Briefwechsel*.

19 S.o. Einleitung, Abschnitt 2.3, S. 20–26. Dabei wurden zum Verständnis primär die Akten des Kultusministeriums hinzugezogen und nur vereinzelt diejenigen der einzelnen Fakultäten, nicht nur aus arbeitsökonomischen Gründen, sondern auch weil diese nur teilweise erhalten sind und die Fakultätsvoten in der kultusministerialen Überlieferung erhalten sind.

20 Zur preußischen Berufungspolitik in diesem Zeitraum s. bislang *Lessing*, Positive und „liberale", *Weinhardt*, Wissenschaftliche Theologie und Kirchenleitung, 314–326 und *Nottmeier*, Harnack, 167–170.

1 Die Berufungen Harnacks nach Marburg und Berlin

1886 erhielt Adolf Harnack einen Ruf an die seit 1866 zu Preußen gehörende Universität Marburg.[1] Die dortige Theologische Fakultät hatte ausschließlich Harnack für die kirchenhistorische Professur vorgeschlagen, weil er „die hervorragendste Kraft [...] unter den jüngeren" Professoren sei.[2] Daraufhin trafen sich im Juni 1886 Althoff, sein Dezernent Bernhard Weiß und Harnack in Berlin, um über eine mögliche Berufung nach Marburg zu sprechen.[3] Nachdem Harnack den Ruf angenommen hatte, ernannte Wilhelm I. ihn zum Ordinarius in Marburg.[4]

Die Marburger Berufung stand vor dem Hintergrund eines gescheiterten Versuchs, Harnack nach Leipzig auf den Lehrstuhl des krankheitsbedingt zurückgetretenen, lutherisch-konfessionellen Theologen Karl Friedrich August Kahnis zu berufen. Nachdem bereits 1878 anlässlich von Harnacks Berufung nach Gießen einige Kollegen und Studenten in Leipzig die Initiative ergriffen und das sächsische Kultusministerium in Dresden ersucht hatten, eine Stelle für den Kirchenhistoriker einzurichten, und dies abgelehnt worden war,[5] schlug die Leipziger Theologische Fakultät den Gießener Ordinarius 1885/86 noch einmal vor.[6] Dieses Mal scheiterte die Berufung sowohl am Widerstand innerhalb der Fakultät, der von dem Dogmatiker Christoph Ernst Luthardt und dem Alttestamentler Franz Delitzsch ausging, als auch am Widerspruch des sächsischen Konsistoriums, das Harnack aufgrund

---

1 Zur Berufung nach Marburg vgl. den Immediatbericht Gustav von Goßlers an Wilhelm II. vom 04.07.1888 (Nr. 23.1, *Briefwechsel*), *Zahn-Harnack*, Harnack, 144–148, *Nowak*, Einführung, 16f., *Jantsch*, Harnack-Rade, 26 und *Nottmeier*, Harnack, 102f. Zur Marburger Theologischen Fakultät s. *Jülicher*, Geschichte der Theologischen Fakultät, *Tillich*, Werdegang, 23 und *Liebing*, Marburger Fakultät.

2 Bericht der Theol. Fakultät vom 19.05.1886; s. auch das Votum der Fakultät vom 23.05.1886 (in: GStA PK, I. HA, Rep. 76 Va, Sekt. 12, Tit. IV, Nr. 5, Bd. II, Bl. 181^{r}–182^{v}: 181^{rv}; 178^{r}–180^{r}). Zur Berufung nach Gießen s. die Archivalien im NL Harnack, K 1, Mp. Briefe, amtliche Schreiben 1878. Zu Harnacks Gießener Zeit vgl. *Zahn-Harnack*, Harnack, 112–148, *Nowak*, Einführung, 9–12 und *Nottmeier*, Harnack, 88–91.

3 Vgl. *Zahn-Harnack*, Harnack, 147, Nr. 1, *Briefwechsel* mit Anm. 2
sowie Weiß an Althoff am 04. und 05.06.1886 (in: GStA PK, VI. HA, NL Althoff, Nr. 1008, Bl. 47^{rv}; 48^{r}).

4 Vgl. Nr. 1.1, *Briefwechsel* und die Bestallungsurkunde vom 02.07.1886 (in: GStA PK, I. HA, Rep. 76 Va, Sekt. 12, Nr. 5, Bd. II, Bl. 194^{r}; SBB PK, NL Harnack, K 1, Mp. 1886, Bl. 90).

5 Vgl. *Nowak*, Einführung, 9. S. dazu auch im NL Harnack, K 1, Mp. Briefe, amtliche Schreiben 1878 und 1879, dort z.B. die Briefe von Franz Delitzsch vom 10.12.1878 (Bl. 68) und vom 15.12.1878 (Bl. 70).

6 Vgl. *Wendland*, Berufung, 106, *Zahn-Harnack*, Harnack, 146, *Nowak*, Einführung, 9–11, *Rieske-Braun*, Harnack-Luthardt, 89–95, *Jantsch*, Harnack-Rade, 175, Anm. 8, *Basse*, Konzeptionen, 36 und *Nottmeier*, Harnack, 102f. Vgl. auch die Nrn. 15 und 16, *Briefwechsel*.

https://doi.org/10.1515/9783112213193-005

der theologischen und kirchenhistorischen Position ablehnte, die er in seiner Ende des Jahres 1885 erschienenen Dogmengeschichte formuliert hatte.[7] An seiner Stelle wurde der Reformationshistoriker Theodor Brieger nach Leipzig berufen, dessen Lehrstuhl in Marburg Harnack 1886 bezog.[8] Harnacks Berufung nach Marburg bedeutete für ihn deshalb – wie er selbst sagte – eine „Satisfaction"[9] für die gescheiterte Berufung nach Leipzig.[10] Ihn an eine preußische Universität zu berufen, hatte Althoff seit 1884 geplant, und Harnack damit eines seiner beruflichen Ziele erfüllt. Obwohl dieser in Gießen zufrieden gewesen war und dort gut hatte arbeiten können, erhoffte er sich von Preußen eine größere Wirksamkeit.[11]

Während die Briefe der Jahre 1886/87 gemäß des anfangs überwiegend geschäftlichen Charakters der Korrespondenz primär Verwaltungsfragen behandelten, die im Zusammenhang der neuen Marburger Professur standen[12] und die zeigen, dass die Versetzung Harnacks nach Preußen auch einen finanziellen Gewinn für ihn bedeutete,[13] reflektieren sie gleichzeitig auch Harnacks Tätigkeit als kirchenhistorischer Forscher und seine Publikationstätigkeit. Er erhielt beispielsweise eine finanzielle Unterstützung für seine Forschungsreisen nach Paris, wo er von Mitte September bis Mitte Oktober 1887 in den dortigen Bibliotheken eine Handschrift von Justin dem Märtyrer kollationierte,[14] und nach Italien, wohin er

---

7 Vgl. Harnacks retrospektive Darstellung der Ereignisse in Leipzig von 1888 (Nr. 16, *Briefwechsel*) sowie seine Reaktion auf die gescheiterte Leipziger Berufung in einem Brief an Albrecht Ritschl vom 16.03.1886 (vgl. *Weinhardt*, Ritschl–Harnack, 417f., Nr. 194). Vgl. *Harnack*, Dogmengeschichte, Bd. 1, 1886, s. dazu *Zahn-Harnack*, Harnack, 134–144, *Nowak*, Einführung, 13–15 und *Nottmeier*, Harnack, 91–102.

8 Vgl. *Nowak*, Einführung, 10 und *Nottmeier*, Harnack, 103.

9 Nr. 16, *Briefwechsel*.

10 Zu Goßlers Bedenken gegen diese Berufung s. *Wendland*, Berufung, 104 und *Nottmeier*, Harnack, 103 mit Anm. 186.

11 Althoff hatte dies 1884 mit Albrecht Ritschl in Göttingen besprochen, der ihn ebenfalls bei theologischen Lehrstuhlbesetzungen beriet (vgl. *Zahn-Harnack*, Harnack, 145, *Anderson*, Challenge and Change, 43, *Nowak*, Einführung, 16f. und *Nottmeier*, Harnack, 102f.); s. auch Ritschl an Wilhelm Herrmann am 10.12.1883 (*Ritschl/Herrmann*, Briefwechsel, 328, Nr. 142) und die Briefe Ritschls an Althoff, von denen nur der erste Brief eine Berufungsfrage behandelt [in: GStA PK, VI. HA, NL Althoff, Nr. 902, Bl. 102^{r}–115^{v}]).

12 Vgl. die Nrn. 1–10 und 12–13, *Briefwechsel*. 1889 beantragte Harnack beim Kultusminister beispielsweise eine Entschädigung, weil sein Marburger Haus ein halbes Jahr leer gestanden hatte (vgl. Nr. 57–57.4, *Briefwechsel*). Zur Remuneration für getätigte Reisen vgl. Nr. 62, *Briefwechsel*.

13 Nach Althoff sollte Harnack eine jährliche Besoldung von 6000 M. erhalten (vgl. Nr. 7, *Briefwechsel*). Schließlich wurden ihm 7200 M. vom Finanzminister zugewiesen (vgl. Nr. 7, *Briefwechsel*, Anm. 3; s. dazu *Nottmeier*, Harnack, 103).

14 Zur Reise nach Paris vgl. die Nrn. 12 und 13, *Briefwechsel* sowie *Weinhardt*, Ritschl–Harnack, 439–441. Harnack publizierte seine Kollation erst 1913 in den *Texten und Untersuchungen* (vgl. *Harnack*, Juden und Judenchristentum, 1913, 93–96).

jedoch erst im September und Oktober 1889 reiste, weil 1887 in Unteritalien die Cholera grassierte.[15] Wie er Albrecht Ritschl ausführlich berichtete, knüpfte er in Paris, da er auch an der gegenwärtigen Theologie und Kirche Frankreichs interessiert war, Kontakte zur französischen protestantischen Kirche und zu den dortigen Theologieprofessoren und Wissenschaftlern, unter denen sich auch der katholische Patristiker Louis Duchesne befand.[16] Außerdem begegnete Harnack in Paris seinem US-amerikanischen Schüler Arthur Cushman McGiffert, der ebenfalls in der Pariser Bibliothèque Nationale recherchierte und 1888 unter seiner Betreuung in Marburg zum Doktor der Philosophie promoviert wurde.[17]

Im Vordergrund der Publikationstätigkeit der 1880er Jahre stand das *Lehrbuch der Dogmengeschichte*, dessen erster Band im Dezember 1885 erschienen war und der in der Korrespondenz Harnacks mit Althoff auch deshalb noch von Interesse werden sollte, weil das Lehrbuch maßgeblich zum Stein des Anstoßes bei der Berufung Harnacks nach Berlin wurde.[18] Doch er sandte Althoff auch kleinere Veröffentlichungen, wie beispielsweise ein Exemplar der Festschrift, die er zusammen mit seinen Brüdern für den Vater Theodosius Harnack zusammengestellt und in der er die ersten knapp dreißig Seiten der historischen Einführung aus dem im Oktober 1887 erscheinenden zweiten Band des *Lehrbuchs der Dogmengeschichte* in einer später noch einmal überarbeiteten Version veröffentlicht hatte.[19]

Für die Kooperation zwischen Harnack und Althoff wie auch für Harnacks wissenschaftliche Karriere und seine kirchen- und wissenschaftspolitischen Einflussmöglichkeiten bedeutete die Berufung nach Berlin den entscheidenden Wendepunkt.[20] Die Theologische Fakultät der Friedrich-Wilhelms-Universität zu Berlin hatte den Kirchenhistoriker im Dezember 1887 für die Nachfolge von Karl Semisch

15 Zur Reise nach Unteritalien vgl. die Nrn. 13 und 58, *Briefwechsel*. Während dieser Reise starb Harnacks Vater Theodosius Harnack, sodass der Sohn nicht an der Beisetzung teilnehmen konnte (vgl. *Zahn-Harnack*, Harnack, 291). Allerdings reiste Harnack Anfang des Jahres 1890 nach Russland, wahrscheinlich um seine Stiefmutter Helene Harnack in Dorpat zu besuchen (s. Nr. 62, *Briefwechsel*).

16 Vgl. Harnack an Ritschl am 18.10.1887, in: *Weinhardt*, Ritschl–Harnack, 439–441 und *Zahn-Harnack*, Harnack, 154–156. Zum Kontakt zu Duchesne s.u. Teil II, Abschnitt 6.9, S. 278–280 und bes. Teil IV, Abschnitt 3.2, S. 437. Zur Rezeption von Harnacks *Wesen des Christentums* und seinem späteren Verhältnis zu Frankreich s. auch *Gruson*, Entre la crise moderniste et les exigences de la modernité.

17 Vgl. *Clark*, Transatlantic Mentoring, 105f. Zu ihrer Verbindung s.u. Teil II, Abschnitt 1.3, S. 177, Anm. 52 und die Dissertation von *McGiffert*, Dialogue between a Christian and a Jew.

18 S.u. in diesem Teil, Abschnitt 1, S. 70.

19 Vgl. *Harnack*, Die innere Lage, 1887 und *Harnack*, Dogmengeschichte, 4. Aufl., 1909, Bd. 2, 1–27; s. die Nrn. 11 und 13. S. außerdem Nr. 9, *Briefwechsel*.

20 Zur Berufung Adolf Harnacks nach Berlin s. *Weiß*, Aus neunzig Lebensjahren, 198–200, *Sachse*, Althoff, 174f., *Wendland*, Berufung, *Gennrich/Goltz*, Hermann von der Goltz, 111–117, *Zahn-*

vorgeschlagen, nachdem sie bereits zehn Jahre zuvor vergeblich einen Antrag auf eine außerordentliche Professur für Harnack gestellt hatte.[21] Während die von Althoff geleitete Abteilung und der Kultusminister Gustav von Goßler die Berufung befürworteten,[22] lehnte der Evangelische Oberkirchenrat (EOK), der unter dem Einfluss des Oberhofpredigers und Mitbegründers der Positiven Union, Rudolf Kögel, stand, Harnack im Februar 1888 als Ordinarius ab.[23] Das Kultusministerium durfte dieses Veto des EOK nicht ignorieren, weil der EOK, wie bereits erwähnt, seit 1855 für die altpreußischen Fakultäten das Recht besaß, den vorgeschlagenen Kandidaten

---

Harnack, Harnack, 156–172, *Neufeld*, Harnacks Konflikt, 89–109, *Brocke*, System Althoff, 92, *Rohde*, Theologische Fakultät, 581f., *Huber/Huber*, Staat und Kirche, Bd. III, 646–655, *Lessing*, Positive und „liberale", 345, *Nowak*, Einführung, 17–20, *Jantsch*, Harnack-Rade, 26–29, *Rebenich*, Mommsen-Harnack, 47f., *Basse*, Konzeptionen, 36–38, *Brocke*, Berufungspolitik und Berufungspraxis, 76f. und *Nottmeier*, Harnack, 106–116. Die Akten zu diesem Berufungsverfahren sind im GStA PK im Königlichen Geheimen Zivilkabinett (GStA PK, I. HA, Rep. 89, Nr. 21489), im Nachlass Althoff (VI. HA, NL Althoff, Nr. 607, Bl. 5^r–60^v) und zum Teil auch im Königlichen Staatsministerium (I. HA, Rep. 90 A, Nr. 1766) sowie in HUB UA, Theol. Fakultät, Nr. 167 erhalten, während sich in der Überlieferung des Kultusministeriums keine Archivalien finden ließen. Eine parallele Überlieferung findet sich in den Akten des Evangelischen Oberkirchenrats (in: EZA 7/4335, Bl. 157^r–237^r). Die Akte, die laut dem Findbuch des Kultusministeriums der Thematik am nächsten kam, trägt den Titel „I. HA, Rep. 76 III, Sekt. 1, Abt. XIV, Nr. 135: Die Besetzung der theologischen Professuren an den Universitäten, Bd. 1: 1888" und ist als Kriegsverlust verzeichnet. In der Akte zu den Berufungsangelegenheiten der Berliner Theologischen Fakultät für diesen Zeitraum (vgl. GStA PK, I. HA, Rep. 76 Va, Sekt. 2, Tit. IV, 44, Bd. IV) findet sich eine Lücke zwischen November 1887 und Oktober 1888. Dies lässt vermuten, dass man die Unterlagen der ministerialen Überlieferung entnommen, möglicherweise eliminiert hat. Während Agnes von Zahn-Harnack 1936 angab, die ministerialen Akten eingesehen zu haben (vgl. *Zahn-Harnack*, Harnack, 162), hatte sich Walter Wendland 1934 ausschließlich auf die „Akten des Evangelischen Ober-Kirchenrats" berufen (*Wendland*, Berufung, 103 mit Asterisk). Wie es dazu kam, lässt sich nicht mehr klären.

21 Vgl. Semischs Entlassungsgesuch vom 15. Oktober 1887, die Aufforderung des Kultusministers von Goßler an die Theologische Fakultät vom 23.11.1887 (a.a.O., Sekt. 2, Tit. IV, 44, Bd. IV, Bl. 19^{rv}; Bl. 22^r) und den Vorschlag der Fakultät vom 10.12.1887 (Entwurf in: HUB UA, Theol. Fakultät, Nr. 167, Bl. 170^r–171^v; Abschrift a.a.O., Nr. 607, Bl. 5^r–9^v). Der Antrag der Theologischen Fakultät vom 07.06.1877 findet sich in: GStA PK, I. HA, Rep. 76 Va, Sekt. 2, Tit. IV, Nr. 44, Bd. III, Bl. 122^r–124^v: 123^v–124^r. Zur evangelisch-theologischen Fakultät zwischen 1880 und 1945 s. *Slenczka*, Die Theologische Fakultät 1880–1945 und zur Kirchengeschichte an der Berliner Friedrich-Wilhelms-Universität s. *Stupperich*, Kirchengeschichte an der FWU zu Berlin, 1871–1945 und *Döpmann*, Lehrstuhl Kirchengeschichte.

22 Vgl. das Schreiben von Goßlers an den EOK vom 30.12.1887, in: EZA 7/4335, Bl. 157^r; s. dazu *Wendland*, Berufung, 104, *Zahn-Harnack*, Harnack, 158 und *Jantsch*, Harnack-Rade, 27.

23 Vgl. das Votum des EOK vom 29.02.1888 (Abschrift a.a.O., Nr. 607, Bl. 10^v; a.a.O., Rep. 89, Nr. 21489, Bl. 270^r; EZA 7/4335, Bl. 158^r, teilweise abgedruckt bei *Wendland*, Berufung, 106). Zu Rudolf Kögels Kirchenpolitik vgl. *Wolf*, Kögels Kirchenpolitik.

aufgrund von Bedenken zu Lehre und Bekenntnis zurückzuweisen.[24] Der Widerspruch des EOK, dem 1888 Ottomar Hermes als Präsident, Benno Bruno Brückner als geistlicher Vizepräsident, Rudolf Kögel, Ernst Kundler, Propst Hermann Freiherr von der Goltz, Albrecht Schmidt, Theodor Braun, Wilhelm Richter, Maximilian Richter, Gustav Hubert und Adolph Bayer als ordentliche Mitglieder angehörten,[25] war für das Kultusministerium unbequem, insbesondere weil der Oberkirchenrat die Besetzungsvorschläge ansonsten bedenkenlos absegnete. Anstatt das Verfahren einzustellen, forderte das Ministerium den EOK auf, die gegen Harnack erhobenen Bedenken zu konkretisieren.[26] Der EOK kam dieser Aufforderung im Mai 1888 mit einem weiteren Votum nach, das primär Harnacks Dogmengeschichte kritisierte.[27]

Über die Bedenken des EOK zu Harnacks theologischer Position informierte dessen geistlicher Vizepräsident, Benno Bruno Brückner, Generalsuperintendent von Berlin und ein Anhänger der Mittelpartei, den Kirchengeschichtler Anfang Februar 1888 in einem Brief, bevor das Gremium sein Votum dem Kultusministerium übermittelte.[28] Brückner forderte Harnack darin auf, zu seiner Auffassung vom Neutestamentlichen Kanon, von der Auferstehung Christi und der Taufe Stellung zu beziehen, die er dessen *Lehrbuch der Dogmengeschichte* entnommen hatte. Denn Harnacks dort formulierte Positionen böten „der Kirchenbehörde" Anlass

24 Vgl. *Wendland*, Berufung, 103, *Huber/Huber*, Staat und Kirche, Bd. III, 645, Nr. 269 und *Nottmeier*, Harnack, 106.

25 Zu den Mitgliedern des EOK vgl. *Kgl. Preuß. Hof und Staat*, Handbuch 1887, 167 und *Söhngen*, Oberkirchenrat, 171–194 sowie zu den genannten Mitgliedern ebd., 173f., 178f., 180f., 183f., 188f.

26 Vgl. das Schreiben von Goßlers an den EOK vom 24.03.1888 (in: EZA 7/4335, Bl. 163^{rv}, teilweise abgedruckt bei *Wendland*, Berufung, 107 und *Zahn-Harnack*, Harnack, 160f.), das nach Huber und Huber Althoff entworfen hatte (vgl. *Huber/Huber*, Staat und Kirche, Bd. III, 646, wahrscheinlich im Anschluss an *Zahn-Harnack*, Harnack, 160, nach deren Rekonstruktion Althoff den Entwurf von Weiß noch einmal verschärft hatte). S. dazu *Wendland*, Berufung, 107 und *Jantsch*, Harnack-Rade, 27.

27 Der EOK resümierte seine Bedenken am 02.05.1888 in einem weiteren Votum (in: EZA 7/4335, Bl. 171^{r}–172^{r}; Abschrift a.a.O., Nr. 21489, Bl. 267^{r}–269^{v}; teilweise abgedruckt bei *Wendland*, Berufung, 107), nachdem das Ministerium ihn aufgrund des Todes von Semisch im April 1888 ein zweites Mal aufgefordert hatte, das Schreiben vom 24. März zu beantworten (vgl. das Schreiben von Goßlers an den EOK vom 24.04.1888, in: EZA 7/4335, Bl. 174^{r}). Nach Nottmeier hatte der EOK mit dem verzögerten zweiten Votum auch beabsichtigt, Zeit zu gewinnen, weil bereits bekannt war, dass König Friedrich III. schwer krank war (vgl. *Nottmeier*, Harnack, 110). Ein Mitglied des EOK, Hermann von der Goltz, verfasste am 27.04.1888 ein Separatvotum, in dem er sich für Harnack aussprach (in: EZA 7/4335, Bl. 164^{r}–166^{v}; abgedruckt in Teilen bei *Wendland*, Berufung, 108–110; in Gänze bei *Gennrich/Goltz*, Hermann von der Goltz, 216–219; s. dazu *Wendland*, Berufung, 107–110, *Gennrich/Goltz*, Hermann von der Goltz, 112f., *Zahn-Harnack*, Harnack, 161f., *Huber/Huber*, Staat und Kirche, Bd. III, 646, *Jantsch*, Harnack-Rade, 27f., *Dutzmann*, Goltz, 163 und *Nottmeier*, Harnack, 107).

28 Vgl. Nr. 14.1, *Briefwechsel*.

seine „dem kirchlichen Bekenntniß zugeneigte Stellung" zu bezweifeln.[29] Mittels dieser durchaus wohlwollenden Anfrage bereitete Brückner zum einen das Votum von Ende Februar 1888 vor, erhoffte sich zum anderen wahrscheinlich auch, dass Harnack einlenken würde. Die Beseitigung der theologischen Hindernisse durch ein Zugeständnis Harnacks hätte es dem Evangelischen Oberkirchenrat nämlich ermöglicht, der Berufung Harnacks nach Berlin zuzustimmen.[30] Obwohl Harnack Brückners Anfrage als entgegenkommend beurteilte, lehnte er die Offerte insofern ab, als er seine theologische Position für den EOK nicht diplomatischer formulierte, sondern durch Verweis auf seine Druckwerke auf seiner Meinung beharrte.[31] Außerdem kritisierte er indirekt, dass Brückner inoffiziell von ihm Äußerungen fordere, die womöglich seinen in der Dogmengeschichte gedruckten Auffassungen widersprächen.[32] Nachdem er Brückner geantwortet hatte, informierte Harnack Althoff über den Briefwechsel mit dem Oberkonsistorialrat, indem er auf dessen, vermutlich in einem nicht überlieferten Schreiben zugesicherte Diskretion rekurrierte.[33] Wie aus der Korrespondenz mit Harnacks Freund Julius Kaftan, ebenfalls Ritschlianer und Mitglied der Berliner Fakultät, deutlich wird, wusste Harnack bereits seit Dezember 1887 von dem Vorschlag, ihn nach Berlin zu berufen.[34]

Aufgrund des ablehnenden Votums des EOK interessierte Althoff nun, wie die erwähnte Leipziger Berufungsangelegenheit verlaufen sei, in der das sächsische Konsistorium Harnack 1885/86 zurückgewiesen hatte.[35] Denn jener vermutete ebenso wie Bernhard Weiß, dass sich der EOK vom sächsischen Votum habe beeinflussen lassen. Zudem sollte eine genaue Kenntnis der Sachlage es ihm ermöglichen, eventuellen Einwänden, auch seitens der preußischen Regierung, zu begegnen.[36] Außerdem forderte das Ministerium externe Gutachten zu Harnacks akademischer Tätigkeit und Lehrbefähigung an, die sich sämtlich für den Kirchenhistoriker ausspra-

29 Ebd.

30 So auch *Neufeld*, Harnacks Konflikt, 101f.

31 Vgl. die Nrn. 14.2 und 14, *Briefwechsel*.

32 Vgl. Harnacks Hinweis auf mögliche „Mißdeutungen" im Brief vom 02.02.1888 (Nr. 14.2, *Briefwechsel*). Es erscheint mir unwahrscheinlich, dass Harnack Brückners Frage missverstanden hatte, wie Neufeld annimmt (vgl. *Neufeld*, Harnacks Konflikt, 102), da er sich von seiner Position überzeugt zeigt.

33 Vgl. Nr. 14, *Briefwechsel*.

34 Vgl. den Brief Kaftans an Harnack vom 11.12.1887, in: SBB PK, NL Harnack, K 34, Mp. Kaftan, Julius, Bl. 5^{r}; s. dazu *Nottmeier*, Harnack, 106.

35 Vgl. die Nrn. 15 und 16, *Briefwechsel*. Zum Leipziger Berufungsverfahren s.o. Anm. 7. Nottmeier meint, dass Althoff sich für die Leipziger Berufung interessiert habe, um eine Strategie zum Umgang mit dem EOK zu entwickeln (vgl. *Nottmeier*, Harnack, 107).

36 Vgl. das Gutachten von Bernhard Weiß zum EOK-Votum vom 06.05.1888 (a.a.O., Nr. 607, Bl. 15^{r}–18^{v}); so auch der Immediatbericht vom 04.07.1888 (Nr. 23.1, *Briefwechsel*).

chen.[37] Darüber hinaus informierten sich die Ministerialbeamten über Harnacks Tätigkeit in Gießen bei den hessischen staatlichen und kirchlichen Stellen.[38]

Da Harnacks *Lehrbuch der Dogmengeschichte* der Stein des Anstoßes in Sachsen wie in Berlin gewesen war, kamen auch die 1886 verfassten Rezensionen desselben zwei Jahre später wieder in den Blick. Sie hatten nach Harnacks Einschätzung auch die Leipziger Berufungsangelegenheit beeinflusst, weil sie parallel zu dem Entscheidungsprozess in Dresden erschienen waren.[39] Die Dogmengeschichte war rezensiert worden, nachdem Martin Rade, der ein Schüler Harnacks und 1886 Pfarrer in Sachsen war, sie auf Wunsch Harnacks im *Sächsischen Kirchen- und Schulblatt* angezeigt hatte.[40] Ein Anonymus, hinter dem sich Ernst Luthardt verbarg, reagierte zwei Wochen später in derselben Zeitschrift mit einer Kritik, die bereits die zentralen Streitpunkte herausgriff, die Harnacks Darstellung der altkirchlichen Christologie, seine Skepsis an der Authentizität bestimmter Jesus-Worte, wie beispielsweise der Einsetzungsworte zum Abendmahl, sowie sein Erklärung der Auferstehung in der Dogmengeschichte betrafen.[41] Zeitgleich war Anfang Februar in dem von Luthardt redigierten *Theologischen Literaturblatt* eine erste Rezension von konservativer, lutherisch-konfessioneller Seite erschienen, die Harnacks Dogmengeschichte in ähnlicher Weise wie der anonym schreibende Luthardt kritisierte.[42] Sie konzentrierte sich auf die Abhängigkeit der Dogmengeschichte von Albrecht Ritschls Theologie, Harnacks Methodik sowie die Auflösung des Zusammenhangs zwischen den altkirchlichen und reformatorischen Bekenntnissen. Harnack reagierte mit einer *Berichtigung* auf diese Rezension, die der Rezensent schließlich mit einer *Entgegnung* beantwortete.[43] Wenig später ergänzte Luthardt die Debatte um eine unter eigenem Namen veröffentlichte Rezension einer älteren Schrift Harnacks, an der er zwar primär dessen „Hellenisierungsthese“ kritisierte, damit aber sekundär

---

37 Gutachter waren Wilhelm Mangold, Emil Kautzsch, Julius Köstlin, Erich Haupt und Gustav Kawerau, die abgesehen von Kautzsch sämtlich keine Ritschlianer waren (vgl. den Immediatbericht vom 04.07.1888 [Nr. 23.1, *Briefwechsel*] und das Schreiben Goßlers an den EOK vom 14.07.1888 [EZA 7/4335, Bl. 209^r–210^v]). Nur das Gutachten Köstlins ist in den kirchlichen Beständen überliefert (in: EZA 7/4335, Bl. 211^r–220^v).

38 Vgl. den Immediatbericht vom 04.07.1888 (Nr. 23.1, *Briefwechsel*); s. dazu *Zahn-Harnack*, Harnack, 165 und *Nottmeier*, Harnack, 107, 110f. Rade informierte Harnack über das Gutachten, das der Oberkonsistorialrat Karl Sell aus Darmstadt über ihn angefertigt hatte (vgl. *Jantsch*, Harnack-Rade, Nr. 61).

39 Vgl. Nr. 16, *Briefwechsel* mit Anm. 13.

40 Vgl. *Rade*, Neue Dogmengeschichte vom 04.02.1886. Harnack hatte Rade am 14.12.1885 um eine Anzeige z.B. im Sächsischen Kirchen- und Schulblatt gebeten (*Jantsch*, Harnack-Rade, Nr. 33).

41 Vgl. *Anonym*, Erklärung, 1886, 58.

42 *Anonym*, Harnack's Dogmengeschichte, 1886; s. dazu *Basse*, Konzeptionen, 295f.

43 Vgl. *Harnack*, Berichtigung, 1886 und *Anonym*, Entgegnung, 1886.

die grundlegende Diskrepanz zwischen Harnacks Theologie und der „kirchlichen Lehre" hervorhob.[44] An dieser Rezension entspann sich schließlich eine Debatte zwischen Luthardt und Harnack, die zum endgültigen Bruch zwischen dem Lehrer und seinem vormaligen Schüler führte.[45] Die im ersten Jahresviertel 1886 erschienenen Rezensionen und Äußerungen der lutherisch-konfessionellen Theologie Leipziger Prägung zu Harnacks *Lehrbuch der Dogmengeschichte* verdeutlichen die auch öffentlich nicht mehr zu leugnende Distanz zwischen der Theologie, der der Gießener Ordinarius akademisch entstammte, und derjenigen, der er nun zugehörte. Im Zusammenhang des Berliner Berufungsverfahrens wurde diese Diskrepanz 1888 nochmals virulent, weil der Evangelische Oberkirchenrat die Aspekte in seine Voten aufnahm, die die lutherische Seite 1886 in den Rezensionen bereits kritisiert hatte.

Als die Berufung öffentlich bekannt und sich die Berliner Presse – befeuert durch die sog. „Hofpredigerpartei" um Adolf Stoecker[46] – an der Auseinandersetzung zwischen Staat und Kirche zu weiden begann,[47] versuchte Kultusminister Gustav von Goßler, der sich mit Harnack auch zu einem persönlichen Gespräch in Naumburg (Saale) traf,[48] zuerst eine Lösung über das Staatsministerium unter der Führung von Otto von Bismarcks zu erreichen, bevor er sich direkt an den obersten Bischof der Landeskirche der Altpreußischen Union, den seit dem 15. Juni 1888 amtierenden König und Kaiser, Wilhelm II., wandte.[49] Die Situation war derart angespannt, dass Harnack gegenüber Weiß sogar erwog, „freiwillig [aus dem

---

44 *Luthardt*, Rez.: Tatian's Rede, 97; zu Harnacks Hellenisierungsthese s.o. Einleitung, Abschnitt 3.2, S. 43 mit Anm. 65.

45 Vgl. *Harnack*, Verwahrung wider Luthardt, 1886 und *Luthardt*, Zur „abgenöthigten Verwahrung"; s. in diesem Kontext auch die Briefe Harnacks und Luthardts von 1886 sowie diejenigen Harnacks und Rades (vgl. *Rieske-Braun*, Harnack-Luthardt, 96–99 und *Jantsch*, Harnack-Rade, Nr. 33–36; 39–40; 42).

46 Vgl. *Huber/Huber*, Staat und Kirche, Bd. III, 647, *Jantsch*, Harnack-Rade, 28, *Nowak*, Einführung, 18f., *Basse*, Konzeptionen, 37 und *Nottmeier*, Harnack, 108f. Zur sog. „Hofpredigerpartei" s. *Lessing*, Positive und „liberale", 342–345 und *Scheib*, Christlicher Antisemitismus, 21, Anm. 35.

47 Vgl. den Hinweis Harnacks in seinem Brief vom 16.03.1888 (Nr. 16, *Briefwechsel*) und die Sammlung von Zeitungsartikeln in: GStA PK, VI. HA, NL Althoff, Nr. 608 und EZA 7/4335. Neufeld und Nottmeier werten die Pressezeugnisse zum „Fall Harnack" aus (vgl. *Neufeld*, Harnacks Konflikt, 92, Anm. 9 und *Nottmeier*, Harnack, 109–115).

48 Vgl. Nr. 18 und Nr. 19, *Briefwechsel*; s. auch den Immediatbericht Goßlers vom 04.07.1888 (Nr. 23.1, *Briefwechsel*).

49 Friedrich III. war am 15. Juni 1888 gestorben, sodass der neue König und Kaiser Wilhelm II. für die Entscheidung der Berufung zuständig war. Nach Kaftan hatte das Kultusministerium bereits am 15. Juni einen Immediatbericht an den Kaiser geschickt, wie ihm Weiß mitgeteilt habe (vgl. Kaftan an Harnack am 24.06.1888, a.a.O., K 34, Mp. Kaftan, Bl. 12^{r}). Vgl. Goßler an Bismarck am 27.06.1888 sowie dessen Antwortschreiben durch Franz von Rottenburg vom selben Tag (a.a.O., Nr. 607, Bl. 19^{r}–20^{v}; 21^{r}).

Berufungsverfahren] zurückzutreten".[50] Das Staatsministerium votierte unter der Führung Bismarcks für Harnacks Berufung, weil es der Ansicht war, dass es politisch notwendig sei, dem Gutachten des EOK nicht Folge zu leisten.[51] Daraufhin legte Goßler dem Kaiser am 04. Juli 1888 einen von Weiß entworfenen Immediatbericht vor, in dem er sich für Harnack aussprach und dies auch theologisch differenziert begründete.[52]

Althoff besprach mit Harnack derweil schon die Details der Berufung, wie etwa die Höhe seines Gehalts, das erneut zu Harnacks Vorteil ausfiel. Außerdem sollte kein zweiter kirchengeschichtlicher Ordinarius einer anderen theologischen Richtung, wie beispielsweise der Positiven, als Gegengewicht berufen werden, um zu verhindern, dass Harnack als Vertreter einer kirchenpolitischen Partei gälte.[53] Althoff sah nach dem Gespräch zwischen Goßler und Harnack und dem Votum des Staatsministeriums der Berufung derart optimistisch entgegen, dass er bereits dessen Nachfolge in Marburg zu planen begann.[54] Obwohl Harnack die Angelegenheit skeptischer betrachtete,[55] folgte er Althoffs Aufforderungen und begann mit der Suche nach einem Nachfolger.[56] Gleichzeitig erfassten Harnack und Althoff, wie auch andere, die kirchenhistorische Bedeutung der Auseinandersetzung. Althoff gedachte, „Reformationslieder" anzustimmen, während Harnack in seinem Antwortbrief den „Sieg der guten protestantischen Sache" hervorhob, den ein erfolgreicher Ab-

---

50 Entwurf eines Briefes Harnacks an Weiß vom 14.06.1888, in: SBB PK, NL Harnack, K 44, Mp. Weiß, Bl. 11^{rv}. Es kann nicht sichergestellt werden, dass Harnack den Brief an Weiß abschickte, weil dessen Nachlass nicht erhalten ist. S. a.a.O., Bl. 4^r–13^r weitere Briefe von Weiß zur Berufung Harnacks nach Berlin.

51 Vgl. das Protokoll der Staatsministeriumssitzung vom 30.06.1888 (GStA PK, I. HA, Rep. 90 A, Nr. 1766, Bl. 141^{rv}; das verkürzte Protokoll bei *Kocka/Neugebauer*, Protokolle Preuß. Staatsministerium, Bd. 7, Nr. 332). S. dazu *Sachse*, Althoff, 175, *Zahn-Harnack*, Harnack, 168, *Jantsch*, Harnack-Rade, 28f. und *Nowak*, Einführung, 20.

52 Vgl. den Immediatbericht Goßlers vom 04.07.1888 (Nr. 23.1, *Briefwechsel*) sowie den Ordreentwurf, den Wilhelm II. nicht unterschrieb (a.a.O., Nr. 21489, Bl. 213, 214; Abschrift a.a.O., Nr. 607, Bl. 38^r). Goßler resümierte in seinem Bericht auch den bisherigen Ablauf der Berufungsangelegenheit.

53 Vgl. Nr. 20, *Briefwechsel* mit Anm. 5 und 21, *Briefwechsel*.

54 Vgl. Nr. 23, *Briefwechsel*.

55 Vgl. Nr. 25, *Briefwechsel*; vgl. auch Harnack an Rade am 16.07.1888, in: *Jantsch*, Harnack-Rade, Nr. 59 sowie die Briefe Harnacks an Hans Delbrück vom 28.05. und 11.07.1888 (in: SBB PK, NL Delbrück, Fasz. 95, Bl. 9^r–10^r: 10^r; 11^r–12^v: 12^v), in denen er sich über die lange Gesamtdauer des Berufungsverfahrens beklagte.

56 Vgl. Nr. 24, *Briefwechsel*. Über das Berufungsverfahren und seinen Nachfolger in Marburg tauschte er sich auch mit Martin Rade aus (vgl. *Jantsch*, Harnack-Rade, Nr. 55, 56, 58, 59; s. dort auch Nr. 53–62, 67f.), der sich in der öffentlichen Auseinandersetzung bereits an seine Seite gestellt hatte (vgl. *Rade*, Akademische Berufung).

schluss des Berufungsverfahrens bedeuten würde. Damit wollte er andeuten, dass die Berufung nach Berlin nicht nur ein persönlicher Gewinn für ihn, sondern auch einen kirchenpolitischen Durchbruch im Allgemeinen bedeuten würde.[57] Althoffs und Weiß' Beitrag würdigte er dabei in besonderem Maße.[58] Jenseits der ministerialen Unterstützung wurde Harnacks Position dadurch gestärkt, dass die Universität Marburg ihn zum Rektor und die dortige Theologische Fakultät ihn zum Vertreter für die hessische Generalsynode wählten, womit nochmals Harnacks Renommee und Kirchlichkeit betont werden sollten.[59]

Doch das Verfahren verzögerte sich, da Wilhelm II. am 12. Juli vorschlug, den Oberkirchenrat seine Entscheidung aufgrund der angefertigen externen Gutachten nochmals überdenken zu lassen.[60] Da dessen Mitglieder sich jedoch mehrheitlich bis Ende August in den Ferien befanden, konnte das kirchliche Gremium keine Entscheidung treffen.[61] Eine gewisse Verzögerungstaktik lässt sich seitens des EOK insofern festhalten, als Rudolf Kögel und Hermann von der Goltz, obwohl sie bereits Ende Juli neue Voten zu der Berufungsfrage entwarfen, erst Anfang September eine Entscheidung erwirkten.[62] Um die Angelegenheit zu beschleunigen, wandte sich das Geheime Zivilkabinett, das persönliche Büro Wilhelms II., direkt an den Evangelischen Oberkirchenrat und forderte das Gremium auf, die Frage früher zu beantworten.[63] Das Staatsministerium wiederholte unterdessen sein Votum für die

---

57 Nrn. 20 und 21, *Briefwechsel*. So auch Goßler an Bismarck am 27.06.1888 und Rottenburg an Goßler vom selben Tag (a.a.O., Nr. 607, Bl. 20^{rv}; 21^{r}) sowie Goßler im Immediatbericht vom 04.07.1888 (Nr. 23.1, *Briefwechsel*).

58 Vgl. Nr. 21, *Briefwechsel*. Weiß informierte Althoff über den Verlauf der Angelegenheit, während Althoff Harnack nicht alles mitteilte (vgl. Weiß an Althoff am 19.03.1888, in: GStA PK, VI. HA, NL Althoff, Nr. 1008, Bl. 71^{rv}). Weiß hatte bereits im April 1888 am Erfolg der Berufung gezweifelt (vgl. Weiß an Althoff am 19.04.1888, ebd., Bl. 76^{r}).

59 Vgl. Nr. 26, *Briefwechsel*; s. dazu *Zahn-Harnack*, Harnack, 169, *Huber/Huber*, Staat und Kirche, Bd. III, 647, *Jantsch*, Harnack-Rade, 29, *Nowak*, Einführung, 19 und *Nottmeier*, Harnack, 113 (der auch auf die Strittigkeit der Wahl Harnacks eingeht).

60 Vgl. Lucanus an Goßler am 12.07.1888 (a.a.O., Nr. 21489, Bl. 216^{rv} [Entwurf]; Abschrift a.a.O., Nr. 607, Bl. 38^{v}) sowie Goßler an den EOK am 14.07.1888 (in: EZA 7/4335, Bl. 209^{r}–210^{v}; vollständig abgedruckt bei: *Wendland*, Berufung, 111f.), das Goßler Lucanus abschriftlich weiterleitete (vgl. Goßler an Lucanus am 14.07.1888, a.a.O., Nr. 21489, Bl. 217 mit der Abschrift ebd., 218^{r}–220^{r}). S. dazu *Sachse*, Althoff, 175, *Wendland*, Berufung, 110–112, *Gennrich/Goltz*, Hermann von der Goltz, 115, *Zahn-Harnack*, Harnack, 169, *Huber/Huber*, Staat und Kirche, Bd. III, 647, Nr. 275, *Jantsch*, Harnack-Rade, 29 und *Nottmeier*, Harnack, 112.

61 Vgl. Goßler an den EOK am 30.07. und EOK an Goßler am 03.08.1888 (in: EZA 7/4335, Bl. 202^{r}; 203^{r}; Abschrift des letzteren a.a.O., Nr. 21489, Bl. 239^{rv}).

62 Vgl. die Voten von Kögel vom 24.07.1888 und von von der Goltz vom 30.07.1888 (in: EZA 7/4335, Bl. 221^{rv}; 222^{rv}).

63 Vgl. Zivilkabinett an den EOK am 25.08.1888 (a.a.O., Nr. 21489, Bl. 240^{rv}).

Berufung Harnacks, nachdem Goßler seine Kollegen über die Antwort Wilhelms II. vom Juli informiert hatte.[64]

Harnack nahm die gesamte Situation als zunehmend belastend wahr, sodass er sich mit der dringenden Bitte an Althoff wandte, ihm „eine aufklärende Mitteilung zu machen“, was darauf schließen lässt, dass er länger keine Informationen mehr aus Berlin erhalten hatte.[65] Mit einem durch emotionale Rhetorik sprachlich stilisierten Brief beabsichtigte er Althoff zu einer Antwort und vielleicht auch zu einem verstärkten Eingreifen zu bewegen. Harnacks rhetorische Strategie trug insofern Früchte, als Althoff nun auf den erfolgreichen Ausgang des Verfahrens einzuwirken versuchte, indem er bei Harnack Informationen zu den Leipziger Professoren und zum Oberkirchenrat Brückner anforderte.[66]

Doch erst Anfang September 1888 entschied der EOK endgültig über Harnacks Berufung und lehnte sie erneut ab.[67] Denn die genannten Kritikpunkte an Harnacks Theologie ließen sich seitens des EOK bis zum Abschluss des Berufungsverfahrens nicht beseitigen.[68] Trotz der ablehnenden Stellungnahme, die der Kultusminister dem König übermittelte, berief Wilhelm II. Harnack in die Reichshauptstadt.[69] Auch wenn Wilhelm II. als Bischof der evangelischen Kirche der Altpreußischen Union und König die Entscheidungsgewalt über die Professorenberufungen innehatte, un-

---

64 Vgl. Goßler an Bismarck am 14.07.1888, Bismarck an Goßler am 17.07.1888 (a.a.O., Nr. 607, Bl. 43^{rv}; 44^{r}) und das Protokoll der Sitzung des Staatsministeriums vom 24.07.1888 (ebd., Bl. 45^{r}; Abschrift a.a.O., Nr. 21489, Bl. 272^{rv}; ebd., I. HA, Rep. 90 A, Nr. 1766, Bl. 146^{r}).

65 Harnack an Althoff am 12.08.1888, Nr. 27, *Briefwechsel*. Ähnlich hatte er sich bereits im Juli gegenüber Rade geäußert (vgl. Harnack an Rade am 16.07.1888, in: *Jantsch*, Harnack-Rade, Nr. 59).

66 Vgl. die Nrn. 28 und 29, *Briefwechsel*. Ein Brief Althoffs an Harnack ist zwischen dem 20. Juli und dem 13. September nicht überliefert (vgl. die Nrn. 25 und 31, *Briefwechsel*).

67 Hermes hatte für den 3. September eine Sitzung des EOK einberufen lassen, für die dessen Mitglieder ihren Urlaub unterbrechen mussten (vgl. Hermes an Lucanus am 31.08.1888 [a.a.O., Nr. 21489, Bl. 245]; das Votum des EOK an Goßler vom 06.09.1888 [Abschriften ebd., Bl. 265^{r}–266^{v}; a.a.O., Nr. 607, Bl. 47^{v}–50^{r}; in: EZA 7/4335, Bl. 224^{r}–225^{r}; teilweise abgedruckt bei *Wendland*, Berufung, 113f.]). S. dazu *Sachse*, Althoff, 175, *Zahn-Harnack*, Harnack, 171, *Huber/Huber*, Staat und Kirche, Bd. III, 647, Nr. 276, *Jantsch*, Harnack-Rade, 29 und *Nottmeier*, Harnack, 113.

68 Vgl. die Voten des EOK vom 02.05. (in: EZA 7/4335, Bl. 171^{r}–172^{r}) und vom 06.09.1888 (Abschrift a.a.O., Nr. 607, Bl. 47^{v}–50^{r}; a.a.O., Nr. 21489, Bl. 265^{r}–266^{v}).

69 Vgl. den Immediatbericht Goßlers an Wilhelm II. vom 16.09., das Schreiben an Lucanus vom selben Tag sowie den Erlass Wilhelms II. vom 17.09.1888 (a.a.O., Nr. 21489, Bl. 259^{r}–264^{v}; 271^{r}; 273^{r}; Abschriften a.a.O., Nr. 607, Bl. 50^{v}–55^{v}; 56^{r}; 56^{v}); s. auch Lucanus an Goßler am 19.09.1888 (a.a.O., Nr. 21489, Bl. 275^{rv}). S. dazu *Zahn-Harnack*, Harnack, 171, *Huber/Huber*, Staat und Kirche, Bd. III, 647, Nr. 277, *Jantsch*, Harnack-Rade, 29 und *Nottmeier*, Harnack, 113. Ob das Votum des EOK rechtlich hätte bindend sein können, weil es sich nach Wendland um ein „Einspruchsrecht“ handelte, ist hier nicht zu erörtern (vgl. *Wendland*, Berufung, 103).

terminierte er dadurch das Vetorecht des EOK, das die Konformität der Theologieprofessoren mit der kirchenamtlichen Lehre absichern sollte.

Die Berufung des modernen Theologen Harnack gegen das Votum der Kirchenleitung nach Berlin durch den theologisch konservativen Wilhelm II. lässt verschiedene Deutungen zu. Nach der retrospektiven Aussage des exilierten Kaisers von 1922 zu schließen, folgte Wilhelm II. 1888 dem „Urteil“ seines Erziehers Georg Hinzpeter, der Harnack für Berlin favorisierte, obwohl er eine mittelparteiliche, vermittlungstheologische Position Hallensischer Prägung vertrat.[70] Außerdem konnte zu diesem Zeitpunkt Bismarck, der Harnacks Berufung befürwortete, noch Einfluss auf den Kaiser geltend machen. Möglicherweise wollte der junge Kaiser, der die Entscheidungsgewalt, wie bereits erwähnt, der staatsrechtlichen Maxime des „persönlichen Regiments“ entsprechend in seiner Person zu bündeln beabsichtigte,[71] nicht die kirchliche Behörde und die sie dominierenden Hofprediger bestimmen lassen, wer in Preußen Professor werden dürfe.

Althoff informierte Harnack über den erfolgreichen Ausgang der Berufung, nachdem er „durch private Freundlichkeit“ vom Kaiserhof – von wem genau, bleibt unklar – davon erfahren hatte, noch bevor Goßler die Öffenlichkeit darüber in Kenntnis setzte.[72] Außerdem lud Althoff Harnack zu einer Besprechung nach Berlin ein, bei der die Einzelheiten seines Lehrstuhlwechsels und seiner Nachfolge in Marburg thematisiert werden sollten.[73]

Die Streitigkeiten um die Berufung Harnacks nach Berlin sind nicht nur als Einzelfall zu betrachten, sondern sind *erstens* im Zusammenhang der Apostolikumsstreitigkeiten zu verorten, die seit den 1870er Jahren die preußische Kirche und Theologie prägten.[74] Während des Berufungsverfahrens zeigte sich dieser Aspekt insbesondere an dem Verweis auf die „Heilstatsachen“ der Jungfrauengeburt und der Auferstehung Christi, die Harnack infrage gestellt habe.[75] *Zweitens* wird am Widerspruch des EOK deutlich, dass Harnacks konsequente Umsetzung der historisch-kritischen Methode in der Theologie, v.a. in der Kirchenleitung umstritten war. Der

---

70 *Wilhelm II.*, Ereignisse und Gestalten, 165; zum religiösen Einfluss Hinzpeters aus Wilhelm II. s. *Friedrich*, Religion im Erziehungsprogramm Hinzpeters.

71 S.o. Einleitung, Abschnitt 2.1, S. 14 mit Anm. 9.

72 Althoff an Harnack am 18.09.1888 (Nr. 33, *Briefwechsel*); vgl. Goßlers Verlautbarungen (a.a.O., Nr. 607, Bl. 57[rv]). In der Presse wurde die Berufung erst am 19.09.1888 bekannt (s. den Artikel in der *National-Zeitung* vom 20.09.1888, Nr. 505, Morgen-Ausgabe, auch a.a.O., Nr. 608, Bl. 2[r]). Zur *National-Zeitung* s. *Kahl*, National-Zeitung.

73 Vgl. die Nrn. 31, 33 und 35, *Briefwechsel*.

74 Zur ersten Phase der Apostolikumsstreitigkeiten s. *Winnebeck*, Apostolikumsstreitigkeiten, 47–190. 1892 wurde Harnacks Haltung zum Apostolikum nochmals diskutiert und in diesem Zusammenhang auch eine sog. „Strafprofessur“ eingerichtet (s.u. Teil II, Abschnitt 1.2, S. 171).

75 Vgl. das Votum des EOK vom 02.05.1888 (in: EZA 7/4335, Bl. 171[v]).

EOK hatte scharf kritisiert, dass Harnack das Johannesevangelium, den Epheserbrief und den Ersten Petrusbrief als Pseudepigraphien bezeichnet habe.[76] Die Berufung Harnacks nach Berlin führt daher nicht nur den Streit um die Glaubensinhalte der Bekenntnisse, sondern auch die Auseinandersetzung um die historisch-kritische Exegese der Bibel vor Augen. Der Konflikt verdeutlicht einerseits die Rückständigkeit des Oberkirchenrats bzw. einzelner seiner Mitglieder, andererseits zeigen sich daran auch die Widersprüche innerhalb des EOK, da der Vermittlungstheologe Brückner, wie Harnack zu seinen Abschriften aus dessen Schriften bemerkte, nicht grundlegend von den Ansichten der historisch-kritischen Theologie abwich.[77] Und *drittens* illustriert das Berufungsverfahren Harnacks nach Berlin beispielhaft, in welchem Machtverhältnis der Staat zur Kirche stand. Diesen Aspekt hatten auch Reichskanzler Otto von Bismarck und das Staatsministerium in ihrer Stellungnahme betont. Um die Positionierung für die staatliche Oberhoheit über die Universitäten und die daraus resultierende Verteidigung der akademischen Freiheit öffentlich wertzuschätzen, verlieh die Gießener theologische Fakultät Bismarck am 10. November 1888 – an Martin Luthers Geburtstag – die theologische Ehrendoktorwürde.[78]Auch Kultusminister von Goßler und Althoff die ihre eigene politische Zukunft an den erfolgreichen Ausgang der Berufungsangelegenheit geknüpft hatte, sahen in der Auseinandersetzung mit dem Evangelischen Oberkirchenrat einen Machtkampf zwischen dem Kultusministerium und der kirchlichen Behörde, die noch von der „Hofpredigerpartei“ um Kögel und Stoecker beeinflusst wurde.[79] Es stand nämlich bei der Berufung Harnacks nach Berlin zur Debatte, inwiefern sich das Kultusministerium an die Voten des Oberkirchenrates halten müsse und inwiefern das Konsistorium die akademische Freiheit der wissenschaftlichen Theologie bei der Kontrolle der kirchlich-dogmatischen Konformität der Theologieprofessoren einschränken dürfe.

Schließlich ging es in dem Konflikt um Harnacks Berufung auch um den Einfluss auf die neuen preußischen Könige. Während Wilhelm I. noch gänzlich von Kögel und Stoecker beeinflusst worden war, war Friedrich III. liberaler orientiert gewesen.[80] Doch er starb am 15. Juni 1888, bevor er eine Entscheidung hatte treffen können. Der neue König, Wilhelm II., stand zwar kirchenpolitisch weniger unter dem Einfluss Kögels und Stoeckers, war aber in seiner Ausrichtung noch nicht eindeutig zu beurteilen. Man war sich jedoch einig, dass eine Ablehnung der Berufung Harnacks durch Wilhelm II. ein deutliches kirchenpolitisches Signal der Unterstüt-

---

76 Vgl. ebd., Bl. 171^{rv}.

77 Vgl. Nr. 29, *Briefwechsel* und 29.1, *Briefwechsel.*

78 Vgl. Nr. 38, *Briefwechsel* mit Anm 5.

79 Vgl. Goßler an Bismarck am 27.06.1888 (a.a.O., Nr. 607, Bl. 19^{r}–20^{v}: 20^{r}).

80 Vgl. *Nottmeier*, Harnack, 108f. und *Scheib*, Christlicher Antisemitismus, 181f.

zung der Hofpredigerpartei bedeutet hätte.[81] Daraus lässt sich mit Martin Friedrich schlussfolgern, dass die Berufung Harnacks als „deutlichste[r] Beleg für den kirchenpolitischen Schwenk Wilhelms II. weg von der unter Wilhelm I. dominierenden orthodoxen Hofpredigerpartei und hin zu einer Förderung auch anderer Richtungen" verstanden werden kann.[82] Denn obwohl Wilhelm II. Stoecker vorerst als Hofprediger behielt, machte der Kaiser deutlich, dass dessen politische Agitation nicht mit seinem Amt vereinbar sei, und entließ ihn schließlich 1890, wenige Monate nachdem er Reichskanzler Otto von Bismarck abberufen hatte.[83] Damit geschah 1890 wie 1895 die Änderung des kirchenpolitischen Kurses parallel zu der Veränderung des sozialpolitischen Kurses. Denn Wilhelm II. liberalisierte 1890 sowohl seine kirchenpolitische Haltung als auch seinen sozialpolitischen Kurs. Der EOK schloss sich beiden Initiativen des Landesherren an, indem er die Pfarrer 1890 beispielsweise zu einer Beschäftigung mit der sozialen Fragen aufrief. Als Wilhelm II. ab 1895 den sozialpolitischen Kurs parallel zur Einführung der paritätischen Kirchenpolitik revidierte, folgte die Kirchenbehörde der landesherrlichen Leitlinie.[84]

81 Vgl. Kaftan an Harnack am 24.06.1888 (a.a.O., K 34, Mp. Kaftan, Bl. 12[rv]) und Goßler an Bismarck am 27.07.1888 (a.a.O., Nr. 607, Bl. 20[rv]); s. dazu *Zahn-Harnack*, Harnack, 166 und *Nottmeier*, Harnack, 110.

82 *Friedrich*, Religion im Erziehungsprogramm Hinzpeters, 63.

83 Vgl. *Hasselhorn*, Politische Theologie Wilhelms II., 41f. und *Scheib*, Christlicher Antisemitismus, 245f.

84 Zum Aufruf des Evangelischen Oberkirchenrats zum sozialpolitischen Engagement der Pfarrer 1890 vgl. *Pollmann*, Landesherrliches Kirchenregiment und soziale Frage, 86–101, zur Revision ab 1895 s. ebd. 189–251.

2 Lehrstuhlbesetzungen 1888–1898

Die Distanzierung Wilhelms II. von der konservativen, Theologie Kögels und Stoeckers, die an der Berufung Harnacks nach Berlin deutlich geworden war, und das Ende ihrer kirchenpolitischen Einflussnahme ab 1890 erweiterte Althoffs Handlungsspielraum hinsichtlich der Berufung historisch-kritischer Theologen bis zum Apostolikumsstreit 1892/93. Denn obwohl das „persönliche Regiment", das Wilhelm II. nach der Demission Bismarcks ab 1890 aufbaute, keineswegs fortschrittlich, sondern vielmehr konservativ-militaristisch geprägt war, hatte die Machtkonzentration an der Staatsspitze zur Folge, dass Ministerialbeamte wie Althoff, die die Gunst des Kaisers genossen, ein gewisser Entscheidungsspielraum zur Verfügung stand, solange der Kaiser mit den Projekten, die man ihm präsentierte, zufrieden war.

2.1 Die Ordinariate für Kirchengeschichte und Neues Testament in Marburg 1888

Als Nachfolger für die vakante kirchengeschichtliche Professur an der Theologischen Fakultät der Universität Marburg hatten Harnack und Althoff bereits im Juli 1888 Adolf Jülicher ins Auge gefasst, der sich erst ein Jahr zuvor an der Berliner Fakultät im Neuen Testament, d.h. der Fachdisziplin von Bernhard Weiß, habilitiert hatte.[1] Harnack hatte zwar in einem vertraulichen Bericht an die Fakultät seinen Freund, den Hallenser Kirchenhistoriker Friedrich Loofs an die erste Stelle gesetzt, gleichzeitig aber gegenüber Althoff bemerkt, dass dieser für Marburg „unerreichbar" sei.[2] Da die Überlegungen während der Verhandlungen über Harnacks Berufung stagniert hatten, griff Althoff diese Ende September 1888 wieder auf, indem er eine Besprechung mit Harnack und Weiß einberief.[3] Die Marburger Theologische Fakultät reichte zeitgleich – noch unter dem Dekanat Harnacks – am 21. des Monats Vorschläge für die Besetzung des kirchenhistorischen Lehrstuhls ein, die neben Jü-

1 Zur Nachfolge Harnacks in Marburg vgl. die Nrn. 23 und 24 sowie Nr. 37–54, *Briefwechsel*; s. dazu *Zahn-Harnack*, Harnack, 174 und *Rebenich*, Mommsen-Harnack, 119f. Zur Berufungspolitik in Marburg äußerte sich Adolf Jülicher 1913 kritisch (vgl. *Jülicher*, Entmündigung; s. dazu *Liebing*, Marburger Fakultät, 46–50).

2 Nr. 24, *Briefwechsel*, vgl. auch Nr. 23, *Briefwechsel*. Heinrici hatte Jülichers Berufung zur Vertretung Harnacks ebenfalls bereits im August befürwortet (vgl. Heinrici an Althoff am 23.08.1888, a.a.O., Nr. 760, Bl. 109^r–110^v).

3 Vgl. die Nrn. 33 und 35, *Briefwechsel*.

https://doi.org/10.1515/9783112213193-006

licher Harnacks Nachfolger in Gießen, Karl Müller, und den Erlanger lutherisch-konfessionellen Kirchenhistoriker Albert Hauck als Kandidaten nannten.[4]

Doch Althoff prüfte das Votum der Fakultät nicht direkt, sondern ließ sie über Harnack wissen, dass der positive Theologe Paul Tschackert als Nachfolger vom Minister gewünscht werde, den der Marburger Neutestamentler Georg Heinrici Althoff nach einem Gespräch mit dessen Göttinger Lehrer Hermann Reuter vorgeschlagen hatte.[5] Heinrici bevorzugte Hauck oder Tschackert als kirchengeschichtlichen Ordinarius, weil er sich eine Verstärkung der Reformationsgeschichte für die Fakultät wünschte, die von dem neutestamentlich-altkirchlich forschenden Jülicher erwartungsgemäß nicht adäquat vertreten werden würde.[6] Heinrici fürchtete in Jülicher möglicherweise auch eine Konkurrenz hinsichtlich der Einnahmen aus den neutestamentlichen Kollegien. Harnack übermittelte daraufhin erneut die Vorschläge der Fakultät, die bei ihren Kandidaten blieb und Tschackert explizit ablehnte. Zugleich schlugen die Marburger vor, zur Vertretung der Professur für das Wintersemester den Jenenser Privatdozenten und Harnack-Schüler Gustav Krüger oder den Göttinger Privatdozenten und Reuter-Schüler Carl Mirbt anzustellen.[7]

Um seine Opposition gegen die Berufung Tschackerts zu untermauern, äußerte Harnack sich in seinem Brief vom 27. September 1888 ausführlich zu den Kriterien, die ein Professor der Kirchengeschichte s.E. erfüllen müsse.[8] Demnach müsse ein Kirchenhistoriker seinen Forschungsschwerpunkt in der Alten Kirche haben, um theologisch denken und urteilen zu können. Nur durch selbständige Studien in dieser Epoche, die dem Kirchenhistoriker zudem ein exklusives Forschungsgebiet unabhängig von den „Profanhistorikern" biete,[9] könne man die entscheidenden Kriterien entwickeln, um die nachfolgende Kirchengeschichte und die kirchlichen Traditionen kritisch zu beurteilen. Dies sei sowohl für die Forschung und Lehre als auch für die Beurteilung der kirchenpolitischen Auseinandersetzungen der Gegenwart relevant. Denn an der Entwicklung des ältesten Christentums zur katholischen Kir-

4 Vgl. Nr. 37, *Briefwechsel*.

5 Vgl. Heinrici an Althoff am 20.09.1888 (a.a.O., Nr. 760, Bl. 111r–114v: 112v–113v). Diesen Wunsch hatten die Ministerialbeamten eventuell schon bei der Besprechung am 22. September geäußert. Althoff wiederholte ihn nochmals gegenüber Harnack am 25.09.1888 (vgl. Nr. 38, *Briefwechsel*). Zu Tschackerts theologischer Ausrichtung s. *Bonwetsch*, Tschackert, 586 und *Lessing*, Geschichte Theologie, 197, 209f.

6 Vgl. Heinrici an Althoff am 20.09.1888 (a.a.O., Bl. 112v–113v).

7 Vgl. die Vorschläge der Fakultät vom 26.09.1888 (Nr. 39.1, *Briefwechsel*).

8 Vgl. Harnacks Brief an Althoff vom 27.09.1888 (Nr. 40, *Briefwechsel*), der bei *Zahn-Harnack*, Harnack, 174–176 in Teilen als „Denkschrift" und im Anschluss daran bei *Kaltenborn*, Kontroverstheologie, 198 abgedruckt ist. Zu Harnacks Konzeption der Kirchengeschichte vgl. die in Anm. 33 genannte Literatur.

9 Zu Harnacks Verhältnis zur Altertumskunde vgl. *Rebenich*, Orbis Romanus, 34–41, 44–48.

che unter dem Einfluss des griechischen Geistes, die Harnack bekanntermaßen als „Hellenisierung des Christentums“ bezeichnete,[10] lasse sich die Entstehung der katholischen Kirche, der Dogmen und der Liturgie erfassen. Die Kenntnisse über die Entstehung der katholischen Kirche erhalte dann in der Gegenwart eine Bedeutung, wenn man über eine drohende „Katholisierung“ des zeitgenössischen Protestantismus reflektiere.[11] Ein zukünftiger Ordinarius der Kirchengeschichte müsse sich demzufolge mit den genannten Themen in seiner Forschung beschäftigt haben und diese Fragestellungen auch im Unterricht lehren können.[12] Tschackert, der sich in seinem Hauptwerk nach Harnacks Auffassung zu polemisch über den Katholizismus geäußert habe, entspreche diesen Kriterien nicht, weil ihm die Expertise in der Alten Kirchengeschichte fehle.[13] Zusätzlich zu diesen historisch-theologischen Kriterien, die Harnack an einen Kirchenhistoriker stellte, hatte er wenige Monate zuvor gegenüber seinem Freund Friedrich Loofs die Erwartungen konkretisiert, die er allgemein an einen Theologen stelle und nach denen er einen solchen beurteile.[14] Ein Theologe müssen wissen, „daß das Christentum das Evangelium ist und das Evangelium Christus“ sei, er müsse „etwas gelernt“ haben und „fleißig“ sein, „etwas Erhebliches“ verfasst haben und ein „guter Dozent“ sein.[15] Andere Details der theologischen Richtung würden ihn nicht interessieren. Was „etwas Erhebliches“, also eine einschlägige Arbeit ausmache, und wodurch sich ein „guter Dozent“ auszeichne, konkretisierte Harnack gegenüber Loofs zwar nicht, es wird aber teilweise aus den Gutachten ersichtlich, die Harnack für Althoff verfasste. Es ist anzunehmen, dass er im Sinne seiner historistischen Theologie die historisch-kritische Methode sowohl in der Forschung als auch in der Lehre als grundlegend auffasste.

Da es zeitgleich zur vakanten kirchengeschichtlichen Professur auch das neutestamentliche Ordinariat des verstorbenen Ernst Constantin Ranke, Bruder des Historikers Leopold Ranke, neu zu besetzen galt, benannte die Fakultät auch dafür mögliche Kandidaten.[16] Dabei trat bereits eine Schwierigkeit zutage, die für das Marburger Berufungsverfahren charakteristisch werden sollte. Es musste eine Kombination von Professoren für die zwei, an anderen Fakultäten häufig nur von

---

10 Zur Hellenisierungsthese s.o. Einleitung, Abschnitt 3.2, S. 43 mit Anm. 65.

11 S.o. dazu Anm. 68.

12 Vgl. Nr. 40, *Briefwechsel.*

13 Vgl. ebd.

14 Vgl. Harnack an Loofs am 30.07.1888, in: ULB Halle/Saale, NL Loofs, Yi 19 IX 1480^v, abgedruckt in Ausschnitten bei *Zahn-Harnack*, Harnack, 307. Zur Korrespondenz mit Loofs vgl. *Barnikol*, Briefwechsel Loofs-Harnack und *Osthövener*, Historismus und Tradition. Osthövener veröffentlicht ebd., 87–119 auch Briefe von 1880, 1882, 1883, 1885, 1886, 1916, 1918 und 1924.

15 Harnack an Loofs am 30.07.1888 (a.a.O.).

16 Vgl. Nr. 39.1, *Briefwechsel.*

einem Professor vertretenen Lehrstühle gefunden werden, die sich inhaltlich nicht zu sehr überschnitten und sich nicht aus persönlichen oder parteilichen Gründen konterkarierte. Außerdem sollten nur Professoren berufen werden, die ausreichend Lehrerfahrung hatten. Daher schlug die Fakultät die Kombinationen Albert Hauck–Emil Schürer, Hauck–Adolf Jülicher, Karl Müller–Schürer, Jülicher–Schürer und Müller–Jülicher vor.[17] Harnack hatte diese Möglichkeiten bereits im August 1888 gegenüber Althoff erwogen, als er darauf drängte, das Rankesche Ordinariat mit seinem Freund, dem Gießener Neutestamentler, Emil Schürer, zu besetzen.[18] Die zwei genannten Fakultätsvoten waren von Wilhelm Herrmann, Ernst Christian Achelis und Harnack unterschrieben, weil sowohl Georg Heinrici als auch Wolf Graf von Baudissin nicht anwesend gewesen waren.[19] Dies hatte zur Folge, dass sich der Ordinarius für Altes Testament, Baudissin, gegenüber dem Dekan, Harnack, ablehnend zu Jülicher als Kandidaten für das kirchengeschichtliche Ordinariat äußerte, während Heinrici zehn Tage zuvor bereits Tschackert als Alternative vorgeschlagen hatte.[20]

Althoff ging auf die Fakultätsvorschläge ein, indem er Jülicher trotz des Widerspruchs von Baudissin, aber auf expliziten Rat Heinricis zur Verwaltung der erledigten neutestamentlichen Professur zum Extraordinarius ernennen ließ.[21] Außerdem leitete er, weil er für die „Kombination Hauck–Jülicher" eintrat, die Berufung des Erlanger Kirchenhistorikers Albert Hauck in die Wege.[22] Da Hauck sich jedoch ei-

17 Vgl. ebd.

18 Vgl. Nr. 28, *Briefwechsel*. Althoff hatte auch mit Heinrici im August über den Ersatz für Ranke gesprochen und die Kombination Hauck–Jülicher favorisiert (vgl. die Notizen Althoffs vom 14.08. auf dem Brief Heinricis an Althoff vom 31.07.1888, a.a.O., Nr. 760, Bl. 107^{r}–108^{v}).

19 Vgl. Nr. 39.1, *Briefwechsel* und das Votum vom 21.09.1888 (Nr. 37, *Briefwechsel*). Heinrici hatte sich bereits am 20.09.1888 gegenüber Althoff geäußert, nachdem er telegrafisch über die Vorschläge vom Vortag informiert worden war (vgl. Heinrici an Althoff am 20.09.1888, a.a.O., Nr. 760, Bl. 111^{r}–114^{v}).

20 Vgl. Baudissin an Harnack als Dekan am 30.09.1888, dessen Brief Harnack Althoff am 02.10.1888 weiterleitete und mit erklärenden Anmerkungen versah (Nr. 43, *Briefwechsel*). Baudissin hatte Harnack außerdem privat geschrieben und ihn gebeten, Althoff sein Schreiben vom 30.09.1888 weiterzuleiten (vgl. Baudissin an Harnack am 30.09.1888, in: SBB PK, NL Harnack, K 26, Mp. Baudissin, Bl. 1^{r}–2^{r}). Auf Harnacks Nachfrage erläuterte Baudissin Althoff die Gründe für seine vorherige Ablehnung Jülichers (vgl. Baudissin an Althoff am 06.10.1888, a.a.O., Nr. 665, Bl. 159^{r}–160^{v}). Er betonte nun aber, dass er Jülicher als Extraordinarius für Neues Testament akzeptiere (vgl. ebd., Bl. 159^{v}).

21 Vgl. die Nrn. 47, 37, 49, *Briefwechsel* und Heinrici an Althoff am 20.09.1888, a.a.O., Nr. 760, Bl. 112^{r}, sowie die Bestallungsurkunde Jülichers vom 13.10.1888 (GStA PK, I. HA, Rep. 76 Va, Sekt. 12, Tit. IV, Nr. 5, Bd. II, Bl. 235^{r}). 1889 wurde Jülicher zum Ordinarius berufen (vgl. die Anträge des Marburger Universitätskurators vom 23.04.1889, der Theologischen Fakultät vom 11.04.1889, die Bestallungsanweisung vom 17.06.1889 und die Bestallungsurkunde vom 19.06.1889, ebd., Bl. 297^{r}–298^{r}; 299^{r}–302^{r}; 305^{r}–308^{r}; 309^{r}).

22 Nr. 41, *Briefwechsel*, vgl. auch Nr. 42, *Briefwechsel*.

ne „Bedenkzeit" ausbat, erwartete Althoff dessen Ablehnung.[23] Wie prognostiziert, lehnte Hauck ab, weil er fürchtete, in Marburg seinen Wirkungsradius nicht aufrecht erhalten zu können, sodass neue Vorschläge erforderlich waren.[24] Zudem ist es wahrscheinlich, dass Hauck als bayerischer Lutheraner vermeiden wollte, ins unierte Marburg zu wechseln. Dafür spricht auch die Tatsache, dass er 1889 einen Ruf ins lutherische Sachsen nach Leipzig annahm.

Nach der Absage Haucks charakterisierte Harnack in seinem Brief vom 3. Oktober 1888 Wilhelm Bornemann und Nathanael Bonwetsch, die nunmehr als Kandidaten für die kirchenhistorische Professur zur Debatte standen.[25] Der Ritschl- und Harnack-Schüler Bornemann, seit 1884 Privatdozent in Göttingen, amtierte als Inspektor des Pädagogiums, einer evangelischen Klosterschule in Magdeburg, und gehörte dem Kreis junger Theologen an, die sich in Göttingen als religionsgeschichtliche Schule formiert hatten. Harnacks Kommilitone Bonwetsch hingegen war seit 1883 Ordinarius für Kirchengeschichte in Dorpat und vertrat eine lutherisch-konfessionelle Theologie. Des Weiteren erörterte Harnack auch den von Althoff vorgeschlagenen Kieler Kirchengeschichtler Wilhelm Möller, einen alten Freund von Bernhard Weiß,[26] sowie die Baseler Ordinarien Franz Overbeck und Rudolf Stähelin(-Stockmeyer). Die von Althoff genannten Kandidaten Carl Franklin Arnold, Privatdozent in Königsberg, und der bereits genannte Carl Mirbt[27] zählte Harnack hingegen zu den „‚Grünen'", zu denen er auch den Breslauer Privatdozenten Eduard Bratke, den Hallenser Extraordinarius Albert Eichhorn, den schlesischen Pfarrer Gustav Koffmane, den bereits erwähnten Gustav Krüger und den Hallenser Privatdozenten Otto Ritschl, Sohn Albrecht Ritschls, rechnete. Diese seien „sämmtlich für ein Ordinariat [noch] nicht reif".[28] Hintergrund dieser Beurteilung der jüngeren Theologen war die bereits erwähnte im deutschen Universitätssystem übliche Vorgehensweise, Privatdozenten zuerst in ein Extraordinariat als „Durchgangsamt"[29] zu berufen, in dem sie sich für ein Ordinariat qualifizieren konnten.[30]

An dem täglichen, sich häufig kreuzenden Wechsel der Briefe zwischen Althoff und Harnack wird deutlich, dass der Vortragende Rat die Fakultät „offiziös" über

---

23 Ebd. S. auch Hauck an Althoff am 01.10.1888 (a.a.O., Sekt. 12, Tit. IV, Nr. 5, Bd. II, Bl. 241).

24 Vgl. Nr. 44, *Briefwechsel*. S. auch das Telegramm Haucks an Althoff vom 03.10.1888 und dessen Schreiben vom 03.10.1888 (a.a.O., Sekt. 12, Tit. IV, Nr. 5, Bd. II, Bl. 242; 238[rv]), mit dem er die Berufung unter Darlegung seiner Gründe ablehnte.

25 Vgl. Nr. 45, *Briefwechsel*.

26 Vgl. *Gregory*, Weiss and New Testament, 19.

27 Vgl. Nr. 42, *Briefwechsel*.

28 Nr. 45, *Briefwechsel*, Hervorhebung Harnacks im Original.

29 *Spenkuch*, Preußische Universitätspolitik, 8.

30 Harnack äußerte diese Ansicht auch anlässlich der Nachfolge Wilhelm Möllers in Kiel am 23.12.1891 (vgl. Nr. 69, *Briefwechsel*).

ihren Dekan Harnack in das Berufungsverfahren involvierte und letzterem die inhaltliche Begutachtung der einzelnen Kandidaten überließ.[31] In seinen gutachterlichen Briefen an Althoff applizierte Harnack diejenigen Kriterien, die er in seinem Schreiben vom 27. September für einen Professor für Kirchengeschichte aufgestellt hatte. Insbesondere seine Überzeugung, dass ein Kirchenhistoriker seinen Schwerpunkt in der Alten Kirche haben müsse, um auch über andere Epochen qualifiziert urteilen zu können, erscheint trotz Harnacks gegenteiliger Beteuerung „pro domo" gesprochen zu sein.[32] Es legt sich daher die Vermutung nahe, dass Harnack die preußischen Kirchengeschichtslehrstühle mit Theologen zu besetzen beabsichtigte, die nicht nur die historisch-kritische Methode vertraten, sondern auch überwiegend in der älteren Kirchengeschichte forschten, da er neben Jülicher auch Müller, Bornemann und Bonwetsch vorschlug. Dabei beschränkte er sich keineswegs auf Anhänger Ritschls, sondern ging über konfessionelle und parteiliche Grenzen hinaus, wie die Beispiele des Erlanger Lutheraners Hauck, des baltischen Lutheraners Bonwetsch und des Schweizer Reformierten Stähelin zeigen.[33] Für die preußische Besetzungspolitik war die Erwägung lutherischer wie reformierter Theologen insofern nicht ungewöhnlich, als es sich bei der evangelischen Kirche der Altpreußischen Union um eine unierte Kirche und infolgedessen um unierte Fakultäten handelte, die die lutherische ebenso wie die reformierte Konfession zu vertreten hatten. Doch auch die kultusministeriale Besetzungspolitik hatte ihre Grenzen, wie Harnacks Vorschlag, den in der Nachfolge Ferdinand Christian Baurs stehenden, liberalen Baseler Theologen Franz Overbeck für Marburg in Erwägung zu ziehen, zeigt. Harnack awr bei der Nennung Overbecks bewusst gewesen, dass dieser nicht durchzusetzen sei, nachdem schon die progressive Gießener Fakultät ihn abgelehnt hatte, weil er in seiner Schrift *Ueber die Christlichkeit unserer heutigen Theologie* übermäßig kirchen- und theologiekritische Positionen vertreten habe.[34]

---

31 Eine offizielle Aufforderung Goßlers lag der Marburger Fakultät bzw. dem Universitätskurator erst am 26.10.1888 vor (a.a.O., Sekt. 12, Tit. IV, Nr. 5, Bd. II, Bl. 260^{rv}). Baudissin charakterisierte die Vorschläge vom 26.09.1888 ebenfalls als „offiziösen Bericht". Harnack war sich des Vorgehens durchaus bewusst, weshalb er Althoff bat, ihm darzulegen, wie dieser „die geschäftliche Behandlung der schwebenden Frage" vorsehe, und die „Facultät, wenn auch nur ‚officiös', zu einem neuen Vorschlag aufzufordern" (Nr. 46, *Briefwechsel*, Hervorhebung Harnacks). Eine „offiziöse" Aufforderung an die Fakultät schickte Althoff am 05. Oktober an Herrmann (s. Nr. 49, *Briefwechsel*). Zugleich ließ sich Althoff, wie bereits erwähnt, noch von Heinrici beraten (vgl. Heinrici an Althoff zwischen dem 30. Juli 1888 und dem 19. Januar 1889, a.a.O., Nr. 760, Bl. 105^{r}–127^{v}).

32 Nr. 40, *Briefwechsel*.

33 Nach Nottmeier empfahl Harnack vorwiegend „liberale Theologen", machte aber bei baltischen Kollegen eine Ausnahme (*Nottmeier*, Harnack, 169f.).

34 Vgl. Nr. 45, *Briefwechsel*.

Von den vorgeschlagenen Kandidaten nahm Althoff in Übereinstimmung mit Bernhard Weiß den Baseler Ordinarius Stähelin für den zu besetzenden Lehrstuhl in Aussicht, obwohl er glaubte, dass auch dieser ablehnen werde, weil er „Baseler Patrizier u[nd] mit den dortigen Verhältnissen sehr eng verknüpft" sei.[35] Trotzdem unterzeichnete von Goßler eine Berufungsanfrage an Stähelin, auch um die reformierte Konfession bei der Neubesetzung des Marburger Lehrstuhls zu berücksichtigen.[36] Denn gerade im kurhessischen Gebiet gab es zahlreiche, in der Nachfolge der Hugenotten stehende reformierte Gemeinden. Stähelin zeigte sich wider Erwarten bereit, in Verhandlungen einzutreten, zögerte jedoch eine Entscheidung dadurch hinaus, dass er davon absah, sich mit Althoff in Berlin zu treffen.[37] Am 15. Oktober lehnte Stähelin die Berufung nach Marburg schließlich ab, wie er Harnack zuvor bereits brieflich angedeutet hatte.[38]

Die Fakultät opponierte gegen das von Althoff gewählte Verfahren nicht, sondern äußerte sich zu den Vorschlägen, die Althoff mit Harnack ausgehandelt hatte, wobei diesmal auch Heinrici beteiligt war, der Althoff nach Harnacks Weggang aus Marburg in der Berufungsangelegenheit informell beriet.[39] Der Fakultätsbericht vom 7. Oktober 1888 orientierte sich eng an Harnacks Denkschrift vom 3. des Monats und rekurrierte auch explizit auf dieses „Gutachten". Einstimmig lehnten die vier Marburger Ordinarien Herrmann, Achelis, Heinrici und Harnack, nachdem sie der bereits erfolgten Berufungsanfrage an Stähelin nachträglich zugestimmt hatten, Wilhelm Möller als möglichen Kandidaten ab, weil er ihrer Meinung nach zu alt war, um sich noch in die Fakultät einzuordnen.[40] Gegen Bornemann, den Harnack vorgeschlagen hatte und über dessen Begutachtung die Fakultät informiert war, er-

35 Nr. 48, *Briefwechsel*.

36 Vgl. ebd. und Althoff an Stähelin am 05.10.1888 (a.a.O., Sekt. 12, Tit. IV, Nr. 5, Bd. II, Bl. 230).

37 Vgl. Stähelin an Althoff vom 06.10.1888 (ebd., Bl. 240) und Nr. 50, *Briefwechsel*. Nachdem Stähelin grundsätzliche Bedenken vor einem Besuch hatte ausräumen wollen (vgl. Stähelin an Althoff am 09.10.1888, a.a.O., Sekt. 12, Tit. IV, Nr. 5, Bd. II, Bl. 248^{r}–249^{r}), erneuerte Althoff seine Aufforderung zu einem Treffen mit dem Kultusminister in Berlin (vgl. Althoff an Stähelin am 11.10.1888, ebd., Bl. 247^{r}). Stähelin schien abtasten zu wollen, was Althoff ihm anbieten würde.

38 Vgl. das Telegramm und den Brief Stähelins an Althoff vom 15.10.1888 (ebd., Bl. 243; 261^{r}–262^{r}) sowie Nr. 52, *Briefwechsel*. Die Briefe Stähelins an Harnack liegen nicht vor. Stähelin telegrafierte Harnack nochmals am 08.11.1888 und entschuldigte das Ausbleiben seiner Reise nach Berlin (Nr. 53, *Briefwechsel*).

39 Vgl. den Fakultätsbericht vom 07.10.1888 (Nr. 51, *Briefwechsel*). Baudissin äußerte sich zu den Vorschlägen der Fakultät am 09.10.1888 in einem Brief an Althoff, nachdem Harnack ihn dazu aufgefordert hatte (a.a.O., Sekt. 12, Tit. IV, Nr. 5, Bd. II, Bl. 245^{rv}); s. auch Heinrici an Althoff am 17. und 18.10.1888 (a.a.O., Nr. 760, Bl. 115^{r}–117^{r}; 118^{r}–119^{v}).

40 Nr. 51, *Briefwechsel*. Ebenso hatte Harnack sich in seiner Denkschrift vom 03.10.1888 geäußert (Nr. 45, *Briefwechsel*).

hoben die Fakultätsmitglieder, obwohl sie ihn grundsätzlich akzeptierten, insofern Bedenken, als er noch keine „größere[n] kirchenhistorische[n] Arbeiten“ verfasst habe. Außerdem empfehle es sich für die Fakultät nicht, zeitgleich zwei relativ junge Wissenschaftler zu berufen, die außerdem zu ähnlichen Themen forschten.[41] Damit erwies sich angesichts der Ernennung Jülichers zum Extraordinarius für Neues Testament das von Harnack für die Berufung verfolgte Ziel, den kirchengeschichtlichen Lehrstuhl zeitgleich mit einem Gelehrten zu besetzen, der einen Schwerpunkt in der älteren Kirchengeschichte vertrete, innerhalb der Fakultät als politisch kontraproduktiv.[42] Schließlich bestand unter den Fakultätsmitgliedern keine Einigkeit darüber, wer an dritter Stelle für die zu besetzende Kirchengeschichtsprofessur zu nennen sei. Harnack und Achelis votierten für Bonwetsch, während Herrmann und Heinrici sich für den Erlanger Kirchenhistoriker und Schüler Hermann Reuters, Theodor von Kolde, ebenfalls ein konfessioneller Lutheraner, aussprachen.[43] In der Diskussion brachte Harnack wiederum sein Kriterium in Anschlag, dass der Lehrstuhlinhaber einen Schwerpunkt in der Alten Kirche haben müsse, während Herrmann und Heinrici vielmehr die Diversität innerhalb der Fakultät zu fördern suchten. Die Fakultät beließ es bei diesem offenen Bericht, der letztlich außer dem bereits angefragten Stähelin keinen Kandidaten einstimmig empfahl und von den jüngeren Kirchenhistorikern grundsätzlich absah.

Mit diesem Rapport und seinem Kommentar zu den Schreiben von Rudolf Stähelin endete Harnacks direkte Beteiligung am Marburger Berufungsverfahren, da er seit Mitte Oktober der Berliner Theologischen Fakultät angehörte. Allerdings ließ er Althoff durch Wilhelm Herrmann mitteilen, dass er seinen Gießener Schüler und Nachfolger Karl Müller als geeigneten Kandidaten für seinen ehemaligen Marburger Lehrstuhl halte.[44]

Nachdem auch Stähelin abgesagt hatte, gestaltete sich die Suche nach einem Nachfolger für Harnack zusehends schwierig. Die Fakultät votierte für Kolde und Müller und schloss Bonwetsch und Arnold, von denen Althoff und Weiß letzteren als Extraordinarius favorisiert hatten, gänzlich aus.[45] Der offizielle Bericht der Fakultät schlug im November 1888 einstimmig nur Müller vor, der Harnack bereits zwei Jah-

41 Nr. 51, *Briefwechsel*.

42 Vgl. Harnacks Äußerungen im Brief vom 27.09.1888 (Nr. 40, *Briefwechsel*).

43 Vgl. Nr. 51, *Briefwechsel*. Baudissin schloss sich dem Votum von Harnack und Achelis an, sah sich darin aber durchaus von ersterem beeinflusst (vgl. Baudissin an Althoff am 09.10.1888, a.a.O., Sekt. 12, Tit. IV, Nr. 5, Bd. II, Bl. 245^{rv}).

44 Vgl. Herrmann an Althoff am 13.10.1888, in: GStA PK, VI. HA, NL Althoff, Nr. 764, Bl. 26^{rv}.

45 Vgl. die Notiz Althoffs auf dem Bericht vom 07.10.1888 (Nr. 51, *Briefwechsel*) und die Telegramme Herrmanns an Althoff vom 17.10.1888 (a.a.O., Nr. 764, Bl. 27, 28; a.a.O., Sekt. 12, Tit. IV, Nr. 5, Bd. II, Bl. 263); s. auch Heinrici an Althoff am 17. und 18.10.1888 (a.a.O., Nr. 760, Bl. 115^r–117^r; 118^r–119^v).

re zuvor in Gießen beerbt hatte.[46] Harnack unterstützte das Votum der Marburger dadurch, dass er Althoff Müller, der im November 1888 zum korrespondierenden Mitglied der Bayerischen Akademie der Wissenschaften in München berufen worden war, nochmals für die kirchengeschichtliche Professur empfahl.[47] Die Wünsche der Fakultät und deren Unterstützung durch Harnack berücksichtigte das Ministerium insofern, als es Ende Dezember 1888 Müller den kirchengeschichtlichen Lehrstuhl in Marburg anbot. Dieser lehnte jedoch ab, weil die Gießener Fakultät keinen adäquaten Nachfolger für ihn finden konnte.[48]

Schließlich votierte die Fakultät dafür, den erwähnten Göttinger Privatdozenten Carl Mirbt zum Extraordinarius zu ernennen, insbesondere für den Fall, dass keiner der genannten Kandidaten zur Verfügung stehe.[49] Nach der Absage Karl Müllers fragte das Kultusministerium Mirbt an, der zu Verhandlungen bereit war und letztlich den kirchengeschichtlichen Lehrstuhl erst als Extraordinarius, seit 1890 dann als Ordinarius übernahm.[50] Damit ernannte das Kultusministerium schließlich einen der „Grünen“, d.h. einen der Theologen, die Harnack als zu unreif für ein Ordinariat beurteilt hatte.[51] Obgleich man dadurch beide vakanten Lehrstühle

---

46 Vgl. den Fakultätsbericht vom 20.11.1888, der auf die offizielle Aufforderung des Kultusministeriums vom 26.10. antwortete (a.a.O., Sekt. 12, Tit. IV, Nr. 5, Bd. II, Bl. 275^{r}–283^{r}: 275^{r}–278^{r}; 260^{rv}). Der Bericht wurde erst am 12.12.1888 vom Universitätskurator weitergeleitet, nachdem der Minister die Beantwortung seiner Anfrage angemahnt hatte (vgl. Goßler an den Universitätskurator am 12.12.1888 und die Antwort des Universitätskuratos am 12.12., ebd., Bl. 273^{r}; 274^{r}). Zur Nachfolge Harnacks in Gießen s. Nr. 1, *Briefwechsel* mit Anm. 5.

47 Vgl. die Nrn. 54 und 52, *Briefwechsel*.

48 Vgl. die Absage Müllers vom 26.12.1888 (a.a.O., Sekt. 12, Tit. IV, Nr. 5, Bd. II, Bl. 285^{r}–286^{r}); s. dazu Heinrici an Althoff am 27.12.1888 und 19.01.1889 (a.a.O., Nr. 760, Bl. 122^{r}–123^{v}; 126^{r}–127^{v}). Müller wurde schließlich 1891 nach Breslau berufen (vgl. die Bestallungsurkunde Müllers vom 04.03.1891, a.a.O., Sekt. 4, Tit. IV, Nr. 32, Bd. IV, Bl. 306^{r}).

49 Vgl. den Fakultätsbericht vom 20.11.1888 (a.a.O., Sekt. 12, Tit. IV, Nr. 5, Bd. II, Bl. 282^{r}–283^{r}). Außerdem hatten Herrmann und Heinrici weiterhin neben Müller und Mirbt Kolde befürwortet, während Baudissin und Achelis ihren Vorschlag erneuerten, Bonwetsch als Nachfolger Harnacks zu berufen (vgl. ebd., Bl. 278^{v}–280^{v}). Kawerau und Bornemann, die ebenfalls in Betracht gezogen wurden, fanden keine einhellige Zustimmung in der Fakultät. S. außerdem Heinrici an Althoff am 09.12.1888 (a.a.O., Nr. 760, Bl. 120^{r}–121^{v}).

50 Vgl. das Telegramm Mirbts an Althoff vom 05.01. sowie die Bestallungsurkunde vom 10.01.1889 (a.a.O., Sekt. 12, Tit. IV, Nr. 5, Bd. II, Bl. 291^{r}; 292^{r}–294^{v}). Mirbt wurde 1891 Ordinarius für Kirchengeschichte in Marburg (vgl. die Anträge der Universität Marburg 18.11. und der Theologischen Fakultät 13.11.1890, den Immediatbericht Goßlers und die Bestallungsurkunde vom 20.12.1890 [ebd., Bl. 325^{r}–326^{r}; 327^{rv}; 328^{rv}; 329^{r}–330^{r}]). Heinrici hatte sich dagegen ausgesprochen, Mirbt direkt als Ordinarius zu berufen, da er noch zu wenig Erfahrung habe (vgl. Heinrici an Althoff am 29.12.1888, a.a.O., Nr. 760, Bl. 124^{r}–125^{v}).

51 Nr. 45, *Briefwechsel*.

vorerst nur mit Extraordinarien besetzte, gab man den aufsteigenden Wissenschaftlern damit eine Chance, ihre Qualifikation unter Beweis zu stellen.[52]

An diesen Berufungsverfahren, die für die Zusammenarbeit zwischen Althoff und Harnack paradigmatisch wurden und die im Briefwechsel in der Zeit zwischen 1888 und 1897, in der Harnack und Althoff vorwiegend über Lehrstuhlbesetzungen verhandelten, den größten Raum einnahmen, zeigt sich, dass Althoff die Wünsche der Fakultät ohne Skrupel überging, sie während des Großteils des Berufungsverfahrens nur offiziös über den scheidenden Lehrstuhlinhaber involvierte und sich erst nach dessen Abgang offiziell über den Universitätskurator an sie wandte. Zugleich wahrte Althoff in diesem Fall den Geschäftsgang wenigstens insofern, als er mit Harnack korrespondierte, der zu diesem Zeitpunkt noch Dekan der Marburger Theologischen Fakultät war. Im Zusammenhang dieser zwei Berufungsverfahren entwickelten Althoff und Harnack außerdem das unter ihnen zukünftig übliche *Prozedere*. Althoff schlug Harnack mögliche Kandidaten vor, die dieser begutachtete, aber meistens um eigene Vorschläge ergänzte. Althoff griff einen oder mehrere der beurteilten Theologen auf, ließ andere wiederum gänzlich unberücksichtigt, um das Besetzungsverfahren im Ministerium zusammen mit Weiß weiter zu bearbeiten. Häufig, aber nicht immer informierte Althoff Harnack schließlich über den Ausgang der weiteren Verhandlungen.

2.2 Das Ordinariat für Kirchengeschichte in Göttingen 1890

1890 – d.h. ca. zwei Jahre nach dem Marburger Berufungsverfahren – bat Althoff Harnack erneut, Kandidaten für einen vakanten kirchenhistorischen Lehrstuhl zu beurteilen, bei dem es sich um die Professur des verstorbenen Julius August Wagenmanns in Göttingen handelte. Dort war kurz zuvor die zweite kirchengeschichtliche Professur, die Hermann Reuter innegehabt hatte, mit Paul Tschackert besetzt worden.[53] In letzteres Berufungsverfahren hatte Althoff Harnack nicht involviert, weil er offenbar keine externe Beratung bei der Besetzung benötigte und zugleich

---

52 Wilhelm Herrmann äußerte gegenüber Althoff sein Entsetzen, dass zwei Ordinariate mit Extraordinarien besetzt wurden (vgl. Herrmann an Althoff am 18.10.1888, a.a.O., Nr. 764, Bl. 29^r–30^r).

53 Vgl. die Akten in: GStA PK, I. HA, Rep. 76 Va, Sekt. 6, Tit. IV, Nr. 5, Bd. II, Bl. 120–121; 129^r–145^r; 147^r–149^r. Göttingen gehörte wie Marburg seit 1866 zu Preußen. Zur Geschichte der Göttinger Theologischen Fakultät s. *Meyer*, Geschichte der Göttinger theol. Fakultät, den Sammelband von *Moeller (Hg.)*, Theologie in Göttingen sowie den darin enthaltenen Beitrag von *Mühlenberg*, Göttinger Kirchenhistoriker, 251–255 zu Wagenmann und Reuter.

wusste, dass jener Tschackert als Kirchenhistoriker nicht schätzte.[54] Für die Nachfolge Wagenmanns fasste Harnack seine Meinung zu Nathanael Bonwetsch in einem Brief an Althoff zusammen, der im Ministerium zur Entscheidungsfindung als Denkschrift weiterverwendet wurde, nachdem er sich bereits im Zusammenhang der Marburger Berufungsangelegenheit zu Bonwetsch geäußert hatte.[55] Harnacks Gutachten erreichte Althoff, noch bevor die Theologische Fakultät in Göttingen der Aufforderung des Ministeriums Ende Oktober 1890 entsprach, indem sie den Straßburger konservativen Ritschlianer und Inhaber des dortigen kirchengeschichtlichen Lehrstuhls Richard Zöpffel, den Marburger Ordinarius Carl Mirbt, den Breslauer Extraordinarius Carl Franklin Arnold und den Darmstädter Konsistorialrat Karl Sell als Kandidaten für den vakanten kirchenhistorischen Lehrstuhl vorgeschlug.[56] Harnack zeichnete in seinem gutachterlichen Brief ein Bild von Bonwetschs „lautere[r] Persönlichkeit", die sich durch Ehrlichkeit, Rücksicht und Höflichkeit auszeichne, und beschrieb rassisch-typisierend dessen Äußeres und Temperament als dem „romanische[n] Typus" entsprechend.[57] Mit dieser Darstellung ergänzte er sein Urteil von 1888, das v.a. auf Bonwetschs kirchenhistorische Forschungsleistung abgehoben und seine theologische Richtung erörtert hatte.[58] Außerdem ging er nun näher auf Bonwetschs Lehrbefähigung ein, die zwar „nicht hervorragend", aber ebensowenig beklagenswert sei, allerdings ohne selbst dessen Vorlesung gehört zu haben.[59] Harnack betonte schließlich, dass Bonwetsch schon deswegen „ein entschiedener Gewinn" für Preußen sein werde, weil es insgesamt einen Mangel an qualifizierten Kirchenhistorikern gebe.[60] Bonwetschs Berufung sei außerdem förderlich, weil er durch seine Kenntnis der orthodoxen Kirchen für die evangelische Kirche von nicht zu unterschätzendem Nutzen sein könne.

Nachdem der Minister die Kandidaten Zöpffel, Mirbt und Sell abgelehnt hatte, weil Mirbt erst zwei Jahre zuvor nach Marburg gewechselt war und Sell nach Bonn berufen werden sollte, erbat das Ministerium weitere Vorschläge von der Göttin-

---

54 Es finden sich ebd. keine Hinweise auf externe Berater in diesem Verfahren. Vgl. Harnacks Beurteilung von Tschackert am 27.09.1888 (Nr. 40, *Briefwechsel*).

55 Vgl. Harnack an Althoff am 13.10.1890 (Nr. 64, *Briefwechsel*). Zur vorherigen Beurteilung s.o. in diesem Teil, Abschnitt 2.1, S. 85 sowie Nr. 45, *Briefwechsel*. Bonwetsch dankte Harnack Ende des Jahres für seinen Vorschlag beim Minister (vgl. Bonwetsch an Harnack am 26.12.1890, in: SBB PK, NL Harnack, K 27, Mp. Bonwetsch, Bl. 3^{r}–4^{r}: 3^{rv}).

56 Vgl. die Göttinger Fakultätsvorschläge vom 29.10.1890 und die Aufforderung des Ministeriums vom 25.10.1890 (a.a.O., Sekt. 6, Tit. IV, Nr. 5, Bd. II, Bl. 178^{r}–179^{r}; 174^{r}).

57 Nr. 64, *Briefwechsel*.

58 Vgl. Nr. 45, *Briefwechsel*.

59 Nr. 64, *Briefwechsel*.

60 Ebd. „Gewinn" im Original von Harnack unterstrichen.

ger Fakultät.[61] Diese nannte auf einer neuen Liste Ende November 1890 Nathanael Bonwetsch, den Berliner Extraordinarius Martin Deutsch, den Gießener Patristiker Karl Müller und den Erlanger modern-positiven Dogmatiker Reinhold Seeberg.[62] Man fasste von diesen Kandidaten im Ministerium nur den modern-positiven Seeberg ins Auge, auch wenn dieser bereits für ein Ordinariat in Breslau vorgemerkt worden war. Doch die Berufungsverhandlungen mit Seeberg scheiterten, weil er, nachdem er einen Besuch in Berlin abgelehnt hatte, das Ministerium hinhielt, um in Erlangen Bleibeverhandlungen zu führen, die für ihn letztlich erfolgreich waren. Seeberg lehnte das Angebot, nach Göttingen zu wechseln, aber auch deshalb ab, weil er einen Lehrstuhl für Dogmatik anstrebte, der ihm dort nicht zur Verfügung gestanden hätte.[63] Althoff wiederum empfand das Verhalten Seebergs als „nicht anständig", u.a. weil er seine anfängliche Zusage zu einem Besuch in Berlin nicht eingehalten und schließlich weitere Verhandlungsversuche des Ministeriums zurückgewiesen habe.[64] An diesem Beispiel wird deutlich, dass es einen Verhaltenskodex gab, nach dem Althoff die Professoren beurteilte und zu dem Verbindlichkeit wie umgehende Reaktion auf die ministeriellen Anfragen gehörte.

Infolgedessen ernannte der Kultusminister Anfang des Jahres 1891 den Gießener Harnack-Schüler Gustav Krüger zum Extraordinarius in Göttingen, nachdem Weiß und Althoff informell Harnacks Meinung zu dessen Berufung eingeholt hat-

61 Vgl. das Schreiben Goßlers vom 10.11.1890 (a.a.O., Sekt. 6, Tit. IV, Nr. 5, Bd. II, Bl. 180^{rv}). Zur Berufung Sells nach Bonn vgl. die Akten in: GStA PK, I. HA, Rep. 76 Va, Sekt. 3, Tit. IV, Nr. 36, Bd. V, Bl. 229^{r}–245^{v}; 255^{r}–283^{v}; 297^{r}–299^{r}. Althoff befragte Harnack in diesem Berufungsverfahren nicht, sondern wandte sich stattdessen an Paul Tschackert, Adolf Jülicher, Theodor Brieger, Georg Heinrici, Carl Mirbt und Friedrich Loofs (vgl. ebd.).

62 Vgl. die Fakultätsvorschläge vom 26.11.1890 (a.a.O., Sekt. 6, Tit. IV, Nr. 5, Bd. II, Bl. 184^{r}–185^{r}).

63 Vgl. Seeberg an Althoff am 21., 28.12.1890 und am 09.01.1891 und Althoff an Seeberg am 23.12.1890 (a.a.O., Sekt. 6, Tit. IV, Nr. 5, Bd. II, Bl. 192^{r}–193^{r}; 195^{r}; 196^{r}–197^{v}; 194^{rv}). Zu den Verhandlungen mit Seeberg s. auch *Basse*, Konzeptionen, 39.

64 Notiz Althoffs vom 12.01.1891 auf Seebergs Brief vom 09.01.1891 (ebd., Bl. 196^{r}). Vgl. Weiß an Seeberg am 15.01.1891 und Seeberg an Weiß am 17., 20.01. und 21.01.1891 und das Schreiben Althoffs vom 21.01.1891, in dem dieser nochmals auf ein persönliches Treffen drang und das Telegramm vom 23.01.1891, in dem der Minister eine Begegnung mit Seeberg forderte; s. außerdem Seebergs Telegramm vom 23.01. und seinen Brief vom 23.01.1891, in dem er eine Reise nach Berlin nochmals ablehnte (ebd., Bl. 197^{a}–197^{b} [Entwurf]; 198^{r}–199^{v}; 200^{r}; 201^{r}; 202^{rv}; 203^{r}; 204^{r}; 205^{r}–206^{v}). Althoff war über diese schroffe Ablehnung und die Behandlung des Ministeriums sichtlich indigniert. Er notierte, dass er Seeberg „sehr höflich u[nd] ‚liebenswürdig' geantwortet [habe]: etwas besseres scheint mir der Mann nicht zu verdienen" (Notiz Althoffs auf Seebergs Brief vom 23.01. [ebd., Bl. 205^{r}]); s. auch Althoffs Antwortbrief vom 27.01.1891 [ebd., Bl. 207^{rv}]).

ten.[65] Krüger sagte jedoch kurzfristig wieder ab, weil er das Ordinariat Karl Müllers in Gießen übernommen hatte, der nach Breslau gewechselt war.[66]

Schließlich griffen die Fakultät und das Ministerium im Frühjahr 1891 auf den Balten Nathanael Bonwetsch zurück, der auf der zweiten Berufungsliste gestanden und den Harnack bereits im Oktober 1890 empfohlen hatte.[67] In diesem Zusammenhang beriet sich Weiß in Althoffs Namen noch einmal ausführlich mit Harnack über die möglichen Kandidaten und zog außer Bonwetsch noch seinen Sohn Johannes Weiß, der seit 1890 neutestamentlicher Extraordinarius in Göttingen war, und die bereits für Marburg 1888 genannten modernen Theologen Emil Schürer, ebenfalls Neutestamentler, der mittlerweile in Kiel lehrte, und Wilhelm Bornemann, der weiterhin Inspektor in Magdeburg war, in Erwägung.[68] Letzendlich wählte das Ministerium den von Harnack beurteilten Balten Bonwetsch, obwohl es anfangs andere Theologen präferiert hatte. Dieser passte zugleich in das Profil der Göttinger Fakultät, die zum einen von ihrer landeskirchlichen Prägung her evangelisch-lutherisch war und zum anderen renommierte historisch-kritische Forscher suchte. Für Harnack war die Berufung Bonwetschs auch insofern ein Erfolg, als er dem Studienkollegen dadurch den Wechsel aus dem Baltikum ins Deutsche Reich ermöglichen konnte und sich dessen wissenschaftliche Kompetenz für die geplante Kirchenväter-Edition in Preußen sicherte.[69]

2.3 Das Ordinariat für Kirchengeschichte in Kiel 1891

Als es im Jahr 1891 in Kiel die Nachfolge des schwer erkrankten Wilhelm Möller, der kurze Zeit später verstarb, zu regeln galt, beurteilte Harnack in einem weiteren denkschriftähnlichen Brief die Kandidaten, die das Kultusministerium der Fakultät vorgeschlagenen hatte: den schlesischen Pfarrer Gustav Koffmane und den

---

65 Vgl. die Bestallungsurkunde vom 31.01.1891 und Weiß an Althoff am 15.01.1891 (ebd., Bl. 189^{r}–191^{v}; a.a.O., Nr. 1009, Bl. 21^{rv}).

66 Vgl. Krüger an Althoff am 03.02.1891 (a.a.O., Sekt. 6, Tit. IV, Nr. 5, Bd. II, Bl. 208^{r}); s. auch die Briefe vom 26.02., 04.03. und 07.03. sowie das Telegramm vom 07.03.1891 (ebd., Bl. 211^{r}–214^{v}; 215^{rv}; 216^{r}–217^{r}; 209).

67 Vgl. den Bericht der Fakultät vom 19.03.1891, das Schreiben Bonwetschs vom 17./29.04.1891 und die Bestallungsurkunde vom 13.05.1891 (ebd., Bl. 228^{rv}; 233^{r}; 234^{r}–236^{v}).

68 Vgl. Weiß an Althoff am 19.04.1891 (a.a.O., Nr. 1009, Bl. 23^{r}–24^{r}). Für Bonwetsch hatte schließlich gesprochen, dass er auch neutestamentliche Einleitungsvorlesungen halten könne (vgl. ebd., Bl. 23^{r}).

69 Zu Harnacks Unterstützung baltischer Professoren s.u. Teil I, Abschnitt 3.

Straßburger Extraordinarius Hans von Schubert.[70] Nachdem die Fakultät bereits im Juli abgelehnt hatte, den Lutherforscher Gustav Kawerau aus der Praktischen Theologie in die Kirchengeschichte wechseln zu lassen, votierte sie im Dezember 1891 auch gegen Koffmane und gegen ihren eigenen, noch nachträglich ergänzten Extraordinarius, Otto Ritschl, weil dieser als Systematischer Theologe für die kirchengeschichtliche Professur nicht in Frage komme.[71] Obwohl sie stattdessen den bereits erwähnten Breslauer Extraordinarius Carl Franklin Arnold auf Platz eins ihrer Liste setzte, nahm sie schließlich den vom Ministerium und vom Universitätskurator präferierten von Schubert an.[72]

Harnack verdeutlichte in seinem Gutachten über Hans von Schubert, der erst 1891 zum Extraordinarius in Straßburg ernannt worden war, dass dessen Forschung zwar seinen Ansprüchen entspreche, da er „eine gute Schule durchgemacht [und] selbständige Studien getrieben [habe]",[73] dass von Schubert aber noch nicht ausreichend Lehrerfahrung für ein Ordinariat gesammelt habe, weil er die „Kirchengeschichte noch nicht gelesen" habe.[74] Harnack hielt daher eine Ernennung von Schuberts zum Ordinarius für bedenklich, weil das Ordinariat dadurch herabgesetzt werde, was nur in einem Notfall legitim sei. Außerdem würden alle diejenigen Extraordinarien benachteiligt, die den typischen Weg zur Professur gegangen seien, d.h. in einer angemessenen Zeit als Extraordinarius Lehrerfahrung gesammelt hätten.[75] Zu Koffmane wusste Harnack nichts ausgesprochen Negatives zu sagen, sondern verteidigte vielmehr dessen Veröffentlichungen, die von Kollegen kritisiert worden waren. Zugleich legt Harnacks Beurteilung Koffmanes nahe, dass er ihn für

70 Vgl. Nr. 69, *Briefwechsel* und die Akten in: GStA PK, I. HA, Rep. 76 Va, Sekt. 9, Tit. IV, Nr. 9, Bd. II, Bl. 287^{r}–323^{r}. Möller starb am 08.01.1892 (vgl. das Schreiben des Kurators Chalybaeus vom 08.01., das Kondolenzschreiben des Ministers an die Witwe sowie deren Antwort vom 23.01.1892 [ebd., Bl. 297^{r}; 298^{r}; 299^{r}]). Zur Geschichte der Theologischen Fakultät in Kiel s. *Alwast*, Theol. Fakultät Kiel.

71 Vgl. die Fakultätsvorschläge vom 14.07., den Brief von Chalybaeus vom 17.07.1891, die Notiz von Weiß vom 24.07., das Schreiben des Kultusministeriums vom 09.11. sowie die Fakultätsvorschläge vom 10.12.1891 (ebd., Bl. 287^{r}–288^{v}; 289^{rv}; 290^{r}; 291^{rv} [Entwurf]; 302^{r}–304^{r}) sowie Emil Schürer an Althoff am 21. und 27.07.1891 (a.a.O., NL Althoff, Nr. 944, Bl. 51^{r}–53^{v}; 54^{r}–55^{v}).

72 Ebd., Bl. 302^{r}–304^{r}. Das Separatvotum von August Klostermann, das den Möllner Pastor Hugo Johannes Bestmann für die kirchengeschichtliche Professur vorschlug, fand im Ministerium kein Gehör (vgl. das Separatvotum vom 12.12., das Schreiben des Dekans Friedrich Nitzsch vom 21.12. und das Schreiben des Kurators Chalybaeus vom 28.12.1891, der Bestmann ebenfalls ablehnte [ebd., Bl. 295^{r}; 294^{rv}; 293^{rv}; s. *Alwast*, Theol. Fakultät Kiel, 150f.]).

73 Nr. 69, *Briefwechsel*. So auch gegenüber Friedrich Loofs am 30.07.1888, in: ULB Halle/Saale, NL Loofs, Yi 19 IX 1480^{v}, abgedruckt in Ausschnitten bei *Zahn-Harnack*, Harnack, 307.

74 Nr. 69, *Briefwechsel*.

75 Zum in Preußen verbreiteten Usus in der Berufungspolitik zwischen Ordinarien und Extraordinarien zu unterscheiden s.o. in diesem Teil, Abschnitt 2.1, S. 85.

gut, aber nicht hervorragend erachtete.[76] Da seine kirchenpolitische Position nicht reaktionär sei, halte er es für vertretbar, ihn als Nachfolger von Möller zu berufen. Zusätzlich zu den zwei zu begutachtenden Kandidaten schlug Harnack noch den Kieler Extraordinarius Otto Ritschl vor, weil ihn dessen kurz zuvor erschienene Biografie über Albrecht Ritschl beeindruckt habe.[77] Ritschl habe sich durch die Biografie für einen kirchengeschichtlichen Lehrstuhl qualifiziert, obwohl er ansonsten überwiegend in der Systematischen Theologie forsche.

Obwohl Harnack von Schubert abgelehnt hatte, nahm Althoff mit Zustimmung der Fakultät Kontakt zu ihm auf und leitete dessen Berufung nach Kiel in die Wege.[78] Es wird daran deutlich, dass Althoff sich keineswegs immer an Harnacks Ratschläge für die Besetzungen hielt. Der Universitätsreferent folgte in diesem Fall der Empfehlung des Kieler Universitätskurators und Konsistorialpräsidenten Heinrich Chalybaeus, der sich gegen den von der Fakultät favorisierten Arnold und für von Schubert ausgesprochen hatte, weil er sich von letzterem eine positive Wirkung auf das Verhältnis zwischen der Kieler Theologischen Fakultät und der Landeskirche erhoffte.[79] Denn von Schuberts lutherisches Profil ließ eine gedeihliche Kooperation mit der evangelisch-lutherischen Kirch Schleswig-Holsteins erwarten. Der Evangelische Oberkirchenrat hatte bei der Kieler Berufung, wie auch in Marburg, kein Vetorecht, weil das schleswig-holsteinische Konsistorium und die von ihm verwaltete Kirche direkt dem Kultusminister unterstanden.[80]

---

76 Er beschreibt dessen Arbeiten als „solide", „originell", „lehrreich, aber aphoristisch", „fleißig u[nd] geschickt", sieht darin aber „auch nichts über ein[em] mittlere[n] Niveau" (Nr. 69, *Briefwechsel*).

77 Vgl. ebd. Es stellt sich angesichts von Harnacks Vorschlag die Frage, ob sein Brief nicht auf November zu datieren ist, da die Fakultätsvorschläge vom 10.12.1891 über Ritschl urteilen, während in dem Briefentwurf des Kultusministeriums vom 09.11.1891 von diesem noch nicht die Rede gewesen war (a.a.O., Sekt. 9, Tit. IV, Nr. 9, Bd. II, Bl. 302^{r}–304^{r}; 291^{rv}). Wenn dem so wäre, hätte Althoff Harnacks Vorschlag, Ritschl in Erwägung zu ziehen, aufgegriffen.

78 Vgl. sämtliche Akten zur Berufung von Schubert a.a.O., Sekt. 9, Tit. IV, Nr. 9, Bd. II, Bl. 309^{r}; 310^{rv}; 308^{rv}; 312^{r}–314^{v}; 316^{r}; a.a.O., NL Althoff, Nr. 944, Bl. 2^{rv}; 3^{r}–4^{r}). Althoff hatte am 31.12.1891 beim Straßburger Universitätskurator Heinrich Hoseus wegen der Abberufung angefragt (ebd., Bl. Bl. 307^{rv}). Die Anfrage ging auf den Usus zurück, dass das preußische Kultusministerium zuerst das Einverständnis einholte, bevor es einen Straßburger Professor nach Preußen berief (vgl. *Dehio*, K.-W.-Universität Straßburg, 21). Zur Evangelisch-Theologischen Fakultät Straßburg s.u. Anm. 94.

79 Vgl. Chalybaeus an den Kultusminister am 14.12.1891 (a.a.O., Sekt. 9, Tit. IV, Nr. 9, Bd. II, Bl. 305^{r}–306^{v}). Der von Althoff ebenfalls befragte Schürer hatte sich positiv zu Schubert geäußert (vgl. Schürer an Althoff am 27.07.1891, a.a.O., NL Althoff, Nr. 944, Bl. 54^{r}–55^{v}).

80 Vgl. *Wächter*, Landeskirchen der alten und neuen Provinzen, 157.

2.4 Das Ordinariat für Neues Testament in Marburg 1892

Nach den zwei Gutachten, die Harnack für Göttingen und Kiel verfasst hatte, beteiligte Althoff ihn 1892 erneut in einem Marburger Besetzungsverfahren, das wiederum zu einem Zwist zwischen dem Kultusministerium und der Marburger Theologischen Fakultät führte. Nachdem Georg Heinrici einen Ruf nach Leipzig angenommen hatte, schlug die Fakultät den Kieler Ordinarius Emil Schürer und den Greifswalder positiven Theologe Adolf Schlatter als dessen Nachfolger vor, merkte zugleich aber an, dass auch der Bonner liberale Neutestamentler Eduard Grafe und der Berliner Pfarrer Hermann von Soden als Alternativen in Frage kämen.[81] Dem Vorschlag der Fakultät entsprach Althoff insofern, als er Schlatter über seinen „positiven" Gutachter Hermann Cremer in Greifswald für die Professur anfragen ließ, ihm aber zugleich zu verstehen gab, dass der Kultusminister wünsche, Schlatter möge in Greifswald bleiben.[82] Schlatter sollte an der pommerschen Universität belassen werden, um den „positiven" Charakter der Fakultät, den Cremer in den vergangenen Jahren aufgebaut hatte, nicht zu zerstören.[83] Der Greifswalder Neutestamentler sagte daraufhin das scheinbare Angebot ab.[84] Nachdem auch Hermann von Soden in Erwägung gezogen worden war, er aber aus pekuniären Gründen in Berlin blieb,[85] hörte Althoff die Meinung einzelner Ordinarien zu weiteren Kandidaten, die die Ministerialbeamten vorgeschlagen hatten. Heinrici und Baudissin äußerten sich beide ablehnend zur Berufung des Breslauer Extraordinarius Ernst Kühl, der ein Schüler und Freund Bernhard Weiß' war und den dieser favorisierte,[86] zogen aber den von Althoff ihnen vorgeschlagenen Göttinger Privatdozenten und Pionier der religionsgeschichtlichen Schule William Wrede in Erwägung, während sie sich gegenüber einer Berufung des Göttinger Extraordinarius Johannes Weiß, ebenfalls ein „Religionsgeschichtler" und Sohn von Bernhard Weiß, skeptisch zeigten.[87] Gegen Weiß brachte Heinrici, sich mit Jülicher und Herrmann einig wissend,

---

81 Vgl. die Marburger Fakultätsvorschläge vom 11.05.1892 (GStA PK, I. HA, Rep. 76 Va, Sekt. 12, Tit. IV, Nr. 5, Bd. III, Bl. 21^{r}–23^{r}). Zur Besetzung des neutestamentlichen Lehrstuhls s. *Jülicher*, Entmündigung, 3f.

82 Vgl. Althoff an Cremer am 31.05.1892 (a.a.O., Sekt. 12, Tit. IV, Nr. 5, Bd. III, Bl. 24^{rv}; abgedruckt bei *Stupperich*, Hermann Cremer, 233f.).

83 Vgl. dazu *Kampmann*, Althoffs Berufungspraxis in der ev. Theologie, 63.

84 Vgl. Schlatter an Althoff am 02.06.1892 (a.a.O., Sekt. 12, Tit. IV, Nr. 5, Bd. III, Bl. 25^{r}).

85 Vgl. von Soden am 12.06.1892 und Althoff am 17.06.1892 (ebd., Bl. 28^{r}–29^{r}; 30^{r}). Zu von Soden vgl. *Markschies*, Hermann von Soden.

86 Zur engen Verbindung zwischen Weiß und Kühl vgl. *Weiß*, Aus neunzig Lebensjahren, 189, 191, 193.

87 Vgl. Heinrici an Althoff am 28.06. und 09.07.1892 (Nr. 72.1 und 72.2, *Briefwechsel*) und Baudissin am 09.07.1892 (Nr. 72.3, *Briefwechsel*). Heinrici hatte Althoff bereits am 07.05. und 12.06.1892 (in:

dessen neueste Publikation über *Die Predigt vom Reiche Gottes* in Anschlag,[88] die insofern Weiß' Zugehörigkeit zur religionsgeschichtlichen Schule markierte, als sie Albrecht Ritschls Reichgotteslehre destruiert hatte.[89] Im Sinne der Vorschläge der Fakultät hoben Heinrici und Baudissin nochmals den Wunsch hervor, Schürer zu berufen.

Althoff nahm die Marburger Position zwar zur Kenntnis, lehnte aber die Berufung Schürers ab, weil dieser erst seit Kurzem in Kiel wirkte und weil der Universitätsreferent andere Pläne für ihn hatte.[90] Ähnlich hatte Althoff bereits 1888 agiert, als er bei der Besetzung des neutestamentlichen Ordinariats in Marburg gegen die Wünsche der Fakultät und gegen Harnacks Empfehlung Schürer bewusst übergangen und stattdessen Jülicher als Extraordinarius berufen hatte.[91] 1892 bot er Schürer zwar an, die Marburger Professur zu übernehmen, hatte aber wahrscheinlich schon vorausgesehen, dass dieser ablehnen würde, weil er meinte, in Kiel bleiben zu müssen.[92] Schürer äußerte gleichzeitig mit seiner Absage seine Meinung zur Neubesetzung des Heinrici-Lehrstuhls, den er mit dem liberalen Extraordinarius Paul Schmiedel aus Jena oder Johannes Weiß besetzen würde, während er ebenfalls von Ernst Kühl abriet.[93] Althoff beabsichtigte Schürer langfristig als Nachfolger des lutherischen Neutestamentlers August Wiesinger in Göttingen zu installieren, was er 1895 realisieren konnte. Aus diesen Gründen kamen für den Vortragenden Rat nur die Theologen Kühl, Wrede und Weiß für Heinricis Marburger Lehrstuhl in Frage, von denen keiner der Liste entstammte, die die Fakultät im Kultusministerium eingereicht hatte.[94]

Althoff informierte die Fakultät wie auch sonst nicht über seine Pläne, sondern tauschte sich mit Harnack darüber aus und leitete ihm zur Illustration die Korrespondenz mit den Marburger Ordinarien Heinrici und Baudissin weiter, die die fakultären Bedenken verdeutlichen sollte.[95] Ohne näher auf die übersandten Briefe Heinricis und Baudissins einzugehen, äußerte Harnack sich in seiner Antwort zur

---

GStA PK, VI. HA, NL Althoff, Nr. 108, Bl. 16^{rv}; 18^{r}–21^{r}) die Ablehnung Kühls mitgeteilt und ihm außerdem einen Brief Karl Müllers vom 26.04.1892, der Kühl negativ beurteilte, geschickt (ebd., Bl. 12^{r}–15^{v}). Althoff holte außerdem bei Wredes und Weiß' Fakultätskollegen, dem Alttestamentler Rudolf Smend in Göttingen, ein Urteil ein (vgl. Smend an Althoff am 30.06.1892, in: GStA PK, VI. HA, NL Althoff, Nr. 108, Bl. 24^{r}–26^{v}).

88 Vgl. *Weiß*, Predigt vom Reiche Gottes.

89 Vgl. *Rohls*, Prot. Theologie der Neuzeit II, 63.

90 Vgl. Nr. 72, *Briefwechsel*.

91 Vgl. Nr. 28, *Briefwechsel*.

92 Vgl. Schürer an Althoff am 23.07.1892 (a.a.O., Nr. 108, Bl. 66^{r}–67^{v}).

93 Vgl. ebd.

94 Vgl. Nr. 72, *Briefwechsel*.

95 Vgl. ebd. mit den Nrn. 72.1–72.3, *Briefwechsel*.

Marburger Situation, indem er die von ihm befürworteten Kandidaten Wrede und Weiß begutachtete.[96] Dabei ignorierte er Althoffs Vorschlag, Kühl als Nachfolger Heinricis zu berufen. Obwohl er Wrede und Weiß als gleichwertig erachtete, präferierte Harnack Johannes Weiß, weil er sich aufgrund seiner akademischen Lehrbefähigung besser eigne. Auf Heinricis Bedenken angesichts der neuesten Publikation Weiß' ging Harnack nicht ein, entweder weil er sie nicht teilte oder weil er sie nicht zur Kenntnis genommen hatte. Zugleich urteilte er, dass Wrede Weiß in wissenschaftlicher Hinsicht überlegen und auch charakterlich der „geschlossenere" sei.[97] Wrede war in Leipzig Harnacks Schüler gewesen und hatte dort wesentliche Impulse von ihm erhalten, bevor er bei Ritschl in Göttingen studierte.[98] Schließlich schlug Harnack wie so häufig noch einen eigenen Kandidaten vor.[99] Sein Vorschlag, Caspar René Gregory, der gebürtiger US-Amerikaner war, in Erwägung zu ziehen, lag auch darin begründet, dass Baudissin darauf gedrängt hatte, einen älteren Kandidaten zu finden.[100] Nachdem er Gregorys persönliche Geschichte und Verbindungen innerhalb der Theologie beschrieben hatte, hob er dessen wissenschaftliche Leistungen und Lehrerfahrungen hervor.[101] Außerdem betonte er, dass Gregory Adolf Jülicher, den anderen neutestamentlichen Ordinarius in Marburg gut ergänzen würde. Letztere Anmerkung weist auf den Umstand hin, der von allen beteiligten Professoren bedacht worden war. Der Nachfolger Georg Heinricis müsse sich mit Jülicher, u.a. mit dessen methodischer Ausrichtung, kombinieren lassen und solle bestenfalls dessen Defizite, d.h. seine kritische Distanz zur Landeskirche und seine Jugend ausgleichen.[102] Schließlich erklärte Harnack, warum Gregory bisher kein Ordinariat erhalten habe. Man habe ihn nicht zur Lehre der gesamten neutestamentlichen

---

96 Vgl. Nr. 73, *Briefwechsel*.

97 Ebd.

98 Vgl. Elisabeth Wrede an Hans Lietzmann am 14.03.1907, in: *Aland*, Glanz und Niedergang, 145.

99 Vgl. Nr. 73, *Briefwechsel*. So auch Harnack am 03.10.1888 (Nr. 45, *Briefwechsel*) und am 23.12.1891 (Nr. 69, *Briefwechsel*).

100 Vgl. Baudissin an Althoff am 09.07.1892 (Nr. 72.3, *Briefwechsel*) und Harnack an Althoff am 12.07.1892 (Nr. 73, *Briefwechsel*).

101 Harnack war Gregory seit seiner Leipziger Zeit freundschaftlich verbunden und hielt bis zu dessen Tod 1917 mit ihm Kontakt (vgl. die Briefe Gregorys zwischen 1889 und 1916, in: SBB PK, NL Harnack, K 32, Mp. Gregory). Harnacks Briefe liegen anscheinend im Nachlass Gregorys in der Harvard Library, Collection Gregory, Series XV, Box 61, die nicht eingesehen werden konnten (vgl. https://hollisarchives.lib.harvard.edu/repositories/12/resources/988 [letzter Zugriff: 30.06.2023]). Eine Karte Harnacks vom 11.03.1908 ist außerdem im Leipziger Universitätsarchiv im Nachlass Gregorys, Ms. 0996, Bl. 37 überliefert, die einen „Siglen-Plan" betraf.

102 Vgl. die Briefe Heinricis, Baudissins und Harnacks (Nrn. 72.1–73, *Briefwechsel*).

Exegese für fähig gehalten, weil er sich vorwiegend mit textkritischen Fragen beschäftige. Zudem werde er als Ausländer kritisch beäugt.[103]

Obwohl Althoff Harnack um Rat gebeten und er Hemmungen gehabt hatte, der Fakultät einen Kandidaten zu oktroyieren, akzeptierte er Kühl und beauftragte Weiß deshalb, zeitgleich mit diesem Verhandlungen führen.[104] Er ließ Kühl wahrscheinlich deswegen nach Marburg berufen, weil Althoff Bernhard Weiß einen Gefallen tun wollte, dessen Schüler Kühl war. Die Berufung Kühls, die Mitte August 1892 für das kommende Sommersemester bewilligt wurde, erregte, wie erwartet, heftigen Widerstand innerhalb der Marburger Theologischen Fakultät, die sich in den Verhandlungen übergangen sah.[105] Die Fakultät äußerte sich in ihrer Beschwerde an das Kultusministerium derart abfällig über ihren zukünftigen Kollegen Kühl, dass der Minister darauf nicht mehr reagierte, sondern nur mit „Bedauern" festhielt, „daß die Fakultät sich der Grenzen ihrer Zuständigkeit so wenig bewußt gewesen" sei.[106] Kultusminister Robert Bosse rekurrierte mit dieser Klarstellung auf die bereits erwähnte rechtliche Voraussetzung der Berufungsverfahren, die zwar ein gewohnheitsmäßiges Vorschlags-, aber kein Kooptationsrecht vorsah.[107] Der Streit eskalierte schließlich in der sog. „Causa Achelis". Sie war dadurch hervorgerufen worden, dass der Praktische Theologe Ernst Christian Achelis Kühl ohne Umschweife mitgeteilt hatte, wie die Fakultät zu ihm stehe.[108]An diesem Punkt schaltete sich Harnack – wahrscheinlich auf Bitten Althoffs – erneut ein. Er sprach zuerst mit Kühl und wandte sich dann an Wilhelm Herrmann, damit dieser Achelis bewege, Kühl einen Entschuldigungsbrief zukommen zu lassen.[109] Nach dem Gespräch mit Herrmann verfasste Achelis das gewünschte Entschuldigungsschreiben, das Kühl

---

103 Vgl. Nr. 73, *Briefwechsel.*

104 Vgl. Nr. 72, *Briefwechsel,* Althoff an Weiß am 11.07.1892 und Weiß an Althoff am 12. und 14.07.1892 sowie Weiß' Bericht über die Verhandlungen mit Kühl, dem auch ein Ordinariat in Breslau vorgeschlagen worden war (a.a.O., Nr. 108, Bl. 46^{r}–49^{v}; 52^{r}–55^{v}; a.a.O., Nr. 1009, Bl. 36^{rv}; Bl. 37^{r}–38^{r}). S. auch Weiß an Althoff am 16. und 21.08.1892 (a.a.O., Nr. 108, Bl. 75^{r}–76^{r}; Nr. 1009, Bl. 40^{r}–41^{v}).

105 Vgl. den Entwurf des Immediatberichts von Althoff vom 06.08.1892, die Bestallungsurkunde vom 14.08.1872, das Schreiben der Fakultät vom 31.08.1892 sowie die Schreiben Herrmanns vom 27.08. und 01.09.1892 (a.a.O., Nr. 108, Bl. 240^{r}–243^{r}; a.a.O., Sekt. 12, Tit. IV, Nr. 5, Bd. III, Bl. 38^{r}; 53^{r}–54^{v}; 45^{r}–47^{r}; 52^{r}); s. dazu *Jülicher*, Entmündigung, 3f. und *Weiß*, Aus neunzig Lebensjahren, 211.

106 Kultusminister Bosse an die Marburger Theologische Fakultät am 15.09.1892 (a.a.O., Sekt. 12, Tit. IV, Nr. 5, Bd. III, Bl. 55^{rv}: 55^{v}). S. ebd., Bl. 58^{r}–62, 67^{r}–68^{r} weitere Schreiben zwischen der Fakultät und dem Kultusministerium; s. dazu *Jülicher*, Entmündigung, 4.

107 S.o. Einleitung, Abschnitt 2.2, S. 19.

108 Vgl. Kühl an Althoff am 26.10.1892; s. außerdem Kühl an Herrmann am 21.10.1892, Herrmann an Kühl am 26.10.1892, Achelis an Althoff am 26. und 29.10.1892, Herrmann an Althoff am 26.10.1892 sowie Weiß an Althoff am 01.11.1892 (a.a.O., Sekt. 12, Tit. IV, Nr. 5, Bd. III, Bl. 85^{r}–86^{v}; 81^{v}–84^{v}; 79^{r}–80^{v}; 77^{rv}; 76^{rv}; 78^{r}; a.a.O., Nr. 1009, Bl. 43^{r}).

109 Vgl. Nr. 74, *Briefwechsel.* Der Brief Harnacks an Herrmann ist wahrscheinlich nicht überliefert.

auf Anraten Althoffs von der Forderung absehen ließ, gegen Achelis vorzugehen, wobei unklar ist, was er gegen seinen Kollegen hätte unternehmen können.[110] Der Streit um Kühls wissenschaftliche Leistungen, deren Mangelhaftigkeit die Fakultät kritisiert hatte, verlief trotz weiterer Schreiben zwischen Althoff, Kühl und Herrmann schließlich im Sande.[111]

An diesem Berufungsverfahren wird in besonderem Maße deutlich, dass Althoff die fakultären Wünsche nur vordergründig berücksichtigte, während er letztlich seine kurz- wie langfristigen Pläne umsetzte. Er bewegte die Professoren wie Spielfiguren auf einem Brett, dessen Bild ihm vor Augen stand. Harnack wurde dabei gelegentlich das Privileg zuteil, dass Althoff ihm seine Strategien mitteilte. Die Theologische Fakultät Marburg leistete gegen das Vorgehen Althoffs in diesem Fall vehementen Widerstand, den das Ministerium jedoch mit der Begründung zurückwies, dass sie damit ihre Kompetenzen überschreite. Schließlich kündigte sich 1892 bereits die ministeriale Besetzungspolitik an, die unter dem Stichwort der Parität die Berufungsverfahren seit 1895 dominierte.[112]

2.5 Das Extraordinariat für Systematische Theologie in Bonn 1893/94

Abgesehen von der Besetzung der Strafprofessur, die im Zusammenhang des Apostolikumsstreits 1892/93 in Berlin eingerichtet worden war und auf die im Kontext der Kirchenpolitik eingegangen werden wird, wurde Harnack erst Ende 1893 erneut in einem Berufungsverfahren um Rat gefragt, möglicherweise auch weil Althoff nach dem „Fall Harnack“ 1892/93 vorübergehend nicht einbeziehen konnte.[113] Es galt 1893/94 in Bonn die Nachfolge Ernst Troeltschs zu regeln, der nach Heidelberg gewechselt war.[114] Troeltsch wurde in die Verhandlungen um seine Nachfolge

110 Vgl. Herrmann an Harnack am 03.11.1892, Achelis an Weiß am 03.11.1892 mit einem Entschuldigungsbrief vom selben Tag, Althoff an Kühl am 05.11.1892 und Kühl an Althoff am 07.11.1892 sowie Weiß an Althoff am 06.11.1892 (in: SBB PK, NL Harnack, K 33, Mp. Herrmann, Bl. 10^{r}; a.a.O., Sekt. 12, Tit. IV, Nr. 5, Bd. III, Bl. 73^{r}; 74^{r}; 72^{rv}; 69^{r}–70^{r}; 71^{r}).

111 Vgl. die Schreiben zwischen dem 17.11.1892 und dem 04.01.1893 (ebd., Bl. 87^{r}–103^{r}).

112 S.u. dazu.

113 S.u. Teil II, Abschnitt 1.2, S. 171 Zwischen dem Frühjahr und dem Herbst 1893 liegen keine Antworten Harnacks auf Anfragen Althoffs vor (vgl. die Nrn. 86 und 90, *Briefwechsel*).

114 Vgl. die Akten in: GStA PK, I. HA, Rep. 76 Va, Sekt. 3, Tit. IV, Nr. 36, Bd. VI, Bl. 53^{r}–63^{v}; 68^{r}–79^{v}; 81^{r}–90^{v}; s. dazu Troeltsch an Wilhelm Bousset am 07.11.1893, in: *Troeltsch*, Briefe I, KGA 18,1, 351 mit Anm. 3+4 und 359, Anm. 6+7. Zur Geschichte der Bonner Evangelisch-Theologischen Fakultät in dieser Zeit s. *Ritschl*, Evangelisch-theologische Fakultät, 75–85, *Goeters*, Bonn, 77, *Hauschildt u.a.*, Evangelisch-Theologische Fakultät, 138–148 und *Eberlein*, Ev.-Theol. Fakultät, 171–186.

wahrscheinlich nicht nur deswegen nicht involviert, weil er zuvor Extraordinarius gewesen war, sondern auch weil er Preußen ohne Bleibeverhandlungen verlassen hatte, wozu ihn der badische Universitätsreferent mit einer 24-Stundenfrist gezwungen hatte, innerhalb derer das preußische Kultusministerium keine Verhandlungen zu führen bereit war.[115] Harnack, mit dem Althoff mündlich über die Besetzung gesprochen hatte, schlug den Ritschlianer und Gießener Systematischen Theologen Ferdinand Kattenbusch und den Gießener Praktischen Theologen Max Reischle vor, da er Otto Ritschl als ungeeignet für Bonn erachtete.[116] Die Fakultät wiederum wählte für ein Ordinariat Wilhelm Herrmann und Max Reischle, zog aber auch in Erwägung die Professur erneut als Extraordinariat zu vergeben, für das sie den Hallenser Privatdozenten Carl Clemen, der sich zur religionsgeschichtlichen Schule rechnete, und den Berliner Privatdozenten und Ritschlianer Arthur Titius nannte. Den Bonner Pfarrer und Lizentiaten im Neuen Testament Arnold Meyer und den Greifswalder Privatdozenten und positiven Theologen Erich Schäder, die ebenfalls ins Auge gefasst worden waren, lehnten die Bonner Theologen ab.[117]

Althoff hatte zuvor Erich Schäders Lizentiatenschrift, mit der dieser an der Greifswalder Fakultät unter der Betreuung Hermann Cremers promoviert worden war, sowohl von der Bonner Fakultät als auch von Harnack begutachten lassen.[118] Harnack urteilte verhältnismäßig scharf über Schäders Schrift, die er methodisch als „scholastisch" und vom „Grundgedanken der Arbeit [als] verfehlt" ansah.[119] Auch wenn er ihm „Fleiß, Ernst und Ruhe" in seinem Werk attestierte, erscheint dieses Urteil angesichts seiner übrigen Begutachtung Schäders ebenfalls negativ, da er ihm „ein eigenthümliches Ingenium, geschichtliche Anschauung und einen Blick für die Hauptsachen" absprach.[120] Seine Kritik bezog sich dabei nicht nur auf die These der Schäderschen Schrift, sondern darüber hinaus auf die in Greifswald gebräuchliche Methodik der Positiven.[121] Durch das negative Urteil über Schäder, das

---

115 Vgl. dazu *Troeltsch*, Briefe I, KGA 18,1, 351 mit Anm. 3 und 4.

116 Vgl. die Notiz Althoffs über Harnacks Urteil vom 06.12.1893 (Nr. 92, *Briefwechsel*).

117 Vgl. die Bonner Fakultätsvorschläge vom 16.12.1893 (a.a.O., Sekt. 3, Tit. IV, Nr. 36, Bd. VI, Bl. 71^{r}–76^{r}); s. auch die Briefe des Universitätskurators Gandtner an Althoff vom 10. und 11.12.1893 (in: GStA PK, VI. HA, NL Althoff, Nr. 174, Bl. 4^{r}–5^{r}; 6^{rv}).

118 Vgl. die Fakultätsvorschläge vom 16.12.1893 (a.a.O., Bl. 76^{r}), Nr. 93, *Briefwechsel* sowie Schäder an Althoff am 02.12.1893 (a.a.O., NL Althoff, Nr. 916, Bl. 74^{r}).

119 Nr. 93, *Briefwechsel*.

120 Ebd.

121 Die positiven Theologen und Schüler Hermann Cremers, zu denen neben Schäder noch Wilhelm Lütgert, Friedrich Bosse und dessen Sohn Ernst Cremer zu rechnen sind, blieben in ihren Schriften dicht an der biblischen Vorlage des Neuen Testaments, ohne dieses zu historisieren oder kritisch zu hinterfragen, und systematisierten dann die Ergebnisse der neutestamentlichen Anasowohl die Fakultät als auch Harnack fällten, kam er für Bonn nicht mehr infrage und wechselte stattdessen im Frühjahr 1894 als Extraordinarius nach Königsberg.[122]

Schließlich ernannte Kultusminister Bosse seinem eigenen Wunsch folgend Otto Ritschl als Nachfolger Troeltschs zum Extraordinarius in Bonn, der 1896 zum Ordinarius – wahrscheinlich nach Harnacks positiver Begutachtung des zweiten Bandes der Biografie über seinen Vater – befördert wurde.[123] Mit der Berufung Ritschls entschied das Kultusministerium erneut gegen Harnacks expliziten Rat, der für Bonn „ein kräftigeres Ingenium als Ritschl"[124] gefordert hatte, und zugleich gegen die Wünsche der Fakultät.[125]

2.6 Das Ordinariat für Altes Testament in Berlin 1894

Im Juli 1894 musste in Berlin die Nachfolge des verstorbenen Alttestamentlers August Dillmann geklärt werden.[126] Harnack, der sich am 14. Juli – erneut vor der offiziellen Befragung der Fakultät – gegenüber Althoff zu den möglichen Nachfolgern äußerte, favorisierte den Göttinger Alttestamentler und Altorientalisten Julius Wellhausen, nahm aber an, dass dieser nicht nach Berlin wechseln werde.[127] Nachdem sich Wellhausen schon bei seinem Wechsel von Marburg nach Göttingen anfangs dagegen gewehrt hatte, erschien es unwahrscheinlich, dass er seine niedersächsische *alma mater* noch einmal verlassen würde.[128] Auch bei dem Hallenser Ordinarius Emil Kautzsch vermutete Harnack, dass er nicht an die Berliner Fakultät kommen werde. Er votierte schließlich dafür, seinem vormaligen Gießener Kolle-

---

lyse für ihre Theologie (vgl. beispielsweise das von Harnack rezensierte Werk von *Schäder*, Die Bedeutung des lebendigen Christus).

122 Vgl. die Akten in: GStA PK, I. HA, Rep. 76 Va, Sekt. 11, Tit. IV, Nr. 18, Bd. V, Bl. 145^{r}–148^{r} [Königsberg]; ebd., Sekt. 7, Tit. IV, Nr. 23, Bd. I, Bl. 61^{rv} [Greifswald] und Althoff an Cremer am 03.03.1894 (in: *Stupperich*, Hermann Cremer, 256f.). Schäder war im Dezember 1893 auch für ein Extraordinariat in Greifswald vorgeschlagen worden (vgl. die Akten a.a.O., Sekt. 7, Tit. IV, Nr. 23, Bd. I, Bl. 57^{r}–60^{r}).

123 Vgl. die Bitte des Kultusministers um Stellungnahme der Fakultät vom 15.01.1896, die Bestallungsanweisung vom 01.07.1896 und die Bestallungsurkunde [ebd., Bl. 210^{r}; 356^{v}–359^{v}; 360]; zu Harnacks Gutachten s.u. in diesem Teil, Abschnitt 2.11, S. 121 und Nr. 117, *Briefwechsel*.

124 Notiz Althoffs vom 06.12.1893, „Ritschl" im Original unterstrichen (Nr. 92, *Briefwechsel*).

125 Vgl. die Akten a.a.O., Nr. 174, Bl. 8^{rv}; a.a.O., Nr. 108, Bl. 199^{r}–200^{v}; a.a.O., Sekt. 3, Tit. IV, Nr. 36, Bd. VI, Bl. 85^{rv}; 88^{r}–90^{v}.

126 Vgl. die Akten in: GStA PK, I. HA, Rep. 76 Va, Sekt. 2, Tit. IV, Nr. 44, Bd. IV, Bl. 224^{r}–263^{r}; ebd. Bd. V, Bl. 6^{r}–10^{v}; 21^{r}–26^{r}. Zur Geschichte des Berliner alttestamentlichen Lehrstuhls s. *Bernhardt*, Lehrstuhl AT.

127 Vgl. Harnack an Althoff am 14.07.1894 (Nr. 95, *Briefwechsel*).

128 Vgl. *Smend*, Wellhausen in Göttingen, 316f. Zu beiden Berufungen s. Nr. 95, *Briefwechsel*, Anm. 8.

gen, Bernhard Stade, sowie seinem Freund aus Leipziger Privatdozententagen, Wolf Graf von Baudissin, die alttestamentliche Professur anzubieten, obwohl er gegen letzteren „Bedenken" hege. Stade war für Harnack neben Wellhausen der „bedeutendste A[l]T[estament]liche Gelehrte und ein sehr guter Lehrer". Gegen Baudissin spreche, dass er „eine gewisse Empfindlichkeit" und eine angeschlagene „Gesundheit" besitze.[129] Außer den beiden Genannten schlug Harnack schließlich noch den Göttinger Alttestamentler Rudolf Smend und den Greifswalder positiven Theologen Friedrich Baethgen vor, fällte über diese aber kein Urteil.

Die Fakultät, die sich erst sechs Tage später auf eine Liste einigte, nannte Kautzsch, Baudissin und Baethgen als mögliche Nachfolger Dillmanns.[130] Die fakultären Vorschläge zeigen, dass Harnack den von ihm favorisierten Bernhard Stade bei seinen Kollegen nicht hatte durchsetzen können und sie seine Befürchtung ignorierten, dass Kautzsch in Halle bleiben werde. Die von Harnack genannten Kandidaten Baudissin und Baethgen hatten hingegen die kollegiale Zustimmung gefunden. Bernhard Stade war bei den Kollegen wahrscheinlich nicht durchzusetzen gewesen, weil er 1893/94 in eine publizistische Kontroverse involviert worden war, die der Jenaer liberale Theologe Friedrich Nippold initiiert hatte.[131] Nippold hatte behauptet, dass Stade bei der Reorganisation der Theologischen Fakultät in Gießen zwischen 1878 und 1882 nur als Marionette Albrecht Ritschls gehandelt habe, um dessen theologische Richtung durchzusetzen, wogegen sich Stade mit einer polemischen Schrift wehrte.[132]

Da Emil Kautzsch, wie von Harnack prognostiziert, nicht beabsichtigte, Halle zu verlassen, führte Althoff im August 1894 Berufungsverhandlungen mit Baudissin und ließ ihn zum Frühjahr 1895 nach Berlin berufen.[133]

Obwohl das Ministerium die Marburger Theologische Fakultät zu Vorschlägen für die Nachfolge Baudissins aufgefordert und diese im Oktober 1894 den Bonner Ordinarius Karl Budde, den Leipziger Extraordinarius und Sekretär des *Vereins zur Erforschung Palästinas* Hermann Guthe und den erwähnten Rudolf Smend als Kandidaten genannt hatte, stand im Ministerium seit August bereits der Greifswalder

---

129 Ebd.

130 Vgl. die Fakultätsvorschläge vom 20.07.1894 (a.a.O., Sekt. 2, Tit. IV, Nr. 44, Bd. IV, Bl. 224^{r}–225^{v}; auch in: HUB UA, Theol. Fakultät, Nr. 167, Bl. 193^{rv}). S. auch Weiß an Althoff am 18.07.1894 (in: GStA PK, VI. HA, NL Althoff, Nr. 1009, Bl. 66^{rv}), der Althoff vorab über die Vorschläge der Fakultät unterrichtete.

131 Vgl. *Biester*, Harnacks Berufung an die Theol. Fakultät Giessen, 127–129.

132 Vgl. *Nippold*, Theol. Einzelschule, 3. u. 4. Abth., 83, 86–105 und *Stade*, Reorganisation.

133 Vgl. die Akten a.a.O., Sekt. 2, Tit. IV, Nr. 44, Bd. IV, Bl. 227^{rv}; 228^{rv}; 231^{rv}; 232^{r}–233^{v}; 250^{rv}246^{r}–249^{r}; 244^{r}–245^{r}; 254^{rv}; 235^{r}–238^{v}; a.a.O., NL Althoff, Nr. 665, Bl. 170^{r}–173^{r}; 174^{r}–175^{v}; 176^{rv} und *Freye*, Emil Kautzsch, 344f.

Theologe Friedrich Baethgen als Favorit für Marburg fest, den Weiß direkt nach Baudissins Zusage angefragt hatte.[134] Die Marburger verzichteten auf Einwände gegen Baethgen, auch wenn sie das ministeriale Prozedere wiederum nicht goutierten.[135] Die Überlegungen erwiesen sich jedoch als obsolet, weil Baudissin bei Althoff im November 1894 anfragte, ob er aufgrund seiner gesundheitlichen Beeinträchtigung von dem Wechsel nach Berlin zurücktreten könne, um stattdessen in Marburg zu bleiben.[136] Noch bevor Baudissin seine definitive Absage Ende Dezember 1894 gegeben hatte, wählte man im Ministerium den für Marburg vorgesehenen Baethgen aus Greifswald für Berlin.[137]

Die fehlgeschlagene Berufung Baudissins hatte für Harnack insofern spürbare Konsequenzen, als ihm anlässlich dessen eine reguläre Gehaltserhöhung von 8400 M. auf 9000 M. in Aussicht gestellt worden war, die nun ausblieb.[138] Stattdessen erhielt Harnack ab dem Sommer 1895 eine „außerordentliche Remuneration von jährlich 600 M." und erst 1897 die reguläre Gehaltserhöhung auf 9000 M.[139]

Baudissin wiederum wechselte 1899 doch noch nach Berlin, nachdem Baethgen aus gesundheidlichen Gründen beurlaubt worden war.[140] Harnack war als Fakultätsmitglied an dieser Berufung beteiligt und kommunizierte auch mit dem ihm befreundeten Kollegen Baudissin dazu, verfasste aber keine Äußerung für das Universitätsreferat, das zu diesem Zeitpunkt bereits von Ludwig Elster geleitet wurde.[141]

---

134 Vgl. die Marburger Fakultätsvorschläge vom 30.10. und Baethgen an Althoff am 13.08.1894 (GStA PK, I. HA, Rep. 76 Va, Sekt. 12, Tit. IV, Nr. 5, Bd. III, Bl. 125^{r}–127^{v}; 120^{rv}). S. auch Cremer an Althoff am 19. und 24.11.1894 zu Baethgens Berufung nach Marburg (in: *Stupperich*, Hermann Cremer, 264–266).

135 Vgl. die Stellungnahme der Theologischen Fakultät in Marburg vom 24.11.1894 zu Baethgen (a.a.O., Sekt. 12, Tit. IV, Nr. 5, Bd. III, Bl. 138^{rv}); s. auch *Jülicher*, Entmündigung, 4f.

136 Vgl. Baudissin an Althoff am 27.11. und an Weiß am 05.12.1894 (a.a.O., Sekt. 12, Tit. IV, Nr. 5, Bd. III, Bl. 129^{r}–130^{v}; a.a.O., NL Althoff, Nr. 665, Bl. 180^{rv}).

137 Vgl. die Akten a.a.O., Sekt. 12, Tit. IV, Nr. 5, Bd. III, Bl. 135; 131^{rv}und a.a.O., Sekt. 2, Tit. IV, Nr. 44, Bd. V, Bl. 23^{r}; 21^{r}; 24^{r}–26^{r}). S. auch Cremer an Althoff am 16.12.1894 (in: *Stupperich*, Hermann Cremer, 267f.).

138 Vgl. die Nrn. 96 und 97, *Briefwechsel*. Zu Harnacks Gehaltserhöhungen s.o. Einleitung, Abschnitt 3.3, S. 50.

139 Nrn. 108, *Briefwechsel* und 125, *Briefwechsel*.

140 Vgl. die Akten in: GStA PK, I. HA, Rep. 76 Va, Sekt. 2., Tit. IV, Nr. 44, Bd. V, Bl. 181^{r}–185^{v}; 203^{r}–212^{r}; 215^{r}–222^{r}; HUB UA, Theol. Fakultät, Nr. 167, Bl. 230^{r}–231^{v}. Baudissins Nachfolger in Marburg wurde der Straßburger Ordinarius Karl Budde, der auf Wunsch der Marburger Theologischen Fakultät berufen worden war (vgl. die Akten a.a.O., I. HA, Rep. 76 Va, Sekt. 12, Tit. IV, Nr. 5, Bd. III, Bl. 300^{r}–303^{v}; 307^{r}–308^{r}und *Jülicher*, Entmündigung, 5.

141 Vgl. Baudissin an Harnack zwischen dem 30.07. und 03.10.1899 (in: SBB PK, NL Harnack, K 26, Mp. Baudissin, Bl. 34^{r}–37^{r}). Laut der freundlichen Auskunft von Dr. Aleksandra Pawliczek vom Universitätsarchiv der Humboldt-Universität zu Berlin am 9. November 2017 finden sich im Nachlass von Wolf Graf von Baudissin keine Briefe Harnacks.

Zusätzlich zu den Verhandlungen über die Besetzung des alttestamentlichen Ordinariats mit von Baudissin erhielt die alttestamentliche Exegese in Berlin im Oktober 1894 Verstärkung, weil Hermann Gunkel, ein Vertreter der religionsgeschichtlichen Schule, der bei Harnack 1882/83 in Gießen studiert hatte, zum Extraordinarius ernannt wurde.[142] Auch wenn Werner Klatt mutmaßt, dass Gunkel 1894 und 1899 nicht zum alttestamentlichen Ordinarius in Berlin berufen wurde, weil er der religionsgeschichtlichen Schule angehörte, kam er für das Ordinariat 1894 deshalb nicht in Frage, weil er bis dahin noch kein Extraordinariat durchlaufen hatte.[143] 1899 wiederum wurde er von der Fakultät für das Ordinariat in Erwägung gezogen und auch favorisiert, dann aber nicht vorgeschlagen, weil man in diesem Fall den älteren Extraordinarius Hermann Strack übergangen hätte.[144] Daher schlug die Fakultät den schließlich berufenen Baudissin an erster Stelle neben dem Breslauer Ordinarius Carl Cornill und dem erwähnten Leipziger Extraordinarius Hermann Guthe vor. Seitens der Fakultät schienen – unabhängig von den Rücksichten unter den Extraordinarien – zumindest bei der Mehrheit der Professoriums keine Abneigungen gegen Gunkels theologische Richtung vorhanden gewesen zu sein, da die Kollegen seine „hervorragende wissenschaftliche Befähigung und die außergewöhnliche akademische Lehrbegabung" priesen.[145]

Schon 1894 erwog Kultusminister Robert Bosse parallel mit der Berufung Baethgens und der Ernennung Gunkels den Berliner Extraordinarius für orientalische Sprachen, Hermann Strack, zum ordentlichen, aber unbesoldeten Professor zu befördern.[146] Strack hatte seit 1877 ein Extraordinariat inne und 1883 das Institutum Judaicum gegründet, das er seit 1886 leitete.[147] Doch die Fakultätsmitglieder lehnten diesen Vorschlag mehrheitlich ab, ohne dass sie ein offizielles Votum an das Ministerium richteten. Bis zu seiner Ernennung zum ordentlichen Honorarprofessor

---

142 Vgl. die Bestallungsanweisung für Gunkel vom 20.10.1894 (a.a.O., Sekt. 2, Tit. IV, Nr. 44, Bd. V, Bl. 6r–10v) und Gunkels Lebenslauf bei *Lüdemann*, Die Religionsgeschichtliche Schule, 66f. Gunkel war 1894 von Emil Kautzsch auf Althoffs Anfrage hin für Berlin empfohlen worden, nachdem er sich 1889 für die Umhabilitierung Gunkels von Göttingen nach Halle ausgesprochen hatte (vgl. Kautzsch an Althoff am 08.02. und 02.04.1889 und am 13.08.1895, in: *Freye*, Emil Kautzsch, 320–323, 345f.).

143 Vgl. *Klatt*, Hermann Gunkel, 43; s. auch Harnack an Weinel am 03.12.1901, in: *Graf*, Harnack zum „Fall Althoff", 197.

144 Vgl. die Fakultätsvorschläge vom 11.01.1899 (a.a.O., Sekt. 2, Tit. IV, Nr. 44, Bd. V, Bl. 181r–185v: 182v, 183v, 184r).

145 Ebd., 183v.

146 Vgl. Bosse an Althoff am 31.10.1894 (ebd., Bl. 27rv). Deshalb holte Althoff Gutachten bei den Alttestamentlern Klostermann, Kautzsch und Baethgen über Strack ein (vgl. ebd., Bl. 32r–40v).

147 Vgl. *Dahm*, Strack und *Strack, Hermann*. Zu Strack und dem Institutum Judaicum s. *Golling*, Institutum Judaicum, *Golling/Osten-Sacken*, Strack und Institutum Judaicum und *Wiese*, Wissenschaft des Judentums, 112–123.

1910 versuchte Strack wiederholt, ein Ordinariat in Berlin zu erlangen, wo er wahrscheinlich wegen des von ihm geleiteten Instituts und der Krankheit seiner Tochter zu bleiben beabsichtigte.[148] Auch wenn eine Äußerung Harnacks zu Strack erst für 1899 belegt ist, ist einem Brief von Weiß zu entnehmen, dass er sich bereits 1895 dagegen ausgesprochen hatte.[149] Das einzig schriftlich überlieferte Urteil Harnacks über Strack, dem weitere mündliche, jedoch nur vereinzelt dokumentierte Äußerungen gegenüber Althoff hinzuzufügen sind, bestätigte die Meinung der Fakultät und folgte in seiner Begutachtung dem Urteil des verstorbenen Berliner Alttestamentlers August Dillmann.[150] Auch wenn die Gründe, wie beispielsweise sein Alter oder seine lange Extraordinariatszeit, die gegen Stracks Ernennung zum Ordinarius sprachen, wahrscheinlich vielfältig waren, führte die Fakultät die nicht ausreichenden Leistungen in der alttestamentlichen Wissenschaft als Hauptursache an, um die Beförderung Stracks zu verhindern.[151] Auch die Tatsache, dass er in seiner 22-jährigen Tätigkeit als Extraordinarius nicht einmal für einen anderen preußischen oder außerpreußischen Lehrstuhl vorgeschlagen worden sei, ließ das Professorium daran zweifeln, dass er für die Fakultät furchtbringend sein würde.[152] Schließlich zeigt sich eine weitgehende soziale Isolierung Stracks innerhalb der Fakultät, die sich wahrscheinlich auch damit erklären lässt, dass er zwischen 1877 und 1910 nicht Teil des Professoriums war. Engeren Kontakt besaß er nur zu dem altliberalen Theologen Otto Pfleiderer, obwohl er als konservativer Theologe dessen Ansichten vermutlich nicht teilte.[153]

148 Vgl. die Akten a.a.O., Sekt. 2, Tit. IV, Nr. 44, Bd. IV, Bl. 38^{r}–41^{v}; ebd., Bd. V, Bl. 27^{r}–40^{v}; 55^{r}–63^{v}; 78^{r}; 81^{r}–88^{r}; 169^{r}–176^{v}; 178^{r}–180^{r}; 238^{r}–240^{r}; 245^{r}–259^{v}; 273^{r}–284^{r}; 287^{r}–288^{r}. Strack hatte sich auch bei Hermann Cremer beklagt, dass er übergangen werde und ihn um Fürsprache bei Althoff gebeten (vgl. Cremer an Althoff am 12.05.1895, in: *Stupperich*, Hermann Cremer, 278).

149 Vgl. die Notiz von Althoff auf dem Brief von Weiß an ihn vom 04.07.1895 (ebd., Bl. 59^{r}): „Auch Harnack ist entschieden geg[en] die Beförderung Strack's zum Ordinarius. A[lthoff] 7/10."

150 Vgl. die Notiz Harnacks o.D. [1899] (Nr. 133.1, *Briefwechsel*).

151 Vgl. u.a. das Fakultätsvotum vom 26.03.1901 (a.a.O., Sekt. 2, Tit. IV, Nr. 44, Bd. V, Bl. 273^{r}–274^{v}). 1901 formulierten Seeberg und Pfleiderer ebenso wie Baudissin Sondervoten, in denen erstere sich für Strack als Ordinarius für jüdische Literatur- und Religionsgeschichte aussprachen, während letzterer Stracks wissenschaftliche Qualifikation speziell in diesem Themenbereich bezweifelte (ebd., Bl. 275^{r}–276^{v}; 277^{r}–278^{r}).

152 Vgl. die Fakultätsvorschläge vom 11.01.1899 (a.a.O., Bd. V, Bl. 182^{v}, 183^{r}).

153 Vgl. Strack an Althoff am 10.07.1895 und Weiß an Bosse am 23.07.1899 (ebd., Bl. 60^{r}–61^{r}; 179^{rv}).

2.7 Das Ordinariat für Neues Testament in Kiel 1894

1894 – bemerkenswerterweise am Tag, nachdem er sich in seiner Vorlesung zur Agendenrevision geäußert hatte[154] – beurteilte Harnack ein weiteres Mal einen Kandidaten in einem laufenden Kieler Berufungsverfahren. Es handelte sich um den baltischen Lutheraner Ferdinand Mühlau, bei dem er noch als Student in Dorpat gehört und der ihn im Examen geprüft hatte.[155] Parallel befragte Althoff den Hallenser Vermittlungstheologen Erich Haupt sowie die positiven Theologen Martin Kähler und Adolf Schlatter.[156] Mühlau, der von dem positiven Alttestamentler August Klostermann in einem Separatvotum genannt worden war, stand an zweiter Stelle nach dem Göttinger Extraordinarius Johannes Weiß und vor dem Königsberger Extraordinarius Adolf Link für das neutestamentliche Ordinariat von Emil Schürer in Kiel zur Debatte.[157] Parallel favorisierte die Mehrheit der Fakultät den Breslauer Extraordinarius William Wrede und Hermann von Soden, der mittlerweile in Berlin zum Extraordinarius ernannt worden war.

Schürer war 1894 nach Göttingen gewechselt, wie Althoff es für ihn seit 1888 vorgesehen hatte, um den Neutestamentler August Wiesinger durch ein Ersatzordinariat zu entlasten.[158] Harnack sprach sich auf Althoffs Anfrage hin ebenfalls für Mühlau aus, charakterisierte ihn aber als strengen „Philologe[n]", von dem nicht alle Studenten begeistert gewesen seien.[159] Sein Beitrag zur theologischen Forschung liege vorwiegend in den „Hülfswissenschaften", womit er u.a. die biblische Grammatik und Geographie meinte. Gleichzeitig werde seine Lehre die Studenten zu detailliertem und präzisem Arbeiten befähigen. Von seiner theologischen Position her

---

154 S.u. dazu Teil II, Abschnitt 2, S. 183.

155 Vgl. Nr. 99, *Briefwechsel* und *Bloth (Hg.)*, Adolf Harnacks „erste Predigt", 90.

156 Vgl. Haupt an Althoff am 12.11.1894 (in: GStA PK, VI. HA, NL Althoff, Nr. 755, Bl. 82^{r}–83^{v}), Kähler an Althoff am 13.11.1894 (a.a.O., NL Althoff, Nr. 788, Bl. 38^{r}–39^{r}) und Schlatter an Althoff am 14.11.1894 (a.a.O., NL Althoff, Nr. 923, Bl. 8).

157 Vgl. die Kieler Fakultätsvorschläge vom 27.10.1894, da Votum Klostermanns vom 25.10.1894, sowie die übrigen Akten (in: GStA PK, I. HA, Rep. 76 Va, Sekt. 9, Tit. IV, Nr. 9, Bd. III, Bl. 130^{r}–131^{v}; 132^{rv}; 123^{r}–143^{r}); s. dazu *Alwast*, Theol. Fakultät Kiel, 151–153. Bernhard Weiß hatte gehofft, dass sein Sohn nach Kiel gehen könne, und hielt sich von den Amtsgeschäften deswegen zurück (vgl. Weiß an Althoff am 18.07. und 02.11.1894, a.a.O., NL Althoff, Nr. 1009, Bl. 66^{rv}; 68^{rv}).

158 Außer Schürer hatte die Göttinger Fakultät noch die Extraordinarien Johannes Weiß und William Wrede vorgeschlagen (vgl. die Akten a.a.O., Sekt. 6, Tit. IV, Nr. 5, Bd. II, Bl. 304^{r}–305^{r}; 307^{r}–308^{r}; 309^{r}–310^{r}; 320^{rv}). Zu Althoffs Plänen, Schürer nach Göttingen zu versetzen s. Nr. 72, *Briefwechsel* sowie oben in diesem Teil, Abschnitt 2.4, S. 97. Harnack war bei der Berufung Schürers nach Göttingen nicht einbezogen worden.

159 Nr. 99, *Briefwechsel*.

sei er „streng lutherisch“,[160] weshalb er auch von dem konservativ-positiven Alttestamentler Klostermann in Kiel befürwortet worden war. Da sich die Mehrheit der Fakultät einzig auf Mühlau hatte einigen können und Harnacks Denkschrift ebenfalls für ihn votierte, trat Althoff in Berufungsverhandlungen mit dem Dorpater Ordinarius ein und ließ ihn zum April 1895 nach Kiel berufen.[161] Mühlaus baltisches Luthertum passte, wie schon zuvor von Schuberts lutherische Theologie, in das Profil der Kieler Fakultät, die durch die Schleswig-Holsteinische Landeskirche evangelisch-lutherisch geprägt war.

Doch Harnacks positive Begutachtung des Dorpater Neutestamentlers stieß im Kreis der *Freunde der Christlichen Welt* auf Kritik, die Martin Rade ihm ausrichtete und gegen die sich der Berliner Kirchenhistoriker entschieden verwahrte.[162] Die Theologen im Umkreis der *Christlichen Welt* kritisierten Harnacks Unterstützung der Mühlauschen Berufung wahrscheinlich deswegen, weil sie ihn für einen Vertreter des konfessionellen Dorpater Luthertums hielten, dessen Ernennung in Kiel sie nicht befürworteten. Wer außer Rade daran Anstoß genommen hatte, lässt sich nicht nachvollziehen. Harnack legte Rade zu seiner Verteidigung – durchaus echauffiert von der freundschaftlichen Kritik – die Vorgänge um Mühlaus Berufung dar, wie sie sich ihm aus seiner Perspektive darstellten.[163] Ohne dass er um die Kieler Berufungsangelegenheit gewusst habe, habe Althoff ihn zu einer Beurteilung Mühlaus aufgefordert, weil er diesen persönlich aus Dorpat kenne. Er habe nur ein Gutachten über Mühlau erstellt, während er sich zu den anderen Kandidaten nicht habe äußern sollen. Er habe zudem erst im Nachhinein erfahren, dass Mühlau aufgrund seines Votums gewählt worden sei. Gegen den Vorwurf Rades, er habe Mühlau beurteilt, ohne sich mit Schürer, dem scheidenden Lehrstuhlinhaber, abzustimmen, entgegnete Harnack, dass Althoff jenem sein Gutachten zur Lektüre vorgelegt habe. Außerdem seien Mühlau und Schürer miteinander befreundet. An dieser Kritik der modernprotestantischen *Freunde* wird deutlich, dass Harnacks Gutachtertätigkeit für Althoff durchaus bekannt, zugleich aber auch nicht unumstritten war. Offenbar erhofften sich die *Freunde* nach dem Apostolikumsstreit von 1892/93 eine Favorisierung der modernen Theologie bzw. eine Fürsprache im Kultusministerium, die Harnack anscheinend nicht zur Genüge erfüllte. Schließlich ist

---

160 Ebd.

161 Vgl. Althoff an Mühlau am 05. und 31.12.1894, Mühlaus Zusage vom 10.12.1894 sowie die Bestallungsurkunde vom 31.12.1894 (a.a.O., Sekt. 9., Tit. IV, Nr. 9, Bd. III, Bl. 138^{r}; 139^{r}–140^{r}; 137^{rv}; 143^{r}). Weiß sprach sich gegen Mühlau aus (vgl. die Notiz vom 08.11.o.J.[1894] und Weiß an Althoff am 01.12.1894, a.a.O., Nr. 1009, Bl. 69^{r}; 71^{rv}: 71^{r}).

162 Vgl. Rade an Harnack am 29.03.1895 und Harnack an Rade am 01.04.1895, in: *Jantsch*, Harnack-Rade, Nrn. 162 u. 163.

163 Vgl. ebd., 326, Nr. 163.

es, wie schon bei der Empfehlung Bonwetschs 1890, wahrscheinlich, dass Harnack Mühlau den Wechsel aus dem zunehmend unter russischem Einfluss stehenden Baltikum ins Deutsche Reich ermöglichen wollte.[164] Denn obwohl Harnack gegenüber Rade beteuerte, dass er nicht mit Mühlau befreundet sei, hatte er das Verhältnis zu seinem ehemaligen Lehrer seit den 1870er Jahren kontinuierlich durch Besuche in Dorpat und Berlin wie auch durch Briefe gepflegt.[165]

2.8 Das Ordinariat für Neues Testament in Marburg 1895

Einen weiteren neutestamentlichen Lehrstuhl galt es 1895 in Marburg zu besetzen, nachdem der 1892 gegen den Widerstand der Fakultät nach Marburg berufene Ernst Kühl nach Königsberg gewechselt war. Ohne die Fakultät zu Vorschlägen aufzufordern, bestallte man Johannes Weiß im März 1895 als Nachfolger Kühls.[166] Dieses Vorgehen evozierte erneut den Protest der Marburger Theologieprofessoren, unter denen sich wie zuvor der Systematiker Wilhelm Herrmann als Wortführer hervortat.[167] Harnack hatte daher – den fakultären Widerspruch antizipierend – vor der definitiven Berufung von Johannes Weiß Althoff einen Brief Herrmanns weitergeleitet, in dem dieser ein Problem ansprach, das er gegenüber Althoff vermieden hatte.[168] Obwohl in der nicht abgesprochenen Weiterleitung eigentlich ein Vertrauensbruch gegenüber Herrmann bestand, den Harnack durchaus wahrnahm, wenn er festhielt, dass der Brief „gewiß nur für [...] [ihn, d.h. Harnack, C.K.] bestimmt gewesen" sei, sollte man doch die Frage aufwerfen, ob Herrmann nicht auch intendiert hatte, dass Harnack Althoff die von ihm angesprochene Schwierigkeit vortrage, da er wusste, dass der Berliner Kirchenhistoriker und der Universitätsreferent im Austausch über die Marburger Berufungsangelegenheit standen. Obwohl Harnack selbst Herrmanns Auffassung nicht teilte, meinte er, Althoff über dessen

164 Zu Harnacks Unterstützung baltischer Professoren s.u. in diesem Teil, Abschnitt 3, S. 124.

165 Vgl. Nr. 99, *Briefwechsel* und Harnack an Nikolaus Müller am 28.06.1890 (in: Sammlung Darmstädter 2d 1886, Adolf von Harnack an Nikolaus Müller, Bl. 261^{r}).

166 Vgl. Bosse an Kühl am 12.03.1895, der ihn über seine Versetzung nach Königsberg informierte; die Bestallungsurkunde für Johannes Weiß vom 15.03.1895 (in: GStA PK, I. HA, Rep. 76 Va, Sekt. 12, Tit. IV, Nr. 5, Bd. III, Bl. 145^{r}–146^{r}; 150^{r}); s. auch *Weiß*, Aus neunzig Lebensjahren, 218. In den Akten finden sich keine Fakultätsvorschläge oder weitere Unterlagen zu einem Berufungsverfahren. Jülichers Bericht bestätigt, dass die Fakultät nicht zu Vorschlägen aufgefordert worden war (vgl. *Jülicher*, Entmündigung, 5).

167 Vgl. Herrmann an Althoff am 11. und 16.03.1895 (ebd., Bl. 180^{r}–181^{v}; 182^{r}–183^{v}), der sich bereits im Januar 1895 mit Althoff ausgesprochen hatte (vgl. Nr. 102, *Briefwechsel*; s. dazu die Anmerkung von Weiß für Althoff am 03.04.o.J.[1895] [in: GStA PK, VI. HA, NL Althoff, Nr. 1009, Bl. 77^{r}]).

168 Vgl. Nr. 102, *Briefwechsel*.

Meinung informieren zu müssen, wobei er durch die „gezielte Indiskretion“[169] seine eigene Bedeutung hervorhob. Nach Herrmanns Meinung beging das Kultusministerium mit der Berufung von Johannes Weiß insofern einen strategischen Fehler, als sie die kirchlich konservativen hessischen Kreise, zu denen auch die sog. „Vilmarianer“ gehörten,[170] nun vor den Kopf stoßen werde, die sie 1892 durch die Berufung Kühls als konservatives Pendant zu Jülicher zu beruhigen gesucht hatte – ein 1892 nicht formulierter Aspekt der Berufung Kühls. Die Berufung erwecke nämlich bei den hessischen Konservativen den Eindruck, dass das Ministerium entweder seine vorherige Haltung, die „kirchlichen Interessen“ zu unterstützen, „nicht Ernst“ genommen oder der Einfluss der modernen Seite sich in der Zwischenzeit durchgesetzt habe.[171]

Harnack stimmte dieser kirchenpolitischen Einschätzung Herrmanns ebenso wenig zu wie den Bedenken, die einige Marburger Fakultätsmitglieder inklusive Herrmann gegen die Berufung von Weiß hegten.[172] Nachdem bereits 1892 gegen Weiß’ wissenschaftliche Methode und Position, die seit seiner Schrift über *Die Predigt vom Reiche Gottes* der religionsgeschichtlichen Schule zuzuordnen war, Widerspruch erhoben worden war, zogen die Marburger Theologen nun wiederum seine akademische Qualifikation aufgrund der 1895 erschienenen Schrift *Die Nachfolge Christi und die Predigt der Gegenwart* in Zweifel und wollten seine Berufung verhindern.[173]

Nachdem Althoff weitere Meinungen, auch von dem positiven Theologen Schlatter, zu Weiß’ Schrift eingeholt hatte,[174] wechselte letzterer trotz der Einwän-

---

169 *Rebenich*, Wissenschaftspolitik in Briefen, 72.

170 Die „Vilmarianer“ waren eine kirchliche Gruppierung in der evangelischen Kirche Kurhessens, die sich den Ansichten des Marburger Theologen August Vilmar angeschlossen hatten. Dieser hatte sich für eine streng lutherische Kirche eingesetzt, die vom Bischof und den Pfarrern geleitet werden solle und gleichzeitig den Einfluss der Laien in der Kirchenleitung zurückdrängen müsse (vgl. *Sälter*, Die Vilmarianer, *Wesseling*, Vilmar und das Biogramm, S. 570; s. dazu auch Nr. 45, *Briefwechsel*).

171 Nr. 102, *Briefwechsel*.

172 Vgl. Nr. 104, *Briefwechsel*. Harnack wusste um die Einwände der Marburger, weil Althoff ihm die Briefe Herrmanns vom 11. und 16.03.1895 weitergeleitet hatte (vgl. die Abschriften der Briefe und Althoffs Notiz, in: GStA PK, VI. HA, NL Althoff, Nr. 174, Bl. 13^{r}–14^{v}; 15^{r}–17^{v}: 15^{r}). Vgl. auch Herrmann an Harnack am 13., 15. und 18.03.1895 (in: SBB PK, NL Harnack, K 33, Mp. Herrmann, Bl. 21^{r}–22^{v}; 23^{rv}; 24^{rv}).

173 Vgl. Herrmann an Althoff am 16.01., 11. und 16.03.1895 (in: GStA PK, VI. HA, NL Althoff, Nr. 764, Bl. 36^{rv}; a.a.O., Sekt. 12, Tit. IV, Nr. 5, Bd. III, Bl. 180^{r}–181^{v}; 182^{r}–183^{v}); *Weiß*, Nachfolge Christi; s. auch Herrmanns Briefe an Harnack aus Anm. 172. Zur Debatte von 1892 s.o. in diesem Teil, Abschnitt 2.4, S. 96 und Nr. 72.2, *Briefwechsel*.

174 Vgl. das Gutachten Schlatters für Althoff über die Schrift von Weiß vom 09.02.1895 (in: GStA PK, VI. HA, NL Althoff, Nr. 923, Bl. 9^{r}–10^{r}) sowie Nr. 104, *Briefwechsel*.

de der Kollegen nach Marburg. Die Berufung von Johannes Weiß auf ein Ordinariat war auch als Erfolg seines Vaters Bernhard Weiß zu verbuchen, der diese bei Althoff seit 1892 sukzessive vorbereitet hatte.[175] In ähnlicher Weise hatte Hermann Cremer bei Althoff den Weg für seinen Sohn Ernst Cremer geebnet.[176] Denn noch im selben Jahr wurde der 1892 in Greifswald zum Lizentiaten der Theologie promovierte hessische Pfarrer Cremer junior als positiv-theologischer „Widerpart zu Johannes Weiß“[177] zum Extraordinarius für Systematische Theologie in Marburg ernannt, ohne sich vorher habilitiert zu haben.[178] Damit sollte die kirchenpolitische Parität gewahrt werden, die Mitte der 1890er Jahre die kultusministeriale Besetzungspolitik bestimmte.[179] Auch diese Ernennung eines direkt aus dem Pfarrdienst kommenden Lizentiaten ohne Habilitation zum Extraordinarius erweckte erwartungsgemäß den Widerstand der Marburger Fakultät.

2.9 Ordinariate für Systematische Theologie in Göttingen und Halle 1895–97

1895 galt es außerdem in Göttingen die Nachfolge des konservativen Systematikers Theodor Häring zu regeln, weil der gebürtige Schwabe nach Tübingen gewechselt war.[180] Die Fakultät schlug, wie schon die Bonner 1893/94,[181] die beiden Ritschlianer Max Reischle und Ferdinand Kattenbusch vor, woraufhin Althoff mit ersterem in Berufungsverhandlungen eintrat, obwohl er in Gießen Praktische Theologie gelehrt hatte.[182]

---

175 Vgl. Weiß an Althoff am 16.08.1892, 08.04., 18.07., 02.11., 01.12.1894, 03.02., 27.03.1895 und 03.04.o.J.[1895] (in: GStA PK, VI. HA, NL Althoff, Nr. 108, Bl. 75^{r}–76^{r}; Nr. 1009, Bl. 63^{rv}; 66^{rv}; 68^{rv}; 71^{rv}; 73^{rv}; 75^{r}–76^{r}; 77).

176 Vgl. Cremer an Althoff am 03.03., 18.12.1892, 27.03.1894, 08.02., 04.04., 20.04., 15.05.1895 (in: *Stupperich*, Hermann Cremer, 230f., 237; a.a.O., Nr. 108, Bl. 224^{r}–225^{v}; *Stupperich*, Hermann Cremer, 271–273, 275, 276, 280) und Althoff an Cremer am 24.12.1892, 18.03., 08.04.1894, 07.02., 08.04., 11.06.1895 (in: *Stupperich*, Hermann Cremer, 240, 257f., 271, 275, 280). Zu Ernst Cremer s. das Biogramm, S. 487.

177 *Garbe*, Entstehung, 169.

178 Vgl. die Akten zur Ernennung E. Cremers a.a.O., Sekt. 12, Tit. IV, Nr. 5, Bd. III, Bl. 156^{r}–163^{v}; 177^{r}–179^{r}, und *Jülicher*, Entmündigung, 5.

179 S. dazu in diesem Teil, Abschnitt I, S. 64.

180 Vgl. die Abschiedsbewilligung für Häring vom 06.02.1895 (in: GStA PK, I. HA, Rep. 76 Va, Sekt. 6, Tit. IV, Nr. 5, Bd. III, Bl. 15^{r}).

181 S.o. in diesem Teil, Abschnitt 2.5, S. 100.

182 Vgl. die Fakultätsvorschläge vom 13.02.1895, Althoff an Reischle am 05. und 09.03.1895, Reischle an Althoff am 13. und 19.03.1895 und die Bestallungsurkunde vom 20.03.1895 (ebd., Bl. 25^{r}–26^{v}; 31^{r} [Abschrift]; 50^{r} [Abschrift]; 51^{r}–52^{v}; 45^{r}–46^{r}; 47^{r}).

Harnack, der diese Berufung für Althoff beurteilen sollte, votierte, wie schon 1893,[183] für Kattenbusch anstatt für Reischle, da dieser von Hause aus Systematiker sei, während Reischle in Gießen bislang Praktische Theologie gelesen habe.[184] Es „wäre für ihn [d.h. Kattenbusch, C.K.] ein harter Schlag", so Harnack, wenn Reischle bei der Besetzung einer systematisch-theologischen Professur bevorzugt würde.[185] Zudem besitze Kattenbusch Verbindungen zur Göttinger Fakultät, weil er sich dort habilitiert habe. Es wurde schließlich – erneut entgegen Harnacks Rat – Max Reischle nach Göttingen berufen, was der Berliner Kirchenhistoriker im Nachhinein doch noch gut hieß.[186]

Doch Max Reischle blieb nicht lange in Göttingen, sondern folgte Ende des Jahres 1896 einem Ruf nach Halle als Nachfolger des lutherischen Systematikers Julius Köstlin, für dessen Lehrstuhl Wilhelm Herrmann an erster Stelle der zwei Fakultätslisten gestanden hatte, der einen Wechsel aus Marburg aber abgelehnt hatte.[187] Althoff informierte Harnack und Cremer in diesem Fall nur über das Berufungsverfahren, ohne sie als Berater hinzuziehen.[188]

Allerdings war Harnack insofern in das Hallenser Berufungsverfahren involviert, als er seinen Schüler Friedrich Loofs und damit die Hallenser Fakultät bei ihren Vorschlägen beriet, indem er sie über die Stimmung im Ministerium informierte und ihnen den schließlich berufenen Max Reischle nannte.[189]

Nach Reischles Wechsel nach Halle besetzte das Ministerium den Lehrstuhl nicht erneut mit einem Ordinarius, sondern ernannte stattdessen 1897 Paul Althaus den Älteren, der zu diesem Zeitpunkt Pfarrer in Brüggen (Leine) war, zum Extraordinarius in Göttingen, nachdem sich die Fakultät nicht auf eine Liste hatte einigen

183 Vgl. Nr. 92, *Briefwechsel*.

184 Vgl. Nr. 103, *Briefwechsel*.

185 Ebd.

186 Vgl. die Bestallungsanweisung vom 19.03., die Bestallungsurkunde vom 20.03.1895 (a.a.O., Sekt. 6, Tit. IV, Nr. 5, Bd. III, Bl. 39^r–41^v; 47^r) und Nr. 104, *Briefwechsel*.

187 Vgl. die Fakultätsvorschläge vom 17.02.1896 sowie vom 07.03.1896 (in: GStA PK, I. HA, Rep. 76 Va, Sekt. 8, Tit. IV, Nr. 31, Bd. V, Bl. 302^r–307^r; 350^r–353^v); alle zugehörigen Akten finden sich ebd., Bl. 297^r–383^r und ebd., Bd. VI, Bl. 5^r–8^v; 14^r–17^r; 27^r–37^r. Vgl. auch die Briefe von Loofs und Althoff zwischen dem 09.08. und 11.12.1896 (a.a.O., NL Althoff, Nr. 842, Bl. 37^r–47^r) sowie derjenige Schürers an Althoff vom 06.06.1896 (ebd., Nr. 944, Bl. 56^r–58^v); s. auch Herrmanns Absage bei Althoff vom 09.06.1895 (a.a.O., Sekt. 12, Tit. IV, Nr. 5, Bd. III, Bl. 231^r–232^r).

188 Vgl. Nr. 121, *Briefwechsel* und Althoff an Cremer am 28.05.1896 (in: *Stupperich*, Hermann Cremer, 288).

189 Vgl. Harnack an Loofs am 02.03. und 17.06.1896, in: ULB Halle, NL Loofs, Yi 19 IX 1520 und ebd., Yi 19 IX 1523. Zur Korrespondenz zwischen Harnack und Loofs s.o. Anm. 14.

können.[190] Althaus war erst ein Jahr zuvor auf Anraten von Althoff und Weiß bei Cremer in Greifswald zum Lizentiaten der Theologie promoviert worden.[191] Ein Teil der Göttinger Fakultät hatte den zuvor schon erwogenen Ferdinand Kattenbusch, den Hannoveraner Konsistorialrat und Ritschlianer Philipp Meyer, dem die Fakultät 1897 den Dr. theol. h.c. verlieh,[192] und den Baseler Dozenten Paul Mezger, eine Minorität den Tübinger Praktischen Theologen Ritschlscher Prägung Johannes Gottschick und den bereits mehrfach genannten Magdeburger Inspektor Wilhelm Bornemann und wiederum eine andere Minderheit den Erlanger modern-positiven Dogmatiker Reinhold Seeberg für die vakante Professur vorgeschlagen.[193] Paul Althaus war von dem konservativen Neutestamentler Wiesinger in einem Separatvotum als Extraordinarius genannt worden, gegen das sich die Majorität der Fakultät entschieden wehrte.[194] Althaus wurde gegen den expliziten Wunsch der Fakultätsmehrheit 1897 zum Extraordinarius und 1899 zum Ordinarius ernannt, weil man im Ministerium glaubte, den systematisch-theologischen Lehrstuhl in Göttingen mit einem positiven und zugleich evangelisch-lutherischen Theologen besetzen zu müssen, obwohl seit 1895 auch der Cremer-Schüler Erich Schäder dort als Extraordinarius lehrte.[195] Der Wunsch nach einem konservativen Systematiker stand zugleich vor einer in Göttingen seit den 1840er Jahren geführten Debatte um die konfessionelle Ausrichtung der Fakultät. In dieser hatten lutherische mit reformierten Theologen konkurriert, von denen letztere einen Lehrstuhl für reformierte Theologie forderten, was erstere mit Verweis auf das evangelisch-lutherische Bekenntnis der Landeskirche Hannovers zu verhindern suchten. Althaus' Berufung bedeutete in-

---

190 Vgl. die Akten in: GStA PK, I. HA, Rep. 76 Va, Sekt. 6, Tit. IV, Nr. 5, Bd. III, Bl. 114^{r}–177^{r} und die Bestallungsanweisung zum Extraordinarius vom 30.06.1897 (ebd., Bl. 175^{r}–177^{r}). Zur Berufung von Althaus s. *Althaus*, Aus dem Leben, 23–25.

191 Vgl. *Althaus*, Aus dem Leben, 22f., Weiß an Althoff am 19.04.1895 (in: GStA PK, VI. HA, NL Althoff, Nr. 1009, Bl. 78^{r}–79^{r}: 78^{r}), Althaus an Althoff im Februar 1896 (a.a.O., Nr. 658, Bl. 26^{rv}) und Cremer an Althoff am 20.04., 21.05., 05.12.1895 (in: *Stupperich*, Hermann Cremer, 276, 278f., 284). Althoff hatte Weiß 1895 außerdem gebeten, Althaus in seiner Gemeinde in Brüggen zu besuchen (vgl. Weiß an Althoff am 27.03.1895, a.a.O., Nr. 1009, Bl. 75^{r}–76^{r}: 75^{v}, 76^{r}).

192 S. das Biogramm, S. 533.

193 Vgl. die Fakultätsvorschläge vom 16.02.1897 (a.a.O., Sekt. 6, Tit. IV, Nr. 5, Bd. III, Bl. 114^{r}–115^{r}). Schürer wandte sich mit entschiedenem Widerspruch an Althoff, nachdem er erfahren hatte, das Althaus ernannt werden sollte (vgl. Schürer an Althoff am 24.06.1897, a.a.O., NL Althoff, Nr. 944, Bl. 59^{r}–62^{r}). Dabei betonte er nochmals die Eignung Gottschicks und Bornemanns, während er Althaus' „wissenschaftliche' Methode [...] einer längst vergangenen Zeit" zuwies (ebd., Bl. 59^{r}, 60^{r}).

194 Vgl. das Separatvotum Wiesingers vom 04.02. und das Majoritätsvotum vom 16.02.1897 (ebd., Bl. 118^{rv}; 116^{r}–117^{v}).

195 Vgl. *Althaus*, Aus dem Leben, 23, die Bestallungsanweisung und -urkunde zum Ordinarius vom 10. und 13.03.1899 (a.a.O., Sekt. 6, Tit. IV, Nr. 5, Bd. III, Bl. 208^{r}–209^{v}; 215^{r}). Zu Schäders Göttinger Zeit s. *Rieger*, Heiliger Geist, 29–35.

sofern einen Sieg für die konfessionell lutherischen Theologen.[196] Schließlich zeigt sich an der Ernennung von Althaus erneut die erwähnte kultusministeriale Besetzungpolitik, die die 1890er Jahre dominierte und eine paritätische Besetzung der Lehrstühle zum Ziel hatte.[197]

Althoff hatte Harnack in das Althaussche Berufungsverfahren wie schon in dasjenige Halle 1896 nicht einbezogen, sandte ihm aber im Nachhinein Aktenstücke darüber, die der Kirchenhistoriker beurteilen sollte. Harnack gewann „trotz einiger Züge von Selbstbespiegelung" einen positiven Eindruck von Althaus.[198] An Harnacks Stelle hatte Althoff bei dieser Professorenbesetzung Hermann Cremer involviert, der zu den Göttinger Vorschlägen anmerkte, dass sie seine Lizentiaten, Althaus und Schäder, bewusst übergangen hätten.[199] Letztendlich trugen Cremers kritische Äußerungen zu den vorgeschlagenen Theologen und seine Hervorhebung der positiven Kandidaten maßgeblich dazu bei, dass Althaus ernannt wurde.

2.10 Das Ordinariat für Systematische Theologie in Berlin 1898

1897/98 entschloss sich Adolf Schlatter nach Tübingen zu wechseln, nachdem er bereits 1895/96 einen Ruf nach Basel abgelehnt hatte.[200] Nachdem Althoff noch versucht hatte, Schlatter in Berlin zu halten,[201] schlug der scheidende Professor den Leipziger konfessionell-lutherischen Kirchenhistoriker Albert Hauck als seinen Nachfolger für die Professur vor, die 1892 als „Strafprofessur" für Harnack eingerichtet worden war.[202] Die Fakultät hingegen fasste neben den positiven Ordinarien Martin Kähler aus Halle/Saale und Hermann Cremer aus Greifswald auch jüngere

---

196 Vgl. *Meyer*, Geschichte der Göttinger theol. Fakultät, 82 und *Anderson*, Challenge and Change, 46.

197 S.o. dazu in diesem Teil, Abschnitt I, S. 64.

198 Nr. 124, *Briefwechsel*.

199 Vgl. Cremer an Althoff am 20.03.1897 (a.a.O., Sekt. 6, Tit. IV, Nr. 5, Bd. III, Bl. 138^{r}–140^{r}, bes. 138^{v}). S. außerdem Cremers Briefe vom 25. und 27.03.1897 zu Philipp Meyer (ebd., Bl. 141^{r}; 142^{rv}).

200 Vgl. den Brief Harnacks an Weiß, den dieser am 09.01.1896 an Althoff weiterleitete (Nr. 118, *Briefwechsel*); Schlatter an Althoff am 01. und 04.11.1897 (in: GStA PK, VI., HA, NL Althoff, Nr. 923, Bl. 15^{rv}; 16^{rv}); die Akten zur Nachfolge Schlatters finden sich in: GStA PK, I. HA, Rep. 76 Va, Sekt. 2, Tit. IV, Nr. 44, Bd. V, Bl. 94^{r}–103^{r}; 105^{r}–106^{r}; 109^{r}–110^{r}; 112^{r}–117^{v}; 119^{r}–125^{r}; 127^{r}–151^{r}. Seinem Freund und Kollegen Hermann Cremer erläuterte Schlatter seine Beweggründe für den Wechsel von Berlin nach Tübingen (vgl. *Stupperich*, Wort und Wahrnehmung, 37–41).

201 Vgl. Schlatter an Cremer am 04.11.1897 (ebd., 40). Zu Althoffs Verhalten in Bleibeverhandlungen s. *Spenkuch*, Preußische Universitätspolitik, 48.

202 Vgl. *Stupperich*, Wort und Wahrnehmung, 38f. Zur „Strafprofessur" 1892 s.u. Teil II, Abschnitt 1.2, S. 171.

positive Theologen wie den bereits mehrfach erwogenen Göttinger Extraordinarius Erich Schäder und den Leiter des Bremer Diakonissenhauses Gustav Ecke ins Auge, der sich durch seine Studie über Ritschl und die Ritschl-Schule hervorgetan hatte.[203] Den Erlanger Theologen Reinhold Seeberg und den Heidelberger Ordinarius Ludwig Lemme schlossen die Berliner hingegen explizit als Kandidaten aus. Das Kultusministerium fragte letztlich Hermann Cremer an, der den Ruf jedoch ablehnte. Nach der Absage entschieden sich Althoff und Elster, mit Seeberg zu verhandeln, nachdem Elster die jüngeren Kandidaten von Cremer hatte begutachten lassen.[204]

Seeberg reiste im Februar 1898 zu einem Vorgespräch nach Berlin, in dem sich die Ministerialbeamten mit dem Erlanger Ordinarius einigen konnten.[205] Wenig später sickerten Informationen über die Einigung durch, die die Presse aufgriff und die Cremer wie Harnack veranlassten, sich an die Ministerialbeamten zu wenden, um ihr Missfallen über die Wahl Seebergs zu äußern.[206] Auch wenn Cremer nicht erklärte, warum er Seebergs Berufung nach Berlin ablehnte, betonte er nochmals, dass er sie „für heilbringend nicht ansehen" könne. Er hätte Althoffs Angebot, die Berliner Professur zu übernehmen, auch nicht abgelehnt, wenn gewusst hätte, dass man Seeberg an seiner Statt berufen würde.[207] Doch nicht nur die positiven Theologen und die Vertreter der Ritschl-Schule lehnten die Berufung Seebergs ab, sondern auch der Evangelische Oberkirchenrat äußerte Bedenken gegen den Erlanger Systematiker, als er standardmäßig nach der Bekenntniskonformität gefragt wurde.[208] Zum einen wurde zu bedenken gegeben, dass sich Seebergs konfessionelles Luthertum mit der Lehre einer unierten Kirche vereinbaren lassen müsse, zum anderen wurden Zweifel wegen seines christlich-sozialen Engagements laut, das er 1896 –

---

203 Vgl. die Fakultätsvorschläge vom 18.12.1897 (a.a.O., Sekt. 2, Tit. IV, Nr. 44, Bd. V, Bl. 114^{r}–117^{v}). Es war außerdem erwogen worden, die Professur in eine solche für Praktische Theologie umzuwidmen. Um die Vorschläge war innerhalb der Fakultät intensiv gestritten worden, wie die Akten des Universitätsarchivs nachweisen (HUB UA, Theol. Fakultät, Nr. 167, Bl. 206^{r}–219^{r}). Vgl. *Ecke*, Die theologische Schule Ritschls sowie dazu *Harnack*, Ritschl und seine Schule, 1897 (s.o. dazu Einleitung, Abschnitt 3.2, S. 44).

204 Vgl. die Briefe Cremers und Elsters von Januar 1898, in: *Stupperich*, Hermann Cremer, 292–298.

205 Vgl. das Telegramm Seebergs vom 19.02.1898 (a.a.O., Bd. V, Bl. 131^{r}). Zur Berufung Seebergs 1898 nach Berlin s. *Basse*, Konzeptionen, 44–49 und *Dietzel*, Seeberg als Ethiker, 70–72.

206 Vgl. den abgeschriebenen Briefausschnitt Cremers an Althoff vom 23.02.1898 (a.a.O., Bd. V, Bl. 135^{rv}) und Harnack an Althoff am 25.02.1898 (Nr. 126, *Briefwechsel*); s. dazu *Basse*, Konzeptionen, 45f. Von Julius Kaftan hatte Harnack Mitte Januar 1898 bereits einen Hinweis erhalten, dass Seeberg wahrscheinlich nach Berlin wechseln werde (vgl. Kaftan an Harnack o.D.[14.01.1898, Poststempel], in: SBB PK, NL Harnack, K 34, Bl. 24^{rv}: 24^{v}).

207 Cremer an Althoff am 23.02.1898 (a.a.O., Bd. V, Bl. 135^{v}.

208 Vgl. Kultusministerium an EOK am 01.03.1898 und EOK an Kultusministerium am 31.03.1898, (a.a.O., Bd. V, Bl. 112^{r}; 119^{r}–120^{v}).

d.h. kurz nachdem Wilhelm II. und der EOK ihre Förderung der Beschäftigung mit der Sozialen Frage 1895 zurückgezogen hatten[209] – konzeptionell in seinem Aufsatz über *Die Kirche und die soziale Frage* zusammengefasst hatte.[210] Doch das Kultusministerium konnte die Befürchtungen des kirchlichen Gremiums durch eine Denkschrift Elsters zu Seebergs Aufsatz ausräumen, sodass der Erlanger Dogmatiker im Mai 1898 nach Berlin berufen wurde.[211]

Adolf Harnacks Kommentar zur geplanten Berufung Seebergs vom Februar 1898 verdeutlicht,[212] dass Althoff und Elster in diesem Fall weder die Berliner Theologische Fakultät noch Harnack erneut konsultierten, nachdem jene ihre Vorschläge im Dezember 1897 eingereicht hatte, sondern vielmehr das Besetzungverfahren eigenständig im Kultusministerium betrieben. Der Kirchenhistoriker versuchte mit seiner Äußerung möglicherweise, ähnlich wie Cremer, Seebergs Berufung noch zu verhindern, war damit aber nicht erfolgreich. Für ihn bedeutete das Kommen Seebergs insofern eine Herausforderung, als dieser ein ebenbürtiger Antipode modern-positiver Couleur war. Eine vertrauensvolle Zusammenarbeit entwickelte sich zwischen Seeberg und Harnack nie, zumal sie abgesehen von dem gemeinsamen Forschungsgebiet der Dogmengeschichte auch im Bereich des sozialpolitisch aktiven Verbandsprotestantismus im Evangelisch-Sozialen Kongress und der Kirchlich-Sozialen Konferenz sowie um den Einfluss auf das Ministerium in Berufungsverfahren und wissenschaftsorganisatorischen Projekten, wie beispielsweise dem deutsch-amerikanischen Professorenaustausch konkurrierten.[213] Allein in der Mädchenschulreform vertraten sie ähnliche Positionen, wenn Seeberg auch konservativere Vorstellungen vom Religionsunterricht hatte.[214]

---

209 Vgl. ausführlich dazu *Pollmann*, Landesherrliches Kirchenregiment und soziale Frage, 189–251.

210 Vgl. EOK an Kultusministerium am 31.03.1898 (a.a.O., Bd. V, Bl. 119^{r}–120^{v}) und *Seeberg*, Kirche und soziale Frage; s. dazu *Basse*, Konzeptionen, 47 und *Dietzel*, Seeberg als Ethiker, 59–69.

211 Vgl. Kultusministerium an EOK am 09.05.1898 mit der Denkschrift Elsters vom 04.05., EOK an Kultusministerium am 18.05.1898 sowie die Bestallungsurkunde vom 28.05.1898 (a.a.O., Bd. V, Bl. 124^{rv}; 122^{r}–123^{v}; 143^{r}; 144^{r}).

212 Vgl. Nr. 126, *Briefwechsel*.

213 Zur Parallelität der Biografien und zum Verhältnis zwischen Harnack und Seeberg vgl. *Deissmann*, Reinhold Seeberg, 17–19, 21f., *Basse*, Konzeptionen, *Kaufmann*, Harnacks und Seebergs, 190–194, *Graf*, Kulturlutheraner, 241 und *Kampmann*, Harnack zur „Frauenfrage“, 437–440. Zur Einflussnahme Seebergs auf das Kultusministerium s.u. in diesem Teil, Abschnitt 4.7, S. 145.

214 S.u. Teil III, Abschnitt 2.3, S. 324.

2.11 Einzelgutachten zu evangelischen und katholischen Theologen

Außer den für bestimmte Berufungsverfahren verfassten Gutachten äußerte sich Harnack in den Jahren 1893 bis 1899 auch beratend zu einzelnen Werken oder Kandidaten aus der evangelischen wie der katholischen Theologie. Die Beurteilungen Friedrich Bosses, William Wredes und Otto Ritschls schrieb Harnack auf Anfrage Althoffs, um deren akademische Karriere zu fördern.[215] Von den Werken des Brandenburger Pfarrers Alexis Schwarze, des Bonner Stiftsinspektors Arnold Meyer und des Königsberger Extraordinarius Heinrich Gisbert Voigt, von denen Althoff teilweise Zuschriften erhalten hatte,[216] entwarf er Kurzrezensionen, deren weitere Verwendung unklar bleibt und auf die daher nicht näher eingegangen wird.[217] Außer der Reihe entstanden seine Gutachten über den Bonner altkatholischen Theologen Joseph Langen und die katholischen Theologen Wilhelm Schneider aus Paderborn sowie über den westfälischen Pfarrer Wilhelm Hohoff, deren Zusammenhang später noch kurz erläutert werden soll, da sich Althoff normalerweise von katholischen Theologen zu ihren Fachgenossen beraten ließ.[218]

1893 forderte Althoff Harnack auf, Friedrich Bosse, der der Sohn des Kultusministers Robert Bosse und seit dem Wintersemester 1892/93 kommissarischer Extraordinarius in Königsberg war, wissenschaftlich zu protegieren, obwohl jener, wie auch Erich Schäder, ein Schüler Hermann Cremers war.[219] Bosse müsse, so Althoff, weitere Monographien verfassen, um als Privatdozent für ein etatsmäßiges Extra-

---

215 Vgl. Althoff an Harnack am 15.03.1893 (Nr. 86, *Briefwechsel*) und Harnack an Althoff am 14.11.1895 zu Bosse (Nr. 114, *Briefwechsel*); Harnacks Denkschrift vom 17.06.1895 zu Wrede (Nr. 107, *Briefwechsel*) und Harnack an Althoff am 27.12.1895 zu Otto Ritschl (Nr. 117, *Briefwechsel*).

216 S. Nr. 90, *Briefwechsel* mit Anm. 4.

217 Vgl. Althoff an Harnack am 14.10.1893 zu Schwarze (Nr. 90, *Briefwechsel*) und Harnacks Antwort vom 17.10.1893 (Nr. 91, *Briefwechsel*); Harnack an Althoff am 06.03.1896 über Arnold Meyers kürzlich erschienenes Werk (Nr. 120, *Briefwechsel*) und Harnacks Urteil zu Voigts Werk vom 03.04.1898 (Nr. 127, *Briefwechsel*).

218 S.u. in diesem Teil, Abschnitt 2.11, S. 122. Zu katholischen und altkatholischen Theologen äußerte Harnack sich am 20.12.1889 und am 06.03.1892 nach Althoffs Anfrage vom 05.03.1892 (Nrn. 60, 71 und 70, *Briefwechsel*). Vgl. außerdem den Brief Harnacks vom 17.02.1899, mit dem er Althoff eine „katholische Broschüre" Wilhelm Hohoffs zuschickte (Nr. 132, *Briefwechsel*).

219 Vgl. Nr. 86, *Briefwechsel* und *Lessing*, Geschichte Theologie, 117. Zur Theologischen Fakultät in Königsberg s.u. Anm. 32. Althoff hatte 1892 zusammen mit Cremer den Wechsel Bosses nach Königsberg in die Wege geleitet (vgl. Althoff an Cremer am 13. und 17.04.1892 [in: *Stupperich*, Hermann Cremer, 232f.], Cremer an Althoff am 15. und 25.04.1892 und Friedrich Bosse an Althoff am 08.07.1892 [in: GStA PK, VI. HA, NL Althoff, Nr. 108, Bl. 6^r–7^r; 11^{rv}; 36^r–37^r]). Bosse schrieb Harnack zwar im März 1893, aber es erfolgte in anderer Sache (vgl. Bosse an Harnack am 22.03.1893, in: SBB PK, NL Harnack, K 27, Mp. Bosse, Friedrich, Bl. 1^{rv}). Ein persönliches Treffen zwischen Bosse und

ordinariat in Frage zu kommen.[220] Dem Sohn des Kultusminister zu einem solchen zu verhelfen, war Althoffs erklärtes Ziel, zumal die klimatischen Bedingungen in Königsberg Bosse offenbar zusetzte.[221] Bosse hatte mit einer Arbeit über die *Imitatio Christi* begonnen, bei der Althoff sich von Harnack akademische Unterstützung erhoffte.[222] Doch obwohl Harnack und Bosse sich wahrscheinlich im Winter 1893/94 in Berlin trafen,[223] ließ letzterer sich in seinem Projekt zur *Imitatio Christi* von Cremer anstelle von Harnack beraten.[224] Bosse hatte die Arbeit bis zum April 1894 soweit fortgeführt hatte, dass sie in den Druck gehen konnte, obwohl sie noch nicht vollständig abgeschlossen war.[225] Auf dieser Grundlage bat Althoff Cremer darum, sich in der Greifswalder Fakultät um ein Extraordinariat für Bosse zu bemühen, wo letzterer ab dem Beginn des Sommersemesters wieder Vorlesungen halten sollte.[226] Cremer kam dieser Bitte zwar nach, hegte aber Bedenken gegen eine Berufung Bosses, weil seine Monographie noch nicht abgeschlossen sei.[227] Da Bosse gleichzeitig in Kiel für die Nachfolge Otto Ritschls zur Disposition stand, erübrigte sich der Greifswalder Antrag und Bosse wurde 1894 zum Extraordinarius in Kiel ernannt.[228] Erst 1895 veröffentlichte Bosse seine *Prolegomena zu einer Geschichte des*

Harnack war 1892/93 nicht zustande gekommen, nachdem Althoff ihm ein solches angeraten hatte (vgl. Bosse an Althoff am 08.07. und 07.11.1892, a.a.O., Nr. 108, Bl. 36^r–37^r und Nr. 680, Bl. 52^{rv}).

220 Vgl. Nr. 86, *Briefwechsel*.

221 Vgl. Althoff an Cremer am 08.04. und 23.05.1894 und Cremers Antwort vom 28.05.1894 (in: *Stupperich*, Hermann Cremer, 258–262).

222 Vgl. Nr. 86, *Briefwechsel*. Bosse hatte kurz zuvor seinem Vater in einem Brief von seiner Arbeit an dem Werk über die *Imitatio Christi* berichtet, den dieser Althoff weitergeleitet hatte (vgl. Friedrich Bosse an Robert Bosse am 11.02.1893, a.a.O., Nr. 108, Bl. 107^r–108^v, Abschrift). Der Vortragende Rat entschloss sich daraufhin, mit Harnack zu sprechen (vgl. die Notiz auf diesem Brief).

223 Briefe Bosses an Althoff von 1893 sind nicht überliefert. 1893/94 weilte Bosse jedoch zur gesundheitlichen Rehabilitation in Berlin (vgl. Schlatter an Cremer am 08.11.1893, in: *Stupperich*, Hermann Cremer, 377).

224 Vgl. Bosse an Althoff am 06.06.1894 (GStA PK, VI. HA, NL Althoff, Nr. 680, Bl. 55^r–56^r).

225 Vgl. ebd. und Althoff an Cremer am 08.04.1894 (in: *Stupperich*, Hermann Cremer, 258).

226 Vgl. ebd., 258f. und Bosse an Althoff am 28.04.1894 (a.a.O., Nr. 680, Bl. 54^{rv}).

227 Vgl. Cremer an Althoff am 13.04. und 28.05.1894 (a.a.O., Nr. 108, Bl. 228^{rv}; *Stupperich*, Hermann Cremer, 260f.).

228 Vgl. ebd. und Bosse an Althoff am 06.06. inklusive seines Curriculum Vitae und an Schmidt-Ott am 07.06.1894 (a.a.O., Nr. 680, Bl. 55^r–56^r; 65^r–66^r; 57^r–64^v). Zur Berufung Bosses nach Kiel s. die Akten in: GStA PK, I. HA, Rep. 76 Va, Sekt. 9, Tit. IV, Nr. 9, Bd. III, Bl. 78^{rv}; 106^r–109^r; 110^r–111^r; 120^r–121^v. Neben Bosse waren noch die Privatdozenten Karl Thieme (Leipzig), Gunkel (Halle/Saale) und Titius (Berlin) in Erwägung gezogen worden (vgl. die Fakultätsvorschläge [ebd., Bl. 106^r–109^r]; s. auch Schubert an Althoff am 08.06.1894, a.a.O., NL Althoff, Nr. 944, Bl. 6^{rv}).

Begriffes ‚Nachfolge Christi‘, die Harnack für Althoff ebenfalls besprach.[229] Harnack enthielt sich eines ausführlichen Kommentars, da er der Ansicht war, dass man aufgrund der „allgemeine[n] Erörterungen“, die Bosse angestellt habe, ohne „auf das kirchenhistorische Material“ eingegangen zu sein, das Werk nicht beurteilen könne.[230] Auch wenn Harnack bereits gute Gedanken darin angelegt sah, beabsichtigte er das Gesamtwerk erst nach Erscheinen des zweiten Bandes näher zu untersuchen. Es deutet sich in Harnacks Urteil eine gewisse Skepsis an, wenn er Bosses „sehr subjective Methode [...] und die Vermischung historischer und dogmatischer Erwägungen“ kritisierte.[231] Außerdem sei offen, „ob es dem Verfasser gelingen werde, die Art der Unterscheidung [...] von ‚Nachfolge‘ und ‚Nachahmung‘“ durchzuhalten.[232] Weitere Bände der *Geschichte des Begriffes ‚Nachfolge Christi‘* erschienen nicht, wohl auch weil Althoff ihm davon abgeraten und ihm andere Projekte empfohlen hatte.[233] Friedrich Bosse wandte sich wenig später noch einmal an Harnack, der ihm anscheinend eine „Barnabasstudie“ zur Bearbeitung gegeben hatte, aus der aber ebensowenig eine Publikation hervorging.[234] Bosse lehrte anschließend zwischen 1899 und 1903 als Extraordinarius in Greifswald, bevor er – unterbrochen von einem Aufenthalt in einer Klinik für psychische Erkrankungen – ab 1905 in den Bibliotheksdienst wechselte.[235]

Des Weiteren begutachtete Harnack 1895 in einem Brief William Wrede, um dessen Beförderung zum Ordinarius für Neues Testament in Breslau zu unterstützen.[236] Der Neutestamentler, der seit 1892 Extraordinarius an der Schlesischen Friedrich-Wilhelms-Universität war und dort zusammen mit Karl Müller und Gustav Kawerau die historisch-kritische sowie religionsgeschichtlich-vergleichende Forschung etablierte,[237] sollte nach dem von der Fakultät seit 1893 geäußerten

---

229 Vgl. Harnack an Althoff am 14.11.1895 (Nr. 114, *Briefwechsel*) und *Bosse*, Der präexistente Christus. Cremer hatte einen ersten Eindruck von der Arbeit bereits im Juni 1894 erhalten (vgl. Cremer an Althoff am 06.06.1894, in: *Stupperich*, Hermann Cremer, 263).

230 Nr. 114, *Briefwechsel*. Das Wort „kirchenhistorische“ ist im Original von Harnack unterstrichen worden.

231 Ebd.

232 Ebd.

233 Vgl. Bosse an Althoff am 14.05.1896 (a.a.O., Nr. 680, Bl. 78^{r}–81^{v}: 79^{rv}).

234 Ebd., Bl. 79^{v} und Bosse an Harnack am 04.03. und 23.10.1897 (a.a.O., K 27, Mp. Bosse, Bl. 2^{r}–3^{v}; 4^{rv}). Ob der 1897 von Harnack veröffentlichte Artikel in der Realencyklopädie für protestantische Theologie und Kirche über Barnabas mit Bosses Arbeiten in Verbindung stand, muss offen bleiben (vgl. *Harnack*, Barnabas).

235 S. das Biogramm, S. 483.

236 Vgl. Nr. 107, *Briefwechsel*.

237 Vgl. die Akten in: GStA PK, I. HA, Rep. 76 Va, Sekt. 4, Tit. IV, Nr. 32, Bd. V, Bl. 43^{r}–44^{v}; 53^{r}; 70^{r}–72^{v}; s. auch Wredes Briefe ebd., VI. HA, NL Althoff, Nr. 1024, Bl. 114^{r}–117^{v}. Einen kurzen geschichtlichen

Wunsch zum Ordinarius ernannt werden.[238] Wie üblich musste der Evangelische Oberkirchenrat die Unbedenklichkeit von Lehre und Bekenntnis des Kandidaten attestieren. Nachdem das kirchliche Gremium das Kultusministerium zweimal darum gebeten hatte, nähere Auskünfte über Wredes Veröffentlichungen zu erhalten, die es ihm erlauben würden, ein Urteil zu fällen, sah sich Althoff gezwungen, darauf zu reagieren.[239] Daher bat er Harnack um ein Gutachten zu Wrede.[240] Der Berliner Kirchenhistoriker, der Wrede bereits 1892 im Zuge der Besetzung des Marburger Lehrstuhls für Neues Testament beurteilt hatte,[241] wies zuerst auf Wredes Hauptwerk, seine *Untersuchungen zum 1. Clemensbrief* hin, um dann an eine Schrift zu erinnern, die nicht kirchenhistorisch, sondern praktisch-theologischen Inhalts gewesen war.[242] Schließlich fügte Harnack noch eine „Liste" hinzu, die Wredes Rezensionen von neutestamentlich-exegetischen Neuerscheinungen aufführte.[243] Wie ein Brief an Rade verdeutlicht, sah Harnack in der ausführlichen Begutachtung Wredes für die Promotion zum Ordinarius eine zusätzliche Hürde, die der Oberkirchenrat aufgestellt habe, um die Beförderung eines Vertreters der religionsgeschichtlichen Schule zu verhindern.[244] Während bei anderen Extraordinarien kein besonderes Aufheben gemacht wurde, wenn sie nach einer Weile zum Ordi-

Überblick zur Breslauer evangelisch-theologischen Fakultät zwischen 1818 und 1945 bietet *Gerber*, Ev.-theol. Fakultät Breslau; zum Einfluss der Historisch-Kritischen auf Breslau s. außerdem *Arnold*, Ev.-theol. Fakultät Breslau, 197.

238 Vgl. den Fakultätsantrag vom 19.12.1893 (a.a.O., Sekt. 4, Tit. IV, Nr. 32, Bd. V, Bl. 171^{r}–172^{r}), der innerhalb der Universität am Gegenvotum Georg Ludwig Hahns und der Ablehnung des Kurators gescheitert war (vgl. das Gegenvotum vom 19.12.1893 und den Kommentar des Kurators auf dem Fakultätsantrag [ebd., Bl. 173^{rv}; 171^{r}]). S. außerdem den erneuten Antrag der Fakultät vom 29.12.1894 (ebd., Bl. 192^{r}).

239 Vgl. die Schreiben des EOK vom 29.01. und 25.02.1895 (ebd., Bl. 197^{rv}; 198^{r}). Der EOK hatte in der Zeit zwischen den beiden Briefen ein Gutachten von dem schlesischen Generalsuperintendenten Christian David Erdmann zu Wrede eingeholt, der auf dessen Vortrag beim Ferienkurs 1894 über *Die Predigt Jesu vom Reich Gottes* hingewiesen hatte (vgl. das Gutachten Erdmanns vom 02.02.1895 [EZA 7/4336, Bl. 243^{r}–250^{v}] sowie dessen Briefe vom 06. und 07.02.1895 [ebd., Bl. 251^{r}; 254^{r}]; *Wrede*, Predigt Jesu).

240 Auch wenn eine Aufforderung Althoffs nicht überliefert ist, lässt der Brief Harnacks an Althoff vom 17.06.1895 auf diese schließen (Nr. 107, *Briefwechsel*).

241 Vgl. Nr. 73, *Briefwechsel*.

242 Es handelt sich um den Artikel in der Zeitschrift für Praktische Theologie über den *Prediger und sein[en] Zuhörer* (vgl. *Wrede*, Der Prediger und sein Zuhörer). S. außerdem *Wrede*, Untersuchungen.

243 Vgl. Nr. 107, *Briefwechsel*. Die Liste ist weder in den ministerialen Akten noch im Nachlass Althoff noch in den Akten des EOKs (vgl. EZA 7/4336 und 7/4337) überliefert. In letzteren finden sich zwar Unterlagen zum Entscheidungsprozess über Wrede, aber nicht die von Harnack verfasste Liste. Eine Rezension Wredes war 1894 in der Theologischen Literaturzeitung erschienen (vgl. *Wrede*, Rez.: Kabisch).

244 Vgl. Harnack an Rade im April 1895 (in: *Jantsch*, Harnack-Rade, Nr. 164, S. 329f.).

narius befördert werden sollten, wurde Wrede noch einmal gründlichst, über ein halbes Jahr hinweg geprüft, bis ihm das Ordinariat gewährt wurde.

Zeitgleich sandte auch William Wrede auf Nachfrage Althoffs weitere Druckschriften ein.[245] Er kündigte außerdem die Drucklegung einer Rezension an, bei der es sich wahrscheinlich um die unter dem Titel *Kritik von Spittas Werk über die Apostelgeschichte* veröffentlichte Besprechung handelte, die er Althoff am 25. Juni schickte.[246] Die eingehende Sichtung von Wredes Werken sollte dessen „wissenschaftliche Tüchtigkeit u[nd] [dessen] theologischen Standpunkt" prüfen, um dem EOK eine qualifizierte Antwort zukommen zu lassen.[247] Die kirchliche Behörde stimmte Wredes Berufung schließlich Ende Juli 1895 zu, woraufhin der Breslauer Extraordinarius im September 1895 zum Ordinarius befördert werden konnte.[248]

1895 äußerte sich Harnack außerdem zum zweiten Band der Biografie Otto Ritschls über seinen Vater, deren ersten Band er im Zusammenhang der Besetzung des kirchengeschichtlichen Lehrstuhls in Kiel 1891 kurz beurteilt hatte.[249] Seiner Meinung nach war das Lebensbild in hohem Maße gelungen, sowohl was die Wissenschaftlichkeit als auch was die Urteilsfähigkeit betreffe. Es ist wahrscheinlich, dass Harnacks lobender Kommentar bei Althoff und Weiß insofern Wirkung zeigte, als der Kultusminister Ritschl Anfang des Jahres 1896 für eine Beförderung zum Ordinarius in Bonn vorschlug.[250]

Harnack bezog auch zu katholischen und altkatholischen Theologen und deren Werken Stellung, wie sein Urteil über die *Geschichte der römischen Kirche* des Bonner altkatholischen Professors Joseph Langen zeigt.[251] Sein kritisches Votum zu

---

245 Vgl. den Brief Wredes vom 16.06.1895 mit Notizen Althoffs vom 17.06., dem er einen „Aufsatz praktisch-theologischen Inhalts, eine Rezension" aus der ThLZ sowie einen Artikel aus der *Christlichen Welt* beifügte (in: GStA PK, VI. HA, NL Althoff, Nr. 1024, Bl. 118^{r}). Mit dem Artikel aus der ChW ist *Wrede*, Entdeckung gemeint.

246 Vgl. *Wrede*, Rez.: Spitta und Wrede an Althoff am 25.06.1895 mit Anmerkungen Althoffs vom 26.06. und Weiß' vom 02.07. (in: GStA PK, VI. HA, NL Althoff, Nr. 1009, Bl. 84^{r}).

247 Althoff an Weiß am 26.06.1895 auf dem Brief Wredes an Althoff vom 25.05.1895 (a.a.O., Nr. 1009, Bl. 84^{r}). Das Kultusministerium schrieb dem EOK am 10.07.1895 (in: EZA 7/4337, Bl. 6^{r}).

248 Vgl. EOK an Kultusministerium am 30.07.1895, die Bestallungsurkunde vom 09.09.1895 (a.a.O., Sekt. 4, Tit. IV, Nr. 32, Bd. V, Bl. 206^{rv}; 212^{r}). Wrede bedankte sich anschließend bei Althoff für seine Unterstützung (vgl. Wrede an Althoff am 04.10.1895, in: GStA PK, VI. HA, NL Althoff, Nr. 77, Bl. 33^{rv}).

249 Vgl. die Nrn. 117, *Briefwechsel* und 69, *Briefwechsel*.

250 Vgl. den Entwurf von Weiß für Bosse vom 09.01.o.J.[1896] auf dem Lebenslauf von Ritschl vom 08.01.1896 und das Schreiben Bosses an die Bonner Evangelisch-Theologische Fakultät vom 15.01.1896, in dem er vorschlug, Ritschl zum Ordinarius zu ernennen (in: GStA PK, I. HA, Rep. 76 Va, Sekt. 3, Tit. IV, Nr. 36, Bd. VI, Bl. 208^{r}–209^{v}: 208^{r}; 210^{s}). S. auch die Stellungnahme der Fakultät vom 25.01.1896, die festhält, dass sie sich zwar keine Fortschritte von Ritschls Lehre erhoffe, ihm aber aus kollegialen Gründen, das Ordinariat gönne (ebd., Bl. 327^{r}).

251 Vgl. Nr. 60, *Briefwechsel*; s. dazu *Rebenich*, Mommsen-Harnack, 125.

diesem Buch ignorierte Althoff, als er der Anfrage des Autors nach einer finanziellen Unterstützung nachkam.[252]

Dass Harnack im Fall von Wilhelm Schneider aus Paderborn bei der Besetzung einer Ersatz-Professur für katholische Moral und Apologetik an der Universität Münster, die den Ordinarius Joseph Schwane entlasten sollte, befragt wurde, war eine Ausnahme.[253] Sie rührte daher, dass dessen Werke in der *Theologischen Literaturzeitung* von den Pfarrern Karl Thönes und Paul Wetzel besprochen worden waren.[254] Anstatt ein eigenes Urteil zu fällen, referierte Harnack die Beurteilung der beiden Rezensenten und nannte Althoff schließlich einen anderen externen Berater, den katholischen Professor für Altes Testament in Münster, Winand Fell, der Schneider besser bewerten könne. Althoff folgte Harnacks Rat, indem er bei Fell anfragte, der ihn wiederum an den katholischen Freiburger Exegeten Gottfried Hoberg verwies, da er selbst keine nähere Auskunft zu Schneider geben könne.[255] Obwohl Hoberg Schneider, den er sowohl hinsichtlich seiner Publikationen als auch bezüglich seiner Lehrtätigkeit lobte, für die Professur in Münster empfahl, erhielt der Paderborner Priester diese letztlich nicht.[256] Bei den übrigen Besetzungen katholischer Professuren blieb Althoff seinem Prinzip treu, Experten zu befragen, weshalb er sich primär an katholische Professoren und Bischöfe wandte.[257]

Zusätzlich zu Gutachten über evangelische und katholische Theologen informierte Althoff Harnack auch vereinzelt über Berufungsverfahren an anderen Fakultäten. In diesem Sinne sollte sich Harnack 1889 bei seinem Freund aus Dorpater Studientagen, Gustav Bunge, nach dem Historiker Julius von Pflugk-Harttung und dessen Abschied aus Basel erkundigen.[258] Pflugk-Harttung hatte, nachdem er drei Jahre als Ordinarius für Geschichte in Basel gelehrt hatte, die Stadt verlassen müssen, weil er, wenn auch anonym, in einem Streit zwischen der Schweiz und Deutschland die Schweizer Position zum Asylrecht und zu Zollfragen kritisiert hatte.[259] Infolgedessen versuchte er über Althoff eine Anstellung in Preußen zu erlan-

252 S. Nr. 60, *Briefwechsel*, Anm. 2.
253 Vgl. Nr. 70, *Briefwechsel* mit Anm. 2 und Nr. 71, *Briefwechsel*.
254 Vgl. *Thönes*, Rez.: Schneider, Naturvölker und *Wetzel*, Rez.: Schneider, Leben.
255 Vgl. Fell an Althoff am 15.03.1892 (in: GStA PK, VI. HA, NL Althoff, Nr. 107, Bl. 69^{rv}).
256 Vgl. Hoberg an Althoff am 20.03.1892 (ebd., Bl. 70^{r}–71^{r}).
257 Zu den katholischen Beratern vgl. die Akte im Nachlass Althoff (GStA PK), Nr. 107.
258 Vgl. Nr. 59, *Briefwechsel* mit Anm. 2 und Nr. 59.1, *Briefwechsel*. Zur Freundschaft mit dem Chemiker Gustav Bunge, die ihren Ursprung in Dorpater Studienzeiten hatte, vgl. *Nottmeier*, Harnack, 48–50 und *Nottmeier/Osthövener*, Harnack-Bunge, 287–292 sowie die Edition eines Teils der Korrespondenz ebd., 293–340.
259 Vgl. *Weiß*, Pflugk-Harttung; s. auch *Pflugk-Harttung*, Fortgang aus Basel.

gen.[260] Bunges Darstellung relativierte das Bild, das Pflugk-Harttung in seiner Verteidigungsschrift gezeichnet hatte, insofern, als nunmehr deutlich wurde, dass letzterer in der Auseinandersetzung eine problematische Rolle gespielt hatte.[261] Pflugk-Harttung erhielt, nachdem Harnack Althoff über die Umstände in Kenntnis gesetzt hatte, keine Professur in Preußen oder einem anderen deutschen Staat, sondern wurde Archivar im Geheimen Staatsarchiv in Berlin.[262] Ob Althoff ihm diese Position vermittelte, bleibt ungeklärt. An dieser Nachfrage Althoffs bei Harnack wie auch an derjenigen zu dessen Schwippschwager Hans Delbrück 1893, in der es um die Besetzung der historischen Professur in Marburg ging,[263] lässt sich nachvollziehen, dass Althoff Harnacks „Verbindungen" auch für andere Fächer nutzte, wenn es ihm zupass kam. Denn der Kirchenhistoriker war nicht nur wegen seiner familiären Beziehungen interessant, sondern auch wegen seiner Verbindung ins Baltikum, zu dem der Universitätsreferent keinen persönlichen Bezug hatte.

260 Vgl. Pflugk-Harttung an Althoff am 21.09.1889 (in: GStA PK, VI. HA, NL Althoff, Nr. 885, Bl. 50^r–51^r).

261 Vgl. die Abschrift des Briefes Bunges an Harnack vom 12.11.1889 (Nr. 59.2, *Briefwechsel*).

262 Vgl. *Weiß*, Pflugk-Harttung.

263 Vgl. Nr. 85, *Briefwechsel* mit Anm. 6.

3 Exkurs: Die Relevanz der baltischen Herkunft in der Hochschulpolitik

Obgleich Harnack sich deutlich vom baltischen Luthertum distanziert hatte und auch keinen engeren Kontakt mehr zur lutherischen Kirche seiner Heimat pflegte, behielt die baltische Kultur noch bis in die 1920er Jahre hinein eine bleibende Bedeutung für ihn. Darüber hinaus prägte ihn die lutherisch-pietistische Frömmigkeit zeitlebens.[1] Auch im Zusammenhang seiner Gutachtertätigkeit für Althoff über Theologen und Gelehrte anderer Disziplinen spielte Harnacks baltische Herkunft wiederholt eine Rolle, da er sich für seine Landesgenossen bei dem Universitätsreferenten und späteren Ministerialdirektor einsetzte. Dieses Engagement für baltische Professoren lag in der seit Mitte der 1880er Jahre beginnenden sog. „Russifizierung" der baltischen Provinzen begründet, die darin gipfelte, dass ab 1895 Deutsch als Unterrichtssprache an der Universität Dorpat außer an der theologischen Fakultät abgeschafft wurde.[2] Die als „Russifizierung" bezeichnete Inkulturationspolitik des russischen Zarenreiches zielte darauf ab, das gesamte baltische Schul- und Hochschulwesen in den russischen Staat zu integrieren.[3] Das politische Vorgehen drängte zahlreiche baltische Akademiker, sofern es ihnen möglich war, zur Übersiedlung ins Deutsche Reich.[4] Die politische Entwicklung bewog – abgesehen von den theologischen Differenzen – wahrscheinlich auch Harnack, die ihm 1875 angebotene Dozentur in Dorpat für ein Leipziger Extraordinariat auszuschlagen.[5] Außerdem unterstützte Harnack aufgrund der beschriebenen politischen Lage zwischen 1890 und 1894 die baltischen Theologieprofessoren Bonwetsch und Mühlau durch seine Fürsprache bei Althoff.[6] Zusätzlich verfasste er 1894 ein Gutachten über den Balten und „befreundet[en]" baltischen Physikprofessor, Arthur von Oettingen,[7] der nach der 1893 in Dorpat erzwungenen Emeritierung als Privatdozent in prekären Verhältnissen in Leipzig lebte. Von Oettingen war der Bruder von Harnacks Lehrer Alexander von Oettingen und gehörte Harnack zufolge „nicht zu *den* Naturforschern […], bei denen die Wissenschaft mit der Naturwissenschaft" ende, sondern besitze

1 S.o. Abschnitt 3.2, S. 41f. mit Anm. 42.

2 Vgl. *Rebenich*, Mommsen-Harnack, 124, *Nottmeier*, Harnack, 57 und *Kairies*, Zum russischen Spracheinfluss, 35–38.

3 Vgl. dazu *Donnert*, Die Universität Dorpat, 58–69 und *Garleff*, Die Baltischen Länder, 80–82.

4 Donnert sieht die Anfänge des akademischen Exodus bereits Anfang der 1870er Jahre, dem sich auch die drei Brüder Harnack angeschlossen hätten (vgl. *Donnert*, Die Universität Dorpat, 54).

5 Vgl. *Frey*, Theologische Fakultät Dorpat-Jurjew, 173.

6 S.o. in diesem Teil, Abschnitt 2.2, S. 90 und in diesem Teil, Abschnitt 2.7, S. 107.

7 Vgl. Harnack an Althoff am 10.10.1894 (Nr. 98, *Briefwechsel*).

https://doi.org/10.1515/9783112213193-007

auch einen „Sinn für die ‚Geisteswissenschaft'".[8] Harnacks Wunsch, von Oettingen eine Professur in Preußen zu ermöglichen, ließ sich für Althoff offenbar nicht realisieren. Allerdings wurde er 1894 in Leipzig zum Honorarprofessor ernannt, ohne dass bislang nachvollzogen werden konnte, ob Althoff sich deshalb an seinen sächsischen Kollegen wandte.[9]

Auf ähnliche Weise wie bei Arthur von Oettingen sprach sich Harnack 1905 für den baltischen Juristen Paul von Sokolowski aus, der, nachdem er russischen Seminar für römisches Recht der Juristischen Fakultät der Universität Berlin von 1888 bis 1890 ausgebildet worden war,[10] von 1896 bis 1906 in Moskau als Professor für römisches Recht gelehrt hatte. Von Sokolowski hatte Harnack um eine Fürsprache bei Althoff gebeten, weil er seine professorale Stellung in Moskau aufgeben wollte.[11] Während der russischen Revolution von 1905, die der Krieg zwischen Russlands und Japan von 1904/05 noch befeuert hatte,[12] waren Sokolowskis Moskauer Professur aufgehoben und sein Rittergut Jürgensburg in Livland konfisziert worden.[13] Althoffs Einflussnahme bewirkte, dass Sokolowski 1907 vorübergehend zum Extraordinarius in Berlin ernannt wurde, bevor er noch im selben Jahr ein Ordinariat für römisches Recht in Königsberg erhielt. Auf Paul von Sokolowski kam die Sprache noch einmal 1908, nachdem die russische Regierung ihm eine Position als Schulkurator für den damals südöstlichen Lehrbezirk Russlands um die Stadt Charkow angeboten hatte.[14] Es war jedoch nicht dieser Posten, der Althoff interessierte, sondern die Stellung als Kurator des baltischen Lehrbezirks, die die russische Regierung von Sokolowski nach einer Probezeit in Charkow versprochen hatte. Der baltische Lehrbezirk umfasste auch die Universität Dorpat. Althoff legte den Brief dem Reichskanzler von Bülow vor, bevor er Harnack weiterleitete.[15] Dieser zeigte sich über die Möglichkeit, dass ein Baltendeutscher den Kuratorposten übernehmen könne, höchst erfreut, weil dadurch, wie auch Sokolowski es anstrebte, der

---

8 Nr. 98, *Briefwechsel* (Hervorhebung Harnacks).

9 Vgl. *Bartel*, Oettingen, Arthur, 477.

10 Zum 1887/88 gegründeten russischen Seminar für römisches Recht in Berlin vgl. *Kolbinger*, Das russische Seminar für röm. Recht, zu Sokolowskis Aufenthalt ebd., 71–73, 145.

11 Vgl. Sokolowski an Harnack am 16./09.04.1905 und Harnack an Althoff am 12.05.1905 (Nr. 266, *Briefwechsel*).

12 Zum russisch-japanischen Krieg und der Revolution von 1905 vgl. *Geyer*, Das russische Imperium, 280–291, *Garleff*, Die Baltischen Länder, 87f. und *Donnert*, Die Universität Dorpat, 70 sowie auch Nr. 273, *Briefwechsel*.

13 Vgl. Sokolowski an Harnack am 20.12.1905, in: SBB PK, NL Harnack, K 43, Mp. Sokolowski, Bl. 1^r–2^v; s. auch das Biogramm, S. 561.

14 Vgl. Sokolowski an Althoff am 12.05.1908 (Nr. 371.1, *Briefwechsel*).

15 Vgl. Wilhelm von Loebell an Althoff am 23.05.1908 (in: GStA PK, VI. HA, NL Althoff, Nr. 652, Bl. 19) und Althoff an Harnack am 08.06.1908 (Nr. 371, *Briefwechsel*).

Einfluss der deutschen Kultur auf das Baltikum wieder wachsen könne.[16] Doch die baltendeutschen Hoffnungen Harnacks und von Sokolowskis zerschlugen sich aufgrund der Entwicklung des Ersten Weltkriegs, der dessen Rückzug aus der Kulturpolitik zur Folge hatte.

Ähnlich wie bei von Oettingen und von Sokolowski bemühte sich Harnack gemeinsam mit seinem Schwager Hans Delbrück bei Althoff um eine Anstellung für seinen Schüler baltischer Herkunft Paul Rohrbach, der ebenfalls aus dem Baltikum stammte und sich seit 1903 als studierter Theologe publizistisch zu außen- und kolonialpolitischen Themen äußerte.[17] Rohrbach hatte nach seinem Geschichts- und Theologiestudium in Dorpat und Berlin und einer durch Harnack angeregten philosophischen Dissertation und einer theologischen Lizentiatenarbeit zwischen 1898 und 1901 als Generalsekretär des Evangelisch-Sozialen Kongresses (ESK) fungiert, in dem sich Harnack und Delbrück für die soziale Frage engagierten.[18] Parallel hatte Rohrbach dem Mitarbeiterkreis der von Delbrück herausgegebenen *Preußischen Jahrbücher* angehört und seit 1901 als Redakteur der von Friedrich Naumann herausgegebenen Zeitung *Die Zeit* gewirkt. Nachdem seine Versuche, eine akademische Karriere weiter zu verfolgen, gescheitert waren,[19] agierte er von 1901 bis 1906 als Ansiedlungskommissar in Deutsch-Südwestafrika und erlebte dort den Krieg gegen die Herero und Nama als Augenzeuge. Er positionierte sich in diesem Konflikt zwar – im Unterschied zu dem Oberbefehlshaber Lothar von Trotha[20] – gegen die Vernichtung der indigenen Völker, beabsichtigte aber, sie zu einer niederen Klasse von Dienstbaren unter Konfiskation ihres Besitzes zu degradieren. 1907 kehrte er nach Berlin zurück, nachdem es zu wiederholten Konflikten mit seinen Vorgesetzten gekommen war.[21]

Bereits im Juli 1905 hatte sich Delbrück mit einem Schreiben, das ein Gutachten Harnacks über Rohrbach enthielt, an Althoff gewandt, um dessen Unterstützung für die Besetzung eines kolonialökonomischen Extraordinariats an der philosophischen Fakultät mit Rohrbach zu erlangen.[22] Zu einer Berufung Rohrbachs auf die besagte Professur für Kolonialwirtschaft kam es letztlich nicht, da der Publi-

---

16 Vgl. Harnack an Althoff am 14.06.1908 (Nr. 373, *Briefwechsel*).

17 Zu Rohrbach s. Biogramm, S. 548. Zu Delbrücks Einfluss auf Rohrbach vgl. *Gustrau*, Orientalen oder Christen, 378, Anm. 1866.

18 Zu Harnacks Engagement im ESK s.o. Anm. 86.

19 S. dazu Nr. 365, *Briefwechsel*, Anm. 3.

20 S. jetzt die Edition des Tagebuchs und des Fotoalbums von Trothas (vgl. *Häussler/Eckl*, Trotha in Deutsch-Südwestafrika).

21 Vgl. *Mogk*, Paul Rohrbach, 130–134 und *Anker*, Rohrbach.

22 Vgl. Delbrück an Althoff am 21.07.1905 und die Gutachten von Delbrück, Harnack, Alfred Weber (in: GStA PK, VI. HA, NL Althoff, Nr. 699, Bl. 92^{rv}; 93^{r}–94^{r}; 95; 96^{rv}) und Ludwig Bernhard (ebd., Nr. 1045, Bl. 27^{r}–28^{r}) sowie die Akten zur kolonialwirtschaftlichen Professur a.a.O., I. HA, Rep. 76

zist nicht habilitiert war.[23] Stattdessen erhielt er 1907/08 eine Anstellung als Dozent an der 1906 eröffneten Berliner Handelshochschule. Obwohl Rohrbach Harnacks Schüler gewesen war, ist in der genannten Bewerbung um ein kolonialökonomisches Extraordinariat kein schriftlicher Austausch mit Harnack überliefert, was ein mündliches Gespräch nicht ausschließt.[24] Im Falle Rohrbachs spielte die baltische Herkunft wahrscheinlich eine sekundäre Rolle, während das Schülerverhältnis zu Harnack und Delbrück, das gemeinsame Engagement im Verbandsprotestantismus und in der Publizistik die primären Gründe für ihre Unterstützung Rohrbachs bildeten. Letztlich ähnelt der Fall demjenigen Carl Schmidts, der zwar kein studierter Theologe war, dem aber wie Rohrbach aufgrund seines unkonventionellen Werdegangs eine klassische akademische Karriere verwehrt blieb.[25]

Auch bei der Regelung der Nachfolge des baltischen Chirurgen Ernst von Bergmann, der bis zu seinem Tod 1907 Leiter der Ersten Chirurgischen Klinik der Berliner Charité gewesen war, fragte Althoff Harnack und andere Berliner Ordinarien um Rat.[26] Anstelle des von Harnack vorgeschlagenen Dorpater Chirurgen Werner Zoege von Manteuffel wurde 1907 der Bonner Ordinarius August Bier als Nachfolger Bergmanns nach Berlin berufen.[27] 1908 beschäftigte Althoff und Harnack außerdem ein geplantes Bergmann-Denkmal, das 1913 auf dem Domberg in Dorpat enthüllt wurde.[28]

An den genannten Beispielen wird deutlich, dass Harnack für Althoff als ein Experte für baltische Professoren und Gelehrte fungierte, wie auch dessen Nachfrage nach dem baltischen Zoologen Jakob Baron Uexküll 1907 zeigt, den der Kirchen-

---

Va, Sekt. 2, Tit. IV, Nr. 61, Bd. 15, Bl. 18r; 33r–41r; 63r. Der Bericht der philosophischen Fakultät vom 18.07.1905 ist bei *Spenkuch*, Preußische Universitätspolitik, Nr. 43a, 314–316 abgedruckt; s. dazu ebd., 21 sowie *Mogk*, Paul Rohrbach, 63f.

23 Zu seinen Versuchen sich in der theologischen und philosophischen Fakultät zu habilitieren s. Nr. 365, *Briefwechsel*, Anm. 3.

24 Vgl. die Briefe Rohrbachs an Harnack zwischen 1891 und 1928, bei denen eine Lücke zwischen 1898 und 1910 vorliegt (in: SBB PK, NL Harnack, K 40, Mp. Rohrbach). 1891 hatte Harnack Rohrbach für eine Stelle an der Königlichen Bibliothek empfohlen (vgl. Harnacks Schreiben vom 03.12.1891, in: SBB PK, Akten der Kgl. Bibliothek, I 9z-7, Bl. 571). Im Bundesarchiv ist ein Brief Harnacks an Rohrbach vom 16.03.1914 überliefert (BA, N 1408/112, o.Bl.), in dem es um Rohrbachs *Geschichte der Menschheit* ging (*Rohrbach*, Die Geschichte der Menschheit), die dessen Rassismus vor Augen führt. Harnack bedankte sich für die Zusendung die er, wie er in seinem Brief zugab, aus Zeitgründen noch nicht gelesen habe , ohne es gelesen zu haben. *Nottmeier*, Harnack, 364f.zitiert ausführlich aus dem Brief.

25 Zu Carl Schmidt s.u. Teil IV, Abschnitt 1.1.2, S. 356.

26 Vgl. Nr. 341, *Briefwechsel* sowie die Akten in: GStA PK, VI. HA, NL Althoff, Nr. 162.

27 Vgl. das Biogramm, S. 481.

28 Vgl. Nr. 371, *Briefwechsel* und 373, *Briefwechsel* sowie *Thomson*, Dorpat-Tartu in alten Ansichten, Abb. 45 und 48 und *Käbin*, Medizinische Forschung Dorpat, 256.

historiker jedoch nicht kannte.[29] Harnacks Expertise für das Baltikum beschränkte sich keineswegs auf die Theologie, sondern basierte eher auf seinen persönlichen Verbindungen dorthin.

Harnack setzte sich aber nicht nur bei Lehrstuhlbesetzungen für die Balten Nathanael Bonwetsch, Ferdinand Mühlau, Arthur von Oettingen, Paul von Sokolowski und Paul Rohrbach bei Althoff ein, sondern engagierte sich auch für die Baltendeutschen, die nach den revolutionären Ereignisse in Russland und im Baltikum 1905 materiell und ideell bedroht waren. Dazu schloss sich Harnack im Dezember 1905 mit dem erwähnten Berliner Chirurgen Ernst von Bergmann zusammen. Sie veröffentlichten einen Aufruf zur Gründung eines *Hilfsausschusses für die notleidenden Deutschen Russlands*, dem auch der Osteuropahistoriker und Publizist Theodor Schiemann folgte.[30] Der Hilfsausschuss sammelte innerhalb von elf Monaten rund 850 000 M. an Hilfsgeldern, die nicht nur Deutschen in den baltischen Provinzen, sondern in ganz Russland helfen sollten.[31] Harnack trug dazu bei, indem er die Einleitung der Broschüre verfasste, die unter dem Titel *Die deutschen Balten. Zu Hilf und Ehren eines bedrohten Bruderstammes* verkauft wurde, um den Hilfsfonds aufzustocken.[32] Harnack informierte Althoff über diese Initiative und bat ihn um Hilfe. Dabei ging es v.a. um Erleichterungen für baltendeutsche Studenten, die nach der revolutionsbedingten Schließung der Hochschulen in Riga und Dorpat in Preußen studieren wollten.[33] Althoff griff dieses Engagement für die baltischen Studenten auf, indem er die Stundung der Kollegiengelder für baltische Studenten und den Erlass des sog. „Ausländerbeitrags“, einer im Jahr zuvor eingeführten Gebühr bei der Immatrikulation von Ausländern an Technischen Hochschulen, unterstützte.[34] Zugleich genehmigte Kultusminister Konrad von Studt, dass russische Studenten, zu denen ebenfalls Balten ohne deutsche Staatsangehörigkeit gehörten, die an der Technischen Hochschule in Danzig studieren wollten, als Gasthörer zugelassen würden, auch wenn sie nicht die erforderlichen Studienvoraussetzungen erfüllen

---

29 S. Nr. 356, *Briefwechsel*.

30 Vgl. *Hilfsausschuß*, Bericht 1905/06; der Aufruf ist ebd., 42 abgedruckt.

31 Vgl. ebd., 7f.

32 Vgl. *Harnack*, Zur Einführung, 1906.

33 Vgl. die Nrn. 301, *Briefwechsel*, 301.1, *Briefwechsel* und den *Hilfsausschuß*, Bericht 1905/06, 14–16; s. dazu *Nowak*, Einführung, 76. Zur Schließung vgl. *Donnert*, Die Universität Dorpat, 70.

34 Vgl. Althoffs Notizen vom 23.06.1906 auf Nr. 301, *Briefwechsel*. Der Hilfsausschuss hatte beim Kultusministerium die Stundung von Kollegiengeldern und den Erlass des Ausländerbeitrags für die Studenten an Technischen Hochschulen in Preußen beantragt (vgl. Hilfsausschuss an Studt am 27.04.1906, in: GStA PK, I. HA, Rep. 76 Vb, Sekt. 1, Tit. VII, Nr. 4, Bd. 1, Bl. 300, 301–302). S. ebd., Bl. 299^{rv} die Vorlage für einen allerhöchsten Erlass vom 28.04.1906, der einen Honorarerlass gewähren sollte. Zum Ausländerbeitrag an Technischen Hochschulen s. *Brocke*, Hochschulpolitik im Föderalismus, 95f. mit den Anm. 5 u. 6.

konnten.[35] Zuletzt vermittelte das Kultusministerium „eine Spende von 5000 M. für baltische Universitäts-Studenten" an den Hilfsausschuss.[36]

Adolf Harnacks Unterstützung baltendeutscher Studenten und Professoren in Preußen ist vor dem Hintergrund seiner Äußerungen zum Baltikum und einer antirussischen Haltung zu verorten, die er mit zahlreichen Baltendeutschen wie beispielsweise Theodor Schiemann, teilte. Die Revolution von 1905 hatte die Kluft zwischen Baltendeutschen auf der einen und Letten und Esten auf der anderen Seite nochmals verfestigt. Harnack äußerte sich zwar 1906 in der Einleitung der genannten Broschüre nicht explizit zu den lettischen und estnischen Volksgruppen, hatte sie aber doch im Sinn, wenn er die im Zuge der Revolution geschehenen Zerstörungen, die auch das seinen Verwandten gehörende Schloss Allasch seiner Verwandten getroffen hatten,[37] anprangerte, und wenn er fragte, wie man das Baltikum hätte germanisiert sollen und warum der baltendeutsche Adel seine feudalistischen Privilegien noch aufrecht erhalte.[38] Zu den genannten Fragen äußerte Harnack sich 1915/16 noch einmal in drei Artikeln, in denen er auch das Verhältnis von Baltendeutschen, Letten und Esten ansprach.[39] Darin lehnte er ihre Unabhängigkeitsbestrebungen insbesondere mit Blick auf deren demokratisch-republikanische Ausrichtung ab.[40] Die „Leistung" der Deutschen im Baltikum habe darin bestanden, den einheimischen Bevölkerungen die deutsche Sprache und Kultur und damit verbunden „die christliche Religion in ihrer abendländischen Ausprägung" im Allgemeinen und den Protestantismus im Speziellen zu vermitteln.[41] Harnacks Äußerungen verdeutlichen seine kulturhegemoniale Position, die unter den Baltendeutschen durchaus verbreitet war und die von einer höherwertigen deutschen, protestantisch geprägten Kultur ausging.[42] Dies traf noch einmal mehr auf das Verhältnis zur russischen Kultur und Nation zu. Mit der russisch-orthodoxen Kirche seiner Heimat hatte sich Harnack – im Unterschied Balten Bonwetsch – weder theologisch noch kirchengeschichtlich nennenswert beschäftigt.[43] Im Kontext des Ersten Weltkriegs bezeichnete Harnack die russische Kultur als „mongolisch-moskowitische Kultur"

35 Vgl. Studt an den Hilfsausschuss am 26.03.1906 (a.a.O., Nr. 4, Bd. 1, Bl. 288–290).

36 *Hilfsausschuß*, Bericht 1905/06, 14.

37 Vgl. Harnack an Wilamowitz-Moellendorff am 18.12.1905, zitiert nach *Nottmeier*, Harnack, 57f.

38 Vgl. *Harnack*, Zur Einführung, 1906.

39 Vgl. *Harnack*, Leistung und Zukunft, 1915, *Harnack*, Die deutsche Universität Dorpat, 1915 und *Harnack*, Baltische Professoren, 1916.

40 Vgl. *Harnack*, Leistung und Zukunft, 1915, 356.

41 Ebd., 354, 356.

42 Vgl. ebd., *Harnack*, Die deutsche Universität Dorpat, 1915 und *Harnack*, Baltische Professoren, 1916; s. dazu *Kinzig*, Harnack, Chamberlain, First World War, 213–216.

43 Zu nennen ist Harnacks Übersetzung statistischer Mitteilungen der russisch-orthodoxen Kirche in Deutsche von 1878/79 (*Harnack*, Zur Statistik, 1878). Mit der armenisch-orthodoxen Kirche

und als eine „Kultur der Horde", die die westliche, „germanische" Kultur, zu der er die US-amerikanische, englische und skandinavische Kultur zählte, bedrohe.[44] Der rassistische Sprachgebrauch, der in diesen Begriffen anklingt, wurde umso deutlicher, wenn er von den „mongolischen Rassen" sprach, vor denen die westliche Kultur werde „weichen" müssen, wenn sie nicht ihre „Ehefrequenz" und Geburtenrate erhöhe.[45] Die antirussischen Affekte ließen Harnack 1916 daher auch für ein „Protektorat über die ehemals deutschen Ostseeprovinzen" eintreten, nachdem Kurland im Frühjahr 1915 von deutsche und österreichischen Truppen erobert worden war.[46] Die genannten Beispiele verdeutlichen, in welcher Weise Harnack mit seiner Heimat und ihrer deutschen Bevölkerung verbunden blieb. Die politischen und kulturellen Veränderungen der 1890er Jahre, aber mehr noch diejenigen, die die Revolution von 1905 und der Ersten Weltkrieg mit sich brachten, bewegten Harnack tief, auch Jahrzehnte, nachdem er das Baltikum verlassen hatte.[47]

---

hingegen beschäftigte sich Harnack, nachdem ihn seine aus Armenien stammenden Schüler dafür interessiert hatten (vgl. *Gazer*, Harnack und die Armenier und *Gazer*, Harnack und armenische Theologen). Er unterstützte auch die von Martin Rade und Ewald Stier organisierte Hilfe für die vom Völkermord durch das Osmanische Reich bedrohten Armenier (vgl. *Gazer*, Harnack und die Armenier, 195 und *Nottmeier*, Harnack, 364–366).

44 *Harnack*, Rede zur „Deutsch-amerikanischen Sympathiekundgebung", 1914, 287. S. dazu insgesamt *Kinzig*, Harnack, Chamberlain, First World War, 213–216.

45 *Harnack*, Brief an Karpathen, 1908, 124; zum Kontext dieser Äußerung s. *Kampmann*, Harnack zur „Frauenfrage", 392–399.

46 *Harnack*, Friedensaufgaben und Friedensarbeit, 1916, 286; s. dazu *Kaufmann*, Harnacks und Seebergs, 199 und *Kinzig*, Harnack, Chamberlain, First World War, 216.

47 Zu Harnacks Haltung zum Baltikum s. abschließend *Nottmeier*, Harnack, 55–61.

4 Lehrstuhlbesetzungen in der Theologie 1898–1908

Wie bereits erwähnt, wurde Friedrich Althoff 1897 zum Ministerialdirektor der Ersten Unterrichtsabteilung befördert, die für das gesamte Hochschulwesen, das höhere Schulwesen, die Bibliotheken, die Museen und die Denkmalpflege zuständig war; 1900 wurde ihm außerdem das Medizinalwesen zugeteilt. Sein Nachfolger als Universitätsreferent war der Jurist und vormalige Breslauer Ordinarius der Nationalökonomie Ludwig Elster, der das Amt bis zu seiner vorzeitigen Pensionierung 1916 ausübte.[1] Da Althoff seinen Nachfolger für nicht ausreichend kompetent hielt,[2] wirkte er auch nach 1897 im Hochschulreferat mit, wenn auch nicht mehr mit derselben Intensität.[3] Aufgrund dieser Verschiebung der Zuständigkeit wundert es zunächst, dass Hartwin Spenkuch in seiner Studie und Edition zu den Professorenberufungen an den zehn philosophischen Fakultäten für die *Acta Borussica* den Zeitraum zwischen 1897 und 1907 gewählt hat.[4] Er erklärt seine zeitliche Beschränkung damit, dass Althoff in dieser Zeit als Ministerialdirektor das „System Althoff" erst zu voller Blüte gebracht habe.[5] Auf die Berufungsverfahren in der evangelischen Theologie, in denen Althoff Harnack und Cremer zu Rate zog, traf diese Beobachtung nicht zu, weil sich bei diesen ein eindeutiger Schwerpunkt auf den Jahren zwischen 1883 und 1897 feststellen lässt. Während Cremers Beratertätigkeit bereits in den letzten Jahren vor seinem Tod abnahm,[6] kamen in der Kooperation zwischen Althoff und Harnack seit 1898 andere bildungs- und wissenschaftsorganisatorische Themen in den Blick, auf die noch eingegangen werden wird.[7] Da Althoff Elster, wie gesagt, nicht für ausreichend qualifiziert hielt, mischte er sich wiederholt in die Berufungsverfahren ein. Gleichwohl wuchs Elsters Einfluss auch deshalb, weil Althoff seit 1905 wiederholt krankheitsbedingt ausfiel. Darüber hinaus rekrutier-

---

1 Zu Elsters Biografie s. das Biogramm, S. 494. Es fanden sich bislang keine Hinweise, warum Elster 1916 vorzeitig auf eine Honorarprofessur in Jena wechsele.

2 Vgl. u.a. das Gutachten von Hans Paalzow über Ludwig Elster vom 11.07.1906, abgedruckt in: *BBAW*, Kultusministerium, Dokumente, Acta Borussica 2.2, 430–432, Nr. 33 und den Brief Althoffs an Schmoller vom 15.07.1908 (in: GStA PK, VI. HA, NL Althoff, Nr. 653, Bl. 36^r–37^v: 37^r), in dem er darauf drängt, dass Elster in ein anderes Referat versetzt wird, sowie *Brocke*, System Althoff, 42f.

3 Nach vom Brocke war Elsters Einfluss beschränkt, da Althoff das Ressort weiterhin überwachte (vgl. ebd., 43).

4 Vgl. *Spenkuch*, Preußische Universitätspolitik.

5 Vgl. ebd., 3.

6 Vgl. *Kampmann*, Althoffs Berufungspraxis in der ev. Theologie, 61–69.

7 S.u. die Teile III und IV.

https://doi.org/10.1515/9783112213193-008

te Elster andere Berater, von denen Harnacks modern-positiver Antipode Reinhold Seeberg besonderen Einfluss gewann.[8]

4.1 Das Ordinariat für Neues Testament in Halle 1901

Im Zeitraum zwischen 1898 und 1908 lässt sich ein Element der Zusammenarbeit zwischen Harnack und Althoff deutlicher nachweisen, das ansonsten aufgrund fehlender Quellen im Dunkeln bleibt: die mündliche Besprechung von Berufungsverfahren. Im Februar 1901 führten Harnack und Althoff beispielsweise ein Gespräch im Kultusministerium, von dem der Kirchenhistoriker seinem Freund Friedrich Loofs berichtete und das die Wiederbesetzung des Lehrstuhls des verstorbenen Theologen Willibald Beyschlag in Halle betraf.[9] Althoff hatte Harnack die Vorschläge der Hallenser Fakultät genannt, Adolf Jülicher und Hermann von Soden als fehlende Kandidaten bemängelt und schließlich nähere Auskünfte zum positiven Extraordinarius Wilhelm Lütgert aus Greifswald erfragt.[10] Harnack antwortete Althoff in der Kürze der Zeit von „3–4 Minuten", dass er Jülicher und von Soden ebenfalls für „geeignet" halte, wohingegen er die „bisherigen Leistungen Lütgert's nicht als ausreichend für ein Halle'sches Ordinariat" ansah.[11] Harnack hegte bei seiner Kritik an Lütgert vermutlich ähnliche methodische Bedenken, wie er sie 1893 zu Erich Schäder geäußert hatte.[12] Entgegen Harnacks Rat ernannte der Kultusminister Wilhelm Lütgert im September 1902 – nach einigen Verwicklungen – zum Extraordinarius in Halle.[13] Auch wenn es bei der kurzen Besprechung blieb und die Hallenser Berufungsangelegenheit keinen Niederschlag im Briefwechsel Harnacks

---

8 Zur Einflussnahme Seebergs s.u. in diesem Teil, Abschnitt 4.7, S. 145.

9 Vgl. Harnack an Loofs am 18.02.1901, in: ULB Halle, NL Loofs, Yi 19 IX, 1556; die Akten dazu in: GStA PK, I. HA, Rep. 76 Va, Sekt. 8, Tit. IV, Nr. 31, Bd. 6, Bl. 90^{r}, 95^{r}–100^{v}, 103^{r}; 123^{r}–130^{v}; 138^{r}. Zur Geschichte der theologischen Fakultät in Halle/Saale s. *Schnelle (Hg.)*, 300 Jahre Theologie in Halle. Zur Fakultätsgeschichte am Ende des 19. und Beginn des 20. Jahrhunderts finden sich überwiegend Einzelbeiträge, vgl. beispielsweise *Freye*, Emil Kautzsch, 199–242 und *Ulrich (Hg.)*, Friedrich Loofs in Halle.

10 Vgl. Harnack am 18.02.1901 (a.a.O., 1556). Die Fakultät hatte neben dem Baseler Ordinarius Wilhelm Bornemann, den Wiener Neutestamentler Paul Feine, Adolf Schlatter und Wilhelm Lütgert vorgeschlagen (vgl. die Fakultätsvorschläge vom 12.01.1901 (ebd., Bl. 96^{r}–100^{v}). Offenbar hatte Loofs Harnack am Tag zuvor ebenfalls über die Vorschläge informiert, wobei dessen Brief im Nachlass Harnack nicht überliefert ist.

11 Harnack an Loofs am 18.02.1901 (a.a.O., 1556).

12 S.o. in diesem Teil, Abschnitt 2.5, S. 101 und Nr. 93, *Briefwechsel*.

13 Vgl. den Bestallungsantrag mit Immediatbericht vom 23.09.1902 (a.a.O., Sekt. 8, Tit. IV, Nr. 31, Bd. 6, Bl. 129^{r}–130^{v}).

sowohl mit Althoff als auch mit Loofs fand, ist der hier gewährte Einblick in die Praxis mündlicher Besprechungen instruktiv. Althoff befragte Harnack nach 1898 meist eher beiläufig zu Professorenberufungen in der evangelischen Theologie und dieser äußerte sich nur mit kurzen Einschätzungen zu den Kandidaten, während deren eingehende Begutachtung anderen Professoren zuteil wurde. Diese Beobachtung lässt sich auch an den weiteren hier besprochenen Berufungsverfahren nachvollziehen.

4.2 Das zweite Ordinariat für Kirchengeschichte in Berlin 1902 und 1906

Im Juni 1902 äußerte Harnack sich kurz zu der letztlich nicht zustande gekommenen Berufung des Leipziger Kirchenhistorikers, Albert Hauck, nach Berlin.[14] Es sollte zu Beginn des neuen Jahrhunderts ein zweites Ordinariat für Kirchengeschichte in Berlin neben Harnack eingerichtet werden,, weil eine Erweiterung des Lehrangebots angesichts der steigenden Verpflichtungen Harnacks in der Universität, der er 1900/01 als Rektor vorstand, in der Akademie, in der er die Kirchenväter-Kommission leitete, und im Kultusministerium, wo er mit Althoff zahlreiche wissenschaftspolitische Projekte betrieb, notwendig zu sein schien. 1888 hatte man aus Rücksichtnahme auf Harnack darauf verzichtet, parallel einen positiven Kirchenhistoriker zu berufen, damit jener nicht als „Parteimann“ gelte.[15] Letztendlich stellte der Kultusminister erst 1906 einen zweiten Kirchenhistoriker ein, nachdem Harnack 1905 zum Generaldirektor der Königlichen Bibliothek ernannt worden war.[16] Studt berief zum 1. Oktober 1906 den Tübinger Extraordinarius Karl Holl, der zuvor an der Kirchenväter-Edition gearbeitet hatte, zum zweiten Ordinarius für Kirchengeschichte.[17] Holl sollte ergänzend zu Harnacks Schwerpunkt in der Alten Kirche vermehrt die reformationsgeschichtliche Forschung und Lehre in der Fakultät vertreten, obwohl er selbst bislang überwiegend in der älteren Kirchengeschichte geforscht hatte.

---

14 Vgl. Nr. 178, *Briefwechsel.*

15 Nr. 21, *Briefwechsel.* Überlegungen zu einem zweiten kirchengeschichtlichen Ordinariat hatte Bernhard Weiß bereits in früheren Jahren angestellt (vgl. dessen Denkschrift vom 23.05.o.J., in: GStA PK, VI. HA, NL Althoff, Nr. 173, Bl. 176[rv]).

16 Zu Harnacks Ernennung zum Generaldirektor der Königlichen Bibliothek s.u. Teil IV, Abschnitt 2.2, S. 404.

17 Zur Berufung Karl Holls 1906 s.u. Teil IV, Abschnitt 2.2, S. 405.

4.3 Ordinariate für Systematische Theologie in Halle und Göttingen 1906

Ein paradigmatisches Beispiel für Harnacks Art der Beratung nach 1900 stellen seine Briefe vom 15. Juni und 25. Juli 1906 dar, in denen es neben den verschiedenen Berufungsangelegenheiten auch um die Mädchenschulreform und den Ankauf einer Bibliothek ging.[18] Harnack äußerte sich in diesen Briefen – ausgehend von der Neubesetzung des Ordinariats für Systematische Theologie in Halle und Göttingen – zu Besetzungsmöglichkeiten in der Kirchengeschichte in Kiel, Königsberg, Marburg und Tübingen.

Die Vertretung bzw. spätere Wiederbesetzung des systematisch-theologischen Lehrstuhls in Halle betrieb das Kultusministerium bereits seit dem Vorjahr, nachdem Max Reischle Anfang des Jahres 1905 einen Schlaganfall erlitten hatte.[19] Kultusminister von Studt beauftragte zuerst den Greifswalder positiven Privatdozenten Karl Bornhäuser mit der Vertretung der Professur, wie die Hallenser Fakultät vorgeschlagen hatte.[20] Da ein dauerhafter Ersatz für Reischle erstrebenswert war, bat Althoff Friedrich Loofs – vermittelt über Harnack – ein Gutachten über den Göttinger Privatdozenten Rudolf Otto zu erstellen, der als neuer Ordinarius für Halle in Frage komme.[21] Harnack unterstützte wahrscheinlich auch deshalb Althoffs Bemühen, das systematisch-theologische Ordinariat mit einem anderen Theologen als dem Cremer-Schüler Bornhäuser zu besetzen, weil er ihn akademisch nicht zu fördern gedachte, nachdem er die Auffassung von der Soteriologie der griechischen Kirchenväter, die Harnack in seiner *Dogmengeschichte* und im *Wesen des Christentums* vertrat, kritisiert hatte.[22] Loofs kam der Aufforderung Althoffs nach, indem er ein Gutachten über Otto anfertigte, auch weil der Berliner Kirchenhistoriker ihn

18 Vgl. die Nrn. 305, *Briefwechsel* und 313, *Briefwechsel*. Zur Mädchenschulreform s.u. Teil III, Abschnitt 2.1, S. 311 und zum Ankauf der Bibliothek Görtz-Wirsberg s.u. Teil IV, Abschnitt 2.3, S. 419.

19 Vgl. das Schreiben des Kurators an den Kultusminister vom 30.01. und der Fakultät vom 30.09.1905, in: GStA PK, I. HA, Rep. 76 Va, Sekt. 8, Tit. IV, Nr. 31, Bd. VI, Bl. 178^{r}; 181^{r}–182^{v}. Loofs hatte außerdem angeboten, die Sache mit Althoff direkt in Berlin zu besprechen (vgl. Loofs an Althoff am 27.09.1906, a.a.O., VI. HA, NL Althoff, Nr. 842, Bl. 52^{rv}).

20 Vgl. das Schreiben der Fakultät vom 30.09.1905, das Telegramm und Schreiben Bornhäusers vom 04. und 11.10.1905 und das Schreiben des Kultusministers an Bornhäuser vom 12.10.1905 (a.a.O., Bl. 182^{v}; 184^{r}; 183^{r}; 185^{rv}).

21 Vgl. Nr. 283, *Briefwechsel*.

22 Vgl. *Bornhäuser*, Vergottungslehre des Athanasius. Harnack reagierte auf Bornhäusers Kritik mit einer Rezension in der ThLZ und mit einer Randbemerkung in der vierten Auflage seiner Dogmengeschichte, in der er die Kritik als unzulänglich bezeichnete (vgl. *Harnack*, Rez.: Bornhäuser, 1903 und *Harnack*, Dogmengeschichte, 4. Aufl., 1909, Bd. 2, 68). S. dazu *Meijering*, Hellenisierung des Christentums, 56, 87.

gebeten hatte, sein Bestes für den Göttinger Religionsphilosophen zu geben.[23] Otto erhielt letztlich bis 1914 kein Ordinariat in Preußen, sondern wurde 1906 zum Extraordinarius in Göttingen befördert, bevor man ihn 1914 nach Breslau und 1917 nach Marburg berief.[24]

Da der Vorlesungsbetrieb zunächst durch Bornhäusers Vertretung gesichert war und Althoff in der ersten Hälfte des Jahres 1906 krankheitsbedingt ausfiel,[25] verzögerte sich die Neubesetzung des systematisch-theologischen Ordinariats in Halle. Nach Althoffs Rückkehr nach Berlin meldete Harnack sich erneut im Kultusministerium, nachdem Loofs ihn zuvor über die Verhandlungen in Halle auf dem Laufenden gehalten hatte.[26] Er wies Althoff darauf hin, dass die Fakultät bereits Vorschläge eingereicht habe. Wie Friedrich Schmidt-Ott ihm mitgeteilt habe, wünsche Althoff den Berliner Privatdozenten Georg Wobbermin, den Göttinger Privatdozenten Rudolf Otto oder den Kieler Extraordinarius Otto Scheel zum Nachfolger des im Dezember 1905 verstorbenen Max Reischle zu ernennen.[27] Die Fakultät habe hingegen, wie Harnack Althoff zu berichten wusste, den Göttinger Ritschlianer Ferdinand Kattenbusch, den Leipziger Systematiker Otto Kirn, den bereits 1897 für Göttingen erwogenen Paul Mezger aus Basel und den Württemberger Ritschlianer Friedrich Traub für das systematisch-theologische Ordinariat vorgeschlagen.[28] Harnack empfahl, indem er die Hallenser Vorschläge aufgriff, Kattenbusch nach Halle zu berufen. Dadurch werde wiederum in Göttingen ein Ordinariat frei, das Harnack Wobbermin zu geben gedachte, der in den vergangenen Jahren mehrfach übergangen worden sei.[29] Althoff griff Harnacks Empfehlung auf, indem er Elster am 21. Juni eine Notiz zukommen ließ, dass dieser sich für Kattenbusch einsetzen und die ganze Berufungsangelegenheit beschleunigen solle.[30] Im Anschluss an Althoffs Aufforderung entschied sich Kultusminister von Studt bereits Ende Juni für die Berufung Kattenbuschs nach Halle.[31] Der von Althoff für Halle favorisierte Kieler Extraordinarius Otto Scheel ging, wie von Harnack erwartet, 1906 als Nachfolger von Karl Holl nach Tübingen, nachdem letzterer nach Berlin berufen worden war.[32]

23 Vgl. Harnack an Loofs am 28.11.1905 (in: ULB Halle, NL Loofs, Yi 19 IX 1595) und Loofs an Althoff am 30.11.905 (in: GStA PK, VI. HA, NL Althoff, Nr. 842, Bl. 53^{rv}; 54^{r}–55^{v}).

24 Vgl. das Biogramm, S. 540.

25 Vgl. die Nrn. 296, *Briefwechsel* und 298, *Briefwechsel*.

26 Vgl. Loofs an Harnack am 25.01.1906 (in: SBB PK, NL Harnack, K 36, Mp. Loofs, Bl. 102^{r}–103^{r}).

27 Vgl. Nr. 305, *Briefwechsel*.

28 Vgl. die Fakultätsvorschläge vom 09.03.1906 (in: GStA PK, I. HA, Rep. 76 Va, Sekt. 8, Tit. IV, Nr. 31, Bd. VI, Bl. 205^{r}–209^{v}).

29 Vgl. Nr. 305, *Briefwechsel*.

30 Vgl. die Notiz Althoffs für Elster vom 21.06.o.J.[1906] (a.a.O., Sekt. 8, Tit. IV, Nr. 31, Bd. VI, Bl. 210^{r}).

31 Vgl. die weiteren Akten a.a.O., Bl. 212^{rv}; 213^{r}; 214^{r}.

32 S. das Biogramm, S. 551.

Harnacks Beobachtung zu Georg Wobbermin stand wahrscheinlich im Zusammenhang des sog. „Privatdozentenstreits", den Friedrich Michael Schiele, Redakteur des Lexikons *Religion in Geschichte und Gegenwart* und Vertrauter Martin Rades, durch eine Statistik über die preußischen Privatdozenten in der *Chronik der Christlichen Welt* Mitte Februar 1906 ausgelöst hatte.[33] Er hatte darin kritisiert, dass in den vergangenen 15 Jahren überwiegend positiv-theologische Privatdozenten der Greifswalder Schule in Extraordinariate oder Ordinariate in Preußen berufen worden seien, während man die historisch-kritischen Privatdozenten übergangen habe. Die Kontroverse hatte zur Folge, dass die Frage sogar am 6. und 17. März 1906 im Preußischen Abgeordnetenhaus debattiert wurde, wo sich der empörte Universitätsreferent Elster gegen Schieles Vorwürfe verwahrte.[34] Die Debatte, die Schiele bezüglich der evangelischen Theologie eröffnet hatte, stand im größeren Zusammenhang der sog. „Nicht-Ordinarienbewegung", die seit 1907 in der Öffentlichkeit die prekären Bedingungen der Privatdozenten und Extraordinarien thematisiert hatte.[35] Aufgrund der öffentlichen und kultusministerialen Auseinandersetzung mit der Privatdozentenfrage ist es wahrscheinlich, dass Althoff und Harnack um die Debatte wussten, auch wenn Privatdozentenstreit keinen schriftlichen Niederschlag in ihrer Korrespondenz fand.[36] Harnacks Bemerkung zu Wobbermin weist jedenfalls darauf hin, dass er sich des Problems bewusst war.

Wenn man sich die in der Kooperation mit Althoff thematisierten Berufungsverfahren zwischen 1895 und 1906 ansieht, legt sich die Beobachtung nahe, dass Schiele die ministeriale Berufungspraxis treffend analysiert hatte. Es waren nämlich in diesem Zeitraum mehrere Greifswalder Lizentiaten oder Privatdozenten in Extraordinariate und danach auch in Ordinariate befördert worden: Friedrich Bosse 1893/94, Ernst Cremer 1895, Wilhelm Lütgert 1895, Paul Althaus 1897 und Karl Bornhäuser 1902.[37] Aufgrund der Tatsache, dass von den Genannten nur Lütgert, Bosse und Bornhäuser habilitiert waren, kann man bei den Positiven nur eingeschränkt von einem „Privatdozentenstreit" sprechen und sollte stattdessen eher von einem „Lizentiatenstreit" reden. Außerdem lässt diese überwiegend geringere Qualifikation der Positiven das Missverhältnis zu den noch auf eine dauerhafte Anstellung wartenden historisch-kritischen Privatdozenten noch extremer erschei-

33 Vgl. *Schiele*, Greifswald, 78f., 140f., 145–152, dort finden sich tabellarische Statistiken; s. dazu auch *Anonym*, Notlage, 1906, *Paulsen*, Friedrich Althoff, 972 und *Graf*, Protestantische Theologie, 75. Zur finanziell-prekären Lage der Privatdozenten s. *Graf*, Licentiatus theologiae und Habilitation, 78–80.

34 Vgl. *Schiele*, Greifswald, 116–118, 137–139.

35 Vgl. *Bruch*, Nicht-Ordinarienfrage, 80.

36 Althoff befragte an Harnacks Statt den Göttinger Nationalökonom Wilhelm Lexis (s. Teil II, Abschnitt 3, S. 194).

37 Vgl. auch *Schiele*, Greifswald, 78.

nen. Die Berliner Privatdozenten Georg Wobbermin, Carl Schmidt, Rudolf Knopf, Erich Klostermann und Eduard von der Goltz, der Hallenser Carl Steuernagel, und der Göttinger Rudolf Otto hatten zwischen 1891 und 1902 kein Extraordinariat erhalten, obwohl sie sich durch Lizentiatenpromotion und die Habilitation qualifiziert hatten.[38]

Auch wenn sich kein kausaler Zusammenhang zwischen dem Privatdozentenstreit und der Althoff-Harnackschen Berufungspraxis nach 1906 nachweisen lässt, kann man doch beobachten, dass sie einen Großteil der genannten Privatdozenten in den anstehenden Berufungsverfahren berücksichtigten. Die in Universität, Gesellschaft und Kirche herrschende Stimmung schwächte den Einfluss der positiven Theologie auf die Besetzungspolitik des Kultusministeriums ab und ermöglichte Althoff und Harnack beispielsweise Georg Wobbermin 1906, Carl Schmidt 1909, Rudolf Knopf 1906, Erich Klostermann 1907, Eduard von der Goltz 1907, Carl Steuernagel 1907 und Rudolf Otto 1906 in Extraordinariate zu befördern, von denen allerdings nur Wobbermin bis 1910 ein Ordinariat in Preußen erhielt.

Das in Göttingen durch den Weggang Kattenbuschs frei gewordene Ordinariat beabsichtigte Harnack, wie bereits erwähnt, mit Georg Wobbermin zu besetzen. Nachdem Kattenbusch Harnack über die Göttinger Vorschläge informiert hatte, die den Jenaer liberalen Systematiker Hans Hinrich Wendt, den Straßburger Systematiker Emil Mayer, wiederum Paul Mezger aus Basel und den Kieler Religionsphilosophen Arthur Titius als mögliche Kandidaten nannten, und Harnack die Vorschläge als „sehr unerfreuliche" bezeichnet hatte, erneuerte er sein Votum für Wobbermin Ende Juli bei Althoff, da er der Auffassung war, dass die Göttinger Fakultät der „Verjüngung" bedürfe.[39] Er schlug deshalb auch Ernst Troeltsch, der seit 1894 in Heidelberg lehrte, vor, hielt es aber für unwahrscheinlich, dass dieser berufen werde.[40] Althoff favorisierte Troeltsch ebenfalls für Göttingen, wie seine Notizen auf Harnacks Brief vom 15. Juni zeigen, was auch der scheidende Lehrstuhlinhaber Kattenbusch – wahrscheinlich vermittelt über Harnack – wusste.[41] Es herrsche, wie Kattenbusch Harnack mitteilte, in der Göttinger Fakultät eine Stimmung, die Troeltsch ablehne und auch durch dessen Freund Wilhelm Bousset verschuldet sei. Genaue Gründe, die gegen Troeltsch sprachen, nannte Kattenbusch nicht, deutete

---

38 Vgl. ebd.

39 Nr. 313, *Briefwechsel*.

40 Ebd.

41 Vgl. Nr. 305, *Briefwechsel* und Kattenbusch an Harnack am 24.07.1906 (in: SBB PK, NL Harnack, K 34, Mp. Kattenbusch, Bl. 38^{r}–40^{v}); Althoffs Notizen o.D. auf Harnacks Brief vom 15.06. (Nr. 305, *Briefwechsel*), vom 18.07. und o.D.[Juli 1906] auf den Briefen Wilhelm Herrmanns an ihn vom 08. und 20.07.1906 (in: GStA PK, VI. HA, NL Althoff, Nr. 764, Bl. 67^{r}–68^{r}: 67^{r}; 69^{rv}: 69^{r}) und die Fakultätsvorschläge vom 18.07.1906 (a.a.O., I. HA, Rep. 76 Va, Sekt. 6, Tit. IV, Nr. 5, Bd. III, 323^{r}–324^{v}).

aber an, dass die Lage in der Fakultät – Bonwetsch, Tschackert und Althaus waren der positiv-konservativen Seite, Knoke und Wiesinger einer Mittelposition und Schürer und Kattenbusch der modernen Richtung zuzurechnen – disparat und eine Einigung auf eine gemeinsame Liste deshalb nahezu unmöglich sei.[42] Daher folgte Althoff in diesem Fall nicht Harnacks Vorschlägen, Wobbermin oder Troeltsch für Göttingen zu wählen, sondern entschied sich für den von Kattenbusch favorisierten Arthur Titius, der wegen seines relativ jungen Alters von 42 Jahren der Verjüngung der Fakultät dienen sollte.[43] Der von Harnack protegierte Wobbermin erhielt wiederum durch Althoffs Unterstützung 1906 ein Extraordinariat in Marburg und wurde dann bereits 1907 zum Ordinarius in Breslau berufen, während Troeltsch Ordinarius in Heidelberg blieb, bis er 1915 an die philosophische Fakultät der Berliner Universität wechselte.[44] Wobbermin zu einem etatmäßigen Extraordinariat oder einem Ordinariat zu verhelfen, war nicht nur Harnacks Anliegen gewesen. Auch Wilhelm Herrmann hatte sich mit mehreren Schreiben bei Althoff für den Berliner Privatdozenten eingesetzt.[45] Insbesondere an der Göttinger Besetzungsangelegenheit zeigt sich, dass Harnack und Althoff 1906 eindeutiger als noch zuvor – möglicherweise durch den Privatdozentenstreit befeuert – der modernen, historisch-kritischen Richtung zu akademischem Erfolg verhelfen wollten.

---

42 Vgl. Althoffs Notizen o.D. auf Nr. 305, *Briefwechsel*, Kattenbusch an Harnack am 02. und 24.07.1906 (a.a.O., K34, Mp. Kattenbusch, Bl. 34^{r}–35^{v}; 38^{r}–40^{v}) und Nr. 313, *Briefwechsel*.

43 Vgl. Althoffs Notiz vom 12.08.1906 auf dem Brief des Kurators Ernst Höpfner vom 26.07.1906 (in: GStA PK, I. HA, Rep. 76 Va, Sekt. 6, Tit. IV, Nr. 5, Bd. III, Bl. 321^{rv}), der der Ministerialdirektor seine Einwände gegen die drei erstgenannten Kandidaten festhielt und sich für Titius entschied. Da Kattenbusch und Schürer für Titius waren (vgl. Kattenbusch an Harnack am 02. und 24.07.1906, a.a.O., K34, Mp. Kattenbusch, Bl. 34^{v}, 35^{r}; 39^{r}–40^{v}), hatte ersterer Harnack am 02.07. vorgeschlagen, Elster oder Althoff über seine Präferenzen zu informieren (ebd., Bl. 35^{v}). S. schließlich die Schreiben an Titius vom 03. und 20.09.1906 (a.a.O., Bd. III, Bl. 327^{r}–328^{r}; 330^{r}).

44 Vgl. den Bestallungsantrag für Wobbermin in Marburg vom 06.08.1906 (in: GStA PK, I. HA, Rep. 76 Va, Sekt. 12, Tit. IV, Nr. 5, Bd. IV, Bl. 60^{r}–62^{v}), Althoff an Herrmann am 03.08.1906 (a.a.O., NL Althoff, Nr. 764, Bl. 70^{rv}), sowie die Akten zu Wobbermins Berufung nach Breslau a.a.O., Bl. 155^{rv}; 172^{r}; 173^{r}–174^{v}; 176^{r}; 180^{r}–181^{r}; 188^{r}. Zu Troeltschs Berufung an die Berliner philosophische Fakultät s. *Graf*, Ernst Troeltsch, 329–336.

45 Vgl. Herrmann an Althoff am 16.05., 06.06., 08.07., 20.07., 05.08., 01.10.1906 und 27.02.1907, in: GStA PK, VI. HA, NL Althoff, Nr. 764, Bl. 63^{r}–64^{r}; 65^{r}, 66^{r}; 67^{r}, 68^{r}; 69^{rv}; 71^{r}–72^{v}; 73^{r}; 75^{rv}.

4.4 Ordinariate und Extraordinariate für Kirchengeschichte in Kiel – Königsberg – Marburg 1906

In Kiel galt es im Sommer 1906 die Professur Hans von Schuberts zu besetzen, der nach Heidelberg wechselte.[46] Der liberale Teil der Kieler Theologischen Fakultät, d.h. die Professoren Hans von Schubert, Arthur Titius und Otto Baumgarten, schlug Gerhard Ficker, den Harnack bereits Mitte Juni 1906 für Kiel vorgesehen hatte, den Königsberger Extraordinarius Hans Achelis und den Straßburger Extraordinarius Gustav Anrich für diesen kirchengeschichtlichen Lehrstuhl vor, wohingegen die positiven Ordinarien August Klostermann, Ferdinand Mühlau und Erich Schäder in einem Separatvotum den Breslauer Ordinarius Carl Franklin Arnold, den Bonner Extraordinarius Heinrich Böhmer, den Heidelberger Extraordinarius Georg Grützmacher und den Dorpater Dozenten Alexander Berendts nannten.[47] Die Vorschläge der innerhalb der Kieler Fakultät opponierenden Gruppen leitete der Universitätskurator Otto Müller an Althoff weiter und sprach sich im Zuge dessen für Ficker anstelle von Arnold aus, weil jener als Lutheraner ein besseres Verhältnis zur Landeskirche erwarten lasse. Nachdem Althoff Harnack das Schreiben Müllers zugesandt hatte, votierte dieser Ende Juli noch einmal für Gerhard Ficker.[48] Auch wenn Harnack Fickers Berufung bereits im Juni für wahrscheinlich gehalten hatte, setzte er sich nochmals bei Althoff für ihn ein, weil der scheidende Lehrstuhlinhaber Hans von Schubert und Fickers Hallenser Kollege Friedrich Loofs ihn darum gebeten hatten.[49] Diese eindeutigen Voten überzeugten Studt Ficker zum Oktober 1906 als Nachfolger von Schuberts nach Kiel zu berufen.[50]

Nach Fickers Wechsel nach Kiel galt es dessen kirchengeschichtliches Extraordinariat in Halle wiederzubesetzen. Die Hallenser Fakultät schlug Hans Achelis und Georg Grützmacher als Nachfolger vor, von denen Studt 1907 gemäß Harnacks Rat-

46 Vgl. die Akten zu dieser Berufung, in: GStA PK, I. HA, Rep. 76 Va, Sekt. 9, Tit. IV, Nr. 9, Bd. IV, Bl. 11–38.

47 Vgl. Nr. 305, *Briefwechsel* und 313, *Briefwechsel*; im Anhang an den Brief des Kurators Otto Müller an das Kultusministerium vom 07.07.1906 (Nr. 313.1, *Briefwechsel*) finden sich die Vorschläge von Klostermann, Mühlau und Schäder einerseits sowie von Schubert, Titius und Baumgarten andererseits (a.a.O., Bd. VI, Bl. 22^r–28^v; 29^r–34^v).

48 Vgl. Althoff an Harnack am 22. und Harnacks Antwort vom 25.07.1906 sowie Müller am 07.07.1906 (Nr. 312, 313 und Nr. 313.1, *Briefwechsel*).

49 Vgl. Schubert an Harnack am 29[?].06.1906 (in: SBB PK, NL Harnack, K 42, Mp. Schubert, Bl. 15^r–16^v) und Loofs an Harnack am 28.06.1906 (a.a.O., K 36, Mp. Loofs, Bl. 106^r–107^v: 107^v).

50 Vgl. den Bestallungsantrag mit Immediatbericht vom 06.08. und die Bestallungsurkunde für Gerhard Ficker vom 10.08.1906 (a.a.O., Bd. VI, Bl. 35^r–37^r; 38^r); s. dazu *Alwast*, Theol. Fakultät Kiel, 156f.

schlag Achelis aus Königsberg berief.[51] Achelis' Königsberger Extraordinariat für Kirchengeschichte wurde nicht neu besetzt, sondern die Fakultät beauftragte den modern-positiven Theologen Richard Hoffmann, den zuvor von Achelis vertretenen Bereich ebenfalls abzudecken. Hoffmann war seit Anfang 1907 Extraordinarius für Neues Testament in Ostpreußen warm, nachdem Reinhold Seeberg ihn positiv begutachtet hatte.[52]

Den von Harnack für Königsberg ins Rennen gebrachten Erich Klostermann, Sohn des Kieler Alttestamentlers August Klostermann und zugleich Berliner Schüler Harnacks, versetzte der Kultusminister nicht nach Ostpreußen, sondern ernannte ihn in Kiel zum nicht-etatmäßigen Extraordinarius.[53]

Schließlich äußerte sich Harnack im Juni und Juli noch zu zwei in Marburg zu besetzenden Extraordinariaten. Für die etatmäßige außerordentliche Professur schlug er im Juni 1906 den Marburger Privatdozenten für Kirchengeschichte Rudolf Knopf vor, der im Sommersemester 1897 und im Wintersemester 1897/98 Senior seines Berliner kirchengeschichtlichen Seminars gewesen war.[54] Nachdem Althoff ihm die Marburger Akten zur Einsicht geschickt hatte, revidierte Harnack Ende Juli 1906 seine Ansicht zu Knopf und schlug dem Ministerialdirektor stattdessen vor, diesen nach Königsberg zu versetzen, möglicherweise um ihm ein etatmäßiges Extraordinariat zu verschaffen. Im Zuge dessen äußerte Harnack sich eingehend zu seinem Schüler, der im Wintersemester 1897/98 unter seiner Protektion zum Lizentiaten der Theologie promoviert worden war.[55] Doch Althoff folgte in diesem Fall nicht Harnacks Vorschlag. Knopf erhielt ein nicht-etatmäßiges Extraordinariat in Marburg, nachdem Studt Wobbermin das etatmäßige zugeteilt hatte. Aufgrund der fehlenden Entlohnung wechselte Knopf bereits 1907 auf eine außerordentliche Pro-

---

51 Vgl. Nr. 305, *Briefwechsel* und 313, *Briefwechsel*; die Fakultätsvorschläge der Hallenser Theologischen Fakultät vom 02.11.1906 und Studt an Achelis am 25.01.1907 (in: GStA PK, I. HA, Rep. 76 Va, Sekt. 8, Tit. IV, Nr. 31, Bd. VI, Bl. 230^{r}–235^{r}; 249^{rv}). Genannt worden waren zusätzlich die Leipziger Privatdozenten Johannes Leipoldt und August Wilhelm Hunzinger sowie Heinrich Hermelink (ebd., Bl. 233^{v}, 234^{v}, 235^{r}).

52 Vgl. den Bestallungsantrag mit Immediatbericht vom 23.01.1907 für Richard Hoffmann und das Fakultätsvotum vom 04.12.1907 (in: GStA PK, I. HA, Rep. 76 Va, Sekt. 11, Tit. IV, Nr. 18, Bd. VI, o.Bl.) sowie Elster an Seeberg am 21.10.1906 (in: BA, NL Seeberg, N 1052, Nr. 31, Bl. 16). Auch wenn Seebergs Gutachten bislang nicht gefunden wurde oder nicht erhalten geblieben ist, erscheint es wahrscheinlich, dass er den modern-positiven Hoffmann positiv begutachtet hatte. Zur Geschichte der theologischen Fakultät in Königsberg s. *Tilitzki*, Albertus-Universität, 28–43.

53 Vgl. die Akten zu Klostermanns Ernennung, in: GStA PK, I. HA, Rep. 76 Va, Sekt. 9, Tit. IV, Nr. 9, Bd. IV, Bl. 65^{r}–73^{r}; s. auch *Aland*, Klostermann, Erich.

54 Vgl. Nr. 305, *Briefwechsel*.

55 Vgl. Nr. 313, *Briefwechsel*.

fessur nach Wien, die 1909 in ein Ordinariat umgewandelt wurde.[56] Als der neue Kultusminister Ludwig Holle nach Wobbermins Wechsel nach Breslau 1907 dem positiven Biblizisten und Cremer-Schüler aus Greifswald, Karl Bornhäuser, der bis dahin den Hallenser Lehrstuhl Reischles vertreten hatte, das etatmäßige Extraordinariat übergab, fühlte sich die Marburger Fakultät – erneut angeführt von Wilhelm Herrmann – zum Protest und die Presse zu kritischen Artikeln gegen die kultusministerielle Besetzungspolitik herausgefordert, da sie in der Ernennung Bornhäusers einen kultusministeriellen Oktroi der positiv-konservativen Richtung sahen.[57] Althoff und Harnack waren an dieser Berufung nicht beteiligt worden.[58] Am Beispiel Bornhäuser in Marburg zeigt sich, dass Althoff und dadurch auch Harnack zu diesem Zeitpunkt nur einen begrenzten Einfluss auf theologische Berufungsverfahren hatten. Althoff war zwar offiziell noch Ministerialdirektor, aber durch seine gesundheitlichen Einschränkungen nur noch mit wenigen Projekten beschäftigt. Gleichzeitig nutzte Ludwig Elster offenbar die Situation, um positive Theologen Greifswalder Prägung auf preußischen Lehrstühlen zu verteilen, worin ihn Reinhold Seeberg unterstützte.[59]

4.5 Extraordinariat für Altes Testament in Berlin 1907

Als es, nachdem Hermann Gunkel auf ein Ordinariat nach Gießen gewechselt war, 1907 dessen alttestamentliches Extraordinariat in Berlin neu zu besetzen galt, empfahl Julius Wellhausen Harnack den Göttinger Septuaginta-Forscher Alfred Rahlfs. Er schickte ihm dazu am 18. Februar Rahlfs Septuaginta-Studien in der Absicht zu, ihn „für das Buch und den V[er]f[asser] zu interessiren."[60] Jener begeisterte sich tatsächlich für Rahlfs' Werk, das er in einem nicht überlieferten Schreiben an Wellhau-

56 Vgl. die Akten zu Knopfs Wechsel nach Wien, in: GStA PK, I. HA, Rep. 76, Sekt. 12, Tit. IV, Nr. 5, Bd. IV, Bl. 77^{r}–79^{r}; 109^{r}–114^{r}, 117^{r}, 120^{r}–121^{r}.

57 Vgl. das Schreiben des Kurators an den Kultusminister vom 23.07. mit dem Fakultätsantrag für zwei Extraordinariate vom 17.07.1906 und den Bestallungsantrag für Knopf für ein nichtetatmäßiges Extraordinariat vom 21.09.1906 (a.a.O., Bd. IV, Bl. 64^{rv}; 65^{r}–66^{v}; 72^{r}–73^{r}). Die Akten zu Bornhäusers Berufung inklusive der Protestäußerungen der Marburger Fakultät vgl. ebd., Bl. 83^{r}–107^{v}; 116^{r}; 118^{r}–119^{r}; 123^{r}; s. auch *Jülicher*, Entmündigung, 7–10. Vgl. auch die Briefe Herrmanns an Althoff vom 08., 20.07., 05.08. und 01.10.1906 und Althoffs Notizen darauf sowie Althoffs Antwort an Herrmann vom 03.08.1906 (a.a.O., VI. HA, NL Althoff, Nr. 764, Bl. 67^{r}, 68^{r}; 69^{rv}; 71^{r}–72^{v}; 73^{r}; 70^{rv}).

58 Vgl. Althoff an Paalzow am 28.07.1907 (in: GStA PK, VI. HA, NL Althoff, Nr. 1084, Bl. 34^{rv}).

59 Zu Seebergs Einflussnahme s.u. in diesem Teil, Abschnitt 4.7, S. 145.

60 Wellhausen an Harnack am 18.02.1907 (in: *Wellhausen*, Briefe, Nr. 788); s. *Rahlfs*, Text des Septuaginta-Psalters.

sen als eine „stupende Leistung" bezeichnete.[61] Parallel wandte sich Rudolf Smend in einer mit Wellhausen koordinierten Aktion an Althoff, um ihm Rahlfs ebenfalls als Kandidaten für Berlin nahezulegen.[62] Althoff leitete Harnack Smends Schreiben am 26. Februar zusammen mit einer Notiz des Göttinger Ökonomen Wilhelm Lexis weiter, der bereits um Smends Vorschlag und Wellhausens Anfrage bei Harnack wusste.[63] Harnack griff die Anregung auf, indem er Rahlfs in die Fakultätsliste für das Berliner Extraordinariat aufnahm.[64] Der von Althoff außerdem erwogene Breslauer Extraordinarius Max Löhr fand in der Fakultät keine Mehrheit. Letztlich verblieb Rahlfs als Extraordinarius in Göttingen, da Althoff dies als die bessere Lösung ansah, obwohl sich auch der zuständige Referent Ludwig Elster für den Göttinger Forscher ausgesprochen hatte.[65] Rahlfs blieb auch deshalb in Göttingen, weil das Septuaginta-Unternehmen in eine langfristige Bahn geleitet werden sollte. Dies geschah mit Unterstützung Althoffs, indem sich die Göttinger Akademie der Wissenschaften 1907 des Projektes annahm.[66] Für Berlin ernannte der Kultusminister stattdessen den vormaligen Kieler Privatdozenten Hugo Greßmann, der wie Gunkel der religionsgeschichtlichen Schule zuzurechnen war, zum alttestamentlichen Extraordinarius.[67]

4.6 Ordinariate und Extraordinariate für Praktische Theologie 1907

Als es im Jahr 1907 fünf Professuren für Praktische Theologie in Preußen zu besetzen galt, schlug Althoff Ende Mai ein Treffen mit Harnack und Friedrich Loofs

---

61 Lexis an Althoff am 14.04.1907 (a.a.O., VI. HA, NL Althoff, Nr. 619, Bl. 46^{rv}: 46^{r}; Abschrift a.a.O., I. HA, Rep. 76 Va, Sekt. 2, Tit. IV, Nr. 44, Bd. 6, Bl. 71^{r}). Der Brief Harnacks an Wellhausen von Ende Februar 1907 ist im NL Wellhausens (SUB Göttingen) nicht erhalten, wie mir Frau Bärbel Mund am 25.08.2020 freundlicherweise mitteilte.

62 Vgl. Smend an Althoff am 23.02.1907 (Nr. 332, *Briefwechsel*).

63 Vgl. Althoff an Harnack am 26.02.1907 (ebd.) und den Ausschnitt aus einem Brief von Lexis an Althoff vom 25.02.1907 (Nr. 332.1, *Briefwechsel*).

64 Vgl. die Fakultätsvorschläge vom 26.03.1907 (a.a.O., Bd. 6, Bl. 64^{r}–67^{r}).

65 Vgl. Althoffs Notiz vom 16.04.1907 (a.a.O., Bd. 6, Bl. 71^{v}) und die Notiz Elsters am 04.04. auf den Fakultätsvorschlägen (ebd., Bl. 64^{r}).

66 Vgl. *Smend*, Der geistige Vater, 333–338.

67 Vgl. die Akten a.a.O., Bd. 6, Bl. 72^{r}–73^{r}; 103^{r}–104^{r}; 106^{r}–108^{r} und in HUB UA, Theol. Fak., Nr. 168, Bl. 86, 87; zu Greßmann s. das Biogramm, S. 502.

vor.[68] Es ging um die Praktisch-Theologischen Professuren in Greifswald,[69] Halle,[70] Berlin,[71] Breslau[72] und Königsberg.[73]
Über die Vorverhandlungen in Greifswald hatte Althoff Harnack bereits im März 1907 informiert, nachdem er bei dem dortigen Praktischen Theologen Samuel Oettli schon im Februar abgefragt hatte, wen dieser als Nachfolger des im März 1906 verstorbenen Martin von Nathusius wünsche. Dessen Ordinariat ersetzte das Ministerium durch ein praktisch-theologisches Extraordinariat, nachdem bereits 1905 der Luthardt-Schüler Johannes Kunze als systematisch-theologischer Ersatz-Ordinarius berufen worden war, der zusätzlich noch die Praktische Theologie vertrat.[74] Harnack hatte Oettlis Brief an seinen Berliner Fakultätskollegen Julius Kaftan weitergeleitet, der ihm eine alternative Beurteilung der von Oettli vorgeschlagenen Kandidaten bot.[75]

Das erwähnte Gespräch zwischen Althoff, Harnack und Loofs fand am 3. Juni in Althoffs Privatwohnung in Steglitz statt und hatte den Zweck, sich über die zu besetzenden Professuren auszutauschen.[76] Es sollten mögliche Kandidaten eruiert und wahrscheinlich eine übergreifende Strategie entwickelt werden. Über welche Theologen sie sprachen, lässt sich, auch wenn kein Bericht über das Treffen überliefert ist, aus Althoffs Notizen auf dem Brief Harnacks vom 31. Mai ersehen.[77] Nach Harnacks Ansicht war der Marburger Extraordinarius Johannes Bauer sowohl für Königsberg als auch für Breslau geeignet. Harnacks Berliner Schüler und Sohn des geistlichen Vizepräses des EOK, Eduard von der Goltz, der Leiter des Predigersemi-

---

68 Vgl. Althoff an Harnack und Harnack an Althoff am 31.05.1907 sowie Harnack an Loofs am 31.05. und 01.06.1907 (Nr. 348–349.2, *Briefwechsel*).

69 Vgl. die Akten in: GStA PK, I. HA, Rep. 76 Va, Sekt. 7, Tit. IV, Nr. 19, Bd. VIII, o.Bl. Die Fakultät hatte am 24.06.1907 Johannes Reinhard, Johannes Steinbeck und Ernst Petran vorgeschlagen (vgl. ebd.).

70 Vgl. die Akten a.a.O., Sekt. 8, Tit. IV, Nr. 31, Bd. VI, Bl. 285^r–288^r; 290^r–294^v; 297^r; ebd., Bd. VII, Bl. 9^r–19^v. Für die erledigte Professur schlug die Fakultät am 30.11.1907 Paul Althaus d.Ä., Paul Drews und Franz Rendtorff vor (ebd., Bd. VI, Bl. 292^r–294^v).

71 Vgl. die Akten a.a.O., Sekt. 2, Tit. IV, Nr. 44, Bd. VI, Bl. 52^{rv}; 134^r–143^r; 149^r; 172^r–184^v; 186^r–187^r; 259^r–261^r; 313^r–322^r.

72 Vgl. die Akten a.a.O., Sekt. 4, Tit. IV, Nr. 32, Bd. VI, Bl. 212^r–222^v; 227^r–234^r.

73 Vgl. die Akten a.a.O., Sekt. 11, Tit. IV, Nr. 18, Bd. VI, o.Bl.

74 Vgl. Studt an den Kurator am 12.05.1906 (a.a.O., Sekt. 7, Tit. IV, Nr. 19, Bd. VIII, o.Bl.); s. die Akten zur Berufung Kunzes a.a.O., Bd. VII, o.Bl.

75 Vgl. Harnack an Althoff am 15.03.1907 sowie die beiliegenden Briefe von Julius Kaftan und Samuel Oettli (Nr. 334–334.1, *Briefwechsel*).

76 Vgl. Nr. 349.2, *Briefwechsel*.

77 Vgl. Althoffs Notizen auf Harnacks Brief vom 31.05.1907 (Nr. 349, *Briefwechsel*).

nars in Wittenburg war, könne man nach Königsberg schicken, auch wenn er ein „schwacher Prediger" sei.[78]

An der Besetzung der praktisch-theologischen Lehrstühle war Althoff schließlich nicht mehr beteiligt, weil er Ende September 1907 aus dem Dienst ausschied.[79] In Halle erhielt der moderne Theologe Paul Drews das praktisch-theologische Ordinariat als Nachfolger des positiven Theologen Hermann Hering zum April 1908, während in Greifswald der Lehrstuhl des konservativen Martin von Nathusius mit dem positiven Extraordinarius Johannes Steinbeck besetzt wurde, was Oettlis Wunsch entsprach, während Eduard von der Goltz dort ebenfalls ein Extraordinariat erhielt.[80] In Breslau ernannte Studts Nachfolger Ludwig Holle 1907 Paul Gennrich zum Nachfolger des Lutherforschers Gustav Kawerau, der nach dem Tod Hermann von der Goltz' Propst der Berliner St. Petri Kirche geworden war. In Königsberg wurde im selben Jahr der von Harnack favorisierte Johannes Bauer zum Ordinarius für Praktische Theologie ernannt.[81]

4.7 Reinhold Seeberg als alternativer Berater im Kultusministerium: Das sog. „System Seeberg"

Den vakanten praktisch-theologischen Lehrstuhl in Berlin besetzte Kultusminister Holle erst 1909 mit dem positiven Frankfurter Superintendenten Friedrich Mahling.[82] An dieser Lehrstuhlbesetzung wie auch an der verhinderten Berufung Ernst Troeltschs 1908 nach Berlin lässt sich am besten nachvollziehen, wie der Einfluss des modern-positiven Dogmatikers Reinhold Seeberg auf die Berufungspolitik des preußischen Kultusministeriums wuchs, während Harnacks Einfluss mit Althoffs Krankheit und Tod in diesen Fragen schwand.[83] Althoffs Nachfolger Ludwig Elster zog Seeberg zwischen 1899 und 1912 in mehreren Berufungsverfahren zu Rate, insbesondere als Gutachter über ehemalige Erlanger Kollegen sowie über lutherische und modern-positive Theologen wie Johannes Kunze, Richard Hoffmann, Paul Feine

78 Ebd. Vgl. auch Loofs' Exposé über weitere Kandidaten anderer Disziplinen, u.a. über Carl Steuernagel an Althoff vom 17.06.1907 (ebd., Nr. 842, Bl. 59^{rv}; teilweise Abschrift ebd., Bl. 60^{r}).

79 Vgl. Nr. 358, *Briefwechsel*.

80 Zur Berufung von Drews s.o. Anm. 70; zu Greifswald s.o. Anm. 69 und unten Nr. 334.1, *Briefwechsel* und das Biogramm, S. 500.

81 Zur Berufung von Gennrich s.o. Anm. 72 und von Bauer s. Anm. 73.

82 Zu Mahling s. das Biogramm, S. 529.

83 Vgl. die einschlägigen Akten (N 1052, Nr. 30+31) im Nachlass Seebergs im Bundesarchiv; s. dazu *Graf*, Kulturlutheraner, 232 mit Anm. 40.

oder Erich Schäder.[84] Elsters Stil war dabei deutlich formaler als derjenige Althoffs und seine Anfragen konzentrierten sich auf Gutachten zu den in Frage stehenden Kandidaten. Zugleich bat Elster Seeberg regelmäßig zu Gesprächen ins Kultusministerium.[85]

Die Einflussnahme Seebergs blieb in der Öffentlichkeit nicht unbeobachtet, wozu maßgeblich die von Martin Rade in der *Christlichen Welt* angestoßene Debatte um das sog. „System Seeberg“ beitrug.[86] Rade hatte eine öffentliche Debatte in Gang gesetzt, nachdem der Heidelberger Ordinarius für Neues Testament Adolf Deissmann 1908 zum Nachfolger des 80-jährigen Bernhard Weiß ernannt worden war. Obwohl die Mehrheit der Fakultät – bestehend aus Otto Pfleiderer, Paul Kleinert, Harnack, Wolf Graf von Baudissin und Karl Holl – den Marburger Neutestamentler Adolf Jülicher für den frei werdenden Lehrstuhl favorisiert hatte, setzte die Minderheit, zu der Bernhard Weiß, Kaftan und Seeberg zählten, im Ministerium ihren Wunschkandidat Deissmann mit dem Argument durch, dass die Majorität ihn an zweiter Stelle genannt habe.[87] Nach diesem – aus Harnacks Perspektive missglückten – Berufungsverfahren blieb das Verhältnis des Kirchenhistorikers zu seinem neutestamentlichen Kollegen Deissmann anscheinend dauerhaft distanziert. Denn obgleich Harnack einen positiven Eindruck von ihm gewann, als er nach Berlin kam, hielt er den Neutestamentler nur für mittelmäßig.[88] Reinhold Seeberg hingegen pflegte eine langjährige Freundschaft mit Deissmann, die in dessen Gedächtnisrede für den baltischen Dogmatiker kulminierte.[89] Außerdem konkurrierte Harnack 1913 innerfakultär mit Deissmann, als dieser die von

84 Vgl. Elster an Seeberg am 07.10.1899, am 23.01.1903, am 04.08.1905, am 21.10.1906, am 11.01., 22.01.1907 (in: BA, NL Seeberg, N 1052, Nr. 31, Bl. 1, 8^{rv}, 12, 16, 17 und 18^{rv}) und am 02.03.1912 (ebd., Nr. 30, Bl. 59, 60).

85 Vgl. Elster an Seeberg am 08.01.1905, am 19.02., 08.03., 13.11., 28.12., 29.12.1906, 11.01.1908 (ebd., Nr. 30, Bl. 11^{rv}, 22^{rv}, 23, 27, 29, 31, 39).

86 Vgl. *Rade*, Das System Seeberg, *Rade*, Kleine Mitteilungen, *Seeberg*, „Das System Seeberg“ sowie *Rade*, Noch einmal das System Seeberg, s. dazu *Jülicher*, Entmündigung, 53, Troeltsch an Bousset am 27.07.1914, in: *Troeltsch*, Briefe III, KGA 20, 682, *Liebing*, Marburger Fakultät, 49, *Basse*, Konzeptionen, 49f. mit Anm. 94, *Kaufmann*, Harnacks und Seebergs, 194, Anm. 119.

87 Vgl. die Fakultätsakten, in: HUB UA, Theol. Fak., Nr. 168, Bl. 88^{r}–109^{v}, die Ministerialakten in: GStA PK, I. HA, Rep. 76 Va, Sekt. 2, Tit. IV, Nr. 44, Bd. VI, Bl. 110^{r}–133^{r}, Harnack an Rade am 11.01.1908 (in: *Jantsch*, Harnack-Rade, Nr. 414), Troeltsch an Jülicher am 19.01.1908 (in: *Troeltsch*, Briefe III, KGA 20, 263–265), *Rade*, Das System Seeberg, 420f., *Nottmeier*, Brief Max Webers an Adolf Deissmann, 115, *Gerber*, Deissmann the Philologist, 81–89, *Markschies*, Adolf Deissmann, 315f. sowie Nr. 367, *Briefwechsel*. Die Mehrheit hatte an zweiter Stelle Deissmann und an dritter Position Ernst von Dobschütz genannt, während die Minderheit (Weiß und Seeberg) Paul Feine und Ernst Kühl gewählt hatten (vgl. die Fakultätsvorschläge vom 25.12.1907 a.a.O., Nr. 44, Bd. VI, Bl. 114^{r}–118a).

88 Vgl. Harnack an Althoff am 24.04.1908 (Nr. 367, *Briefwechsel*).

89 Vgl. *Deissmann*, Reinhold Seeberg.

jenem betriebene Berufung Troeltschs an die Berliner evangelisch-theologische Fakultät zusammen mit Reinhold Seeberg konterkarierte.[90] Die Berufung Deissmanns rief, obwohl sie von den positiv-theologischen Fakultätsmitgliedern Weiß und Seeberg sowie dem konservativer Ritschlianer Kaftan, der Deissmann vermutlich deshalb unterstützte, weil er bei ihm studiert hatte, betrieben worden war, bei den kirchlich-konservativen Kreisen scharfen Protest hervor, weil sie nach der gleichzeitigen Ernennung von Paul Drews in Halle fürchteten, dass das Kultusministerium nun mehrheitlich moderne Theologen berufen werde.[91] Harnack wie Rade echauffierte dieser Effekt der Deissmannschen Berufung, gegen den sich Rade in Harnacks Auftrag öffentlich wehren sollte.[92] Rade prangerte daraufhin Seebergs Unredlichkeit an, die darin bestünde, dass dieser sich nicht um eine Klarstellung der Umstände bemüht habe, sondern die Kirchlich-Konservativen gegen die modernen Theologen habe agitieren lassen. Obwohl Rades Artikel nur ein geringes Echo hervorrief, äußerte sich Seeberg selbst zu dem Vorwurf in der *Christlichen Welt*, selbstverständlich ohne ihn anzuerkennen.[93] Seeberg verteidigte das Vorgehen der kirchlichen Presse, die das Prinzip der Parität habe aufrecht erhalten wollen, das Rade in seiner Replik grundsätzlich ablehnte, weil es die Theologie auf einen Dualismus der Richtungen reduziere.[94]

Unabhängig von der publizistischen Debatte zwischen Rade und Seeberg, betrieb letzterer seine Einflussnahme im Kultusministerium, wie bereits erwähnt, weiter, als es den systematisch-theologischen Lehrstuhl Otto Pfleiderers und denjenigen für praktische Theologie von Paul Kleinert 1908 neu zu besetzen galt. Nachdem die Göttinger Fakultät 1906 Troeltsch vermutlich deshalb abgelehnt hatte, weil

90 Vgl. *Graf*, Nur wenig Licht aus Ost-Berlin, 251 und *Troeltsch*, Briefe III, KGA 20, 679, Anm. 4. Die Briefe Deissmanns an Harnack zwischen 1905 und 1930 finden sich in: SBB PK, NL Harnack, K 29, Mp. Deissmann. Nach *Nottmeier*, Brief Max Webers an Adolf Deissmann, 124f. liegen im Teilnachlass von Adolf Deissmann. Der Deissmann-Nachlass, der sich, als Nottmeier für seinen Artikel recherchierte, in der Zentralen Landesbibliothek Berlin befand, 2023 ins Universitätsarchiv der Humboldt-Universität Berlin überführt. Die Einsicht derjenigen Nachlass-Nummern, die Deissmanns Korrespondenz von 1908 enthält, hat ergeben, dass dort nur in Nr. 724 eine Karte Harnacks überliefert ist. Mit dieser dankte der Kirchenhistoriker seinem Kollegen am 11.05.1908 für Deissmanns Geburtstagsglückwünsche und dessen neuestes Werk „Licht aus dem Osten“ (die Mappe enthält insgesamt eine lose Briefsammlung ohne Paginierung mit Danksagungen zu diesem Buch). Zur Problematik des Deissmann-Nachlasses s. *Nottmeier*, Brief Max Webers an Adolf Deissmann, 123–125 und *Graf*, Nur wenig Licht aus Ost-Berlin, 244f.

91 Vgl. *Rade*, Das System Seeberg, 419–424.

92 Vgl. Harnack an Rade am 11.01.1908 (in: *Jantsch*, Harnack-Rade, Nr. 414) und *Rade*, Das System Seeberg, 419–424.

93 Vgl. *Rade*, Kleine Mitteilungen und *Seeberg*, „Das System Seeberg“.

94 Vgl. ebd. und *Rade*, Noch einmal das System Seeberg, 684–686.

er ihnen theologisch zu modern war, versuchte Harnack ihn 1908/09 als Nachfolger des verstorbenen Pfleiderer durchzusetzen. Parallel schlug auch die philosophische Fakultät ihn für das Ordinariat des ebenfalls verstorbenen Friedrich Paulsen vor.[95] Beide Berufungen kamen jedoch nicht zustande, sodass Troeltsch in Heidelberg blieb. 1913 versuchte Harnack nochmals, Troeltsch an die Berliner Theologische Fakultät berufen zu lassen, was ihm allerdings wegen des erbitterten Widerstands Seebergs, Kaftans, Kleinerts und Deissmanns, der zuvor Troeltschs Fakultätskollege in Heidelberg gewesen war, erneut nicht gelang.[96] Kultusminister August von Trott zu Solz verlegte daher das religionsphilosophische Ordinariat, für das Troeltsch vorgeschlagen worden war, aus der theologischen in die philosophische Fakultät. Diese nannte – zu drei Vorschlägen aufgefordert – an erster Stelle Troeltsch, sodass der Heidelberger Systematiker im nunmehr dritten Anlauf zum Sommersemester 1915 nach Berlin wechseln konnte.[97] Harnack, der Troeltschs Berufung 1908 und 1913 gegen Seebergs Einfluss forciert hatte, bedauerte zwar, dass Troeltsch in die philosophische Fakultät wechsele, zeigte sich aber erleichtert, dass jener endlich in die Reichshauptstadt komme.[98] Troeltsch hatte sich – anscheinend auf Harnacks Drängen hin – zu dem Orts- und Fakultätswechsel entschieden, wahrscheinlich auch um das „übermächtig[e] [...] System Seeberg" in seine Schranken zu weisen.[99]

Die Macht und der Einfluss Seebergs zeigte sich am deutlichsten an der erwähnten Berufung Friedrich Mahlings 1909 nach Berlin. Im Falle Troeltschs war eindeutig, dass Seeberg den Wechsel des modernen, kirchenkritischen Heidelberger Theologen nach Berlin mit allen Mitteln verhindern wollte. Während es sich im Fall Deissmanns nicht um einen positiven, sondern um einen wenn überhaupt konservativ-modernen Theologen handelte, war der kirchlich-konservative Pfarrer Friedrich Mahling Seebergs Wunschkandidat, den er in einem Separatvotum für die Nachfolge Paul Kleinerts vorschlug.[100] Die Fakultät hatte zuvor auf Betreiben des scheidenden Lehrstuhlinhabers Kleinert empfohlen, den Berliner Extraordinarius Eduard Simons, einen liberalen Theologen reformierter Prägung,[101] zum Or-

---

95 Vgl. *Graf*, Troeltsch in Berlin, 150–156, *Graf*, Ernst Troeltsch, 329–336, *Wirth*, Troeltsch und die Berliner Universität, 119–126 und *Troeltsch*, Briefe III, KGA 20, 313, Anm. 1 sowie die Akten in: HUB UA, Theol. Fak., Nr. 168, Bl. 127^r–142^r.

96 Vgl. *Wirth*, Troeltsch und die Berliner Universität, 137–143 und *Graf*, Nur wenig Licht aus Ost-Berlin, 249f.

97 Vgl. *Wirth*, Troeltsch und die Berliner Universität, 142–147.

98 Vgl. Harnack an Troeltsch 1914, in: *Troeltsch*, Briefe III, KGA 20, 650 mit Anm. 1.

99 Troeltsch an Bousset am 27.07.1914, ebd., 682.

100 Vgl. die Akten in: GStA PK, I. HA, Rep. 76 Va, Sekt. 2, Tit. IV, Nr. 44, Bd. VI, Bl. 52^{rv}, 134^r–143^r, 149^r, 172^r–184^v, 186^r–187^r, 259^r–261^r, 313^r–322^r und in: HUB UA, Theol. Fak., Nr. 168, Bl. 111^r–124^r, 143^r–144^r.

101 Zu Simons s. *Graf*, Simons.

dinarius zu befördern und gleichzeitig den Propst Gustav Kawerau zum Honorarprofessor zu ernennen. Doch das Kultusministerium unter Ludwig Holle war damit nicht zufrieden und forderte neue Vorschläge. Außerdem beauftragten die Ministerialbeamten Seeberg, sie über eventuelle Agitationen der kirchlich-konservativen Kreise zu informieren, und luden ihn zu einem Gespräch mit dem Minister ein.[102] Die Aufforderung nutzte der Dogmatiker, um mit einem Brief an Holle in den Berufungsverfahren in der praktischen und der systematischen Theologie gegen die modernen Kandidaten, Simons und Troeltsch, Stimmung zu machen. Deren Ernennung – so Seebergs Prognose – werde eine kirchlich-konservative Agitation nach sich ziehen, die das Kultusministerium vermeiden wolle.[103] Um eine kirchenpolitische Kontroverse zu verhindern, solle der Kultusminister möglichst bald einen positiven Theologen zum praktisch-theologischen Ordinarius berufen. Als Kandidaten schlug Seeberg den erwähnten Mahling vor, den Holle bestätigte, indem er Seeberg zu einer Besprechung mit Elster ins Kultusministerium einlud.[104] Die Berufung Mahlings, gegen die Harnack noch einzuschreiten erwog,[105] zeigt dass, der Einfluss des Kirchenhistorikers auf die Besetzungspolitik des Kultusministeriums endgültig gebrochen zu sein schien, was ihn aber nicht hinderte, sich weiterhin in die Wissenschaftspolitik einzubringen. Seine Beraterrolle in derselben, auf die noch eingegangen werden wird, entfaltete er in Kooperation mit Friedrich Schmidt-Ott weitgehend abseits der Theologie. Obgleich Seeberg 1910 noch einmal von Elster um gutachterliche Äußerungen gebeten wurde, hatte der lutherische Systematiker mit der Berufung Mahlings und der Agitation gegen Troeltsch im Winter 1908/09 – also kurz nach dem Ableben Althoffs – wohl den Höhepunkt seiner Macht erreicht.[106]

102 Vgl. die Briefe Seebergs vom März und April 1908 (a.a.O., Nr. 44, Bd. VI, Bl. 313^{r} und 314^{r}) sowie Elster an Seeberg am 24.03.1908 (in: BA, NL Seeberg, N 1052, Nr. 31, Bl. 22).

103 Vgl. Seeberg an Holle am 27.08.1908 (in: GStA PK, I. HA, Sekt. 2, Tit. IV, Nr. 44, Bd. VI, Bl. 259^{r}–260^{v}).

104 Vgl. Holle an Seeberg am 14.09.1908 (ebd., Bl. 261^{r} und a.a.O., NL Seeberg, N 1052, Nr. 31, Bl. 23 [Ausfertigung]).

105 Vgl. Kaftan an Harnack am 08.01.1909 (in: SBB PK, NL Harnack, K 34, Mp. Kaftan, Bl. 29^{r}–30^{r}) und Harnack an Rade am 27.02.1909 (in: *Jantsch*, Harnack-Rade, 625, Nr. 438). S. dazu auch *Graf*, Kulturlutheraner, 243.

106 Zu erwähnen ist noch, dass Seeberg wie Harnack 1916 ein Gutachten über den evangelischen Religionsunterricht für das Kultusministerium erstellte (vgl. die Gutachten in: GStA PK, I. HA, Rep. 76 VI, Sekt. 1, Gen. Z, Nr. 174, Bl. 240^{r}–245^{v} [Harnacks Gutachten] und Bl. 263^{r}–268^{r} [Seebergs Gutachten]; s. dazu *Roggenkamp-Kaufmann*, Religionspädagogik als „Praktische Theologie", 312–314). Zu ihrem parallelen Engagement für Frauenbildung s. *Kampmann*, Harnack zur „Frauenfrage", 437–440.

5 Exkurs: Ein Oktroi in der Nationalökonomie: Der „Fall Ludwig Bernhard"

Ein Paradebeispiel für einen kultusministerialen Oktroi, der in der Berliner Universitätslandschaft und der Öffentlichkeit eskalierte, war der „Fall Ludwig Bernhards" im Juni/Juli 1908.[1] Er soll in dieser der evangelischen Theologie gewidmeten Studie behandelt werden, um zu verdeutlichen, dass die oktroyierten Berufungen in der Theologie, wie sie beispielsweise bei den erwähnten Ernennungen Ernst Kühls, Ernst Cremers oder Karl Bornhäusers vorlagen, verhältnismäßig ruhig aufgenommen wurden.[2] Außerdem wird an diesem Fall nochmals Harnacks außergewöhnliche Stellung im Kultusministerium deutlich.

Der aus Berlin stammende Nationalökonom Ludwig Bernhard, den Harnack als Sohn seines Nachbarn, des Fabrikanten Leopold Bernhard, kennengelernt hatte und mit dem er in regelmäßigem Briefkontakt stand, war seit 1907 Ordinarius für Nationalökonomie in Kiel.[3] Er forschte schwerpunktmäßig zur sog. „Polenfrage", d.h. zu Themen, die sich mit dem Verhältnis Preußens zur polnischen Minderheit beschäftigten, und zur preußischen Sozialpolitik. Er hatte außerdem 1904 in dem von Harnack geleiteten Evangelisch-Sozialen Kongress, dessen Aktionskomitee er zwischen 1906 und 1911 angehörte, über *Das moderne Lohnsystem und Sozialpolitik* referiert.[4] Während der kultusministeriale Oktroi unter Althoff, wie die von ihm selbst in Auftrag gegebenen Listen zeigen, einerseits die Ausnahme geblieben war und der Ministerialdirektor andererseits den Fakultäten den oktroyierten Professor

1 Zum Fall Bernhard vgl. Bernhards Personalakte (in: GStA PK, I. HA, Rep. 76 XI, Nr. 45), die Akten zum Fall im Nachlass Althoffs (a.a.O., NL Althoff, Nr. 166 und 653) sowie Bernhards handschriftlichen Bericht über die Vorgänge zwischen dem 01. und 11.07.1908 (in: SBB PK, NL Delbrück, K 6, Fasz. 20, Bl. 15^r–18^r) sowie *Huber*, Dt. Verfassungsgeschichte, Bd. 4, 967–969 und *Brocke*, Berufungspolitik und Berufungspraxis, 92f.

2 Zur Berufung Ernst Kühls 1892 nach Marburg s.o. in diesem Teil, Abschnitt 2.4, S. 96–100; zu derjenigen E. Cremers 1895 s.o. in diesem Teil, Abschnitt 2.8, S. 111 und zu derjenigen Bornhäusers 1907 s.o. in diesem Teil, Abschnitt 4.4, S. 141. Die „Strafprofessuren" in Berlin 1892/93 und 1895/96 und 1902/03 in Bonn waren auch oktroyierte Professuren, besaßen aber zugleich einen kirchenpolitisch pazifizierenden Zweck, der ihnen eine über die universitätsinternen Debatten hinausgehende Konnotation gab (s. dazu Teil II, Abschnitt 1.2, Teil II, Abschnitt 4, S. 205f. und zu Ecke 1902 s. Abschnitt 5.2, S. 226f.).

3 Vgl. Harnack an Althoff am 29.06.1908 (Nr. 378, *Briefwechsel*). Zu Harnacks Verbindung zu Bernhard vgl. *Nottmeier*, Harnack, 345 mit Anm. 566 sowie die Briefe Bernhards in: SBB PK, NL Harnack, K 27, Mp. Bernhard. Zur Biografie Bernhards s. das Biogramm, S. 480.

4 Vgl. *Bernhard*, Das moderne Lohnsystem; s. dazu *Bruch*, Bürgerliche Sozialreform im dt. Kaiserreich, 118 und das Protokoll der Aktionskomiteesitzung des ESK vom 26.05.1905 (in: AESK, A. I. 2., o.Bl.).

https://doi.org/10.1515/9783112213193-009

in einer Weise zu vermitteln gewusst hatte, angesichts derer sie den ungewünschten Kandidaten akzeptieren konnten, gelang es den Ministerialbeamten Ludwig Elster und Otto Naumann, die Althoff im Amt nachfolgten, nicht, der Berliner philosophischen Fakultät den Nationalökonom Bernhard zu oktroyieren, ohne dass der Fall in der Fakultät und in der Öffentlichkeit breit diskutiert wurde.

Zu dem Oktroi Ludwig Bernhards war es gekommen, nachdem der Nationalökonom dem Kultusministerium im Februar 1908 mitgeteilt hatte, dass er die aus Freiburg i. Br. und Tübingen erhaltenen Rufe ablehnen würde, falls man ihn stattdessen nach Berlin versetzte. Als Grund für sein Verbleiben in Preußen hatte Bernhard insbesondere seine Forschungen zur Polenfrage angeführt, die ihn in den kommenden Jahren bekannt machen sollten.[5] Kultusminister Holle stimmte Bernhards Vorschlag bei einer sondierenden Verhandlung mit ihm noch im selben Monat zu und beauftragte daraufhin seinen Universitätsreferenten Elster, die Ernennung des Ökonomen zum persönlichen Ordinarius in Berlin vorzubereiten.[6]

Elster wiederum befragte zusammen mit dem zuständigen Unterstaatssekretär Hermann Wever und seinem Kollegen Otto Naumann im Juni 1908 Adolf Harnack, wie die oktroyierte Berufung am besten umzusetzen sei.[7] Harnack, der sich auch aus fachlichen Gründen für Bernhards Berufung aussprach, empfahl den Ministerialbeamten, zu diesem Zeitpunkt nicht mehr die Meinung der philosophischen Fakultät einzuholen, da die Berufung Bernhards bereits seit Februar 1908 entschieden sei. Vielmehr müsse das Kultusministerium die Verantwortung für die oktroyierte Berufung übernehmen, die Fakultät über die Ernennung informieren, sich für das Übergehen des gewohnheitsmäßigen Vorschlagsrecht entschuldigen und schließlich die „betroffenen Collegen vorher […] persönlich […] orientiren".[8] Außerdem dürfe nicht erwähnt werden, dass Reichskanzler von Bülow die Berufung Bernhards protegiert habe.[9]

Die Ministerialbeamten folgten Harnacks Empfehlung und Holle setzte Anfang Juni 1908 die zuständigen universitären Gremien über die Berufung Bernhards nach Berlin in Kenntnis. Die oktroyierte Ernennung Bernhards evozierte, wie erwartet, Protest in der philosophischen Fakultät, weil sie in ihrem gewohnheitsmäßigen Vorschlagsrecht übergangen worden war.[10] Daran konnte auch das Gespräch

5 Vgl. *Bernhard*, Die Polenfrage, *Bernhard*, Städtepolitik und *Bernhard*, Polenpolitik des Königreichs Preußen.

6 Vgl. das Protokoll der Verhandlung vom 27.02.1908 (in: GStA PK, I. HA, Rep. 76 XI, Nr. 45, o.Bl.). S. dort auch die weiteren Akten zu Bernhards Berufung.

7 Vgl. Harnack an Althoff am 12.06.1908 (Nr. 372, *Briefwechsel*).

8 Ebd.

9 Vgl. Bülow an Holle am 02.03.1908 (a.a.O., Rep. 76 XI, Nr. 45, o.Bl.).

10 Vgl. Holle an Bernhard am 01.06.1908 (ebd.).

nichts ändern, das Holle mit den Fachkollegen Bernhards, den Berliner Nationalökonomen Gustav Schmoller, Adolph Wagner und Max Sering, führte und in dem er sie über die Berufung des Kieler Ordinarius in Kenntnis setzte.[11] Die Fachkollegen waren v.a. deshalb konsterniert, weil sie durch die Berufung Bernhards, der ebenfalls in der Nationalökonomie und in den Staatswissenschaften Vorlesungen zu halten gedachte, Einbußen bei der Einnahme von Kollegiengelder fürchteten. Beide Gründe – die oktroyierte Berufung und der prognostizierte finanzielle Verlust – veranlassten die genannten Professoren, Bernhards Berufung noch verhindern zu wollen.[12]

Nachdem unter den Universitätskollegen bekannt geworden war, dass Harnack die Ministerialbeamten bei der Berufung Bernhards beraten hatte, äußerten die jene ihren Unmut, weil es so aussah, als ob der Kirchenhistoriker den ministerialen Oktroi Bernhards befürwortet habe.[13] Harnack sah sich deshalb gezwungen, dem Dekan der philosophischen Fakultät, Alois Brandl, zu schreiben, um klarzustellen, dass er es keineswegs befürworte, das gewohnheitsmäßige Vorschlagsrecht der Fakultäten zu übergehen.[14]

Außerdem empfahlen Harnack und Hans Delbrück dem bedrängten Bernhard, sich direkt an die Fakultät zu wenden. Er solle es ihr überlassen, über seine Berufung zu entscheiden, um sie angesichts des Oktrois milde zu stimmen.[15] Bernhard folgte diesem Rat und bat außerdem, da der Protest in der Universität und in der durch die Presse informierten Öffentlichkeit nicht abebbte, Anfang Juli den Kultusminister um seine Entlassung, nachdem die philosophische Fakultät ihm unmissverständlich mitgeteilt hatte, dass sie seine Berufung derzeit nicht wünsche.[16] Kultusminister Holle zeigte sich sowohl über das Vorgehen der philosophischen Fakultät, die zeitgleich ein Beschwerdeschreiben an ihn gerichtet hatte,[17] als auch über Bernhards direkte Verhandlungen mit der philosophischen Fakultät indigniert, da er dadurch seine Hoheitsrechte unterminiert sah.

Um die verfahrene Situation zu lösen, berief man im Kultusministerium mehrere Konferenzen ein, an denen Minister Holle, der zuständige Ministerialdirektor

11 Vgl. Holle an Schmoller am 28.05.1908 (Abschrift, in: GStA PK, VI. HA, NL Althoff, Nr. 653, Bl. 2).
12 Vgl. Schmoller an Althoff am 09.06.1908 (ebd., Bl. 3^r–3^a).
13 Vgl. Althoff an Harnack am 08.06. (Nr. 371, *Briefwechsel*) und Harnack an Althoff am 12.06.1908 (Nr. 372, *Briefwechsel*).
14 Vgl. Harnack an Althoff am 14.06.1908 (Nr. 373, *Briefwechsel*).
15 Vgl. den Briefentwurf Harnacks und Hans Delbrücks o.D. (in: SBB PK, NL Delbrück, K 6, Fasz. 20, Bl. 14) und Harnack an Althoff am 16.07.1908 (Nr. 381, *Briefwechsel*).
16 Vgl. Bernhard an Holle am 01.07.1908 und Brandl an Bernhard am 29.06.1908 (in: GStA PK, I. HA, Rep. 76 XI, Nr. 45, o.Bl.).
17 Vgl. den Bericht der Philosophischen Fakultät für Holle vom 29.06.1908 (ebd.).

Philipp Schwarzkopff und die Vortragenden Räte Naumann, Elster und Friedrich Schmidt-Ott sowie auch Harnack teilnahmen.[18] Während einer dieser Konferenzen unterbreitete Schmidt-Ott schließlich die Lösung, die alle Seiten zufrieden stellen sollte. Sie sah vor, dass Bernhard sein Entlassungsgesuch nicht zurückziehen, sondern stattdessen einen sechs- oder zwölfmonatigen Urlaub beantragen solle, den der Minister ihm gewähren werde.[19] Außerdem ließ Holle, ähnlich wie es Robert Bosse 1892 gegenüber der Marburger Theologischen Fakultät formuliert hatte,[20] der philosophischen Fakultät mitteilen, dass er nicht auf ihr Beschwerdeschreiben eingehen werde, da sie kein Recht zu der vorgetragenen Kritik besitze.[21] Diese Lösung des „Falls Bernhard“ basierte darauf, dass Gustav Schmoller sich Anfang Juli nach erneuten Verhandlungen mit dem Kultusminister mit der von Schmidt-Ott vorgeschlagenen Lösung einverstanden erklärt hatte.[22] Bernhard, der ebenfalls über diese Lösung informiert worden war, trat das Ordinariat letztendlich erst zum Wintersemester 1909/10 an.[23] Bereits nach einem Jahr stand Bernhard erneut im Mittelpunkt eines öffentlichen Streits unter den Berliner Professoren der Nationalökonomie. Die Kollegen warfen ihm vor, dass er sich nicht an die 1908 inoffiziell getroffene Verabredung halte, auf nationalökonomische Hauptvorlesungen zu verzichten.[24]

Harnack und Althoff tauschten sich parallel zu den geschilderten Ereignissen im Juni/Juli 1908 über den „Fall Bernhard“ aus, für den der ehemalige Ministerialdirektor zwar formal nicht mehr zuständig war, für den er sich aber noch verantwortlich fühlte.[25] Da Althoff Anfang Juli zur Kur nach Schierke gefahren war, berichtete Harnack ihm über den Verlauf des „Falles Bernhard“, nachdem sich die Ereignisse in den ersten Julitagen überschlagen hatten.[26] Althoff hatte zwar während seines Aufenthalts in Schierke noch versucht, auf den Fall Einfluss zu neh-

---

18 Vgl. Harnack an Althoff am 12.07.1908 (Nr. 379, *Briefwechsel*) und Harnack an Schmidt-Ott am 06.07.1908 (2x) (in: GStA PK, NL Schmidt-Ott, Nr. 38, o.Bl.).

19 Vgl. ebd., Bernhard an Holle am 09.07.1908 und Holle an Bernhard am 12.07.1908 (in: GStA PK, I. HA, Rep. 76 XI, Nr. 45, o.Bl.).

20 S.o. in diesem Teil, Abschnitt 2.4, S. 99.

21 Vgl. Holle an die philosophische Fakultät vom 12.07.1908 (in: GStA PK, I. HA, Rep. 76 XI, Nr. 45, o.Bl.).

22 Vgl. das Protokoll Otto Naumanns vom 08.07.1908 über das Gespräch mit Schmoller (ebd.), Schmoller an Althoff am 08.07.1908 und Althoff an Schmoller am 15.07.1908 (in: GStA PK, VI. HA, NL Althoff, Nr. 653, Bl. 25^r–26^r; 36^r–37^v).

23 Vgl. Bernhards handschriftlichen Bericht über die Ereignisse zwischen dem 01. und 11.07.1908 (in: SBB PK, NL Delbrück, K 6, Fasz. 20, Bl. 15^r–18^r).

24 Vgl. dazu *Huber*, Dt. Verfassungsgeschichte, Bd. 4, 969f. und *Bruch*, Gelehrtenpolitik, 130–132.

25 Vgl. Althoff an Holle am 09.07.1908 (in: GStA PK, VI. HA, NL Althoff, Nr. 653, Bl. 19–20^v).

26 Vgl. Harnack an Schmidt-Ott am 06.07.1908 (2x) (in: GStA PK, NL Schmidt-Ott, Nr. 38, o.Bl.). und Nr. 379, *Briefwechsel*.

men, aber es gelang ihm nur in Maßen, da die Beteiligten ihn – sich auf Althoffs krankheitsbedingte Schonung berufend – nur unzureichend informierten, und die Angelegenheit stattdessen persönlich in Berlin regelten.[27] Althoff vertrat die Meinung, in der seine Freunde ihm zustimmten, dass es zu einem solchen Skandal, wie er im Fall Bernhard eingetreten war, unter seiner Verwaltung nicht gekommen wäre. Er erinnerte außerdem an seine zuvor in der Hochschulverwaltung praktizierte Leitlinie, der zufolge die Anhörung der Fakultät bei einer Professorenberufung zwar gewohnheitsrechtlich vorgesehen, aber keineswegs verpflichtend vorgeschrieben sei.[28] Harnacks Position im „Fall Bernhard“ entsprach seiner sonstigen Haltung zum ministerialen Oktroi, den er als gelegentlich legitim ansah. Wie schon im Fall Martin Spahns 1901, war er bereit, die Hoheitsrechte des Staates gegen die universitären Korporationsrechte.[29] Der „Fall Ludwig Bernhard“ verdeutlicht damit noch einmal sehr deutlich die Althoffsche wie die Harnacksche Meinung bezüglich des gewohnheitsmäßigen Vorschlagsrechts der Fakultäten und der Möglichkeiten des ministerialen Oktrois. Er zeigt aber auch, dass die kirchenpolitisch motivierten, oktroyierten Berufungen, die die Parität zwischen positiven und modernen Theologen gewährleisten sollten, keine Einzelfälle waren, sondern der Oktroi in allen Disziplinen eine geläufige Praxis darstellte.[30] Diese Praxis war nach der Auffassung der Kultusminister Bosse und Holle auch durch die ihnen eignenden Hoheitsrechte gedeckt, die sie den protestierenden Fakultäten jeweils noch einmal explizit in Erinnerung riefen.

---

27 Vgl. Althoff an Holle am 03.07.1908, Lucie Schmoller an Althoff am 03.07.1908 und Holle an Althoff am 04.07.1908 (a.a.O., NL Althoff, Nr. 653, Bl. 19^r–20^v; 21^r–22^r; 23^r).

28 Vgl. Althoff an Schmoller am 15.07.1908 (ebd., Bl. 36^r–37^v).

29 Vgl. dazu *Huber*, Dt. Verfassungsgeschichte, Bd. 4, 966, 969.

30 So auch bei der Ernennung des Serumforschers Emil Behring 1893 zum Extraordinarius in Halle und 1895 zum Ordinarius in Marburg (vgl. *Brocke*, Berufungspolitik und Berufungspraxis, 93f.).

6 Beurteilung

Nach diesem kurzen Exkurs zum kultusministerialen Oktroi soll die von Friedrich Althoff mit Adolf Harnacks Rat geübte Berufungspraxis in den evangelisch-theologischen Fakultäten noch einmal abschließend betrachtet werden. Althoffs und Harnacks Kooperation in den Berufungsverfahren konzentrierte sich auf die Jahre 1888 bis 1897, da Althoff das Ressort danach an Ludwig Elster übergab, nachdem er zum Ministerialdirektor der Ersten Unterrichtsabteilung befördert worden war. Zwischen 1897 und 1908 spielten die theologischen Berufungsverfahren zwar weiterhin eine Rolle, nahmen aber nicht mehr den Raum wie zuvor ein. Harnack und Althoff bauten ihre hochschulorganisatorische Kooperation in der evangelischen Theologie auf denjenigen Erfahrungen auf, die sie in den Berufungsverfahren Harnacks in Marburg und Berlin gemacht hatten. Die Auseinandersetzung zwischen dem Evangelischen Oberkirchenrat und dem Kultusministerium um Harnacks Berufung nach Berlin und die Ablehnung des kirchlichen Votums durch Wilhelm II. hatte die Position der staatlichen Behörde gestärkt, sodass Althoff und Harnack in den Jahren bis 1892/93 relativ unbehelligt Vertreter der historisch-kritischen Methode bei den Lehrstuhlbesetzungen in der evangelischen Theologie berücksichtigen konnten. Dadurch etablierten sie diese Methode standardmäßig in der evangelischen Theologie des Kaiserreichs und trugen zu deren Professionalisierung bei. Zwischen 1893 und 1902 waren ihre Möglichkeiten in dieser Hinsicht beschränkter, weil die kirchenpolitischen Auseinandersetzungen und die Politik des Kultusministers Robert Bosse Althoff zum Prinzip der paritätischen Besetzung zwang. Erst der Ministerwechsel zu Konrad von Studt 1899 und der Privatdozentenstreit 1906 eröffneten neue Chancen zur Berufung moderner Theologen an preußische Universitäten.

Der Universitätsreferent Friedrich Althoff folgte in seiner Verwaltungspraxis zusammen mit seinem Mitarbeiter Bernhard Weiß dem bereits erwähnte Prozedere,[1] das aus der Trias von Anhörung der Fakultät, Vorauswahl der Kandidaten und Beratung durch ministeriumsexterne professorale Berater bestand. Althoff verfolgte dabei eigene langfristige Pläne mit den Professoren und Privatdozenten, über die er Harnack wiederholt, die betroffenen Personen nur in Ausnahmefällen in Kenntnis setzte. Das hatte zur Folge, dass er gelegentlich gegen seine eigene Verwaltungspraxis verstoßen musste, die vorsah, einen Lehrstuhlinhaber nicht nach kurzer Zeit erneut zu versetzen. Wenn ihm ein Wechsel zupass kam, weil der für den speziellen Professor vorgesehene Lehrstuhl vorzeitig frei wurde, setzte er sich darüber hinweg, so z.B. in den Fällen Harnacks 1888, Ernst Kühls 1895 und Max Rei-

1 S.o. in diesem Teil, Abschnitt 2.1, S. 90.

https://doi.org/10.1515/9783112213193-010

schles 1896. Außerdem rekrutierte Althoff dank der Fluidität der theologischen Disziplinen, die erst zu Beginn des 20. Jahrhunderts deutlich abnahm, unterschiedliche Fachvertreter gleichzeitig für einen Lehrstuhl.[2] Immer wieder lehnte Althoff Fakultätswünsche ab, um einen Professor für einen Lehrstuhl aufzusparen, der zeitnah vakant werden würde, wie das Beispiel Emil Schürers verdeutlicht.[3] Insbesondere die Wünsche der Theologischen Fakultät in Marburg – ob zufällig oder beabsichtigt lässt sich nicht nachvollziehen – blieben dabei mehrfach unbeachtet, bzw. wurden ihre Einwände gegen die Berufungen ignoriert.[4] Das gewohnheitsmäßige Vorschlagsrecht der Fakultäten bei Berufungen überging Althoff wiederholt, weil er der Ansicht war, dass letztlich bei der „Besetzung der Lehrstühle nicht die Wünsche der Fakultäten entscheidend" seien und er angesichts der ihm vorliegenden Informationen allein über den notwendigen Weitblick in der Hochschulpolitik verfüge.[5] Dabei konnte er sich auf die Hoheitsrechte des Kultusministers berufen. Althoff fürchtete in den theologischen Fakultäten die Dominanz einer Richtung, wenn er den fakultären Präferenzen nachgebe.[6] Damit bekräftigte er den *status quo*, dass die Universitäten staatliche Einrichtungen seien, über die der Staat „das Letztbestimmungsrecht" habe.[7] Die Missachtung der universitären Autonomie von Seiten des Kultusministeriums bewertet die Forschung insgesamt eher wohlwollend. McClel-

---

2 So wurde etwa Seeberg 1890 für den Lehrstuhl für Kirchengeschichte in Göttingen vorgeschlagen, den er selbst ablehnte, weil er eine Professur für Dogmatik anstrebte (vgl. Seeberg an Weiß am 09.01.1891, in: GStA PK, I. HA, Rep. 76 Va, Sekt. 6, Tit. IV, Nr. 5, Bd. II, Bl. 196^{r}–197^{v}). Zur Veränderung der theologischen Disziplinen innerhalb des 19. Jahrhunderts s. *Anderson*, Challenge and Change, 38–40.

3 Dass die Professoren selbst ähnliche langfristige Pläne entwickelten, führt Wischmeyer aus, der der von Marita Baumgarten aufgestellten Rangfolge der Universitäten folgt (vgl. *Wischmeyer*, Theologiae Facultas, 194f.und *Baumgarten*, Professoren, 271–275; s.o. dazu Abschnitt 2.1, S. 17f.).

4 So auch der Autor des Artikels über das „Ministerium Bosse und die evangelisch-theologischen Fakultäten", der am 21.09.1895 in der Abend-Ausgabe der *Kölnischen Zeitung*, Nr. 813, S. 1 veröffentlicht wurde, sowie *Jülicher*, Entmündigung.

5 Althoff an Bosse am 31.08.o.J.[1895] (in: GStA PK, I. HA, Rep. 76 Va, Sekt. 12, Tit. IV, Nr. 5, Bd. III, Bl. 43^{r}–44^{v}: 44^{r}) und *Brocke*, System Althoff, 83. Althoff setzte sich mit der Frage auseinander, indem er im Februar 1895 eine Übersicht über die Berufungen an der Berliner Universität anfertigen ließ, aus der hervorgeht, dass es zwischen 1812 und 1895 an der Theologischen Fakultät Berlin neun Berufungen ohne oder gegen den Vorschlag der Fakultät gegeben hatte (vgl. die Übersicht vom 05.02.1895, in: GStA PK, VI. HA, NL Althoff, Nr. 95, Bl. 1^{r}–20^{v}: 19^{r}). Von diesen lag nur eine, nämlich diejenige Schlatters in Althoffs Amtszeit (s. ebd., sowie die nach Referenten geordnete Übersicht vom 08.02.1895, ebd., Bl. 22^{r}–28^{r}: 23^{r}). S. außerdem die nach Ministern geordnete Übersicht über die Berufungen an den preußischen Theologischen Fakultäten vom 03.10.1895 (ebd., Bl. 36^{r}–52^{r}). 1901 und 1907 ließ Althoff nochmals solche Dokumente anfertigen (vgl. *Spenkuch*, Preußische Universitätspolitik, Nr. 9a–9c; 10a–10c).

6 Vgl. Althoff an Bosse am 31.08.o.J.[1895] (a.a.O., Sekt. 12, Tit. IV, Nr. 5, Bd. III, Bl. 44^{v}).

7 *Spenkuch*, Preußische Universitätspolitik, 5.

land sieht darin beispielsweise die Möglichkeit, die Macht und die Kämpfe unter den Professoren einzuschränken.[8] Vom Brocke verteidigt Althoffs Berufungspolitik ebenfalls, indem er statistische Erhebungen anführt, die nahelegen, dass in Althoffs Amtsperiode zwischen 1882 und 1900 an allen Fakultäten weniger, an den theologischen Fakultäten ähnlich viele Kandidaten wie unter den vorherigen Universitätsreferenten oktroyiert wurden.[9] Mit dem Vorwurf des Oktrois setzte man sich im Kultusministerium wiederholt auseinander, so beispielsweise 1895 anlässlich der intendierten Einflussnahme der Generalsynode auf Berufungsverfahren,[10] 1901 während des „Falls Martin Spahn",[11] im Kontext des erwähnten „Privatdozentenstreits" 1906[12] und 1908 unter den Augen der Öffentlichkeit im „Fall Ludwig Bernhard".[13] Man ließ infolgedessen Statistiken im Kultusministerium anfertigen, die belegen sollten, dass der Oktroi unter Althoff keineswegs am verbreitesten gewesen sei.[14] Harnack trug dieses Vorgehen Althoffs und Weiß' weitgehend mit, indem er sich auf die Beantwortung der ihm von Althoff gestellten Fragen beschränkte. Zugleich ließ er Kritik oder Zustimmung meist subtil einfließen, indem er beispielsweise von Althoff vorgeschlagene Kandidaten, wie Kühl 1892, ignorierte oder eine Berufung befürwortete, wie bei Johannes Weiß 1895. 1896 ging Harnack soweit, das Auftreten des Kultusministers Bosse im Preußischen Abgeordnetenhaus offen zu kritisieren, nachdem sein Freund Rade diesen publizistisch angeprangert hatte.

Wenn man danach fragt, welche Richtungen von Althoff gefördert wurden und welche möglicherweise übergangen wurden, lässt sich zuerst festhalten, dass er auf Betreiben Hermann Cremers an der Greifswalder Theologischen Fakultät ein Zentrum der positiven Theologie aufbaute, das er über Cremers Tod 1903 hinaus aufrecht zu erhalten bereit war. Gleichzeitig versuchte der politisch wie theologisch durchaus liberal gesinnte Althoff ab 1888 im Verein mit Harnack, moderne Theologen auf preußische Lehrstühle zu setzen, die die historisch-kritische Methode an den evangelisch-theologischen Fakultäten etablieren konnten. Seit dem Apostolikumsstreit 1892/93 war dies nur noch eingeschränkt möglich, da die positive Theologie und die Kirchenleitung mehr konservative Theologen an den Fakultäten forderten. Dies führte beispielsweise zur Ernennung von Adolf Schlatter 1893 in Berlin, von Ernst Cremer 1895 in Marburg, von Siegfried Goebel 1896 in Bonn,[15] von Paul

---

8 Vgl. *McClelland*, Forschungsuniversität, 463f.

9 Vgl. *Brocke*, System Althoff, 89f. mit Tabelle 2.

10 S.u. Teil II, Abschnitt 4, S. 199.

11 S.u. dazu Teil II, Abschnitt 6.3, S. 248.

12 S.o. in diesem Teil, Abschnitt 4.3, S. 136.

13 S.o. in diesem Teil, Abschnitt 5, S. 149–153.

14 Vgl. die Statistiken in: GStA PK, VI. HA, NL Althoff, Nr. 77 und 95.

15 S.u. dazu Teil II, Abschnitt 4, S. 205.

Althaus 1897 in Göttingen, von Reinhold Seeberg 1898 in Berlin und schließlich von Gustav Ecke 1903 in Bonn.[16] Trotz dieses kirchenpolitischen Drucks bemühte sich Althoff auch nach 1893 immer wieder darum, moderne Theologen zu berufen. Außerdem versuchte er einzelnen Theologen, die schon lange als Privatdozenten oder Extraordinarien auf eine Beförderung warteten, wie z.B. Rudolf Otto, Walter Köhler, Hermann Strack und Nikolaus Müller, eine Verbesserung ihrer Position zu verschaffen.[17] Das Beispiel Nikolaus Müllers ist insofern erwähnenswert, als Harnack seine Berufung als Extraordinarius und Leiter des Christlichen Museums nach Berlin 1890 in seiner Funktion als Dekan und interimistischer Museumsdirektor unterstützte, zugleich die Angelegenheit in der Korrespondenz mit Althoff nicht erwähnte oder entsprechende Briefe nicht erhalten sind.[18] Für das zweite Berliner Ordinariat, das 1906 zu Harnacks Entlastung eingerichtet wurde, zog man ihn nicht in Erwägung.[19]

Harnacks Beteiligung an den Lehrstuhlbesetzungen in der Theologie war dadurch gekennzeichnet, dass er parallel zu Hermann Cremer und anderen Theologen als inoffizieller externer Berater herangezogen wurde, um auf Anfrage des Ministeriums Gutachten zu verfassen. Althoff beließ es jedoch nicht bei der Begutachtung, sondern involvierte ihn außerdem direkt oder indirekt über seinen Mitarbeiter Bernhard Weiß in den ministerialen Entscheidungsprozess über die Berufungen. Über die zehn Besetzungen hinaus, in denen er vor der Entscheidung über die Kandidaten Urteile äußerte, kommentierte er in zwei weiteren Fällen die erfolgte Berufung. Es fällt dabei auf, dass Harnack seine Meinung häufig vor Eingang der Fakultätsvorschläge kundtat.

Althoff bezog Harnack anfangs vorwiegend in kirchengeschichtliche Verfahren ein, allerdings auch nicht bei allen, wie die Neubesetzung des Lehrstuhls von Hermann Reuter 1890 in Göttingen beweist. Erst im Laufe der Jahre befragte Althoff Harnack auch zu Berufungsverfahren in den anderen theologischen Disziplinen.

---

16 S.u. dazu Teil II, Abschnitt 5.2, S. 220.

17 Zu Otto s.o. in diesem Teil, Abschnitt 4.3, S. 134. Walter Köhler, auf den Martin Rade Harnack 1905 bereits aufmerksam gemacht hatte (vgl. *Jantsch*, Harnack-Rade, Nr. 389 u. 390), wurde 1906/07 für das Extraordinariat des verstorbenen Eduard Bratke in Breslau vorgeschlagen, das er aber wegen des wiederholten Widerspruchs des Evangelischen Oberkirchenrats gegen seine christologischen und ekklesiologischen Auffassungen und trotz der Fürsprache Althoffs nicht erhielt (vgl. die Akten in: GStA PK, I. HA, Rep. 76 Va, Sekt. 4, Tit. IV, Nr. 32, Bd. VI, Bl. 126^r–130^r; 136^r–140^r; 143^r; 148^r–149^r; 224^r–225^r; s. dazu die Nrn. 336, *Briefwechsel* und 349, *Briefwechsel*). Zu Strack s.o. in diesem Teil, Abschnitt 2.6, S. 105 und die Nrn. 133.1, *Briefwechsel* und 349, *Briefwechsel* mit Anm. 4 und zu Müller ebd., Anm. 5.

18 Zur der Berufung Nikolaus Müllers s. die Akten, in: GStA PK, I. HA, Rep. 76 Va, Sekt. 2, Tit. IV, Nr. 44, Bd. IV, Bl. 57, 64–71, 74–77 und in: HUB UA, Theol. Fak., Nr. 167, Bl. 174^r–182^r und *Tacke*, Nikolaus Müller, 14f. S. die Nrn. 60, *Briefwechsel* und 61, *Briefwechsel* im entsprechenden Zeitraum.

19 S. dazu Teil IV, Abschnitt 2.2, S. 405.

Er wählte ihn aber v.a. zur Beurteilung derjenigen Kandidaten, die seinem Fachgebiet der älteren Kirchengeschichte nahe standen. Insgesamt betrachtet urteilte Harnack jedoch nur in Fällen, in denen planmäßige Ordinariate besetzt werden sollten, während Althoff ihn bei der Ernennung von Extraordinarien und ordentlichen Honorarprofessoren nur ausnahmsweise zu Rate zog. Des Weiteren lässt sich feststellen, dass Harnack bis 1895 ausführliche Gutachten zu den Verfahren verfasste, danach zunehmend kurze Kommentare äußerte und Einzelgutachten schrieb, die nicht mit einem bestimmten Besetzungsverfahren in Verbindung standen. Ab 1895 war Harnack sowohl seltener als auch weniger intensiv involviert, was auch daran lag, dass seit 1895 nicht nur sozialpolitisch, sondern auch hochschulpolitisch ein konservativerer Kurs vorherrschte.[20]

In seinen Gutachten entwickelte Harnack einen Kriterienkatalog, den er von der Kirchengeschichte ausgehend auf alle theologischen Disziplinen ausweitete. In der Kirchengeschichte sollte ein Ordinarius seinen Schwerpunkt in der Alten Kirchengeschichte haben, da er nur aus dieser Perspektive die folgenden Jahrhunderte theologisch adäquat beurteilen könne.[21] Nach den allgemeinen Kriterien, die Harnack bei der Beurteilung seiner Kollegen anwandte, die er in dem Schreiben an Althoff vom 27. September 1888 und gegenüber Friedrich Loofs im Juli desselben Jahres reflektierte,[22] musste ein Kandidat wissenschaftlich genaue, methodisch korrekte und historisch-kritische Publikationen vorweisen können, die sowohl einen originellen und relevanten Beitrag zur Forschung leisteten als auch eine eminente Bedeutung für die Theologie hatten. Dabei sollte das wissenschaftliche Urteil besonnen und ausgewogen, verständlich und klar sowie präzise und selbständig sein. Darüber hinaus beurteilte Harnack – ähnlich wie auch Bernhard Weiß durch seine Lehrvisitationen – die Lehrbefähigung der erwogenen Theologen, wobei unklar bleibt, wie diese Beurteilung erfolgte, da er sich nicht selbst in deren Vorlesungen setzte. Insbesondere für ein Ordinariat musste der Beurteilte ausreichend Erfahrung in den Vorlesungen nachweisen, die er für gewöhnlich durch ein Extraordinariat erlangte. Zugleich empfahl Harnack keineswegs nur die bei den Studenten populären Professoren oder Privatdozenten, sondern auch solche, die sich durch philologisch genaues Arbeiten auszeichneten, wie z.B. Ferdinand Mühlau. Harnacks Vorstellungen entsprachen dabei dem „neuen Ideal von Wissenschaft

---

20 Vgl. Harnacks Äußerung gegenüber Rade im April 1895 (in: *Jantsch*, Harnack-Rade, Nr. 164, S. 329f.); s. dazu *Nottmeier*, Harnack, 133.

21 Vgl. Harnack an Althoff am 27.09.1888 (Nr. 40, *Briefwechsel*); s.o. in diesem Teil, Abschnitt 2.1, S. 86.

22 Vgl. Nr. 40, *Briefwechsel* und Friedrich Loofs am 30.07.1888 (in: ULB Halle/Saale, NL Loofs, Yi 19 IX 1480^{v}, abgedruckt in Ausschnitten bei *Zahn-Harnack*, Harnack, 307).

und Forschung" („new ideal of scholarship und research"),[23] das sich im 19. Jahrhundert entwickelt hatte. Neben diesen offensichtlichen Anforderungen, die der Professorenberuf stellte, beurteilte Harnack meist auch die kirchenpolitische und konfessionelle Ausrichtung des fraglichen Theologen. Dabei war er zurückhaltender als Hermann Cremer, der die beurteilten Kandidaten polarisierend in „Positive" und „Ritschlianer" einteilte.[24] Althoff sollte aus diesen Urteilen über die theologische Richtung schließen können, ob sich der Kandidat für die Fakultät eigne, weil die Unterrichtsverwaltung ab 1895 zunehmend anstrebte, die Fakultäten paritätisch mit modernen und positiven Theologen zu besetzen. Nach Harnacks Auffassung gehörte Althoff zu denjenigen im Ministerium, die moderne Theologen unterstützten.[25] Schließlich äußerte Harnack sich meist auch zur charakterlichen Beschaffenheit des Kandidaten, die s.E. Ehrlichkeit, Anspruchslosigkeit, Höflichkeit, Selbstbewusstsein und bestimmtes Auftreten aufweisen sollte, womit er einen bürgerlichen Tugendkatalog formulierte, dem er selbst folgte. Bei seinen Beurteilungen dienten Harnack sein beißender Spott und die scharfzüngigen Charakterisierungen seiner Kollegen als rhetorische Machtmittel, um die von ihm favorisierten historisch-kritischen Theologen durchzusetzen. Die Beschreibungen wurden als sprachliche Waffe gegen die Konkurrenten, wie beispielsweise Paul Tschackert, eingesetzt.

An den erwähnten zwei Briefen vom Juni und Juli 1906 zeigt sich paradigmatisch, wie sich Harnacks Einflussnahme nach 1898 änderte.[26] Wie bereits erwähnt, musste er keine ausführlichen Gutachten zu den einzelnen Kandidaten mehr erstellen, wie er es Ende der 1880er und Anfang der 1890er Jahre noch getan hatte, sondern brauchte nur noch Namen zu nennen, die dann vom Kultusminister größtenteils berücksichtigt wurden. Dies lag auch daran, dass der bis 1899 amtierende Kultusminister Bosse der historisch-kritischen Theologie weniger gewogen war als sein Nachfolger Konrad von Studt. Außerdem war Harnacks gesellschaftliche Reputation nach seiner Akademiegeschichte 1900, seiner Wahl zum Rektor der FWU 1900/01 und der Auszeichnung mit dem Orden *Pour le mérite* 1902 wahrnehmbar

---

23 *Anderson*, Challenge and Change, 40, Übersetzung C.K.

24 Vgl. Cremer an Althoff am 20.03.1897 (in: GStA PK, I. HA, Rep. 76 Va, Sekt. 6, Tit. IV, Nr. 5, Bd. III, Bl. 138r–140r).

25 Vgl. Harnack an Rade im April 1895 (in: *Jantsch*, Harnack-Rade, 327–330, bes. 329f.: Nr. 164). S. außerdem die Übersicht von Weiß zu liberalen und konservativen Ordinarien an den Evangelisch-Theologischen Fakultäten in Preußen vom 22.02.o.J.[1897] sowie Althoffs Bitte vom 10.02.o.J.[1897], diese Aufstellung anzufertigen (in: GStA PK, I. HA, Rep. 76 Va, Sekt. 1, Tit. III, Nr. 7, Bd. II, Bl. 209; 210), die auf einen Artikel Erich Foersters in der *Christlichen Welt* reagierte (vgl. *Foerster*, Gefahr und Unrecht, 41); s. dazu *Jülicher*, Entmündigung, 50 und *Liebing*, Marburger Fakultät, 49.

26 Vgl. die Nrn. 45, *Briefwechsel* und 64, *Briefwechsel*.

angewachsen. Zudem konnte Harnack die Situation der theologischen Fakultäten und die Kandidaten der unterschiedlichen theologischen Richtungen derart überblicken, dass er in der Lage war, die Theologen wie Spielfiguren auf einem Brett zu bewegen. Im Hinblick auf die Zusammenarbeit mit Althoff illustrieren Harnacks Äußerungen 1906, dass er – auch aufgrund der Erkrankung Althoffs – besser über die anstehenden Berufungsverfahren Bescheid wusste als Althoff selbst und diesen – umgekehrt zu der Situation Ende der 1880er/Anfang der 1890er Jahre – nun in Kenntnis darüber setzte. Außerdem korrespondierte Harnack in den genannten Verfahren zunehmend eigenständig mit den scheidenden Lehrstuhlinhabern, wie der Austausch mit Hans von Schubert über das Kieler Ordinariat und mit Kattenbusch über Göttingen zeigen. Des Weiteren übernahm Friedrich Loofs teilweise Harnacks Aufgaben als Gutachter, indem er ausführliche Gutachten zu möglichen Kandidaten erstellte. Schließlich befragte Althoffs Nachfolger Ludwig Elster Harnack nur vereinzelt, sondern zog stattdessen dessen Berliner Fakultätskollegen Reinhold Seeberg zu Rate.[27]

Von Harnacks positivem Pendant Hermann Cremer, der im Apostolikumsstreit 1892 und im Zusammenhang der Reaktionen auf seine Vorlesungen über das *Wesen des Christentums* literarisch gegen ihn opponierte,[28] ließ Althoff sich v.a. bei der Besetzung von Lehrstühlen beraten, die in Verbindung zu Greifswald standen. Er intendierte durch die parallele Beratung von Harnack und Cremer, eine paritätische Besetzung der Professuren an den preußischen Theologischen Fakultäten zu erreichen. Darüber hinaus hörte Althoff die Meinung einzelner Ordinarien der betroffenen Fakultäten, so z.B. 1892 in Marburg diejenigen Heinricis und Baudissins.[29] Außerdem durften die scheidenden Ordinarien, sofern sie noch lebten, über ihren Nachfolger mitbestimmen.

Wenn man auch danach fragt, welche theologischen Richtungen Harnack unterstützte, liegt die These auf der Hand, dass er nur liberale oder mittelparteiliche Theologen vorschlug, wie Nottmeier annimmt.[30] Außerdem möchte man wissen, welchen tatsächlichen Einfluss er auf die Berufungsverfahren hatte. Auf letztere Frage lässt sich antworten, dass die Ministerialverwaltung etwa bei der Hälfte der Berufungsverfahren, bei denen Harnack um ein Votum gebeten wurde, seinen Vor-

27 Einzelne Anfragen Elsters von 1899 und 1910 sind im Nachlass Harnack überliefert (SBB PK, NL Harnack, K 37, Mp. Kultusministerium).

28 Vgl. *Kampmann*, Althoffs Berufungspraxis in der ev. Theologie, 61–69.

29 S. die Nrn. 72.1–72.3, *Briefwechsel* sowie in diesem Teil, Abschnitt 2.4, S. 96.

30 Vgl. *Nottmeier*, Harnack, 133, 169f. Zugleich ordnet Nottmeier mit Recht Harnacks Besetzungspolitik in eine Zeit ein, in der den liberalprotestantischen Strömungen starke Gegenkräfte entgegenstanden (vgl. ebd., 133).

schlägen folgte.[31] Gleichwohl befragte Althoff parallel meist noch andere Gutachter und involvierte Harnack nicht in alle Verfahren, in denen ein Ordinariat besetzt wurde. Schließlich forderte er zu gewissen Fakultäten überhaupt keine Voten von dem Kirchenhistoriker an oder nur in Ausnahmefällen, so zu Königsberg, Greifswald, Halle und Breslau. Dies zeigt, dass Althoff Harnack einerseits bei solchen Fakultäten nicht zu Rate zog, die traditionell konservativ ausgerichtet waren, wie Königsberg, Greifswald und Breslau, aber auch bei der Fakultät Halle nur selten befragte, die trotz ihres aufklärerisch-rationalistischen Erbes eine starke pietistisch-erweckliche Partei besaß, die zeitgenössisch durch Cremers Bundesgenossen Martin Kähler vertreten wurde.[32] Ausnahmen bildeten die von Harnack beurteilten positiven Privatdozenten Friedrich Bosse, Erich Schäder, Paul Althaus d.Ä. und Wilhelm Lütgert, die Schüler Hermann Cremers waren. Bosse bewertete der Berliner Kirchenhistoriker wahrscheinlich v.a. deswegen, weil er der Sohn des Kultusministers war und Althoff ihn explizit um die wissenschaftliche Protektion gebeten hatte. Dabei blieb er in seiner Bewertung – vermutlich auch wegen dessen gesellschaftlicher Position – zurückhaltend.[33] Das Urteil über die Lizentiatenschrift Schäders, zu dem Althoff ihn aufgefordert hatte, fiel hingegen vernichtend aus, da Harnack kein Verständnis für dessen theologischen und methodischen Ansatz zeigte.[34]

Hinsichtlich der von Harnack geförderten theologischen Richtungen ist festzuhalten, dass Harnack neben modernen Theologen Ritschlscher Couleur vereinzelt auch Kandidaten des Erlanger oder Dorpater Luthertums, wie Hauck, Bonwetsch und Mühlau,[35] oder der reformierten Konfession, wie Stähelin, nannte. Dabei erregte insbesondere der Vorschlag des lutherischen Mühlau den Widerstand der modernprotestantischen *Freunde der Christlichen Welt*, denen Harnack angehörte.[36] Letztere Beispiele zeigen, dass Harnack trotz einer zunehmenden Polarisierung bei

31 In fünf von zehn Fällen übernahm das Ministerium einen von Harnacks Vorschlägen, in fünf Verfahren wählte es einen Kandidaten, den Harnack abgelehnt hatte. Auch konnte Harnack nicht bewirken, dass Gustav Adolf Anrich von Straßburg nach Preußen versetzt wurde (vgl. Nr. 95, *Briefwechsel*; s. dazu *Rebenich*, Mommsen-Harnack, 125).

32 Zu Königsberg s. *Tilitzki*, Albertus-Universität, 28–43; zu Greifswald als „Bastion der Positiven" s. *Garbe*, Entstehung, 155–158; zu Breslau s. *Arnold*, Ev.-theol. Fakultät Breslau und zu Halle s. *Tillich*, Werdegang, 23f.

33 S. Nr. 114, *Briefwechsel*.

34 S. Nr. 93, *Briefwechsel* sowie zu dessen Kontext s.o. in diesem Teil, Abschnitt 2.5, S. 100. Zu Althaus s.o. Teil I, Abschnitt 2.9, S. 112–114 und zu Lütgert s.o. Teil I, Abschnitt 4.1.

35 Rebenich spricht davon, dass Harnack v.a. Kandidaten förderte, „die ihm wissenschaftlich-theologisch und persönlich nahestanden" (*Rebenich*, Mommsen-Harnack, 124).

36 S.o. in diesem Teil, Abschnitt 2.7, S. 108.

den Lehrstuhlbesetzungen[37] weiterhin auch über Parteigrenzen hinweg und primär aufgrund der wissenschaftlichen Qualität der Kandidaten urteilte. Seine Förderung von Angehörigen der Ritschl-Schule lässt sich insbesondere an der Besetzung systematisch-theologischer Lehrstühle feststellen, bei der Harnack Ritschlianer wie Kattenbusch, Reischle oder Otto Ritschl bevorzugte. Entgegen Eckhard Lessings Behauptung[38] ist festzustellen, dass Harnack auch Vertreter der aufkommenden religionsgeschichtlichen Schule wie William Wrede, Hermann Gunkel, Alfred Rahlfs, Johannes Weiß oder Ernst Troeltsch befürwortete, von denen allerdings nur Wrede und Weiß vor 1918 in ein evangelisch-theologisches Ordinariat in Preußen befördert wurden, während Gunkel nach Hessen ging, Rahlfs Leiter der Septuaginta-Forschungsstelle wurde und Troeltsch zwar 1915 nach Berlin, dort aber an die philosophische Fakultät berufen wurde.[39] Von den der religionsgeschichtlichen Schule „gedanklich verwandt[en]"[40] Theologen wie Carl Mirbt, Carl Clemen, Heinrich Weinel und Paul Wernle wurde Mirbt 1890 in Marburg Ordinarius, während Weinel 1904 nach Jena ging. Gegenüber letzterem nannte Harnack 1901 explizit diejenigen historisch-kritisch arbeitenden Professoren, die unter Althoff in ein preußisches Ordinariat berufen worden seien: Karl Müller, William Wrede, Emil Schürer, Karl Sell, Eduard Grafe, Otto Ritschl, Otto Baumgarten, Arthur Titius, Hans von Schubert, Johannes Weiß, Adolf Jülicher und er selbst natürlich.[41]

Als anschauliches Beispiel für diejenigen Theologen, die in der Korrespondenz mit Althoff wahrscheinlich bewusst nicht zur Sprache kamen, kann Troeltschs Intimus Wilhelm Bousset dienen, der zwar 1908/09 und 1913 als Zweitplatzierter auf der Berliner Berufungsliste stand, aber dort ebenso wenig wie Troeltsch berufen wurde.[42] Bei Bousset lässt sich angesichts der Urteile Harnacks bzw. seines weitgehenden Schweigens über ihn vermuten,[43] dass er ihn – beispielsweise im Unterschied zu Georg Wobbermin – in Preußen nicht zu fördern gedachte. Harnacks Verbindung

37 Nach Garbe wurde die Polarisierung insbesondere von den Positiven betrieben, die sich an den Fakultäten unterrepräsentiert fühlten (vgl. *Garbe*, Entstehung, 164).

38 Vgl. *Lessing*, Religionsgeschichtliche und modern-positive Theologie, 393.

39 So auch *Nottmeier*, Harnack, 282.

40 *Frenschkowski*, Heinrici, Bousset, Harnack, 102.

41 Vgl. Harnack an Weinel am 03.12.1901 (in: *Graf*, Harnack zum „Fall Althoff", 195f.).

42 Vgl. die Fakultätsvorschläge für Kultusminister Holle vom 15.12.1908 (in: HUB UA, Theol. Fak., Nr. 168, Bl. 137^r–142^r: 141^v).

43 Vgl. Harnack an Rade am 15.10.1899 (in: *Jantsch*, Harnack-Rade, 425, Nr. 247): „Bousset sprach so schlecht wie noch nie; ich möchte sagen, decidirt unverständig und leichtfertig." Im Briefwechsel mit Mommsen, Krüger und Loofs wird er ebenfalls nicht erwähnt. Zur Kritik Harnacks an Bousset vgl. auch *Verheule*, Wilhelm Bousset, 159f. und *Claussen*, Jesus-Deutung von Troeltsch, 36.

zu Bousset war den Briefen zufolge professoral-distanziert.[44] Noch bis in die 1910er Jahre hinein bleibt der hierarchische Unterschied merklich, wie auch an Harnacks Antworten auf die ihm von Bousset zugesandten Schriften deutlich wird. Darin kritisierte er – ohne das deutlich wird, warum er es tat – dessen Position inhaltlich wie methodisch scharf, wobei er sich eines herablassenden Tonfalls bediente, der in dieser Art und Weise in anderen Briefen kaum zu finden ist.[45] Denn obgleich Troeltsch Harnack auf seiner und Boussets Seite wähnte, konstatierte er bereits 1896 eine Stimmung gegen die „Jüngeren" der religionsgeschichtlichen Schule in der Ritschl-Schule bzw. dem Kreis um die Zeitschrift *Die Christliche Welt*.[46] Diese Stimmung der Ritschlianer gegen die religionsgeschichtliche Schule zeigt sich – trotz des begrenzten Quellenmaterials – auch an Harnacks Haltung gegenüber Bousset. Trotz offensichtlicher Antipathien setzte Harnack sich nach Troeltschs Aussage 1915 für Boussets Berufung nach Gießen ein, weil er dessen „Leistung" eines Ordinariats würdig hielt, obgleich er keine „persönliche Neigung" dazu besaß, ihn zu unterstützen.[47]

Die Auswahl der Theologen anhand der historisch-kritischen Methodik entsprach Harnacks oben aufgeführten Kriterien, die v.a. eine qualitativ hochwertige Forschung und Lehre garantieren und nur teilweise bestimmte Schulen oder Richtungen befördern sollten. Trotzdem unterstützte er aufgrund dieser Prämisse primär Mitglieder der Ritschl-Schule, historisch-kritische Alttestamentler und Theologen der religionsgeschichtlichen Schule, weil diese modern-theologischen Richtungen die historisch-kritische Methodik mehr gebrauchten als ihr konservativ-positives Pendant.[48] Althoff unterstützte diese Besetzungspolitik, weil er durch qualitativ hochwertige und international renommierte Forschung – auch in der evangelischen Theologie – Preußens wissenschaftliche Reputation und Suprematie unter den imperialistischen Nationen zu fördern gedachte.

---

44 Bei den meisten Schreiben handelt sich um Danksagungen für zugesandte Schriften (vgl. Boussets an Harnack, in: SBB PK, NL Harnack, K 27, Mp. Bousset, und Harnack an Bousset, in: SUB Göttingen, NL Wilhelm Bousset, Cod. Ms. W. Bousset 52). Die 2019 erschienene Dissertation zu Bousset geht nur marginal auf das Verhältnis zu Harnack ein (vgl. *Höffker*, Das Christentumsverständnis Boussets, 49f., 294, Anm. 123, 303 mit Anm. 173).

45 Vgl. Harnack an Bousset am 11.06.1905, am 06. und 12.11.1907 (a.a.O., Cod. Ms. W. Bousset 52, Bl. 2^{rv}; 3^{rv}; 4^{rv}).

46 Troeltsch an Bousset am 27.05.1896 (in: *Troeltsch*, Briefe II, KGA 19, 125).

47 Troeltsch an Bousset am 24.11.1915 (in: *Troeltsch*, Briefe IV, KGA 21, 156), s. auch Harnack an Gustav Krüger am 20.10.1915 (in: *Verheule*, Wilhelm Bousset, 53f.; der Brief befindet sich demnach im Universitätsarchiv Gießen, nicht jedoch unter den Briefen Harnacks an Krüger in der Staatsbibliothek im NL Harnack, die zwischen 1914 und 1916 eine Lücke von fast zwei Jahren aufweisen). Zur Berufung Boussets nach Gießen s. *Verheule*, Wilhelm Bousset, 52 und *Schmidt*, Bousset, 97.

48 So auch *Lessing*, Geschichte Theologie, 196 und *Nottmeier*, Harnack, 169.

Teil II: Evangelische und katholische Kirche in ihrem Verhältnis zur akademischen Theologie

Friedrich Althoff und Adolf Harnack beschäftigten sich parallel zur Besetzungspolitik an den evangelisch-theologischen Fakultäten mit der evangelischen und katholischen Kirchenpolitik in Preußen und Deutschland. Sie war eng mit den Berufungsangelegenheiten verzahnt, weil die Kirchen ihren Einfluss darauf geltend zu machen suchten. Es ging dabei um Fragen der Freiheit wissenschaftlicher Theologie von den Hegemonialansprüchen der Kirche,[1] um die Kirchlichkeit der akademischen Theologie und die universitären Erwartungen an die Wissenschaftlichkeit der Theologie. Schließlich stand auch der Einfluss der Kirche auf die Ausbildung ihrer zukünftigen Pfarrer und Priester zur Debatte, die in Deutschland der Staat und ihre verbeamteten Professoren leisteten.

Schon in den Berufungsverhandlungen Harnacks für seine Berliner Professur waren die zentralen theologischen Probleme und die kirchenpolitischen Konstellationen zutage gefördert worden. Während der Evangelische Oberkirchenrat, die kirchlich-konservative Presse und die positiv-theologischen Pfarrer und Professoren Harnacks Berufung in die Hauptstadt verhindern wollten, sahen moderntheologische Pfarrer und Professoren, ihre publizistischen Organe und letztlich der Staat in dem Wechsel des Kirchenhistorikers nach Berlin einen Sieg ihrer theologischen Position und der Freiheit der theologischen Wissenschaft.

1 Zur Thematik der Freiheit wissenschaftlicher Theologie s. Bosse in seinem Immediatbericht an Wilhelm II. vom 12.10.1892 (in: GStA PK, I. HA, Rep. 89, Nr. 21491, Bl. 61^r–78^v: 62^v) und *Harnack*, Aufgabe der theologischen Fakultäten, 1901b, 175f.

https://doi.org/10.1515/9783112213193-011

1 Der Apostolikumsstreit in der evangelischen Kirche

1.1 Der „Fall Harnack" 1892

Nachdem Althoff und Harnack nach dessen Berufung für einige Jahre relativ frei von kirchenpolitischen Rücksichtnahmen hatten agieren können, traten mit dem Apostolikumsstreit ab 1892 die genannten Themen der Kirchenpolitik wieder ins Blickfeld. In den Apostolikumsstreitigkeiten war seit den 1870er Jahren um die Relevanz und Autorität des Apostolischen Glaubensbekenntnisses innerhalb der Kirche gerungen worden.[1] Dabei hatte man die Frage aufgeworfen, inwiefern sich die Pfarrer und in zweiter Linie auch die Theologieprofessoren an die altkirchlichen und reformatorischen Bekenntnisse halten müssten. Im Jahr 1892 stand die Apostolikumsfrage erneut zur Debatte, nachdem der Württemberger Pfarrer Christoph Schrempf abgelehnt hatte, das Apostolikum im Gottesdienst zu rezitieren.[2]

In der Folge des „Falles Schrempf" kam es zu einem „Fall Harnack", weil der Kirchenhistoriker im Juli 1892 auf Bitten von Studenten in seiner Vorlesung zu der Frage Stellung bezog, ob die Studenten eine Petition an den EOK richten sollten, um die Abschaffung des Apostolikums zu fordern.[3] Obgleich Harnack die Petition ablehnte, regte er an, über den Gebrauch des Apostolikums nachzudenken. Die in der Vorlesung formulierte Stellungnahme ließ er wenig später in der *Christlichen Welt* drucken, womit er eine öffentliche Diskussion und reichsweite Reaktionen evozierte. Die in der konservativen Presse und den kirchlichen publizistischen Organen geäußerte Kritik an Harnack brachte die Zweifel an der Kirchlichkeit und Orthodoxie des Kirchenhistorikers in Erinnerung, die der Evangelische Oberkirchenrat 1888 aufgrund des *Lehrbuchs der Dogmengeschichte* geäußert hatte. Kultusminister Robert Bosse konnte diese Kritik insbesondere wegen des öffentlichen Echos nicht unberücksichtigt lassen. Infolgedessen drohte Harnack im Herbst 1892 ein Disziplinarverfahren.

Gleichzeitig war die Situation nicht mehr vergleichbar zu derjenigen von 1888. Harnack hatte seit seinem Wechsel nach Berlin eine akademische Reputation aufgebaut, die 1890 die Wahl zum Mitglied der Preußischen Akademie der Wissen-

1 Vgl. *Winnebeck*, Apostolikumsstreitigkeiten, 97–190.

2 Zum „Fall Schrempf" s. ebd., 199–238.

3 Zum „Fall Harnack" in der zweiten Phase der Apostolikumsstreitigkeiten s. *Zahn-Harnack*, Harnack, 193–214, *Neufeld*, Harnacks Konflikt, 114–132, *Kasparick*, Apostolikumsstreit und Agendenreform, 318–325, *Kasparick*, Lehrgesetz, 41–59, *Jantsch*, Harnack-Rade, 46–50, *Basse*, Konzeptionen, 196–203, *Winnebeck*, Apostolikumsstreitigkeiten, 238–273 und *Nottmeier*, Harnack, 128–131.

https://doi.org/10.1515/9783112213193-012

schaften zur Folge gehabt hatte. Seit 1891 plante er mit dem Nestor der Berliner Altertumswissenschaft, Theodor Mommsen, die Edition der *Christlichen griechischen Schriftsteller der ersten drei Jahrhunderte*, die sog. Kirchenväteredition.[4] Insofern oblag dem Kultusminister die Pflicht sowohl den kirchlichen Protest zu beruhigen als auch die Position des Berliner Kirchenhistorikers zu sichern. Ob ein Disziplinarverfahren durchführbar gewesen wäre, das sich auf die Berliner Fakultätsstatuten gestützt hätte, die vorschrieben, dass die Theologieprofessoren der Ausbildung kirchlicher Amtsträger dienen sollten, kann hier nicht letztgültig beantwortet werden. Im Unterschied zu den Bonner Theologieprofessoren wurden die Berliner Ordinarien, wie Julia Winnebeck erklärt hat, nicht auf die Bekenntnisse verpflichtet.[5] Einen Kompromiss in der kirchenpolitischen Kontroverse eröffnete die Einrichtung einer sog. „Strafprofessur“ an der theologischen Fakultät, durch die man Harnack einen positiven Professor zur Seite stellte, damit die Studierenden auch kirchlich-orthodoxe Theologie hören könnten.[6] Um das eventuelle Disziplinarverfahren zu verhindern, führte Harnack außerdem ein Gespräch mit Althoffs Mitarbeiter Bernhard Weiß und Kultusminister Bosse, in dem er seine Äußerungen zum Apostolikum rechtfertigen musste.[7] Bosse gewann dabei den Eindruck, dass alle Missverständnisse im Fall Harnack hatten ausgeräumt werden können. Dadurch konnte er Wilhelm II., der über Harnacks Kritik am Apostolikum ungehalten gewesen war und dem die kirchliche Krise missfiel, in einem Immediatbericht besänftigen und ihm schließlich empfehlen, es bei einer Ermahnung Harnacks zu belassen und einen Strafprofessor zu berufen.[8]

---

4 S.u. dazu Teil IV, Abschnitt 1.1.1, S. 351.

5 Vgl. *Winnebeck*, Apostolikumsstreitigkeiten, 251, Anm. 328. Die Berliner Fakultätsstatuten finden sich bei *Mulert*, Lehrverpflichtung, 81f.

6 Zum Disziplinarverfahren und der „Strafprofessur“ s. zusätzlich zu der in Anm. 3 genannten Literatur auch *Weiß*, Aus neunzig Lebensjahren, 211f., *Neuer*, Schlatter, 283–297, *Rohde*, Theologische Fakultät, 583, *Lessing*, Positive und „liberale“, 347, *Basse*, Konzeptionen, 39–42, *Hasselhorn*, Politische Theologie Wilhelms II., 140–144,*Brocke*, System Althoff, 92und *Brocke*, Berufungspolitik und Berufungspraxis, 77.

7 Vgl. Weiß an Harnack am 30.09.1892 (in: SBB PK, NL Harnack, K 44, Mp. Weiß, Bl. 14^{rv}).

8 Vgl. Lucanus an Bosse am 24.09.1892 (in: GStA PK, I. HA, Rep. 89, Nr. 21491, Bl. 53), Bosse an Althoff am 30.09.1892 (ebd., VI. HA, NL Althoff, Nr. 680, Bl. 145^{r}), Bosses Immediatbericht für Wilhelm II. vom 12.10.1892 (a.a.O., Nr. 21491, Bl. 61^{r}–78^{v}: 63^{r}; zusammengefasst bei *Zahn-Harnack*, Harnack, 207), Bosse an Harnack am 03. und 08.10.1892 sowie Harnacks Erklärung für Bosse vom 07.10.1892 (in: *Jantsch*, Harnack-Rade, Nr. 94 und 96; 95), Harnacks „Darlegung des thatsächlichen Vorgangs“ vom 08.10.1892, der ihn zur Veröffentlichung seines Artikels in der *Christlichen Welt* (vgl. *Harnack*, In Sachen des Apostolikums, 1892) bewegt habe (a.a.O., Nr. 21491, Bl. 80^{r}–82^{v}). Am 02.11. erkundigte sich Lucanus nochmals bei Bosse, ob er den am 12. Oktober verfassten Immediatbericht dem Kaiser vortragen dürfe, was er bislang unterlassen habe, weil der Fall Harnack im Kultusmi-

Obwohl Friedrich Althoff, wie die Akten des Zivilkabinetts zeigen, in die Vorgänge im Kultusministerium involviert gewesen war, lässt sich in der Disziplinarsache kein schriftlicher Kontakt zu Harnack nachweisen, während ein mündlicher Austausch nicht ausgeschlossen werden kann. Erst die Besetzung der „Strafprofessur“ wurde in der Korrespondenz ausführlich thematisiert. Doch bevor es dazu kam, schickte Harnack Althoff seine im Oktober 1892 verfasste Schrift über das *Apostolische Glaubensbekenntnis. Ein geschichtlicher Bericht nebst einem Nachwort von D. Adolf Harnack*. Diese Schrift eröffnete eine akademische Debatte mit dem positiven Theologen Hermann Cremer, Althoff daraufhin bat, ihm seine „Schrift gegen Harnacks Thesen über das Apostolicum“ zuzusenden.[9] Althoff bat

Die Meinung aller Beteiligten zu überblicken und sich umfassend zu informieren, charakterisierte, wie an diesem Beispiel deutlich wird, Althoffs kultusministeriales Vorgehen.[10] Gleichzeitig lässt an seinem Lob der Harnackschen Schrift erahnen, wie er zum „Fall Harnack“ stand. Er drückte ihm seine besondere Freude darüber aus, dass jener „selbst u[nd] in dieser Weise das Wort ergriffen“ habe.[11]

nisterium noch diskutiert werde (vgl. Lucanus an Bosse am 02.11.1892, ebd., I. HA, Rep. 76 Va, Sekt. 2, Tit. IV, Nr. 44, Bd. IV, Bl. 99[r]; Entwurf a.a.O., Nr. 21491, Bl. 96). Über die weiteren Debatten im Kultusministerium ist nichts überliefert, da die entsprechende Akte nicht erhalten ist (vgl. die fehlende Akte „Agitation gegen den Prof. Dr. Harnack wegen seiner Äußerungen über das Apostolikum“ mit der Signatur I. HA, Rep. 76 III, Sekt. 1, Abt. XIV, Nr. 8, Bd. I). Erst am 04. und 06.11.1892 unterrichtete Bosse Lucanus über seine weiteren Pläne (vgl. Bosse an Lucanus am 04. und 06.11.1892 [a.a.O., Nr. 21491, Bl. 98[rv]; 99[rv]], letzteren Brief überbrachte Althoff Lucanus persönlich [Abschrift von der Abschrift a.a.O., Sekt. 2, Tit. IV, Nr. 44, Bd. IV, Bl. 100 mit Notiz Althoffs]). Lucanus berichtete Bosse am 12.11.1892 über seinen Vortrag bei Wilhelm II. (vgl. Lucanus an Bosse am 12.11.1892, a.a.O., Nr. 21491, Bl. 100[rv]; s. dazu *Zahn-Harnack*, Harnack, 208).

9 Althoff an Cremer am 07.11.1892 (in: *Stupperich*, Hermann Cremer, 236), vgl. Nr. 75, *Briefwechsel*, *Harnack*, Das Apostolische Glaubensbekenntnis, 1892 und *Cremer*, Zum Kampf um das Apostolikum. Zur akademischen Auseinandersetzung zwischen Harnack und Cremer, in der sie jeweils von ihren professoralen Kombattanten unterstützt wurden, s. *Neufeld*, Harnacks Konflikt, 124f., *Kasparick*, Lehrgesetz, 82–97 und *Winnebeck*, Apostolikumsstreitigkeiten, 260–273.

10 Althoff sammelte einen Zeitungsartikel über den Erlass des Oberkirchenrats vom 30.11.1892 aus der *National-Zeitung*, Nr. 666, Morgen-Ausgabe, das bereits erwähnte Heft der *Christlichen Welt* mit *Harnack*, In Sachen des Apostolikums, 1892, sowie Harnacks Antwort auf Cremers Replik (vgl. *Harnack*, Antwort auf die Streitschrift, 1892) und *Harnack*, Das Apostolische Glaubensbekenntnis, 1892 in der Akte GStA PK, NL Althoff, Nr. 608.

11 Althoff an Harnack o.D.[1892] (Nr. 75, *Briefwechsel*).

1.2 Die Berliner „Strafprofessur“ 1892/93

Nachdem 1888 bei der umstrittenen Berufung Harnacks nach Berlin explizit auf ein zweites kirchengeschichtliches Ordinariat verzichtet worden war, um Harnack nicht als Parteimann zu brandmarken, ließ sich die Notwendigkeit einer Strafprofessur im November 1892 nicht mehr bestreiten.[12] Die Berufung eines Professor der kirchlich-positiven Richtung an die Berliner Theologische Fakultät sollte Bosse zufolge als „Maßnahme ausgleichender Gerechtigkeit zur Beruhigung der Gemüther wesentlich beitragen“.[13] Der Kultusminister hatte die Theologische Fakultät bereits Ende Oktober zu Vorschlägen aufgefordert, die zu besetzende Professur allerdings nicht als Strafprofessur, sondern als ein Entlastungsordinariat für den Propst Hermann von der Goltz deklariert, der zum geistlichen Vizepräsidenten des EOK ernannt worden war.[14] Die derartige Ausschreibung hatte möglicherweise auch finanzielle Gründe, da die Strafprofessur sich als ein Ersatzordinariat beim Finanzministerium einfacher durchsetzen ließ. Gleichwohl verstand die Theologische Fakultät in Berlin die neue Professur als „Strafprofessur“. Da die Professur mit einem Schwerpunkt in der systematischen Theologie, den von der Goltz vertrat, und nicht, wie man hätte erwarten können, als zweites kirchengeschichtliches Ordinariat bezeichnet worden war, stieß ihre Einrichtung insbesondere in der systematischen Theologie, die bereits durch zwei Ordinarien, zwei Extraordinarien und einen Privatdozenten vertreten wurde, auf Kritik.[15] Angesichts der guten Ausstattung in der systematischen Theologie hielt die Fakultät die Professur für überflüssig und wies außerdem darauf hin, dass dadurch implizit den Fachvertretern unterstellt werde, sie verträten ihr Fach nicht adäquat.[16] Die Berufung eines weiteren Ordinarius für systematische Theologie hätte für die bereits amtierenden Ordinarien und Extraordinarien außerdem zur Folge gehabt, dass sie mit ihrem neuen Kollegen um Kollegiengelder konkurrieren müssten. Da die Einrichtung der Professur nicht mehr zur Debatte stand, schlug die Fakultät den Hallenser Theologen Martin Kähler vor, mit dem Althoff infolgedessen Kontakt aufnahm.[17] Obwohl Kähler ersten Verhandlun-

---

12 S.o., Abschnitt 1, S. 75. Zu Strafprofessuren in der philosophischen Fakultät s. *Spenkuch*, Preußische Universitätspolitik, 17.

13 Bosse an Lucanus am 06.11.1892 (a.a.O., Sekt. 2, Tit. IV, Nr. 44, Bd. IV, Bl. 100); s. auch Althoff an Lucanus am 30.10.1892 und Lucanus an Bosse am 12.11.1892 (a.a.O., Nr. 21491, Bl. 94^{r}–95^{r}: 94^{rv}; 100^{rv}).

14 Vgl. Bosse an die Theol. Fakultät Berlin am 28.10.1892 (a.a.O., Sekt. 2, Tit. IV, Nr. 44, Bd. IV, Bl. 98^{rv}; auch in: HUB UA, Theol. Fakultät, Nr. 167, Bl. 186). So auch *Kasparick*, Lehrgesetz, 57.

15 Vgl. die Fakultätsvorschläge vom 19.11.1892 (a.a.O., Sekt 2, Tit. 4, Nr. 44, Bd. IV, Bl. 111^{r}–113^{r}); s. dazu *Basse*, Konzeptionen, 39.

16 Vgl. die Fakultätsvorschläge (a.a.O., Bl. 112^{r}).

17 Vgl. Althoff an Kähler am 12.12.1892 (ebd., Bl. 119^{rv}).

gen in Berlin zustimmte,[18] lehnte er die Professur in Berlin letztlich ab und schlug alternativ den Erlanger modern-positiven Dogmatiker Reinhold Seeberg vor.[19]

Noch bevor Althoff sich mit Kähler in Verbindung setzte, befragte er Ende November den abzustrafenden Harnack persönlich. Der Kirchenhistoriker votierte den Fakultätsvorschlägen entsprechend zuerst für Kähler, bemerkte allerdings, dass dieser „ohne zu viel Nachdruck u[nd] Wärme" berufen werden solle.[20] Er favorisierte trotz der parallel stattfindenden, akademischen Debatte Hermann Cremer, da er ein „Vertrauensmann der Rechten" und „ein guter Lehrer" sei, hatte für ihn aber keine Mehrheit innerhalb der Fakultät gefunden.[21] Seeberg wiederum lehnte Harnack entschieden ab und sprach sich, wenn die anderen beiden Theologen nicht gewählt würden, für den Greifswalder biblischen Theologen Adolf Schlatter aus. Wie üblich tauschte Althoff sich mit Bernhard Weiß aus, der von Cremer abriet, weil es als eine Parteinahme des Kultusministers bzw. des Kaisers gegen Harnack erscheinen könne.[22] Schließlich bat Althoff auch Cremer um seinen Rat.[23] Obwohl er dem Greifswalder Ordinarius letztlich die Stelle anbot, zögerte der Universitätsreferent, jenen nach Berlin zu berufen, weil er fürchtete, dadurch die Uniformität der Greifswalder Fakultät zu zerstören, die er gemeinsam mit Cremer aufgebaut hatte.[24] Cremer beabsichtigte aus demselben Grund nicht, Greifswald zu verlassen, und empfahl auch, Kähler in Halle zu belassen, um das Profil der dortigen Theologischen Fakultät beizubehalten.[25] Aus diesen Gründen schlug er letztendlich den schon von Kähler genannten Seeberg vor.

Althoff hatte parallel zu den Verhandlungen mit Kähler bereits Gespräche mit Seeberg geführt, weil auch das Kultusministerium ihn favorisierte.[26] Nach der Absage Kählers Mitte Dezember 1892 bot Althoff Seeberg die Professur offiziell an, der

---

18 Vgl. Kähler an Althoff am 13.12.1892 und Althoff an Kähler am 14.12.1892 (ebd., Bl. 120; 121^{r}).

19 Vgl. Kähler an Althoff am 23.12.1892; s. auch Kähler am 24.12.1892 und 09.01.1893 (ebd., Bl. 122^{r}–123^{v}; 124^{r}–125^{r}; 126^{r}–130^{r}); s. dazu *Basse*, Konzeptionen, 39.

20 Notizen Althoffs zu Harnacks Empfehlungen vom 30.11.1892 (Nr. 77, *Briefwechsel*).

21 Ebd. Vgl. *Beintker*, Cremer, 231.

22 Vgl. Weiß an Althoff am 05.12.1892 (in: GStA PK, VI. HA, NL Althoff, Nr. 108, Bl. 95^{rv}).

23 Vgl. Althoff an Cremer am 19.12.1892 (a.a.O., Sekt. 2, Tit. IV, 44, Bd. IV, 131^{r}–132^{v}, abgedruckt bei *Stupperich*, Hermann Cremer, 238f.); s. dazu *Kampmann*, Althoffs Berufungspraxis in der ev. Theologie, 67f.

24 Vgl. Althoff an Cremer am 19.12.1892 (a.a.O., Bl. 132^{r}); s. dazu *Zahn-Harnack*, Harnack, 208f. und im Anschluss daran *Basse*, Konzeptionen, 40.

25 Vgl. Cremer an Althoff am 21.12.1892 (a.a.O., Sekt. 2, Tit. IV, Nr. 44, Bd. IV, Bl. 133^{r}–134^{r}, [Abschrift]); s. *Basse*, Konzeptionen, 40.

26 Zur Favorisierung Seebergs im Kultusministerium vgl. die Notiz vom 25.11. auf dem Vorschlagsschreiben der Fakultät vom 19.11.1892, die wahrscheinlich auf Bernhard Weiß zurückgeht (a.a.O., Sekt. 2, Tit. IV, Nr. 44, Bd. IV, Bl. 111^{r}; dasselbe auch in: HUB UA, Theol. Fakultät, Nr. 167, Bl. 187^{rv}). Seeberg weilte vom 09. bis 13.12.1892 in Berlin, da der Kultusminister ihn wegen einer Lehrstuhlbesich über die Möglichkeit in Berlin zu wirken, begeistert zeigte.[27] Doch die Berufung kam aufgrund der Gehaltsvorstellungen Seebergs nicht zustande. Obwohl dieser sich bei Harnack nach der üblichen Gehaltshöhe in Berlin erkundigt hatte, stellte er Althoff Forderungen, die der Universitätsreferent als exorbitant empfand.[28] Nachdem Harnack ihm mitgeteilt hatte, dass die Professorengehälter in Berlin zwischen 4000 und 12000 M. variierten, das Maximalgehalt bei 8400, ein durchschnittliches Professorengehalt aber bei 6000–7000 M. liege,[29] forderte Seeberg 10500 M. Jahresgehalt plus einen Wohnungsgeldzuschuss sowie eine Umzugskostenvergütung und eine Mietentschädigung.[30] Harnack selbst bezog zu diesem Zeitpunkt noch sein Einstiegsgehalt von 1888, das dem Maximum von 8400 M. entsprach. Nachdem Harnack Althoff über seine Angaben gegenüber Seeberg in Kenntnis gesetzt hatte, lehnte der Universitätsreferent die Gehaltsvorstellungen des Erlanger Dogmatikers ab und ließ ihn wissen, dass er die Verhandlungen als gescheitert ansehe, weil die „Mittel und die schuldigen Rücksichten auf die Gehaltsverhältnisse von verdienten älteren Ordinarien der hiesigen theol[ogischen] Fakultät es nicht gestatten" würden, seinen Ansprüchen nachzukommen.[31] Althoffs Weigerung, weitere Verhandlungen zu führen, wurde – zusätzlich zu den hohen finanziellen Erwartungen Seebergs – möglicherweise auch dadurch bestärkt, dass er sich im Zusammenhang der ebenfalls gescheiterten Berufungsverhandlungen um das kirchenhistorische Ordinariat in Göttingen 1890/91 ein negatives Bild von Seeberg gemacht hatte.[32] Schon damals

setzung in Halle zu treffen beabsichtigte (vgl. die Telegramme Althoffs und Seebergs vom 08.12.1892 [a.a.O., Sekt. 2, Tit. IV, Nr. 44, Bd. IV, Bl. 102; 103]; s. dazu *Basse*, Konzeptionen, 39).

27 Vgl. Althoff an Seeberg am 22.12.1892 und Seeberg an Althoff am 25.12.1892 (a.a.O., Sekt. 2, Tit. IV, Nr. 44, Bd. IV, Bl. 140^{rv}; 142^{rv}); s. *Basse*, Konzeptionen, 40.

28 Vgl. Seeberg an Harnack am 25.12.1892 und Harnack an Seeberg am 26.12.1892 (in: SBB PK, NL Harnack, K 42, Mp. Seeberg, Bl. 3^{r}–4^{v}; BA, NL Seeberg, N 1052, Nr. 68, Bl. 31–34). Harnack leitete seinen Brief abschriftlich in Ausschnitten an Althoff am 05.01.1893 weiter (Nr. 78, *Briefwechsel*). S. auch Seeberg an Althoff am 01.01.1893 (a.a.O., Sekt. 2, Tit. IV, Nr. 44, Bd. IV, Bl. 144^{r}–145^{r}; Abschrift a.a.O., Nr. 108, Bl. 101^{r}–103^{r}). S. dazu *Kaufmann*, Harnacks und Seebergs, 187, Anm. 97; zur Korrespondenz zwischen Seeberg und Harnack s. ebd., 165, Asterisk.

29 Vgl. die Abschrift aus Harnacks Brief an Seeberg vom 26.12.1892 (Nr. 78, *Briefwechsel*). Er selbst erhielt am 31.12.1897 eine Gehaltserhöhung von 8400 auf 9000 M. (s. Nr. 125, *Briefwechsel*). Zu Harnacks Gehaltserhöhungen s.o. Einleitung, Abschnitt 3.3, S. 50.

30 Vgl. Seeberg an Althoff am 01.01.1893 (a.a.O., Bl. 144^{v}, 145^{r}).

31 Althoff an Seeberg am 03.01.1893 (a.a.O., Sekt. 2, Tit. IV, Nr. 44, Bd. IV, Bl. 146^{rv}: 146^{r}). Zu Althoffs Verhalten gegenüber übermäßigen Gehaltsforderungen s. *Sachse*, Althoff, 190f. Auch bei Kähler und Cremer war die Berufung aufgrund der Gehaltsansprüche, die Althoff bei diesen ob des Alters jedoch für gerechtfertigt hielt, unmöglich gewesen (vgl. Althoff an Cremer am 19.12.1892, a.a.O., Sekt. 2, Tit. IV, Nr. 44, Bd. IV, Bl. 131^{v}).

32 S.o. Teil I, Abschnitt 2.2, S. 91 und Althoff an Cremer am 08.02.1893, in: *Stupperich*, Hermann Cremer, 243; s. auch *Basse*, Konzeptionen, 40f.

hatte er das Auftreten des modern-positiven Dogmatikers als unanständig empfunden. Seebergs Versuche, die Verhandlungen wieder aufzunehmen,[33] wies Althoff schroff zurück, weil er dessen Entschuldigung, über die Berliner Gehaltsverhältnisse nicht unterrichtet gewesen zu sein, als unwahr entlarvte, nachdem Harnack ihn über Seebergs Erkundigungen informiert hatte.[34]

Althoff korrespondierte parallel zu seinen Verhandlungen mit Seeberg auch weiterhin mit Hermann Cremer, den er zusammen mit Adolf Schlatter zu einer Konferenz nach Berlin einlud.[35] Die beiden Greifswalder Ordinarien sollten auch deshalb in die Hauptstadt reisen, weil Althoff die Berufungsanfrage bei Seeberg nur halbherzig gestellt hatte und eigentlich Cremer oder Schlatter für die Professur wollte. Die geplante Konferenz, an der neben Althoff, Cremer und Schlatter auch Kultusminister Bosse, Bernhard Weiß und Harnack teilnahmen,[36] führte jedoch nicht zum gewünschten Ergebnis, da die beiden Greifswalder Ordinarien weiterhin den Wechsel nach Berlin ablehnten.[37] Deshalb versuchte Althoff, obwohl er weiterhin Schlatter für Berlin favorisierte, vorerst andere Kandidaten zu finden, auch weil sein Mitarbeiter Bernhard Weiß den Greifswalder Neutestamentler ablehnte. Dieser sah nämlich in dessen Berufung einen Affront gegen seine eigene dogmatische Ausrichtung im Neuen Testament. Er war der Auffassung, dass durch eine Berufung Schlatters, nicht mehr Harnack, dem die Strafprofessur gegolten hatte, ein positiver Theologe zur Seite gestellt, sondern er in seiner Arbeit gemaßregelt werde.[38] Auch hier spielte die Konkurrenz um die studentischen Kollegiengelder wieder eine Rolle. Doch keiner der alternativen Kandidaten, zu denen der Breslauer Systematiker Hermann Schmidt, der Göttinger Kirchenhistoriker Nathanael Bonwetsch, der Dorpater Lutheraner Johannes Haußleiter und der Heidelberger Dogmatiker

---

33 Vgl. die Telegramme Seebergs vom 04. und 05.01.1893, den Brief Seebergs an Weiß vom 06.01., den dieser am 07.01.1893 an Althoff weiterleitete, und denjenigen von Anfang Februar sowie denjenigen Seebergs an Althoff vom 25.01.1893 (ebd., Bl. 147^{r}; 148^{r}; 153^{rv}; 157^{r}–158^{r}; 154^{r}–155^{v}).

34 Vgl. Althoff an Seeberg o.D. und am 02.02.1893, die Notizen Althoffs vom 06.02. auf dem Telegramm Seebergs vom 04.01.1893 (ebd., Bl. 149^{r}; 156^{r}; 147^{r}) und Harnack an Althoff vom 05.01.1893 (Nr. 78, *Briefwechsel*).

35 Vgl. Althoff an Cremer am 24.12.1892 (in: *Stupperich*, Hermann Cremer, 239f.); s. dazu *Basse*, Konzeptionen, 41.

36 Vgl. *Neuer*, Schlatter, 293.

37 Vgl. Cremer an Althoff am 03. und Althoff an Cremer am 11.01.1893 (in: *Stupperich*, Hermann Cremer, 241f.) und die Telegramme Althoffs an Schlatter o.D. (vorgelegt am 05.01.1893) und Schlatters an Althoff vom 05.01.1893 (a.a.O., Sekt. 2, Tit. IV, Nr. 44, Bd. IV, Bl. 149^{r}; 150^{r}).

38 Vgl. Weiß an Althoff am 07.01.1893 (a.a.O., Nr. 108, Bl. 104^{rv}). Auch Julius Kaftan war von der Berufung betroffen, weil er ebenso zu erwarten hatte, dass seine Kollegiengelder durch einen weiteren Ordinarius für Neues Testament eingeschränkt würden (vgl. *Winnebeck*, Apostolikumsstreitigkeiten, 254, Anm. 345und *Kasparick*, Lehrgesetz, 58).

Ludwig Lemme zählten, konnte Althoff überzeugen.[39] Nathanael Bonwetsch, den Harnack Bernhard Weiß vorgeschlagen hatte, lehnte ebenfalls ab, da der Göttinger Kirchenhistoriker wegen des Charakters einer „Conkurrenzprofessur“ Bedenken gegen den Wechsel nach Berlin hegte.[40] Auch wenn Weiß ihn vergeblich vom Gegenteil zu überzeugen suchte, indem er nochmals auf die Begründung zurückgriff, dass die Professur zur Entlastung von Hermann von der Goltz eingerichtet worden sei,[41] zeigen Bonwetschs Bedenken, der Harnack aus Dorpat persönlich kannte und mit dem er auch bei der Edition der *Griechischen Christlichen Schriftsteller* zusammenarbeitete,[42] in welchem Maße die Professur bereits als „Strafprofessur“ innerhalb der Theologie gebrandmarkt war.[43]

Schließlich blieb Althoff dabei, Adolf Schlatter nach Berlin zu berufen, obwohl dieser die Anfrage bereits zurückgewiesen hatte und auch Weiß ihn weiterhin ablehnte. Um Weiß zu beruhigen, schaltete Althoff erneut Harnack ein, der mit jenem ein Gespräch führen sollte.[44] Man einigte sich schließlich auf einer „Konferenz“, in der über das „Verhalten Seeberg's“, wahrscheinlich aber auch über die Berufung Schlatters gesprochen werden sollte.[45] Die Konferenz fand am 8. Februar 1893 in Anwesenheit von Althoff, Weiß, August Dillmann, der als Ersatz für Paul Kleinert teilnahm, und Harnack statt.[46]

39 Vgl. die Notizen Althoffs auf dem Brief von Kähler vom 12.01.1893 (a.a.O., Sekt. 2, Tit. IV, Nr. 44, Bd. IV, Bl. 162^{r}–163^{v}) und Althoff an Cremer am 11.01.1893 (in: *Stupperich*, Hermann Cremer, 241f.). Später nannte man Althoff außerdem Wilhelm Schmidt, der zu diesem Zeitpunkt Pfarrer im pommerschen Cürtow (dem heutigen Korytowo, Polen) war (vgl. Althoff an Cremer am 05.02. und Cremer an Althoff am 07.02.1893, in: *Stupperich*, Hermann Cremer, 242; a.a.O., Sekt. 2, Tit. IV, 44, Bd. IV, Bl. 170^{r}–171^{r}; s. ebd., Bl. 172^{r}–177^{v} weitere Urteile über W. Schmidt).

40 Bonwetsch an Weiß am 09.01.1893 (a.a.O., Sekt. 2, Tit. IV, Nr. 44, Bd. IV, Bl. 168^{rv}: 168^{v}); vgl. Bonwetsch an Weiß am 03.02.1893 (ebd., Bl. 169^{rv}) sowie Bonwetsch an Harnack am 04.02.1893 (in: SBB PK, NL Harnack, K 27, Mp. Bonwetsch, Bl. 12^{r}–13^{r}).

41 Vgl. Weiß an Bonwetsch o.D. (a.a.O., Sekt. 2, Tit. IV, Nr. 44, Bd. IV, Bl. 166^{r}–167^{v}); s. auch Weiß an Althoff am 03.02.1893 (in: GStA PK, VI. HA, NL Althoff, Nr. 1009, Bl. 45^{v}).

42 S. Nr. 64, *Briefwechsel*, Anm. 4.

43 Bonwetsch betonte auch gegenüber Harnack, dass an eine „Strafprofessur [...] von außerakademischen Kreisen alle möglichen Anforderungen“ herangetragen werden würden, die er nicht zu erfüllen beabsichtige, obwohl er gerne neben Harnack in Berlin geforscht und gelehrt hätte (Bonwetsch an Harnack am 04.02.1893, a.a.O., K27, Mp. Bonwetsch, Bl. 12^{v}).

44 Vgl. Althoff an Harnack am 05.02.1893 (Nr. 79, *Briefwechsel*); s. auch Weiß an Althoff am 03.02.1893, der auf einen ihm von Althoff vorlegten Brief Cremers vom 12.01.1893 verweist. In diesem hatte Cremer die Situation an der Berliner Theologischen Fakultät kritisiert, was Weiß wiederum als persönliche Kritik empfand (a.a.O., Nr. 1009, Bl. 45^{rv}; a.a.O., Sekt. 2, Tit. IV, Nr. 44, Bd. IV, Bl. 164^{r}–165^{v}: 165^{r}).

45 Nr. 79, *Briefwechsel*.

46 Vgl. Harnack zweimal an Althoff am 07.02.1893 (Nr. 80, *Briefwechsel* und 81, *Briefwechsel*). S. auch Weiß zweimal an Althoff am 06.02.1893 (a.a.O., Nr. 1009, Bl. 46; 47^{rv}). Im Anschluss an die Kon-

Adolf Schlatter nahm den Ruf nach Berlin trotz seiner vorherigen Absage schließlich an, obwohl Weiß und Cremer weiterhin Widerstand gegen die Berufung leisteten und auch die Berliner Fakultät sich wenig begeistert zeigte.[47] Um Schlatter den Einstand in der Fakultät zu erleichtern, bat Althoff Harnack Anfang März, jenem ein Begrüßungsschreiben zukommen zu lassen.[48]

Das kirchenpolitische Ziel des Kultusministers, einen positiven Theologen als Pendant zu Harnack nach Berlin zu berufen, war durch die Ernennung Schlatters zum Ordinarius insofern erreicht worden, als dieser als ein Vertreter der sog. „Greifswalder Schule" um Hermann Cremer galt. Allerdings traf seine Berufung Harnack weniger als Bernhard Weiß, da Schlatter in erster Linie Neutestamentler war. Auch wenn anscheinend organisatorische Gründe dafür sprachen, die Strafprofessur als systematisch-theologisches Ordinariat einzurichten, wundert es doch, dass der Kultusminister nicht von vornherein eine positive Professur für Kirchen- und Dogmengeschichte ausschrieb, da allein diese Harnack – auch materiell durch die Verringerung der Kollegiengelder – getroffen hätte.

ferenz schickte Althoff Cremer die Korrespondenz zu den Berufungsverhandlungen mit Seeberg (vgl. Althoff an Cremer am 08.02.1893, in: *Stupperich*, Hermann Cremer, 243). Cremer versuchte nochmals, Seebergs Verhalten zu entschuldigen und diesen anstelle Schlatters für Berlin in Anschlag zu bringen (vgl. Cremer an Althoff am 11.02.1893 [a.a.O., Sekt. 2, Tit. IV, Nr. 44, Bd. IV, Bl. 159^{r}–160^{r}]; den bei *Stupperich*, Hermann Cremer, 243f. abgedruckten Briefentwurf veränderte Cremer noch erheblich).

47 Althoff verweist auf eine ministeriale Konferenz vom 15.02.1893, in der über Schlatters Berufung entschieden wurde (vgl. Nr. 84, *Briefwechsel* und Weiß an Harnack am 16.02.1893, in: SBB PK, NL Harnack, K 44, Mp. Weiß, Bl. 16^{rv}; vgl. die zugehörigen Akten a.a.O., Nr. 21491, Bl. 154^{r}–157^{r}; a.a.O., Sekt. 2, Tit. IV, Nr. 44, Bd. IV, Bl. 188^{r}). Althoff hatte Schlatter persönlich in Greifswald besucht (vgl. Althoff an Cremer am 01.02.1893 [in: *Stupperich*, Hermann Cremer, 244]; so auch *Neuer*, Schlatter, 294). Zur Stimmung innerhalb der Berliner Fakultät vgl. Althoff an Harnack am 07.03.1893 (Nr. 85, *Briefwechsel*). Zu Cremers Widerspruch vgl. Cremer an Althoff am 02.03.1893 mit den Notizen von Althoff und Weiß sowie Weiß an Althoff am 08.03., 09.03., 16.03., 09.04., 22.04., 25.05. und 19.06.1893 (a.a.O., Sekt. 2, Tit. IV, Nr. 44, Bd. IV, Bl. 186^{r}–187^{r}; a.a.O., Nr. 108, Bl. 110^{r}–111^{r}; 112^{r}; 113^{rv}; 119^{rv}; 125^{rv}; 127^{rv}; 128^{rv}). Vgl. Schlatter an Althoff am 09.04.1893, der von einem Gespräch mit Weiß berichtete, in dem dieser von Schlatter gefordert habe, keine neutestamentlichen Vorlesungen in Berlin zu halten, was er nicht habe versprechen können (a.a.O., Sekt. 2, Tit. IV, Nr. 44, Bd. IV, Bl. 200^{rv} [Abschrift]; Original in: SBB PK, Slg. Darmstaedter 2d 1893: Schlatter, Adolf, Bl. 3–4 ; s. dazu *Kasparick*, Lehrgesetz, 58 und *Neuer*, Schlatter, 296).

48 Vgl. Althoff an Harnack am 07.03. (Nr. 85, *Briefwechsel*) und Harnack an Schlatter am 09.03.1893 (Nr. 85.1, *Briefwechsel*; s. dazu *Zahn-Harnack*, Harnack, 209) sowie Weiß an Althoff am 17.03.1893 (a.a.O., Nr. 1009, Bl. 48^{rv}).

1.3 Der Ruf nach Harvard 1893

Im Zuge des „Falles Harnack“ im Apostolikumsstreit von 1892 erging im Februar 1893, nachdem die Strafprofessur an der Berliner Theologischen Fakultät bereits angekündigt worden war, ein Ruf der Universität Harvard in Cambridge (Massachussetts), übermittelt durch deren Universitätspräsidenten Charles W. Eliot an Harnack.[49] Die US-amerikanische Universität wollte ihm dadurch die Möglichkeit zu freier theologischer Forschung unabhängig von kirchlichen Einschränkungen bieten. Doch Harnack lehnte das Angebot bei Eliot, wie bereits im Jahr 1885, ab, weil er keineswegs fürchte, in seiner Lehrfreiheit eingeschränkt zu werden, und mit seiner Forschung weiterhin seinem „Vaterlande [...] dienen“ wolle.[50] Harnacks Bekanntheit in den USA rührte nicht nur von seinen Schriften, allen voran dem *Lehrbuch der Dogmengeschichte*, das allerdings erst 1894 ins Englische übersetzt wurde,[51] sondern auch von seinen zahlreichen US-amerikanischen Schülern her, zu denen beispielsweise Arthur Cushman McGriffert, der Kirchenhistoriker am Union Theological Seminary in New York war, der dortige Systematiker William Adams Brown und Edward Caldwell Moore zählten, der in Harvard systematische Theologie lehrte.[52] Harnack informierte Althoff umgehend über seine Absage in Harvard, indem er ihm die Korrespondenz mit Eliot weiterleitete.[53] Der Universitätsreferent, der sich mündlich mit dem Kirchenhistoriker über die Berufungsanfrage auszutauschen be-

49 Vgl. Charles W. Eliot an Harnack am 02.02.1893 sowie Harnack an Eliot am 14.02.1893 (Nr. 83, *Briefwechsel*); s. dazu *Zahn-Harnack*, Harnack, 209f., *Nowak*, Einführung, 20f., *Brocke*, Großbetrieb, 66f., *Winnebeck*, Apostolikumsstreitigkeiten, 245, Anm. 296, *Nottmeier*, Harnack, 130 und *Lerg*, Universitätsdiplomatie, 80f.

50 Nr. 83, *Briefwechsel*. Zum Ruf von 1885 s. *Zahn-Harnack*, Harnack, 145. 1904 reiste Harnack in die USA, um u.a. einen Vortrag bei der Weltausstellung in St. Louis zu halten (vgl. *Harnack*, Kirchengeschichte und Universalgeschichte, 1904, *Zahn-Harnack*, Harnack, 378–380, *Nottmeier*, Harnack, 269 und Teil IV, Abschnitt 3.3.2, S. 442). Zu seinen gemeinsam mit Althoff verfolgten Bemühungen einen Gelehrtenaustausch zwischen den USA und Deutschland zu etablieren s.u. Teil IV, Abschnitt 3.3, S. 438.

51 Vgl. *Harnack*, History of Dogma, 1894.

52 Vgl. McGrifferts Briefe in: SBB PK, NL Harnack, K 37, Mp. McGriffert; Browns Briefe ebd., K 28, Mp. Brown, Williams, 2^r–6^r; E. Moores Briefe ebd., K 38, Mp. Moore, Edward; s. auch *Zahn-Harnack*, Harnack, 145, 379. Zu dem Trend US-amerikanischer Studenten, in Deutschland zu studieren s. *Dorrien*, Making 1805–1900, 403–405, *Laitko*, Weltbetrieb der Wissenschaft, 56–61 und *Purvis*, Education, 314; zu Harnacks Einfluss auf die liberale Theologie in den USA vgl. *Graf*, Protestantische Theologie, 66–69, *Dorrien*, Making 1900–1950, 24–28, *Nottmeier*, Protestantische Theologie und auswärtige Kulturpolitik, 72–74 und *Clark*, Transatlantic Mentoring, 98–103, 105, 107 (zu McGrifferts Studium bei Harnack und seinem Kontakt zu ihm), sowie *Howard*, Protestant Theology, 348–378 zu der Stellung der deutschen protestantischen Theologie im Ausland.

53 Vgl. Harnack an Althoff am 14.02.1893 (Nr. 83, *Briefwechsel*).

absichtigte,[54] setzte wiederum Wilhelm II. – vermittelt über Kultusminister Bosse und den Zivilkabinettschef Lucanus – über Harnacks Ablehnung in Kenntnis.[55] Möglicherweise hatte Althoff sich davon eine Honorierung Harnacks – vielleicht in Form eines Ordens – erhofft, die vorerst nicht eintraf.[56]

1.4 Denkschrift zur Lehrfreiheit 1893

Im Kontext des drohenden Disziplinarverfahrens, der neu installierten Strafprofessur und des Rufes nach Harvard war wiederholt die Frage der akademischen Lehrfreiheit in der Theologie aufgeworfen worden. Der Kultusminister hatte die Lehrfreiheit in seinem Gespräch mit Harnack im September 1892 und in seinem Immediatbericht für Wilhelm II. im November 1892 thematisiert.[57] Vermutlich kam das Thema auch während der Konferenz am 8. Februar 1893, an der Althoff, Harnack, Dillmann und Weiß teilnahmen, zur Sprache.[58] Der Universitätspräsident von Harvard Eliot hatte in seinem Berufungsangebot betont, dass ein Professor an einer US-amerikanischen Theologischen Fakultät „perfect academic freedom" und „an absolute freedom from all restrictions" besitze, woraufhin Harnack bei der Ablehnung des Rufes betonte, dass er in Deutschland „die Freiheit der Arbeit und des Worts [genieße], welche [*sic*] die Wissenschaft" bedürfe.[59]

---

54 Vgl. Althoff an Harnack am 15.02.1893 (Nr. 84, *Briefwechsel*).

55 Vgl. Bosse an Lucanus am 22.02.1893 (Nr. 84.1, *Briefwechsel*).

56 Vgl. Nr. 83, *Briefwechsel*, Anm. 18. 1905 ließ Althoff sich die Akten, entweder im Zusammenhang des deutsch-amerikanischen Professorenaustauschs oder im Kontext des sog. akademischen Kulturkampfes, in dem es auch um die akademische Freiheit ging, nochmals vorlegen (zum akademischen Kulturkampf s.u. in diesem Teil, Abschnitt 6.6, S. 268 und zum Professorenaustausch s.u. Teil IV, Abschnitt 3.3, S. 438).

57 Vgl. das Telegramm Bosses an Althoff vom 30.09.1892, in dem er eine Vorlage Althoffs für den Immediatbericht zum Thema „Lehrfreiheit der Theologen, Facultäten" vom 12.10.1892 forderte (GStA PK, VI. HA, NL Althoff, Nr. 680, Bl. 145^{r}; ebd., I. HA, Rep. 89, Nr. 21491, Bl. 61^{r}–78^{v}: 67^{v}–71^{v}, 77^{r}–78^{v}; s. dazu *Kasparick*, Lehrgesetz, 55). Bosse habe Harnack in seinem Gespräch angedeutet, dass er die Frage im „Landtag" verteidigen müsse (*Zahn-Harnack*, Harnack, 207). Weiß hatte in einem Brief an Althoff außerdem festgehalten, dass er eine „Verwerfung gegen jede Antastung der Lehrfreiheit" in einem Entwurf für den Kultusminister zu ergänzen wünsche (Weiß an Althoff am 24.10.1892 [a.a.O., Nr. 1009, Bl. 42^{rv}: 42^{r}], den Althoff mit „Fall Harnack" überschrieb). Althoff hatte außerdem gegenüber Lucanus betont, dass ein „Einschreiten gegen Harnack, wenn auch in Form einer Mahnung, einen Sturm wegen Beeinträchtigung der akademischen Lehrfreiheit hervorrufen würde" (Althoff an Lucanus am 30.10.1892, a.a.O., Nr. 21491, Bl. 94^{r}).

58 Vgl. Harnack an Althoff am 09.02.1893 und dessen Beilage (Nr. 82, *Briefwechsel* und 82.1, *Briefwechsel*).

59 Eliot an Harnack am 02.02.1893 (Nr. 83, *Briefwechsel*).

Die Beispiele zeigen, dass es von kultusministerialer und universitärer Seite im Apostolikumstreit primär um die Frage der akademischen Lehrfreiheit ging, die sich in der Folge als roter Faden durch die kirchenpolitischen Streitfälle zog, die Althoff und Harnack beschäftigten. In den Berufungsverfahren war hingegen – das muss an dieser Stelle differenziert werden, – in den meisten Fällen um die Frage der akademischen Forschungsfreiheit gestritten worden, die naturgemäß eng mit der akademischen Lehrfreiheit verbunden war. Das Kultusministerium positionierte sich, obwohl es auch für die Verwaltung der Kirchen zuständig war, in den Fragen der akademischen Lehr- und Forschungsfreiheit eindeutig auf der Seite der Universitäten.[60] Um die kirchliche Position mindestens vordergründig anzuerkennen, bedurfte es einer diplomatisch geschickten Kirchen- und Berufungspolitik, die der kirchlichen Behörde und den kirchlichen Parteien vermittelte, dass das Ministerium ihre Ansprüche nach der Kirchlichkeit der akademischen Lehre respektiere. Dies gelang von Fall zu Fall unterschiedlich gut.

Harnack äußerte sich gegenüber Althoff mehrfach zum Thema Lehr- und Forschungsfreiheit in der evangelischen Theologie. Vermutlich im Anschluss an das Treffen vom 8. Februar 1893 oder ein Gespräch mit Althoff formulierte er Vorschläge zur „Lehrfreiheit der evangelischen Theologen", über deren weitere Verwendung durch Althoff bislang nichts zu eruieren war.[61] Möglicherweise hatte Althoff geplant, eine Art Richtlinie für die Lehrfreiheit in der evangelischen Theologie zu verfassen, die deren Grenzen festschreiben sollte. Harnack lehnte allerdings eine spezifische Begrenzung der theolgischen Lehrfreiheit ab und strebte stattdessen an, die Lehrfreiheit der Theologie in den „Grenzen der Lehrfreiheit überhaupt", also wie in allen Fächern, zu behandeln.[62] Eine Beschränkung der Lehrfreiheit konnte sich Harnack ausschließlich durch eine allgemeine Bestimmung, die er nicht näher spezifizierte, des Lehramtes und die Eigenheiten der jeweiligen Fakultäten vorstellen. Wenn diese Begründung für die Theologie nicht ausreiche, müsse die Bibel als oberste Norm zur Begrenzung der Lehrfreiheit herangezogen werden, wie Althoff in einer nicht aufgefundenen Vorlage festgehalten hatte.[63] Auch wenn die Bibel der Theologie als Norm diene, bedürfe sie der wissenschaftlichen Auslegung, weil nicht alle Texte gleich behandelt werden könnten.[64] Damit deutete er eine unterschiedliche Gewichtung des Alten gegenüber dem Neuen Testament an, die er auch anderer Stelle thematisierte, rekurrierte aber auch auf die unterschiedliche Relevanz

60 Vgl. *Kasparick*, Lehrgesetz, 58f. und *Nottmeier*, Harnack, 130.
61 Vgl. Harnack an Althoff am 09.02.1893 mit einer „Beilage" (Nr. 82 und 82.1, *Briefwechsel*).
62 Nr. 82, *Briefwechsel*.
63 Vgl. Nr. 82, *Briefwechsel*.
64 Vgl. ebd.

der Texte innerhalb des Neuen Testaments.[65] Diesen Aspekt differenzierte Harnack für Althoff noch einmal in einer „Beilage".[66] Die alttestamentlichen Beschneidungs- und Sabbatgebote galten für ihn gegenwärtig ebensowenig wie die neutestamentliche Forderung nach einem Rechtsverzicht, die in der Bergpredigt geäußert werde. Vielmehr sei die jesuanische Predigt und ihre Endzeiterwartung geschichtlich zu kontextualisieren und dadurch historisch zu relativieren. Die Frage des Rechtsverzichts verhandelte Harnack nochmals in seinen Vorlesungen über das *Wesen des Christentums* zusammen mit der Obrigkeitsfrage.[67] In seiner „Beilage" konstatierte er schließlich unter Rekurs auf Luther und die reformatorischen Bekenntnisschriften, insbesondere die *Confessio Augustana*, dass man die Schrift nicht mit den Bekenntnissen interpretieren dürfe, sondern allein der „Verstand"[68] für die Exegese der Bibel zuständig sei. Auch diese Auffassung wiederholte er in seinen ekklesiologischen Ausführungen im *Wesen des Christentums*.[69]

Die in seinem Brief an Althoff formulierte Auffassung von der Lehrfreit der Theologieprofessoren fügt sich in Harnacks historistisch-kritisches Verständnis von Bibel und Bekenntnissen ein, das er mit anderen modernen Theologen teilte. Bibel und Bekenntnisse seien historisch zu analysieren. Dabei würden Bibel und Bekenntnisse gegebenenfalls in ihrer aktuellen dogmatischen Bedeutung relativiert werden, wie er an der Frage des Rechtsverzichts deutlich gemacht hatte. Zugleich war Harnack in der Anwendung der historisch-kritischen Methode in der Theologie keineswegs radikal, da er gewisse Prämissen, wie die höchste Autorität der Bibel und Notwendigkeit der Bekenntnisse, voraussetzte.

Auch wenn über die weitere Verwendung der Äußerungen Harnacks zu den „Grenzen der Lehrfreiheit" nichts bekannt ist und nur vermutet werden kann, dass Althoff sie als eine Art Richtlinie für die evangelischen Theologieprofessoren angefordert hatte, werfen sie doch ein erhellendes Licht auf Harnacks Haltung zu diesem umstrittenen Thema. Es ging darin primär um die Freiheit der akademischen Lehre, deren Grenzen Harnack nach Ansicht der kirchlichen Öffentlichkeit 1892 überschritten hatte, und nur sekundär um die Schranken der Forschungsfreiheit, die Harnack nach dem Urteil des EOK 1888 in seiner Dogmengeschichte gesprengt hatte. Zudem waren in diesem Zusammenhang nicht die Grenzen der Lehrfreiheit evangelischer Geistlicher im Blick, zu denen sich Harnack 1911 im Kontext der Fälle Carl Jathos und Gottfried Traubs äußerte. 1911 führte Harnack nämlich

---

65 Zu Harnacks Haltung zum Alten Testament s. *Kinzig*, Harnack, Marcion und das Judentum, 89–102, bes. 93 mit Anm. 275.

66 Vgl. Nr. 82.1, *Briefwechsel*.

67 Vgl. *Harnack*, Wesen des Christentums, 1900b, 64–71.

68 Nr. 82.1, *Briefwechsel*, im Original unterstrichen.

69 Vgl. *Harnack*, Wesen des Christentums, 1900b, 154, 246. Dort zitierte er explizit CA 7.

angesichts des Falles Jatho eine „Differenzierung zwischen den Bedürfnissen der theologischen Wissenschaft und den Bedürfnissen der Landeskirchen in Bezug auf die Forschungs- und Lehrfreiheit" ein.[70]

Es wird deutlich, dass Harnack die akademische Lehrfreiheit nicht durch die kirchlichen Bekenntnisse beschränkt sah, sondern lediglich die Bibel als Maßstab anerkannte. Gleichzeitig stellte er sehr wohl in Rechnung, dass die einzelnen Fakultäten durch gewisse Spezifika begrenzt seien. Für die theologische Fakultät bedeutete dies, dass sie laut ihren Statuten den Auftrag besaß, die Studenten für den Dienst in der Kirche auszubilden.[71] Wie die theologischen Fakultäten die zukünftigen Pfarrer ausbilden sollten, beschrieb Harnack hier nur allgemein und eher vage. Welchen Beitrag die Kirchengeschichte zur theologischen Ausbildung leisten konnte, hatte er bereits 1888 für Althoff zusammengefasst: Ein Student der Kirchengeschichte müsse primär die Entstehung der katholischen Kirche und die theologische Entwicklung in den ersten drei Jahrhunderten kennenlernen.[72] Gleichzeitig sah Harnack nicht, dass er durch seine Äußerungen im Apostolikumsstreit aus Sicht der Kirche seinen Auftrag, nämlich die Ausbildung zukünftiger Amtsträger gefährdet habe, indem er sie zum Nachdenken über den Gebrauch des Apostolikums anregte. Aus seiner Perspektive erfüllte er seine Aufgabe als Lehrer zukünftiger Pastoren gerade dadurch, dass er ihnen eine historisch-kritische Theologie vermittele, die sich an der Bibel orientiere.

Wie deutlich geworden sein sollte, ist die Denkschrift eines der Exempel in der Kooperation mit Althoff, in der er besonders ausführlich theologisierte. Er formulierte darin Auffassungen, die er einige Jahre später in seinen Vorlesungen über das *Wesen des Christentums* zusammenfasste. Über Althoffs Reaktion auf diese theologische Explikation ist nichts bekannt, allerdings folgte auch keine explizite Einschränkung der akademischen Freiheit der Theologieprofessoren.

An den vier Episoden des Apostolikumsstreits 1892, die der Briefwechsel zwischen Althoff und Harnack widerspiegelt, der „Fall Harnack", die Besetzung der Berliner Strafprofessur, der Ruf nach Harvard und die Denkschrift über die Lehrfreiheit, zeigt sich, dass Harnacks Einfluss auf Althoff und somit auch innerhalb des Kultusministeriums keineswegs gebrochen war, wie seine innerkirchlichen Gegner es wahrscheinlich erhofft hatten. Vielmehr diente Harnack bei der Besetzung der Strafprofessur als Vermittler zu Bernhard Weiß und setzte sich erfolgreich gegen die Berufung Reinhold Seebergs zur Wehr. Außerdem hatte Althoff seine Äußerung zum Apostolikum lobend aufgenommen. Den Ruf nach Harvard konnte Harnack

70 *Winnebeck*, Apostolikumsstreitigkeiten, 333, vgl. *Jatho-Harnack-Briefwechsel*, 20.

71 Vgl. *Mulert*, Lehrverpflichtung, 82; s. *Winnebeck*, Apostolikumsstreitigkeiten, 251, Anm. 328.

72 Vgl. Harnack an Althoff am 27.09.1888 (Nr. 40, *Briefwechsel*); s. dazu *Kampmann*, Patristiker als Idealtypus.

infolgedessen selbstbewusst und betont vertrauensvoll gegenüber der kultusministerial abgesicherten Wissenschaftsfreiheit in Preußen ablehnen. Wahrscheinlich wollte er seine Position dabei auch insofern stärken, als er gegenüber dem Kultusministerium seinen wissenschaftspolitischen Wert hervorhob. In der Denkschrift konnte Harnack schließlich seine Auffassung zur theologischen Lehrfreiheit formulieren, während Hermann Cremer, dem Althoff zwar ebenfalls vertrauliche Informationen zukommen ließ, in diese Frage nicht involviert wurde. So blieb Harnacks Einfluss im Kultusministerium erhalten, konnte aber aufgrund der kirchenpolitischen Situation nur informell ausgeübt werden.

2 Revision der evangelisch-unierten Agende 1894

Nachdem die kirchenpolitischen Kontroverse um Harnack nach der Einrichtung der Strafprofessur abgeflaut war und er zwischenzeitlich den Förderantrag für die Kirchenväteredition eingereicht hatte,[1] kam es zu einem erneuten Aufflammen des Streits um seine theologische Position, als die neue Agende für den Gottesdienst am 10. November 1894 veröffentlicht wurde. Die Revision der Agende, die seit den kirchlichen Verfassungsreformen der 1870er Jahre debattiert worden war, stand in direkter Verbindung zum Apostolikumsstreit, weil im Revisionsprozess immer wieder diskutiert worden war, welchen Stellenwert das Apostolikum in den verschiedenen Gottesdiensttypen einnehmen solle.[2] Auch Harnack reflektierte diese Frage, als er sich, wie schon 1892, in seiner Vorlesung über Symbolik am 12. November 1894 über die Stellung des Apostolikums in der revidierten Agende äußerte.[3] Seine Äußerung, die er im Vorhinein formuliert hatte,[4] sollte seinen Studenten als Richtschnur dienen, da die preußischen Theologiestudenten die neue Agende in ihrer zukünftigen pfarramtlichen Praxis würden umsetzen müssen. Für die Studenten sei außerdem die Stellung des Apostolischen Glaubensbekenntnisses im Ordinationsgottesdienst von zentraler Bedeutung, da sie dem Credo dort zustimmen müssten. Harnack sah in der revidierten Ordinationsagende insofern einen „leise[n] Fortschritt“, als „die Recitation des Apostolicums bei der Ordination aus der Verpflichtung herausgenommen und in den liturgischen Act gestellt“ worden sei.[5] Er hatte mit seiner Äußerung primär zu seinen Studenten gesprochen und sich darin durch seine Pflicht als Theologieprofessor legitimiert gesehen, zu gegenwärtigen kirchenpolitischen Kontroversen Stellung zu beziehen.[6] Er folgte in seiner Beurteilung konsequent seiner historisch-kritischen Theologie, die es ihm erlaubte, das Credo nicht als einzigen, sondern als einen „Ausdruck [...] [des] Heilsglaubens“ zu verstehen. Denn auch das Apostolische Glaubensbekenntnis musste nach Harnack in seinem historischen Kontext verstanden werden. Seine Erklärung baute dabei auf einer Denkschrift auf, die er im November 1893 für die *Freunde der Christlichen Welt* verfasst hatte und die als „Stellungnahme in der Agendenreform“ veröf-

---

1 S. dazu Nr. 89 und 89.1, *Briefwechsel* sowie unten Teil IV, Abschnitt 1.1.1, S. 351.

2 Vgl. *Kasparick*, Lehrgesetz, 98–139 und *Winnebeck*, Apostolikumsstreitigkeiten, 273–277.

3 Vgl. Harnacks Vorlesungsmanuskript vom 12.11.1894 (Nr. 100.1, *Briefwechsel*); zu Harnacks Stellungnahme und deren Folgen s. auch *Jantsch*, Harnack-Rade, 65 und Nr. 146–152, *Winnebeck*, Apostolikumsstreitigkeiten, 277–280 und *Nottmeier*, Harnack, 131–133.

4 Vgl. Harnack an Rade am 13.11.1894 (in: *Jantsch*, Harnack-Rade, 303, Nr. 146).

5 Harnacks Vorlesungsmanuskript vom 12.11.1894 (Nr. 100.1, *Briefwechsel*).

6 Vgl. Harnack an Rade am 13.11.1894 (in: *Jantsch*, Harnack-Rade, 302–304, Nr. 146).

https://doi.org/10.1515/9783112213193-013

fentlicht werden sollte, wegen interner Differenzen aber nicht publiziert wurde.[7] Obgleich Harnack seine Stellungnahme als rein akademische Äußerung präsentierte, war er sich ihrer kirchenpolitischen Relevanz bewusst. Daher plante er sie, wie schon 1892, in der Zeitschrift *Die Christliche Welt* zu veröffentlichen. Dazu sandte er sein Manuskript am 13. November 1894 an deren Herausgeber Martin Rade.[8] Da am selben Tag ein Artikel in der konservativen *Neuen Preußischen (Kreuz-)Zeitung*, der sog. *Kreuzzeitung*, erschienen war, der die Inhalte seiner Vorlesung öffentlich machte, die vermutlich ein Student indiskreterweise weitergegeben hatte – ein Umstand, der Harnack tief verletzte und ärgerte[9] –, sah sich Harnack gezwungen, sich gegenüber Althoff zu erklären.[10] Er versicherte dem Universitätsreferenten, dass er nur seiner „Gewissenspflicht" gefolgt sei, die ihm auferlegt habe, seine Studenten zu beraten und ihre „bedrückten Gemüther [...] zu beruhigen".[11] Dabei habe er sich so korrekt wie möglich ausgedrückt, damit er keinen „Anstoß" errege.[12] Da in der Presse insbesondere seine Äußerung zur Stellung des Apostolikums in der Ordinationsagende für Unverständnis gesorgt hatte, erläuterte Harnack Althoff, was er den Studenten empfohlen habe. Sie sollten, wenn sie vor der Ordination stünden, sehr genau prüfen, ob das Ordinationsgelübde und das Apostolikum ihren „Heilsglauben" zum Ausdruck bringe.[13] Ob er Althoff mit dieser Erklärung beruhigte oder vielmehr ob ihrer Radikalität beunruhigte, lässt sich aus Althoffs Antwort vom 18. November nicht erkennen.[14] In seinem Schreiben vom 13. November bat er Althoff schließlich noch um Rat, was als nächstes zu tun sei. Er gestand ihm, dass er das Vorlesungsmanuskript gerne veröffentlichen würde, es ihm aber nicht mit diesem Brief schicken könne, weil er es „einem Freunde" geschickt habe.[15] Das Manuskript hatte Rade in der Zwischenzeit an den Verlag der *Christlichen Welt* weitergeleitet, der bereits Druckfahnen setzte.[16] Doch noch bevor Althoff Harnack am 18. November von der Veröffentlichung abriet, erfuhr der Kirchenhistoriker über seinen Kol-

---

7 *Winnebeck*, Apostolikumsstreitigkeiten, 277, vgl. das unveröffentlichte Manuskript, in: SBB PK, NL Harnack, K 13, Mp. Agendenfrage, Bl. 1^r–5^v.

8 Vgl. Harnack an Rade am 13.11.1894 (in: *Jantsch*, Harnack-Rade, 302–304, Nr. 146).

9 Vgl. Harnacks Briefe an Rade vom 14.11., 15.11. und 17.11.1894, in denen er den Vorgang als „Denunziation" bezeichnet (ebd., Nr. 147, 149 und 152). Zur Neuen Preußischen (Kreuz-)Zeitung s. *Rohleder/Treude*, Neue Preußische (Kreuz-)Zeitung.

10 Vgl. Harnack an Althoff am 13.11.1894 (Nr. 100, *Briefwechsel*) sowie ebd., Anm. 8 den Artikel aus der *Kreuzzeitung*, s. außerdem Harnack an Rade am 14.11.1894 (in: *Jantsch*, Harnack-Rade, Nr. 147).

11 Nr. 100, *Briefwechsel*.

12 Ebd.

13 Ebd.

14 Vgl. Althoff an Harnack am 18.11.1894 (Nr. 101, *Briefwechsel*).

15 Nr. 100, *Briefwechsel*.

16 Vgl. Rade an Harnack am 14.11.1894 (in: *Jantsch*, Harnack-Rade, 148).

legen Adolf Schlatter, mit dem er sich anscheinend persönlich trotz der theologischen Differenzen gut verstand, dass das Kultusministerium eine Publikation seiner Äußerung über die Agende missbillige.[17] Er sandte Rade daher umgehend ein Telegramm, um die Veröffentlichung zu verhindern und das Manuskript zurückzuerhalten, das ihm am nächsten Tag zuging.[18] Zu Harnacks Entschluss, auf die Publikation der Stellungnahme zu verzichten, hatte außerdem beigetragen, dass die Berliner *Freunde der Christlichen Welt*, Julius Kaftan, Hermann Scholz und Hermann von Soden, sich wenig begeistert von Harnacks Äußerung zeigten.[19] Auch wollte er den kirchlich-konservativen Vertretern sowie der konservativen Presse keinen erneuten Anlass bieten, den Streit von 1892 aufleben zu lassen. Als Althoff ihm schließlich am 18. November antwortete und ihn „dringend" vor der Veröffentlichung des Vorlesungsmanuskripts warnte, war die Angelegenheit für Harnack bereits beschlossen.[20] Doch auch Althoff war zwischenzeitlich nicht untätig gewesen, sondern hatte, um den Aufruhr, der durch den Artikel in der *Kreuzzeitung* entstanden war, zu beruhigen, auf den seit 1883 bei der *Kreuzzeitung* tätigen Redakteur, Hermann Kropatschek, der 1895 die Leitung des Blattes übernahm, eingewirkt, „die Sache möglichst im Sande verlaufen zu lassen".[21] Althoff hatte damit offenbar Erfolg, sodass die Aufregung dieses Mal rasch abflaute. Gleichzeitig wird aus Althoffs Antwortschreiben deutlich, dass er Harnacks Verhalten in der Vorlesung und die geplante Veröffentlichung missbilligte, weil er kein Interesse an einem erneuten Auflammen der kirchenpolitischen Kontroverse um das Apostolikum wünschte.[22] Ob Harnack dem Universitätsreferenten sein Vorlesungsmanuskript, nachdem er es vom Verlag erhalten hatte, noch einmal zusandte, lässt sich nicht nachvollziehen, da ein schriftlicher Kontakt zwischen den beiden erst wieder im Januar 1895 in einer Marburger Berufungsangelegenheit nachzuweisen ist.[23]

Auch wenn Harnack sich in seiner Vorlesung in Sinne der akademischen Lehrfreiheit uneingeschränkt äußern konnte, wurde er im Nachhinein zensiert, als ihm die Publikation informell untersagt wurde. Diese inoffizielle Zensur des Kultusministeriums von Äußerungen, die in Kirche und Öffentlichkeit theologisch umstrit-

---

17 Vgl. Harnack an Rade am 15.11.1894 (ebd., Nr. 149). Möglicherweise handelte es sich um ein persönliches Gespräch, da ein Brief Schlatters aus diesem Zeitraum nicht überliefert ist (s. SBB PK, NL Harnack, K 41, Mp. Schlatter).

18 Vgl. *Jantsch*, Harnack-Rade, Nrn. 148 u. 149).

19 Vgl. Harnack an Rade am 15. und 17.11.1894 (ebd., die Nrn. 149 und 152).

20 Althoff an Harnack am 18.11.1894 (Nr. 101, *Briefwechsel*).

21 Ebd. Zu Kropatschek s. das Biogramm, S. 521 und zu seiner Redaktionsleitung vgl. *Rohleder/Treude*, Neue Preußische (Kreuz-)Zeitung, 221.

22 Vgl. Nr. 101, *Briefwechsel*.

23 Vgl. Harnack an Althoff am 19.01.1895 (Nr. 102, *Briefwechsel*).

ten waren, hatte zur Folge, dass Harnack sich bis zum politischen Wechsel, der 1899/1900 durch die Ernennung Konrad von Studts zum Kultusminister und Bernhard von Bülows zum Kanzler eingeleitet wurde, und bis zu seiner Aufnahme in den Beraterkreis Wilhelms II. mit theologisch-kirchenpolitischen Stellungnahmen zurückhielt, auch wenn er in Vorträgen, wie beispielsweise demjenigen über *Die gegenwärtige Lage des Protestantismus* (1896), seine Meinung weiterhin äußerte.[24] Wie Christian Nottmeier bereits festgestellt hat, versuchte Harnack durch „vertrauliche Einflußnahme" den konservativen Kräften in den Besetzungsverfahren und der Kirchenpolitik entgegenzuwirken,[25] wobei, wie oben gesehen, auch sein Einfluss in der Besetzungspolitik ab 1895 nur noch begrenzt war.[26] Hinsichtlich Harnacks theologischer Position wird schließlich an der Äußerung zu den revidierten Agenden deutlich, dass er den Maßstab, den er an jeden Theologieprofessor legte, nämlich die konsequente Durchführung der historisch-kritischen Methode, aus der eine modern-kritische Theologie erwachsen sollte, auch an die Kirche und ihre Praxis legte.

---

24 Vgl. *Harnack*, Lage des Protestantismus, 1896a (Zweitveröffentlichung: *Harnack*, Lage des Protestantismus, 1896b).

25 *Nottmeier*, Harnack, 133.

26 S.o. Teil I, Abschnitte 2.8–2.10.

3 Exkurs: Gelehrtenpolitisches Engagement in der Geschichtswissenschaft. Die Fälle „Hans Delbrück“

Ebenso wie Adolf Harnack sich 1892 zum Apostolikumsstreit und 1894 zur Agendenrevision äußerte, kommentierte sein Schwager Hans Delbrück, der die Schwester seiner Frau Amalie, Lina Thiersch, geheiratet hatte, als Militärhistoriker und Redakteur der *Preußischen Jahrbücher* die aktuellen innenpolitischen Veränderungen.[1] 1895 beispielsweise bezeichnete Hans Delbrück das Verhalten der preußischen Polizei im Kontext der sog. „Umsturzvorlage“, die eine Verschärfung der Vereinsgesetze vorsah und gegen die sich zahlreiche Professoren wandten, als „Thorheiten“.[2] Daraufhin erstattete Innenminister Ernst von Köller Ende September eine Strafanzeige gegen Delbrück wegen Polizeibeleidigung.[3] Um den Schaden für Delbrück zu begrenzen, bemühte sich Harnack zeitnah, das angedrohte Disziplinarverfahren mit Althoffs Hilfe abzuwenden.[4] Nachdem Althoff Harnack einbestellt und sie die Angelegenheit besprochen hatten, informierte er seinen Schwager Delbrück über das

1 Zur Verbindung zwischen Harnack und Hans Delbrück s. *Zahn-Harnack*, Harnack, 185–189 und *Lehmann*, Harnack-Delbrück; die Briefe Harnacks an Delbrück, in: SBB PK, NL Delbrück, Fasz. 95; die Briefentwürfe Delbrücks an Harnack, ebd., Fasz. 162 sowie Delbrücks Briefe an Harnack, in: SBB PK, NL Harnack, K 29, Mp. Delbrück, Hans. Die Korrespondenz zwischen Delbrück und Harnack ist an diesen Orten nicht vollständig überliefert. Seine besondere Verbundenheit mit Harnack zeigte Delbrück dadurch, dass er ihm seine *Geschichte der Kriegskunst* widmete (vgl. *Delbrück*, Geschichte der Kriegskunst, Bd. 1, Widmung; s. dazu *Hillgruber*, Hans Delbrück, 50). Harnack wiederum widmete Delbrück 1904 den ersten Band seiner Reden und Aufsätze.

2 *Delbrück*, Politische Korrespondenz, Okt. 1895, 186 (auch in: GStA PK, VI. HA, NL Althoff, Nr. 164, Bl. 49^{r}–52^{v}); *Delbrück*, Politische Korrespondenz, Nov. 1895. Nachschrift.

3 Die Unterlagen zu dem Verfahren finden sich in SBB PK, NL Delbrück, K 10, Fasz. 32 und in GStA PK, I. HA, Rep. 76 I, Sekt. 31, Lit. D; Nr. 35, Bd. 2, Bl. 25–37; 43–44 (ebd., Bl. 26^{rv}; 27: Strafantrag vom 28.09.1895). Vgl. *Thimme*, Delbrück, 64–67, *Schleier*, Hans Delbrück, 390, 392, *Christ*, Leben und Werk, 165f., *Rebenich*, Mommsen-Harnack, 399 mit Anm. 6, *Nottmeier*, Harnack, 150 und *Klein*, Delbrück und die „Preußischen Jahrbücher“, 128f. Zum gelehrtenpolitischen Widerstand gegen die „Umsturzvorlage“ s. *Bruch*, Gelehrtenpolitik, 141–145 und zu derselben auch *Huber*, Dt. Verfassungsgeschichte, Bd. 4, 268–272. Delbrück und die *Preußischen Jahrbücher* sind von Jonas Klein untersucht worden (vgl. *Klein*, Delbrück und die „Preußischen Jahrbücher“), der zusammen mit Dr. Andreas Rose (Potsdam) außerdem eine Edition eines Teils der Korrespondenz Delbrücks unter der Leitung von Prof. Dr. Dominik Geppert (Potsdam) vorbereitet, die ebenfalls von der Historischen Kommission bei der Bayerischen Akademie der Wissenschaft betreut wird.

4 Vgl. die Nrn. 110–113, *Briefwechsel*.

https://doi.org/10.1515/9783112213193-014

weitere Vorgehen.[5] Denn wie im Folgenden deutlich werden wird, setzte Althoff Harnacks als Mittelsmann zu Delbrück ein anstatt direkt mit letzterem zu kommunizieren.[6]

Hans Delbrück selbst hatte sich zeitgleich auf Anraten Althoffs an Götz Graf von Seckendorff, den Oberhofmeister der Kaiserin Friedrich, gewandt, mit der er aufgrund seiner vormaligen Tätigkeit als Erzieher ihres 1879 verstorbenen Sohnes Waldemar in guter Verbindung stand.[7] Er hatte Seckendorff gebeten, die Mutter Wilhelms II. um Unterstützung zu ersuchen. Da jedoch, wie Harnack es gegenüber Althoff formulierte, „Gefahr im Verzug“ sei,[8] telegrafierte Delbrück nochmals an Seckendorff, der ihm ebenfalls telegrafisch antwortete, dass die Kaiserin Friedrich ihr Möglichstes tun werde.[9]

Da der Justizminister ein Strafverfahren in die Wege geleitet hatte, setzte Althoff sich mit dem Innenministerium ins Benehmen und arrangierte ein Treffen zwischen Innenminister Köller und Delbrück. Der Innenminister hielt im Anschluss an das Treffen in einer Erklärung fest, dass Delbrück eine Beleidigung der Preußischen Polizei nicht intendiert habe. Althoff ließ Delbrück daraufhin von Köllers Erklärung – vermittelt über Harnack – zukommen, damit der Historiker ihr zustimme.[10]

---

5 Vgl. Delbrücks autobiografische Aufzeichnungen „Aus meinem Leben“ vom Februar 1896, in: SBB PK, NL Delbrück, K 1, Fasz. 1, Bl. 25–29.

6 Delbrück beschreibt das Vorgehen Althoffs in „Aus meinem Leben“ (a.a.O., Bl. 32) ähnlich: „Ich selbst verhandelte in der ganzen Zeit mit Althoff nicht; er citirte immer den guten Harnack zu sich, der mir seine Botschaften ausrichtete u[nd] meine Antworten zurückbrachte“.

7 Vgl. Nr. 113, *Briefwechsel*; „Aus meinem Leben“, a.a.O., Bl. 34; 54–55. Zur Verbindung zwischen Delbrück und der Kaiserin Friedrich s. *Delbrück*, Erinnerungen Kaiser Friedrich, *Delbrück*, Kaiserin Friedrich, 1901, *Zahn-Harnack*, Harnack, 349 und *Nottmeier*, Harnack, 146 mit Anm. 88; s. auch die Briefe Victorias an Delbrück zwischen 1877 und 1900, in: SBB PK, NL Delbrück, V58/1-3 und dessen Briefkonzepte von 1888 ebd., V9; s. außerdem *Spenkuch*, Preußische Universitätspolitik, 23.

8 Nr. 113, *Briefwechsel*.

9 Vgl. das Telegramm Götz von Seckendorffs an Delbrück vom 11.10.1895, das dieser an Althoff weiterleitete (in: GStA PK, VI. HA, NL Althoff, Nr. 164, Bl. 20). Ebd., Bl. 19^{rv} findet sich eine Karte Delbrücks an Althoff vom 08.10.1895, die auf einen weiteren Brief vom 07.10.1895 verweist (ebd., Nr. 1045, Bl. 98^{r}–100^{v}). Der Gerichtstermin war für den 7. Dezember 1895 angesetzt worden (vgl. den Bericht des Oberstaatsanwalts für den Justizminister vom 30.11.1895, in: GStA PK, I. HA, Rep. 84a, Nr. 49809, Bl. 31^{rv} und „Aus meinem Leben“, a.a.O., Bl. 80).

10 Vgl. die Mitteilung des Innenministeriums an den Kultusminister vom 30.10. (in: GStA PK, I. HA, Rep. 76 I, Sekt. 31, Lit. D, Nr. 35, Bd. 2, Bl. 37^{r}), die Akten zum Strafverfahren von Köllers a.a.O., I. HA, Rep. 84a, Nr. 49809 sowie *Delbrück*, Politische Korrespondenz, Dez. 1895. Vgl. das Schreiben des Beamten des Innenministeriums an Althoff vom 16.11.1895, den Entwurf der Erklärung, die Erklärung von Köllers vom 30.11.1895 (a.a.O., Nr. 164, Bl. 23; 24; 27 [Abschrift]; Abschrift auch in: SBB PK, NL Delbrück, K 10, Fasz. 32, Bl. 1^{r} und a.a.O., Sekt. 31, Lit. D, Nr. 35, Bd. 2, Bl. 43^{rv}) sowie das Schreiben von Köllers an Delbrück vom 28.11.1895 (ebd., 2^{rv}). Vgl. die Nrn. 115 und 116, *Briefwechsel*; s. dazu auch „Aus meinem Leben“, a.a.O., Bl. 84–89).

Nachdem von Köller mit Verweis auf seine Erklärung vom 30. November die Strafanzeige zurückgezogen hatte, stellte die Strafkammer des Königlichen Landgerichts das Verfahren gegen Delbrück ein und ließ die Kosten durch die Staatskasse abdecken.[11] Zu diesem Einlenken von Köllers hatte wahrscheinlich auch beigetragen, dass seine eigene Position als Innenminister im Herbst 1895 zur Debatte stand.[12] Die sog. „Köller-Krise“ führte schließlich dazu, dass dieser im Dezember 1895 als Innenminister zurücktreten musste.[13]

Trotz des letztlich glimpflichen Ausgangs des Verfahrens klagte Harnack, dass „die Anklage überhaupt erhoben worden“ sei, da der Innenminister so den Eindruck erweckt habe, „daß er politische Gegner seiner Maßnahmen – auch wenn sie ihre Kritik im höchsten Interesse der Monarchie und einer starken Regierung üben – durch Gewalt zum Schweigen bringen“ wolle.[14] Harnacks scharfe Kritik am Vorgehen des Innenministers, die er trotz seiner Ablehnung der Umsturzvorlage kaum laut geäußert hätte, verdeutlicht, dass er repressive Maßnahmen des Staates gegenüber dessen Kritikern ablehnte. Gegenüber Althoff konnte der Kirchenhistoriker seine Kritik offenbar unbeschadet aussprechen, da jener seine Auffassung vermutlich teilte.

Die Auseinandersetzung um die Strafanzeige gegen Delbrück wirkte sich letztlich positiv für Harnacks Schwager aus. Er wurde im Januar 1896 – für die damalige Zeit mit 38 Jahren verhältnismäßig spät – zum persönlichen Ordinarius ernannt, nachdem die Beförderung im Oktober 1895 wegen der Strafanzeige zurückgestellt worden war.[15] Das Ordinariat erhielt Delbrück nach erneutem Einwirken der Kaiserin Friedrich, weil ihr Oberhofmeister von Seckendorff dem Chef des Geheimen

---

11 Vgl. den Beschluss der Strafkammer II des Königlichen Landgerichts vom 05.12.1895 (a.a.O., Fasz. 32, Bl. 4^{r}–5^{r}). Delbrück war durch die Anwälte Dr. Erich Sello und Dr. Max Silberstein vertreten worden (vgl. die Akte ebd., Bl. 9^{r}–41^{r}).

12 Vgl. *Clark*, Kaiser Wilhelm II, 78f.

13 S. das Biogramm, S. 519.

14 Nr. 115, *Briefwechsel*.

15 Vgl. den Immediatbericht Bosses vom 18.01.1896 (in: GStA PK, I. HA, Rep. 76 I, Sekt. 31, Lit. D, Nr. 35, Bd. 2, Bl. 48^{r}–52^{r}; a.a.O., I.HA, Rep. 89, Nr. 21492, Bl. 145^{r}–148^{r}); Althoff an Lucanus am 20.01.1896, der sich für Delbrück aussprach (ebd., Bl. 144^{rv}); Bosse an Delbrück am 07.02.1896, der ihn über die Bestallung zum 29.01.1896 informierte (in: GStA PK, I. HA, Rep. 76 I, Sekt. 31, Lit. D, Nr. 35, Bd. 2, Bl. 54^{r}–55^{r}; a.a.O., Rep. 76 Va, Sekt. 2, Tit. IV, Nr. 61, Bd. 8, Bl. 67^{rv}); Immediatberichte Bosses vom 01. und 09.10. sowie Lucanus an Bosse am 13.10.1895 (a.a.O., Nr. 21492, Bl. 85^{r}–88^{v}; 89^{r}–90^{r}; 91^{rv} [auch in: a.a.O., I.HA, Rep. 76 I, Sekt. 31, Lit. D, Nr. 35, Bd. 2, Bl. 13^{r}–16^{v}; 30^{r}–31^{r}; 32^{rv}]). Zu den Verhandlungen über die Beförderung zum Ordinarius zwischen März und Oktober 1895 s. Delbrücks Personalakte, ebd., Bl. 2^{r}–24^{r} sowie „Aus meinem Leben“ , a.a.O. Zur Berufung 1896 s. *Schleier*, Hans Delbrück, 392, *Christ*, Leben und Werk, 162, *Brocke*, System Althoff, 88, *Deist*, Hans Delbrück, 374f., *Thomas*, Geschichtsschreibung, 201f., 207, *Nottmeier*, Harnack, 147 und *Spenkuch*, Preußische Universitätspolitik, 31.

Zivilkabinetts Wilhelms II., Hermann von Lucanus, mitgeteilt hatte, dass die Kaiserin eine Ernennung Delbrücks zum Ordinarius zu diesem Zeitpunkt wünsche. Über diese Vorgänge, die zugleich unmittelbare Erkenntnisse über die Einflussnahme der Kaisermutter erlauben, informierte Delbrück Althoff im Nachhinein, weil Harnack ihn darum gebeten hatte.[16] Harnack wie Delbrück bedankten sich schließlich auch bei Althoff für dessen Beitrag zu dessen Beförderung, die Harnacks Schwager an das Ziel seiner akademischen Karriere gebracht hatte.[17]

Nachdem Delbrück im Dezember 1898 in den *Preußischen Jahrbüchern* die preußische Politik gegenüber der dänischen Minderheit in Schleswig scharf kritisiert hatte, kam es 1899 erneut zu disziplinarischen Maßnahmen gegen ihn.[18] Hintergrund der Delbrückschen Kritik war das Verhalten des Oberpräsidenten von Schleswig-Holstein, des vormaligen Innenministers Ernst von Köller, gewesen, der in Nordschleswig wiederholt nichtpreußische Staatsangehörige ausgewiesen hatte.[19] Kultusminister Robert Bosse selbst leitete infolgedessen, nachdem er im Dezember 1898 eine Voruntersuchung im Kultusministerium durchgeführt und Wilhelm II. es ihm persönlich befohlen hatte, ein Disziplinarverfahren gegen Delbrück ein.[20] Der Königliche Disziplinargerichtshof für nicht-richterliche Beamte verurteilte Delbrück daraufhin am 25. März 1899 zu einem Verweis und einer Geld-

16 Vgl. Delbrück an Althoff am 07.01.1896 (in: GStA PK, VI. HA, NL Althoff, Nr. 164, 28^r–29^r) und „Aus meinem Leben" (a.a.O., Bl. 105–106; 109). Die Kaiserin Friedrich äußerte nach der erfolgten Berufung ihre Freude darüber gegenüber ihrem Sohn (vgl. die eigenhändige, auf Englisch verfasste Karte Victorias von Preußen an Wilhelm II. vom 29.01.[1896], in: GStA PK, I. HA, Rep. 89, Nr. 21492, Bl. 149^{rv}).

17 Vgl. Harnack an Althoff am 31.01.1896 (Nr. 119, *Briefwechsel*) und Delbrück an Althoff am 01.02.1896 (a.a.O., Nr. 164, Bl. 31^r–32^r). Delbrück hatte dabei keineswegs irgendeine Professur für Geschichte haben wollen, sondern nur Berlin angestrebt, wie seine Ablehnung des Marburger Ordinariats für Geschichte 1893 zeigt (s. Teil I, Abschnitt 2.11, S. 123 und Nr. 85, *Briefwechsel*, Anm. 6). Weitere abgelehnte Berufungen nennt *Thomas*, Geschichtsschreibung, 201. Harnack hatte Delbrück immer wieder in Berufungsfragen beraten (vgl. die Briefe Harnacks an Delbrück, in: SBB PK, NL Delbrück, Fasz. 95).

18 Vgl. den fraglichen Artikel von *Delbrück*, Politische Korrespondenz, Dez. 1898, s. dazu außerdem die auf den 18.12.1898 datierenden, im Januarheft 1899 veröffentlichten Artikel von *Delbrück*, Politische Korrespondenz, Jan 1899 und *Kaftan*, Nord-Schleswig. S. dazu *Delbrück*, Professorentum, 1908, *Delbrück*, Professorentum, 1926, 236, Anm. 1, *Mehring*, Fall Delbrück, *Thimme*, Delbrück, 96–99, *Christ*, Leben und Werk, 166f., *Sievers*, Köllerpolitik, 94–99, *Schleier*, Hans Delbrück, 392, *Brocke*, System Althoff, 99f., *Rebenich*, Mommsen-Harnack, 399f. mit Anm. 6, *Graf*, Harnack zum „Fall Althoff", 203, Anm. 105, *Nottmeier*, Harnack, 150 und *Klein*, Delbrück und die „Preußischen Jahrbücher", 180–205.

19 Zu Köllers Dänenpolitik s. insgesamt *Sievers*, Köllerpolitik und *Thimme*, Delbrück, 94–96.

20 Vgl. Bosse an Delbrück am 19.12.1898 mit beigefügtem „Beschluß" (in: SBB PK, NL Delbrück, K 6, Fasz. 15, Bl. 22^r; 13^r–14^r; 23^r; Abschrift in: GStA PK, I. HA, Rep. 76 I, Sekt. 31, Lit. D, Nr. 35, adh. II, Bl. 1^r; 2^{rv}; Entwurf a.a.O., Bd. 2, Bl. 118^r–119^v). Die Unterlagen zur Voruntersuchung finden sich ebd.,

strafe von 500 M.[21] Obwohl Wilhelm II. das Verfahren 1899 befürwortet hatte, hob er das Urteil am 30. Juni 1900 per Gnadenerlass wieder auf, nachdem Delbrück sich für die deutsche Flottenpolitik ausgesprochen hatte.[22]

Dem Gnadenerlass im Juni 1900 war der Versuch von Seiten Harnacks und Althoffs vorausgegangen, die Ausführung des 1899 gefällten „Strafurtheil[s]" zu verhindern.[23] Dazu hatte Harnack auch mit dem 81-jährigen Theodor Mommsen gesprochen, der bereit war, Kultusminister Bosse das Anliegen einer Begnadigung Delbrücks vorzutragen.[24] Eine gemeinsame Petition mehrerer Professoren beim Minister, die Althoff offenbar angeregt hatte, lehnte Mommsen ab, da er die Unterstützung für Delbrück nur inoffiziell, nicht aber öffentlich vertreten könne. Außerdem wäre eine solche Petition zu spät erschienen, weil der Prozess gegen Delbrück bereits abgeschlossen gewesen sei. Harnack befürwortete Mommsens Anregung einer inoffiziellen Einflussnahme auf den Minister. Er schlug außerdem vor, dass der Althistoriker noch mit Bernhard III., dem Erbprinz von Meiningen, sprechen könne, der ein Schwager Wilhelms II. war. Möglicherweise erhofften sich die Gelehrten über ihn eine Beeinflussung des Kaisers. Harnack trug Althoff die mit Mommsen gemeinsam angestellten Überlegungen vor, um dessen Rat zu erbitten, da die beiden Gelehrten „zu keinem praktikablen Plane" gekommen seien.[25]

Bl. 97^{r}–98^{r}; 115^{r}–117^{v} und a.a.O., adh. II. Am 01.02.1899 erhielt Delbrück die „Anschuldigungsschrift" vom 25.01.1899, auf die er innerhalb von vier Wochen antworten konnte (vgl. das Schreiben vom 01.02., die Anschuldigungsschrift vom 25.01. [Abschrift] sowie Delbrücks Entwurf einer Erklärung vom 09.02.1899, a.a.O., K6, Fasz. 15, Bl. 23^{r}; 16^{r}–21^{v}; 61^{r}–65^{v}). Vgl. auch die Akten zum ganzen Disziplinarverfahren a.a.O., Rep. 76 I, Sekt. 31, Lit. D, Nr. 35, Bd. 2, Bl. 144^{r}–152^{v}; 172^{r}–178^{r}; 184^{r}–190^{r}; 193^{r}–209^{r}.

21 Vgl. den Beschluss des Königlichen Disziplinargerichtshofs vom 25.03.1899 (a.a.O., K6, Fasz. 15, Bl. 1^{r}–11^{r}; a.a.O., Sekt. 31, Lit. D, Nr. 35, Bd. 2, Bl. 194^{r}–203^{v}), die maschinenschriftliche Abschrift für den Innenminister (a.a.O., I. HA, Rep. 77, Tit. 1063, Nr. 7, Bl. 105^{r}–111^{r}) und das Protokoll des Staatsministeriums vom 25.03.1899 (in: *Kocka/Neugebauer*, Protokolle Preuß. Staatsministerium, Bd. 8/I, 339, Nr. 364; auch a.a.O., Bd. 2, Bl. 189^{rv}). Ein vorheriger Prozesstermin war für den 25.02.1899 anberaumt, dann aber kurzfristig aufgehoben worden (vgl. die Schreiben des Vorsitzenden des Disziplinarhofs vom 16.02. und 24.02.1899, a.a.O., K6, Fasz. 15, Bl. 25^{r}; 24^{r}).

22 Vgl. Studt an Delbrück am 09.07.1900 (a.a.O., K6, Fasz. 15, Bl. 15^{r}), den Immediatbericht Studts für Wilhelm II. vom 24.06. und dessen Gnadenerlass vom 30.06.1900 (in: GStA PK, I. HA, Rep. 89, Nr. 21493, Bl. 218^{r}–219^{r}; 220^{r}); s. außerdem Nr. 144, *Briefwechsel, Delbrück*, Professorentum, 1926, 236, Anm. 1, *Brocke*, System Althoff, 100 und *Rebenich*, Mommsen-Harnack, 399, Anm. 6.

23 Harnack an Althoff am 31.05.1899 (Nr. 133, *Briefwechsel*). Die in der Forschung wiederholte These, dass Althoff das Disziplinarverfahren inszeniert habe, widerlegt vom Brocke schlüssig (vgl. *Brocke*, System Althoff, 99f.; so auch *Bruch*, Gelehrtenpolitik, 330f., Anm. 144).

24 Harnack hatte Mommsen am 29.05.1899 besucht (vgl. *Rebenich*, Mommsen-Harnack, Nr. 144).

25 Nr. 133, *Briefwechsel*; s. dazu *Rebenich*, Mommsen-Harnack, 399f., Anm. 6 und *Nottmeier*, Harnack, 150f.

Althoff teilte Mommsen und Harnack daraufhin mit, dass eine „Unterredung" mit Kultusminister Bosse erst nach dessen Rückkehr in zwei Wochen möglich sei und dass sie nur dann sinnvoll erscheine, wenn Mommsen deutlich machen könne, dass er die Meinung mehrerer Professoren vertrete.[26] Wahrscheinlich kam es nicht zu einem Gespräch Mommsens mit Bosse, da der Anatom Wilhelm von Waldeyer-Hartz, seinerzeit amtierender Rektor der Friedrich-Wilhelms-Universität zu Berlin, und der Nationalökonom Gustav Schmoller, Prorektor derselben, Anfang Juli 1899 auf Vorschlag Althoffs dem Kultusminister ein professorales Begnadigungsanliegen für Delbrück vortrugen.[27] Die Unterredung von Waldeyer-Hartz und Schmoller mit von Studt brachte jedoch nicht den „erwünschten Erfolg", da dieser eine Begnadigungsanfrage beim Kaiser zugunsten Delbrücks ablehnte. Vielmehr solle die Universität direkt bei Wilhelm II. vorsprechen oder erneut die Kaiserin Friedrich involvieren.[28] Letztlich führte Delbrücks Eintreten für die deutsche Flottenpolitik im Winter 1899/1900 dazu, dass Wilhelm II. – vermittelt über den Marineminister Alfred von Tirpitz – jenen ein Jahr nach der vergeblichen gelehrtenpolitischen Einflussnahme begnadigte, worüber Althoff Harnack im Juni 1900 informierte.[29]

Die bei Harnack und Delbrück angewandte kaiserliche Milde erfuhren nicht alle preußischen Gelehrten, die sich kritisch äußerten. Wie am Fall des Privatdozenten Leo Arons deutlich wird, konnte das Ministerium Bosse durchaus unbarmherzig mit kritischen Universitätsgelehrten umgehen. Robert Bosse selbst hatte 1893, als die Philosophische Fakultät ein Extraordinariat für Arons beantragt hatte, ein Disziplinarverfahren gegen den jüdischen Privatdozenten der Physik angeregt, weil

---

26 Althoff an Harnack am 01.06.1899 (Nr. 134, *Briefwechsel*).

27 Vgl. Waldeyer-Hartz an Bosse am 05.07. und Bosse an Waldeyer-Hartz am 08.07.1899 (in: GStA PK, I. HA, Rep. 76 I, Sekt. 31, Lit. D, Nr. 35, Bd. 2, Bl. 206^{r}; 207^{r}) und Althoff an Harnack am 05.08.1899 (Nr. 135, *Briefwechsel*). Delbrück hatte nach vom Bruch bereits im April 1899 mit Schmoller gesprochen, wie die Vollstreckung des Urteils zu verhindern sei, und in diesem Zusammenhang Althoff ins Gespräch gebracht (vgl. *Bruch*, Gelehrtenpolitik, 330f., Anm. 144).

28 Nr. 135, *Briefwechsel*.

29 Vgl. Nr. 144, *Briefwechsel* und die Unterlagen dazu a.a.O., Rep. 76 I, Sekt. 31, Lit. D, Nr. 35, Bd. 2, Bl. 213^{r}–o.Bl. Zu Delbrücks Eintreten für die Flottenpolitik vgl. *Delbrück*, Politische Korrespondenz, Dez. 1899, 189–191 und *Delbrück*, Politische Korrespondenz, Febr. 1900, 564–567. Delbrück hatte Althoff am 20.06.1900 seine Kriegsgeschichte geschickt (in: GStA PK, VI. HA, NL Althoff, Nr. 553, Bl. 20^{r}–21^{v}). Althoff riet Delbrück daraufhin vermittelt über Harnack, dass er sein Buch noch Kaiser Wilhelm II., dem Chef des Geheimen Zivilkabinetts Hermann von Lucanus, Finanzminister Johannes von Miquel, dem Reichskanzler Chlodwig zu Hohenlohe-Schillingsfürst und dem Kultusminister Konrad von Studt schicken solle (vgl. Harnack an Delbrück am 02.07.1900, in: SBB PK, NL Delbrück, Fasz. 95, Bl. 17^{r}–18^{r}).

dieser Mitglied der Sozialdemokratischen Partei war.[30] Althoff lehnte Arons' Beförderung zum Extraordinarius zwar ab, wandte sich aber gegen eine Disziplinierung des Privatdozenten. Er konnte diese allerdings nicht verhindern, nachdem 1898 die sog. „Lex Arons" eingeführt worden war, mit der man die bislang nur „für die Professoren geltenden Disziplinarbestimmungen" fortan auch auf die Privatdozenten anwenden konnte.[31] Der Fall Arons endete im Winter 1899/1900, indem jenem seine *venia legendi* entzogen wurde.

An beiden Fällen, demjenigen Delbrücks als auch an demjenigen Arons, wird die von den verbeamteten Professoren geforderte politische Neutralität und Loyalität gegenüber dem Staat deutlich, die durch die „Lex Arons" zukünftig auch von den Privatdozenten erwartet wurde. Zugleich führt sie das ministeriale und universitäre Klima unter Kultusminister Robert Bosse vor Augen, das sich durch den Amtsantritt des neuen Ministers Konrad von Studt in geringem Maße verbesserte. Von Studt betonte beispielsweise in seinem Immediatbericht für Wilhelm II. im Juni 1900 ausdrücklich, dass eine Begnadigung Delbrücks dem Ansehen der Universitäten in der Öffentlichkeit zugute kommen werde.[32]

Doch auch Kultusminister von Studt war keineswegs ein Freund des gelehrtenpolitischen Engagements, wie Hans Delbrück und Harnack es öffentlich praktizierten. Dies wurde deutlich, als es um die *„res Polonica"*, d.h. um die Frage nach dem politischen Umgang Preußens mit der polnischen Minderheit, ging.[33] Diese sog. „Polenfrage" behandelte nicht nur die politische Position der polnischen Minderheit, sondern insbesondere auch deren konfessionelle Denomination. Denn die Mehrheit der polnisch-sprachigen Bevölkerung war römisch-katholisch und deshalb nicht nur politisch, sondern auch konfessionell antipreußisch.[34] Der preußische Staat hatte darauf zwischen 1891 und 1894 unter dem preußischen Ministerpräsidenten und Reichskanzler Leo von Caprivi mit einer Innenpolitik reagiert, die als sog. „Versöhnungsära" bezeichnet wird. Nach dem Ministerwechsel von Caprivi zu Chlodwig zu

---

30 Vgl. dazu die Akte im NL Althoff, in: GStA PK, VI. HA, Nr. 165, *Sachse*, Althoff, 212–218, *Brocke*, System Althoff, 95–99, *Bruch*, Gelehrtenpolitik, 333–335 und *Rebenich*, Mommsen-Harnack, 471f. sowie auch Nr. 170, *Briefwechsel* mit Anm. 1.

31 *Rebenich*, Mommsen-Harnack, 472.

32 Vgl. den Immediatbericht Studts für Wilhelm II. vom 24.06.1900 (Entwurf a.a.O., Rep. 76 I, Sekt. 31, Lit. D, Nr. 35, Bd. 2, o.Bl.; Abschrift a.a.O., Nr. 21493, Bl. 218^r–219^r) und den Erlass vom 30.06.1900 (a.a.O., Nr. 35, Bd. 2, o.Bl.).

33 Zur preußischen Polenpolitik vgl. *Glück*, Preußisch-polnische Sprachenpolitik, 287–289, *Wehler*, Krisenherde des Kaiserreichs, 184–202, *Balzer*, Preuß. Polenpolitik und *Spät*, Die „polnische Frage"; s. auch die Akten zur Polenpolitik im Nachlass Althoff unter den Nrn. 488–490; 493–496; 647 sowie die Akten, die zwischen dem Kultusministerium, der Reichskanzlei und dem Auswärtigen Amt gewechselt wurden, in: a.a.O., I. HA, Rep. 76 I, Sekt. 28 B, Nr. 46, Bl. 52^r–77^r.

34 Vgl. dazu auch *Clark*, Religion and confessional conflict, 87.

Hohenlohe-Schillingsfürst 1894 und zu Bernhard von Bülow 1900 verschärfte sich die polnische Polenpolitik zunehmend.[35] Die evangelische Kirche in den Provinzen Posen und Westpreußen profitierte wiederum von dieser antikatholischen und antipolnischen Politik.[36]

Althoff beschäftigte sich im ersten Jahrzehnt der 20. Jahrhunderts intensiv mit der preußischen Polenpolitik, ließ sich dabei aber nicht von Harnack, sondern u.a. von dem Göttinger Nationalökonom Wilhelm Lexis beraten.[37] Möglicherweise hielt Althoff Harnack in diesen Fragen nicht für versiert genug oder aber sie besprachen die Angelegenheit vorwiegend mündlich. Ein Beleg für mögliche persönliche Gespräche über die preußische Polenpolitik lässt sich in Harnacks Bericht über eine Unterredung mit Wilhelm II. Anfang 1903 finden, in der er es jenem nicht gelungen war, „Posen" (heute Poznan, Polen) beim Kaiser anzusprechen.[38] Welches „Posen" betreffende Thema der Kirchenhistoriker mit dem König besprechen wollte, lässt sich nicht rekonstruieren, es steht aber zu vermuten, dass es um die 1902 in Posen gegründete Kaiser-Wilhelm-Bibliothek oder die 1903 dort eröffnete Akademie gegangen sein könnte. Die preußische Regierung hatte diese beiden kulturellen Institutionen ins Leben gerufen, um die Germanisierung der polnischen Landesteile zu fördern,[39] während sie die Bestrebungen der polnischen Bevölkerung in Posen eine Universität ins Leben zu rufen, abgelehnt hatte.[40] In der die polnischsprachigen Provinzen betreffenden Kirchenpolitik ließ Althoff sich zudem im Januar und Februar 1903 von den katholischen Theologen Heinrich Schrörs, Julius Marquardt, Aloys Schaefer, Winfried Englert, Max Sdralek und Franz Dittrich zu der Frage beraten, was gegen den deutschfeindlichen Klerus in den polnischen Landesteilen zu tun sei.[41] Durch diese Maßnahmen betrieb die preußische Regierung unter Althoffs Beteiligung eine Polenpolitik, die auf eine Inkulturation der polnischen Bevölkerung abzielte und deren religiöses und kulturelles Erbe unterminieren sollte.

Da Harnack seine mutmaßliche Position zur Polenfrage nicht öffentlich äußerte, besprach er die nicht identifizierbaren „Actenstücke", die Althoff ihm geschickt

35 Vgl. *Thimme*, Delbrück, 79–86 und *Spät*, Die „polnische Frage", 27–29.

36 Vgl. dazu *Schot*, Wilhelm II., Ev. Kirche und Polenpolitik.

37 Vgl. die Akten im NL Althoff mit den Nrn. 488–490, 493–496 und 647; s. beispielsweise Lexis' Denkschrift über *Katholizismus und Polonismus* von Juni/Juli 1903 (a.a.O., Nr. 647, Bl. 27^r–29^v).

38 Harnack an Althoff am 24.02.1903 (Nr. 203, *Briefwechsel*). S. auch Harnack an Althoff am 01.05.1908 (Nr. 369, *Briefwechsel*).

39 Zur Posener Akademie vgl. die Akte Nr. 491 im Nachlass Althoff (GStA PK) sowie zu ihrer Gründung 1903 und deren Vorgeschichte s. *Neubach*, Statt einer Universität. Zu den Versuchen der preußischen Regierung, die polnischen Landesteile durch kulturelle Einrichtungen zu germanisieren s. auch *Balzer*, Preuß. Polenpolitik, 161–164.

40 Vgl. *Neubach*, Statt einer Universität, 133.

41 Vgl. die Briefe und Denkschriften in: GStA PK, VI. HA, NL Althoff, Nr. 490, Bl. 4^r–34^r.

hatte und die die Polenfrage behandelten, „unter strengster Discretion" im April 1900 mit Delbrück, der seine kritische Haltung zur preußischen Polenpolitik regelmäßig in den *Preußischen Jahrbüchern* publizierte.[42]

In einem anderen Fall, in dem es um den sog. „Wreschener Schulstreik" ging, bezog Delbrück erneut öffentlich Stellung zur preußischen Polenpolitik.[43] Zu dem Schulstreik war es gekommen, nachdem in der Stadt Wreschen (heute Wrzesnia, Polen) im Regierungsbezirk Posen polnischsprachige Kinder – teilweise mit körperlicher Gewalt – gezwungen worden waren, am deutschsprachigen Religionsunterricht teilzunehmen. Im Mai 1901 hatte die Bevölkerung gegen diese Maßnahmen protestiert, weil sie darin einen Eingriff in die freie Religionsausübung in ihrer Muttersprache sahen. Im November 1901 wurde daraufhin gegen einige der protestierenden Pol:innen in Gnesen (heute Gniezno, Polen) ein Prozess anstrengt. Delbrück kritisierte in der *Politischen Korrespondenz* seiner *Preußischen Jahrbücher* vom 24. November und 28. Dezember 1901die Zwangsmaßnahmen der preußischen Regierung in Wreschen.[44] Außerdem initiierte der Historiker eine Petition an Kultusminister Konrad von Studt, die fünfzehn preußische Professoren, darunter Harnack, Friedrich Paulsen, Martin Rade, Ulrich von Wilamowitz-Moellendorff und Reinhard Mumm, unterzeichneten und in der sie darum baten, dass man die Kinder nicht zwingen dürfe, gegen den Willen der Eltern am deutschsprachigen Religionsunterricht teilzunehmen.[45] Denn eine erzwungene Teilnahme am deutschsprachigen Religionsunterricht, die auch angesichts der teilweise unzureichenden Sprachkenntnisse der Kinder kontraproduktiv sei, gefährde das „religiöse und sittliche Leben"

---

42 Vgl. Harnack an Althoff am 22.04.1900 (Nr. 140, *Briefwechsel*). S. *Delbrück*, Polenfrage; s. dazu *Harnack*, Hans Delbrück, 422f., *Thimme*, Delbrück, 79–94, *Wajda*, Delbrücks Konzept, *Linck*, Polnische Landschaft, 77, 80f., 95f., *Volkmann*, Polenpolitik, 148, 167, 229, *Spät*, Die „polnische Frage", 46–52, 59, 67, 94, 125–128, 132, 138, 151, *Kienemann*, Koloniale Blick, 119, 251 und *Klein*, Delbrück und die „Preußischen Jahrbücher", 143–180.

43 Zum „Wreschener Schulstreik" vgl. *Korth*, Preußische Schulpolitik, 82–115, *Huber*, Dt. Verfassungsgeschichte, Bd. 4, 500f., *Wehler*, Krisenherde des Kaiserreichs, 196f., *Glück*, Preußisch-polnische Sprachenpolitik, 289–302, *Balzer*, Preuß. Polenpolitik, 167–170, 183–186, 193–195, 206–208, 220–222 und *Spät*, Die „polnische Frage", 61–81.

44 Vgl. *Delbrück*, Politische Korrespondenz, Nov. 1901 und *Delbrück*, Die Lehre von Wreschen, bes. 182–186.

45 Vgl. die Petition von 1901 (Nr. 167.1, *Briefwechsel*); s. dazu *Sachse*, Althoff, 120f., *Bruch*, Gelehrtenpolitik, 331f., *Rebenich*, Mommsen-Harnack, 445 mit Anm. 141, 536f., Nr. 229 mit Anm. 4 und Nr. 230 mit Anm. 1, *Nottmeier*, Harnack, 183, Anm. 262 und *Klein*, Delbrück und die „Preußischen Jahrbücher", 170f. Keines der in Anm. 33
und 43 genannten Werke erwähnt diese Petition. Mommsen unterstützte die Petition offenbar, auch wenn sein Name nicht in dem im Nachlass Delbrück überlieferten Exemplar genannt wird (vgl. Mommsen an Harnack am 29.11.1901, in: *Rebenich*, Mommsen-Harnack, Nr. 230 mit Anm. 1).

der polnischsprachigen Kinder.[46] Diese Position entsprach auch derjenigen, die die polnischsprachigen Evangelischen einnahmen, die sich wiederholt gegen staatliche Initiativen wehrten, sie zur deutschsprachigen Religionsausübung zu zwingen.[47] Die professoralen Petenten von 1901 hegten die Hoffnung, dass Studt sich in einer in Kürze erwarteten Stellungnahme zugunsten der polnischsprachigen Bevölkerung äußern werde.[48] Insbesondere der modernprotestantische Pfarrer und Schüler Harnacks Martin Rade unterstützte Delbrück bei der Vorbereitung und Abfassung der Petition, nicht nur durch Formulierungsvorschläge, sondern auch bei der Gewinnung weiterer Unterstützer, namentlich Julius Kaftan, Reinhold Seeberg, Otto Pfleiderer und Wilhelm Herrmann, von denen letzterer offenbar nicht unterzeichnete.[49] Theologiegeschichtlich gesehen ist diese Petition insofern besonders interessant, als sie partei- und richtungsübergreifend Theologen versammelte, die sich gegen einen erzwungenen deutschsprachigen Religionsunterricht wandten, wie die Liste der unterzeichnenden Theologen verdeutlicht: Harnack, Kaftan, Mumm, Pfleiderer, Rade, Rohrbach, Seeberg, Paul Tschackert und Julius Wellhausen. Während von den Genannten Harnack, Kaftan, Pfleiderer, Rade und Wellhausen eine moderne Theologie vertraten, sind Mumm, Rohrbach, Seeberg und Tschackert einer konservativ-positiven Theologie zuzuordnen. In ihrer theologischen Begründung gegen einen fremdsprachigen Religionsunterricht rekurrierten die Petenten wahrscheinlich ebenso wie die polnischsprachigen Protestanten auf Martin Luther, der den „unverbrüchlichen Zusammenhang zwischen Sprache und religiösem Empfinden“ betont habe.[50]

Der gedruckten, aber nicht veröffentlichten Petition, die den Kultusminister empörte, weil sie der „ruhige[n] Erwägung“ und des „politische[n] Verstand[es]“ ermangele,[51] war ein Brief Harnacks an Althoff vorausgegangen, in dem jener dem Ministerialdirektor versichert hatte, Delbrück werde nichts unternehmen, „was ein unliebsames und der Sache nicht förderliches Aufsehen erregen könnte.“[52] Althoff hatte Harnack zuvor mündlich gebeten hatte, seinem Schwager ein Gespräch mit Studt über den „Wreschener Schulstreik“ ans Herz zu legen. Doch Delbrück hatte

46 Nr. 167.1, *Briefwechsel*.

47 Vgl. *Schot*, Wilhelm II., Ev. Kirche und Polenpolitik, 158 und 165.

48 Vgl. Harnacks Hinweis gegenüber Delbrück am 27.11.1901 auf einer Stellungnahme (a.a.O., Fasz. 94, Bl 19^{r}).

49 Vgl. Nr. 167.1, *Briefwechsel*, Rade an Delbrück am 30.11., 05. und 07.12.1901 (in: SBB PK, NL Delbrück, R6, Fasz. 132, Bl. 19^{rv}; 22^{rv}; 23^{rv}). S. insgsamt ebd., Bl. 17^{r}–25^{r} die Briefe zwischen dem 25.11. und 16.12.1901, die die Petition betrafen. Zwischen Rade und Harnack wurde die Angelegenheit nicht verhandelt (vgl. *Jantsch*, Harnack-Rade, Nr. 296).

50 *Schot*, Wilhelm II., Ev. Kirche und Polenpolitik, 158.

51 Studt an Althoff am 08.12.1901 (in: GStA PK, VI. HA, NL Althoff, Nr. 648, Bl. 10^{r}–11^{r}: 11^{r}).

52 Harnack an Althoff am 29.11.1901 (Nr. 167, *Briefwechsel*).

die „Initiative dazu nicht [...] ergreifen" wollen, weil er bei einer vorherigen Anfrage eine Absage des Kultusministers erhalten hatte.[53] Daher versuchte Harnack über Althoff, ein Gespräch Delbrücks mit demselben oder mit von Studt zu arrangieren.[54] Doch Harnacks Vermittlungsversuche scheiterten, weil der Kultusminister ein solches ablehnte.[55] Denn Studt war äußerst verärgert über die Petition, die Delbrück ihm trotz Harnacks Zusage, jener werde nichts unternehmen, geschickt hatte. Der Kultusminister forderte Althoff deshalb zu sofortigem Handeln auf, falls die Professoren beabsichtigen sollten, ihre Petition zu veröffentlichen.[56] Althoff bat Delbrück daher, nichts über die Petition in der Presse zu verlautbaren und sprach nochmals mit Harnack.[57] Die Petition der Hochschullehrer, die zeitgleich zur Debatte über den Fall Spahn verfasst worden war,[58] wurde zwar nicht veröffentlicht, bewirkte aber bei Studt ein Umdenken, mit dem er sich allerdings im Staatsministerium nicht durchsetzen konnte.[59] Trotz des Einflusses, den die Petition auf Studt hatte, zeigt sich an diesem Fall, dass öffentliche Stellungnahmen von Gelehrten durchaus vorab vom Kultusministerium zensiert wurden.

---

53 Ebd.

54 Vgl. Harnack an Delbrück am 27.11.1901 (a.a.O., Fasz. 95, Bl. 19^{r}) und Nr. 167, *Briefwechsel.*

55 Vgl. die Notizen Studts für Althoff vom 03.12.1901 (in: GStA PK, VI. HA, NL Althoff, Nr. 648, Bl. 4^{r}; 5^{r}–7^{v}; 8^{r}–9^{v}).

56 Vgl. Studt an Althoff am 08.12.1901 (in: ebd., Bl. 10^{r}–11^{r}).

57 Vgl. Althoff an Delbrück o.D.[12.1901] (in: SBB PK, NL Delbrück, Fasz. A72, Bl. 15^{rv}); s. dazu *Bruch*, Gelehrtenpolitik, 332. In der Politischen Korrespondenz vom 28.12.1901 erwähnte Delbrück die Petition tatsächlich nicht (vgl. *Delbrück*, Die Lehre von Wreschen, 1902, 182–186).

58 Zur Verbindung zwischen beiden Themen s. *Bruch*, Gelehrtenpolitik, 331f. und *Rebenich*, Mommsen-Harnack, 445, Anm. 141. Zum Fall Spahn s.u. in diesem Teil, Abschnitt 6.3, S. 248.

59 Vgl. das Protokoll der Staatsministeriumssitzung vom 20.12.1901 (in: *Kocka/Neugebauer*, Protokolle Preuß. Staatsministerium, Bd. 9, Nr. 30), *Sachse*, Althoff, 121 und *Bruch*, Gelehrtenpolitik, 332.

4 Der kirchenpolitische Streit um die Ausbildung evangelischer Theologen 1895

Im Zusammenhang der Debatte um das Apostolikum und der sich daran anschließenden Frage um die Lehrfreiheit ging es immer auch um die Ausbildung der evangelischen Theologen. Man hatte wiederholt den Vorschlag eingebracht, parallel zu den staatlichen Fakultäten kirchliche Institute zu gründen, um die Lehre der Kirche ebenso wie die akademische Freiheit der staatlichen Fakultäten zu wahren.[1] Die Idee, kirchliche Fakultäten parallel zu den staatlichen zu gründen, hatte Harnack seit August 1894 mit seinem Schwager Hans Delbrück diskutiert, noch bevor Friedrich von Bodelschwingh im Frühjahr 1895 seine Pläne offenlegte, in Herford eine freie kirchliche Fakultät gründen zu wollen.[2] Gegenüber Rade differenzierte Harnack im April 1895 seine Vorstellungen, wie eine Trennung von Staat und Kirche bezüglich der Theologischen Fakultäten zu lösen sei.[3] Demnach solle der Staat entweder die Exegeten und Kirchenhistoriker in die philosophische Fakultät versetzen, in der die Theologiestudenten eingeschrieben würden, und die Kirche eine eigene Theologische Fakultät gründen lassen, an der die Studenten abgesehen von einzelnen Vorlesungen an der philosophischen Fakultät hauptsächlich studierten, oder es sollten „freie Facultäten" errichtet werden, an denen die Theologiestudenten dann für einige Semester studierten, bevor sie an eine staatliche Universität wechselten, an der sie ihr erstes Examen ablegten.[4] Obgleich Harnack gegenüber Rade für den zweiten Vorschlag votierte, favorisierte er eigentlich die rein staatliche Ausbildung der Theologen.

Das Kultusministerium strebte neben der bereits erwähnten paritätischen Besetzung der Fakultäten mit modernen und positiven Theologen, die einen Ausgleich zwischen den kirchlichen Interessen und der akademischen Lehrfreiheit schaffen sollte, an, die „Prediger-Seminare" zu erweitern, in denen die Kandidaten nach ihrem Studium praktisch ausgebildet werden sollten.[5] Dieser Plan fand gleichzeitig mit der Gründung neuer Seminare statt, die die praktische Ausbildung der preu-

1 Vgl. den Immediatbericht Bosses vom 12.10.1892 (in: GStA PK, I. HA, Rep. 89, Nr. 21491, Bl. 68^{v}). Zu der wiederholt geäußerten Forderung nach eigenständigen kirchlichen Fakultäten s. *Garbe*, Entstehung, 167f.

2 Vgl. Harnack an Rade im April 1895 (in: *Jantsch*, Harnack-Rade, Nr. 164, S. 328f.). Zu Bodelschwinghs Plänen s.u. in diesem Teil, Abschnitt 4, S. 200.

3 Vgl. Harnack an Rade im April 1895 (in: *Jantsch*, Harnack-Rade, Nr. 164, S. 328f.). Zu dem Thema s. auch Harnack an Krüger am 08.11.1895 (in: SBB PK, NL Harnack, K 35, Mp. Krüger, Bl. 60^{r}–61^{v}).

4 Vgl. *Jantsch*, Harnack-Rade, Nr. 164, S. 328f.

5 Immediatbericht Bosses vom 12.10.1892 (a.a.O., Nr. 21491, Bl. 72^{v}).

https://doi.org/10.1515/9783112213193-015

ßischen Pfarramtskandidaten begleiten sollten. Die dortige Ausbildung erfolgte alternativ zum Lehrvikariat in der Gemeinde.[6] Nachdem es bis 1890 nur zwei „Elite-Seminare", das 1817 gegründete Wittenberger Predigerseminar und das Domkandidatenstift in Berlin von 1854, gegeben hatte,[7] gründete man 1891 in Soest für das Rheinland und Westfalen, 1898 in Naumburg am Queis (heute Nowogrodziec, Polen) für Schlesien und Posen und 1899 in Wittenburg (Dembowalonka) für Ost- und Westpreußen neue Predigerseminare.[8]

Friedrich Althoff griff die Pläne des Kultusministers zur Ausbildungsreform der evangelischen Theologen innerhalb und außerhalb Universitäten im Frühsommer 1895 vermutlich als Reaktion auf die von Adolf Stoecker initiierte „landeskirchliche Versammlung" auf. Bei dieser Versammlung hatten sich am 8. Mai 1895 ca. 1500 Pfarrer und Gemeindeglieder in Berlin getroffen, die eine positive oder konfessionelle Theologie vertraten.[9] Sie intendierten mit dieser Versammlung, Druck auf das Kultusministerium und den Evangelischen Oberkirchenrat auszuüben, um den Einfluss der Generalsynode und der kirchlich-konservativen Vereine auf die Ausbildung der evangelischen Theologen zu vergrößern. Die Versammlung forderte in einer von Adolf Schlatter verfassten Resolution, dass das Kultusministerium einerseits bei der Besetzung der theologischen Professuren das Bekenntnis des Kandidaten einbeziehen und der Kirche, d.h. dem EOK und der Generalsynode größeren Einfluss bei den Verfahren gewähren müsse und dass es andererseits bekenntnistreue Pfarrer in den akademischen Unterricht involvieren und kirchliche Konvikte in den Universitätsstädten gründen solle.[10]

---

6 Vgl. *Weyel*, Praktische Bildung zum Pfarrberuf, 221–223.

7 *Janz*, Ev. Pfarrer in Preußen, 197, vgl. insgesamt ebd., 197–212, 223–226; Anhang I, Tabelle 8, Anhang II, Tabellen 76 und 77 und *Weyel*, Praktische Bildung zum Pfarrberuf, 165–177; s. außerdem zur zeitgenössischen Debatte exemplarisch die Beiträge von *Uhlhorn*, Die practische Vorbereitung und *Schmidt*, Notwendigkeit praktische Vorbildung.

8 Vgl. *Janz*, Ev. Pfarrer in Preußen, 211.

9 Zur landeskirchlichen Versammlung am 08.05.1895 vgl. die Veröffentlichung der Vorträge und Debatten in: *Anonym*, Die landeskirchliche Versammlung, 1895 und den Zeitungsartikel *Die theologischen Fakultäten und die preußische Landeskirche*, in der *National-Zeitung* vom 16.05.1895, Nr. 316, 48. Jahrgang, Morgen-Ausgabe; s. dazu *Rade*, Landeskirchliche Versammlung, *Stupperich*, Hermann Cremer, 277f., 403, 406, *Neuer*, Schlatter, 308–321, *Stupperich*, Wort und Wahrnehmung, 21–29, *Nowak*, Einführung, 33f., *Garbe*, Entstehung, 173–178, *Nottmeier*, Harnack, 133f. und *Breitschwerdt*, Theologisch konservativ, 333–337.

10 Vgl. die Resolution vom 08.05.1895 abgedruckt in *Anonym*, Die landeskirchliche Versammlung, 1895, 93f. und bei *Neuer*, Schlatter, 316. Die Forderung, Konvikte zu gründen, wurde bereits 1896 und 1897 in Bonn und Greifswald umgesetzt (zu Bonn s. *zur Mühlen/Ritter*, Studienhaus, darin bes. *Faulenbach*, Wurzelboden, *Garbe*, Entstehung, 149 und *Breitschwerdt*, Theologisch konservativ, 337f.; zu Greifswald vgl. *Garbe*, Entstehung).

Außerdem trug Friedrich von Bodelschwingh während der Versammlung im Mai 1895 seinen wenige Monate zuvor veröffentlichen Plan vor, eine freie kirchliche Fakultät gründen zu wollen. Die Anwesenden, unter ihnen auch Hermann Cremer, reagierten mehrheitlich ablehnend auf Bodelschwinghs Idee, die auch vom Kultusminister und dem Evangelischen Oberkirchenrat zurückgewiesen wurde.[11] Der westfälische Pfarrer ließ sich von der Ablehnung nicht beirren und gründete schließlich 1905 die „Theologische Schule Bethel“ bei Bielefeld.[12]

Die landeskirchliche Versammlung war wahrscheinlich durch den sog. „Fall Grafe/Meinhold“ veranlasst worden, in dem es um Äußerungen der Bonner Theologieprofessoren Johannes Meinhold und Eduard Grafe während eines 1894 in Bonn stattfindenden Theologischen Ferienkurses für Pfarrer gegangen war.[13] Der Protest der konservativen Pfarrerschaft im Rheinland war durch die Vorträge erweckt wor-

---

11 Vgl. *Anonym*, Die landeskirchliche Versammlung, 1895, 81f., 87f. Zur Ablehnung des Kultusministers vgl. *Rade*, Bonner Strafprofessor, 276, *Rottschäfer*, Bodelschwinghs Plan einer freien theol. Fakultät, 264f.; zur Ablehnung des EOK s. ebd., 263f. Bodelschwingh hatte Althoff seinen Plan für die Gründung einer freien kirchlichen Fakultät unterbreitet (vgl. Bodelschwingh an Althoff am 22.03.1895 und die beiliegende Broschüre über *Eine kirchliche theologische Fakultät* [in: GStA PK, VI. HA, NL Althoff, Nr. 77, Bl. 20^{rv}; 21^{r}–24^{v}]). S. außerdem *Rade*, Zwei Experimente, *Rade*, Bodelschwingh und Universitätstheologie, *Garbe*, Entstehung, 169, 173–175, *Breitschwerdt*, Theologisch konservativ, 329–333 und *Rottschäfer*, Bodelschwinghs Plan einer freien theol. Fakultät, 257–265. Harnack hatte Rade die Ablehnung der Bodelschwinghschen Idee bereits prognostiziert (vgl. Harnack an Rade im April 1895, in: *Jantsch*, Harnack-Rade, Nr. 164, 329).

12 Vgl. ebd.

13 Zum Ferienkurs im Oktober 1894 und zum Fall Grafe/Meinhold in Bonn s. *Meinhold*, Wider den Kleinglauben, *Meyer*, Ferienkurse, Theologische, 858f., *Ritschl*, Evangelisch-theologische Fakultät, 78–80, *Zahn-Harnack*, Harnack, 212, *Aland*, Glanz und Niedergang, 6f., *Vielhauer*, Grafe, 137–140, *Nowak*, Einführung, 33f., *Janssen*, Vermittlung theologischer Forschungsergebnisse, 107f., *Faulenbach*, Wurzelboden, 31–36, *Jantsch*, Harnack-Rade, 65f., Nr. 148, S. 307, Anm. 6, Nr. 154, S. 315, Anm. 3, *Weinhardt*, Wissenschaftliche Theologie und Kirchenleitung, 322, *Garbe*, Entstehung, 168f., *Winnebeck*, Apostolikumsstreitigkeiten, 280, Anm. 497, *Breitschwerdt*, Theologisch konservativ, 311–329 und *Hauschildt u.a.*, Evangelisch-Theologische Fakultät, 138f., 143f. Harnack hatte eine gemeinsame Stellungnahme der Theologischen Fakultäten abgelehnt, um die der Bonner Dekan Karl Sell zur Unterstützung der Bonner Fakultät gebeten hatte (s. das Schreiben Sells an alle Theol. Fakultäten mit der Bitte um Unterstützung gegenüber dem EOK vom 28.11.1894 [in: GStA PK, I. HA, Rep. 76 Va, Sekt. 1, Tit. III, Nr. 7, Bd. 2, 70^{r}–71^{v}] sowie ebd., Bl. 59^{r}–69^{r}; 72^{r}–79^{v} die Antworten der Fakultäten und in HUB UA, Nr. 95, Bl. 60^{r}–66^{r} die Verhandlungen der Berliner Fakultät; s. dazu *Garbe*, Entstehung, 171f.). Obwohl Harnack Grafe und Meinhold angesichts der Angriffe prinzipiell unterstützte, war er gegen eine gemeinsame Erklärung aller Theologischen Fakultäten, weil er sie für unangemessen und nicht statthaft hielt (vgl. dazu die Korrespondenz mit Rade in: *Jantsch*, Harnack-Rade, Nr. 158, S. 318f. mit Anm. 1, Nr. 159, S. 320–322, Nr. 161, S. 322f., Nr. 163, S. 325f.). Zudem war er wahrscheinlich nach den Ereignissen um die Agende Mitte November 1894 vorsichtig geworden, sich in theologischen Streitfällen zu äußern (s.o. in diesem Teil, Abschnitt 2, S. 183). S. auch Weiß an Althoff am 28.11.1894, in dem er Harnacks „Taktlosigkeiten“ bemängelte (a.a.O., Nr. 1009, Bl. 70^{rv}).

den, in denen Meinhold die Patriarchengeschichte als Sagen beschrieben und Grafe bestritten hatte, dass Jesus das Abendmahl „im Sinne der Stiftung eines Ritus" eingeleitet habe.[14] Der Fall hatte erneut die Frage aufgeworfen, inwiefern die Kirche, insbesondere die preußische Generalsynode neben dem Evangelischen Oberkirchenrat ein Mitspracherecht bei den Lehrstuhlbesetzungen in der Theologie innehaben sollte.[15]

Nachdem Althoff Hermann Cremer, der den Universitätsreferenten auch über die landeskirchliche Versammlung informierte, um seine Meinung zur „praktischen Vorbildung" gebeten hatte, bestärkte der Greifwalder Ordinarius ihn in der Absicht, die praktische Ausbildung der Theologen zu reformieren.[16] Dabei betonte er im Anschluss an die Ereignisse im „Fall Grafe/Meinhold", dass man einen Ersatz für die theologischen Ferienkurse an den Fakultäten schaffen müsse, vermutlich auch weil – obwohl er es nicht explizit benannte – diese Kurse in den vorhergehenden Jahren wiederholt zu kirchenpolitischen Konflikten zwischen moderner und positiver Theologie geführt hatten.[17]

Obgleich sich Harnack gegenüber Althoff nicht schriftlich zum „Fall Grafe/ Meinhold" äußerte, evozierte die landeskirchliche Versammlung und ihre Resolution Harnacks Widerstand. Er ließ die Berliner Theologische Fakultät einen Brief an den Kultusminister verfassen, nachdem sein Vorschlag, eine fakultäre Stellungnahme zu der Versammlung zu veröffentlichen, keine Mehrheit gefunden hatte.[18] Diejenigen Berliner Professoren, die an der Versammlung teilgenommen hatten, nämlich Schlatter noch Hermann Strack beteiligten sich erwartungsgemäß nicht an der von Harnack initiierten Stellungnahme.[19] In dem Schreiben, das ein Teil der Berliner Theologen trotzdem an das Kultusministerium schickte, verwahrten diese sich gegen die Anschuldigung der positiv-konfessionellen Versammlung, dass die Theologischen Fakultäten der Kirche durch die Berufung modern-theologischer Professoren schweren Schaden zufügen würden.[20] In der Verbindung zwischen Althoff und Harnack fand die Debatte um die landeskirchliche Versammlung in-

14 *Grafe*, Die neuesten Forschungen, 137und *Meinhold*, Wider den Kleinglauben, 1–83.

15 Zur Debatte um ein Mitspracherecht der durch die Positive Union dominierten preußischen Generalsynode s. *Weinhardt*, Wissenschaftliche Theologie und Kirchenleitung, 320–322.

16 Cremer an Althoff am 21.05.1895 (in: *Stupperich*, Hermann Cremer, 279).

17 Vgl. ebd. Bodelschwingh und Schlatter begründeten ab 1897 die „Theologische Woche" in Bethel, die erstmals 1898 stattfand und ein positives Pendant zu den fakultären Ferienkursen bieten sollte (s. dazu *Stupperich*, Wort und Wahrnehmung, 90f. mit Anm. 73).

18 Vgl. *Stupperich*, Wort und Wahrnehmung, 22–27, *Neuer*, Schlatter, 317–320 und *Nottmeier*, Harnack, 134; s. auch die Akten der Theologischen Fakultät zwischen dem 12. und 28.05.1895, in: HUB, UA, Theol. Fak., Nr. 59, Bl. 35–41.

19 Vgl. Cremer an Althoff am 12.05.1895 (n: *Stupperich*, Hermann Cremer, 278).

20 Vgl. *Stupperich*, Wort und Wahrnehmung, 23, *Neuer*, Schlatter, 317 und *Nottmeier*, Harnack, 133.

sofern einen Niederschlag, als der Kirchenhistoriker dem Ministerialbeamten im Juni 1895 mündlich versicherte, dass er den Artikel in der *National-Zeitung* nicht verfasst habe, der im Anschluss an die Versammlung am 16. Mai erschienen war.[21] Der Kirchenhistoriker vermutete vielmehr, dass Wilhelm Nowack aus Straßburg der Urheber des Artikels sei.[22] Der anonyme Verfasser hatte im Anschluss an die landeskirchliche Versammlung kritisiert, dass die Pfarrer philologisch und wissenschaftlich zu wenig gebildet seien, wodurch ein Hiatus zwischen universitärer Theologie jeder Couleur und der Pfarrerschaft aller Landeskirchen entstehe.[23] Außerdem hatte er den positiven Theologieprofessoren Cremer und Schlatter vorgeworfen, dass sie die akademische Theologie während der Versammlung nicht gegen die Angriffe verteidigt hätten. Angesichts der Reflexion über den Verfasser des Artikels ist zu vermuten, dass Harnack und Althoff sich in persönlichen Gesprächen über die Versammlung und möglicherweise auch über Harnacks Initiative an der Berliner Theologischen Fakultät austauschten.

Althoffs Pläne, Neuerungen in der wissenschaftlichen und praktischen Ausbildung der evangelischen Theologen zu erwägen, griff Harnack vermutlich nach einem Gespräch mit dem Universitätsreferenten[24] in seinem Brief vom 17. Juni und in einer Denkschrift vom 13. Juni 1895 auf, die wahrscheinlich diesem Brief beigefügt worden war.[25] Zuerst äußerte er sich zu den Predigerseminaren, die der praktischen Ausbildung der Kandidaten dienten.[26] Da er diese prinzipiell für sinnvoll hielt, müssten sie für alle Kandidaten obligatorisch sein und ihr Studienplan genau geregelt werden. Mit der „wissenschaftlichen Ausbildung" sollten sie jedoch nicht in Verbindung gebracht werden, allenfalls „methodische Exegese" könne in das dortige Bibelstudium integriert werden. Die übrigen theologischen Fächer müsse man kaum unterrichten, da diese bereits im Studium abgedeckt worden seien. Gleich-

21 Vgl. die Notiz Althoffs vom 11.06.1895 auf dem Brief Cremers an Althoff vom 08.06.1895 (a.a.O., NL Althoff, Nr. 77, Bl. 25^{r}) und den Artikel *Die theologischen Fakultäten und die preußische Landeskirche*, in der *National-Zeitung*, Nr. 316, 48. Jahrgang, vom 16.05.1895, Morgen-Ausgabe. S. dazu auch Althoff an Cremer am 11.06., Cremer an Althoff am 15.06., Schlatter an Cremer am 11.06. und Cremer an Schlatter am 12.06.1895 (in: *Stupperich*, Hermann Cremer, 279f.; 26; 406) sowie Schlatters Replik auf den anonymen Artikel (vgl. *Schlatter*, Warum ich).

22 Vgl. Althoff an Cremer am 11.06.1895 (in: *Stupperich*, Hermann Cremer, 279).

23 Vgl. den Artikel vom 16.05.1895.

24 Harnack und Althoff hatten am 11.06.1895 über den anonymen Artikel aus der *National-Zeitung* und im Anschluss daran wahrscheinlich auch über die Ausbildung evangelischer Theologen gesprochen (vgl. Althoff an Cremer am 11.06.1895, in: *Stupperich*, Hermann Cremer, 279 und die Notiz Althoffs vom 11.06.1895 auf dem Brief Cremers an Althoff vom 08.06.1895, a.a.O., NL Althoff, Nr. 77, Bl. 25^{r}).

25 Vgl. die Nrn. 105 und 106, *Briefwechsel*.

26 Vgl. Nr. 106, *Briefwechsel*.

wohl erwartete Harnack, dass die kirchlichen „Synodalen [das] ‚Studium der symbolischen Bücher' für die Seminarien" fordern würden. Auch wenn das Studium der Symbole nicht prinzipiell abzulehnen sei, fürchtete Harnack, dass dadurch, falls es nur darum gehe, die zeitgenössische „orthodoxe" Mehrheitstheologie zu vermitteln, in den Predigerseminaren „Anti-Facultäten" entstehen könnten.[27] Harnacks Befürchtung basierte auf den innerkirchlichen Plänen, die die Predigerseminare als „wissenschaftskritische" Institutionen konzipieren wollten. Gelungen war dies bereits am Soester Predigerseminar für Westfalen, das nach dem Urteil von Birigt Weyel u.a. unter dem Einfluss Friedrich von Bodelschwinghs 1891 mit einer „antiintellektuelle[n] Zuspitzung" gegründet worden war.[28]

Seine Ausführungen zur praktischen Ausbildung der evangelischen Theologen in Predigerseminaren ergänzte Harnack um Überlegungen zu einem „Seminarkursus", der anscheinend fakultativ vor dem Theologiestudium stattfinden solle. Diesen Gedanken hatte er einem bislang unbekannten Zeitungsartikel entnommen, den er seinem Brief an Althoff beilegte.[29] Harnack lehnte einen solchen Vorkurs, über dessen genaue Konzeption allerdings nichts Näheres zu eruieren war, ab, weil er den Beginn des Theologiestudiums hinauszögern würde. Er fürchtete außerdem, dass nur solche Gymnasiasten, den Kurs besuchen würden, denen nach Abschluss der Schule die Ausbildung nach einem vorgefertigten Stundenplan nichts ausmache. Er vermutete, dass ein solcher Kurs insbesondere Gymnasiasten aus dem pastoralen Milieu oder aus ökonomisch benachteiligten Gruppen anziehen würde, für die der Pfarrberuf einen gesellschaftlichen und ökonomischen Aufstieg bedeute. Andere Gymnasiasten aus bildungsbürgerlichem Milieu würden sich nach Harnacks Prognose vom Theologiestudium und dem nachfolgenden Pfarrberuf abwenden, weil sie in dem Kurs auf die Freiheit des Studiums verzichten müssten.[30] Harnack deutete damit seine Sorge einer gesellschaftlichen und bildungsmäßigen Ghettoisierung des Theologiestudiums und folglich der Kirche an, der nur durch ein wissenschaftliches Studium an staatlichen Universitäten entgegenzutreten sei. Die Selbstghettoisierung der Kirche durch mangelnde allgemeine und theologische Bildung könne man, so der Kirchenhistoriker, bereits bei der katholischen Geistlichkeit wahrneh-

---

27 Ebd.

28 *Weyel*, Praktische Bildung zum Pfarrberuf, 224f.

29 Vgl. Harnack an Althoff am 17.06.1895 (Nr. 106, *Briefwechsel*).

30 Im Zusammenhang der Schulreform 1900 befürwortete Harnack universitäre Vorkurse, die den Realgymnasiasten und Oberrealschülern die notwendigen philologischen Kenntnisse vermitteln würden, die sie in ihren Schulen nicht gelernt hätten. Die 1900 als Sprachkurse konzipierten „Vorkurse" skizzierte Harnack in einem Gutachten für das Kultusministerium (s. dazu *Kampmann*, Harnacks Beteiligung, 195–197, 216–218). S.u. dazu Teil III, Abschnitt 1.3, S. 305. Die 1895 angesprochenen Kurse hatten wahrscheinlich nichts mit dem Sprachenerwerb zu tun.

men. Harnack formulierte damit eine Auffassung, die auch im Zusammenhang der Gründung der Straßburger katholisch-theologischen Fakultät 1901 als ein Grund gegen die Beibehaltung des Metzer Seminars angeführt wurde.[31] Harnack fürchtete das Bildungsdefizit in der evangelischen Pfarrerschaft, das der anonyme Verfasser des Artikels in der *National-Zeitung* vom 16. Mai ebenfalls prognostiziert hatte,[32] auch deswegen, weil er darin die Grundlage für eine „Katholisierung" der evangelischen Kirche sah.[33] Deshalb hob er abschließend noch einmal hervor, dass „von der Ausbildung u[nd] Art der Geistlichen [...] in der Kirche so gut wie Alles ab[hänge]".[34]

Auch wenn der Ursprung der Idee eines theologischen Kurses vor dem Theologiestudium nicht nachvollzogen werden konnte und auch über die weitere Verwendung der Harnackschen Gedanken im Ministerium nichts bekannt ist, fügen sich seine Äußerungen zur praktischen Ausbildung im Predigerseminar und die Ablehnung eines Vorkurses in sein Gesamtbild vom Theologiestudium, über dessen gegenwärtige Situation er Althoff in der wahrscheinlich dem Brief vom 17. Juni beigefügten Denkschrift vom 13. Juni 1895 referierte.[35]

Da Harnack – möglicherweise von Althoff – gefragt worden war, wie lange die Theologen in der Regel studierten, legte er den Umfang und Inhalt des Theologiestudiums dar, das im Allgemeinen sechs bis sieben Semester dauere. Zugleich betonte er, dass es durchaus „wünschenswerth" sei, wenn die Studenten länger studierten. Dies würde ihnen erlauben, auch „philologisch-philosophische[] Nebenvorlesungen und Publica" zu besuchen.[36] Um dem Missstand abzuhelfen, dass manche Studenten ihr Studium falsch organisierten, schlug Harnack vor, nach dem vierten Semester ein „Zwischenexamen" einzuführen, dessen Bestehen erst den Besuch bestimmter Vorlesungen ermögliche,[37] eine Forderung, die der Rat der Evangelischen Kirche in Deutschland erst 1995 durch die „Rahmenordnung für die Zwi-

---

31 S.u. in diesem Teil, Abschnitt 6.2, S. 238.

32 Vgl. den Artikel vom 16.05.1895 (a.a.O., *National-Zeitung*, Abend-Ausgabe).

33 Zu Harnacks Sorge vor einer „Katholisierung" der ev. Kirche, in der er von Albrecht Ritschl beeinflusst war, s.o. Anm. 68.

34 Nr. 106, *Briefwechsel*. 1888 hatte gegenüber Althoff bereits die Bedeutung der Kirchengeschichte für den Fortschritt in der Kirche betont (vgl. Harnack an Althoff am 27.09.1888, Nr. 40, *Briefwechsel*).

35 Vgl. die Denkschrift Harnacks vom 13.06.1895 (Nr. 105, *Briefwechsel*). Es konnte bislang nicht letztgültig geklärt werden, ob er die Denkschrift seinem Brief vom 17.06.1895 beifügte. Zur Situation der Theologischen Fakultäten in den 1890er Jahren s. auch *Garbe*, Entstehung, 162f.

36 Denkschrift Harnacks vom 13.06.1895 (Nr. 105, *Briefwechsel*). Im Original hervorgehoben. „Publica" waren öffentliche Vorlesungen, die allen Hörer:innen und nicht nur den immatrikulierten Studenten offen standen. Die Vorlesungen über das „Wesen des Christentums" 1899/1900 wurden beispielsweise als publicum gehalten.

37 Ebd.

schenprüfung" umsetzte.[38] Auch wenn unbekannt bleibt, wie das Kultusministerium die Denkschrift weiterverwendete, bietet sie interessante Einsichten in den damaligen Zustand des Theologiestudiums und Harnacks Auffassung von demselben.[39] An Harnacks Ausführungen ebenso wie an dem anonymen Artikel in der *National-Zeitung* wird deutlich, dass offenbar eine Diskrepanz zwischen den Ansprüchen der historisch-kritisch und philologisch arbeitenden Theologie und der Wirkung bestand, die das historisch-kritische Theologiestudium bei den Studenten und Pfarrern zeitigte. Diese Diskrepanz zwischen akademischer und kirchlicher Theologie bildete wahrscheinlich eine Ursache für die zahlreichen kirchenpolitischen Kontroversen der Zeit, die sich häufig dann offenbarten, wenn Theologieprofessoren ihre historisch-kritisch erarbeiteten Ergebnisse der arrivierten Pfarrerschaft präsentierten, die sie gegebenfalls verzehrt an die konservative Öffentlichkeit weitergaben. Auf ähnliche Weise war vermutlich der Fall im erwähnten Bonner Theologischen Ferienkurs für Pfarrer 1894 gelagert gewesen.

In die Folgen dieses Kurses und den zugehörigen „Fall Grafe/Meinhold" wurde Harnack, obwohl er sich gegenüber Althoff nicht nachweislich dazu geäußert hatte, auch anderweitig hineingezogen. Nach den Vorfällen um die Professoren Grafe und Meinhold hatte Kultusminister Robert Bosse nämlich geplant, in Bonn, wie bereits 1892 in Berlin, einen positiv-theologischen Professor zu berufen, um die konservative Pfarrerschaft und Theologie zu besänftigen.[40] Er übertrug daher 1895 dem Münsteraner Konsistorialrat Siegfried Goebel, den der Generalsuperintendent von Westfalen, Gustav Nebe, vorgeschlagen hatte und der sich weder durch eine Lizentiatenpromotion noch durch eine Habilitation für ein akademisches Lehramt qualifiziert hatte, ein Ordinariat für Neues Testament in Bonn, das nunmehr den Charakter einer „Strafprofessur" trug.[41]

---

38 Vgl. *Hall u.a.*, Theologiestudium, 360.

39 Er äußerte sich nochmals 1901 und 1919 zur Notwendigkeit Theologischer Fakultäten an staatlichen Universitäten (vgl. *Harnack*, Aufgabe der theologischen Fakultäten, 1901b und *Harnack*, Bedeutung der theologischen Fakultäten, 1919). Außerdem resümierte er 1903 für Althoff die „Frequenz der theolog[ischen] Fakultäten" (s. Nr. 200.1, *Briefwechsel*).

40 Vgl. Bosse an den Universitätskurator Otto Gandtner am 02.06.1895 (in: GStA PK, I. HA, Rep. 76 Va, Sekt. 3, Tit. IV, Nr. 36, Bd. VI, Bl. 140^{rv}) und *Garbe*, Entstehung, 169. S. auch Althoffs Beschreibung der Bonner Fakultät in: GStA PK, VI. HA, NL Althoff, Nr. 174, Bl. 88^{r}–93^{r}.

41 Zur Berufung Goebels nach Bonn s. Weiß an Althoff am 19.04.1895, der den lutherisch-orthodoxen Karl Friedrich Noesgen aus Rostock und den positiven Alttestamentler August Klostermann in Kiel für Bonn vorschlug, und am 26.04.1895 (a.a.O., Nr. 1009, Bl. 78^{r}–79^{r}; 80^{rv}), die Akten zur Berufung (a.a.O., Sekt. 3, Tit. IV, Nr. 36, Bd. VI, Bl. 140^{rv}, 142^{rv}, 148^{r}–155^{r}, 160^{r}–166^{v}, 170^{r}), den Brief Gustav Nebes an Althoff vom 22.04.1895 (ebd., Bl. 152^{r}–155^{r}: 152^{rv}) sowie die Briefe Goebels (in: GStA PK, VI. HA, NL Althoff, Nr. 742, Bl. 71^{r}–73^{r}). S. dazu *Ritschl*, Evangelisch-theologische Fakultät, 80, *Goeters*, Goebel in Bonn, 13–19, *Goebel*, Strafprofessor, im Briefwechsel Cremer–Althoff, *Stupperich*,

Harnack äußerte sich wenige Monate nach der Berufung Goebels im Juni 1896 gegenüber Althoff zu der Strafprofessur, weil Rade in der *Christlichen Welt* einen kritischen Artikel über diese Berufung veröffentlicht und dem Minister geschickt hatte.[42] Althoff hatte Rades Brief und die entsprechende Nummer der *Christlichen Welt* an Harnack weitergeleitet und sein Missfallen über Rades Kritik am Kultusministerium betont.[43] Dem Kirchenhistoriker hatte nun die undankbare Aufgabe oblegen, den Artikel seines Freundes zu verteidigen, ohne Althoff vor den Kopf zu stoßen. Er löste diese Aufgabe diplomatisch geschickt, indem er zuerst Rades Schreiben an Bosse „preis[gab]", d.h. der ministerialen Kritik zustimmte, weil jener sich unglücklich ausgedrückt habe,[44] dann aber Rades Urteil in der *Christlichen Welt* lobte.[45] Harnack suggerierte dabei, dass die von Rade formulierten „Hauptgedanken und die für sie gewählten Ausdrucksformen" mit Althoffs Ansicht zu der Frage der Lehrstuhlbesetzungen übereinstimmten.[46] Die Behandlung der Fragestellung im preußischen Abgeordnetenhaus am 5. März 1896 durch Kultusminister Bosse sei, wie Rade korrekt beobachtet habe, unpassend gewesen.[47] An diesem Tag hatten die Abgeordneten den „Fall Grafe/Meinhold", die Strafprofessur Goebels und schließlich die paritätische Besetzung in den evangelisch-theologischen Fakultäten debat-

---

Hermann Cremer, 281f., *Faulenbach*, Wurzelboden, 36–38, *Jantsch*, Harnack-Rade, Nr. 164, S. 330, Anm. 10, *Garbe*, Entstehung, 169, *Breitschwerdt*, Theologisch konservativ, 339–342 und *Hauschildt u.a.*, Evangelisch-Theologische Fakultät, 144, Anm. 188. Zu Goebels Sichtweise auf die Berufung s. *Goebel*, Erinnerungen, 242f., der dort von einem Treffen mit Bosse und Althoff beim westfälischen Oberpräsidenten Konrad von Studt, dem nachmaligen Kultusminister und Verbindungsbruder Althoffs, berichtete. Zum Protest gegen die Berufung Goebels s. *Garbe*, Entstehung, 182, Anm. 124.

42 Vgl. Althoff an Harnack am 28.05.1896 (Nr. 121, *Briefwechsel*), Rade an Bosse am 18.03.1896 (Nr. 121.1, *Briefwechsel*), Harnack an Althoff am 02.06.1896 (Nr. 122, *Briefwechsel*) sowie den Artikel Rades in der *Christlichen Welt* (*Rade*, Bonner Strafprofessor). In der *Chronik der Christlichen Welt* erschien am selben Tag ein Bericht über die *Beratung des Kultusetats im preußischen Abgeordnetenhause*, in dem Rade festhielt, dass Althoff den Begriff „Strafprofessuren" mit Blick auf die Bonner Fakultät selbst gebraucht habe (vgl. *Rade*, Beratung des Kultusetats, 123, Asterisk). Althoff hatte sich diese Bemerkung in seinem Exemplar der Chronik angestrichen (vgl. das Exemplar, in: GStA PK, VI. HA, NL Althoff, Nr. 174). S. dazu die Verhandlungen des Abgeordnetenhauses vom 05.03.1896, in: *Haus der Abgeordneten*, Berichte 1896, 1099–1112 und auch *Breitschwerdt*, Theologisch konservativ, 342f. Rade hatte bereits Ende des Jahres 1894 einen Artikel veröffentlicht, in dem er Harnacks Äußerung zur Agende, den Fall Grafe/Meinhold, die akademische Freiheit und die paritätische Besetzung der theologischen Lehrstühle thematisiert hatte (vgl. *Rade*, Professorenhetze).

43 Nr. 121, *Briefwechsel*.

44 Nr. 122, *Briefwechsel*; s. auch Rade an Bosse am 18.03.1896 (Nr. 121.1, *Briefwechsel*).

45 Vgl. Nr. 122, *Briefwechsel*; vgl. *Rade*, Bonner Strafprofessor. Im Briefwechsel zwischen Harnack und Rade wird der Vorfall nicht erwähnt.

46 Nr. 122, *Briefwechsel*.

47 Vgl. *Haus der Abgeordneten*, Berichte 1896, 1101–1104. Auch Althoff hatte sich während der Debatte geäußert (vgl. ebd., 1107, 1110f., 1127, 1133, 1135f.).

tiert. Dabei hatte der nationalliberale Abgeordnete Robert Friedberg die Berufung Ernst Cremers nach Marburg und die Homogenität der Greifswalder Fakultät kritisiert, die die „kritisch-historische Richtung" benachteilige.[48] Kultusminister Bosse reagierte auf Friedbergs Anfrage, indem er das königliche Berufungs- und das kultusministeriale Vorschlagsrecht hervorhob und indem er dessen Kritik mit dem Verweis auf die Statistiken, die im Kultusministerium zum Oktroi angefertigt worden waren, prinzipiell ablehnte.[49] Bosse insinuierte außerdem, dass die theologischen Richtungen, wenn sie ohne die ministeriale Kontrolle Professoren berufen dürften, die Fakultäten zu einseitigen Institutionen einer theologischen Strömung gestalten würden. Die Kritik an der Einseitigkeit der Greifswalder Fakultät lehnte er mit der Begründung ab, dass es bislang keinen Grund gegeben habe, diese nicht zu leugnende Homogenität zu ändern.[50] Harnack bezog sich auf diese Äußerungen Bosses, als er kritisch festhielt: „Die Art, wie der Herr Minister sich im Abgeordnetenhause ausgesprochen hat, war trotz alles Wohlwollens und aller erstrebten Unparteilichkeit in mancher Hinsicht doch peinlich – nicht nur für die Bonner Facultät, sondern für das Recht der freien, allein durch ihren Stoff und ihre Aufgabe begrenzten theologischen Wissenschaft und für ihre Zukunft."[51] Mit seiner Äußerung stellte sich Harnack nicht nur auf die Seite Rades, sondern votierte ein weiteres Mal für eine von kirchlichen Einflüssen freie theologische Wissenschaft.

In den präsentierten kirchenpolitischen Kontroversen, die Harnack und Althoff Mitte der 1890er Jahre beschäftigten, ging es, wie deutlich geworden sein dürfte, um die Besetzung der Professuren an den evangelisch-theologischen Fakultäten in Preußen und die dabei thematisierte Forschungsfreiheit, um die akademische Lehrfreiheit, die die Frage gestellt wurde, sobald sich ein Theologieprofessor zu aktuellen kirchenpolitischen Fragen äußerte, und schließlich um die wissenschaftliche und praktische Ausbildung, die zukünftigen Pfarrern geboten werden müsse. Althoff hatte dabei nur ein begrenztes Interesse an den theologischen Inhalten, um die Harnack und Cremer 1892 beispielsweise im Apostolikumsstreit stritten oder für die Harnack 1894 nach der Agendenrevision eintrat. Ihm lag an einer paritätischen Besetzung der theologischen Lehrstühle, um alle beteiligten Parteien zufrieden zu stellen. Außerdem zielte er auf ein wissenschaftliches Niveau in den theologischen Fakultäten ab, das dem preußischen und deutschen Hegemonialstreben angemes-

48 *Haus der Abgeordneten*, Berichte 1896, 1100f.

49 Vgl. ebd., 1103. S. die 1895 angefertigten Statistiken in: GStA PK, VI. HA, NL Althoff, Nr. 95, Bl. 1^r–3^v zum Oktroi in der Berliner Theologischen Fakultät und Bl. 36^r–52^r in allen preußischen theologischen Fakultäten zwischen 1820 und 1895 sowie zur Verteilung der Richtungen ebd., I. HA, Rep. 76 Va, Sekt. 1, Tit. III, Nr. 7, Bd. 2.

50 Vgl. *Haus der Abgeordneten*, Berichte 1896, 1104.

51 Nr. 122, *Briefwechsel*.

sen war. Dementsprechend trat er für eine akademische Freiheit ein, die auch (in Grenzen) innovative Forschung ermöglichte. Für die akademische Lehrfreiheit setzte Althoff sich ein, sofern sie den Staat und die mit ihm eng verschränkte Kirche nicht prinzipiell in Frage stellte. Dabei lag ihm erneut an einem Ausgleich der theologischen Richtungen. Harnack, dem ebenfalls an einem mit anderen Disziplinen vergleichbaren Wissenschaftsniveau in der Theologie gelegen war, wusste in diesem Sinne auf Althoffs Erwartungen zu reagieren. In den kirchenpolitischen Streitfällen und bei der oktroyierten Besetzung von Lehrstühlen mit positiven Theologen konnte er Althoff nicht zustimmen, bemühte sich allerdings, wie das Beispiel der Agendenrevision zeigt, den Streit nicht wie 1892 öffentlich eskalieren zu lassen. Die akademische Lehr- und Forschungsfreiheit war beiden Korrespondenten dabei ein hohes Gut, das es zu verteidigen galt.

Wie der Vergleich mit dem „Fall Hans Delbrück" verdeutlicht, verliefen die meisten „Fälle" in der evangelischen Theologie moderat, da es in keinem der präsentierten Fälle zu einem Disziplinar- oder Gerichtsverfahren kam. Gleichwohl sind die Fälle insofern vergleichbar, als sie alle die Politik vor Augen führen, die Kultusminister Robert Bosse gegenüber denjenigen Professoren und Privatdozenten betrieb, die sich in der Öffentlichkeit kritisch über politische Vorgänge – so wiederholt im Fall Hans Delbrücks – oder über kirchliche und theologische Angelegenheiten – so bei Harnack und Rade – äußerten. Diese innenpolitische Vorgehensweise änderte sich, wie bereits an den Fällen Delbrücks zwischen 1899 und 1901 deutlich wurde und wie die evangelisch-kirchenpolitischen Streitfälle nach 1900 zeigen werden, nur geringfügig, nachdem Konrad von Studt 1899 das Amt des Kultusministers übernommen hatte.

5 Evangelisch-kirchenpolitische Streitfälle ab 1900

5.1 Der „Fall Baumgarten“ 1902 in Kiel

Die Frage der akademischen Freiheit theologischer Wissenschaft thematisierten Althoff und Harnack nach den kirchenpolitischen Kontroversen Mitte der 1890er Jahre erneut in den Jahren 1902 und 1903, nachdem es in Schleswig-Holstein und im Rheinland zu Auseinandersetzungen um die Äußerungen von Theologieprofessoren gekommen war.

1901/02 entstand ein öffentlicher Konflikt zwischen dem Generalsuperintendenten von Schleswig Theodor Kaftan und dem Kieler Theologieprofessor Otto Baumgarten, nachdem dieser Kaftans *Auslegung des lutherischen Katechismus* rezensiert und dabei dessen religionspädagogische, nämlich katechetische Herangehensweise kritisiert hatte.[1] Baumgarten, ein Ritschl-Schüler, der seit 1894 als Nachfolger von Gustav Kawerau Praktische Theologie an der Kieler Universität lehrte und 1912 Harnack als Präsident des Evangelisch-Sozialen Kongresses ablöste,[2] gilt als ein modern-theologischer Wegbereiter der Reform des evangelischen Religionsunterrichts, der bis zum Beginn des 20. Jahrhunderts überwiegend daraus bestand, den Kleinen Katechismus Martin Luthers auswendig zu lernen.[3] Noch bevor Baumgarten Kaftans *Auslegung* rezensierte, legte er 1901 seine Auffassung von der *Behandlung des Katechismus* im Schleswig-Holsteinischen Kirchenblatt dar.[4] In einer grundsätzlichen Beschäftigung mit Luthers Kleinem Katechismus kritisierte Baumgarten, nachdem er diesen historisch kontextualisiert und dadurch relativiert hatte, dass man im Katechismusunterricht meist nur auswendig lerne,

---

1 Vgl. die Akten in: GStA PK, I. HA, Rep. 76 Va, Sekt. 9, Tit. IV, Nr. 9, Bd. III, Bl. 279^{r}–348^{v} und in der Literatur bisher *Baumgarten*, Lebensgeschichte, 144–150, *Alwast*, Theol. Fakultät Kiel, 172–175, *Bassi*, Otto Baumgarten, 66–75, *Rebenich*, Mommsen-Harnack, 127f., *Stahlberg*, Seelsorge im Übergang, 218–221 und *Nottmeier*, Harnack, 169. Baumgarten hatte den Katechismus Kaftans in 15 Folgen im Schleswig-Holsteinischen Kirchenblatt (2. Jahrgang, 1901, Nr. 38–52) rezensiert (vgl. *Baumgarten*, Kaftans Auslegung und den Bericht des Kurators Chalybaeus vom 22.05.1902, a.a.O., Sekt. 9, Tit. IV, Nr. 9, Bd. III, Bl. 280^{r}–288^{r}: 282^{v}, 283^{r}; s. dazu *Alwast*, Theol. Fakultät Kiel, 172f. und *Bassi*, Otto Baumgarten, 67).

2 Vgl. die Bestallungsurkunde vom 15.01.1894, in: GStA PK, I. HA, Rep. 76 Va, Sekt. 9, Tit. IV, Nr. 9, Bd. II, Bl. 69^{r} sowie das Biogramm, S. 478.

3 Zur Entwicklung einer neuen Religionsdidaktik vgl. *Kalloch/Leimgruber/Schwab*, Lehrbuch der Religionsdidaktik, 71f.

4 Vgl. *Baumgarten*, Behandlung des Katechismus; s. dazu *Stahlberg*, Seelsorge im Übergang, 220, 249.

https://doi.org/10.1515/9783112213193-016

anstatt sich mit den Inhalten auseinanderzusetzen.[5] Daraus folgerte er, dass der heutige Religionslehrer resp. Pfarrer sich vom Wortlaut seiner Vorlage, d.h. der lutherischen Katechismen lösen dürfe, um thematisch konzipierte Stunden zu gestalten.[6] Im Anschluss an die Darlegung seines religionspädagogischen Konzepts rezensierte Baumgarten die kurz zuvor erschienene dritte Auflage von Theodor Kaftans *Auslegung des lutherischen Katechismus*.[7] Die Erklärung des Kleinen Katechismus Luthers durch den Schleswiger Superintendenten Kaftan war ein überaus erfolgreiches Lehrbuch für Pfarrer und Lehrer, das diese im Katechismus- und Konfirmandenunterricht unterstützen sollte und das zwischen 1892 und 1926 in sieben Auflagen erschien. Baumgarten kritisierte an Kaftans Katechismus-Auslegung, obwohl er dessen Darstellung der lutherischen Lehre als angemessen beurteilte, die von ihm verwendete Methodik, die sich einerseits durch zu viele Luther- und Bibelzitate und andererseits durch einen übermäßigen Detailreichtum in der Erklärung der Hauptstücke sowie eine „statarische Durchknetung aller Silben des Textes" auszeichne, bei der Baumgarten eine langsam fortschreitende Interpretation der einzelnen Worte des Katechismus im Sinn hatte.[8] Pädagogisch gesehen sei das Werk zu wenig an den Verständnismöglichkeiten und Interessen des Kindes orientiert, auf dessen Perspektive sich die neuen religionspädagogischen Konzepte konzentrierten.[9] Außerdem war es Kaftans „altlutherische Deutung des Credo", die Baumgarten ablehnte, womit er auch in diese kirchenpolitische Kontroverse erneut die Frage nach der Autorität und Relevanz des Apostolischen Glaubensbekenntnisses einbrachte.[10] Schließlich stellte Baumgarten die Unvereinbarkeit moderner Theologie mit der Kaftanschen Auslegung lutherischer Sätze fest.[11] Baumgarten führte seine Gedanken zur Reform des Religionsunterrichts im Sommersemester 1902 – parallel zu den kirchenpolitischen Streitigkeiten in der schleswig-holsteinischen Kirche – in seiner Vorlesung aus, die er über den *Unterricht in der christlichen Religion* hielt und aus der seine religionspädagogische Programmschrift gleichen Untertitels hervorging, in der er *Neue Bahnen* – so der Obertitel – skizzierte.[12]

Abgesehen von der direkten Reaktion Kaftans auf Baumgartens Kritik erschienen im Anschluss an die Rezension zahlreiche Artikel aus der konfessionell-

5 Vgl. *Baumgarten*, Behandlung des Katechismus, Hefte 19, 20 und 21.

6 Vgl. ebd., Nr. 21, 1.

7 Vgl. *Kaftan*, Auslegung des luth. Katechismus, 3. Aufl.

8 *Baumgarten*, Kaftans Auslegung, Nr. 40, 1, so schon in *Baumgarten*, Behandlung des Katechismus, Nr. 22, 1.

9 Vgl. *Baumgarten*, Kaftans Auslegung, Nr. 52, 1f.

10 Vgl. ebd., Nr. 41, 1.

11 Vgl. ebd., Nr. 52, 2.

12 Vgl. *Baumgarten*, Neue Bahnen und *Stahlberg*, Seelsorge im Übergang, 220.

lutherischen Pfarrerschaft im *Schleswig-Holstein-Lauenburgischen Kirchen- und Schulblatt*.[13] Die Pfarrer gingen in ihren Artikeln so weit, Baumgartens Existenz als Theologieprofessor an der Landesuniversität grundsätzlich in Frage zu stellen. Der sich verschärfende Streit, der weitere Äußerungen Baumgartens und Kaftans zur Folge hatte, mündete schließlich in eine Petition, die 193 der 550 Pastoren aus Schleswig-Holstein und Lauenburg dem Kultusminister im Juli 1902 vorlegten.[14] Die Pfarrerschaft kritisierte darin u.a., dass bei den Besetzungen der theologischen Professuren an der Universität Kiel die konfessionelle Theologie zu wenig Berücksichtigung gefunden habe, und forderte, wie in ihren Artikeln, Baumgarten aus seiner Professur zu entfernen.

Auch wenn die Kritik der Pfarrerschaft lauten Widerhall erzeugte, fehlte es Baumgarten nicht an Unterstützung. Zum einen erschienen im September und November 1902 Solidaritätsadressen der liberalen Pfarrer- und Studentenschaft und zum anderen wählte die Universität Kiel ihn außerplanmäßig für das Jahr 1903/04 zu ihrem Rektor.[15] Baumgarten ergriff die Gelegenheit, sich in seiner Antrittsrede zum Rektorat zur *Voraussetzungslosigkeit der protestantischen Theologie* zu äußern.[16]

Um die Situation in Kiel und der schleswig-holsteinischen Landeskirche zu befrieden, beabsichtigte der seit 1899 amtierende Kultusminister Konrad von Studt, ähnlich wie es sein Vorgänger Robert Bosse in kirchenpolitischen Kontroversen getan hatte, in denen es zu einer Konfrontation zwischen akademischer Freiheit und kirchlich-konfessioneller Position gekommen war, einen zweiten, theologisch konservativer ausgerichteten Theologen als „Strafprofessor" an die Kieler Theologische Fakultät zu berufen.[17] Der Universitätskurator Heinrich Chalybaeus befürwortete diesen Plan, wusste jedoch nur einen Kandidaten zu nennen, der akademisch bislang noch nicht ausreichend qualifiziert sei, aber dem landeskirchlichen Bekenntnis entspreche.[18] Es handelte sich um Preetzer Klosterprediger Franz Rendtorff, der zugleich Direktor des dortigen Predigerseminars war.[19] Doch trotz der übereinstimmenden Absichten des Kultusministers und des Universitätskurators kam es nicht

---

13 Vgl. *Kaftan*, Zur Katechismus-Auslegung; aus der Pfarrerschaft s. z.B. *Ziese*, Bemerkungen zu Baumgarten (auch a.a.O., Sekt. 9, Tit. IV, Nr. 9, Bd. III, Bl. 292^r–293^r) und den Bericht von Chalybaeus vom 22.05.1902 (a.a.O., Bl. 283^r–284^r).

14 Vgl. die Petition der 193 Geistlichen vom 26.07.1902 (a.a.O., Sekt. 9, Tit. IV, Nr. 9, Bd. III, Bl. 310^r–312^r) und den Bericht von Chalybaeus vom 22.05.1902 (ebd., Bl. 284^r–285^r, 286^r).

15 Vgl. *Baumgarten*, Lebensgeschichte, 148f., *Bassi*, Otto Baumgarten, 70 und *Stahlberg*, Seelsorge im Übergang, 219.

16 Vgl. *Baumgarten*, Voraussetzungslosigkeit, s. dazu *Bassi*, Otto Baumgarten, 73f.

17 Vgl. Studt an Chalybaeus am 02.07.1902 (a.a.O., Sekt. 9, Tit. IV, Nr. 9, Bd. III, Bl. 298^r).

18 Vgl. Chalybaeus an Studt am 12.07.1902 (a.a.O., Bl. 301^r–305^v: 302^r, 303^v).

19 Vgl. ebd., Bl. 303^v–305^r.

zur Einrichtung eines Extraordinariats für Praktische Theologie, obwohl Rendtorff sich 1902 im Fach Praktische Theologie in Kiel habilitierte und danach zuerst als Privatdozent und seit 1907 als Honorarprofessor wirkte.[20]

Da die Strafprofessur nicht eingerichtet worden war, musste die Situation in Kiel und der schleswig-holsteinischen Landeskirche auf andere Weise geklärt und dadurch befriedet werden. Dazu bedurfte es einer Antwort auf die Petition der Pastoren, die bislang ausgeblieben war. Doch bevor Kultusminister Studt den Pastoren antwortete, ließ er sich von Berliner Professoren in dieser Angelegenheit beraten. Studt schickte die Rechtfertigungserklärungen Baumgartens, die dieser für das Kultusministerium hatte verfassen müssen,[21] die Petition und weitere Unterlagen, die die Auseinandersetzung veranschaulichten, dem Juristen Wilhelm Kahl, der seit 1895 Ordinarius für Kirchen- und Staatsrecht in Berlin und seit 1896 nebenamtlicher Vortragender Rat im Kultusministerium war, zur Begutachtung.[22] Kahl betonte in seinem Gutachten, dass die Pastoren in ihren Forderungen irrten und sie unangemessen seien.[23] Trotzdem erwog er mögliche Maßnahmen und sprach sich dafür aus, das schleswig-holsteinische Konsistorium bei zukünftigen Berufungen vermehrt einzubeziehen.[24] Den ministerialen Vorschlag, einen Strafprofessor in Kiel zu installieren, lehnte Kahl ab, weil es die Opposition zwischen „modernen" und „konfessionellen" Theologen nur verfestigen würde.[25]

Zusätzlich zu Wilhelm Kahl verfasste Adolf Harnack den „Entwurf" einer Stellungnahme für Kultusminister Studt.[26] Er hatte sich parallel zur ministerialen Bearbeitung mit dem „Fall Baumgarten" auseinandergesetzt, nachdem ihm Friedrich Althoff die zugehörigen Akten hatte zukommen lassen.[27] Althoff war es auch gewesen, der ihn um einen „‚Entwurf' in der bewußten Angelegenheit" gebeten hatte.[28] Obwohl Harnack weitere „Actenstücke" hatte abwarten wollen, reichte er seinen Vorschlag einer ministeriellen Erklärung am 29. November 1902 ein, ohne die Akten

20 Vgl. den Erlass zur Ernennung Rendtorffs zum Honorarprofessor in Kiel vom 30.09.1907 (in: GStA PK, I. HA, Rep. 76 Va, Sekt. 9, Tit. IV, Nr. 9, Bd. IV, Bl. 88r); s. auch *Alwast*, Theol. Fakultät Kiel, 174f., *Bassi*, Otto Baumgarten, 70f., *Winkler*, Rendtorff, Franz und *Weiling*, Rendtorff.

21 Vgl. Baumgarten an Studt am 10.09. und Studt an Chalybaeus am 08. und 27.10.1902 (a.a.O., Sekt. 9, Tit. IV, Nr. 9, Bd. III, Bl. 313r; 314rv; 315r).

22 Vgl. Studt an Kahl am 30.11.1902 (a.a.O., Bl. 317rv).

23 Vgl. Kahl an Studt am 14.12.1902 und Kahls Gutachten (a.a.O., Bl. 324r; 325r–334r: 327rv).

24 Vgl. ebd., Bl. 331v–332v.

25 Ebd., Bl. 332v–333r.

26 Harnack an Althoff am 29.11.1902 (Nr. 192, *Briefwechsel*).

27 Vgl. ebd. Althoff hatte bereits am 26.09. den positiven Theologen August Klostermann um eine Äußerung zum „Fall Baumgarten" gebeten, der dieser am 01.10.1902 nachkam (vgl. dessen Brief a.a.O., Sekt. 9., Tit. IV, Nr. 9, Bd. III, Bl. 335r–337v).

28 Nr. 192, *Briefwechsel*.

erhalten zu haben, nachdem offenbar eine Disziplinarmaßnahme gegen Baumgarten im Raum gestanden und er „Gefahr im Verzuge“ gesehen hatte.[29]

Harnack formulierte in seinem „Entwurf“ eine Antwort des Kultusministers auf die Petition der 193 Pastoren.[30] Der Entwurf lehnte, nachdem er die „Schwierigkeit der Lage“ anerkannt hatte, aus rechtlichen und kirchenpolitisch-theologischen Gründen die Forderung ab, Baumgarten aus seiner Professur entfernen zu lassen oder ihn einem Disziplinarverfahren zu unterziehen.[31] In diesem Sinne schlug Harnack dem Minister die Äußerung vor, dass die „gegenwärtig zwischen den evangelischen Kirchen und der Theologie sowie innerhalb der Theologie selbst herrschenden Spannungen“ nicht durch staatliche Maßnahmen, sondern allein durch Auseinandersetzung zwischen den Parteien gelöst werden sollten. Diese Auffassung gründete auf seiner Beobachtung, dass „die evangelischen Kirchen selbst die Freiheit der Wissenschaft fordern [würden] und ihr Bekenntniß nicht als starres Lehrgesetz betrachtet wissen woll[t]en“. Diese Forderung der evangelischen Kirchen und ihr Verständnis des Bekenntnisses hatten nach Harnack gleichzeitig zur Folge, dass die „Lehren der Professoren der evangelischen Theologie seitens der staatlichen Aufsichtsbehörde“ nicht nach dem Bekenntnis beurteilt werden dürften. Die wissenschaftliche Freiheit trage, da sie auch „Gefahren“ berge, jedoch an die Professoren die Verantwortung heran, sich eigenständig in den Dienst der Kirche zu stellen. Zum Schluss schlug Harnack dem Minister noch in Klammern die Bemerkung vor, dass er die Habilitation von „N.N.“, gemeint war Franz Rendtorff, in Kiel mit „Befriedigung“ zur Kenntnis genommen habe.[32]

Harnacks im November 1902 verfasster Entwurf einer Stellungnahme des Kultusministers lehnte die Einmischung des Staates in innerkirchliche und -theologische Angelegenheiten ab. Zugleich verteidigte er die akademische Freiheit der evangelischen Theologie gegen die Petition der 193 Geistlichen. Diese Reaktion war zwar für die konservativen Parteien kirchenpolitisch unbequem, hochschulpolitisch jedoch angemessen, weil eine Disziplinierung eines Hochschulprofessors aufgrund des kirchlichen Bekenntnisses nur mit großen Mühe realisierbar gewesen wäre.

In dem seinen „Entwurf“ begleitenden Brief hielt Harnack darüber hinaus fest, welche grundsätzliche theologiegeschichtliche Bedeutung er der von ihm formulierten Stellungnahme des Kultusministers zumaß. Es gehe um nicht weniger als

---

29 Nr. 192, *Briefwechsel*; vgl. auch das Gutachten Kahls vom 14.12.1902 (a.a.O., Sekt. 9, Tit. IV, Nr. 9, Bl. 328^{r}–329^{v}).

30 Vgl. den Anhang zu Nr. 192.1, *Briefwechsel*; s. dazu *Nowak*, Einführung, 35f., der den Entwurf jedoch in den Zusammenhang einer Statistik stellt, die Harnack Althoff am 10.01.1903 zusandte (s.u. dazu in diesem Teil, Abschnitt 5.3, S. 221 sowie die Nrn. 200 und 200.1, *Briefwechsel*).

31 Nr. 192.1, *Briefwechsel*.

32 Ebd.

die „Freiheit [...] [der] evangelische[n] Theologie", der dieselbe „ohne Mentalreservationen und Bedingungen" ebenso bedürfe wie die „Wissenschaft überhaupt".[33] Wenn der Kultusminister die Freiheit der evangelischen Theologie als Wissenschaft öffentlich anerkenne, werde er „für die evangelische Theologie die Periode des Mittelalters" beenden und sich außerdem ein „unsterbliches Verdienst um die evangelische Kirche u[nd] die evangelische Theologie erwerben".[34] Obwohl Harnack implizit annahm, dass eine solche Äußerung des Kultusministers bei den Kirchen auf Widerstand stoßen werde, hegte er doch die Hoffnung, dass die „evangelischen Kirchen [...] sich um so schneller an diesen Zustand gewöhnen" würden. Diese Hoffnung gründete er auf der Beobachtung, dass gegenwärtig „Niemand in den evangelischen Kirchen mehr außer einigen aussterbenden Steinböcken" ein Traditionsverständnis bzw. eine Auffassung vom Bekenntnis wünsche, wie sie in der katholischen Kirche vertreten werde. Als explizite „Ausnahme" von dieser Haltung bezeichnete er „alle[r] deutschen Landeskirchen" die bayerische und mecklenburgische Kirche. In diesen würden immer noch die „Buchstaben der Bekenntnisse [...] als Norm an[ge]sehen".[35]

In seinem Exkurs zum Verständnis der Bekenntnisse in den deutschen Landeskirchen, der die Relevanz der von ihm entworfenen kultusministeriellen Stellungnahme für die Theologiegeschichte verdeutlicht, griff Harnack v.a. auf seine eigene Vorstellung von den Bekenntnissen zurück, die er u.a. im Zusammenhang des Apostolikumsstreites formuliert hatte.[36] Seine 1902 ausgesprochene Auffassung, dass „alle deutschen Landeskirchen (mit Ausnahme der Beyerschen [sic] u[nd] Mecklenburgischen vielleicht) [...] den Buchstaben der Bekenntnisse nicht als Norm" erachteten,[37] differierte deutlich von der Einschätzung, die er in seinem Vortrag *Zur gegenwärtigen Lage des Protestantismus*im Oktober 1896 vor den *Freunden der Christlichen Welt* verlautbart hatte. In diesem Vortrag hatte er die Befürchtung geäußert, dass die evangelischen Kirchen in ihrem Verständnis des Bekenntnisses katholisiert würden, da dieses zunehmend als „Rechtsordnung" aufgefasst werde.[38] Während Harnack 1896 gegenüber seinen Freunden im Umkreis der *Christlichen Welt* deutlicher die den evangelischen Kirchen drohenden Gefahren betonte, hob er gegenüber Althoff und dem Kultusministerium sechs Jahre später die nahezu einheitliche, kritische Haltung der Landeskirchen zum Bekenntnis hervor.

33 Nr. 192, *Briefwechsel*.

34 Ebd.

35 Ebd. (Hervorhebungen Harnacks).

36 Zum Apostolikumsstreit s.o. in diesem Teil, Abschnitt 1.1, S. 170.

37 Nr. 192, *Briefwechsel* (Hervorhebungen Harnacks).

38 *Harnack*, Lage des Protestantismus, 1896b, 143; zu Harnacks Sorge vor einer Katholisierung der Kirche s.o. Anm. 68.

Die Antwort Konrad von Studts auf die Petition, zu der er sich von Kahl und Harnack hatte beraten lassen, erfolgte schließlich im Mai 1903 durch einen Brief an den Propst und Hauptpastor des nordschleswigschen Broacker (heute das dänische Broager), Ludwig Reuter.[39] In seiner Antwort, die Althoff Harnack wenige Tage später weiterleitete und die dieser für „ausgezeichnet" hielt,[40] teilte Studt den Pastoren mit, dass er, indem er auf seine Grundsatzerklärung im Herrenhaus im Frühjahr 1903 verwies,[41] keine Veranlassung dazu sehe, seine Berufungspraxis zu ändern, wie die Petition es gefordert habe.[42] Zugleich betonte er, dass das Kultusministerium bei jeder Besetzung einer Professur an der Kieler Theologischen Fakultät „die Zugehörigkeit des betreffenden Dozenten zum lutherischen Bekenntnis" prüfe, um den per Erlass 1894 festhaltenen „lutherischen Charakter" der Fakultät zu wahren.[43] Die Forderung der Petition, Baumgarten aus seiner Professur zu entlassen, lehnte er rundweg ab, da dies für einen preußischen Ordinarius nicht zur Debatte stehe und ihm die „gesetzliche Handhabe" fehle. Zum Schluss seiner Antwort wies Studt noch darauf hin, dass er die Habilitation „eine[r] tüchtige[n] Lehrkraft für praktische Theologie in Kiel" mit Wohlwollen wahrgenommen habe.[44] Damit spielte er auf die Habilitation Franz Rendtorffs an und folgte zugleich Harnacks Formulierungsvorschlag am Ende des „Entwurfs".[45] Er hatte sich insofern Wilhelm Kahls Urteil angeschlossen, als er von der Berufung eines „Strafprofessors" der positiven Richtung abgesehen hatte.

Die Äußerung im Herrenhaus, auf die Studt in seiner Antwort auf die Petition rekurrierte, basierte auf Harnacks Entwurf vom November 1902 und war – nach den handschriftlichen Notizen auf dem Entwurf zu urteilen – nur in einzelnen Formulierungen, vermutlich von Althoff redigiert worden.[46] Am Fall Baumgarten zeigt

39 Vgl. Nr. 211, *Briefwechsel* und den Entwurf a.a.O., Sekt. 9, Tit. IV, Nr. 9, Bd. III, Bl. 340^{rv}. Vgl. *Bassi*, Otto Baumgarten, 75.

40 Vgl. Nr. 211, *Briefwechsel.* Die Antwort wurde auch dem Oberpräsidenten von Schleswig-Holstein und dem Universitätskurator von Kiel Chalybaeus zugestellt (vgl. die Notizen Studts und Althoffs vom 25.05. [a.a.O., Bl. 341^{r}], die Notiz Althoffs auf dem Entwurf der Antwort vom 27.05.1903 [a.a.O., Bl. 340^{r}] und das Schreiben Studts vom 12.06.1903 [a.a.O., Bl. 342^{rv}]).

41 Zu diesen Äußerungen vgl. *Herrenhaus*, Berichte 1903, 121f., *Alwast*, Theol. Fakultät Kiel, 174 und *Bassi*, Otto Baumgarten, 74.

42 Vgl. Studt an Reuter am 27.05.1903 (a.a.O., Sekt. 9, Tit. IV, Nr. 9, Bd. III, Bl. 340^{rv} [Entwurf] und unter Nr. 211, *Briefwechsel* das an Harnack weitergeleitete Exemplar).

43 Nr. 211, *Briefwechsel.*

44 Ebd.

45 Vgl. Nr. 192.1, *Briefwechsel.*

46 Vgl. Vgl. *Herrenhaus*, Berichte 1903, 121, *Baumgarten*, Lebensgeschichte, 149 und Nr. 192.1, *Briefwechsel.* Dort findet sich auch ein genauer Ausweis der von Studt aus Harnacks Entwurf übernommenen Formulierungen.

sich somit an einem außergewöhnlichen Beispiel, wie Althoff und Harnack die ministeriale Position vorbereiteten und beeinflussten. Damit gewann Harnacks Verständnis von der Bedeutung der Bekenntnisse in der evangelischen Kirche erstmals einen weitreichenden kirchen- und hochschulpolitischen Einfluss, der im September 1892 im Kontext des Apostolikumsstreits nicht denkbar gewesen wäre.

5.2 Theologische Richtungskämpfe im Rheinland – die „Bonner Verhältnisse" 1902/03

Die theologischen Richtungskämpfe, die sich bereits am „Fall Baumgarten" in Schleswig-Holstein gezeigt hatten, traten 1902/03 auch im Rheinland zutage.[47] Althoff und Harnack besprachen die „Bonner Verhältnisse", die insbesondere die theologische Disziplin des Neuen Testaments betrafen, bei einem informellen Treffen im Kultusministerium.[48] Nach erneuter Reflexion wandte sich Harnack nochmals an Althoff, da er seines Erachtens nicht entschieden genug für Eduard Grafe eingetreten sei. Er votierte dafür, Grafes „Wirksamkeit [nicht] zu beschränken", sondern ihn vielmehr zu unterstützen.[49] Außerdem sprach er sich dagegen aus, einen weiteren, möglicherweise positiven Professor für Neues Testament nach Bonn zu berufen, da es dort ohnehin schon zu viele Neutestamentler gebe. Althoff folgte – nach eigener Aussage gegenüber Albert Hackenberg, dem er Harnacks Brief weitergeleitet hatte, – dessen Vorschlag in diesem Konflikt, in dem es eventuell um Grafes Kritik am „System Althoff" gegangen war.[50]

Wenig später war die Bonner Fakultät erneut Gegenstand der Gespräche zwischen Harnack und Althoff. Heinrich Weinel hielt, wie auch der Bonner Pfarrer Arnold Meyer, der bereits genannte Eduard Grafe und der Kölner Pfarrer Carl Jatho 1902/03 in Aachen und Köln, zwischen Oktober und Dezember 1902 sechs populärtheologische Vorträge in Solingen, in denen er für das der Kirche entfremdete Bildungsbürgertum – bezeichnenderweise im Casinosaal mit einem Eintrittstarif – über die verschiedenen im 19. Jahrhundert entwickelten Konzepte vom Leben Jesu und über seine eigene Vorstellung von Jesus referierte.[51] Weinel amtierte seit

47 Zum Hintergrund vgl. *Simons*, Rheinland, 2298f. und *Nowak*, Einführung, 34–36.
48 Harnack an Althoff am 02.03.1902 (Nr. 173, *Briefwechsel*).
49 Ebd.
50 Vgl. Althoffs Notiz auf Nr. 173, *Briefwechsel* und *Graf*, Harnack zum „Fall Althoff", 189f., 198–201. *Ritschl*, Evangelisch-theologische Fakultät erwähnt keine Konflikte in der Fakultät außer denen um Weinels Solinger Vorträge.
51 Vgl. *Weinel*, Die Nichtkirchlichen und die freie Theologie, bes. 30f., den Bericht Weinels für das Kultusministerium vom 22.01.1903 (in: GStA PK, VI. HA, NL Althoff, Nr. 1007, Bl. 99^r–103^r) und die pu-

1899 als Stiftsinspektor und seit 1900 als Privatdozent für Neues Testament in Bonn, nachdem er sich 1899 in Berlin habilitiert hatte.[52] Weinels Solinger Vorträge evozierten eine Protestwelle im Rheinland. Am 4. Januar 1903 fand beispielsweise in Solingen eine Versammlung statt, die von dem Mönchengladbacher Pfarrer Ludwig Weber geleitet wurde. Auch die kirchlich-konservativen *Freunde des kirchlichen Bekenntnisses in Rheinland und Westfalen*, die sich 1894 anlässlich des „Falls Grafe/Meinhold“ gegründet hatten, waren zugegen, um ihre Kritik an Weinels Vorträgen zu äußern.[53] Sie kritisierten u.a. die radikale Historisierung des Lebens Jesu und die Relativierung der altkirchlichen Christologie.[54] Zugleich erfuhr Weinel Unterstützung von liberalen Theologen wie den Harnack-Schülern Otto Zurhellen und seiner Ehefrau Else Zurhellen-Pfleiderer.[55] Sie gründeten infolge der theologischen Richtungskämpfe im Rheinland 1906 mit anderen liberalen rheinischen Theologen und Theologinnen den *Rheinisch-Westfälischen Verband der Freunde der evangelischen Freiheit*, der unter der Federführung des liberalen Pfarrers Gottfried Traub stand.[56]

Aufgrund der Kritik an Weinel und seinen Solinger Vorträgen, die sich im Dezember 1902 zuspitzte, wünschte Friedrich Althoff ein Treffen mit dem Bonner Privatdozenten in Berlin, zu dem Harnack diesen einladen sollte.[57] Bei dem Treffen Anfang des Jahres 1903 sollte die „Bonner Angelegenheit“, d.h. die Kontroverse um Wei-

---

blizierten Vorträge: *Weinel*, Jesus im 19. Jh.; s. dazu *Nippold*, Solinger Kirchenstreit, *Simons*, Rheinland, 2298, *Ritschl*, Evangelisch-theologische Fakultät, 80, *Melchior*, Evangelium in Solingen, 72–74, *Graf*, Nachlaß Weinel, 210 und *Kranich*, Sächsische Evangelisch-Soziale Vereinigung, 228. Zur Verbindung zwischen Harnack und Weinel s. *Graf*, Nachlaß Weinel, 202f., 205, 207–209, 215, *Graf*, Harnack zum „Fall Althoff“, 189, *Franz*, Ada Weinel, 159f. und *Kampmann*, Harnack zur „Frauenfrage“, 496–498.

52 S. das Biogramm, S. 573.

53 Zu den Kritikern s. *Weinel*, Die Nichtkirchlichen und die freie Theologie, 32–62, *Nippold*, Solinger Kirchenstreit, 4–90 und *Simons*, Rheinland, 2298. Ludwig Weber resümierte seine Kritik an Weinel auch in einem Brief an Harnack vom 01.03.1900 (abgedruckt bei *Faulenbach*, Ev.-Theol. Stift, Dokumente, 69). Die Reaktionen von Bernhard Weiß und Harnack sind ebd., 70–72 abgedruckt; s. dazu insgesamt auch *Eberlein*, Ev.-Theol. Fakultät, 180–182).

54 Vgl. *Weinel*, Die Nichtkirchlichen und die freie Theologie, 2 und *Melchior*, Evangelium in Solingen, 74. Es waren auch Artikel im *Reichsboten* und in der *Kreuzzeitung* erschienen, die Heinrich Weinel kritisierten (vgl. Harnack an Weinel am 05. und 15.12.1902, in: ThULB Jena, NL Weinel 5a, Bl. 285^{rv}; 286^{r} und den Bericht Weinels vom 22.01.1903, a.a.O., Nr. 1007, Bl. 101^{r}).

55 Vgl. *Weinel*, Die Nichtkirchlichen und die freie Theologie, 32–52, *Nottmeier*, Harnack an Zurhellen-Pfleiderer, 101f., Otto Zurhellen an Weinel am 03.02.1902, in: ThULB Jena, NL Weinel 7b, Bl. 101–104, zitiert nach *Nottmeier*, Harnack an Zurhellen-Pfleiderer, 102 mit Anm. 29.

56 Vgl. *Redaktion*, Neue Organisation, *Simons*, Rheinland, 2298, *Nottmeier*, Harnack an Zurhellen-Pfleiderer, 103 und *Winnebeck*, Apostolikumsstreitigkeiten, 292f. mit Anm. 30 und 31.

57 Vgl. Harnack an Weinel am 29.12.1902 (Nr. 194.1, *Briefwechsel*).

nels Solinger Vorträge, und die Option eines Wechsels Weinels nach Berlin besprochen werden.[58] Da das Gespräch mit Weinel wegen dessen Erkrankung verschoben werden musste,[59] äußerte Harnack sich gegenüber Althoff brieflich zu den Bonner Vorfällen und der Situation im Rheinland.[60] Die von kirchlich-konservativer Seite formulierte Kritik, dass es in Bonn ein Übergewicht an liberalen Professoren gebe, führte Harnack darauf zurück, dass die vorhandenen positiv-theologischen Professoren, zu denen er den Neutestamentler Anton Sieffert, den Praktischen Theologen Eugen Sachsse, den reformierten Neutestamentler Siegfried Goebel, den Alttestamentler Eduard König und den Kirchenhistoriker Eduard Bratke zählte, nicht einflussreich genug seien. Deshalb werde jetzt versucht, die liberalen Professoren „künstlich nieder[zu]halten".[61] Die Situation im Rheinland sei außerdem anders gelagert als in Westfalen. Die rheinische Pfarrerschaft und auch die Gemeindemitglieder hätten Sympathien für die liberale Theologie, da ihr „Bedürniß nach religiöser Aufklärung" sehr groß sei.[62] Harnack erfreute diese Haltung des rheinischen Protestantismus, auf die die Vorträge Weinels und diejenigen seiner Kollegen reagiert hätten, weil nur dadurch die evangelische Kirche von der katholischen zu unterscheiden sei und man nur dadurch „die [von der Kirche, C.K.] Entfremdeten" wiedergewinnen könne. Harnack deutete damit die besondere kirchliche Situation im Rheinland an, die sich zum einen durch die diasporabedingte Opposition zur katholischen Kirche und zum anderen durch die Entfremdung der Arbeiterschaft der Industriemetropolen von der Kirche auszeichnete. Deshalb betonte er zum Schluss nochmals, wie wichtig ihm und seinen Freunden – gemeint sind wahrscheinlich die *Freunde der Christlichen Welt*, aber auch die modernen Theologen und Theologinnen des Rheinlands – die Wiedergewinnung der „Massen und Gebildeten" sei, womit er vermutlich die erwähnte Arbeiterschaft und das moderne Wirtschaftsbürgertum assoziierte.[63]

Nach weiteren brieflichen Absprachen kam es schließlich am 15. Januar 1903 doch zu einer Unterredung Althoffs mit Weinel im Berliner Kultusministerium.[64] Bei dem Treffen thematisierte Althoff nochmals Weinels Vorträge in Solingen sowie dessen Position als Bonner Stiftsinspektor. Im Zuge der Kritik an Weinels Vorträgen

---

58 Nr. 194.1, *Briefwechsel*.

59 Vgl. das Telegramm Weinels an Harnack vom 30.12.1902, an Althoff weitergeleitet (Nr. 195, *Briefwechsel*).

60 Vgl. Harnack an Althoff am 30.12.1902 (Nr. 196, *Briefwechsel*).

61 Ebd.

62 Nr. 197, *Briefwechsel*.

63 Ebd.

64 Vgl. die Nrn. 198, 199, *Briefwechsel* und Weinel an Althoff am 11.01.1903 (in: GStA PK, VI. HA, NL Althoff, Nr. 1007, Bl. 94[rv]).

war nämlich infrage gestellt worden, ob er sein Inspektorenamt, das ihm die Begleitung und Ausbildung von Theologiestudenten auferlegte, angesichts seiner theologischen Äußerungen ausüben könne.[65] Weinel konnte die Zweifel an ihm offenbar ausräumen, sodass er vorerst Stiftsinspektor und Privatdozent in Bonn blieb. Die Überlegung, Weinel von Bonn nach Berlin wechseln zu lassen, hatten Althoff und Harnack wahrscheinlich deswegen vorerst verworfen, weil der Privatdozenten in der Hauptstadt kein Auskommen gehabt hätte.[66] Zur Klärung der Situation Weinels trugen außerdem zwei Berichte bei, die Weinel für Kultusminister Studt, vermutlich auf Anfrage Althoffs verfasste.[67] In dem ersten Bericht referierte er über die Aufgaben seines Inspektorenamtes und in dem zweiten über seine Solinger Vorträge. Althoff dankte Weinel für die Unterlagen, ermahnte ihn aber zugleich, keine weiteren Vorträge zu halten, nachdem jener in Krefeld erneut referiert hatte.[68] Harnack, der seinem Freund Gustav Krüger 1896 zugesagt hatte, sich Weinels anzunehmen, sprach sich gegenüber Althoff nach diesem Treffen nochmals dafür aus, Weinel nach Berlin umzuhabilitieren und dort als bezahlter Titularprofessor wirken zu lassen.[69] Auch Weinel legte er dieses Vorgehen nahe, das jener Althoff noch einmal selbst – natürlich erst nach brieflicher Rücksprache mit Harnack – unterbreiten solle. Zu einem Wechsel Weinels nach Berlin kam es letztendlich nicht.

Der „Fall Weinel“ in Bonn und Solingen verdeutlicht erneut, wie Althoff und Harnack kirchenpolitische Kontroversen zu regeln versuchten.Während der kritisierte Professor oder in diesem Fall der Privatdozent zur Zurückhaltung und Mäßigung ermahnt wurde, versuchte das Kultusministerium die aufgebrachten kirchlichen Kritiker zu beruhigen, wies sie manchmal aber auch in ihre Schranken.[70] Im „Fall Weinel“ stand möglicherweise außerdem die Sorge im Hintergrund, dass die kirchlich-konservative Fraktion fordern könne, Weinel, wie im Jahr 1900 dem Berliner Privatdozenten Leo Arons aufgrund seiner Mitgliedschaft in der Sozialdemo-

---

65 Vgl. *Weinel*, Die Nichtkirchlichen und die freie Theologie, 52–55.

66 Vgl. die Nrn. 196 und 199, *Briefwechsel*.

67 Vgl. die Briefe Weinels an Althoff und Studt vom 22.01.1903 mit zwei Anlagen und am 10.02.1903 (a.a.O., Bl. 95^{r}; 96^{r}; 97^{r}–98^{v}; 99^{r}–103^{r}; 104^{r}–105^{v}). Althoff ließ diese Unterlagen Gustav Kawerau zukommen, der sich daraufhin positiv zu Weinel äußerte (vgl. Althoffs Notiz auf dem Brief vom 22.01.1903, a.a.O., Bl. 95^{r}; Kawerau an Althoff am 28.01.1903, in: GStA PK, VI. HA, NL Althoff, Nr. 792, Bl. 81^{r}–82^{r}).

68 Vgl. Althoff an Weinel am 16.02.1903 (in: ThULB Jena, NL Weinel 4, Bl. 1^{rv}; auch a.a.O., Nr. 1007, Bl. 106^{rv} [Entwurf]).

69 Vgl. Harnack an Weinel am 04.03.1903 (in: ThULB Jena, NL Weinel 5a, Bl. 293–294^{b}: 294^{b}).

70 1904 verhinderte Harnack zusammen mit Althoff ein „Einschreiten des Ministeriums gegen den von Teilen der ostpreußischen Geistlichkeit attackierten Königsberger Kirchenhistoriker August Dorner“ (*Nottmeier*, Harnack, 169; vgl. den Brief Harnacks vom Dezember 1904, Nr. 245, *Briefwechsel*).

kratischen Partei, die *venia legendi* zu entziehen.[71] Harnack kam im „Fall Weinel" anders als im „Fall Baumgarten" weniger eine Berater- als vielmehr eine Vermittlerrolle zu, da er in persönlichem Kontakt zu Weinel stand. Er äußerte außerdem explizit seine Meinung zur kirchenpolitischen Situation im rheinischen Protestantismus, dessen Streben nach theologischer „Aufklärung" er unterstützte.[72] Zugleich wollte Harnack seinem Protegé durch persönliche Empfehlung im Ministerium eine dauerhafte Anstellung als Professor verschaffen, was sich allerdings nach der öffentlichen Kritik als schwierig erwies. Zur Lösung der verfahrenen Situation im Rheinland wäre, wie Althoff und Harnack bereits Ende Dezember erwogen hatten, ein Fortgang Weinels aus Bonn förderlich gewesen. Da Harnack hoffte, dass Althoff Weinel zu einer Professur in Preußen verhelfen könne, legte der Kirchenhistoriker besonders viel Wert darauf, dass Weinel sich Althoff gegenüber korrekt verhalte, um diesen nicht im Vorhinein zu verärgern. Nachdem Harnack Weinel 1903 erfolglos für ein Ordinariat in Gießen vorgeschlagen hatte,[73] wechselte letzterer 1904 auf ein Extraordinariat in Jena.[74] Er war kurz zuvor bereits freiwillig von seinem Amt als Stiftsinspektor zurückgetreten, weil die kirchlich-konservative Seite ihn wiederholt kritisiert hatte.[75] Obwohl Althoff noch 1904 die Hoffnung hegte, Weinel bald nach Preußen versetzen zu können, ließ sich eine preußische Professur für den ehemaligen Bonner Stiftsinspektor vor und nach 1904 nicht realisieren.[76]

Obwohl Harnack Althoff schon 1902 von einem weiteren Professor für Bonn abgeraten hatte,[77] berief der Kultusminister schließlich im April 1903 den positiven Theologen und vormaligen Pfarrer im Bremer Diakonissenhaus Gustav Ecke als „Strafprofessor" an die rheinische Fakultät, um einen Ausgleich in der als ein-

---

71 Zum Fall Arons s.o. in diesem Teil, Abschnitt 3, S. 192.

72 Nr. 197, *Briefwechsel*; vgl. auch Nr. 196, *Briefwechsel*.

73 Vgl. Harnack an Krüger am 07.07.1903 (in: SBB PK, NL Harnack, K 35, Mp. Krüger, Bl. 102[rv]).

74 Vgl. *Graf*, Nachlaß Weinel, 206 und Harnack an Althoff am 01.08.1904, Nr. 240, *Briefwechsel* mit Anm. 9.

75 Ende des Jahres 1903 hatte der *Verein der Freunde des kirchlichen Bekenntnisses* gefordert, dass Weinel durch einen Inspektor positiv-theologischer Ausrichtung ersetzt werden solle (vgl. *Str.*, Friedensstörung, 345). Studt hingegen hatte die wiederholte Kritik an Weinel als Inspektor in seiner Rede im Herrenhaus zurückgewiesen (vgl. *Herrenhaus*, Berichte 1903, 122).

76 Vgl. Althoffs Gratulation zu Weinels Ruf nach Jena vom 01.11.1904, in: ThULB Jena, NL Weinel 1b, Bl. 23[rv]. Althoffs Aussage steht der Behauptung Friedrich Wilhelm Grafs entgegen, dass dieser Weinel mitgeteilt habe, dass „es ihm nie gelingen werde, an einer preußischen theologischen Fakultät außerordentlicher Professor oder gar Ordinarius zu werden" (*Graf*, Nachlaß Weinel, 206), wobei nicht ausgeschlossen werden kann, dass Althoff Weinel die Aussicht auf einen Wechsel nach Preußen nur aus Höflichkeit versprach.

77 Vgl. Harnack an Althoff am 02.03.1902 (Nr. 173, *Briefwechsel*).

seitig liberal angesehenen Fakultät zu schaffen.[78] Zeitgleich beförderte er aber auch den liberalen Alttestamentler Johannes Meinhold zum Ordinarius, der dort seit 14 Jahren Extraordinarius gewesen war.[79]

5.3 Die Frequenz der Theologischen Fakultäten 1902/03

Die von Harnack und Althoff behandelten Fälle regten im Ministerium ein Nachdenken darüber an, inwiefern die preußischen Fakultäten gleichmäßig mit Ordinarien liberaler und positiver Couleur besetzt seien, was die konservativen Kritiker mehrfach bestritten hatten, und ob sich diese Situation auf die Studierendenzahlen auswirke. Die Frage nach dem Zusammenhang von kirchenpolitischen Kontroversen und einer Veränderungen der Studierendenzahlen an den evangelisch-theologischen Fakultäten war bereits wiederholt während des 19. Jahrhunderts debattiert worden.[80] Um nun die Verteilung der theologischen Richtungen unter den Ordinarien und die Studierendenzahlen zu erheben, griff man auf Übersichten zurück, die die Ministerialbeamten Bernhard Weiß und Hans Paalzow bereits Mitte der 1890er-Jahren erstellt hatten.[81] Außerdem verfasste Harnack, ähnlich wie es der Evangelische Oberkirchenrat seit 1892 regelmäßig tat,[82] Anfang Januar 1903 eine „Statistik" über die „Frequenz der theolog[ischen] Facultäten" im gesamten Deutschen Reich, die die Veränderung der Studierendenzahlen in den vergangenen fünfzehn Jahren, d.h. von 1887/88 zu 1902/03, darstellte.[83] 1888 diente möglicherweise auch deshalb als Vergleichsjahr, weil in diesem Jahr die Studierendenzahlen an den

78 Ecke wurde anstelle des modern-positiven Theologen Carl Stange berufen, der dessen Lehrstuhl in Königsberg erhielt (vgl. die Akten in GStA PK, I. HA, Rep. 76 Va, Sekt. 11, Tit. IV, Nr. 18, Bd. VI, o.Bl.), diesen aber nicht bezog, sondern 1904 die Nachfolge Cremers in Greifswald antrat (vgl. die Akten a.a.O., Sekt. 7, Tit. IV, Nr. 19, Bd. VII, o.Bl.; zu Stange vgl. *Rohls*, Prot. Theologie der Neuzeit II, 113f. und neuerdings *Fandrich*, Carl Stange). Zu Eckes Berufung s. die Akten in: a.a.O., Sekt. 3, Tit. IV, Nr. 36, Bd. VII, Bl. 209^{rv}; 220^{r}–223^{r}; s. auch *Herrenhaus*, Berichte 1903, 121f. und *Hauschildt u.a.*, Evangelisch-Theologische Fakultät, 144, Anm. 188.

79 Vgl. die Akten zwischen Februar 1902 und April 1903, in: GStA PK, I. HA, Rep. 76 Va, Sekt. 3, Tit. IV, Nr. 36, Bd. VII, Bl. 170^{rv}; 181^{r}; 189^{r}–191^{v}; 193^{rv}; 205^{rv}; 233^{r}–235^{v}; 238^{r}–240^{v} sowie *Ritschl*, Evangelisch-theologische Fakultät, 80. Es war zwischenzeitlich erwogen worden, Meinhold nach Breslau zu versetzen und dafür Carl Heinrich Cornill nach Bonn zu berufen.

80 Vgl. *Anderson*, Challenge and Change, 46–48. Auch in den Fakultätsgeschichten wird die Frage der Frequenz regelmäßig beschreiben (vgl. beispielsweise *Arnold*, Ev.-theol. Fakultät Breslau, 188f.).

81 Vgl. die Statistiken, in: GStA PK, VI. HA, NL Althoff, Nr. 77 und Nr. 95 sowie a.a.O., I. HA, Rep. 76 Va, Sekt. 1, Tit. III, Nr. 7, Bd. 2.

82 Vgl. die Statistiken des EOK zwischen 1892 und 1902/03, in: EZA 7/1515.

83 Vgl. Harnack an Althoff am 10.01.1903 und die beifolgende „Statistik" (Nrn. 200 und 200.1, *Briefwechsel*).

evangelisch-theologischen Fakultäten einen Höchststand für das gesamte 19. Jahrhundert aufwiesen.[84] Harnacks Zahlen stimmten mit denjenigen überein, die sein Schüler, der Frankfurter Pfarrer Erich Förster in der *Chronik der Christlichen Welt* im März 1903 präsentierte.[85]

Um auf die in den kirchenpolitischen Kontroversen thematisierten Fragen zu antworten, wertete Harnack seine eigene Statistik für Althoff aus. Demnach habe insbesondere Bonn – das zuletzt im Zusammenhang des Streits um Heinrich Weinels Solinger Vorträge kritisiert worden war – im Vergleich zu den anderen theologischen Fakultäten einen überproportionalen Zuwachs an Theologiestudierenden erfahren, obwohl es seit 1894 wiederholt im Mittelpunkt kirchenpolitischer Streitigkeiten gestanden und die theologischen Positionen innerhalb der Fakultät weitgehend verhärtet waren.[86] Des Weiteren hätten die Studierendenzahlen der konservativen Fakultäten wie Greifswald, Erlangen, Leipzig und Königsberg „absolut und relativ abgenommen".[87] Mit dieser Interpretation und seinem Verweis auf die „constant[e] […] Anziehungskraft der 9 preußischen Facultäten" wollte er wahrscheinlich gegenüber dem Ministerium hervorheben, dass die innertheologischen und -kirchlichen Kämpfe zwar für die konservativ-theologischen Fakultäten von Nachteil gewesen seien, sich aber nicht negativ auf die Attraktivität Preußens als Wissenschaftsstandort ausgewirkt hätten. Schließlich verdeutlicht diese Statistik auch, welchen Ruf die einzelnen theologischen Fakultäten besaßen. Nach Harnack galten Erlangen, Leipzig und Greifswald als „confessionell", während Halle und Tübingen für die Vermittlungstheologie standen.[88] Die sich an diese Charakterisierung anschließende Frage, ob es eine Fakultät der liberalen oder modernen Theologie gebe, beantwortete Harnack möglicherweise auch deshalb nicht, weil die preußischen Fakultäten – mit Ausnahme Greifswalds – nach kultusministerialer Vorgabe paritätisch geprägt sein sollten und er deshalb keine Fakultät als „liberal" denunzieren wollte.

84 Vgl. *Anderson*, Challenge and Change, 47.

85 Vgl. *Redaktion*, Statistik der Theologiestudierenden. Die Redaktion der *Chronik der Christlichen Welt* griff auf die in der *Zeitschrift des Kgl. Preuß. Statistischen Bureaus* 1902 veröffentlichte Statistik über die Zahlen der Theologiestudierenden zurück.

86 S. Nr. 200.1, *Briefwechsel*. Harnack interpretierte seine Statistik nicht nur in einer kurzen Auswertung, sondern verdeutlichte seine Position auch durch die Ausrufezeichen, die er den Universitätsstädten hinzufügte. Zur Situation in Bonn s. auch *Hauschildt u.a.*, Evangelisch-Theologische Fakultät, 143f.

87 Nr. 200.1, *Briefwechsel* („und relativ abgenommen" im Original unterstrichen).

88 Ebd.

5.4 Der Bibel-Babel-Streit

Auch die neben dem Apostolikumsstreit zweite zentrale kirchenpolitische und theologische Kontroverse in Harnacks akademischer Vita, der sog. „Bibel-Babel-Streit", kam in der Korrespondenz zwischen Harnack und Althoff zur Sprache, auch weil er das Verhältnis zum preußischen König und deutschen Kaiser Wilhelm II. tangierte.[89] Zugleich stellte der Bibel-Babel-Streit im kirchenpolitischen Themenfeld, das die Korrespondenzpartner beschäftigte, den letzten signifikanten Streitfall dar, mit dem sich ein Bogen zur ersten bedeutsamen kirchenpolitischen Kontroverse Harnacks, dem Apostolikumsstreit von 1892/93, schlagen lässt.

Der Bibel-Babel-Streit war durch zwei Vorträge des Assyriologen Friedrich Delitzsch ausgelöst worden, die dieser am 13. Januar 1902 und am 12. Januar 1903 in der Berliner Singakademie vor der Deutschen Orient-Gesellschaft in Anwesenheit Wilhelms II. gehalten hatte.[90] Darin hatte er Parallelen zwischen der babylonischen und biblischen Überlieferung aufgezeigt, die die Einzigartigkeit zahlreicher biblischer Geschichten, wie z.B. der Sinfluterzählung, in Frage stellten. Die Ergebnisse hatten bereits 1902 zu zahlreichen kritischen Reaktionen geführt, unter denen sich der Bonner positiv-theologische Alttestamentler Eduard König besonders hervortat.[91] Während Wilhelm II. den ersten Vortrag mit großem Interesse aufgenommen hatte, reagierte er auf den zweiten irritiert. Außerdem sah er sich gezwungen, angesichts der massiven öffentlichen Kritik nunmehr seine kirchlich-positive Auffassung vom Christentum zu bezeugen.[92] Daher formulierte er seinen persönlichen theologischen Standpunkt in einem Brief an seinen Berater, den Admiral und vormaligen Staatssekretär im Reichsmarineamt, Friedrich Hollmann, der zugleich stellvertretender Vorsitzender der Deutschen Orient-Gesellschaft war.[93] In

89 Vgl. Harnack an Althoff am 13.02., 24.02. und 03.03.1903 (Nrn. 201.1, 203 und 204, *Briefwechsel*). Zur Beteiligung Harnacks am Bibel-Babel-Streit s. *Zahn-Harnack*, Harnack, 342–346, *Johanning*, Bibel-Babel-Streit, 187, *Lehmann*, Friedrich Delitzsch, 211–213, 228f., *Jantsch*, Harnack-Rade, 64f., Nr. 325, 333, 334, *Nowak*, Einführung, 39f., *Rebenich*, Mommsen-Harnack, 540–543, *Weitlauff*, Harnack, Mommsen, Rade, 240, 245f., *Brocke*, Großbetrieb, 69, *Bruch*, Harnack-Wilhelm II., 32, *Wiese*, Wissenschaft des Judentums, 190–199, *Kinzig*, Harnack, Marcion und das Judentum, 94–96, *Röhl*, Weg in den Abgrund, 563–565, *Hasselhorn*, Politische Theologie Wilhelms II., 171–176 und *Nottmeier*, Harnack, 247f.

90 Vgl. *Delitzsch*, Babel und Bibel und *Delitzsch*, Zweiter Vortrag Babel und Bibel. S. zum ersten Vortrag *Lehmann*, Friedrich Delitzsch, 80–108 und zum zweiten ebd., 170–191.

91 Vgl. dazu insgesamt ebd., 109–162, zu König ebd., 142–152.

92 Vgl. ebd., 105–108, 211–230.

93 Vgl. *Wilhelm II.*, Babel und Bibel, auch abgedruckt in der Chronik der Christlichen Welt: *Redaktion*, Zum Streit über Babel und Bibel, 113–116; s. dazu *Lehmann*, Friedrich Delitzsch, 220–230, *Hasselhorn*, Politische Theologie Wilhelms II., 165–169, *Markschies*, Der Kaiser als Hobbywissenschaft-

dem Brief vom 15. Februar, der am 19. Februar 1903 in der Zeitschrift *Grenzboten* erschien, ging Wilhelm II. auf die Frage der Gottheit Christi und der Bedeutung des Alten Testaments für das Christentum ein, die der Assyriologe in einem Gespräch mit dem Kaiser bei einer Abendtafel in Zweifel gezogen hatte. Außerdem kritisierte er Delitzschs Versuch, den in der theologischen Fachwelt weithin bekannten Einfluss des antiken Babylons auf Israel in seinem Vortrag popularisiert zu haben. Theologisch kam der Brief zwar der positiven Mehrheitstheologie der Kirche entgegen, zeigte aber auch Einflüsse des völkischen, neuheidnischen Rassisten Houston Stewart Chamberlain und formulierte schließlich eine Theologie, die eine doppelte Offenbarung, eine religiöse in Jesus Christus, und eine historische in herausragenden Persönlichkeiten annahm.[94] Letzteres diente, wie Sabine Mangold-Will verdeutlicht hat, der „Selbstlegitimierung" seines Gottesgnadentums, die er von seinem Großvater Wilhelm I. übernommen hatte.[95] Der öffentliche Brief scheint außerdem Ausdruck seines „persönlichen Regiments" gewesen zu sein, da er ihn, wie Markschies gezeigt hat, offenbar nicht auf den üblichen Wegen am Hof abstimmte, sondern ihn relativ schnell publizierte.[96]

Der Unmut, der sich direkt im Anschluss an den zweiten Vortrag bei Wilhelm II. hatte wahrnehmen lassen, hatte Althoff bereits im Januar 1903 veranlasst, Friedrich Delitzsch um ein Exemplar seiner vorjährigen Rede und vor der Drucklegung um eine Abschrift des diesjährigen Vortrags zu bitten.[97] Während Delitzsch Althoffs Bit-

---

ler, 92–94, 96–98, 100 und *Mangold*, Wilhelm II. und der Babel-Bibel-Streit, 120–124. Das Original des Briefes an Hollmann befindet sich im BPH, Rep. 53, Nr. 235 in ein Heft eingebunden, das Wilhelm am 27.01.1939 erhalten hatte (s. dessen handschriftliche Notiz im Einband). Zur Biografie Hollmanns s. das Biogramm, S. 511.

94 Zu den Einflüssen auf die theologische Position Wilhelms II. s. *Lehmann*, Friedrich Delitzsch, 221–223, *Hasselhorn*, Politische Theologie Wilhelms II., 170f., *Röhl*, Into the Abyss, 521, *Bermbach*, Houston Stewart Chamberlain, 215f., *Nottmeier*, Harnack und Wilhelm II., 101f., *Nottmeier*, Harnack, 255, *Markschies*, Der Kaiser als Hobbywissenschaftler, 97f. und *Fritz*, Chamberlain Biographie, 467. Auch wenn die Frage, ob Wilhelm II. bei der Abfassung des öffentlichen Briefes unterstützt wurde, bislang nicht eindeutig beantwortet wurde, erscheint es zumindest wahrscheinlich, dass jemand, eventuell auch nur die Herausgeber der Zeitschrift *Grenzboten*, den Brief vor der Veröffentlichung lektorierte, da er sprachlich fließend und adäquat geschrieben ist, während sein Handschreiben an Harnack sprachliche Inkohärenzen und solche des Ausdrucks aufweist (vgl. *Wilhelm II.*, Babel und Bibel und den Brief Wilhelms II. an Harnack vom 02.03.1903 abgedruckt bei *Lehmann*, Friedrich Delitzsch, 323f.).

95 *Mangold*, Wilhelm II. und der Babel-Bibel-Streit, 124, vgl. *Wilhelm II.*, Babel und Bibel, 495.

96 Vgl. *Markschies*, Der Kaiser als Hobbywissenschaftler, 93f., der den Begriff des „persönlichen Regiments" (s.o. dazu Einleitung, Abschnitt 2.1, S. 14) nicht verwendete.

97 Vgl. Althoff an Delitzsch am 21.01.1903 abgedruckt bei *Lehmann*, Friedrich Delitzsch, 308, *31*; s. ebd., 171 mit Anm. 6 und den Brief von Delitzsch an Althoff am 24.01.1903 (in: GStA PK, VI. HA, NL Althoff, Nr. 699, Bl. 131), mit dem er den Vortrag von 1902 zusandte.

te nachkam, fragte er ihn zugleich um Rat, ob er die Schlusspassage des Vortrags, in der er am 12. Januar mit der „Losung der *Weiterbildung der Religion*“ geendet hatte, beibehalten oder die für den Druck veränderte Version der Schlusspassage publizieren solle.[98] Delitzsch hatte in seinem Schlusspassus aus einer Rede Wilhelms II. zitiert, die dieser am 29. November 1902 in Görlitz gehalten und in der dieser von der „Freiheit in der Weiterbildung der Religion“ gesprochen hatte. Delitzsch beabsichtigte mit dem Zitat die kaiserliche Zustimmung zu seiner Interpretation des Verhältnisses von Altem Testament und altorientalischem Babylonien zu erreichen.[99] Wilhelm II. stimmte der Veröffentlichung des ursprünglichen Schlusspassus in einem Telegramm, das bislang nicht aufgefunden werden konnte, zu, nachdem Delitzsch Hollmann die erste Druckfahne seines Vortrages hatte zukommen lassen.[100] Auf der Grundlage des kaiserlichen Placets erschien Delitzschs Vortrag schließlich mit dem ursprünglichen Ende am 19. Februar zeitgleich zu dem öffentlichen Brief Wilhelms II.[101]

Um sich, wie üblich, ein umfassendes Bild von der Sachlage zu machen, fragte Althoff u.a. den Althistoriker Eduard Meyer um eine zweite Meinung zum Thema Bibel und Babel, die dieser ihm am 3. Februar in Form „einer kurzen Darlegung der Thatsachen“ zukommen ließ.[102] Meyer bestätigte die an Delitzschs Vortrag kritisierte „Abhängigkeit des Alten Testaments von Babylon“ und betonte nochmals, dass diese Erkenntnis ebenso wie das zugehörige Detailwissen von den Assyriologen in den vergangenen fünfzig Jahren erarbeitet worden und jedem Alttestamentler bekannt sei. Delitzschs Verdienst habe schon bei seinem ersten Vortrag darin bestanden, „eine Auswahl derselben [Erkenntnisse, C.K.] weiteren Kreisen zugänglich“ zu machen.[103] Gleichzeitig zeigt Meyers Brief die Strömung im evangelischen Christentum, die die Erkenntnisse der Assyriologie dazu nutzte, um die Bedeutung der altorientalischen Israeliten abzuwerten.[104] Dieser evangelisch-christliche Antisemitismus zeitigte insofern langfristige Konsequenzen, als man die Kanonizität des Alten Testaments wiederholt in Frage stellte.

---

98 *Delitzsch*, Zweiter Vortrag Babel und Bibel, 40 (Hervorhebung im Original); vgl. Delitzsch an Althoff am 08.02.1903 (a.a.O., Nr. 699, Bl. 132) mit dem „Ursprünglichen Schluß“ ebd., Bl. 133. S. auch den Brief von Delitzsch an Althoff am 13.02.1903, mit dem er einen Besuch ankündigt (ebd., Bl. 134) sowie Delitzsch an Althoff am 01.03.1904 (ebd., Nr. 1042, Bl. 40).

99 *Obst*, Die politischen Reden Wilhelms II., 253f., vgl. *Lehmann*, Friedrich Delitzsch, 219–221 und *Mangold*, Wilhelm II. und der Babel-Bibel-Streit, 118, 121.

100 Vgl. *Wilhelm II.*, Babel und Bibel, 493 und Hollmann an Delitzsch am 08.02.1903, in: *Lehmann*, Friedrich Delitzsch, *38*; s. dazu ebd., 221.

101 Vgl. ebd.

102 Nr. 201.1, *Briefwechsel*.

103 Ebd.

104 Vgl. ebd.

Harnack bestätigte Althoff Meyers Interpretation des Bibel-Babel-Streits, nachdem er dessen Brief zur Kenntnisnahme erhalten hatte.[105] Zugleich betonte er, dass der Althistoriker „die unerfreulichen Imponderabilien der Delitzsch'en Weise" unterschätze.[106] In ähnlicher Weise hatte er gegenüber Martin Rade bereits im Januar 1903 festgehalten, dass Delitzschs Vorträge und deren Stil „[s]ensationell, trivial, brutal in der Behandlungsweise, ohne feinere Kritik u[nd] ohne Verständniß für religiöse Nuancen" gewesen sei.[107] In diese Richtung wies auch Harnacks Antwort auf den *Brief Sr. Majestät des Kaisers an den Admiral Hollmann*, die im Märzheft der *Preußischen Jahrbücher* erschien.[108] Die Kontroverse um Delitzsch bestehe hauptsächlich darin, dass die Forschungsergebnisse der Assyriologie und alttestamentlichen Wissenschaft der letzten 50 Jahre der breiten Öffentlichkeit nicht bekannt gewesen seien. Harnack konnte dem Konflikt um Delitzschs Vorträge insofern sogar etwas Positives abgewinnen, als er der Meinung war, dass nun auch die breitere Öffentlichkeit um diese wichtigen wissenschaftlichen Erkenntnisse wisse.[109]

Harnack informierte Althoff, wie schon im Zusammenhang der Agendenrevision,[110] vorab über die geplante Reaktion auf den Brief Wilhelms II.[111] Zugleich berichtete er über ein eineinhalbstündiges Gespräch, das er mit dem Kaiser am 23. Februar 1903 über den Bibel-Babel-Streit geführt habe und in dem auch Fragen der Universitätsorganisation und katholischen Kirchenpolitik zur Sprache gekommen seien. Während des Gesprächs hatte Wilhelm II. einen langen Monolog über seine „Ansichten [...] über Religion, Offenbarung und Volk Israel" gehalten, die Harnack „durch das Detail überrascht" hatten.[112] Dabei vertrat der Kaiser eine durchaus positive Meinung von Delitzsch.[113] Im Laufe der Unterredung hatte Harnack Wilhelm II.

105 Vgl. die Nrn. 201, *Briefwechsel* und 201.1, *Briefwechsel*.

106 Nr. 201, *Briefwechsel*. Zu Harnacks und Meyers Bild von der „Entstehung des Christentums" vgl. *Jantsch*, Entstehung des Christentums.

107 Harnack an Rade am 16.01.1903 (in: *Jantsch*, Harnack-Rade, 501, Nr. 325). Harnack selbst hatte Delitzschs Vortrag 1903 nicht gehört (vgl. ebd.).

108 Vgl. *Harnack*, Brief Sr. Majestät, 1903a und *Harnack*, Brief Sr. Majestät, 1903b; s. dazu *Lehmann*, Friedrich Delitzsch, 228f. und *Hasselhorn*, Politische Theologie Wilhelms II., 171–174.

109 Vgl. *Harnack*, Brief Sr. Majestät, 1903b, 65f. So auch in einem undatierten Konzept, das eine Äußerung zu Delitzschs Vorträgen enthält (in: SBB PK, NL Harnack, K 29, Mp. Delitzsch, Bl. 2^r; abgedruckt bei *Lehmann*, Friedrich Delitzsch, 310, *33* [dort mit kleineren Transkriptionsfehlern]).

110 S.o. in diesem Teil, Abschnitt 2, S. 183.

111 Vgl. Harnack an Althoff am 24.02.1903 (Nr. 203, *Briefwechsel*). Zum Verhältnis zwischen Harnack und Wilhelm II. s.o. Einleitung, Abschnitt 3.4, S. 56.

112 Nr. 203, *Briefwechsel*. Ob Harnack hier Einflüsse Chamberlains andeutete, kann nicht nachvollzogen werden. Zu Harnacks Rezeption und Verbindung zu Chamberlain s.o. Anm. 156 sowie die Nrn. 151, *Briefwechsel* und 163, *Briefwechsel*.

113 Vgl. Nr. 203, *Briefwechsel*.

außerdem mitgeteilt, dass er sich in einem Artikel, der sich bereits in der Drucklegung befinde, zu dessen öffentlichen Brief an Hollmann äußern werde. Wilhelm II. zeigte sich von dieser Mitteilung „nicht erfreut", wie Harnack wenig später Martin Rade berichtete.[114] Der Kaiser sei zwar „freundlich, aber [...] nicht ganz ohne Bedenken"[115] gewesen, wie Harnack gegenüber Althoff diplomatisch formulierte. Allerdings war er sich seines Eindrucks von der kaiserlichen Reaktion nicht sicher.[116] Dabei hatte er Wilhelm II. nur von der Tatsache der Veröffentlichung, nicht aber von dessen Inhalt erzählt, weil er fürchtete, dass er anderenfalls „den Aufsatz corrigiren oder zurückziehen [hätte] [...] müssen".[117] Nach der Ankündigung am 23. Februar schickte Harnack Wilhelm II. einen „Abzug" des Artikels wenige Tage später zu, den dieser am 2. März mit einem Handschreiben beantwortete.[118]

Harnacks Aufsatz über den Brief des Kaisers, den er verfasst hatte, weil er sich sowohl von Delitzsch als auch vom Wilhelm II. hatte abgrenzen wollen und um die Reaktionen auf den kaiserlichen Brief nicht der Presse zu überlassen,[119] erfuhr deutliche Kritik, insbesondere von Seiten seiner Kollegen.[120] Neben seiner bereits genannten Einordnung der Delitzschen Forschungsergebnisse konzentrierte sich Harnacks Auseinandersetzung mit der Theologie Wilhelms II. auf zwei Aspekte.[121] Er distanzierte sich erstens von dessen Auffassung, dass zwei parallele Offenbarungen existierten, eine „fortlaufende, gewissermaßen historische und eine rein religiöse", die auf Jesus Christus hinführe.[122] Wie bereits erwähnt, hatte der Kaiser mit der Betonung der ersten „historische[n]" Offenbarung auf eine Selbstlegitimierung abgezielt, während er letzterer zur Darstellung seiner Orthodoxie bedurfte. Die Traditionen bzw. Ideen, auf die Wilhelm II. möglicherweise zurückgriff, blei-

---

114 Harnack an Rade vom 27.02.1903 (in: *Jantsch*, Harnack-Rade, 512, Nr. 334).

115 Nr. 203, *Briefwechsel*.

116 Vgl. ebd. und *Jantsch*, Harnack-Rade, 512, Nr. 334.

117 Ebd.

118 Vgl. Wilhelm II. an Harnack am 02.03.1903 (in: SBB PK, NL Harnack, K 45, Mp. Wilhelm II., Bl. 9^r–10^v, abgedruckt in Ausschnitten bei *Kouri*, Protestantismus und soziale Frage, 168 [mit einigen Transkriptionsfehlern], *Jantsch*, Harnack-Rade, 512f., Nr. 334, Anm. 6 und *Hasselhorn*, Politische Theologie Wilhelms II., 174 sowie vollständig bei *Lehmann*, Friedrich Delitzsch, 323f., *52* und *Weitlauff*, Harnack, Mommsen, Rade, 245f.); s. dazu *Lehmann*, Friedrich Delitzsch, 229.

119 Vgl. Harnack an Rade am 27.02.1903 (in: *Jantsch*, Harnack-Rade, 512, Nr. 334).

120 Vgl. Nr. 204, *Briefwechsel*. *Lehmann*, Friedrich Delitzsch, 228 mit Anm. 63 und 64 führt die positiv- wie modern-theologische Kritik auf.

121 Vgl. *Harnack*, Brief Sr. Majestät, 1903b, 68.

122 Die These von Sabine Mangold-Will, dass Wilhelm II. von „drei Arten der Offenbarung" ausging (*Mangold*, Wilhelm II. und der Babel-Bibel-Streit, 123), scheint mir angesichts der expliziten Formulierung bei Wilhelm II., der von „zwei verschiedene[n] Arten der Offenbarung" spricht, als unwahrscheinlich (*Wilhelm II.*, Babel und Bibel, 495).

ben dabei eher diffus, da er keine tiefergehende Auseinandersetzung mit den zugehörigen Themen Religion, Vernunft und Offenbarung bot. Dabei scheint er eine Art physische und metaphysische Offenbarung angenommen zu haben, die aber keineswegs eine Unterscheidung in eine allgemeine natürliche und eine spezifisch christliche Religion nach sich zog, wie sie bei einigen Theologen und Philosophen der Aufklärung zu erkennen ist.[123] Wenige Jahrzehnte später reflektierte Paul Althaus d.J. in den 1920er und -30er Jahren den Gedanken einer „Ur-Offenbarung", einer „allgemeinen Selbstbezeugung Gottes", und einer „Offenbarung des Evangeliums".[124] Obgleich Harnack die Vorteile einer doppelten Offenbarung, „eine[r] allgemeine[n] und eine[r] mehr religiöse[n]" anerkannte, hielt er letztlich an der *„eine[n]* Offenbarung" fest, einerseits weil man die zwei von Wilhelm II. angenommenen Offenbarungen in den Offenbarungsträgern, zu denen er neben Abraham und Mose auch Sokrates und Platon zählte, nicht unterscheiden könne, und andererseits weil die Religion eine „einheitliche" Sicht auf die Geschichte fordere.[125] Obwohl Harnack Jesus in die Linie anderer Offenbarungsträger einreihte, betonte er nochmals explizit, dass die „christliche Gemeinde" immer die Einzigartigkeit Christi herausstellen müsse.[126] In diesem Sinne korrigierte er zweitens die kaiserliche Auffassung, dass man unbedingt am Begriff der „Gottheit Christi" festhalten müsse. Die „auch im Sinne des alten Dogmas [...] einzig korrekte Formel" sei die der *„Gottmenschheit"* Christi, da diese *„Gottheit* und *Menschheit"* bezeichne.[127] Während Harnack hier Wilhelms monophysitisch anmutende Christologie mit Verweis auf die altkirchliche Glaubensformel (von Chalkedon 451) korrigierte und auch „das Außerordentliche vor Profanierung", d.h. eine Gleichstellung der Person Jesu Christi mit anderen Offenbarungsträgern, verhindern wollte, deutete er an, dass er persönlich vorsichtiger mit einer zu genauen Definition der Gottheit und Menschheit Jesu Christi wäre.[128] Dementsprechend fasste er seine Christologie nur mit dem Zitat aus dem Zweiten Korintherbrief, Kapitel 5,19, „Gott war in Christus" zusammen, womit er zugleich kritisch auf die Aussage Wilhelms II. „Christus ist Gott" rekurrierte.[129]

Der Kaiser reagierte auf Harnacks Korrektur, indem er in dem erwähnten Handschreiben die Unterschiede zwischen seiner und Harnacks Theologie betonte.

---

123 Es ist u.a. an den englischen Deismus, die Hallenser Übergangstheologie und Immanuel Kant zu denken (s. dazu *Rohls*, Prot. Theologie der Neuzeit I, 117, 151f. und 285–287).

124 S. dazu *Rohls*, Prot. Theologie der Neuzeit II, 296.

125 *Harnack*, Brief Sr. Majestät, 1903b, 69f. (Hervorhebung Harnacks).

126 Ebd., 70.

127 Ebd. (Hervorhebung Harnacks).

128 Ebd., 71.

129 Ebd. und *Wilhelm II.*, Babel und Bibel, 496.

Dies lässt eine gewisse Indignation über den Harnackschen Artikel vermuten,[130] die vermutlich auch inhaltlich bedingt war, sich möglicherweise aber auch aus der durchaus schulmeisterlichen, professoralen Art speiste, die in Harnacks Artikel durchscheint und mit der er den „Hobbywissenschaftler" Wilhelm II. entlarvte.[131] Der Kaiser hob in seinem Handschreiben nochmals hervor, dass er unbedingt an die Gottessohnschaft Christi und die „Offenbarungsthätigkeit Gottes" glaube, obwohl Harnack beide Theologumena nicht in Frage gestellt hatte.[132] Bemerkenswert an diesem Brief ist, dass Wilhelm II. besonders die Bedeutung der Gottheit Christi für die Soteriologie hervorhob, während er den Anteil der Menschheit zurückstellte. Für die Theologie Wilhelms II. ist schließlich noch interessant, dass er die Verbalinspiration der Bibel selbstverständlich als überholt ansah.[133] Harnack antwortete auf diesen privaten Brief mit einem untertänigst gehaltenen, versöhnlich und diplomatisch formulierten Schreiben am selben Tag, in dem er seinen persönlichen „Glauben an unseren Herrn und Heiland Jesus Christus" betonte.[134] Mit diesem persönlichen Bekenntnis reagierte er insofern auf die zuletzt genannten Aussagen Wilhelms II., die angedeutet hatten, dass er die Gottheit Christi und deren Heilsbedeutung in Frage gestellt habe, obwohl der Theologe bereits in seinem Artikel Jesus Christus als „Herr und Heiland" bezeichnet hatte.[135]

Die theologische Diskrepanz zwischen Wilhelm II. und Harnack, die der zum Teil veröffentlichte Briefwechsel zu Tage gefördert hatte, beendete nicht, wie von Harnack anfangs befürchtet,[136] seine Einladungen zu Hofe und seinen Einfluss auf Wilhelm II. und Auguste Viktoria in wissenschaftspolitischen Fragestellun-

---

130 „Auch die abweichenden Ansichten, welche Sie darinnen aussprechen, haben mich beschäftigt. [...] Was die Person des Heilandes betrifft so ist mein Standpunkt, auch nach durchlesen Ihrer Bemerkungen, derselbe." (Wilhelm II. an Harnack am 02.03.1903, bei *Lehmann*, Friedrich Delitzsch, 323).

131 *Markschies*, Der Kaiser als Hobbywissenschaftler, 98 hält fest, dass „professionelle Wissenschaft sich durch ihr Differenzierungsvermögen auszeichne[], Laien- und Hobbywissenschaftler aber häufig gar nicht verstehen, dass bestimmte Dinge zu trennen" seien. Vgl. v.a. Harnacks Satz „*Gottmenschheit* ist also auch im Sinne des alten Dogmas die einzig korrekte Formel." (*Harnack*, Brief Sr. Majestät, 1903b, 70).

132 Wilhelm II. an Harnack am 02.03.1903 (bei *Lehmann*, Friedrich Delitzsch, 323).

133 Vgl. ebd., 323f. und auch schon *Wilhelm II.*, Babel und Bibel, 496.

134 Konzept des Briefes Harnacks an Wilhelm II. vom 02.03.1903 (in: SBB PK, NL Harnack, K 45, Mp. Wilhelm II., Bl. 12rv; vollständig abgedruckt bei *Lehmann*, Friedrich Delitzsch, 324, *53*, *Rebenich*, Mommsen-Harnack, 542 und bei *Weitlauff*, Harnack, Mommsen, Rade, 246 [bei letzterem allerdings mit einigen Transkriptionsfehlern]; teilweise abgedruckt bei *Kouri*, Protestantismus und soziale Frage, 168f.).

135 *Harnack*, Brief Sr. Majestät, 1903b, 70.

136 Vgl. Harnack an Rade am 27.02.1903 (in: *Jantsch*, Harnack-Rade, 512, Nr. 334).

gen, die die Zusammenarbeit Althoffs und Harnacks betrafen.[137] Vielmehr verlieh Wilhelm II. Harnack quasi zeitgleich am 14. März 1903 den Roten Adlerorden 3. Klasse.[138] Auch in kirchenpolitischen Fragen, die sich auf die katholische Kirche bezogen, forderte Wilhelm II. noch nach 1903 Harnacks Expertise an, als er 1907 dessen Gutachten zur Enzyklika *Pascendi dominici gregis* beauftragte.[139]

Über das Handschreiben Wilhelms II. setzte Harnack Althoff ebenso in Kenntnis, wie er es zuvor bei dem Gespräch und der geplanten Antwort getan hatte, während er seine „Collegen", auch Rade, darüber im Unklaren ließ.[140] Es muss offen bleiben, ob er Althoff auch Exemplare bzw. Abschriften des Artikels aus den *Preußischen Jahrbüchern*, des kaiserlichen Handschreibens und des Entwurfs seiner Antwort an Wilhelm II. zukommen ließ. Mit seinem versöhnlichen Brief an Wilhelm II. vom 2. März 1903 endete Harnacks Beschäftigung mit dem Bibel-Babel-Streit wie auch Althoffs Interesse an dem Vorgang. An Harnacks Briefen an Althoff im Zusammenhang des Bibel-Babel-Streits wird deutlich, dass es Althoff v.a. um die kaiserliche Meinung zu dieser Frage und um Harnacks Verhältnis zu Wilhelm II. ging. Daher holte er zuerst bei Eduard Meyer eine alternative Auffassung zu den von Delitzsch geäußerten Erkenntnissen ein, über die er Harnack in Kenntnis setzte. Als das Verhältnis zwischen Harnack und Wilhelm II. durch den zum Teil veröffentlichten Briefwechsel auf die Probe gestellt war, versuchte Harnack Althoff zu versichern, dass dieses nicht nachhaltig geschädigt sei und er seinen Einfluss auf den Kaiser auch zukünftig in wissenschaftspolitischen Angelegenheiten gelten machen könne.

Auch an dieser Kontroverse zeigte sich erneut die tiefliegende Diskrepanz zwischen dem theologischen Wissen der akademischen Theologie und den Auffassungen, die in der Bevölkerung im Allgemeinen und unter den Pfarrern und Gemeindegliedern im Speziellen verbreitet waren. Für letztere waren die von Delitzsch zusammengefassten Ergebnisse der Assyriologie erschütternd gewesen, weil sie die Einzigartigkeit bestimmter alttestamentlicher Geschichten relativierten. Wilhelm II. erschütterten die Ergebnisse an sich weniger, um die er offenbar wusste, er kritisierte aber den fehlenden Takt Delitzschs in dieser Frage. Harnack hingegen erfreute, dass Delitzsch durch seine Vorträge alttestamentliches Allgemeinwissen, wie z.B. das Verhältnis des antiken Israels zum altorientalischen Babylon, einem breiteren Publikum vermittelt habe, was evangelische Kirchen und Schulen in den vergangenen Jahrzehnten verhindert hätten.[141] Schließlich tra-

---

137 Vgl. dazu *Kampmann*, Harnack zur „Frauenfrage", 97 mit Anm. 321 und 263 mit Anm. 86.

138 Vgl. *Nowak*, Einführung, 52.

139 S.u. in diesem Teil, Abschnitt 6.10, S. 282–286.

140 Vgl. Harnack an Althoff am 03.03.1903 (Nr. 204, *Briefwechsel*).

141 Vgl. *Harnack*, Brief Sr. Majestät, 1903b, 65f.

ten die theologischen Differenzen zwischen Wilhelm II. und Harnack in diesem Streitfall besonders deutlich vor Augen. Allerdings bestanden sie nicht, wie meist angenommen, in der bloßen Opposition von kirchlicher Orthodoxie und moderner Theologie. Die von Wilhelm II. formulierte philosophisch und theologisch durchaus eigenwillige Auffassung von einer doppelten Offenbarung, von der sich Harnack distanzierte, entsprach sicherlich nicht der Theologie des Evangelischen Oberkirchenrats oder der positiven und konfessionellen Theologen.[142] Außerdem wies die kaiserliche Theologie einen monophysitischen Zug auf, der die Menschheit Jesu Christi hinter die Gottheit, insbesondere in soteriologischer Hinsicht, zurückstellte. Obwohl Harnack eine zurückhaltende, sich auf Bibelworte beschränkende Christologie favorisierte, die die ethischen Züge der jesuanischen Verkündigung betonte, trat er in diesem Zusammenhang für die altkirchliche Christologie ein, als er im Sinne von Chalkedon 451 die Gottheit und Menschheit Jesu Christi gleichwertig behandelt sehen wollte.

Mit Blick auf die akademische Freiheit, die in den vorherigen kirchenpolitischen Kontroversen Thema gewesen war und die auch im Bibel-Babel-Streit insofern zur Debatte stand, als die populärwissenschaftlichen Vorträge des assyriologischen Berliner Ordinarius Friedrich Delitzsch zensiert zu werden drohten, interpretierte Harnack den kaiserlichen Brief an Hollmann als ein Zeugnis der „Freiheit".[143]

5.5 Beurteilung

Wie die bisherige Darstellung gezeigt haben mag, fanden der Staat und die Kirche, vertreten durch das Kultusministerium und den Evangelischen Oberkirchenrat, verschiedene Wege, in den kirchenpolitischen Kontroversen einen Ausgleich zu finden, bei denen es um die Freiheit der evangelisch-theologischen Wissenschaft ging. Ein probates Mittel wurde die sog. „Strafprofessur". Dies bedeutete, dass ein positiv-theologischer oder zumindest theologisch konservativ orientierter Theologieprofessor dem inkriminierten Kollegen zur Seite gestellt wurde, damit die Theologiestudenten neben den historisch-kritischen Ansichten noch kirchlich traditionelle Meinungen hören konnten. Dieses Mittel wurde 1892/93 in Berlin sowie 1896 und 1903 in Bonn angewandt. Darüber hinaus äußerte sich der Kultusminister 1903 öffentlich zu den aktuellen Kontroversen um Baumgarten und Weinel.[144]

142 So auch *Markschies*, Der Kaiser als Hobbywissenschaftler, 98.
143 *Harnack*, Brief Sr. Majestät, 1903b, 67.
144 S.o. in diesem Teil, Abschnitt 5.1, S. 209 und in diesem Teil, Abschnitt 5.2, S. 216.

Am Briefwechsel zwischen Althoff und Harnack wird deutlich, dass Althoff die ihm unterstehenden Theologieprofessoren weitestgehend gegen die Angriffe von kirchlich-konservativer Seite schützte. Er fand in den meisten Fällen einen Weg, das Ansehen des Professors zu wahren und zugleich die kirchlichen Interessen in gewissem Maße zu befriedigen. Harnack half ihm dabei, wenn es nicht gerade um ihn selbst ging, indem er ihm mögliche Stellungnahmen formulierte oder zu dem inkriminierten Professor in Kontakt trat. Harnacks Einfluss auf den Ausgang der Fälle scheint dabei unter dem Kultusminister Konrad von Studt größer gewesen zu sein als unter Robert Bosse in den 1890er Jahren. Der Kirchenhistoriker äußerte sich außerdem in diesem Zusammenhang wiederholt zu der Frage nach dem Verhältnis der Theologieprofessoren zum Bekenntnis und formulierte seine Auffassung vom Stellenwert der Bekenntnisse in den Briefen an Althoff, u.a. im Kontext des Apostolikumsstreites und im Fall Baumgarten.[145]

In den Berufungsverfahren und in den kirchenpolitischen Streitfällen ging es oftmals darum, dass das kirchliche Bekenntnis mit der akademischen Freiheit in der Theologie konkurrierte. Bosse trat dafür ein, dass die Lehrstühle paritätisch mit Theologen der positiven und der modernen Richtung besetzt würden und die Unterrichtsverwaltung dabei einer „justitia distributiva" folge.[146] Die Ära Bosse zeigt daher, dass auch Althoffs Einfluss doch nur begrenzt war bzw. er den kirchenpolitischen Konflikten Rechnung tragen musste. Althoff betonte mehrfach, dass es sich bei dem fakultären Vorschlagsrecht in Berufungsverfahren bloß um ein gewohnheitsmäßiges handele, auch wenn er die „Anhörung der Fakultät" schätze.[147] Diese oftmals kritisierte Auffassung Althoffs hatte insofern ihre Berechtigung, als das fakultäre Vorschlagsrecht in den wenigsten Universitätsstatuten festgeschrieben war.

Schließlich zeigt sich an evangelisch-kirchenpolitischen Kontroversen, die Althoff und Harnack thematisierten, die Diskrepanz zwischen den religiösen Auffassungen der Pfarrer und Gemeindeglieder und den zum Teil seit Jahrzehnten selbstverständlichen Wissensbeständen in der wissenschaftlichen Theologie. Wie am „Fall Baumgarten" deutlicht wurde, war dieser Umstand auch dem religionsdidaktisch recht einförmigen Katechismus- und Konfirmandenunterricht geschuldet. Zugleich zeitigte die Entwicklung zu vermehrt populärwissenschaftlichen Vorträgen, wie Weinel und Delitzsch sie hielten, insofern eine Wirkung, als die theologischen Forschungsergebnisse zwar zuerst verstörend auf das Publikum gewirkt haben mögen, letztlich aber zum Nachdenken anregten.

145 Vgl. die Nrn. 84 und 192, *Briefwechsel*.
146 *Haus der Abgeordneten*, Berichte 1896, 1102.
147 Ebd., 1107.

6 Katholische Kirchenpolitik

In der Kooperation zwischen Friedrich Althoff und Adolf Harnack spielten nach 1900 auch solche Themen eine signifikante Rolle, die die katholische Theologie und Kirche betrafen. Anlass für die erstmalige Beschäftigung mit diesem Themenkreis waren die Pläne gewesen, an der Universität Straßburg eine katholisch-theologische Fakultät zu gründen. Darüber hinaus beschäftigten Althoff und Harnack der mit dieser Gründung eng zusammenhängende „Fall Spahn", die 1907 veröffentlichte Enzyklika *Pascendi dominici gregis* und einzelne kirchenpolitische Kontroversen an preußischen Universitäten. Harnack und Althoff betrieben eine irenische, konfessionsversöhnende Politik gegenüber dem deutschen Katholizismus, auch wenn sie sich gegenüber der römischen Kurie kritisch verhielten.[1] Während Althoff seine Haltung hinsichtlich des Katholizismus durch sein kirchenpolitisches und organisatorisches Vorgehen verdeutlichte, fasste Harnack seine Überzeugung im Januar 1907 prägnant in einer Rede zusammen, die er anlässlich des 48. Geburtstages Wilhelms II. hielt und auf die unten noch näher eingegangen werden wird.[2] Von zentraler Bedeutung für die Durchsetzung ihrer irenischen Kirchenpolitik waren Althoffs und Harnacks Kontakte zu Katholiken, die ein Netzwerk bildeten, auf das sie zur Informationsbeschaffung ebenso wie zur Durchsetzung ihrer kirchenpolitischen Ziele zurückgriffen.

6.1 Harnacks und Althoffs Kontakte zu katholischen Theologen

Harnacks ökumenische Haltung zeigte sich nicht nur in seinem Vortrag über *Protestantismus und Katholizismus*, sondern auch an seinen guten Beziehungen zu den historisch-kritisch arbeitenden katholischen Kirchenhistorikern Albert Ehrhard, Sebastian Merkle, Joseph Schnitzer, Franz Wieland, dem Brüsseler Bollandisten Hippolyte Delehaye, zu römischen Forschern sowie zur vatikanischen Geistlich-

1 Zu Harnacks Haltung zum historischen wie zeitgenössischen Katholizismus s. *Heiler*, Harnack, Katholizismus, *Sietsma*, Adolf von Harnack, 62–67, *Zahn-Harnack*, Harnack, 406–420, *Maron*, Harnack und Katholizismus, *Weitlauff*, Catholica non leguntur sowie *Nottmeier*, Harnack, 317–331. Harnack befasste sich u.a. in den folgenden Werken mit dem Katholizismus: *Harnack*, Was wir, 1891, *Harnack*, Wesen des Christentums, 1900b, 110–124, 139–150, *Harnack*, Testament Leos XIII., 1894, *Harnack*, Das Konklave, 1903, *Harnack*, Protestantismus und Katholizismus, 1907d, *Harnack*, Die päpstliche Enzyklika, 1907b, *Harnack*, Religiöser Glaube, 1908, *Harnack*, Denifle, 1909, *Harnack*, Borromäus-Enzyklika, 1910, *Harnack*, Konfession und Politik, 1911 und *Harnack*, Lutherbiographie Grisars, 1911. Zu Althoffs Politik gegenüber dem Katholizismus s. *Sachse*, Althoff, 119–158.

2 S.u. in diesem Teil, Abschnitt 6.9, S. 274.

https://doi.org/10.1515/9783112213193-017

keit.[3] Mit den meisten der Genannten pflegte Harnack einen fachlichen Austausch, wie beispielsweise im Kontext der Kirchenväteredition mit Albert Ehrhard, der für die Kirchenväter-Kommission die Edition der Märtyrerakten übernommen hatte,[4] oder mit Hippolyte Delehaye, mit dem Harnack wegen der zur Kirchenväter-Kommission gehörigen *Prosopographie der Spätantike* in Kontakt stand.[5] Für dieses personenkundliche Lexikon fragte der Kirchenhistoriker Delehaye 1904, ob die Bollandisten – analog zu evangelischen Kirchenhistorikern – katholischerseits die *Acta Sanctorum* für dieses Projekt gratis exzerpieren könnten.[6] Da Delehaye Harnacks Ersuchen nach reiflicher Überlegung und Rücksprache mit seinen Kollegen aus arbeitstechnischen, nicht aber aus konfessionalistischen Gründen ablehnte,[7] wandte der Berliner Kirchenhistoriker sich an Ehrhard, der ihm die gewünschten Exzerpte der *Acta Sanctorum* in Zusammenarbeit mit Georg Pfeilschifter zusagte, sie ihm aber wohl erst 1912 zukommen ließ.[8] Gelegentlich wurden in Harnacks Korrespondenzen mit seinen katholischen Fachkollegen auch konfessionelle Fragen

---

3 Vgl. *Zahn-Harnack*, Harnack, 407, *Harnack*, Die päpstliche Enzyklika, 1907a, 259f., *Rivinius*, Im Dienst der Mission, 78, *Schneider-Ludorff*, Harnacks Romdeutungen, 67 und *Arnold*, Denifle, 251. *Weitlauff*, Catholica non leguntur untersucht Harnacks Haltung zur katholischen Kirchengeschichtsforschung (zu ders. zwischen 1895 und 1918 vgl. *Wolf*, Der Historiker, 75–80) ausführlich v.a. anhand von dessen Rezensionen katholischer Theologen in der ThLZ.

4 Vgl. die Untersuchung von Friedhelm Winkelmann über die hagiografischen Arbeiten Ehrhards, die auszugsweise Briefe Ehrhards und Harnack wiedergibt. Im Nachlass Ehrhards im Byzantinischen Institut Scheyern finden sich 54 Briefe Harnacks an Ehrhard zwischen 1897 und 1919 (vgl. *Winkelmann*, Ehrhard und Erforschung, 77f.). Ehrhard verfasste zwischen 1897 und 1919 41 Briefe an Harnack, die größtenteils im AdBBAW, KVK, Nr. 4 und zum Teil in der SBB PK, NL Harnack, K 30, Mp. Ehrhard liegen (vgl. *Winkelmann*, Ehrhard und Erforschung, 75f.). Zur Verbindung zwischen Harnack und Ehrhard s. auch *Weitlauff*, Catholica non leguntur, 263–266.

5 Zum Projekt der Prosopographie der Spätantike, das Mommsen und Harnack initiierten, vgl. *Rebenich*, Mommsen-Harnack, 247–326 und *Rebenich*, Mommsen, Harnack und Prosopographie. Harnack hatte Delehaye erstmals 1903 für die Zusendung zweier Abhandlungen gedankt (vgl. Harnacks Karte an Delehaye vom 11.09.1903, in: Archives de la Société des Bollandistes Brüssel, Fonds Delehaye, Correspondance, Bl. 1^{rv}). Herr Bernard Joassart SJ hat mir dankenswerter Weise die Scans der in lateinischer Schrift abgefassten Briefe Harnacks an Delehaye zwischen 1903 und 1910 zur Verfügung gestellt.

6 Vgl. Harnack an Delehaye am 03.06.1904, a.a.O., Fonds Delehaye, Bl. 2a–2d, Harnack an Ehrhard am 13.05.1905, in: NL Ehrhard, Byzantinisches Institut Scheyern, Bl. 30^{rv}, *Rebenich*, Mommsen-Harnack, 293, 295f. und ebd., 275 die Liste der beteiligten evangelischen Kirchenhistoriker.

7 Vgl. die Notiz von Delehaye auf dem Brief Harnacks vom 03.06.1904 (a.a.O., Fonds Delehaye, Bl. 2d), die mir Herr Joassart freundlicherweise transkribiert hat, Delehaye an Harnack am 13. und 30.06.1904, in: AdBBAW, KVK, Nr. 3, o.Bl. sowie Harnack an Delehaye am 01.07.1904, a.a.O., Fonds Delehaye, Bl. 3^{rv}.

8 Vgl. Harnack an Ehrhard am 12. und 25.06.1905 sowie am 07. und 13.05.1912, NL Ehrhard, a.a.O., Bl. 31^{rv}; 32^{rv}; 50^{rv}; 51^{rv}; s. dazu *Rebenich*, Mommsen-Harnack, 295f., 299, 301, 318f.

thematisiert, wie die Briefe Harnacks und Ehrhards von Januar und Februar 1902 zeigen, in denen der Protestant die Reformvorschläge des Katholiken in dessen kirchlicherseits umstrittenen Programmschrift *Der Katholizismus und das zwanzigste Jahrhundert* lobte,[9] oder die Reaktionen auf Harnacks Rede über *Protestantismus und Katholizismus*.[10]

Während seiner Aufenthalte in Rom, z.B. anlässlich des Historikerkongresses 1903 und später in Sachen des Preußischen Historischen Instituts,[11] pflegte Harnack außerdem seine Kontakte zur römischen Geistlichkeit, zu denen der Präfekt der Vatikanischen Bibliothek, Franz Ehrle, der Direktor der École française, Louis Duchesne, und der christliche Archäologe Joseph Wilpert gehörten.[12] Während die Korrespondenz mit Duchesne überwiegend theologische Themen[13] und mit Wilpert kirchenhistorische wie organisatorische Fragen behandelte,[14] besprach er mit Ehrle ausschließlich Wissenschaftsorganisatorisches, das teilweise auch die Zusammenarbeit mit Althoff betraf.[15] Besondere Begeisterung rief bei Harnack außerdem die

9 Vgl. Harnack an Ehrhard am 17.01. und 03.02.1902, publiziert bei *Dempf*, Ehrhard, 181–183, Ehrhard an Harnack am 28.02.1902, in Auszügen abgedruckt bei *Winkelmann*, Ehrhard und Erforschung, 42 und *Ehrhard*, Katholizismus und 20. Jh.; s. dazu *Trippen*, Theologie und Lehramt, 117. Zu Ehrhard im Kontext des Modernismus in Deutschland vgl. *Winkelmann*, Ehrhard und Erforschung, 42–44 und *Weiß*, Modernismus in Deutschland, 171–180.

10 S.u. dazu in diesem Teil, Abschnitt 6.9, S. 277.

11 S.u. dazu Teil IV, Abschnitt 3.2, S. 435 und Teil IV, Abschnitt 1.2.2, S. 361.

12 Vgl. Harnacks Brief an Althoff vom 23.03.1901 (Nr. 149, *Briefwechsel*), in dem er über seine Kontakte in der vatikanischen Geistlichkeit sprach, sowie denjenigen vom 03.04.1903 (Nr. 206, *Briefwechsel*).

13 S.u. in diesem Teil, Abschnitt 6.9, S. 279 und Teil IV, Abschnitt 3.2, S. 437.

14 Mit Joseph Wilpert korrespondierte Harnack beispielsweise über die Mosaiken in der römischen Kirche S. Maria Maggiore (vgl. Wilpert an Harnack am 19.11.1907, in: SBB PK, NL Harnack, K 45, Mp. Wilpert, Bl. 1^r–2^v; ebd., Bl. 3^{rv} ein Brief Wilperts vom 06.06.1925). Wilperts Forschungen zu den Mosaiken mündeten in eine vierbändige Studie zu den „römischen Mosaiken und Malereien der kirchlichen Bauten vom 04.–13. Jahrhundert“ (*Wilpert*, Mosaiken und Malereien; s. dazu *Bordi*, Wilpert e pittura altomedievale). Harnack ließ Wilperts monumentales Werk über die Malereien in den römischen Katakomben auf Kosten des Kultusministeriums für sein kirchenhistorisches Seminar in Berlin anschaffen (vgl. Nr. 237 und 237.1, *Briefwechsel*; *Wilpert*, Malereien der Katakomben Roms). Im Nachlass Joseph Wilperts, der im Archivio del Pontificio Istituto di Archeologia Christiana (APIAC) in Rom liegt, finden sich vier Briefe Harnacks an Wilpert vom 29.05.1904, vom 06.05.1907, vom 28.07.1908 und vom 25.04.1925 (in: APIAC, X.2.1., Bl. 294; X.2.2., Bl. 14; X.2.16, Bl. 111 und 270; vgl. *Heid/Cesarini*, Giuseppe Wilpert, 542, 544, 582, 584, 647). Herr Prof. Dr. Stefan Heid hat mir die Briefe dankenswerterweise als Scan zur Verfügung gestellt.

15 Vgl. die Briefe Ehrles an Harnack, in: SBB PK, NL Harnack, K 30, Mp. Ehrle, und ebd., Akten Kgl. Bibliothek, III. B. 77, Bl. 7^{rv}, 13^r–21^v. Briefe Harnacks an Ehrle sind im Archiv der Oberdeutschen Ordensprovinz in München und in der Vaticana in Rom überliefert. 1901 hatte er bei Franz Ehrle Handschriftencollationen aus der Vaticana – wahrscheinlich für die Kirchenväter-Kommission –

positive Rezeption seiner Vorlesungen über das *Wesen des Christentums* im italienischen Katholizismus hervor, von der er während seines Rombesuch 1903 erfuhr.[16]

Bei allen genannten katholischen Theologen und Kirchenhistoriker – abgesehen von Franz Ehrle – überwog das gemeinsame wissenschaftliche Interesse an der Geschichte des frühen Christentums, die sie erforschten, die konfessionellen Differenzen. In dieser Hinsicht konnte die katholische Forschung, sofern sie historisch-kritisch und unabhängig vom römischen System des Neuthomismus arbeitete, Harnacks Anerkennung finden.[17]

Althoffs Kontakte zur römischen Geistlichkeit, von denen Joseph Wilpert,[18] Franz Ehrle[19] und Paul Maria Baumgarten[20] hervorzuheben sind, waren geschäftlicher Natur. Darüber hinaus pflegte er gute Beziehungen zu den katholischen Theologieprofessoren Preußens, die ihn – analog zu den evangelischen – in Lehrstuhlbesetzungen berieten.[21] Hervorzuheben sind unter Althoffs katholischen professoralen Beratern der Frauenburger Dompropst Franz Dittrich,[22] der Bonner Kirchenhistoriker Heinrich Schrörs,[23] sein Fakultätskollege und Fundamentaltheologe Winfried Englert[24] und der Breslauer Kirchenhistoriker Max Sdralek.[25] Von besonderer Bedeutung war, wie bereits erwähnt,[26] sein enger Austausch mit dem Breslauer Fürstbischof Georg Kardinal von Kopp, der ihn durch seine pro-preußische Haltung in zahlreichen Angelegenheiten der katholischen Kirche gegenüber dem Vatikan, beispielsweise bei der Gründung der Straßburger katholisch-theologischen Fakultät, im Trierer Schulstreit um Bischof Michael Korum, beim Umgang mit der Enzyklika *Pascendi dominici gregis* sowie bei den Fällen um Franz Renz und Albert

---

angefragt (vgl. Harnack an Ehrle am 03.11. und 11.11.1901, in: Archiv der Oberdeutschen Ordensprovinz SJ München).

16 Vgl. Nr. 206, *Briefwechsel*. Das Wesen des Christentums war erstmals 1903 auf Italienisch erschienen und erlebte bis 1923 drei Auflagen (vgl. *Harnack*, L'essenza, 1903 und *Harnack*, L'essenza, 3. Aufl., 1923). Zur Rezeption des Wesen des Christentums vgl. *Hübner*, Harnacks Vorlesungen, 98–175, 214–292, *Nottmeier*, Harnack, 238–240 und Nrn. 206, *Briefwechsel*, Anm. 19.

17 So auch *Weitlauff*, Catholica non leguntur, 258, 292 und *Schneider-Ludorff*, Harnacks Romdeutungen, 68.

18 Vgl. Wilpert an Althoff, in: GStA PK, VI. HA, NL Althoff, Nr. 1020 und 1034.

19 Vgl. Ehrle an Althoff, a.a.O., Nr. 709 und 1033.

20 Vgl. Briefe Baumgartens an Althoff, a.a.O., Nr. 597, 666 und 1033.

21 Vgl. die Akte a.a.O., Nr. 107.

22 Zu Dittrich s.u. Anm. 86.

23 Vgl. die Briefe a.a.O., Nr. 943.

24 Vgl. die Briefe Englerts a.a.O., Nr. 488, 490, 714 und 1045 sowie die Akte zu ihm ebd., Nr. 176.

25 Vgl. die Briefe Sdraleks a.a.O., Nr. 490, 954 und 1034.

26 S.o. Einleitung, Abschnitt 2.2, S. 19.

Ehrhard unterstützte.[27] Außerdem beteiligte Althoff Kopp an der Reform des höheren Mädchenschulwesens und der Reorganisation des Preußischen Historischen Instituts.[28] Kopp diente auch Wilhelm II. als Berater und Vermittler gegenüber dem Vatikan, wodurch er sich einen enormen Einfluss auf die preußische Kirchenpolitik sicherte.[29] Schließlich ist auch der Münchner katholische Philosoph und Reichstagsabgeordnete der Zentrumsfraktion Georg Freiherr von Hertling zu erwähnen, der Althoff als Vermittler zur römischen Kurie, insbesondere bei der Gründung der Straßburger katholisch-theologischen Fakultät, aber auch in Sachen des Preußischen Historischen Instituts diente.[30]

6.2 Die Gründung der Straßburger katholisch-theologischen Fakultät 1901–03

Obwohl Straßburg nicht zu Preußen gehörte, sondern Reichsland war, und Althoff dementsprechend amtlich nicht zuständig gewesen wäre, beeinflusste er auch nach 1882, nachdem er nach Berlin gewechselt war, weiterhin diese Universität, weil er laut vom Brocke „nach dem Fortgang nach Berlin ein Geheimabkommen mit der Elsass-Lothringischen Regierung [ab]geschlossen“ hatte, das sich allerdings nicht nachweisen ließ.[31] Das eindrücklichste Beispiel dieser Einflussnahme Althoffs auf Straßburg bietet die Gründung der katholisch-theologischen Fakultät an der Universität Straßburg zwischen 1898 und 1903 sowie die oktroyierte Berufung des katholischen Historikers Martin Spahn.

Seit 1898 plante Althoff die Gründung einer katholisch-theologischen Fakultät an der Straßburger Universität, die das dortige bischöfliche Grand Séminaire erset-

27 Vgl. die Briefe Kopps a.a.O., Nr. 211, 212, 214, 269, 647, 651, 720, 805, 872, 917 und 1034. Zu Kopps Rolle in der deutschen Kirchenpolitik vgl. *Aschoff*, Kirchenfürst im Kaiserreich, 65–128, der jedoch nicht auf die Verbindung zu Althoff eingeht. Zu seiner Tätigkeit in Breslau s. *Negwer*, Geschichte des Breslauer Domkapitels, 131–166.

28 S.u. Teil III, Abschnitt 2.3, S. 325 und Teil IV, Abschnitt 1.2.5, S. 375, Anm. 132.

29 Vgl. *Strötz*, Wilhelm II. und der Katholizismus, 186, 189 und *Samerski*, Papst und Kaiser, 206–209.

30 Vgl. die Briefe von Hertlings in: GStA PK, VI. HA, NL Althoff, Nrn. 211–214, 269, 647, 648, 764 und 1060.

31 *Brocke*, System Althoff, 29 im Anschluss an *Dehio*, K.-W.-Universität Straßburg, 20f.; s. auch *Bornhak*, Begründung der katholisch-theologischen Fakultät, 249f. Zur staatsrechtlichen Situation in Elsass-Lothringen s. *May*, Errichtung von zwei Professuren, 245–247. Ob Althoff zu einem Abkommen eine Befugnis gehabt hätte, bleibt offen.

zen sollte, das bislang neben demjenigen in Metz die Ausbildung der katholischen Kleriker in Elsass-Lothringen leistete.[32]

Bei der Reorganisation der Straßburger Universität 1871/72 war bewusst auf eine katholisch-theologische Fakultät verzichtet worden, um Konflikte mit dem Bischof in der Priesterausbildung zu vermeiden.[33] Die Gründung einer katholisch-theologischen Fakultät an der Universität Straßburg anstelle eines Seminars stand zugleich vor dem Hintergrund der im 19. Jahrhundert geführten Diskussion um die Priesterausbildung.[34] In dieser Debatte ging es darum, ob die katholische Priesterausbildung nur an kirchlich geführten Seminaren oder ob sie auch an Fakultäten staatlicher Universitäten stattfinden dürfe. Die Befürworter der ausschließlichen Seminarausbildung beriefen sich auf das Konzil von Trient und dessen sog. „Seminardekret", das nach ihrer Interpretation die universitäre Ausbildung verbiete.[35] Durch die Seminarausbildung sollte der Einfluss des Staates, der Universität und der ihr zugehörigen anderen Disziplinen sowie der Gesellschaft auf die Ausbildung der zukünftigen Priester ausgeschlossen und die kirchliche Prägung garantiert werden. Die Vertreter einer universitären Priesterausbildung wollten hingegen den oftmals und gerade in mehrheitlich protestantischen Staaten staats- und gesellschaftskritischen Einfluss der Kirche eingrenzen und andere Perspektiven für die Kandidaten eröffnen. Diese Fragen spielten bei der Gründung der Straßburger katholisch-theologischen Fakultät ebenfalls eine zentrale Rolle. Denn Althoff beabsichtigte mit der Fakultätsgründung, das Niveau der Priesterausbildung zu heben und gleichzeitig mit anti-französischer Intention den Einfluss der französischen Kultur auf die elsässischen Kleriker zurückzudrängen. Innenpolitisch war außerdem der Erfolg der Zentrumspartei bei den Reichstagswahlen von 1898 von Bedeutung gewesen, durch den das bisherige Kartell der Konservativen, der Reichspartei und der Nationalliberalen an politischem Einfluss verloren hatte.[36] Da das Kartell der Zustimmung des

---

32 Zur Gründung der katholisch-theologischen Fakultät Straßburg s. die Akten in: GStA PK, VI. HA, NL Althoff, Nr. 211–215 sowie a.a.O., I. HA, Rep. 89, Nr. 21695, Bl. 176^{r}–198^{av}; außerdem *Paulsen*, Friedrich Althoff, 970–972, *Sachse*, Althoff, 129–141, *Hertling*, Erinnerungen, Bd. 2, 205–235, 251–271, 275–297, 302–306, *Bornhak*, Begründung der katholisch-theologischen Fakultät, *Dehio*, K.-W.-Universität Straßburg, 22–24, *Rossmann*, Wissenschaft, Ethik und Politik, 45–52, *May*, Errichtung von zwei Professuren, 258–261, *Vogel*, La faculté de théologie, 225–240, *Weber*, Fall Spahn, 186–198, *Mussinghoff*, Theol. Fakultäten im Spannungsfeld, 104–108, *Gatz*, Vorverhandlungen zur Gründung, *Huber/Huber*, Staat und Kirche, Bd. III, 185–189, *Rebenich*, Mommsen-Harnack, 414–422 und *Rother*, Die theol. Fakultäten der Universität Straßburg, 221–244.

33 Vgl. *Weinhardt*, Reorganisation der Theologischen Fakultät Straßburg, 196.

34 Vgl. *Wolf*, Priesterausbildung und *Mussinghoff*, Theol. Fakultäten im Spannungsfeld, 121–123.

35 S. dazu *Wolf*, Priesterausbildung, 229–232.

36 Vgl. *Burchhardt*, Gründung und Aufbau, 382f. und *Rebenich*, Mommsen-Harnack, 415f. Zur parlamentarischen Konstellation um 1900 s. *Huber*, Dt. Verfassungsgeschichte, Bd. 4, 290f.

Zentrums bei fast allen politischen Fragen bedurfte, sollte letzteres durch Investitionen in die Institutionen, die einem dem Katholizismus attestierten Bildungsdefizit entgegenwirkten, überzeugt werden.[37]

Althoff wurde bei seinen Gründungsplänen von dem erwähnten Georg von Hertling unterstützt, der seit 1898 für ihn Verhandlungen mit der Kurie in Rom führte.[38] Einbezogen in die von von Hertling geführten Vorverhandlungen waren außerdem der Ständige Kommissar zum Bundesrat für Elsass-Lothringen, Geheimrat Albert Halley, der preußische Gesandte beim Heiligen Stuhl, Wolfram von Rotenhan, die Reichskanzlei und das Auswärtige Amt, letzteres vertreten durch den Legationsrat Reinhold Klehmet.[39]

1898 fand in Berlin erstmals eine Besprechung zwischen Althoff, von Hertling, Reichskanzler Chlodwig von Hohenlohe-Schillingsfürst und Finanzminister Johannes Miquel statt, bei der eine Strategie besprochen wurde. Infolgedessen wurde von Hertling im November 1898 nach Rom geschickt, um dort mit dem Kardinalstaatssekretär Mariano Rampolla del Tindaro und mit Papst Leo XIII. zu konferieren.[40] Obwohl die Kurie in diesen Gesprächen zuerst ihre Ablehnung signalisierte, führten Althoff und von Hertling die Angelegenheit weiter. Im März 1899 reiste von Hertling nochmals nach Rom, wohin er einen Sechs-Punkte-Plan mitbrachte, der die Konzeption der katholisch-theologischen Fakultät in Straßburg skizzierte.[41] Der Plan konzipierte die Fakultät folgendermaßen:[42]

Der erste Artikel regelte, dass die staatliche Fakultät die wissenschaftliche Ausbildung für die Priesterseminaristen bieten solle, während das bischöfliche Seminar die kirchliche und geistliche Bildung der Kandidaten übernehme.

Der zweite Artikel bot eine Übersicht der zu errichtenden Lehrstühle, von denen v.a. derjenige für Kirchenrecht ins Auge fällt, der an den staatlichen Universitäten ansonsten häufig an der juristischen Fakultät angesiedelt war.[43]

Im dritten Artikel ging es um die staatlichen, fakultären und kirchlichen Kompetenzen bei der Berufung und Ernennung der Professoren. Dieser Artikel wurde

37 So auch *Rebenich*, Mommsen-Harnack, 415.

38 Vgl. die Briefe von Hertlings zwischen 1898 und 1901 a.a.O., Nr. 211, 212 und 764 sowie *Gatz*, Vorverhandlungen zur Gründung.

39 Vgl. die an Halley weitergeleiteten Briefe von Hertlings a.a.O., Nr. 211.

40 Vgl. von Hertling an Hermann Fürst zu Hohenlohe-Langenburg am 13. und an Althoff am 19.11.1898 [Abschrift] (a.a.O., Nr. 211, Bl. 70^{r}–71^{v}; 66^{r}–68^{r}).

41 Abgedruckt bei *Hertling*, Erinnerungen, Bd. 2, 224f. und *Gatz*, Vorverhandlungen zur Gründung, 91. Einen ersten Entwurf der am 26.01.1899 in Berlin besprochenen Punkte sandte von Hertling Althoff am 02.02.1899 zu (a.a.O., Nr. 211, Bl. 85^{rv}, o.Bl.).

42 Vgl. den deutschen Entwurf bei *Rother*, Die theol. Fakultäten der Universität Straßburg, 225f. sowie den französischen Entwurf von 1900 unter Nr. 140.1, *Briefwechsel*.

43 So auch *Rother*, Die theol. Fakultäten der Universität Straßburg, 225.

zum zentralen Konfliktpunkt in den Verhandlungen, da jede an den Berufungsverfahren beteiligte Fraktion, d.h. die Kultusbehörde, die Fakultät und der Bischof ihren Anteil an der Entscheidung genau festgelegt sehen wollte. Die Kurie bestand darauf, dass der Bischof von Straßburg die Professoren vorschlug. Für den Staat hätte dies insofern ein Problem dargestellt, als er dann nur noch für die Gehaltszahlung zuständig gewesen und die Fakultät gänzlich von der Entscheidungsfindung ausgeschlossen worden wäre.

Der vierte Artikel hielt fest, dass der theologische Unterricht an der Fakultät inhaltlich vollständig dem Bischof unterstehe, was ihm Visitationen erlaubte.

Der ebenfalls umstrittene fünfte Artikel regelte, dass der Staat eine theologische Ersatzprofessur schaffen müsse, wenn der Straßburger Bischof einem katholischen Theologen der Fakultät die *missio canonica*, die kirchliche Lehrerlaubnis, entziehe. Im Hintergrund dieser Forderung standen die Erfahrung der römisch-katholischen Kirche während des Kulturkampfes in Preußen zwischen 1871 und 1878 im Allgemeinen wie auch die spezielle Situation, die an der Bonner katholisch-theologischen Fakultät ergeben hatte. Dort waren nämlich die Bonner Theologieprofessoren Bernhard Joseph Hilgers (1803–1874), Franz Heinrich Reusch (1825–1900) und Joseph Langen, nachdem sie 1870 dem päpstlichen Infallibilitätsdogma, das auf dem I. Vatikanischen Konzil in Rom verabschiedet worden war, nicht zugestimmt hatten, von der katholischen Kirche exkommuniziert worden.[44] Sie bildeten infolgedessen zusammen mit anderen dissentierenden Theologieprofessoren und Laien die altkatholische Kirche.[45] Diese Kirchenspaltung bewirkte an der Bonner katholisch-theologischen Fakultät eine außergewöhnliche Situation. Da die dissentierten Theologieprofessoren preußische Staatsbeamte waren, verblieben sie trotz ihrer Exkommunikation in ihren Ämtern, weil es für die staatliche Behörde keinen Anlass und auch keine Handhabe gab, sie zu entlassen. Die von der römisch-katholischen Kirche als anti-katholische Maßnahme empfundene Vorgehensweise wurde noch dadurch begünstigt, dass der preußische Kultusminister, der liberale Jurist Adalbert Falk, den preußischen Kulturkampf gegen die römisch-katholische Kirche unterstützte. Den drei an der Fakultät verbliebenen, nunmehr altkatholischen Theologieprofessoren standen ein Ordinarius und drei Privatdozenten gegenüber, die römisch-katholisch geblieben waren. Das preußische Kultusministerium beließ es bis Anfang der 1880er Jahre bei diesem status quo, indem es die fehlenden

44 Vgl. dazu *Franzen*, Die Kath.-Theol. Fakultät Bonn, 154–171, 182–326, *Mussinghoff*, Theol. Fakultäten im Spannungsfeld, 81–85 und *Schmoeckel*, Universitärer Aufschwung, 300–307 sowie die Akten in: GStA PK, I. HA Rep. 76, Va Sekt. 3, Tit. IV, Nr. 37, Bd. 2: 1863–1875, Bd. 3: 1875–1886 und Bd. 4: 1886–1900.

45 Zur Gründung der altkatholischen Kirche s. *Schatz*, Vatikanum I, Bd. 3, 220–255 und *Eßer*, Die Alt-Katholischen Kirchen, 9–20.

katholischen Professuren nicht ersetzte oder die Privatdozenten beförderte. Erst um 1900 hatte sich die römisch-katholische Fakultät wieder rehabilitiert, nachdem sämtliche altkatholischen Ordinarien verstorben waren. Ein Zeichen für die vollständige Rehabilitation und Anerkennung der Bonner katholisch-theologischen Fakultät mag auch die Verleihung des Promotionsrechts 1901/05 durch den Papst gewesen sein, die möglicherweise auch im Kontext der Straßburger Fakultätsgründung zu sehen ist.[46] Die römische Kurie wollte mit ihrer Forderung, dass beim Entzug der *missio canonica* der Staat eine Ersatzprofessur schaffen müsse, eine Situation, wie sie die Bonner Fakultät seit Anfang der 1870er Jahre geprägt hatte, an der Straßburger Fakultät prophylaktisch verhindern.[47]

Der sechste Artikel bot schließlich die Möglichkeit, die Fakultätsgründung rückgängig zu machen und die Priesterausbildung wieder im bischöflichen Seminar stattfinden zu lassen, sollten die vorherigen Artikel nicht erfüllt werden. Die zwei genannten Konfliktpunkte des Sechs-Punkte-Plans, d.h. die Benennung der Kandidaten für eine Professur und die Neubesetzung bei Entzug der *missio canonica*, prägten die Verhandlungen zwischen Rom und Berlin in den folgenden Jahren.[48]

In der dritten Frage zur Professorenernennung zog Althoff Harnack im Frühjahr 1900 zu Rate, da sie sich bereits zuvor mit diesem Thema in der evangelischen Theologie beschäftigt hatten.[49] Er leitete ihm deshalb die aktuelle französische Version des Sechs-Punkte-Plans sowie die beiderseitigen Varianten der betreffenden Formulierungen weiter.[50] Harnack sprach sich gegen die „Correctur des Cardinalscollegiums" aus, die vorsah, dass der Bischof nun nicht mehr nur die Möglichkeit erhalte, Kandidaten für eine Professur vorzuschlagen, sondern dass die Initiative

46 Vgl. die zugehörigen Akten in: GStA PK, VI. HA, NL Althoff, Nr. 175 sowie *Mussinghoff*, Theol. Fakultäten im Spannungsfeld, 101.

47 Der von der Kurie befragte Trierer Bischof Michael Korum hatte den Apostolischen Nuntius in Bayern, Benedetto Lorenzelli, in seinem Memorandum am 26.05.1899 an die Bonner Situation erinnert (vgl. das Memorandum bei *Weber*, Fall Spahn, 191–193: 191).

48 Vgl. beispielsweise die auf Italienisch formulierten Forderungen des Kardinalskollegiums im Anhang des Briefes von Hertlings an Halley vom 16.11.1899 (a.a.O., Nr. 212, Bl. 19^{r}–23^{r} und 24^{r}–25^{r}). Althoff ließ eine Denkschrift anfertigen, in der die gegenwärtige Rechtslage dargelegt war. Demnach hatte das Ministerium die endgültige Entscheidungsgewalt über die Ernennung eines Professors an einer katholisch-theologischen Fakultät. Die Fakultät selbst hatte das Recht Vorschläge zu machen, die aber nicht berücksichtigt werden mussten. Dem Bischof der Diözese kam nur ein „Exklusionsrecht" zu (Denkschrift über die „Anstellung der katholisch-theologischen Professoren in Preußen und nach den für Straßburg gemachten Vorschlägen" vom 07.12.1899, in: GStA PK, VI. HA, NL Althoff, Nr. 211, Bl. 76^{r}–78^{r}: 77^{r}).

49 Zur Harnacks Beratung in Althoffs Berufungspolitik s.o. insgesamt Teil I.

50 S. Nr. 140.1, *Briefwechsel* sowie die handschriftlichen Notizen der beiderseitigen Varianten (a.a.O., Nr. 211, Bl. 124–129). Zu diesem Thema vgl. a.a.O., Nr. 212 weitere Briefe sowie *Gatz*, Vorverhandlungen zur Gründung, 100.

für die Vorschläge – wenn auch in Absprache mit der Fakultät – bei ihm liege.[51] Dieser Vorschlag sei „unannehmbar", weil die Regierung nicht auf die „bischöflichen Vorschläge" angewiesen sein dürfe.[52] Althoff stimmte Harnacks Position zu, nachdem er seine Ansicht wenige Tage zuvor in ein Schreiben des Kultusministers hatte einfließen lassen, in dem von Studt Reichskanzler Chlodwig zu Hohenlohe-Schillingsfürst mitteilte, dass die Reichsregierung nicht auf die Korrekturvorschläge der Kurie eingehen solle.[53]

Bei den Verhandlungen mit der Reichsregierung ließ sich die römische Kurie von deutschen Vertrauensleuten, wie z.B. dem ultramontanistischen Trierer Bischof Michael Felix Korum beraten, der sich ablehnend zum Straßburger Projekt äußerte.[54] Zugleich formierte sich im elsässischen Klerus, der weiterhin die Ausbildung im bischöflichen Seminar präferierte, Widerstand gegen das Fakultätsprojekt.[55] Dieser Widerspruch ebenso wie die langwierigen Absprachen einzelner Formulierungen im Frühjahr 1900 sorgten dafür, dass die Verhandlungen nahezu scheiterten.[56] Althoff ließ sich jedoch von diesen Hindernissen nicht beirren. Dies wird auch an der Tatsache deutlich, dass er bereits Informationen einholte, welche katholischen Theologen für die Ordinariate an der zu errichtenden Fakultät in Frage kämen. Er ließ sich dazu von den katholischen Theologen Franz Dittrich, Johann Philipp Hartmann und Heinrich Schrörs sowie von seinem Vertrauten von Hertling im Februar und März 1900 Vorschläge schicken.[57]

Erst im Frühjahr 1901 entsandte die Reichsregierung von Hertling nochmals nach Rom, um die Verhandlungen wieder aufzunehmen.[58] Auch wenn der Grund für die Reise offiziell die Reorganisation des Preußischen Historischen Instituts in Rom war, sollte von Hertling auch die Straßburger Angelegenheit anspre-

51 Harnack an Althoff am 22.04.1900 (Nr. 140, *Briefwechsel*).

52 Ebd.

53 Vgl. Althoff an Harnack am 24.04.1900 (Nr. 141, *Briefwechsel*) und Studt an von Hohenlohe-Schillingsfürst am 16.04.1900 (Nr. 141, *Briefwechsel*). Das Schreiben von Studt bezieht sich auf den deutschen, von Reinhold Klehmet verfassten Entwurf vom 18.02.1900, der im Zusammenhang einer Konferenz in Berlin entstanden war (vgl. *Gatz*, Vorverhandlungen zur Gründung, 102), und die genannten Varianten (a.a.O., Nr. 211, Bl. 122–129; Entwurf auch a.a.O., Nr. 212, Bl. 47^r–48^r). Zum Hintergrund des Schreibens von Studts an Hohenlohe-Schillingsfürst vgl. *Gatz*, Vorverhandlungen zur Gründung, 100–104.

54 Vgl. *Weber*, Fall Spahn, 187–194.

55 Vgl. *Gatz*, Vorverhandlungen zur Gründung, 98–100.

56 Vgl. ebd., 106.

57 Vgl. die Briefe der Genannten in: GStA PK, VI. HA, NL Althoff, Nr. 212, Bl. 56^r–64^v.

58 Vgl. neben den Briefen von Hertlings und weiteren Dokumenten aus dem Jahr 1901 (a.a.O., Nr. 212) die Denkschrift zum „Status quaestionis im März 1901" (ebd., Bl. 78^r–80^v).

chen.[59] Parallel initiierte Althoff eine Befragung von 31 preußischen und außerpreußischen Gelehrten, die sich zu dem „Projet pour l'érection d'une faculté catholique de théologie à l'université de Strasbourg" äußern sollten.[60] Zu ihnen gehörten neben Harnack katholische Theologen und Juristen, aber auch prominente Gelehrte des „Systems Althoff", wie der Philosoph und studierte Theologe Wilhelm Dilthey, Friedrich Paulsen und Gustav Schmoller. Die katholischen Gutachter befürworteten das Projekt mehrheitlich, während die evangelischen es zum Teil vehement ablehnten.[61] Die Ergebnisse der professoralen Gutachten flossen in ein Supragutachten ein, das der Jurist Conrad Bornhak zur Entscheidungsfindung im Kultusministerium verfasste.[62]

Harnack befürwortete in seinem Gutachten, das er im August 1901 verfasste und das nur als unvollendeter Entwurf überliefert ist,[63] zwar grundsätzlich, dass eine katholisch-theologische Fakultät an der staatlichen Universität Straßburg gegründet werde, hegte aber schwerwiegende Bedenken gegen die Spezifika der Vereinbarung zwischen der Reichsregierung und der Kurie.[64]

Seine prinzipiellen Zweifel an der Aufnahme der katholischen Theologie in die staatlichen Universitäten stellte Harnack in diesem Projekt zurück. Seine Zweifel basierten dabei nicht auf der eingangs skizzierten Kontroverse innerhalb der katholischen Theologie, die um die Priesterausbildung an staatlichen Universitäten und in kirchlichen Seminaren stritt,[65] sondern auf der Arbeitsweise der katholischen Theologie, die ihn an deren Wissenschaftlichkeit und deshalb an deren Kompatibilität mit den staatlichen Universitäten zweifeln ließ.[66] Trotz dieser Bedenken votierte Harnack dafür, dass die theologischen Fakultäten – die evangelischen wie die katho-

59 Vgl. von Hertling an Althoff am 27.03.1901, a.a.O., Nr. 212, Bl. 76^r–77^r und *Gatz*, Vorverhandlungen zur Gründung, 107–114. Zur Reorganisation des Preußischen Historischen Instituts s.u. Teil IV, Abschnitt 1.2.2, S. 361.

60 Die Liste der befragten Professoren bietet der Berliner Professor Conrad Bornhak in seinem von Althoff in Auftrag gegebenen Supragutachten zu den „Gutachten über den Plan der Errichtung einer katholisch-theologischen Fakultät an der Universität Straßburg" vom 18.12.1901 (in: GStA PK, VI. HA, NL Althoff, Nr. 214, Bl. 34^r–54^r: 34^r–35^r, abgedruckt 1933 in *Bornhak*, Begründung der katholisch-theologischen Fakultät, 253). Die Originale der einzelnen Gutachten konnten bislang nicht aufgefunden werden.

61 Vgl. *Bornhak*, Begründung der katholisch-theologischen Fakultät, 254.

62 Vgl. die Zusammenfassung der Gutachten bei *Bornhak*, Begründung der katholisch-theologischen Fakultät, 254–267.

63 Es ist aufgrund des Supragutachtens Bornhaks anzunehmen, dass Harnack das Gutachten vollendete und die Ausfertigung an das Kultusministerium sandte.

64 Vgl. Harnacks Gutachtenentwurf vom 11.08.1901 (Nr. 161, *Briefwechsel*); s. dazu *Rebenich*, Mommsen-Harnack, 430.

65 S.o. in diesem Teil, Abschnitt 6.2, S. 238.

66 Vgl. Nr. 161, *Briefwechsel*.

lischen – und somit auch die Straßburger Fakultät an staatlichen Universitäten angesiedelt blieben. Diese Auffassung hatte er bereits 1895 gegenüber Hans Delbrück, Martin Rade und Althoff formuliert,[67] und wenige Tage zuvor in seiner Rede über *Die Aufgabe der theologischen Facultäten und die allgemeine Religionsgeschichte* am 3. August 1901 reflektiert.[68] In dieser Rede, die Harnack anlässlich der Gedächtnisfeier des Stifters der Berliner Universität gehalten hatte, hatte er gegen Forderungen argumentiert, die die theologischen Fakultäten aus den staatlichen Universitäten ausgliedern bzw. stattdessen Fakultäten für allgemeine Religionsgeschichte errichten wollten. Für die staatlichen theologischen Fakultäten spreche, dass an ihnen moderne wissenschaftliche Forschung möglich sei, die letztlich auch der Kirche zugute komme.[69] Obwohl er am 3. August explizit nur von der evangelischen Theologie gesprochen hatte, wünschte er sich – wie der unvollendete Schlusspassus seines Gutachtenentwurfs vom 8. August 1901[70] und seine Äußerungen im Februar 1908[71] nahelegen – auch für die katholische Theologie, dass sie durch die Integration in die Universität von der dort praktizierten Wissenschaftlichkeit profitiere.

Seine schwerwiegenden Bedenken gegen die spezifische Konzeption der Vereinbarung zwischen Reichsregierung und Kurie trug Harnack im zweiten Abschnitt seines Gutachtens vor.[72] Seine Kritik konzentrierte sich dabei auf die Artikel 3–6 des Entwurfs.[73] Durch Artikel 3 erhalte der Straßburger Bischof ein Vorschlagsrecht bei den Lehrstuhlbesetzungen, das ihm die Option, nicht aber die Pflicht gebe, die Fakultät einzubeziehen, während der Staat sich nur ein Vetorecht bewahre.[74] Durch Artikel 4 überlasse der Staat der Kirche die Kontrolle über die akademische Lehre. Artikel 5 erteile dem Bischof außerdem die Entscheidungsfreiheit über die Entlassung eines theologisch missliebigen Professors, der sich der Staat fügen müsse, und Artikel 6 ermögliche dem Bischof die Wiederherstellung des *status quo ante*. Schließlich bemängelte Harnack auch, dass an der Straßburger philosophischen Fa-

---

67 S.o. in diesem Teil, Abschnitt 4, S. 198 und in diesem Teil, Abschnitt 4, S. 202–205.

68 Vgl. *Harnack*, Aufgabe der theologischen Facultäten, 1901a (Separatdruck von 1901). 1904 abgedruckt mit einem ergänzenden Nachwort, vgl. *Harnack*, Aufgabe der theologischen Fakultäten, 1901b. 1919 äußerte Harnack sich nochmals zur *Bedeutung der theologischen Fakultäten* (vgl. *Harnack*, Bedeutung der theologischen Fakultäten, 1919, nachgedruckt 1923; s. *Picker/Koenitz*, Nachweis der Drucke, 1623). S. dazu *Slenczka*, Die Theologische Fakultät 1880–1945, 78–82 und *Mussinghoff*, Theol. Fakultäten im Spannungsfeld, 123f.

69 Vgl. *Harnack*, Aufgabe der theologischen Fakultäten, 1901b, 175f.

70 Vgl. Nr. 161, *Briefwechsel*.

71 Vgl. die Nrn. 363 und 363.1, *Briefwechsel* sowie dazu Teil I, in diesem Teil, Abschnitt 6.10, S. 288–291.

72 Vgl. Nr. 161, *Briefwechsel*.

73 Vgl. Nr. 140.1, *Briefwechsel*.

74 Vgl. Nr. 161, *Briefwechsel*.

kultät je ein konfessionell gebundener Ordinarius für Philosophie und Geschichte berufen werden solle. Dieser Kritikpunkt sollte im „Fall Spahn“, wie in Kürze deutlich werden wird, noch von Bedeutung sein.[75] Die bisherige Konzeption der Vereinbarung betreibe – so Harnacks Schlussfolgerung – faktisch die „Einverleibung eines bischöflichen Seminars in die Universität“.[76] Da durch den Einfluss bei Lehrstuhlbesetzungen, die bischöfliche Kontrolle über die Lehre, sowie durch die Möglichkeit zur Absetzung eines Professors universitäre Korporationsrechte verletzt würden, sei der Projektentwurf „unannehmbar“. Er stelle vielmehr die Universität unter die „Vormundschaft“ der römisch-katholischen Kirche, d.h. des Straßburger Bischofs und des Heiligen Stuhls.[77] Wenn dieser fremde Machteinfluss über die Universität einmal gewährt sei, würden in der Konsequenz auch andere Organisationen wie politische Parteien, zuerst aber die evangelische Kirche und ihre Generalsynode, wie sie es bereits in den 1890er Jahren angestrebt habe,[78] ihren Anspruch nach gleichlautenden Rechten einfordern.[79] Der Staat hingegen garantiere die Freiheit der Universität.[80] Daher dürfe der Staat nicht die ihm eignenden Kompetenzen im Unterrichtswesen an die Kirche abgeben. Da Harnack prinzipiell eine katholisch-theologische Fakultätsgründung in Straßburg befürwortete, hob er die für die Bonner, Breslauer und Münsteraner Fakultäten geltenden Bestimmungen hervor. Am Schluss des Gutachtenentwurfs vom 8. August 1901 setzte er, wie erwähnt, außerdem dazu an, die Bedeutung der katholisch-theologischen Fakultäten an den staatlichen Universitäten im Allgemeinen zu begründen.

Insgesamt betrachtet überwiegen in Harnacks Gutachten, das eine eingehende Auseinandersetzung mit den sechs Punkten des Vereinbarungsentwurfs zeigt, die ablehnenden Argumente die prinzipielle Unterstützung des Projektes. In seiner Begutachtung beschränkte der Kirchenhistoriker sich auf die hochschul- und staatskirchenrechtlichen Aspekte, während er theologische oder kirchenpolitische Fragen außen vor ließ. Er nahm konsequent die Perspektive der Universität und des diese protegierenden Staates ein und reflektierte die Sichtweise der Kirche nicht. Seine Kritik an den Bedingungen des Straßburger Projektes im August 1901 fiel dabei noch einmal schärfer aus als im April 1900.[81] Wie die weiteren von Althoff und

75 S.u. dazu in diesem Teil, Abschnitt 6.3, S. 248.

76 Nr. 161, *Briefwechsel*.

77 Ebd.; vgl. *Bornhak*, Begründung der katholisch-theologischen Fakultät, 255.

78 S.o. in diesem Teil, Abschnitt 4, S. 199.

79 Vgl. Nr. 161, *Briefwechsel*.

80 So Harnack auch in der Berufungspolitik (s.o. Abschnitte 2–6), im Fall Martin Spahn (s.u. in diesem Teil, Abschnitt 6.3, S. 248) und bei der Frage der Schulaufsicht 1907 (s.u. Teil IV, Abschnitt 1.4, S. 382).

81 Vgl. Nr. 140, *Briefwechsel*; s.o. in diesem Teil, Abschnitt 6.2, S. 241.

Harnack bearbeiteten katholischen „Fälle“ und Themenbereiche zeigen werden, erörterte Harnacks Gutachten bereits die zentralen Fragestellungen, die in den „Fällen“ Relevanz erlangten: die konfessionell gebundenen Professuren an philosophischen Fakultäten (Fall Spahn), die Konsequenzen für einen theologisch missliebigen Professor (Fall Renz) und die Stärkung der katholisch-theologischen Fakultäten an den staatlichen Universitäten (die publizistische Debatte über die Enzyklika 1907/08).[82]

Um dem Unmut der Kurie, den die Reichsregierung durch ihre Ablehnung des kurialen Vorschlags im Frühjahr 1901 hervorgerufen hatte, entgegenzuwirken, beabsichtigte sie einen katholischen Historiker an die philosophische Fakultät in Straßburg zu berufen,[83] den die Kardinäle bereits im Herbst 1899 für Straßburg gefordert hatten.[84] Der 1898 in Berlin habilitierte, seit dem Frühjahr 1901 in Bonn als Extraordinarius lehrende, liberal-katholische Historiker Martin Spahn erschien der Kultusbehörde als perfekter Kandidat.[85] Daher wurde er im Oktober 1901 auf ein konfessionell gebundenes Ordinariat nach Straßburg berufen, was einen von Theodor Mommsen angeführten Proteststurm in der akademischen Welt hervorrief, auf den ich unten noch eingehen werde.[86] Da Spahn keineswegs ein Vertreter des ultramontanen Katholizismus war, befriedigte seine Berufung zwar vordergründig einen der kurialen Wünsche, stieß aber bei den Kardinälen keinesfalls auf Begeisterung. Sie wehrten sich zwar nicht gegen die Berufung, sahen in ihr aber auch keine Förderung des Straßburger Projekts.[87]

Trotz der zahlreichen Widerstände betrieben die Beteiligten die Gründung der Straßburger katholisch-theologischen Fakultät weiter. Nachdem die Reichsregierung in den reformulierten Vorschläge sachlich bei ihrer Position geblieben war, brachte Althoffs Unterhändler Georg von Hertling die Verhandlungen im Sommer 1902 bei einer letzten Romreise zum Abschluss.[88] Im Dezember 1902 veröffentlichten der Vatikan und die Reichsregierung die von von Hertling und Rampolla unterzeichnete „Convention“, die im Wesentlichen den staatlichen Vorschlägen ent-

---

82 S.u. in diesem Teil, Abschnitt 6.3, S. 248, in diesem Teil, Abschnitt 6.7, S. 271 und in diesem Teil, Abschnitt 6.10, S. 286.

83 Vgl. *Rebenich*, Mommsen-Harnack, 419–421, *Rossmann*, Wissenschaft, Ethik und Politik, 48, *Morsey*, Zwei Denkschriften „Fall Spahn“, 244f. und *Brocke*, System Althoff, 101.

84 Vgl. die Forderungen des Kardinalskollegiums a.a.O., Nr. 212, Bl. 24^{v}. Über vergleichbare Professuren an den Universitäten Breslau, Bonn und Münster vgl. *Mussinghoff*, Theol. Fakultäten im Spannungsfeld, 109–115.

85 Vgl. Spahn an Althoff am 10.06.1898 (a.a.O., Nr. 211, Bl. 19^{r}–20^{r}).

86 Zum „Fall Spahn“ s.u. in diesem Teil, Abschnitt 6.3, S. 248.

87 Vgl. Rampolla an von Hertling am 30.10.1901, in: *Weber*, Fall Spahn, 268 und *Rebenich*, Mommsen-Harnack, 421.

88 Vgl. *Gatz*, Vorverhandlungen zur Gründung, 121–125.

sprach, die Anfang 1902 in Berlin vereinbart worden waren.[89] Auf der Grundlage dieser Vereinbarung wurde die katholisch-theologische Fakultät an der Universität Straßburg zu Beginn des akademischen Jahres im Oktober 1903 eröffnet.[90]

Die kritischen Artikel 3 und 5 waren so abgeändert worden, dass sie beide Seiten zufrieden stellten.[91] Einerseits war die Formulierung des dritten Artikels, der die Auswahl der Kandidaten regelte, so vage gehalten, dass er kein formales Verfahren für die Berufungen vorschrieb. Die Kandidaten für eine Professur sollten im Einvernehmen mit dem Bischof, „après entente préalable" [wörtlich: nach vorheriger Vereinbarung, C.K.], ernannt werden, was eine inoffizielle Abstimmung mit dem Bischof insinuierte.[92] Das explizite Vorschlagsrecht, dem Harnack so entschieden widersprochen hatte, war ihm nicht zugesprochen worden. Außerdem hatte man die zuvor im vierten Artikel festgehaltene, ausschließlich bischöfliche Kontrolle über die akademische Lehre aus der Vereinbarung gestrichen und durch einen Verweis auf die in Bonn und Breslau geltenden Bestimmungen ersetzt, die eine kooperative Kontrolle zwischen Bischof und Fakultät vorsahen.[93] Im fünften Artikel hatte man denjenigen Satz gestrichen, der ein Verbot des Vorlesungsbesuchs bei inkriminierten Professoren erlaubte, und die Entscheidung über die Konsequenzen für den Professor vollkommen dem Staat in die Hand gegeben. Schließlich war der sechste Artikel, der die Revision zum vorherigen Zustand ermöglicht hätte, komplett gestrichen worden. Wie der Vergleich des zuvor resümierten Gutachtenentwurfs Harnacks mit der endgültigen Vereinbarung zeigt, wurden seine Einwände, die die Einflussnahme auf die Lehrstuhlbesetzungen, die Kontrolle über die akademische Lehre sowie die Absetzung von Professoren betrafen, insofern berücksichtigt, als die entsprechenden Paragraphen entweder komplett gestrichen oder im Sinne der fakultären und staatlichen Einflussnahme geändert wurden. Der von ihm gefürchtete Machtverlust des Staates an den Universitäten trat somit nicht ein.

Eine nicht unwichtige Randerscheinung der Gründung der Straßburger katholisch-theologischen Fakultät war das Bestreben des protestantischen Straßburger Thomasstifts, das zwischen 1903 und 1906 von Albert Schweitzer geleitet wur-

---

89 Vgl. ebd., 122–125, 128. Die „Convention" wurde zuerst bei *Mercati*, Raccolta di concordati, 1090f., dann bei *Bornhak*, Begründung der katholisch-theologischen Fakultät, 268 und *Vogel*, La faculté de théologie, 228f. abgedruckt. Zu den Entwicklungsstadien der einzelnen Paragraphen s. auch Nr. 140.1, *Briefwechsel*.

90 Vgl. *Vogel*, La faculté de théologie, 234.

91 Zur Zustimmung der Kurie s. auch den Brief von Hertlings an Althoff vom 06.02.1904, den letzterer an Harnack weiterleitete (Nr. 225, *Briefwechsel*).

92 *Mercati*, Raccolta di concordati, 1090; s. dazu *Gatz*, Vorverhandlungen zur Gründung, 124.

93 Vgl. *Mercati*, Raccolta di concordati, 1091 und *Bornhak*, Begründung der katholisch-theologischen Fakultät, 268.

de, die ihm 1873 auferlegte Besoldung von sechs Professoren der evangelisch-theologischen Fakultät rückgängig zu machen.[94] Ein von Althoff 1872/73 vorbereitetes Gesetz hatte das Thomasstift verpflichtet, die Besoldung von sechs Theologieprofessoren bis zu einer Höhe von 36000 M. zu übernehmen. Da die Einkünfte des Stifts, die hauptsächlich auf Pfründen und Naturalia basierten, zurückgegangen waren und die katholisch-theologische Fakultät nunmehr größtenteils durch das Deutsche Reich finanziert wurde, erhoffte sich das Stiftskapitel eine Entlastung. Nach einer Immediateingabe bei Wilhelm II., der sich bereit zeigte, das Stift zu entlasten, waren auch Althoff und Harnack in die Angelegenheit involviert worden, da ersterer 1872 an dem Gesetz beteiligt gewesen war. Harnack wiederum nutzte seine Kontakte zum Reichskanzler Bernhard von Bülow, um bei diesem im Oktober 1903 eine „Entlastung des Thomasstifts" zu erwirken.[95] Auch wenn die genauen Abläufe bislang nicht rekonstruierbar waren, ging es Althoff und Harnack wahrscheinlich um eine paritätische Behandlung der evangelisch- und katholisch-theologischen Fakultät. Allerdings blieb es nach weiteren gerichtlichen Auseinandersetzungen zwischen dem elsässischen Fiskus und dem Thomasstift bei der genannten Regelung.

6.3 Der Fall Spahn/Althoff 1901

Da der „Fall Spahn", der sich zu einen „Fall Althoff" entwickelte, in direktem Zusammenhang mit der Gründung der Straßburger katholisch-theologischen Fakultät stand und die grundsätzliche Frage nach der Konfessionalität der Wissenschaft aufwarf, wird er an dieser Stelle verhandelt.[96] Der Bonner Extraordinarius Mar-

---

94 Vgl. Harnack an Althoff am 25.10.1903 (Nr. 219, *Briefwechsel* mit Anm. 7) und die zugehörige Akte im Nachlass Althoff (a.a.O., Nr. 5). Zu dem Gesetz von 1873 s. *Lienhard*, Histoire de la faculté, 55 und *Rother*, Die theol. Fakultäten der Universität Straßburg, 256–258 und ebd., 260–264 zu dem Streit von 1903. Zur Geschichte der Straßburger evangelisch-theologischen Fakultät zwischen 1871 und 1918 s. *Dehio*, K.-W.-Universität Straßburg, 4–6 und *Lienhard*, Histoire de la faculté, 55–60.

95 Nr. 219, *Briefwechsel*.

96 Zum „Fall Spahn" vgl. v.a. *Rebenich*, Mommsen-Harnack, 422–462; dann aber auch *Sachse*, Althoff, 128f., 141–143, *Hertling*, Erinnerungen, Bd. 2, 286–289, *Bornhak*, Begründung der katholisch-theologischen Fakultät, 251f., *Rossmann*, Wissenschaft, Ethik und Politik, *Morsey*, Zwei Denkschriften „Fall Spahn", *May*, Errichtung von zwei Professuren, 274–280, *Weber*, Fall Spahn (Weber ordnet den „Fall Spahn" in einen größeren Rahmen von katholischen „Fällen" und die Stellung des Katholizismus in Deutschland ein), *Mussinghoff*, Theol. Fakultäten im Spannungsfeld, 124–126, *Brocke*, System Althoff, 100–105, *Bruch*, Gelehrtenpolitik, 331f., *Huber/Huber*, Staat und Kirche, Bd. III, 189–201, *Jantsch*, Harnack-Rade, Nr. 296, 473, *Graf*, Harnack zum „Fall Althoff", *Rother*, Die theol. Fakultäten der Universität Straßburg, 244–249 und *Nottmeier*, Harnack, 162–166. Zum Fall Spahn und dessen

tin Spahn, Sohn des Zentrumsabgeordneten Peter Spahn, wurde im Oktober 1901 neben den protestantischen Friedrich Meinecke auf einen neu geschaffenen Lehrstuhl für Geschichte berufen. Er erhielt damit eine der zwei konfessionell gebundenen Professuren, die die Reichsregierung der römischen Kurie anlässlich der Fakultätsgründung in Straßburg zugesagt hatte, wie es sie auch in Breslau, Bonn und Münster gab.[97]

Diese Berufung, über die die philosophische Fakultät in den Semesterferien 1901 informiert wurde und gegen die sie sich mit einer Immediateingabe an Wilhelm II. im September 1901 erfolglos wehrte,[98] löste einen Proteststurm in der deutschen akademischen Landschaft aus. Initiiert hatte ihn der Nestor der Altertumswissenschaft, Theodor Mommsen, der auf Anregung des Münchner Publizisten Lujo Brentanos am 15. November 1901 eine Erklärung über *Universitätsunterricht und Konfession* in den *Münchner Neuesten Nachrichten* veröffentlichte, nachdem er sich zuvor mit Harnack abgestimmt hatte.[99] Darin kritisierte Mommsen, dass der Staat Professuren einrichte, die konfessionellen Zwängen unterworfen seien.[100] Damit gefährde dieser die Voraussetzungslosigkeit der Wissenschaft, die ihr Wesen ausmache. Die Frage der Voraussetzungslosigkeit bildete für Mommsen und die seiner Kritik folgenden Professoren in der Folge die zentrale Streitfrage des „Falls Spahn", während die Straßburger philosophische Fakultät primär den Oktroi kritisiert hatte.

Mommsen entschied sich im weiteren Verlauf gegen Brentanos Wunsch, die Protestbewegung deutschlandweit zu organisieren, weil er sich davon wenig Erfolg versprach.[101] Dass der Althistoriker mit seiner Prognose richtig gelegen hatte, zeigten die wenigen Zustimmungsadressen, die seine Erklärung erhielt. Während

---

Folgen s. außerdem in: GStA PK, I. HA, Rep. 89, Nr. 21695, Bl. 104–142; I. HA, Rep. 76 Va Sekt. 1, Tit. IV, Nr. 45, adhib. Bd. 1 und Bd. 2; VI. HA, NL Althoff, Nr. 217 und 218 sowie die Quellensammlung in den *Kirchlichen Aktenstücken* des Evangelischen Bundes (*Anonym*, Fall Spahn I, 1902 und *Anonym*, Fall Spahn II, 1902).

97 S.o. in diesem Teil, Abschnitt 6.2, S. 246, vgl. *Mussinghoff*, Theol. Fakultäten im Spannungsfeld, 109–115.

98 Vgl. die Eingabe der philosophischen Fakultät Straßburg vom 09.09.1901 (in: GStA PK, VI. HA, NL Althoff, Nr. 217, Bl. 16^r–17^v) und *Morsey*, Zwei Denkschriften „Fall Spahn", der den infolge der Eingabe erstatteten Immediatbericht des Statthalters Hohenlohe-Langenburg vom 28.09. sowie Althoffs zugehörige Denkschrift vom 15.10.1901 abdruckt.

99 Vgl. bei *Rossmann*, Wissenschaft, Ethik und Politik, 21–30 und bei *Rebenich*, Mommsen-Harnack, Nrn. 185–199 die Briefe Brentanos und Mommsens sowie dessen Erklärung; vgl. schließlich Mommsen an Harnack und Harnack an Mommsen am 05.11.1901 (ebd., Nr. 191+192; s. dazu ebd., 422–442).

100 Vgl. ebd., Nr. 199.

101 Vgl. Brentano an Mommsen am 27.10.1901 (Briefkonzept in: *Rossmann*, Wissenschaft, Ethik und Politik, 21–23; Ausfertigung bei *Rebenich*, Mommsen-Harnack, Nr. 185) und Mommsen an Brentadie Universitäten München, Gießen, Straßburg, Heidelberg und Leipzig Mommsens Erklärung zustimmten,[102] zeigten die preußischen Universitäten wenig Verständnis für dessen Vorstoß. Denn nur eine Minderheit an den Universitäten in Bonn und Göttingen befürwortete seine Erklärung.[103] Die Berliner Professoren, prominent vertreten durch den Juristen Otto von Gierke und den Philosophen Wilhelm Dilthey, lehnten Mommsens Erklärung ab, weil sie sie insofern für inkonsistent hielten, als auch Mommsen nicht voraussetzungslos forsche.[104] Althoffs Unterhändler von Hertling reagierte am 17. November persönlich mit einer Gegenerklärung auf Mommsen, in der er das Vorgehen in Straßburg verteidigte und zugleich – im Anschluss an die Kritik Gierkes und Diltheys – die Möglichkeit einer komplett voraussetzungslosen Wissenschaft bestritt.[105] Mommsen veröffentlichte daraufhin eine weitere Erklärung, in der er die Kritik an dem Theorem der Voraussetzungslosigkeit der Wissenschaft annahm und in dieser Hinsicht die Aussagen seiner ersten Äußerung relativierte.[106]

Die Tatsache, dass einige Professoren, wie beispielsweise Friedrich Paulsen, Otto von Gierke und Dilthey, die Berufung eines katholischen Historikers an eine philosophische Fakultät nicht kritisierten, lag nicht nur darin begründet, dass sie ein vollständige Voraussetzungslosigkeit der Wissenschaft für unmöglich hielten, sondern möglicherweise auch darin, dass sie die Steigerung des Anteils katholischer Gelehrter in den deutschen Universitäten, an denen der Katholizismus unterrepräsentiert war, für gerechtfertigt hielten. Dies galt in besonderem Maße für die norddeutschen Hochschulen, an denen in Rostock und Halle *de iure* nur protestantische Akademiker berufen werden durften, auch wenn *de facto* einzelne katholische und jüdische Gelehrte ernannt wurden.[107] Möglichweise schloss sich die Mehrheit der preußischen Professoren dem Protest auch deshalb nicht an, weil Mommsens Pro-

---

no am 30.10.1901 (in: *Rossmann*, Wissenschaft, Ethik und Politik, 23–25 und *Rebenich*, Mommsen-Harnack, Nr. 186).

102 Vgl. die Zustimmungsadresse der ordentlichen Professoren der Universität München, in: *Rossmann*, Wissenschaft, Ethik und Politik, 30f. und *Rebenich*, Mommsen-Harnack, Nr. 202; s. außerdem *Rossmann*, Wissenschaft, Ethik und Politik, 72; s. auch die Akte über die „Ernennung des Professors Spahn zum ord. Prof. in Strassburg. Konfessionelle, voraussetzungslose Wissenschaft. Angriffe auf die preußische Universitätsverwaltung.“, in: GStA PK, I. HA, Rep. 76 Va, Sekt. 1, Tit. IV, Nr. 45, Bl. 2^r–80^r.

103 Vgl. *Rossmann*, Wissenschaft, Ethik und Politik, 72f. und *Graf*, Harnack zum „Fall Althoff“, 179f.

104 Vgl. *Rossmann*, Wissenschaft, Ethik und Politik, 72 und *Rebenich*, Mommsen-Harnack, 440–442.

105 In Ausschnitten abgedruckt bei *Rossmann*, Wissenschaft, Ethik und Politik, 31f. sowie bei *Huber/Huber*, Staat und Kirche, Bd. III, Nr. 89.

106 Vgl. ebd., Nr. 90 und *Rebenich/Franke*, Mommsen-Althoff, Nr. 661; s. dazu *Rebenich*, Mommsen-Harnack, 434; 443.

107 Vgl. *Weber*, Fall Spahn, 87f.

test das anti-katholische Element in den Vordergrund gestellt hatte, anstatt – wie die Immediateingabe der Straßburger philosophischen Fakultät – primär den Oktroi des Kultusministeriums zu kritisieren.[108] Auch in der preußischen Professorenschaft wollte man trotz aller antikatholischen Ressentiments ein erneutes Aufflammen des Kulturkampfes verhindern. Wahrscheinlich beabsichtigten die meisten Gelehrten, insbesondere die Berliner Ordinarien, nicht einen Aufstand gegen das Kultusministerium zu proben, das sich gerade durch Althoffs Hochschulpolitik durch monetäre Zuweisungen immer wieder der Loyalität der Universitäten versichert hatte.

Obwohl Harnack in seinem Gutachten über die Straßburger katholisch-theologische Fakultät die Berufung je eines katholischen Historikers und Philosophen an die philosophische Fakultät der Straßburger Universität im August 1901 scharf kritisiert hatte, da dies die Freiheit und die Voraussetzungslosigkeit der Wissenschaft gefährde,[109] hielt er sich mit einer öffentlichen Erklärung gegen die Berufung Spahns zurück, weil Mommsen ihm davon aufgrund seiner Position als Wissenschaftsorganisator und Theologe abgeraten hatte. Mommsen schrieb Harnack am 5. November 1901: „Eine indirecte Aufforderung, daß Sie sich anschließen, ist dies nicht. Ihre Stellung ist nicht bloß eine exceptionell gefährdete, sondern auch als die eines Theologen eine exceptionelle."[110] Mommsen sprach damit zum einen die spezielle Situation der Theologie an, die von ihrer Anlage her die von dem Althistoriker in seiner Erklärung geforderte konfessionelle Voraussetzungslosigkeit der Wissenschaft nicht erfüllen konnte, und zum anderen auf Harnacks Verwicklung in öffentliche Kontroversen in den vergangenen Jahren. Der Kirchenhistoriker konnte sich auch deshalb nicht zur Unterstützung des Protests entschließen, weil er überzeugt war, dass Spahn „ein tüchtiger Historiker" sei, der sich einer Berufung zum Ordinarius trotz seines jungen Alters würdig erwiesen habe.[111] Da die Regierung vor der Berufung Spahns, wie auch sonst üblich, professorale Urteile über ihn eingezogen habe und durchaus berechtigt sei, neben der fachlichen Qualifikation auch politische oder konfessionelle Aspekte zu berücksichtigen, wisse er keine Gründe anzuführen, die zu einem landesweiten akademischen Protest berechtigten. Harnack sah letztlich nur in einer inoffiziellen „Denkschrift an das Ministerium" ein geeignetes

108 Vgl. *Rebenich*, Mommsen-Harnack, 434–438.

109 Vgl. Nr. 161, *Briefwechsel*.

110 *Rebenich*, Mommsen-Harnack, Nr. 191; s. auch Mommsen an Brentano am 30.10., 02., 06. und 09.11.1901 (*Rossmann*, Wissenschaft, Ethik und Politik, 23–28 und *Rebenich*, Mommsen-Harnack, Nr. 186, 188, 193, 195).

111 Harnack an Mommsen am 28.10.1901 (ebd., 834: Nr. 184 [im Original unterstrichen]); vgl. ebd., 425.

Mittel, um den professoralen Unmut über die Berufung aus konfessionellen Motiven einzubringen.[112]

Auch wenn Harnack sich der Erklärung Mommsens nicht anschloss, äußerte er sich dennoch öffentlich in einem Brief an den Redakteur der liberalen *National-Zeitung* vom 29. November 1901.[113] Er hatte den offenen Brief verfasst, nachdem der Straßburger Rektor und Archäologe Adolf Michaelis Althoff mit einem Artikel in der Hamburger Wochenschrift *Der Lotse* am 23. November 1901 scharf angegriffen und den „Fall Spahn" in einen „Fall Althoff" verwandelt hatte.[114] Da Harnack die „Unabhängigkeit der Wissenschaft am stärksten von den parlamentarischen Parteien bedroht" sah, begrüßte er „das ernste Wort Mommsens [d.h. dessen Erklärung vom 15. November, C.K.] freudig und dankbar", weil der ihr folgende Proteststurm die Regierung nochmals ermutigen werde, die Universitäten zu schützen.[115] Wie bereits in seinem Gutachten im August 1901 erhoffte Harnack sich vom Staat den größten Schutz der Hochschulen und der Wissenschaft. In diesem Sinne verteidigte er den von Michaelis angegriffen Althoff. Er wehrte sich gegen den Vorwurf, dass Althoffs Dienstzeit seit 1882 „eines der schwärzesten oder ein schwarzes Blatt" in der Universitätsgeschichte gewesen sei.[116] Harnack teilte diesen „Pessimismus" von Michaelis nicht,[117] wobei sein Urteil über die Hochschul- und Wissenschaftspolitik der vergangenen Jahre sicherlich auch auf seinen Eindrücken beruhte, die er in der Zusammenarbeit mit Althoff gewonnen hatte. Im Unterschied zu Mommsen erörterte Harnack in seinem offenen Brief nicht die Frage der Voraussetzungslosigkeit der Wissenschaft und die von Mommsen angedeuteten epistemologischen Voraussetzungen der Theologie als Wissenschaft, sondern beschränkte sich auf wissenschaftspolitische Fragen.

---

112 Ebd., 835: Nr. 184 (Hervorhebung Harnacks); vgl. ebd., 425. S. auch Brentano an Mommsen am 01.11.1901 (ebd., Nr. 187).

113 Vgl. Harnack an den Redakteur der *National-Zeitung* am 29.11.1901, abgedruckt bei *Rossmann*, Wissenschaft, Ethik und Politik, 153–155, *Graf*, Harnack zum „Fall Althoff", 191f. und *Rebenich*, Mommsen-Harnack, Nr. 235; s. dazu ebd., 453f. und Harnack an Krüger am 09.12.1901 (Nr. 170, *Briefwechsel*). Zur *National-Zeitung* s. *Kahl*, National-Zeitung.

114 Michaelis verteidigte in seinem Artikel die Straßburger Immediateingabe vom September 1901 und griff Althoff direkt an (vgl. *Michaelis*, Verhalten der Straßburger phil. Fakultät; in Auszügen bei *Huber/Huber*, Staat und Kirche, Bd. III, Nr. 91 abgedruckt). Zum Angriff von Michaelis auf Althoff s. *Sachse*, Althoff, 143f., *Bornhak*, Begründung der katholisch-theologischen Fakultät, 251, *Rebenich*, Mommsen-Harnack, 443–445 und in GStA PK, VI. HA, NL Althoff, Nr. 216.

115 Harnack an den Redakteur der *National-Zeitung* am 29.11.1901, zitiert nach *Rebenich*, Mommsen-Harnack, 906, Nr. 235.

116 Ebd.

117 Ebd., 910.

Dem offenen Brief in der *National-Zeitung* war ein Austausch Harnacks mit Althoff über Michaelis vorausgegangen, nachdem der Ministerialdirektor dem Kirchenhistoriker die Akten zugesandt hatte, die über dessen gescheiterte Berufung nach Bonn 1889 berichteten.[118] Der Eindruck, den die Akten von Michaelis vermittelten, bestärkte möglicherweise Harnacks Urteil über den Straßburger Archäologen. Seinem entschiedenen Widerspruch gegen Michaelis' Kritik an Althoff lagen auch allgemeine wissenschaftspolitische Überlegungen zugrunde. Wie er Theodor Mommsen mitteilte, müsse man sich gegen Äußerungen, wie Michaelis sie getätigt hatte, auch deshalb wehren, weil ansonsten der Eindruck entstehe, dass alle Professoren die Kritik an Althoff teilten. Ein Großteil der preußischen Professoren wisse die Vorteile, die dessen Wissenschaftspolitik mit sich bringe, durchaus zu schätzen.[119]

Harnacks Verteidigung Althoffs rief bei seinen Fachkollegen und Schülern zum Teil Unverständnis hervor, wie die Kritik von Gustav Krüger und Heinrich Weinel zeigt.[120] Gegenüber Krüger erläuterte er seine Motive für die Unterstützung Althoffs ausführlich, weil er in dem Artikel für die *National-Zeitung* nicht alle Gründe zu Althoffs Gunsten habe ausführen können.[121] Er wisse sich mit Gustav Schmoller, Hans Delbrück, Wilhelm Dilthey, Friedrich Paulsen, Ulrich von Wilamowitz-Moellendorff und Hermann Diels in seinem Urteil über „die Person Althoffs nach ihrem Werthe u[nd] ihrer Wirksamkeit" einig.[122] Selbst Theodor Mommsen, der die Berufung Spahns scharf kritisiert hatte, schätze Althoffs Person und habe Harnacks Äußerung gelobt.[123]

Harnacks Einschätzung von Mommsens Haltung zu Althoff stimmte nur zum Teil mit dessen Sichtweise überein. Wie Mommsen gegenüber Brentano zugab, könne er Harnack nicht widersprechen, obwohl dieser „Unrecht" habe.[124] Er verstehe Harnacks öffentliche Verteidigung Althoffs sehr wohl, weil für jenen zur Zeit „sehr wichtige Universitäts- und akademische Interessen (Bauten, neue Stellen)" zur De-

---

118 Vgl. Harnack an Althoff am 25.11.1901 (Nr. 166, *Briefwechsel* mit Anm. 3) und die Akten von 1889, in: GStA PK, VI. HA, NL Althoff, Nr. 216, Bl. 2^r–43^v.

119 Vgl. Harnack an Mommsen am 24. und 25.11.1901 (in: *Rebenich*, Mommsen-Harnack, Nr. 214 und 219); s. dazu ebd., 446.

120 Vgl. Harnack an Krüger am 09. und 29.12.1901 (Nr. 170, *Briefwechsel* und in: SBB PK, NL Harnack, K 35, Mp. Harnack, Bl. 97^{rv}) sowie Weinels und Harnacks Briefe vom Dezember 1901, erstmals abgedruckt bei *Graf*, Harnack zum „Fall Althoff", bes. 195–204.

121 Vgl. Nr. 170, *Briefwechsel*.

122 Ebd. (Namen im Original hervorgehoben).

123 Vgl. ebd. und Mommsen an Harnack am 01.12.1901, in: *Rebenich*, Mommsen-Harnack, Nr. 234. Auch gegenüber Althoff zitierte Harnack nochmals Mommsens Lob (vgl. Harnack an Althoff am 29.12.1901, Nr. 172, *Briefwechsel*).

124 Mommsen an Brentano am 01.12.1901 (in: *Rebenich*, Mommsen-Harnack, 910: Nr. 237).

batte stünden, womit er dem Kirchenhistoriker eine strategische Intention unterstellte.[125] Mommsen erläuterte Brentano damit die universitäts- und wissenschaftspolitischen Umstände, die Harnack in dieser Zeit beschäftigten und die ihn möglicherweise einschränkten, sich kritisch über die Kultusbehörde und die Regierung im Allgemeinen sowie über Althoff im Speziellen zu äußern.

In seiner Erklärung verdeutlichte Harnack Krüger außerdem die Vorteile des Systems Althoff sowohl gegenüber anderen Ländern als auch gegenüber früheren Zeiten. Dabei verwahrte er sich gegen den Vorwurf, dass die preußische Regierung gewohnheitsmäßig Professoren oktroyiere und die wissenschaftliche Freiheit einschränke. Vielmehr sah er in der preußischen Regierung und ihren Beamten, also in Althoff und seinen Kollegen, die Garanten für eine freie Forschung, die überwiegend durch die „parlamentarischen Parteien (zu denen auch die Synoden zu rechnen [seien])" gefährdet werde, wie er bereits in seinem offenen Brief vom 29. November 1901 festgehalten hatte.[126] Der gegenüber Krüger formulierte Standpunkt entsprach Harnacks prinzipieller Meinung zu Althoffs Verwaltungspraxis und Wissenschaftspolitik, die er auch in seinem Gutachten über die Errichtung der Straßburger katholisch-theologischen Fakultät im August 1901 geäußert hatte.[127] Er schloss damit außerdem an seine Haltung an, die er in den kirchenpolitischen Kontroversen der 1890er Jahre entwickelt hatte.[128] Gerade weil Harnack die Bindung der theologischen Wissenschaft an die Vorgaben der Bekenntnisse ablehnte, erhoffte er sich von der durch Althoff verkörperten Kultusbehörde, die er 1901 uneingeschränkter unterstützte als während des Apostolikumsstreits und der Debatte um die Agendenrevision, primär Unterstützung und Verteidigung der akademischen Freiheit. Und tatsächlich hatte sich Althoff während der Harnackschen Berufungsverhandlungen 1888 und den nachfolgenden kirchenpolitischen Kontroversen der 1890er Jahre an die Seite des Kirchenhistorikers gestellt.

Harnacks modern-theologische Freunde Martin Rade, Gustav Krüger und Heinrich Weinel hatten hingegen seit Mitte der 1890er Jahre immer wieder bezweifelt, dass Althoff sich berufungs- und hochschulpolitisch für sie einsetze, wie die Berufung Ferdinand Mühlaus nach Preußen exemplarisch vor Augen führte.[129] Das Unverständnis der modern-theologischen *Freunde* für die Althoffsche Berufungs- und Kirchenpolitik verdeutlicht nochmals die theologiegeschichtliche Situation: je-

---

125 Ebd. S. dazu ebd., 454f. Harnack hatte Mommsen am 28.11.1901 (ebd., Nr. 229) über die anstehenden Projekte informiert (s.u. dazu in diesem Teil, Abschnitt 6.3, S. 259).

126 Nr. 170, *Briefwechsel*; so auch in dem Artikel vom 29.11.1901, in: *Rebenich*, Mommsen-Harnack, Nr. 235, S. 906.

127 Vgl. Nr. 161, *Briefwechsel*; s.o. in diesem Teil, Abschnitt 6.2, S. 245.

128 Vgl. dazu bereits *Graf*, Harnack zum „Fall Althoff", 184–187.

129 S.o. Teil I, Abschnitt 2.7, S. 108.

de der beiden theologischen Richtungen, die in Preußen um die akademische und kirchliche Einflussnahme konkurrierten, war der Auffassung, dass primär die eigene Gruppierung durch die kultusministeriale Besetzungs- und Kirchenpolitik benachteiligt werde. Die in die kultusministerialen Vorgänge eingeweihten Personen, wie Hermann Cremer oder Harnack, beurteilten die Besetzungspolitik hingegen als weitgehend ausgewogen.

Zuletzt verortete Harnack in seinem Brief an Krüger im Dezember 1901 die evangelischen und katholischen Fälle, in denen es um die akademische Lehr- und Forschungsfreiheit gegangen war, in einem größeren Kontext.[130] Er betonte, dass die Frage der Freiheit der Wissenschaft – wie auch an den Fällen Hans Delbrücks deutlich geworden war – die anderen universitären Disziplinen in gleicher Weise betreffe und kein bloß kirchlich-universitäres Phänomen darstelle.

Harnacks Zurückhaltung gegenüber dem Mommsenschen Protest, seine Befürwortung der Berufung Spahns sowie schließlich seine Verteidigung Althoffs gegen den Angriff von Adolf Michaelis begründeten schließlich auch seine Teilnahme an dem sog. „Liebesmahl“, das Gustav Schmoller, der Doktorvater Martin Spahns,[131] am 5. Januar 1902 zu Ehren Althoffs veranstaltete und bei dem die Berliner Professoren Wilhelm von Bezold, Hans Delbrück, Hermann Diels, Wilhelm Dilthey, Emil Fischer, Reinhard Kekulé von Stradonitz, Max Lenz, Ferdinand von Martitz, Max Planck, Ferdinand Freiherr von Richthofen, Erich Schmidt, Max Sering, Carl Stumpf, Wilhelm Waldeyer-Hartz, Emil Warburg, Bernhard Weiß, Heinrich Wölfflin und auch Mommsens Schwiegersohn Ulrich von Wilamowitz-Moellendorff zusammenkamen.[132] Mommsen, den Schmoller ebenfalls eingeladen hatte, nahm letztlich nicht teil, obwohl er sich zuerst auf Drängen Harnacks und Lucie Schmollers, der Ehefrau Gustav Schmollers, dazu hatte überreden lassen und der Termin seinetwegen vom 15. Dezember auf den 5. Januar verschoben worden war.[133] Zum einen verweigerte Mommsen – auch auf Brentanos Wunsch – eine „Demonstra-

---

130 Vgl. Nr. 170, *Briefwechsel*.

131 Vgl. *Brocke*, System Althoff, 104.

132 Vgl. Schmoller an Althoff am 26.12.1901 mit Notizen Althoffs vom 10.01.[1902] (in: GStA PK, VI. HA, NL Althoff, Nr. 216, Bl. 151^{r}); s. dazu Schmollers Rede am 05.01.1902, in: *Schmoller*, Zwei Reden über Althoff, 112–115, *Sachse*, Althoff, 144f., *Rossmann*, Wissenschaft, Ethik und Politik, 73f. und *Rebenich*, Mommsen-Harnack, 456–462. Vgl. auch die Zuschriften an Althoff a.a.O., Nr. 216, ab Bl. 53^{r} sowie Wilamowitz-Moellendorffs Loyalitätsadresse vom 29.11.1901 (a.a.O., Nr. 217, Bl. 172^{r} und 178^{rv}). In der Edition des Briefwechsels zwischen Wilamowitz-Moellendorff und seinem Schwiegervater Mommsen finden sich keine Briefe vom Herbst 1901 und Anfang des Jahres 1902 (vgl. *Calder III/Kirstein*, Mommsen und Wilamowitz).

133 Vgl. Schmoller an Althoff am 06.12.1901 (in: GStA PK, VI. HA, NL Althoff, Nr. 216, Bl. 81^{r}–82^{r}) sowie insgesamt die Briefe Harnacks, Mommsens, Brentanos und Schmollers zwischen dem 06. und dem 20.12.1901, in: *Rebenich*, Mommsen-Harnack, Nrn. 239–242; 245, 250–253; s. dazu ebd., 456f.

tion für Althoff", die zwar in Form eines privaten Essens stattgefunden hätte, die der Öffentlichkeit aber bekannt geworden wäre.[134] Zum anderen hatte der Ministerialdirektor den Althistoriker zuerst durch Gustav Schmoller, dann durch eine eigenhändige Visitenkarte, die er bei einem persönlichen Besuch bei Mommsen hinterließ, wissen lassen, dass er dessen Teilnahme an dem Abendessen nicht wünsche,[135] nachdem er zuvor mit Schmoller brieflich und im persönlichen Gespräch den gemeinsamen Umgang mit Mommsen abgestimmt hatte.[136] Althoff hatte dabei sehr deutlich seinen Unmut über Mommsens Verhalten geäußert. Die Kontroverse

---

134 Mommsen an Schmoller am 09.12.1901, in: *Rebenich*, Mommsen-Harnack, Nr. 245 und Mommsen an Brentano am 19.12.1901, in: *Rossmann*, Wissenschaft, Ethik und Politik, 74.

135 Vgl. Schmoller an Mommsen am 25.12.1901, in: *Rebenich*, Mommsen-Harnack, Nr. 255, Althoff an Mommsen o.D.[26.12.1901] und am 29.12.1901 (Entwurf in: GStA PK, VI. HA, NL Althoff, Nr. 216, Bl. 169^{r}–170^{r}), in: *Rebenich/Franke*, Mommsen-Althoff, Nr. 664+666 und Mommsen an Althoff am 26.12.1901, in: *Rebenich*, Mommsen-Harnack, Nr. 256. Über seinen Besuch bei Mommsen notierte Althoff am 27.12.[1901] (a.a.O., Nr. 216, Bl. 133^{r}): „Ich war dann am 26. Dez[ember] noch persönlich bei Mommsen, traf ihn aber nicht u[nd] hinterließ eine Visitenkarte mit etwa folgender Aufschrift: ich wollte ihn noch mündlich bitten, an dem Essen nicht theilzunehmen; ich würde darin eine persönliche Rücksicht erblicken; denn es sei mir ein sehr peinlicher Gedanke, daß er vielleicht um meinetwillen einen ihm wahrscheinlich schweren Weg einschlagen könne; zudem besäße ich so viele schriftliche Beweise seiner freundlichen Gesinnung, daß es seiner Theilnahme an dem Liebesmahle auch in dieser Richtung nicht bedürfe." Vgl. die Visitenkarte Althoffs o.D., die *Rebenich/Franke*, Mommsen-Althoff, 664 auf den 25.12.1901 datieren.

136 Vgl. Althoff an Schmoller am 25.12.1901 und Schmoller an Althoff am selben Tag (a.a.O., Nr. 216, Bl. 131^{rv}; 133^{r}; 141^{rv}). Althoff schrieb Schmoller Folgendes: „Bitte beifolgenden Brief mit möglichster Beschleunigung an Mommsen zu schicken. Der Herr soll doch wissen, daß Ehre und Treue nicht auf seiner, sondern auf unserer Seite sind. Im übrigen: *requiescat in pace*. Nachdem wir so den Mann erledigt haben, möchte ich aber auch meinerseits bitten, was ich mir schon heute, bevor ich zu Ihnen kam, bestimmt vorgenommen hatte, bei dem Festessen keine Rede auf mich zu halten. Ich würde etwa folgende Ansprache empfehlen: Herr A[lthoff] hat mich ausdrücklich gebeten, hier keine Rede zu halten. Zu den besten Liedern gehören die Lieder ohne Worte [von Mendelssohn-Bartholdy, C.K.]. Ihnen schließt sich hier eine Rede ohne Worte an. Also m.H. [meine Herren, C.K.] denken wir, jeder was er sonst will, und vereinigen wir uns in einem Glase auf unseren Gast. *Vivat, floreat* und wenn dies noch bei seinem Alter möglich ist, *crescat*. – Noch eins, was ich heute Vor- | *[131^{v}]* mittag vergessen habe. B[ernhard] Fränkel und [Ernst] v[on] Leyden sind, wie ich gestern von ersterem hörte, auf die abenteuerliche Idee verfallen, eine Geldsammlung zu meiner Ehre für ein Krankenhaus in meinem Heimathsorte zu veranstalten. Als ich dies gestern erfuhr, habe ich natürlich mit aller Entschiedenheit Einspruch dagegen erhoben. Dies zur Notiz, da Herr v[on] Leyden mit Ihnen darüber gesprochen haben soll." (a.a.O., Bl. 131^{rv}). In seinem zweiten Brief vom 25.12.1901 schrieb Althoff an Schmoller: „Hochverehrter Herr Professor! Mit Bezug auf unsere heutige Unterredung erlaube ich mir wiederholt zu betonen, daß es mir außerordentlich erwünscht sein wird, wenn Herr Professor Mommsen die rücksichtsvolle Freundlichkeit haben will, an dem von Ihnen in so wohlwollender Absicht veranstalteten Essen nicht theilzunehmen. Ich bitte Sie, Herrn Mommsen hierüber nicht in Zweifel zu lassen. In treuester Verehrung und herzlicher Dankbarkeit Ihr ergebenster Althoff." (Althoff an Schmoller am 25.12.1901, a.a.O., Nr. 216, Bl. 133^{r}). Schmoller leitete um den „Fall Spahn" belastete das Verhältnis zwischen Mommsen und Althoff auch im letzten Lebensjahr des Althistorikers schwer, da der Ministerialdirektor insgeheim sehr wohl eine öffentliche Distanzierung Mommsens von Michaelis erwartet hatte, die der Nestor der Altertumswissenschaft aber ablehnte.[137] Wie seine Äußerung gegenüber Schmoller am 25. Dezember 1901 verdeutlicht, sah Althoff sich auf der Seite von „Ehre und Treue", nicht aber Mommsen, den er als einen „erledigt[en] [...] Mann" betrachtete.[138] Die Angelegenheit zog für Mommsen eine Isolation unter den Berliner Kollegen nach sich, von denen nur Harnack ihm freundschaftlich verbunden blieb.[139]

Auf die Kooperation mit Althoff hatte Harnacks Loyalitätsbekundung insofern einen positiven Effekt, als sie das Vertrauen des Ministerialdirektors in den Kirchenhistoriker stärkte und er ihn danach noch intensiver in wissenschaftsorganisatorische und -politische Aktivitäten, wie beispielsweise die Planung des deutschamerikanischen Professorenaustauschs ab 1902, einbezog.[140] Außerdem befragte Althoff Harnack um Rat, ob er die Korrespondenz mit Mommsen im „Fall Michaelis/Althoff" veröffentlichen solle.[141] Über Althoffs Motive, die ihn über die Publikation des Briefwechsels reflektieren ließen, kann nur spekuliert werden, da keine anderen Äußerungen Althoffs, Harnacks oder Mommsens Hinweise darauf geben. Möglicherweise erwog Althoff, sich dadurch öffentlich rechtfertigen zu können. Harnack riet ihm jedoch entschieden davon ab, solange „die Dinge [nicht] noch eine Wendung nehmen" würden, womit er möglicherweise auf eine noch zu erwartende Distanzierung Mommsens von Michaelis oder die Teilnahme an dem Abendessen bei Schmoller anspielte.[142]

Auch wenn Althoffs berufliche Position aufgrund der massiven öffentlichen Kritik gefährdet zu sein schien, war dies letztlich nicht der Fall, da auch Wilhelm II. sich auf Althoffs Seite stellte. Er brachte seine Unterstützung dadurch zum Ausdruck, dass er Althoff ein unterschriebenes Porträt zum Weihnachtsfest 1901 sandte,

---

Mommsen einen Brief Althoffs vom 25.12. am selben Tag weiter, der anscheinend nicht erhalten ist (vgl. Schmoller an Mommsen am 25.12.1901, in: *Rebenich*, Mommsen-Harnack, Nr. 255).

137 Vgl. Althoff an Mommsen am 29.12.1901, Mommsen an Althoff am 30.12.1901 und Althoff an Mommsen am 01.01.1902 (Entwurf, in: GStA PK, VI. HA, NL Althoff, Nr. 216, Bl. 223^{rv}, 224^{rv}, abgedruckt bei *Rebenich*, Mommsen-Harnack, Nr. 257, 258, 260 und *Rebenich/Franke*, Mommsen-Althoff, Nr. 666, 668, 669); s. auch die Briefe Althoffs an Mommsen vom 22. und 24.11. und Mommsens an Althoff vom 23. und 25.11. (abgedruckt ebd., Nr. 654, 656, 657, 660 und bei *Rebenich*, Mommsen-Harnack, 447–450).

138 Althoff an Schmoller am 25.12.1901 (a.a.O., NL Althoff, Nr. 216, Bl. 131^{r}; s.o. Anm. 136).

139 Vgl. *Rebenich*, Mommsen-Harnack, 452f.

140 S.u. dazu Teil IV, Abschnitt 3.3.1, S. 438.

141 Vgl. Harnack an Althoff am 29.12.1901 (Nr. 172, *Briefwechsel*).

142 Ebd.

was die preußische Professorenschaft als eine eindeutige Parteinahme für Althoff interpretierte.[143] Wilhelm II. war zuvor regelmäßig über den Entwicklungsstand der Planungen zur Gründung der Straßburger katholisch-theologischen Fakultät und den „Fall Spahn/Althoff" durch den Chef seines Geheimes Zivilkabinetts, den mit Althoff befreundeten Hermann von Lucanus, informiert worden.[144] Darüber hinaus hatte Wilhelm II. sich Ende Oktober von Harnack in Liebenberg über den „Fall Spahn" unterrichten lassen.[145] Weitere Gespräche dazu fanden nicht statt, obwohl die Presse Ende November die Nachricht verbreitete, dass Harnack, Schmoller und Kekulé bei einem Diner, das der Reichskanzler Bernhard von Bülow am 18. November 1901 gab, mit dem Kaiser über den „Fall Spahn" gesprochen hätten, was nach Harnacks Aussage nicht zutraf.[146]

Mommsens Protest und die sich anschließende Debatte um die Voraussetzungslosigkeit und Freiheit der Wissenschaft, die der „Fall Spahn" ausgelöst hatte, stand in zeitlicher Nähe zu ähnlichen Fällen, in denen die Freiheit der Wissenschaft gefährdet war. Es sei hier nur an die in der Zusammenarbeit zwischen Harnack und Althoff behandelten „Fälle Delbrück" 1895 und 1898, den „Fall Otto Baumgarten" 1902, die Konflikte um Heinrich Weinels Solinger Vorträge 1903, den noch zu erörternden sog. „Akademischen Kulturkampf" von 1905, den „Fall Franz Renz" 1906 sowie die „Fälle Albert Ehrhard und Joseph Schnitzer" 1907/08 hingewiesen.[147] Wie Harnack gegenüber Gustav Krüger im Dezember 1901 hervorhob, hatte Althoff im „Fall Delbrück" Mitte der 1890er Jahre und auch in anderen Fällen „wie ein Löwe für die Universitäten gekämpft", was den Ministerialdirektor in den Augen des Kirchenhistorikers allen von Mommsen und Michaelis geäußerten Vorwürfen enthob.[148]

---

143 Vgl. Lucanus an Althoff am 24.12.1901 (in: GStA PK, VI. HA, NL Althoff, Nr. 216, Bl. 124^{r}, Abschrift); Althoff an Lucanus am 25.12.1901 (ebd., Bl. 129^{r}, Abschrift); Althoff an von Hertling am 25.12.1901 (a.a.O., Nr. 212, Bl. 121^{r}–123^{r}: 122^{rv}); die zahlreichen Glückwunschadressen a.a.O., Nr. 216; *Sachse*, Althoff, 146 und *Rebenich*, Mommsen-Harnack, 451.

144 Vgl. GStA PK, I. HA, Rep. 89, Nr. 21695, Bl. 104–142; 176^{r}–198^{av}.

145 Vgl. Nr. 166, *Briefwechsel*.

146 Vgl. ebd. mit Anm. 5.

147 S.o. in diesem Teil, Abschnitt 3, S. 187–197. Baumgarten griff in seiner Rektoratsrede den Fall Spahn als Beispiel der Debatte über die Voraussetzungslosigkeit der Wissenschaft auf (vgl. *Baumgarten*, Voraussetzungslosigkeit, 7; s. dazu *Bassi*, Otto Baumgarten, 73f.; zum „Fall Baumgarten" s.o. in diesem Teil, Abschnitt 5.1, S. 209). Zu Weinels Solinger Vorträgen und der sich anschließenden Kritik s.o. in diesem Teil, Abschnitt 5.2, S. 216; zum „Akademischen Kulturkampf" s.u. in diesem Teil, Abschnitt 6.6, S. 268; zum „Fall Renz" s.u. in diesem Teil, Abschnitt 6.7, S. 271 sowie zu den „Fällen Ehrhard und Schnitzer" s.u. in diesem Teil, Abschnitt 6.10, S. 287 und in diesem Teil, Abschnitt 6.10, S. 291.

148 Nr. 170, *Briefwechsel*.

Mit Blick auf die gesamte Korrespondenz zwischen Harnack und Althoff lässt sich abschließend feststellen, dass die Gründung der Straßburger katholisch-theologischen Fakultät und der „Fall Spahn/Althoff“ zwar für das Vertrauensverhältnis zwischen Harnack und Althoff bedeutsam waren, aber keineswegs die dominierenden Themen der Jahre 1900 und 1901 darstellten. Vielmehr beschäftigten sich die beiden 1900 mit der Reform des höheren Schulwesens und 1901 mit dem Neubau der Königlichen Bibliothek und eines zweiten Universitätsgebäudes, leiteten die Reorganisation des Preußischen Historischen Instituts in Rom in die Wege, planten eine „Akademie für deutsche Litteratur“ in Weimar und akademische Stellen für die „Deutsche Kommission“ und setzten sich mit Vorgängen in Posen 1901 auseinander.[149] Die Bedeutung des „Fall Spahn/Althoff“ lag schließlich darin, dass sich die Arbeitsbeziehung zwischen Althoff und Harnack festigte, nachdem der Kirchenhistoriker sich öffentlich auf die Seite des Ministerialdirektors gestellt hatte. Harnack sicherte sich, der Berliner Universität und der Akademie dadurch das Wohlwollen des mächtigen Ministerialdirektors in wichtigen akademischen Projekten, wie Theodor Mommsen richtig beobachtete.[150] Mit Blick auf die Kirchengeschichte wird deutlich, dass sich in diesem Zusammenhang die gemeinsamen politischen Anliegen hinsichtlich des Katholizismus bestätigten, die sie in den kommenden Jahren bei anderen Anlässen, wie beispielsweise der Enzyklika von 1907, durchzusetzen suchten.[151] Außerdem nahm Harnack peripher auch auf die kirchenpolitischen Streitfälle der 1890er Jahre Bezug. Zugleich zeigt die Haltung, die Harnack sowohl während der Straßburger Fakultätsgründung als auch im Fall Spahn/Althoff einnahm, dass der Kirchenhistoriker immer mehr zum Universitäts- und Wissenschaftspolitiker avancierte und dabei die kirchenpolitischen und theologischen Perspektiven hintanstellte.

6.4 Catholica 1902/03

Althoff und Harnack besprachen im Jahr 1902 diverse Themen, die die katholische Kirche betrafen. Dazu leitete Althoff Harnack Briefe weiter, zu denen derjenige des Abtes des Klosters Maria Laach bei Mendig in der Eifel, Fidelis von Stotzingen, ge-

149 Vgl. Harnack an Mommsen am 28.11.1901 (in: *Rebenich*, Mommsen-Harnack, Nr. 229). Zum Bibliotheks- und Universitätsneubau s.u. Teil IV, Abschnitt 2.1, S. 397 und Teil IV, Abschnitt 2.1, S. 401; zur Reorganisation des PHI s.u. Teil IV, Abschnitt 1.2.2, S. 361; zu den akademischen Stellen Teil IV, Abschnitt 1.1.2, S. 359 und zur „Akademie für deutsche Litteratur“ s. Nr. 151 und 154, *Briefwechsel* sowie zum sog. „Wreschener Schulstreik“ s.o. in diesem Teil, Abschnitt 3, S. 193.

150 So auch *Rebenich*, Mommsen-Harnack, 455.

151 Zur Enzyklika von 1907 s.u. in diesem Teil, Abschnitt 6.10, S. 281.

hörte. Auch wenn sich der Zusammenhang nicht mehr rekonstruieren lässt, sei angemerkt, dass das Kloster Maria Laach zu den von Wilhelm II. besonders protegierten Benediktinerklöstern gehörte.[152]

Außerdem schickte Althoff Harnack Dokumente, wie beispielsweise den sog. „Jesuiteneid", die dieser begutachten sollte.[153] Harnack äußerte meist einen kurzen Kommentar zu den Dokumenten, der wahrscheinlich einen mündlichen Gesprächszusammenhang voraussetzte, der sich nicht immer rekonsturieren ließ.[154] Bei dem genannten „Jesuiteneid" handelte es sich um einen vermeintlichen Eid, den Jesuiten ablegen müssten. Er war 1890 in der protestantischen französischen Zeitschrift *Témoignage. Journal de l'Eglise de la Conféssion d'Augsbourg* in der Sparte Neuigkeiten veröffentlicht worden, um die schädigende Wirkung des Jesuitenordens in Deutschland zu illustrieren.[155] Um diesen Text beurteilen zu können, holte Althoff neben dem Harnackschen Gutachten eines bei einem Pfarrer Tilmann, bei dem es sich möglicherweise um den Koblenzer Pfarrer Franz Tilmann handelte, und eines bei dem Prokurator der deutschen Ordensprovinz der Jesuiten, Engelbert Pütz, ein.[156] Der „Jesuiteneid" hätte, wenn er echt gewesen wäre, insofern ein kirchenpolitisches Problem dargestellt, als er den Jesuiten riet, den Gehorsam gegen jede „ketzerische oder protestantische Macht", somit auch gegen die protestantisch dominierte deutsche Staatsgewalt, zu verweigern.[157] Da alle Befragten, Harnack, Tilmann und Pütz, das Dokument als eine Fälschung identifizierten, unternahm Althoff keine weiteren Schritte.[158] Die Jesuitenfrage war aber 1903 insofern aktuell, als das Zentrum wiederholt versuchte, das Jesuitengesetz, das u.a. das Verbot der Gesellschaft Jesu im Deutschen Reich beinhaltete, aufzuheben, was ihm schließlich 1904 gelang.[159] Harnack äußerte sich 1904 nicht zur Aufhebung des Jesuitengesetzes, obwohl er noch

152 Vgl. Harnack an Althoff am 07.11.1902 (Nr. 190, *Briefwechsel*) und *Strötz*, Wilhelm II. und der Katholizismus, 192 und *Hoffmann*, Wilhelm II. und der Benediktinerorden.

153 Vgl. den „Jesuiteneid" o.D. (Nr. 175.1, *Briefwechsel*).

154 Vgl. Nr. 175, *Briefwechsel* und Nr. 190, *Briefwechsel*. Mündlich hatten Althoff und Harnack offenbar über die Möglichkeiten zur Ehescheidung in der katholischen Kirche gesprochen (vgl. Nr. 194, *Briefwechsel*).

155 Vgl. *Redaktion*, Nouvelles, Allemagne.

156 Vgl. Nr. 175, *Briefwechsel* und die Stellungnahmen, in: GStA PK, VI. HA, NL Althoff, Nr. 1033, Bl. 64^r–65^v; 66^r–67^r.

157 Nr. 175.1, *Briefwechsel*.

158 Im Geheimen Zivilkabinett Wilhelms II. war der „Jesuiteneid" auch ein Thema gewesen, nachdem Kardinal Kopp sich an den Kaiser gewandt hatte (vgl. die Akten in: GStA PK, I. HA, Rep. 89, Nr. 24155, Bl. 273^r–276^r).

159 Vgl. *Schatz*, Geschichte dt. Jesuiten, 1872–1917, 298–305.

in den 1890er Jahren die Wiederzulassung der Jesuiten in Deutschland abgelehnt hatte, da er ihnen unterstellte, den Staat zu unterminieren.[160]

Die Auseinandersetzung zwischen der Kurie und der deutschen Reichsregierung über die Ernennung katholischer Professoren während der Fakultätsgründung in Straßburg fand 1903 ihre Entsprechung in der Benennung katholischer Religionslehrer an den konfessionell-paritätischen Schulen in Trier. Den diplomatischen Verhandlungen, die der königlich-preußische Gesandte beim Päpstlichen Stuhl, Wolfram von Rotenhan, führte, war der sog. „Trierer Schulstreit" vorausgegangen.[161] Der Bischof des Bistums Trier, Michael Felix Korum, hatte durch eine Kanzelabkündigung und unter Androhung des Entzugs der Absolution den katholischen Eltern verboten, ihre Kinder an konfessionell-paritätische Schulen zu schicken. Dieses Verbot bezog sich zuvorderst auf die höhere konfessionell-paritätische Töchterschule und das angeschlossene Lehrerinnenseminar in Trier. Da eine solche kulturkämpferische Maßnahme nicht im Sinne der römischen Kirchenpolitik war, veranlasste das Kardinalskollegium unter der Leitung des Kardinalstaatssekretärs Mariano Rampolla die Revision der Verlautbarung durch Korum.[162] Außerdem forderten die Kardinäle den Trierer Bischof Korum mittels des Fürstbischofs von Breslau von Kopp auf, Religionslehrer:innen für die konfessionell-paritätischen Schulen in Trier zu benennen, die das preußische Kultusministerium dann einstellen werde.[163] Wie schon die Gründung der katholisch-theologischen Fakultät in Straßburg zeigt auch die Angelegenheit des „Trierer Schulstreits", dass dem Päpstlichen Stuhl Anfang des 20. Jahrhunderts daran gelegen war, gute Beziehungen zu Preußen und zum Deutschen Reich zu pflegen und keinen erneuten Kulturkampf aufkommen zu lassen.

Zwischen Harnack und Althoff war die Angelegenheit wahrscheinlich in persönlichen Gesprächen ein Thema. Harnack berichtete Althoff anschließend brieflich, dass er mit Wilhelm II. über Korum gesprochen habe.[164] Der Kaiser goutierte das Vorgehen seiner Staatsregierung, indem er kommentierte:

---

160 Vgl. *Harnack*, Rez.: Hoensbroech, 1891 und *Nottmeier*, Harnack, 319f.

161 Zum „Trierer Schulstreit" vgl. *Wippermann*, Deutscher Geschichtskalender für 1903, 202–212, *Korum*, Unerbauliches aus der Diözese Trier, *Penzler*, Bülows Reden, 425–433, *Treitz*, Korum, 123–140, *Schiel*, Korum, *Persch*, Korum, *Lehmann*, Friedrich Delitzsch, 346, Anm. 1, *Embach*, Michael Felix Korum, 43f. und *Niehl*, Vom Katechismus zur Lebenswelt, 409. Ausführlich berichtete über den „Trierer Schulstreit" die *Chronik der Christlichen Welt* (vgl. *Redaktion*, Vom Trierer Schulstreit).

162 Reichskanzler und Außenminister Bernhard von Bülow informierte Wilhelm II. am 08.03.1903 über die öffentliche Revision der Verlautbarung (in: GStA PK, I. HA, Rep. 89, Nr. 23006, Bl. 38).

163 Vgl. den Bericht des Preußischen Gesandten beim Heiligen Stuhl in Rom, Wolfram von Rotenhan vom 13.03.1903 (in: GStA PK, I. HA, Rep. 76 I, Sekt. 28B, Nr. 40, Bd. 14, Bl. 97^r–98^v) sowie Rampolla an Georg Kardinal von Kopp am 10.03.1903 (ebd., Bl. 99^r).

164 Vgl. Harnack an Althoff am 24.02.1903 (Nr. 203, *Briefwechsel*).

> Wir haben in Rom angezeigt, daß ein Hauptmann sich etwas hat zu Schulden kommen lassen und sehen der Bestrafung durch den Obersten entgegen. Wir thun zunächst nichts u[nd] warten ab, was dort geschieht; aber die Protestanten sollen sich rühren.[165]

Am 8. März 1903 informierte Bülow Wilhelm II. schließlich, dass Korums Kanzelbekanntmachung aufgehoben worden sei.[166]

6.5 Heinrich Denifles „Luther und Luthertum" von 1904

Während die Gründung der katholisch-theologischen Fakultät in Straßburg und der Fall Spahn/Althoff nur periphere Beachtung unter evangelischen Theologen fanden, rief die Publikation des Unterarchivars in den Vatikanischen Archiven Heinrich Denifle O.P. über Martin Luther im Jahr 1904 eine breite akademische Debatte hervor, da sie das Herz der deutschsprachigen evangelischen akademischen Theologie traf: Die Bedeutung Luthers für das Luthertum und die deutsche Theologie. Harnack hatte bereits aus dem Bericht des Direktors des Historischen Instituts in Rom, Aloys Schulte, im Januar 1903 erfahren, dass Denifle eine Veröffentlichung zu Luther vorbereite.[167] Wie seine Rezension in der *Theologische Literaturzeitung* vom Dezember 1903 nahelegt, hatte er Denifles Werk mit Spannung erwartet.[168] Harnack kritisierte Denifles Darstellung Luthers und des Luthertums in seiner Rezension scharf, indem er das Buch ein „Schandmal für Luther" nannte.[169] Obwohl er bislang eine hohe Auffassung von Denifles Wissenschaftlichkeit und „Gelehrsamkeit" gehabt hatte,[170] die ihn 1890 zusammen mit Theodor Mommsen, Heinrich von Sybel, Ernst Dümmler und Gustav Schmoller motiviert hatte, die Aufnahme Denifles zum korrespondierenden Mitglied der Königlich Preußischen Akademie der Wissenschaften erfolgreich zu beantragen,[171] beurteilte er Denifles Lutherbuch enttäuscht als „so tendenziös, objectiv unwahr und erschreckend gemein", dass jegliche Erudition hinter

---

165 Ebd.

166 Vgl. Bülow an Wilhelm II. am 08.03.1903 (in: GStA PK, I. HA, Rep. 89, Nr. 23006, Bl. 38^{r}).

167 Vgl. Schultes Bericht o.D. [Januar 1903] (Nr. 202.2, *Briefwechsel*).

168 Vgl. *Harnack*, Rez.: Denifle, 1903 und *Denifle*, Luther und Luthertum. Obwohl die Titelei 1904 als Erscheinungsjahr angibt, erschien es bereits im Herbst 1903, nachdem am 7. Oktober das Imprimatur erteilt worden war (vgl. ebd., Impressum; s. *Arnold*, Denifle, 251).

169 *Harnack*, Rez.: Denifle, 1903, 689 (im Original gesperrt). Zu Harnacks Kritik an Denifles Lutherbuch vgl. *Zahn-Harnack*, Harnack, 417f., *Baumgarten*, Römische Erinnerung, 105, 113, *Meijering*, Hellenisierung des Christentums, 96f., *Rebenich*, Mommsen-Harnack, Nr. 12, Anm. 16, *Weitlauff*, Catholica non leguntur, 280–287 und *Arnold*, Denifle, 258f.

170 *Harnack*, Rez.: Denifle, 1903, 689 (im Original gesperrt).

171 Vgl. *Rebenich*, Mommsen-Harnack, Nr. 12, Anm. 15 und 16.

seiner Polemik verschwinde.[172] Auf Grund dieses Urteils war er überzeugt, sich „eine wissenschaftliche Auseinandersetzung mit dieser ‚Luther-Biographie‘ [...] ersparen“ zu können.[173] Denifle hatte eine solche erwartet und forderte sie in seiner Reaktion auf Harnacks Rezension noch einmal explizit ein, nachdem er Harnack und anderen evangelischen Theologen Unkenntnis und auch mangelnde Objektivtität gegenüber der scholastischen Theologie vorgeworfen hatte.[174] Denifle hatte nämlich in seinem Buch entgegen der durch den Titel *Luther und Luthertum in der ersten Entwickelung* evozierten Erwartung nicht die Anfänge der Wittenberger Reformation, sondern v.a. das Verhältnis Luthers zu Scholastik und zum Mönchtum behandelt. Obwohl Harnack eine wissenschaftliche Auseinandersetzung mit Denifle 1904 verweigerte, reagierte er 1909 auf dessen Kritik an seiner Darstellung Thomas von Aquins in der vierten Auflage seines *Lehrbuchs der Dogmengeschichte*.[175] Die Tatsache, dass Denifle sich in seinem Werk auf die scholastischen Ursprünge Luthers konzentriert hatte, womit er zwar einer katholischen Perspektive entsprach, innerhalb der evangelischen Theologie aber eher ein Randgebiet tangierte, mag auch dazu beigetragen haben, dass es Harnack, wie auch manch anderem evangelischem Theologen widerstrebte, sich wissenschaftlich mit dem Werk auseinanderzusetzen. Harnack hatte sich nämlich in seinem *Lehrbuch der Dogmengeschichte* nur oberflächlich mit der mittelalterlichen Theologie beschäftigt, die ihm primär als Hintergrund für die Reformation Luthers diente.[176] Außerdem fühlten sich die evangelischen Gelehrten durch Denifles scharfe antiprotestantische Polemik abgestoßen. Harnack schloss daraus abschließend, dass die zeitgenössische deutschsprachige katholische Theologie Denifles Buch ablehnen müsse. Die katholische Kirche und ihre Theologen müssten sich zu einer „unzweideutigeren Sprache entschließen“, wenn die Protestanten Denifles Buch nicht als erneute katholische „Kriegserklärung“ verstehen sollten.[177] Tatsächlich folgte der Würzburger Kirchenhistoriker Sebastian Merkle Harnacks Urteil, indem er in seiner eigenen Rezension der De-

172 *Harnack*, Rez.: Denifle, 1903, 689 (im Original gesperrt).

173 Ebd., 690.

174 Vgl. *Denifle*, Luther in rationalistischer und christlicher Beleuchtung. S.u. dazu in diesem Teil, Abschnitt 6.5, S. 264.

175 Vgl. *Denifle*, Luther und Luthertum, Bd. 2, 879–888 und *Harnack*, Dogmengeschichte, 4. Aufl., 1909, Bd. 3, 624, Anm. 1 und 3; s. dazu *Meijering*, Hellenisierung des Christentums, 58, 94.

176 In dem dreibändigen Lehrbuch umfasst das Mittelalter, das die Zeit von Gregor dem Großen und bis zum Anfang des 16. Jahrhunderts beinhaltet, nur knapp 400 Seiten, während die ersten sechs Jahrhunderte in den ersten zwei Bänden auf rund 700 bzw. 500 Seiten und die Reformationszeit bis zum Ende des 16. Jahrhunderts im dritten Band auf rund 200 Seiten erörtert werden (vgl. *Harnack*, Dogmengeschichte, 4. Aufl., 1909, Bd. 3, 269–658 [Mittelalter] sowie ebd., Bd. 1+2 sowie in Bd. 3, 3–269, s. dazu *Meijering*, Hellenisierung des Christentums, 58–60).

177 *Harnack*, Rez.: Denifle, 1903, 692.

nifleschen Lutherschrift seine Loyalität mit dem evangelischen Kirchenhistoriker bekundete.[178]

Denifles Buch kam für viele Protestanten in Deutschland in der Tat einer „Kriegserklärung“ gleich, wie die zahlreichen negativen Kritiken, u.a. von Reinhold Seeberg, Walther Köhler und Theodor von Kolde, ebenso vor Augen führen wie die Protestversammlungen, die zur Abwehr des Lutherbuches Denifles veranstaltet wurden.[179] Dazu trug auch bei, dass Denifle den evangelischen Theologen mangelnde Objektivität gegenüber bestimmten kirchenhistorischen Themen vorwarf und ihnen im Anschluss an die Debatte im Fall Spahn die Voraussetzungslosigkeit ihrer theologischen Wissenschaft absprach.[180] Auch Harnack beschäftigte der „Fall Denifle“ trotz seiner Weigerung, sich wissenschaftlich mit ihm auseinanderzusetzen, weiter, nachdem Denifle sich in einer im Februar 1904 erschienenen Schrift eigens mit Harnacks und Seebergs Kritik an seinem Lutherbuch auseinandergesetzt hatte.[181] Harnack erklärte daraufhin am 12. März 1904, dass er so lange nicht für eine wissenschaftliche Disputation zur Verfügung stehe, wie er von Denifle der „Lüge“ bezichtigt werde.[182] Denifle reagierte im Vorwort der im Mai 1904 erschienenen, zweiten Auflage des Lutherbuches nochmals auf Harnacks Erklärung und die ausgebliebene wissenschaftliche Auseinandersetzung, über die er sichtlich verärgert war.[183] In welchem Maße Harnack Denifles Vorwürfe gegen ihn als anstößig und beleidigend erachtete, zeigen seine Äußerungen gegenüber dem Münchner katholischen Theologen Josef Schnitzer anlässlich eines nicht näher zu identifizie-

---

178 Vgl. *Merkle*, Rez.: Denifle, Luther, 1239f. resp. 598f. und den Brief Merkles an Harnack vom 19.05.1904, in: *Weitlauff*, Catholica non leguntur, Anhang 2, 306f.; s. außerdem *Sachse*, Althoff, 149.

179 Vgl. die im Vorwort Denifles zur zweiten, im Mai 1904 erschienenen Auflage genannten protestantischen Theologen, Historiker und Philosophen (*Denifle*, Luther und Luthertum, 2. Aufl., IVf.): *Harnack*, Rez.: Denifle, 1903, *Seeberg*, Luther und Luthertum, *Hausrath*, Luthers Leben, *Haußleiter*, Luther im römischen Urteil, *Loesche*, Der vatikanische Luther, *Walther*, Denifles Luther, *Kolde*, Denifle, Unterarchivar des Papstes, *Fester*, Religionskrieg und Geschichtswissenschaft, *Köhler*, Wort zu Denifle's Luther, *Kawerau*, Anklage Denifles sowie des Philosophen *Baumann*, Denifle's Luther; s. außerdem *Nithack-Stahn*, Denifles Luther. Zu Denifles Lutherbuch und dessen Wirkung vgl. *Adams*, Kampf um Denifle's Lutherwerk und *Arnold*, Denifle; zu den katholischen Reaktionen vgl. ebd., 260–266 und *Körner*, Denifle, Luther.

180 Vgl. *Denifle*, Luther und Luthertum, 2. Aufl., 853, 860.

181 Vgl. *Denifle*, Luther in rationalistischer und christlicher Beleuchtung.

182 *Harnack*, Erklärung, 1904 mit Bezug auf *Denifle*, Luther in rationalistischer und christlicher Beleuchtung, 46, wo der Dominikaner Harnack der Lüge bezichtigte: „Nur ruhig Blut, Herr Harnack! eine derartige Lüge wäre allerdings für uns Katholiken eine Sünde, aber nicht für Sie und jene, welche *Luther* als ‚Konfessionsstifter‘ und ‚Reformator‘ ansehen. Dieser hat ja gelehrt, daß eine Notlüge, eine Nutzlüge, Hilfslügen nicht wider Gott seien und er (Luther) dieselben auf sich nehme“.

183 Vgl. *Denifle*, Luther und Luthertum, 2. Aufl., XI, XIX–XXI. Zu Seeberg ebd., XXI.

renden Nachrufs auf Denifle, den jener ihm nach dessen Tod 1905 hatte zukommen lassen:

> Besten Dank für den würdigen Nachruf, den Sie mir freundlichst übersandt haben. Ich stimme mit demselben, soweit ich mir ein Bild des entschlafenen P[ater] Denifle habe machen können, überein. Es ist mir leid, daß ich mit ihm in ein leidliches Verhältniß nicht mehr habe kommen können. Er hat in der zweiten Auflage seines „Luther" Vieles gemildert; aber das gegen mich Bemerkte hat er nicht *so* zurückgenommen, wie es sich gehört hätte. Ich bin persönlich nicht empfindlich, und es ist mir nicht schwer, über Beleidigungen hinwegzusehen; aber in diesem Fall war der Anstoß so grob und so öffentlich, daß ich leider nicht berechtigt war, ihn zu ignoriren.[184]

Zugleich empfand Harnack einen tiefen theologischen Gegensatz zwischen Denifle und sich, den er ebenfalls gegenüber Schnitzer artikulierte:

> Denifle wandelte unter uns als ein Bürger nicht einer zukünftigen, sondern einer | vergangenen Zeit. Um 600 Jahre zu spät geboren! Man kann auch von Solchen viel lernen, ja wir müßten wünschen, daß wir in Bezug auf jedes vergangene Jahrhundert einen solchen Spätling besäßen. Sie haben Auge und Interesse für geschichtliche Erscheinungen in ihrer Epoche, wo unsere Sinne und unsre Theilnahme erlahmt; sie entzünden uns ein Verständniß, das wir uns selber nicht mehr schaffen können. Ich habe den Entschlafenen auch stets für eine subjektiv ehrliche Natur gehalten, aber von einer solchen thomistischen Zuversicht und Parteilichkeit, daß die Wirkung nicht mehr wahrhaftig sein konnte. Zuletzt hat auch seine Arbeit in formaler Hinsicht unter dieser Last des Fanatismus gelitten: sein „Luther" steht nach Anlage und Ausführung nicht auf der Höhe seiner früheren Werke. Er hat etwas gekonnt, er hat viel gekonnt, und mehr gearbeitet als die Meisten – das muß uns genügen, um ihm ein dankbares Andenken zu wahren. Dieser Denifle wird bleiben; der Ketzermeister und der Imster Holzknecht sind begraben.[185]

In ähnlichem Tonfall reagierte der Kirchenhistoriker 1905 auf eine Würdigung des Lebenswerks Denifles, die der Eichstätter Scholastikforscher und Denifle-Schüler Martin Grabmann verfasst hatte und in deren Zusammenhang Harnack seine Kritik an Denifles Lutherbuch erneuerte.[186]

Auch Althoff beschäftigte die Publikation und die sich anschließende Kontroverse um Denifle, wenn auch nicht theologisch, sondern kirchenpolitisch, weil sie seines Erachtens den konfessionellen Frieden in Deutschland gefährdete, wie die

---

184 Harnack an Schnitzer am 05.07.1905 (in: BSB, Schnitzeriana, o.Bl.). Denifle war am 10. Juni 1905 während der Reise ins englische Cambridge, wo er einen Ehrendoktor erhalten sollte, in München verstorben (vgl. *Weitlauff*, Catholica non leguntur, 284).

185 Harnack an Schnitzer am 05.07.1905 (in: BSB, Schnitzeriana, o.Bl.). Imst in Tirol war der Geburtsort Denifles. Bei der Bezeichnung Holzknecht handelte es sich um eine Anspielung auf dessen bäuerliche Herkunft (vgl. *Schmaus*, Denifle, NDB).

186 Vgl. *Harnack*, Rez.: Grabmann, 1905 und *Grabmann*, Denifle. Würdigung Forschungsarbeit.

erwähnten evangelischen Rezensionen, die an Polemik nicht sparten, und die Protestversammlungen verdeutlichen. Er wandte sich deshalb an seinen römischen Vertrauten, den Freiherrn Georg von Hertling, der 1904 erneut in seinem Auftrag in Rom weilte und kurz zuvor den neuen Kardinalstaatssekretär Rafael Merry del Val für den Ministerialdirektor charakterisiert hatte.[187] Althoff informierte von Hertling unter der Hand, über den Unmut, den Denifles Buch in Deutschland hervorgerufen habe und über das ihm Besorgnis erregende Gerücht, dass in der nächsten Zeit eine „populäre Ausgabe" desselben erscheinen solle.[188] Außerdem riet er von Hertling, „ganz vertraulich bemerkt, einmal Merry del Val", der seit 1903 Kardinalstaatssekretär Pius' X. war, auf Denifle anzusprechen, da dieser ein „päpstlicher Beamter", nämlich Unterarchivar in den Vatikanischen Archiven, sei.[189] Althoff hoffte, dass eine solche kuriale Intervention den „Skandal" um Denifle beenden werde.[190] Von Hertling, der sich im Anschluss an Althoffs Schreiben in römischen Kreisen und auch bei Denifle selbst über die Sache informierte, konnte dem Ministerialdirektor zuerst versichern, dass eine „Volksausgabe" des Buches nicht geplant sei, sondern wahrscheinlich eine „Verwechslung" mit dessen Schrift gegen Harnack und Seeberg vorliege.[191] Des Weiteren beteuerte von Hertling, dass gerade die politische Aufregung, die Denifles Buch bewirkt habe, nicht im Sinne des Verfassers gewesen sei, und dass die polemischen Formulierungen in einer zweiten Auflage abgemildert werden sollten. Schließlich erwähnte er noch, dass Denifle „ein kranker Mann" sei – er hatte 1903, wie auch Harnack von Paul Fridolin Kehr wusste, einen Schlaganfall erlitten[192] –, weshalb die römischen Kreise „eine Vollendung des Werks", d.h. die Fertigstellung des auf zwei Bände angelegten Opus, für unwahrscheinlich erachteten.[193] Möglicherweise wollte von Hertling mit dem Verweis auf die Krankheit andeuten, dass sich der Fall in nächster Zeit von selbst erledigen werde.

Althoffs informelle Einflussnahme auf die römische Kurie und Denifle über von Hertling, die für den Ministerialdirektor typisch war, aber nicht den diplomatischen Gepflogenheiten entsprach, wurde in der Öffentlichkeit durch Zeitungsartikel

187 Vgl. von Hertling an Althoff am 06.02.1904 (Nr. 225, *Briefwechsel*).

188 Althoff an von Hertling am 29.02.1904 (Nr. 227, *Briefwechsel*); s. dazu *Sachse*, Althoff, 151f., *Nowak*, Einführung, 73 und *Rebenich*, Mommsen-Harnack, Nr. 12, Anm. 16. Althoff legte außerdem eine Mappe mit Zuschriften und Zeitungsartikeln zum „Fall Denifle" an (vgl. GStA PK, VI. HA, NL Althoff, Nr. 498).

189 Nr. 227, *Briefwechsel*.

190 Ebd.

191 Von Hertling an Althoff am 13.03.1904 (Nr. 230, *Briefwechsel*); so auch von Hertling an Althoff am 29.04.1904 (in: GStA PK, VI. HA, NL Althoff, Nr. 498, Bl. 21^r); vgl. *Denifle*, Luther in rationalistischer und christlicher Beleuchtung.

192 Vgl. Harnack an Kehr am 29.10.1903 (in: GStA PK, VI. HA, NL Kehr, Nr. 14, Bl. 235–236).

193 Nr. 230, *Briefwechsel*.

in der parteiunabhängigen, aber durchaus antiultramontanistischen Tageszeitung *Tägliche Rundschau* bekannt und erregte erwartungsgemäß Anstoß.[194] Nachdem in diesen Artikeln behauptet worden war, dass von Hertling Denifle im Auftrag Althoffs gedrängt habe, eine mögliche Volksausgabe zurückzuhalten, sah sich der Ministerialdirektor gezwungen, diese Behauptungen im Preußischen Abgeordnetenhaus zu dementieren.[195] Da von Hertling bedauerte, dass seine informellen Erkundigungen bei Denifle an die Öffentlichkeit gedrungen waren – durch wen bleibt unklar –, verfasste er eine Erklärung über seinen Kontakt mit Althoff im Fall Denifle, in der er die Zensur ebenfalls dementierte.[196] Die Erregung über Althoffs Einflussnahme verlief ebenso wie die akademische und kirchliche Unmut über Denifles Lutherbuch letztlich im Sande, wozu auch dessen früher Tod 1905 beigetragen haben mag.

Der Fall Denifle, d.h. auch Harnacks Reaktion darauf, war vermutlich primär im persönlichen Gespräch zwischen Althoff und Harnack thematisiert worden. Briefe Harnacks an Althoff und Althoffs an Harnack liegen in dieser Sache nämlich nicht vor, obwohl deutlich wird, dass beide sich intensiv mit der Angelegenheit beschäftigten. Der einzige schriftliche Nachweis, dass Harnack und Althoff sich darüber austauschten, liegt in der Korrespondenz des Ministerialdirektors mit von Hertling, die jener Harnack weiterleitete. Möglicherweise wollte Althoff den Kirchenhistoriker durch die Abschriften darüber in Kenntnis setzen, was er von Hertling tatsächlich geschrieben hatte, nachdem die Presse ihn der informellen Einflussnahme auf Denifle bezichtigt hatte. Vermutlich wollte Althoff Harnack außerdem beruhigen und ihm verdeutlichen, dass ein weiteres Engagement in dieser Angelegenheit unnötig bzw. kontraproduktiv sei, da es die konfessionelle Debatte nur noch mehr anheize.

Auch wenn es Denifle nicht mehr vergönnt war, den zweiten Band seines Werkes über *Luther und Luthertum* zu veröffentlichen, gelang es ihm doch noch vor seinem Tod einen Ergänzungsband zu seiner Lutherstudie zu veröffentlichen, der eine Zusammenstellung der okzidentalen Exegeten von Röm 1,17 bis zur Reformati-

194 Vgl. die Artikel vom 25.03. und vom 05.04.1904 in der *Täglichen Rundschau*, Nrn. 143 und 158 (auch in: GStA PK, VI. HA, NL Althoff, Nr. 498, Bl. 51 und 59). Zur *Täglichen Rundschau* s. *Pöhls*, Tägliche Rundschau.

195 Vgl. *Haus der Abgeordneten*, Berichte 1904, 3782f.

196 Vgl. die Erklärung von Hertlings vom 29.04.1904 (in: GStA PK, VI. HA, NL Althoff, Nr. 498, Bl. 21^{r}) und den Artikel *Dementi* in der der Zentrumspartei nahe stehenden Tageszeitung *Germania* Nr. 98 vom 30.04.1904 (auch ebd., Bl. 64; zur *Germania* s. *Stiegler*, Germania). Über von Hertlings Bedauern hatte Paul Fridolin Kehr Althoff bereits Anfang April in Kenntnis gesetzt (vgl. Kehr an Althoff am 07.04.1904, a.a.O., Nr. 499, Bl. 61^{r} – 62^{v}: 62^{rv}).

on enthielt.[197] Sein Mitbruder, der Dominikanerpriester Albert Maria Weiß, führte Denifles Arbeit fort, indem er zuerst einen weiteren Ergänzungsband veröffentlichte, der seine eigene, psychologisierende Lutherinterpretation darlegte.[198] 1909 ließ Weiß schließlich den zweiten Band des Denifleschen Lutherbuchs folgen, den Harnack in einer Rezension in den *Preußischen Jahrbüchern* ebenso verriss wie den ersten von Denifle selbst veröffentlichten.[199]

Die Kontroverse um Denifles Lutherbuch zeigt die Fragilität des konfessionellen Friedens in Deutschland, auf die Harnack 1907 in seiner Rede über *Protestantismus und Katholizismus* rekurrierte.[200] Friedrich Althoff war deshalb aus politischen Motiven daran gelegen, diesen Frieden zu stabilisieren und etwaige Kontroversen schnellstmöglich zu befrieden. Dazu bediente er sich meist, wie auch im Fall Denifles, der informellen Einflussnahme über seine Vertrauten und Berater. Das Publikwerden dieser Einflussnahme konterkarierte jedoch seine konfessionsversöhnende Intention, da er dadurch vielmehr den Eindruck erweckte, katholische Publikationen zu zensieren. Obwohl Harnack im Allgemeinen ebenfalls eine konfessionsversöhnende Kirchenpolitik verfolgte, konnte er im Fall Denifles nicht umher, sich gegen dessen theologische Polemik zu äußern. Denn dessen Publikation hatte das theologische Selbstbild des deutschen Protestantismus im Kern getroffen: die Interpretation Martin Luthers und seiner Bedeutung für die Reformation in Deutschland. Obwohl Harnack kein spezifischer Lutherforscher und auch in scholastischer Theologie, mit der Denifle sich in seiner Publikation intensiv beschäftigt hatte, wenig bewandert war, rezensierte er dessen Lutherbuch, nicht primär weil dieser dem evangelischen Kirchenhistoriker Unkenntnis der scholastischen Theologie vorgeworfen hatte, sondern um das Lutherbild Denifles abzuwehren.

6.6 Der sog. „Akademische Kulturkampf“

Als Nachwirkung zum „Fall Spahn/Althoff“ von 1901, der die Voraussetzungslosigkeit der Wissenschaft und eine von Konfessionalismus freie Wissenschaft gefordert hatte, verlangten liberale Studentenverbindungen und nicht-korporierte Studenten, die katholischen Studentenverbindungen um der akademischen Freiheit willen abzuschaffen.[201] Das studentische Bestreben wurde in der Forschung als „akademi-

197 Vgl. *Denifle*, Quellenbelege.
198 Vgl. *Weiß*, Lutherpsychologie.
199 Vgl. *Harnack*, Denifle, 1909 und *Denifle/Weiß*, Luther und Luthertum, 1909.
200 S.u. in diesem Teil, Abschnitt 6.9, S. 274.
201 Vgl. dazu zeitgenössisch *Anonym*, Zum Kampfe, 1905, *Studentenschaft TH Hannover*, Burschen heraus (mit Quellenpublikationen), *Anonym*, Hochschulstreit, 1905, *Sachse*, Althoff, 159–164 sowie

scher Kulturkampf" bezeichnet, womit die Autoren an die als „Kulturkampf" bezeichnete preußisch-römische Auseinandersetzung in den 1870er Jahren anschlossen. Wie aus den bereits genannten, den Katholizismus betreffenden Fällen und Kontroversen deutlich geworden sein dürfte, wollte die römische Kurie ebenso wie der preußische Staat ein Aufflammen dieser Auseinandersetzung um jeden Preis verhindern. In diesem Sinne lehnten sie die studentischen Forderungen, die einem antikatholischen Impuls entsprangen, ab. Zugleich betraf die Forderung, konfessionelle Verbindungen abzuschaffen, auch evangelische Verbindungen wie den „Wingolf".[202] Die studentischen Proteste verlagerten sich im Frühjahr 1905 schließlich auf das preußische Kultusministerium, weil sie durch dessen Hochschulpolitik, die auch die katholischen Studenten und Professoren fördere, die akademische Freiheit gefährdet sahen. Althoff versuchte die Proteste dadurch zu beruhigen, dass er selbst nach Hannover reiste, um mit den Studenten zu verhandeln.[203] Hannover war insofern eines der Zentren der Auseinandersetzung gewesen, als dort zu Beginn des Jahre 1905 900 von 1200 Studenten der Technischen Hochschule gegen die „Auflösung des anti-katholischen Studentenausschusses protestiert" hatten.[204] Außerdem rechtfertigte er seine Position am 23. Februar 1905 im Preußischen Abgeordnetenhaus, was Ablehnung und Zustimmung zugleich hervorrief.[205] Trotz Althoffs Bemühungen flauten die Proteste erst langsam ab. In Hannover gründeten die Studenten unterdessen eine antikatholische und antikonfessionelle „Freie Studentenschaft".[206]

Althoff stieß infolge dieser Proteste eine prinzipielle Debatte darüber an, wie sich Studentenausschüsse an den Hochschulen bilden und inwiefern die Hochschulleitungen die Bildung solcher Ausschüsse genehmigen dürften. Dabei ließ er sich von dem Juristen und Extraordinarius an der Berliner Universität, Conrad Bornhak beraten, der ihm bereits bei der Gründung der Straßburger katholisch-theologischen Fakultät zur Seite gestanden hatte. Außerdem diskutierte er die

die Akten in: GStA PK, VI. HA, NL Althoff, Nrn. 55–62; in der Forschung bisher *Stitz*, Der akademische Kulturkampf, *Brocke*, Hochschulpolitik im Föderalismus, 94, Anm. 3 und *Wipf*, Studentische Politik und Kulturreform, 91–98. Ders. insgesamt auch zu den nicht-korporierten Studenten, den sog. „Freistudentenschaften".

202 Vgl. ebd., 95. Zu den evangelischen Wingolf-Verbindungen s. *Waitz*, Geschichte Wingolfverbindungen. Zu den Ereignissen von 1904/05 s. ebd., 148f.

203 Vgl. den Bericht über das Treffen am 13.02.1905 (in: GStA PK, VI. HA, NL Althoff, Nr. 55, Bl. 2^r–15^r); s. auch *Wipf*, Studentische Politik und Kulturreform, 96.

204 *Wipf*, Studentische Politik und Kulturreform, 96.

205 Vgl. *Haus der Abgeordneten*, Berichte 1905, 10403–10470 und *Anonym*, Zum Kampfe, 1905, 519.

206 Vgl. *Wipf*, Studentische Politik und Kulturreform, 96.

Fragen bei der Hochschulreferentenkonferenz und der Konferenz der preußischen Hochschulrektoren.[207]

Im Anschluss an die Rechtfertigung Althoffs im Abgeordnetenhaus erschien ein Artikel in der *Straßburger Post*, der die Ausgewogenheit der Althoffschen Universitätspolitik und dessen Verteidigung der akademischen Freiheit in Straßburg betonte und den dieser Harnack kommentarlos weiterleitete.[208] Auch in diesem Fall ist ein mündlicher Austausch über die Angelegenheit möglich. Außerdem erneuerte Harnack, der die Position der protestierenden Studenten auch deswegen nicht teilte, weil er seit 1900 Ehrenphilister des Berliner Wingolfs war,[209] brieflich seine bereits 1901 öffentlich geäußerte Loyalität gegenüber Althoff, nachdem dieser aus der Professorenschaft erneut scharf angegriffen worden war.[210] In ähnlicher Weise versicherte der Göttinger Alttestamentler Julius Wellhausen Althoff im Juli 1905 seiner Unterstützung, um sich von den anhaltenden Angriffen der Öffentlichkeit und eines Teils der Professorenschaft abzugrenzen.[211] Harnack, dem Althoff die Korrespondenz mit Wellhausen weiterleitete, zeigte sich über dessen Äußerung sehr erfreut.[212]

Althoffs Bemühungen zeigen erneut seine konfessionsversöhnende Kirchen- wie auch seine auf Parität drängende Hochschulpolitik, die eine Gleichberechtigung des von Liberalen angegriffenen Katholizismus anstrebte. Diese Hochschulpolitik wurde zwar in der Öffentlichkeit attakiert und kritisiert, gerade aber von Theologen wie Harnack oder Wellhausen befürwortet, wahrscheinlich auch weil sie sich Althoffs Unterstützung erhofften, sollte die evangelische Theologie auch einmal der mangelnden Voraussetzungslosigkeit bzw. der Konfessionalität ihrer Wissenschaft bezichtigt werden.

---

207 Vgl. die Protokoll bei *Brocke*, Hochschulpolitik im Föderalismus, 89f., 93–95 sowie die Akten in: GStA PK, VI. HA, NL Althoff, Nr. 59 und 71.

208 Vgl. den anonym veröffentlichten Artikel eines ehemaligen Straßburger Studenten in der *Straßburger Post* vom 27.02.1905, Erste Mittag-Ausgabe, Nr. 213 (Nr. 256, *Briefwechsel*).

209 *Jantsch*, Harnack-Rade, 448, Nr. 205.

210 Vgl. Harnack an Althoff am 26. und 30.04. sowie am 11.06.1905 (Nr. 264, 265 und 270, *Briefwechsel*); s. dazu *Sachse*, Althoff, 162.

211 Vgl. Wellhausen an Althoff am 11.07.1905 (Nr. 279.1, *Briefwechsel*) sowie Althoff an Wellhausen am 02.08.1905 (Nr. 279.2, *Briefwechsel*).

212 Vgl. Harnack an Althoff am 28.09.1905 (Nr. 279, *Briefwechsel*).

6.7 Der „Fall Franz Renz"

Im sog. „Fall Renz" involvierte Althoff Harnack nicht direkt, setzte ihn aber über die unternommenen Maßnahmen in Kenntnis, die er mit seinem katholischen Berater dem Breslauer Fürstbischof Georg Kardinal von Kopp vereinbart hatte.[213] Zum „Fall Renz" war es im Wintersemester 1906/07 gekommen, nachdem der Münsteraner Bischof Hermann Dingelstad, der Franz Renz' Berufung 1903 nur unter Vorbehalt zugestimmt hatte, den katholischen Theologiestudenten den Besuch der Renzschen Vorlesungen verboten hatte. Renz' theologische Auseinandersetzung mit dem Opfercharakter der Eucharistie, den er in einer zweibändigen *Geschichte des Meßopferbegriffs* untersucht hatte, und seine religionsgeschichtlichen Forschungen zur Sündenfallgeschichte hatten die bischöfliche Reaktion evoziert.[214] Während Renz' Studien in der Wissenschaft, möglicherweise auch wegen der Rezeption aktueller religionsgeschichtlicher Ansätze, wie sie auch die religionsgeschichtliche Schule verfolgte, überaus positiv aufgenommen worden waren, lehnte der katholische Bischof von Münster eine solche Forschung unter seinen Theologieprofessoren ab.[215] Obwohl den Studenten nicht der Besuch der Renzschen Vorlesungen verboten werden musste, weil der Kirchenhistoriker diese frühzeitig absagte, hielt der Bischof seine prinzipielle Kritik aufrecht.[216] Da Althoff nach seinen Erfahrungen bei der Straßburger Fakultätsgründung fürchtete, dass der „Casus Renz", sollte er an die Öffentlichkeit gelangen, die Existenzberechtigung der katholisch-theologischen Fakultäten erneut in Frage stellen könne, drang er auf eine rasche und lautlose Lösung des Falls. Er schlug daher vor, Renz an die katholisch-theologische Fakultät in Breslau zu versetzen,[217] was ihm mit der Unterstützung des genannten Fürstbischofs Kopp gelang. Obwohl Renz der Fakultät oktroyiert wurde, fand er dort ab April 1907 wohlwollende Aufnahme. Darüber hinaus hatte der Fall zur Folge, dass Renz – auch wegen der genauen Beobachtung umstrittener katholischer Theologen nach der Modernismusenzyklika *Pascendi dominici gregis* von 1907 – nach 1907 keine kritische Studie mehr veröffentlichte, die dem religionsgeschichtlichen

213 Zum „Fall Renz" vgl. die Akte im NL Althoff, Nr. 651, Bl. 90^{r}–158^{v}, *Hausberger*, Renz, *Kleineidam*, Kath.-theol. Fakultät Breslau, 96f., *Trippen*, Theologie und Lehramt, 159f., 167, 319 sowie *Sachse*, Althoff, 128.

214 Vgl. *Renz*, Geschichte des Meßopfer-Begriffs und *Hausberger*, Renz.

215 Vgl. ebd.

216 Vgl. den Bericht des Universitätskurators Eberhard von Recke an Kultusminister Konrad von Studt vom 21.10.1906 (s. Nr. 346.1, *Briefwechsel*).

217 Vgl. Althoff an Kopp am 25.03.1907 (in: GStA PK, VI. HA, NL Althoff, Nr. 651, Bl. 13^{r}–14^{r}, Ausschnitt und Abschrift).

Ansatz folgte.[218] Im Juli 1907 erfuhr die Öffentlichkeit schließlich doch noch vom „Casus Renz", als die nationalliberalen Ideen nahestehende *Kölnische Zeitung* – wohl auch im Zusammenhang des am 3. Juli 1907 erschienenen *Syllabus errorum* – darüber berichtete.[219] Im Nachhinein, vermutlich im Frühjahr 1907, hatte Althoff Harnack die den „Fall Renz" betreffenden Unterlagen zugesandt, damit dieser sie möglicherweise verwerten könne.[220] Für welchen Zweck und ob Harnack die Akten überhaupt auswertete, ist zweifelhaft, da der Fall ansonsten keine Erwähnung fand. Möglicherweise ging dieser Zusendung erneut ein persönliches Gespräch voraus.

6.8 Zentrumspolitik

Zu den Themen der Tagespolitik, die gelegentlich Gegenstand des Briefwechsels zwischen Althoff und Harnack waren, zählte die durch das Zentrum bewirkte Reichstagsauflösung im Dezember 1906. Der Reichstag war am 13. Dezember 1906 aufgelöst worden, weil die Zentrumspartei den dritten Nachtragshaushalt abgelehnt hatte, den die Regierung zur Niederschlagung des Herero-Nama-Aufstandes in Südwestafrika nutzen wollte.[221] Harnack hatte bereits am 17. Dezember 1906 bei einem privaten Abendessen bei Bernhard von Bülow mit diesem über die „gegenwärtige Lage" konferiert und Althoff umgehend berichtet.[222] Außerdem bat der Kirchenhistoriker letzteren um ein persönliches Gespräch, weil er „viel zu erzählen [habe] u[nd] zum Schreiben [...] sich das Meiste nicht" eigne.[223] Infolgedessen leitete Althoff Harnack die Korrespondenz weiter, die er mit dem Zentrumsabgeordneten Georg Freiherr von Hertling in dieser Sache geführt hatte.[224] Der Ministerialdirektor hatte seinen katholischen Vertrauten aufgefordert, sich mit anderen konservativen Zentrumsabgeordneten gegen die liberale Fraktion um Matthias

---

218 Vgl. *Hausberger*, Renz und *Renz*, Moralsätze bezüglich Rationalisierung.

219 Vgl. die Artikel über *Die Bewegung gegen den Index in neuer Beleuchtung* in der *Kölnischen Zeitung* vom 16.07.1907, Nr. 743, über *Die Maßregelung des Theologieprofessors Renz in Münster* vom 18.07.1907, Nr. 751 und über den *Fall Renz in staatsrechtlicher Beleuchtung* vom 24.07.1907, Nr. 774. Zu dem als *Syllabus errorum* bezeichneten Dekret *Lamentabili sane exitu* s.u. in diesem Teil, Abschnitt 6.10, S. 281. Zur *Kölnischen Zeitung* s. *Potschka*, Kölnische Zeitung.

220 Vgl. Althoff an Harnack am 26.05.1907 (Nr. 346, *Briefwechsel* mit Nr. 346.1, *Briefwechsel*).

221 Zur Kolonialpolitik des Zentrums vgl. *Sachse*, Althoff, 154f., *Pehl*, Kolonialpolitik und Zentrum, bes. 64–88, *Loth*, Zentrum und Kolonialpolitik und *Löppenberg*, Praktizierter Zivilismus.

222 Harnack an Althoff am 18.12.1906 (Nr. 321, *Briefwechsel*).

223 Ebd. Ob bzw. wann es zu dem Gespräch lässt sich nicht nachweisen. Harnacks Bitte um ein Treffen Ende Dezember legt nahe, dass er Althoff möglicherweise noch nicht getroffen hatte (s. ebd., Anm. 4 und den Brief vom 29.12.1906, Nr. 322, *Briefwechsel*).

224 Vgl. die Nrn. 322 und 322.1–322.3, *Briefwechsel*.

Erzberger zusammenzutun.[225] Doch von Hertling lehnte Althoffs Vorschlag ab, das Zentrum neu zu formieren, was Harnack und Althoff enttäuschte.[226] Denn obwohl von Hertling, der selbst nicht an der Reichstagsabstimmung im Dezember teilgenommen hatte, die politische Situation als schwierig beurteilte, lehnte er die Neugründung einer „kirchlich-konservativen Partei" ab, weil für eine solche Partei keine Mehrheiten zu gewinnen seien.[227] Der Zentrumsabgeordnete blickte auch auf die anstehenden Reichstagswahlen pessimistisch, da er fürchtete, dass der Wahlkampf die Errungenschaften der Zentrumspolitik der vorhergehenden Jahre vernichten werde.

Nach von Hertlings negativer Antwort versuchten Althoff und Harnack über den pro-preußischen Katholiken und bereits erwähnten Straßburger Historiker Martin Spahn Einfluss auf die Reichstagswahlen zu nehmen.[228] Der Sohn des Zentrumsabgeordneten Peter Spahn zog zwar tatsächlich ein Reichstagsmandat in Erwägung, ließ seinen Überlegungen aber vorerst keine direkten Schritte folgen.[229] Erst 1910 wurde er für die Zentrumspartei in den Reichstag gewählt.[230]

Über diese Versuche politischer Einflussnahme Althoffs und Harnacks hinaus lässt sich im Kontext der genannten Reichstagsauflösung und der darauffolgenden Neuwahlen eine besondere Intensität des politischen Engagements bei letzterem feststellen. So unterstützte er die Kandidatur Friedrich Naumanns für den Reichstag[231] und nahm im Januar 1907 an der von seinem Schwager Hans Delbrück initiierten Gründungsversammlung des *Kolonialpolitischen Aktionskomités* teil, das die deutsche Kolonialpolitik unterstützen sollte.[232]

---

225 Vgl. Althoff an von Hertling am 18. und 27.12.1906 (Nr. 322.1 und 322.3, *Briefwechsel*).

226 Vgl. Harnack an Althoff am 29.12.1906 (Nr. 322, *Briefwechsel*); vgl. Althoff an von Hertling am 27.12.1906 (Nr. 322.3, *Briefwechsel*).

227 Hertling an Althoff am 20.12.1906 (s. Nr. 322.2, *Briefwechsel*).

228 Vgl. Nr. 323, *Briefwechsel*.

229 Vgl. Spahn an Althoff am 30.12.1906 mit Althoffs Kommentar vom 02.01. und Harnacks Bemerkung vom 04.01.1907 (Nr. 323, *Briefwechsel*).

230 S. das Biogramm, S. 561.

231 Vgl. *Nottmeier*, Harnack, 295. Auch Martin Rade engagierte sich seit der Reichstagswahl 1907 parteipolitisch (vgl. *Nagel*, Rade, 75–79).

232 Vgl. *Kolonialpolitisches Aktionskomité (Hg.)*, Reichstagsauflösung und Kolonialpolitik, 2, s. dazu *Nottmeier*, Harnack, 294 und *Bruch*, Gelehrtenpolitik, 184f. Harnacks Haltung gegenüber den Kolonien bzw. der in ihr betriebenen Mission ist bislang nicht adäquat erforscht. Im September 1900 hatte der Kirchenhistoriker sich vor dem Hintergrund des Boxeraufstandes bei der Generalversammlung des *Allgemeinen evangelisch-protestantischen Missionsvereins* (AEPM) zu den *Grundsätzen der evangelisch-protestantischen Mission* geäußert und dabei v.a. die Mission in China im Blick gehabt (vgl. *Harnack*, Grundsätze der Mission, s. dazu *Nottmeier*, Harnack, 363f.; zum AEPM s. *Kim*, Deutscher Kulturimperialismus in China, 117–124).

6.9 Harnacks Vortrag über *Protestantismus und Katholizismus* 1907

In nächster zeitlicher Nähe zu diesem politischen Engagement für die Kolonialpolitik der Regierung und gegen die Position des Zentrums hielt Harnack am 27. Januar 1907, also zwei Tage nach den Neuwahlen zum Reichstag am 25. Januar, anlässlich des 48. Geburtstages Wilhelms II. in der Aula der Berliner Universität seine Rede über *Protestantismus und Katholizismus.* Warum er für diesen Anlass, den Kaisergeburtstag, ausgerechnet das Verhältnis von Protestantismus und Katholizismus beleuchtete, lässt sich nicht letztgültig beantworten. Da Harnack nach eigener Aussage sein Manuskript „zwischen dem 2. und 11. Dezember [1906, C.K.] niedergeschrieben" hatte,[233] sollte jedoch nicht angenommen werde, dass er das Thema ursprünglich anlässlich der Reichstagsauflösung am 13. Dezember gewählt hatte, die, wie erwähnt, durch die Ablehnung eines Nachtragsetats durch das Zentrum zustande gekommen war. Gleichwohl darf der Vortrag mit Christian Nottmeier[234] in den Kontext seines politischen Engagements gerückt werden. Ob Harnack während bzw. kurz vor der Rede die vorhandenen Bezüge auf das Zentrum, auf die unten noch eingegangen werden wird, ergänzte, lässt sich nicht nachvollziehen. Festzuhalten ist jedoch, dass sein Schwager Delbrück die Publikation der Rede in den *Preußischen Jahrbüchern* nutzte, um gegen das Zentrum zu agitieren.

In theologischer Hinsicht ist die Rede in jedem Fall höchst bedeutsam, das sie Harnacks Haltung gegenüber dem Katholizismus am prägnantesten und zugleich am öffentlichkeitswirksamsten zum Ausdruck brachte. Er baute dabei auf einem Vortrag von 1891 auf, in dem er für den *Bund evangelischer Studierender zu Berlin* über die Frage *Was wir von der römischen Kirche lernen und nicht lernen sollen* reflektiert hatte.[235] Die Rede von 1907 thematisierte die „konfessionelle Spaltung", die nach Harnack in Deutschland eine chronische Krisis bewirkte.[236] Um die Krise zu überwinden, müsse gefragt werden, wie man den konfessionellen Frieden fördern könne. Den Zweiflern an der Möglichkeit einer Einheit entgegnete Harnack, dass das Christentum immer die „Einheit unter ihren Bekennern" angestrebt habe

233 *Harnack*, Protestantismus und Katholizismus, 1907a, 294, Asterisk.

234 Vgl. *Nottmeier*, Harnack, 293–301.

235 Vgl. *Harnack*, Was wir, 1891. Harnack setzte seine Rede von 1907 selbst in Kontinuität zu dem Vortrag von 1891 (vgl. *Harnack*, Protestantismus und Katholizismus, 1907a, 294, Asterisk und *Harnack*, Protestantismus und Katholizismus, 1907b, Rückseite der Titelei).

236 *Harnack*, Protestantismus und Katholizismus, 1907d, 228. Zu diesem Vortrag s. *Weitlauff*, Catholica non leguntur, 293–296 und *Nottmeier*, Harnack, 295–298. Zur Publikationsgeschichte des Vortrags s.u. Anm. 255.

und man sich nur aus religiöser und theologischer Trägheit der Frage entziehe.[237] Die Konfessionalisierung, die im 19. Jahrhundert noch einmal verstärkt worden sei, werde beispielsweise durch bikonfessionelle Ehen gemildert.[238] Möglicherweise hatte er dabei auch die Ehe seiner Schwiegereltern Karl und Johanna Thiersch vor Augen, von denen letztere katholisch getauft worden war. Denn er nahm an, dass in diesen Ehen trotz aller Unterschiede eine „innere Gemeinschaft" möglich sei, zumal wenn die Zugehörigkeit zu einer Konfession letztlich einem „Zufall" geschuldet sei.[239] Wahrscheinlich brachte er dieses Beispiel primär aus konfessionsversöhnlichen Motiven vor, da er zugleich nie Zweifel an der theologischen Überlegenheit des Protestantismus hegte.

Welche Art der konfessionellen „Annäherung" Harnack anstrebte, verdeutlichte er, nachdem er festgehalten hatte, dass er es grundsätzlich ablehne, die Religion zur Privatsache zu machen, da diese dadurch verkümmere.[240] Die konfessionelle Annäherung solle nicht in einer äußeren Vereinigung, sondern in einer „höhere[n] und innere[n] Einheit" bestehen, die eine Vielfalt der dogmatischen und religiösen Positionen anerkenne.[241] Eine solche geistige Einheit sei nur möglich, wenn die Kirchen ihren Anhängern mehr „Verinnerlichung und Freiheit" ermöglichten.[242] Um diese Annäherung zu erreichen, schlug Harnack vor, dass die „nicht berufsmäßig" mit der Kirche Beschäftigten, also die „Laien", sich primär als Christen und erst sekundär als Protestanten oder Katholiken verstehen sollten.[243] Für alle Hauptamtlichen bedeute dies im Umkehrschluss, dass sie die Bestrebungen der Laien nicht unterminieren dürften, sondern sie vielmehr durch geeignete Maßnahmen fördern sollten.

Der Kirchengeschichte kam nach Harnack bei der ökumenischen Annäherung eine Schlüsselstellung zu. Die kirchenhistorischen Erkenntnisse könnten Pfarrern und Theologen die Relativität kirchlicher Ordnungen und Dogmen vor Augen führen, wenn sie die konfessionellen Unterschiede reflektierten. Dazu hätten in jüngster Zeit gerade auch katholische Kirchenhistoriker beigetragen, von denen Harnack Louis Duchesne, Hippolyte Delehaye, Josef Schnitzer und später noch Franz Wieland hervorhob, mit denen er auch in persönlichem Kontakt stand.[244] Diese inter-

---

237 *Harnack*, Protestantismus und Katholizismus, 1907d, 229.
238 Vgl. ebd., 230.
239 Ebd., 231.
240 Ebd.
241 Ebd., 233.
242 Ebd., 234.
243 Ebd., 235.
244 Vgl. ebd., 236–238. Zu seinen Kontakten zu katholischen Theologen s.o. in diesem Teil, Abschnitt 6.9, S. 279.

konfessionelle Kooperation in der Wissenschaft sei eine weitere Möglichkeit, die den konfessionellen Frieden fördern könne.

Um seine theologische Beschäftigung mit den konfessionellen Unterschieden nachweisen zu können, thematisierte Harnack – wenn auch nur oberflächlich – die zentralen Themen, die die Spaltung zwischen Protestanten und Katholiken bestimmten. Die theologische Analyse basierte auf dem bereits erwähnten Prinzip der historischen Relativierung der Differenzen. Zuerst stellte Harnack fest, dass die Anerkennung der päpstlichen Autorität für die Protestanten weiterhin ausgeschlossen sei.[245] Die Unterschiede in der Rechtfertigungslehre seien jedoch relativ, da die Protestanten den aus Gnade geschenkten Glauben nie ohne die ihm zugehörige Liebe und die aus ihr folgenden Liebestaten verstünden, während die Katholiken jedes Verdienst nur als ein solches anerkennen würden, wenn es „der Gnade Gottes" und dem „Glauben" entspringe.[246] Des Weiteren sprach Harnack die Frage nach „Schrift und Tradition", nach dem Gottesdienst, d.h. der Messe, nach dem petrinischen Primat sowie nach Askese und Mönchtum an.[247] Keines der genannten Themen sah der Theologe gegenwärtig noch als zwingend kirchentrennend an. In seiner Argumentation setzte er jedoch voraus, dass sich das Christentum beider Konfessionen durch die Aufklärung verändert habe, womit wahrscheinlich weder kirchlich-orthodoxe Protestanten noch katholisch-thomistische Scholastiker übereingestimmt hätten.

Die von Harnack durchexerzierten Beispielthemen machen deutlich, dass ihm die konfessionelle Annäherung nur auf dem Weg der kirchengeschichtlichen Erkenntnis, die eine Relativierung zahlreicher strittiger Themen mit sich bringe, möglich erschien. Ergänzend zu dieser kirchenhistorischen Vorgehensweise resümierte er abschließend – im Rekurs auf Philipp Jacob Speners gleichnamige Programmschrift[248] – einige *Pia desideria*, die der Förderung des konfessionellen Friedens dienen sollten: 1. Die Bekämpfung der „Verquickung von Konfession und Politik", womit er insbesondere auf die Rolle der Zentrumspartei bei der erwähnten Reichstagsauflösung im Dezember 1906 anspielte;[249] 2. die Übung von Toleranz gegenüber den Theorien und Praktiken der anderen Konfession, ohne erneut in Disputationen

---

245 Vgl. *Harnack*, Protestantismus und Katholizismus, 1907d, 239–241.

246 Ebd., 241f.

247 Vgl. ebd., 243–247.

248 Harnack hatte Spener bereits 1900 in einem Aufsatz über *Das geistige und wissenschaftliche Leben in Brandenburg-Preußen um das Jahr 1700* – ein Nebenprodukt seiner Akademiegeschichte (vgl. *Harnack*, Geschichte der Akademie, 1900) – als „anerkannte[n] Führer" des „Pietismus" gewürdigt, den er als „eine Reformation, die nicht nur der Frömmigkeit und Kirche, sondern auch dem ganzen geistigen Leben der Nation zu Gute kommen solle", verstand (*Harnack*, Das geistige und wissenschaftliche Leben, 1900, 175).

249 Vgl. *Harnack*, Protestantismus und Katholizismus, 1907d, 247f. Unter dem gleichnamigen Titel veröffentlichte Harnack 1911 weitere Überlegungen zu *Konfession und Politik*, in denen er das und Vorwürfe zu verfallen, und 3. die Verbesserung des gegenseitigen Verständnisses, das durch den wechselseitigen Besuch der theologischen Vorlesungen der anderen Konfession, regelmäßige Treffen zwischen Theologen beider Konfessionen sowie durch mehr Freiheit und Toleranz von Seiten der Kirchenleitungen gegenüber ökumenischen Bestrebungen zu erreichen sei.[250] Auf diesen Maßnahmen baute schließlich Harnacks Hoffnung, dass die Mitglieder der großen Kirchen in Deutschland zunehmend „die Einheit im Geiste pflegen" würden und dadurch das Einende der christlichen Religion stärker als das Trennende empfunden werde.[251] Die Reaktionen des Publikums nach seiner Rede waren – wie seine Tochter Agnes von Zahn-Harnack zu berichten wusste – erst einmal von einer „eisige[n] Kühle" geprägt.[252] Harnacks konfessionsversöhnende Haltung, seine Vorschläge zu einer Ökumene der Theologen und der „Laien" sowie seine Position, die er gegenüber seiner eigenen Konfession einnahm und die er als zufällig beschrieb, erscheint umso erstaunlicher, wenn man bedenkt, dass er diese Meinung vor dem Summepiskopus der preußischen Landeskirche, Wilhelm II., äußerte. Dieses Erstaunen lässt nach, wenn man dessen Haltung gegenüber dem Katholizismus betrachtet, das sich ebenfalls durch Konzilianz und eine versöhnliche Kirchenpolitik auszeichnete, die auf eine Normalisierung der Beziehungen nach dem Ende des Kulturkampfes abzielte.[253]

Die dargestellte Rede rief in evangelischen wie katholischen Kreisen ein großes Echo hervor, von denen aus dem Protestantismus Ernst Troeltschs positive Reaktion hervorgehoben sei, während auf diejenigen aus dem Katholizismus unten noch näher eingegangen werden wird.[254] Die Rede erschien Ende Januar 1907 in den *Preußischen Jahrbüchern*, von deren Abzügen er Althoff – vermutlich am 28. Januar – „das erste Exemplar" zusandte.[255] Althoff dankte Harnack bereits am nächsten Tag

---

Zentrum als Partei ablehnte (vgl. *Harnack*, Konfession und Politik, 1911). Zu Harnacks Haltung zum Zentrum vgl. *Nottmeier*, Harnack, 327–331. Im Dezember 1906 hatte Harnack sich, wie erwähnt, kurz gegenüber Althoff zum Zentrum, dessen Haltung zur Kolonialpolitik und der Position Georg Freiherr von Hertlings im Zentrum geäußert (vgl. Harnack an Althoff am 29.12. und 30.12.1906 sowie die Briefe Althoffs und von Hertlings, Nr. 322–323, *Briefwechsel*; s.o. dazu in diesem Teil, Abschnitt 6.8, S. 272 und Anm. 221.

250 Vgl. *Harnack*, Protestantismus und Katholizismus, 1907d, 248f.

251 Ebd., 249f.

252 *Zahn-Harnack*, Harnack, 412.

253 Vgl. dazu *Strötz*, Wilhelm II. und der Katholizismus und *Markschies*, Der Kaiser als Hobbywissenschaftler, 99f.

254 Vgl. Troeltsch an Harnack am 19.05.1907 (in: *Troeltsch*, Briefe III, KGA 20, 219f.). Zur Rezeption vgl. *Nottmeier*, Harnack, 298f.

255 Vgl. Nr. 326, *Briefwechsel* und *Harnack*, Protestantismus und Katholizismus, 1907a. Der Vortrag erschien 1907 außerdem in der Reihe der *Berliner Gelegenheitsschriften* des Universitätsfür die „auch staatsmännisch hochbedeutsame Rede“, womit er möglicherweise auf den genannten Zusammenhang der Reichstagspolitik anspielte.[256]

Von katholischer Seite reagierten mehrere reformorientierte Kirchenhistoriker, darunter der Würzburger Sebastian Merkle, der französisch-römische Forscher Louis Duchesne und der Brüsseler Bollandist Hippolyte Delehaye, mit Zustimmung auf Harnacks Rede, die er ihnen zugesandt hatte.[257] Den Dankesbrief des Münchner Kirchenhistorikers Joseph Schnitzer, der sich wissenschaftlich mehr in der Tradition evangelischer Theologen wie Harnack oder Julius Wellhausen als in derjenigen seiner katholischen Kollegen wie Franz Xaver Kraus, Herman Schell oder Albert Ehrhard verstand,[258] leitete Harnack Althoff wegen der von ihm formulierten hochschulpolitischen Anregungen weiter.[259] Schnitzer schlug vor, dass das Kultusministerium der universitären Ausbildung katholischer Priesterseminaristen mehr Aufmerksamkeit schenken solle, damit diese nicht an die von der Kirche unterhaltenen Lyzeen und Seminare abwanderten, in denen sie in ultramontaner Richtung geprägt würden.[260] Außerdem stimmte Schnitzer dem Vorschlag, den Harnack in seiner Rede formuliert hatte, zu, dass die Theologen beider Konfessionen die Vorlesungen der jeweils anderen besuchen sollten.

Die drei genannten Kirchenhistoriker Merkle, Delehaye und Duchesne äußerten sich sowohl brieflich als auch durch Rezensionen zu anderen Schriften Harnacks oder nahmen auf diese in ihren eigenen Veröffentlichungen Bezug.[261] Und

---

Buchdruckerei von Gustav Schade (vgl. *Harnack*, Protestantismus und Katholizismus, 1907c) und als Sonderdruck im Verlag der Preußischen Jahrbücher von Georg Stilke (vgl. *Harnack*, Protestantismus und Katholizismus, 1907b). Für die Veröffentlichung bei Stilke ergänzte Harnack den Vortrag um einige Anmerkungen, die auch die Publikation im ersten Band der *Reden und Aufsätze. Neue Folge* mit dem Titel *Aus Wissenschaft und Leben* 1911 enthält (vgl. *Harnack*, Protestantismus und Katholizismus, 1907b, 17f., Asterisk die letzten zwei Sätze, 22, einfacher und doppelter Asterisk, 25, Anm. Asterisk, so auch in: *Harnack*, Protestantismus und Katholizismus, 1907d, 239, Anm. 1 die letzten zwei Sätze, 243, Anm. 1 und 2, 246, Anm. 1).

256 Althoff an Harnack am 29.01.1907 (Nr. 327, *Briefwechsel*).

257 Vgl. Merkle an Harnack am 13.02.1907 (vgl. auch dessen Rezension der Rede, *Merkle*, Harnack als Ireniker), Duchesne an Harnack am 15.02.1907 und Delehaye an Harnack am 09.02.1907, in: *Weitlauff*, Catholica non leguntur, Anhang 3–5, 307–309; s. auch *Zahn-Harnack*, Harnack, 414. Zu Harnacks Kontakt zu diesen Theologen s. in diesem Teil, Abschnitt 6.9, S. 279.

258 Vgl. *Weiß*, Modernismus in Deutschland, 317 und *Wolf*, Der Historiker, 78.

259 Vgl. Schnitzer an Harnack am 07.02.1907 (Nr. 329.1, *Briefwechsel*, abgedruckt bei *Weitlauff*, Catholica non leguntur, Anhang 6, 309–311) und Harnack an Althoff am 08.02.1907 (Nr. 329, *Briefwechsel*).

260 Vgl. Nr. 329.1, *Briefwechsel*.

261 Vgl. Merkle an Harnack am 19.05.1904 zum Lutherbuch Heinrich Denifles (abgedruckt bei *Weitlauff*, Catholica non leguntur, Anhang 2, 306f.); zu Merkle im Kontext des deutschen Modernismus vgl. *Weiß*, Modernismus in Deutschland, 441–456.

auch Harnack schätzte die kirchenhistorischen Arbeiten Duchesnes, Delehayes und Schnitzers, wie seine Korrespondenzen zu Angelegenheiten der Kirchenväter-Kommission und die Rekurse auf ihre Werke in der Kaiserrede von 1907 beweisen.[262] Ähnliche Beachtung hatte Harnack auch dem Dillinger katholischen Theologen Franz Wieland geschenkt, dessen Werk über *Mensa und Confessio. Studien über den Altar der altchristlichen Liturgie* er in einer Rezension positiv besprach und den er in seiner Rede 1907 ebenfalls nannte.[263]

Wegen ihrer wissenschaftlichen Rückgriffe auf den evangelischen Patristiker Harnack mussten die genannten katholischen Kirchenhistoriker mit einer Diffamierung in der katholischen Kirche rechnen. Nachdem Wielands Werk zum altchristlichen Altar in der katholischen Kirche zuerst wohlwollend aufgenommen worden war, wurde es aufgrund der Kritik des Jesuiten Emil Dorsch und des Lobes von Harnack diskreditiert.[264] Delehaye erhielt für seine Rezension über Harnacks *Mission und Ausbreitung* eine Bemerkung der Indexkongregation.[265] Und Duchesnes Werk *Histoire ancienne de l'Église* wurde 1910 indiziert.[266] Bis auf Delehaye mussten sich die genannten Kirchenhistoriker Duchesne, Merkle, Schnitzer und Wieland nach der Enzyklika von 1907, auf deren Beurteilung durch Althoff und Harnack noch eingegangen werden wird, dem Verdacht des Modernismus erwehren und einzelne ihrer Schriften wurden auf den Index gesetzt.[267]

---

262 Vgl. *Harnack*, Protestantismus und Katholizismus, 1907d, 237, 244, *Weitlauff*, Catholica non leguntur, 259–261 und oben in diesem Teil, Abschnitt 6.1, S. 234. Quantin und Waché hingegen betonen v.a. die konfessionelle Distanz zwischen Duchesne und Harnack (vgl. *Waché*, Monseigneur Duchesne, bspw. 362).

263 Vgl. *Harnack*, Rez.: Wieland, 1906, *Harnack*, Protestantismus und Katholizismus, 1907d, 244 und *Wieland*, Mensa und Confessio.

264 Vgl. *Weiß*, Modernismus in Deutschland, 415–418 und *Weitlauff*, Catholica non leguntur, 275f., 297. Zu Wieland im Kontext des deutschen Modernismus s. *Weiß*, Modernismus in Deutschland, 410–425 und *Burkard*, Schatten des „Modernismus", 384–393.

265 Vgl. *Joassart*, Hippolyte Delehaye, 178 und *Delehaye*, Rez.: Harnack, Mission.

266 Vgl. Duchesne an Harnack am 22.10.1910 (abgedruckt bei *Weitlauff*, Catholica non leguntur, Anhang 8, 313). Drei Briefe Harnacks an Duchesne vom 05.10.1884, 28.03.1890 und 08.02.1915, die sich auf Danksagungen für zugesandte Sonderdrucke beschränken, finden sich in der NAF (Bibliothèque Nationale de France, Paris, Département des manuscrits, Nouvelles acquisitions françaises, 17261, Bl. 532r–544r, *non vidi*, vgl. *Quantin*, Louis Duchesne, 350 mit Anm. 83).

267 Zu Schnitzers, Merkles und Wielands Verdächtigung als Modernisten vgl. *Burkard*, Schatten des „Modernismus"; zum Fall „Schnitzer" s.u. in diesem Teil, Abschnitt 6.10, S. 291. Zur Indizierung s. *Schepers*, Dokumentation Zensurverfahren, 580–583 (Merkle), 635–637 (Schnitzer), 663–666 (Wieland) (dazu auch *Wolf/Schepers*, Einleitung Dokumentation) und *Burkard*, Indizierung Merkles. Zur Indizierung der *Histoire ancienne* (*Duchesne*, Histoire ancienne) vgl. *Waché*, Monseigneur Duchesne, 538–613 und *Mores*, Duchesne all'Indice.

Basierend auf den von Harnack vorgeschlagenen Maßnahmen zur Förderung des ökumenischen Austauschs plante Friedrich Althoff eine Konferenz mit Theologen beider Seiten sowie „Lehrstühle für Allgem[eine] Religionswissenschaft“.[268] Althoff konnte die geplanten Kolloquien zwischen katholischen und evangelischen Theologen, zu denen er die genannten katholischen Theologen Albert Ehrhard, Josef Schnitzer, Sebastian Merkle und den bislang nicht erwähnten Frauenburger Domherrn Julius Pohl einladen wollte,[269] wahrscheinlich nicht mehr umsetzen, da er bereits im September 1907 endgültig aus dem Kultusministerium ausschied. Warum er in diesem Zusammenhang auf religionswissenschaftliche Lehrstühle einging, muss allerdings offen bleiben, da sich keine Hinweise dazu in Althoffs Akten finden.

Des Weiteren bewirkte Harnacks Anregung, dass Theologen beider Konfessionen wechselseitig ihre Vorlesungen besuchen möchten, an den theologischen Fakultäten in Breslau, dass der Honorarprofessor für Praktische Theologie und Kirchengeschichte Karl Alfred von Hase ein öffentliches Kolleg über die „Wiedervereinigung der getrenn[t]en Kirchen“ las, das der Dompropst und Honorarprofessor Carl Seltmann, ein Pionier der ökumenischen Bewegung, besuchte, um im darauffolgenden Semester über dasselbe Thema vorzutragen.[270] Althoff informierte Harnack über diese Nachwirkung seiner Rede, indem er ihm das Schreiben Seltmanns an den Kaiser weiterleitete.[271] Die Lektüre des Schreibens veranlasste Harnack nur zu der Aussage „Und sie bewegt sich doch“, womit er – einen mutmaßlichen Ausspruch Galileo Galileis zitierend – auf die katholische Kirche anspielte, die sich entgegen allen Vorurteilen weiterentwickele. Die Breslauer Vorlesungen Hases und Seltmanns, Schnitzers Anregungen ebenso wie die Zuschriften katholischer Theologen zeigen, dass Harnacks Rede insbesondere im reformorientierten deutschen Katholizismus positive Aufnahme fand und dieser sogar versuchte, einige seiner Vorschläge direkt zu realisieren.

Gleichzeitig muten die Vorschläge angesichts des katholischen Antimodernismus merkwürdig naiv an bzw. zeugen von den ökumenischen Gedanken eines relativ kleinen Zirkels evangelischer und katholischer Theologen, die an konfessionsversöhnenden und ökumenischen Initiativen interessiert waren und ihre Kooperation auf einer gemeinsamen historistischen Theologie aufbauten. Da die konziliante Haltung gegenüber dem Katholizismus auch von höchster Stelle durch Wilhelm II. unterstützt wurde, war es Althoff, der sie auch persönlich befürwortete, möglich, diese kirchen- und hochschulpolitisch zu fördern. Möglicherweise sollte die konfes-

268 Notizen Althoffs zu „der Rede von Harnack“ o.D. [Februar 1907] (Nr. 327.1, *Briefwechsel*); vgl. *Harnack*, Protestantismus und Katholizismus, 1907d, 248f.

269 Vgl. Nr. 327.1, *Briefwechsel*.

270 Vgl. Seltmann an Wilhelm II. am 16.06.1907 (Nr. 353, *Briefwechsel*); s. dazu *Sachse*, Althoff, 151.

271 Vgl. Althoff an Harnack am 08.07.1907 (Nr. 353, *Briefwechsel*).

sionsversöhnende und konziliante Kirchenpolitik Preußens gegenüber dem deutschen Katholizismus auch einen Gegenpol gegen die antimodernistische Kirchenpolitik Roms bilden. Welche Veränderung die im September 1907 veröffentlichte antimodernistische Enzyklika *Pascendi dominici gregis* in dieser Position bewirkte, wird sich im Folgenden zeigen.

6.10 Die Enzyklika *Pascendi dominici gregis* 1907 und ihre Auswirkungen

Das am 3. Juli 1907 von der Indexkongregation im Auftrag des Papstes veröffentlichte, auch als *Syllabus errorum* bezeichnete Dekret *Lamentabili sane exitu* beschäftigte auch Harnack und Althoff.[272] Der Kirchenhistoriker hatte zuerst angefangen, einen Kommentar zu dem Syllabus zu verfassen, hatte dieses Vorhaben aber bald abgebrochen, weil er meinte, dass er den „liberalen und patriotischen Katholiken", zu denen er wahrscheinlich die zuvor genannten Theologen Merkle, Schnitzer und Wieland zählte, und denen er eigentlich zur Hilfe kommen wolle, durch eine Veröffentlichung schaden werde.[273] Diese Beobachtung lässt darauf schließen, dass Harnack sich der zwiespältigen Wirkung bewusst war, die der Rekurs auf die katholischen Kirchenhistoriker in seiner Rede vom Januar 1907 zur Folge gehabt hatte. Bei der Beschäftigung mit dem Syllabus stellte Harnack außerdem fest, dass dieser zwar bestimmte Sätze von Modernisten verwarf, aber nicht selbst formulierte, was die römisch-katholische Theologie vertrat. Durch dieses Vorgehen genehmige das katholische Lehramt implizit all die Ansichten, die es zuvor nicht explizit verworfen habe.[274] Schließlich sei der Syllabus von 1907 positiver als derjenige zu beurteilen, den Pius IX. 1864 veröffentlicht hatte. Der neuere halte sich „fast vollkommen auf dem rein kirchlichen Gebiet" und lasse Themen wie die Schulaufsicht oder das Verhältnis von Staat und Kirche außen vor, worin Harnack einen Erfolg des Staates bei der Einhegung der Kirche sah.[275] Seine Entscheidung, den Syllabus nicht zu kommentieren, entsprach offensichtlich nicht seiner ersten Reaktion. Vielmehr hatte die päpstliche Veröffentlichung Harnack zuerst dazu veranlasst, eine Stellungnahme zum Syllabus zu entwerfen, wie er sie 1894 zu dem Rundschreiben Leos XIII., 1907

---

272 Vgl. *Denzinger/Hünermann*, Kompendium der Glaubensbekenntnisse, 3401–3466; s. dazu *Trippen*, Theologie und Lehramt, 19f.

273 Vgl. Harnack an Althoff am 26.07.1907 (Nr. 355, *Briefwechsel*).

274 Vgl. Nr. 355, *Briefwechsel*: „Da er immer nur die Gegenlehre verwirft, aber nicht sagt, was er selber will, fordert er gradezu dazu auf, das Positive in einer Mannigfaltigkeit des Erlaubten zu suchen."

275 Ebd.

zur Enzyklika *Pascendi dominici gregis* Pius' X. und zu dessen Borromäus-Enzyklika 1910 verfasste.[276] Die Tatsache, dass Harnack seine Beurteilung des Syllabus gegenüber Althoff äußern konnte, zeugt schließlich von dem Vertrauensverhältnis zwischen den Korrespondenzpartnern, von der übereinstimmenden Position in der katholischen Kirchenpolitik und von der erhöhten Sensibilität für die innerkatholischen Frontlinien, die der Berliner Kirchenhistoriker besaß.

Dem Syllabus folgte Anfang September 1907 die Enzyklika *Pascendi dominici gregis* Pius' X., die sich in einem ersten Teil mit dem sog. „Modernismus" auseinandersetzte und in einem zweiten Abschnitt praktische Maßnahmen, u.a. Überwachungsausschüsse in den Bistümern, zur Eindämmung des Modernismus vorschrieb.[277] Harnack verfasste am 8. Oktober im Auftrag des Kultusministers Ludwig Holle – vermutlich durch Althoffs Vermittlung – eine Denkschrift für Wilhelm II. zu dieser Enzyklika.[278] Holle hatte Harnack am 3. Oktober den Auftrag erteilt, einen „schriftlichen Bericht" über die Enzyklika zu verfassen, und ihm zugleich den Rapport des Legationssekretärs des preußischen Gesandten beim Heiligen Stuhl und späteren Botschafters, Diego von Bergen, zugesandt.[279] Harnack konnte für sein Gutachten auf Vorarbeiten zurückgreifen, die er für einen Artikel über die Enzyklika und den Syllabus angefertigt hatte, den er auf Wunsch Althoffs für die *Internationale Wochenschrift* verfassen sollte. Nachdem er den Auftrag des Königs erhalten hatte, zog er seinen Artikel für die IWW bei deren Herausgeber Paul Hinneberg wieder zurück, der Althoff mittels Friedrich Schmidt-Ott darüber informierte.[280]

Kurz zuvor hatte das Kultusministerium auch den katholischen Göttinger Nationalökonom Wilhelm Lexis angefragt, wahrscheinlich weil Althoff seine Meinung in vielen Fragen wertschätzte.[281] Während Lexis sein Gutachten vom 2. Oktober mit einer Erklärung der katholischen Hierarchie und einer Einordnung in die kirchen-

---

276 Vgl. *Harnack*, Testament Leos XIII., 1894, *Harnack*, Die päpstliche Enzyklika, 1907b und *Harnack*, Borromäus-Enzyklika, 1910; s. dazu *Nottmeier*, Harnack, 325–327.

277 Vgl. *Pius X.*, Pascendi dominici gregis.

278 Vgl. Harnacks Denkschrift vom 08.10.1907 (Nr. 359, *Briefwechsel*). Vgl. dazu *Trippen*, Theologie und Lehramt, 71–77 (zu Trippen s. *Haas*, Rez.: Trippen), *Mussinghoff*, Theol. Fakultäten im Spannungsfeld, 127 und *Rivinius*, Im Dienst der Mission, 76f. Nottmeiers Vermutung, dass es sich bei dem Dokument in GStA PK, VI. HA, NL Althoff, Nr. 500, Bl. 26–29 (Nr. 363.1, *Briefwechsel*) um einen Entwurf des Gutachtens handelt, trifft nicht zu (*Nottmeier*, Harnack, 323).

279 Holle an Harnack am 03.10.1907 (in: SBB PK, NL Harnack, K 37, Mp. Kultusministerium, Bl. 26); vgl. den Bericht von Bergens für Bernhard von Bülow vom 17.09.1907 (ebd., Bl. 27^{r}–29^{r}; Reinkonzept auch in: PA AA, RAV 225/470) und Harnack an Hinneberg am 04.10.1907 (in: GStA PK, VI. HA, NL Schmidt-Ott, Nr. 145, Bl. 202^{rv}: 202^{r}).

280 Vgl. ebd. und Hinneberg an Schmidt-Ott am 05.10.1907 (ebd., Bl. 201^{rv}). Zur *Internationalen Wochenschrift* s.u. Teil IV, Abschnitt 3.4, S. 456.

281 Zur Beratung Althoffs durch Lexis s.o. in diesem Teil, Abschnitt 3, S. 194.

und theologiepolitischen Entwicklungen der katholischen Kirche seit der Mitte des 19. Jahrhunderts begann,[282] gliederte Harnack die Denkschrift einleitend in zehn Punkte plus einen Anhang. Lexis äußerte sich zum Syllabus und zur Enzyklika, formulierte seine Ausführungen aber eher allgemein, während Harnack nur die Enzyklika und ihre Folgen in den Blick nahm. Seinem nationalökonomisch-mathematischen Standpunkt entsprechend ging Lexis auf die Stellung der Enzyklika zu den Naturwissenschaften ein, ein Aspekt, den Harnack gänzlich unbeachtet ließ. Bemerkenswert ist außerdem Lexis' Meinung, dass die meisten der vom Syllabus verworfenen Sätze auch von orthodoxen Protestanten abgelehnt würden.[283]

Harnack hingegen konzentrierte sich auf die Adressaten, die Urheber und den Gegenstand des Konflikts sowie auf die angestrebten Maßnahmen, bevor er nach den Folgen für die katholische und evangelische Kirche sowie für den Staat fragte. In dem seine Denkschrift beschließenden Anhang setzte er sich schließlich mit der theologischen Frage auseinander, die die Enzyklika aufwerfe: „Braucht die katholische Religion zu ihrer Selbsterhaltung die scholastische Theologie und die Verdammung der modernen Dogmen- und Religionsgeschichte?"[284]

Die Enzyklika war nach Harnacks Einschätzung ein primär innerkirchliches Dokument, das auf eine innere Krise der katholischen Kirche reagiere, nämlich die Konfrontation von scholastischer und moderner Theologie. Wie Lexis vertrat er die Auffassung, dass die Enzyklika vorrangig italienische, französische und englische Theologen, wie z.B. Alfred Loisy oder George Tyrrell, vor Augen habe, aber, wenn sie die Modernisten im Allgemeinen anklage, auch reformorientierte deutsche Katholiken in den Blick nehme.[285] Modernisten seien nach der Definition der Enzyklika „alle nicht streng-scholastischen katholischen Theologen".[286] Da der Papst außerdem „Christentum und Rechtgläubigkeit einfach mit der scholastischen Theologie" identifiziere, müsse er innerhalb der katholischen Kirche gegen diejenigen vorgehen, die sich von der Scholastik distanzierten. Mit seiner Zusammenfassung des innerkatholischen Konflikts verdeutlichte Harnack, dass er die Meinung des päpstlichen Lehramtes keineswegs teilte. Seines Erachtens bewegten sich die modernen, nicht-scholastischen katholischen Theologen ebenfalls auf dem Boden des Christen-

---

282 Vgl. Lexis' Gutachten vom 02.10.1907 (in: PA AA, RZ 201/9360: Päpstlicher Stuhl 22, Bd. 2, als Digitalisat zugänglich unter https://politisches-archiv.diplo.de/invenio/direktlink/48d47e87-da92-4bf7-ae80-5e01531dbebf/ [letzter Zugriff: 03.11.2022]). Lexis schickte Althoff am 03. Oktober eine Abschrift seines Gutachtens zu (vgl. Lexis an Althoff am 03.10.1907, in: GStA PK, VI. HA, NL Althoff, Nr. 619, Bl. 64[rv]; Auszug des Briefes ebd., Nr. 500, Bl. 5).

283 Vgl. Lexis' Gutachten vom 02.10.1907, a.a.O.

284 Harnacks Denkschrift vom 08.10.1907, Nr. 359, *Briefwechsel*.

285 Vgl. Lexis' Gutachten vom 02.10.1907, a.a.O. und Nr. 359, *Briefwechsel*, 3.

286 Ebd., 2.

tums. Deshalb kritisierte Harnack die von der Enzyklika vorgeschlagenen Maßnahmen gegen die Modernisten scharf, die er als „Mittel der Unterdrückung" und „Methode der Einschüchterung" qualifizierte.[287] Dieses Vorgehen werde – wie Harnack in drastischen Worten prognostizierte – im Katholizismus die „schleichende Täuscherei" fördern, die Gläubigen resignieren lassen, den geistlichen Nachwuchs von der „Außenwelt" abschotten, und die Bischöfe abhängiger machen, da sie nicht nur Disziplinierungen von oben, sondern auch Denunziantentum von unten zu erwarten hätten.[288] Letztlich werde der für jede Diözese geplante „Wachsamkeitsrat (concilium a vigilanti [sic])" zu einer „Verfolgung auf Grund eines förmlichen geheimen Spionage- und Denuntiationssystems" führen.[289]

Aufgrund der Tatsache, dass die von der Enzyklika vorgeschlagenen Maßnahmen auch deutsche Staatsbürger und die Leitung der katholischen Kirche in Deutschland, d.h. die Bischöfe, träfen, müssten sich der Protestantismus und der Staat zur Enzyklika verhalten. Obwohl Harnack, wie schon nach Erscheinen des Syllabus, es vorgezogen hätte, seine Meinung zur Enzyklika öffentlich zu äußern, hielt er es für dienlicher, sich nicht auf die Seite der angegriffenen Modernisten zu stellen, um sie zu unterstützen, weil man dadurch nur das Gegenteil, nämlich eine weitere Diffamierung der reformorientierten Katholiken bewirke. Dieses diplomatische Vorgehen befreie die Protestanten aber keineswegs von der Aufgabe, ihr grundsätzliches Missfallen über die Enzyklika zu äußern, deren „Haltung [...] unhaltbar" sei.[290] Der Staat wiederum solle erst einmal abwarten, weil die Enzyklika keine politischen Fragen angesprochen habe, die das Verhältnis von Staat und Kirche direkt beträfen. Gegebenenfalls könne er in vertraulichen Unterredungen mit der Kurie, d.h. über ihren Gesandten am Heiligen Stuhl, Wolfram von Rotenhan, das eigene „Befremden" über die Enzyklika andeuten. Letztlich solle der Staat aber die geplanten „Wachsamkeitsräte" im Auge behalten, damit diese die „Autorität der Bischöfe" nicht unterminierten.[291] Er müsse aber vor allem dann eingreifen, wenn Bischöfe den Theologieprofessoren in ihrer Diözese die *missio canonica* entzögen. Die staatlichen Behörden müssten die Ordinarien unterstützen und in ihren Ämtern belassen. Mit dem letzten Vorschlag zur staatlichen Reaktion

287 Ebd., 7.

288 Ebd., 8.

289 Ebd., 7 (im Original unterstrichen). In der Enzyklika lautet die entsprechende Verfügung folgendermaßen: „Tale igitur Consilium, quod a vigilantia dici placet, in singulis dioecesibus institui quam primum decernimus." (*Pius X.*, Pascendi dominici gregis, VI.). Nach dem Modernisteneid von 1910 wurde tatsächlich eine geheime Spionageorganisation gegründet, die *Sodalitium Pianum* hieß und non-konforme Katholiken aufstöbern sollte (vgl. *Rivinius*, Im Dienst der Mission, 80).

290 Nr. 359, *Briefwechsel*, 9.

291 Ebd., 10.

auf mögliche Konsequenzen der Enzyklika rehabilitierte Harnack, wie schon in seinem Gutachten zur katholisch-theologischen Fakultät in Straßburg, ein Verhalten, das die preußische Regierung während des Kulturkampfes in den 1870er Jahren in der katholisch-theologischen Fakultät in Bonn angewendet und das zu deren innerer Spaltung geführt hatte.[292]

Die im Anhang beigefügte Erörterung der theologischen Frage, ob der Katholizismus der Scholastik zur „Selbsterhaltung" bedürfe, verneinte Harnack erwartungsgemäß. Er sah vielmehr einen Gewinn darin, dass der liberale Katholizismus an die Erkenntnisse der Wissenschaften anschließe. Dadurch könne ihm ein „Aufstieg" gelingen, der schon auf dem Weg „Frische und [...] hohe Güter" mit sich bringe. Damit wollte Harnack auch denjenigen Protestanten widersprechen, die sich über die Enzyklika gefreut hätten, weil sie erneut bewiesen habe, „daß der Katholizismus in Wahrheit als Religion und als geistige Bewegung tot" sei.[293] An Harnacks Meinung wird sehr gut deutlich, dass er für einen evangelischen Theologen seiner Zeit erstaunlich konfessionsversöhnlich eingestellt war, da er die katholische Kirche als Form des Christentums nicht aufgegeben hatte und an ihrer Reform interessiert war. Er wusste die katholische Kirche, wenn auch nicht in ihrer scholastischen Ausformung, so doch in ihren geistlichen Höhepunkten, nämlich in Gestalten wie Augustin, Franz von Assisi, den deutschen Mystikern u.a., zu würdigen.[294]

Während Althoff Lexis' Denkschrift dem Chef des Geheimen Zivilkabinetts Lucanus übersandt hatte, diese aber in den Kabinettsakten verblieb, fügte Holle seinem Immediatbericht zur Enzyklika für Wilhelm II. vom 4. November 1907 Harnacks Denkschrift bei.[295] Wilhelm II. nahm diese mit Wohlwollen zur Kenntnis und zeigte sich mit dem Vorgehen einverstanden, das der Kirchenhistoriker vorgeschlagen hatte.[296] Da es in der Enzyklika primär um innerkatholische Angelegenheiten gehe, dürfe der Staat erst dann eingreifen, wenn sie das „staatliche Gebiet" beträfen.[297] Die geplanten Überwachungsausschüsse sollten allerdings genau beobachtet werden. An dieser Reaktion des Kaiserhauses auf Harnacks Denkschrift wird

292 S.o. dazu in diesem Teil, Abschnitt 6.2, S. 240.

293 Nr. 359, *Briefwechsel*, Anhang.

294 Vgl. ebd.

295 Vgl. den Immediatbericht Holles vom 04.11.1907 (in: GStA PK, I. HA, Rep. 89, Nr. 22719, Bl. 319r–324r); Althoffs Notizen vom 07.10.1907 auf Lexis' Denkschrift (ebd., VI. HA, NL Althoff, Nr. 500, Bl. 44r). Althoff sandte Lexis' Denkschrift außerdem am 10.10.1907 an den preußischen Gesandten beim Heiligen Stuhl, Wolfram von Rotenhan (ebd.). Offiziell erhielt Rotenhan auch den Immediatbericht Holles vom 04.11. sowie die Gutachten Lexis' und Harnacks am 23.12.1907 (in: PA AA, RAV 225/470).

296 Vgl. die Notizen vom 29.11.1907 auf dem Immediatbericht vom 04.11. (a.a.O., Nr. 22719, Bl. 319r) und das Schreiben des Zivilkabinetts an Holle vom 22.11.1907 (a.a.O., Bl. 325r–326r).

297 Ebd., Bl. 325v.

deutlich, dass Wilhelm II. weiterhin dessen kirchenpolitische Urteilskraft schätzte, obwohl er, wie der Bibel-Babel-Streit zuletzt gezeigt hatte, dessen theologische Ansichten nicht teilte.

Im Herbst/Winter 1907 kam es tatsächlich zu einem solchen Präzedenzfall in der preußischen katholisch-theologischen Professorenschaft, wie Harnack ihn in seinem Gutachten antizipiert hatte. Nachdem der Bonner Kirchenhistoriker Heinrich Schrörs in einer Denkschrift kritisiert hatte, dass im Erzbistum Köln und der zugehörigen Bonner katholisch-theologischen Fakultät der Rückgang an wissenschaftlicher Ausbildung für die Priesteramtskandidaten drohe, d.h. die universitäre hinter die seminarische Ausbildung zurückfalle,[298] untersagte der Kölner Erzbischof Anton Kardinal Fischer den Konvikttheologen den Besuch der Vorlesungen Schrörs'. Kultusminister Ludwig Holle schaltete sich daraufhin in den innerkirchlichen Streit ein, weil das Besuchsverbot einen Eingriff in die staatlichen Hoheitsrechte bedeute. Nach den Verhandlungen, die Ludwig Elster mit Schrörs und Fischer geführt hatte, milderte der Kirchenhistoriker seine Äußerungen ab, und der Erzbischof hob das Verbot auf.[299] Ob Harnack und Althoff den Fall mündlich besprachen, kann nicht nachvollzogen werden. Vermutlich wussten aber beide darum und verstanden daher die Anspielung darauf, die der Fürstbischof von Breslau, Georg Kardinal von Kopp, in sein Schreiben an Althoff vom 16. Dezember 1907 integrierte, das der pensionierte Ministerialdirektor dem amtierenden Generaldirektor Harnack weiterleitete: „Kleine Friktionen werden immer vorkommen; sie sind fast immer persönlichen Ursprungs, wie in Bonn [...].[300]

Die Enzyklika *Pascendi dominici gregis* fand weiteren Eingang in die Kommunikation zwischen Althoff und Harnack, als zwischen Dezember 1907 und Februar 1908 eine Artikelserie über die Enzyklika in der *Internationalen Wochenschrift* erschien, die Althoff 1907 gegründet hatte und die von Paul Hinneberg herausgegeben wurde.[301] Den Reigen hatte der Philosoph und Pädagoge Friedrich Paulsen eröffnet, der in seinem Artikel, den er „im Einvernehmen mit Harnack geschrieben" hatte, eine *Krisis der katholisch-theologischen Fakultäten Deutschlands* diagnostizierte und den Althoff in höchsten Tönen lobte.[302] Es folgten in den zwei ersten Heften des Jahres 1908 Artikel des katholischen Würzburger Kirchenrechtlers Chris-

---

298 Vgl. *Schrörs*, Kirche und Wissenschaft; zum „Fall Schrörs" s. *Trippen*, Theologie und Lehramt, 77–79 und *Mussinghoff*, Theol. Fakultäten im Spannungsfeld, 128f.

299 Vgl. Elsters Bericht für Althoff vom 17.11.1907 (a.a.O., NL Althoff, Nr 500, Bl. 7^{r}–15^{v}).

300 Vgl. Kopp an Althoff am 16.12.1907 (Nr. 362, *Briefwechsel*).

301 Vgl. dazu *Trippen*, Theologie und Lehramt, 86f. und *Sachse*, Althoff, 152f. Zur Gründung der *Internationalen Wochenschrift* s.u. Teil IV, Abschnitt 3.4, S. 456.

302 Vgl. Hinneberg an Althoff am 28.11.1907 (in: GStA PK, VI. HA, NL Althoff, Nr. 295, Bl. 115^{r}), Althoff an Paulsen am 29.11.1907 (ebd., Nr. 1084, Bl. 70^{rv}) und *Paulsen*, Krisis der kath.-theol. Fakultäten.

tian Meurer, des Heidelberger Systematischen Theologen Ernst Troeltsch und des Leipziger Kirchenhistorikers Albert Hauck.[303] Im dritten Heft erschien dann der Artikel des katholischen, historisch-kritisch arbeitenden Straßburger Kirchenhistorikers, Albert Ehrhard, der bei der römischen Kurie auf Missfallen stieß, weil er sich kritisch zur Enzyklika äußerte.[304] Weitere Artikel verfassten der Marburger Systematische Theologe Wilhelm Herrmann, der Jenenser Philosoph Rudolf Eucken, der Münchner liberal-katholische Theologe Joseph Schnitzer, der Gießener evangelische Kirchenhistoriker Walther Köhler und der katholische Münsteraner Moraltheologe Joseph Mausbach.[305] Die Debatte in der *Internationalen Wochenschrift* beendeten schließlich zwei Aufsätze von Adolf Harnack und wiederum von Friedrich Paulsen.[306]

Der von Ehrhard verfasste Artikel rief, wie bereits gesagt, vehemente Kritik in der Kurie hervor, weil dieser die Verdammung sämtlicher historisch-kritisch arbeitender katholischer Theologen in der Enzyklika und die daraus folgenden Maßnahmen, die in den geplanten Wachsamkeitsräten gipfeln würden, scharf kritisiert hatte.[307] Die Kurie drohte ihn zu disziplinieren, was Ehrhard dadurch zu verhindern wusste, dass er am 31. Januar 1908 eine Erklärung veröffentlichte, in der er seinen kirchlichen Standpunkt betonte und bedauerte, den Unmut des Papstes evoziert zu haben.[308] Obwohl Ehrhard aus der Liste der päpstlichen Hausprälaten entfernt wurde, unterblieben auf Intervention Georg Kardinal von Kopps weitere Disziplinarmaßnahmen, die in der Exkommunikation hätten kulminieren können.[309] Ehrhard widmete sich in den darauffolgenden Jahren überwiegend der Herausgabe der Märtyrerakten, während er dogmenhistorische Projekte ruhen ließ.[310]

---

303 Vgl. *Meurer*, Enzyklika gegen Modernismus, *Troeltsch*, Katholizismus und Reformismus und *Hauck*, Die päpstlichen Erlasse.

304 Vgl. *Ehrhard*, Die neue Lage.

305 Vgl. *Herrmann*, Bedeutung der Enzyklika, *Eucken*, Die päpstliche Enzyklika, *Schnitzer*, Die Enzyklika Pascendi, *Köhler*, Syllabus und Enzyklika und *Mausbach*, Die päpstlichen Kundgebungen.

306 Vgl. *Harnack*, Die päpstliche Enzyklika, 1907a (1911 in den *Reden und Aufsätzen* mit zwei Nachworten veröffentlicht, vgl. *Harnack*, Die päpstliche Enzyklika, 1907b) und *Paulsen*, Rom und dt. Theologie.

307 Zu Ehrhards Artikel, seinem Hintergrund und seinen Folgen vgl. *Trippen*, Theologie und Lehramt, 110–182, *Weiß*, Modernismus in Deutschland, 171–180 und *Weitlauff*, Catholica non leguntur, 297 sowie den Artikel *Una scandalosa pubblicazione* im *Osservatore Romano* vom 28.01.1908.

308 Vgl. die Erklärung Ehrhards in der *Kölnischen Volkszeitung* vom 31.01.1908, Nr. 93, Mittagsausgabe, S. 2 (ein Exemplar auch in: PA AA, RAV 225/470); s. dazu *Trippen*, Theologie und Lehramt, 136f. Zur *Kölnischen Volkszeitung*, die den „politischen Katholizismus im Rheinland und in Westfalen" vertrat, s. *Kramer*, Kölnische Volkszeitung, 260.

309 Vgl. Kopps Telegramm und Brief an Althoff vom 10.02.1908 (in: GStA PK, VI. HA, NL Althoff, Nr. 500, Bl. 30^{r}; 31^{rv}, Abschrift); s. dazu *Trippen*, Theologie und Lehramt, 144.

310 Vgl. *Wolf*, Der Historiker, 79.

Harnack kommentierte Ehrhards Versöhnungserklärung kritisch, da ihm diese „vom Standpunkt der Fakultäten und der deutschen Wissenschaft kaum noch erträglich“ erschien.[311] Der evangelische Kirchenhistoriker erachtete Ehrhards Erklärung deshalb als hochschulpolitisch und wissenschaftlich problematisch, weil er die Kritik seines Artikels revidierte, um sich der römischen Kurie anzupassen. Nach Harnack hätte Ehrhard bereits vorher um die zu erwartende Reaktion der Kurie wissen müssen, keinen derartigen Rückzieher machen dürfen, und stattdessen aufgrund seiner Position und seines Alters zu dem von ihm Geschriebenen stehen müssen.[312] Althoffs Vorschlag, einen Artikel für die *Internationale Wochenschrift* zur Enzyklika zu verfassen, lehnte Harnack in dieser Situation ab, weil es ihm unmöglich erschien, sich darin nicht zum „Fall Ehrhard“ zu äußern. Sich aber auf Ehrhards Seite zu stellen, verweigerte er, da diesem eine solche Parteinahme nicht helfen werde.[313] Damit wiederholte Harnack seine Meinung, die er bereits im Juli 1907 gegenüber Althoff und in der Denkschrift im Oktober 1907 formuliert hatte: Die Protestanten dürften die reformorientierten Katholiken in Deutschland nicht öffentlich unterstützen, weil sie dadurch nur noch mehr ins Visier der päpstlichen Glaubens- und Indexkongregation gerieten.[314] Angesichts der eher schroffen Ablehnung eines Artikels und einer Parteinahme für Ehrhard versicherte Harnack Althoff abschließend, dass er durchaus bereit sei, seine Haltung zu den katholischen Fakultäten an den deutschen Universitäten zu veröffentlichen, die er mit dem lateinischen Satz „facultates catholicas conservandas esse“ [= die katholischen Fakultäten sind zu erhalten] zusammenfasste.[315]

Wie Althoffs Notizen zeigen, war dieser keineswegs damit einverstanden, dass Harnack einen Artikel für die *Internationale Wochenschrift* und eine öffentliche Äußerung zu den katholisch-theologischen Fakultäten ablehnte. Er legte vielmehr „sofort bei Harnack telegraphisch Verwahrung“ ein und bestellte ihn zusammen mit dem Herausgeber der *Internationalen Wochenschrift*, Paul Hinneberg, zu einer Besprechung, wahrscheinlich ins Hotel Adlon.[316] Harnack resümierte daraufhin seine Meinung zum Erhalt der katholisch-theologischen Fakultäten an den staatlichen

---

311 Vgl. Harnack an Althoff am 08.02.1908 (Nr. 363, *Briefwechsel*). Zu Harnacks Kontakt mit Ehrhard s.o. in diesem Teil, Abschnitt 6.9, S. 279.

312 Vgl. Nr. 363, *Briefwechsel*.

313 Nr. 363, *Briefwechsel*.

314 Vgl. Harnack an Althoff am 26.07.1907 (Nr. 355, *Briefwechsel*) und Harnacks Denkschrift vom 08.10.1908 (Nr. 359, *Briefwechsel*, 9).

315 Nr. 363, *Briefwechsel*.

316 Althoffs Notizen vom 12.02.1908 auf Harnacks Brief vom 08.02.1908 (Nr. 363, *Briefwechsel*). Das Telegramm konnte bislang nicht gefunden werden.

Universitäten in einer kurzen Stellungnahme.[317] Demnach solle die katholische Theologie weiterhin an Universitäten gelehrt werden, weil sie nur dadurch der evangelischen ebenbürtig sei. Außerdem trage eine universitäre Ausbildung der katholischen Geistlichen dazu bei, gesellschaftliche „Gegensätze" auszugleichen und zu versöhnen.[318] Diese Ansicht werde sowohl von der Reichsregierung als auch von der Mehrheit der preußischen Bischöfe vertreten. Weder der Syllabus noch die Enzyklika ändere die Stellung der katholisch-theologischen Fakultäten, da sie sich vorwiegend auf die Situation in anderen europäischen Ländern und nicht auf Deutschland bezögen, wie er bereits in seiner Denkschrift zur Enzyklika im Oktober 1907 festgehalten hatte.[319] Trotzdem hielt Harnack fest, dass gewisse „Grenzen [...] nicht überschritten werden dürf[t]en, ohne die Stellung der katholisch-theologischen Fakultäten innerhalb unserer Universitäten ernstlich zu gefährden."[320] Mit dieser Warnung spielte Harnack wahrscheinlich auf ein mögliches Eingreifen der Kurie resp. des Bischofs in eine Fakultät an, wenn diese einem Professor nach unliebsamen Äußerungen die *missio canonica* entzögen, wie es Albert Ehrhard nach seinem Artikel über die Enzyklika angedroht worden war.

Althoffs Reaktion auf Harnacks Schreiben vom 8. Februar 1908 und das gemeinsame Treffen hatte aber nicht nur die handschriftliche Stellungnahme zur Folge, sondern bewirkte auch, dass Harnack sich doch zu einem Artikel über die Enzyklika für die *Internationale Wochenschrift* entschied, der neben Paulsens Artikel das Schlusswort der dort seit Anfang Dezember 1907 geführten Diskussion bildete.[321] In dem Artikel über *Die päpstliche Enzyklika* fasste er zuerst die Debatte in der *Internationalen Wochenschrift* zusammen. Paulsen habe sie durch seinen Artikel maßgeblich bestimmt, da sich die Autoren insbesondere mit der Frage „Was wird aus den katholisch-theologischen Fakultäten in Deutschland?" auseinandergesetzt hätten.[322] Dass Friedrich Paulsen die Debatte in der IWW noch über seinen Artikel hinausgehend beeinflusste, zeigen die Briefe Paulsens an den Herausgeber Hinneberg und dessen Notiz, dass er Ernst Troeltschs Aufsatz „retouchirt" habe, weil Paulsen –

317 Vgl. die kurze Stellungnahme auf dem Briefbogen des Hotel Adlons (Nr. 363.1, *Briefwechsel*).

318 Ebd.

319 Vgl. Nr. 359, *Briefwechsel*, 3. und 4.

320 Nr. 363.1, *Briefwechsel*.

321 Vgl. *Harnack*, Die päpstliche Enzyklika, 1907a und Harnack an Althoff am 28.02.1908 (Nr. 364, *Briefwechsel*). Auf Harnacks Artikel über die Enzyklika reagierte u.a. eine Trierer Katholikin, Bernarda von Nell, Gattin eines Rittergutsbesitzers. Sie veröffentlichte ihre Kritik in den Preußischen Jahrbüchern Hans Delbrücks, auf die Harnack replizierte, was sie zu einer Duplik veranlasste (vgl. *Anonym*, Was denkt Prof. Harnack, 1908, *Harnack*, Nachschrift, 1908 und s. dazu *Arnold*, Für eine Dame unerhört und *Klein*, Delbrück und die „Preußischen Jahrbücher", 115f.).

322 *Harnack*, Die päpstliche Enzyklika, 1907a, 257; vgl. *Paulsen*, Krisis der kath.-theol. Fakultäten, 1131.

in einer Art informellem „peer review" – das apodiktische Ende von dessen Beitrag kritisiert hätte.[323] Die Frage der katholisch-theologischen Fakultäten sei, wie Harnack in seinem Artikel feststellte, tatsächlich die „allein wichtige", weil nur sie die Öffentlichkeit und den Staat betreffe, während alle anderen Aspekte der Enzyklika „innerkirchliche Probleme" ansprächen. Harnack bestätigte darüber hinaus Paulsens Befürchtung, dass „jeden Augenblick für jeden katholischen Theologen der kritische Moment kommen [könne], wo er genötigt wird, entweder sich der Zensur zu unterwerfen und damit sein Ansehen als Gelehrter zu kompromittieren, oder sich außerhalb der Kirche gestellt zu sehen."[324] Damit spielte Harnack sowohl auf solche Fälle an, in denen sich ein katholischer Gelehrter der Kirche unterworfen hatte, um nicht exkommuniziert zu werden, als auch auf diejenigen Fälle, in denen ein Gelehrter exkommuniziert oder ihm seine missio canonica entzogen wurde.[325] Zugleich hielt Harnack fest, dass die preußischen Bischöfe sich für ihre Theologieprofessoren einsetzten, da ihnen die Fakultäten wichtig seien.[326] Harnacks Einschätzung der Haltung der preußischen Bischöfe orientierte sich v.a. an der Meinung, die Kardinal von Kopp gegenüber Althoff Mitte Dezember 1907 vertreten hatte, über die letzterer Harnack informiert hatte.[327] Kopp hatte mit seinen episkopalen Amtskollegen Anfang Dezember beschlossen, die von der Enzyklika geforderten „Überwachungsräte" nicht einzusetzen, gegenüber dem Papst zugleich aber seine Loyalität bekundet.[328]

Harnack betonte sodann, dass er weiterhin, im Unterschied zu anderen Wissenschaftlern an den katholisch-theologischen Fakultäten festhalten werde, da er nicht der Ansicht sei, dass die erträgliche „Grenze" im Verhältnis zwischen Staat und Kirche überschritten sei.[329] Die öffentliche Debatte um den Ausschluss der katholischen Fakultäten aus den Universitäten war nämlich zu diesem Zeitpunkt so weit gediehen, dass das österreichische Abgeordnetenhaus ihre Beseitigung beantragt hatte.[330] Des Weiteren schloss Harnack sich der „scharfe[n] Kritik" an, die die

323 Vgl. Paulsen an Hinneberg am 23. und 29.12.1907 sowie Hinnebergs Notizen (in: GStA PK, VI. HA, NL Althoff, Nr. 295, Bl. 116^{r}; 117^{r} [Abschrift]).

324 *Harnack*, Die päpstliche Enzyklika, 1907a, 257f., vgl. *Paulsen*, Krisis der kath.-theol. Fakultäten, 1135.

325 Zum „Fall Schnitzer" s.u. in diesem Teil, Abschnitt 6.10, S. 291.

326 Vgl. *Harnack*, Die päpstliche Enzyklika, 1907a, 258.

327 Vgl. Kopp an Althoff am 16.12.1907, an Harnack weitergeleitet (Nr. 362, *Briefwechsel*); s. dazu *Sachse*, Althoff, 153.

328 Vgl. die Immediatberichte Holles für Wilhelm II. vom 07. und 09.01.1908 (in: GStA PK, I. HA, Rep. 89, Nr. 22720, Bl. 7^{r}–8^{r}; 9^{rv}).

329 Vgl. *Harnack*, Die päpstliche Enzyklika, 1907a, 259.

330 Vgl. *Ehrhard*, Die neue Lage, 67.

vorherigen Artikel an der Enzyklika geäußert hatten.[331] Diese Kritik verschärfte er noch insofern, als er die Enzyklika als ein Dokument beurteilte, das sich gegen das „intellektuelle und sittliche Gewissen" der Wissenschaftler stelle.[332] Zugleich wertete er positiv, dass die Enzyklika nicht auf die Stellung des Papstes eingegangen sei, sondern nur die „Glaubens- und Weltanschauungsfrage" an ihre Gläubigen gerichtet habe.[333] Darin erkannte Harnack ein wirkliches Interesse des Papstes und der Kurie am „Seelenheil seiner Gläubigen", das der Suche nach einem alleinigen Machtanspruch gegenüberstehe.[334] Abschließend rekurrierte Harnack auf die in seiner Rede über *Protestantismus und Katholizismus* geäußerte Hoffnung, dass die großen deutschen Konfessionen zu einer gemeinsamen Arbeit gelangen würden.[335] Er habe diese Hoffnung nicht aufgegeben, sondern sehe vielmehr, dass die „Arbeitsfelder, auf denen [...] die Homines bonae voluntatis [Menschen guten Willens, C.K.] in beiden Kirchen [...] gemeinsam arbeit[et]en –, einschließlich religiöser, sozialer und theologischer – immer größer" würden.[336]

Auf diesen Veränderungen baute auch seine Hoffnung, dass die katholische Kirche ihren Geistlichen zukünftig mehr Freiheit in der Wissenschaft gewähren werde. Harnacks Hoffnung, dass die katholische Kirche gegenüber reformorientierten Katholiken zukünftig gnädiger urteilen werde, bestätigte sich im „Fall Joseph Schnitzer" nicht.[337] Schnitzers Artikel zur päpstlichen Enzyklika *Pascendi dominici gregis* in der *Internationalen Wochenschrift*, den insbesondere Friedrich Paulsen befürwortet hatte,[338] sowie seine Rezension der *Legenden-Studien* von Heinrich Günter in den *Süddeutschen Monatsheften*[339] lösten diesen „Fall" aus, weil er darin die Enzyklika ebenfalls scharf kritisiert hatte. Nur wenige Tage nach Erscheinen des Artikels und der Rezension am 1. Februar 1908 erhielt er die Aufmerksamkeit der Öffentlichkeit und der Kurie. Schnitzer hatte bei der Abfassung des Enzyklika-Artikels durchaus erwartet, dass die Kurie ihn aufgrund des Inhalts maßregeln werde, was

331 *Harnack*, Die päpstliche Enzyklika, 1907a, 261.
332 Ebd.
333 Ebd., 262.
334 Ebd.
335 Vgl. ebd., 262–264 und *Harnack*, Protestantismus und Katholizismus, 1907d, 249f.
336 *Harnack*, Die päpstliche Enzyklika, 1907a, 263f. „gemeinsam" im Original gesperrt.
337 Zum „Fall Schnitzer" vgl. *Trippen*, Theologie und Lehramt, 267–404, *Huber/Huber*, Staat und Kirche, Bd. III, 416–427, *Weiß*, Modernismus in Deutschland, 315–336 und *Weitlauff*, Catholica non leguntur, 297.
338 Paulsen hatte den Herausgeber Hinneberg gedrängt, Schnitzers Beitrag „nicht weg[zu]legen" (Paulsen an Hinneberg am 23.12.1907, in: GStA PK, VI. HA, NL Althoff, Nr. 295, Bl. 116^r [Abschrift]); vgl. *Schnitzer*, Die Enzyklika Pascendi.
339 Vgl. *Schnitzer*, Legenden-Studien zu *Günter*, Legenden-Studien; s. dazu *Trippen*, Theologie und Lehramt, 295–297.

ihn aber – im Unterschied zu Ehrhard – nicht dazu veranlasst hatte, seine Äußerungen abzumildern oder nachträglich zu revidieren.[340] Durch seine Ehrlichkeit und Standhaftigkeit verdiente sich Schnitzer das Lob des von ihm hoch verehrten Harnack.[341] Der Artikel und die Rezension waren schließlich nur die letzten Tropfen, die das Fass zum Überlaufen brachten, das zuvor durch Schnitzers historisch-kritische Forschungen und dogmengeschichtliche Vorlesungen gefüllt worden war. Denn der Erzbischof von München Franz Joseph von Stein, der Apostolische Nuntius Andreas Frühwirth und auch die römische Kurie waren in den vorhergehenden Jahren bereits intern durch Schnitzers Studenten über seine historisch-kritische Position informiert worden. Schnitzer verlor wegen seiner Kirchenkritik die *missio canonica*, d.h. die Zulassung zum katholischen Lehramt, und wurde vom Münchner Erzbischof mit dem Interdikt, d.h. dem Verbot kirchlicher Amtshandlungen, belegt, nachdem der Apostolische Nuntius auf den Bischof eingewirkt hatte.[342] Erst 1913 durfte er in die philosophische Fakultät der Universität München wechseln, um dort Religionsphilosophie zu lehren. Der „Fall Schnitzer" beschäftigte Harnack und Althoff in ihrer Zusammenarbeit nicht weiter, zumal Schnitzer als bayerischer Professor nicht in Althoffs Zuständigkeitsbereich fiel. Trotzdem ließ sich Althoff durch den Herausgeber der *Internationalen Wochenschrift*, Paul Hinneberg, dessen Korrespondenz mit Josef Schnitzer und Albert Ehrhard zuschicken.[343]

Althoffs Position in der Debatte um die Enzyklika und die damit zusammenhängenden Fälle katholischer Theologen ist zwar nicht in einer Denkschrift oder einem Artikel zusammengefasst, lässt sich aber doch aus seinem Verhalten und seinen brieflichen Äußerungen deduzieren. Es war ihm erstens ein großes Anliegen, dass die katholisch-theologischen Fakultäten an staatlichen Universitäten angesiedelt blieben. Dadurch wollte er die innerhalb der katholischen Kirche geführte Debatte um die Priesterausbildung im Seminar oder an der Universität für letztere entscheiden. Das Theologiestudium sollte dadurch zumindest teilweise unter staatliche Kontrolle gestellt und dessen Niveau gehoben werden. Zweitens beabsichtigte er, da eine offizielle Stellungnahme des preußischen Staates zur Enzyklika laut Harnack

---

340 Vgl. ebd., 128f., 289f.

341 Vgl. Harnacks Schreiben an den Redakteur der Frankfurter Zeitung vom 05.03.1908, in: *Harnack*, Die päpstliche Enzyklika, 1907b, 260, mit dem er vermutlich auf den Artikel vom 27.02.1908 in der *Frankfurter Zeitung*, Nr. 58, Abendblatt, reagierte.

342 Vgl. Andreas Frühwirth an Franz Joseph von Stein am 06.02.1908, abgedruckt auf Italienisch bei *Trippen*, Theologie und Lehramt, 298, Anm. 114 und auf Deutsch bei *Huber/Huber*, Staat und Kirche, Bd. III, Nr. 164, 422.

343 Vgl. Althoff an Hinneberg am 12.02.1908 (in: GStA PK, VI. HA, NL Althoff, Nr. 500, Bl. 31^{r}), Hinneberg an Althoff am 12.02.1908 (ebd., 32^{r}) sowie Hinneberg an Schnitzer am 26.01., Schnitzer an Hinneberg am 30.01., Ehrhard an Hinneberg am 27.01. und 05.02.1908 (ebd., Bl. 33–35; 36^{r}–37^{v}; 40^{rv}; 38^{r}–39^{v}); außerdem Schnitzer an Hinneberg am 07.03.1908 (ebd., Bl. 42^{r}).

nicht angebracht war, die in Preußen vertretene Meinung zur Enzyklika über die halbstaatliche Artikelserie in der *Internationalen Wochenschrift* publik zu machen. Drittens nutzte er seinen guten Kontakt zu Kardinal von Kopp, um zu erfahren, wie die deutschen Bischöfe auf die Enzyklika zu reagieren beabsichtigten.[344]

Die übergeordnete Frage, die die Enzyklika und die sich anschließende Debatte um die Position der katholisch-theologischen Fakultäten im Staat aufgeworfen hatten, nämlich nach dem Verhältnis von kirchlichen Ansprüchen und freier Wissenschaft, reflektierte Harnack in seinem Artikel über *Religiösen Glauben und freie Forschung*, den er im Juni 1908 in der liberal-bürgerlichen und auflagenstarken Wiener *Neuen Freien Presse* veröffentlichte und den er Althoff zur Kenntnisnahme zuschickte.[345] Er stellte darin zuerst allgemeine Überlegungen an, bevor er sich auf den „modus vivendi [...] zwischen [der] Wissenschaft und den Ansprüchen der [...] katholische[n] Kirche" konzentrierte.[346] Er votierte, wie schon in seiner Denkschrift vom Oktober 1907, in seinem Artikel für die *Internationale Wochenschrift* und in seiner Stellungnahme vom Februar 1908, für die katholisch-theologischen Fakultäten an den staatlichen Universitäten anstelle einer Priesterausbildung in kirchlichen Seminaren.[347] Die an den Fakultäten vertretene Lehre müsse mit der kirchlichen Behörde abgestimmt werden, aber die katholische Kirche dürfe im Gegenzug keine Kontrolle über die anderen Universitätsfakultäten beanspruchen. Erneut sprach er sich dafür aus, dass der Staat diejenigen Hochschullehrer schützen müsse, denen die katholische Kirche aufgrund ihrer theologischen Positionen die missio canonica entzogen habe.[348] Die genannten Aspekte zeigen, dass Harnack in diesem Zeitungsartikel seine Meinung zu den verschiedenen, mit der katholischen Kirche in Zusammenhang stehenden Fragen resümierte, die er in den mit Althoff bearbeiteten Projekten, wie der Straßburger Fakultätsgründung, den Einzelfällen katholischer Theologen und dem Umgang mit der Enzyklika *Pascendi dominici gregis* thematisiert hatte. Nach Althoffs Tod äußerte er sich, wie bereits erwähnt, bis 1911 wiederholt zu aktuellen katholisch-kirchenpolitischen Themen, wie der Borromäus-Enzyklika oder der Lutherbiographie des Jesuiten Hartmann Grisar.[349] In Harnacks Zusammenarbeit mit Althoff spielten Themen der katholischen Kirche im Jahr 1908, nachdem die

344 Vgl. Nr. 362, *Briefwechsel*.

345 Vgl. *Harnack*, Religiöser Glaube, 1908 sowie ein Exemplar des Artikels und die Notizen Althoffs vom 09.08. und 07.10.1908 (s. Nr. 382, *Briefwechsel*). Zur *Neuen Freien Presse* s. *Wandruszka*, Neue Freie Presse.

346 *Harnack*, Religiöser Glaube, 1908, 274.

347 Vgl. ebd., 273f.; s. auch Nr. 359, *Briefwechsel*, *Harnack*, Die päpstliche Enzyklika, 1907a, 257f., Nr. 363, *Briefwechsel* und 363.1, *Briefwechsel*.

348 Vgl. *Harnack*, Religiöser Glaube, 1908, 275.

349 Vgl. *Harnack*, Borromäus-Enzyklika, 1910 und *Harnack*, Lutherbiographie Grisars, 1911.

Reaktionen auf die Enzyklika abgenommen hatten, nur noch eine periphere Rolle.[350]

6.11 Althoffs und Harnacks Haltung und Politik gegenüber dem Katholizismus – Ein Resümee

Die Haltung Althoffs und Harnacks gegenüber dem Katholizismus, die sich als insgesamt wohlwollend charakterisieren lässt, zog eine konfessionsversöhnende Innen- und Außenpolitik nach sich.[351] Diese Position ist in den Anfängen der ökumenischen Bewegung zu verorten, an der Harnack durch seinen seit 1909 bestehenden Kontakt zum schwedischen Erzbischof Nathan Söderblom in den 1920er Jahren Anteil nahm.[352] Die konfessionsversöhnliche Haltung und Kirchenpolitik galt jedoch gegenüber den pro-preußischen Bischöfen von Kopp und Fischer, den Gelehrten von Hertling und Martin Spahn sowie den historisch-kritisch arbeitenden katholischen Theologen Ehrhard, Schnitzer und Schrörs. Den Einfluss der römischen Kurie auf die katholische Kirche in Deutschland sowie denjenigen des Zentrums auf die Schul- und Hochschulpolitik wollten sie hingegen einhegen, weil die ultramontanen Absichten der Römer auf die deutsche Kirche nationalen Hegemonialansprüchen Preußens widersprach und weil der Einfluss des politischen Katholizismus' auf die Kultusverwaltung unerwünscht war.[353] Dabei wird deutlich, dass Althoffs wie Harnacks primäres Anliegen darin bestand, die staatliche Macht der Kultusverwaltung über Schule und Universität gegen die katholische und dadurch indirekt auch gegen die evangelische Kirche zu verteidigen.[354] Der staatliche Einfluss auf Schule und Universität sollte dem Katholizismus im Gegenzug garantieren, dass er an der mo-

350 Vgl. den an Harnack weitergeleiteten Brief des Kölner Publizisten und Mitglied des Reformflügels des Zentrums Carl Bachem an Althoff vom 28.09.1908 (Nr. 390.1, *Briefwechsel*) und den Zeitungsartikel vom 24.09. in der *Nationalliberalen Korrespondenz* und vom 27.09.1908 aus dem *Tag* (Nr. 390, *Briefwechsel*); s. dazu *Sachse*, Althoff, 157f.

351 So auch *Maron*, Harnack und Katholizismus, 179f., 189f. und *Rebenich*, Mommsen-Harnack, 431.

352 Vgl. Harnacks Briefe an Söderblom zwischen 1909 und 1928 (in: Universitätsbibliothek Uppsala, Söderbloms Ekumenisk samling [*non vidi*]); s. dazu *Nottmeier*, Harnack, 491sowie Söderbloms Briefe an Harnack zwischen 1910 und 1930, in: SBB PK, NL Harnack, K 43, Mp. Söderblom. Er widmete Söderblom 1923 den vierten Band seiner *Reden und Aufsätze* über *Erforschtes und Erlebtes* (vgl. *Harnack*, Erforschtes und Erlebtes, 1923, Widmung); s. auch Harnacks Veröffentlichungen dieser Zeit: *Harnack*, Über den sog. „Consensus", 1925, *Harnack*, Brief an Söderblom, 1925 und *Harnack*, Weltkonferenz, 1926 (Entwurf in: SBB PK, NL Harnack, K 13, Nr. 4).

353 Vgl. das Gutachten vom 11.08.1901 (Nr. 161, *Briefwechsel*) und *Nottmeier*, Harnack, 317.

354 Vgl. Harnacks Äußerungen am 26.07.1907 (Nr. 355, *Briefwechsel*) und am 01.02.1907 (Nr. 328, *Briefwechsel*).

dernen Kultur und Wissenschaft teilhaben könne. Für Harnack lag in diesem Vorgehen die Möglichkeit begründet, die katholische Kirche, die s.E. im 13. Jahrhundert verblieben sei, und darin ihren größten Nachteil in der Gegenwart besitze,[355] in der Moderne weiterzuentwickeln.[356] Aus diesem Grund sollte die katholische Theologie, auch wenn sie inhaltlich den Standards der deutschen Wissenschaft kaum genüge, nach Möglichkeit an staatlichen Universitäten unterrichtet werden.[357] Dadurch könne außerdem der Einfluss der Kirche auf die Priesterausbildung eingeschränkt und es könnten mehr pro-preußische Geistliche herangezogen werden, womit Harnack sich gegen die kirchlichen Seminare positionierte. Denn letztendlich wollten Althoff wie Harnack ein Aufflammen des Kulturkampfes mit allen Mitteln verhindern.

Schließlich prognostizierte Harnack aufgrund der Lage der katholischen Kirche in Deutschland auch Konsequenzen für die Situation der evangelischen Kirche. Da eine seiner größten Sorgen darin bestand, dass die evangelische Kirche zunehmend katholisiert werden würde, wie sich bereits an den innerevangelischen Debatten um Kirchenbegriff, Bekenntnis und Liturgie zeige, müsse die katholische Kirche in dem Sinne modernisiert werden, wie er es theologisch auch für die evangelische Kirche wünschte.[358] Das Ziel der Modernisierung der katholischen akademischen Theologie in Preußen teilte der Kirchenhistoriker mit dem Ministerialdirektor Althoff, der diese Disziplin auf das Niveau der übrigen Fächer zu heben gedachte.

---

355 Vgl. *Harnack*, Was wir, 1891, 259; s. dazu *Maron*, Harnack und Katholizismus, 181.

356 Vgl. Harnacks Denkschrift vom 08.10.1907 (Nr. 359, *Briefwechsel*).

357 Vgl. die Nrn. 161 und 363, *Briefwechsel*.

358 Vgl. *Harnack*, Lage des Protestantismus, 1896b, 140–151; so auch *Maron*, Harnack und Katholizismus, 179, 187f., *Schröder*, Wiedergewonnene Naivität, 119–121 und *Kampmann*, Patristiker als Idealtypus, 254f.

Teil III: **Schulreformen**

Im Unterschied zu den vorherigen zwei Themenbereichen, in denen es um die Berufungspolitik an den evangelisch-theologischen Fakultäten und die evangelische und katholische Kirchenpolitik ging, betrafen die Schulreformen und die nationale und internationale Wissenschaftspolitik nicht ausschließlich die akademische Theologie und die Kirchen. Trotzdem kamen auch in diesen Themenkomplexen – wenn auch subtiler – theologische oder kirchenpolitische Fragen zur Sprache, da Harnack sie von seinem theologischen und kirchenhistorischen Standpunkt als Professor an einer evangelisch-theologischen Fakultät aus betrachtete. Zudem beeinflusste sein theologisch fundiertes Bildungsverständnis seine pädagogischen und didaktischen Ansichten, die er in den Gutachten und Redebeiträgen während der Reform des höheren Knabenschulwesens 1900 und in den Lehrplankommissionen während der Reform des höheren Mädchenschulwesens 1906 äußerte.[1] Für Althoff waren die zwei Schulreformen 1900 und 1905–08 Teil des gesamten Bildungs- und Wissenschaftssystems, für das der Ministerialdirektor in seiner Amtszeit zwischen 1897 und 1907 zuständig war. Denn universitäre Bildung und Ausbildung konnte – wie an Althoffs Äußerungen während den beiden Schulkonferenzen deutlich wird – nur auf der Grundlage einer soliden höheren Knaben- und Mädchenbildung florieren, die das Niveau der Universitären nicht absenken würde. Daher soll zuletzt auch danach gefragt werden, welche Konsequenzen die Schulreformen für das Theologiestudium zeitigten.[2]

1 Zu seinem Bildungsbegriff s.o. Einleitung, Abschnitt 3.2, S. 47.

2 Durch diese Zielrichtung und die spezifische kirchenhistorische Verortung unterscheidet sich der folgende Teil von meinen bisherigen Beiträgen zu den Schulreformen von 1900 und 1905–08 (vgl. *Kampmann*, Harnacks Beteiligung, 181f.und *Kampmann*, Harnack zur „Frauenfrage“, 245–449).

https://doi.org/10.1515/9783112213193-018

1 Die Reform der höheren Knabenschulen 1900

Bereits 1890 hatte eine Konferenz im Kultusministerium getagt, die die höheren Knabenschulen reformieren wollte.[1] Sie hatte das Monopol des humanistischen Gymnasiums, das ausschließlich Absolventen dieser Schulform zur Universität zuließ, nochmals bestätigt. Doch die bis 1900 weiter fortschreitende Industrialisierung und der Aufschwung der technischen Hochschulen in den 1890er Jahren wie auch die Forderungen Wilhelms II. nach einer vermehrten Berücksichtigung der antiken Kaisergeschichte und der jüngeren deutschen Geschichte im Geschichtsunterricht veränderten die Situation, sodass das Kultusministerium die Reform der höheren Knabenschulen erneut auf die Tagesordnung setzte.[2] Althoff, der seit seiner Beförderung zum Ministerialdirektor 1897 auch für das höhere Knabenschulwesen zuständig war, hatte sich seit 1898 wiederholt mit der Thematik beschäftigt, konkretisierte aber erst im Frühjahr 1900 die vorbereitenden Maßnahmen, die im Juni zu einer Schulkonferenz führten.

1.1 Vorbereitung

Im Vorfeld dieser Konferenz involvierte Althoff Harnack insofern in die inhaltliche Vorbereitung, als er fünf Gutachten anforderte, persönliche Gespräche mit ihm führte und ihn auch zu einzelnen Vorbesprechungen ins Kultusministerium einlud.[3] Während über die persönlichen Gespräche und die Vorkonferenzen im Kultusministerium keine nennenswerten Zeugnisse erhalten sind, verdeutlichen Harnacks Gutachten und seine Wortbeiträge während der Juni-Konferenz seine Position zur Schulreform. Harnack verfasste zuerst vier Gutachten, die schultechnische und didaktische Fragen betrafen und die Teil eines die Konferenz vorbereitenden

1 Zu der Schulkonferenz von 1890 vgl. *Albisetti*, Secondary School Reform, 184–242, *Führ*, Schulkonferenzen, bes. 194–205 und *BBAW*, Kultusministerium, Darstellung, Acta Borussica 2.1, 79f.

2 Vgl. *Kampmann*, Harnacks Beteiligung, 181f.

3 Zu Harnacks und Althoffs Zusammenarbeit in der Schulreform 1900 vgl. *Kampmann*, Harnacks Beteiligung; s. außerdem *Zahn-Harnack*, Harnack, 310–314, *Rebenich*, Mommsen-Harnack, 120f., 794, *Brocke*, Großbetrieb, 81f., *Nottmeier*, Harnack, 172, *Bauer*, Kulturprotestantismus und Frauenbewegung, 78 und *Dietrich*, Friedrich Althoff, 211–214 sowie die einschlägigen Akten in: GStA PK, I. HA, Rep. VI, Sekt. 1, Gen. Z, Nr. 115K, Bd. I–VIII; ebd., Nr. 115, Bd. IV; ebd., Nr. 115C; ebd., VI. HA, NL Althoff, Nr. 449, 450, 452 (Schulkonferenz 1900) und 453 und die Nrn. 137–138 (mit dem Hinweis auf ein persönliches Gespräch), 142–144, 147 und 151, *Briefwechsel*.

https://doi.org/10.1515/9783112213193-019

Fragenkatalogs waren.[4] Es ging in diesen Gutachten um den Zeitpunkt, zu dem der Griechischunterricht im Gymnasium einsetzen sollte, um die inhaltliche Gestaltung desselben und diejenige des Latein- und Geschichtsunterrichts.[5] Bevor der Kirchenhistoriker die Gutachten verfasste, formulierte er Althoff Zweifel, dass er geeignet sei, sich zu den genannten didaktischen und schultechnischen Fragen zu äußern.[6] Allein seine Lehrerfahrung im kirchengeschichtlichen Seminar, das er seit 25 Jahren leitete, konnte seine Bedenken zerstreuen.[7] Denn aufgrund dieser Vorerfahrung wisse er genau, welcher Vorbildung die Theologen bedürften. In diesem Sinne beabsichtigte er sich als theologischer Hochschullehrer an der Reform der höheren Knabenschulen zu beteiligen, um die Qualität der Vorbildung angehender Theologen zu heben. Insbesondere die „Sprachenfrage", d.h. die Frage nach dem Umfang der Kenntnisse des Griechischen und Lateinischen, die bei Theologen unabdingbar erforderlich seien, motivierte Harnack zu einer Beteiligung an der Reform. Die Frage der sprachlichen Vorbildung der Theologen thematisierte Harnack in einem fünften Gutachten, das sich mit universitären Sprachkursen für Theologen beschäftigte.[8] Es wurde kurz vor der Konferenz verfasst, ging aber nicht in die Publikation der Verhandlungen ein.[9]

1.2 Schulkonferenz

Vom 6. bis 8. Juni 1900 fand nach den mehrmonatigen Vorbereitungen eine Konferenz im Kultusministerium statt, an der neben Harnack auch Professoren anderer Fächer, wie beispielsweise der Altertumswissenschaftler Theodor Mommsen, der Gräzist Ulrich von Wilamowitz-Moellendorff, Mommsens Schwiegersohn, aber auch der Ordinarius für Elektrotechnik an der Technischen Hochschule Charlotten-

---

4 Vgl. Harnack an Althoff am 23.03.1900 und die zugehörigen 18 Fragen zur Schulreform (Nr. 137 und 137.1, *Briefwechsel*).

5 Vgl. *Kampmann*, Harnacks Beteiligung, 186 und die vier ersten Gutachten in *Kultusministerium*, Verhandlungen und Gutachten, 273–276; 294f.; 304f.; 364f. Diese vier Gutachten schickte er Althoff am 16.05.1900 (Nr. 142, *Briefwechsel*), wofür dieser ihm im Auftrag des Kultusministers von Studt am 01.06.1900 dankte (Nr. 143, *Briefwechsel*). S. ausführlich zu Harnacks Denkschriften *Kampmann*, Harnacks Beteiligung, 187–197.

6 Vgl. Nr. 137, *Briefwechsel*.

7 Zu seinen Erfahrungen im kirchenhistorischen Seminar s. *Kampmann*, Harnack zur „Frauenfrage", 459–464und Hans von Sodens Seminarprotokolle ediert von *Wischmeyer*, Aus der Werkstatt Harnacks.

8 Vgl. bei *Kampmann*, Harnacks Beteiligung, 216–218 das dort erstveröffentlichte fünfte Gutachten. vom 27.05.1900.

9 Vgl. *Kultusministerium*, Verhandlungen und Gutachten.

burg Adolf Slaby teilnahmen.[10] Außer Harnack waren als Theologen der katholische Priester Franz Dittrich und Althoffs Mitarbeiter, der Oberkonsistorialrat Bernhard Weiß, zu der Konferenz eingeladen worden, von denen der erste anfangs für Gutachten vorgesehen worden war, aber schließlich keines beisteuerte.[11] Insgesamt verdeutlicht die Teilnehmerliste der Konferenz, dass Althoff einen Großteil der externen Teilnehmer aus seinem Beraternetzwerk rekrutiert hatte, zu denen neben den bereits genannten Professoren auch der Philologe Hermann Diels, der Philosoph Wilhelm Dilthey, der Chemiker Emil Fischer, der Mathematiker Felix Klein, der Pathologe Rudolf Virchow und auch der Fabrikdirektor Henry Theodore Böttinger zählten.[12]

Die Konferenz debattierte Anfang Juni 1900 insbesondere die Frage der Gleichstellung des technisch-naturwissenschaftlich orientierten Realgymnasiums und der ohne Griechisch und Latein auskommenden Oberrealschule mit dem humanistischen Gymnasium hinsichtlich der Hochschulzugangsberechtigung, weil Kultusminister Konrad von Studt diese sog. „Berechtigungsfrage" kurzfristig an die erste Stelle der Tagesordnung gesetzt hatte.[13] Bei der Frage der Gleichstellung ging es im Kern darum, ob die Absolventen der Realgymnasien und Oberrealschulen zur Universität zugelassen werden sollten, was bislang nur den Gymnasialabiturienten gestattet war. Die Konferenzteilnehmer nahmen – mit Ausnahme Mommsens – diesen Vorschlag des Ministeriums sehr positiv auf, da die Gleichstellung, nachdem sie zehn Jahre zuvor noch abgelehnt worden war, durch den Aufschwung der Technischen Hochschulen und der Realgymnasien in den vergangenen Jahren dringlicher geworden war.[14] Die Gleichstellung der höheren Knabenschulen kam für viele Konferenzteilnehmer insofern unerwartet, als das Kultusministerium ursprünglich darauf abgezielt hatte, einen gemeinsamen lateinlosen Unterbau aller höheren Schulen zu schaffen, in dem Französisch als erste Sprache unterrichtet werden und auf dem sich später die drei Schultypen differenzieren sollten.[15] Daher war mit dem ersten Beschluss eine neue Verhandlungsgrundlage für die Konferenz geschaffen, die es ermöglichte, die übrigen Fragen zügig zu beantworten.

---

10 Vgl. die Teilnehmerliste ebd., VIIf. sowie den zeitgenössischen Bericht des Gymnasialdirektors *Uhlig*, Die Berliner Schulkonferenz vom 6.–8. Juni. Zur Schulkonferenz s. ebenfalls *Kampmann*, Harnacks Beteiligung, 197–210 sowie zu Mommsens Beteiligung an der Schulreform s. *Rebenich/Franke*, Mommsen-Althoff, 40f.

11 Vgl. Nr. 137.1, *Briefwechsel* und *Kultusministerium*, Verhandlungen und Gutachten, VIIf.

12 Vgl. die Teilnehmerliste in *Kultusministerium*, Verhandlungen und Gutachten, VIIf..

13 Vgl. ebd., 1f.; s. dazu *Kampmann*, Harnacks Beteiligung, 198.

14 Vgl. ebd., 199.

15 Vgl. ebd., 185.

Auch Harnack hatte der Gleichstellung zugestimmt, auch wenn es ihm weniger um das Realgymnasium und die Oberrealschule ging. Vielmehr sorgte er sich darum, die Eigenart und Qualität des humanistischen Gymnasiums, die eine zentrale Voraussetzung des damaligen Theologiestudiums bildete, zu bewahren, wie er in seinem Redebeitrag während der Konferenz, in einem der vier Gutachten und in dem Vortrag über die *Notwendigkeit der Erhaltung des alten Gymnasiums in der modernen Zeit* erläuterte, den er vier Jahre später bei der Versammlung der *Vereinigung der Freunde des humanistischen Gymnasiums in Berlin und der Provinz Brandenburg* hielt.[16]

Die spezifische Bildung, die das Gymnasium durch das langsame Studium der alten Sprachen parallel zu einem darauf rekurrierenden Geschichts- und Religionsunterricht vermittele, sei die entscheidende Grundlage einer höheren Bildung, die Harnack – in Übereinstimmung mit Theodor Mommsen – bei höheren Staatsbeamten, insbesondere bei Juristen voraussetzte.[17] Deshalb dürfe man auch Englisch nicht als optionale Alternative zu Griechisch am humanistischen Gymnasium anbieten. Denn nur ein Latein- und Griechischunterricht, der über mehrere Jahre verpflichtend sei, könne verhindern, dass der altsprachliche Unterricht an den Gymnasien zu einem reinen grammatikorientierten Sprachunterricht verkomme, weil dann genügend Zeit für die begleitende Einführung in die Geschichte des Altertums bliebe.[18] Die prägende Bedeutung des Griechischen begründete Harnack nicht nur von der klassischen Antike her, sondern auch – möglicherweise durch eine Frage Althoffs angeregt – mit einem Rekurs auf die frühe Neuzeit und die Reformation.[19] Die Reformatoren Philipp Melanchthon und Martin Luther hätten nämlich die Vorarbeiten der Humanisten Johannes Reuchlin und Erasmus von Rotterdam zur griechischen Sprache insofern weitergeführt, als sie der Sprache eine „ungeheure praktische bedeutung [sic]" verliehen hätten.[20] „Deutsch und Griechisch [...] [seien] die sprachen der reformation [sic]" geworden, weil die griechische Edition des Neuen Testaments die Kenntnis des Bibeltextes gegenüber der Vulgata erheblich verbessert habe.[21] Ein Pfarrer müsse nach Martin Luther das Neue Testament

16 Vgl. *Kultusministerium*, Verhandlungen und Gutachten, 15f.(Redebeitrag), das erste Gutachten zum Griechischunterricht (ebd., 275) und Nr. 142.1, *Briefwechsel*; s. dazu *Kampmann*, Harnacks Beteiligung, 199–204. Vgl. außerdem *Harnack*, Notwendigkeit des Gymnasiums, 1904 und zu der genannten Vereinigung auch *Kampmann*, Harnacks Beteiligung, 186, Anm. 45. So auch von *Grafe*, Die Schulerklärung der Generalsynode, 712wahrgenommen.

17 Vgl. *Kultusministerium*, Verhandlungen und Gutachten, 16f.

18 Vgl. ebd., 79f.

19 Vgl. Harnack an Althoff am 28.03.1900 (Nr. 138, *Briefwechsel*) und sein Gutachten zum Griechischunterricht, in: *Kultusministerium*, Verhandlungen und Gutachten, 276.

20 Nr. 138, *Briefwechsel*.

21 Ebd.

im griechischen Urtext lesen können, womit Harnack, wie schon in seinem Gutachten zu den Sprachkursen, die unabdingbare Relevanz der Sprachkenntnisse für das Theologiestudium und den Pfarrberuf unterstrich.[22] Diese Auffassung unterlegte Harnack mit seinem Lieblingszitat von Luther: „Nicht nur Melanchthon sondern auch Luther sah in der griechischen sprache ‚die scheide, in welcher das messer des geistes steckt'."[23] Der Wittenberger Reformator hatte in der Schrift *An die Burgermeyster und Radherrn* von 1524, aus der das Zitat stammt, die Regierenden aufgefordert, christliche Schulen mit altsprachlichem Unterricht zu gründen.[24] Harnack zitierte die reformatorische Schrift nochmals im Zusammenhang der Mädchenschulreform gegenüber Althoff, da nach Luther auch Mädchen eine Grundbildung erhalten sollten.[25] An Harnacks reformationsgeschichtlichem Rekurs ist zugleich interessant, dass er Melanchthon, zu dessen 400. Geburtstag 1897 er die Festrede an der Friedrich-Wilhelms Universität zu Berlin hielt, im Zusammenhang der Schulreform nur am Rande rezipierte, obwohl er einen entscheidenden Beitrag zu den Schulreformen der Reformationszeit leistete.[26]

Ähnlich wie in seinem Schreiben vom 28. März und seinem Gutachten vom 27. Mai 1900[27] äußerte Harnack sich auch in der Konferenzdebatte im Juni 1900, in der es um den Geschichtsunterricht und die Behandlung der römischen Kaiserzeit in demselben ging; eine Frage, die durch die Kritik Wilhelms II. angestoßen worden war. Der Kirchenhistoriker betonte ebenso wie in seinen Aufsätzen von 1902 und 1907 über die Behandlung der Geschichte der römischen Kaiserzeit, dass der Geschichts- und der Religionsunterricht in diesem Themenbereich enger zusammenarbeiten sollten, um sich wechselseitig zu befruchten.[28] Dieses Votum, das angesichts der Harnackschen Konzeption der älteren Kirchengeschichte wenig überrascht, ist insofern bemerkenswert, als er den Geschichts- mit dem Religionsunter-

22 Vgl. ebd. und das Gutachten vom 27.05.1900 bei *Kampmann*, Harnacks Beteiligung, 216–218.

23 Nr. 138, *Briefwechsel*, so auch in *Kultusministerium*, Verhandlungen und Gutachten, 80, *Harnack*, Aufgabe der theologischen Fakultäten, 1901b, 167 und *Harnack*, Notwendigkeit des Gymnasiums, 1904, 73. Im Original lautete der Satz: „Die sprachen sind die scheyden, daryynn dis messer des geists stickt." (*Luther*, An die Burgermeyster, 38, 8f.). Zuvor hatte Luther Hebräisch und Griechisch als heilige Sprachen bezeichnet (vgl. ebd., 38, 1–6).

24 Vgl. ebd.

25 S.u. in diesem Teil, Abschnitt 2.3, S. 332 und Nr. 315, *Briefwechsel*.

26 Vgl. *Harnack*, Philipp Melanchthon, 1897. Einen Ansatz zur Verhältnisbestimmung von liberaler Theologie und Philipp Melanchthon bietet *Armbruster*, Melanchthon und die liberale Theologie.

27 Vgl. Nr. 138, *Briefwechsel* und das Gutachten vom 27.05.1900 bei *Kampmann*, Harnacks Beteiligung, 216–218.

28 Vgl. *Kultusministerium*, Verhandlungen und Gutachten, 145–147; s. dazu *Kampmann*, Harnacks Beteiligung, 192–195, 208–210 sowie 1902 *Harnack*, Behandlung der Kaisergeschichte, 1902 und 1907 *Harnack*, Universität und Schule, 1907.

richt zu verbinden gedachte.[29] Harnacks Anregungen zum Religionsunterricht zeitigten schließlich direkte Konsequenzen bei der Reform der höheren Knabenschulen. Denn obwohl eine Reform des Religionsunterrichts von den vorbereitenden Fragen nicht angeregt worden war, wurde sie in den neuen Lehrpläne von 1901 umgesetzt.[30]

1.3 Konsequenzen der Schulreform für das Theologiestudium

Wie an Harnacks Konzeption des Griechisch-, Geschichts- und Religionsunterrichts deutlich wird, hatten seine Theologie und sein kirchengeschichtliches Verständnis 1900 einen nicht unmaßgeblichen Einfluss auf die Reform des höheren Knabenschulwesens. Der erwähnten Berechtigungsfrage folgte außerdem eine kirchliche und theologische Debatte um die Konsequenzen der Reformvorschläge für das Theologiestudium.

Denn die Gleichstellung der drei höheren Knabenschultypen hatte einschneidende Konsequenzen für die theologische Ausbildung, die hebräische, griechische und lateinische Sprachkenntnisse zu Beginn des Studiums voraussetzte. Während an den Realgymnasien zwar Latein, aber kein Griechisch gelehrt wurde, kam die Oberrealschule ganz ohne die alten Sprachen aus, sodass die Absolventen für den Fall, dass sie zum Theologiestudium zugelassen werden sollten, eine oder beide Sprachen sowie Hebräisch, das auch nicht an allen humanistischen Gymnasien unterrichtet wurde, im Studium erlernen mussten. Auf diese Sprachkurse konzentrierte sich Harnacks fünftes Gutachten, das er Ende Mai 1900 verfasste, nachdem im Kultusministerium – wahrscheinlich vor der Juni-Konferenz – beschlossen worden war, die Gleichstellung der drei Schultypen anzustreben.[31] In seinem Gutachten zu den Sprachkursen betonte Harnack nochmals die grundlegende Bedeutung der drei alten Sprachen für die theologische Ausbildung. Das „Studium der biblischen Urkunden [bilde] den Mittelpunkt der evangelischen Theologie und das selbstständige Verständniß derselben ihr wesentliches Ziel."[32] Die „Wissenschaft" der Theologie

29 So schon in seinem Gutachten zum Geschichtsunterricht (vgl. *Kultusministerium*, Verhandlungen und Gutachten, 365; s. dazu *Kampmann*, Harnacks Beteiligung, 192–195). Zu seiner Konzeption von Kirchengeschichte s. *Kampmann*, Patristiker als Idealtypus.

30 Vgl. *Roggenkamp-Kaufmann*, Religionspädagogik als „Praktische Theologie", 283–287.

31 Vgl. *Kampmann*, Harnacks Beteiligung, 196, 204 und das Gutachten vom 27.05.1900, ebd., 216–218. Althoff hatte Harnacks Votum für die Gleichstellung der höheren Schulen vom 14.05.1900 zuvor abschreiben lassen und darauf „Vorkurse" notiert (Nr. 142.1, *Briefwechsel*).

32 Gutachten Harnacks vom 27.05.1900 abgedruckt bei *Kampmann*, Harnacks Beteiligung, 216. Von „und" bis „Ziel" im Original unterstrichen.

müsse deshalb „an der Kenntniß des Hebräischen und Griechischen unverbrüchlich festhalten [...] [, während] die Kenntniß des Lateinischen [...] für das Studium sowohl der Dogmengeschichte als des katholischen und protestantischen Lehrbegriffs unerläßlich" sei.[33] In den „meisten theologischen Vorlesungen [...] – nicht nur in den exegetischen, sondern auch in den historischen und systematischen" – würden entsprechende Sprachkenntnisse vorausgesetzt. Daher dürften die „Docenten der evangelischen Theologie [...] sich aber auch in Zukunft niemals entschließen, in ihren Vorträgen von jenen Sprachkenntnissen abzusehen".[34]

Aufgrund dieser fundamentalen Bedeutung der Sprachkenntnisse für das Theologiestudium schlug Harnack im Anschluss einen Modus vor, in dem die Absolventen der Realgymnasien und Oberrealschulen Latein, Griechisch und Hebräisch erlernen könnten. Die Kultus- und Universitätsverwaltung solle für jede Sprache ein „philologisches Proseminar" errichten, das Latein und Griechisch mit je sechs Wochenstunden für ein – bzw. beim Erwerb beider Sprachen – zwei Jahre, also zwei bis vier Semester, unterrichte.[35] Diesem Vorschlag folgten weitere konkrete Regelungen, die die Studiendauer nach Abschluss der Proseminare, die Bescheinigung über den erfolgreichen Besuch, die Gesamtdauer der Proseminare sowie die notwendigen Inhalte der Sprachkurse betrafen.[36] Dabei hielt Harnack Abschlussexamina nach den Proseminaren nicht für notwendig, da sich die „Kenntnisse auch ohne Examen fest stellen" ließen.[37]

Für die Gesamtdauer des Theologiestudiums hatte Harnacks Konzeption des Sprachstudiums insofern signifikante Konsequenzen, als das übliche Triennium, d.h. ein meist drei Jahre umfassendes Studium, bei zwei zu erlernenden Sprachen um zwei weitere Jahre verlängert und mindestens fünf Semester nach Abschluss der Sprachkurse erfordern würde.[38] Diese Verlängerung hätte das Studium allerdings deutlich verteuert und dadurch insbesondere für Studenten aus weniger wohlhabenden Elternhäusern unattraktiv gemacht. Inwiefern sich dieser Vorschlag als praktikabel erwiesen hätte, brauchte nicht mehr nachgeprüft werden, da die Sprachkurse zu Beginn des Theologiestudiums nicht eingeführt wurden. Denn beide Kirchen, die evangelische wie die katholische, erstere durch den Evangelischen Oberkirchenrat und eine außerordentliche Generalsynode vertreten, und letztere durch die katholische Bischofskonferenz Preußens repräsentiert, lehnten eine

---

33 Ebd.

34 Ebd.

35 Ebd., 217 (im Original unterstrichen).

36 Vgl. ebd.

37 Ebd., 218.

38 Vgl. ebd., 217 Harnacks Regelungsvorschläge zur Dauer der Sprachkurse und zur Gesamtstudiendauer.

Zulassung der Absolventen der Realgymnasien und Oberrealschulen zum Theologiestudium ab, sodass die Theologien zukünftig die einzigen Fakultäten an den preußischen Universitäten waren, zu denen nur Absolventen humanistischer Gymnasien zugelassen wurden.[39] Eine ähnliche Sonderrolle nahmen die Theologien nach 1908 anfangs auch bei der Zulassung von Frauen zu theologischen Examina ein, worauf im Zusammenhang der Mädchenschulreform noch eingegangen werden wird.[40]

Die Beschränkung des Zugangs zum Theologiestudium auf Absolventen humanistischer Gymnasien war von einer Gruppe von Theologieprofessoren um den Berliner Praktischen Theologen Paul Kleinert bei der außerordentlichen preußischen Generalsynode vertreten und durchgesetzt worden.[41] Gegen die einmütige Stimmung während der Generalsynode hatte nur der Bonner liberal-theologische Neutestamentler Eduard Grafe protestiert, was er im Nachhinein rechtfertigen zu müssen meinte.[42] Obwohl Grafe das Theologiestudium für Absolventen der Realgymnasien und Oberrealschulen öffnen wollte, lehnte er im Unterschied zu Harnack universitäre Sprachkurse ab und empfahl dem Oberrealschüler, der Theologie studieren wolle, stattdessen die notwendigen Griechischkenntnisse im Selbststudium und mit eigenen Mitteln zu erwerben. Harnack und Grafe nahmen trotz der geplanten Öffnung des Theologiestudiums nicht an, dass die an Realgymnasien und Oberrealschulen vorgebildeten Abiturienten jemals die Mehrheit der Studienanfänger bilden werde, sondern dass das humanistische Gymnasium weiterhin als übliche Vorbereitung dienen dürfte.[43] An dem Vergleich mit Grafe wird schließlich deutlich, dass Harnack mit seinem Vorschlag, universitäre Sprachkurse für die Abiturienten der zwei anderen Schultypen einzuführen, weitgehend allein stand. Gleichwohl ist anzunehmen, dass diese Kurse die Qualität des Sprachstudiums besser hätten sichern können als das von Grafe vorgeschlagene Selbststudium, das für den fiktiven Oberrealschüler ebenso wie die Vorkurse, die die Studiendauer um zwei Jahre verlängert hätten, eine finanziell unüberwindliche Hürde dargestellt hätten.

---

39 Vgl. ebd., 210f. mit den Anm. 200 und 201, *Grafe*, Die Schulerklärung der Generalsynode und *Albisetti*, Secondary School Reform, 283 mit Anm. 88, 286f. mit Anm. 93.

40 S.u. in diesem Teil, Abschnitt 2.4, S. 337.

41 Vgl. *Kampmann*, Harnacks Beteiligung, 210f. und *Grafe*, Die Schulerklärung der Generalsynode, 711.

42 Vgl. ebd., 711–713.

43 Vgl. *Kultusministerium*, Verhandlungen und Gutachten, 16.

1.4 Abschluss der Reform

Die von der Schulkonferenz empfohlenen Änderungen im höheren Knabenschulwesen führte das Kultusministerium aus, nachdem Althoff Wilhelm II. im Anschluss an die Konferenz einen ausführlichen Bericht hatte zukommen lassen.[44] Harnack sprach nach der Konferenz nicht nur seine Hoffnung aus, dass „unsre Schulconferenz nicht ganz vergeblich gewesen sei“, sondern äußerte auch seine Anerkennung für Althoffs Arbeit, da dieser „den schwierigsten Theil, die wirkliche Ausführung [...] noch zu bewältigen“ habe.[45] Mit seiner Teilnahme an der Schulkonferenz endete Harnacks aktive Beteiligung an der Schulreform, auch wenn er sie im persönlichen Gespräch mit Althoff thematisierte. Nachdem Wilhelm II. die Empfehlungen der Konferenz im November 1900 durch einen Erlass, der die Gleichstellung aller höheren Schultypen verlautbart hatte, übernommen hatte, gratulierte Harnack Althoff zu diesem Erfolg.[46] Außerdem informierte Harnack Althoff im April 1901 über ein Gespräch mit dem Kaiser, nachdem der Ministerialdirektor die überarbeiteten Lehrpläne im April 1901 veröffentlicht hatte.[47] Er habe Wilhelm II. hinsichtlich des erfolgreichen Ausgangs der Schulreform beruhigt und ihm das mitgeteilt, was er zuvor mit Althoff abgesprochen habe. Diese schriftlichen Belege verdeutlichen, dass Harnack und Althoff auch im Jahr nach der Schulkonferenz noch in gelegentlichem Austausch über die Schulreform standen.[48]

44 Vgl. den Berichtsentwurf Althoffs für Wilhelm II. vom 08.06.1900 (in: GStA PK, I. HA, Rep. 76 VI, Sekt. 1, Gen. Z, Nr. 115, Bd. IV, Bl. 174^r–178^v, 182^r–190^v). Zum Abschluss der Reform vgl. *Kampmann*, Harnacks Beteiligung, 210–212.

45 Harnack an Althoff am 14.06.1900 (Nr. 144, *Briefwechsel*).

46 Vgl. den Erlass vom 26.11.1900 (*Wilhelm II.*, Erlass zur Weiterführung) und Harnack an Althoff am 09.12.1900 (Nr. 147, *Briefwechsel*).

47 Vgl. Harnack an Althoff am 11.04.1901 (Nr. 151, *Briefwechsel*) und *Kultusministerium*, Neue Lehrpläne 1901; s. dazu *Kampmann*, Harnacks Beteiligung, 212 mit Anm. 209.

48 Vgl. Nr. 151, *Briefwechsel*.

2 Die Mädchenschulreform 1905–08

Auch die Reform des höheren Mädchenschulwesens, die Althoff und Harnack zwischen 1905 und 1908 bearbeiteten,[1] eröffnet instruktive Perspektiven auf die evangelische Theologie des wilhelminischen Kaiserreichs. Denn nicht nur war Harnack als ein zentraler Repräsentant der kaiserzeitlichen evangelischen Theologie an ihr beteiligt, sondern ebenso sein Berliner Antipode, der ebenfalls aus dem Baltikum stammende Dogmatiker Reinhold Seeberg.[2] Außerdem besaß die ebenfalls an der Reform beteiligte Frauenrechtlerin Gertrud Bäumer eine theologische Vorbildung, weil sie u.a. bei Harnack als Gasthörerin Theologie studiert hatte.[3] Schließlich beeinflussten die unterschiedlichen theologischen Strömungen des wilhelminischen Kaiserreichs zum Teil die Positionen der beteiligten Frauen und Männer in der Mädchenschulreform, was zuvorderst an der Überarbeitung des Religionslehrplans, aber auch an den Koalitionen sichtbar wurde, die während des Reformprozesses zwischen den Personen entstanden.

2.1 Vorbereitungen

Adolf Harnack hatte bereits vor Beginn der Mädchenschulreform 1904/05 wiederholt sein Interesse an der Verbesserung der Mädchen- und Frauenbildung bekundet. Dabei motivierten ihn vermutlich nicht nur die prinzipiellen Bedingungen weiblicher Bildung, sondern auch die Möglichkeiten, die seinen drei Töchtern zur Verfügung standen.[4] Aus diesem Grunde hatte er 1893 die Umwandlung der von Helene Lange 1889 gegründeten Realschulkurse für Mädchen in Gymnasialkurse unterstützt, indem er zahlendes Mitglied der *Vereinigung zur Veranstaltung von*

1 Vgl. dazu ausführlich *Kampmann*, Harnack zur „Frauenfrage“, 245–449 sowie *Zahn-Harnack*, Harnack, 318–322, *Sietsma*, Adolf von Harnack, 69f., *Nowak*, Einführung, 68–72, *Rebenich*, Mommsen-Harnack, 121, *Nottmeier*, Harnack, 270–272, *Albisetti*, Mädchen- und Frauenbildung, 288–296 und *Bauer*, Kulturprotestantismus und Frauenbewegung, 80–85. Zur Mädchenschulreform insgesamt vgl. *Albisetti*, Reform of Female Education, *Albisetti*, Schooling German Girls and Women, 256–273, *Albisetti*, Mädchen- und Frauenbildung, 282–300, *Sachse*, Althoff, 340–354, *Glaser*, Weder Eigendynamik noch Erfolgsgeschichte und *Kraul*, Höhere Mädchenschulen, 285–288. In den Archiven sind die folgenden Bestände dazu einschlägig: GStA PK, I. HA Rep. 76 VI, Sekt. 1, Gen. ee, Nr. 5, Bd. 1–9, ebd., Nr. 5A, Bd. I–III (Zeitungsartikel), ebd., Nr. 5B, Bd. I–III (Petitionen und Schriften), ebd., VI. HA, NL Althoff, Nr. 457–465, ebd., NL Studt, Nr. 15 und 25, sowie SBB PK, NL Harnack, K 22, Mp. Mädchenschulreform.

2 Zu Seebergs Engagement s. *Kampmann*, Harnack zur „Frauenfrage“, 437–440.

3 Vgl. ebd., 481–483.

4 Zu Harnacks Verhältnis zu seinen Töchtern Anna, Agnes und Elisabet s. ebd., 70–82.

https://doi.org/10.1515/9783112213193-020

Gymnasialkursen für Frauen wurde.[5] Diese privat organisierten Kurse bereiteten Mädchen auf Gymnasialniveau darauf vor, das Abitur als Externe abzulegen. Harnacks Engagement für Frauenbildung war dabei kein Einzelfall, sondern ist in einem professoralen, kulturprotestantischen Milieu zu verorten, wie die Namen der übrigen Unterstützer der Gymnasialkurse verdeutlichen, zu denen Harnacks Schwager Hans Delbrück, der Altphilologe Hermann Diels, der Philosoph Wilhelm Dilthey, der Pädagoge Friedrich Paulsen, der Physiker Hermann von Helmholtz, der Theologe Otto Pfleiderer, der Nationalökonom Gustav Schmoller u.a. zählten.[6] Außerdem hatte Harnack, nachdem er bereits in den 1870er Jahren mit seiner Cousine Fanny von Anrep und seinem Lehrer Moritz von Engelhardt über Mädchenbildung im Austausch gestanden und in Leipzig an einer Mädchenschule Religion unterrichtet hatte,[7] sich im Evangelisch-Sozialen Kongress mit der Mädchenschulfrage beschäftigt.[8] In diesem sozialpolitischen Forum des Verbandsprotestantismus war die sog. „Frauenfrage", d.h. die Frage nach den Rechten und Möglichkeiten der Frauen, seit Mitte der 1890er Jahre u.a. in Spezialkonferenzen thematisiert worden, nachdem der ESK als einer der ersten evangelischen Vereine Frauen Rederecht erteilt hatte.[9] Bei der Jahrestagung des ESK 1902 ging Harnack in dem für sein Bildungsverständnis einschlägigen, mehrfach nachgedruckten und international rezipierten Vortrag über *Die sittliche und soziale Bedeutung des modernen Bildungsstrebens* insofern auf das Thema Mädchen- und Frauenbildung ein, als er die Frauenbewegung neben der Arbeiterbewegung als Beispiel für das moderne Bildungsstreben anführte und sie dadurch primär als Bildungsbewegung verstand.[10] Dabei war für ihn von zentraler Bedeutung, dass die Bildungswege der Frauen geschlechtsspezifisch angepasst würden, damit die Bildungsbewegung nicht durch „Gleichmacherei" gefährdet werde.[11] Diese Formulierung gründete sich in Harnacks Sorge, dass eine „gleichartige" anstelle von einer „gleichwertigen" Mädchenbildung, d.h. eine den Bildungsgängen der Jungen entsprechende anstelle einer der sog. „weiblichen Eigenart" angepassten Mädchenbildung, in den Schulen eingeführt werden könn-

5 Vgl. *Bäumer*, Geschichte der Gymnasialkurse, 26–28 und *Kampmann*, Harnack zur „Frauenfrage", 251f.

6 Vgl. *Bäumer*, Geschichte der Gymnasialkurse, 27f. und *Lange*, Die Gymnasialkurse in Berlin, 43.

7 Vgl. *Zahn-Harnack*, Harnack, 53–57, 77–79.

8 Vgl. *Kampmann*, Harnack zur „Frauenfrage", 188, 252f.

9 Vgl. dazu insgesamt ebd., 113–243.

10 Vgl. *Harnack*, Bedeutung des modernen Bildungsstrebens, 1902, 82f.; s. dazu *Kampmann*, Harnack zur „Frauenfrage", 163–173. Es handelt sich um einen der am häufigsten nachgedruckten Vorträge Harnacks, von dem 1907 eine englische, 1911 eine italienische und 1913 schwedische Übersetzung angefertigt wurden (vgl. *Picker/Koenitz*, Nachweis der Drucke, 1634f.). Zu seinem theologisch fundierten Bildungsverständnis s.o. Einleitung, Abschnitt 3.2, S. 47.

11 *Harnack*, Bedeutung des modernen Bildungsstrebens, 1902, 97.

te.[12] Das sich bei Harnack andeutende Diktum „Gleichwertig, aber nicht gleichartig" war in der bürgerlichen Frauenbewegung verbreitet und entsprach seinem auch ansonsten geschlechtsspezifischen Frauenbild, das von einer „weiblichen Eigenart" ausging und dem Harnack in allen die „Frauenfrage" betreffenden Themen gerecht zu werden gedachte.[13] Harnack ging aber nicht nur in seinem Vortrag über das „Bildungsstreben", sondern auch während der Schulkonferenz im Juni 1900 auf die höheren Mädchenschulen und das Frauenstudium ein[14] und resümierte im Juni 1904 auf dem *Internationalen Frauenkongress* in einem Redebeitrag seine Position zur Frauenbildung.[15] Basierend auf seinen Erfahrungen, die er als akademischer Lehrer in seinem kirchenhistorischen Seminar und in den Kollegien gemacht hatte, konnte er die wissenschaftliche Arbeit von Frauen – auch in der Theologie – befürworten. Im Sinne seines 1905 veröffentlichten Aufsatzes über den *Großbetrieb der Wissenschaft* wies er den Frauen zudem einen Platz unter den „Scharen von Arbeitern [und Arbeiterinnen]" zu, derer dieser Großbetrieb bedürfe.[16] Daher forderte Harnack im Anschluss daran die gymnasiale Koedukation, die Hochschulzulassung von Frauen, koedukative Universitäten und die Kooperation von Oberlehrern und -lehrerinnen in den Gymnasien.[17] Harnack hatte sich damit eindeutig zugunsten der Forderungen der Frauenbewegung in der Öffentlichkeit positioniert, was auch die einschlägigen Fachzeitschriften wahrnahmen.[18] Allerdings lässt sich bereits mit Blick auf seine Position während der Mädchenschulreform festhalten, dass er den hier geäußerten, progressiven Standpunkt nicht noch einmal in dieser Schärfe formulierte, zumal die gymnasiale Koedukation während der folgenden Reform keine Rolle spielte.

Friedrich Althoff bezog Harnack, ähnlich wie 1900, seit Ende des Jahres 1904 in die ministerialen Vorbereitungen der Mädchenschulreform ein, nachdem die zuständige Abteilung des Kultusministeriums seit 1901 die Reform vorbereitet hatte.[19] Parallel zog er auch den Pädagogen Friedrich Paulsen zu Rate, der in Erlangen

12 Vgl. dazu auch *Kampmann*, Harnack zur „Frauenfrage", 169.

13 Vgl. dazu ebd., 212 und 537 sowie ebd., 534–540 zu seinem Frauenbild insgesamt.

14 Vgl. *Kultusministerium*, Verhandlungen und Gutachten, 16; s. dazu *Kampmann*, Harnacks Beteiligung, 200f. Zu Harnacks und Althoffs Zusammenarbeit in der Schulreform 1900 s.o. in diesem Teil, Abschnitt 1, S. 300 sowie *Kampmann*, Harnacks Beteiligung.

15 Vgl. *Stritt*, Der Internationale Frauenkongress in Berlin 1904, 138f.

16 Ebd., 139, vgl. *Harnack*, Großbetrieb der Wissenschaft, 1905b.

17 Vgl. *Stritt*, Der Internationale Frauenkongress in Berlin 1904, 139. Auch in der Debatte über seinen Vortrag zum „Bildungsstreben" hatte er die Koedukation befürwortet (vgl. *ESK*, Verhandlungen 1902, 50).

18 Vgl. *Bäumer*, Eindrücke vom Internationalen Frauenkongreß, 581 und *Wychgram*, Zum internationalen Frauenkongreß, 182.

19 Zu den Vorentwicklungen vgl. *Kampmann*, Harnack zur „Frauenfrage", 250–261.

auch Theologie studiert hatte.[20] Für die Mädchenschulreform war eigentlich nicht die Althoff unterstellte Erste Unterrichtsabteilung, die die Universitäten und höheren Schulen verwaltete, sondern die Philipp Schwartzkopff unterstehende Zweite Unterrichtsabteilung zuständig, die die niederen und mittleren Schulen betreute.[21] Wie bei der Schulreform 1900 hatte der zuständige Ministerialreferent Stephan Wätzoldt, ein studierter Germanist und Romanist und zugleich ein entschiedener Unterstützer der bürgerlichen Frauenbewegung, zwischen 1901 und 1904 einen Fragenkatalog und eine Teilnehmerliste für eine eventuelle Schulkonferenz zusammengestellt, Bestimmungen zur Neuordnung des höheren Mädchenschulwesens und Lehrpläne entworfen sowie externe Gutachten eingeholt.[22] Nachdem Wätzoldt 1904 plötzlich verstorben war, übernahm der evangelische Pfarrer und vormalige Direktor des Droyßiger Lehrerinnenseminars, Paul Meyer, das Mädchenschulreferat, der eine konservativere Position vertrat.[23]

Über die ersten Reformentwicklungen informierte das Kultusministerium seit 1903 auch die Kaiserin Auguste Viktoria. Sie hatte nach dem Tod ihrer Schwiegermutter Victoria 1901, die eine Unterstützerin der bürgerlichen Frauenbewegung gewesen war, sich für Mädchen- und Frauenbildung zu interessieren begonnen.[24] Das kaiserliche Interesse an einer Verbesserung der Frauenbildung hatte auch der erwähnte *Internationale Frauenkongress* 1904 befördert.[25] Seitdem war die Lehrerin und Frauenrechtlerin Marie Martin, die bereits seit 1901 in brieflichem Kontakt zu Harnack stand, zu einer inoffiziellen Beraterin Auguste Viktorias in Mädchenschulfragen avanciert.[26] Den Kontakt hatte wahrscheinlich die Oberhofmeisterin der Kaiserin, Therese Gräfin von Brockdorff, vermittelt, mit der Althoff nachweislich seit

---

20 Vgl. *Sachse*, Althoff, 342, *Paulsen*, Aus meinem Leben, 427 und *Albisetti*, Mädchen- und Frauenbildung, 288. Zu Paulsen s. das Biogramm, S. 541.

21 Vgl. die Übersicht über die Abteilungen bei *Lüdicke*, Preußische Kultusminister, Beilage II und *Brocke*, System Althoff, 23.

22 Zu Wätzoldt s. das Biogramm, S. 572 sowie die Akten in: GStA PK, I. HA, Rep. 76 VI, Sekt. 1, Gen. ee, Nr. 5, Bd. 1.

23 Zu Meyer s. das Biogramm, S. 533.

24 Vgl. den Berichtentwurf Studts vom 05.02.1903 (in: GStA PK, I. HA, Rep. 76, Sekt. 1, Gen. ee, Nr. 5, Bd. 1, Bl. 81^{r}); s. dazu *Erbstößer*, Kaiserin Auguste Victoria, 189f. Zum Interesse Victorias an der Frauenbewegung s. *Harnack*, Kaiserin Friedrich, 1908, 319f., *Zahn-Harnack*, Harnack, 169f., 177 und *Göttert*, Victoria und die dt. Frauenbewegung.

25 Zum Internationalen Frauenkongress s. u.a. *Bäumer*, Eindrücke vom Internationalen Frauenkongreß, *Wychgram*, Zum internationalen Frauenkongreß und *Stritt*, Der Internationale Frauenkongress in Berlin 1904.

26 Vgl. *Martin*, Die letzte dt. Kaiserin, 283 und *Schlemmer*, Marie Martin, 299. Zur Verbindung zwischen Harnack und Martin s. *Kampmann*, Harnack zur „Frauenfrage“, 53–59.

1899 in Kontakt stand.[27] Nachdem Martin anfangs nur mit den Hofdamen der Kaiserin gesprochen hatte, lud Auguste Viktoria die Lehrerin im Dezember 1904 erstmals zu einer Audienz ein, bei der sie ihre Ansichten über die höhere Mädchenbildung darstellen durfte. Im Anschluss an die Audienz ließ Martin der Kaiserin ihre Denkschrift über *Die Kulturaufgabe der höheren Mädchenbildung* zukommen, in der sie ihre Auffassung von einer Mädchenbildung resümierte.[28] Martin informierte Harnack über ihre Audienz und bat ihn zugleich, sich bei Wilhelm II. für die Mädchenschulreform einzusetzen.[29] Obwohl es nicht zu einem Gespräch zwischen Harnack und Wilhelm II. in dieser Frage kam, billigte der Kaiser das Interesse Auguste Viktorias und schlug ihr vor, sich mit Althoff und Martin auszutauschen.[30]

Diese Entwicklungen vor Beginn des Reformprozesses im Januar 1905 führen bereits die Strukturmerkmale vor Augen, die für die gesamte Mädchenschulreform bestimmend bleiben sollten: Die Planungen im Kultusministerium und die Initiativen von Martin und Harnack verliefen größtenteils parallel bzw. teilweise konkurrierend. Außerdem wurde Harnack kaum in die ministerialen Arbeiten der zuständigen Abteilung einbezogen, sondern primär durch den ressortmäßig nicht zuständigen Friedrich Althoff involviert. Diese Bedingungen hinderten Harnack jedoch nicht an dem Versuch, seinen Einfluss auf den Reformprozess geltend zu machen.

Um theologische Fragen ging es in den ersten Wochen der Mädchenschulreform und auch bis nach der Mädchenschulkonferenz im Januar 1906 nicht. Wohl aber führen die Koalitionen zwischen den beteiligten Personen, die im Wesentlichen bis zum Ende der Reform gleich blieben, kirchenpolitische Einsichten vor Augen, von denen einige erstaunlich, andere vielmehr zu erwarten sind. Die Kaiserin Auguste Viktoria und ihre Hofdame Therese von Brockdorff ließen sich – wie zu erwarten war – von der hessischen Pfarrerstochter Marie Martin beraten, die zum kirchlichen Flügel der bürgerlichen Frauenbewegung gehörte, nicht aber von einer der Frauenrechtlerinnen des gemäßigten Flügels um Helene Lange.[31] Martin war ein aktives Mitglied im *Deutschen Evangelischen Frauenbund*,[32] und stand in der Mäd-

27 Vgl. die Briefe Brockdorffs in: GStA PK, VI. HA, NL Althoff, Nr. 1043 und Nr. 684.

28 Vgl. Martin an Harnack am 03.12.o.J.[1904] (in: SBB PK, NL Harnack, K 37, Mp. Martin, Bl. 69^{r}) und Martins Denkschrift (in: GStA PK, I. HA, Rep. 76 VI, Sekt. 1, Gen. ee, Nr. 5, Bd. 3, Bl. 11^{r}); s. dazu *Albisetti*, Reform of Female Education, 25f. und *Nottmeier*, Harnack, 270.

29 Vgl. Martin an Harnack am 03. und 11.12.o.J.[1904] (a.a.O., K 37, Mp. Martin, Bl. 69^{r}; 111^{r}).

30 Vgl. Martin an Harnack am 16.12.o.J.[1904] (ebd., Bl. 112^{r}–113^{v}).

31 Zu Martin und ihrer kirchlichen und theologischen Verortung vgl. *Müller-Otfried*, Martin, Marie, *Schlemmer*, Marie Martin, 301, *Kampmann*, Harnack zur „Frauenfrage“, 55f. und *Kampmann*, Martin, Marie.

32 Zum Deutsch-Evangelischen Frauenbund vgl. *Baumann*, Protestantismus und Frauenemanzipation, 125–139. Martin engagierte sich im ESK für eine engere Verbindung zum evangelischen Frauenbund (vgl. *Kampmann*, Harnack zur „Frauenfrage“, 176–184, 221–225).

chenschulreform auch zu Reinhold Seeberg in Kontakt, sodass sie durchaus den kirchlich-religiösen Positionen der Kaiserin entsprach.[33] Trotz dieses Engagements in kirchlich-konservativen Verbänden verortete Martin sich selbst theologisch eher in der Richtung der *Christlichen Welt*.[34] Dies zeigte sich an den engen Verbindungen, die Martin zum Evangelisch-Sozialen Kongress, in dessen Spezialkonferenz sie 1902 vortrug, zu Martin Rade und seiner *Christlichen Welt*, in der sie ebenso wie in Heinrich Weinels liberalprotestantischer Reihe *Lebensfragen* publizierte, und zu Harnack pflegte, dem sie mindestens 78 Briefe schickte.[35] Angesichts dieser theologischen Ausrichtung Martins verwundert ihre Beratertätigkeit für Auguste Viktoria auf den ersten Blick, die eine konservativ-kirchliche Position vertrat.[36] Gleichzeitig bleibt sie wiederum verständlich, wenn man bedenkt, dass Wilhelm II. sich ebenfalls von Harnack in wissenschaftspolitischen Fragen und auch zu Themen der katholischen Kirche beraten ließ, obwohl er sogar zweimal in der Öffentlichkeit in theologischem Dissens mit dem Kirchenhistoriker gestanden hatte. Offenbar wählte das kaiserliche Ehepaar ihre Berater nicht primär nach ihrer kirchlichen und theologischen Konformität aus. Möglicherweise qualifizierte Martin und Harnack ihre jeweilige fachliche Kompetenz zur informellen Beratung oder es spielten persönliche Sympathien eine Rolle.

Der zuständige Referent im Kultusministerium, Paul Meyer, vertrat wahrscheinlich, auch wenn keiner seiner theologischen oder religiösen Texte erhalten geblieben zu sein scheint oder bislang gefunden werden konnte, eine evangelisch-lutherische Theologie, wie sie der Landeskirche Hannovers entsprach. Denn er hatte von 1875 bis 1878 in Göttingen Theologie, Germanistik und orientalische Sprachen studiert und danach das Predigerseminar in Loccum besucht.[37] Bevor er 1891 dauerhaft in den Schuldienst eintrat, amtierte er für acht Jahre als evangelischer Pfarrer in Buenos Aires. Danach sammelte er als Direktor am Volksschullehrerseminar in Bederkesa (Wesermarsch) und als Seminarlehrer und Direktor des Lehrerinnenseminars und Gouvernanteninstituts in Droyßig Erfahrungen in der Volksschullehrer- und Lehrerinnenausbildung.[38] Pädagogisch und schultechnisch

---

33 Vgl. die Briefe Martins an Seeberg (in: BA, NL 1052, Nr. 190). Sie hielten beide im Januar 1907 einen Vortrag über die Mädchenschulreform in der Berliner kirchlich-sozialen Frauengruppe (vgl. *Kampmann*, Harnack zur „Frauenfrage“, 231, Anm. 698).

34 Vgl. Martin an Harnack am 24.10.1901 (a.a.O., K 37, Mp. Martin, Bl. 8^{v}).

35 Vgl. *Kampmann*, Harnack zur „Frauenfrage“, 55f. sowie die Briefe Marie Martins an Martin und Dora Rade (in: UB Marburg, NL Rade, Ms. 839, Mp. Martin, o.Bl.) sowie ihre Briefe an Harnack (a.a.O., K 37, Mp. Martin und K 22, Mp. Mädchenschulreform).

36 Zu Auguste Viktorias sozialdiakonischer Tätigkeit s. *Lommatzsch*, Auguste Viktoria.

37 Zur Biografie Meyers s. die Personalakten in: GStA PK, I. HA, Rep. 76 XI, Nrn. 287–289 und *Lüdicke*, Preußische Kultusminister, 113.

38 Vgl. *Meyer*, Droyßig 1852–1901, 90f. sowie ebd., 5–109 zur Geschichte des Instituts.

vertrat Meyer überwiegend konservative Positionen in der Mädchenbildung, die mit denjenigen des *Deutschen Vereins für das höhere Mädchenschulwesen* und des *Vereins der Direktoren öffentlicher anerkannter Preußischer höherer Mädchenschulen* übereinstimmten, in denen sich die Direktoren zahlreicher Mädchenschulen vereinigt hatten.[39] Die männlichen Mädchenschulpädagogen strebten eine „gemäßigte" Mädchenbildung an, die nur eine Minderheit der Mädchen zum Abitur und zur Hochschulzulassung führen sollte. Nicht nur Meyers Kooperation mit den Direktoren sollte für die Reform bestimmend bleiben, sondern auch seine Koalition mit Ministerialdirektor Schwartzkopff und dem Kabinettsrat der Kaiserin, Karl von Behr-Pinnow, die eine zunehmend aggressive Opposition gegen Marie Martin etablierten.[40] Diese war zwar primär pädagogisch und schulorganisatorisch, d.h. durch die unterschiedliche Konzeption der Schulen, bedingt, verdeutlicht aber auch die Opposition, die zwischen der lutherisch-konfessionellen Theologie und der modernen Theologie Ritschlscher Prägung bestand, die Harnack, Rade und Martin vertraten.

Schließlich gilt es zu bedenken, dass die ebenfalls an der Mädchenschulreform beteiligten Protagonistinnen des gemäßigten Flügels der bürgerlichen Frauenbewegung, Gertrud Bäumer und Helene Lange, einem ähnlichen kulturprotestantischen Milieu angehörten wie Harnack, Paulsen und Althoff. Bäumer, eine Pfarrerstochter aus Hohenlimburg in Westfalen, hatte zwischen 1898 und 1900 in Berlin bei Wilhelm Dilthey, Erich Schmidt, Hermann von Soden und Harnack Theologie und Germanistik studiert, nachdem Harnacks Schüler Wilhelm Bornemann sie in Magdeburg privat unterrichtet hatte, wo sie als Religions- und Deutschlehrerin tätig war.[41] Ihre ebenfalls modern-theologische Position hatte jedoch keinen Einfluss auf die schulorganisatorische Position, die sie während der Mädchenschulreform einnahm. Denn Bäumer kam es ausschließlich darauf an, dass die höheren Mädchenschulen eine den Knabenschulen ebenbürtige Bildung vermittelten, die die Mädchen adäquat auf das Abitur und ein Studium vorbereite. In der Kommission für den Religionsunterricht zeigte sich allerdings ihre Orientierung an der moderntheologischen Religionspädagogik.[42]

---

39 Vgl. *Albisetti*, Reform of Female Education, 16f. und 25.

40 Zur Kritik an Marie Martin vgl. *Kampmann*, Harnack zur „Frauenfrage", 333f., 416–419.

41 Vgl. *Schaser*, Gertrud Bäumer und *Kampmann*, Harnack zur „Frauenfrage", 481–483.

42 S.u. dazu in diesem Teil, Abschnitt 2.3, S. 324.

2.2 Die Mädchenschulreform im Jahr 1905

Anstelle eines Treffens zwischen der Kaiserin, Althoff und Martin beraumte Wilhelm II. im Januar 1905 ein Vier-Augen-Gespräch zwischen Harnack und seiner Ehefrau Auguste Viktoria an, indem er den Kirchenhistoriker kurzfristig zur Königlichen Abendtafel einladen ließ.[43] Die Kaiserin betonte in ihrer privaten Unterredung mit Harnack, bei der der Kaiser nicht zugegen war, die Notwendigkeit der Reform und der Beteiligung von Lehrerinnen daran, forderte, dass die höheren von den niederen Mädchenschulen unterschieden werden müssten, dass man die pädagogische Qualität der Schulen verbessern solle und dass der Staat eigene höhere Mädchenschulen gründen müsse, an denen die Lehrerinnen adäquat bezahlt würden. Ein Ziel der höheren Mädchenbildung sah Auguste Viktoria darin, jungen Frauen Berufswege zu eröffnen, um sie für den Fall einer ausbleibenden Heirat bzw. des frühzeitigen Todes des Ehemanns finanziell abzusichern. Der Reformprozess solle zudem bei den bereits bestehenden höheren Mädchenschulen ansetzen. Die von Auguste Viktoria vorgetragenen Forderungen lassen eine Beeinflussung durch Marie Martin – von der Harnack wusste – deutlich erkennen, obgleich die Kaiserin einige Ziele der erwähnten Denkschrift Martins abgemildert hatte.[44]

Harnack stimmte den Forderungen Auguste Viktorias im Wesentlichen zu, widersprach aber der kaiserlichen Forderung, die Lehrerinnen „bei gleichen Leistungen" im Gehalt den Lehrern gleichzustellen.[45] Warum Harnack die Gleichstellung der Lehrerinnen mit den Lehrern ablehnte, bleibt unklar. Es lässt sich nur vermuten, dass er den Widerstand der Mädchenschuldirektoren fürchtete, die später auch Althoffs Vorschlag ablehnten, Schuldirektorinnen anzustellen.[46] Am Schluss des Gesprächs riet Harnack der Kaiserin außerdem, sich mit Althoff in Verbindung zu setzen, der sich ebenfalls für eine Verbesserung der Mädchenbildung einsetze und möglicherweise bei dem zu erwartenden „starken Widerstand seitens der ‚Männer'" helfen könne.[47] Des Weiteren schlug Harnack vor – wodurch er sich selbst als kompetent in der Organisation einer Schulreform präsentierte –, zuerst externe „Gutachten auch von Frauen (Lehrerinnen) auf bestimmt gestellte Fragen" einzuholen, auf deren Basis man diejenigen Frauen auswählen könne, die für eine Be-

43 Vgl. Harnack an Althoff am 05.01.1905 (Nr. 251, *Briefwechsel*); s. ausführlich dazu *Kampmann*, Harnack zur „Frauenfrage", 261–270.

44 Vgl. die Denkschrift Martins vom Dezember 1904 (in: GStA PK, I. HA, Rep. 76 VI, Sekt. 1, Gen. ee, Nr. 5, Bd. 3, Bl. 11^r).

45 Nr. 251, *Briefwechsel*.

46 Vgl. *Albisetti*, Reform of Female Education, 32f.

47 Nr. 251, *Briefwechsel*.

ratung bei der Reform in Frage kämen.[48] Damit schloss Harnack an das Prozedere der Schulreform von 1900 an.[49] Für diese Gutachten und zur Beratung des Ministeriums in der Mädchenschulreform sollten allerdings nur pädagogisch qualifizierte Frauen zulassen werden. Die genannten Forderungen der Kaiserin und seine eigene Position resümierte der Kirchenhistoriker am Tag nach der Abendtafel, am 5. Januar 1905, für Althoff in einem ausführlichen Schreiben, in dem er abschließend die Ansichten der Kaiserin als „besonnen und gut" beurteilte.[50] Außerdem betonte er, dass Auguste Viktoria nicht bloß an einer Verbesserung der Situation der Lehrerinnen interessiert sei, sondern auch prinzipiell eine Förderung der Mädchenbildung anstrebe. Mit diesem Urteil beabsichtigte Harnack, Althoff für Martins und seine Position in der Mädchenschulreform zu gewinnen, damit dieser nicht von dem erwähnten konservativen Referenten Paul Meyer für dessen Ziele eingespannt werde.

Das Gespräch mit der Kaiserin hatte insofern direkte Auswirkungen, als Althoff die ministerialen Arbeiten an der Reform nun in seiner Person vereinte und sich mit Auguste Viktoria und der Gräfin von Brockdorff zu einem Gespräch traf.[51] Außerdem gestattete Kultusminister Konrad von Studt infolge dieses Gesprächs, dass Frauen in die Beratungen einbezogen würden. Althoff begann fortan die Reform analog zu derjenigen der Knabenschulen 1900 zu planen, indem er zuerst eine ministeriale Kommission einsetzte, die einen ersten Entwurf ausarbeiten sollte, über den danach externe Gutachter und Gutachterinnen zu urteilen hätten. Die Zusammenfassung dieser Gutachten würde die Grundlage für einen Fragenkatalog bilden, auf dem eine spätere Schulkonferenz aufbauen könne.[52] Außerdem leitete Althoff Harnack eine Liste mit Personen weiter, die Auguste Viktoria und Brockdorff zu den Beratungen hinzuzuziehen gedachten.[53] Zu diesen zählten die zentrale Figur der bürgerlichen Frauenbewegung Helene Lange, die Lehrerin Auguste Sprengel, die Leiterin einer Bonner Mädchenschule Anna Schubring sowie die drei adligen Schulleiterinnen Julie von Kästner aus Kassel, Alexandra Gräfin von Grünewaldt, Oberin der Kaiserin-Augusta-Stiftung in Potsdam, und Adolphine von Rohr, die Äbtissin des Klosters *Stift zum Heiligengrabe* war. Als männliche Berater wurden neben Harnack sein Berliner Kollege Reinhold Seeberg, der Direktor der Königlichen Augustaschule in Berlin Jakob Wychgram, und der Elberfelder Mädchenschuldirek-

48 Ebd.
49 S.o. in diesem Teil, Abschnitt 1, S. 300.
50 Nr. 251, *Briefwechsel*.
51 Vgl. *Kampmann*, Harnack zur „Frauenfrage", 270–274.
52 Vgl. Althoffs nicht abgesandten Brief an Therese von Brockdorff vom 14.01.1905 (in: GStA PK, VI. HA, NL Althoff, Nr. 462, Bl. 43^{rv}: 43^{r}).
53 Vgl. Althoff an Harnack am 29.01.1905 (Nr. 254, *Briefwechsel*).

tor Karl Rassfeld, ins Auge gefasst. Alle ausgewählten Berater:innen waren evangelischer Konfession.

Obwohl die Mädchenschulreform in der Korrespondenz zwischen Harnack und Althoff von Februar bis September 1905 kein Thema mehr war, befassten sich beide in diesem Zeitraum, zum Teil unabhängig von einander mit der Frage. Althoff realisierte seinen im Januar entworfenen Plan, indem er ab Februar 1905 vorbereitende Kommissionen installierte, zu denen neben den Ministerialbeamten auch Harnack und Martin zugezogen wurden.[54] Die Teilnahme einer Frau und Frauenrechtlerin an diesen internen Konferenzen des Ministeriums sorgte unter den Beamten ebenso für Irritation wie der Vorschlag, neue Gutachten zu den Lehrplanentwürfen einzuholen.[55] Trotzdem setzte Althoff beide Neuerungen durch und begann ab April 1905, Gutachten bei den Mädchenschulpädagog:innen Karl Rassfeld, Jakob Wychgram, Julie von Kästner, Helene Lange und bei dem katholischen Moraltheologen Joseph Mausbach einzuholen, die über die Entwürfe für ein Mädchenlyzeum und ein Oberlyzeum sowie über die Tabellen urteilen sollten, die die preußischen Bedingungen mit denjenigen in Sachsen, Württemberg und Baden verglichen. Marie Martin hatte Kultusminister von Studt die Gutachter:innen vorgeschlagen und informierte Harnack in dieser Zeit über die ministerialen Vorgängen.[56] In der Korrespondenz zwischen Harnack und Althoff ging es zeitgleich um die Organisation des Preußischen Historischen Instituts in Rom, den deutsch-amerikanischen Professorenaustausch und die Königliche Bibliothek, deren designierter Generaldirektor Harnack war, sowie den sog. „Akademischen Kulturkampf".[57] Erst im September 1905 äußerte Althoff sich wieder in einem Brief an Harnack zur Mädchenschulreform, in dem er von seinem Aufenthalt in Wilhelmshöhe berichtete, wohin ihn Wilhelm II. wegen des deutsch-amerikanischen Professorenaustauschs beordert hatte.[58] Anlässlich von Althoffs Anwesenheit hatte Auguste Viktoria den Ministerialdirektor am 16. August 1905 zu einer Audienz einbestellt, um sich über die aktuelle Entwicklung der Mädchenschulreform informieren zu lassen.[59] Im Anschluss an das Gespräch mit Althoff erhielt die Kaiserin

---

54 Vgl. dazu *Kampmann*, Harnack zur „Frauenfrage", 274–280.

55 Vgl. Martin an Harnack am 08.01.o.J.[1905] (in: SBB PK, NL Harnack, K 37, Mp. Martin, Bl. 142^r–143^v).

56 Vgl. Martin an Studt am 25.03.1905 (in: GStA PK, I. HA, Rep. 76 VI, Sekt. 1, Gen. ee, Nr. 5, Bd. 2, Bl. 10, 11) und das beiliegende „Verzeichnis erfahrener Frauen und Männer" (ebd., Bl. 12–19).

57 S. dazu Teil IV, Abschnitt 1.2.1, S. 360, Teil IV, Abschnitt 3.3.1, S. 438 und Teil II, Abschnitt 6.6, S. 268.

58 Vgl. Althoff an Harnack am 04.09.1905 (Nr. 273, *Briefwechsel*). Zum deutsch-US-amerikanischen Professorenaustausch s.u. Teil IV, Abschnitt 3.3, S. 438.

59 Vgl. Althoffs maschinenschriftlichen Bericht über seinen Aufenthalt in Wilhelmshöhe vom 20.08.1905 (in: GStA PK, VI. HA, NL Althoff, Nr. 417, Bl. 72^r–73^v: 73^v).

einen Bericht des Kultusministers von Studt, der über die Stellung der Frauen an höheren Mädchenschulen referierte.[60]

Althoff teilte Harnack in seinem Schreiben von Anfang September 1905 außerdem mit, dass die angefragten „Gutachten [...] fast alle in der Hauptsache, abgesehen natürlich von manchen Einzelheiten, zustimmend ausgefallen" seien, worüber der Kirchenhistoriker auch Marie Martin informieren solle.[61] Er meinte damit die Gutachten, die die erwähnten Mädchenschulpädagog:innen verfasst hatten. Des Weiteren hatte der Kultusminister kurz zuvor, im August 1905, durch einen Erlass, der Harnack ebenfalls zugeschickt wurde, die Provinzial-Schulkollegien, die die Schulverwaltung in den einzelnen preußischen Provinzen leisteten, aufgefordert, Stellungnahmen zu den bestehenden Lehrplanentwürfen abzufassen.[62] Diese Gutachten resümierte das Kultusministerium im Dezember 1905 in einer „Zusammenstellung", die Althoff Harnack ebenfalls zukommen ließ.[63] Harnack zeigte sich am 18. Dezember 1905 mit dem Resultat der Gutachten äußerst zufrieden, weil es den von Althoff eingeschlagenen Weg unterstützte.[64] Darunter verstand er das sog. „Aufbau-Modell", das die ministerialen Entwürfe im August 1905 vorgeschlagen hatten. Es beinhaltete drei Vorklassen in der Volksschule oder einer Privatschule und ein siebenklassiges Mädchenlyzeum, dem ein dreiklassiges Oberlyzeum folgen sollte.[65] Damit sollten die Mädchen ein Jahr länger als die Jungen die Schule besuchen.[66] Harnack lag v.a. daran, dass den Mädchen in zehn Jahren (Vorklassen+Mädchenlyzeum) eine abgeschlossene Schulbildung geboten werde. Da die Provinzial-Schulkollegien – mit Ausnahme des Berliner Kollegiums, das für den gymnasialen Bildungsgang ein 7+6-Modell vorschlug – dieses „Aufbau-Modell" befürworteten, hoffte Harnack darauf, dass die Unterstützung der provinzialen Schulverwaltung zum baldigen Erfolg der

---

60 Vgl. Bericht Studts für Auguste Viktoria vom 19.08.1905 (ebd., I. HA, Rep. 76 VI, Sekt. 1, Gen. ee, Nr. 5, Bd. 2, Bl. 328^r–333^r).

61 Nr. 273, *Briefwechsel*; vgl. die Zusammenstellung I der „Gutachten über die Entwürfe zu einem allgemeinen Lehrplan für Mädchen-Lyzeum und Oberlyzeum" von Paul Meyer vom 22.06.1906 und die Zusammenstellung II vom 28.07.1905 (a.a.O., Rep. 76 VI, Sekt. 1, Gen. ee, Nr. 5, Bd. 2, Bl. 29^r–34^r; 35^r–38^r, auch in: ebd., VI. HA, NL Althoff, Nr. 462, Bl. 76–82 und 71–75) sowie Meyer an Althoff am 31.07.1905 (ebd., Bl. 83).

62 Vgl. den Entwurf des Erlasses vom 12.08.1905 (in: GStA PK, I. HA, Rep. 76 VI, Sekt. 1, Gen. ee, Nr. 5, Bd. 2, Bl. 153^{rv}; auch in: SBB PK, NL Harnack, K 22, Mp. Mädchenschulreform, o.Bl.).

63 Vgl. Althoff an Harnack am 15.12.[1905] auf der „Zusammenstellung" (Nr. 284, *Briefwechsel*).

64 Vgl. Harnack an Althoff am 18.12.1905 (Nr. 286, *Briefwechsel*); s. dazu *Kampmann*, Harnack zur „Frauenfrage", 283f.

65 Vgl. den Erlass vom 12.08.1905 mit Anhängen (in: SBB PK, NL Harnack, K 22, Mp. Mädchenschulreform, o.Bl.).

66 S. dazu auch Nr. 284, *Briefwechsel*.

Reform beitragen werde.[67] Schließlich schlug der Kirchenhistoriker Althoff vor, die Zusammenstellung auch Therese Gräfin von Brockdorff zu schicken, damit sie diese an die maßgeblichen Stellen, d.h. an Auguste Viktoria, weiterleiten könne. Er wollte damit die Kaiserin und ihre Hofdamen beruhigen, die sich zuletzt angesichts ausbleibender Ergebnisse nervös gezeigt hatten.[68] Althoff folgte Harnacks Ratschlag, indem er Brockdorff die Zusammenfassung der Gutachten zukommen und zusätzlich einen Bericht des Kultusministers von Studt anfertigen ließ, der die Kaiserin über die aktuellen Entwicklungen informierte.[69]

Parallel versuchten Marie Martin und Harnack auf Althoff Einfluss zu nehmen, weil auch andere Interessengruppen wie die bereits erwähnten Mädchenschuldirektoren ihre Ansichten im Kultusministerium durchzusetzen gedachten.[70] Martin verfasste dazu – wohl auf Anregung Harnacks und mit der Zustimmung Auguste Viktorias – ein *Promemoria* für Althoff, das sie von Harnack korrigieren ließ und in dem sie auf die Bedeutung staatlicher Investitionen in der Mädchenbildung abhob.[71] Außerdem forderte sie nochmals, baldmöglichst eine Konferenz zur Mädchenschulreform einzuberufen.

Althoff folgte Martins Drängen, indem er eine Konferenz für Januar 1906 ansetzte, und sie in deren Vorbereitung ab Mitte Dezember 1905 einbezog.[72] Er ließ sich von ihr Frauen für die Teilnehmendenliste und von Meyer eine Auswahl möglicher Männer vorschlagen, über deren Teilnahme an der Konferenz er letztlich selbst entschied.[73] Harnack war in diese Vorbereitungen nicht involviert, sondern ließ sich nur im Nachhinein darüber informieren. Dieses Verhalten ist charakteristisch für seine Position in der Mädchenschulreform im Jahr 1905: Er verfasste keine inhaltlichen Gutachten und beurteilte die inhaltliche Ausrichtung der Reform nur von seinem allgemeinen Bildungsverständnis aus. Zugleich stellte er sich als Organisator und Berater im Hintergrund dar und ließ sich deshalb regelmäßig von Althoff bzw. Martin, die enger in die ministerialen Vorgänge einbezogen war, über den Fortgang der Reform informieren. Wenn er jedoch den Eindruck gewann, dass andere Interessensgruppen sich im Ministerium durchzusetzen drohten, versuchte Harnack

67 Vgl. die Nrn. 286 und 284, *Briefwechsel*.

68 Vgl. Martin an Althoff am 09.12.1905 (in: GStA PK, VI. HA, NL Althoff, Nr. 464, Bl. 17^{r}).

69 Vgl. Brockdorff an Althoff am 05.01.1906 (Nr. 291, *Briefwechsel*); Studts Bericht vom 20.12.1905 (a.a.O., I. HA, Rep. 76 VI, Sekt. 1, Gen. ee, Nr. 5, Bd. 3, Bl. 36^{r}–45^{v}).

70 Vgl. dazu *Kampmann*, Harnack zur „Frauenfrage“, 280–283.

71 Vgl. Promemoria Martins in ihrem Brief an Althoff vom 09.12.1905 (a.a.O., NL Althoff, Nr. 464, Bl. 17^{r}–19^{v}).

72 Vgl. *Kampmann*, Harnack zur „Frauenfrage“, 286–288.

73 Vgl. Martin an Althoff am 18.12.1905 und ihre beigefügten Vorschläge (a.a.O., NL Althoff, Nr. 464, Bl. 24^{rv} und 26–32) sowie Meyers Vorschläge vom 14.12.1905 (ebd., Bl. 25^{rv}).

Einfluss zu nehmen, wie das von Martin eingereichte Promemoria verdeutlicht. Dieses Verhalten zeigt, dass der Kirchenhistoriker sich in einem Bereich, in dem er sich durch seine theologischen, kirchenhistorischen und akademischen Kompetenzen nicht hinreichend qualifiziert erachtete, demonstrativ zurückhielt und stattdessen Marie Martin als ministeriale Beraterin ins Spiel brachte. Althoff war zur gleichen Zeit derjenige, der den Kontakt zur zuständigen Abteilung im Kultusministerium hielt und die informelle Leitung der Reform übernommen hatte.

2.3 Die Mädchenschulreform im Jahr 1906

Die im Jahr 1905 vom preußischen Kultusministerium durchgeführten Maßnahmen zur Reformierung des höheren Mädchenschulwesens kulminierten in einer Schulkonferenz am 23. und 24. Januar 1906, die auch von der Presse breit rezipiert wurde.[74] Diese Konferenz war mit 22 Frauen erstmals nahezu paritätisch besetzt. Zu den 45 Teilnehmenden gehörten nicht nur die Anführerinnen der bürgerlichen Frauenbewegung, Helene Lange und Gertrud Bäumer,[75] sondern auch der Oberhofprediger Ernst von Dryander, der wenige Monate später zum geistlichen Vizepräsident des EOK gewählt werden sollte,[76] der Fürstbischof von Breslau, Georg Kardinal von Kopp, Harnack,[77] Reinhold Seeberg, Friedrich Paulsen, der erwähnte Moraltheologe Mausbach, der Präses der rheinischen Provinzialsynode und nationalliberale Abgeordnete Albert Hackenberg, der Frauenburger Dompropst Franz Dittrich, der auch 1900 an der Schulkonferenz teilgenommen hatte, Althoffs Berater Wilhelm Lexis sowie zusätzlich zu weiteren Schuldirektoren auch die bereits genannten Direktoren Rassfeld und Wychgram. Die Teilnahme der hochrangigen kirchlichen Vertreter Dryander und Kopp, von denen letzterer mit Althoff auch in anderen Projekten in engem Kontakt stand, verdeutlichte der Öffentlichkeit die Bedeutung der Konferenz. Neben den genannten Frauenrechtlerinnen Bäumer und Lange nahmen außerdem die im Januar 1905 genannten Frauen, die Direktorin der Potsdamer Augustastiftung Alexandra Gräfin von Grünewaldt, die Äbtissin Adolphine von Rohr

---

74 Vgl. dazu ausführlich *Kampmann*, Harnack zur „Frauenfrage", 286–307 und den von Althoff Harnack, Martin und Brockdorff zugesandten Artikel über die *Gefahr für die Bildung der deutschen Frau* vom 09.01.1906 (Nr. 295, *Briefwechsel*).

75 Vgl. den Entwurf der Einladung Studts vom 04.01.1906 mit einer Teilnehmendenliste (in: GStA PK, I. HA, Rep. 76 VI, Sekt. 1, Gen. ee, Nr. 5, Bd. 3, Bl. 55^r–61^v). *Albisetti*, Schooling German Girls and Women, 265f., Tabelle 4 u. 5 führt ebenfalls sämtliche Teilnehmenden auf.

76 Vgl. *Andresen*, Ernst Dryander, 123. Andresen erwähnt Dryanders Beteiligung an der Mädchenschulreform nicht.

77 Vgl. die Einladung an Harnack (Nr. 290, *Briefwechsel*).

und Julie von Kästner, nicht aber die Schulleiterin Anna Schubring,[78] sowie weitere Lehrerinnen teil. Die evangelische Frauenbewegung wurde durch die moderntheologische Frauenrechtlerin Elsbeth Krukenberg und die Vorsitzende des Deutschen Evangelischen Frauenbundes, Paula Müller, repräsentiert.[79] Für die katholischen Lehrerinnen beteiligte sich die Danziger Direktorin Marie Landmann, weil sie zugleich Vorsitzende des *Vereins katholischer deutscher Lehrerinnen* war.[80] Erstes Kriterium für die Auswahl der Teilnehmenden scheint ihr Interesse an der höheren Mädchenbildung gewesen zu sein. Darüber hinaus sollten die evangelische und katholische Kirche durch ihre amtlichen Repräsentanten sowie durch Althoff verbundene Theologen, wie Albert Hackenberg,[81] Joseph Mausbach und Franz Dittrich, vertreten sein. Außerdem spiegelten Harnack und Seeberg die zentralen theologischen Richtungen des Protestantismus wider. Trotzdem spielte für Althoff die kirchliche resp. theologische Position wie auch die Zugehörigkeit zum „System Althoff" eine untergeordnete Rolle. Die Mädchenschulkonferenz im Januar 1906 unterschied sich in diesem Sinne signifikant von der Schulkonferenz im Juni 1900.

Selbstverständlich war auch Marie Martin zu der Konferenz im Januar 1906 eingeladen worden. Ihre Aufgabe während der Konferenz bot insofern im Vorhinein Anlass zur Diskussion, als sie und das Kultusministerium jeweils unterschiedliche Auffassungen davon besaßen.[82] Martin vertrat ebenso wie die Gräfin von Brockdorff die Ansicht, dass sie als Vertreterin der Kaiserin auftreten und somit eine herausgehobene Stellung während der Konferenz einnehmen solle.[83] Althoff hingegen lehnte eine solche Position ab, auch wenn er Martin als inoffzielle Beraterin im Ministerium akzeptierte. Zudem befürchtete er, dass Martins Verhalten das Misstrauen des Kaiserhauses gegen das Kultusministerium noch steigern könne.[84] Damit die Zusammenarbeit zwischen Althoff, Brockdorff, Martin und Harnack nicht gefährdet wurde, intervenierte letzterer, indem er ein vertrauliches Gespräch mit Martin führte, um ihr ihre Rolle während der Konferenz zu verdeutlichen.[85] Sie solle nicht als „chargée d'affaires der Kaiserin" auftreten, sondern der Konferenz „vernünf-

---

78 S. Nr. 254, *Briefwechsel*.

79 Zu Krukenberg s. das Biogramm, S. 521 und zu ihrem Kontakt zu Harnack *Kampmann*, Harnack zur „Frauenfrage", 41f. und zu Müller s. das Biogramm, S. 536.

80 S. das Biogramm, S. 523.

81 Zu Hackenbergs Beteiligung an der Reform s. *Zimmermann*, Hackenberg, 251f.

82 Vgl. dazu *Kampmann*, Harnack zur „Frauenfrage", 290–293.

83 Vgl. Nr. 291 und 292.1, *Briefwechsel*; so auch schon gegenüber Althoff am 18.12.1905 (a.a.O., NL Althoff, Nr. 464, Bl. 24^{rv}).

84 Vgl. Nr. 291, *Briefwechsel*.

85 Vgl. Nr. 292, *Briefwechsel*.

tig und vertrauensvoll" entgegensehen und „lediglich als Frl. Martin" teilnehmen.[86] Obgleich Martin offenbar eine andere Rolle angestrebt hatte, fügte sie sich der ihr von Harnack paternalistisch zugewiesenen Aufgabe.

Auf der Mädchenschulkonferenz, deren stenografische Protokolle im Unterschied zu denjenigen der Schulkonferenz von 1900 nicht veröffentlicht und letztlich auch aus den Akten vernichtet wurden,[87] debattierten die Teilnehmenden insbesondere über die generelle Struktur der höheren Mädchenschulen.[88] Das Kultusministerium hatte im Einvernehmen mit Althoff und Harnack ein 10+4-Modell vorgeschlagen, das eine dreijährige Vorschule, ein siebenjähriges Lyzeum und ein vierjähriges Oberlyzeum vorsah und das den Mädchen zum Abschluss dieselben Berechtigungen wie den Abiturienten verleihen sollte. Die Mädchenschuldirektoren hielten hingegen nur ein dreijähriges Oberlyzeum für notwendig, während die Frauenrechtlerinnen um Helene Lange und den Allgemeinen Deutschen Lehrerinnenverein (ADLV) eine höhere Schule anstrebten, die bereits nach der siebten Klasse abzweigte und in sechs Jahren zum Abitur führen sollte. Daraus ergab sich ein 7+6-Modell, das letztlich die einzige mit den ministerialen Vorschlägen konkurrierende Alternative blieb. Der Hauptstreitpunkt der Konferenz wurde daher auch die Gesamtlänge der Mädchenschule. Die Frauenrechtlerinnen kritisierten die Benachteiligung der Mädchen, die zwei Jahre länger zur Schule gehen müssten als die Jungen, die die Schule insgesamt nur zwölf Jahre besuchten. Althoff wiegelte diese Einwände unter Rekurs auf die „weibliche Eigenart" ab, der in der längeren Schuldauer Rechnung getragen werden müsse. Außerdem müssten die Mädchen besser auf die Universität vorbereitet werden, um nicht deren Gesamtniveau zu senken. Dadurch reproduzierte Althoff zum einen stereotype Geschlechtervorstellungen und zum anderen die Kritikpunkte, die gegen das Frauenstudium im Allgemeinen vorgebracht wurden, obwohl er sich prinzipiell um eine Verbesserung der Mädchenbildung bemühte. Er leitete die Konferenz in einem ähnlich autoritären Führungsstil wie 1900, indem er die Fragen der Konferenz im Stakkato abarbeitete und Themen als irrelevant erklärte, die andere Teilnehmende hätten diskutieren wollen. Dadurch konzentrierte er die Debatte auf diejenigen Fragen, die die Mi-

---

86 Ebd.

87 Mit Albisetti kann vermutet werden, dass die Veröffentlichung ausblieb, weil die Beschlüsse der Konferenz von 1906 von den Reformergebnissen von 1908 differierten (vgl. *Albisetti*, Reform of Female Education, 32, Anm. 63). Außerdem wollte man im Kultusministerium nicht, dass die Debatten, an denen erstmals Frauen teilgenommen hatten, im Einzelnen nachvollzogen werden konnten (vgl. *Kampmann*, Harnack zur „Frauenfrage", 294f.). Es sind jedoch die Stenogramme Althoffs (a.a.O., Nr. 462, Bl. 85–134) und ein Protokoll des Vertreters der Reichskanzlei Hans Lauchlan von Guenther (in: BA, R 43/2205, Bl. 61^r–64^r) überliefert.

88 Vgl. ausführlich *Kampmann*, Harnack zur „Frauenfrage", 293–305.

nisterialreferenten Paul Meyer und Karl Reinhardt vorbereitet hatten. Auf der Konferenz einigte man sich schließlich auf das vierjährige Oberlyzeum, während man bei der Gesamtdauer zu keinem abschließenden Ergebnis kam. Harnack unterstützte, wie er es bereits im Dezember 1905 festgehalten hatte, das 10+4-Modell des Ministeriums, das eine Mädchenschule vorsah, die der „weiblichen Eigenart" entspreche.[89]

Kaiserin Auguste Viktoria wurde umgehend über die Ergebnisse der Konferenz informiert, die im Wesentlichen einmütig beschlossen worden seien.[90] Die Kaiserin empfing im Anschluss noch eine ausgewählte Gruppe der Konferenzteilnehmenden, zu denen auch Harnack und Martin, jedoch nicht Helene Lange gehörten.[91] Diese war anscheinend ausgeladen worden, nachdem der Kabinettsrat der Kaiserin, Karl von Behr-Pinnow, der in späteren Jahren ein ausgesprochener Gegner der Frauenbewegung wurde, gegen die Teilnahme Langes interveniert hatte, möglicherweise weil er sie als zu fortschrittlich erachtete.[92]

Da die Mädchenschulkonferenz im Januar 1906, wie schon die Schulkonferenz 1900, nur beratende Funktion gehabt hatte, fiel die Erarbeitung und Umsetzung der Bestimmungen und Lehrpläne dem Kultusministerium zu. Zum einen wurden Lehrplankommissionen gegründet, und zum anderen arbeitete eine interne Ministeriumskommission die Bestimmungen aus. Harnack war an einer allgemeinen Lehrplankommission sowie an der Kommission für den Geschichts- und Erdkundeunterricht sowie selbstverständlich auch an derjenigen für den Religionsunterricht beteiligt.[93] In dieser Kommissionsarbeit versuchte er seine pädagogischen, kirchengeschichtlichen wie theologischen Ziele einzubringen. Die unter Harnacks Vorsitz tagende Kommission für den Geschichtsunterricht legte bereits Ende Februar einen Lehrplan vor, der zwar auch Ereignisse der preußisch-deutschen Geschichte lehren, aber – Harnacks Auffassung entsprechend – schwerpunktmäßig die antike Profan- und Christentumsgeschichte in den Blick nehmen sollte.[94]

In der Kommission für den Religionsunterricht, die der Oberhofprediger Ernst von Dryander leitete und von deren Sitzung am 2. Mai 1906 ein Ergebnisprotokoll überliefert ist, saßen die bereits genannten Frauenrechtlerinnen und Lehrerinnen Marie Martin und Gertrud Bäumer, die Theologen Harnack und Seeberg sowie ein

89 Vgl. Nr. 286, *Briefwechsel* und *Harnack*, Neuordnung des Mädchenschulwesens, 1908, 117.
90 Vgl. Studt an Auguste Viktoria am 24.01.1906 (in: GStA PK, I. HA, Rep. 76 VI, Sekt. 1, Gen. ee, Nr. 5, Bd. 3, Bl. 139).
91 Vgl. *Martin*, Die letzte dt. Kaiserin, 284.
92 Vgl. *Kampmann*, Harnack zur „Frauenfrage", 306 mit Anm. 297.
93 Vgl. ebd., 307–323.
94 Vgl. den Lehrplanentwurf für Geschichte (a.a.O., NL Althoff, Nr. 463, Bl. 46^{rv}); s. dazu *Kampmann*, Harnack zur „Frauenfrage", 308–310.

nicht näher zu identifizierender Posener Oberlehrer Braune.[95] Die von Harnack, Dryander und Bäumer favorisierte Zielsetzung des Religionsunterrichts, die derjenigen von Seeberg und Martin vertretenen gegenüberstand, hob auf eine Erziehung der Schülerinnen zu religiös-sittlichen Persönlichkeiten für das kirchliche Gemeindeleben ab, die den Absichten der zeitgenössischen liberalen Religionspädagogik ebenso wie Harnacks 1902 formuliertem Bildungsbegriff entsprach.[96] Diese religionspädagogische Ausrichtung des Religionsunterrichts, die auf ein altersgerechtes religiöses Verständnis abzielte, kann als Verdienst Gertrud Bäumers angesehen werden, deren Vorschlag sich im Ministerium durchsetzte.[97] Außerdem wurde die Stoffverteilung in den einzelnen Klassen en Details besprochen und über methodische Aspekte reflektiert.[98] Insgesamt betrachtet traten in der Kommission für den Religionsunterricht die konträren theologischen Positionen, die Harnack und Seeberg vertraten, insofern zutage, als letzterer den konservativen, katechetischen Zugang zum Religionsunterricht präferierte. Unter den Frauenrechtlerinnen bestand die Opposition zwischen Bäumer und Martin, von denen letztere konservativere religiöse Auffassungen vertrat als erstere, die sich in der Kommission insofern als Schülerin Harnacks erwies, obgleich ihre religionspädagogischen Kenntnisse diejenigen des Berliner Kirchenhistorikers überstiegen.

Die Kommission für den katholischen Religionsunterricht bestand u.a. aus dem erwähnten Moraltheologen Joseph Mausbach und der Danziger Schulleiterin und Vorsitzende des *Katholischen Lehrerinnenvereins*, Marie Landmann. Sie war von Fürstbischof von Kopp persönlich als Vertreterin vorgeschlagen worden und berichtete dem deutschen Episkopat über die Lehrplankommission, indem sie ihm vermittelt über Kopp einen Lehrplanentwurf zusandte.[99] Kopp, dessen Beteiligung an der Mädchenschulreform hier nur angedeutet werden kann, war – abgesehen von seiner repräsentativen Teilnahme an der Januarkonferenz – während der Reform beratend im Hintergrund tätig.[100]

---

95 Vgl. das Protokoll der Sitzung vom 02.05.1906 (a.a.O., I. HA, Rep. 76 VI, Sekt. 1, Gen. ee, Nr. 5, Bd. 4, Bl. 233–241); s. dazu *Kampmann*, Harnack zur „Frauenfrage", 310–323. Gertrud Bäumer arbeitete in „fünf Kommissionen" mit (Bäumer an Marianne Weber am 04.04.1906, in: *Bäumer*, Briefe, 17).

96 Vgl. *Kampmann*, Harnack zur „Frauenfrage", 312, Anm. 331 und *Harnack*, Bedeutung des modernen Bildungsstrebens, 1902, 85.

97 Vgl. *Kampmann*, Harnack zur „Frauenfrage", 311f.

98 Vgl. ebd., 313–319.

99 Vgl. Studt an Kopp am 03.05.1907 (in: GStA PK, I. HA, Rep. 76 VI, Sekt. 1, Gen. ee, Nr. 5, Bd. 6, Bl. 193^{v}–194^{v}) und Kopp an Althoff am 04. und 05.02.1906 (ebd., VI. HA, NL Althoff, Nr. 460, Bl. 5^{rv}; 7^{r}).

100 Vgl. Kopp an Althoff am 18.01.1906 mit der Bitte um Besprechung vor der Konferenz (ebd., Nr. 1034, Bl. 38^{r}) und Kopp an Albert Tilmann am 13.02.1906 zum Lehrplanentwurf und von diesem am 14.02. an Althoff weitergeleitet (ebd., Nr. 651, Bl. 84^{rv}). S. außerdem Kopp an Studt am 29.05.,

Parallel zu den Fachkommissionen erarbeitete eine interne Komission im Kultusministerium die Bestimmungen zur Neuordnung des höheren Mädchenschulwesens, die Harnack und Martin für Althoff inoffiziell kommentierten.[101] Die neuen Entwürfe strebten nun nicht mehr das 10+4-Modell an, sondern ein siebenjähriges Mädchenlyzeum, dem ein Oberlyzeum mit oberrealer Ausrichtung folgen sollte, und parallel neu zu gründende sechsjährige „Mädchengymnasien und Mädchenrealgymnasien", die bereits nach der siebten Klasse des Mädchenlyzeums abzweigen würden.[102] Harnack wie Martin lehnten diesen Kompromiss aus dem 10+4- und dem 7+6-Modell ab, da sie eine abgeschlossene zehnjährige Mädchenbildung im Lyzeum bevorzugten, an die sich für universitär interessierte Mädchen das Oberlyzeum anschließen könne. Der Kompromiss aus dem 10+4- und dem 7+6-Modell war zustande gekommen, weil Althoffs Einfluss auf die Reform abgenommen hatte, als er nach der Mädchenschulkonferenz im Februar 1906 erkrankte. Stattdessen hatten der zuständige Referent Paul Meyer und die Frauenrechtlerin Helene Lange sich mit der Konzeption der Mädchenschulen beschäftigt. Harnack war sich bewusst, dass im Kultusministerium ein Machtwechsel stattgefunden hatte und versuchte daher, Althoff seine Meinung erneut vorzutragen, indem er nochmals das besondere Interesse Wilhelms II. an der Reform betonte.[103] Darüber hinaus konnte der Kirchenhistoriker zu diesem Zeitpunkt lediglich in den Lehrplankommissionen seinen gleichwohl nicht geringen Einfluss geltend machen. Aber auch Harnacks Kommentierung der Entwürfe zeitigte insofern Früchte, als die Pläne, Mädchengymnasien und -realgymnasien zu gründen, vorerst privaten Initiativen überlassen blieben.[104] Gleichzeitig stellte der Entwurf vom März 1906 eine Vorstufe der endgültigen Bestimmungen dar, die parallel zu den höheren Mädchenschulen eine Studienanstalt vorsahen.

Besondere Unterstützung hatte während der Konferenz die Forderung erfahren, höhere Mädchenschulen durch Frauen leiten zu lassen, um der „weiblichen Eigenart" besser entsprechen zu können. Im Februar 1906 ergab sich für Althoff und Harnack kurzfristig eine einzigartige Gelegenheit, diese Forderung zu realisieren,

---

16.06.1907, Studt an Kopp im Juni 1907, Kopp an Holle am 25.08.1908 (a.a.O., I. HA, Rep. 76 VI, Sekt. 1, Gen. ee, Nr. 5, Bd. 7, Bl. 98^{r}–102^{v}; 103^{rv}; 111^{rv}, ebd., Bd. 9, Bl. 83^{r}). *Aschoff*, Kirchenfürst im Kaiserreich geht auf die Mädchenschulreform nicht ein, obwohl er Schulfragen erwähnt.

101 Vgl. Harnacks Kommentar auf einem Sitzungsprotokoll vom 29.03.1906 (Nr. 302, *Briefwechsel*) und Martin an Althoff am 20.03.1906 (a.a.O., NL Althoff, Nr. 463, Bl. 35^{r}–36^{r}); s. dazu *Kampmann*, Harnack zur „Frauenfrage", 323–327.

102 Nr. 302, *Briefwechsel*.

103 Vgl. Harnack an Althoff am 14.02.1906 (Nr. 296, *Briefwechsel*).

104 Vgl. *Kampmann*, Harnack zur „Frauenfrage", 327.

als die Direktion der Königlichen Elisabethschule in Berlin frei wurde.[105] Bei der Elisabethschule handelte es sich um die „älteste öffentliche höhere Mädchenschule" in Preußen, der dadurch auch in Berlin eine herausragende Stellung zukam.[106] Althoff informierte Harnack über diese Neuigkeit, obwohl er wegen seiner Krankheit nicht in Berlin, sondern in Wiesbaden weilte.[107] Er schlug vor, Marie Martin für die Direktorenstelle ins Auge zu fassen, und plante, dass der Kirchenhistoriker sich deshalb an den Reichskanzler Bernhard von Bülow wenden solle, um ihn von der Lehrerin zu überzeugen. Auch Auguste Viktoria sollte mit Bülow und Kultusminister von Studt sprechen, um zu verdeutlichen, dass sie die Besetzung der Position mit Martin von allerhöchster Stelle unterstütze. Althoff selbst beabsichtigte nur dann einzugreifen, wenn es unbedingt notwendig würde, da er „schon ohnehin als radikaler Frauenvertreter u[nd] Parteigänger von Frl. Martin verdächtigt" werde.[108] Mit letzterer Bemerkung rekurrierte er wahrscheinlich auf die offiziöse Beraterposition, die er Martin im Kultusministerium während der Reform des höheren Mädchenschulwesens zugewiesen hatte. Harnack folgte Althoffs Anweisungen, indem er in einem Schreiben an Bülow die prinzipielle Bedeutung betonte, die die Besetzung des Postens mit einer Frau besitze, und anschließend Martin dafür vorschlug.[109] Da die Kaiserin es ablehnte, Martin öffentlich zu protegieren,[110] drängte Harnack Althoff, seinen Einfluss geltend zu machen, worauf dieser sich ebenso wenig einließ.[111] Harnacks Schreiben an Bülow zeitigte insofern eine direkte Wirkung, als der Reichskanzler dem Kultusminister riet, die Direktion der Elisabethschule mit einer Frau zu besetzen.[112] Dabei verlieh der Reichskanzler seiner Hoffnung Ausdruck, dass die Wahl nach Harnacks Wunsch ausfallen könne. Martin, die sich während des gesamten Prozesses auffällig zurückgehalten hatte, hegte offenbar wie auch die anderen Beteiligten Zweifel am Erfolg der Bewerbung und sah nur in Althoffs Einflussnahme einen möglichen Weg zum Gelingen.[113] Die „Bedenken",[114] die alle gegen die Besetzung mit Martin hegten, hatten verschiedene Ursachen, wurden aber schließlich sowohl in einer Notiz der Reichskanzlei als auch in einem Bericht des Kultus-

---

105 Vgl. dazu ebd., 328–332 und *Albisetti*, Schooling German Girls and Women, 268, Anm. 73.

106 *Bachmann*, Die Kgl. Elisabethschule zu Berlin, 3.

107 Vgl. Althoff an Harnack am 17.02.1906 (Nr. 297, *Briefwechsel*).

108 Ebd.

109 Vgl. Harnack an Althoff am 20.02.1906 (Nr. 298, *Briefwechsel*).

110 Vgl. den Brief Therese von Brockdorffs an Marie Martin vom 18.02.1906, den Harnack Althoff am 20.02.1906 weiterleitete (Nr. 298.1, *Briefwechsel*).

111 Vgl. Nr. 298, *Briefwechsel*.

112 Vgl. Bernhard von Bülow an Harnack am 23.02.1906 (Nr. 299, *Briefwechsel*).

113 Vgl. Martin an Althoff am 19. und 21.02.1906 (in: GStA PK, VI. HA, NL Althoff, Nr. 463, Bl. 24^r–25^v; 26^r–28^v).

114 Nr. 298, *Briefwechsel*.

ministeriums über Martin im Frühjahr 1906 zusammengefasst.[115] Es sprachen die Konflikte, die Martin in ihren früheren Anstellungen mit den Vorgesetzten gehabt hatte, und ihr 1903 erschienenes Pädagogiklehrbuch, das wiederholt für Aufsehen gesorgt hatte,[116] ebenso gegen sie wie ihre Position als Beraterin der Kaiserin und des Kultusministeriums.

Letztendlich erhielt Martin die Leitung der Elisabethschule nicht. Stattdessen wählte man zuerst eine Lehrerin, ein nicht eindeutig zu identifizierendes Fräulein Wentscher, aus, die die Stelle aber ebensowenig erhielt. Kultusminister von Studt berief letztlich den vormaligen Direktor des Augustenburger Seminars, Walter Kannegießer, auf die vakante Stelle. Er trug damit möglicherweise dem Protest der Mädchenschuldirektoren Rechnung, die Schuldirektorinnen vehement ablehnten.[117]

Der erwähnte Bericht über Marie Martin, den der Ministerialreferent Paul Meyer im Frühjahr 1906 verfasst hatte, basierte auf den unterschwelligen Konflikten, die zwischen der Lehrerin und den Ministerialbeamten in den vorherigen Monaten der Mädchenschulreform bestanden hatten.[118] Der Bericht kritisierte neben den Auseinandersetzungen Martins mit früheren Vorgesetzten insbesondere ihr Pädagogiklehrbuch und die darin enthaltene Sexualpädagogik. Aus diesem Anlass wurde Harnack – vermutlich auf Althoffs Wunsch hin – um eine Stellungnahme zu Martins Pädagogiklehrbuch gebeten.[119] Um eine theologische Ausgewogenheit im Urteil zu erlangen, beauftragte Ludwig Elster in Althoffs Namen auch Harnacks Kollegen Reinhold Seeberg, ein Gutachten zu verfassen.[120] In seinem Gutachten nahm Harnack einleitend auf den Bericht Bezug, der kritisiert hatte, dass Martin in ihrem Buch „sexuelle Fragen in einer Weise besprochen [habe], die an sich nicht taktvoll" sei.[121] Dem Kirchenhistoriker zufolge hatte Martin jedoch nur solche Inhalte erläutert, die alle Lehrerinnen und „zukünftigen Mütter" notwendigweise wissen müssten.[122] Auch ihre Darstellung konnte er nicht beanstanden. Harnack fügte ergän-

115 Vgl. die Notiz Wilhelm von Loebells vom 23.02.1906 (in: BA, R43/2205, Bl. 65^{r}–66^{v}) und den Bericht über Martin o.D. (in: GStA PK, I. HA, Rep. 89, Nr. 22315, Bl. 83^{r}–86^{v}).

116 Vgl. *Martin*, Lehrbuch, Bd. 1.

117 Vgl. *Albisetti*, Schooling German Girls and Women, 267f.

118 Vgl. den Bericht über Martin o.D. (in: GStA PK, I. HA, Rep. 89, Nr. 22315, Bl. 83^{r}–86^{v}) sowie den von Paul Meyer verfassten Entwurf vom 22.03. (ebd., VI. HA, NL Studt, Nr. 25, Bl. 14^{r}–18^{v}). Zu diesem Bericht s. *Kampmann*, Harnack zur „Frauenfrage", 333f.

119 Vgl. Harnacks Stellungnahme vom 03.04.1906 (Nr. 303, *Briefwechsel*).

120 Vgl. Elster an Seeberg am 02.04.1906 (in: BA, NL Seeberg, N 1052, Nr. 30, Bl. 25, 26), Seebergs Gutachten vom 04.04.1906 (in: GStA PK, VI. HA, NL Althoff, Nr. 464, Bl. 68–72) sowie Elster an Seeberg am 11.04.1906 (a.a.O., N 1052, Nr. 31, Bl. 15^{rv}). Zu diesen Gutachten Harnacks und Seebergs vgl. *Kampmann*, Harnack zur „Frauenfrage", 334–338.

121 Bericht o.D. (a.a.O., Rep. 89, Nr. 22315, Bl. 83^{r}).

122 Nr. 303, *Briefwechsel*.

zend hinzu, dass man bei diesem Thema noch mehr aufklären müsse, um „das Zeitalter einer unheilvollen Prüderie [zu] verlassen, welches den Mädchen und künftigen Gattinnen und Müttern die schwersten körperlichen und seelischen Leiden gebracht" habe.[123] Letztlich könnten auch nur diejenigen beurteilen, wie sexuelle Aufklärung erfolgen solle, die selbst einmal Sexualkundeunterricht gegeben hätten. Möglicherweise spielte Harnack damit auf seine eigene Lehrtätigkeit an einer Leipziger Mädchenschule oder seine Erfahrungen als Vater an. Er deutete in seinem Gutachten die Möglichkeiten sexueller Aufklärung lediglich an, die in einer „religiös[en] oder poetisch[en]" Art geschehen sollte.[124] 1910 konkretisierte er gegenüber seinem Freund Martin Rade seine Vorstellungen von sexueller Aufklärung, der kurz zuvor ein populärwissenschaftliches Werk über *Die Stellung des Christentums zum Geschlechtsleben* verfasst hatte.[125] Obwohl er Rades Büchlein lobte, widersprach er dessen „rein poetische[r]" Darstellung der Materie, die durch Rades Rezeption Friedrich Daniel Ernst Schleiermachers zustande gekommen war. Nach Harnacks Auffassung müsste man bei der sexuellen Aufklärung immer die „streng wissenschaftlich-ethische[n]" Aspekte berücksichtigen.[126]

Das Gutachten Harnacks verdeutlicht schließlich seine Loyalität zu der Lehrerin und Frauenrechtlerin Martin und sein Interesse an verschiedenen Themenbereichen der „Frauenfrage".[127] Eine ethische Begründung zur Sexualpädagogik lieferte Harnack ebenso wenig wie sein modern-positives Pendant Seeberg, der die Kritik an Martins Buch ebenfalls zurückwies.[128] Auch er betonte den adäquaten Ausdruck der Lehrerin, sodass in dieser Frage keine Opposition zwischen den Theologen bestand, sondern sie ihre Kritik an dem ministerialen Bericht über Martin vielmehr einte.

Harnack setzte sich wenig später nochmals bei Althoff für Marie Martin ein, als ihr eine Versetzung nach Posen zu drohen schien.[129] Da Althoff weiterhin krank war, wandte Martin sich direkt an Kultusminister von Studt, der sie zu einer „Unterredung" einlud, in der sie ihn bat, an der Königlichen Augustaschule bleiben zu

---

123 Ebd.

124 Ebd.

125 Vgl. Harnack an Rade am 17.03.1910 (in: *Jantsch*, Harnack-Rade, 639, Nr. 455) und *Rade*, Stellung des Christentums.

126 *Jantsch*, Harnack-Rade, 639, Nr. 455.

127 Zum bevölkerungspolitischen Thema „Ehefrequenz" und „Geburtenziffer" äußerte er sich außerdem in seinem Brief an den Redakteur der Zeitschrift *Die Karpathen* (vgl. *Harnack*, Brief an Karpathen, 1908, 124 und dazu *Kampmann*, Harnack zur „Frauenfrage", 394).

128 Vgl. Seebergs Gutachten vom 04.04.1906 (a.a.O., NL Althoff, Nr. 464, Bl. 68–72) sowie dazu *Kampmann*, Harnack zur „Frauenfrage", 337f.

129 Vgl. Harnack an Althoff am 12.04.1906 auf Martins Brief an Harnack vom 08.04.1906 (Nr. 304, *Briefwechsel*); s. dazu *Kampmann*, Harnack zur „Frauenfrage", 339–341.

dürfen, an der sie seit 1903 unterrichtete.[130] Sie bewirkte außerdem, dass die Gräfin von Brockdorff bei von Studt dagegen Verwahrung einlegte, was diesen sichtlich indignierte.[131] Wie sich am Ende herausstellte, lag bei der drohenden Versetzung nach Posen ein Missverständnis vor, das Kultusminister von Studt der Gräfin von Brockdorff in einem persönlichen Schreiben erklärte.[132] Da Martin seit 1903 formal noch in Trier angestellt gewesen war, musste sie nun aus verwaltungstechnischen Gründen nach Posen versetzt werden, weil nur dort, nicht aber in Berlin eine Position als Oberlehrerin frei geworden war. Die Episode über Martins vermeintliche Versetzung verdeutlicht, in welchem Maße sich Harnack mit dem Schicksal der Lehrerin identifizierte, zu der er im Laufe der Mädchenschulreform eine enge Verbindung aufgebaut hatte.[133]

Trotz seiner Mitarbeit in den Lehrplankommissionen und seiner Kommentierung des Reformentwurfs hegte Harnack zunehmend Zweifel daran, dass die Neuordnung des höheren Mädchenschulwesens sich in die von ihm intendierte Richtung entwickele.[134] Durch Althoffs Krankheit wurden Martin und Harnack nur noch am Rande durch dessen Mitarbeiter Karl Reinhardt über die ministeriale Arbeit informiert, aber nicht mehr daran beteiligt.[135] Der Kirchenhistoriker sah die Reform, von der er keinen Erfolg mehr erwartete, im Juni 1906 – zutiefst resigniert – „auf den todten Punkt gekommen“.[136] Zugleich stellte er fest, dass für den Fall, dass er mit dem eventuellen Ergebnis der Reform nicht zufrieden wäre, eine öffentliche Stellungnahme nicht scheuen würde, obwohl er sich bisher allen Anfragen, sich zum Reformprozess zu äußern, widersetzt habe. Letztlich verfasste Harnack erst nach Abschluss der Reform 1908 einen Artikel über die Mädchenschulreform.[137] Reinhold Seeberg hingegen hatte sich bereits im Februar 1906 – also direkt nach Mädchenschulkonferenz – *Zur Frage nach der Reform der weiblichen Bildung* geäußert.[138]

Als Althoff im Juni 1906 nach Berlin zurückkehrte, versuchte er, den Reformprozess noch einmal in seinem Sinne zu beeinflussen. Dabei ließ er sich von seinem Mitarbeiter Karl Reinhardt unterstützen.[139] Einerseits strebten sie an, dass die Mäd-

---

130 Martin an Harnack am 21.04.1906 (in: SBB PK, NL Harnack, K 22, Mp. Mädchenschulreform, o.Bl.) und dies. an Studt am 21.04.1906 (in: GStA PK, VI. HA, NL Studt, Nr. 25, Bl. 44).

131 Vgl. Brockdorff an Studt am 07.05.1906 (ebd., Nr. 25, Bl. 48r–49r).

132 Vgl. Studt an Brockdorff am 08.05.1906 (ebd., Nr. 25, Bl. 55rv).

133 S. dazu auch *Kampmann*, Harnack zur „Frauenfrage“, 341f.

134 Vgl. dazu ebd., 342–345.

135 Vgl. Harnack an Althoff am 15.06.1906 (Nr. 305, *Briefwechsel*).

136 Ebd.

137 Vgl. *Harnack*, Neuordnung des Mädchenschulwesens, 1908.

138 Vgl. *Seeberg*, Zur Frage nach der Reform der weiblichen Bildung.

139 Vgl. dazu *Kampmann*, Harnack zur „Frauenfrage“, 345–351.

chen möglichst lange in einer Schule unterrichtet würden, andererseits stellten sie sich die Frage, wie Mädchen einen Latein- und Griechischunterricht erhalten könnten, der sie für die Universität qualifiziere, wenn das siebenjährige Mädchenlyzeum keinen und erst das vierjährige Oberlyzeum altsprachlichen Unterricht anbiete. Reinhardt, der zuvor Direktor derjenigen Reformschule in Frankfurt a.M. gewesen war, die Latein in sechs und Griechisch in vier Jahren unterrichtete und die Harnack im Zuge der Schulreform 1900 besucht hatte,[140] schlug Althoff daher in seiner Denkschrift vom 11. Juni 1906 einen Kompromiss vor.[141] Demnach solle zwar ein lateinloses vierjähriges Oberlyzeum erhalten bleiben, das eine einem Oberrealschulabschluss entsprechende Berechtigung verleihen werde, zugleich müsse aber denjenigen Mädchen, die Latein und Griechisch erlernen wollten, die Chance eröffnet werden, nach der siebten Klasse von der höheren Mädchenschule abzugehen. Sie würden dann die Möglichkeit erhalten, Latein in sechs und Griechisch in vier Jahren zu lernen sowie sich grundlegende Kenntnisse der humanistischen Bildung anzueignen. Dieses Modell entsprach dem Reformmodell des erwähnten Frankfurter Gymnasiums, das Harnack für die Knabenschulen 1900 explizit abgelehnt hatte.[142] Gleichzeitig schloss Reinhardt mit seinem Kompromissvorschlag an Helene Langes Konzept an, die bereits bei der Konferenz im Januar 1906 das frühe Abzweigen der humanistischen und realgymnasialen Schulzweige nach der siebten Klasse gefordert hatte, was ihrer Position den Namen „7+6-Modell“ eintrug.

Althoff befürwortete nun Reinhardts Konzept eines frühen Abzweigens, obwohl er sich zuvor für das 10+4-Modell eingesetzt hatte. Er variierte Reinhardts Vorschlag noch insofern, als er die Idee einbrachte, Griechisch sechs und Latein vier Jahre unterrichten zu lassen, weil er das Griechische als die für Mädchen passendere Sprache ansah.[143] Er artikulierte damit erneut ein geschlechtsspezifisches Frauenbild, das möglicherweise mit der von Arnold Sachse berichteten Charakterisierung des Lateinischen und Griechischen durch Althoff korrespondierte: „Latein blieb seine Lieblingssprache. [...] Der griechischen Ästhetik ist er auch in seinen späteren Lebensjahren ferngeblieben.“[144] Althoff stellte auch Harnack diesen

140 Vgl. *Kampmann*, Harnacks Beteiligung, 184.

141 Vgl. die Denkschrift Reinhardts vom 11.06.1906 (in: GStA PK, VI. HA, NL Althoff, Nr. 464, Bl. 90–99); zum historischen Kontext dieser Denkschrift und ihrem genauen Inhalt s. *Kampmann*, Harnack zur „Frauenfrage“, 345–348.

142 Vgl. *Kampmann*, Harnacks Beteiligung, 206–208.

143 Vgl. Althoffs Notizen vom 12.06.1906 auf Reinhardts Denkschrift vom 11.06.1906 (a.a.O., Nr. 464, Bl. 90).

144 *Sachse*, Althoff, 4, der ebd. weiter schreibt: „Wenigstens zog er für die Knabenschule das Lateinische vor, während er wohl geneigt war, das Griechische zum Mittelpunkt der Mädchenerziehung zu machen.“

Gedanken vor, der sich damit „ganz einverstanden“ zeigte.[145] Der Kirchenhistoriker erwartete, dass „begabte“ Mädchen in der gräzistischen Bildung „einen Quell freudiger Weisheit“ fänden, die sie – wie die antike Philosophin Hypatia – über die Erkenntnisse der Männer hebe.[146] Dieses Votum für den altsprachlichen Unterricht an Mädchenschulen untermauerte Harnack wenig später durch Zitate aus Martin Luthers Schrift *An die Burgermeyster und Radherrn* von 1524, aus der auch das von Harnack mehrfach, u.a. während der Schulreform 1900 angeführte Zitat „Die Sprachen sind die Scheiden, darin das Messer des Geistes steckt“ stammte.[147] Martin Luther hatte in den zitierten Abschnitten v.a. darauf abgehoben, welche Bedeutung Latein und Griechisch theologisch für die Verteidigung des Evangeliums und zum eigenständigen Verständnis der Bibel für jeden Christen und jede Christin besäßen, während er in anderen Abschnitten der Schrift auch weltliche Argumente für den Sprachenerwerb lieferte.[148] Der Reformator hatte, wie Harnack gegenüber Althoff erwähnte, in der Schrift von 1524 daher von der städtischen Obrigkeit gefordert, Schulen mit altsprachlichem Unterricht einzuführen, die Jungen und Mädchen besuchen dürften.[149] Indem Harnack für Althoff mehrere Abschnitte aus Luthers Schrift abschrieb, ergänzte der Theologe seine vorherige humanistisch-philologische Begründung des altsprachlichen Unterrichts für Mädchen, die er mit dem Beispiel der antiken Philosophin Hypatia geliefert hatte, um eine theologische Dimension. Dem von Althoff geplanten Griechischunterricht für Mädchen wurde dadurch eine besondere, auch theologische Bedeutung verliehen, die der Ministerialdirektor mit Zustimmung aufnahm.[150]

Die Arbeiten der vorhergehenden Monate seit der Mädchenschulkonferenz resultierten im August 1906 in einem ersten Entwurf der „Grundzüge zu einer Neuordnung des höheren Mädchenschulwesens“, der eine sechs- oder siebenjährige Mädchenschule vorsah, von der vier unterschiedliche Schultypen abzweigen sollten: das allgemeine Lyzeum, das Lehrerinnenseminar, die auf praktische Ausbil-

145 Harnack an Althoff am 25.07.1906 (Nr. 313, *Briefwechsel*).

146 Ebd.

147 Harnacks Auszug aus Luthers Schrift vom 30.07.1906 (Nr. 315, *Briefwechsel*, im Original von Harnack unterstrichen); s. dazu *Kampmann*, Harnack zur „Frauenfrage“, 351–355. Harnack zitierte diesen Satz bereits 1900 gegenüber Althoff und während der Konferenz (vgl. Nr. 138, *Briefwechsel* und *Kultusministerium*, Verhandlungen und Gutachten, 80; s.o. in diesem Teil, Abschnitt 1.2, S. 304) sowie in seinen Vorträgen über die *Aufgabe der theologischen Fakultäten* 1901 und die *Notwendigkeit der Erhaltung des alten Gymnasiums* 1904 (vgl. *Harnack*, Aufgabe der theologischen Fakultäten, 1901b, 167 und *Harnack*, Notwendigkeit des Gymnasiums, 1904, 73).

148 Vgl. *Luther*, An die Burgermeyster; zu Luthers Bildungsverständnis s. *Wriedt*, Bildung und ebd., 270–274 bes. zur Schrift von 1524.

149 *Luther*, An die Burgermeyster, 44, 24–33, 47, 1–12.

150 Vgl. Althoff an Harnack am 30.07.1906 (Nr. 316, *Briefwechsel*).

dung ausgerichtete Übungsschule und die Studienanstalt mit einem oberrealen, realgymnasialen und einem gymnasialen Zweig.[151] Harnack, der zur Besprechung dieses Entwurfs eingeladen war, nahm nicht teil, weil er verreist war, und äußerte sich auch nicht nachweisbar gegenüber Althoff zu diesem Entwurf.[152] Vielmehr stand er bis Oktober 1906 und auch danach in Sachen der Mädchenschulreform nicht und in anderen Angelegenheiten kaum in Kontakt mit Althoff.[153] Erst Anfang Oktober 1906 schickte Harnack dem Ministerialdirektor ein von Marie Martin verfasstes Exposé, das der Kirchenhistoriker prinzipiell befürwortete und das die Vorschläge der genannten August-Entwürfe zur Lehrerinnenbildung kritisch beleuchtete.[154] Martin hatte ihre Meinung in der Denkschrift zusammengefasst, weil das Kultusministerium zuvor einige Mädchenschuldirektoren um Gutachten zu den August-Entwürfen gebeten hatte, gegen deren Einflussnahme Martin und Harnack sich, wie schon Anfang des Jahres 1905, positionieren wollten.[155] Doch ihr Versuch blieb ohne sichtlichen Erfolg, da sie beide fortan nicht mehr in den ministerialen Reformprozess involviert wurden, auch wenn Gespräche zwischen Harnack und Althoff zur Mädchenschulreform nicht ausgeschlossen werden können.[156]

2.4 Abschluss der Mädchenschulreform 1907 und 1908

Die Mädchenschulreform ist außerdem im Kontext von Althoffs Pläne zu sehen, in denen er im Frühjahr 1907 erwog, das Kultusministerium zu teilen.[157] Die Verwaltung der höheren Mädchenschulen sollte nämlich von der Abteilung UIII in UII verschoben werden, d.h. aus derjenigen Abteilung, die für die Volksschulen zuständig war, in diejenige, die die höheren Knabenschulen und die Universitäten verwaltete. In seinen Äußerungen zu den Teilungsplänen machte Harnack deutlich, dass er noch über diese Forderung hinausgehen wollte. Vielmehr strebte er „die

---

151 In: GStA PK, I. HA, Rep. 76 VI, Sekt. 1, Gen. ee, Nr. 5, Bd. 4, Bl. 275^r–278^r; s. dazu *Kampmann*, Harnack zur „Frauenfrage“, 355–357.

152 Vgl. das Einladungsschreiben Schwartzkopffs vom 12.08.1906 (a.a.O., Gen. ee, Nr. 5, Bd. 4, Bl. 273^r).

153 Vgl. die Lücke in der Korrespondenz zwischen dem 10.08. und dem 03.10.1906 (Nrn. 317 und 318, *Briefwechsel*).

154 Vgl. Harnack an Althoff am 03.10.1906 (Nr. 318, *Briefwechsel*) und das beigefügte Exposé (Nr. 318.1, *Briefwechsel*); s. dazu *Kampmann*, Harnack zur „Frauenfrage“, 357f.

155 Vgl. die Gutachten in: GStA PK, I. HA, Rep. 76 VI, Sekt. 1, Gen. ee, Nr. 5, Bd. 5, Bl. 220^r–227^r; 238^r–247^r; 248^r–265^r.

156 Vgl. *Kampmann*, Harnack zur „Frauenfrage“, 358f.

157 Zu Althoffs Teilungsplänen 1907 s.u. Teil IV, Abschnitt 1.4, S. 381; zum Kontext in der Mädchenschulreform s. außerdem *Kampmann*, Harnack zur „Frauenfrage“, 360–365.

einheitliche Zusammenfassung des ganzen Unterrichtswesens von der niedersten bis zur höchsten Stufe“ an.[158]

Des Weiteren nutzte Harnack im März 1907 auch die Gelegenheit, die sich ihm während seines gemeinsamen Aufenthalts mit Bernhard von Bülow im norditalienischen Rapallo bot, um die Unterstützung des Reichskanzlers für die Mädchenschulreform zu erreichen.[159] Im Frühjahr 1907 debattierten nämlich sowohl das Staatsministerium als auch das preußische Abgeordnetenhaus über die Entwürfe zur Mädchenschulreform.[160] Dabei wurde auch die Frage des Frauenstudiums angesprochen, die eng mit der Reform des höheren Mädchenschulwesens zusammenhing.[161] Wenn die Mädchen am Ende ihrer Schullaufbahn wie ihre männlichen Altersgenossen Berechtigungen erhalten sollten, könnten diese den Hochschulzugang nicht ausschließen. Daher hatte Althoffs Mitarbeiter, der katholische Jurist Albert Tilmann, für das Kultusministerium Voten zum Frauenstudium entworfen.[162] Althoff leitete Harnack eines dieser Voten von Studts weiter, nachdem er ihm ein anderes persönlich übergeben hatte.[163] Schon zuvor hatte er ihn über die Verhandlungen informiert, die im Kultusministerium über die Frage des Frauenstudiums geführt worden waren und in denen es darum gegangen war, an wie vielen Fakultäten die Frauen zugelassen werden sollten.[164] Harnack, der selbst das Frauenstudium für begabte Mädchen befürwortete,[165] hatte in seinem Gespräch mit Bülow das Frauenstudium nicht angesprochen, war aber der Überzeugung, dass er nie einen „Zweifel [daran] gelassen habe, daß [...] [er nur] die Zulassung zu allen Fakultäten für die befriedigende Lösung ansehe“.[166]

Über sein Eintreten für die Mädchenschulreform beim Reichskanzler hinaus war Harnack, wie bereits erwähnt, nicht in die ministerialen Arbeiten eingebunden und teilweise auch nur schlecht informiert. Er trat jedoch bei Althoff erneut als Fürsprecher Marie Martins auf, für die er im Mai 1907 eine finanzielle Remuneration für ihr ehrenamtliches Engagement in der Mädchenschulreform forderte, nachdem

158 Harnack an Althoff am 01.02.1907 (Nr. 328, *Briefwechsel*, Hervorhebung im Original).
159 Vgl. Harnack an Althoff am 10.04.1907 (Nr. 341, *Briefwechsel*); s.u. dazu auch Teil IV, Abschnitt 1.4, S. 384.
160 Vgl. *Kampmann*, Harnack zur „Frauenfrage“, 365–367.
161 S. dazu ebd., 456f. sowie die Akten in: GStA PK, I. Rep. 76, Va, Sekt. 1, Tit. VIII, Nr. 8, Bd. 11.
162 Vgl. die Voten Studts vom 31.01. und 15.04.1907 (ebd., Bl. 218–221; 263^{r}–265^{v}).
163 Vgl. Althoff an Harnack am 03.06.1907 (Nr. 350, *Briefwechsel*) und Nr. 340.1, *Briefwechsel*, Anm. 8.
164 Vgl. den Ausschnitt aus einem Brief Friedrich Schmidt-Otts an Althoff vom 25.03.1907, den Althoff Harnack vermutlich weiterleitete (Nr. 340.1, *Briefwechsel*).
165 Zu Harnacks Haltung zum Frauenstudium s. *Kampmann*, Harnack zur „Frauenfrage“, 451–458.
166 Harnack an Althoff am 10.04.1907 (Nr. 341, *Briefwechsel*).

jene sich über ihre finanzielle Situation beklagt hatte.[167] Althoff gewährte Martin eine Aufwandsentschädigung, die er anhand der genauen Aufzählung des Kirchenhistorikers ungefähr abschätzen konnte.[168] Des Weiteren stellte Harnack Martin eine Empfehlung für den neuen Kultusminister Ludwig Holle aus, dem die Frauenrechtlerin im September 1907 ihre Meinung zur Mädchenschulreform darlegen wollte.[169] Harnack und Martin versuchten dadurch nochmals auf die Reform Einfluss zu nehmen, der ihnen unter anderem dadurch entzogen worden war, dass zuerst Konrad von Studt Ende Juni und dann Althoff Ende September 1907 aus ihren Ämtern ausgeschieden waren.[170] Aufgrund des Empfehlungsschreibens lud Holle Martin zu einem Gespräch ein, das erfolgreich verlief.[171] Trotzdem zeigten Martin und Harnack sich ernüchtert über Althoffs Rücktritt und dessen damit verbundenen Rückzug aus der Mädchenschulreform.[172] Der Kirchenhistoriker machte Althoff daher im Herbst 1907 für das sich scheinbar abzeichnende Scheitern der Mädchenschulreform verantwortlich.[173] Außerdem attakierten die Ministerialbeamten Harnack und Martin mittlerweile mehr oder minder offen für ihr offziöses Engagement.[174]

Trotz der in Harnacks und Martins Augen unüberwindlichen Hindernisse kam die Mädchenschulreform, die beiden weiterhin besonders am Herzen lag,[175] 1908 unter der Leitung Ludwig Holles zum Abschluss. Da Harnack offenbar nur mittelmäßig über die Entwicklung der Dinge informiert war, hegte er weiterhin Zweifel an ihrem Gelingen. Dazu trug auch bei, dass er den Ministerialbeamten mangeln-

167 Vgl. Harnack an Althoff am 10.05.1907 (Nr. 344, *Briefwechsel*) und Martin an Harnack am 10.05.[1907] (in: SBB PK, NL Harnack, K 37, Mp. Martin, Bl. 94^r–95^v); s. dazu *Kampmann*, Harnack zur „Frauenfrage", 367f.

168 Vgl. Martin an Althoff am 23.09.1907 (in: GStA PK, VI. HA, NL Althoff, Nr. 459, Bl. 26).

169 Vgl. Harnack an Holle am 27.08.1907, Martin an Holle am 28.08.1907 und Holle an Martin am 05.09.1907 (a.a.O., I. HA, Rep. 76 VI, Sekt. 1, Gen. ee, Nr. 5, Bd. 7, Bl. 184; 185; 186); s. dazu *Kampmann*, Harnack zur „Frauenfrage", 368–370.

170 Zu Althoffs Rücktritt vgl. Nr. 358, *Briefwechsel*.

171 Vgl. Harnack an Althoff am 14.09.1907 (Nr. 357, *Briefwechsel*).

172 Vgl. Harnack an Martin am 22.11.1907 (in: *Zahn-Harnack*, Harnack, 319f.); s. dazu *Kampmann*, Harnack zur „Frauenfrage", 370–377.

173 Vgl. Harnack an Martin am 22.11.1907 (in: *Zahn-Harnack*, Harnack, 319f.). Harnack so auch gegenüber Paul Kehr am 30.12.1907 (in: GStA PK, VI. HA, NL Kehr, Nr. 14, Bl. 269^r–270^v: 270^r): „Hier hat Althoff eine mir unverständliche Politik gemacht. Er hat sich schon vor 1 ½ Jahren von der Sache zurückgezogen und sie ihren Feinden im Ministerium überlassen."

174 Vgl. Martin an Harnack am 19.11.1907 (a.a.O., NL Harnack, K 37, Mp. Martin, Bl. 38^r–43^v).

175 Vgl. Harnacks Äußerung gegenüber Paul Kehr am 30.12.1907 (a.a.O., NL Kehr, Nr. 14, Bl. 270^r): „Am schmerzlichsten ist mir die Mädchenschul-Reform, der ich eine Unsumme von Interesse u[nd] Zeit zwei Jahre gewidmet habe, u[nd] die nun entweder ganz ins Wasser zu fallen scheint oder – was noch schlimmer wäre – als Wechselbalg aufzutauchen droht." S. auch Nr. 365, *Briefwechsel*. Zum Abschluss der Reform vgl. *Kampmann*, Harnack zur „Frauenfrage", 378–384.

den Elan und das Fehlen einer „ernstlich[en]“ Förderung der Reform unterstellte.[176] Wie auch in anderen Projekten und Fällen, wie beispielsweise im „Fall Ludwig Bernhard“, betonte er die mangelnde Kompetenz im Kultusministerium und das gleichzeitige Fehlen Althoffs.[177] Althoff, der anscheinend besser über den Stand der Reform informiert war, sah die Lage weniger pessimistisch als Harnack, gestand aber zu, dass er einige „Verschlechterungen“ in dem endgültigen Ergebnis erwarte.[178] Aufgrund des fehlenden Einflusses im Ministerium nutzte Harnack erneut seine Verbindung zu Reichskanzler von Bülow und bat ihn, sich im Staatsministerium für die Reform einzusetzen.[179] Das Staatsministerium debattierte die Mädchenschulfrage abschließend im Juli 1908, sodass Wilhelm II. den Erlass im August 1908 unterzeichnen konnte.

Die Neuordnung des höheren Mädchenschulwesens basierte auf den Entwürfen vom August 1906.[180] Sie sah zwei parallele Strukturen in der Mädchenbildung vor: auf der einen Seite gab es eine zehnjährige Mädchenschule als Grundform der Mädchenbildung, an die sich ein Lyzeum in Form einer Frauenschule oder eines Lehrerinnenseminar anschloss. Die Frauenschule dauerte zwei Jahre, während die Lehrerinnenausbildung in vier Jahren durchgeführt wurde, von denen das letzte ein Praktisches Jahr war.[181] Auf der anderen Seite sollte eine Studienanstalt bereits nach sieben Jahren, d.h. nach Quarta, von der Mädchenschule abzweigen und in einem oberrealen, realgymnasialen und einem gymnasialen Zweig zur Hochschulreife führen. Damit hatte sich die Frauenrechtlerin Helene Lange mit ihrem 7+6-Modell durchgesetzt, auch wenn parallel in der 10-jährigen Mädchenschule und dem zwei- bzw. vierjährigen Lyzeum noch Reste des 10+4-Modells übrig geblieben waren. Der Latein- und Griechischunterricht umfasste – sich an den Reformschulen orientierend – sechs resp. vier Jahre. Insgesamt dauerte die höhere Mädchenbildung nun 13 Jahre und somit ein Jahr länger als die Knabenbildung. Die weiteren Neuerungen betrafen die Ausbildung der Lehrerinnen, die sich nun an der höheren Mädchenschule orientierte, die verwaltungstechnische Gleichstellung der Mädchenschulen

176 Harnack an Althoff am 18.04.1908 (Nr. 365, *Briefwechsel*).

177 Zur Harnacks und Althoffs Kritik am Kultusministerium s. Einleitung, Abschnitt 3.1, S. 38 und die Nrn. 366, 372 und 379, *Briefwechsel*.

178 Nr. 366, *Briefwechsel*.

179 Vgl. Nr. 367, *Briefwechsel*; s. auch Bülow an Harnack am 04.01.1908, der versprach, sich für die von Harnack erwähnte „Frauenfrage“ zu engagieren (in: SBB PK, NL Harnack, K 28, Mp. Bülow, BL. 4^r–5^r).

180 Vgl. *Kultusministerium*, Neuordnung des höheren Mädchenschulwesens; s. dazu *Kampmann*, Harnack zur „Frauenfrage“, 385–389 sowie bei *Kraul*, Höhere Mädchenschulen, 286 den Übersichtsplan.

181 Vgl. den Übersichtsplan in *Kultusministerium*, Neuordnung des höheren Mädchenschulwesens, 717.

mit den Knabenschulen unter die Provinzial-Schulkollegien, wobei ihre Verwaltung im Kultusministerium noch bis 1910 der Abteilung UIII oblag,[182] sowie schließlich in einem separaten Erlass die Zulassung von Frauen zum Hochschulstudium.

Die Hochschulzulassung beinhaltete alle Fakultäten, sodass Frauen zukünftig auch evangelische Theologie studieren konnten. Studienvoraussetzung war für die Frauen, wie es für die Männer 1900 noch einmal bestätigt worden war,[183] der Nachweis über die entsprechenden Sprachkenntnisse im Lateinischen, Griechischen und Hebräischen.[184] Die katholisch-theologischen Fakultäten ließen Frauen hingegen weiterhin nur als Hörerinnen zu.[185] Allerdings konnten Frauen bis Anfang der 1920er Jahre an den meisten evangelisch-theologischen Fakultäten keine Fakultätsprüfungen geschweige denn kirchliche Examina ablegen. Die Berliner Fakultät ließ Frauen beispielsweise erst 1920 zur Fakultätsprüfung zu.[186] Harnack und Seeberg setzten jedoch schon 1912 die Regelung durch, dass auch Frauen die Lizentiatenpromotion – die theologische Promotion – ablegen durften.[187] Das bedeutete, dass Frauen zwar seit 1908 Theologie studieren konnten, ihnen aber – abgesehen von der theologischen Promotion – seit den 1890er Jahren nur die Oberlehrerinnenprüfung als Abschluss zur Verfügung stand. Beruflich stand Frauen – solange sie unverheiratet blieben – das Lehramt für Religion offen, während sie erst nach dem Zweiten Weltkrieg regulären Zugang zum Pfarramt erhielten.[188]

Harnack war mit dem Abschluss der Reform prinzipiell zufrieden. Er zeigte sich erleichtert, dass der über dreieinhalb Jahre andauernde Reformprozess beendet worden war und er den Ergebnissen grundsätzlich zustimmen konnte.[189] Trotzdem kritisierte er die frühe Abgabelung der Studienanstalt, die seiner Meinung nach einen vermehrten Zulauf zu dieser Schulform bewirken und die höheren Klassen der Mädchenschule schädigen werde. Seine Kritik fasste er in einem Artikel zusammen, der in der von Althoff gegründeten *Internationalen Wochenschrift für Wissenschaft,*

182 Vgl. *Kampmann*, Harnack zur „Frauenfrage", 435, Anm. 1036.

183 S.o. in diesem Teil, Abschnitt 1.3, S. 306.

184 Wie oben (Teil III, Abschnitt 1.3) erwähnt, erlernten zwar die meisten Theologiestudenten Hebräisch im humanistischen Gymnasium, aber es gab auch solche, die es in universitären Vorkursen nachholten.

185 Vgl. den Artikel *Frauen als Theologinnen* in der *Täglichen Rundschau* vom 12.01.1912, Nr. 18, Morgen-Ausgabe, S. 2.

186 Vgl. *Kampmann*, Harnack zur „Frauenfrage", 462, Anm. 60.

187 Vgl. ebd., 463, Anm. 61. sowie den Artikel *Frauen als Theologinnen* in der *Täglichen Rundschau* vom 12.01.1912, S. 2.

188 Vgl. insgesamt dazu *Frauenforschungsprojekt*, Zur Geschichte ev. Theologinnen in Deutschland sowie jetzt *Gräßel-Farnbauer*, Die Gleichstellung von Frauen.

189 Vgl. Harnack an Althoff am 09.09.1908 (Nr. 387, *Briefwechsel*). Zu Harnacks Reaktionen auf die Neuordnung vgl. *Kampmann*, Harnack zur „Frauenfrage", 389–412.

Kunst und Technik (IWW) erschien.[190] Dieser Artikel, den Althoff noch bei dem Herausgeber der *IWW*, Paul Hinneberg, angemeldet hatte, wurde im November 1908 unter dem Titel *Die Neuordnung des höheren Mädchenschulwesens in Preußen* in einer Artikelserie über die Reform veröffentlicht, die Wilhelm Lexis Mitte September eröffnet hatte und die Marie Martin Ende November beschloss.[191] Harnacks Artikel resümiert seine Position in der Mädchenschulreform und verdeutlicht seine intensive Beschäftigung mit der fachfremden Materie. Denn auch wenn Harnacks Haltung zur Mädchenschulreform sein religiös fundiertes Bildungsverständnis zugrunde lag, argumentierte er in diesem Zusammenhang nicht explizit theologisch, weil es angesichts der primär schulorganisatorischen und pädagogischen Fragen dessen nicht bedurfte. Zusätzlich zu seinem Artikel für die *Internationale Wochenschrift* verfasste der Kirchenhistoriker einen öffentlichen Brief an den Redakteur der siebenbürgischen Zeitschrift *Die Karpathen* und eine Stellungnahme in der Zeitschrift *Frauenbildung*.[192] Harnack engagierte sich außerdem nach Abschluss der Reform im Vorstand des neu gegründeten *Zentralverbands zur Durchführung der preußischen Mädchenschulreform*, in dem sich Frauenrechtlerinnen wie auch Abgeordnete mit dem Ziel vereinten, die ministeriale Umsetzung des Reformerlasses durch Denkschriften und Petitionen zu begleiten.[193]

Trotz seiner im September 1907 gegenüber Marie Martin geäußerten Kritik an Althoff betonte Harnack gegenüber dem Ministerialdirektor zuletzt noch einmal explizit dessen besonderen Beitrag zum Gelingen der Reform. Er sei wie der „Säemann" [sic] in Joh 4,37, dessen Ertrag ein anderer ernte.[194] Schon zuvor hatte Harnack Althoff mit einem Sämann verglichen, der – im Unterschied zu der Erzählung im biblischen Gleichnis vom Sämann – sich um seinen Samen kümmern müsse, da die Saat nicht von selbst wachse.[195]

---

190 Zur *Internationalen Wochenschrift* s.u. Teil IV, Abschnitt 3.4, S. 456.

191 Vgl. Althoffs maschinenschriftliche Anweisungen für Hinneberg o.D. (in: GStA PK, VI. HA, NL Althoff, Nr. 295, Bl. 160, 161), *Harnack*, Neuordnung des Mädchenschulwesens, 1908 (s. dazu ausführlich *Kampmann*, Harnack zur „Frauenfrage", 399–412), *Lexis*, Die Neuordnung des höheren Mädchschulwesens und *Martin*, Kulturkampf um die Frauenbildung sowie den Artikel von *Lange*, Neuordnung des höheren Mädchenschulwesens.

192 Vgl. *Harnack*, Brief an Karpathen, 1908 und *Harnack*, Beitrag, 1909; s. dazu *Kampmann*, Harnack zur „Frauenfrage", 391–399, 414–416.

193 Zu Harnacks Engagement ab 1908 vgl. ebd., 420–437 sowie ebd., 437–449 eine umfassende Beurteilung von Harnacks Engagement in der Mädchenschulreform.

194 Nr. 387, *Briefwechsel*.

195 Vgl. Nr. 274, *Briefwechsel* mit Bezug auf das Gleichnis vom Sämann in Mt 13,18–23, Mk 4,3–9 und Lk 8,5–8.

3 Schulreformen – ein Fazit

In der Reform der höheren Knabenschulen ließ Althoff sich nur von Harnack, nicht aber von anderen Theologieprofessoren beraten, auch wenn er Hermann Cremer die Verhandlungen über die Schulreform von 1900 und die endgültigen Lehrpläne 1903 im Nachhinein zusandte.[1] Allein Althoffs Mitarbeiter Bernhard Weiß und der katholische Theologe Franz Dittrich vertraten ebenfalls die Theologie. Zugleich involvierte Althoff 1900 mehrere Professoren anderer geistes- und naturwissenschaftlicher sowie technischer Disziplinen, wie den Althistoriker Theodor Mommsen, den Gräzisten Ulrich von Wilamowitz-Moellendorff, den Altphilologen Hermann Diels, den Philosophen Wilhelm Dilthey, den Chemiker Emil Fischer, den Mathematiker Felix Klein, den Elektrotechniker Adolf Slaby und den bereits 79-jährigen Pathologen Rudolf Virchow. Wie die Liste der genannten Professoren verdeutlicht, basierte Althoffs Beraterstab während der Schulreform 1900 auf dem von ihm begründeten „System Althoff". Dieser Verortung der Schulreform von 1900 im „System Althoff" entsprach die Bedeutung, die jene für die Bildungs- und Universitätspolitik des Ministerialdirektors besaß. Die höheren Knabenschulen sollten an den Standards der Universitäten und technischen Hochschulen orientiert sein und daran gemessen werden, da nur auf diese Weise das Niveau der preußischen Wissenschaft im internationalen Vergleich bestehen konnte.

Während der Reform des höheren Mädchenschulwesens speiste sich die Gruppe der Beratenden, Gutachter:innen und Konferenzteilnehmer:innen aus ganz anderen Quellen. Allein der Pädagoge Friedrich Paulsen, Harnack und Dittrich waren aus dem Beraterkreis von 1900 auch an der Mädchenschulreform beteiligt. Zusätzlich involvierte Althoff auch Reinhold Seeberg, der allerdings – möglicherweise wegen persönlicher Antipathien des Ministerialdirektors – keinen nennenswerten Einfluss auf letzteren hatte. Anstelle der Berater aus dem „System Althoff" zog der Ministerialdirektor seit 1905 neben Mädchenschulpädagogen und -direktoren erstmals systematisch Lehrerinnen zur Begutachtung und Beratung hinzu und besetzte die Mädchenschulkonferenz im Januar 1906 nahezu paritätisch mit Frauen und Männern. Die Auswahl der Beraterinnen zeigt zwar, dass die Mädchenschulreform für Althoff nicht dieselbe bildungs- und wissenschaftspolitische Relevanz wie die Knabenschulreform von 1900 besaß, dass er aber den Forderungen der bürgerlichen Frauenbewegung zu entsprechen wusste, indem er sie an der Reform beteiligte.

In der Zusammenarbeit zwischen Althoff und Harnack kennzeichnete die Schulreform von 1900 Harnacks Einstieg in die Bildungspolitik, für die er sich zu-

1 Vgl. Cremer an Althoff am 02.01.1903 (in: *Stupperich*, Hermann Cremer, 319).

https://doi.org/10.1515/9783112213193-021

sammen mit dem Ministerialdirektor zwischen 1905 und 1908 auch in der Reform der höheren Mädchenschulen engagierte. Harnacks Position führt vor Augen, dass er die Reform des höheren Knabenschulwesens insbesondere von seiner Position als Kirchengeschichtsprofessor und vom Theologiestudium her betrachtete, über das er auch in anderen Zusammenhängen gegenüber Althoff reflektiert hatte, als es um die Freiheit der theologischen Lehre und Forschung sowie die Frequenz an den theologischen Fakultäten Preußens ging.[2] Als Theologieprofessor konnte er das grundlegende Wissen genau benennen, das er bei seinen Studenten zur Geschichte und Kirchengeschichte der ersten vier Jahrhunderte voraussetzte. Das hohe Niveau des Theologiestudiums sollte die Kirche nach Harnacks Ansicht vor einer Selbstghettoisierung schützen, die er in der katholischen Kirche und ihrer theologischen Seminarausbildung, die nach dem Tridentinischen Konzil abseits der Universitäten erfolgen sollte,[3] bereits realisiert sah. Bereits 1895 hatte er Althoff davor gewarnt, als es um die Reform der universitären und praktischen Ausbildung der angehenden Pfarrer ging. Während Harnack universitäre Vorkurse, die die Kirchlichkeit der Theologiestudenten absichern sollten, 1895 abgelehnt hatte, befürwortete er 1900 universitäre Sprachkurse, die den Absolventen der Realgymnasien und Oberrealschulen den Zugang zum Theologiestudium hätten ermöglichen sollen.

Für die Reform des höheren Mädchenschulwesen besaß das Theologiestudium nicht dieselbe Relevanz, weil der reguläre Zugang für Frauen zu den evangelisch-theologischen Fakultäten in Preußen zu Beginn der Reform noch nicht gesichert war und weil die Theologiestudentinnen, nachdem ihnen die Fakultäten geöffnet wurden, bis 1912 bzw. bis Anfang der 1920er Jahre nach ihrem Studium nur ins Lehramt gehen konnten. Diese institutionellen Voraussetzungen hinderten die an der Reform beteiligten Theologen und Theologinnen jedoch nicht, ihre theologischen, kirchenhistorischen und religionspädagogischen Ansichten im Zusammenhang der theologiefernen Materie der Reformierung des höheren Mädchenschulwesens immer wieder einzubringen. Dies zeigt sich in besonderem Maße an der Konzeption des Geschichts- und Religionslehrplans für die höheren Mädchenschulen, an deren Ausarbeitung Harnack zusammen mit dem Oberhofprediger Ernst von Dryander, dem Berliner Dogmatiker Reinhold Seeberg und den Frauenrechtlerinnen Gertrud Bäumer und Marie Martin beteiligt war. Der Einfluss der Kirchen auf die Schulverwaltung, insbesondere auf die konfessionellen Volksschulen wurde in beiden Schulreformen nicht thematisiert, weil es in diesen ausschließlich um höhere Schulen ging. Gleichwohl machten die kirchlichen Vertreter Ernst von Dryander und Georg Kardinal von Kopp ihren Einfluss während und nach den Reformen geltend,

2 S.o. Teil II, Abschnitte 1.4, 4 und 5.3–5.4.

3 S.o. Einleitung, Abschnitt 2.2, S. 20 und Teil II, Abschnitt 6, S. 244.

indem sie sich in die Lehrplankommissionen und – im Falle Kopps – beratend im Hintergrund einbrachten. Im Vergleich zur Knabenschulreform von 1900 waren an der Mädchenschulreform zwischen 1905 und 1908 deutlich mehr Theologinnen und Theologen beteiligt. Neben Dryander und von Kopp, Harnack und Seeberg, Bäumer und Martin, Franz Dittrich und Joseph Mausbach, war der Referent Paul Meyer, der im Ministerium für die Reform zuständig war, ordinierter Pfarrer, auch wenn er vor und während der Reform theologisch kaum einzuordnen ist. Reinhold Seeberg, der sich verschiedentlich zur Mädchenschulreform äußerte, sollte möglicherweise als modern-positives Pendant zu Harnack während der Reform dienen, stimmte aber – abgesehen von der Konzeption des Religionsunterrichts – in den schultechnischen Fragen mit Harnack überein. Der rheinische Pfarrer und Präses der rheinischen Provinzialsynode, Albert Hackenberg, der zugleich für die nationalliberale Partei Mitglied des preußischen Abgeordnetenhauses war, publizierte anscheinend nicht eigens zur Mädchenschulreform, äußerte sich aber im Abgeordnetenhaus dazu.[4] Publizistisch am engagiertesten waren die Frauenrechtlerin Gertrud Bäumer, die sich, wie dargestellt, insbesondere in der Kommission für den evangelischen Religionsunterricht für einen an den neuesten religionspädagogischen Konzepten orientierten Lehrplan einsetzte. Ihre Kollegin Marie Martin vertrat theologisch in besagter Kommission einen konservativeren Ansatz, der sich insofern mit Seebergs Position deckte, als auch sie eine konservativ-katechetische Religionspädagogik befürwortete. Darüber hinaus trat sie für eine engere Verbindung von *Christentum und Frauenbewegung* – so der Titel eines Vortrages, den sie auf dem *Weltkongress für Freies Christentum* 1910 in Berlin hielt[5] – und daher für Kooperationen zwischen dem Verbandsprotestantismus und der Frauenbewegung ein.

Schließlich lässt sich an den konzeptionellen Beiträgen, die Harnack formulierte, ablesen, welchen Einfluss sein Verständnis von Theologie und Kirchengeschichte auf die zukünftige Gestaltung des Griechisch-, Geschichts- und Religionsunterrichts an den höheren Knaben- und Mädchenschulen hatte. Außerdem basierte sein Gesamtkonzept höherer Schulbildung, die auf die Universität oder auf eine weiterführende Berufsausbildung vorbereiten sollte, auf einem theologisch fundierten Bildungsverständnis, das er in dem Vortrag über *Die Bedeutung des modernen Bildungsstrebens* im Evangelisch-Sozialen Kongress 1902 erläutert hatte.[6] Am theologisch und kirchenhistorisch eindrücklichsten stellt sich m.E. Harnacks wiederholter Rekurs auf das humanistische und reformatorische Bildungsverständnis dar, das er mit den Humanisten Johannes Reuchlin und Erasmus von Rotterdam sowie mit den

4 Zu Hackenberg s.o. Teil III, Abschnitt 2.3, Anm. 81.
5 Vgl. *Martin*, Christentum und Frauenbewegung.
6 S. dazu Einleitung, Abschnitt 3.2, S. 47.

Theologen Philipp Melanchthon und Martin Luther assoziierte. Die theologische Relevanz, mit der Harnack im Rekurs auf Luther den Unterricht in den alten Sprachen Hebräisch, Griechisch und Latein begründete, traf auf Jungen und Mädchen zu. Denn nur altsprachliche Kenntnisse ermöglichten nach Luther und Harnack ein eigenständiges Verständnis der Bibel.[7] An diesem Rekurs auf die Reformationszeit zeigt sich, dass Harnack keineswegs vollständig mit seinen Wurzeln im baltischen Luthertum gebrochen hatte, selbst wenn er daraus andere Konsequenzen zog.

7 S. die Nrn. 138, 313 und 315, *Briefwechsel*.

Teil IV: **Wissenschaftsorganisation und -politik**

Seitdem Friedrich Althoff 1897 zum Ministerialdirektor der Ersten Unterrichtsabteilung befördert worden war, erweiterte sich der von ihm bearbeitete Themenkreis erheblich. Nicht nur das zuvor erwähnte höhere Schulwesen gehörte nun zu seinem Aufgabenbereich, sondern auch die Aufsicht über die Universitäten, wissenschaftlichen außeruniversitären Institute, Bibliotheken, Museen, die Denkmalpflege und seit 1900 auch über das Medizinalwesen. Wie in der biografischen Einführung zu Althoffs wissenschaftsorganisatorischem Wirken bereits dargestellt, entfaltete der Ministerialdirektor in diesen Gebieten eine außerordentliche Wirksamkeit, indem er zahlreiche Institutionen durch eine Erweiterung der finanziellen Mittel und durch Umstrukturierungen erneuerte.[1] Auch bei diesen Tätigkeiten zog Althoff Berater aus den einzelnen Disziplinen zu Rate. Wie bereits erwähnt, gehörte auch Adolf Harnack zum Beraterstab des Ministerialdirektors in der Wissenschaftsorganisation, zu dem ansonsten keine Theologen zählten. Denn während Althoff als Ministerialreferent bei der Besetzung theologischer Lehrstühle noch eine Vielzahl an Theologieprofessoren um Rat gebeten hatte, involvierte er allein Harnack in schulreformerische und wissenschaftsorganisatorische Projekte, die keinen vordergründigen Bezug zur Theologie und Kirche besaßen.[2]

Die ihm übertragene Verwaltung universitärer, schulischer und wissenschaftlicher Bereiche gestaltete Althoff zielgerichtet und planvoll, sodass Harnack diese Art der Ministerialverwaltung, als er in seiner Grabrede auf Althoffs Wirksamkeit zurückblickte, wahrscheinlich als einer der Ersten als „Wissenschaftspolitik" bezeichnen konnte.[3] Die zielgerichtete Organisation und Reorganisation universitärer, schulischer und wissenschaftlicher Institutionen und Bereiche in Preußen, Deutschland und darüber hinaus erlebte Harnack in seiner Funktion als Althoffs Berater selbst mit, erprobte sie aber auch in eigenen Projekten, z.B. an der Akademie, an der Friedrich-Wilhelms-Universität und in Verbänden. Im Unterschied zu Althoff, der seine Ziele nur in der praktischen Umsetzung verdeutlichte, reflektierte der Theologe seine Wissenschaftspolitik in verschiedenen Artikeln und Reden, die 2001 von Bernhard Fabian gesammelt ediert worden sind.[4]

1 S.o. Einleitung, Abschnitt 3.1, S. 36.

2 Zum System Althoff im Allgemeinen s.o. Einleitung, Abschnitt 3.1, S. 34 und zu anderen beratenden Theologieprofessoren s.o. Teil I, Abschnitt I, S. 63.

3 *Harnack*, Althoff, 1908b, 335; vgl. *Brocke*, Althoff, Forschungsstand, Quellenlage, 18 sowie *Brocke*, Von der Wissenschaftsverwaltung zur Wissenschaftspolitik.

4 Vgl. *Fabian (Hg.)*, Harnack. Wissenschaftspolitische Reden und Aufsätze. Harnacks wissenschaftsorganisatorische Tätigkeit hat oftmals Beachtung gefunden, vgl. *Aland*, Harnack als wissenschaftlicher Organisator, *Rassow*, Harnack als Kulturpolitiker, *Vierhaus*, Harnack als Wissenschaftsorganisator, *Brocke*, Großbetrieb, *Rebenich*, Mommsen-Harnack, bes. 72–78, *Fabian (Hg.)*, Harnack.

https://doi.org/10.1515/9783112213193-022

Der wahrscheinlich bekannteste wissenschaftspolitische Aufsatz Harnacks ist der 1905 im Kontext des deutsch-amerikanischen Professorenaustausch in den *Preußischen Jahrbüchern* publizierte Artikel über den *Großbetrieb der Wissenschaft*.[5] Bei der Verwendung des Terminus griff Harnack zum einen auf die Gedanken Theodor Mommsens zurück, die dieser 1890 anlässlich der Wahl Harnacks zum Akademiemitglied geäußert hatte, und zum anderen auf seine eigenen Überlegungen, die er in einem Promemoria über die ständigen Akademiebeamten 1898 formuliert hatte.[6] Mommsen hatte 1890 einen Vergleich zwischen der „Grossindustrie" und der „Grosswissenschaft" angestellt, um Harnacks Qualitäten in der Wissenschaftsorganisation hervorzuheben.[7] Dabei reflektierte er, ähnlich wie Harnack, die in seinen Äußerungen begriffenen Konsequenzen der aus dem Wirtschaftsleben der Industrialisierung stammenden Metaphorik nur in Ansätzen. Während Mommsen das „Betriebskapital" ansprach, dessen die „Grosswissenschaft" ebenso bedürfe wie die „Grossindustrie",[8] bedachte Harnack 1905 die Bedingungen der „Mitarbeiter" im „Großbetrieb der Wissenschaften", die in Gefahr stünden, bei den „wesentlich mechanischen Arbeiten" zu „verblöden".[9] Weitere Konsequenzen, die aus der kapitalistischen Wirtschaftslogik folgten, wie beispielsweise die Schwerpunktverschiebung der wissenschaftlichen Zielsetzung vom Bildungsauftrag zur von der Universität losgelösten Wissensproduktion oder zur Positionierung der Wissenschaft unter ökonomischen Bedingungen, die eine konstante Produktion neuer Ergebnisse erfordern, kamen bei beiden Gelehrten nicht zur Sprache. Im Unterschied zu den beiden Professoren lehnte Althoff, der Harnacks Artikel von 1905 gegenüber seinem Mitarbeiter Friedrich Schmidt-Ott kommentierte, die wirtschaftliche Terminologie, insbesondere den Begriff des „Großbetriebs" ab, möglicherweise auch weil er die Konsequenzen besser einschätzen konnte.[10] Trotzdem weist Althoffs Wissenschaftsorganisation und -politik Strukturmerkmale auf, die

Wissenschaftspolitische Reden und Aufsätze, XIII–XX, *Markschies*, Harnack. Vom Großbetrieb der Wissenschaft und *Markschies*, Harnack. Wissenschaftsorganisator.

5 Vgl. *Harnack*, Großbetrieb der Wissenschaft, 1905a und *Harnack*, Großbetrieb der Wissenschaft, 1905b; s.u. dazu in diesem Teil, Abschnitt 3.3.3, S. 446 und den historischen Kontext des Professorenaustauschs.

6 Vgl. *Mommsen*, Antwort an Harnack, 792, Nr. 128.1, *Briefwechsel* und *Harnack*, Ueber die jüngsten Entdeckungen, 1898a, 216f.

7 *Mommsen*, Antwort an Harnack, 792.

8 Ebd.

9 *Harnack*, Großbetrieb der Wissenschaft, 1905b, 13. Harnack verwendet dort den Begriff „Verblödung".

10 Vgl. die Notiz Althoffs, in: GStA PK, VI. HA, NL Althoff, Nr. 416, Bl. 290.

die Deutung als großbetriebliche Wissenschaftsorganisation zulassen, die aber nicht nur unter dieser Prämisse verstanden werden sollten:[11]

1. Althoff und Harnack besaßen ein Gesamtkonzept von Wissenschaft und Bildung, das bei den einzelnen Projekten im Hintergrund stand. Nach Harnack sollte Bildung von der niedrigsten bis zur höchsten Stufe aufeinander aufbauen.[12] Wissenschaft könne außerdem nur gelingen und auf das höchste Niveau geführt werden, wenn den Forschenden eine adäquate Ausstattung der Institute, Labore und Bibliotheken sowie Freiräume von den Lehrverpflichtungen gewährleistet würden.[13]
2. Ihre Wissenschaftsorganisation zeichnete sich durch eine gemäßigte Modernität aus, die im Falle Harnacks mit einer modernen, historistischen Theologie korrelierte. Dies entsprach dem Übergang von einer „neuzeitliche[n] Gelehrsamkeit" zur „modernen Wissenschaft", der nach Bernhard Fabian um 1900 stattfand.[14]
3. Schließlich ordnete insbesondere Althoff die einzelnen ihm unterstellten Bereiche, wie die Schulen, Universitäten, Institute, Bibliotheken und Museen, in eine Gesamtorganisation ein und wies ihnen eine spezifische Funktion zu. Die einzelnen Elemente des Gesamtbetriebs sollten primär zentral durch das Berliner Kultusministerium organisiert und nur sekundär, wie es beispielsweise den korporativen Rechten der Universitäten entsprochen hätte, durch ihre eigenen Gremien geleitet werden. Das Konzept zielte auf eine Durchstrukturierung des gesamten Aufbaus innerhalb des Staates ab, der ein Ineinandergreifen eines jeden Rädchens im Gesamtwerk – um eine weitere technische Metapher zu bemühen – folgen sollte. Während die staatliche Durchstrukturierung zur Kontrolle der Bereiche als Vorteil für die Verwaltungsbeamten betrachtet wurde, lässt sich der Nachteil für die Mitglieder der Universitäten nicht übersehen, die dadurch zu „Arbeitern" oder Rädchen im Uhrwerk degradiert wurden. Auch wenn Harnack diese Einordnung der Universität in die wirtschaftliche Betriebslogik für den einzelnen Wissenschaftler, deren Aufgabe weiterhin die Einzelforschung bleibe, nicht anstrebte, war er der Auffassung, dass es zur Umsetzung wissenschaftlicher „Großunternehmen", wie er es in der Edition der

---

11 Der Begriff wurde von *Lischke*, Friedrich Althoff, 880f. und *Rebenich*, Mommsen-Harnack, 126 auf Althoffs Wissenschaftspolitik angewandt sowie von *Vierhaus*, Harnack als Wissenschaftsorganisator, 102f., *Fabian (Hg.)*, Harnack. Wissenschaftspolitische Reden und Aufsätze, XIV–XVII und *Markschies*, Harnack. Vom Großbetrieb der Wissenschaft, 170 auf Harnacks Tätigkeit.

12 Vgl. Harnack an Althoff am 01.02.1907 (Nr. 328, *Briefwechsel*).

13 Vgl. *Lischke*, Friedrich Althoff, 880f. zu Althoff.

14 *Fabian (Hg.)*, Harnack. Wissenschaftspolitische Reden und Aufsätze, XIV.

Griechischen Christlichen Schriftsteller der ersten drei Jahrhunderte betrieb, einem Pendant zu den Fabrikarbeitern bedürfe.[15]

Die von Althoff und Harnack betriebene Wissenschaftsorganisation und -politik erfolgte zwar primär in Preußen, sie betraf aber auch Projekte im Deutschen Reich, wie beispielsweise die Straßburger Fakultätsgründung, und weltweit, wie den deutsch-amerikanischen Professorenaustausch. Auch wenn Harnack universitäre und wissenschaftliche Aufgaben in nationale und internationale unterteilte,[16] scheint es für die mit Althoff gemeinsam bearbeiteten Projekten nicht sinnvoll zu sein, diese in nationale und internationale[17] zu kategorisieren, nicht nur weil es ein Konzept von Nation des ausgehenden 19. und beginnenden 20. Jahrhunderts voraussetzt, sondern auch weil sich in den scheinbar ausschließlich nationalen Projekten immer wieder internationale Perspektiven ergeben. Schließlich ist die Förderung der nationalen Wissenschaft zum Beginn des 20. Jahrhunderts durchgängig vor dem Hintergrund der internationalen Konkurrenz und des preußisch-deutschen Hegemoniestrebens zu betrachten.[18] Die von Althoff mit Harnacks Beratung betriebene Wissenschaftsorganisation konzentrierte sich auf die *außeruniversitäre Forschung*, das einer effizienten Forschung zugrunde liegende *Bibliothekswesen* sowie schließlich die *internationale Vernetzung* der Forschung und der universitären Gelehrten.[19]

Wie nun fügte sich die Theologie in diese Konzeption von Wissenschaft ein, deren universitäre und akademische Position keineswegs mehr selbstverständlich war? Die Theologie war in diesem „Großbetrieb der Wissenschaft" keine Leitdisziplin. Ihre universitäre Position war auch nicht mehr selbstverständlich, da einerseits Vertreter der anderen universitären Disziplinen in Frage stellten, dass die

15 Vgl. Nr. 128.1, *Briefwechsel*, *Harnack*, Ueber die jüngsten Entdeckungen, 1898a, 216 und *Harnack*, Großbetrieb der Wissenschaft, 1905b, 13. Zur Einrichtung ständiger Beamtenstellen s.u. in diesem Teil, Abschnitt 1.1.2, S. 356.

16 Vgl. *Harnack*, Großbetrieb der Wissenschaft, 1905b, 13.

17 Der in der Geschichtswissenschaft in den letzten 20 Jahren aufgegriffene Begriff des „Transnationalen" trägt für Althoffs und Harnacks Aktivitäten m.E. nicht, da beide ihre Projekte vom nationalen Standpunkt auf den Austausch mit anderen Nationen aus betrachteten. Eine meta-nationale Perspektive, wie sie der Begriff der Transnationalität, soweit ich sehe, nach *Patel*, Überlegungen zu einer transnationalen Geschichte beinhaltet, lässt sich an dem Briefwechsel nicht ausmachen. Der Aufsatz von *Nottmeier*, Protestantische Theologie und auswärtige Kulturpolitik spricht im Bezug auf Harnack ebenfalls von einer „Internationalisierung", nicht aber vom Transnationalen (ebd., 72). Er kennzeichnet Harnacks Position mit der treffenden Formel von „Nationalstaat und Weltbürgertum" (ebd., 78).

18 So auch *Fabian (Hg.)*, Harnack. Wissenschaftspolitische Reden und Aufsätze, XIX.

19 Die Themen dieses Teils werden den drei Bereichen entsprechend gegliedert.

Theologie „freie", von den kirchlichen Ansprüchen unabhängige Forschung leisten könne,[20] und andererseits kirchliche Vertreter, wie beispielsweise Friedrich von Bodelschwingh, die Kirchlichkeit der universitären Theologie bestritten und daher kirchliche Ausbildungsstätten gründen wollten, die den kirchlichen Seminaren in der katholischen Kirche ähneln würden.[21] Auch Harnacks Wahl in die Akademie der Wissenschaften, die auf Betreiben des Nestors der Altertumswissenschaft, Theodor Mommsen, erfolgt war, basierte primär auf dem historischen Anteil seiner im *Lehrbuch der Dogmengeschichte* resümierten Forschungen, zumal er seit Friedrich Schleiermacher und August Neander erst der dritte Theologe war, der in die historisch-philosophische Klasse aufgenommen worden war.[22] Harnack in der Akademie als seinen Nachfolger im Amt des ersten Sekretars der Klasse durchzusetzen, gelang Mommsen hingegen nicht, auch weil der Widerstand der Akademiemitglieder gegen die Theologie zu erheblich war.[23] Althoff und Harnack wiesen ihr trotz dieser Anfragen einen selbstverständlichen und gleichberechtigten Platz zu, sodass sie sich in den Reigen der universitären Disziplinen einfügen konnte. Bedingung für die Aufnahme war eine historisch-kritische, moderne Arbeitsweise, die sie sprachfähig für den Austausch mit den anderen Disziplinen machte. Darüber hinaus begründete Harnack die Existenz der theologischen Fakultäten innerhalb der staatlichen Universitäten zweimal explizit, indem er den spezifischen Gewinn hervorhob, den die an der Christentumsgeschichte orientierte theologische Forschung im Vergleich zur Religionswissenschaft abwerfe.[24] Außerdem verkörperte nach Notger Slenczka Harnack selbst in seiner Person die Integration der Theologie in die Universität.[25] Diese Beobachtung lässt sich in den gemeinsam mit Althoff betriebenen wissenschaftsorganisatorischen und -politischen Projekten verifizieren, in denen Harnack fast immer auch theologische Implikationen wahrnahm.[26] Diese theologischen und konfessionellen Implikationen der Wissenschaftsorganisation und -politik gilt es im Folgenden herauszuarbeiten, um beurteilen zu können, inwieweit

---

20 Es ist an Mommsens Äußerungen im Fall Spahn zu erinnern (s.o. Teil II, Abschnitt 6.3, S. 248).

21 Zu Bodelschwinghs Vorschlag s.o. Teil II, Abschnitt 4, S. 200.

22 Vgl. *Rebenich*, Mommsen-Harnack, 131f.

23 Vgl. ebd., 73f. und den ebd., Anm. 75 zitierten Brief Mommsens an den stattdessen gewählten Hermann Diels vom 08.11.1895, in dem die Theologie explizit als Wahlhemmnis genannt wird.

24 Vgl. *Harnack*, Aufgabe der theologischen Facultäten, 1901a (Separatdruck von 1901), *Harnack*, Aufgabe der theologischen Fakultäten, 1901b (Nachdruck von 1904) sowie den Vortrag von 1919, der 1923 als *Harnack*, Bedeutung der theologischen Fakultäten, 1919 nachgedruckt wurde; s.o. dazu Anm. 68 sowie zum Kontext des Vortrags von 1901 s.o. Teil II, Abschnitt 6.2, S. 243.

25 Vgl. *Slenczka*, Die Theologische Fakultät 1880–1945, 78.

26 Ähnliches hat Friedrich Wilhelm Graf bereits bei seiner Analyse der Harnackschen Kant-Rezeption beobachtet, die sich insbesondere in der eigentlich mit profanhistorischem Ziel abgefassten Akademiegeschichte von 1900 feststellen lässt (vgl. *Graf*, Harnacks Kant-Rezeption, 118–120).

die akademische Theologie die Gestaltung der kaiserzeitlichen Wissenschaft beeinflusste. Schließlich sei an Harnacks transzendierende Interpretation der Wissenschaft im Zusammenhang seines Bildungsverständnis erinnert.[27] Für den wissenschaftsorganisatorisch tätigen Kirchenhistoriker und Theologen war immer hinter der „Wirklichkeit" der Wissenschaft die transzendentale, im christlichen Gottesgedanken gründende „Wirklichkeit" präsent, aus der Wissenschaft und Bildung erwachsen sollten.[28]

27 S.o. Einleitung, Abschnitt 3.2, S. 47.
28 *Harnack*, Bedeutung des modernen Bildungsstrebens, 1902, 103.

1 Außeruniversitäre Forschung

1.1 Preußische Akademie der Wissenschaften

1.1.1 Die Kirchenväterausgabe

Zu einer „nationalen Aufgabe" erklärte Harnack die Edition der *Griechischen Christlichen Schriftsteller der ersten drei Jahrhundert*, kurz die Kirchenväter-Ausgabe, die er seit 1891 realisierte. Er kooperierte dabei mit dem Althistoriker Theodor Mommsen, dem klassischen Philologen Hermann Diels und dem Altorientalisten August Dillmann, dem nach dessen Tod 1894 Friedrich Loofs folgte, und seinem Leipziger Freund, dem Bibliothekar Oscar von Gebhardt.[1] Sie bildeten die sog. „Kirchenväter-Commission", eine Akademiekommission der historisch-philosophischen Klasse.[2] Althoff spielte bei diesem wissenschaftlichen Großprojekt von der Art, wie Mommsen sie bereits im *Corpus Inscriptionum Latinarum*, im *Corpus nummorum* initiiert hatte und später mit Harnack in der Prosopographie der Spätantike begründete,[3] insofern eine entscheidende Rolle, als die Gelehrten über ihn das Kultusministerium vorab über die projektierten Anträge informierten.[4] In der evangelischen Theologie waren kurz zuvor bzw. wenig später die großen reformatorischen Editionsprojekte begonnen worden, die die Herausgabe der Werke und Korrespondenzen von Martin Luther, Philipp Melanchthon und anderen Reformatoren zum Ziel hatten.[5]

Nachdem Harnack in seiner Antrittsrede, die er anlässlich der Wahl zum Ordentlichen Mitglied der Preußischen Akademie der Wissenschaften 1890 gehalten hatte und Mommsen in seiner Replik ein Projekt zur Veröffentlichung der griechischen Kirchenväterschriften skizziert hatten, verfasste der Kirchenhistoriker einen Antrag für dieses Editionsvorhaben, den er im Januar 1891 zuerst der philosophisch-historischen Klasse der Akademie und schließlich dem Ministerium vorlegte.[6] Doch noch bevor er den Antrag offiziell bei Akademie und Ministerium einreichte, wandten sich Mommsen und Harnack an Althoff, um mit ihm in einer inoffiziellen Kon-

---

1 *Rebenich*, Mommsen-Harnack, 147; s. ebd., 129–223 die ausführliche Darstellung der Geschichte der Kirchenväter-Ausgabe, auf der das Folgende aufbaut, sowie *Zahn-Harnack*, Harnack, 254–271 und AdBBAW, KVK, Nr. 1.

2 Vgl. *Rebenich*, Mommsen-Harnack, 138f.

3 Vgl. ebd., 93.

4 Vgl. ebd., 138, 144.

5 Zu den Editionsprojekten s. zuletzt *Purvis*, Corpus Reformatorum.

6 Vgl. *Harnack*, Antrittsrede, 1890 und *Mommsen*, Antwort an Harnack (ein Sonderdruck findet sich in: GStA PK, VI. HA, NL Althoff, Nr. 261, BL. 83^{r}–86^{r}); s. dazu *Rebenich*, Mommsen-Harnack, 133–138. Ebd., 134–136 ist auch der Entwurf des Antrags abgedruckt.

https://doi.org/10.1515/9783112213193-023

ferenz über ihren Plan zu sprechen.[7] Es blieb 1891 anscheinend bei diesem einmaligen Treffen zwischen den dreien, das weder im Briefwechsel Althoffs mit Harnack noch in demjenigen mit Mommsen einen Niederschlag fand und sehr wahrscheinlich mündlich verabredet worden war.[8] Das informelle Treffen mit Althoff brachte den gewünschten Erfolg, da Kultusminister Gustav von Goßler 1891 für drei Jahre einen Betrag für die Edition der Werke Hippolyts, die Gottlieb Nathanael Bonwetsch und Hans Achelis verantworteten,[9] sowie für zwei Jahre ein Gehalt für einen Kirchenhistoriker bewilligte, der Harnack bei der Abfassung einer altchristlichen Literaturgeschichte unterstützen sollte.[10] Bei der Literaturgeschichte arbeitete Harnack der hessische Theologe Erwin Preuschen zu, der in Gießen bei ihm studiert hatte.[11] Außerdem steuerte der bereits genannte Dorpater Kommilitone und Göttinger Kollege Bonwetsch auf Harnacks Wunsch hin eine „Zusammenstellung der slavischen Uebersetzungen" bei.[12] Diese *Geschichte der altchristlichen Litteratur*, die Harnack 1893 in Zusammenarbeit mit Preuschen vorlegte, bildete die wissenschaftliche Voraussetzung für die Kirchenväterausgabe.[13] Denn nur auf der Grundlage der bereits publizierten Literaturgeschichte, die Harnack Althoff 1893 umgehend zusandte, war es möglich, einen weiteren Antrag zur Kirchenväterausgabe folgen zu lassen, weil sie bewies, dass das Projekt von wissenschaftlicher Qualität zeugte.[14]

Der geplante Antrag im Kultusministerium sollte, nachdem die als Prolegomena der Kirchenväterausgabe dienende altkirchliche Literaturgeschichte 1893 erschienen war, die dauerhafte Finanzierung des Unternehmens sichern, da die Akademie ein solches Langzeitprojekt nicht aus eigenen Mitteln finanzieren konnte. Harnacks Antrag vom 19. November 1893, den er den Mitgliedern der Kirchenväter-Kommission zuvor zur Kenntnisnahme zugeschickt hatte, skizzierte das Projekt für

---

7 Vgl. den Brief Harnacks an Mommsen vom 12.01.1891 (ebd., Nr. 17), der das einzige schriftliche Zeugnis für diese Zusammenkunft darstellt.

8 Vgl. ebd., 138 mit Anm. 30 und Nr. 17 mit Anm. 1.

9 S. ebd., 142–144.

10 Vgl. das Schreiben des Kultusministeriums an die Akademie vom 10.02.1891 (in: AdBBAW, II-VIII-167, Bl. 3[rv]).

11 Vgl. die Vorrede von *Harnack*, Geschichte der altchristlichen Litteratur I, 1893, V–XII.

12 Vgl. ebd., VII und Bonwetsch an Harnack am 19.02./03.03.1891 (in: AdBBAW, KVK, Nr. 3, o.Bl.).

13 Vgl. *Harnack*, Geschichte der altchristlichen Litteratur I, 1893. Es folgten 1897 und 1904 eine *Chronologie* der überlieferten Schriften (vgl. *Harnack*, Geschichte der altchristlichen Litteratur II,1, 1897 und *Harnack*, Geschichte der altchristlichen Litteratur II,1, 1904). Zur Vorgeschichte der Kirchenväter-Commission in der *Geschichte der altchristlichen Litteratur* s. *Rebenich*, Mommsen-Harnack, 129–143 und *Nowak*, Harnack als Kirchenhistoriker, 197–202.

14 Vgl. Nr. 89, *Briefwechsel*.

eine Laufzeit von 15 Jahren.[15] Harnack begründete darin die Notwendigkeit der Edition religionsgeschichtlich wie theologisch, indem er die Bedeutung der griechischen Schriftsteller der ersten drei Jahrhunderte erläuterte. Diese seien sowohl für die antike Religionspolitik als auch für die Entwicklung der „christlichen Religion" bedeutsam gewesen. Wegen der offenkundigen kirchengeschichtlich-theologischen Relevanz der griechischen Kirchenväter hob er in diesem Antrag v.a. auf die Erträge für die „religionsgeschichtliche Forschung" ab, um das Projekt über die Theologie hinaus anschlussfähig erscheinen zu lassen.

Doch trotz der präzisen Darlegung des Projektplans und einer schlüssigen Begründung der religionsgeschichtlichen Relevanz lehnte das Kultusministerium eine Finanzierung für das Jahr 1894/95 ab, stellte aber in Aussicht 1895/96 einen Betrag in den Haushalt einzustellen. Das Ministerium forderte stattdessen die Akademie auf, die Finanzierungslücke von einem Jahr zu schließen. Die philosophisch-historische Klasse der Akademie einigte sich letzlich auf einen Kompromiss, der zwar einen gewissen Betrag für das nicht-finanzierte Jahr bewilligte, aber zugleich klar stellte, dass eine weitere Finanzierung durch die Akademie angesichts begrenzter Geldmittel undenkbar sei. Diese Übereinkunft war allein durch Harnacks und Mommsens Einsatz zustande gekommen und zugleich wahrscheinlich mit Althoff abgesprochen gewesen.[16]

Ende des Jahres 1894 ersuchte die Kirchenväter-Kommission das Ministerium erneut, die langfristige Finanzierung des Projektes zu übernehmen, indem Harnack seinen Antrag von 1893 erneuerte.[17] Dieses Mal bewilligte das Ministerium den Harnackschen Antrag, über den der Kirchenhistoriker zuvor mit Althoff konferiert hatte. Aber das Projekt erhielt wiederum keine langfristige Finanzierung, sondern nur außerordentliche Zuschüsse bis 1897.[18] Über die Bewilligung der vorübergehenden Finanzierung informierte Harnack bemerkenswerterweise der Begründer des Wiener Schwester- resp. Konkurrenzunternehmens, des *Corpus scriptorum ecclesiasticorum Latinorum* (CSEL), Johannes Vahlen, der 1874 als Ordinarius für klassische Philologie von Wien nach Berlin gewechselt war und als zweiter Sekretar der historisch-philosophischen Klasse fungierte.[19] Der positive Bescheid veranlasste Harnack sich persönlich bei Althoff und Friedrich Schmidt-Ott zu bedanken, da

---

15 Vgl. den Entwurf des Antrags vom 19.11.1893 (Nr. 89.1, *Briefwechsel*). S. außerdem bei *Rebenich*, Mommsen-Harnack, 144–148 und Nr. 35.

16 Vgl. ebd., 148–150.

17 Vgl. das Schreiben der Akademie an das Kultusministerium vom 20.12.1894 (in: GStA PK, I. HA, Rep. 76 Vc, Sekt. 2, Tit. 23, Litt. F, Nr. 17, Bd. 11, o.Bl.), den Entwurf Harnacks (in: AdBBAW, II-VIII-167, Bl. 20[rv]) und *Rebenich*, Mommsen-Harnack, 154f.

18 Vgl. die Bewilligung vom 14.03.1895 (a.a.O., Nr. 17, Bd. 11, o.Bl.).

19 Zu Vahlen s. das Biogramm, S. 569.

diese entscheidend zu dem erfolgreichen Ausgang des Antrags beigetragen hätten.[20] Durch die Mittelbewilligung konnte die Akademie letztendlich im März 1895 einen Vertrag mit der Hinrich'schen Buchhandlung abschließen, die die Edition zu verlegen bereit war.[21]

Trotz der ministeriellen Unterstützung der Kirchenväter-Ausgabe ab 1895 galt es weiterhin eine langfristige Finanzierung zu finden, die die komplette Edition ermöglichen würde. Eine dauerhafte Finanzierung der Kirchenväter-Kommission brachte schließlich ab 1897 die private „Wentzel-Heckmann-Stiftung", die seit 1896 mit einem Drittel der Zinsen des sich auf 1 500 000 M. belaufenden Stiftungsfonds wissenschaftliche Projekte der Akademie förderte.[22] Obwohl der Hinweis auf diese privaten Mittel zur Forschungsfinanzierung auf Althoff zurückging,[23] fanden die Bemühungen um die Mittel der Stiftung keinen nachweisbaren Niederschlag in der Korrespondenz zwischen dem Universitätsreferenten und Harnack, möglicherweise weil sie ebenfalls mündlich besprochen wurden und weil für den entsprechenden Zeitraum eine nicht zu erklärende Lücke von fast eineinhalb Jahren im Briefwechsel vorliegt.[24] Es war schließlich der bereits erwähnte Friedrich Schmidt-Ott, der das Projekt erneut maßgeblich gefördert, indem er als Vertreter des Kultusministers im Kuratorium der Wentzel-Heckmann-Stiftung für dessen Finanzierung votierte.[25] Obgleich Theodor Mommsen Harnack bei diesem Plan erneut unterstützte,

---

20 Vgl. Nr. 104, *Briefwechsel*. Der genaue Beitrag Althoffs und Schmidt-Otts lässt sich leider aus den überlieferten Quellen nicht mehr rekonstruieren, da die die Jahre 1891–94 betreffende Akte kassiert worden ist und der informelle Beitrag der beiden Ministerialbeamten keinen Niederschlag in den Ministerialakten fand. S. auch *Rebenich*, Mommsen-Harnack, 155.

21 Vgl. ebd., 156f. Der Vertragsentwurf lag dem Schreiben vom 20.12.1894 bei (a.a.O., Nr. 17, Bd. 11, o.Bl.).

22 Vgl. *Rebenich*, Mommsen-Harnack, 158–165 und Nr. 93, Anm. 1. Dort zitiert Rebenich Harnacks Antrag bei der Stiftung und deren erste ablehnende Antwort. S. außerdem die Schreiben der Stiftung an den Kultusminister vom 04.07., 23.07. und 15.12.1896 (in: GStA PK, I. HA, Rep. 76 Vc, Sekt. 2, Tit. 23, Litt. F, Nr. 33, Bd. 1, o.Bl.). Harnack erwähnte die Förderung durch die Stiftung in seinem Aufsatz *Ueber die jüngsten Entdeckungen in der Kirchengeschichte* (vgl. *Harnack*, Ueber die jüngsten Entdeckungen, 1898a, 195 und *Harnack*, Über die jüngsten Entdeckungen, 1898b, 317f.).

23 Vgl. *Rebenich*, Mommsen-Harnack, 158f.

24 Vgl. Harnack an Althoff am 02.06.1896 (Nr. 122, *Briefwechsel*) und 28.11.1897 (Nr. 124, *Briefwechsel*). Ein am 07.09.1897 versandter Brief Harnacks, dem der dritte Band der Dogmengeschichte beilag, ist nicht erhalten (vgl. Nr. 123, *Briefwechsel*).

25 Zu Schmidt-Otts Beitrag zur Durchsetzung des Antrags in der Wentzel-Heckmann-Stiftung s. *Rebenich*, Mommsen-Harnack, Nr. 96, Anm. 4 und Schmidt-Ott an Harnack am 06.10.1896 (in: SBB PK, NL Harnack, K 41, Mp. Schmidt-Ott, Bl. 2[rv]).

war es möglicherweise sein Nachfolger im Stiftungskuratorium Johannes Vahlen, der ebenfalls für die Kirchenväter-Edition stimmte.[26]

Obgleich die Planung der Kirchenväter-Ausgabe in der Korrespondenz zwischen Althoff und Harnack nur einen geringfügigen schriftlichen Niederschlag gefunden hat, handelte es sich bei diesem Projekt um das erste wissenschaftsorganisatorische Unternehmen, das Harnack und Althoff gemeinsam bearbeiteten. Während sich Althoffs Beitrag auf informelle Vorbereitungen im Ministerium und wissenschaftspolitische Ratschläge beschränkte, deren Bedeutung keineswegs unterschätzt werden sollte, zeigte Harnack an der Kirchenväter-Ausgabe sein Talent als Wissenschaftsorganisator, das er in den folgenden Jahrzehnten in verschiedenen Projekten noch über Althoffs Tod hinaus anzuwenden wusste. Dabei ist an die Leitung der Königlichen Bibliothek ab 1905, die Gründung und Präsidentschaft der Kaiser-Wilhelm-Gesellschaft seit 1911 ebenso wie an sein Engagement in der Notgemeinschaft der deutschen Wissenschaft, deren Hauptausschuss er von 1920 bis 1929 vorsaß,[27] in der Weimarer Republik zu denken. Althoffs Mitarbeiter Friedrich Schmidt-Ott, der die dauerhafte Finanzierung der Kirchenväteredition förderte, war schließlich derjenige Ministerialbeamte, mit dem Harnack ab den 1910er Jahren bis zu seinem Tod kooperierte.

Darüber hinaus stellte das Projekt der Edition der *Griechischen Christlichen Schriftsteller der ersten drei Jahrhunderte* einen Meilenstein für die kirchenhistorische Editionstätigkeit dar. Es zeigen sich daran sowohl Züge der Konkurrenz unter den europäischen Nationen als auch Aspekte der konfessionellen Rivalität. Die von protestantischen Wissenschaftlern organisierte Kirchenväteredition konkurrierte auf nationaler und konfessioneller Ebene mit dem katholisch dominierten, an der Wiener Akademie der Wissenschaften angesiedelten, älteren Projekt zur Edition der *Lateinischen Christlichen Schriftsteller*, dem *Corpus scriptorum ecclesiasticorum Latinorum* (CSEL),[28] ebenso wie mit den Brüsseler Bollandisten, den Herausgebern der *Acta Sanctorum*.[29] Die Ministerialbürokratie intendierte mit der protestantischen Kirchenväteredition, ähnlich wie mit dem Preußischen Historischen Institut in Rom, ein wissenschaftliches Großprojekt von internationalem Rang in

26 Mommsen war bis Oktober 1895 Vorsitzender des Kuratoriums der Stiftung gewesen, das über die Mittelvergabe entschied (vgl. *Rebenich*, Mommsen-Harnack, 160 und 162). Sein Nachfolger als Vertreter der philosophisch-historischen Klasse war Vahlen, dessen Beitrag sich nicht nachvollziehen ließ (vgl. ebd., 160). Den Vorsitz des Kuratoriums übernahm der Astronom Arthur Auwers (vgl. ebd.).

27 Zur Notgemeinschaft der Wissenschaft s. jetzt *Wagner*, Notgemeinschaften der Wissenschaft.

28 Zur Geschichte des CSEL s. *Weber*, 150 Jahre Corpus Scriptorum Ecclesiasticorum Latinorum.

29 Zur Geschichte der Edition der *Acta Sanctorum* vgl. *Godding/Joassart/Lequeux/De Vriendt*, La recherche hagiographique.

Berlin zu etablieren. Schließlich handelte es sich bei der Kirchenväteredition um eines der ersten Projekte im Bereich der Kirchengeschichte, das nach einer staatlichen Anschubfinanzierung dauerhaft durch private Mittel finanziert wurde. Harnack wie Althoff hielten diese staatlich-private Mischfinanzierung für zukunftsweisend für die außeruniversitäre Forschung. Sie orientierten sich dabei an dem US-amerikanischen Vorbild Andrew Carnegies.[30] Harnack entwickelte diesen Ansatz 1910 in seiner Denkschrift zu den außeruniversitären Forschungsinstituten weiter, die einen Grundstein beim Aufbau der Kaiser-Wilhelm-Gesellschaft legte, deren naturwissenschaftliche Forschungsinstitute von der Finanzierung durch private, oftmals industrielle Geldgeber in besonderem Maße profitierten.[31]

1.1.2 Akademieadjunkten 1898–1900

Die Durchführung eines wissenschaftlichen Großunternehmens, wie Mommsen und Harnack es in der Kirchenväter-Edition ins Leben gerufen hatten, bedurfte nach der Auffassung des Kirchenhistorikers ständiger Mitarbeiter, die für „mechanische Arbeiten" rekrutiert werden konnten.[32] Um diesen Gedanken zu realisieren, arbeitete Harnack im Juli 1898 ein *Promemoria betreffend Ernennung von Adjuncten und Hülfsarbeitern bei der Königlichen Akademie der Wissenschaften* für das preußische Kultusministerium aus, das wissenschaftliche Akademiebeamte als ständige Mitarbeiter in den akademischen Großunternehmen, wie der Kirchenväter-Edition oder dem *Corpus Inscriptionum Latinarum* vorsah, das Mommsen begründet hatte.[33] Er ließ das von ihm entworfene Promemoria zuerst von Theodor Mommsen redigieren, bevor er es am 18. Juli 1898 an Althoffs Mitarbeiter Friedrich Schmidt-Ott schickte.[34] Nach einer allgemeinen Einführung in die Aufgaben der Preußischen

30 Vgl. *Harnack*, Carnegies Schrift, 1903 und *Harnack*, Andrew Carnegie, 1907.

31 Vgl. *Harnack*, Begründung von Forschungsinstituten, 1910, 48f. sowie zu Harnacks Beteiligung an der Gründung der KWG s.u. in diesem Teil, Abschnitt 1.5, S. 389.

32 *Harnack*, Großbetrieb der Wissenschaft, 1905b, 13.

33 Vgl. das Promemoria vom 16.07.1898 (Nr. 128.1, *Briefwechsel*). Zur Einrichtung wissenschaftlicher Beamtenstellen bei der Akademie s. *Rebenich*, Mommsen-Harnack, 213, *Rebenich*, Altertumswissenschaften und Kirchenväterkommission, 210–212 und *Markschies*, Carl Schmidt und kein Ende, 494f.

34 Vgl. die Ausfertigung vom 16.07.1898 (Nr. 128.1, *Briefwechsel*), den Entwurf vom 06.07.1898 (in: SBB PK, NL Harnack, K 10, Mp. 685a), Harnack an Schmidt-Ott am 18.07.1898 (Nr. 128, *Briefwechsel*) sowie Harnack an Mommsen am 10., 13. und 18.07.1898 (in: *Rebenich*, Mommsen-Harnack, Nrn. 132, 132a, 133). S. dazu ebd., 214f. und *Nowak*, Harnack als Kirchenhistoriker, 202, Anm. 39. Bernhard Weiß hatte ebenfalls ein Exemplar des „Promemorias" erhalten, das dieser Harnack am 29.01.[o.J.] „mit bestem Dank zurück[sandte]" (Nr. 128.1, *Briefwechsel*).

Akademie der Wissenschaften begründete Harnack in diesem Promemoria die Notwendigkeit wissenschaftlicher, kooperativ betriebener Großunternehmungen der Akademie, indem er auf die akademischen Koryphäen des 19. Jahrhunderts Friedrich von Savigny, August Boeckh, Friedrich Schleiermacher und Barthold Niebuhr rekurrierte. Diese umfangreichen Projekte erforderten eine Erhöhung des Akademieetats, der nach Harnacks Berechnung seit Beginn des 19. Jahrhunderts stetig gesunken sei. Außerdem bedürfe es zur Durchführung solcher Großunternehmungen ständiger Mitarbeiter, um die schiere Arbeitslast, die diese mit sich brächten, zu bewältigen. Denn weder die befristet angestellten Mitarbeiter noch die edierenden Wissenschaftler, die gegebenenfalls durch Lehrverpflichtungen zusätzlich beschäftigt waren, könnten diese Aufgaben leisten. Er bezog sich dabei erneut auf die genannten akademischen Väter zu Beginn des 19. Jahrhunderts, die solche Stellen bereits gefordert hätten. Die dauerhaften Mitarbeiter müssten als wissenschaftliche Beamte beschäftigt werden, um von finanziellen Sorgen frei zu sein. Diese Stellen hätten auch zur Folge, dass diejenigen Wissenschaftler, die sich primär als Forscher, nicht aber als akademische Lehrer eigneten, sich vollständig auf ihre Forschung konzentrieren könnten und nicht das akademische Lehramt anstreben müssten, um ihren Lebensunterhalt zu sichern. Die Stellen erweiterten schließlich auch die Forschungsmöglichkeiten für den akademisch-theologischen Nachwuchs in der preußischen Wissenschaftslandschaft.

Seine Gedanken zu den Akademiebeamten hatte Harnack bereits zwei Monate zuvor in den *Preußischen Jahrbüchern* in einem Aufsatz *Ueber die jüngsten Entdeckungen auf dem Gebiete der ältesten Kirchengeschichte* erörtert.[35] Außerdem standen sie in Zusammenhang der von Harnack seit 1897 vorbereiteten Akademiegeschichte, die 1900 zum 200-jährigen Akademiejubiläum erschien.[36] Seine Überlegungen zum „Großbetrieb der Wissenschaft", die er in dem Promemoria formulierte, führte er, wie erwähnt, acht Jahre später in seinem Artikel über den *Großbetrieb der Wissenschaften* aus.[37]

Dem von Harnack skizzierten Wissenschaftler, der sich durch Spezialkenntnisse auszeichne, die für die akademischen Editionsprojekte unverzichtbar seien, entsprach sein Schüler Carl Schmidt, der durch seine Koptischkenntnisse für die Mitarbeit an der Kirchenväteredition qualifiziert war, für ein akademisches Lehramt aber nicht in Frage kam, weil er sich zwar an der Theologischen Fakultät in

35 Vgl. *Harnack*, Über die jüngsten Entdeckungen, 1898b, 345–347; ursprünglich in *Harnack*, Ueber die jüngsten Entdeckungen, 1898a gedruckt (auch in: GStA PK, VI. HA, NL Schmidt-Ott, Nr. 315, Bl. 129^{r}–144^{v}).

36 Vgl. *Harnack*, Geschichte der Akademie, 1900.

37 Vgl. *Harnack*, Großbetrieb der Wissenschaft, 1905b.

Berlin habilitiert hatte, aber kein abgeschlossenes Theologiestudium besaß.[38] Da die von Harnack in dem Promemoria geforderten Beamtenstellen noch nicht bewilligt waren, ersuchte er im Dezember 1898 Althoff direkt um Unterstützung für Schmidt, nachdem dessen Antrag auf ein Privatdozentenstipendium abgelehnt worden war.[39] Zeitgleich war das von der Berliner Theologischen Fakultät beantragte Extraordinariat für byzantinische und orientalische Kirchen- und Literaturgeschichte dem anderen Mitarbeiter der Kirchenväter-Ausgabe und Harnack-Schüler, Karl Holl, nicht genehmigt worden.[40] Althoff bewirkte daher 1898 für Schmidt und Holl eine jährliche finanzielle Unterstützung des Kultusministeriums in Höhe von 1200 M. resp. 2000 M.[41]

Infolge des von Harnack im Juli 1898 verfassten Promemoria verhandelte die Unterrichtsverwaltung mit der Akademie über die geforderten acht dauerhaften Stellen für beide Klassen. Dies führte dazu, dass auch die physikalisch-mathematischen Klasse entsprechende Stellen für sich beanspruchte. Harnack nahm ihre Wünsche in den erweiterten und gedruckten Antragsentwurf auf und reichte ihn im Juli 1899 im Ministerium ein.[42] Der Antrag sah wissenschaftliche Be-

---

38 Zu Carl Schmidt s. das Biogramm, S. 553, *Rebenich*, Mommsen-Harnack, 211–213 und *Markschies*, Carl Schmidt und kein Ende.

39 Vgl. Harnack an Althoff am 05.12.1898 (Nr. 131, *Briefwechsel*). Harnack hatte sich bereits im Sommer nach einer Anfrage des Vortragenden Rates Ludwig Elster vom 27.06.1898 (in: SBB PK, NL Harnack, K 30, Mp. Elster, Bl. 1^{rv}) zu Carl Schmidts Qualifikation geäußert. Im Februar 1899 entwarf Harnack nochmals im Namen der Theologischen Fakultät ein Schreiben wahrscheinlich an den Kultusminister, in dem er Schmidt für ein Privatdozentenstipendium empfahl (vgl. Harnacks Entwurf auf dem Brief von Vahlen an Harnack vom 14.02.1899, in: SBB PK, NL Harnack, K 44, Mp. Vahlen, Bl. 9^{r}–10^{v}: 10^{v}).

40 Vgl. das Gesuch der Berliner Fakultät vom 08.06.1898 (in: GStA PK, I. HA, Rep. 76 Va, Sekt. 2, Tit. IV, Nr. 44, Bd. V, Bl. 158^{r}); s. auch die Fakultätsumläufe vom 11., 21. und 25.05.1898 (in: HUB UA, Theol. Fak., Nr. 167, Bl. $223a^{rv}$, $223b^{rv}$, 224^{r}–225^{v}) und erneut am 02.08.1899 (a.a.O., Sekt. 2, Tit. IV, Nr. 44, Bd. V, 199^{r}–200^{r}); s. auch Harnacks Notiz o.D. (ebd., Sekt. 2, Tit. IV, Nr. 48, Bd. 1, Bl. 253). Holl war seit 1894 Mitarbeiter der Kirchenväter-Ausgabe, wofür er 1895–97 ein Privatdozentenstipendium von 1500 M. erhalten hatte (vgl. Harnack an Schmidt-Ott am 01.02.1895 zu Holl a.a.O., Sekt. 2, Tit. 23, Litt. F, Nr. 17, Bd. 11, o.Bl. und ebd. die Bewilligung vom 14.03.1895). S. auch *Drecoll*, Karl Holl, Patristiker, 154–161.

41 Vgl. die Notiz Althoffs auf Nr. 131, *Briefwechsel*.

42 Vgl. den „Antrag, betreffend die Anstellung von wissenschaftlichen Beamten bei der Königlichen Akademie der Wissenschaften bez. bei der philosophisch-historischen Klasse derselben" (a.a.O., K 10, Mp. 685a, Bl. 10^{r}–15^{r}, auch a.a.O., K 23, Mp. Gründung der KWG; a.a.O., K 10, Mp. 685a, Bl. 9^{rv}; 17^{r}–18^{r} finden sich Entwürfe Harnacks für das Schreiben an den Kultusminister vom 27.07.1899 [dasselbe auch in: AdBBAW, II-IV-12, Bl. 15^{rv}] und an den Kaiser; s. dazu *Rebenich*, Mommsen-Harnack, 214f.). Schmidt-Ott leitete die Denkschrift im November 1899 an Althoff weiter (vgl. Althoffs Notiz vom 20[Lesung unsicher].11.1899 auf der Denkschrift, in: GStA PK, VI. HA, NL Schmidt-Ott, Nr. 315, Bl. 116^{r}–128^{r}: 116^{r}).

amtenstellen für zehn Projekte der philosophisch-historischen Klasse sowie sechs für die physikalisch-mathematische Klasse vor.

Das Kultusministerium genehmigte schließlich nach den Akademiefeierlichkeiten im März 1900 im April desselben Jahres insgesamt vier wissenschaftliche Beamtenstellen, zwei pro Klasse. Die philosophisch-historische Klasse teilte ihre beiden Stellen den Projektleitern zu, die die Idee und den Antrag initiiert hatten: Harnack und der Kirchenväter-Kommission sowie Mommsen und seinem *Corpus Inscriptionum*.[43] Harnack gab seine Adjunktenstelle dem begabten, aber mittellosen Koptologen Carl Schmidt, für den er sich zwei Jahre zuvor bereits bei Althoff wegen einer finanziellen Unterstützung verwandt hatte.[44] Der Staat bewilligte in den folgenden Jahren weitere Beamtenstellen für Akademieprojekte, die den althistorischen und philologischen Unternehmungen von Mommsen und dessen Schwiegersohn Ulrich von Wilamowitz-Moellendorff, der seit 1897 ebenfalls Mitglied der Kirchenväter-Kommission war, zugutekamen.[45] Außerdem wurden für die „Deutsche Kommission" der Akademie, die die Berliner Germanisten Erich Schmidt, Konrad Burdach und Gustav Roethe leiteten, ebenfalls „akademische deutsche Stellen" beantragt, für die sich Harnack bei Wilhelm II. im April 1901 einsetzte.[46]

Die seit 1900 an der Königlich Preußischen Akademie der Wissenschaften existierenden wissenschaftlichen Beamtenstellen in den akademischen Großunternehmungen bedeuteten einen wichtigen Erfolg der von Harnack und Mommsen betriebenen Wissenschaftspolitik. Zugleich verdeutlichen sie die Position, die Harnack 1900, das Jahr, in dem er auch zum Rektor der Friedrich-Wilhelms-Universität gewählt wurde, als einflussreicher Wissenschaftsorganisator einzunehmen begann. Denn es war durchaus nicht selbstverständlich, allerdings angesichts seiner Beteiligung an dem Adjunktenantrag auch nicht unerwartet, dass ihm, dem Kirchenhistoriker, eine der zwei bewilligten Adjunktenstellen für „sein" Großprojekt zugesprochen wurde, während die andere an das Projekt des Nestors der Altertumswissenschaft, den 83-jährigen Theodor Mommsen, ging. Hinsichtlich der von Harnack 1898 konzipierten Ausrichtung der Beamtenstellen ist noch zu bemerken, dass Carl Schmidt, auch wenn er in seiner Position verblieb, 1909 auf Antrag

---

43 Vgl. *Rebenich*, Mommsen-Harnack, 216f.

44 Vgl. Nr. 131, *Briefwechsel* und dazu *Rebenich*, Mommsen-Harnack, 216, 219–221; Nr. 148, Anm. 2. S. auch das Schreiben der Akademie an das Kultusministerium vom 21.10.1901 (in: GStA PK, I. HA, Rep. 76 Vc, Sekt. 2, Tit. 23, Litt. F, Nr. 3, Bd. 5, o.Bl.).

45 Vgl. *Rebenich*, Mommsen-Harnack, 222.

46 Harnack an Althoff am 11.04.1901 (Nr. 151, *Briefwechsel*) und Diels an Schmidt-Ott am 21.12.1900 (in: GStA PK, VI. HA, NL Schmidt-Ott, Nr. 315, Bl. 12r–13r: 12v); s. dazu *Grau*, Berliner Akademie, 166–169, *Grau*, Preußische Akademie, 195f., *Ziegengeist*, Briefwechsel Burdach–Schmidt, Nr. 11f., 364 und *Rebenich*, Mommsen-Harnack, Nr. 229 mit Anm. 2 und 5.

Harnacks und Holls zum unbesoldeten Extraordinarius, 1921 zum Honorarprofessor und 1928 zum Ordinarius befördert wurde.[47] Karl Holl hingegen gab seine Arbeit in der Kirchenväter-Edition auf, um 1900 als Extraordinarius nach Tübingen zu wechseln.[48] 1906 wurde er zurück nach Berlin berufen, um Harnack als zweiter Ordinarius für Kirchengeschichte an der Theologischen Fakultät zu entlasten, nachdem dieser das Amt des Generaldirektors der Königlichen Bibliothek übernommen hatte.[49] Diese Karrieren verdeutlichen, dass die ausschließliche Konzentration auf die außeruniversitäre Forschung in der Funktion eines Hilfsarbeiters für die erwähnten Theologen langfristig nicht attraktiv genug war, sondern auch sie die Lehr- und Forschungstätigkeit an der Universität suchten.

1.2 Die Reorganisation des Königlich Preußischen Historischen Instituts in Rom

1.2.1 Die Gründung des Königlich Preußischen Historischen Instituts

In welchem Maße Althoff Harnack als Historiker betrachtete, als der der Kirchenhistoriker 1890 zum Akademiemitglied gewählt worden war und als der er zwischen 1897 und 1900 die Akademiegeschichte verfasste, verdeutlicht die von dem Ministerialdirektor ab 1901 betriebene Reorganisation des Königlich Preußischen Historischen Instituts (PHI), das 1888 in Rom gegründet worden war. Dieses hatte bis 1890 als „Preußische Historische Station" auf dem Kapitolhügel seine Herberge gefunden, auf dem bereits seit 1817 die Preußische Gesandtschaft beim Heiligen Stuhl und seit 1829 das Deutsche Archäologische Institut (DAI) residierten.[50] Wie das DAI stellte auch das PHI eine nationale Einrichtung in einem anderen Nationalstaat dar, die

47 Vgl. ebd., 221.

48 S. das Biogramm, S. 511.

49 S.u. dazu in diesem Teil, Abschnitt 2.2, S. 405.

50 Zur Gründung des PHI und seiner Geschichte vgl. *Friedensburg*, Historisches Institut, *Stenzler*, Kgl. PHI Rom, *Kehr*, Preußisches Historisches Institut, *Sachse*, Althoff, 296–298, *Zahn-Harnack*, Harnack, 380f., *Stengel*, Deutsches Historisches Institut, *Holtzmann*, Das Deutsche historische Institut Rom, *Braubach*, Schulte in Rom, *Tellenbach*, Geschichte des Instituts, *Burchhardt*, Gründung und Aufbau, 336–349, *Elze*, Das DHI 1888–1988, *Schubert*, Auseinandersetzungen 1900–1903, *Schneider-Ludorff*, Harnacks Romdeutungen und *Matheus*, Disziplinenvielfalt, 1–37 (Matheus druckt sowohl die Bilder der Gebäude als auch eine Karte des Kapitol um 1900 ab). Zur preußischen Nutzung des Kapitolhügels vgl. *Maurer*, Preußen am Tarpejischen Felsen. Im GStA PK finden sich die Akten zum PHI in der Überlieferung des Kultusministeriums, I. HA, Rep. 76 Vc, Sekt. 1, Tit. XI, Teil II, Nr. 3, Bd. 1ff., bes. Bd. 5 und 6 zu der Harnack und Althoff betreffenden Zeit, im Nachlass Althoff, VI. HA, NL Althoff, Nr. 269 und im NL Kehr, Nr. 63–65, 94 (diese Überlieferung wurde bereits von

im Unterschied zum DAI nur von Preußen, nicht aber vom Deutschen Reich getragen wurde, obwohl es überwiegend Fragen erforschte, die die Geschichte des Heiligen Römischen Reiches Deutscher Nation betrafen. Die Pläne zur Gründung eines historischen Instituts in Rom waren seit 1883 – auch durch Friedrich Althoff – gefördert worden, nachdem Papst Leo XIII. 1880/81 die Vatikanischen Geheimarchive für die nicht-katholische Wissenschaft geöffnet hatte. Die Öffnung dieses bislang unerschlossenen Archivs versprach vielen deutschen Historikern den Zugang zu neuen Quellen, die mit der Geschichte der römisch-katholischen Kirche in Zusammenhang standen. Obwohl sich französische und österreichische Historiker bereits in wissenschaftlichen Instituten in Rom zur Benutzung des Archivs niedergelassen hatten, entschloss sich die preußische Finanzverwaltung erst 1888 nach langjährigen Vorverhandlungen – letztlich durch die internationale Konkurrenz angestachelt und durch namhafte Historiker und Akademiemitglieder gedrängt – eine „historische Station" in Rom zu gründen.[51] Die Station, seit 1890 als Institut bezeichnet, wurde von 1888 bis 1902 von einer Kommission der Königlichen Akademie der Wissenschaften zu Berlin geleitet, die anfangs aus den Historikern Heinrich von Sybel, Wilhelm Wattenbach und Julius Weizsäcker bestand. Zum „Ersten Sekretär", d.h. zum Institutsleiter, ernannte die Kommission 1888 den Professor an der Berliner Hauptkadettenanstalt Konrad Schottmüller, dem zwei Assistenten, Walter Friedensburg, von 1892 bis 1901 selbst Direktor des PHI, und Paul Maria Baumgarten, zur Seite gestellt wurden. Trotz der zweijährigen Mitarbeit des katholischen Baumgarten blieb das PHI bis 1915 – abgesehen von der Episode des katholischen Institutsdirektors Aloys Schulte 1902/03 – eine preußisch-protestantisch dominierte Institution, die parallel zum zeitgleich gegründeten „Römischen Institut" der katholischen Görres-Gesellschaft existierte.[52]

1.2.2 Die personelle und institutionelle Krise des PHI 1900–03

Nachdem Walter Friedensburg Ende des Jahres 1900 seinen Abschied eingereicht hatte, durchlebte das PHI eine personelle und institutionelle Krise, die erst 1903 durch die Ernennung des Göttinger Historikers und Spezialisten für Papsturkun-

Schubert, Auseinandersetzungen 1900–1903 und teilweise von *Burchhardt*, Gründung und Aufbau ausgewertet) sowie in der SBB PK, NL Harnack, K 21, Mp. PHI.

51 Es handelte sich um die Historiker und Akademiemitglieder Heinrich von Sybel, Wilhelm Wattenbach, Georg Waitz und Julius Weizsäcker (vgl. das Schreiben vom 23.04.1883 a.a.O., Rep. 76 Vc, Sekt. 1, Tit. XI, Teil II, Nr. 3, Bd. 1, Bl. 1^r–2^r).

52 Zum Römischen Institut der Görres-Gesellschaft s. *Cardauns*, Görres-Gesellschaft 1876–1901, 67–73 und *Gatz*, Das Röm. Institut.

den, Paul Fridolin Kehr, zum Institutsdirektor beendet wurde.[53] In dieser Phase beteiligte Althoff Harnack seit März 1901 an einem Prozess, der auch als „Reorganisation des Königlich Preußischen Historischen Instituts“ bezeichnet wird.[54]

Die Debatte über die inhaltliche Ausrichtung des Instituts und dessen Arbeitsaufgaben war im Januar 1901 durch einen anonymen Artikel in der Beilage zur Münchner bürgerlich-liberalen *Allgemeinen Zeitung* ausgelöst worden, den Paul Fridolin Kehr verfasst hatte, nachdem er seine Forderungen Althoff bereits im November 1900 vorgetragen hatte.[55] Kehr kritisierte in seinem Artikel, dass das Institut sich in den vorherigen Jahren hauptsächlich auf die Edition der Nuntiaturberichte und das Repertorium Germanicum, ein Verzeichnis der sich auf Deutschland beziehenden vatikanischen Akten, beschränkt,[56] aber andere römische und italienische Archive und Bibliotheken nicht in den Blick genommen habe. Außerdem diffamierte er den designierten Nachfolger Friedensburgs, den Direktor des Königsberger Staatsarchivs, Erich Joachim, als Provinzialarchivar, woraufhin dieser seine Kandidatur zurückzog. Schließlich regte Kehr an, das römische Institut in ein Reichsinstitut umzuwandeln. Diese Forderung rezipierten die Marburger Historiker Georg von Below, Karl Brandi und Goswin Freiherr von der Ropp im März 1901 in ihrer Petition an den Reichskanzler Bernhard von Bülow die rund 600 Personen, überwiegend Professoren, unterstützten.[57] Die Forderung nach einer Umwandlung des PHI in ein Reichsinstitut rief Pläne ins Gedächtnis, die bereits in der Gründungsphase diskutiert worden waren, als die Historische Station mit dem Deutschen Archäologischen Institut (DAI) fusioniert werden sollte, das aufgrund seines gesamtdeutschen Charakters dem Auswärtigen Amt unterstand.[58] Da das

---

53 Vgl. zu diesem Zeitraum *Kehr*, Preußisches Historisches Institut, 148–165, *Burchhardt*, Gründung und Aufbau, 357–388 und *Schubert*, Auseinandersetzungen 1900–1903.

54 Vgl. Nr. 148–150, *Briefwechsel*. Den Begriff verwendet auch *Schneider-Ludorff*, Harnacks Romdeutungen.

55 Vgl. *Das preußische Historische Institut in Rom*, Beilage Nr. 9 zur *Münchner Allgemeinen Zeitung*, 11.01.1901 (in: GStA PK, VI. HA, NL Althoff, Nr. 269, Bl. 193^{r}–194^{v}), Kehr an Althoff am 02.11.1900 (ebd., Bl. 59^{r}–60^{v}); s. dazu *Burchhardt*, Gründung und Aufbau, 357f. Kehr bestätigte Althoff im Februar seine Autorschaft des Artikels (vgl. Althoff an Kehr am 21.02.1901, ebd., Nr. 1081, Bl. 22^{rv}, Kehr an Althoff am 23.02.1901, ebd., Nr. 269, Bl. 65^{r}–66^{v}). Zur *Allgemeinen Zeitung* s. *Padrutt*, Allgemeine Zeitung.

56 Zu den Nuntiaturberichten vgl. *Lutz*, Nuntiaturberichte. Zum Repertorium Germanicum s. *Brosius*, Repertorium Germanicum.

57 Vgl. das Anschreiben Belows, Brandis und von der Ropps am 05.03.1901 mit der beiliegenden Eingabe (a.a.O., NL Althoff, Nr. 269, Bl. 362^{r}–363^{v}), Below, Brandi und von der Ropp an Althoff am 20.03.1901 (ebd., Bl. 67^{r}), von Hertling an Althoff am 27.03.1901 (ebd., Nr. 212, Bl. 76^{r}–77^{r}: 76^{v}); s. auch die Akten a.a.O., I. HA, Rep. 76 Vc, Sekt. 1, Tit. XI, Teil II, Nr. 3, Bd. 5, Bl. 175^{r}–178^{v}, 194^{rv}, 204^{r}–218^{v}, *Burchhardt*, Gründung und Aufbau, 359 und *Schubert*, Auseinandersetzungen 1900–1903, 388–399.

58 Vgl. *Burchhardt*, Gründung und Aufbau, 345.

PHI mittlerweile eine selbständige Institution war, strebte man zwar keine Fusion mit dem DAI, aber doch eine Gleichstellung mit ihm an, das den Historikern eine über Preußen hinausgehende reichsweite Anerkennung verschaffen sollte. Die von den Marburger Historikern geforderte Umwandlung in ein Reichsinstitut fand letztendlich in den Entscheidungsgremien kein Gehör, weil eine von einer Akademiekommission im Juli 1901 vorgelegte Denkschrift dies ablehnte. Die Kommission argumentierte gegen die Umwandlung, weil sie eine Lösung des Instituts von der Preußischen Akademie bedeutet hätte und keine gesamtdeutsche Akademie existiere, die die akademische Leitung des römischen Instituts hätte übernehmen können.[59] Auch Harnack gehörte dieser Kommission an, die im Juni 1901 gegründet worden war, um sich mit der Reform des PHI und seiner Direktion zu beschäftigen. Des Weiteren setzte sie sich aus dem Generaldirektor der Preußischen Archive Reinhold Koser, den Berliner Historikern Max Lenz, Paul Scheffer-Boichorst, Ernst Dümmler, Heinrich Brunner, Michael Tangl, dem Nationalökonom Gustav Schmoller und dem Ersten Sekretär des Deutschen Archäologischen Instituts Alexander Conze zusammen.[60] Trotz der Ablehnung der Forderung bewirkten Kehrs Artikel und die Marburger Eingabe eine Beschäftigung mit der personellen und inhaltlichen Neustrukturierung des Instituts.

Parallel zu den öffentlichen und akademieinternen Debatten um die Reform des Instituts, zum Teil aber auch unabhängig davon beschäftigte Althoff und Harnack im März 1901 die Suche nach einem geeigneten Nachfolger für Friedensburg, nachdem der Königsberger Archivar Erich Joachim seine Kandidatur zurückgezogen hatte.[61] Althoff nannte Harnack den Königsberger Ordinarius für mittlere und neuere Geschichte Georg Erler, der in zwei Stellungnahmen für Althoff und Studt die Forderungen des Kehrschen Artikels und der Eingabe abgelehnt hatte, obwohl er eine grundsätzliche Reformbedürftigkeit des Instituts zugestand.[62] Während Harnack zu Erlers Eignung für die römische Direktion nichts sagen konnte, favorisierte

59 Vgl. Akademie der Wissenschaften an Studt am 11.07.1901 und die beigefügte Denkschrift (a.a.O., Teil II, Nr. 3, Bd. 5, Bl. 205^{r}–206^{r}; 207^{r}–218^{v}; Entwürfe in: AdBBAW, II-XIV, 19, Bl. 68f. mit eigener Paginierung), *Schubert*, Auseinandersetzungen 1900–1903, 408–411 und den Artikel *Das preußische historische Institut in Rom und seine Reform* vom 31.07.1901, in der *Germania*, Nr. 173 (a.a.O., Teil II, Nr. 3, Bd. 5, Bl. 204). Zu den Gründen, die gegen eine Umwandlung sprachen s. *Braubach*, Schulte in Rom, 513f.

60 Vgl. den Auszug aus dem Protokoll der Sitzung der philosophisch-historischen Klasse vom 13.06.1901 von Hermann Diels (a.a.O., II-XIV, 19, Bl. 61) sowie das Protokoll der Kommissionssitzung vom 23.06.1901 (ebd., Bl. 64^{r}–o.Bl.).

61 Vgl. die Nrn. 148–150, *Briefwechsel*.

62 Vgl. die Berichte Erlers vom 27.03. und 10.04.1901 (a.a.O., Teil II, Nr. 3, Bd. 5, Bl. 160^{r}–167^{v}; 134^{r}–153^{r}); s. dazu *Burchhardt*, Gründung und Aufbau, 359f., 363 und *Schubert*, Auseinandersetzungen 1900–1903, 403.

er 1901 wie auch 1902 den Balten Johannes Haller, der von 1892 bis 1897 und 1901/02 Hilfsarbeiter am römischen Historischen Institut gewesen war und in den 1890er Jahren mit Harnacks Bruder, dem Literaturwissenschaftler Otto Harnack, in Rom verkehrt hatte.[63] Da Haller jedoch noch kein Ordinariat inne hatte, kam er 1901 nicht als Institutsdirektor in Frage. Im Unterschied zu Erler, der eigens für die genannten Berichte nach Rom gereist war, lehnte Harnack eine solche Reise 1901 zweimal ab, obwohl Althoff sie gefordert hatte, um von einem Vertrauensmann ein differenziertes Bild der römischen Verhältnisse zu erhalten.[64] Da Althoff sich selbst nicht zu einer Romreise durchringen konnte, sollte sein katholischer Berater Georg Freiherr von Hertling, der im Frühjahr 1901 im Auftrag der Reichsregierung wegen der katholischen Fakultätsgründung in Straßburg nach Rom fuhr, ihn über die Situation des Preußischen Historischen Instituts informieren.[65] Von Hertling sprach mit den von Harnack genannten vatikanischen, deutschsprachigen Geistlichen, dem Unterarchivar Heinrich Denifle, dem Präfekten der Vatikanischen Bibliothek Franz Ehrle sowie dem Direktor des Römischen Instituts der Görres-Gesellschaft Stephan Ehses, nicht aber mit den italienischsprachigen Mitarbeitern des Vatikanischen Archivs.[66] Die römischen Priester hegten zwar gegen die personelle Ausstattung des Instituts keine Bedenken, bemängelten aber inhaltlich die übermäßige Ausrichtung auf Archivarbeiten. Die vielfach kritisierte Konzentration auf die Arbeiten im Vatikanischen Archiv ließ sich auf die Unterstellung des Historischen Instituts unter die Archivverwaltung seit 1898 erklären, die diesem damals eine feste Position im Staatshaushalt verschafft hatte.[67]

Althoff suchte derweil nach weiteren Kandidaten, weshalb Harnack noch den ihm befreundeten Leipziger Oberbibliothekar und Theologen Oscar von Gebhardt nannte, mit dem er Ende der 1870er Jahre in italienischen und französischen Archiven geforscht hatte und in der Kirchenväter-Kommission zusammenarbeitete.[68]

---

63 Vgl. Harnack an Althoff am 16.03.1901 (Nr. 148, *Briefwechsel*) sowie Harnacks Notizen vom 04.10.1902 auf der Denkschrift Hallers vom 01.09.1902 (Nr. 187.1, *Briefwechsel*). Zu Hallers Zeit am PHI in Rom s. *Hasselhorn/Kleinert*, Haller. Briefe, Nr. 20–63, 69–79 und *Hasselhorn*, Johannes Haller, 47–57, 75–90.

64 Vgl. Harnack an Althoff am 23.03.1901 (Nr. 149, *Briefwechsel*) und am 07.08.1901 (Nr. 160, *Briefwechsel*).

65 Vgl. von Hertling an Althoff am 27.03.1901 (a.a.O., VI. HA, NL Althoff, Nr. 212, Bl. 76^r–77^r) und am 07.05.1901 (a.a.O., I. HA, Rep. 76 Vc, Sekt. 1, Tit. XI, Teil II, Nr. 3, Bd. 5, Bl. 173^r–174^v); zur katholisch-theologischen Fakultätsgründung in Straßburg s.o. Teil II, Abschnitt 6.2, S. 237.

66 Vgl. von Hertling an Althoff am 07.05.1901 (a.a.O., Teil II, Nr. 3, Bd. 5, Bl. 173^v) und Nr. 149, *Briefwechsel*.

67 S. dazu *Sachse*, Althoff, 297.

68 Vgl. Harnack an Althoff am 26.03.1901 (Nr. 150, *Briefwechsel*). Zur gemeinsamen Forschung mit Gebhardt s. Nr. 13, *Briefwechsel*, Anm. 2.

Schließlich zog Althoff jedoch keinen der von Harnack genannten Historiker resp. Kirchenhistoriker für die Direktion in die engere Auswahl, sondern fragte den an der Eingabe vom März beteiligten Marburger Historiker Goswin Freiherr von der Ropp Ende des Jahres 1901 an.[69] Gegen dessen Berufung sprach sich mit Unterstützung von Paul Maria Baumgarten insbesondere Paul Fridolin Kehr aus, der sich selbst als geeigneter für die römische Stelle ansah und den Ruf erwartet hatte.[70] Da Kehr dies von der Ropp ebenfalls mitteilte und ihm entschieden von Rom abriet, schloss sich der Marburger Historiker dessen Auffassung an, indem er ihn an seiner Statt für die Direktorenstelle vorschlug.[71] Von der Ropp nannte Althoff außerdem diverse persönliche und berufliche Gründe, die dagegen sprächen, dass er die römische Institutsdirektion übernehme.[72] Er lehnte das Angebot der Institutsdirektion zwar nicht direkt ab, stellte aber in finanzieller Hinsicht derart hohe Forderungen, dass Althoff von ihm absehen musste. Von der Ropp blieb in Marburg, sodass der Ministerialdirektor weiter nach einem Direktor für das Preußische Historische Institut in Rom suchen musste. Harnack, den Althoff über die Mitteilungen Kehrs und von der Ropps in Kenntnis gesetzt hatte, unterstellte Kehr, dass er zusammen mit den römischen Monsignori paktiert und von der Ropp ausgespielt habe.[73] Tatsächlich hatten Kehr und Monsignore Baumgarten die Ernennung Erlers wie von der Ropps bekämpft.[74] Harnack lehnte Kehr 1901 als Institutsdirektor wahrscheinlich auch deshalb ab, weil er – wie auch Georg Erler – Kehrs anonymen Artikel, mit dem er sich selbst als den geeignetsten Kandidaten präsentiert hatte, ohne unter seinem Namen zu publizieren, als heuchlerisch empfand.[75]

Schließlich übernahm der katholische Breslauer Wirtschaftshistoriker Aloys Schulte im Dezember 1901 vorläufig die Institutsleitung, der im Sommer 1901 auch für das Straßburger historische Ordinariat genannt worden war, auf das schließlich Martin Spahn berufen wurde.[76] Er wurde im Oktober 1902 zum ständigen Direktor in Rom ernannt, blieb jedoch nur bis zum Sommer 1903 in diesem Amt.[77] Wie Harnack über diese Berufung dachte, kann nur vermutet werden. Jedenfalls stimmte

69 Vgl. von der Ropp an Althoff am 23.11.1901 (Nr. 165, *Briefwechsel*), von der Ropp an Althoff am 26.03.1901 (a.a.O., NL Althoff, Nr. 269, Bl. 74^{rv}) und *Schubert*, Auseinandersetzungen 1900–1903, 414–417.

70 Vgl. Kehr an Althoff am 22.11.1901 (Nr. 164, *Briefwechsel*), Ropp an Althoff am 23.11.1901 (Nr. 165, *Briefwechsel*) und Baumgarten an Althoff am 27.03.1901 (a.a.O., Nr. 269, Bl. 76^{r}–77^{r}).

71 Vgl. Nr. 165, *Briefwechsel*.

72 Vgl. ebd.

73 Vgl. Harnack an Althoff am 06.12.1901 (Nr. 169, *Briefwechsel*).

74 Vgl. *Schubert*, Auseinandersetzungen 1900–1903, 417–419.

75 Vgl. Nr. 169, *Briefwechsel*; s. dazu *Burchhardt*, Gründung und Aufbau, 360.

76 Zum Fall Martin Spahn s.o. Teil II, Abschnitt 6.3, S. 248.

77 Vgl. dazu *Braubach*, Schulte in Rom und *Burchhardt*, Gründung und Aufbau, 365.

er 1902 dem Gutachten Johannes Hallers zu, der Schulte aufgrund seiner fehlenden Qualifikation, aber auch wegen seiner katholischen Konfession ablehnte.[78]

Schultes Berufung hatte unter Protestanten, wie dem genannten Johannes Haller, Widerstand hervorgerufen, weil er Katholik war und parallel auch die Direktoren der anderen deutschen wissenschaftlichen Institute in Rom, d.h. des Deutschen Archäologischen Instituts und des Römischen Instituts der Görres-Gesellschaft, katholisch waren.[79]

1.2.3 Die Reorganisation des Instituts 1902–05

Die personellen und inhaltlichen Krisen der Jahre 1901 und 1902 bewirkten, dass die Berliner Wissenschaftsverwaltung das Institut „reorganisieren" bzw. konsolidieren wollte. Es hatte nämlich seit seiner Gründung den ihm eigenen provisorischen Charakter nicht überwinden können. 1888 hatte man das Institut als ein Provisorium gegründet, weil man anfangs davon ausgegangen war, dass die Öffnung der vatikanischen Archive nur für das Pontifikat Leos XIII. gelte. Da sich eine Aufhebung der Erlaubnis zur Archivnutzung nicht abzeichnete, galt es nun, die dauerhafte Basis des Instituts zu befestigen.[80] Zur Neuorganisation des Instituts wurde 1902 ein akademieunabhängiges Kuratorium installiert, das die römische Forschungsstätte anstelle des bislang kontrollierenden Akademiegremiums verwalten sollte. Das neue Kuratorium bestand aus Althoffs Mitarbeiter Friedrich Schmidt-Ott als Vertreter des Kultusministeriums, dem Generaldirektor Reinhold Koser, und dem bereits erwähnten Georg Freiherr von Hertling als Vertreter des Auswärtigen Amtes, der gleichzeitig Präsident der Görres-Gesellschaft war.[81] Althoff hatte Harnack im Dezember 1901 angefragt, ob er die dritte Position im Kuratorium neben Schmidt-Ott und Koser übernehmen würde, was der Kirchenhistoriker abgelehnt hatte, weil er „Verstimmungen" in der Akademie fürchtete.[82] Harnacks Ernennung hätte vermutlich zu „Verstimmungen" unter den Akademiemitgliedern geführt, weil das Kuratorium die vorherige Akademiekommission ablöste. Trotz dieser Absage gelang

---

78 Vgl. Hallers Denkschrift vom 01.09.1902, in der er sich zu Kehr, Schulte und Baumgarten als möglichen Kandidaten für die Institutsdirektion äußerte (abgedruckt bei *Hasselhorn/Kleinert*, Haller. Briefe, Nr. 96; s. Nr. 187.1, *Briefwechsel*); s. dazu *Hasselhorn*, Johannes Haller, 77f. und *Schubert*, Auseinandersetzungen 1900–1903, 431.

79 Vgl. *Burchhardt*, Gründung und Aufbau, 365f.

80 Vgl. ebd., 352f. und *Schubert*, Auseinandersetzungen 1900–1903, 424.

81 Vgl. das Statut für das Historische Institut in Rom vom 22.11.1902 (u.a. in: GStA PK, VI. HA, NL Kehr, Nr. 63, Bl. 101^{r}–102^{v}); s. dazu *Braubach*, Schulte in Rom, 530f., 535–538, *Burchhardt*, Gründung und Aufbau, 380f. und *Schneider-Ludorff*, Harnacks Romdeutungen, 62.

82 Harnack an Althoff am 13.12.1901 (Nr. 171, *Briefwechsel*).

es Althoff 1903 gleichwohl, Harnack eine zentrale Position bei der Verwaltung des Historischen Instituts zu übertragen. Der Kirchenhistoriker übernahm nämlich den Vorsitz des neu begründeten wissenschaftlichen Beirats des PHI, der die Arbeitsweise des Instituts begutachten sollte und dem außerdem die Historiker Max Lenz, Michael Tangl und Paul Fridolin Kehr sowie der katholische Theologe Franz Dittrich angehörten.[83] Die schon 1901 geäußerte Forderung, dass das PHI dem Kultusministerium anstelle der Archivverwaltung untergeordnet werden solle, wurde im Rahmen der Neuorganisation nicht umgesetzt. Erst 1913 ging das PHI in den Zuständigkeitsbereich des Kultusministeriums über.[84] Trotzdem hatte Althoff seinen Einfluss auf das PHI durch die Besetzung des Kuratoriums und des wissenschaftlichen Beirats insofern gesichert, als Schmidt-Ott und von Hertling, von dem er sich regelmäßig aus Rom berichten ließ,[85] ebenso wie Harnack und Dittrich Althoffs Vertraute waren.[86]

Obwohl Aloys Schulte 1902 zum ständigen Direktor berufen wurde, blieb er, wie erwähnt, nur bis 1903 in Rom, nicht nur weil seine Unterstützung im Kultusministerium nachzulassen schien, sondern auch weil er es als unnötig und lästig empfand, sich als Direktor mit organisatorischen und kalkulatorischen Büroarbeiten beschäftigen zu müssen.[87] Außerdem konnte er sich ein Verbleiben in Rom nur vorstellen, wenn die von ihm geforderten Reformen auch umgesetzt würden.[88] Das Ende seiner Amtszeit beschleunigte möglicherweise ein Skandal, der dadurch ausgelöst wurde, dass Schulte Materialien im Vatikanischen Archiv entdeckte, die Transaktionen zwischen den Fuggern und der Kurie im Ablasswesen im Jahr 1517 belegten, an denen auch Albrecht von Brandenburg, ein Vorfahr des amtierenden preußischen Hohenzollern-Königs, Wilhelm II., beteiligt gewesen war. Da Albrecht von Brandenburg für die gegen kanonisches Recht verstoßende Verbindung der Bistümer Mainz und Magdeburg in seiner Hand wie auch für sein junges Alter von 24 Jahren bei der Übernahme des Bischofsamtes einen Dispens von 500 000 Mark hatte erkaufen müssen, veröffentlichte Albrecht in seinem Herrschaftsgebiet den Plenarablass

83 Zur Gründung des Beirats vgl. die Akten in: GStA PK, I. HA, Rep. 76 Vc, Sekt. 1, Tit. XI, Teil II, Nr. 3, Bd. 5, Bl. 360–362.

84 Vgl. *Braubach*, Schulte in Rom, 523 und *Burchhardt*, Gründung und Aufbau, 385.

85 Vgl. beispielsweise den Brief von Hertlings an Althoff am 06.02.1904, in dem er über das PHI und dessen Bibliothek berichtete und den Althoff an Harnack weiterleitete (Nr. 225, *Briefwechsel*).

86 Zu Dittrichs Kontakt zu Althoff vgl. die Briefe im NL Althoff, Nr. 702 sowie die Nrn. 212, 888 und 1033.

87 Vgl. *Braubach*, Schulte in Rom, 526–528; vgl. auch die Bemerkungen Althoffs und Harnacks auf dem Bericht Hallers vom 01.09.1902 (Nr. 187.1, *Briefwechsel*); s. dazu *Burchhardt*, Gründung und Aufbau, 365–371. Vgl. auch Schultes Briefe an Schmidt-Ott in: GStA PK, VI. HA, NL Schmidt-Ott, Nr. 66, Mp. Fall Schulte, o.Bl.

88 Vgl. *Braubach*, Schulte in Rom, 529 und *Schubert*, Auseinandersetzungen 1900–1903, 426–428.

Leos X., der zwar offiziell dem Neubau des römischen Petersdoms dienen sollte, inoffiziell aber auch Albrecht zufloss. Es handelte sich um eben jenen Ablass, gegen den sich Martin Luther 1517 mit seinen 95 Thesen wandte.[89] Schulte hatte zu diesen Vorgängen Urkunden im Vatikanischen Archiv gefunden, die bislang nicht untersucht worden waren und denen er eine hohe politische Sprengkraft zumaß, weil sie die oben beschriebene Verwicklung Albrecht von Brandenburgs in den Ablasshandel aufdeckten. Schulte informierte Althoff daher vertraulich über den Inhalt seiner Recherchen.[90] Dass die Dokumente diese Brisanz tatsächlich besaßen, zeigte die Reaktion des Reichskanzlers Bernhard von Bülow, der Schulte durch den Legationsrat des Auswärtigen Amtes, Reinhold Klehmet, und Althoff mitteilen ließ, dass ihm die Publikation der Erkenntnisse verboten sei, um die „guten Beziehungen zur Kurie und zum Centrum" nicht zu gefährden.[91] Althoff informierte Harnack über den „Fall Schulte" im Dezember 1902 und im Februar 1903, da er sich ein unabhängiges kirchenhistorisches Urteil von dem renommierten Berliner Theologen zu den römischen Funden erhoffte, obwohl dieser kein Experte für Reformationsgeschichte war.[92] Dazu leitete er ihm nur den Bericht Schultes weiter, nicht aber das Schreiben Klehmets, das die Publikation bereits verboten hatte.[93] Harnack schätzte Schultes Funde nicht als derart sensationell ein, dass eine Publikation einen aufsehenerregenden Skandal hervorrufen würde, wenn er – diplomatisch, wie er sich gegenüber Althoff oft ausdrückte – einen solchen auch nicht ausschloss. Der ebenfalls befragte Gustav Schmoller hegte hingegen keine „Bedenken", die einer Veröffentlichung widersprächen.[94] Nach Harnack waren die grundsätzlichen Erkenntnisse, die man aus den Materialien gewinnen könne, bereits bekannt und man sei „auf jede Form von Finanzgeschäften [zwischen Fuggern und Kurie, C.K.] gefaßt" gewesen.[95]

Aloys Schulte bemühte sich zeitgleich bei Harnack, mit dem er während des römischen Historikerkongresses im März 1903 zusammentraf und dem er die An-

89 Vgl. *BBKL*, online, Bd. I, 92f. sowie *Schulte*, Fugger in Rom, Darstellung, 93–95.

90 Vgl. Schulte an Althoff am 07.12.1902 (Nr. 193.1, *Briefwechsel*) und am 27.01.1903 mit dem beigelegten Bericht über seine Forschungen (Nr. 202.2, *Briefwechsel*); s. dazu *Braubach*, Schulte in Rom, 545–553, *Burchhardt*, Gründung und Aufbau, 371–376 und *Schubert*, Auseinandersetzungen 1900–1903, 439f.

91 Klehmet an Althoff am 12.02.1903 (Nr. 202.1, *Briefwechsel*).

92 Vgl. Harnack an Althoff am 12.12.1902 und am 15.02.1903 (Nrn. 193 und 202, *Briefwechsel*).

93 Vgl. Althoffs Notizen vom 14.02.1903 auf Nr. 202.1, *Briefwechsel* sowie den zurückgeschickten Bericht Schultes o.D. [27.01.1903] (Nr. 202.2, *Briefwechsel*).

94 Schmoller an Althoff am 18.02.1903 (in: GStA PK, I. HA, Rep. 76 Vc, Sekt. 1, Tit. XI, Teil II, Nr. 3, Bd. 6, Bl. 25^{r}); vgl. Harnack an Althoff am 15.02.1903 (Nr. 202, *Briefwechsel*).

95 Ebd.

gelegenheit im Juni desselben Jahres nochmals vorlegte,[96] wie auch bei Koser und Schmidt-Ott im Laufe des Jahres 1903 um die Revision des Publikationsverbots. Nachdem der Fall an die Öffentlichkeit gelangt war, sollte im September 1903 der wissenschaftliche Beirat des PHI darüber entscheiden, ob die Erkenntnisse und die Quellen in den Organen des PHI publiziert werden könnten. Koser sandte Harnack daher Abschriften von Schultes Materialien, der sie selbst hinsichtlich ihrer Publikationseignung für die Reihen des PHI durchsah.[97] Wie schon im Februar 1902 beurteilte er die Funde nicht als etwas „Neues, Weltbewegendes", weshalb er dafür votierte, zwar Einzelstücke in der Zeitschrift des PHI zu veröffentlichen, nicht aber eine eventuelle Monographie Schultes in dessen Reihe aufzunehmen. Um die Angelegenheit abzukürzen, überging Harnack die Urteile seiner Kollegen im Beirat, indem er das Ergebnis seiner Durchsicht dem Kuratorium direkt mitteilte und die Mitglieder des Beirats – vor vollendete Tatsachen gestellt – um ihre „nachträglich[e] Einverständniß[erklärung]" bat.[98] Seine Vorgehensweise hatte Harnack zuvor mit dem Kuratoriumsvorsitzenden Reinhold Koser abgestimmt.[99] Da bei Schulte die Entscheidung Harnacks und des wissenschaftlichen Beirats gleichzeitig mit der Erlaubnis Kosers eintraf, die Manuskripte selbständig im Verlag Duncker & Humblot zu veröffentlichen, legte der scheidende Institutsdirektor Einspruch beim Kuratorium gegen die Entscheidung des wissenschaftlichen Beirats ein, dem stattgegeben wurde, sodass 1904 sein zweibändiges Werk über *Die Fugger in Rom* erscheinen konnte.[100] Wie der Vergleich mit seinem Ergebnisbericht vom Januar 1903 zeigt,[101] legte Schulte für die Publikation den Schwerpunkt auf das Bankhaus der Fugger, um die Rolle des Vatikans und der Hohenzollern zu kaschieren.

Eine personelle, finanzielle und konzeptionelle Kontinuität erreichte das Historische Institut seit 1903 durch die Berufung Paul Fridolin Kehrs zum Institutsdirektor, der bis zur Ausweisung sämtlicher deutscher Staatsbürger 1915 in Rom blieb.[102] Im Juli 1903 hatte Althoff zeitgleich zum „Fall Schulte" begonnen, Berufungsverhandlungen mit Kehr zu führen, stieß aber anfangs auf Schwierigkeiten, dessen umfassende Wünsche zu erfüllen, die nicht nur dessen persönliche finanzi-

96 Vgl. Schulte an Harnack am 26.06.1903 (in: SBB PK, NL Harnack, K 21, Mp. PHI, o.Bl.); s. dazu *Braubach*, Schulte in Rom, 547f.

97 Vgl. Koser an Harnack am 18.09.1903 und Harnack an die Mitglieder des wissenschaftlichen Beirats am 26.09.1903 (a.a.O., K 21, Mp. PHI, o.Bl.); s. dazu *Braubach*, Schulte in Rom, 552f.

98 Harnack am 26.09.1903. (a.a.O.).

99 Vgl. Koser an Harnack am 24.09.1903 (ebd., K 21, Mp. PHI, o.Bl.).

100 Vgl. Koser an Harnack am 13.10.1903 (ebd., o.Bl.), *Schulte*, Fugger in Rom, Darstellung und *Schulte*, Fugger in Rom, Urkunden; s. dazu *Braubach*, Schulte in Rom, 553.

101 S. Nr. 202.2, *Briefwechsel*.

102 Kehr war auch nach dem Ersten Weltkrieg parallel zu seinem Amt als Generaldirektor der preußischen Archive bis 1936 Direktor des PHI in Rom (s. das Biogramm, S. 516).

elle Absicherung beinhalteten, sondern insbesondere die Position des Historischen Instituts zu heben beabsichtigten.[103] Um dies zu erreichen, forderte Kehr vom Kultusministerium die Erhöhung des Instituts- und Bibliotheksetats, die Verbesserung der räumlichen Unterbringung des Instituts und dessen Bibliothek sowie den Ausbau des Institutspersonals. Kehr wandte sich, um seine Forderungen zu erreichen, auch an den Beiratsvorsitzenden Harnack, den er während des Historikerkongresses im Frühjahr 1903 näher kennengelernt hatte.[104] Harnack unterstützte seit 1903 Kehrs Kandidatur für die Institutsleitung, nachdem er ihn zwei Jahre zuvor als Institutsdirektor abgelehnt hatte.[105] Er hatte seine Meinung – nach einer persönlichen Begegnung mit Kehr – wahrscheinlich deswegen geändert, weil die Institutsleitung unter Schulte kein Erfolg gewesen war. Außerdem sprachen Kehrs immer einflussreichere Stellung in der deutsch-italienischen Forschungslandschaft dafür ihn zum römischen Institutsleiter zu ernennen. Insbesondere die Kooperation mit Pasquale Villari, der das italienische *Istituto storico* leitete, hatte seine internationale Reputation vergrößert.[106] Harnack und Schmidt-Ott, die wiederum untereinander über die Angelegenheit korrespondierten, mussten Kehr schließlich zur Übernahme der Institutsdirektion drängen, nachdem dieser Anfang August 1903 angedeutet hatte, dass er die Leitung ablehnen werde, wenn seine Bedingungen nicht erfüllt würden.[107] Die Dreieckskorrespondenz Harnack – Kehr – Schmidt-Ott leitete letzterer Althoff weiter, der sich nach einem weiteren Schreiben Kehrs an ihn schließlich dazu entschloss, dessen Wünsche im Wesentlichen zu erfüllen, sodass der Göttinger Historiker zum 1. Oktober 1903 als Direktor des Historischen Instituts berufen werden konnte.[108] Kehr erreichte damit ein Lebensziel, auf das er in den vergange-

---

103 Vgl. Kehr zweimal an Schmidt-Ott am 26.07.1903 (a.a.O., Teil II, Nr. 3, Bd. 6, Bl. 31^{r}–34^{v}; 55^{r}–56^{r}); s. dazu insgesamt *Braubach*, Schulte in Rom, 543–545 und *Burchhardt*, Gründung und Aufbau, 376–379.

104 Vgl. Kehr an Harnack am 28.07.1903 (a.a.O., K 21, Mp. PHI, o.Bl.); s. dazu *Schubert*, Auseinandersetzungen 1900–1903, 441, 443f., 449.

105 S.o. in diesem Teil, Abschnitt 1.2.2, S. 365.

106 S.u. dazu in diesem Teil, Abschnitt 1.2.4, S. 372.

107 Vgl. die Nrn. 215–216.2, *Briefwechsel*.

108 Vgl. Althoff an Schmidt-Ott am 11.08.[1903] (Nr. 217, *Briefwechsel*), Althoff an Kehr am 11.08.1903 (a.a.O., VI. HA, NL Althoff, Nr. 1081, Bl. 53, 54), Kehr an Althoff am 12.08.1903 (a.a.O., Teil II, Nr. 3, Bd. 6, Bl. 51^{r}–52^{v}, Abschrift ebd., Bl. 21^{r}–22^{v}), die Notizen von Schmidt-Ott am 18.08.1903 (ebd., Bl. 50^{r}), Kehr an Harnack am 19.08.1903 (a.a.O., K 21, Mp. PHI, o.Bl.), Harnack an Kehr am 24.08.1903 (in: GStA PK, VI. HA, NL Kehr, Nr. 14, Bl. 233^{rv}), Kultusministerium an Finanzministerium am 26.08., FM an KM am 01.10., KM an FM am 14.11., FM an KM am 13.11. und den Erlass Wilhelms II. vom 14.12.1903 (a.a.O., Bd. 6, 70^{r}–74^{r}; 95^{r}–97^{r}; 98^{r}–99^{v}; 104^{r}; 116^{r}) sowie die Briefe und Telegramme Kehrs (a.a.O., NL Althoff, Nr. 793, Bl. 71^{r}–81^{v}). S. dazu *Schubert*, Auseinandersetzungen 1900–1903, 444–449.

nen Jahren – mit Unterstützung von Paul Maria Baumgarten und Johannes Haller – hingearbeitet hatte.[109]

1.2.4 Die Arbeitsprojekte des Instituts 1903–08

Paul Fridolin Kehrs Berufung 1903 ermöglichte, auch dank der Erhöhung des Institutsetats, eine Konsolidierung der Arbeitsbereiche des PHI, die auf den Vorarbeiten der 1890er Jahre und auf den Gutachten von Schulte basierte, die dieser zu Beginn seiner Tätigkeit in Rom 1902 verfasst hatte.[110] Bereits im Januar 1903 hatte sich der neu konstituierte wissenschaftliche Beirat, dem Kehr bis Oktober 1903 ebenfalls angehörte, mit den prospektiven Arbeitsgebieten des Instituts befasst.[111] Zu den bestehenden Arbeitsgebieten gehörten, wie erwähnt, hauptsächlich die Edition der Nuntiaturberichte des 16. Jahrhunderts und das Repertorium Germanicum. Die Arbeit am Repertorium Germanicum sollte nach Ansicht des Beirats evaluiert werden, nachdem sich das anfangs geplante Verzeichnis aller das deutsche Reich betreffenden Archivalien in den Vatikanischen Archiven als undurchführbar erwiesen hatte und dessen Finanzierung, die zwischen 1893 und 1901 der kaiserliche Dispositionsfonds gesichert hatte, ausgelaufen war.[112] Dazu wurden mehrere Gutachten, u.a. von dem vormaligen Bearbeiter des Repertoriums, Johannes Haller, und von Kehr, eingeholt, denen Beirat und Kuratorium im Wesentlichen zustimmten, indem sie festhielten, dass fortan nur noch Orts- und Personenregister zu jedem Pontifikat erstellt werden sollten.[113] Außerdem sollte die Zeitschrift *Quellen und Forschungen aus italienischen Archiven und Bibliotheken*, die das Institut seit 1898 herausgab, dadurch von überlangen Artikeln befreit werden, dass eine zugehörige Reihe gegründet würde.

Reformbedarf bestand außerdem hinsichtlich der Institutsbibliothek, die erst im Aufbau begriffen war. Zur Erstellung systematischer Kataloge wurde 1902/03 der

---

109 So auch ebd., 449f.

110 Vgl. Schulte an Koser am 23.05.1902 mit einem beiliegenden Gutachten (a.a.O., Teil II, Nr. 3, Bd. 5, Bl. 282^r–284^r).

111 Vgl. den Protokoll über die Sitzung des wissenschaftlichen Beirats vom 22.01.1903 (in: GStA PK, VI. HA, NL Kehr, Nr. 63, Bl. 103^r–105^r [Abschrift]). Zu den neuen Forschungen des Instituts zwischen 1903 und dem Ersten Weltkrieg s. auch *Kehr*, Preußisches Historisches Institut, 154–170.

112 Vgl. *Braubach*, Schulte in Rom, 512.

113 Vgl. *Hasselhorn*, Johannes Haller, 84–86, das Gutachten Kehrs vom 25.01.1904 (a.a.O., K 21, Mp. PHI, o.Bl.) und *Brosius*, Repertorium Germanicum, 149. Haller hatte zwischen 1892 und 1897 das Repertorium Germanicum bearbeitet (vgl. *Hasselhorn*, Johannes Haller, 49–52). Haller formulierte in seiner Denkschrift vom 01.09.1902 auch ein eigenes Programm für das PHI, das v.a. die Erweiterung der Themen über die spezifisch deutschen hinaus anstrebte (vgl. Nr. 187.1, *Briefwechsel*).

Theologe Bernhard Bess, der seit 1891 Mitherausgeber der *Zeitschrift für Kirchengeschichte* war, angestellt. Außerdem konnten durch die maßgebliche Erhöhung der Mittel systematisch Bücher angekauft werden.[114] Des Weiteren plante man, zukünftig Stipendien an junge Forscher zu vergeben, die sich in der Nutzung der Vatikanischen Archive fortbilden wollten.[115]

Schließlich wurden auch neue Aufgabenbereiche ins Auge gefasst, zu denen erstens die „Repertorisierung“ der römischen Archive und Bibliotheken, zweitens die Finanzgeschichte der Kurie im 15. Jahrhundert, bei der es um Forschungen ging, wie sie Aloys Schulte durch seine Studien zum Ablasswesen angestoßen hatte,[116] und drittens die Historische Geographie zählten, eine historische Hilfswissenschaft, für die Kehr sich zwar interessierte, in der er aber augenscheinlich nicht nennenswert publizierte.[117] Das prominenteste Projekt, das neu aufgenommen wurde, war die von Kehr geplante und im Juni 1903 realisierte Kooperation zwischen dem Preußischen Historischen Institut und dem *Istituto storico italiano*, das von Pasquale Villari geleitet wurde. Es sah eine systematische Registrierung der Quellen bis 1300 in den italienischen Archiven und Bibliotheken sowie die Edition der *Monumenta gentis Langobardorum*, der *Diplomata comitissae Matildis* und der *Monumenta Normannorum* vor.[118] Über diesen Plan hatte Kehr Harnack als Vorsitzenden des wissenschaftlichen Beirats bereits im Juni 1903 durch die zugehörigen Unterlagen informiert.[119]

Zusätzlich zu diesen historischen Arbeitsgebieten bestand vorübergehend eine kunsthistorische Abteilung beim PHI. Sie war 1905 gegründet worden, nachdem

114 Vgl. *Goldbrunner*, Von der Casa Tarpea, 44–47 sowie ebd., 47–56 zum Aufbau zwischen 1903 und 1915. Vgl. die Briefe Kehrs (in: GStA PK, VI. HA, NL Althoff, Nr. 793, Bl. 83^r–84^v, 99; ebd., NL Schmidt-Ott, Nr. 66. o.Bl.), sowie den Brief Germars an Harnack vom 13.12.1904, den dieser an Schmidt-Ott weiterleitete, und dessen Antwort im Namen Althoffs vom 15.12.1904 (Nrn. 246 und 247, *Briefwechsel*). Zum geplanten, aber nicht realisierten Ankauf der berühmten Bibliothek des Fürsten Mario Chigi s.u. in diesem Teil, Abschnitt 2.3, S. 410.

115 Vgl. *Holtzmann*, Das Deutsche historische Institut Rom, 26.

116 S.o. in diesem Teil, Abschnitt 1.2.3, S. 367.

117 Vgl. das Protokoll vom 22.01.1903 (a.a.O., NL Kehr, Nr. 63, Bl. 104^r–105^r). Ebd. wird Kehrs Interesse an der historischen Geographie als Grund für die Aufnahme in das Institutsprogramm angeführt. Kehr veröffentlichte überwiegend zu den päpstlichen Urkunden Italiens (vgl. *Böhm*, Kehr, Paul).

118 Vgl. das Protokoll vom 22.01.1903 (a.a.O.), Kehr an Althoff am 15.06.1903 (a.a.O., NL Althoff, Nr. 793, Bl. 69^r–70^r; Entwurf ebd., NL Kehr, Nr. 1, Bl. 31^r–32^r), den Vertragsentwurf vom 14.07.1903 (a.a.O., NL Harnack, K 21, Mp. PHI, o.Bl.) und Kehr an Harnack am 04.08.1903 mit dem Brief von Villari an Kehr vom 02.08. (Nr. 216.2, *Briefwechsel*); s. dazu *Braubach*, Schulte in Rom, 542f., *Goldbrunner*, Von der Casa Tarpea, 45f. und *Schubert*, Auseinandersetzungen 1900–1903, 442 mit Anm. 212.

119 Vgl. Kehr an Harnack am 14.06., 05.07., 16.07. (a.a.O., K 21, Mp. PHI, o.Bl.), Protokoll der Beiratssitzung vom 20.07.1903 (ebd. und a.a.O., I. HA, Rep. 76 Vc, Sekt. 1, Tit. XI, Teil II, Nr. 3, Bd. 6, Bl. 19^r–20^v [Abschrift]) und Harnack an Kehr am 04., 12.07.1903 (a.a.O., NL Kehr, Nr. 14, Bl. 226^{rv}; 227^{rv}).

Wilhelm II. während seiner Apulienreisen 1904 und 1905 angeregt hatte, die Studien zur staufischen Kunstgeschichte in Italien zu vertiefen. Der Kunsthistoriker und Hilfsarbeiter bei den Königlichen Museen in Berlin, Arthur Haseloff, der den Kaiser bei seinen Reisen begleitet hatte, trug Harnack das Projekt als Vorsitzendem des wissenschaftlichen Beirats vor, der es infolgedessen während seines Rombesuchs im April 1904 mit Kehr besprach und im Namen des wissenschaftlichen Beirats eine Assistentenstelle beim Ministerium beantragte.[120] Harnacks Antrag wurde bei einer Konferenz, an der er zusammen mit Althoff, Schmidt-Ott, von Hertling und Kehr im Juni 1904 im Kultusministerium teilnahm, genehmigt, sodass Haseloff als Stipendiat nach Rom gehen konnte, um erste Forschungen in den bezeichneten Themengebieten anzustellen.[121] Außerdem ernannte man Haseloff 1905 zum Sekretär der kunsthistorischen Abteilung, die sich anfangs primär mit den staufischen Burgen und Schlössern in Unteritalien beschäftigte und die bis zum Ersten Weltkrieg bestand. Danach nahm sie ihre Arbeit nicht wieder auf, da die Bibliotheca Hertziana die Tätigkeit der kunsthistorischen Abteilung ersetzte. Die Bibliotheca Hertziana war 1912 auf der Grundlage einer Stiftung der Kunstsammlerin Henriette Hertz als Institut der Kaiser-Wilhelm-Gesellschaft ins Leben gerufen worden, um die italienische Kunstgeschichte, besonders diejenige der Renaissance zu erforschen.[122] Paul Fridolin Kehr hatte sich entschieden gegen die Gründung gewehrt, während Harnack die Annahme der Schenkung befürwortete.[123]

---

120 Vgl. Harnacks Antrag vom 30.04.1904 (a.a.O., Teil II, Nr. 3, Bd. 6, Bl. 182^{rv}), Harnacks Protokoll der Beiratssitzung vom 30.04.1904 (a.a.O., K 21, Mp. PHI, o.Bl.) und Kehr an Althoff am 27.04.1904 (a.a.O., NL Althoff, Nr. 793, Bl. 91^{r}–92^{v}). Zur kunsthistorischen Abteilung des PHI s. *Holtzmann*, Das Deutsche historische Institut Rom, 27f., *Tellenbach*, Geschichte des Instituts, 391, *Elze*, Das DHI 1888–1988, 13f. und *Goldbrunner*, Von der Casa Tarpea, 48f. Zu Harnacks Romreise 1904 s. auch Harnack an Althoff am 23.04. und am 13.05.1904 (Nr. 231 und 234, *Briefwechsel* mit Anm. 1). Harnack reiste im April 1904 mit seiner Mutter Helene Harnack und seiner Schwiegermutter Johanna Thiersch (vgl. Harnack an Lietzmann am 29.03.1904, in: *Aland*, Glanz und Niedergang, Nr. 94). Althoff nahm 1905 an der Kaiserreise teil (vgl. Nr. 260, *Briefwechsel*). Harnack reiste noch einmal im April 1905 wahrscheinlich wegen der Verhandlungen um die Bibliothek Chigi nach Italien (vgl. Nr. 262, *Briefwechsel*). Im Frühjahr 1906 war er ebenfalls in Rom (s.u. in diesem Teil, Abschnitt 1.6, S. 391).

121 Vgl. Protokoll der Konferenz zum PHI am 23.06.1904 im Kultusministerium (a.a.O., Teil II, Nr. 3, Bd. 6, Bl. 186^{r}–187^{v}: 187^{rv}), zu der Kehr Harnack persönlich eingeladen hatte (vgl. Harnack an Althoff am 22.06.1904, Nr. 235, *Briefwechsel*). Kehr berichtete Harnack am 17.11.1904 über Haseloffs Reise nach Apulien (a.a.O., K 21, Mp. PHI, o.Bl.); s. außerdem Kehrs Berichte für Studt über diese Reise am 28.12.1904 und am 14.02.1905 (a.a.O., Bd. 6, Bl. 252^{r}–254^{r}; 260^{r}–261^{v}) sowie der Entwurf zu dem Werk über die *Kaiserinnengräber in Andria*, das als erster Band der neuen Reihe *Bibliothek des Königlich Preußischen Historischen Instituts* erschien (vgl. *Haseloff*, Kaiserinnengräber).

122 Zur Hertziana vgl. *Rischbieter*, Henriette Hertz. Mäzenin, 113–129, *Ebert-Schifferer*, Geschichte des Instituts und *Henning/Kazemi*, Bibliotheca Hertziana.

123 Vgl. *Rischbieter*, Henriette Hertz. Mäzenin, 122–125.

Die genannten historischen Arbeitsfelder des Instituts wurden 1906 noch dadurch erweitert, dass Harnack eine Assistentenstelle für alte Kirchengeschichte beantragte, für die er seinen Schüler und Seminarsenior, den Kirchenhistoriker Hans Freiherr von Soden, vorschlug.[124] Obwohl Soden in seiner Zeit in Rom zwischen 1906 und 1910 bedeutende Arbeiten im Bereich der Erforschung des Neuen Testaments und der Alten Kirche hervorbrachte,[125] führte niemand die kirchenhistorische Tätigkeit nach dessen Fortgang aus Rom 1910 fort. Die kirchenhistorische Forschungsstelle blieb damit eine noch kürzere Episode als die kunsthistorische Abteilung des Preußischen Historischen Instituts.

1.2.5 Die Unterbringung des Instituts

Nachdem das Institut bis 1890 in der Casa Tarpea, dem evangelischen Krankenhaus auf dem Kapitolinischen Hügel, in direkter Nachbarschaft zur Preußischen Gesandtschaft und zum Deutschen Archäologischen Institut untergebracht worden war, logierte es nach mehreren Zwischenstationen seit 1895 in der Via della Dogana Vecchia im Stadtzentrum im zweiten Stockwerk des einer Freimaurerloge gehörenden Palazzo Giustiniani, wo es mit Unterbrechungen bis 1926 verblieb.[126] Obwohl Kehr nach seiner Übernahme der Direktion weitere Räumlichkeiten anmietete, erwies sich die Unterbringung immer wieder als unzureichend und wurde von ihm als Institutsleiter beklagt, was insbesondere mit der rapide wachsenden Bibliothek zusammenhing, die 1906 bereits acht Zimmer umfasste.[127] Kehr strebte daher einen Neubau für das Institut an, der auf dem Gelände der 1908 durch den preußischen Staat erworbenen Villa Bonaparte (auch Villa Paolina genannt) entstehen sollte, dann aber abgelehnt wurde, um das Ensemble der Villa nicht zu zerstören. Die Villa Bonaparte beherbergte stattdessen fortan die preußische Gesandtschaft beim Heiligen Stuhl.[128] Zum Kauf dieser römischen Villa war es gekommen, nach-

---

124 Vgl. Harnack an die Mitglieder des Beirats am 25.12.1905 und Koser an Harnack am 20.02.1906 (a.a.O., K 21, Mp. PHI, o.Bl.); s. dazu auch *Elze*, Das DHI 1888–1988, 14 und *Goldbrunner*, Von der Casa Tarpea, 49f. Vgl. die von Soden erstellten Seminarprotokolle, die *Wischmeyer*, Aus der Werkstatt Harnacks ediert hat.

125 Harnack nutzte die Präsenz von Sodens in Rom auch dazu, um von ihm kleinere Recherchen in den dortigen Archiven und Bibliotheken für eigene Forschungen durchführen zu lassen (vgl. Harnack an Kehr am 19.11.1906, in: DHI Rom, Archiv, R1, Ältere Registratur, Hefter Nr. 9: B 4, Bd. 1, Bl. 25[rv]).

126 Vgl. *Elze*, Das DHI 1888–1988, 5 und *Goldbrunner*, Von der Casa Tarpea, 34f.

127 Vgl. ebd., 54.

128 Vgl. *Wille*, Die Villa Bonaparte in Rom, *Goldbrunner*, Von der Casa Tarpea, 55 und *Windholz*, Et in academia ego, 308f.

dem Althoff 1904 bei dem Berliner Architekten Bernhard Sehring ein Gutachten über die bauliche Unterbringung des PHI und mögliche Kaufobjekte hatte anfertigen lassen, das er Harnack weiterleitete.[129] Sehring hatte darin v.a. auf die feuerschutztechnisch unzureichende Unterbringung der Institutsbibliothek im Palazzo Giustiniani hingewiesen. Für das Institut fordert auch er deshalb eine neue Unterbringung, die s.E. durch einen „Umbau der südlichen Bauten beim Palazzo *Kafarelli*", einem im 16. Jahrhundert auf dem kapitolinischen Hügel erbauten Palast, der seit dem Anfang des 19. Jahrhunderts die Preußische Gesandtschaft beim Heiligen Stuhl beherbergte, erreicht werden sollte.[130] Da auch eine Unterkunft für deutsche Künstler in Rom gefunden werden musste, nannte Sehring mehrere Palazzi in Rom und Umgebung, die sich für Künstlerateliers und Ausstellungsräume eigneten und zum Verkauf standen. Zu ihnen gehörten die Villa von Alfred Strohl-Fern, in der Sehring selbst gearbeitet hatte und auf deren Grundstück er nach einem Ankauf durch das Deutsche Reich eine Kunstakademie bauen lassen wollte,[131] und die Villa Patrizi vor der Porta Pia, die jedoch beide zu teuer waren, sowie schließlich die Villa d'Este in Tivoli. Während keines dieser Grundstücke bzw. Häuser vom preußischen Staat gekauft wurde, erwarb man für deutsche Künstler die Villa Massimo bei Rom. Außerdem wurde ihnen eine Erholungsstätte in der Villa Falconieri in Frascati zur Verfügung gestellt, die der Bankier Ernst von Mendelssohn-Bartholdy auf Vermittlung Althoffs Wilhelm II. 1907 geschenkt hatte, nachdem der Kaiser den Ministerialdirektor bereits auf seiner Italienreise im Frühjahr 1905 beauftragt hatte, eine Unterkunft für deutsche Künstler in Rom zu finden.[132]

Zu dem von Sehring angeregten Umbau auf dem Kapitolhügel kam es nicht, weshalb sich Harnack und Althoff weiter über die Unterbringung des Instituts austauschten, während sich der Institutsdirektor Paul Fridolin Kehr gleichzeitig um

129 Vgl. Sehring an Althoff am 05.03.1904 (Nr. 228, *Briefwechsel*). Zu Harnacks Beteiligung an dem Erwerb der Villa s. auch *Zahn-Harnack*, Harnack, 380.

130 Nr. 228, *Briefwechsel*.

131 Die Villa Strohl-Fern war von dem Bildhauer und Mäzen Alfred Strohl-Fern als Ort eingerichtet worden, an dem Künstler verschiedener Nationen zusammenkommen sollten. Dieses Vorhaben konnte auch teilweise realisiert werden (vgl. *Windholz*, Et in academia ego, 284–293 und *Thomé*, Utopie des Strohl-Fern, bes. 172–201 zur preußischen Nutzung und Sehrings Plänen).

132 Vgl. den maschinenschriftlichen Bericht Althoffs über seinen Aufenthalt in Wilhelmshöhe vom 20.08.1905 (in: GStA PK, VI. HA, NL Althoff, Nr. 417, Bl. 72^{r}–73^{v}: 72^{rv}); s. dazu *Goldbrunner*, Von der Casa Tarpea, 55, 57. Zur Villa Falconieri s. *Elze*, Das DHI 1888–1988, 15, *Matheus*, Disziplinenvielfalt, 28–36, *Windholz*, Et in academia ego, 305–308 sowie die Akten im Geheimen Zivilkabinett in: GStA PK, I. HA, Rep. 89, Nr. 13263, im NL Althoff, Nr. 528 und im NL Schmidt-Ott, Nr. 224; s. auch Kopp an Althoff am 22.08.1905 (a.a.O., NL Althoff, Nr. 651, Bl. 55^{r}). Zur Villa Massimo vgl. *Windholz*, Et in academia ego, 314–335.

geeignete Grundstücke bemühte.[133] Althoff reiste 1906 sogar selbst zusammen mit Kultusminister von Studt, Finanzminister von Rheinbaben und Schmidt-Ott nach Rom, um geeignete Grundstücke zu begutachten.[134] Doch der preußische Staat kaufte, nachdem sich der Neubau auf dem Grundstück der Villa Bonaparte als unrealistisch erwiesen hatte, erst 1913 von der Stadt Rom ein Grundstück in der Valle Giulia für das Historische Institut, auf dem ein Neubau geplant war, zu dem es aufgrund des Ausbruchs des Ersten Weltkriegs nicht mehr kam.[135]

1.2.6 Abschließende Beobachtungen

Die Reorganisation des Preußischen Historischen Instituts ebenso wie die Neugründung eines kunsthistorischen Instituts der Kaiser-Wilhelm-Gesellschaft, der Hertziana, spiegeln das deutsche bzw. preußische Streben nach einer Vormachtstellung in der internationalen Wissenschaft wider.[136] Doch die Etablierung des Historischen Instituts in Rom hatte von Anfang an nicht nur national-, sondern auch konfessionspolitische Implikationen. Sie verdeutlichte den Konkurrenzkampf zwischen Berlin und Wien, zwischen Protestantismus und Katholizismus, zwischen protestantischem Kaisertum der Hohenzollern und katholischem Kaisertum der Habsburger. Dieser zeigte sich an der Konkurrenz der Institute in Rom und an dem Wettlauf um die Erstauslegung der Quellen wie auch an den großen akademischen Editionsvorhaben der *Lateinischen Kirchenväter* in Wien und der *Griechischen Kirchenväter* in Berlin. Man fürchtete in Berlin, dass die katholischen Historiker französischer – auch mit der École française de Rome stand das PHI in Konkurrenz[137] – und österreichischer Provenienz sich der Quellen zur Reformationsgeschichte bemächtigten würden, bevor die protestantische Historikerschaft Preußens unmittelbaren Zugang zu diesen Quellen erhalte. Zugleich bestand auch die Sorge, dass der Vatikan der preußischen Unternehmung mit Skepsis begegnen werde, weil er fürchte, dass die Edition der Nuntiaturberichte des 16. Jahrhunderts,

---

133 Vgl. Althoff an Harnack am 22.04.1905 und Harnack an Althoff am 26.04.1905 (Nrn. 262 und 264, *Briefwechsel*), Kehr an Althoff am 16. und 29.10.1905 (in: GStA PK, VI. HA, NL Schmidt-Ott, Nr. 1898, o.Bl.) sowie am 30.11.1905 (a.a.O., NL Althoff, Nr. 793, Bl. 111^{r}–112^{v}).

134 Vgl. Althoffs Bericht vom 27.04.1906 über die „Ergebisse der Romfahrt" (in: GStA PK, I. HA, Rep. 89, Nr. 13259, Bl. 116^{r}–119^{v}, bes. 118^{r} zum PHI); s. dazu *Windholz*, Et in academia ego, 307f. und *Dorrmann*, Eduard Arnhold, 173.

135 Vgl. ebd., 174, *Goldbrunner*, Von der Casa Tarpea, 55f. und *Windholz*, Et in academia ego, 312–314. Nach 1908 beschäftigte Friedrich Schmidt-Ott die Frage der Unterbringung des PHI (vgl. die Akten, in: GStA PK, VI. HA, NL Schmidt-Ott, Nr. 224).

136 So auch *Matheus*, Disziplinenvielfalt, 9.

137 Vgl. dazu *Duchesne*, École française de Rome.

aus der die Arbeit des Instituts in den ersten Jahren bestand, Preußen mit neuem Material für den Kulturkampf, der gerade erst im Abklingen begriffen war, versorgen werde.[138] Daher war die Besetzung der Institutsdirektion mit Aloys Schulte als erstem katholischen Direktor des PHI insofern ein Politikum, als sie ihn nicht nur für dessen ausgebliebene Berufung nach Straßburg anstelle Martin Spahns entschädigen, sondern auch das Zentrum beruhigen sollte.[139] Die Kritik an Schulte während seiner Amtszeit zeigt zugleich, dass seine Konfession in der preußischen Verwaltung und unter den Historikern und Kirchenhistorikern Zweifel an seiner wissenschaftlichen Unabhängigkeit schürte, wie die überaus harsche und diffamierende Denkschrift von Johannes Haller vom September 1902 anschaulich vor Augen führt.[140] Der evangelische Paul Fridolin Kehr kam den Berlinern viel mehr zupass, war ihnen zum Teil aber wegen seiner guten Beziehungen zu den römisch-katholischen „Monsignori", wie Harnack kritisch beobachtete,[141] und den späteren regelmäßigen Audienzen bei Papst Pius XI. ebenfalls suspekt.[142] Althoff hingegen schätzte Kehrs gute Kontakte zum römischen Katholizismus als inoffizielle Informationsquelle über den Papst und die vatikanische Geistlichkeit.[143]

Bei der von Althoff betriebenen Reorganisation des Preußischen Historischen Instituts nahm Adolf Harnack neben dem katholischen Berater Georg Freiherr von Hertling und dem Italien- und Romkenner Paul Fridolin Kehr eine zentrale Position ein, nicht nur weil er dem Ministerialdirektor anfangs offiziös beratend zur Seite stand, sondern auch weil er die Leitung des neu begründeten wissenschaftlichen Beirats des Historischen Instituts übernahm. Durch seine Kenntnis der deutschen und internationalen Hochschullandschaft wie auch durch seine immer bedeutsamer werdende Position auf dem internationalen Parkett der Wissenschaft, die sich auch in seiner Vize- und Ehrenpräsidentschaft beim Historikerkongress in Rom 1903 zeigte,[144] hatte der Kirchenhistoriker sich in Althoffs Augen für diese zentrale Rolle bei der Reorganisation des römischen Instituts qualifiziert. Während zwischen 1901 und 1903 über die Neubesetzung der Institutsleitung mit einem geeigneten Historiker reflektiert wurde, stand parallel die organisatorische Umstruk-

---

138 Vgl. *Burchhardt*, Gründung und Aufbau, 350.

139 Vgl. *Braubach*, Schulte in Rom, 516 und *Burchhardt*, Gründung und Aufbau, 382f.

140 Vgl. Nr. 187.1, *Briefwechsel*.

141 Harnack an Althoff am 06.12.1901 (Nr. 169, *Briefwechsel*).

142 Vgl. *Feldkamp*, Pius XI. und Kehr, der die Berichte, die Kehr für den deutschen Botschafter beim Heiligen Stuhl oder für den preußischen Kultusminister zwischen 1922 und 1932 über seine Audienzen bei Papst Pius XI. verfasste, ediert hat.

143 Vgl. beispielsweise Kehr an Althoff an 16.01.1904 (a.a.O., NL Althoff, Nr. 793, Bl. 83^{r}–84^{v}) nach Althoffs Anfrage bei Kehr am 12.01.1904 (ebd., Nr. 1081, Bl. 62^{r}–63^{v}: 63^{r}).

144 S.u. in diesem Teil, Abschnitt 3.2, S. 435.

turierung durch die Installation eines Kuratoriums und eines wissenschaftlichen Beirats 1902/03 zur Debatte. Darüber hinaus beriet Althoff mit Harnack auch die geplanten Arbeitsprojekte sowie die adäquate Unterbringung des Instituts. Obwohl das Historische Institut Althoff formal nicht unterstellt war, weil es zwischen 1898 und 1913 der Archivverwaltung, also dem Generaldirektor der Preußischen Archive Reinhold Koser, und damit dem Staatsministerium direkt untergeordnet war, förderte der Ministerialdirektor diese Institution in besonderem Maße, weil er in dem römischen Historischen Institut die Möglichkeit erblickte, eine exzellente außeruniversitäre Forschungsstätte auf internationaler Ebene einzurichten, in deren Gründung er bereits involviert gewesen war. Die Konkurrenz mit den in Rom angesiedelten österreichischen und französischen Institutionen und das Streben der deutschen Wissenschaft, sich im internationalen Vergleich Geltung zu verschaffen, motivierte Althoff, wie erwähnt, sich dabei über die Ressortgrenzen hinwegzusetzen.

1.3 Neubesetzung der Direktion der Monumenta Germaniae Historica

Parallel zur Reorganisation des Historischen Instituts in Rom kam auch die von dem preußischen Staatsreformer, Karl Freiherr vom und zum Stein, gegründete Gesellschaft für ältere deutsche Geschichtskunde, die später nach ihren Quelleneditionen kurz *Monumenta Germaniae Historica* (MGH) genannt wurde und die sich seit 1819 der Edition mittelalterlicher Quellen widmete, im Austausch zwischen Althoff und Harnack zur Sprache.[145] Denn als es nach dem Tod des Historikers Ernst Dümmler 1902 die Direktion der MGH wieder zu besetzen galt, ernannte der Staatssekretär des Reichsamts des Innern und Vizekanzler Arthur Graf von Posadowsky-Wehner im September 1902 das Mitglied der Zentraldirektion Oswald Holder-Egger zum kommissarischen Leiter.[146] Die Zentraldirektion der MGH sollte bei ihrer nächsten, für April 1903 geplanten Sitzung über die dauerhafte Besetzung der Direktion debattieren. Obwohl man in den Ministerien hoffte, dass die Versammlung Holder-Egger ohne Weiteres bestätigen würde, erstellte man eine Liste möglicher Kandidaten, die für den Posten des Direktors der MGH in Frage kämen.

145 Zur Geschichte der MGH vgl. *Bresslau*, Geschichte MGH, *Grundmann*, Monumenta Germaniae, *Fuhrmann*, Gelehrtenleben, *Mentzel-Reuters u.a.*, Phönix aus der Asche und *Bünz*, MGH. Ein historischer Abriss.

146 Zur Neubesetzung der Direktion der MGH vgl. *Bresslau*, Geschichte MGH, 710–718, *Fuhrmann*, Gelehrtenleben, 56–58 und *Bünz*, MGH. Ein historischer Abriss, 18f.

Wahrscheinlich war es diese Liste, die Althoff mit Harnacks Unterstützung zu beeinflussen suchte, als er mit dem Kirchenhistoriker im Februar 1903 über die Besetzung der MGH-Direktion sprach.[147] Da der Ministerialdirektor, wie auch Theodor Mommsen, den Mittelalterhistoriker Oswald Holder-Egger als ungeeignet für die Direktion erachtete, hielt er nach alternativen Kandidaten Ausschau.[148] Harnack schlug ihm einen seiner Schüler, den Breslauer Kirchenhistoriker Karl Müller, als Kandidaten vor.[149] Um Müller bei der Wahl durchsetzen zu können, sprach Harnack mit Reinhold Koser, dem Generaldirektor der preußischen Staatsarchive und Mitglied der Zentraldirektion der MGH, und beabsichtigte auch den Rechtshistoriker Heinrich Brunner, ebenfalls ein Mitglied der Zentraldirektion, über den Vorschlag in Kenntnis zu setzen.

Da sich bei der Sitzung im April 1903 keine Mehrheit für einen Kandidaten, auch nicht für Holder-Egger, fand,[150] betrieb das Reichsamt des Innern, das für die *Monumenta* zuständig war, wie auch Althoff die Suche nach einem geeigneten Direktor weiter. Harnack riet Althoff, noch einmal dem Berliner Historiker Max Lenz die kommissarische Direktion anzutragen, der nach Einschätzung Harnacks nun doch zu einer Übernahme des Amtes bereit sei, nachdem er das Angebot zuerst abgelehnt zu haben schien.[151] Neben den von Harnack und Althoff erwogenen Kandidaten machte sich auch der Historiker und seit August 1903 in Rom amtierende Direktor des Preußischen Historischen Instituts, Paul Fridolin Kehr, im Sommer 1903 Hoffnungen auf das Amt des MGH-Direktors, wurde aber nicht Erwägung gezogen.[152] Obwohl Harnack selbst zwischenzeitlich überlegt hatte, für die Direktion zu kandidieren, schloss er seine Bewerbung schließlich im Oktober 1903 nach reiflicher Überlegung aus, weil er nicht davon ausging, dass er in der Position „etwas Befrie-

147 Vgl. Harnack an Althoff am 13.02.1903 (Nr. 201, *Briefwechsel*).

148 Vgl. *Bresslau*, Geschichte MGH, 712.

149 Vgl. Harnack an Althoff am 13.02.1903 (Nr. 201, *Briefwechsel*).

150 Vgl. *Bresslau*, Geschichte MGH, 711f.

151 Vgl. Harnack an Althoff am 16.07.1903 (Nr. 214, *Briefwechsel*). In den Akten Althoffs finden sich jedoch keine Briefe von Max Lenz, die sich zur Direktion der MGH äußern (in: GStA PK, VI. HA, NL Althoff, Nr. 826).

152 Zu Kehrs Überlegungen, die Leitung der Monumenta Germaniae anzustreben s. *Braubach*, Schulte in Rom, 554f., *Burchhardt*, Gründung und Aufbau, 379, Anm. 139 sowie Kehr an Harnack am 05.08.1903 (Nr. 216.1, *Briefwechsel*). Im September 1902 und November 1903 verfasste Kehr außerdem Denkschriften zur Neustrukturierung der Monumenta Germaniae (vgl. Kehrs Gutachten vom 24.09.1902 [in: GStA PK, VI. HA, NL Althoff, Nr. 265, Bl. 26^r–29^v] und vom 13.11.1903 sowie Althoff an Kehr am 05.11.1903 [ebd., NL Kehr, Nr. 88, Bl. 12^r–13^v; 7^r] und Kehr an Althoff am 24.09.1902, 08.10.1902, a.a.O., Nr. 265, Bl. 24^r–25^v; 32^{rv}).

digendes leisten werde".[153] Althoff hatte dem Theologen 1903 die Direktion der MGH offenbar angetragen, weil er ihn als geeigneten Leiter eines der bedeutendsten geschichtswissenschaftlichen Unternehmen im Deutschen Reich erachtete.

In dieser Situation einer personellen Krise kamen auch Fragen nach der Konzeption der *Monumenta* zur Sprache, die durch die Forderung der Historikerschaft von 1901, das Preußische Historische Institut in Rom in eine Reichsanstalt umzuwandeln, forciert worden waren.[154] Neben anderen Historikern verfasste auch der Münchner Historiker Hermann Grauert eine Denkschrift für den bayerischen Kultusminister Anton von Wehner, die Althoff Harnack weiterleitete.[155] Sie enthielt die mit der Anregung von 1901 in Zusammenhang stehende Forderung, ein Historisches Zentralinstitut für Preußen in Berlin und eines für Bayern in München zu gründen, das auch den akademischen Nachwuchs in der Geschichtswissenschaft fortbilden solle. Dieses national ausgerichtete Zentralinstitut sollte organisatorisch eng mit den *Monumenta Germaniae Historica*, dem Preußischen Historischen Institut in Rom, der Historischen Kommission bei der Königlichen Akademie der Wissenschaften in München und dem Institut für österreichische Geschichtsforschung in Wien verbunden sein, um die deutsche Geschichte seit dem Mittelalter zu erforschen. Harnack lehnte, wie auch andere Historiker, ein solches historisches Zentralinstitut für Deutschland ab, weil er es für „verfrüht" hielt, bevor nicht in Preußen ein eigenes, gut funktionierendes „Institut für mittelalterliche Geschichte" bestehe.[156] Die Diskussion um Programm und Struktur der MGH wurde erst einmal nicht weitergeführt, nachdem die Personalfrage gelöst worden war. Denn 1905 wählte die Zentraldirektion den Generaldirektor der Preußischen Archive Reinhold Koser, dessen

153 Harnack an Althoff am 15.10.1903 (Nr. 218, *Briefwechsel*); s. dazu *Dorsch*, Harnacks Ernennung, 161–167 und *Rebenich*, Mommsen-Harnack, 121 mit Anm. 122. Nachdem Harnack Paul Fridolin Kehr Ende September 1903 bei einem Besuch in Berlin noch angedeutet hatte, dass er erwäge, zu kandidieren (vgl. Kehr an Althoff am 28.09.1903, a.a.O., NL Althoff, Nr. 793, Bl. 78^{r}–79^{r}: 78^{r}), entschied er sich im Oktober 1903 doch dagegen. Vgl. Harnack an Kehr am 02.10.1903: „In der Sache M[onumenta] sind doch Schwierigkeiten, die mir unüberwindlich scheinen, wenn ich auch einsehe, daß ich in mancher Hinsicht nützlich sein könnte, vor allem in futurum." (a.a.O., NL Kehr, Nr. 14, Bl. 234^{rv}) und am 29.10.1903: „Für die ‚Monumenta' habe ich mich nicht zu entschließen vermocht. Man wird wohl ein Interregnum sine capite schaffen und einstweilen Gutachten über Verbesserungen und Organisation einholen." (ebd., Bl. 235, 236).

154 Vgl. *Bresslau*, Geschichte MGH, 713f. Zur Debatte um die Umwandlung des PHI s.o. in diesem Teil, Abschnitt 1.2.2, S. 362.

155 Vgl. Grauerts Denkschrift vom 01.04.1904 mit Harnacks Kommentar von Juli 1904 (Nr. 236, *Briefwechsel*).

156 Ebd.

Kandidatur zuvor zwischen dem Reichsamt des Innern und dem Interimsdirektor Holder-Egger verabredet worden war, zu ihrem Vorsitzenden.[157]

Die Debatten um die Neubesetzung der Direktion der *Monumenta Germaniae Historica* 1903 und ihre konzeptionelle Ausrichtung, in denen Althoff Harnacks Rat einholte und ihn als Kandidaten anfragte, zeigen, wie schon bei der Reorganisation des Preußischen Historischen Instituts und wie beim zeitgleich stattfindenden Internationalen Historikerkongress in Rom, in welchem Maße Althoff den Berliner Kirchenhistoriker als einen den Historikern der philosophischen Fakultäten ebenbürtigen Historiker ansah und ihn für die Organisation geschichtswissenschaftlicher Bereiche als Berater involvierte.

1.4 Teilung des Kultusministeriums

Um die außeruniversitäre Forschung effizienter verwalten zu können, plante Friedrich Althoff, das preußische Kultusministerium, das seit seiner Gründung 1817 stetig neue Aufgabenbereiche hinzugewonnen hatte, in seiner Struktur zu reorganisieren und aufzuteilen. Die ältesten Pläne datieren auf das Frühjahr 1904, als er diese Frage mit dem Berliner Philosophen Wilhelm Dilthey erörterte.[158] Er griff die Thematik im August 1905 erneut auf, als während seines Aufenthalts in Wilhelmshöhe bei der kaiserlichen „Frühstückstafel" über das Kultusministerium diskutiert wurde.[159] Er legte Wilhelm II. die Adolf Harnack bereits „bekannten Gesichtspunkte" dar, die eine Abtrennung einer „Abtheilung für Wissenschaft und Kunst" vorsahen und vom Kaiser „sehr beifällig" aufgenommen wurden.[160] Diese Abteilung, die 1907 nach Althoffs Austritt aus dem Kultusministerium gegründet und Friedrich Schmidt-Ott unterstellt wurde, sollte zukünftig neben den Museen auch die außeruniversitären wissenschaftlichen Institute verwalten. Zeitgleich zu Althoffs Audienz beim Kaiser verfasste Dilthey auf Wunsch des Ministerialdirektors eine weitere Denkschrift zu der Frage, warum die kirchlichen Angelegenheiten von der Verwaltung des Unter-

157 Vgl. *Bresslau*, Geschichte MGH, 718.

158 Vgl. Dilthey an Althoff am 07.04.1904 (abgedruckt bei *Herrmann*, Gutachten Diltheys, 109f. und *Dilthey*, Briefwechsel 1896–1905, 411f.; Abschrift in: GStA PK, VI. HA, NL Althoff, Nr. 427, Bl. 38–40). Zu Althoffs Teilungsplänen und Harnacks Beteiligung daran s. *Burchardt*, Adolf von Harnack, 224f., *Brocke*, Großbetrieb, 82f., *Rebenich*, Mommsen-Harnack, 123, *BBAW*, Behörde und ihr Personal, Acta Borussica 1.1, 79–84 und *Kampmann*, Harnack zur „Frauenfrage", 360–365.

159 Vgl. Althoff an Harnack am 04.09.1905 (Nr. 273, *Briefwechsel*).

160 Ebd.

richtswesens getrennt werden sollten.[161] Darin sprach er sich, nachdem er erläutert hatte, warum die kirchlichen Angelegenheiten im Kultusministerium verwaltet würden, für ein Unterrichtsministerium und ein Ministerium für geistliche Angelegenheiten, Wissenschaft und Kunst aus.[162]

Als Anfang des Jahres 1907 bekannt wurde, dass Kultusminister Konrad von Studt zurücktreten werde, was im Juni desselben Jahres geschah, nutzte Althoff die günstige Gelegenheit, um seine lang gehegten Teilungspläne zu realisieren.[163] Da er mit Harnack erneut darüber beraten wollte, sandte er diesem die erwähnte Denkschrift Diltheys sowie ein Gutachten des Juristen Conrad Bornhak vom September 1906 zu.[164] Harnack sprach sich auf dieser Grundlage ebenfalls für ein Unterrichtsministerium aus, das die Schulaufsicht des Staates über das gesamte Unterrichtswesen garantiere. Damit spielte er nebenbei auf die aktuelle, im März 1907 nochmals im Preußischen Abgeordnetenhaus debattierte Frage der Schulaufsicht an, bei der es darum ging, ob der Staat oder die Kirche für die Aufsicht der Schulen, v.a. der Volksschulen zuständig sei.[165] Diese Frage war seit den 1870er Jahren immer wieder hitzig diskutiert worden. Die Konservativen und das Zentrum wollten den althergebrachten Einfluss beider Konfessionskirchen auf die Volksschule stärken, während liberale Politiker aller Richtungen sich für eine rein staatliche Schulaufsicht über die Volksschulen aussprachen. 1904 und 1906 wurde das Verhältnis schließlich dahingehend geregelt, dass zwar die bürgerlichen und nicht mehr die kirchlichen Gemeinden für den Schulerhalt zuständig waren, dass aber die Schulen konfessionell einheitlich ausgerichtet sein mussten.[166] Im März 1907 wurde in einem weiteren Antrag gefordert, die Schulaufsicht Fachmännern und nicht den Kirchen zu über-

---

161 Vgl. Diltheys Denkschrift vom 15.08.1905 (abgedruckt bei *Herrmann*, Gutachten Diltheys, 110–123 sowie a.a.O., NL Althoff, Nr. 427, Bl. 43–72); s. auch Dilthey an Althoff am 22.08.1905, ebd., Bl. 41^{rv} (nicht in der Edition *Dilthey*, Briefwechsel 1905–1911 enthalten).

162 So auch schon in seinem Brief vom 07.04.1904, abgedruckt bei *Herrmann*, Gutachten Diltheys, 109 und in seinem Brief an Althoff vom 19.10.1907, abgedruckt bei *Dilthey*, Briefwechsel 1905–1911, 151.

163 Vgl. den Harnack von Althoff weitergeleiteten Artikel aus der *Täglichen Rundschau* vom 19.05.1906 (Nr. 306), Harnack an Althoff am 01.02.1907 (Nr. 328) sowie Althoff an Harnack am 23.03.1907 (Nr. 335, *Briefwechsel*; abgedruckt bei *BBAW*, Behörde, Dokumente, Acta Borussica 1.2, 137–139, Nr. 25d).

164 Vgl. Althoffs Notiz: „An Harnack mitgegeben die Aufsätze von Bornhak u[nd] Dilthey. A 30/1 07.", Bornhaks Denkschrift vom 24.08.1906 (abgedruckt bei *BBAW*, Behörde, Dokumente, Acta Borussica 1.2, 126–131, Nr. 25a), sowie Nr. 328, *Briefwechsel*.

165 Vgl. die Nrn. 328, *Briefwechsel* und 335, *Briefwechsel*; s. dazu *Studt und die geistliche Schulaufsicht 1907*, *Huber*, Dt. Verfassungsgeschichte, Bd. 4, 902–906 und *Goebel*, Auseindersetzung um konfessionelle Schule.

166 Vgl. ebd., 381–383.

lassen, der aber am Widerstand der Konservativen und des Zentrums scheiterte.[167] An diesem Beispiel zeigt sich erneut Harnacks liberale politische Position, die einen starken Staat und daher eine staatliche Schulaufsicht favorisierte, worin ihm Althoff zustimmte.[168]

Des Weiteren votierte Harnack dafür, die Abteilung für die geistlichen Angelegenheiten und diejenige für die Medizinalia vom zukünftigen Unterrichtsministerium abzutrennen, obwohl er prognostizierte, dass die Separation der kirchlichen Verwaltung angesichts der vorauszusehenden Widerstände kaum zu realisieren sein werde.[169] Gegen ein Ministerium der geistlichen Angelegenheiten, aus dem das Schulwesen ausgegliedert werden würde, war deshalb Protest zu erwarten, weil die Kirchen, wie erwähnt, dafür stritten, die Schulaufsicht in ihrer Hand zu behalten.

Althoff plante hingegen eine nuanciert andere Neustrukturierung des Kultusministeriums. Zuerst sollten die Abteilungen für Wissenschaften (ohne die Universitäten) und Kunst zu einem eigenen Ministerium zusammengeführt und erst später die Abteilung für die geistlichen Angelegenheiten dem Innenministerium zugewiesen werden.[170] Für die Leitung des neuen „Wissenschaftsministeriums" setzte er Harnack an erste Stelle, über dessen Ernennung bereits im Mai 1906 spekuliert worden war.[171] Zu einer offiziellen Nominierung kam es jedoch nicht, da bereits feststand, dass der Kirchenhistoriker nicht als Nachfolger Studts zur Debatte stehe.[172] Althoff hatte sich von einem Minister Harnack v.a. eine größere Liberalität im Staatsministerium und eine leichtere Mittelvergabe erhofft.[173] Harnack zeigte sich durchaus erleichtert, dass er nicht mehr für das Ministeramt in Frage komme.[174] Sowohl persönlich-familiäre Gründe als auch die Althoffsche Konzeption des neuen Ministeriums sprachen für ihn gegen die Übernahme dieses Amtes.[175]

Parallel zu den Gesprächen mit Harnack tauschte sich Althoff auch mit dem Hallenser Juristen Edgar Loening aus, den er noch aus Straßburger Tagen kannte

---

167 Vgl. die Protokolle der Debatten vom 15. und 16.03.1907 (abgedruckt bei *Studt und die geistliche Schulaufsicht 1907*).

168 Vgl. dessen Äußerung in Nr. 335, *Briefwechsel*.

169 Vgl. Nr. 328, *Briefwechsel*; so auch in Nr. 334, *Briefwechsel*.

170 Vgl. Nr. 335, *Briefwechsel*.

171 Vgl. die Zeitungsartikel, in: GStA PK, VI. HA, NL Althoff, Nr. 429 sowie die Nrn. 306 und 309, *Briefwechsel*.

172 Vgl. den Brief Theodor Schiemanns an Althoff vom 20.03.1907 (Nr. 335.1, *Briefwechsel*), den der Ministerialdirektor Harnack am 23.03.1907 weiterleitete (vgl. Nr. 335, *Briefwechsel*).

173 Vgl. Nr. 335, *Briefwechsel*.

174 Vgl. Harnack an Althoff am 26.03.1907 (Nr. 337, *Briefwechsel*).

175 Vgl. die Nrn. 337, *Briefwechsel* und 338, *Briefwechsel*.

und der ihm eine weitere Denkschrift lieferte, die mit den Teilungsplänen Althoffs im Wesentlichen übereinstimmte.[176]

Während Althoff die Teilungspläne weiter aus der Kur in Meran betrieb, war Harnack nach Rapallo gereist, wo er zehn Tage in Begleitung seiner Tochter Agnes weilte, um dem preußischen Ministerpräsidenten und deutschen Reichskanzler Bernhard von Bülow und dessen Frau Gesellschaft zu leisten (s. Abb. 1.1). Harnack sollte diese Treffen mit Bülow nutzen, um für Althoff dem Reichskanzler aktuelle Projekte zu präsentieren, zu denen neben den Teilungsplänen auch die Mädchenschulreform gehörten.[177] Allerdings scheint es Harnack nur bei wenigen Gelegenheiten gelungen zu sein, die für Althoff drängenden Fragen anzusprechen, während es bei den meisten Begegnungen vielmehr um innenpolitische Themen ging.[178] Bei den Gesprächen, in denen Harnack den Reichskanzler über Althoffs Teilungspläne informierte, gewann der Kirchenhistoriker den Eindruck, dass Bülow dieses Vorhaben derzeit nicht unterstützen werde, da die innenpolitische Parteienkonstellation, d.h. der Block aus Konservativen und Liberalen, es nicht zulasse.[179] Die Liberalen hatten nämlich bereits seit einiger Zeit die Separation der kirchlichen von den hochschul- und wissenschaftsorganisatorischen Angelegenheiten gefordert, sich damit aber bei den Konservativen nicht durchsetzen können, wie die erwähnte Debatte über die Schulaufsicht im März 1907 veranschaulichte.[180] Deswegen kam es wahrscheinlich auch nicht zu einer expliziten Unterhaltung über die Teilung des Kultusministeriums.[181] Das Interesse des Reichskanzlers bestätigte Althoff zeitgleich dessen Vortragender Rat in der Reichskanzlei, Friedrich Wilhelm von Loebell, nachdem er die Briefe Harnacks und Loenings gelesen hatte.[182] Um Althoff keine direkte Absage zu erteilen, verwies er ihn auf ein späteres Gespräch in Berlin.

Im Zusammenhang der Treffen mit Bülow äußerte Harnack Kritik an Althoffs Plan, ein Ministerium für Wissenschaft, Kunst und eventuell Technik auszugliedern,

---

176 Vgl. Loening an Althoff am 24. und 27.02.1907 (a.a.O., NL Althoff, Nr. 427, Bl. 100; 98–99), die Denkschrift Loenings vom 27.02.1907 (Nr. 336.1) als Anlage zu Althoffs Brief vom 24.03.1907 (Nr. 336, *Briefwechsel*) sowie Althoff an Loening am 14.03. und Loening an Althoff am 26.03.1907 (a.a.O., Nr. 427, Bl. 136, 137; 144–150).

177 Vgl. Harnack an Althoff am 26. und 28.03. sowie am 05. und 10.04.1907 (Nrn. 337, 338, 339 und 341, *Briefwechsel*); s. auch Althoff an Schmidt-Ott am 24.03.1907 (in: GStA PK, VI. HA, NL Schmidt-Ott, Nr. 145, Bl. 107[rv]).

178 Vgl. Harnack an Althoff am 05.04.1907 (Nr. 339, *Briefwechsel*).

179 Vgl. Harnack an Althoff am 26., 28.03. und am 05.04.1907 (Nrn. 337–339, *Briefwechsel*).

180 Vgl. *BBAW*, Behörde und ihr Personal, Acta Borussica 1.1, 38, 77f. und Nr. 306, *Briefwechsel*.

181 Vgl. Nr. 339, *Briefwechsel*.

182 Vgl. Loebell an Althoff am 13.03.1907 (a.a.O., NL Althoff, Nr. 427, Bl. 130–133). Zu Loebell s. *Winzen*, Loebell.

Abb. 3: Adolf Harnack (erster von links) mit Bernhard von Bülow (zweiter von links) und Rudolf von Renvers (vierter von links) bei einem Spaziergang bei Rapallo (Italien) im März 1907. Fotograf: Unbekannt. Veröffentlicht am 7.4.1907 in der Berliner Illustrierten Zeitung, 16. Jahrgang.

weil er fürchtete, dass die anderen Ministerien es als zu unbedeutend erachten würden.[183] Da die Teilung des Ministeriums vorerst aufgeschoben wurde, wiederholte er seine Kritik an dieser Aufteilung nochmals, beließ es aber auch dabei, weil er sich kurzfristig wenig Erfolg für seine Bemühungen versprach.[184] Wahrscheinlich tauschte er sich zuletzt noch einmal Ende Mai mit Althoff über die Teilungspläne aus.[185]

An Althoffs Plänen, die er mit Dilthey, Bornhak, Harnack, Loening und Loebell besprach, wird deutlich, dass er die Reorganisation des Kultusministeriums als eine langfristige Aufgabe auffasste, die zwar bald begonnen, aber nicht unbedingt direkt abgeschlossen werden müsse. Auch in den folgenden Monaten bis zu seinem Rücktritt im September 1907 beschäftigte Althoff sich noch mit den Teilungsplänen.[186] Im Unterschied zu Harnack plante er ein „Wissenschaftsministerium", das sich mit der außeruniversitären Forschung und Kunst beschäftigen sollte, während die Universitäten in das Ministerium für die Schulverwaltung eingegliedert würden. Diese Konzeption verdeutlicht nochmals die Auffassung des Ministerialdirektors, dass Spitzenforschung am besten unabhängig vom universitären Lehrbetrieb zu geschehen habe.

183 Vgl. Nr. 338, *Briefwechsel*; so auch Bornhak in seinem Gutachten (abgedruckt bei *BBAW*, Behörde, Dokumente, Acta Borussica 1.2, 129–131, Nr. 25a).

184 Vgl. Harnack an Althoff am 10.04. und 01.05.1907 (Nrn. 341, *Briefwechsel* und 342, *Briefwechsel*).

185 Vgl. Althoff an Unbekannt [Harnack] am 26.05.1907 sowie Althoffs Notizen vom 27.05.1907 (Nrn. 346 und 347, *Briefwechsel*).

186 Vgl. *Sachse*, Althoff, 156f., der über eine Korrespondenz mit dem Fürstbischof von Breslau Georg von Kopp in dieser Sache berichtete.

Zu einer Teilung der Kultusministeriums in Althoffs Sinne kam es insofern, als nach seinem Ausscheiden Ende September 1907 die erste Unterrichtsabteilung in zwei Abteilungen aufgeteilt und eine dritte gegründet wurde. Derjenigen für die Hochschulen stand Otto Naumann, derjenigen für den höheren Unterricht der Unterstaatssekretär Hermann Wever und der neu gegründeten Abteilung für Kunst und Wissenschaft Friedrich Schmidt-Ott vor.[187] Zwischen 1911 und 1913 teilte man außerdem die Leitung der Abteilung für geistliche Angelegenheiten, die sowohl die evangelische als auch die katholische Kirche verwaltete, zwischen dem genannten Schmidt-Ott und dem Ministerialdirektor Hermann von Chappuis auf.[188] Schließlich wurde die Medizinalabteilung 1910 aus dem Kultusministerium ins Innenministerium überführt, um die Arbeitslast des Kultusministeriums zu reduzieren. Durch die Reduktion der Arbeitslast konnte verhindert weredn, dass die Liberalen die Ausgliederung der geistlichen Abteilung durchsetzten.[189] In der Abteilung für Wissenschaft und Kunst strebte Friedrich Schmidt-Ott seit 1907 danach, das Althoffsche Erbe fortzusetzen. Das vermutlich bedeutsamste Projekt dieser Abteilung war die Gründung der *Kaiser-Wilhelm-Gesellschaft zur Förderung der Wissenschaften*, das auf den Plänen basierte, die Althoff seit der Jahrhundertwende für den Ausbau der Domäne Dahlem bei Berlin hegte.

1.5 Ausbau der Domäne Dahlem

Die Grundstücke auf dem Gebiet der Domäne Dahlem, auf der auch eine Villenkolonie entstehen sollte,[190] zogen um die Jahrhundertwende das Interesse des Kultusministeriums wie der Berliner Wissenschaftsorganisatoren auf sich. Im Frühjahr 1901 hatte Wilhelm II. daher eine „Kommission zur Aufteilung der Domäne Dahlem“ gründen lassen, in der Althoff Mitglied war und in die Harnack 1910 berufen wurde.[191] In der gesamten staatlichen Verwaltung prüfte man daher bei diversen Instituten und behördlichen Einrichtungen, wie beispielsweise dem Kaiserlichen Statistischen Amt oder der Preußischen Landesaufnahme, einer für die Kartogra-

187 Vgl. *Brocke*, System Althoff, 23, Tabelle 1, *BBAW*, Behörde und ihr Personal, Acta Borussica 1.1, 35f. und *Lüdicke*, Preußische Kultusminister, Beilage II.

188 Vgl. ebd.

189 Vgl. *BBAW*, Behörde und ihr Personal, Acta Borussica 1.1, 37–39.

190 Vgl. den Erlass Wilhelms II. vom 25.03.1901 (Abschrift in: GStA PK, VI. HA, NL Althoff, Nr. 170, Bl. 3–5); s. dazu *Burchardt*, Adolf von Harnack, 225. Es wurde auch überlegt, Grundstücke der Domäne Dahlem mit Künstlerheimen zu bebauen (vgl. a.a.O., NL Althoff, Nr. 636, Bl. 123–127).

191 Vgl. den Erlass Wilhelms II. vom 25.03.1901 (Abschrift a.a.O., Nr. 170, Bl. 3^r–5^r) und die Akten, in: SBB PK, NL Harnack, K 22, Mp. Domäne Dahlem, o.Bl.

fierung und Vermessung zuständigen Behörde, ob sich ein Umzug nach Dahlem rentieren würde.[192] Althoff erwog angesichts der geplanten Neuanlage des Botanischen Gartens in Dahlem und der chronischen Raumnot der Berliner Universität sogar den Umzug der gesamten Universität inklusive der Königlichen Bibliothek und des Geheimen Staatsarchivs an den Stadtrand.[193]

Aus diesem Grund nutzte die Berliner Universität die günstige Gelegenheit, um Ansprüche auf Bauplätze geltend zu machen. Nachdem bereits 1901 der amtierende Rektor, der Archäologe Reinhard Kekulé von Stradonitz, beim Kultusministerium angemeldet hatte, dass die Universität sich Bereiche in Dahlem reservieren wolle, griff der 1906 amtierende Rektor Hermann Diels für die Berliner Universität gemeinsam mit der Preußischen Akademie der Wissenschaften die kultusministerialen Sondierungen auf, um einen Bauplatz für weitere Universitätsgebäude in Dahlem zu beantragen.[194] Die Immediateingabe vom März 1906 hatte Diels zusammen mit Harnack und dem Physiker Walther Nernst entworfen und mit Althoff abgestimmt, bevor er sie im Ministerium einreichte.[195] Die Universität konkretisierte auf Anfrage des Kultusministeriums ihre Ansprüche 1907 nochmals in einer Denkschrift, in der sie die „für die Universität in den nächsten 10 – 20 Jahren erforderlichen Bauplätze“ benannte.[196] Schließlich bemühte sich Harnack 1908 noch einmal persönlich um eine Reservierung von Grundstücken für die Universität in Dahlem, indem er sich an den Reichskanzler Bernhard von Bülow wandte.[197] Diese informelle Anfrage auf höchster Ebene hatte insofern Erfolg, als die Reichskanzlei dem

---

192 Vgl. die entsprechenden Akten in: GStA PK, VI. HA, NL Althoff, Nrn. 170 und 171.

193 Vgl. *Sachse*, Althoff, 282, *Brocke*, System Althoff, 58, *Burchardt*, Wissenschaftspolitik im Wilhelminischen Deutschland, 18–24, *Engel*, Geschichte Dahlems, 102–109, *Burchardt*, Adolf von Harnack, 225, *Henning*, Althoffs Vermächtnis für Dahlem, *Brocke*, KWG im Kaiserreich, 79–84, 120–136 sowie die Akten in: GStA PK, VI. HA, NL Althoff, Nr. 170 und 171 sowie ebd., I. HA, Rep. 76 Va, Sekt. 2, Tit XVIII, Nr. 24, Bd. 1 und ebd., Rep. 76 Vc, Sekt. 1, Tit. XI, Teil IX, Nr. 12, Bd. 1.

194 Vgl. Kekulé an Studt am 27.12.1901 (a.a.O., I. HA, Rep. 76 Va, Sekt. 2, Tit. XVIII, Nr. 24, Bd. 1, Bl. 76^r–78^v); die Immediateingabe des Rektors Hermann Diels vom 08.03.1906, die auch von Harnack unterschrieben worden war (a.a.O., NL Althoff, Nr. 170, Bl. 21^r–31^r [Abschrift]; maschinenschriftliche Abschrift auch in SBB PK, NL Harnack, K 23, Mp. KWG, o.Bl.); Studts Votum an den Finanzminister vom 04.05.1906 (a.a.O., Rep. 76 Va, Sekt. 2, Tit. XVIII, Nr. 24, Bd. 1, Bl. 237^r–238^r); s. dazu *Nowak*, Einführung, 59 und *Burchardt*, Adolf von Harnack, 225.

195 Vgl. Diels an Althoff am 12.01.1906 mit Notiz Althoffs vom 09.02.1906 (a.a.O., Nr. 170, Bl. 17^{rv}).

196 Denkschrift des Rektors Julius Kaftan vom 01.03.1907 (Abschrift a.a.O., NL Harnack, K 23, Mp. Gründung KWG, o.Bl.); vgl. Althoff i.A. des Kultusministers an den Rektor der Universität, an die Akademie und an die Generalverwaltung der Königlichen Museen am 17.07.1906 (Abschrift a.a.O., NL Althoff, Nr. 171, Bl. 20).

197 Vgl. Harnack an Althoff am 15.06.1908 (Nr. 374, *Briefwechsel*).

Kirchenhistoriker wenig später zusagte, dass für die Universität in Dahlem Ländereien im Umfang von ungefähr 100–120 Morgen gesichert worden seien.[198]

Doch Althoff ging es nicht nur um die Verteilung des zur Verfügung stehenden Raums für die staatlichen Institutionen und die Berliner Universität, sondern im Sinne einer Förderung der außeruniversitären Forschung auch darum, in Dahlem einen international renommierten Wissenschaftsstandort aufzubauen, der einem „deutschen Oxford" gleichen sollte. Er trug daher seine Pläne, die er mit Harnack, Friedrich Schmidt-Ott, dem Chemiker Emil Fischer und anderen besprach,[199] 1907 Wilhelm II. persönlich vor, der ihnen zustimmte. Der Kaiser forderte aufgrund der Althoffschen Präsentation nähere Informationen über das Dahlemer Projekt und plante, sich bei einer Besichtigung ein Bild von den örtlichen Gegebenheiten zu machen.[200] Der seit Juli 1907 amtierende Kultusminister Ludwig Holle sandte daraufhin eine Denkschrift an Wilhelm II., die den Zuschnitt des Dahlemer Projektes skizzierte.[201] Neben der Umsiedlung von Museen und wissenschaftlichen Instituten erörterte sie den Raumbedarf der Universität, der Akademie und der Universiäts- und Charité-Kliniken, von denen letztere innerhalb der Stadt bleiben sollten. Schließlich referierte Holle einen Antrag des Generaldirektors der Königlichen Bibliothek, Adolf Harnack, der eine Dublettenbibliothek in Dahlem einzurichten gedachte.[202] Auch wenn die geplante kaiserliche Besichtigung des Dahlemer Geländes im Beisein Althoffs schließlich nicht zu stande kam, erhielt Althoff eine weitere Gelegenheit, Wilhelm II. seine Pläne für die Domäne Dahlem vorzustellen.[203]

Da Althoff im Frühjahr 1908 nochmals zu einer Kur nach Südtirol reiste und er im September des Vorjahres seinen Abschied aus dem Dienst genommen hatte,

---

198 Vgl. Loebell an Harnack am 19.06.1908 (a.a.O., NL Harnack, K 22, Mp. Domäne Dahlem, o.Bl.). 100–120 preußische Morgen entsprachen ca. 0,25–0,3 km^2, also 25–30 Hektar (vgl. *Handbuch der Preußischen Geschichte*, Bd. II, 291).

199 Vgl. Harnack an Althoff am 18.04.1908 (Nr. 365, *Briefwechsel*). Die Korrespondenz mit Emil Fischer liegt in: GStA PK, VI. HA, NL Althoff, Nr. 719.

200 Vgl. Lucanus an Holle am 21.02.1908 (a.a.O., Nr. 170, Bl. 107).

201 Vgl. Holle an Lucanus am 03.03.1908 (a.a.O., Nr. 170, Bl. 121^v–122^v, abgedruckt bei *Henning*, Althoffs Vermächtnis für Dahlem, 4–12); s. dazu *Engel*, Geschichte Dahlems, 108.

202 Vgl. Holles Denkschrift (a.a.O., Bl. 122^{rv}); der Antrag Harnacks liegt nicht vor, wohl aber seine Denkschrift zur Dublettenbibliothek für Kultusminister Holle vom 30.07.1908 (a.a.O., Nr. 173, Bl. 79^r–81^r). Im Hintergrund steht außerdem Althoffs Plan von 1904/05, weniger häufig verwendete Bücher in der Königlichen Bibliothek und den preußischen Universitätsbibliotheken auszulagern (s. dazu *Lohse*, Tote und „scheintote" Literatur). Inwiefern der Ministerialdirektor diesen Plan mit Harnack besprochen hatte, bleibt offen.

203 Vgl. Ihne an Althoff am 09.03.1908, die Telegramme von Lucanus' vom 11.03. und 12.03.1908 (a.a.O., Nr. 170, Bl. 116^r–122^v; 125^r–126^r; 220; 221; 216) sowie das Telegramm, mit dem der Oberhofmarschall August Graf zu Eulenburg Althoff am 21.03.1908 zu einer Audienz bei Wilhelm II. einlud (ebd., Bl. 217); s. dazu *Brocke*, System Althoff, 58.

führte der Vortragende Rat, Philipp Brugger, die Dahlem-Pläne offiziell weiter.[204] Inoffiziell stand der ausgeschiedene Ministerialdirektor weiterhin in engem Austausch mit Brugger und ließ sich von ihm über die weitere Entwicklung unterrichten.[205] Auch mit Harnack, der sich, wie erwähnt, bei Kultusminister Holle für die Raumbedürfnisse der Universität, der Akademie und der Königlichen Bibliothek, nicht aber für spezielle Belange der Theologie einsetzte, stand Althoff weiterhin in dieser Angelegenheit in Kontakt, auch wenn es im Frühjahr 1908 kein zentrales Thema ihrer Korrespondenz ausmachte.[206] Letztlich verhinderte Althoffs Krankheit im Sommer 1908, dass er noch konkrete Schritte einleiten konnte.

Nach Althoffs Tod führte sein Mitarbeiter Friedrich Schmidt-Ott mit Unterstützung Adolf Harnacks dessen Pläne für Dahlem fort. Wilhelm II. forderte sie außerdem 1909 auf, eine „Sammlung und Zusammenstellung des von Althoff hierüber schriftlich Hinterlassenen" festzuhalten.[207] Schmidt-Ott und Harnack resümierten *Althoffs Pläne für Dahlem* in einem Promemoria, das im Wesentlichen auf der erwähnten Denkschrift des Kultusministers Ludwig Holle basierte, die dieser im März 1908 für den Kaiser hatte verfassen lassen.[208] Dem 1909 formulierten Gesamtkonzept für die Aufteilung der Domäne Dahlem zufolge sollten auf 100 Hektar in Dahlem das Völkerkundemuseum, naturwissenschaftliche und medizinische Institute, außeruniversitäre Forschungsinstitute, die Chemisch-technische Reichsanstalt, das Orientalische Seminar, das Zeitungsmuseum, eine Dublettenbibliothek, ein Schulmuseum sowie Sportplätze einen neuen Platz finden. Diese Entwürfe mündeten 1911, nachdem Harnack und Schmidt-Ott sie weiterentwickelt hatten, in die Gründung der Kaiser-Wilhelm-Gesellschaft. Die KWG trug mit ihrer Konzentration auf die außeruniversitäre Forschung eindeutige Züge der oben skizzierten Althoffschen Wissenschaftskonzeption, die der Ministerialdirektor in seinen letzten Amtsjahren angebahnt hatte. Dies zeigte sich insbesondere an den von der KWG gegründeten außeruniversitären Institute, die nach dem sog. „Harnack-Prinzip" strukturiert wurden.[209] Dem „persönlichen Regiment" Wilhelms II. in Preußen und Althoffs im

---

204 Vgl. Althoff an Harnack am 21.04.1908 (Nr. 366, *Briefwechsel*).

205 Vgl. Brugger an Althoff am 28.07.1908 (a.a.O., Nr. 171, Bl. 41[rv] und ebd., Nr. 170, Bl. 183[rv]).

206 Vgl. die Nrn. 365, 366, *Briefwechsel* und 374, *Briefwechsel*.

207 Chef des Zivilkabinetts Rudolf von Valentini an das Staatsministerium am 24.03.1909 (Abschrift, in: SBB PK, NL Harnack, K 22, Mp. Domäne Dahlem, o.Bl., publiziert in: *Weischedel*, Idee und Wirklichkeit einer Universität, 504). S. auch die Akten in SBB PK, NL Harnack, K 22, Mp. Domäne Dahlem und K 23, Mp. Gründung KWG sowie in GStA PK, VI. HA, NL Friedrich Schmidt-Ott, Nr. 13, die u.a. Schmidt-Otts Erinnerungen von 1935 an die Gründung der KWG enthält.

208 Vgl. „Althoffs Pläne für Dahlem" (a.a.O., K 22, Mp. Domäne Dahlem, o.Bl.; publiziert in: *Weischedel*, Idee und Wirklichkeit einer Universität, 487–503); s. dazu *Sachse*, Althoff, 283.

209 Zur ausgiebig erforschten Vor- und Gründungsgeschichte der KWG s. *Sachse*, Althoff, 281–285, *Zahn-Harnack*, Harnack, 420–433, *Schmidt-Ott*, Erlebtes und Erstrebtes, 115–121, *Burchardt*, Wissen-

Kultusministerium entsprechend sollte an der Spitze jeder Forschungseinrichtung ein herausragender Wissenschaftler stehen, um den herum das Institut aufgebaut würde und durch den die Exzellenz der Forschung garantiert werden sollte.

1.6 Wissenschaftliche Expeditionen ins Ausland

Nicht nur der Aufbau wissenschaftlicher Großunternehmungen, die Konsolidierung preußischer Institute im Ausland, die Reorganisation der Wissenschaftsverwaltung und die Projektierung außeruniversitärer Forschungsinstitute in Berlin-Dahlem, sondern auch die Förderung wissenschaftlicher Expeditionen ins Ausland gehörte zu den Projekten, durch die Althoff und Harnack die außeruniversitäre bzw. über den universitären Bereich hinausgehende Forschung unterstützten. Diese Feldforschungen, die es auch in den Geisteswissenschaften gab, erschlossen mit einem kulturhegemonialen Geltungsanspruch neue archäologische und schriftliche Quellen für verschiedene historisch arbeitende Wissenschaften, auch für die Theologie. Althoff war als Ministerialdirektor zum Teil für die Verwaltung derartiger Expeditionen zuständig, während Harnack durch kurze Gutachten über das beantragte Expeditionsprojekt dessen Bewilligung zu unterstützen versuchte.[210] Für die kirchenhistorische Forschung von Bedeutung war die Forschungsreise des Berliner Pfarrers und Japankenners Julius Kurth nach Italien, der für einen zweiten Band über die christlichen Wandmosaiken in Ravenna zu forschen plante, über die er bereits 1902 umfangreich publiziert hatte.[211] Harnack befürwortete die Fortsetzung dieser Publikation und die dazu notwendige Forschungsreise ebenso wie

schaftspolitik im Wilhelminischen Deutschland, *Burchardt*, Adolf von Harnack, 225–228, *Brocke*, System Althoff, 58f., *Brocke*, Vorgeschichte, Gründung und Entwicklung der KWG, *Brocke*, KWG im Kaiserreich, *Engel*, Geschichte Dahlems, 109–113, *Generalverwaltung der MPG*, 50 Jahre KWG/MPG, *Gerwin*, 75 Jahre MPG, *Wendel*, Kaiser-Wilhelm-Gesellschaft 1911–1914, bes. 57–115, *Rasch*, Thesen zur preuß. Wissenschaftspolitik, *Treue*, Friedrich Schmidt-Ott, 242–244 und *Vierhaus*, Harnack als Wissenschaftsorganisator.

210 Vgl. Harnacks Gutachten vom 10.12.1904 zur deutschen Expedition nach Abessinien (heute Äthiopien und Eritrea) unter Friedrich Rosen und Enno Littmann, in dem jener empfahl, eine Auswahl deutscher Bücher dorthin als Gastgeschenk mitzunehmen und nach abessinischen Manuskripten zu suchen (vgl. Harnacks Gutachten vom 10.12.1904, in: GStA PK, I. HA, Rep. 76 Vc, Sekt. 1, Tit. XI, Teil VA, Nr. 1, Bd. 15, Bl. 125^r–126^r); zur Abessinien-Expeditionen 1905 und 1906 s. *Rosen*, Dt. Gesandtschaft in Abessinien, *Wenig*, Äthiopien und Eritrea vor 100 Jahren, 2–9 und *Wenig (Hg.)*, Dt. Aksum-Expedition 1906, Bd. 1.

211 Vgl. *Kurth*, Die Wandmosaiken von Ravenna (s. dazu *Museum Lichtenberg*, Julius Kurth, 44f.) sowie die dem Antrag zugehörigen Akten, a.a.O., Teil VA, Nr. 1, Bd. 15, Bl. 84^r–91^r.

Althoffs vormaliger Mitarbeiter, der Konsistorialrat Bernhard Weiß.[212] Doch trotz der Bewilligung einer finanziellen Unterstützung und der Durchführung der Reise im Frühjahr 1905 veröffentlichte Kurth kein weiteres Buch über die Mosaiken von Ravenna, sondern nur eine kurze Studie über Pompeji.[213]

Wie den Schüler so unterstützte Harnack auch den Lehrer Kurths, seinen Kollegen Nikolaus Müller, der 1908 die Freistellung von seinen Lehrverpflichtungen und einen finanziellen Beitrag für eine Forschungsreise zur bedeutendsten jüdischen Katakombe Roms an der Porta Portese beantragte.[214] Nachdem Müller die Katakombe, die seit dem 17. Jahrhundert bekannt war, bereits in den 1880er Jahren gesucht hatte, wurde er 1904 von der päpstlichen Kommission für Archäologie (*Pontificia Commissione di archeologia sacra*) gebeten, die Leitung der Ausgrabung zu übernehmen, weil er als der beste Kenner jüdischer Katakomben und Friedhöfe in Rom und Italien galt und weil er Mittel der 1902 gegründeten *Gesellschaft zur Förderung der Wissenschaft des Judentums* zur Finanzierung der Grabung vorweisen konnte.[215] Er leitete die Ausgrabung im Winter 1904/05 und in den folgenden kollegfreien Zeiten im April und Oktober 1906.[216] Um die Ausgrabung zu beenden und die Inschriften auszuwerten, beantragte Müller, wie erwähnt, im Mai 1908 mit Harnacks Unterstützung, der die Katakombe selbst während seiner Romreise im Frühjahr 1906 besichtigt hatte (s. Abb. 1.2), die Freistellung von seinen Lehrverpflichtungen und weitere finanzielle Mittel.[217] Trotz der Bewilligung des Antrags konnte Müller die Ausgrabung nicht abschließen, weil die Besitzer des Landes, auf dem sich die Katakombe befand, die Marchesi di Pellegrini-Quarantotti, zusammen mit den italienischen Behörden, ihm 1909/10 wegen Einsturzgefahr die Grabungserlaubnis entzogen und er 1912 verstarb.[218]

---

212 Vgl. Harnacks Gutachten vom 22.06.1904 und dasjenige von Weiß vom 25.06.1904 (ebd., Bl. 88 und 89).

213 Vgl. *Kurth*, Aus Pompeji.

214 Vgl. Müller an Holle am 19.05.1908 (a.a.O., Rep. 76 Va, Sekt. 2, Tit. IV, Nr. 55, Bd. IV, Bl. 163r–164v)

215 Vgl. *Müller*, Il cimitero degli antichi ebrei, 217–219, *Leon*, Jewish Catacombs and inscriptions of Rome, 307f. und *Soussan*, The Gesellschaft zur Förderung der Wissenschaft des Judentums, 142f. Zur Gründung der *Gesellschaft zur Förderung der Wissenschaft des Judentums* s. ebd., 75–89.

216 Vgl. *Müller*, Il cimitero degli antichi ebrei, 217–219.

217 Vgl. a.a.O., Nr. 55, Bd. IV, Bl. 164v. Die Fotografie in Abb. 1.2, die in der *Christlich-Archäologischen Sammlung* der Humboldt-Universität zu Berlin zusammen mit 250 Ausgrabungsfotos von Müller archiviert ist (zur Sammlung s. https://portal.wissenschaftliche-sammlungen.de/SciCollection/12530), hat mir der Leiter der Sammlung, Dr. Tomas Lehmann, dankenswerterweise für den Abdruck zur Verfügung gestellt. Sie ist bereits bei *Lehmann/Markschies*, Christliche Archäologie, 24 und *Mento*, Lavorare non disperare, 48, Abb. 27 publiziert.

218 Vgl. *Müller*, Die jüdische Katakombe am Monteverde, Vorwort und *Müller*, Il cimitero degli antichi ebrei. Nach Müllers Tod veröffentlichte einer seiner Schüler weitere Inschriften (vgl. *Mül-*

Abb. 4: Nikolaus Müller (erster von links) und Adolf Harnack (in der Mitte sitzend) vor der Ausgrabung der jüdischen Katakombe am Monteverde in Rom, April 1906. Fotograf: Unbekannt. Aus: Archiv der Theologischen Fakultät der Humboldt-Universität zu Berlin, Christlich-Archäologische Sammlung.

Harnacks Patronage dieser christlich-ikonografischen und jüdisch-archäologischen Unternehmungen verdeutlicht die Breite der wissenschaftlichen Projekte, die er unterstützte. Gleiches galt auch für die Turfan-Expedition, bei der es sich um eine der bedeutendsten Expeditionen des wilhelminischen Kaiserreichs handelte und in der der Kirchenhistoriker gleichfalls einen spezifisch kirchengeschichtlichen Wert erkannte.

Im August 1904 drang Harnack auf einen baldigen Beginn der zweiten Turfan- oder Turkestan-Expedition, da er fürchtete, dass Preußen anderenfalls wichtige Funde entgehen könnten.[219] Die Erkundung und Erforschung der Turfansenke, der tiefsten Depression der Welt, war Ende der 1870er Jahre durch russische und schwedische Forschungsreisende begonnen worden. Man hatte im Umkreis der Ruinen der Stadt Turfan in Chinesisch-Turkestan Manuskripte in Sanskrit und der altindischen Kharoshthi-Schrift gefunden, worüber 1899 beim 12. Internationalen

---

ler/Bees, Inschriften der jüdischen Katakombe, VI). Der Großteil der Inschriften wurde im „Museo Cristiano Lateranense", das heute Teil der vatikanischen Museen ist, konserviert. Die Katakombe wurde nach 1910 zugeschüttet, um die Statik der gesamten Umgebung zu sichern. Müllers Wunsch, einen Teil der Katakombe zu konservieren, wurde abgelehnt. S. dazu *Tacke*, Nikolaus Müller, 21f., *Leon*, Jewish Catacombs and inscriptions of Rome, 307–309, *Russo*, The Monteverde Jewish Catacombs, 10–14, *Mento*, Lavorare non disperare, 25–33, die beide die Dokumente des italienischen Unterrichtsministeriums (*Ministero della Pubblica Istruzione*) zu dieser Katakombe auswerten. Di Mento hat außerdem mehrere Fotografien von der Ausgrabung abgedruckt und den Briefwechsel zwischen Müller, den Marchesi Pellegrini-Quarantotti, dem Unterrichtsministerium und der *Commissione di Archeologia Sacra* zwischen 1904 und 1914 ediert (vgl. *Mento*, Appendice 3). Zum aktuellen Stand der Forschungen zu dieser Katakombe s. außerdem *Rossi/Di Mento (Hg.)*, La catacomba ebraica di Monteverde.

219 Vgl. Harnack an Althoff am 01.08.1904 (Nr. 240, *Briefwechsel*). Zur Turfan-/Turkestan-Expedition vgl. *BBAW*, Turfanforschung, *Gumbrecht*, Acta Turfanica, *Durkin-Meisterernst u.a. (Hg.)*, Turfan Revisited, *Torma*, Turkestan-Expeditionen, *Dreyer*, Berliner Turfan-Expeditionen und jetzt auch die Homepage *Turfanexpeditionen (1902–1914)*, Kooperationsprojekt sowie die Akten des Kultusministeriums in: GStA PK, I. HA, Rep. 76 Vc, Sekt. 1, Tit. XI, Teil VA, Nr. 8, Bd. 1–3.

Orientalistenkongress in Rom berichtet worden war. Daraufhin begann ein Wettlauf der imperialen Nationen Großbritannien, Frankreich, Russland, Japan und Deutschland um die Erforschung der zentralasiatischen Region.[220] Zu einer ersten Expedition nach Turfan, die durch den kaiserlichen Dispositionsfonds und private Mittel finanziert wurde, kam es 1902 unter der Leitung des Direktorialassistenten des Berliner Völkerkundemuseums Albert Grünwedel, obwohl Friedrich Karl Wilhelm Müller, ein weiterer Direktorialassistent, bereits 1899 eine deutsch-russische Expedition nach Turfan angeregt hatte.[221] An dieser Expedition nahm neben dem Turkologen Georg Huth auch der technische Hilfsarbeiter Theodor Bartus, ein vormaliger Seemann und gegenwärtiger Museumsaufseher, teil.[222] Nach der Rückkehr nach Berlin im Juli 1903 zusammen mit 46 Kisten, in denen sich Zeichnungen, Pläne und belichtete Fotoplatten, aber auch Wandmalereien, Skulpturen und Handschriften befanden, planten die Forscher, baldmöglichst eine weitere Expedition zu beginnen. Nachdem Müller unter den Handschriftenfunden Fragmente manichäischer Gebetsbücher identifiziert hatte, besaß das Unternehmen, zusätzlich zu der ohnehin schon großen Aufmerksamkeit der Öffentlichkeit für die Funde, nun auch das Interesse weiterer akademischer Disziplinen, wie der Theologie und Kirchengeschichte.[223]

Des Weiteren wurde im Oktober 1903 in Berlin ein deutsches Lokalkomitee des in St. Petersburg gegründeten *Internationalen Komitees zur Erforschung Zentral- und Ostasiens* ins Leben gerufen, dessen Vorsitzender der Berliner Indologe Richard Pischel war.[224] Als 1904 bekannt wurde, dass russische Forscher und auch der für Großbritannien arbeitende Marc Aurel Stein planten, Expeditionen nach Turfan zu unternehmen, drangen Pischel und das Komitee auf eine baldige zweite Expedition.[225] Doch der Leiter der ersten Expedition, Albert Grünwedel, beabsichtigte, zuerst die bisherigen Funde auszuwerten. Das Komitee beschloss daher, Albert von Le Coq, Mitarbeiter der indischen Abteilung des Völkerkundemuseums, und Theodor Bartus zu einer Vorexpedition nach Turfan und Umgebung zu senden, um die Manichäerquellen zu sichern. Grünwedel sollte später hinzustoßen. Mit diesem Anliegen wandte sich das Komitee im Februar 1904 an das Kultusministerium, um die

220 Vgl. *Torma*, Turkestan-Expeditionen, 62 zu den anderen Expeditionen.

221 Zu Grünwedel vgl. *Walravens*, Grünwedel.

222 Eine ausführliche Beschreibung der ersten Expedition mit beigefügten Bildern bietet *Dreyer*, Berliner Turfan-Expeditionen, 20–91.

223 Vgl. *Müller*, Handschriften-Reste.

224 Vgl. *Dreyer*, Turfan und Berliner Indologie, 37. Ihm gehörten u.a. der Geograph Ferdinand von Richthofen, der Orientalist Eduard Sachau und Direktorialassisstent F.K.W. Müller an.

225 Vgl. Pischel an Althoff am 08.07.1904 (in: GStA PK, I. HA, Rep. 76 Vc, Sekt. 1, Tit. XI, Teil V A, Nr. 8, Bd. 1, Bl. 5^r–6^r) und *Dreyer*, Turfan und Berliner Indologie, 38.

notwendige finanzielle Unterstützung zu beantragen.[226] Da der Antrag und auch Pischels wiederholte Anfragen ohne Antwort blieben,[227] gründete die Akademie der Wissenschaften Ende Juli 1904 eine Kommission, die die Turfan-Expeditionen unterstützen sollte und der neben Harnack der Althistoriker Eduard Meyer, der erwähnte Indologe Pischel, der Geograph Ferdinand von Richthofen, der Orientalist Eduard Sachau und der auf das Indogermanische spezialisierte Sprachwissenschaftler Wilhelm Schulze angehörten.[228]

Im Zusammenhang dieser verschiedenen Aktivitäten lässt sich Harnacks begeistertes Drängen auf eine zweite Expedition verstehen, das in einer kurzen Denkschrift Mitte Juli 1904 zum Ausdruck kommt, die er für Althoffs Mitarbeiter, Ernst Eilsberger, verfasste.[229] Er hob darin insbesondere auf die Bedeutung der Handschriftenfunde für die Erforschung des Manichäismus ab, weil bislang keine eigenen Handschriften der Manichäer vorgelegen hätten. Aufgrund der Bedeutsamkeit der erhofften Funde und da Harnack befürchtete, dass andere Nationen mögliche Handschriften zuerst entdecken und für sich reklamieren könnten, drang der Kirchenhistoriker, wie erwähnt, auf einen baldigen Beginn der nächsten Expedition. Er wandte sich deshalb direkt an Althoff und ließ auch den Berliner Indologen Richard Pischel an den Ministerialdirektor schreiben, der ebenfalls die Dringlichkeit einer weiteren Expedition betonte.[230] Schließlich schrieb Harnack auch dem Reichskanzler Bernhard von Bülow in dieser Angelegenheit, wozu ihn Althoff durch seinen Mitarbeiter Eilsberger aufgefordert hatte.[231]

Die konzertierte Aktion zeitigte die gewünschten Folgen: Noch am 2. August 1904 bat Kultusminister von Studt das Auswärtige Amt, die notwendigen „Pässe und Empfehlungsschreiben“ für die Reisenden auszustellen.[232] Mitte August ersuchte er Wilhelm II. per Immediatbericht darum, aus dem kaiserlichen Dispositionsfonds

---

226 Vgl. Turfan-Komitee an Studt am 12.02.1904 (a.a.O., Nr. 8, Bd. 1, Bl. 13^{r}–17^{v}).

227 Vgl. Pischel an Studt am 22.02., am 04.06., an Althoff am 08.07. und an Studt am 19.07.1904 (ebd., Bl. 7^{r}; 18^{rv}; 5^{r}–6^{r}; 1^{r}).

228 Vgl. Pischel an Studt am 01.08.1904 (ebd., Bl. 19^{r}) und an Althoff (Nr. 240.1, *Briefwechsel*). Eduard Sachau war bereits seit den 1880er Jahren, insbesondere seit der Gründung des Seminars für Orientalische Sprachen, als Berater im „System Althoff“ aktiv (vgl. dazu *Mangold*, Die deutsche Orientalistik im 19. Jh., 226–229, 238–241 sowie die umfangreiche Korrespondenz im NL Althoff, Nr. 912).

229 Vgl. Harnack an Eilsberger am 22.07.1904 mit beigefügter Denkschrift (Nr. 238, *Briefwechsel*).

230 Vgl. Harnack an Althoff am 01.08. und Pischel an Althoff am 01.08.1904 (Nrn. 240 und 240.1, *Briefwechsel*).

231 Vgl. Althoff an Eilsberger am 02.08. auf dessen Brief vom 01.08.1904 (a.a.O., Nr. 8, Bd. 1, Bl. 318^{rv}) und Harnack an Eilsberger am 08.08.1904 (Nr. 241, *Briefwechsel*).

232 Studt an das MinAA am 02.08.1904 und MinAA an Studt am 29.08.1904 (a.a.O., Bl. 3^{r}–4^{r}; 71^{rv}). Die Organisation der Pässe nahm einige Zeit in Anspruch, da sie in China ausgestellt wurden (s. dazu *Gumbrecht*, Chinese Passports).

Mittel für die Vorexpedition zu genehmigen.[233] Der Kaiser bewilligte noch Ende August 1904 32 000 M. für die Expedition, die sich primär auf die Sicherung der manichäischen Handschriften konzentrieren und mit weiteren Ausgrabungen bis zur Ankunft Grünwedels warten sollte, der dann ab Dezember 1905 die dritte Turfan-Expedition leitete.[234] An dieser inhaltlichen Ausrichtung der Vorexpedition, der sog. zweiten Turfan-Expedition, zeigt sich deutlich Harnacks Einfluss, da letzterer insbesondere an den manichäischen Handschriften interessiert war. Die primäre Konzentration auf die Suche nach manichäischen Handschriften, die für die Forschung zum Manichäismus überaus bedeutsam waren,[235] hatte zur – im Nachhinein bedauernswerten – Konsequenz, dass man archäologische Quellen vernachlässigte.[236]

Durch das drängende Einwirken des Turfan-Komitees und der neu gegründeten Akademie-Kommission sowie nicht zuletzt durch Harnacks vehementes Eintreten bei Althoff und Bülow gelang es, dass von Le Coq und Bartus bereits Mitte September 1904 in Richtung Russland aufbrechen konnten.[237] Althoff und Eilsberger verwalteten danach die weiteren Turfan-Expeditionen, deren dritte Grünwedel im Mai 1907 abschloss.[238] Harnack wiederum setzte sich 1911 nochmals für das Turfan-Projekt ein, als er in der Akademie der Wissenschaften die Gründung der „Orientalischen Kommission" anregte, die die Funde aus Turfan systematisch auswerten sollte.[239]

1.7 Resümee

Die außeruniversitäre Forschung galt Friedrich Althoff als Garant des Fortschritts und der Exzellenz in der Wissenschaft. Er hatte diese Auffassung bereits bei der Gründung medizinischer Institute, wie dem Institut für Infektionskrankheiten unter Robert Koch,[240] in den 1890er Jahren bewiesen und verfolgte sie in den Jahren seiner Tätigkeit als Ministerialdirektor in verschiedenen Bereichen weiter, indem er die außeruniversitäre Forschung förderte. Der Aufbau wissenschaftlicher Großunternehmungen in der Preußischen Akademie der Wissenschaften,

---

233 Vgl. den Entwurf des Immediatberichts vom 14.08.1904 (a.a.O., Nr. 8, Bd. 1, Bl. 57^r–60^v).

234 Vgl. den Allerhöchsten Erlass vom 31.08.1904 und die „Grundzüge für die Vorexpedition nach Turfan" (ebd., Bl. 75^r; 73^r–74^r).

235 So auch *Frenschkowski*, Mani.

236 Dies kritisierte v.a. der Leiter der ersten Turfan-Expedition Albert Grünwedel (vgl. *Walravens*, Grünwedel, 367).

237 Zur zweiten Expedition vgl. ebenfalls ausführlich *Dreyer*, Berliner Turfan-Expeditionen, 94–131.

238 Zur dritten Expedition vgl. ebd., 134–197.

239 Vgl. *Nowak*, Einführung, 57.

240 Vgl. dazu *Eckart*, Althoff und die Medizin, 388–393.

die Konsolidierung bestehender Forschungsinstitute, die Anpassung der Wissenschaftsverwaltung an die sich verändernde Forschungslandschaft, die Gründung neuer außeruniversitärer, oftmals durch Personen oder Unternehmen aus der Wirtschaft finanzierte Forschungsinstitute im Großraum der Reichshauptstadt Berlin sowie die Unterstützung von der Feldforschung dienenden Expeditionen sollten der außeruniversitären Forschung ihre Exzellenz garantieren. Im Verein mit Adolf Harnack unterstützte Althoff im Sinne dieses wissenschaftspolitischen Konzepts auch Projekte der Theologie, insbesondere aber der Kirchengeschichte, wie die Kirchenväter-Edition, die kirchenhistorische Abteilung am PHI und die ikonografischen, christlich-archäologischen und kirchenhistorischen Forschungsreisen nach Italien und China. Harnack kam in dieser planvollen Wissenschaftsorganisation erneut die Aufgabe der Beratung zu. Zugleich empfahl er Althoff auch eigeninitiativ Projekte, die er für förderungswürdig erachtete und nutzte dafür seine ehrenamtlichen und institutionellen Positionen, wie beispielsweise den Vorsitz des wissenschaftlichen Beirats des Historischen Instituts in Rom. Die Theologie nahm in dieser Konzeption keine herausgehobene Rolle ein, konnte sich aber, sofern sie historisch-kritisch forschte, auch in diese Form der Wissenschaft einfügen und Wirkung entfalten.

2 Die Bibliothek als Grundlage der Forschung

Das preußische Bibliothekswesen stellte für Althoff wie Harnack die Grundlage für eine erfolgreiche universitäre wie außeruniversitäre Forschung dar, die international anschlussfähig und repräsentabel war. Aus seiner universitären Erfahrung heraus wusste Harnack außerdem, dass auch der Lehrbetrieb und das Studium funktionierender Seminar- und Universitätsbibliotheken bedurften. Die Theologie hatte darin, wie eingangs skizziert, einen selbstverständlichen, aber keinen herausgehobenen Platz. Die Ernennung des Kirchenhistorikers zum Generaldirektor der Königlichen Bibliothek 1905 ermöglichte es Harnack und Althoff ihre Reformvorstellungen bibliothekspolitisch umzusetzen.[1] Doch bevor eine Reform des preußischen Bibliothekswesens betrieben werden konnte, galt es der Königlichen Bibliothek ein adäquaten Gebäude zu verschaffen.

2.1 Der Neubau der Königlichen Bibliothek Unter den Linden

Die Notwendigkeit, die königliche Bibliothek, die seit 1788 in einem Neubau neben der Staatsoper Unter den Linden, gegenüber der Universität, der sog. „Kommode", untergebracht war, zu erweitern und ihr ein größeres Gebäude zur Verfügung zu stellen, war schon 1829 von dem damaligen Hauptbibliothekar erkannt worden.[2] Doch erst 1857 wurde ein Neubau genehmigt, der sich allerdings nicht realisieren ließ. In den 1870er Jahren fand man einen Bauplatz im Akademieviertel, und das Parlament bewilligte eine damals hinreichende Finanzierung. Trotzdem gelang es nicht, mit dem Neubau zu beginnen. Um die akute Raumnot zu lindern, erwarb man zwischenzeitlich sogar ein zusätzliches Gebäude.[3]

Friedrich Althoff, der sich seit 1883 mit dem Bibliotheksneubau beschäftigte, erkannte bald, dass eine Realisierung nur möglich sei, wenn das Wohlwollen des Königs, des Kriegs- und des Finanzministeriums, denen die Grundstücke im Akademieviertel gehörten, gewonnen würden. Doch der favorisierte Bauplatz stellte das Projekt vor erhebliche finanzielle Herausforderungen, weil die bisherigen Nutzer,

1 Zu Althoffs Konzeption des Bibliothekswesens s.u. Anm. 43 und zu der Harnackschen Anm. 42.

2 Zum Neubau der Königlichen Bibliothek vgl. *Maaß*, Althoff und der Neubau, *Schochow*, 325 Jahre Staatsbibliothek, *Krause*, Baurat Adams, *Kolasa*, Bibliotheksbau Unter den Linden und *Sander*, Universität und Berliner Mitte sowie im GStA PK, I.HA, Rep. 76 Va, Sekt. 2, Tit. XIII, Nr. 43, Bde. 5–8; ebd., VI. HA, NL Althoff, Nrn. 251 und 252. Zu den baulichen Veränderungen an der „Kommode" vgl. *Demps*, Ehemalige Kgl. Bibliothek, *Richter*, Gebaute Diskrepanz sowie *Richter*, Die Königliche Hofbibliothek (für den Druck überarbeitete Fassung des vorherigen Titels).

3 Vgl. *Maaß*, Althoff und der Neubau, 100f.

https://doi.org/10.1515/9783112213193-024

u.a. das Militär und das Ministerium des Königlichen Hauses, Ersatzgrundstücke bzw. eine vollständige Entschädigung für die Überlassung des Baugrunds forderten.[4] Da der Erwerb des Grundstücks im Akademieviertel durch den Kaufpreis von 11,2 Millionen Mark unerreichbar zu sein schien, entwickelte Althoff seit 1897 den alternativen Plan, die Königliche Bibliothek auf ein Grundstück neben dem Zoologischen Garten in Charlottenburg zu verlegen. Das Vorhaben erregte größten Widerspruch in der Öffentlichkeit und Presse, obwohl einige Bibliothekare und Professoren, von denen Althoff Gutachten zu dieser Überlegung erbeten hatte, die Idee durchaus befürworteten.[5] Letztendlich kam es nicht zu der geplanten Verlegung, sondern der Landtag bewilligte 1903 die vom königlichen Hausministerium geforderte Summe für das Grundstück im Akademieviertel.[6] Damit konnte das Projekt in die Phase der konkreten Bauplanung eintreten, für die Wilhelm II. den Architekten Ernst von Ihne bestimmte, der von Baurat Anton Adams unterstützt wurde.[7]

Zu diesem Zeitpunkt, d.h. im Wintersemester 1900/01, bezog Friedrich Althoff erstmals Adolf Harnack in die näheren Planungen ein. Dieser strebte als Rektor an, parallel zu dem die Bibliothek betreffenden Bauprojekt die Wünsche der Universität nach einem Aulaneubau einzubringen.[8] Der Finanzminister, Johannes von Miquel, votierte, nachdem ihm die Baupläne der Universität vorgetragen worden waren, dafür, anstelle eines universitären Neubaus im Bibliotheksneubau Unter den Linden Räume für eine Aula zu reservieren und sich bis zur Fertigstellung des Baus mit einer provisorischen Baracke im Kastanienwäldchen hinter dem Universitätsgebäude zu behelfen. Obwohl Kultusminister Konrad von Studt die Umnutzung des Bibliotheksneubaus ablehnte, sah er keine Möglichkeit, den Finanzminister von einem Universitätsneubau zu überzeugen.[9] Daher nutzte Harnack eine sich ihm bei einer kaiserlichen Abendgesellschaft bietende Gelegenheit, Wilhelm II. das Anliegen vorzutragen, der dessen Wunsch nach einem Neubau für die Uni-

4 Vgl. ebd., 101–104.

5 Vgl. die Gutachten in: GStA PK, VI. HA, NL Althoff, Nr. 251 und 252 sowie Abschriften davon im NL Schmidt-Ott, Nr. 185.

6 Vgl. *Maaß*, Althoff und der Neubau, 104–106.

7 Vgl. ebd., 103 sowie *Krause*, Baurat Adams. Zu Ernst von Ihne s. auch *Hollender*, Hofarchitekt des Kaisers und Bibliotheksbau.

8 Vgl. Harnacks Antrag bei Studt vom 31.12.1900, der die Notwendigkeit einer neuen Aula erläutert (a.a.O., I. HA, Rep. 76 Va, Sekt. 2, Tit XIX, Nr. 37, Bd. 4, Bl. 2^r–3^r) sowie die Denkschrift des Rektorats und Senats vom 14.06.1900 (ebd., Nr. 37, Bd. 3, Bl. 331^r–336^r) und Harnacks Antrag vom 20.11.1900 (ebd., Bl. 341^r–345^r).

9 Vgl. Harnacks ausführliche Darstellung der Vorgänge in seiner Denkschrift für den Senat der Universität vom 11.06.1901 (Entwurf) (Nr. 158, *Briefwechsel*).

versität wohlwollend aufnahm.[10] Die kaiserliche Zustimmung ließ Kultusminister von Studt, nachdem Harnack ihn darüber informiert hatte, mit dem Hofarchitekten Ernst von Ihne sprechen, der sich mit dem Plan einverstanden zeigte, da er die Umnutzung des zukünftigen, von ihm entworfenen Bibliotheksgebäudes ebenfalls ablehnte.[11] Von Ihne und Harnack trafen Anfang Mai 1901 bei einer Soirée des Reichskanzlers Bernhard von Bülow nochmals auf Wilhelm II., der ihrem Bauplan erneut zustimmte und ankündigte, sich nach der Rückkehr von einer Reise durch das Kultusministerium darüber vortragen lassen zu wollen.[12] Daraufhin entstand im Kultusministerium eine „fieberhafte Eile",[13] die die Ausformulierung eines Gesamtkonzeptes zu den Bauten von Königlicher Bibliothek, Akademie, Akademie der Künste, Universitätsbibliothek und -aula zum Ziel hatte.[14] Im Neubau Unter den Linden sollten nur die Königliche Bibliothek und die Akademie untergebracht werden, während die Universität ein neues Gebäude in der Dorotheenstraße erhalten und die Akademie der Künste in das anzukaufende „Redern'sche Palais" einziehen sollte.[15] Harnack war an diesen Planungen zwischen Ende Mai und Anfang Juni 1901 intensiv beteiligt und nahm sogar an täglichen Besprechungen im Kultusministerium teil. Die Vorbereitungen kulminierten in einer zweitägigen Konferenz am 7. und 8. Juni zwischen dem Kultusministerium und dem Finanzministerium, dem seit Anfang Mai Georg von Rheinbaben vorstand. Rheinbaben forderte als Bedingung für seine Zustimmung zu einem Universitätsneubau, dass die Universitäts- der Königlichen Bibliothek einverleibt werde.[16] Diese Bedingung konnte Harnack als Rektor der Universität nicht unwidersprochen stehen lassen, weshalb er noch am 7. Juni eine Eingabe an den Kultusminister schickte, in der er die Konditio-

10 Vgl. Harnack an Althoff am 11.04.1901 (Nr. 151) und Nr. 158, *Briefwechsel*; s. auch *Nowak*, Einführung, 53f. und *Demps*, Ehemalige Kgl. Bibliothek, 41.

11 Vgl. Nr. 158, *Briefwechsel* und Ihne an Althoff am 24.04.1901 (in: GStA PK, VI. HA, NL Althoff, Nr. 251, Bl. 146^{r}–147^{v}), der von einem Treffen mit Harnack berichtet.

12 Vgl. Nr. 158, *Briefwechsel*, Lucanus an Studt am 20.05. und 06.06.1901 (in: GStA PK, I. HA, Rep. 76 Vc, Sekt. 2, Tit. XXIII, Lit. B, Nr. 43, Bd. 5, 184; 185); s. ebd. die einschlägigen Akten.

13 Nr. 158, *Briefwechsel*.

14 Vgl. die Denkschrift Friedrich Schmidt-Otts vom 07.06.1901 (a.a.O., Nr. 43, Bd. 5, Bl. 190^{r}–198^{v}). Es wurden zwei Pläne erarbeitet, von denen Althoff dem „Plan A" den Vorzug gab (Nr. 158.1, *Briefwechsel*; a.a.O., Nr. 251, Bl. 151^{r} dessen Notiz vom 08.06.1901).

15 Vgl. Nr. 158.1, *Briefwechsel* und 158, *Briefwechsel*; Studts Bericht vom 09.06.1901 (a.a.O., NL Althoff, Nr. 251, Bl. 149^{rv}). Das Redern'sche Palais lag Unter den Linden 1. Es wurde nicht vom preußischen Staat angekauft, sondern 1906 für den Bau des neuen Adlon-Hotels abgerissen (vgl. *Mackowsky*, Das Redernsche Palais, 321).

16 Vgl. Nr. 158, *Briefwechsel*.

nen für eine solche „Einverleibung" bestimmte.[17] Harnack unterstützte außerdem den Direktor der Berliner Universitätsbibliothek, Wilhelm Erman, bei der Abfassung eines Gutachtens vom 20. Juni 1901 „über die zweckmäßigste Gestaltung des Betriebes der Königlichen und der Universitäts-Bibliothek zu Berlin im Falle ihrer räumlichen Vereinigung in einem auf dem Akademie-Grundstück zu errichtenden Bibliotheksgebäude", das die institutionelle Vereinigung der beiden Bibliotheken nochmals ablehnte und stattdessen Vorschläge zur organisatorischen Regelung der räumlichen Vereinigung machte.[18] Schließlich formulierte er nochmals gegenüber Friedrich Schmidt-Ott seine Einwände gegen eine „Verschmelzung" der Bibliotheken, die insbesondere in der unnötigen Mehrbelastung der Königlichen Bibliothek durch den Ausleihverkehr der Studierenden bestünden.[19] Zu einer institutionellen „Einverleibung" der Universitäts- in die Königliche Bibliothek kam es letztendlich aufgrund der Interventionen Harnacks nicht. Stattdessen vereinigte man die Universitätsbibliothek räumlich mit der Königlichen Bibliothek im neuen Gebäude Unter den Linden.

Der geplante Vortrag bei Wilhelm II. fand schließlich am 9. Juni 1901 in Anwesenheit von Kultusminister Studt, Finanzminister Rheinbaben, dem Architekten Ihne, Harnack und dem Chef des Zivilkabinetts Lucanus statt.[20] Der Kaiser akzeptierte das im Ministerium entworfene Gesamtkonzept, sodass die Beteiligten nun aufgefordert waren, konkrete Baupläne auszuarbeiten. Außerdem konnten sie auf der Grundlage der kaiserlichen Zustimmung das Vorhaben dem Preußischen Landtag vorstellen.[21] Von Ihne arbeitete die Pläne aus, die dem Kaiser ebenso wie der Baukommission der Friedrich-Wilhelms-Universität Ende 1902/Anfang 1903 präsentiert wurden und denen diese zustimmten.[22] Auch der Landtag zeigte sich am 17. März 1903 mit den Plänen einverstanden, sodass im September 1903 mit einem Neubau

17 Vgl. Harnack an Althoff am 07.06.1901 (Nr. 156, *Briefwechsel*), über den er die Eingabe an Studt vermittelte (Nr. 156.1, *Briefwechsel*).

18 In: GStA PK, VI. HA, NL Schmidt-Ott, Nr. 185, Bl. 358^{r}–371^{v}, vgl. ebd. weitere Gutachten u.a. von Erman und Fritz Milkau zusammen (Bl. 353^{r}–356^{v}) und Johannes Franke (Bl. 345^{r}–349^{v}).

19 Vgl. Harnack an Schmidt-Ott am 27.09.1901 (ebd., Bl. 372^{rv}, 374^{r}).

20 Vgl. das Telegramm Studts an Althoff vom 08.06.1901 (a.a.O., I. HA, Rep. 76 Vc, Sekt. 2, Tit. XXIII, Lit. B, Nr. 43, Bd. 5, Bl. 208^{r}).

21 Vgl. Nr. 158, *Briefwechsel* und Studts Bericht vom 09.06.1901 (a.a.O., NL Althoff, Nr. 251, Bl. 149^{rv}). Ebd., NL Schmidt-Ott, Nr. 371 finden sich auch die detaillierten Baupläne für das Akademieviertel und ebd., Nr. 372 weitere Akten zum Bibliotheksneubau.

22 Vgl. Althoff i.A. von Studt an die universitäre Baukommission am 31.12.1902 sowie Rektor Gierke an Studt am 29.01.1903 (a.a.O., Lit. B, Nr. 43, Bd. 6, Bl. 105; 143^{rv}).

begonnen wurde, der die Königliche Bibliothek, die Akademie und die Universitätsbibliothek beherbergen würde.[23]

Der Universitätsneubau, für den von Ihne ebenfalls einen Plan vorlegte, ließ sich hingegen nicht unmittelbar realisieren, obwohl Harnack als Geschäftsführer der universitären Baukommission und als Mitglied einer ministerialen Kommission für den Bibliotheksneubau sein Möglichstes versuchte.[24] Vorerst baute man im Kastanienwäldchen ein Provisorium für die Aula, ohne dass der Wald – gemäß den Wünschen des Kaisers – angerührt wurde.[25] Der 1901 ins Auge gefasste Plan, der Universität neue Gebäude zu bauen, an dessen finanzieller Realisierbarkeit der Finanzminister Georg von Rheinbaben von Beginn an Zweifel gehegt hatte, schien im Mai 1902 nicht mehr umsetzbar zu sein, weil er zu kostspielig geworden war, die notwendigen Grundstücke nicht zum Verkauf standen und die Staatsfinanzen sich verschlechtert hatten.[26] Althoffs Vorschlag, das Gebäude der Berliner Sing-Akademie (heute das Maxim-Gorki-Theater), also den Konzertraum der 1791 gegründeten und somit ältesten Chorvereinigung, zur Universitätsaula umzunutzen, lehnte Harnack ab, da er fürchtete, dass aus dem Provisorium ein „Definitivum" werde, und er den Widerstand der Berliner Bevölkerung gegen die Schließung der beliebten Sing-Akademie prognostizierte.[27] Außerdem lehnten die universitäre Baukommission und Architekt Ihne in zwei Gutachten, die dem Senat der Universität vorgelegt werden sollten, ab, einen Aulaneubau im Kastanienwäld-

---

23 Vgl. *Haus der Abgeordneten*, Berichte 1903, 3243–3259 und Harnack an Althoff am 20.03.1903 (Nr. 205, *Briefwechsel*); s. dazu *Maaß*, Althoff und der Neubau, 107. Zur Universitätsbibliothek in dieser Zeit vgl. *Friese*, Geschichte Universitätsbibliothek Berlin, 153–160.

24 Vgl. Harnack an Studt vom 27.06.1901 (in: GStA PK, I. HA, Rep. 76 Va, Sekt. 2, Tit. XIX, Nr. 5, Bd. 18, Bl. 142); Kekulé, Harnack und Wilhelm Kahl an Studt am 27.02.1902 (in: GStA PK, I. HA, Rep. 76 Va, Sekt. 2, Tit XIX, Nr. 37, Bd. 4, Bl. 119^{r}–121^{r}); Ihnes Denkschrift vom 31.01.1901 (ebd., Bl. 129^{r}–130^{v}); den Kostenüberschlag (ebd., Bl. 137); den Lageplan (ebd., Bl. 176); *Sander*, Universität und Berliner Mitte, Kap. 4; Protokoll einer Sitzung vom 23.01.1902 (in: GStA PK, I. HA, Rep. 76 Vc, Sekt. 2, Tit. XXIII, Lit. B, Nr. 43, Bd. 5, Bl. 321^{rv}); Harnack an Althoff am 02.12.1901 und am 13.03.1902 (Nr. 168 und 174, *Briefwechsel*).

25 Vgl. den Allerhöchsten Erlass vom 11.05.1901 (a.a.O., Nr. 37, Bd. 4, Bl. 32), Harnack an Studt am 06.06.1901 (ebd., Bl. 37^{rv}), Harnack an Unbekannt [Schmidt-Ott] am 09.06.1901 und Notiz Harnacks über das zweite Universitätsgebäude o.D. [30.10.1901] (Nr. 157, *Briefwechsel* und 162, *Briefwechsel*), Lucanus an Studt am 20.06.1901 und Studt an Rektor Harnack am 25.06.1901 (a.a.O., Nr. 37, Bd. 4, Bl. 46; 47).

26 Vgl. Rheinbaben an Studt am 22.06. und 09.10.1901 (a.a.O., Nr. 37, Bd. 4, Bl. 50^{r}–51^{r}; 84^{r}–86^{r}).

27 Harnack an Althoff am 02.05.1902 (Nr. 176, *Briefwechsel*). Zur Sing-Akademie vgl. *Eberle/Rautenberg*, Die Sing-Akademie zu Berlin.

chen zu errichten.[28] Obwohl Althoff seine Idee einer vorübergehenden Umnutzung des Hauses der Sing-Akademie nicht vollständig verwarf,[29] war es schließlich ein anderer seiner Vorschläge, der sich realisieren ließ. Das vormalige Gebäude der Königlichen Bibliothek, die sog. „Kommode", sollte der Universität für ihre Zwecke zur Verfügung gestellt werden.[30] Wilhelm II. stimmte dieser Umnutzung der „Kommode" zu, für die umgehend Baupläne entwickelt wurden.[31] Dieser alternative Plan erforderte wiederum, dass der Zeitplan des Bibliotheksneubaus im Akademieviertel und des anschließenden Umzugs der Bestände eingehalten wurde, damit die ehemalige Bibliothek zum Universitätsjubiläum 1910 als Aula genutzt werden konnte.[32] Um der Universität die zusätzlich benötigten Seminarräume zu verschaffen, baute man das Universitätsgebäude Dorotheenstraße 5 um, mietete weitere Gebäude in der Dorotheenstraße 94 und 95/96 an, in die u.a. das kirchengeschichtliche und das theologische Seminar einzogen,[33] und kaufte schließlich 1904 das Haus in der Dorotheenstraße 6, in dem das Orientalische Seminar untergebracht wurde.[34]

Durch die Umnutzung der ehemaligen Königlichen Bibliothek für die Aula und die Auditorien und die Umbauten in der Dorotheenstraße war zwar die akute Raum-

28 Vgl. Harnack an Althoff am 22.06.1902 (Nr. 178, *Briefwechsel*) und Ihnes Gutachten vom 23.06.1902 (Nr. 178.2, *Briefwechsel*) sowie das Gutachten der universitären Baukommission vom 25.06.1902 (Nr. 178.3, *Briefwechsel*).

29 Vgl. Studt an Rheinbaben am 29.08.1906 und die beiliegenden Pläne des Hauses der Sing-Akademie (a.a.O., Nr. 37, Bd. 5, Bl. 46[rv]; 47[r]–48[v]).

30 Vgl. Althoff an den Minister der öffentlichen Aufgaben am 25.10.1902 (a.a.O., Nr. 37, Bd. 4, Bl. 212[r]–213[r] [Entwurf]; in: GStA PK, I. HA, Rep. 76 Va, Sekt. 2, Tit. XIX, Nr. 72, Bd. 1, o.Bl.). S. ebd. die weiteren zugehörigen Akten.

31 Vgl. Harnack an Althoff am 24.02.1903 (Nr. 203, *Briefwechsel*); s. auch Nr. 207, *Briefwechsel*. Zum Umbau des ehemaligen Bibliotheksgebäudes in ein Aulagebäude vgl. *Demps*, Ehemalige Kgl. Bibliothek, 31, 43–45, *Richter*, Gebaute Diskrepanz, 276–284 und *Richter*, Die Königliche Hofbibliothek, 271–282.

32 Vgl. Rektor und Senat der FWU Berlin an Studt am 07.05.1903 (a.a.O., Nr. 72, Bd. 1, o.Bl.); s. dazu *Krause*, Baurat Adams, 314.

33 Vgl. Studt an Rheinbaben am 17.07.1903 (in: GStA PK, I. HA, Rep. 76 Va, Sekt. 2, Tit. XIX, Nr. 5, Bd. 18, Bl. 208–212) und Studt an Rheinbaben am 16.07.1903 (a.a.O., Nr. 72, Bd. 1, o.Bl.). Zur Anmietung der Häuser Dorotheenstraße 94 und 95/96 s. a.a.O., Rep. 76 Va, Sekt. 2, Tit. XIX, Nr. 37, adh.; Rektor und Senat an Studt am 27.03.1903 (ebd.); Althoff an Rheinbaben am 16.07.1903 (a.a.O., Nr. 37, Bd. 4, Bl. 284–289: 285). A.a.O., Rep. 76 Va, Sekt. 2, Tit. XIX, Nr. 37, Bd. 4 finden sich die gesamten Verhandlungen und verschiedenen Pläne für die Unterbringung der Aula und der Seminare ab 1901.

34 Vgl. Rheinbaben an Studt am 28.10. und 20.11.1902, Studt an Rheinbaben am 16.12.1902, Christian Germar an Studt am 25.07.1903 (a.a.O., Nr. 37, Bd. 4, Bl. 214[rv]; 222[rv]; 229[r]; 295–297) und Harnack an Althoff am 10.03.1904 (Nr. 229, *Briefwechsel*); s. dazu *Sander*, Universität und Berliner Mitte, Kap. 4 und *Anonym*, Hörsaalgebäude, 1907. Vgl. ebd., 667 den in Abb. 6 wiedergegebenen Lageplan des Karrees Universitätsstraße/Dorotheenstraße.

not behoben, aber es fehlte weiterhin an einer langfristigen Perspektive für die Unterbringung zahlreicher universitärer Institute. Vor diesem Hintergrund lässt sich der bereits erwähnte Antrag renommierter Berliner Wissenschaftler aus Universität und Akademie, zu denen auch Harnack gehörte, unter der Leitung des Universitätsrektors Hermann Diels verstehen, der im März 1906 von Kultusminister Studt forderte, Bauplätze für die Universität auf der Domäne Dahlem zu reservieren.[35] Ergänzend verfasste der Diels im Herbst 1906 nachfolgende Rektor der Universität, der Theologe Julius Kaftan, 1907 eine Denkschrift über „die für die Universität in den nächsten 10 – 20 Jahren erforderlichen Bauplätze“,[36] nachdem er sich mit Althoff über das Memorandum abgestimmt hatte, damit es sich in dessen Planungen zur Gestaltung der Domäne Dahlem einfügte.[37] Zu Erweiterungsbauten der Universität im Stadtzentrum kam es schließlich erst 1912, als Stadtbaurat Ludwig Hoffmann das Hauptgebäude um zwei Seitenflügel ergänzte, während die Pläne Ernst von Ihnes, im Kastanienwäldchen eine Ehrenhalle zu errichten, am Widerstand der Universität scheiterten.[38]

Es zeigt sich an den Verhandlungen um den Bibliotheksneubau, wie geschickt Harnack die zur Debatte stehende Verwendung des Akademie-Viertels nutzte, um die Interessen der Universität in die Baupläne für die Königliche Bibliothek einzubringen, zugleich aber auch von diesen zu separieren. Dafür nutzte er nicht nur sein vertrauensvolles Verhältnis zu Wilhelm II., der ihn zur kaiserlichen Abendtafel eingeladen hatte, sondern insbesondere die Verbindung zu Friedrich Althoff, der den Bibliotheksneubau seit Mitte der 1880er Jahre betreute und dessen besonderes Verdienst der Kirchenhistoriker bei der Eröffnung des Neubaus 1914 erinnerte.[39] Harnack war in diesem Fall nicht nur als Berater Althoffs in die Vorbereitungen und Verhandlungen involviert, sondern als Rektor der Universität institutionell daran beteiligt. Da er im April und Mai 1901 das Wohlwollen des Königs für die Bauprojekte erwirkt hatte, stand es ihm an, neben den beteiligten Ministern und dem von Wilhelm II. persönlich ausgewählten Architekten Ernst von Ihne an der königlichen

---

35 Vgl. die Immediateingabe des Rektors Hermann Diels vom 08.03.1906, die auch von Harnack unterschrieben worden war (in: GStA PK, VI. HA, NL Althoff, Nr. 170, Bl. 21^{r}–31^{r} [Abschrift]; maschinenschriftliche Abschrift, in: SBB PK, Nl Harnack, K 23, Mp. Gründung KWG, o.Bl.). Zu Althoffs Plänen für Dahlem s.o. in diesem Teil, Abschnitt 1.5, S. 386.

36 Vgl. die Denkschrift des Rektors Julius Kaftan vom 01.03.1907 (Abschrift a.a.O., K 23, Mp. Gründung KWG, o.Bl.).

37 Vgl. Kaftan an Althoff am 24.01.1907 (a.a.O., NL Althoff, Nr. 788, Bl. 162^{rv}).

38 Vgl. *Sander*, Universität und Berliner Mitte, Kap. 4 und 5; zu Ihnes Plan für das Kastanienwäldchen vgl. Althoff an Harnack am 17.07.[1907] (Nr. 354, *Briefwechsel*) sowie Holle an den Rektor Kaftan vom 22.07.1907 (a.a.O., Rep. 76 Va, Sekt. 2, Tit. XIX, Nr. 5, Bd. 19, Bl. 43^{r}–44^{r}).

39 Vgl. *Harnack*, Rede, 1914, 266.

Audienz am 9. Juni 1901 teilzunehmen, während die zuständigen Ministerialbeamten nicht zugegen waren.

2.2 Die Übernahme der Generaldirektion

Nachdem Adolf Harnack 1900/01 an den Planungen zum Neubau der Königlichen Bibliothek beteiligt und seit 1901, wie zuvor auch Theodor Mommsen,[40] Mitglied des Kuratoriums der Königlichen Bibliothek gewesen war,[41] übernahm er am 2. Oktober 1905, zuerst kommissarisch, dann seit April 1906 dauerhaft, die Generaldirektion der Königlichen Bibliothek.[42] Harnack wurde dadurch Teil eines Gesamtplans, den Althoff zur Reform des preußischen Bibliothekswesen entworfen, mit dem er sich bereits seit den 1880er Jahren beschäftigt und zu dem er sich von führenden Bibliothekaren wie dem vormaligen Generaldirektor der Königlichen Bibliothek August Wilmanns, dem Direktor der Universitätsbibliothek Halle/Saale, Otto Hartwig, und dem Professor für Bibliothekswissenschaft und Direktor der Göttinger Universitätsbibliothek, Karl Dziatzko, hatte beraten lassen.[43] Althoff hatte Harnack bereits im Oktober 1904 inoffiziell angefragt, ob er bereit sei, das Amt des Generaldirektors zu übernehmen, was der Kirchenhistoriker ihm umgehend zusagte.[44] Erst im

40 Vgl. *Rebenich/Mommsen-Harnack*, Mommsen-Althoff, Nr. 623.

41 Vgl. Harnack an Schmidt-Ott am 24.12.1901 (in: GStA PK, VI. HA, NL Schmidt-Ott, Nr. 196, Bl. 61^{rv}) und Harnack an Althoff am 10.12.1903 (Nr. 222, *Briefwechsel*).

42 Vgl. *Harnack*, Ansprache, 1905 sowie die Akten zur Übernahme in: GStA PK, VI. HA, NL Althoff, Nr. 248 und in SBB PK, NL Harnack, K 1, Mp. Amtliche Schreiben 1905/06, bes. Bl. 140 die Ernennungsurkunde vom 25.04.1906. Am 28. Juni 1906 wurde Harnack außerdem zum Wirklichen Geheimen Ober-Regierungsrat ernannt (vgl. das Allerhöchst vollzogene Patent, in: GStA PK, I. HA, Rep. 76 Vd Sekt. 31, Nr. 28, Bd. 4, Bl. 244 sowie Nr. 308, *Briefwechsel*). Zu Harnack als Generaldirektor s. *Zahn-Harnack*, Harnack, 322–339, *Jacobs*, Adolf von Harnack, *Harnack*, Die Bibliothek Adolf v. Harnacks, 347–350, *Hirsch*, The Scholar as Librarian, *Leyh*, Die dt. Bibliotheken, 349–356, *[Fick]*, Steffenhagen und Harnack, 35–75, *Krause*, Harnack als Bibliothekar, *Vesper*, Harnack als Bibliothekar, *Burchardt*, Adolf von Harnack, 222f., *Dorsch*, Harnacks Ernennung und *Krause*, Harnack als Generaldirektor.

43 Vgl. die auf bibliothekswissenschaftlichen Gutachten basierende Liste Althoffs mit 54 Punkten von August 1905 (a.a.O., NL Althoff, Nr. 241, Bl. 3^{r}–7^{v}). Zu Althoffs Gesamtreformkonzept im Bibliothekswesen s. auch *Schwenke*, Friedrich Althoff, *Liesegang*, Friedrich Althoff, bes. 2–4 zu den Volksbibliotheken, *Sachse*, Althoff, 285–294, *Schmidt-Ott*, Althoff und die Bibliotheken, *Hirsch*, The Scholar as Librarian, 301, *Erman*, Althoffs Reformen, *Leyh*, Die dt. Bibliotheken, 307, 321–323, 342–345, 349, 403f., 437, 459, *Brocke*, System Althoff, 60f., *Greguletz*, Der Beitrag Althoffs, *Fabian*, Reform des Bibliothekswesens, *Neumann*, Althoff und die Kgl. Bibliothekund *Ammendola*, Struktur und Bedeutung.

44 Vgl. Harnack an Althoff am 02.11.1904 (Nr. 243, *Briefwechsel*). Zahn-Harnack ging irrtümlicherweise von einer ersten Anfrage im Oktober 1903 aus, weil sie den Brief vom 15.10.1903, der sich

März 1905 schickte Kultusminister Konrad von Studt Harnack eine offizielle Anfrage, die dieser ebenfalls bestätigte.[45] Die Ernennung Harnacks zum Generaldirektor Anfang August 1905 wurde von seinen Kollegen in der Theologie wie auch in Bibliothekskreisen, besonders von dem Direktor der Berliner Universitätsbibliothek, Wilhelm Erman, der später die Breslauer, dann die Bonner Universitätsbibliothek leitete,[46] keineswegs gutgeheißen, da der Kirchenhistoriker nicht als bibliothekswissenschaftlicher Fachmann galt. Harnack betonte in seinen Briefen an Althoff dieses gegen ihn gehegte Misstrauen mehrfach und ging auch in seiner Ansprache bei der Amtsübernahme im Oktober 1905 indirekt darauf ein.[47] Die Skepsis der Bibliothekare hinderte Kultusminister Konrad von Studt, bestärkt durch Friedrich Althoff, letztlich nicht daran, Harnack in dieses höchst ehrenvolle Amt zu installieren, weil sich der Minister und sein Ministerialdirektor davon eine engere Verbindung zwischen Königlicher Bibliothek, Berliner Universität und Kultusministerium erhofften.[48]

Nachdem Harnack Althoff bereits im November 1904 seine Bedingungen für die Übernahme des Amtes genannt hatte, erweiterte er diese bis zur endgültigen Übernahme 1906 nochmals. Am dringendsten notwendig erschien ihm, dass ein zweites kirchenhistorisches Ordinariat an der Theologischen Fakultät eingerichtet würde, da er als nebenamtlicher Generaldirektor nicht mehr in der Lage sein würde,

---

auf die Direktion der Monumenta Germaniae Historica bezieht, auf die Generaldirektion der Königlichen Bibliothek hin deutete (vgl. *Zahn-Harnack*, Harnack, 323f.; zur Widerlegung von Zahn-Harnacks Annahme s. auch *Dorsch*, Harnacks Ernennung, 161–168; zur Direktion der MGH s.o. in diesem Teil, Abschnitt 1.3, S. 378 sowie Harnack an Althoff am 15.10.1903 [Nr. 218, *Briefwechsel*]).

45 Vgl. Nr. 243, *Briefwechsel*, Harnack an Studt am 08.03.1905 (Nr. 243.1, *Briefwechsel*), *Jantsch*, Harnack-Rade, Nr. 392 und *Hirsch*, The Scholar as Librarian, 303f.

46 S. das Biogramm, S. 495.

47 Vgl. Harnack an Althoff am 06.09. und 20.12.1905 (Nrn. 274 und 287, *Briefwechsel*); s. dazu *Hirsch*, The Scholar as Librarian, 304f., *Leyh*, Die dt. Bibliotheken, 349, *Krause*, Harnack als Generaldirektor, 145f. und *Harnack*, Ansprache, 1905, 6. Zur Ernennung vgl. Harnack an Althoff am 05.08.1905 (Nr. 271, *Briefwechsel*) und an Studt am 05.08.1905 (Nr. 271.1, *Briefwechsel*). In GStA PK, VI. HA, NL Althoff, Nr. 248 findet sich außerdem eine von Hans Paalzow erstellte Sammlung von Zeitungsartikeln von Anfang August zum Wechsel im Generaldirektorenamt. Erman wandte sich schriftlich an Althoff, um gegen die Ernennung Harnacks zu protestieren, woraufhin der Ministerialdirektor die Wahl Harnacks verteidigte (vgl. Erman an Althoff am 08.08.1905 und Althoff an Erman am 10.08.1905 [Abschrift], in: GStA PK, VI. HA, NL Althoff, Nr. 248, Bl. 1^r–2^v; 3^r–4^r; s. dazu *Zahn-Harnack*, Harnack, 237f. und *Vesper*, Harnack als Bibliothekar, 40f.). Noch in seinem Kapitel zu „Althoffs Reformen" von 1919 kritisierte Erman indirekt die Ernennung Harnacks zum Generaldirektor der Königlichen Bibliothek (vgl. *Erman*, Althoffs Reformen, 239).

48 Vgl. Harnack an Oscar von Gebhardt am 06.08.1905 (abgedruckt bei *[Fick]*, Steffenhagen und Harnack, 38); so Harnack auch in seinen Entwürfen für den Brief vom 08.03.1905 (Nr. 243.1, *Briefwechsel*, Anm. 1). Zwischenzeitlich war auch im Gespräch gewesen, Harnack das Amt nur bis 1907 kommissarisch zu übergeben (vgl. Nr. 287, *Briefwechsel*).

die akademischen Verpflichtungen zu erfüllen.[49] Als zweiter Ordinarius wurde 1906 Harnacks Schüler Karl Holl, der zuvor für ihn an der Kirchenväteredition gearbeitet und als Privatdozent in Berlin gelehrt hatte, berufen.[50] Holl war seit 1900 in Tübingen Extraordinarius für Kirchengeschichte, wollte die Fakultät aber verlassen, u.a. weil man ihn bei der Besetzung des Ordinariats nicht auf Platz eins gesetzt hatte.[51] Holl sollte an der Berliner Theologischen Fakultät die Kirchengeschichte der Neuzeit vertreten, obwohl er sich ursprünglich in Tübingen und Berlin als Patristiker qualifiziert hatte.[52] Doch Holl war keineswegs Harnacks Wunschkandidat gewesen, da letzterer neben dem an erster Stelle genannten Albert Hauck den mit Holl gemeinsam *secundo loco* vorgeschlagenen Kieler Kirchengeschichtsordinarius Hans von Schubert favorisierte, der ihm „bequemer" als Holl zu sein schien.[53] Auch Friedrich Loofs, auf den die Fakultät sich aber nicht hatte einigen können, hätte der Generaldirektor Holl vorgezogen.[54] Doch die Verhandlungen mit Hauck wie mit Schubert scheiterten,[55] sodass Kultusminister von Studt Karl Holl berief, dem die Berliner Fakultät bereits 1900 die theologische Ehrendoktorwürde verliehen hatte, weil diese, wie eingangs erwähnt, die informelle Voraussetzung für ein theologisches Ordinariat bildete.[56]

Das Verhältnis Holls zu Harnack war auch nach der Berufung nach Berlin nicht immer unproblematisch, da der Württemberger neben dem berühmten Kirchenhistoriker Harnack in der Fakultätspolitik wie auch bei den Studierenden zurück-

---

49 Vgl. Nr. 243, *Briefwechsel*. Detailliertere, seine Urlaubszeiten und den Umfang seiner Vorlesungspflicht betreffende Bedingungen formulierte er gegenüber Althoff am 11.06.1905 (Nr. 269, *Briefwechsel*) und gegenüber Studt am 09.01.1906 (Nr. 293, *Briefwechsel*), nachdem er diesem am 05.12.1905 die dauerhafte Übernahme der Bibliotheksdirektion im Nebenamt zugesagt hatte (Nr. 287.1, *Briefwechsel*).

50 Zur Biografie Holls. vgl. *Assel*, Karl Holl sowie das Biogramm, S. 511. Zur Kirchenväteredition s.o. in diesem Teil, Abschnitt 1.1.1, S. 351ff.

51 Zum Extraordinariat in Tübingen vgl. *Assel*, Karl Holl, 41–44 und *Drecoll*, Karl Holl, Patristiker, 161–163.

52 Zur Berufung Karl Holls nach Berlin vgl. die Akten, in: GStA PK, I. HA, Rep. 76 Va, Sekt. 2, Tit. IV, Nr. 44, Bd. 6, Bl. 3–35, und ebd., Tit. X, Nr. 1, Bd. VI, Bl. 114–117, 124^{rv}, HUB UA, Theol. Fakultät, Nr. 168, Bl. 39a, 51^{r}–63^{v}, Nr. 305, *Briefwechsel*, sowie *Korsch*, Holl, 343, *Assel*, Karl Holl, 45, *Drecoll*, Karl Holl, Patristiker, 163–165 und *Nottmeier*, Freundschaft und Entfremdung, 290–292.

53 Harnack an Loofs am 02.04.1906 (in: ULB Halle, NL Loofs, Yi 19 IX 1597), vgl. die Fakultätsvorschläge vom 06.03.1906 (a.a.O., Nr. 44, Bd. 6, Bl. 13^{r}–20^{r}).

54 Vgl. ebd.

55 Vgl. Schubert an Harnack am 29.03.1906 (in: SBB PK, NL Harnack, K 42, Mp. Schubert, Bl. 13^{r}–14^{v}). Von Schubert wechselte stattdessen nach Heidelberg. Zu seiner Nachfolge in Kiel s.o. Teil I, Abschnitt 4.4, S. 139.

56 Vgl. den Antrag Harnacks vom 15.10.1900 (in: HUB UA, Theol. Fak., Nr. 133, Bl. 52). Zur theologischen Ehrendoktorwürde s.o. Einleitung, Abschnitt 2.1, S. 15.

stand.[57] Auch wenn Harnack Holl offenbar als unbequem empfand, traute er diesem doch eine „besondere Tüchtigkeit“ zu.[58] Holl wiederum war von Anfang an von der Beziehung zu Harnack enttäuscht, mit dem er sich einen vertrauteren Umgang erhofft hatte, den dieser aber nicht suchte. Wie Sabine Drecoll eindrücklich beschreibt, empfand Holl die Zurücksetzung, auch wenn sie möglicherweise nicht immer objektiv vorlag oder von Harnack intendiert war, als belastend. Erst die Erfolge in der Lutherforschung in den 1920er Jahren verschafften Holl die Anerkennung, die er sich wünschte.[59] Die Berufung eines zweiten kirchengeschichtlichen Ordinarius an die Berliner Fakultät hatte für die Fakultätsgeschichte ebenso bedeutsame Konsequenzen wie für die Theologiegeschichte. Die Tatsache, dass der zwar ebenfalls am theologischen Historismus geschulte Holl nach Berlin kam, sich aber von diesem spätestens seit Beginn der 1920er Jahre, in denen Harnack auch wegen seiner Pensionierung nicht mehr aktiv an der Fakultät wirkte, distanzierte, eröffnete den Studierenden die Möglichkeit, eine alternative bzw. ergänzende theologische Perspektive zur Harnacks Ansatz kennenzulernen. Dazu trug auch Holls zunehmende Spezialisierung auf die Reformationsgeschichte und seine forschungsgeschichtlich überaus relevante Einleitung der sog. „Lutherrenaissance“[60] bei, die das bislang an der Berliner Fakultät weitgehend vernachlässigte Studium der frühen Neuzeit ermöglichte.

Auch wenn Harnack das Amt erst im Oktober 1905 übernahm, befasste er sich bereits vorher in enger Abstimmung mit Althoff mit den notwendigen Reformen und Erwerbungen und entwickelte eine Zielvorstellung für das preußische Bibliothekswesen.[61] Er beabsichtigte den Generaldirektor mit Befugnissen auszustatten, die denjenigen entsprachen, die der Generaldirektor der preußischen

---

57 Vgl. *Drecoll*, Karl Holl, Patristiker, 145–150, 163–168, *Assel*, Karl Holl, 32f., 46 und *Nottmeier*, Freundschaft und Entfremdung, bes. 284–289, 294f. Während Holl 1904 noch ein Portrait seiner selbst zu dem Fotoalbum beigesteuert hatte, das Harnacks Schüler dem Kirchenhistoriker und seiner Ehefrau Amalie zur Silberhochzeit schenkten (vgl. das Album im Nachlass Harnack, SBB PK), beteiligte er sich an der Festschrift der Schüler zum 70. Geburtstag 1921 nicht mehr, sondern verfasste das Vorwort der *Festgabe von Fachgenossen und Freunden, 1921*.

58 Harnack an Loofs am 02.04.1906 (a.a.O., NL Loofs, Yi 19 IX 1597).

59 Vgl. *Drecoll*, Karl Holl, Patristiker, 168f.

60 Zu Holl und der „Lutherrenaissance“ vgl. *Rohls*, Prot. Theologie der Neuzeit II, 159–164, *Assel*, Der andere Aufbruch, *Assel*, Karl Holl, 44, 48, 79, 85 , 107, 109–111, 122 sowie die Aufsätze in dem 2021 erschienenen Tagungsband über Karl Holl von *Assel*, Holls Reformationsrede, *Holm*, Sozialtheoretische Aspekte im Werk Holls, *Svinth-Værge Põder*, Holls Entdeckung und Analyse von Luthers Römerbriefvorlesung, *Stayer*, Luther und die Schwärmer und *Stegmann*, Religion – Sittlichkeit – Kultur.

61 Vgl. Nr. 269, *Briefwechsel*. Zu den Reformen s.u. in diesem Teil, Abschnitt 2.4, S. 422.

Archive, Reinhold Koser, besaß.[62] Diese sollten die Bedeutung des Amtes nochmals vergrößern und das preußische Bibliothekswesen in der Generaldirektion der Königlichen Bibliothek zentralisieren, wie er es in einem Reformentwurf im Juni 1906 zusammenfasste.[63] Der geplanten Zentralisierung des Bibliothekswesen stimmte – auf Vorschlag Althoffs – auch Wilhelm II. im August 1905 zu.[64] Die Zentralisierung des preußischen Bibliothekswesens in der Königlichen Bibliothek versuchte Harnack im Laufe seiner Amtszeit beispielsweise dadurch zu erreichen, dass er einen Gesamtkatalog der preußischen Buchbestände unterstützte.[65] Gleichwohl ließ er schweren Herzens von dem noch 1912 propagierten Plan ab, den Althoff unterstützt hatte, aber finanziell nicht hatte realisieren können, dass die Königliche Bibliothek in Berlin alle in Deutschland veröffentlichten Publikationen sammeln solle, nachdem die 1913 in Leipzig gegründete „Deutsche Bücherei" diese Funktion übernommen hatte.[66]

In die Reihe der Bedingungen Harnacks, die er zur Amtsübernahme nannte, zählte außerdem die Ernennung eines Ersten Direktors, der ihn entlasten sollte.[67] Obwohl Harnack zuerst geplant hatte, den „Hauptheil [...] [seiner] Zeit [...] dem neuen Amte" zu widmen,[68] stellte sich im Laufe der Verhandlungen heraus, dass er die Generaldirektion nicht dauerhaft zu seinem Hauptberuf, sondern vielmehr zu einem „Nebenberuf" machen werde.[69] Die Definition der Stelle des Generaldirektors im Nebenamt ermöglichte es dem Kultusministerium zugleich, den Posten des Ersten Direktors beim Finanzminister durchzusetzen.[70] Es wurde – nach Rücksprache mit dem scheidenden Generaldirektor August Wilmanns – Paul Schwenke zum Ersten Direktor der Königlichen Bibliothek ernannt, der zuvor ebendort Di-

---

62 Vgl. Nr. 269, *Briefwechsel*, die von Harnack gestrichenen Bedingungen in seinem Schreiben an Studt vom 05.12.1905 (Nr. 287.1, *Briefwechsel*, Anm. 12) sowie den Reformentwurf vom 21.06.1906 (Nr. 307, *Briefwechsel*).

63 Vgl. ebd.

64 Vgl. Nr. 273, *Briefwechsel*.

65 Vgl. *Glauning*, Der preuß. Gesamtkatalog und der Münchner Katalog, 360, *Jacobs*, Adolf von Harnack, 371, *Leyh*, Die dt. Bibliotheken, 347 und *Vesper*, Harnack als Bibliothekar, 43, 45. Zu Althoffs bereits in den 1880er Jahren angestoßenen Plänen, in der Königlichen Bibliothek das preußische Bibliothekswesen zu zentralisieren, s. *Fabian*, Reform des Bibliothekswesens.

66 Vgl. *Harnack*, Benutzung der Kgl. Bibliothek, 1912, 247–260, *Harnack*, Rede, 1914, 275 und *Flachowsky*, Deutsche Bücherei.

67 Vgl. Nr. 273, *Briefwechsel*.

68 Nr. 243, *Briefwechsel*.

69 So bezeichnet es *Zahn-Harnack*, Harnack, 324 (im Original gesperrt), im Anschluss daran *Dorsch*, Harnacks Ernennung, 170f.

70 Vgl. Studt an Rheinbaben am 30.08.1905 (in: GStA PK, I. HA, Rep. 76 Vd Sekt. 31, Nr. 28, Bd. 4, Bl. 134^{r}–136^{v}).

rektor der Druckschriftenabteilung gewesen war. Er sollte sich vorwiegend um das laufende Geschäft kümmern, erledigte aber auch andere Aufgaben, da Harnack eine genaue Aufgabenteilung zwischen Generaldirektor und Erstem Direktor explizit vermied.[71] Harnack wurde in diese Personalfrage ebenso einbezogen, wie in diejenige, die die Neubesetzung des Direktors der Handschriftenabteilung der Königlichen Bibliothek betraf.[72] Deren Direktor Valentin Rose hatte im August 1905 seinen Abschied genommen, woraufhin im Oktober 1905 der Oberbibliothekar Ludwig Stern zu seinem Nachfolger ernannt wurde.[73]

Neben Althoff war Friedrich Schmidt-Ott Harnacks primärer Ansprechpartner im Kultusministerium, da dieser für die Bibliotheken zuständig war.[74] Organisatorisch führte Harnack gleich zu Beginn seiner Amtszeit einige Neuerungen ein. Es wurden beispielsweise ab dem Jahr 1905/06 Jahresberichte veröffentlicht, und ab Oktober 1905 Direktorenkonferenzen abgehalten, deren Ergebnisse man in eigenen Protokollen festhielt.[75]

2.3 Die Erweiterung des Buchbestandes des Königlichen Bibliothek

Zu Harnacks Reformprogramm als Generaldirektor gehörte von Beginn an, parallel zu den Etatserhöhungen der Königlichen Bibliothek neue Bestände zu erwer-

71 Vgl. Harnack an Althoff am 06., 15.09. und 16.12.1905 (Nrn. 274, 277 und 285, *Briefwechsel*); Patententwurf und Immediatbericht vom 09.12.1905 (in: GStA PK, I. HA, Rep. 76 Vd, Sekt. 31, Nr. 28, Bd. 4, Bl. 175r–177r); s. dazu *Schochow*, Berliner Staatsbibliothek, 219–231 und *Dorsch*, Harnacks Ernennung, 182f.

72 Weitere in der Korrespondenz angesprochene Personalia bezogen sich auf den Bibliothekar Paul Henrici, der 1906 an die Landesbibliothek in Wiesbaden wechselte (s. die Nr. 296, *Briefwechsel* mit Anm. 4 und Nr. 297, *Briefwechsel*), und den Germanisten Heinrich Schröder, der nicht an der Königlichen Bibliothek angestellt wurde (s. die Nrn. 277, *Briefwechsel* und 313, *Briefwechsel*). Außerdem zeigte Harnack sich damit einverstanden, dass der Bibliothekar Johannes Luther ab 1906 eine Hilfsarbeiterstelle bei der Edition der Werke Martin Luthers, von dessen jüngerem Bruder er abstammte, übernahm (vgl. die Vermerke auf den Nrn. 277, 319 und 320, *Briefwechsel*, die Akten in: GStA PK, I. HA, Rep. 76 Vc, Sekt. 1, Tit. XI, Teil VD., Nr. 19, Bd. 6, o.Bl.).

73 Vgl. den Allerhöchst genehmigten Abschied vom 12.08.1905 (in: GStA PK, I. HA, Rep. 76 Vd Sekt. 31, Nr. 28, Bd. 4, Bl. 125) und die Nrn. 274, *Briefwechsel* und 277, *Briefwechsel*, den Patententwurf und den Immediatbericht vom 09.10.1905 (in: GStA PK, I. HA, Rep. 76 Vd Sekt. 31, Nr. 28, Bd. 4, Bl. 158r–159v).

74 Vgl. die Akten in: GStA PK, VI. HA, NL Schmidt-Ott, Nrn. 185, 187, 196, 371, 372.

75 Zu den Jahresberichten vgl. Nr. 307, *Briefwechsel*, *Vesper*, Harnack als Bibliothekar, 42 und zu den Direktorenkonferenzen vgl. *Krause*, Harnack als Generaldirektor, 147f. und *Krause*, Dienstprotokolle Harnacks.

ben. Er hatte dies dem Kultusminister Konrad von Studt im Juni 1906 in einer wegweisenden dreißigseitigen Denkschrift dargelegt, als es den Bibliotheksetat für das Rechnungsjahr 1907 zu beantragen galt.[76] Insgesamt konnte der reguläre Etat der Königlichen Bibliothek in Harnacks Amtszeit mehr als verdoppelt werden.[77] Zu einer signifikanten Erweiterung des Buchbestandes der Königlichen Bibliothek kam es außerdem durch den Ankauf ganzer Bibliotheken, die zum Verkauf standen, wie z.B. der Bibliothek des Grafen Plato von Schlitz genannt Görtz-Wrisberg und der Bibliothek des Fürsten Mario Chigi in Rom.[78] Um beide Bibliotheken bemühte der Generaldirektor Harnack sich mit Unterstützung Althoffs, der diese Initiativen befürwortete, um die nationale und internationale Strahlkraft der Königlichen Bibliothek zu vergrößern.

Über den Ankauf der Bibliothek des Fürsten Mario Chigi in Rom debattierte man im Kultusministerium seit 1905, nachdem der Direktor des Königlich Preußischen Historischen Instituts in Rom, Paul Fridolin Kehr, im März 1905 ihren Erwerb angeregt hatte.[79] Harnack war daran zuerst als Vorsitzender des wissenschaftlichen Beirats des Preußischen Historischen Instituts in Rom, seit Oktober 1905 als Generaldirektor der Königlichen Bibliothek beteiligt.

Bei der Biblioteca Chisiana handelte es sich um eine der letzten römischen Bibliotheken, die vollständig zum Verkauf standen, nachdem der Präfekt der va-

---

76 Vgl. die von Harnack am 30.06.1906 verfasste Denkschrift (in: GStA PK, VI. HA, NL Schmidt-Ott, Nr. 371, o.Bl.; in Ausschnitten bei *Wendel*, Kaiser-Wilhelm-Gesellschaft 1911–1914, 280 gedruckt).

77 Vgl. *Hirsch*, The Scholar as Librarian, 308, *Vesper*, Harnack als Bibliothekar, 42 und *Burchardt*, Adolf von Harnack, 223.

78 Zu den Erwerbungen unter Harnack s. *Schwenke*, Die Bibliothek als Ganzes, 7f., *Leyh*, Die dt. Bibliotheken, 351f., *Schochow*, Berliner Staatsbibliothek, 79–83, *Vesper*, Harnack als Bibliothekar, 42f. und *Krause*, Harnack als Generaldirektor, 152. Die Bibliothek des Heidelberger Juristen Franz Kahn, die der Kieler Völkerrechtler Theodor Niemeyer dem Kultusministerium 1906 anbot, wurde nicht erworben, sondern finanziert durch das Kultusministerium in Kiel aufgestellt (vgl. Harnack an Althoff am 27.07.1906, Nr. 314, *Briefwechsel* mit Anm. 2).

79 Vgl. Kehr an Althoff am 04.03.1905 (Nr. 257, *Briefwechsel*); Kehr an Harnack am 04.03.1905 (in: SBB PK, NL Harnack, K 21, Mp. PHI, o.Bl.). S. dazu *Goldbrunner*, Von der Casa Tarpea, 50f. Vgl. die besonders vielfältige Überlieferung zu dieser Angelegenheit nicht nur in den Akten des preußischen Kultusministeriums (GStA PK, I. HA, Rep. 76 Vd, Sekt. 1, Nr. 43) und in denjenigen des Zivilkabinetts (ebd., I. HA, Rep. 89, Nr. 19894), sondern auch in den Nachlässen Althoffs (ebd., VI. HA, NL Althoff, Nr. 793 die Briefe Paul Fridolin Kehrs), Schmidt-Otts (ebd., VI. HA, NL Schmidt-Ott, Nr. 1898; ebd., Karton 174) und Kehrs (ebd., NL Kehr, Nr. 14 Briefe Harnacks und Kehrs) sowie in den Akten der Königlichen Bibliothek (SBB PK, Acta betr. Erwerbung der Chigi-Bibliothek in Rom 1906: III. B. 77) und im Deutschen Historischen Institut in Rom (Archiv, R1, Ältere Registratur, Hefter Nr. 9: B 4, Bd. 1: Verkehr mit dem Kultusministerium, Biblioteca Chigi). Für die umgehende digitale Bereitstellung des Konvoluts danke ich Herrn Dr. Andreas Rehberg sehr herzlich. Zur Reorganisation des Historischen Instituts in Rom durch Althoff und Harnack s.o. in diesem Teil, Abschnitt 1.2.1, S. 360ff.

tikanischen Bibliothek, Pater Franz Ehrle, die Borghese-Bibliothek 1891 und die Barberini-Bibliothek 1902 angekauft hatte, während ihn die ebenfalls zum Verkauf stehende Orsini-Bibliothek nicht interessierte.[80] Die 1905 zum Verkauf stehende Chigi-Bibliothek war für die Institutsmitarbeiter und ihren Direktor von besonderem Interesse, weil sie einige auch für die deutsche Geschichte bedeutsame Dokumente zu enthalten versprach. Ihr Gründer, Fabio Chigi, der nachmalige Papst Alexander VII., hatte nämlich auf dem Westfälischen Friedenskongress 1648 als außerordentlicher Nuntius zwischen den Parteien vermittelt.[81] Institutsdirektor Paul Fridolin Kehr schlug deshalb vor, dass der preußische Staat die Bibliothek kaufen solle und ein Großteil davon, v.a. die Handschriften, in der Institutsbibliothek in Rom aufbewahrt werden könne. Dieser Vorschlag gründete auch auf der Bedingung des Verkäufers Mario Chigi, dass die Bibliothek in Italien bleiben solle.[82] Die Kondition rührte wiederum daher, dass der italienische Staat die Ausfuhr ganzer Bibliotheken ins Ausland nicht erlaubte.[83] Obwohl der letztgenannte Aspekt, dass die Bibliothek nicht nach Deutschland überführt werden dürfe, für die preußische Unterrichtsverwaltung ein erhebliches Hindernis beim Ankauf darstellte,[84] war Althoff dennoch geneigt, ihn zu erwägen. Aus rechtlichen wie politischen Gründen bestand er aber darauf, dass der Großteil der Bibliothek nach Berlin gebracht werden müsse. Seines Erachtens sollte sie nämlich nur teilweise für die Bibliothek der Historischen Instituts, größtenteils aber für die Königliche Bibliothek erworben werden. Auch die Zustimmung der Finanzverwaltung würde man ohne die Aussicht, dass die Chisiana nach Preußen transportiert würde, nicht erreichen. Daher galt es zuerst die Ausfuhrbestimmungen zu sondieren. Althoff plante in dieser Sache persönlich nach Rom zu reisen, da er im April 1905 aufgrund seiner Teilnahme an der Kaiserreise Wilhelms II. ohnehin in Italien weilte.[85] Kehr sollte bis dahin die Verkaufsverhandlungen vorbereiten und nach Möglichkeit auch die Bibliotheksbestände präziser benennen.

Althoff reiste Ende März mit Wilhelm II., dem er unterwegs über die Chigi-Bibliothek berichtete, auf dem Seeweg nach Neapel.[86] Der Kaiser wusste bereits von der Möglichkeit des Bibliotheksankaufs, da die Fürstin Antoinette Chigi, Ehe-

---

80 Vgl. *Grafinger*, Ehrle als Präfekt, 134–138.

81 Vgl. ebd., 50.

82 Vgl. Nr. 257, *Briefwechsel*.

83 Vgl. beispielsweise Kehr an Althoff am 29.10.1905 (Nr. 282.6, *Briefwechsel*) und Wolfram von Rotenhan an Althoff am 02.11.1905 (Nr. 282, *Briefwechsel*).

84 Vgl. Harnack i.A. Althoffs an Kehr am 08.03.1905 (Nr. 257.2, *Briefwechsel*).

85 Zur Kaiserreise vgl. die Akte in: GStA PK, VI. HA, NL Althoff, Nr. 45 sowie Althoff an Harnack am 26.03.1905 (Nr. 260, *Briefwechsel*).

86 Vgl. ebd.

frau Mario Chigis und zugleich eine geborene von Sayn-Wittgenstein-Berleburg, Wilhelms Tante, Luise von Preußen, die Großherzogin von Baden war, davon erzählt hatte.[87] Althoff lud Harnack ebenfalls ein, nach Neapel zu kommen, damit dieser sich beim Kaiser für den Ankauf der Bibliothek Chigi einsetzen könne.[88] Obwohl Harnack die Reise nach Italien zuerst abgelehnt hatte, ließ er sich anscheinend doch noch dazu bewegen, Wilhelm II. in Neapel – zusammen mit Kehr und Althoff – über den Ankauf der Chigi-Bibliothek vorzutragen.[89]

Ende April 1905 wurde der Direktor der Druckschriftenabteilung der Königlichen Bibliothek, der bereits erwähnte Paul Schwenke, nach Rom geschickt, um den Kauf der Bibliothek durch eine genaue Durchsicht und Aufnahme der Bestände vorzubereiten.[90] Nachdem er sämtliche Bestände der Bibliothek erfasst hatte, legte er eine erste Schätzung vor.[91] Doch Schwenkes Taxierung und Kehrs Gutachten verdeutlichten, dass ein Kauf der gesamten Bibliothek für Preußen finanziell unmöglich werden würde.[92] Deshalb wurde mit Zustimmung Wilhelms II. erwogen, bei dem Ankauf mit dem Vatikan zu kooperieren, auch wenn der Präfekt der Vatikanischen Bibliothek, Franz Ehrle, den Bestand am liebsten komplett für die Vaticana erworben hätte.[93]

Auf der Grundlage dieser Vorverhandlungen reichte Kultusminister Konrad von Studt beim Finanzministerium im August 1905 eine außerordentliche Etatsanmeldung in Höhe von 450 000 M. ein, der er zusätzlich zu den Berichten von Schwenke und Kehr ein Gutachten des designierten Generaldirektors der Königli-

---

87 Vgl. Antoinette Chigi an Luise von Preußen am 17.03.1905 (Kopie in: GStA PK, I. HA, Rep. 89, Nr. 19894, Bl. 14^{r}–16^{r}) sowie Zivilkabinett an Studt am 11.04.1905 (ebd., Bl. 18^{r}; a.a.O., I. HA, Rep. 76 Vd, Sekt. 1, Nr. 43, o.Bl.). Unter den Briefen Luise von Preußens an Wilhelm II. findet sich kein Schreiben aus dem entsprechenden Zeitraum, das darüber berichtet (in: GStA PK, BPH Rep. 51 W, Nr. 2a).

88 Vgl. Nr. 260, *Briefwechsel*.

89 Vgl. Harnacks Absage an Althoff am 01.04.1905 (Nr. 261, *Briefwechsel*) sowie Althoffs Dank für Harnacks Italienreise am 22.04.1905 (Nr. 262, *Briefwechsel*).

90 Vgl. Schmidt-Ott an Schwenke am 22.04.1905 (in: GStA PK, I. HA, Rep. 76 Vd, Sekt. 1, Nr. 43, o.Bl.), Schmidt-Ott an Althoff am 26.04.1905 (a.a.O., VI. HA, NL Althoff, Nr. 929, Bl. 166^{r}–168^{r}: 167^{r}) und Schwenke am 27.04.1905 (a.a.O., Nr. 43, o.Bl.).

91 Vgl. Kehr an Althoff am 23.05.1905 (a.a.O., Nr. 43, o.Bl. [Ausschnitt]) und Schwenke an Studt am 31.07.1905, mit dem beiliegenden Bericht über seine Erfassung der Bibliothek (ebd.; insgesamt 48 Blatt).

92 Vgl. den Bericht Schwenkes vom 31.07. und zwei Gutachten Kehrs vom 24.08.1905 (a.a.O., Nr. 43, o.Bl.).

93 Vgl. Althoffs maschinenschriftlichen Bericht über seinen Aufenthalt in Wilhelmshöhe vom 20.08.1905 (a.a.O., NL Althoff, Nr. 417, Bl. 72^{r}–73^{v}: 72^{v}) und Kehr an Althoff am 02.10.1905 (Nr. 282.2, *Briefwechsel*).

chen Bibliothek, Adolf Harnack, beizufügen versprach.[94] Harnacks Votum folgte am 10. September 1905 und resümierte den spezifischen Wert der Bibliothek Chigi für die wissenschaftliche Forschung im Allgemeinen und für die kirchenhistorische im Speziellen.[95] Ihre Bedeutung liege in den „archivalischen und litterarischen Handschriften", die für die gesamte Kirchengeschichte „Unica" böten, die bislang kaum oder gar nicht ausgewertet worden seien.[96] Bei den „Unica" hatte Harnack aus kirchenhistorischer Perspektive zuvorderst die Briefe Philipp Melanchthons an den Gräzisten Joachim Camerarius, einen engen Freund des Reformators, vor Augen, die in der Biblioteca Chigi in zwei Bänden gesammelt waren.[97] Sie waren 1875 dort entdeckt und Mitte der 1880er Jahre erstmals von dem evangelischen Kirchenhistoriker, dem damaligen Stipendiaten des Deutschen Archäologischen Instituts und nachmaligen Berliner Extraordinarius für Kirchengeschichte, Nikolaus Müller, ausgewertet worden.[98] Harnack mag 1905 von Müllers Forschungen gewusst haben, erwähnte diese aber nicht explizit in seinem Gutachten. Gleichzeitig war ihm bewusst, was es bedeuten würde, wenn die Originalbriefe Melanchthons an Camerarius in den Bestand der Königlichen Bibliothek in Berlin aufgenommen würden. Insbesondere die 1897 initiierte „Kommission zur Ergänzung der Werke Melanchthons" würde davon erheblich profitieren können.[99] Insgesamt würde der Ankauf der Chigi-Bibliothek durch den preußischen Staat, wie der designierte Generaldirektor es formulierte, eine „Eroberung für die Wissenschaft" bedeuten, die

94 Vgl. die Etatsanmeldung beim Finanzministerium vom 28.08.1905 und Studt an Rheinbaben am 19.09.1905 (a.a.O., Nr. 43, o.Bl.).

95 Vgl. Harnacks Gutachten vom 10.09.1905 (Nr. 275, *Briefwechsel*).

96 Ebd.

97 Ebd.

98 Müller ließ ein Exemplar des von Camerarius 1569 herausgegebenen Korrespondenzbandes auftrennen und leere Seiten einbinden, auf denen er 1884 handschriftlich die Differenzen zwischen der Edition des 16. Jahrhunderts und den ihm in Rom vorliegenden Autographen notierte (vgl. das digitalisierte Handexemplar Müllers auf der Homepage der Heidelberger Forschungsstelle zum Melanchthon-Briefwechsel: https://digi.hadw-bw.de/view/melanchthon1569 [letzter Zugriff: 01.10.2023]). Dieser Abgleich brachte zu Tage, dass Camerarius Melanchthons Briefe nicht unerheblich, insbesondere hinsichtlich der Personennamen modifiziert und interpoliert hatte (vgl. die Edition von *Müller*, Das Schreiben Melanchthons an Camerarius vom 16. Juni 1525, in dem es um die Hochzeit Martin Luthers ging). Diese Beobachtung hatte vor Müller bereits der Münchner Historiker August von Druffel festgehalten (vgl. *Druffel*, Die Melanchthon-Handschriften der Chigi-Bibliothek). S. dazu in der reformationsgeschichtlichen Literatur *Scheible*, Überlieferung und Editionen der Briefe Melanchthons, 139–142, *Mundhenk*, Briefe, 306–308 und *Dall'Asta*, Melanchthons Briefe an Joachim Camerarius, 302–310. Zu Müllers Arbeit in Rom vgl. ebd., 308–310 und zu seinen übrigen reformationshistorischen Forschungen s. *Scheible*, Überlieferung und Editionen der Briefe Melanchthons, 151f.

99 Zu dieser Kommission s. ebd., 148–151.

ihm „die Führung im Reiche der Wissenschaft" sichern würde.[100] Harnacks kulturhegemoniale Wortwahl zeigt, dass er den prinzipiellen Gewinn für das preußische „Vaterland" berechnete, den der Erwerb einer solchen Bibliothek bedeuten würde.

Im Herbst 1905 änderte sich die Situation durch die Entscheidung des seit 1903 amtierenden Papstes Pius X. insofern signifikant, als dieser, nachdem er sich anfänglich äußerst zögerlich gegenüber einem so kostspieligen Kauf gezeigt hatte, nunmehr beschlossen hatte, für den Vatikan sämtliche Handschriften aus dieser Bibliothek zu erwerben.[101] Althoff ließ diese „überraschende Wendung",[102] über die er durch Institutsdirektor Kehr im Oktober informiert wurde, an der Zuverlässigkeit der vatikanischen Verhandlungspartner, d.h. dem Präfekten der Vaticana Franz Ehrle und Kardinal Mariano Rampolla, Präsident der päpstlichen Bibelkommission und späterer Sekretär des Heiligen Offiziums, zweifeln.[103] Wie ein von Harnack im April 1906 entworfener Bericht nahelegt, waren die mit dem Ankauf betrauten preußischen Behörden über die plötzliche Planänderung im Vatikan durchaus indigniert.[104] Deshalb schlug Althoff seinem engsten Mitarbeiter Friedrich Schmidt-Ott vor, sofern es die Finanzlage zulasse, in direkte Verhandlungen mit dem Fürsten Mario Chigi zu treten.[105] Schmidt-Ott, der sich nach dem im Finanzministerium angemeldeten Etat hatte erkundigen sollen, tauschte sich, bevor er Althoff antwortete, mit Generaldirektor Harnack aus, der an das Vorkaufsrecht des Vatikans erinnerte, das daher rühre, dass zwei Päpste aus der Familie Chigi hervorgegangen seien.[106] Außerdem korrigierte Harnack Althoffs Einschätzung des Verhaltens der vatikanischen Beamten Ehrle und Rampolla. Er versuchte dadurch – vermittelt durch Schmidt-Ott – Althoffs Vorstoß zu verhindern, direkt mit dem Fürsten Mario Chigi zu verhandeln, der auch deshalb kirchen- und wissenschaftspolitisch nicht zielführend sei, weil man den Vatikan damit vor den Kopf stoßen würde, wo man doch wegen der Arbeit des Historischen Instituts in Rom auf dessen Wohlwollen angewiesen sei. Althoff ließ sich offenbar durch Harnacks und Schmidt-Otts Argumentation überzeugen, erst einmal nicht in direkte Verhandlungen mit dem Fürsten Chigi zu treten, die sich aufgrund der Diskrepanz zwischen der beim Finanzminis-

---

100 Nr. 275, *Briefwechsel*.

101 Vgl. das Telegramm Kehrs an Althoff vom 16.10.1905, dessen Brief vom selben Tag an Althoff sowie Ehrle an Kehr am 16.10.1905 (Nrn. 282.3–282.5, *Briefwechsel*).

102 Kehr an Althoff am 16.10.1905 (Nr. 282.4, *Briefwechsel*).

103 Vgl. Althoff an Schmidt-Ott am 22.10.1905 (in: GStA PK, VI. HA, NL Schmidt-Ott, Karton 174, o.Bl.) sowie Althoff an Kehr am 24.10.1905 (in: DHI Rom, Archiv, R1, Ältere Registratur, Hefter Nr. 9: B 4, Bd. 1, Bl. 19^r–20^r).

104 Vgl. das Konzept von Harnacks Bericht vom 07.04.1906 (in: SBB PK., Akten Kgl. Bibl., III. B. 77, Bl. 29^r–31^v).

105 Vgl. ebd.

106 Vgl. Schmidt-Ott an Althoff am 23.10.1905 (a.a.O., NL Schmidt-Ott, Karton 174, o.Bl.).

terium angemeldeten Summe von 450 000 M. und der fürstlichen Forderung von 700 000 M. für die Bibliothek auch schwierig gestaltet hätten. Zugleich zog Althoff weitere Erkundigungen in Rom ein, indem er Kehrs Briefe an den preußischen Gesandten beim Heiligen Stuhl, Wolfram von Rotenhan, mit der Bitte um Stellungnahme weiterleitete.[107] Auch Rotenhan betonte, nachdem er sich zuvor mit Kehr abgestimmt hatte, dass man den Vatikan nicht düpieren dürfe, aber die neue Situation durchaus für Preußen nutzen könne.[108] Von den drei von ihm vorgeschlagenen Optionen favorisierte er die dritte Möglichkeit, dass der Vatikan die gesamte Bibliothek aufkaufe und der preußische Staat ihm die Druckschriften abnehme.

Auf der Basis der durch die päpstliche Entscheidung veränderten Situation entwickelten Ehrle und Kehr die bereits im April 1905 von Althoff angeregte Idee einer Kooperation zwischen dem Vatikan und dem preußischen Staat im Oktober 1905 weiter.[109] Nun sollte nicht mehr Preußen die gesamte Bibliothek kaufen und einen Teil davon dem Vatikan abtreten, sondern der Heilige Stuhl und der preußische Staat sollten gemeinsam unter der Leitung des ersteren mit dem Fürsten Mario Chigi verhandeln, um die Handschriften für die Vaticana und die Druckschriften für die Königliche Bibliothek zu erwerben.[110] Nachdem Harnack von Regierungsrat Schmidt-Ott mündlich über die neue Situation informiert worden war, resümierte er Mitte November zusammen mit dem ersten Direktor Paul Schwenke in einer Aufstellung, welche Bestände der Chigi-Bibliothek die Königliche Bibliothek in jedem Fall erwerben müsse, welche sie dem Vatikan überlassen und über welche sie mit ihm verhandeln könne.[111] Althoff ließ Harnack, nachdem er dessen Zusammenfassung für das Kultusministerium hatte überarbeiten lassen, im Nachhinein die gesamte Korrespondenz zukommen, in der es um die neuen Kaufambitionen Pius' X. ging, damit der Generaldirektor sie zur Kenntnis nahm.[112]

Während sich Althoff und Harnack parallel über Berufungsangelegenheiten und die neuesten Entwicklungen in der Mädchenschulreform austauschten, muss-

107 Vgl. den Postausgabeschein vom 23.10.1905 (ebd.). Der Brief an Rotenhan ließ sich bislang nicht eruieren.

108 Vgl. Rotenhan an Althoff an 02.11.1905 (Nr. 282, *Briefwechsel*). Rotenhan äußerte sich nochmals am 14.11.1905 zur Chigi-Bibliothek, wobei der Adressat bislang unbekannt blieb (in: GStA PK, I.HA, Rep. 76 Vd, Sekt. 1, Nr. 43, o.Bl.).

109 Vgl. Althoff an Kehr am 22.04.1905 (a.a.O., NL Althoff, Nr. 1081, Bl. 71^r–72a^v: 71a^v).

110 Vgl. Kehr an Althoff am 29.10.1905 mit einer weiteren Karte Ehrles [29.10.1905] (Nrn. 282.6, *Briefwechsel* und 282.7, *Briefwechsel*).

111 Vgl. Harnack an Althoff am 13.11.1905 mit der beigefügten Aufstellung vom 14.11.1905 (Nrn. 281 und 281.1, *Briefwechsel*).

112 Vgl. die überarbeitete Version von Harnacks Zusammenstellung mit Notizen Althoffs vom 22.11.[1905] und die beigefügten Briefe Kehrs, dessen Telegramm, der Brief Ehrles und das Schreiben Rotenhans (Nrn. 282.2–282, *Briefwechsel*).

ten sie eine Reise Harnacks nach Rom, wo er mit dem Fürsten Chigi hätte verhandeln sollen, verschieben, obgleich der Finanzminister dem vom Kultusminister beantragten, wenn auch um 100 000 M. auf 350 000 M. reduzierten außerordentlichen Etat „zur Ergänzung der Bestände der Königlichen Bibliothek" bereits zugestimmt hatte.[113] Wahrscheinlich waren Verhandlungen noch nicht möglich, weil der Landtag dem Extraordinarium noch nicht zugestimmt hatte.[114] In seiner Zusage hatte Finanzminister Rheinbaben die Verwendung der Mittel nicht auf den Ankauf der Bibliothek Chigi beschränkt, weil zu diesem Zeitpunkt, Ende November 1905, keine konkreten Verhandlungen mit dem Fürsten Mario Chigi geführt wurden.

Erst im April 1906 konnte Harnack als nunmehr ordentlicher Generaldirektor der Königlichen Bibliothek mit dem Fürsten Chigi und mit dem durch die Kardinäle Rampolla, Rafael Merry del Val und den Präfekten Ehrle vertretenen Vatikan in Rom verhandeln, nachdem er sich von Schmidt-Ott die diesbezüglichen Akten zur Kenntnisnahme hatte schicken lassen und Anfang des Monats bei einem Frühstück mit Wilhelm II. gesprochen hatte, der sich überrascht zeigte, dass der preußische Staat die Bibliothek noch nicht gekauft hatte.[115] Die Verhandlungen führten zu dem von Kehr und Ehrle im Herbst 1905 vorbereiteten und im April 1906 in mehreren bevollmächtigten Briefen von Franz Ehrle festgehaltenen Ergebnis, dass Preußen die Bibliothek zusammen mit dem Vatikan kaufen werde. Im Fall des Ankaufs würde die Königliche Bibliothek „(a) <u>alle</u>

Druckschriften, (b) die Melanchthonbriefe, [und] (c) 48 Miniaturhandschriften" erhalten, für die Preußen bereit war, insgesamt 218 000 Lire zu zahlen.[116] Für den Vatikan würde Franz Ehrle die weiteren Verhandlungen führen, wozu man ihm ei-

---

113 Rheinbaben an Studt am 23.11.1905 (a.a.O., Rep. 76 Vd, Sekt. 1, Nr. 43, o.Bl.). Vgl. die Nrn. 283–285, *Briefwechsel*.

114 Der Landtag bewilligte das Extraordinarium erst im März 1906 (vgl. Harnacks Berichtsentwurf vom 07.04.1906, in: SBB PK, Akten Kgl. Bibl. III. B. 77, Bl. 29^{v}).

115 Vgl. Harnack an Studt am 23.03.1906 und Schmidt-Ott i.A. an Harnack am 04.04.1906 (a.a.O., Akten Kgl. Bibliothek, III. B. 77, Bl. 1; 3), Harnacks Berichtsentwurf vom 07.04.1906 (ebd., Bl. 29^{v}), Harnack an Studt am 03.05.1906 (a.a.O., Nr. 43, o.Bl.; Konzept a.a.O., Akten Kgl. Bibliothek, III. B. 77, Bl. 25^{rv}), Harnacks Briefentwurf an Eduard Nicolai vom 03.07.1906 (ebd., Bl. 69^{r}–71^{v}), Harnack an Althoff am 12.07.1906 (Nr. 310, *Briefwechsel*); s. dazu *Krause*, Dienstprotokolle Harnacks, 35f., 245. Über die Verhandlungen mit dem Fürsten Chigi und dem Vatikan informierte Harnack Kehr Anfang Mai, indem er ihm die zugehörigen Briefwechsel zukommen ließ (vgl. die Dokumente in Abschrift, in: DHI Rom, Archiv, R1, Ältere Registratur, Hefter Nr. 9: B 4, Bd. 1, Bl. 28^{r}–34^{r}; die Originale a.a.O., Akten Kgl. Bibl., III. B. 77, Bl. 5–21^{v}).

116 Harnack an Studt am 03.05.1906 (a.a.O., Nr. 43, o.Bl.); vgl. Harnack an Ehrle am 13. (2x) und 16.04.1905, sowie Ehrle an Harnack am 12., 13. und 17.04.1905 (a.a.O., Akten Kgl. Bibliothek, III. B. 77, Bl. 7^{rv}, 13^{r}–21^{v}; Abschriften, in: DHI Rom, Archiv, R1, Ältere Registratur, Hefter Nr. 9: B 4, Bd. 1, Bl. 29^{r}–34^{r}) sowie Kehr an Althoff am 29.10.1905 (Nr. 282.6, *Briefwechsel*).

nen Zeitraum von bis zu vier Jahren gewährte.[117] Doch schon wenige Wochen später, Ende Mai 1906, musste Harnack dem Kultusministerium berichten, dass die Verhandlungen vorerst abgebrochen worden seien, weil das zuvor gemeinsam verhandelte Preisangebot Preußens und des Vatikans nicht dem Wunsch des Fürsten Chigi entsprach.[118]

Bei diesem Verhandlungsstand blieb es, sodass Preußen bedeutende Handschriften, insbesondere die Melanchthonbriefe an Camerarius, verwehrt blieben, obgleich Harnack 1910 nochmals mit Ehrle wegen der wertvollen Melanchthon-Autographen verhandelte.[119] Auch weitere inoffizielle Erkundigungen, die das Kultusministerium über Eduard Nicolai, der der Präsidenten der Generalintendanz der Großherzoglichen Badischen Zivilliste war, und über Paul Fridolin Kehr in den römischen Kreisen einholten, zeigten, dass die Preisvorstellungen zu unterschiedlich waren, um eine Einigung zu erreichen.[120] Außerdem wurde deutlich, dass möglicherweise nationalpatriotische Motive den Fürsten Chigi bei seiner Ablehnung bestimmt haben könnten.[121] Die Biblioteca Chigi wurde schließlich 1920 vom italienischen Staat gekauft und 1923 dem Vatikan vom faschistischen Regime geschenkt.[122]

---

117 Vgl. Harnack an Studt am 03.05.1906 (a.a.O., Nr. 43, o.Bl.) und Ehrle an Harnack am 12. und 17.04.1905 (a.a.O., DHI Rom, Hefter 9: B 4, Bd. 1, Bl. 29^{rv}; 34^{r}).

118 Vgl. Harnack an Studt am 21.05.1906, die Briefe von Rampolla an Chigi vom 03.05.1906 und von Chigi an Rampolla vom 05.05.1906 (a.a.O., Nr. 43, o.Bl., auch a.a.O., Akten Kgl. Bibliothek, III. B. 77, Bl. 51^{rv}, 55–63). Der Vatikan und Preußen boten zusammen 375000 Lire, während Fürst Chigi 700000 Lire forderte. Vgl. auch Althoffs Bericht vom 27.04.1906 über die „Ergebnisse der Romfahrt" (in: GStA PK, I. HA, Rep. 89, Nr. 13259, Bl. 116^{r}–119^{v}: 119^{v}), Kehr an Althoff am 08.05.1906 (a.a.O., NL Althoff, Nr. 793, Bl. 114^{r}–115^{r}) und an Harnack am 08.05. und 01.06.1906 (a.a.O., Akten Kgl. Bibliothek, III. B. 77, Bl. 47^{r}–49^{r}; 65^{r}–67^{r}).

119 Vgl. Harnack an Ehrle am 15.05. und 17.06.1910 (in: Archiv der Oberdeutschen Ordensprovinz SJ München, Bestand Ehrle).

120 Vgl. Harnack an Althoff am 25.07.1906 (Nr. 313, *Briefwechsel*) mit Nicolais Brief vom 17.07.1906 (Nr. 313.2, *Briefwechsel*) sowie den Briefentwurf Harnacks an Eduard Nicolai vom 03.07.1906 mit einem Bericht für die Großherzogin Luise von Baden (a.a.O., Akten Kgl. Bibliothek, III. B. 77, Bl. 69^{r}–71^{v}); s. auch Harnack an Kehr am 19.11. (DHI Rom, Hefter Nr. 9: B 4, Bd. 1, Bl. 25^{rv}: 25^{r}) und Kehr an Harnack am 21.11.1906 (a.a.O., Akten Kgl. Bibliothek, III. B. 77, Bl. 73^{r}–75^{r}; Abschrift a.a.O., Nr. 43, o.Bl.) und Harnack an Studt am 29.11.1906 (ebd.; a.a.O., III. B. 77, Bl. 77 und 79 [zwei Entwürfe des Briefes]).

121 Vgl. Kehr an Harnack am 01.06. und am 21.10.1906 (ebd., Bl. 65^{r}–67^{r}; 73^{r}–75^{r}) und Harnacks Entwurf für einen Immediatbericht für Wilhelm II. vom 11.01.1907 (a.a.O., Nr. 43, o.Bl., Entwurf a.a.O., III. B. 77, Bl. 81^{r}–83^{v}), der größtenteils in den Immediatbericht Studts vom 13.03.1907 (a.a.O., Nr. 43, o.Bl.) aufgenommen wurde.

122 Vgl. Deutscher Botschafter Diego von Bergen beim Päpstlichen Stuhl an das Auswärtige Amt Berlin am 04.01.1923 (in: PA AA, RZ 503/64453, o.Bl.); s. dazu *Goldbrunner*, Von der Casa Tarpea, 51.

Die Verhandlungen um den Ankauf der Chigi-Bibliothek stellten nicht nur eine eindrucksvolle wissenschaftsorganisatorische und -politische Unternehmung dar, sondern hatten auch wichtige kirchenpolitische und interkonfessionelle Implikationen. Der im Umgang mit den römischen Priestern versierte Paul Fridolin Kehr und der von Amts wegen zuständige preußische Gesandte Wolfram von Rotenhan hatten mehrfach betont, dass eine Kooperation mit dem Vatikan für Preußen von Vorteil sei und dem Historischen Institut das Wohlwollen der Kurie sichere, dessen die Institutsforscher in den Vatikanischen Archiven bedürften.[123] Harnack teilte diese Auffassung und hatte daher bereits im Oktober 1905 Althoffs Vorstoß, direkte Verhandlungen zwischen Preußen und dem Fürsten Chigi zu führen, zu verhindern gewusst, weil sie das Verhältnis zum Vatikan schwer belasten hätten.[124] Hätte der preußische Staat dadurch das vatikanische Vorkaufsrecht unterminiert, wären die Kurialen vermutlich zutiefst düpiert gewesen. Harnacks feinfühlige Einschätzung der interkonfessionellen Situation ließ ihn – unterstützt von Friedrich Schmidt-Ott – gegen Althoffs Initiative intervenieren. An den Verhandlungen um die Chigi-Bibliothek wird somit nochmals deutlich, in welchem Maße der preußische Staat nach außen als protestantischer Staat wirkte. Außerdem zeigte sich das in diesem Fall asymetrische Verhältnis zwischen preußischem Staat und Vatikan daran, dass Preußen den überraschenden Entschluss Pius' X., sämtliche Handschriften der Bibliothek zu kaufen, nicht übergehen konnte, sondern bei den eigenen Plänen berücksichtigen musste.

Für die von Harnack und Althoff geförderte kirchenhistorische Forschung ebenso wie für die Königliche Bibliothek hätte der Ankauf der Biblioteca Chisiana insofern einen herausragenden Gewinn dargestellt, als die genannten Melanchthon-Autographen für die reformationsgeschichtliche Forschung und ihre Editionstätigkeit eine exzeptionelle Grundlage gebildet hätten. Die Königliche Bibliothek hätte sich dadurch innerhalb Deutschlands eine für diesen Forschungszweig bedeutsame Stellung erworben.

Auch wenn der Ankauf der Bibliothek Chigi gescheitert war, hatten die Verhandlungen den Generaldirektor Harnack durch die Bewilligung des Extraordinariums von 350 000 M. in eine hinsichtlich des Etats der Königlichen Bibliothek äußerst komfortable Situation gebracht.[125] Dieser Etat ermöglichte es ihm in den kommenden Jahren, Handschriften, Inkunabeln und andere seltene Bücher anzukaufen, wie

123 Vgl. Kehr an Althoff am 29.10.1905 (Nr. 282.6, *Briefwechsel*) und Rotenhan an Althoff am 02.11.1905 (Nr. 282, *Briefwechsel*).

124 Vgl. Schmidt-Ott an Althoff am 23.10.1905 (in: GStA PK, VI. HA, NL Schmidt-Ott, Karton 174, o.Bl.).

125 Auf der Grundlage eines von Harnack entworfenen Immediatberichts wurde um die Zustimmung Wilhelms II. zu dieser Verwendung des Extraordinariums gebeten (vgl. Immediatberichts Studts vom 13.03.1907 sowie Harnacks Entwurf vom 11.01.1907, a.a.O., Nr. 43, o.Bl.).

beispielsweise zwei Papyruscodices aus Ägypten, die altkoptische Übersetzungen der Sprüche Salomos und des Ersten Clemensbriefes enthielten.[126]

Im Unterschied zur Bibliothek Chigi gelang dem Kultusministerium 1906 der Ankauf der Gräflichen Bibliothek aus dem Nachlass des Grafen Plato von Schlitz, genannt Görtz-Wrisberg auf Wrisbergholzen.[127] Das Antiquariat Lempertz in Bonn hatte sie 1905 in ihr Auktionsportfolio aufgenommen, nachdem es bereits einige Kostbarkeiten der Bibliothek ins Ausland verkauft hatte. Der Bonner Kirchenrechtler Ulrich Stutz und der dortige Historiker und vormalige Direktor des Historischen Instituts in Rom, Aloys Schulte, informierten Althoff im Oktober 1905 über die zum Verkauf stehende Bibliothek, der die Anfrage – vermittelt über Schmidt-Ott – an Generaldirektor Harnack weiterleitete.[128] Harnack, der sich sofort begeistert von der Sammlung zeigte, schlug vor, einen der Direktoren der Königlichen Bibliothek nach Bonn zu senden, um sich einen Überblick über den Bestand zu verschaffen.[129] Außerdem schrieb er selbst an das Antiquariat Lempertz, um „Erkundigungen in Bezug auf den ungefähren Wert" der Bibliothek einzuholen.[130] Die Bibliothek erwies sich v.a. für Rechtshistoriker besonders wertvoll, da sie zahlreiche Sammelbände

---

126 Zu den Erwerbungen für die Handschriftenabteilung s. die Akten in: GStA PK, I. HA, Rep. 76 Vc, Sekt. 2, Tit. XXIII, Lit. B, Nr. 11, Bd. 22, Bl. 82, 89^r–91^v, 104^r–106^r. Vgl. Harnack an Schmidt-Ott am 27.10.1905 (ebd., VI. HA, NL Schmidt-Ott, Nr. 196, Bl. 62^r– 63^v) sowie *Fünfzehn Jahre Königliche und Staatsbibliothek*, 7f., *Jacobs*, Adolf von Harnack, 368–370, *Hirsch*, The Scholar as Librarian, 307f. und *Leyh*, Die dt. Bibliotheken, 351f. Zu den koptischen Papyrus-Büchern vgl. Carl Schmidt an Harnack am 23.09.1905 (in: AdBBAW, KVK, Nr. 8, o.Bl.), Harnack an Studt am 21.11.1905 (a.a.O., I. HA, Rep. 76 Vc, Sekt. 2, Tit. XXIII, Lit. B, Nr. 11, Bd. 22, Bl. 26^r–27^v), *Krause*, Dienstprotokolle Harnacks, 18, *Schmidt*, 1. Clemensbrief in altkoptischer Übersetzung, *Schmidt*, Der erste Clemensbrief in altkoptischer Übersetzung. Vgl. auch die Abbildungen der koptischen Papyri Ms. or. oct. 978 (Proverbienkodex) und Ms. or. fol. 3065 auf der Seite der Staatsbibliothek zu Berlin: https://staatsbibliothek-berlin.de/die-staatsbibliothek/abteilungen/orient/bestaende/handschriften/koptische-handschriften [letzter Zugriff: 22.08.2022] sowie das vollständige altkoptische Manuskript des Ersten Clemensbriefs http://resolver.staatsbibliothek-berlin.de/SBB0000392D00000000 [letzter Zugriff: 20.09.2022]. Zu Harnacks Forschung zum Ersten Clemensbrief vgl. *Markschies*, Harnacks Bild des Ersten Clemensbriefs. Aus dem Chigi-Fonds blieben zwar zuerst 200000 M. für den eventuellen Ankauf der Chigiana reserviert, aber es zeigte sich bereits 1906, dass es nicht zu einer Übereinkunft mit dem Fürsten Mario Chigi kommen werde (vgl. *Krause*, Dienstprotokolle Harnacks, 41f., 52).

127 Vgl. *Jahresbericht der Königlichen Bibliothek, 1906/07*, 10f., *Schwenke*, Die Bibliothek als Ganzes, 8, *Görtz-Wrisberg auf Wrisbergholzen*, Familie, *La Corte*, Emblematik, 180 und *Leyh*, Die dt. Bibliotheken, 351.

128 Vgl. Stutz an Althoff am 16.10.1905 und Harnack an Schmidt-Ott am 24.10.1905, an Althoff weitergeleitet (Nrn. 280.1, *Briefwechsel* und 280, *Briefwechsel*).

129 Vgl. ebd.

130 Ebd. Der Brief Harnacks an Lempertz ist nicht erhalten.

mit juristischem Material des 17. und 18. Jahrhunderts enthielt.[131] Nachdem der Direktor der Benutzungsabteilung, Eduard Ippel, einen ausführlichen Bericht über die Bestände angefertigt hatte, beantragte Harnack im Mai 1906, die Bibliothek für 16 500 M. ankaufen zu dürfen. Studt bewilligte den Kauf im Juli desselben Jahres.[132] Mit Althoff besprach Harnack derweil die Details des Ankaufs der Privatbibliothek, die nur für die Königliche Bibliothek, die Universitätsbibliotheken in Münster oder Bonn, nicht aber für eine Bonner Institutsbibliothek in Frage komme.[133] Letzteres hatte der Kirchenrechtler Stutz sich erhofft, der mit seiner Kaufanregung die Bitte verbunden hatte, Teile der Bibliothek den Bonner juristischen Institutsbibliotheken zu überlassen.[134] Die Königliche Bibliothek stellte die Gräfliche Bibliothek Görtz-Wrisberg nach dem Erwerb vorübergehend in der Alten Akademie auf, bis diese 1907 abgerissen wurde.[135]

Ergänzend zu dem Ankauf der Bibliothek Görtz-Wrisberg und dem Erwerb einzelner Handschriften für die Königliche Bibliothek sah sich Harnack wahrscheinlich angesichts des sich durch den Bibliotheksneubau eröffnenden zusätzlichen Platzes beflügelt, den Buchbestand auch insgesamt deutlich zu erweitern. Zwischen 1907 und 1914 verdreifachte die Königliche Bibliothek ihre Bestände. Dies wurde bereits bei den Bauarbeiten berücksichtigt, indem die Hofflügel aufgestockt wurden.[136] Zu den Bestandserweiterungen zählte insbesondere die „ausländische Literatur", die in der Königlichen Bibliothek nach Harnacks Urteil bislang vernachlässigt worden war.[137] Dazu gehörte wahrscheinlich auch internationale theologische Literatur, deren Bedeutung er 1909 vor englischen Theologen resümierte.[138] Um die in den vermehrten Bestände befindlichen Dubletten nicht entsorgen zu müssen, engagierte Harnack sich außerdem 1908 für eine zentrale Dublettenbi-

---

131 Vgl. Harnack an Studt am 29.05.1906 (in: GStA PK, I. HA, Rep. 76 Vc, Sekt. 2, Tit. XXIII, Lit. B, Nr. 11, Bd. 22, Bl. 74^{rv}) sowie den Bericht des Direktors Eduard Ippel vom 26.04.1906 (ebd., Bl. 75^{r}–78^{r}).

132 Vgl. ebd., Studt an Harnack am 25.07.1906 (a.a.O., Lit. B, Nr. 11, Bd. 22, Bl. 79^{rv}) sowie *Krause*, Dienstprotokolle Harnacks, 36f., 39f., 42f.

133 Vgl. die Nrn. 280, *Briefwechsel* und 305, *Briefwechsel*.

134 Vgl. Stutz an Althoff am 16.10.1905 (Nr. 280.1, *Briefwechsel*).

135 Vgl. *Krause*, Dienstprotokolle Harnacks, 44, 47, 49f., 51, 55, 61.

136 Vgl. *Kolasa*, Bibliotheksbau Unter den Linden, 156–158, 168f. und *Vesper*, Harnack als Bibliothekar, 43.

137 *Harnack*, Ansprache, 1905, 5, vgl. auch die Denkschrift vom 30.06.1906 (in: GStA PK, VI. HA, NL Schmidt-Ott, Nr. 371, o.Bl., S. 7f., auschnittsweise abgedruckt bei *Wendel*, Kaiser-Wilhelm-Gesellschaft 1911–1914, 280).

138 Vgl. *Harnack*, Internationale und nationale christliche Literatur, 1909, 27.

bliothek in Dahlem, die sich in Althoffs Pläne für eine akademische Nutzung der Domäne Dahlem einfügten.[139]

Den vermehrten Beständen entsprechend erweiterte Harnack das Personal der Bibliothek und ließ die Abteilungen neu organisieren.[140] Bei der Neuorganisation stellten sich Harnack gleich zu Beginn seiner Amtszeit erhebliche Schwierigkeiten in den Weg, da der Zustand der einzelnen Abteilungen sehr heterogen war.[141] Die Erweiterung des Personals hatte außerdem zur Folge, dass 1905 erstmals Frauen als Hilfsarbeiterinnen im mittleren Bibliotheksdienst eingestellt wurden, um die wissenschaftlichen Beamten vom Tagesgeschäft zu entlasten.[142] Letztere sollten in der ihnen nun zur Verfügung stehenden Zeit ihren Fachbereichen entsprechende Literatur anschaffen, um den Generaldirektor zu entlasten, der diese Aufgabe bislang selbst übernommen hatte.[143]

Es wurde schließlich erwogen, auch an der Königlichen Bibliothek eine Unterstützungskasse für Hilfsarbeiter:innen einzuführen, die ihnen Lohnfortzahlungen im Krankheitsfall ermöglichen sollte.[144] Das zuletzt genannte Vorhaben veranschaulicht, dass Harnacks parallele ehrenamtliche Tätigkeit als Präsident des Evangelisch-Sozialen Kongresses und seine jahrelange Beschäftigung mit sozialen Fragen, sich auch sozialethisch auf seine vordergründig rein wissenschaftsorganisatorischen Aktivitäten auswirkte.

---

139 Vgl. Holle an Lucanus am 03.03.1908 (in: GStA PK, VI. HA, NL Althoff, Nr. 170, Bl. 116^{r}–122^{v}) und Harnacks Denkschrift für Holle vom 30.07.1908 (ebd., Nr. 237, Bl. 79–81). Zu Althoffs Plänen für Dahlem s.o. in diesem Teil, Abschnitt 1.5, S. 386.

140 Vgl. *Leyh*, Die dt. Bibliotheken, 353f. und *Vesper*, Harnack als Bibliothekar, 43. Zu den Reformen der Bibliothekarsanstellung s. *Schochow*, Berliner Staatsbibliothek, 15–46.

141 Vgl. Harnack an Schmidt-Ott am 28.02.1906 (a.a.O., NL Schmidt-Ott, Nr. 287, Bl. 20^{r}–o.Bl.) und *Krause*, Dienstprotokolle Harnacks, 28f.

142 Vgl. *Jacobs*, Adolf von Harnack, 366, *Krause*, Dienstprotokolle Harnacks, 40 und *Kampmann*, Harnack zur „Frauenfrage", 503f. sowie insgesamt auch *Schwarz*, Dokumente bibliothekarischer Frauenberuf.

143 Vgl. *Jacobs*, Adolf von Harnack, 367 und *Hirsch*, The Scholar as Librarian, 307.

144 Vgl. Nr. 363, *Briefwechsel*, Studt an die Universitätskuratoren und den Direktor der Berliner Universitätsbibliothek am 09.09.1907 mit der Bitte um Auskunft zu den beschäftigten Hilfarbeitern, den Entwurf für einen Erlass betreffend einer Krankenfürsorge für Hilfsarbeiter:innen sowie Harnacks Einladung zur Sitzung des Bibliotheksbeirats am 02.03.1908, in der diese Frage besprochen werden sollte (a.a.O., NL Schmidt-Ott, Nr. 371, o.Bl.); s. dazu *Krause*, Dienstprotokolle Harnacks, 54f., 74.

2.4 Bibliotheksreformen 1905–08

Als designierten Generaldirektor involvierte Althoff Harnack bereits seit dem Frühjahr 1905, um die Revision der im Februar erlassenen Benutzungsordnung zu beraten, obwohl die Amtszeit seines Vorgängers August Wilmanns endete.[145] Eine Revision wurde bereits nach wenigen Wochen notwendig, weil die Ordnung übermäßige Härten in der Benutzung eingeführt hatte.[146] Wilmanns wusste zu diesem Zeitpunkt im Juni 1905 wahrscheinlich noch nicht, wer sein Nachfolger werden sollte, sondern erfuhr es erst im August.[147] Harnack suchte daraufhin das Gespräch mit Wilmanns, um ihn für seine Reformvorhaben zu gewinnen.[148] Die Revision ging im September 1905 in die entscheidende Phase, sodass Harnack erwog, zusammen mit Friedrich Schmidt-Ott nach Schierke im Harz zu reisen, um dort mit Althoff während dessen Kuraufenthalt über die aktuellen Bibliotheksfragen zu konferieren.[149] Das Treffen im Harz kam letztlich nicht zustande, sondern fand ohne Althoff, der einen erneuten gesundheitlichen Rückschlag erlitten hatte, in Berlin zusammen mit Schmidt-Ott und Hans Paalzow statt, da Harnack auf eine baldige Durchsicht der Bibliotheksordnung drang.[150]

Harnack setzte sich während der Revision der Bibliotheksordnung insbesondere für „Erleichterungen"[151] bei der Ausleihe für Mitglieder der Akademien, für „professionelle wissenschaftliche Arbeiter" und für Ordinarien ein.[152] Wie seine Anmerkungen zeigen, hatte er sich bereits in die Details der Bibliotheksnutzung wie Verlängerungen, Wiederausleihe und die Höhe der Mahngebühren vertieft. Harnack hatte sich bei seiner Initiative, die Bücherausleihe zu erleichtern, auch durch die Praxis US-amerikanischer Bibliotheken inspirieren lassen, die er während seiner USA-Reise im September 1904 besucht hatte.[153] An seinen Änderungsvorschlägen wird deutlich, dass Harnack das Amt des Generaldirektors aus der Perspektive der Ordinarien und Akademiker zu führen gedachte, für die die Königliche Bibliothek

---

145 Vgl. *Königliche Bibliothek*, Neue Benutzungsordnung, 1905, Harnack an Althoff am 11.06.1905 (Nr. 269, *Briefwechsel*) und den Entwurf der Benutzungsordnung a.a.O., NL Althoff, Nr. 248, Bl. 21ʳ–31ʳ, Bl. 32ʳ–41ᵛ, 61ʳ–74ʳ mit Notizen Althoffs.

146 Vgl. *Leyh*, Die dt. Bibliotheken, 351.

147 Vgl. Wilmanns an Oskar von Gebhardt am 24.08.1905 (in Auschnitten abgedruckt bei *[Fick]*, Steffenhagen und Harnack, 36).

148 Vgl. Harnack an Althoff am 06. und 15.09.1905 (Nrn. 274 und 277, *Briefwechsel*).

149 Vgl. ebd.

150 Vgl. Harnack an Althoff am 22.09.1905 (Nr. 278, *Briefwechsel*).

151 Ebd.

152 Nr. 269, *Briefwechsel*.

153 Vgl. *Hirsch*, The Scholar as Librarian, 301–303. Zur Reise in die USA s.u. in diesem Teil, Abschnitt 3.3.2, S. 442.

primär als Forschungsbibliothek aufgebaut werden sollte. Die Bibliotheksordnung trat, wie von Harnack befürchtet, nicht mehr rechtzeitig zum 1. Oktober, sondern erst zum 1. November 1905 in Kraft.[154] Harnack hatte vermutlich deshalb gehofft, dass die Ordnung zum 1. Oktober 1905 erscheinen würde, weil er die revidierte Fassung, die die unbilligen Härten in der Benutzung zurücknahm, als Antrittsgeschenk zu seiner Übernahme der Generaldirektion der Königlichen Bibliothek hatte überreichen wollen.

Die letzte der vier Bedingungen Harnacks zur Amtsübernahme war – neben der Errichtung eines zweiten Ordinariats an der Theologischen Fakultät, der Ernennung eines Ersten Direktors an der Königlichen Bibliothek und der Zentralisierung des preußischen Bibliothekswesens in der Generaldirektion – die Schaffung eines Bibliotheksbeirats gewesen, der das bestehende Kuratorium ersetzen sollte.[155] Das nur für die Königliche Bibliothek zuständige Kuratorium wurde dementsprechend gegen einen „Beirat für Bibliotheksangelegenheiten" eingetauscht, der auch für die Belange der preußischen Universitätsbibliotheken zuständig sein und gesamtpreußische Fragen thematisieren sollte. Er wurde als einer der letzten Akte des scheidenden Kultusministers Konrad von Studt im Juni 1907 eingerichtet, nachdem Harnack und Althoff seine Gründung seit 1905 vorbereitet hatten.[156] Harnack hatte 1905 den designierten Ersten Direktor Paul Schwenke, den zukünftigen Direktor der Handschriftenabteilung Ludwig Stern und den Oberbibliothekar Hans Paalzow für den Beirat vorgeschlagen, von denen nur Schwenke aufgenommen wurde.[157] Die Zusammensetzung des Beirats veranschaulicht letztlich präzise die von Althoff und Harnack angestrebte Zentralisierung des preußischen Bibliothekswesens in der Königlichen Bibliothek. Im Juni 1907 ernannte Kultusminister Studt nämlich neben Schmidt-Ott als ministerialem Vertreter Harnack und Schwenke von der Königliche Bibliothek, den bereits erwähnten Direktor der Breslauer Universitätsbibliothek,

154 Vgl. Nr. 277, *Briefwechsel*, *Dorsch*, Harnacks Ernennung, 177 sowie die Mitteilung der wesentlichen Änderungen im Zentralblatt für Bibliothekswesen unter *Redaktion*, Umschau und neue Nachrichten, Nov. 1905.

155 Zu Harnacks Bedingungen s.o. in diesem Teil, Abschnitt 2.2, S. 405, Harnack an Studt am 05.12.1905 (Nr. 287.1, *Briefwechsel*, Anm. 12) und seinen Reformentwurf vom 21.06.1906 (Nr. 307, *Briefwechsel*). Zur Einrichtung des Beirats vgl. *Redaktion*, Beirat für Bibliotheksangelegenheiten, 1907, *Krüss*, 25 Jahre Beirat für Bibliotheksangelegenheiten, *Hirsch*, The Scholar as Librarian, 311f., *Leyh*, Die dt. Bibliotheken, 355, *Vesper*, Harnack als Bibliothekar, 45, *Krause*, Dienstprotokolle Harnacks, 69 sowie die Akten in: GStA PK, I. HA, Rep. 76 Vd, Sekt. 1, Nr. 23, Bd. 1.

156 Vgl. Studt an Harnack am 23.06.1907 und den Erlass Studts vom 23.06.1907 (Nrn. 351 und 351.1, *Briefwechsel*), *Greguletz*, Der Beitrag Althoffs, 139, *Vesper*, Harnack als Bibliothekar, 43 sowie die Nrn. 273, *Briefwechsel* und 278, *Briefwechsel*.

157 Vgl. Harnack an Althoff am 22.09.1905 (ebd.).

Wilhelm Erman, den Direktor der Göttinger Universitätsbibliothek,[158] Richard Pietschmann, und den stellvertretenden Direktor des Meteorologischen Instituts, Gustav Hellmann, zu ständigen Mitgliedern des Beirats.[159] Nachdem Harnack sich mit der Besetzung einverstanden gezeigt hatte, sandte er dem Minister eine vorläufige Geschäftsordnung des Beirats, der erstmals im Oktober 1907 zusammentrat.[160] Der Beirat stellte auch insofern eine Zentralisierung des Bibliothekswesens in der Hand des Generaldirektors dar, als alle Anträge zu Bibliotheksangelegenheiten fortan über seinen Schreibtisch gingen, bevor der Beirat darüber debattieren durfte und sie dann gegebenenfalls an das Kultusministerium weiterleiten konnte.[161]

Bereits bei der Gründung des „Beirats für Bibliotheksangelegenheiten" wurde erwogen, einen erweiterten Beirat ins Leben zu rufen. Harnack griff diesen Gedanken im Oktober 1908 wieder auf, nachdem er ihn zuvor mit Althoff besprochen hatte.[162] Der Generaldirektor begründete die Schaffung eines erweiterten Beirats in seinem Antrag an Kultusminister Holle mit der Einführung von Nutzungsgebühren in den Universitätsbibliotheken, die er in der Etatsanmeldung 1908 als Mittel vorgeschlagen hatte, um die „notwendigen Mehrforderungen [...] zu decken".[163] Um die Einführung von Gebühren unter den Nutzern zu legitimieren, müsse das Mitspracherecht in Bibliotheksfragen vergrößert werden.[164] Diese Zielsetzung spiegelte sich in den von Harnack vorgeschlagenen Mitgliedern des erweiterten Beirats wider. Er nannte Holle 1908 nämlich neben Althoff an erster Stelle den Industriellen Henry von Böttinger, den Altphilologen Hermann Diels, den Diplomaten und konservativen Parlamentarier Willibald von Dirksen, den Mathematiker Felix Klein, den Direktor der Wiesbadener Landesbibliothek Erich Liesegang, den bereits 87-jährigen Gelehrten Rochus von Liliencron, den Präsidenten des Herrenhauses Otto von Manteuffel, den Bankdirektor Karl Mommsen, Sohn Theodor Mommsens, den Reichstagsabgeordneten des Zentrums Hans Graf von Oppersdorf, den Zen-

158 Die Göttinger Bibliothek galt seit Ende des 18. Jahrhunderts als Prototyp einer modernen Forschungsbibliothek (vgl. *Fabian*, Reform des Bibliothekswesens, 426).

159 Vgl. den Briefentwurf Studts an Harnack vom 23.06.1907 (Nr. 351, *Briefwechsel*), den Althoff Harnack zukommen ließ, bevor er an die Adressaten geschickt wurde.

160 Vgl. Harnack an Studt am 16.07.1907 mit dem beigefügten Entwurf einer Geschäftsordnung sowie die Ankündigung der ersten Sitzung im Brief Harnacks an Studt vom 24.10.1907 (a.a.O., Nr. 23, Bd. 1, Bl. 12, 13^{r}–14^{r}, 16); s. auch die Nrn. 352, 355, 360, 364 und 380, *Briefwechsel*.

161 Vgl. den Erlass vom 23.06.1907 (Nr. 351.1, *Briefwechsel*) und Harnack an Althoff am 26.07.1907 (Nr. 355, *Briefwechsel*).

162 Vgl. Harnack an Holle am 13.10.1908 (a.a.O., Nr. 23, Bd. 1, Bl. 44^{r}–46^{r}) sowie die Nrn. 379, 387 und 391, *Briefwechsel*.

163 Harnack an Holle am 13.10.1908 (a.a.O., Nr. 23, Bd. 1, Bl. 44^{v}). Zur Debatte um die Einführung von Gebühren im Zuge der Etatsanmeldung für 1909 s.u. in diesem Teil, Abschnitt 2.4, S. 426.

164 Vgl. Harnack an Holle am 13.10.1908 (a.a.O., Bl. 44^{v}, 45^{r}) und *Schwenke*, Friedrich Althoff, 489.

trumspolitiker Felix Porsch, den Fabrikbesitzer und fortschrittlichen Abgeordneten Leopold Rosenow, den Reichstagsabgeordneten Robert Friedberg, den nationalliberalen Reichstagsabgeordneten Heinrich Prinz zu Schönaich-Carolath, den Redakteur Georg Schweitzer, den Verlagsbuchhändler Karl Siegismund, den Elektrotechniker Adolf Slaby, den Ministerialbeamten Karl Reinhardt sowie den Verleger Ernst Vollert.[165] Schließlich beabsichtigte Harnack auch zwei Frauen in den erweiterten Bibliotheksbeirat zu berufen, von denen die eine die bekannte Mäzenin Ottilie von Hansemann und die andere die Frauenrechtlerin Hedwig Heyl war, mit der Harnack auch im Zusammenhang der Mädchenschulreform in Kontakt gestanden hatte.[166] Kultusminister Ludwig Holle gründete den erweiterten Beirat, wie von Harnack gewünscht, im Frühjahr 1909.[167]

Ein weiteres Anliegen Althoffs und Harnacks war schließlich die bessere Ausstattung der Universitätsbibliotheken, die seit Jahrzehnten vernachlässigt worden waren.[168] Althoff hatte, nachdem er sich über die finanzielle Entwicklung der Bibliotheken inner- und außerhalb Preußens informiert hatte,[169] bereits 1904 und 1905 die Notwendigkeit einer Etatserhöhung für die Universitätsbibliotheken betont, als er für den Kultusminister den Etat der Universitätsbibliotheken für die darauffolgenden Jahre anmeldete.[170] Harnack wusste bereits vor seiner Ernennung zum Generaldirektor um Althoffs Pläne, da dieser ihm, wie auch Felix Klein, Paul Fridolin Kehr und Ulrich von Wilamowitz-Moellendorff, eine Kopie der genannten Etatsanmeldung vom 27. August 1904 hatte zusenden lassen.[171] 1906 griff Harnack das Thema wieder auf, indem er Kultusminister von Studt eine Denkschrift des Direktors

---

165 Vgl. Harnack an Holle am 13.10.1908 (a.a.O., Bl. 45^{v}, 46^{r}) sowie ebd., Bl. 48^{rv} die Liste der Eingeladenen, die noch um den Sprachwissenschaftler Adalbert Bezzenberger ergänzt wurde.

166 Zum Kontakt Harnacks zu Hedwig Heyl vgl. *Kampmann*, Harnack zur „Frauenfrage“, 43, Anm. 49, 445, Anm. 1094 sowie deren Briefe im NL Harnack (SBB PK, K 33, Mp. Heyl). S. außerdem das Biogramm, S. 509.

167 Vgl. das Protokoll der erweiterten Beiratssitzung vom 03.05.1909 (a.a.O., Nr. 23, Bd. 1, Bl. 52^{r}–53^{r}).

168 Zur Reform der preußischen Universitätsbibliotheken vgl. *Schwenke*, Friedrich Althoff, 485f., *[Fick]*, Steffenhagen und Harnack, 47f., *Jacobs*, Adolf von Harnack, 370f., *Leyh*, Die dt. Bibliotheken, 400–412, *Greguletz*, Der Beitrag Althoffs, 140 und *Fabian*, Reform des Bibliothekswesens, 433–437.

169 Vgl. die Akten vom August 1904 zu den Etats-Verhältnissen der preußischen und außerpreußischen Bibliotheken, in: GStA PK, VI. HA, NL Althoff, Nr. 239.

170 Vgl. die Etatsanmeldung für die Universitätsbibliotheken beim Finanzminister vom 27./28.08.1904 (ebd., Nr. 243, Bl. 53–68) und vom 29.08.1905 (in: GStA PK, I. HA, Rep. 76 Vd, Sekt. 3, Nr. 1, Bd. 13, Bl. 301–304).

171 Vgl. die Notiz Althoffs mit der Paraphe von Gudaschwesky vom 09.09.[1904] (a.a.O., Nr. 243, Bl. 201).

der Berliner Universitätsbibliothek, Johannes Franke, zukommen ließ.[172] Auch 1907 thematisierte er die Frage – unter Rekurs auf Althoffs Denkschrift von 1904 – erneut und kündigte an, sie 1908 in die Verhandlungen um die Etatsanmeldungen aufzunehmen.[173]

Dieser Ankündigung entsprechend bestimmte seit Mitte Juli 1908 das Thema des Etats der Universitätsbibliotheken die Korrespondenz zwischen Harnack und Althoff, wobei letzterer das Ergebnis, nämlich die Einführung eines jährlichen Mindestetats von 50 000 M. pro Bibliothek im Jahr 1910, nicht mehr erlebte.[174] Da Harnack um Althoffs Interesse an der besseren Ausstattung der Universitätsbibliotheken wusste, sandte er ihm die Etatsanmeldung für dieselben 1908 zur Einsicht zu, nachdem der Bibliotheksbeirat ein Gutachten zu der Thematik verfasst hatte.[175] Doch Althoff war keineswegs zufrieden mit dem Gutachten des Beirats, sondern drang auf weitere Änderungen.[176] Harnack nahm Althoffs Vorschläge, die dieser mit Geheimrat Philipp Brugger und Wilhelm Lexis besprochen hatte, insgesamt sehr wohlwollend auf, formulierte aber zugleich seine Bedenken gegen einzelne Punkte.[177] Althoff hatte gefordert, dass der Etat der Universitätsbibliotheken prinzipiell erhöht werden müsse. Wenn dies derzeit nicht möglich sei, so müsse zumindest ein Extraordinarium bewilligt werden, dass es den Bibliotheken erlaube, die Lücken in den Beständen zu schließen.[178] Außerdem sollten die Universitätsbibliotheken Sondersammelgebiete ausbilden, die den universitären Profilen entsprächen.[179] Schließlich sprach sich Althoff dafür aus, dass die Nutzer der Universitätsbibliotheken eine Nutzungsgebühr zahlen sollten, die einen Teil der Mehrausgaben decken könne. Harnack stimmte in seinen „Bemerkungen zu dem Supergutachten von Exz[ellenz] Althoff" den drei Punkten grundsätzlich zu, prognostizierte aber praktische Schwierigkeiten bei der Einführung der Nutzungsgebühren. Daher sollten vorerst nur die Studierenden eine Gebühr zahlen, während von allen anderen Benutzern, die etwa 30–45% der Gesamtnutzer ausmachten, erst später ein Beitrag gefordert werden könne, weil der Gebühreneinzug bei diesen schwieriger zu regeln

172 Vgl. Frankes Denkschrift über die „umfassende Aufbesserung der Bücherbestände der Universitätsbibliothek" vom 30.06.1906 (a.a.O., Sekt. 3, Nr. 1, Bd. 14, Bl. 77^{r}–84^{r}) und Harnack an Studt am 28.07.1906 (ebd., Bl. 70^{r}–75^{v}).

173 Vgl. Harnack an Althoff am 26.07.1907 (Nr. 355, *Briefwechsel*).

174 Vgl. *Erman*, Althoffs Reformen, 239 und *Fabian*, Reform des Bibliothekswesens, 434.

175 Vgl. Harnack an Althoff am 12.07.1908 (Nr. 379, *Briefwechsel*).

176 Vgl. Althoff an Harnack am 15.07.1908 (Nr. 380, *Briefwechsel*).

177 Vgl. Harnack an Althoff am 16.07.1908 und Harnacks Zusammenfassung von Althoffs Vorschlägen und seine Bemerkungen dazu vom 13.08.1908 (Nrn. 381, 383 und 384, *Briefwechsel*).

178 Vgl. Nr. 383, *Briefwechsel*.

179 Vgl. ebd.; zu der Einrichtung von Sondersammelgebieten s. *Vesper*, Harnack als Bibliothekar, 43 und *Fabian*, Reform des Bibliothekswesens, 437.

sei.[180] Die schließlich im Kultusministerium beschlossene Etatsanmeldung umfasste einen Betrag von 190 000 M., in dem die Einnahmen aus den Nutzungsgebühren noch nicht eingerechnet waren.[181]

Die Einführung der Nutzungsgebühren erfuhr letztlich mehr Widerstand im Ministerium, als Althoff und Harnack erwartet hatten. Außerdem erwiesen sich, wie von Harnack prognostiziert, die praktischen Hindernisse bei der Einführung vorerst als derart hoch, dass Gebühren erst ab dem darauffolgenden Jahr erhoben wurden.[182] Für den Fall, dass das Finanzministerium die Erhöhung des Etats für die Universitätsbibliotheken von der Einführung der Nutzungsgebühren abhängig machen würde, sagte Harnack eine Verschiebung der gesamten Etaterhöhung auf das Jahr 1909 voraus. In seinem letzten Brief an Althoff zeigte sich Harnack schließlich hoffnungsvoll, dass der Finanzminister, mit dessen Mitarbeiter Paul Dulheuer er gesprochen hatte, ein Ordinarium von 50 000 M. bewilligen werde, wenn er das Extraordinarium zurückstellen könne.[183] Die fehlende Differenz im Ordinarium von 140 000 M. sei zukünftig durch die Nutzungsgebühren zu begleichen. Obwohl der 1910 bewilligte Etat von 50 000 M. für die Universitätsbibliotheken von den geforderten 190 000 M. weit entfernt zu sein schien, erreichte man die annähernde Deckung der notwendigen Mittel dadurch, dass man im selben Jahr die Nutzungsgebühren einführte.

2.5 Resümee

Die Bibliotheksreformen, die Althoff und Harnacks gemeinsam betrieben, zielten zuerst darauf ab, die drängendsten Desiderate der Königlichen Bibliothek und der Universitätsbibliotheken zu beheben: adäquate Bibliotheksräume, eine Vergrößerung des Bestandes, eine Vermehrung des Personals, eine effizientere Verwaltung und ein dementsprechender, regulärer Etat. Erst in späteren Jahren erwog Harnack, die Königliche Bibliothek mehr zu einer Präsenzbibliothek umzugestalten.[184] Diese

---

180 Vgl. Harnacks „Bemerkungen zu dem Supergutachten von Althoff" vom 13.08.1908 (Nr. 384, *Briefwechsel*).

181 Vgl. Althoff an Harnack am 05.09.1908 (Nr. 386, *Briefwechsel*) sowie Hugo Krüss an Althoff am 04.09.1908 (a.a.O., NL Althoff, Nr. 237, Bl. 103).

182 Vgl. die Nrn. 386, 387, 388 und 389, *Briefwechsel*.

183 Vgl. Harnack an Althoff am 13.10.1908 (Nr. 391, *Briefwechsel*).

184 Vgl. *Harnack*, Benutzung der Kgl. Bibliothek, 1912, 232–239; so auch in einer Denkschrift über „Die Universitätsbibliotheken in Preußen" vom Februar 1909, deren Autor nicht eindeutig zuzuordnen ist (in: GStA PK, I. HA, Rep. 76 Vd, Sekt. 1, Nr. 23, Bd. 1, Bl. 54^r–60^v); s. dazu *Fabian*, Reform des Bibliothekswesens, 436.

Umwandlung erforderte, dass man die Berliner Universitätsbibliothek zuerst in ihren Beständen erheblich erweiterte, damit die Professoren und wissenschaftlichen Arbeiter in Berlin nicht mehr ausschließlich auf die Ausleihe aus der Königlichen Bibliothek angewiesen waren.[185] Inwiefern Harnacks Reformbestrebungen langfristig erfolgreich waren, ist in der Forschung unterschiedlich beurteilt worden.[186] An der Umsetzung mancher Ideen hinderte ihn sicherlich der heterogene Zustand nicht nur der Königlichen Bibliothek, sondern auch des gesamten preußischen Bibliothekswesens. Zugleich erreichte er gerade im Bereich des regulären Etats und der Bestandserwerbungen einen erheblichen Zuwachs. Ein besonderes Anliegen war Harnack offensichtlich der Beirat in Bibliotheksangelegenheiten, der die von ihm angestrebte Zentralisierung des preußischen Bibliothekswesens befördern und es so vom Kultusministerium unabhängiger machen sollte. Diese Forderungen hatte er in seinem Reformentwurf vom Juni 1906 präzise zusammengefasst.[187]

Letztlich ist festzustellen, dass Zahn-Harnacks Urteil, dass Harnack täglich nur zwei Stunden auf der Bibliothek verbracht habe, nicht zutreffen dürfte.[188] Auch wenn sie offensichtlich darauf abzielte, Harnacks strukturierten Tagesablauf zu betonen, zeigen allein die in der Korrespondenz mit Althoff erwähnten Sitzungen und Konferenzen, d.h. die anfangs wöchentlichen Direktorenkonferenzen, der Bibliotheksbeirat u.a., dass Harnack wahrscheinlich nicht jeden Tag zwei Stunden, dafür aber an anderen Tagen mehrere Stunden für die Bibliothek arbeitete. Auch wenn das kirchenhistorische Ordinariat weiterhin sein Hauptberuf blieb, wie seine Absage vom Juli 1906 verdeutlicht, als er eine Vorlesung der Teilnahme an einer Sitzung in Bibliotheksangelegenheiten vorzog,[189] führte sein Nebenamt als Generaldirektor der Königlichen Bibliothek doch vor Augen, inwiefern Harnack immer mehr in seine Rolle als Wissenschaftsorganisator hineinwuchs, die ihn – wie von den orthodoxen Kreisen in der evangelischen Kirche erhofft – weniger in theologische Konflikte leiten würde. Für das Verhältnis zu Althoff bedeutete die Ernennung einen Gewinn an Eigenständigkeit gegenüber dem Kultusministerium, dem er nicht mehr nur als informeller Berater, sondern nun als Generaldirektor der größten Bibliothek Preußens gegenüberstand. Schließlich realisierte sich die von Althoff und Studt erhoffte engere Zusammenarbeit zwischen Kultusministerium, Berliner Universität und Königlicher Bibliothek in der Person Harnack dadurch, dass der Kirchenhistoriker

---

185 Vgl. Harnack an Studt am 28.07.1906 (a.a.O., Rep. 76 Vd, Sekt. 3, Nr. 1, Bd. 14, Bl. 70^{r}–75^{v}: 75^{v}).

186 Vgl. die in Anm. 42 genannte Literatur.

187 Vgl. Harnacks Reformentwurf vom 21.06.1906 (Nr. 307, *Briefwechsel*).

188 Vgl. *Zahn-Harnack*, Harnack, 328.

189 Vgl. Harnack an Althoff am 27.07.1906 (Nr. 314, *Briefwechsel*).

die drei Bereiche durch seine Art der Bibliotheksverwaltung und auf der Grundlage der ihm zur Verfügung stehenden wissenschaftspolitischen Netzwerke miteinander verband.

3 Die internationale Vernetzung der Wissenschaft

Die von Althoff und Harnack organisierten wissenschaftlichen Großunternehmen, außeruniversitären Forschungsinstitute und Expeditionen ebenso wie das preußische Bibliothekswesen hatten immer auch internationale Implikationen. Aber Preußen und Deutschland strebten parallel zu einer internationalen Hegemonie der deutschen Wissenschaft auch den Ausbau internationaler Kooperationen an, die die deutsche Wissenschaft fördern sollten. Dabei war es insbesondere der international renommierte Kirchenhistoriker Harnack, der sich zunehmend als Wissenschaftsorganisator einen Namen machte und der dadurch Althoffs Zugpferd bei internationalen Kooperationen wurde. Diese Beobachtung lässt sich anhand der im Folgenden behandelten Themenbereiche illustrieren: erstens die Kontakte Harnacks nach Großbritannien, zweitens der Historikerkongress in Rom und drittens der deutsch-amerikanische Professorenaustausch. Von den drei genannten Bereichen hatten insbesondere die britischen Kontakte und der deutsch-amerikanische Gelehrtenaustausch Implikationen für Theologie und Kirche.

3.1 Adolf Harnacks Kontakte nach Großbritannien

Adolf Harnack stand bereits seit seinen Gießener Jahren nicht nur mit US-amerikanischen Theologen, auf die im Zusammenhang des deutsch-amerikanischen Professorenaustausch noch eingegangen werden wird, in Kontakt, sondern auch vereinzelt mit englischen Wissenschaftlern, die ihn, wie beispielsweise der Oxforder Kirchenhistoriker Edwin Hatch, dessen zwei patristische Werke Harnack übersetzte,[1] in den 1880er Jahren mehrfach besuchten.[2] Zu seiner internationalen Reputation hatte der bereits 1886 übersetzte und im *Contemporary Review*, einer monatlich erscheinenden englischen Zeitschrift, die sich mit politischen, religiösen und gesellschaftlichen Themen auseinandersetzte, veröffentlichte Vortrag über *The Present State of Research in Early Church History* beigetragen, den er auf Deutsch bei einer theologischen Konferenz in Gießen gehalten hatte, an der wahrscheinlich auch der mittlerweile in New York lehrende, ursprünglich Schweizer Theologe Philip Schaff und der Oxforder Theologe Alfred Edersheim teilnahmen.[3]

1 Vgl. *Nottmeier*, Protestantische Theologie und auswärtige Kulturpolitik, 74 sowie *Hatch*, Die Gesellschaftsverfassung der christl. Kirchen und *Hatch*, Die Grundlegung der Kirchenverfassung.

2 Vgl. die Einträge für 1882, 1884 und 1887 im Album amicitiae (in: SBB PK, NL 217, Adolf von Harnack, Bl. 4^{rv}, 7^{r}).

3 Vgl. *Harnack*, The Present State, 1886 (übersetzt von seinem Studenten, dem späteren englischen Juristen Joseph King, vgl. ebd., 218) und den Eintrag im Album amicitiae (a.a.O., Bl. 5^{r}). Schaff war

https://doi.org/10.1515/9783112213193-025

Einen besonders engen Kontakt pflegte Harnack zu seinem langjährigen Übersetzer, Thomas Bailey Saunders, der ihn 1893 in Berlin besuchte[4] und 1896 erstmals einen Vortrag Harnacks ins Englische übersetzte.[5] Doch Saunders besuchte Harnack nicht nur als dessen Übersetzer, sondern 1898 auch in universitätspolitischer Mission als Sekretär der Londoner Universitätskommission im Auftrag der englischen Regierung.[6] Saunders war 1898 zum Sekretär einer *University Statutory Commission* ernannt worden, die die Reform der *University of London* übernehmen sollte. Die Regierung hatte diese Kommission installiert, um das Verhältnis zwischen der University of London und den Londoner Colleges zu regeln.[7] Denn während die Colleges die universitäre Lehre leisteten, beschäftigte sich die Universität fast ausschließlich mit Prüfungsaufgaben. Die Aufteilung wurde zunehmend in Frage gestellt, indem die Colleges forderten, dass die Universität auch Lehrtätigkeiten übernehmen sollte. Mit dem *University of London Act III* von 1900 wurde der Universität eine föderale Struktur gegeben, die die Colleges als *schools* einordnete und neue Institute aufnahm.[8] Der Anlass für Saunders' Reise nach Berlin im November 1898 war ein spezifischer Aspekt der zuvor genannten universitären Strukturreform: „das Verhältniß der Universitäten zu den Polytechniken[, d.h. den technischen Hochschulen, C.K.] in Deutschland".[9] Im Zuge der Universitätsreform war nämlich auch darüber reflektiert worden, ob die auf naturwissenschaftliche und technische Ausbildung spezialisierten Colleges, wie beispielsweise das *Royal College of Science*, in die University of London aufgenommen werden sollten.[10] Harnack führte Saunders daher bei Althoff ein, nachdem der Engländer Harnack im Vorhinein geschrieben und sich nach den besten Ansprechpartnern für sein Anliegen erkundigt hat-

1890 noch einmal zu Besuch in Berlin (vgl. Harnack an Nikolaus Müller am 14.07.1890, in: Sammlung Darmstädter 2d 1886, Adolf von Harnack an Nikolaus Müller, Bl. 262^{v}).

4 Vgl. das Album amicitiae (a.a.O., Bl. 12^{r}). 1895 besuchte Saunders Harnack ebenfalls (vgl. ebd., 13^{v}).

5 Es handelte sich um den beim Evangelischen Bund 1895 gehaltenen Vortrag über *Das Christentum und die Geschichte*, englisch *Christianity and History*, den Saunders bei seinem Besuch 1895 gehört hatte (vgl. *Harnack*, Christentum und Geschichte, 1896 und *Harnack*, Christianity and History, 1896, ebd., 7 der Hinweis auf den EB). Vgl. die Briefe von Saunders, in: SBB PK, NL Harnack, K 41, Mp. Saunders.

6 Vgl. die Nrn. 129 und 130, *Briefwechsel*.

7 Vgl. dazu insgesamt *Harte*, University of London, 119–175, *Harte/North/Brewis*, World of UCL, 134f. und *Bellot*, University College London.

8 Vgl. *Harte*, University of London, 164.

9 Harnack an Althoff am 11.10.1898 (Nr. 129, *Briefwechsel*). Zum Kontext von Saunders' Reise s. *Rebenich*, Mommsen-Harnack, Nr. 134, Anm. 2 im Anschluss an *Bryant*, London Experience, 385, 394f., 405–407, 422–424.

10 Vgl. *Harte*, University of London, 167, 170.

te.[11] Der Ministerialdirektor und Saunders trafen sich infolgedessen zweimal im Ministerium, um sich über die von dem englischen „Emissär“ untersuchten Fragen auszutauschen.[12] Althoff war von Saunders' Expertise beeindruckt, die letzterer in der Wissenschaftsorganisation vorzuweisen hatte.[13] Die Einladung Harnacks zu einem privaten Diner im Restaurant „Hiller“ Unter den Linden schlug Althoff aus gesundheitlichen wie beruflichen Gründen jedoch aus.[14] Schließlich traf Saunders vor seiner Abreise noch den Nestor der Berliner Wissenschaftsorganisation, Theodor Mommsen, um sich von ihm beraten zu lassen.[15] Nach London zurückgekehrt, resümierte Saunders seine in Deutschland erworbenen wissenschaftsorganisatorischen Kenntnisse in einer kleinen Broschüre über „technical instruction“ in ihrem Verhältnis zu den deutschen Universitäten.[16] Schließlich schickte er Harnack auch die Statuten, die die Londoner Universität 1900 reformierten.[17]

Harnack und Saunders nutzten dessen Besuch in Berlin 1898 aber nicht nur für wissenschaftspolitische Gespräche, sondern auch, um neue Übersetzungen von Harnacks Werken anzustoßen. Infolge eines Gesprächs, in dem es vermutlich um die protestantisch-katholische Kirchenpolitik in Deutschland und England ging, stimmte Harnack Saunders' Vorschlag zu, seinen 1896 vor den *Freunden der Christlichen Welt* gehaltenen Vortrag *Zur gegenwärtigen Lage des Protestantismus* ins Englische übersetzen zu lassen, den er 1896 bereits dem Oxforder Neutestamentler William Sanday geschickt hatte.[18] Die Übersetzung, die 1899 erschien, sollte einen Beitrag zu „kirchlichen Angelegenheiten“ („Ecclesiastical affairs“) in England leis-

---

11 Vgl. den Brief von Saunders an Harnack vom 28.08.1898 (in: SBB PK, NL Harnack, K 41, Mp. Saunders, Bl. 51^r–52^v); s. auch *Rebenich*, Mommsen-Harnack, 393f.; Nr. 134, Anm. 2.

12 Althoff an Harnack am 12.10.1898 (Nr. 130, *Briefwechsel*).

13 Vgl. ebd.

14 Vgl. Harnack an Althoff am 11.10.1898 (Nr. 129, *Briefwechsel* mit Anm. 5) und Althoff an Harnack (Nr. 130, *Briefwechsel*).

15 Vgl. Harnack an Mommsen am 16.10.1898 (in: *Rebenich*, Mommsen-Harnack, Nr. 134).

16 Vgl. *Saunders*, Notes. Die Broschüre findet sich offenbar nur an der Universität Birmingham und konnte daher nicht eingesehen werden.

17 Vgl. Saunders an Harnack am 30.03.1900 (a.a.O., Mp. Saunders, Bl. 59^r–60^v).

18 Vgl. *Harnack*, Thoughts on Protestantism, 1899, 7–10 das Vorwort des Autors zur Entstehungssituation der Übersetzung. Harnack hatte den Vortrag bereits 1896 in den *Heften der Christlichen Welt* veröffentlichen lassen, nachdem er öffentlich in konservativen Tageszeitungen diffamiert worden war (vgl. *Harnack*, Lage des Protestantismus, 1896a, Vorwort). S. dazu auch die Briefe von Saunders an Harnack vom 10.02., 02.03. und 09.03.1899 (a.a.O., Mp. Saunders, Bl. 53^r– 58^r). Vgl. Sanday an Harnack am 28.12.1896 (ebd., Mp. Sanday, Bl. 1^r–2^v). Zum Kontakt mit Sanday s.u. in diesem Teil, Abschnitt 3.1, S. 434 mit Anm. 34.

ten.[19] Mit diesen „Ecclesiastical Affairs" waren kirchliche Auseinandersetzungen in England gemeint, in denen es um den Einfluss des Anglokatholizismus, der aus dem in den 1830er Jahren gegründeten *Oxford Movement* entstanden war, auf die anglikanische Kirche ging.[20] Der Anglokatholizismus hatte mit seiner publizistischen Arbeit in der *Church Times* und der Organisation kirchlicher Kongresse – auch später in den 1920er Jahren – zum Teil großen Erfolg, erfuhr aber auch scharfen Protest von Seiten der protestantischen Anglikaner.[21]

Der konkrete Anlass der Veröffentlichung war eine als „crisis in the Church"[22] bezeichnete kirchliche Krise zwischen 1897 und 1906, auf die Harnack und Saunders rekurrierten und die sich durch eine Verschärfung der öffentlichen Opposition auszeichnete. Auf der einen Seite hatte der Präsident der *English Church Union*, Charles Lindley Wood, Second Viscount Halifax,[23] die Vereinigung der anglikanischen mit der römisch-katholischen Kirche gefordert, auf der anderen Seite hatte der Aktivismus des Londoner Buchhändlers John Kensit und der mit ihm verbundenen *Protestant Truth Society*, die öffentliche Proteste in denjenigen Kirchengemeinden organisierte, die sich dem Ritualismus anschlossen, das innerkirchliche Klima aufgeheizt.[24] Aufgrund der Vehemenz seines Auftretens verursachte Kensit öffentliches Aufsehen. Gleichzeitig verschärfte der Vorwurf des liberalen Parlamentariers Sir William Harcourt, dass die Ritualisten sich von den reformatorischen Traditionen lösen würden, die Krise.[25] Theologisch stand in dieser kirchlichen Krise zur Debatte, inwiefern katholische Elemente wie Messgewänder, Weihrauch oder die Ohrenbeichte in der anglikanischen Kirche gebraucht werden dürften.[26] Obwohl die Zuspitzung der Krise in den Jahren 1897 bis 1906 dazu führte, dass 1904 eine *Royal Commission on Ecclesiastical Discipline* eingerichtet wurde, ließen sich die Konflikte zwischen reformatorisch-protestantischen Anglikanern und dem Anglokatholizismus in England nicht kurzfristig lösen, sondern prägten die kirchenpolitische Situation auf Jahrzehnte.[27]

---

19 Harnack verglich die „Ecclesiastical affairs" dabei bezeichnenderweise mit „domestic" affairs, die eigentlich nur diejenigen angingen, die zur Kirche resp. Familie gehörten (*Harnack*, Thoughts on Protestantism, 1899, 8f.).

20 Vgl. *Wellings*, Anglo-Catholicism, *Yates*, Anglican Ritualism und *Kilcrease*, Great Church Crisis.

21 Vgl. *Wellings*, Anglo-Catholicism, 239f.

22 Ebd., 240. So auch Saunders an Harnack am 10.02.1899 (a.a.O., Mp. Saunders, Bl. 53^r).

23 Zu Wood s. das Biogramm, S. 577.

24 Zu Kensit s. das Biogramm, S. 516.

25 Vgl. *Wellings*, Anglo-Catholicism, 241f., *Yates*, Anglican Ritualism, 317–324 und *Kilcrease*, Great Church Crisis, 30–99.

26 Vgl. *Wellings*, Anglo-Catholicism, 250f.

27 Vgl. *Yates*, Anglican Ritualism, 294, 314–332 und *Kilcrease*, Great Church Crisis, 147–165.

Harnack intendierte mit der Übersetzung seines Vortrags, der katholisierende Tendenzen in den evangelischen Kirchen in Deutschland kritisiert hatte, auf ähnliche Vorgänge in Großbritannien aufmerksam zu machen.[28] Die ihm von Saunders übermittelte Bitte des Verlags, ein Nachwort zu seinem Vortrag zu verfassen, das sich explizit auf die englische Situation beziehe, lehnte der Kirchenhistoriker jedoch ab, weil er die dortige Lage nicht adäquat einschätzen könne.[29] Obgleich Saunders sich – zumal als ausgebildeter Jurist – ebensowenig für diese Aufgabe als qualifiziert erachtete, gestaltete er Harnacks Rede in Teilen insofern um, als er mit dessen Zustimmung einige „Abstriche und Veränderungen" machte, „die das Ganze dem [...] [englischen] Publikum besser [...] anempfehlen" werde.[30] Diese Änderungen bestanden v.a. in der Aufteilung der einzelnen Abschnitte, die er mit zusätzlichen Überschriften versah. Tiefgreifende inhaltliche Änderungen nahm er hingegen nicht vor. Harnacks Vortrag wurde in England, wie der Verlag in einer seiner späteren Publikation abdruckte, vom *Observer*, dem *Scotsman* und dem *Outlook* lobend beworben und der breiten Rezeption empfohlen.[31]

Der Übersetzung des Vortrags über die *Lage des Protestantismus* 1899 folgte 1901 die Veröffentlichung von Harnacks *The Apostles' Creed*, einer Übersetzung seines Lexikonartikels aus der 3. Auflage der *Realenzyklopädie*. Zeitgleich erschienen seine bekannten *Vorlesungen über das Wesen des Christentums*, die er im Wintersemester 1899/1900 in Berlin gehalten hatte, unter dem englischen Titel *What is Christianity*.[32] Saunders veröffentlichte 1902 außerdem eine Apologie Harnacks gegen dessen Oxforder Kritiker.[33] Darin attakierte er u.a. den Lady Margaret Professor of Divinity und Canon am Christ Church College, Oxford, William Sanday, der Harnack eine Reduktion des Christentums in der Wesensschrift vorgeworfen hatte.[34] Schließlich übersetzte Saunders 1903 auch den Brief an Wilhelm II., den Harnack

---

28 Vgl. *Harnack*, Thoughts on Protestantism, 1899, 7–10.

29 Vgl. Saunders an Harnack am 02.03.1899 (a.a.O., Mp. Saunders, Bl. 56^r).

30 Ebd., Bl. 56^v, vgl. auch in seinem Vorwort, *Harnack*, Thoughts on Protestantism, 1899, 13.

31 Vgl. die Werbung für die Broschüre *Harnack*, Thoughts on Protestantism, 1899 im Nachsatz der Publikation von *Harnack*, The Apostles' Creed, 1901.

32 Vgl. *Harnack*, The Apostles' Creed, 1901 und *Harnack*, What is Christianity, 1901.

33 Vgl. *Saunders*, Harnack and his Oxford Critics.

34 Vgl. ebd., 22–69 sowie *Sanday*, Examination of Harnack's „What is Christianity?", s. dazu *Chapman*, The Coming Crisis, 35–39. Mit Sanday stand Harnack seit 1896 in brieflichem Austausch (vgl. Sandays Briefe an Harnack in: SBB PK, NL Harnack, die in späteren Jahren schwierig zu entziffern sind; s. dazu *Rebenich*, Mommsen-Harnack, Nr. 59, Anm. 3). Für den Zeitraum, in dem die Debatte um die Wesensschrift stattfand, sind keine Briefe Sandays im Nachlass Harnack überliefert. Im Nachlass Sandays in der Bodleian Library Oxford sind nach freundlicher Auskunft von Samuel Sales nicht überliefert. Zur Rezeption der Wesensschrift in England und in den USA zu Beginn des 20. Jahrhunderts scheint es keine einschlägige Literatur zu geben.

im Zusammenhang des „Bibel-Babel-Streits“ in den *Preußischen Jahrbüchern* veröffentlichte.[35]

Dieser kurze Überblick über die von Saunders übersetzten und in Großbritannien erschienenen Werke Harnacks führt vor Augen, wie der Kirchenhistoriker die wissenschaftsorganisatorischen Überlegungen mit kirchenpolitischen und theologischen Aktivitäten auch im internationalen Kontext verband. Zugleich bietet er einen exemplarischen Einblick in Harnacks Anteil an der deutsch-englischen Kooperation in der wissenschaftlichen Theologie, die zeitlich vor den deutsch-britischen Verständigungsbemühungen der Kirchen stattfanden. Letztere bemühten sich Anfang der 1910er Jahre um eine politische und kirchenpolitische Verständigung zwischen den deutschen und den britischen Kirchen. Harnack beteiligte sich ebenfalls daran, was ihn 1911 nach London führte.[36]

3.2 Der Historikerkongress 1903 in Rom

Während Harnack zwar wissenschaftlich-theologische Beziehungen nach Großbritannien pflegte, bereiste er Italien und dessen Hauptstadt Rom deutlich häufiger und mit großer Begeisterung, wie seine Tochter Agnes von Zahn-Harnack festhielt.[37] Im April 1903 fuhr er als offizieller Vertreter Preußens zum Zweiten Internationalen Historikerkongress nach Rom, der vom 2. bis 9. April 1903 unter der Präsidentschaft des renommierten italienischen Gelehrten Pasquale Villari stattfand, nachdem er um ein Jahr verschoben worden war.[38] Harnack wurde zu einem der vier Vizepräsidenten gewählt, die die einzelnen Sektionen tageweise leiten sollten,[39] während

35 Vgl. *Harnack*, Letter to the 'Preußische Jahrbücher', 1903; zum Bibel-Babel-Streit s.o. Teil II, Abschnitt 5.4, S. 223.

36 Zu den kirchlichen Verständigungsbemühungen vgl. *Deckart*, Deutsch-englische Verständigung, bes. 90–108 und *Hollenberg*, Englisches Interesse am Kaiserreich, 132–146 sowie speziell zu Harnacks Anteil *Nottmeier*, Harnack, 367–377 und *Nottmeier*, Protestantische Theologie und auswärtige Kulturpolitik, 81–85; s. außerdem unten in diesem Teil, Abschnitt 3.3.2, S. 444. Zur Audienz bei König George V. 1911 s.o. Einleitung, Abschnitt 3.4, S. 55. Der Kontakt zu Saunders ließ nach 1908 merklich nach.

37 Vgl. *Zahn-Harnack*, Harnack, 69f. Zu seinen Romreisen für Althoff s.o. Anm. 120.

38 Vgl. *Schellhass*, Historiker-Congress, *Redaktion*, Vermischtes, *Anonym*, Atti del congresso 1903, *Braubach*, Schulte in Rom, 539f., *Burchhardt*, Gründung und Aufbau, 365, Anm. 91 und *Erdmann*, Ökumene der Historiker, 38–63; s. auch die Akten in: GStA PK, I. HA, Rep. Vc, Sekt. 1, Tit. XI, Teil VI, Nr. 13, Bd. 1 und ebd., VI. HA, NL Schmidt-Ott, Nr. 276. Ebd., Bl. 56 findet sich das Programm des Kongresses, das in der Beilage zur Münchner *Allgemeinen Zeitung* Nr. 70 vom 28.03.1903 abgedruckt worden war.

39 Vgl. *Anonym*, Atti del congresso 1903, 88f., *Zahn-Harnack*, Harnack, 380f., *Rebenich*, Mommsen-Harnack, 70 und *Erdmann*, Ökumene der Historiker, 42, 49; s. auch Harnack an Althoff am 03. und

Theodor Mommsen wegen seiner Verdienste um die internationale Zusammenarbeit in der Wissenschaft zum Ehrenpräsident ernannt wurde, obgleich er seines Alters wegen nicht nach Italien gereist war.[40] Neben Harnack gehörten der preußischen Kongressdelegation der Rektor der Universität zu Berlin, Otto von Gierke, der Gräzist Ulrich von Wilamowitz-Moellendorff, der Direktor des Preußischen Historischen Instituts Aloys Schulte, der Bonner Altphilologe Franz Bücheler, der Straßburger Historiker Harry Bresslau, der Göttinger Historiker Paul Fridolin Kehr, der Göttinger Altphilologe Friedrich Leo, der Leiter des Hausarchivs der Hohenzollern in Sigmaringen Karl Theodor Zingeler, der Erste Sekretär des Deutschen Archäologischen Instituts Eugen Petersen, dessen Zweiter Sekretär Christian Hülsen und der Zweite Sekretär des PHI Karl Schellhass an. Obwohl Harnack im Vorhinein Bedenken gegen eine offizielle Position gehegt hatte, weil seine französischen und italienischen Sprachkenntnisse unzureichend seien, nahm er schließlich – wie sein Bericht für Althoff verdeutlicht – eine zentrale Rolle bei der preußischen Repräsentation ein.[41]

Wie Harnack Althoff berichtete, verfolgten Wilamowitz-Moellendorff und er als einzige preußische Delegierte die Eröffnungszeremonie des Kongresses von der Loge des italienischen Königs Vittorio Emanuele III. aus, weil sie im Besitz ihrer akademischen Talare gewesen waren.[42] Harnack hatte dort die Möglichkeit, kurz mit dem König und der Königin von Italien zu sprechen, nachdem Villari ihn vorgestellt hatte, und Vittorio Emanuele das Geschenk Wilhelms II. zu erläutern.[43] Im Verlauf des Kongresses nahm Harnack an weiteren wissenschaftsdiplomatisch-gesellschaftlichen Anlässen wie dem Empfang, den das Historische Institut für deutsche Gelehrte und prominente italienische Gäste veranstaltete, und den Diners beim deutschen Botschafter Anton Graf von Monts und beim König Vittorio

04.04.1903 (Nrn. 206 und 207, *Briefwechsel*). Zu Mommsens Verbindung nach Italien vgl. *Rebenich*, Mommsen-Harnack, 485f. sowie die zweibändige Edition der Briefe Mommsens an Italienier:innen bei *Buonocore (Hg.)*, Lettere di Mommsen agli italiani. Zum Historikerkongress in Rom vgl. Mommsen an Villari am 30.01.1903 (ebd., Nr. 814).

40 Vgl. *Anonym*, Atti del congresso 1903, 88f.

41 Vgl. Harnack an Schmidt-Ott am 22.03. und das Telegramm vom 23.03.1903 (a.a.O., Teil VI, Nr. 13, Bd. 1, Bl. 67^{r}, 68^{v}; 77^{r}), die Telegramme Schmidt-Otts an Harnack vom 23. und 27.03.1903 (ebd., Bl. 97; 101), das Telegramm Harnacks an Schmidt-Ott am 28.03.1903 (ebd., Bl. 103) und Harnacks Karte und Brief an Schmidt-Ott vom 29. und 30.03.1903 aus Lugano (a.a.O., NL Schmidt-Ott, Nr. 276, Bl. 64^{rv}; 59^{r}).

42 Vgl. Harnack an Althoff am 03.04.1903 (Nr. 206, *Briefwechsel*). Zur Eröffnungszeremonie vgl. *Anonym*, Atti del congresso 1903, 91–125.

43 Vgl. Nr. 206, *Briefwechsel*.

Emanuele III. teil.[44] Schließlich gab er selbst – vermutlich in seiner Funktion als Beiratsvorsitzender des PHI – ein Abendessen für Wilamowitz-Moellendorff, Kehr, Schulte, Schellhass und den Theologen und Bibliothekar Bernhard Bess, bei dem die Situation des Historischen Instituts besprochen wurde.[45]

Selbstverständlich besuchte Harnack auch die Sektionen des Historikerkongresses und trug außerdem in der Sektion für Religionsgeschichte *Osservazioni storiche sulle origini del Nuovo Testamento* (*Einige Bemerkungen zur Geschichte der Entstehung des Neuen Testaments*) vor, die für seine Position zur Entstehung des neutestamentlichen Kanons und sein Marcionbild instruktiv sind.[46] Nachdem in der allgemeinen Schlusssitzung beschlossen worden war, den nächsten internationalen Historikerkongress in Berlin stattfinden zu lassen, ergriff Harnack noch einmal das Wort, um den Organisatoren, der italienischen Regierung und dem römischen Bürgermeister für die wissenschaftlich wie gesellschaftlich gelungene Zusammenkunft zu danken.[47]

Wie schon zuvor, nutzte Harnack seinen Rombesuch auch, um seine kirchen- wie wissenschaftspolitischen Kontakte zur vatikanischen Geistlichkeit zu pflegen. Der Direktor der École française, Louis Duchesne, mit dem er seit 1887 in brieflichem Kontakt stand, hatte ihn zum „jour fixe" in die École française eingeladen.[48] Harnack hatte Duchesne 1887 in Paris kennengelernt und ihn gemeinsam mit Theodor Mommsen 1893 als korrespondierendes Mitglied der Königlichen Akademie der Wissenschaften zu Berlin vorgeschlagen.[49] Ob er auch andere Geistliche wie beispielsweise den Leiter des Römischen Instituts der Görres-Gesellschaft, Stephan Ehses, den römischen Christlichen Archäologen Joseph Wilpert, mit dem er sich wäh-

---

44 Vgl. *Braubach*, Schulte in Rom, 540 und zum Diner beim König am 05.04.1903 s. *Anonym*, Atti del congresso 1903, 139.

45 Vgl. Harnack an Althoff am 04.04.1903 (Nr. 207, *Briefwechsel*). Zur Situation des PHI im Frühjahr 1903 s.o. in diesem Teil, Abschnitt 1.2.3, S. 368.

46 Vgl. *Harnack*, Einige Bemerkungen, 1903a und *Harnack*, Osservazioni storiche, 1903; s. dazu *Erdmann*, Ökumene der Historiker, 49f. und *Kinzig*, Harnack, Marcion und das Judentum, 71. Auf Deutsch erschien 1904 ein Resümee des Vortrags unter dem Titel *Einige Bemerkungen zur Geschichte der Entstehung des Neuen Testaments* in den *Reden und Aufsätzen* (vgl. *Harnack*, Einige Bemerkungen, 1903b).

47 Vgl. *Anonym*, Atti del congresso 1903, 127f.

48 Vgl. Nr. 206, *Briefwechsel*.

49 Zur Verbindung zwischen Duchesne und Harnack s. *Zahn-Harnack*, Harnack, 154f., 365, 407, 414, *Weitlauff*, Catholica non leguntur, 259–261 und *Quantin*, Louis Duchesne, 350–352, der auch Mommsens Kontakt zu Duchesne beschreibt (ebd., 348–350). Zur Begegnung in Paris vgl. *Weinhardt*, Ritschl–Harnack, 440. Die Monographie über Duchesne von Brigitte Waché geht nicht auf die Verbindung ein, obwohl sie zum Teil Duchesnes Reaktionen auf Harnacks wissenschaftliche Publikationen beschreibt (vgl. *Waché*, Monseigneur Duchesne, 64 Anm. 144, 362 Anm. 133, 377 Anm. 180, 504 Anm. 122, 533).

rend seines Rombesuchs 1904 und dessen Aufenthalt in Berlin verabredete,[50] oder, was ebenfalls denkbar ist, mit dem Präfekten der Vaticana, Franz Ehrle, traf, ließ sich nicht nachvollziehen. Die Verbindungen zu den vatikanischen und römischen Geistlichen diente der konfessionsversöhnenden Kirchenpolitik Althoffs und Harnacks und zugleich ihrer Wissenschaftspolitik, die ab 1905 auf den Erwerb der römischen Chigi-Bibliothek abzielte und guter Beziehungen zum Vatikan bedurfte.[51]

Die Teilnahme am Zweiten Internationalen Historikerkongress in der Funktion als Vizepräsidenten veranschaulicht Harnacks prominente Position in der internationalen Wissenschaft. Sie unterstützte die Wahrnehmung der deutschen Wissenschaft in Rom und ganz Italien und trug damit auch zur Konsolidierung des Königlich Preußischen Historischen Instituts in Rom bei. Harnacks Beteiligung am Historikerkongress 1903 förderte den deutschen Anspruch auf eine internationale Vormachtstellung ihrer Wissenschaft und den Ausbau ihrer internationalen Kooperationen ebenso wie die Tatsache, dass der Dritte Internationale Historikerkongress – mit maßgeblicher Unterstützung Harnacks, aber gegen den Widerstand namhafter Berliner Historiker – 1908 in Berlin stattfand.[52] Diese internationale Wissenschaftschaftspolitik kam gleichermaßen in dem seit 1902 betriebenen Professorenaustausch mit den Vereinigten Staaten von Amerika zum Ausdruck.

3.3 Der Professorenaustausch mit den Vereinigten Staaten von Amerika

3.3.1 Vorbereitung des deutsch-amerikanischen Professorenaustauschs

Der Aufbau eines deutsch-amerikanischen Professorenaustauschs, den Friedrich Althoff und Adolf Harnack seit 1902 in ihrer Korrespondenz und in persönlichen Treffen planten, stand im weiteren Kontext des deutschen Strebens nach Weltgeltung in der Wissenschaft, in der die Vereinigten Staaten von Amerika eine domi-

---

50 Vgl. Harnack an Althoff am 13.05.1904 (Nr. 234, *Briefwechsel*).

51 Zu Althoffs und Harnacks Haltung gegenüber dem Katholizismus s.o. Teil II, Abschnitt 6.11, S. 294–295. Zur Biblioteca Chigi s.o. in diesem Teil, Abschnitt 2.3, S. 410–418.

52 Vgl. *Anonym*, Atti del congresso 1903, 126, *Harnack*, Kongreß für historische Wissenschaft, 1908 und *Erdmann*, Ökumene der Historiker, 64–85. S. die Eingabe vom 31.07.1903 an Studt unterzeichnet von Theodor Mommsen, Otto Hirschfeld, Dietrich Schäfer, Eduard Meyer, Hans Delbrück, Max Lenz, Michael Tangl, Otto Hintze und Reinhold Koser (in: GStA PK, I. HA, Rep. 76 Vc, Sekt. 1, Tit. XI, Teil VI, Nr. 13, Bd. 1, Bl. 140^r–143^v), Eingabe Gierkes, Wilamowitz-Moellendorffs und Harnacks an Studt vom 07.07.1903 (ebd., 146^r–148^v), Harnack an Bülow am 11.11.1907 (Konzept in: SBB PK, NL Harnack, K 28, Mp. Bülow, Bl. 15^r, 16^v) und Harnack an Althoff am 18.04. und 09.09.1908 (Nrn. 365 und 387, *Briefwechsel*).

nierende Macht zu werden begannen, sowie den zeitgleichen Bemühungen um die Sicherung des Friedens und einer Verständigung zwischen den Völkern.[53] Denn das Hegemonialstreben der deutschen Wissenschaft und die Ambitionen Kaiser Wilhelms II. auf dem südamerikanischen Kontinent belasteten das Verhältnis zu den Vereinigten Staaten von Amerika und führten zu untergründigen Spannungen, die es auch bei dem Aufbau des Professorenaustausches zu beachten galt.[54] Zuletzt sind die gemeinsamen Planungen im spezifischen Zusammenhang von Adolf Harnacks Beziehungen zu den Vereinigten Staaten von Amerika zu verorten. Harnack genoss in der US-amerikanischen Theologie und anderen historisch arbeitenden Fächern eine herausragende Berühmtheit, die zu den zwei Rufen geführt hatte, die er 1885 und 1893 von der Universität Harvard in Cambridge (Mass.) erhalten, aber abgelehnt hatte,[55] sondern auch von seinen zahlreichen US-amerikanischen Studenten in Gießen, Marburg und Berlin, mit denen er auch nach deren Rückkehr in die USA noch in Kontakt stand.[56] Seine Theologie wurde durch seine Schüler wie auch

53 Vgl. Althoffs Notizen vom 25.05. auf der Denkschrift von Wilhelm Lexis über *Deutsche Professoren im Auslande* vom 28.04.1900 (in: GStA PK, VI. HA, NL Althoff, Nr. 420, Bl. 2–6: 2); so auch *Brocke*, Preußische Hochschulpolitik, 39. Eine Kontextualisierung sowie eine Nennung anderer Projekte der preußischen und deutschen „auswärtige[n] Kulturpolitik" bieten *Brocke*, Der deutsch-amerikanische Professorenaustausch, 128–134, Zitat: 129 und *Bruch*, Weltpolitik als Kulturmission, bes. 31–40. Zum deutsch-amerikanischen Professorenaustausch vgl. zeitgenössisch *Münsterberg*, Deutsche Kultur und Ausland sowie grundlegend *Brocke*, Der deutsch-amerikanische Professorenaustausch, *Brocke*, Internationale Wissenschaftsbeziehungen (inhaltlich weitgehend mit dem vorherigen Aufsatz identisch), *Bruch*, Weltpolitik als Kulturmission, 33f., *Small*, American Image of Germany, 274–277, *Fiebig-von Hase*, Die politische Funktionalisierung der Kultur, *Laitko*, Weltbetrieb der Wissenschaft, *Paulus*, Vorbild USA, 70–78 und *Lerg*, Universitätsdiplomatie, 257–296 (sie hat v.a. die US-amerikanischen Archivalien erstmals ausgewertet); zusätzlich außerdem *Schmidt*, Anfänge dt. Kulturpolitik im Auslande, 253, *Freitag*, Amerikastudien, 31–39, *Pommerin*, Der Kaiser und Amerika, 275–282, *Bartholome*, Transatlantische Netzwerke, 315–325 (v.a. zur Beteiligung Friedrich Paulsens) und *Nottmeier*, Protestantische Theologie und auswärtige Kulturpolitik (mit einigen kleineren Ungenauigkeiten). Im Bestand des GStA PK finden sich neben den einschlägigen Akten im Nachlass Althoff (Nr. 416–420) auch in der Überlieferung des Kultusministeriums Akten zu diesem Austausch (I. HA, Rep. 76 Vc, Sekt. 1, Tit. XI, Teil VII, Nr. 38, Bd. 1–3). Der einschlägige Band 1 für die Jahre 1902–1905 fehlt aus ungeklärten Umständen.

54 Zur Haltung Wilhelms II. zu den Amerikas s. *Röhl*, Into the abyss, 212–244.

55 S.o. Teil II, Abschnitt 1.3, S. 177 mit Anm. 50 sowie Eliots Brief an Harnack vom 02.02.1893 und Harnacks Absage vom 14.02.1893 (Nr. 83, *Briefwechsel* mit Anm. 18). Althoff ließ sich im Zusammenhang des deutsch-amerikanischen Austausches die Akten über die Berufung nach Harvard 1893 nochmals vorlegen (vgl. die Notiz des Zentralbureaus an Althoff vom 02.05.1905, in: GStA PK, VI. HA, NL Althoff, Nr. 55, Bl. 49^r).

56 S.o. Teil II, Abschnitt 1.3, S. 177, Anm. 50. Die Rezeption Adolf Harnacks in der US-amerikanischen Theologie ist bislang nicht adäquat aufgearbeitet worden (s. bisher *Graf*, Protestantische Theologie, 66–69, *Dorrien*, Making 1900–1950, 21–72, *Biester*, Harnack und The Outlook und *Nottmeier*,

durch andere US-amerikanische Theologen intensiv rezipiert. Harnack selbst reiste nur einmal anlässlich des internationalen Gelehrtenkongresses in die USA, der 1904 während der Weltausstellung in St. Louis (Missouri) stattfand und auf dessen Bedeutung für den deutsch-amerikanischen Professorenaustausch noch eingegangen werden wird.

Zu konkreten Planungen Althoffs kam es im Frühjahr 1902, nachdem der in Harvard lehrende Germanist Kuno Francke, der im gleichen Jahr das Harvard *Germanic Museum* gründete, den Ministerialdirektor zur Intensivierung der deutsch-amerikanischen Beziehungen ermutigt hatte.[57] Da Francke sich gleichzeitig bei dem Universitätspräsidenten von Harvard, Charles William Eliot, nach dessen Interesse an einem solchen Austausch erkundigt hatte, drängte er darauf, Harvard noch vor Beginn der Sommerpause Ende Juni 1902 einen Plan vorzulegen, der deutsche Vortragszyklen in den USA vorsah.[58] Doch obwohl sich im Kultusministerium unter der Leitung Althoffs und dank der Mitarbeit Friedrich Schmidt-Otts die Planungen konkretisierten, kam es nicht mehr zu einer Kontaktaufnahme vor der universitären Sommerpause, wahrscheinlich auch weil der in Harvard lehrende Psychologe Hugo Münsterberg Althoff gegenüber Zweifel an dem Plan gehegt hatte.[59] Aufgrundessen visierte Althoff eine vertrauliche Konferenz mit Mitgliedern der Berliner Universität an, zu der Harnack ihm nach der Lektüre des Münsterbergschen Briefes geraten hatte.[60] Diese Konferenz, zu der außer Harnack noch der Anglist Alois Brandl, Harnacks Schwager, der Historiker Hans Delbrück, der Germanist Erich Schmidt, der Nationalökonom Gustav Schmoller, der Anatom Wilhelm Waldeyer und der Gräzist Ulrich von Wilamowitz-Moellendorff eingeladen worden waren, fand am 28. Juni 1902 statt, an der Harnack aus familiären Gründen letztlich nicht teilnehmen konn-

Protestantische Theologie und auswärtige Kulturpolitik, 72–74). Zur Rezeption der deutschen Theologie in den USA s. zeitgenössisch *Peabody*, Was verdanken wir Amerikaner sowie *Aubert*, German Roots of Nineteenth-Century American Theology.

57 So auch *Brocke*, Der deutsch-amerikanische Professorenaustausch, 136 und 138f. Zu dem Komitee, das in Deutschland das Germanische Museum förderte, vgl. die Akten in: GStA PK, VI. HA, NL Althoff, Nr. 418. Harnack spricht in seinem Aufsatz über den *Großbetrieb der Wissenschaft* von Wilhelm II., Charles W. Eliot und Althoff als Initiatoren, wobei für das Engagement des Kaisers 1902 kein Beleg vorliegt (vgl. *Harnack*, Großbetrieb der Wissenschaft, 1905b, 10).

58 Vgl. die Briefe Franckes vom 10.03.1902 an Althoff, vom 11.05.1902 an Schmidt-Ott, vom 20.05.1902 an Althoff sowie Eliots Antwort an Francke vom 26.04.1902 (a.a.O., NL Althoff, Nr. 420, Bl. 15; 16^r–17^r; 23^r–26^r; 32^r–34^v).

59 Vgl. Münsterberg an Althoff am 16.05.1902 (Nr. 178.1, *Briefwechsel*). *Lerg*, Universitätsdiplomatie, 261f. fasst Münsterbergs gegenüber Eliot geäußerte Kritik zusammen.

60 Vgl. Schmidt-Otts Schreiben von Mai 1902 (Nr. 177, *Briefwechsel*) sowie Harnack an Althoff am 22.06.1902 (Nr. 178, *Briefwechsel*).

te.[61] Seine Abwesenheit hinderte den Kirchenhistoriker aber nicht daran, sich in die weiteren Planungen einzubringen. So unterstützte er in den folgenden Wochen Wilhelm Waldeyer, der einen ersten Plan für den deutsch-amerikanischen Professorenaustausch entwerfen sollte.[62] Althoff ergänzte die Vorbereitungen Harnacks und Waldeyers dadurch, dass er ihnen einen Bericht von Felix Klein über dessen Vorträge 1893 und 1896 in den USA zukommen ließ, in dem der Göttinger Mathematiker sich positiv über derartige Vortragszyklen äußerte.[63] Der von Waldeyer bereits Mitte Juli vorgelegte Plan sah die Gründung eines deutschen wie eines amerikanischen Komitees für den Austausch vor, das die Organisation von Vortragszyklen durchführen sollte.[64] Um die Pläne mit der amerikanischen Seite abzustimmen, arrangierte Harnack in Absprache mit Althoff ein Treffen mit dem US-amerikanischen Juristen Frederick William Holls, der sich in Deutschland aufhielt.[65] Die Zusammenkunft Holls', Harnacks und Waldeyers in Düsseldorf Ende Juli brachte die gewünschte Zustimmung der US-amerikanischen Seite, war aber zugleich auch ein vorläufiger Endpunkt des Projektes, das in den Briefen Althoffs und Harnacks erst im Februar 1903 wieder erwähnt wurde.[66] Inwiefern sich Harnack und Althoff zwischenzeitlich mündlich darüber austauschten, kann nur vermutet werden. Althoff plante, nach einer Besprechung des Waldeyerschen Entwurfs „im engeren Kreise [...] alles für das weitere Komite [sic] vor[zu]bereiten".[67] Auch nach vom Brocke „ruhten [...] die Verhandlungen [...] offenbar zwei Jahre", bevor der von Hugo Münsterberg organisierte Gelehrtenkongress in St. Louis 1904 die deutsch-amerikanischen Beziehungen neu belebte.[68]

---

61 Vgl. Harnack an Althoff am 27.06.1902 sowie Althoffs Notiz vom 28.06.1902 (Nrn. 179 und 180, *Briefwechsel*).

62 Vgl. Althoffs Notiz vom 30.06.1902 (Nr. 180), sowie Harnack an Althoff am 03. und 15.07.1902 (Nrn. 181 und 183, *Briefwechsel*).

63 Vgl. den Bericht Felix Kleins vom 07.07.1902 mit Althoffs Schreiben an Harnack vom 09.07.1902 (Nr. 182, *Briefwechsel*).

64 Vgl. Waldeyers Brief an Althoff mit dem beigefügten Plan vom 18.07.1902 (Nr. 184 mit Nr. 184.1, *Briefwechsel*).

65 Vgl. Harnack an Althoff am 03.07.1902 mit Holls Brief an Harnack vom 01.07.1902 sowie Harnack an Althoff am 15.07.1902 mit dem Telegrammentwurf an Holls vom 14.07.1902 (Nrn. 181–183, *Briefwechsel*).

66 Vgl. Harnack an Althoff am 30.07.1902 (Nr. 186, *Briefwechsel*) sowie am 13.02.1903 (Nr. 201, *Briefwechsel*).

67 Althoffs Notiz vom 21.07.1902 (Nr. 185, *Briefwechsel*).

68 *Brocke*, Der deutsch-amerikanische Professorenaustausch, 139. In den meisten Publikationen, abgesehen von derjenigen vom Brockes, wird der Austausch überhaupt erst ab 1905 untersucht.

3.3.2 Der Gelehrtenkongress in St. Louis 1904

Im September 1904 nahm Harnack zusammen mit anderen renommierten deutschen Professoren, wie Max Weber und Ernst Troeltsch, am Gelehrtenkongress in St. Louis, dem *International Congress of Arts and Science*, teil, den Hugo Münsterberg parallel zur dortigen Weltausstellung organisiert hatte und der nach Harnacks Auffassung eine besondere Möglichkeit des internationalen Austauschs zwischen Wissenschaftlern bot.[69] Der Kirchenhistoriker hielt dort am 24. September 1904 in der Sektion über *History of the Christian Church* unter der Leitung des Chicagoer Kirchenhistorikers Eri Baker Hulbert einen Vortrag *Über das Verhältnis der Kirchengeschichte zur Universalgeschichte*, dem eine Präsentation des protestantischen Pariser Patristikers Jean Réville über *Progress of Ecclesiastical History, Especially Ancient, during the Nineteenth Century* folgte.[70] Eine englische Übersetzung des Harnackschen Manuskripts, die nach nochmaliger Überarbeitung in den Kongressverhandlungen publiziert wurde, hatte der erwähnte Thomas Bailey Saunders ihm bereits Mitte Juli 1904 übersandt.[71] Sie wurde noch im Jahr 1904 in der englischen Zeitschrift *Contemporary Review* und der US-amerikanischen Zeitschrift *The Living Age* mit einer signifikanten Abweichung im dritten Teil veröffentlicht. Denn im Unterschied zur erst 1911 publizierten deutschen Version, setzte der englische Vortrag im dritten Teil nicht mit dem engen Verhältnis zwischen Philosophie und Christentum, sondern mit dem Einfluss der Psychologie auf die Religionsgeschichte ein.[72] Harnack hatte in diesem Vortrag insgesamt den Ort der Kirchengeschichte in der

69 Vgl. *Harnack*, Großbetrieb der Wissenschaft, 1905b, 17. Zum Gelehrtenkongress 1904 in St. Louis und Harnacks Teilnahme s. *Münsterberg*, Der Internationale Gelehrtenkongreß, *Münsterberg*, Aus Deutsch-Amerika, 196–210, *Zahn-Harnack*, Harnack, 381f., *Hirsch*, The Scholar as Librarian, 302f., *Nowak*, Einführung, 74f., *Nottmeier*, Harnack, 269, Anm. 185, *Biester*, Harnack und The Outlook, 53f., *Troeltsch*, Briefe II, KGA 19, 25–29, *Chapman*, Theology at the Olympics, 270–275 und *Lerg*, Universitätsdiplomatie, 176–187.

70 Vgl. *Réville*, Progress of Ecclesiastical History.

71 Vgl. Saunders an Harnack am 15.07. und 02.11.1904 (a.a.O., NL Harnack, K 41, Mp. Saunders, Bl. 65^{rv} und 68^{r}–69^{v}).

72 Vgl. *Harnack*, Relation Ecclesiastical and General History, 1904a, 853f. und *Harnack*, Kirchengeschichte und Universalgeschichte, 1904, 54, s. dazu *Picker/Koenitz*, Nachweis der Drucke, 1626. Die englische Übersetzung von Thomas Bailey Saunders mit dem Titel *The Relation between Ecclesiastical and General History* erschien 1908 außerdem in den Kongressverhandlungen, 1904 in der englischen Zeitschrift *The Contemporary Review* und 1905 in der US-amerikanischen Zeitschrift *The Living Age*, nachdem eine Publikation in den US-amerikanischen Zeitschriften *The Outlook* und *The Atlantic Monthly* nicht möglich gewesen war (vgl. *Harnack*, Relation Ecclesiastical and General History, 1904b and *Harnack*, Relation Ecclesiastical and General History, 1904a, s. William Adams Brown an Harnack am 23.11.1904, in: SBB PK, NL Harnack, K 28, Mp. William A. Brown, Bl. 2^{rv}), während die deutsche Version erst 1911 im zweiten Band von *Aus Wissenschaft und Leben* publi-

allgemeinen Geschichte reflektiert und ihr dort – analog zu seiner Verortung der Theologie im Kanon der Wissenschaften – einen selbstverständlichen Platz zugewiesen.

Über seine Teilnahme am Gelehrtenkongress hinaus fungierte Harnack als Preisrichter für das höhere Unterrichtswesen bei dem im Rahmen der Weltausstellung stattfindenden „Internationalen Preisgericht", worum ihn der Reichskommissar für die deutschen Ausstellungen in St. Louis, der Jurist und Regierungsrat im Innenministerium, Theodor Lewald, gebeten hatte.[73] Bei diesem Preisgericht sollten die Ausstellungen und die darüber angefertigten Kataloge mit Medaillen ausgezeichnet werden. In diesem Zusammenhang besuchte Harnack möglicherweise auch die Weltausstellung oder zumindest die deutsche Unterrichtsausstellung.[74]

Auch wenn Harnacks Berichte über die einmalige Reise in die Vereinigten Staaten eher allgemein gehalten sind,[75] lässt sich festhalten, dass er nach Aussage Hugo Münsterbergs am 10. September 1904 bereits in New York angekommen war und dann ab Mitte September in St. Louis weilte.[76] Vor der Abreise in die USA hatte Harnack bis Ende August noch einige Wochen in Stams in Tirol verbracht hatte.[77] Er kehrte Ende Oktober 1904 zurück nach Berlin, sodass er nach eigener Aussage insgesamt elf Wochen unterwegs gewesen sei.[78] Er reiste zusammen mit seiner Frau Amalie per Schiff, vermutlich ähnlich wie Ernst Troeltsch und das Ehepaar Weber, nach und von New York.[79]

Für die Realisierung des Gelehrtenaustauschs entscheidend war, dass Harnack auf der Rückreise von St. Louis zusammen mit dem Leipziger Historiker Karl Lam-

---

ziert wurde (vgl. *Harnack*, Kirchengeschichte und Universalgeschichte, 1904); s. dazu *Chapman*, Theology at the Olympics, 272–274.

73 Vgl. Harnack an Althoff am 23.07.1904 (Nr. 239, *Briefwechsel*); s. dazu *Reichskommissar*, Bericht Weltausstellung St. Louis, 44–49.

74 Zur Weltausstellung und deren Programm vgl. *Chapman*, Theology at the Olympics, 261–269 und *Lerg*, Universitätsdiplomatie, 161–176.

75 Vgl. gegenüber Karl Holl bei *Zahn-Harnack*, Harnack, 381f. sowie gegenüber Martin Rade bei *Jantsch*, Harnack-Rade, Nr. 370, 552.

76 Vgl. Münsterberg an Althoff am 10.09.1904, in: GStA PK, VI. HA, NL Althoff, Nr. 416, Bl. 2^{r}–3^{r}: 2^{v}.

77 Vgl. Harnack an Weinel am 27.07.1904 (in: ThULB Jena, NL Weinel 1b, Bl. 307^{rv}: 307^{v}) und Saunders an Harnack am 29.08.1904 (a.a.O., Mp. Saunders, Bl. 66^{r}–67^{v}).

78 Harnack berichtete Althoff, dass er erst 14 Tage nach Beginn des Preisgerichts, dessen Jurys am 1. September 1904 zusammentreten sollten (vgl. *Reichskommissar*, Bericht Weltausstellung St. Louis, 44), in St. Louis eintreffen werde (Nr. 239, *Briefwechsel*). Am 28.10.1904 erzählte er Martin Rade, dass er am vergangenen Sonntag, also vermutlich am 23.10.1904, nach elf Wochen zurückgekehrt sei (*Jantsch*, Harnack-Rade, Nr. 370, 552).

79 Vgl. die Postkarte Adolf und Amalie Harnacks an Axel Harnack aus St. Louis vom 21.09.1904 (in: SBB PK, NL Elisabet von Harnack, K 28, Mp. 617, o. Bl.). Ernst Troeltsch, Marianne und Max Weber benötigten nur neun Tage von Bremen nach New York (vgl. *Troeltsch*, Briefe II, KGA 19, 26).

precht und dem Physikochemiker Wilhelm Ostwald Gespräche mit dem Präsidenten der Universität Harvard, Charles W. Eliot, in Cambridge (Mass.) führte.[80] Auch wenn augenscheinlich keine Berichte darüber erhalten geblieben sind, konnten die drei Ordinarien Eliot offenbar von den Vorteilen eines solchen Austausches überzeugen. In Harvard hielt Harnack außerdem,[81] wie auch in Yale (New Haven, Connecticut) und an anderen amerikanischen Universitäten, wissenschaftliche Vorträge, über deren genaue Inhalte bislang nichts bekannt ist.[82] Schließlich besuchte der Kirchenhistoriker die führenden Bibliotheken der USA, darunter die *Library of Congress* in Washington D.C., wo er wahrscheinlich zusammen mit anderen Kongressteilnehmern an einem von dem Präsidenten der USA, Theodore Roosevelt, ausgerichteten Diner im Weißen Haus teilnahm.[83]

„[N]ach einer herrlichen, ungetrübten Reise voll großer und u[nd] lebendiger Eindrücke“[84] kehrte Harnack in den Berliner Arbeitsalltag zurück, wo seine USA-Reise und die Teilnahme am Gelehrtenkongress sowohl von der deutschen Öffentlichkeit als auch vom Kaiserhaus mit großem Interesse aufgenommen wurden.[85] Harnacks Vortrag in St. Louis löste zugleich in Großbritannien den Wunsch aus, dass, wie die englische Zeitschrift *Christian World* und die Zeitung *Daily News* berichteten, der Kirchenhistoriker auch dort einmal Vorträge halten möge.[86] Harnack löste diesen Wunsch insofern ein, als er am 6. Februar 1911 bei der Londoner Versammlung des *Englischen Kirchlichen Komitees zur Pflege freundschaftlicher Beziehungen zwischen Großbritannien und Deutschland* eine eher kirchenpolitisch als wissenschaftlich konzipierte Rede über *Der Friede die Frucht des Geistes* hielt, nach-

---

80 Vgl. *Brocke*, Der deutsch-amerikanische Professorenaustausch, 140 und Francke an Althoff am 16.01.1905 (in: GStA PK, VI. HA, NL Althoff, Nr. 416, Bl. 100^r–101^v).

81 Über den Vortrag an der Universität Harvard berichtet Hugo Münsterberg Folgendes: Harnack „sprach unter enthusiastischem Beifall zu Hunderten, aber nicht der zehnte Teil seiner Zuhörer, die gerne einmal eine halbe Stunde deutsch sprechen hörten, würden je ein deutsches Kolleg belegen“ (Münsterberg an Althoff am 08.01.1905, ebd., Bl. 11^r–20^v: 16^r).

82 Vgl. *Zahn-Harnack*, Harnack, 381, *Hirsch*, The Scholar as Librarian, 302, *Laitko*, Weltbetrieb der Wissenschaft, 89 und *Rollmann*, Troeltsch in Amerika, 115.

83 So *Hirsch*, The Scholar as Librarian, 302f. und *Rollmann*, Troeltsch in Amerika, 112–114.

84 Harnack an Rade am 28.10.1904 (in: *Jantsch*, Harnack-Rade, 552, Nr. 370).

85 Die Kaiserin Auguste Viktoria erkundigte sich bei einem privaten Diner am 04.01.1905, an dem außer Wilhelm II. und Harnack noch dessen Berater Friedrich Admiral Hollmann teilnahmen, nach seiner Reise in die USA (vgl. Harnack an Althoff am 05.01.1905, Nr. 251, *Briefwechsel*).

86 Vgl. den Artikel in der *National-Zeitung* vom 25.09.1904, den Althoff Harnack zukommen ließ (Nr. 242, *Briefwechsel*). Zu Harnacks Bemühungen um die deutsch-englische Verständigung vor dem Ersten Weltkrieg vgl. *Nottmeier*, Harnack, 367–377 und s. auch in diesem Teil, Abschnitt 3.1, S. 435.

dem er der genannten Zeitschrift, *Christian World*, ein Interview gegeben hatte.[87] Das Verhältnis Deutschlands zum englischen Königreich zu verbessern, war nach vom Brocke als Nebeneffekt des deutsch-amerikanischen Professorenaustausches intendiert worden.[88]

3.3.3 Die Verwirklichung des deutsch-amerikanischen Professorenaustauschs

Durch die Intensivierung der Beziehungen auf dem Gelehrtenkongress während der Weltausstellung 1904 in St. Louis konnten Althoff und Harnack den Professorenaustausch 1905 verwirklichen. Nach Harnacks wahrscheinlich mündlichem Bericht über die Gespräche in Cambridge (Mass.) sandte Althoff Harvards Präsidenten Charles W. Eliot Mitte November 1904 eine Vertragsentwurf für den Austausch zu.[89] Eliot wünschte einige Änderungen an der Vereinbarung vorzunehmen, die sowohl die Anzahl der Austauschprofessoren als auch die Semesterrhythmen betraf.[90] Während Althoffs Entwurf noch zwei Austauschprofessoren von jeder Seite vorgesehen hatte, hielt Eliot nur jeweils einen Professor aus Harvard und Berlin jährlich für realistisch, der im Gastland für vier Monate unterrichten sollte. Außerdem empfahl er, dass der Berliner Professor entweder zum 1. Oktober oder zum 10. Februar nach Cambridge (Mass.) kommen solle, um sich in den regulären Lehrbetrieb einfügen zu können. Harnack, der die Vereinbarung zur Einsicht und Beurteilung erhalten hatte, hielt Eliots Wunsch nur einen Professor zu entsenden für „unbedenklich".[91] Hinsichtlich der Überlegungen zum Anreisedatum des Berliner Professors stimmte er Eliots Vorschlag, dass der Austauschprofessor zum 1. Oktober eines Jahres in die USA reisen sollte, zwar zu, lehnte aber ab, dass der deutsche Austauschprofessor bis Februar bleiben solle, weil dadurch der deutsche Semester-

---

87 Beides abgedruckt bei *Siegmund-Schultze*, Freundschaftsarbeit, 754–759, der auch auf die Relevanz der dt.-engl. Freundschaftspflege eingeht; Nachdruck der Rede bei *Harnack*, Der Friede, 1911; s. dazu auch *Jantsch*, Harnack-Rade, Nr. 487, 677.

88 Vgl. *Brocke*, Der deutsch-amerikanische Professorenaustausch, 167.

89 Vgl. Eliot an Althoff am 02.12.1904, von letzterem an Harnack am 17.12.1904 weitergeleitet (Nr. 248, *Briefwechsel*), *Lerg*, Universitätsdiplomatie, 262f., die in den Eliot Papers in den Harvard University Archives den Brief Althoffs vom 12.11.1904 (Abschrift in: GStA PK, VI. HA, NL Althoff, Nr. 416, Bl. 82 und ebd., Nr. 417, Bl. 1) und Eliots Antwort vom 02.12.1904 eingesehen hat (vgl. *Lerg*, Universitätsdiplomatie, 263, Anm. 26 und 27). Die „Vereinbarung zwischen der Universität Berlin und der Harvard-Universität wegen gegenseitigen Austausches von Lehrkräften" findet sich a.a.O., Nr. 417, Bl. 2^{rv} und 8^{rv}(Reinschrift am 21.12.1904 angefertigt). Er ist außerdem bei *Laitko*, Weltbetrieb der Wissenschaft, 86, Anm 136 abgedruckt.

90 Vgl. Nr. 248, *Briefwechsel*.

91 Harnack an Althoff am 18.12.1904 (Nr. 249, *Briefwechsel*).

rhythmus zerstört würde. Aus gleichem Grund wies er den zweiten möglichen Zeitraum für einen Aufenthalt in Cambridge zwischen dem 10. Februar und dem 10. Juni kategorisch zurück.[92] Wie aus den überlieferten Dokumenten deutlich wird, einigte man sich schließlich auf einen Aufenthaltsbeginn Anfang Oktober und, wie von Eliot vorgeschlagen, auf ein Ende im Februar, sodass der Berliner Professor für das Wintersemester in Harvard unterrichtete.[93]

Die Schwierigkeit der unterschiedlichen Semesterrhythmen reflektierte Harnack auch in seinem im Januar 1905 in den *Preußischen Jahrbüchern* publizierten Artikel *Vom Großbetrieb der Wissenschaft*, den der Kirchenhistoriker geschrieben hatte, nachdem der deutsch-amerikanische Professorenaustausch während des Neujahrsempfang des Kaisers am 1. Januar 1905 bekannt gemacht worden war.[94] Indem Harnack darüber berichtete, wie der Austausch auf Initiative Wilhelms II. und Charles W. Eliots hin von Althoff realisiert worden sei und welchen bedeutsamen Beitrag der Gelehrtenkongress in St. Louis geleistet habe, wies er die Kritik an dem Unternehmen zurück, die ihn ebenfalls zur Abfassung des Artikels veranlasst hatte.[95]Er ignorierte sie insofern, als er ihren genauen Inhalt nicht einmal aufführte, sondern den Kritikern Unkenntnis des „heutigen Betriebe[s] der Wissenschaft" vorwarf, den er daher im ersten Abschnitt des Artikels erläuterte und mit dem programmatischen Terminus des „Großbetriebes" bezeichnete.[96] Im zweiten Abschnitt votierte er sodann für eine Internationalisierung des Studiums und der Lehre, die sich im bereits bestehenden „Austausch der Studierenden"[97] zeige und dem nun der von Althoff und Harnack geplante „Austausch der Lehrenden"[98] folgen müsse. Dieser solle zusätzlich zu den einzelnen Vorträgen, die Gelehrte in anderen Ländern halten würden, institutionalisiert werden, indem sich „ein fremder hervorragender Gelehrter auf ein ganzes Semester [...] in die Weise und den Gang des Unterrichts der betreffenden Universität zeitweilig" einfüge.[99] Damit würde dieser mehr über die fremde Kultur erfahren, als es das Eigenstudium ermögliche. Trotz mancher Hindernisse wie der bereits erwähnten unterschiedlichen Semes-

92 Vgl. ebd.

93 Vgl. den Bericht Ostwalds (in Abschrift) über seine Zeit in den USA (in: GStA PK, VI. HA, NL Schmidt-Ott, Nr. 480, Bl. 188^r–199^v).

94 Vgl. *Harnack*, Großbetrieb der Wissenschaft, 1905b, 10 und 20. Erstveröffentlichung unter *Harnack*, Großbetrieb der Wissenschaft, 1905a. Zu diesem Aufsatz s.o. schon in diesem Teil, Abschnitt IV, S. 346 sowie *Laitko*, Weltbetrieb der Wissenschaft, 92f. sowie ebd., 88 und *Brocke*, Der deutsch-amerikanische Professorenaustausch, 140 zum Neujahrsempfang.

95 Vgl. *Harnack*, Großbetrieb der Wissenschaft, 1905b, 10.

96 Ebd.

97 Ebd., 15.

98 Ebd., 17.

99 Ebd., 19.

terrhythmen oder mangelnder Sprachkenntnisse werde ein solcher Austausch der internationalen „Verbreitung der Wissenschaft“ und der Stärkung des „Band[es] der Verbrüderung“ dienen.[100] Harnack formulierte damit ein entschiedenes Votum für den deutsch-amerikanischen Professorenaustausch, das sich gegen dessen Kritiker, auch in den eigenen Reihen der Berliner Universität, richtete. Er verteidigte den Austausch, indem er ihn in den Zusammenhang der modernen universitären und außeruniversitären Wissenschaft einordnete.

Althoff erhielt Harnacks Artikel Ende Januar 1905 von seinem Mitarbeiter Friedrich Schmidt-Ott.[101] Obwohl er den Aufsatz des Kirchenhistorikers für durchaus dankenswert hielt, vermutlich weil er ein prominentes Votum für den Austausch darstellte, hielt der Ministerialdirektor dessen Inhalt für zu wenig differenziert.[102] Abgesehen davon, dass der zentrale Terminus des „Großbetriebes“ Althoff „wenig sympathisch“ war, kritisierte er, dass Harnack zwei „ganz disparate Dinge“ vermischt habe, nämlich die wissenschaftlichen Großunternehmungen wie die Kirchenväter-Kommission einerseits und den „Weltbetrieb“, wie Althoff den Gelehrtenaustausch nannte, andererseits.[103] Mit seiner Kritik erfasste Althoff den neuralgischen Punkt des Harnackschen Artikels über den *Großbetrieb der Wissenschaft*. Denn der Kirchenhistoriker hatte die zwei angesprochenen Themen nur lose miteinander verbunden, auch wenn er eingangs ihren Zusammenhang zu erläutern versuchte.

In den folgenden Wochen und Monaten des Jahres 1905 informierte Althoff Harnack über den Fortgang der Verhandlungen mit Harvard und bezog ihn in die Sitzungen im Ministerium ein.[104] Gleichzeitig erwies sich die Suche nach geeigneten Kandidaten für den Austausch schwieriger als erwartet.[105] Harnack wurde als erster Austauschprofessor von deutscher Seite ins Auge gefasst, lehnte das Angebot des Rektors Oscar Hertwig aber ab, obwohl dieser den Theologen persönlichen in dessen Wohnung aufsuchte, er ein adäquates Pendant für den bereits ausgewählten

---

100 Ebd., 20.

101 Vgl. Althoffs Notiz vom 28.01.1905 auf einem Sonderabdruck aus den Preußischen Jahrbüchern (a.a.O., NL Althoff, Nr. 416, Bl. 402).

102 Vgl. die Notiz Althoffs für Schmidt-Ott vom 30.01.1905 (ebd., Bl. 290).

103 Ebd.

104 Vgl. Althoff an Harnack am 29.01.1905 (Nr. 254, *Briefwechsel*) und Harnack an Eilsberger am 16.05.1905 (Nr. 267, *Briefwechsel*). An einer Sitzung am 04.03.1905, in der der Universitätsrektor Oskar Hertwig, der Jurist Otto von Gierke, der Pädagoge Friedrich Paulsen, Althoff und dessen Kollege Friedrich Schmidt-Ott über die Zuständigkeiten bei der Verwaltung des Austausches sprachen, nahm Harnack nicht teil (vgl. das Protokoll vom 04.03.1905, a.a.O., NL Althoff, Nr. 417, Bl. 28rv3 und *Laitko*, Weltbetrieb der Wissenschaft, 90).

105 Vgl. *Brocke*, Der deutsch-amerikanische Professorenaustausch, 141, *Laitko*, Weltbetrieb der Wissenschaft, 86–92 und *Lerg*, Universitätsdiplomatie, 271–278.

Harvarder Theologen Francis G. Peabody gebildet hätte und der Kirchenhistoriker von deutscher wie US-amerikanischer Seite gewünscht wurde.[106] Die bei der Besprechung mit Hertwig Ende Januar erstellte Liste Althoffs mit geeigneten Professoren enthielt neben Harnack als alternativen Theologieprofessor dessen Konkurrenten Reinhold Seeberg.[107] Der auf dieser Liste ebenfalls aufgeführte Physikochemiker Wilhelm Ostwald aus Leipzig wurde schließlich der erste Austauschprofessor von deutscher Seite, der im Oktober 1905 nach Harvard ging, nachdem sich die Berliner Universität nicht auf einen Kandidaten hatte einigen können.[108]

Erster US-amerikanischer Austauschprofessor wurde der Schwager Eliots, der Theologe, Sozialethiker und Dekan der Harvard Divinity School, Francis Greenwood Peabody, der im Wintersemester 1905 mit hohen Ehren in Berlin empfangen wurde.[109] Peabody, der bereits in den 1870er Jahren wie viele andere US-Amerikaner bei dem Erweckungs- und Vermittlungstheologen Friedrich August Tholuck in Halle/Saale studiert und mehrfach seine Sabbatjahre in Deutschland verbracht hatte, schätzte den Einfluss der deutschen Theologie und Wissenschaft auf die US-amerikanische als überaus hoch ein, wie er fünf Jahre später beim *Weltkongress für freies Christentum* in Berlin noch einmal resümierte.[110] Bei seiner Antrittsvorlesung 1905, die auch Kaiser Wilhelm II. öffentlichkeitswirksam besuchte,[111] würdigte er die deutsche akademische Gelehrsamkeit und bewies zugleich seine theologische Qualifikation und tiefe Religiosität. Denn nachdem er die große Bedeutung betont hatte, die die enge Verbindung von „Bildung und Religion" für die Universität Harvard historisch und in der Gegenwart besitze, philosophierte er über die politische Situation in beiden Ländern und die Notwendigkeit eines akademischen Austauschs, nicht ohne immer wieder Bibelzitate einzuflechten.[112] Dem Austauschkonzept entsprechend hielt Peabody während des Wintersemesters

---

106 Vgl. Oscar Hertwig an Althoff am 29.01.1905 (a.a.O., NL Althoff, Nr. 416, Bl. 102^{rv}).

107 Vgl. die Liste, ebd., Nr. 417, Bl. 17, abgedruckt bei *Laitko*, Weltbetrieb der Wissenschaft, 90 und Althoff an Seeberg am 13.02.1905 (in: BA, NL Seeberg, N 1052, Nr. 30, Bl. 17^{rv}).

108 Vgl. Althoff an Harnack am 22.04.1905 (Nr. 262, *Briefwechsel*) und Althoffs Notizen auf Harnacks Brief vom 16.05.1905 (Nr. 267, *Briefwechsel*), die Briefe Ostwalds in dieser Sache (a.a.O., Nr. 416, Bl. 247^{r}–248^{v}, 250^{rv}) sowie dessen Bericht (in Abschrift) über seine Zeit in den USA (a.a.O., NL Schmidt-Ott, Nr. 480, Bl. 188^{r}–199^{v}); zu Ostwalds Aufenthalt in Harvard s. *Laitko*, Weltbetrieb der Wissenschaft, 108–122 und *Lerg*, Universitätsdiplomatie, 274f., 279f.

109 Vgl. Eliot an Hertwig am 12.01.1905 (a.a.O., NL Althoff, Nr. 417, Bl. 12–13) mit dem Vorschlag Peabodys sowie dessen Antrittsvorlesung *Peabody*, Akademische Gegenseitigkeit von 1905; s. dazu *Laitko*, Weltbetrieb der Wissenschaft, 89, 95–107 und *Lerg*, Universitätsdiplomatie, 273f., 280–283. Zu Peabodys Dekanat s. *Williams*, The „Augustan Age", 145–147, 173–180.

110 Vgl. *Peabody*, Was verdanken wir Amerikaner.

111 Vgl. *Laitko*, Weltbetrieb der Wissenschaft, 99f.

112 *Peabody*, Akademische Gegenseitigkeit, 12 sowie ebd., 30–32.

1905/06 Vorlesungen *Jesus Christus und dem christlichen Charakter* in englischer Sprache, die er im Jahr zuvor bereits als *Lyman Beecher Lectures* an der Yale University vorgetragen hatte. Außerdem präsentierte er seinen Forschungsschwerpunkt, der in der *Sozialethik in den Vereinigten Staaten*lag.[113] Möglicherweise auch weil seine Vorlesungen nur mäßig besucht waren,[114] ließ Peabody die erste Vorlesung im Nachhinein von der Schriftstellerin Emma Müllenhoff übersetzen, nachdem die englische Publikation bereits 1905 erschienen war.[115] Harnack stand, während Peabody in Berlin lehrte, in persönlichem Kontakt zu ihm und schenkte ihm – vermutlich zum Abschied – ein Portrait seiner selbst.[116]

Zusätzlich zu dem Austausch zwischen der Friedrich-Wilhelms-Universität zu Berlin und der Harvard University in Cambridge (Mass.) kam ein Austausch Berlins mit der Columbia Universität in New York auf Initiative von deren Präsident Nicholas Murray Butler zustande.[117] Butler ließ dazu eine Audienz bei Wilhelm II. in Wilhelmshöhe am 14. August 1905 arrangieren, an der neben ihm selbst der Chef des Geheimen Zivilkabinetts Hermann von Lucanus, der Politologe John W. Burgess und der zwei Tage zuvor aus Schierke hinzubeorderte Althoff teilnahmen.[118] Althoff verhandelte, wie er Harnack ausführlich berichtete,[119] vor der Audienz beim Kaiser mit Butler und Burgess über die Möglichkeiten eines Austauschs zwischen der Columbia University und der FWU Berlin.[120] Die von Butler, Burgess und Althoff unterzeichnete Vereinbarung vom 14. August sah eine konzeptionell wie organisatorisch

---

113 Peabody setzte seinen Forschungsschwerpunkt 1907 durch die Eröffnung eines *Social Museum* in Cambridge in die Praxis um (vgl. *Doreen*, Social Ethics in the Making, 126–128).

114 So *Laitko*, Weltbetrieb der Wissenschaft, 98, 103f. Ähnliches legt auch der Brief Präsident Eliots an Althoff vom 05.12.1905 (in: GStA PK, VI. HA, NL Althoff, Nr. 417, Bl. 113^r–114^r) nahe.

115 Vgl. *Peabody*, Jesus Christus und der christliche Charakter und *Peabody*, Jesus Christ and the Christian Character.

116 Vgl. Peabody an Harnack am 25.10.1920 (in: SBB PK, NL Harnack, K 39, Mp. Peabody, Bl. 2, 3). Nach dessen Besuch schloss sich nur ein sporadischer Briefwechsel an (vgl. Peabodys Briefe zwischen 1907 und 1925 ebd.).

117 Vgl. *Brocke*, Der deutsch-amerikanische Professorenaustausch, 142–144, *Laitko*, Weltbetrieb der Wissenschaft, 122–130, *Paulus*, Vorbild USA, 73–75 und *Lerg*, Universitätsdiplomatie, 264–267 sowie die Akten in: GStA PK, VI. HA, NL Althoff, Nr. 417, Bl. 48^r–107^v. Lerg weist darauf hin, dass John W. Burgess bereits in den 1880er Jahren seinem vormaligen Lehrer Johann Gustav Droysen die Idee eines Austauschs vorgeschlagen hatte (vgl. ebd., 263f.).

118 Vgl. Althoffs maschinenschriftlichen Bericht über seinen Aufenthalt in Wilhelmshöhe vom 20.08.1905 (in: GStA PK, VI. HA, NL Althoff, Nr. 417, Bl. 72^r–73^v) und das Telegramm von Lucanus an Althoff vom 12.08.1905 (ebd., I. HA, Rep. 76 Vc, Sekt. 1, Tit. XI, Teil VII, Nr. 38, Bd. 2, Bl. 143, 144; auch ebd., I. HA, Rep. 89, Nr. 13365, Bl. 72).

119 Vgl. Nr. 273, *Briefwechsel*.

120 Vgl. Althoffs Bericht vom 20.08.1905 (a.a.O., Bl. 72^r).

andere Zielrichtung des Austauschs als diejenige des Harvard-Austauschs vor.[121] An der Columbia Universität wollte man nämlich eine „Kaiser-Wilhelm-Professur" installieren, die der deutsche Austauschprofessor für ein Jahr übernehmen sollte, während man in Berlin eine „Theodore Roosevelt Professorship of American History and Institutions" für den amerikanischen Gelehrten einrichtete.[122] Die Lehrveranstaltungen sollten im Unterschied zum Harvard-Berlin-Austausch in der Sprache des Gastlandes und über allgemeinere Themen der Kultur und Geschichte des Heimatlandes gehalten werden. Finanziert wurde die Professur in New York durch die Stiftung des jüdischen Bankiers und Industriellen Leopold Koppel, die auch die 1907 von Althoff gegründete *Internationale Wochenschrift* und seit 1911 die Kaiser-Wilhelm-Gesellschaft förderte,[123] während eine Spende des New Yorker Bankiers James Speyer die Roosevelt-Professur in Berlin ermöglichte.[124] Außerdem verpflichteten sich die Hamburg-Amerika-Linie bzw. die *Hamburg-Amerikanische Packetfahrt-Actien-Gesellschaft* (HAPAG) unter der Leitung von Albert Ballin, die Überfahrten beider Professoren zu bezahlen.[125] Erster Roosevelt-Professor in Berlin war 1905 der erwähnte Politologe John W. Burgess, während der Bonner Staatswissenschaftler Hermann Schumacher 1906/07 als Kaiser-Wilhelm-Professor nach New York entsandt wurde.[126] Da nunmehr die Friedrich-Wilhelms-Universität zwei Austauschpartner besaß, schlug Kultusminister Studt dem Rektor und Senat der Universität vor, einen Beirat für den Austausch zu gründen, dem neben dem amtierenden Rektor und seinem Vertrauensmann drei Professoren, je einer von jeder Fakultät, d.h. der Theologischen, der Juristischen und der Philosophischen, angehören sollten.[127]

121 Vgl. die Vereinbarung vom 14.08.1905 (a.a.O., Nr. 38, Bd. 2, Bl. 141^r–142^r).

122 Vgl. Butler an Althoff am 07.10.1905 (a.a.O., NL Althoff, Nr. 420, Bl. 252^r).

123 Zur *Internationalen Wochenschrift* s.u. in diesem Teil, Abschnitt 3.4, S. 456. Zur Koppel-Stiftung s. die Archivalien a.a.O., NL Althoff, Nr. 507, *Freitag*, Amerikastudien, 39f., *Kreutzmüller*, Umgang der KWG mit Geld und Gut, 27–32 und jetzt *Lembke*, Leopold Koppel, 318–332.

124 Vgl. Studt an den Rektor der FWU am 15.11.1905 (a.a.O., NL Schmidt-Ott, Nr. 482, Bl. 96^r–98^r: 96^r; auch in: HUB UA, Bestand Juristische Fakultät, Nr. 0115, Bl. 2^r–3^r), *Liebmann*, The fall of the House of Speyer, 175 und *Lembke*, Leopold Koppel, 323.

125 Vgl. *Lerg*, Universitätsdiplomatie, 268.

126 Vgl. *Burgess*, Antrittsrede des ersten Roosevelt-Professors; vgl. die Akten zu den Verhandlungen mit Schumacher (in: GStA PK, VI. HA, NL Althoff, Nr. 417, Bl. 122^r–126^v, 129^r–132^r, 135^r, 136, 140, 146^r–147^v, 149rv, 151^r–153^v, 158^r–159^r) und dessen Bericht für Althoff vom 05.01.1907, den dieser an Harnack in Abschrift weiterleitete (Nr. 330, *Briefwechsel*); s. dazu *Lerg*, Universitätsdiplomatie, 275–277, 283–285.

127 Vgl. Studt an den Rektor der FWU am 15.11.1905 (a.a.O., NL Schmidt-Ott, Nr. 482, Bl. 98^r). Vgl. Rektor Diels an die juristische Fakultät mit der Bitte um Vorschlag eines Kandidaten für den Beirat (in: HUB UA, a.a.O., Nr. 0115, Bl. 1^r).

Da der Austausch zwischen Berlin und New York universitätsdiplomatische und somit politische Züge trug, während der Berlin-Cambridge-Austausch auf der akademischen Ebene zu bleiben beabsichtigte, war Althoff besonders an dem ausführlichen Bericht Hermann Schumachers interessiert.[128] Schumacher berichtete detailiert über die Erfolge seines Aufenthalts, während er die anfänglichen Schwierigkeiten, die in der wenig befriedigenden Lehrtätigkeit in der Landessprache bestanden hatte, absichtlich in den Hintergrund rückte. Seine Kritik äußerte er nur sehr subtil. Probleme sah er insbesondere in den erforderlichen, aber mangelhaften Englischkenntnissen der Dozenten, die in die USA gingen, obgleich er selbst sehr gut Englisch sprach.[129] Schumachers Erfolg zeigte sich v.a. an den zahlreichen Reden und Vorträgen, die er bei geselligen Zusammenkünften hielt.[130] Althoff leitete diesen Bericht nicht nur an Harnack, sondern auch an die verschiedenen, in den Austausch involvierten Persönlichkeiten weiter, deren Namen und Funktionen die institutionelle und wirtschaftliche Reichweite dieses Projektes in Deutschland verdeutlichen: Wilhelm II., Reichskanzler Bernhard von Bülow, den universitäre Austauschsbeirat in Berlin, Gustav Schmoller, die Koppel-Stiftung, den Direktor im Verlag von August Scherl, Hugo Loewe, sowie den Direktor der HAPAG, Albert Ballin, und denjenigen des Germanischen Lloyd, Heinrich Wiegand.[131]

Den Austausch zwischen der Berliner Universität und den Universitäten in Cambridge (Mass.) und New York City beabsichtigten Harnack und Althoff um einen separaten Austausch der deutschen theologischen Fakultäten mit den US-amerikanischen theologischen Seminaren bzw. Hochschulen zu ergänzen. Auch wenn der genaue Ursprung der Idee nicht nachzuvollziehen ist, war der Gedanke wohl bei einem von Althoff initiierten informellen Treffen besprochen worden, an dem unter anderen der New Yorker Assyriologe Francis Brown teilnahm, der im März 1905 anlässlich der Einweihung des Doms in Berlin weilte. Unter der Federführung des Union Theological Seminary in New York sollte dieser separate Austausch der Theologien ins Leben gerufen werden, weil die theologischen Seminare in den USA mehrheitlich unabhängig von den großen Universitäten existierten.[132] Wie

128 Vgl. Nr. 330, *Briefwechsel*.

129 Zu Schumacher s. *Lerg*, Universitätsdiplomatie, 275–277. Die Sprache hatte Harnack ebenfalls als ein Hindernis des Erfolgs der Austauschprogramme angesehen (vgl. *Harnack*, Großbetrieb der Wissenschaft, 1905b, 20).

130 Vgl. die Aufzählung seiner 21 zwischen dem 26. September und 19. Dezember 1906 gehaltenen Reden (Nr. 330, *Briefwechsel*).

131 Vgl. Althoffs Notizen auf dem Originalbericht sowie auf der Abschrift (Nr. 330, *Briefwechsel* mit Anm. 2).

132 Vgl. Francis Brown an Althoff am 02.04.1905 (Nr. 262.1, *Briefwechsel*); s. ebd., Anm. 4 zu dem Treffen in Berlin.

Harnack, den Brown ebenfalls in Berlin getroffen hatte,[133] bereits nach dessen nächstem Brief aus New York prognostizierte, ließ sich der Austausch mit den theologischen Fakultäten letztlich auch deshalb nicht realisieren, weil die es sich um zu viele Einzelinstitutionen handelte.[134] Trotzdem erhielt Harnack selbst für das Wintersemester 1906/07 eine Gastprofessur am Union Theological Seminary, die er jedoch wegen der Übernahme der Generaldirektion der Königlichen Bibliothek und aus familiären Gründen absagen musste.[135] Eine Einladung des New Yorker theologischen Seminars, die auf Initiative seines Schülers Arthur Cushman McGriffert 1895 ausgesprochen worden war, hatte er damals ebenfalls abgelehnt.[136]

In Zusammenhang des Austauschs der theologischen Fakultäten und Seminare ist auch Friedrich Althoffs Idee von 1905 zu verorten, die vorsah, im Anschluss an die Einweihung des neugebauten Berliner Doms und die „Lutherfeier" in der Wittenberger Schlosskirche ein international ausgerichtetes *Jahrbuch für die evangelische Welt* zu gründen.[137] Er lud Harnack daher zu einer Besprechung ein, nachdem er den Gedanken bereits mit dem erwähnten Francis Brown und möglicherweise auch mit dem Unterstaatssekretär Hermann Wever erörtert hatte.[138] Infolgedessen entwarf Harnack ein inhaltliches Konzept für Althoff, der sein Anliegen Wilhelm II. während der Kaiserreise nach Neapel im April 1905 vortrug.[139]

Das *Jahrbuch für die evangelische Welt* sollte, wie Harnacks Plan verdeutlicht, eine Zeitschrift werden, die die Aktivitäten des nationalen und internationalen Protestantismus abbilden würde.[140] Die Artikel würden auf deutsch und englisch erscheinen. Der Autorenkreis hätte sich aus international renommierten Theologen zusammengesetzt.[141] Wie das Gespräch mit Brown sowie die Gleichzeitigkeit mit den Planungen des deutsch-amerikanischen Professorenaustausch im Frühjahr

133 Vgl. Brown an Harnack am 10.02.1905 (in: SBB PK, NL Harnack, K 28, Mp. Brown, Francis, Bl. 1^r–2^v).

134 Vgl. Harnack an Althoff am 26.04.1905 (Nr. 264, *Briefwechsel*).

135 Vgl. *Biester*, Harnack und The Outlook, 53; zur Übernahme der Generaldirektion s.o. in diesem Teil, Abschnitt 2.2, S. 404.

136 Vgl. den Brief Harnacks an McGriffert vom 20.04.1895 (archiviert in den McGiffert Papers, New York, Union Theological Seminary-Columbia University, Burke Library, *non vidi*, s. *Clark*, Transatlantic Mentoring, 99, Anm. 24), auf den Clark ebd. verweist. S. auch McGriffert an Harnack am 15.05.1895 (a.a.O., NL Harnack, K 37, Mp. McGiffert, Bl. 8^r–11^v).

137 Vgl. Althoff an Harnack am 05.03.1905 (Nr. 258, *Briefwechsel*); s. dazu *Nowak*, Einführung, 74.

138 Vgl. Nr. 258, *Briefwechsel* und Brown an Wever am 07.03.1905 (Abschrift a.a.O., NL Althoff, Nr. 413, Bl. 354^r–359^v).

139 Vgl. Harnacks Konzept o.D. (Nr. 259.1, *Briefwechsel*) und Althoff an Harnack am 26.03.1905 (Nr. 260, *Briefwechsel*).

140 Vgl. Nr. 259.1, *Briefwechsel*.

141 Vgl. ebd. mit Anm. 3.

1905 nahelegen, ist das Projekt im Kontext des Austausches zwischen deutschen und US-amerikanischen Theologen zu verorten. Dies bestätigen auch die weiteren Bemühungen, die im Kultusministerium unternommen wurden, um die Gründung der Zeitschrift zu fördern. Man stellte einen Kontakt zu Silas McBee, dem Redakteur des US-amerikanischen *Churchman*, in New York her und berichtete dem deutschen Botschafter in Washington D.C., Hermann Freiherr Speck von Sternburg, über die Zeitschriftenpläne.[142]

Nachdem das Jahrbuch-Projekt 1905 die Zustimmung Kaisers Wilhelms II. gefunden hatte,[143] besprachen Althoff und Harnack das weitere Vorgehen wohl überwiegend bei persönlichen Treffen.[144] Ein weiterer Schritt zur Realisierung des von Harnack entworfenen Konzepts bestand darin, dass Althoff den Entwurf im September 1906 dem seit 1903 amtierenden Präsidenten des Evangelischen Oberkirchenrats Bodo Voigts, zukommen ließ.[145] Voigts zeigte nur verhaltenes Interesse an dem Projekt, das er vermutlich als zu aufwendig und daher unrealistisch erachtete, wie sein Verbesserungsvorschlag hinsichtlich des Erscheinungsrhythmus' andeutet.[146] Die geringe Begeisterung der obersten Kirchenleitung hatte zur Folge, dass Voigts Althoff den Harnackschen Plan bereits im Dezember 1906 zurückschickte.[147] Althoff hingegen legte den Vorgang erst 1908 zu den Akten, als diejenigen akademisch-theologischen Themen, die Harnack für das Jahrbuch vorgesehen hatte, regelmäßig in der *Internationalen Wochenschrift* behandelt wurden.[148]

Zusätzlich zu dem Berlin-Cambridger resp. Berlin-New-Yorker Austausch wurde ein weiteres Austauschprogramm mit der Universität Chicago ins Leben gerufen, als dessen erster deutscher Vertreter Hermann Oncken im Wintersemester 1905/06 englische Vorlesungen in Chicago hielt, während Eugen Kühnemann den anfangs geplanten Vortragszyklen entsprechend in verschiedenen amerikanischen Städten Vorträge hielt, bevor er 1906/07 als Austauschprofessor nach Harvard ging.[149]

---

142 Vgl. die Registratur-Notiz für Althoff vom 20.07.1905 (a.a.O., NL Althoff, Nr. 416, Bl. 234^{rv}: 234^{r}).

143 Vgl. Althoff an Harnack am 26.03.1905 (Nr. 260, *Briefwechsel*).

144 Vgl. die Notizen Althoffs o.D. auf der Abschrift des Harnackschen Plans (Nr. 259.1, *Briefwechsel*, Anm. 3).

145 Vgl. Harnacks Plan o.D. mit Althoffs Notizen vom 14.09.1906 (Nr. 259.1, *Briefwechsel*). Harnack hatte 1903 als Nachfolger Friedrich Wilhelm Barkhausens im Amt des EOK-Präsidenten den Hallenser Juristen Rudolf Stammler vorgeschlagen (s. Nr. 213, *Briefwechsel*).

146 Vgl. Bodo Voigts an Althoff am 23.09.1906 (a.a.O., NL Althoff, Nr. 416, Bl. 370^{rv}).

147 Vgl. das Schreiben vom 24.12.1906 (ebd., Bl. 371).

148 Vgl. Althoffs Notiz vom 08.09.1908 auf Nr. 259.1, *Briefwechsel*, Nr. 6 des Konzepts und Nr. 4 der beigefügten Bemerkungen (Nr. 259.1, *Briefwechsel*) sowie zur IWW in diesem Teil, Abschnitt 3.4, S. 456.

149 Vgl. *Brocke*, Der deutsch-amerikanische Professorenaustausch, 146–148 sowie die Nrn. 262 und 267, *Briefwechsel*. Zu weiteren Vortragsreihen vgl. *Brocke*, Der deutsch-amerikanische Professoren-

Althoff und seinem Mitarbeiter Schmidt-Ott oblag die Verwaltung aller institutionalisierten oder privaten Austauschformate. Harnack war nicht darin beteiligt, erhielt aber wiederholt von Althoff Informationen über den Erfolg Austauschprogramme.[150]

Die deutsch-amerikanischen Austauschprogramme ergänzte schließlich seit 1910 das *Amerika-Institut* in Berlin, in deren Anfänge auch Althoff und Harnack involviert waren.[151] Während Harnack zur Institutsgründung beitrug, indem er 1908 die Zustimmung des Reichskanzlers Bernhard von Bülow bewirkte, beabsichtigte Althoff, der außerdem eine diesbezügliche Denkschrift für das Kultusministerium verfasste, die Idee mit dem neuen US-amerikanischen Botschafter David Jayne Hill zu besprechen.[152]

Als Deutschland im August 1914 Großbritannien den Krieg erklärte, versuchte Harnack, wie auch andere, auf die USA einzuwirken, um deren Loyalität zum Deutschen Reich zu sichern. Dazu hielt er am 11. August 1914 eine Rede zur *Deutsch-amerikanischen Sympathiekundgebung* im Berliner Rathaus, in der er auf die amerikanische Gastfreundschaft, die er während seiner Reise in die USA 1904 erfahren hatte, rekurrierte.[153] Außerdem wandte sich Harnack an den erwähnten New Yorker Politologen John W. Burgess, der 1906 Roosevelt-Professor in Berlin gewesen war.[154] Auch wenn Burgess Harnack seiner Loyalität versicherte und auch einige

austausch, 148–150. Zu Eugen Kühnemann s. *Lerg*, Universitätsdiplomatie, 426–434. Der Jenenser Privatdozent der Geschichte Friedrich Keutgen berichtete Althoff über seinen Aufenthalt an der Johns Hopkins Universität in Baltimore (Maryland) im Wintersemester 1904/05 (vgl. die Briefe und den Bericht Keutgens über das amerikanische Universitätswesen vom 08.06.1905 [a.a.O., NL Althoff, Nr. 416, Bl. 153^r; 160^r, 161^r; 162–174] und das Exzerpt des Berichtes bei *Laitko*, Weltbetrieb der Wissenschaft, 80–84).

150 Vgl. den Bericht Walther Wevers über Eugen Kühnemanns Vorträge vom 27.10.1905 sowie Althoffs Notiz o.D. (a.a.O., NL Althoff, Nr. 420, Bl. 262–264; 289). Auch Albert Ballin, Leopold Koppel, Berthold Delbrück und Rektor Hermann Diels erhielten Abschriften dieses Berichts (vgl. Althoffs Notizen a.a.O., Bl. 262 und 289). S. auch Kühnemanns Berichte über die USA-Reise zwischen August und November 1905 sowie über seine Tätigkeit in Harvard im Wintersemester 1906/07 (a.a.O., Nl Schmidt-Ott, Nr. 480, 97^r–109^v; 110^r–146^v, Abschriften).

151 Zum Amerika-Institut im Kontext des Austauschs vgl. *Brocke*, Der deutsch-amerikanische Professorenaustausch, 154–158, *Small*, American Image of Germany, 277–279, *Freitag*, Amerikastudien, 40–54 und *Lerg*, Universitätsdiplomatie, 315–332, bes. 319 zu Althoffs Plänen.

152 Vgl. Harnack an Althoff am 15.06.1908, Althoff an Harnack am 26.06.1908 und Harnack an Althoff am 29.06.1908 (Nrn. 374, 376 und 378, *Briefwechsel*).

153 Vgl. *Harnack*, Rede zur „Deutsch-amerikanischen Sympathiekundgebung", 1914, 284–286; s. dazu *Nottmeier*, Protestantische Theologie und auswärtige Kulturpolitik, 76f.

154 Vgl. Harnack an Burgess am 20.08.1914, in Ausschnitten bei *Lerg*, Universitätsdiplomatie, 375f. zitiert, sowie Burgess an Harnack am 27.10. und 09.12.1914 (a.a.O., NL Harnack, K 28, Mp. Burgess, Bl. 2^r–3^v; 4^r, 5^r).

Schriften zu Deutschlands Gunsten verfasste, brachten beider Bemühungen letztlich nicht die gewünschte Unterstützung, da die amerikanische Regierung Deutschlands Überfall auf Belgien und die Zerstörung der Universität Löwen zutiefst missbilligte.[155]

3.3.4 Fazit

Aus den anfänglichen Plänen, Vortragszyklen deutscher und amerikanischer Professoren zu institutionalisieren, hatte sich ein Austausch von je einem Professor der Harvard und der Columbia-Universität mit zwei Professoren der Universität Berlin oder anderen deutschen Universitäten entwickelt, die an der Partneruniversität lehrten.[156] Die Beurteilung des Austausches durch die Beteiligten fiel unterschiedlich aus, wie die bereits in Harnacks Artikel *Vom Großbetrieb der Wissenschaft* angedeutete Kritik verdeutlicht. Auch wenn sich beispielsweise der erste Kaiser-Wilhelm-Professor an der Columbia-Universität in New York, Hermann Schumacher, um eine Würdigung bemühte, konnte er seine Kritik doch nicht verhehlen.[157] Harnacks Reflexion des Austauschs in seinem Artikel über den *Großbetrieb der Wissenschaft*betonte hingegen primär den Gewinn, den der Professorenaustausch für die Wissenschaft abwerfe.[158] Er verortete den Austausch „an der Schnittstelle zwischen Diplomatie und Wissenschaft“,[159] aus deren Wechselspiel er sich ergänzend zu den akademischen Erträgen Vorteile für beide Nationen erhoffte. Er erwartete von dem Austausch außerdem die Expansion der Wissenschaft über die nationalen Grenzen hinaus und die Stärkung des „Band[es] der Verbrüderung“ unter den Völkern.[160] Zugleich lehnte Harnack, obwohl er den deutsch-amerikanischen Austausch zusammen mit Althoff unterstützte, es zweimal ab, selbst als Austauschprofessor in die USA zu gehen, möglicherweise auch, weil er des Englischen nicht in einem Maße mächtig war, dass er darin hätte unterrichten können.[161] Zudem hinderten ihn die Übernahme der Generaldirektion der Königlichen Bibliothek

155 S. dazu insgesamt auch *Lerg*, Universitätsdiplomatie, 367–399.

156 Vgl. die präzise Zusammenfassung des Professorenaustauschs im Artikel *Universitätsaustausch* in Meyers Konversationslexikon von 1910, zitiert nach *Brocke*, Der deutsch-amerikanische Professorenaustausch, 135.

157 Vgl. Nr. 330, *Briefwechsel*.

158 Vgl. *Harnack*, Großbetrieb der Wissenschaft, 1905b, bes. 10, 17–20, *Brocke*, Der deutsch-amerikanische Professorenaustausch, 140f. und *Lerg*, Universitätsdiplomatie, 258f.

159 *Lerg*, Universitätsdiplomatie, 259.

160 *Harnack*, Großbetrieb der Wissenschaft, 1905b, 20.

161 Vgl. *Brocke*, Der deutsch-amerikanische Professorenaustausch, 141, 148, *Biester*, Harnack und The Outlook, 53 und Oscar Hertwig an Althoff am 29.01.1905 (a.a.O., NL Althoff, Nr. 416, Bl. 102[rv]).

1905 und die Krankheit seiner Frau daran, 1906/07 als theologischer Gastprofessor an das Union Theological Seminary in New York zu gehen.[162]

Doch letztendlich brachte der Aufbau des Professorenaustauschs Harnack und Althoff auch Ehrungen der US-amerikanischen Wissenschaft. Denn nachdem Harnack bereits im April 1904 in die *American Academy of Science* und die *Massachusetts Historical Society* aufgenommen worden war,[163] wurde Althoff 1906 als viertem Deutschen die Ehrendoktorwürde der Universität Harvard – ausnahmsweise in absentia – verliehen.[164] Althoff konnte schließlich noch erleben, wie seine Hoffnung, dass der deutsch-amerikanische Professorenaustausch die Bedeutung und Geltung der deutschen Wissenschaft auf internationaler Ebene fördern und zur Völkerverständigung beitragen würde, Realität wurde. Er legte die Früchte seines Erfolges vertrauensvoll in die Hände seines langjährigen Mitarbeiters Friedrich Schmidt-Ott, der nach einigen Höhepunkten in den Vorkriegsjahren das Ende des Austauschs zu verwalten hatte.[165]

3.4 Die *Internationale Wochenschrift*

Aus dem deutsch-amerikanischen Professorenaustausch erwuchs 1907 die *Internationale Wochenschrift für Wissenschaft, Kunst und Technik* (IWW), die im Verlag von August Scherl als Beilage zur Münchner *Allgemeinen Zeitung* erschien.[166] Sie wurde bis 1911 von Paul Hinneberg, dem Herausgeber der *Deutschen Literaturzeitung*, ediert und von dem Leiter der akademischen Auskunftsstelle der Berliner Universität, Wilhelm Paszkowski, redaktionell betreut.[167] Ihr eigentlicher Kopf war Alt-

162 Vgl. Harnack an Münsterberg am 12.02.1907 (in: *Biester*, Harnack und The Outlook, 53) und Harnack an Schmidt-Ott am 23.01.1907 (a.a.O., NL Schmidt-Ott, Nr. 38, o.Bl.).

163 Vgl. die Urkunden, in: SBB PK, NL Harnack, K 46. Ebd. auch die Urkunde über die Teilnahme am Gelehrtenkongress.

164 Vgl. *Brocke*, Von der Wissenschaftsverwaltung zur Wissenschaftspolitik, 2.

165 Vgl. die Akten im Nachlass Schmidt-Otts in: GStA PK, Nr. 1231.

166 Zur *Internationalen Wochenschrift* vgl. *Sachse*, Althoff, 151, *Trippen*, Theologie und Lehramt, 85f., *Bartholome*, Transatlantische Netzwerke, 325–331, *Troeltsch*, Religionswissenschaft und Ethik, KGA 6,1, 517–523, *Lerg*, Universitätsdiplomatie, 108–116 sowie die Akten in: GStA PK, VI. HA, NL Althoff, Nrn. 295 und 636 (Internationale Wochenschrift 1907/08) sowie Nr. 769 (Briefe Hinnebergs).

167 Zu Hinneberg vgl. *Goltdammer*, Hinneberg und die Deutsche Literaturzeitung, zur *IWW* ebd., 75f. Die von Althoff 1907 ins Leben gerufene, amtliche akademische Auskunftsstelle der Friedrich-Wilhelms-Universität zu Berlin sollte jedem Studierenden und Akademiker Informationen über nationale und internationale wissenschaftliche Unternehmungen und Studien bieten (vgl. *Paszkowski*, Die Amtliche Auskunftsstelle).

hoff selbst, der sogar ein Büro im Scherlschen Verlagshaus besaß.[168] Die Gründung erfolgte Anfang des Jahres 1907, nachdem Friedrich Schmidt-Ott, Harnack, Hugo Münsterberg, Paul Hinneberg, der Verleger Ernst Vollert, Althoffs Mitarbeiter Ernst Eilsberger und Wilhelm Lexis bei einer informellen Konferenz im Kultusministerium über die Umsetzung von Althoffs Idee debattiert hatten.[169] Die Zeitschrift, die zuerst monatlich erscheinen sollte, dann aber seit April 1907 wöchentlich veröffentlicht wurde, verfolgte den Anspruch, zur Verständigung unter den nationalen Wissenschaften beizutragen und die internationale Kooperation in der akademischen Welt zu fördern.[170] Die großzügige Finanzierung der Zeitschrift ermöglichte wiederum die Koppel-Stiftung.[171] Bei der konzeptionellen Vorbereitung der einzelnen Nummern unterstützte Hinneberg ein Kreis von etwa dreißig ständigen Mitarbeitern, die jeweils für einen speziellen Fachbereich zuständig waren.[172]

Adolf Harnack war sowohl über das Kuratorium der *Internationalen Wochenschrift*, dessen Mitglied er war und dessen Vorstand er zusammen mit dem Pädagogen Friedrich Paulsen und dem Historiker Max Lenz bildete,[173] als auch als ständiger Mitarbeiter in Althoffs Projekt involviert. Harnack, der das Ziel der Zeitschrift im „Frieden und der Verbrüderung der Völker" sah,[174] verfasste in den ersten zwei Heften im Jahr 1907 jeweils einen Artikel über *Wissenschaft und Leben* und über *Andrew Carnegie*.[175] Weitere Autoren rekrutierten sich sowohl aus dem „System Althoff" als auch aus der deutschen und US-amerikanischen Professorenschaft, die sich am deutsch-amerikanischen Professorenaustausch beteiligte. Exemplarisch zu nennen sind der Mediziner Emil von Behring, der Altphilologe Hermann Diels, der Historiker und Direktor des Preußischen Historischen Instituts in Rom, Paul Fridolin Kehr, der Germanist Eugen Kühnemann, der genannte Wilhelm Lexis, Friedrich

---

168 Vgl. Althoffs detaillierte Anweisungen für Hinneberg (a.a.O., NL Althoff, Nr. 295), *Trippen*, Theologie und Lehramt, 86 und Althoffs Notizen auf dem Bericht Hermann Schumachers über seine Vorträge in den USA vom 05.01.1907 (Nr. 330, *Briefwechsel*).

169 Vgl. Lexis' Sitzungsprotokoll über die Konferenz am 03.01.1907 (a.a.O., Nr. 295, Bl. 2^r–3^r [handschriftlich]; 4^r–6^r [maschinenschriftlich]); s. dazu *Troeltsch*, Religionswissenschaft und Ethik, KGA 6,1, 517.

170 Das Konzept der *IWW* fasste der Herausgeber Paul Hinneberg zu Beginn des ersten Heftes 1907 zusammen (vgl. *Hinneberg*, Vorbemerkung des Herausgebers).

171 Zur Koppel-Stiftung s.o. Anm. 123. Vgl. Althoff an Koppel am 21.05.1906 (a.a.O., Nr. 295, Bl. 23^r–25^r).

172 Vgl. die Liste von Hinneberg o.D. (ebd., Bl. 140^r–155^r) und *Troeltsch*, Religionswissenschaft und Ethik, KGA 6,1, 518.

173 Vgl. Harnack an Althoff am 18.04.1908 und Althoff an Harnack am 21.04.1908 (Nr. 365, *Briefwechsel* und 366, *Briefwechsel*).

174 *Harnack*, Gedanken über Wissenschaft und Leben, 1907, 16.

175 Vgl. ebd. und *Harnack*, Andrew Carnegie, 1907.

Paulsen, der Nationalökonom Gustav Schmoller, der Theologe Ernst Troeltsch und der Gräzist Wilamowitz-Moellendorff sowie die erwähnten US-amerikanischen Professoren John W. Burgess, Kuno Francke, Hugo Münsterberg und Francis G. Peabody.[176]

Althoff gründete vom Brocke zufolge die *Internationale Wochenschrift* „als publizistische Plattform des akademischen Austauschgedankens".[177] Gerade nach dem Ersten Weltkrieg erwies sich die *Internationale Wochenschrift* (seit 1912 *Internationale Monatsschrift*) laut Lerg als „die einzige und einflussreichste regional- und fächerübergreifende wissenschaftliche Zeitschrift im deutschsprachigen Raum".[178] Doch es waren nicht nur Themen der internationalen Wissenschafts- und Kulturpolitik, die die Zeitschrift behandelte, sondern es erschienen auch Artikel zu zentralen Themen der preußischen Kirchen- und Schulpolitik, die Althoff und Harnack in ihrer wissenschaftsorganisatorischen Kooperation beschäftigten.[179] Damit deckte sie, wie gesagt, wenigstens teilweise das Themenspektrum ab, das für das *Jahrbuch für die evangelische Welt* vorgesehen gewesen war.

3.5 Resümee

Die größten Erfolge und besten Ergebnisse in der Wissenschaftsorganisation und -politik erzielte Althoff zwischen 1899 und 1907, als sein Verbindungsfreund und Bonner Studienkollege Konrad von Studt Kultusminister war. Zugleich leitete diese Zeit der größten Erfolge bereits den Niedergang seiner Macht ein, da er seit 1905 durch seine Krankheit zunehmend beeinträchtigt war. Während Harnack in der Zeit zwischen 1891 und 1900 noch vorwiegend über Theodor Mommsen in die akademische Wissenschaftspolitik einbezogen war, entwickelte er ab 1900 eine eigenständige Position, die Althoff zu berücksichtigen wusste. Zur Etablierung der wissenschaftsorganisatorischen und -politischen Position Harnacks trug dessen Akademiegeschichte zum 200-jährigen Jubiläum ebenso bei wie seine zunehmende Präsenz am kaiserlichen Hof, das Rektorat im akademischen Jahr 1900/01 und wahr-

---

176 Vgl. die Autorenliste des ersten Bandes von 1907. Althoff ließ außerdem die Vorträge des ersten Kaiser-Wilhelm-Professors an der Columbia University Hermann Schumacher 1908 in der IWW veröffentlichen (vgl. *Schumacher*, Hauptaufgabe des dt. Banknotenwesens sowie Nr. 330, *Briefwechsel*, Anm. 2).

177 *Brocke*, Der deutsch-amerikanische Professorenaustausch, 135.

178 *Lerg*, Universitätsdiplomatie, 108.

179 Zu nennen sind die Artikelserie über die päpstliche Enzyklika *Pascendi dominici* (s.o. Teil II, Abschnitt 6.10, S. 286–291) sowie diejenige über die Mädchenschulreform 1908 (s.o. Teil III, Abschnitt 2.4, S. 338).

scheinlich auch seine öffentliche Loyalitätserklärung für Althoff im „Fall Martin Spahn" im November 1901. Die Steigerung seiner Position in der Wissenschaftsorganisation und -politik kulminierte für ihn persönlich in der Ernennung zum Generaldirektor der Königlichen Bibliothek 1905, zum Präsidenten der Kaiser-Wilhelm-Gesellschaft 1911 sowie in der Verleihung des erblichen Adelstitels 1914.

Von dem großen Einfluss Althoffs und Harnacks zwischen 1900 und 1907 profitierten das Preußische Historische Institut in Rom, wissenschaftliche Expeditionen, auch im Bereich der Kirchengeschichte, das preußische Bibliothekswesen, das seit 1905 großen Raum in der Korrespondenz einnahm, weil es Harnack wie Althoff amtlich beschäftigte, die internationale Vernetzung der Wissenschaft auf Kongressen und deren Institutionalisierung im deutsch-amerikanischen Professorenaustausch.

Wie in allen drei Abschnitten deutlich geworden sein dürfte, ging es in der Wissenschaftsorganisation und -politik nur gelegentlich um theologische und kirchliche Themen, aber Harnacks nationale und internationale Reputation als Theologe und Kirchenhistoriker war es, die Althoff für die gemeinsamen nationalen und internationalen Projekte zu nutzen wusste. Insbesondere während des deutsch-amerikanischen Professorenaustauschs war es – aus Sicht des Kaisers und der US-amerikanischen Kooperationspartner – Harnacks Renommee gewesen sei, dass die teilweise angespannten Beziehungen zwischen den USA und Deutschland überbrückt habe. Insofern wäre es ein bedeutsames Zeichen gewesen, wenn der Theologe die erste Austauschprofessur 1905/06 oder wenigstens die theologische Professur am Union Theological Seminary 1906/07 übernommen hätte. Obgleich Harnack berufliche wie familiäre Gründe für seine Absagen nannte, mögen es auch seine Sprachkenntnisse gewesen sein, die ihn darin hinderten. Denn während Deutsch als Wissenschaftsprache in den USA, auch in der Theologie an Bedeutung verlor, gewannen die modernen westeuropäischen Sprachen Englisch, Französisch und Italienisch an Einfluss. Obwohl Harnack selbst wiederholt aus dem Englischen übersetzt hatte, schätzte er – nach eigener Aussage – als begrenzt ein.[180] Diese Voraussetzung hinderte Harnack jedoch keineswegs – gerade auch wegen der zahlreichen Übersetzungen seiner Werke ins Englische, Französische und Italienische – eine international angesehene Position einzunehmen.

Die Theologie als Disziplin hatte nur einen geringfügigen Einfluss auf die Gestaltung der kaiserzeitlichen Wissenschaftsorganisation und -politik. Sie wurde allerdings in der Universitätsverwaltung und im Wissenschaftskosmos von Harnack repräsentiert, der seine Beteiligung an der wilhelminischen Wissenschaftsorganisation und -politik bis zum Ersten Weltkrieg sukzessive steigerte. Dabei gelang es dem Kirchenhistoriker seine theologische und kirchenhistorische Position einflie-

180 Vgl. Nr. 206, *Briefwechsel*.

ßen zu lassen, als er ein kirchengeschichtliches Großprojekt etablierte, eine kirchenhistorische Forschungsstelle am Preußischen Historischen Institut in Rom – wenigstens vorübergehend – institutionalisierte, christlich-archäologische Expeditionen ins Ausland förderte, das Bibliothekswesen auch als Grundlage der Theologie stabilisierte, internationale Kontakte zu evangelischen wie katholischen Theologien pflegte und die Theologie auf der internationalen Bühne vertrat. Auch wenn Althoff die Verbindungen zur Theologie respektierte, sah er in Harnack zuvorderst einen den Fachhistorikern ebenbürtigen Historiker, wie Harnacks Rolle bei der Reorganisation des römischen Historischen Instituts und die Debatte um die Besetzung der MGH-Leitung, aber auch dessen Beteiligung an den Lehrplankommissionen während der Schulreformen verdeutlichen.

In der Weimarer Republik setzte Harnack – soweit möglich – dieses wissenschaftsorganisatorische und -politische Engagement in Kooperation mit Friedrich Schmidt-Ott fort. Er engagierte sich wissenschaftsorganisatorisch als KWG-Präsident und auf internationaler Ebene ökumenisch, nachdem seine akademische Lehrtätigkeit sich seit 1921 auf sein kirchenhistorisches Seminar beschränkte und seine theologische Position zunehmend durch die Dialektische Theologie in Frage gestellt wurde.[181]

---

181 S. dazu exemplarisch den bekannten Briefwechsel mit Karl Barth *Harnack*, Fünfzehn Fragen, 1923. Zu Harnacks öffentlicher Theologie in den 1920er Jahren jetzt *Powers*, Harnack, Jaeger.

Gesamtfazit

Gegenstand der Studie war es den Standort der evangelischen Theologie zwischen Staat, Kirche und Universität zu bestimmen. Dazu ist sie von der Korrespondenz zwischen Friedrich Althoff und Adolf Harnack ausgegangen, weil diese innovative Einblicke in die Theologie- und Kirchengeschichte bietet. Die Briefe zeigen, auf welche Weise der Universitätsreferent und spätere Ministerialdirektor und der evangelische Kirchenhistoriker die Theologie berücksichtigten bzw. sie einfließen ließen. Ihre Berufungspraxis an den evangelisch-theologischen Fakultäten förderte die historisch-kritische Forschung, ihre Kirchenpolitik im Protestantismus wie im Katholizismus zielte auf einen Ausgleich zwischen den konkurrierenden Positionen ab, ihre Bildungspolitik sollte dem Theologiestudium ein solides Fundament bieten und ihre Wissenschaftsorganisation und -politik auch der Theologie förderlich sein.

Die Berücksichtigung der evangelischen Theologie in der Kirchen-, Schul-, Universitäts- und Wissenschaftsorganisation und -politik Althoffs und Harnacks wird im Folgenden noch einmal den einzelnen Teilen entsprechend resümiert:

Obwohl Althoff in der Forschung häufig eine Gleichgültigkeit gegenüber der Theologie nachgesagt wurde und anscheinend keine Dokumente erhalten geblieben sind, die seine Haltung zur Theologie explizit thematisieren, tritt in seiner Berufungspraxis in der evangelischen Theologie (*Teil I*) ein forschungsstrategisches Interesse an der Theologie zu Tage, das ihm 1908 die Domherrenwürde des Magdeburger Doms eintrug.[1] Durch die Vielzahl an Theologieprofessoren, die Althoff bei der Besetzung evangelisch-theologischer Lehrstühle zu Rate zog, versuchte er den Einfluss der konkurrierenden Richtungen auszugleichen. Insbesondere in den 1890er Jahren nach den Apostolikumsstreitigkeiten und unter Kultusminister Robert Bosse unterstützte Althoff die sog. „paritätische" Besetzung theologischer Lehrstühle, d.h. die Besetzung mit Theologen der „positiven" und „modernen" Richtung gleichermaßen, um die Auseinandersetzung zwischen der Kirche und den theologischen Fakultäten zu befrieden. Deshalb förderte er explizit den Ausbau der positiven Theologie in Greifswald unter der Leitung Hermann Cremers. Zugleich unterstützte Althoff historisch-kritisch arbeitende Theologen, um die in den anderen geisteswissenschaftlichen Fächern dominierende historisch-kritische Methode auch in der evangelischen Theologie zu etablieren.

Harnack befürwortete Althoffs Bestreben, diejenige theologische Richtung zu fördern, die die historisch-kritische Methode konsequent in der Theologie verwendete, weil er diese wissenschaftliche Position selbst vertrat. Dies illustrierte exemplarisch seine Beurteilung Paul Tschackerts am 27. September 1888, in der er sei-

1 Vgl. Nr. 389, *Briefwechsel*. S. außerdem Nr. 200, *Briefwechsel*.

https://doi.org/10.1515/9783112213193-026

ne Erwartungen an einen kirchenhistorischen Ordinarius resümierte.[2] Außerdem sah Harnack in Althoffs Förderung der modern-theologischen Richtung eine Professionalisierung der evangelischen Theologie. Denn durch die Standardisierung der historisch-kritischen Methodik in der Theologie sollte sie gesprächsfähig mit denjenigen universitären Disziplinen bleiben, die ebenfalls an das Erbe der Aufklärung und des Historismus anschlossen. Allerdings war die standardmäßige Einführung der historisch-kritischen Methode in der Theologie keineswegs selbstverständlich und insbesondere in der positiven Theologie und der durch sie dominierten Kirchenleitung umstritten. Der theologische Ansatz der jüngeren Theologen der religionsgeschichtlichen Schule, die die historisch-kritische Methode um einen religionshistorischen Zugang erweiterten, fand dabei noch wenig Anklang bzw. war gegenüber der Kirchenleitung bis zum Ersten Weltkrieg kaum durchzusetzen. Auch wenn die moderne, historisch-kritische Theologie, die Harnack und Althoff in den preußischen Lehrstühlen institutionalisierten, ab den 1920er Jahren innerhalb der evangelischen Theologie durch das Aufkommen und die Kritik der Dialektischen Theologie zurücktrat, blieben die wissenschaftlichen Forschungsergebnisse historisch-kritischer Theologen wie Julius Wellhausen, Hermann Gunkel, Harnack, Karl Holl und William Wrede ein Ausgangspunkt für zahlreiche Forscher der darauffolgenden Jahrzehnte.

Zusätzlich zu den kirchenpolitischen Rücksichten und universitätspolitischen Zielen zählten für Althoff und Harnack insbesondere die Fach- und Lehrkompetenz sowie die habituelle Passfähigkeit eines Kandidaten als Kriterien für die Übertragung einer Professur. Diese Herangehensweise an Lehrstuhlbesetzungen bedeutete insofern eine Professionalisierung der akademischen Traditionen innerhalb der Theologie, als man nun nicht mehr wie in den früheren sog. „Familienuniversitäten" vorging,[3] in denen die Söhne den Vätern und die Schüler den Lehrern auf ihren Lehrstühlen nachgefolgt waren, sondern nun entsprechend einer Hochschule, die sich zur „Forscheruniversität" gewandelt hatte,[4] darüber reflektierte, welche Kandidaten sich für eine Professur eigneten. Schließlich förderten Althoff und Harnack auch die Fächerdifferenzierung innerhalb der evangelischen Theologie, die zu Beginn des 19. Jahrhunderts ihren Ausgang genommen hatte, indem sie neue Lehrstühle schufen. Exemplarisch wird dies an der Aufteilung des Berliner kirchengeschichtlichen Lehrstuhls auf Harnack und Holl deutlich, die den Weg ins 20. Jahrhundert wies, das sich dadurch auszeichnete, dass an allen größeren Fakultäten

---

2 Vgl. dazu den Anforderungskatalog, den Harnack gegenüber Althoff formulierte (Nr. 40, *Briefwechsel*; s. dazu auch *Kampmann*, Patristiker als Idealtypus).

3 *Baumgarten*, Professoren, 17 und 21.

4 Ebd., 17.

mindestens zwei Lehrstühle für Kirchengeschichte existierten: einer für Ältere Kirchengeschichte/Patristik und einer für Reformationsgeschichte.

Gleichzeitig bedeutete die Betonung der Hoheitsrechte des Kultusministeriums, die Althoff vollzog, eine Einschränkung der universitären Korporationsrechte. Diese kultusministeriale Praxis betraf, wie der Fall Bernhard gezeigt hat, nicht nur die Theologie, sondern alle akademischen Disziplinen.[5] Harnack akzeptierte diese Einschränkung, weil er offensichtlich der Ansicht war, dass dieses Vorgehen einen besseren Weg darstellte als die fakultäre Entscheidungshoheit. Gleichwohl versuchte Althoff in vielen Fällen die Wünsche der Fakultäten einzubeziehen, hielt sich selbst aber für kompetenter, alle zugehörigen Faktoren zu überblicken. Insgesamt betrachtet waren die Berufungsverfahren Teil einer größeren Wissenschaftspolitik, die auch in den anderen Fakultäten praktiziert wurde und die auf eine Modernisierung und Professionalisierung der Universitäten und ihrer Forschung abzielte.

Die paritätische Besetzungspolitik verfolgte Althoff auch in den tagesaktuellen Fällen der evangelischen Kirchenpolitik, die ihn und Harnack, wie in *Teil II, Kapitel 1–5* dargestellt, beschäftigten. Denn er vertrat kirchenpolitisch wie staatstheoretisch das Prinzip der *aequitas*, der Gleichmäßigkeit,[6] das sich darin ausdrückte, dass er die unterschiedlichen theologischen Richtungen an den Fakultäten und Gruppierungen innerhalb der evangelischen Kirche gleichmäßig vertreten sehen wollte. Zugleich verteidigte der Ministerialdirektor moderne, historisch-kritische Theologen gegen kirchliche Angriffe und stärkte ihre Position als staatliche, akademische Lehrer, wie an den Fällen „Harnack“ während des Apostolikumsstreits 1892/93 und der Agendenrevision 1894 sowie an den Fällen „Otto Baumgarten“ in Kiel 1902 und „Heinrich Weinel“ im Rheinland 1903 deutlich wird.[7] Wie die Fälle „Hans Delbrück“ zeigen, trat Althoff auch in anderen Disziplinen wie den Geschichtswissenschaften für gemaßregelte Gelehrte ein.[8] Aufgrund seiner kirchenpolitischen Maxime der Ausgewogenheit sorgten Harnacks theologische Äußerungen bei Althoff für einen gewissen Unmut, mit denen der Kirchenhistoriker eine akademische Debatte in eine öffentliche, kirchenpolitische Kontroverse verwandelte, wie es im Apostolikumsstreit 1892/93, bei der Agendenrevision 1894, im Bibel-Babel-Streit 1903 und auch bei

---

5 S.o. Teil I, Abschnitt 5, S. 149.

6 Vgl. *Harnack*, Althoff, 1908b, 336.

7 Zum Apostolikumsstreit s.o. Teil II, Abschnitt 1.1, S. 170, zur Agendenrevision Teil II, Abschnitt 2.7, S. 107, zum Fall Baumgarten Teil II, Abschnitt 5.1, S. 209 sowie zum Fall Weinel Teil II, Abschnitt 5.2, S. 216. Seinen *Offenen Brief* an Hermann Cremer von 1901 zu den Vorlesungen über das *Wesen des Christentums* erwähnte er nur am Rande (s. Nr. 163, *Briefwechsel* mit Anm. 2).

8 S.o. Teil II, Abschnitt 3, S. 187–197.

der Debatte um Denifles Lutherbuch 1905 der Fall war.[9] Althoff sah in diesen Kontroversen nicht wie Harnack notwendige und sinnvolle Auseinandersetzungen um die richtige theologische Interpretation, sondern v.a. eine Gefährdung des innerkirchlichen, gesellschaftlichen oder konfessionellen Friedens.

Harnacks theologische Überlegungen zur Stellung des Alten Testaments, die er im Kontext der Debatte um die akademische Lehrfreiheit in der Theologie 1893 festhielt, sowie seine Einschätzung der kirchenpolitischen Situation, die er am 1. Januar 1903 im Kontext der von Heinrich Weinel gehaltenen populärtheologischen Vorträge in Solingen formulierte, sind ebenso wie die erwähnte Äußerung von 1888, die seine Erwartungen an einen kirchenhistorischen Ordinarius resümierte, außergewöhnliche Beispiele des Theologisierens in der Korrespondenz mit Althoff.[10] In den anderen kirchenpolitischen Streitfällen, die Harnack mit Althoff besprach, diskutierte er weniger die zugrunde liegenden theologischen Fragen als vielmehr die hochschul- und kirchenpolitischen Konsequenzen, die aus diesen Streitigkeiten erwuchsen. Für die zeitgenössische Kirche bedeutete Harnacks Position, dass sie weniger Einfluss auf die staatliche Politik nehmen konnte. Bevor Harnack seine Stellung im System Althoff" etabliert hatte, hatte Althoff auch Hermann Cremer zu Rate gezogen, der die kirchliche Auffassung bis 1903 vertrat. Zwischen 1900 und 1908 fehlte es an einem positiven, landeskirchentreuen Pendant, möglicherweise weil Harnack keinen theologisch konkurrierenden Berater neben sich zuließ. Nach Althoffs Abschied involvierte sein Nachfolger Ludwig Elster zunehmend Harnacks Berliner Kollegen Reinhold Seeberg, der sich gegen den historisch-kritischen Kirchenhistoriker durchzusetzen wusste.

Auch in der katholischen Kirchenpolitik unterstützten Althoff und Harnack, wie *Teil II, Kapitel 6* zeigt, die modernen, historisch-kritisch arbeitenden katholischen Theologen, die pro-preußischen Geistlichen und Katholiken sowie den Ausbau katholisch-theologischer Fakultäten an den staatlichen Universitäten. Sie strebten eine ausgewogene Verteilung von Protestanten und Katholiken in Deutschland und ein harmonisches Verhältnis zwischen Preußen und dem Vatikan an, um ein Aufleben des „Kulturkampfes" der 1870er und -80er Jahre zu verhindern. Dazu trug auch Harnacks Gutachten für Wilhelm II. über die Enzyklika *Pascendi dominici gregis* bei.[11] Schließlich veranschaulicht die evangelische wie katholische Kirchenpolitik, die Althoff und Harnack betrieben, dass die Konfliktlinien nicht konsequent zwischen evangelischen und katholischen Christen verliefen, sondern zum Teil quer

9 Zum Bibel-Babel-Streit s.o. Teil II, Abschnitt 5.4, S. 223 und zur Debatte um Denifle s.o. Teil II, Abschnitt 6.5, S. 262.

10 Vgl. die Nrn. 40, 82 und 82.1 sowie 197, *Briefwechsel*.

11 S. Nr. 359, *Briefwechsel* sowie dazu Teil II, Abschnitt 6.10, S. 282.

dazu zwischen konservativ-traditionellen Christen beider Konfessionen und denjenigen, die modern-kritische theologische Positionen vertraten.

An Althoffs Berufungspraxis in den evangelisch-theologischen Fakultäten und seiner evangelischen und katholischen Kirchenpolitik wird insgesamt deutlich, dass seine Aufmerksamkeit für theologische Fragen meistens strategische hochschul- oder kirchenpolitische Beweggründe hatte. Zugleich saß mit dem gebürtigen Westfalen ein Universitätsreferent bzw. ein Ministerialdirektor im Kultusministerium, der sich über die Jahre seiner Amtstätigkeit eine Sachkompetenz aneignete, aufgrund derer er die herrschenden Strömungen in der evangelischen und katholischen Theologie und Kirche beurteilen konnte oder zu entscheiden wusste, wen er in Spezialfragen zu Rate ziehen konnte.

An der Reform der höheren Knabenschulen von 1900 (*Teil III, Kapitel 1*) wird in besonderem Maße deutlich, dass ein enger Zusammenhang zwischen der evangelischen Theologie und der humanistischen Bildung bestand, der u.a. die Beschränkung des Theologiestudiums auf Absolventen der humanistischen Gymnasien zur Konsequenz hatte.[12] Obwohl Harnack diese Zugangsbeschränkung ablehnte, betonte auch er die Gewinne, die die enge Verschränkung des Latein-, Griechisch-, Religions- und Geschichtsunterrichts im humanistischen Gymnasium mit sich bringe. In der in *Teil III, Kapitel 2* resümierten Mädchenschulreform spielte die Theologie vorwiegend im Kontext des Religionsunterrichts eine einschlägige Rolle, bei dessen Reform auf Betreiben der Frauenrechtlerin und Theologin Gertrud Bäumer neue religionspädagogische Konzepte umgesetzt wurden.[13] Darüber hinaus veranschaulichen die Koalitionen, die unter den an der Reform Beteiligten geschmiedet wurden, den Einfluss der dominierenden kirchenpolitischen Parteien und die Hegemonie des Protestantismus im preußischen Bildungswesen. Althoff suchte letztere dadurch auszugleichen, dass er den Breslauer Fürstbischof Georg Kardinal von Kopp, die katholischen Theologieprofessoren Franz Dittrich und Joseph Mausbach sowie die Vorsitzende des *Vereins katholischer deutscher Lehrerinnen*, Marie Landmann, als Vertreter:innen des Katholizismus in die Mädchenschulreform involvierte. Für Althoff besaßen die Schulreformen keine ausgesprochen theologische Relevanz, sondern fügten sich vielmehr in sein Gesamtverständnis von Schule, Universität und Wissenschaft ein, dem es entsprach, dass qualitativ hochwertige Schulbildung entscheidend für die Exzellenz der universitären Lehre und der wissenschaftlichen Forschung sei.

---

12 S.o. Teil III, Abschnitt 1.3, S. 306.
13 S.o. Teil III, Abschnitt 2.3, S. 324.

Im Zusammenhang der Knaben- und Mädchenschulreformen sind die häufigen Rekurse auf Martin Luther auffällig, die Harnack anstellte.[14] Auch wenn sie primär der Illustration dienen sollten, verdeutlichen sie doch die anhaltende Bedeutung, die Harnacks Herkunft aus dem baltischen Luthertum für seine Theologie und sein theologisch fundiertes Bildungsverständnis besaß. Zugleich können die lutherischen Züge seiner Theologie insofern als eine Nachwirkung der Theologie Albrecht Ritschls angesehen werden, als letzterer den lutherischen Charakter seiner Theologie wiederholt hervorhob. Die Rekurse auf Luther treten in ihrer Bedeutung auch dann noch einmal deutlich hervor, wenn man Harnacks Gebrauch biblischer Zitate in den Briefen an Althoff betrachtet. Ähnlich wie Hermann Cremer zitierte er nur in Einzelfällen die Bibel.[15] Nur das Gleichnis vom Sämann (Mt 13,18–23, Mk 4,3–9, Lk 8,5–8 resp. Joh 4,37) erwähnte er gleich zweimal, wenn er Althoff mit dem Sämann verglich, der seinem Feld treu bleiben müsse bzw. dessen Früchte ein anderer ernten werde.[16] Der Vergleich zwischen dem Gebrauch von Bibel- und Lutherzitaten führt schließlich exemplarisch die allgemeinhistorische und gesellschaftliche Relevanz vor Augen, die Martin Luther am Ende des 19. und zu Beginn des 20. Jahrhunderts besaß.

Das Engagement im schulreformerischen und wissenschaftsorganisatorischem Bereich basierte auf Harnacks Bildungsverständnis, Theologie und ethischen Grundauffassung, die, wie eingangs dargestellt, aus einer lutherischen Berufs- und einer auf Weltwirksamkeit zielenden Sozialethik bestand.[17] Zugleich hatten Harnacks biografische Erfahrungen mit der zeitgenössischen Kirche während der Berufungsverhandlungen nach Berlin 1888 und des Apostolikumsstreits 1892/93 zur Folge,[18] dass der Kirchenhistoriker sich nicht mehr in der Kirche und Kirchenpolitik engagierte, sondern sein theologisch fundiertes kirchen- und sozialpolitisches Engagement auf den in Vereinen und Verbänden organisierten Sozialprotestantismus sowie auf die Universitäts- und Wissenschaftspolitik verlegte.[19] Dementsprechend sah er spezifisch theologische Implikationen in den in *Teil IV* präsentierten wissenschaftsorganisatorischen Projekten, die kurz resümiert seien.

14 Vgl. Lutherzitate in den folgenden Nrn. 138, 313, 315, 316, sowie außerdem die Nrn. 82.1, 359 und 389, *Briefwechsel*.

15 Zu nennen ist die Liste von Bibelsprüchen, die Harnack zur Charakterisierung der Leipziger Theologieprofessoren gebrauchte (vgl. Nr. 28.1, *Briefwechsel*).

16 Vgl. Harnack an Althoff am 06.09.1905 (Nr. 274, *Briefwechsel*) und am 09.09.1908 (Nr. 387, *Briefwechsel*).

17 S.o. Einleitung, Abschnitt 3.2, S. 47 und Einleitung, Abschnitt 3.2, S. 48.

18 S.o. Teil I, Abschnitt 1, S. 69 und in Teil IV, Abschnitt 2.2, S. 405.

19 Der Verbandsprotestantismus spielte in der Korrespondenz mit Althoff allerdings keine Rolle.

Althoff wie Harnack legten bei der Wissenschaftspolitik einen besonderen Schwerpunkt auf die Förderung außeruniversitärer Forschung (*Teil IV, Kapitel 1*), die in universitären und akademischen Großprojekten, wie Harnack sie in seinem Aufsatz über den *Großbetrieb der Wissenschaft* skizzierte, und eigenständigen Forschungsinstituten institutionalisiert werden sollte. Das Langzeiteditionsprojekt der Kirchenväter-Kommission stellte ein solches Großprojekt dar, das Harnack und Mommsen mit Althoffs und Schmidt-Otts Unterstützung in Berlin etablierten.[20] Sie richteten damit aber nicht nur ein kirchenhistorisches Prestigeprojekt ein, sondern verschafften Preußen zugleich ein protestantisches Pendant zur katholisch dominierten Edition des *Corpus Scriptorum Ecclesiasticorum Latinorum* in Wien. Auf ähnliche Weise wurde das Königlich Preußische Historische Institut zur protestantischen Vertretung im katholischen Rom aufgebaut, das – nach einem Intermezzo des katholischen Institutsdirektors Aloys Schulte – jahrzehntelang durch den evangelischen, aber im Umgang mit dem Katholizismus versierten Historiker Paul Fridolin Kehr geleitet wurde.[21] Während bei der Neubesetzung der Direktion der *Monumenta Germaniae Historica*, der von Althoff angestrebten Modernisierung der Wissenschaftsverwaltung und dessen Plänen für einen außeruniversitären Forschungsstandort in Dahlem bei Berlin die Theologie keine oder nur eine periphere Rolle spielte, konnte Harnack bei der Mittelvergabe für wissenschaftliche Expeditionen durch seine Fürsprache kirchenhistorische und christlich-archäologische Projekte unterstützen.[22] In besonderem Maße setzte er sich bei Althoff für die zweite Turfan-Expedition nach China ein, weil er sich davon bedeutende Manichäer-Funde erhoffte.[23]

Während die von Althoff und Harnack besprochenen Projekte, die die außeruniversitäre Forschung betrafen, diverse Themen behandelten und die Theologie dabei zum Teil nur von geringer Bedeutung war, sollte die Reform des preußischen Bibliothekswesens (*Teil IV, Kapitel 2*) auch der Theologie zugute kommen. Althoff wollte die Modernisierung des Bibliothekswesens dadurch erreichen, dass er der Königlichen Bibliothek einen Neubau schuf, dass er Harnack, der eine Zentralisierung des preußischen Bibliothekswesens in der Königlichen Bibliothek anstrebte, 1905 als Generaldirektor einsetzte, dass er den Buchbestand der Königlichen Bibliothek auf Harnacks Rat hin erweiterte und dass er Bibliotheksreformen anstieß. Für die Theologie und Kirchengeschichte wäre dabei von besonderer Relevanz gewesen, wenn es dem Ministerialdirektor und dem amtierenden Generaldirektor

20 S.o. in diesem Teil, Abschnitt 1.1.1, S. 351.

21 S.o. in diesem Teil, Abschnitt 1.2.1, S. 360.

22 S.o. Teil IV, Abschnitte 1.3–1.6.

23 S.o. in diesem Teil, Abschnitt 1.6, S. 392.

gelungen wäre, die römische Chigi-Bibliothek anzukaufen.[24] Sie enthielt nämlich wertvolle Melanchthon-Autographen, die für die zeitgenössische Reformationsgeschichtsschreibung und die Melanchthon-Edition in besonderem Maße gefördert hätten. Doch der Ankauf scheiterte an der Begrenztheit der Mittel ebenso wie an der Bereitschaft des Verkäufers, die Bibliothek aus Italien ausführen zu lassen.

Zusätzlich zum Ausbau der außeruniversitären Forschung und des Bibliothekswesens als essentieller Forschungs- und Lehrgrundlage strebten Althoff und Harnack die Internationalisierung der Wissenschaft an (*Teil IV, Kapitel 3*). Die internationale Vernetzung, die Harnack seit Jahrzehnten u.a. mit englischen und US-amerikanischen Theologen betrieb,[25] sollte einerseits der Völkerverständigung dienen, andererseits aber auch die preußischen und deutschen Hegemonialansprüche im Bereich der Wissenschaft befriedigen. Im Mittelpunkt der Internationalisierung stand der deutsch-amerikanische Professorenaustausch, den Althoff durch Harnacks universitätsdiplomatische Künste zwischen der Berliner Universität und der Harvard University (Cambridge, Mass.) und durch die von ihm selbst geführten Verhandlungen zwischen der Berliner Universität und der Columbia University (New York City) aufbauen konnte.[26] In diesem Zusammenhang erwogen Harnack und Althoff auch einen Spezialaustausch zwischen den evangelisch-theologischen Fakultäten Preußens und den theologischen Seminaren der USA, der auf den persönlichen Kontakten Harnacks zu US-amerikanischen Theologen basiert hätte, letztlich aber nicht zustande kam.[27]

Auch wenn die akademische Disziplin der Theologie in der Wissenschaftsorganisation und -politik bis auf wenige Ausnahmen am Rande des gesamten Wissenschaftsbetriebs stand, fand sie in Harnack ihren angesehensten Repräsentanten und Fürsprecher, der theologische Implikationen in wissenschaftspolitischen Projekten zu betonen vermochte. Althoff beließ es bei dieser Randstellung der Theologie in der Wissenschaftspolitik und förderte stattdessen Harnacks Aufstieg zum Wissenschaftsorganisator. Die Theologie wie auch Harnack sollten sich dabei in Althoffs wissenschaftspolitischen Gesamtplan einfügen, der wissenschaftliche Exzellenz durch außeruniversitäre Forschung aufzubauen, die Bibliothek zur Forschungsgrundlage zu machen und durch die Internationalisierung die deutsche Wissenschaftshegemonie und die Völkerverständigung zu fördern gedachte.

Die von Althoff und Harnack betriebene Universitäts-, Kirchen-, Bildungs- und Wissenschaftsorganisation und -politik basierte auf einem ausgedehnten Netzwerk

24 S.o. in diesem Teil, Abschnitt 2.3, S. 410.

25 S.o. in diesem Teil, Abschnitt 3.1, S. 430–435, Teil II, Abschnitt 1.3, S. 177, Anm. 50 und in diesem Teil, Abschnitt 3.3.1, S. 439.

26 S.o. in diesem Teil, Abschnitt 3.3.1, S. 438.

27 S.o. in diesem Teil, Abschnitt 3.3.3, S. 451.

in den Universitäten, der Ministerialbürokratie und Regierungskreisen. Damit sei auch auf die zweite eingangs gestellte Frage, welche Theologen und anderen Gelehrten neben Harnack in die Althoffsche Universitäts-, Kirchen-, Schul- und Wissenschaftspolitik involviert waren, geantwortet.[28] Althoff hatte sich dem von ihm etablierten „System Althoff" entsprechend in der evangelischen Theologie ebenso wie in den anderen universitären Disziplinen eine Gruppe an Beratern aufgebaut, die ihn vorwiegend bei den Berufungsverfahren an evangelisch-theologischen Fakultäten Preußens berieten. Deshalb besaß er für die dominierenden theologischen Richtungen der „Positiven" und „Modernen" jeweils Berater und zog darüber hinaus für jeden Standort, jedes Fach und für jedes einzelne Berufungsverfahren spezifische Theologieprofessoren zu Rate.[29] Innerhalb dieser Gruppe im „System Althoff" nahmen neben Bernhard Weiß, der im Kultusministerium tätig war, Adolf Harnack und Hermann Cremer eine herausgehobene Stellung ein. Durch die parallele Beratung Harnacks und Cremers versuchte Althoff in den 1890er Jahren die paritätische Besetzung der Lehrstühle an den evangelisch-theologischen Fakultäten zu erreichen. Während Harnack zu Cremer über die Berufungsverfahren hinaus für Althoff tätig war, beschränkte der Greifswalder Theologe seine Beratung auf evangelisch-theologische Berufungsverfahren und kirchenpolitische Streitfälle. Mit Althoffs Unterstützung baute er an der evangelisch-theologischen Fakultät der Universität Greifswald ein einflussreiches Zentrum der positiven Theologie auf, die der Universitätsreferent dadurch zu fördern, aber auch einzuhegen gedachte. Die Aufgaben, die Harnack bei der Begutachtung von Lehrstuhlaspiranten bis 1900 zugekommen waren, übernahm teilweise der Hallenser Kirchenhistoriker Friedrich Loofs, weil Harnack zunehmend in andere Bereiche der Althoffschen Wissenschaftspolitik einbezogen wurde. Wie *Teil I*) verdeutlicht hat, hörte der Universitätsreferent in den 1880er und -90er Jahren außerdem eine Vielzahl an Theologieprofessoren bei den Lehrstuhlbesetzungen, während sein Amtsnachfolger Ludwig Elster seinen Beraterkreis drastisch reduzierte. Er beschränkte sich stattdessen auf den modern-positiven Theologen Reinhold Seeberg, der zunehmend Hermann Cremers Stellung im Kultusministerium nach dessen Tod 1903 einnahm.[30] Aufgrund der veränderten Konstellationen in der Ministerialbürokratie konkurrierten Harnack und Seeberg seit 1903 um den Einfluss auf das Ministerium, während sie im Bereich der Mädchenschulreform ansatzweise miteinander kooperierten.

Es wird außerdem deutlich, dass Harnack in einem spezifischen Berliner Milieu protestantischer Professoren verschiedener Disziplinen zu verorten ist, die ih-

28 S.o. Einleitung, Abschnitt 1.1, S. 4.

29 Zu den übrigen Theologieprofessoren im „System Althoff" s.o. Teil I, Abschnitt I, S. 64 mit Anm. 8.

30 Zum „System Seeberg" s.o. Teil I, Abschnitt 4.7, S. 144–148.

re Berufung in die Hauptstadt mehrheitlich der Unterstützung Althoffs zu verdanken hatten. Zu ihnen zählten neben Harnack Hans Delbrück, Hermann Diels, Wilhelm Dilthey, Ulrich von Wilamowitz-Moellendorff, Friedrich Paulsen und Gustav Schmoller. Sie stießen Reformen an und unterstützten innovative Projekte in der Kirchen-, Schul- und Wissenschaftspolitik. In ihrer Gelehrtenpolitik zeigten diese Männer eine partielle Modernität, der traditionelle Familienbilder ebenso wenig widersprachen wie erheblich divergierende politische Positionen im Einzelnen und ein selbstverständlicher Nationalismus. Die Genannten griffen zur Durchsetzung ihrer Gelehrtenpolitik auf ihre guten Kontakte zur Ministerialbürokratie, meist in der Person Althoffs, zurück, beschränkten ihre Einflussnahme aber nicht darauf, sondern nutzten auch ihre Verbindungen zum Kaiserhaus, zur Regierung oder anderen Ministerien. Ihre Loyalität zu Althoff, die aus ihrer Dankbarkeit für dessen Unterstützung bei der eigenen Berufung und aus der Finanzierung ihrer wissenschaftlichen Projekte resultierte, brachten sie im „Fall Spahn" und dem nachfolgenden „Fall Althoff/Michaelis" programmatisch zum Ausdruck, als sie für Althoff ein sog. „Liebesmahl" veranstalteten.[31] Offene Kritik äußerten sie dabei kaum oder nur, wie am Beispiel Harnacks deutlich wird, in vertraulichen Briefen und Gesprächen.[32]

Schließlich lagen Althoffs und Harnacks Universitäts-, Kirchen-, Schul- und Wissenschaftsorganisation und -politik, wie eingangs bereits dargestellt (*Einleitung 3.4*), die guten Verbindungen beider zum Königs- und Kaiserpaar zugrunde. Ebenso förderlich war Harnacks Kontakt zum zwischen 1900 und 1909 amtierenden Reichskanzler Bernhard von Bülow und Althoffs Freundschaft zu Konrad von Studt, der zwischen 1899 und 1907 Kultusminister war, und zu Hermann von Lucanus, der zwischen 1888 und 1908 das Geheime Zivilkabinett Wilhelms II. leitete. Diese Verbindungen führten dazu, dass Althoff wahrscheinlich seit 1900 – ob auf Vermittlung von Lucanus bleibt unklar[33] – ein direktes Vortragsrecht beim Kaiser besaß. Harnack war, seitdem er sich zum 200-jährigen Akademiejubiläum 1900 durch seine *Geschichte der Königlich Preußischen Akademie der Wissenschaften* als Historiker profiliert hatte, ein gern gesehener Gast im Kreise Wilhelms II. und avancierte zu einem seiner Berater in der Wissenschafts- und Kirchenpolitik. Diese Position konnte er halten, obwohl er sich im Rahmen des Bibel-Babel-Streits 1903 öffentlich mit der Theologie Wilhelms II. auseinandersetzte. Durch die Einwirkung auf den Kaiser führte Harnack die moderne, historisch-kritische Theologie ins Machtzentrum der wilhelminischen Gesellschaft ein, die er dadurch zwar säkularisierte, mit der er aber auch den Kaiserhof theologisierte. Insgesamt betrachtet profitierten die

---

31 S.o. Teil II, Abschnitt 6.3, S. 248.
32 Vgl. Harnack an Martin am 22.11.1907 (abgedruckt bei *Zahn-Harnack*, Harnack, 319f.).
33 S.o. Einleitung, Abschnitt 3.4, S. 54.

von Althoff und Harnack betriebenen Projekte erheblich von ihren gesellschaftlichen und wissenschaftspolitischen Positionen und Netzwerken in der Universität, im Ministerium und in den Regierungskreisen.

Um auf die in der *Einleitung* gestellte Frage zurückzukommen, ob die evangelische Theologie eine Leitdisziplin des wilhelminischen Kaiserreichs gewesen sei, kann auf ein instruktives Harnack-Zitat verwiesen werden: „Der Theologie überhaupt einmal wieder Achtung zu erwerben" sei die „Aufgabe [seiner] Generation".[34] Wenn man der Harnackschen Aufgabenbestimmung für seine „Generation" folgt, die sein Schüler, der spätere Bischof Otto Dibelius zitiert, ging es dem Berliner Kirchenhistoriker nicht um die Dominanz der evangelischen Theologie innerhalb der Universität, sondern um die Bewahrung als eigenständiges, anerkanntes und selbstverständliches Fach zwischen den anderen Disziplinen. Um diesen Anspruch zu realisieren, nutzte Harnack seinen Kontakt zu Friedrich Althoff. Die evangelische Theologie sollte sich nämlich nicht in eine Selbst-Ghettoisierung begeben, wie es bei den katholisch-theologischen Seminaren tridentinischen Typs der Fall war oder wie es sich innerhalb der evangelischen Kirche abzeichnete.[35] Durch die Etablierung und Standardisierung der historisch-kritischen Methode in der evangelischen Theologie, die Harnack durch seine Beratung bei Lehrstuhlbesetzungen durchzusetzen suchte, sollte die Wissenschaftlichkeit der Theologie garantiert werden. Nur diese Wissenschaftlichkeit machte sie nach Harnack für den Austausch mit den anderen akademischen Disziplinen sprachfähig und für den Staat förderungswürdig. Doch Harnack wollte nicht nur die Sprachfähigkeit der Theologie bewahren, sondern hielt sie im Speziellen ebenso wie das Christentum im Allgemeinen weiterhin für gesellschaftlich relevant. Diese Überzeugung führte er inhaltlich wie praktisch in seinen Vorlesungen über das *Wesen des Christentums* vor Augen, die er vor zahlreichen Gasthörer:innen hielt und die sich in der wilhelminischen Gesellschaft und darüber hinaus in ganz Europa, Nordamerika und Asien verbreiteten.[36]

Hinsichtlich der eingangs angestrebten neuen Perspektive auf die Biografien der Protagonisten sollte deutlich geworden sein, dass der kirchlich umstrittene Theologe Harnack sich durch Althoffs Förderung als Repräsentant einer modernen, historisch-kritischen Theologie und Kirchengeschichte etablieren konnte. Zusätzlich dazu baute Althoff Harnack dadurch, dass er ihn in theologiefernen Bereichen als Berater rekrutierte, als Wissenschaftsorganisator und -politiker auf. Harnack präsentierte sich infolgedessen zunehmend als theologisch und kirchenpolitisch

34 Harnacks Ausspruch zitiert von *Dibelius*, Harnack als akademischer Lehrer, 34.

35 Zu denken ist an Friedrich von Bodelschwingh, der eine staatsunabhängige, evangelisch-kirchliche Hochschule anstrebte (s.o. Teil II, Abschnitt 4, S. 200).

36 Harnack sandte Althoff die Vorlesungen Ende Juni 1900 ohne theologischen Kommentar zu (vgl. Nr. 145, *Briefwechsel*).

gebildeter Wissenschaftsdiplomat, der diese Aufgabe nach Althoffs Tod zusammen mit Friedrich Schmidt-Ott fortführte. Harnack nutzte seine Position außerdem um eigene wissenschaftliche Projekte, wie die Kirchenväter-Edition, dauerhaft einzurichten oder Anliegen anderer Kirchenhistoriker zu unterstützen. Die Protektion, die Harnack von Althoff erfuhr, verdeutlicht den Einfluss, den der Ministerialdirektor auf die Verwaltung der Universitäten und Wissenschaft wie auch auf die zeitgenössische Kirche und Theologie besaß. Zugleich zeigt sich daran, dass die Verbindung Harnacks zu Althoff – biografisch gesehen – für dessen Entwicklung zum Wissenschaftsorganisator mindest so bedeutsam wie das *Lehrbuch der Dogmengeschichte* für seine Theologie war. Diese biografische Entwicklung steigerte sich stetig und kulminierte in der Ernennung Harnacks zum Generaldirektor der Königlichen Bibliothek 1905/06, in der Wahl zum Präsidenten der Kaiser-Wilhelm-Gesellschaft 1911 und in der Verleihung des erblichen Adelstitels 1914. Doch trotz der sich steigernden Tendenz erfolgte die Entwicklung nicht linear, sondern verzeichnete auch Tiefpunkte, die sich exemplarisch an dem schwindenden Einfluss auf die Mädchenschulreform oder der Unmöglichkeit eines Kultusministers Harnack verdeutlichen lassen.[37] Und auch in den 1920er Jahren deutete sich – auch ob der veränderten wirtschaftlichen, politischen und theologischen Bedingungen sowie seines Alters – die Begrenztheit der Harnackschen Position und Einflusses an.

Insgesamt lässt sich aus der vorgelegten Studie resümieren, dass der Universitätsreferent und spätere Ministerialdirektor Althoff und der Theologe und Kirchenhistoriker Harnack trotz einiger Beschränkungen maßgeblichen Einfluss auf die Universitäts-, Kirchen-, Schul- und Wissenschaftsorganisation und -politik nahmen. Sie etablierten die moderne Theologie und die von ihr verwendete historisch-kritische Methode an den preußischen Universitäten und verhalfen dadurch u.a. den Schülern Albrecht Ritschls zu einer nachhaltigen Wirkung auf die evangelische Theologie.[38] Harnack konnte in der evangelischen wie katholischen Kirchenpolitik seine Meinung zu den Kontroversen in der ministerialen Entscheidungsebene einbringen, obwohl er selbst in kirchenpolitische Kontroversen verwickelt war. Althoff ließ zu, dass Harnack in den Schulreformen seine Auffassung von Kirchengeschichte als einer auf die ältere Kirchengeschichte konzentrierten Disziplin in den Lehrplänen für den Geschichts- und den Religionsunterricht an höheren Jungen- und Mädchenschulen durchsetzten konnte. Und auch in der nationalen und internationalen Wissenschaftsorganisation und -politik vermochte Harnack in Bereichen, die

37 S.o. Teil III, Abschnitt 2.4, S. 334 und in Teil IV, Abschnitt 1.4, S. 383.
38 So schon 1970 *Anderson*, Challenge and Change, 43, 48.

die Geschichtswissenschaft oder Archäologie betrafen, seinen kirchenhistorischen Zugang einfließen zu lassen. Dadurch, dass Althoff den Theologen und Kirchenhistoriker in seine Projekte involvierte, wurde die Theologie ein bleibender Bestandteil des „Systems Althoff". Es wird daran eine Gesamtkonzeption von Wissenschaft bei Althoff und Harnack deutlich, in der die Theologie zwar nicht an erster Stelle stand und nicht mehr als *theologia sacra* fungierte, in der sie aber als akademische Disziplin einen selbstverständlichen Beitrag leisten konnte und in der sie durch Harnack als einem ihrer renommiertesten und einflussreichsten Repräsentanten bis 1918 vertreten wurde. Der Vergleich mit den anderen theologischen Strömungen verdeutlicht, dass die von Harnack vertretene modern-kritische Richtung ebenso wie die von Seeberg repräsentierte modern-positive Position eine Annäherung der evangelischen Theologie an den Staat und die Universitäten sowie eine parallele Distanzierung von der Kirche im Wilhelminischen Kaiserreich bewirkte, während die positive Theologie Cremers die genannten differierenden theologischen Strömungen aus dem Raum der Kirche verdrängte. Diese Position behielt die evangelische Theologie bis zum Ende des Ersten Weltkriegs bei. Die Veränderungen in den Jahren 1918/19 revolutionierten ihren Standort zwischen Staat, Kirche und Universitäten in manchem zwar grundlegend, bewahrten aber auch zahlreiche strukturelle Voraussetzungen bis 1933 bzw. bis 1945 bei.

Biogramme

Achelis, Ernst Christian *(1838–1912)* *Krause, Achelis, Ernst; BBKL, online, Bd. I, 17; DBETh, Bd. 1, 3*
1857–60 Studium der ev. Theologie in Heidelberg bei Richard Rothe und in Halle/Saale bei Tholuck. Seit 1860 Pfarrer in und um Bremen, seit 1875 in Unterbarmen. 1882 Dr. theol. h.c. in Halle/Saale, 1882–1911 Ordinarius für Praktische Theologie in Marburg und Universitätsprediger. 1888–1908 Vertreter der Fakultät in der Kasseler Landessynode. Reformierter Theologe und Vertreter der Vermittlungstheologie. Forschungsschwerpunkte: Praktisch-theologische Bibelauslegung und ein Lehrbuch der praktischen Theologie.

Achelis, Hans *(1865–1937)* *Faulenbach, Album Professorum, 242–44; BBKL, online, Bd. I, 17; DBETh, Bd. 1, 3f.*
1883-87 Studium der ev. Theologie in Erlangen, Marburg und Berlin. 1887 Dr. phil. in Marburg, 1893 Lic. theol. in Göttingen. 1890/91 Stipendiat des Deutschen Archäologischen Instituts in Rom und Palästina. Seit 1897 Titularprofessor ebd., 1901 Extraordinarius für Kirchengeschichte in Königsberg, seit 1907 Extraordinarius, seit 1914 Ordinarius in Halle/Saale, seit 1916 in Bonn, 1919–35 in Leipzig als Nachfolger von Albert Hauck. Sohn von Ernst Christian Achelis. 1897 Heirat mit Johanna Noltenius (*1872). Forschungsschwerpunkte: Alte Kirche, Archäologie und christliche Kunst.

Adams, Anton *(1856–1915)* *Schwenke, Umschau und neue Nachrichten, 357f.; RPPD, Anton Adams*
Studium der Architektur. Architekt von Bahnhofsbauten in Köln und Düsseldorf. Seit 1897 im Ministerium für öffentliche Bauten in Berlin. 1898–1903 Bauleitung der Hochschule für Musik und Bildende Künste, 1904–14 der Kgl. Bibliothek, der Universitätsbibliothek und der Akademie der Wissenschaften in Berlin. Konstrukteur der großen Kuppel über dem Lesesaal der kgl. Bibliothek. Mitglied der Zentrumspartei.

Albrecht von Brandenburg *(1490–1545)* *BBKL, online, Bd. I, 92f.*
1506 Gründung der Universität Viadrina in Frankfurt a.O. 1508 Domherr in Mainz, 1513 Erzbischof von Magdeburg, 1514 Erzbischof und Kurfürst von Mainz. 1518 Kurienkardinal. Abwartende Haltung gegenüber der Reformation. Seit den 1530er Jahren Gegner der reformatorischen Bewegung.

Albert, Johanna *(1839–1918 [?])* 1857 Heirat mit Friedrich Heinrich Leonhard Albert (1819–1864). Mutter von Friedrich Georg Ernst Albert (1860–1949). Pflegemutter von Paul Kehr. Tochter des Appellationsgerichtspräsidenten Karl Anton Maercker.

Altenstein, Karl Freiherr von *(1770–1840)* Studium der Jurisprudenz, Philosophie und Naturwissenschaften in Erlangen, Göttingen und Jena. Seit 1793 Referendar bei der Kriegs- und Domänenkammer in Ansbach. Seit 1799 in Berlin, seit 1803 Geheimer Oberfinanzrat und Mitglied des Generaldirektoriums. 1806–08 am Hof in Königsberg. 1808–10 Finanzminister, 1813 Zivilgouverneur in Schlesien. 1817–40 Preuß. Kultusminister.

Alexander VII. *(1599–1667)* *BBKL, online, Bd. I, 105f.*
1639–51 päpstlicher Nuntius in Köln. 1648 Teilnahme an den Verhandlungen des Westfälischen Friedens. 1652 zum Kardinal erhoben und Kardinalstaatssekretär. 1655 Wahl zum Papst Alexander VII. Ausbau des Besitzes der Familie Chigi und Aufbau einer Antikensammlung. Gegner des französischen Jansenismus.

Althaus, Paul *(1861–1925)* *Althaus, Aus dem Leben; BBKL, online, Bd. I, 130; DBETh, Bd. 1, 34*
1881–84 Studium der ev. Theologie in Erlangen und Göttingen. 1884–86 Hauslehrer in Barenaue,

https://doi.org/10.1515/9783112213193-027

Osnabrück. 1887–97 im Pfarrdienst der Landeskirche Hannovers. 1896 Dr. phil. in Greifswald. Seit 1897 Extraordinarius für systematische Theologie, seit 1899 Ordinarius in Göttingen, seit 1912 in Leipzig. Vertreter des Erlanger und positiven Luthertums. Forschungsschwerpunkte: Liturgie- und Gebetsgeschichte, bes. des 16. Jh.

Althaus, Paul d. J. *(1888–1966)* *DBETh, Bd. 1, 34*
Theologiestudium der Tübingen und Göttingen. 1914 Habilitation. 1915–18 Gouvernementspfarrer in Lodz. Seit 1920 Ordinarius für Theologie in Rostock, seit 1925 in Erlangen. 1926–64 Präsident der Luther-Gesellschaft. Verbindung von lutherischer Theologie und völkischen Vorstellungen.

Althoff, Friedrich Theodor d.Ä. *(1785–1852)* Domänenrat in Dinslaken. Vater von Friedrich Althoff.

Althoff, Friedrich *(1839–1908)* *Sachse, Althoff; Brocke, Von der Wissenschaftsverwaltung zur Wissenschaftspolitik; Wesseling, Althoff*

Althoff, Julie, geb. von Buggenhagen *(1802–1864)* Mutter von Friedrich Althoff, Tochter von Julius Ernst von Buggenhagen.

Althoff, Marie, geb. Ingenohl *(1843–1925)* 1865 Heirat mit Friedrich Althoff.

Anrep, Fanny von *(1842–1913)* *Anrep, Briefe 1873–1909, IIIf.*
Geb. in Dorpat, seit 1844 in Riga. 1864 Heirat mit Konrad von Anrep. Seit 1864 in Dorpat, 1877–81 auf Schloss Ringen bei Dorpat. 1881–90 während des Semesters in Dorpat, verschiedene Auslandsreisen. 1891/92 Aufenthalt in Heidelberg und Dresden. Tochter von Bertha Ewers und Rudolph von Engelhardt. Cousine Harnacks.

Anrich, Gustav Adolf *(1867–1930)* *Faulenbach, Album Professorum, 245–48; BBKL, online, Bd. I, 181; Ehmer, Anrich; DBETh, Bd. 1, 47*
1885–90 Studium der ev. Theologie in Straßburg und Marburg. 1891/92 Studienaufenthalt in Berlin. 1893 Lic. theol. und 1894 Habilitation in Straßburg. Seit 1896 Pfarrer in Lingolsheim, seit 1900 Titularprofessor in Straßburg und seit 1901 Direktor des Stifts ebd. Seit 1903 Extraordinarius für Kirchengeschichte in Straßburg, seit 1914 Ordinarius ebd. Seit 1919 in Bonn, seit 1924 in Tübingen. Schüler Harnacks, Paul Ernest Lucius' und Friedrich Spittas. 1898 Heirat mit Martha Brahts. Forschungsschwerpunkte: Ältere Kirchengeschichte, Hagiologie und Elsässer Kirchengeschichte.

Arnold, Carl Franklin *(1853–1927)* *Tilitzki, Albertus-Universität, 492f.*
Seit 1872 Studium der ev. Theologie in Erlangen, Leipzig und Königsberg. 1878–88 Lehrer am Gymnasium in Königsberg. Phil. Promotion ebd., 1886 Lic. theol. und Habilitation ebd. Seit 1888 Extraordinarius für Kirchengeschichte in Breslau, seit 1895 Ordinarius ebd. Verheiratet mit Elisabeth Voigt, Tochter des Theologen Heinrich Voigt. Vertreter der Vermittlungstheologie. Forschungsschwerpunkt: Ältere Kirchengeschichte.

Arons, Leo *(1860–1919)* 1878–84 Studium der Physik in Leipzig, Würzburg, Berlin und Straßburg. Seit 1884 Assistent ebd. 1888 Habilitation ebd. Seit 1890 Privatdozent in Berlin. 1899 Suspendierung als Privatdozent wegen der Mitgliedschaft in der Sozialdemokratischen Partei.

Auguste Viktoria *(1858–1921)* *Lommatzsch, Auguste Viktoria*
Tochter des Herzogs von Schleswig-Holstein. 1881 Heirat mit Kronprinz Wilhelm. 1888–1918 deutsche Kaiserin und preuß. Königin. Intensiver Kirchenbau in Berlin und Preußen unter ihrer Protektion und sozialdiakonisches Engagement.

Augustin von Hippo *(354–430)* *BBKL, online, Bd. I, 272–300*
Schulausbildung und Studium in Thagaste, Madaura und Karthago. Konkubinat mit einer unbekannten Frau. Sohn Adeodatus (372–389). Auditor im Manichäismus. 373 Rückkehr nach Thagaste und Tätigkeit als Rhetor mit Schülern, später in Karthago. Seit 383 in Rom, seit 384 Rhetor in Mailand. Bekehrungserlebnis und Rückzug auf das Landgut Cassiacum südlich des Comersees mit der Mutter Monica, Adeodatus und weiteren Freunden. 387 Rückkehr nach Mailand und Taufe durch Ambrosius ebd. sowie Tod der Mutter in Ostia. Seit 388 Aufbau einer klösterlichen Gemeinschaft in Thagaste. 391 Reise nach Hippo Regius und dort Weihe zum Presbyter. 395 Weihe zum Mitbischof von Hippo neben Aurelius, seit 396 alleiniger Bischof. In Hippo Gründung eines Klerikerklosters. 429 Deklaration seines Koadjutors Heraklius zu seinem Nachfolger. Theologische Auseinandersetzung mit dem Manichäismus, dem Pelagianismus und den Donatisten.

Auwers, Arthur *(1838–1915)* 1857–59 Studium der Astronomie in Göttingen und Königsberg. 1862 Promotion ebd. Seit 1862 Beobachter an der Sternwarte Gotha, seit 1866 Astronom und Mitglied der Berliner Akademie. 1912 geadelt. 1862 Heirat mit Marie Henriette Jacobi (1837–1915).

Bachem, Carl *(1858–1945)* 1876–80 Studium der Rechtswissenschaft in Straßburg und Berlin. 1880 jur. Staatsexamina und Promotion in Göttingen. Seit 1886 Rechtsanwalt in Köln. 1889–1906 MdR (Zentrum), 1889–1904 MdPrA. Beteiligung an der Abfassung des 1900 veröffentlichten BGB. Mitglied des „Reformflügels" im Zentrum, Vertreter einer interkonfessionellen Politik. 1915–20 Redakteur der Kölnischen Volkszeitung. 1918–32 Arbeit an der Geschichte der Zentrumspartei. 1891–1908 Ehe mit Katharina Roeckerath, ab 1908 mit Tilla DuMont.

Bezold, Wilhelm von *(1837–1907)* 1856–60 Studium der Naturwissenschaften in München und Göttingen. 1861 Habilitation in München. 1868–85 Professor für technische Physik in München. Seit 1878 Leiter der Bayerischen Meteorologischen Zentralstation. Seit 1885 Leiter des Preuß. Meteorologischen Instituts in Berlin und Ordinarius für Meteorologie ebd. Seit 1892 Leiter der Deutschen Meteorologischen Gesellschaft. Forschungsschwerpunkte: Modernisierung der Meteorologie und wissenschaftliche Aeronautik. 1868 Heirat mit Marie Hörmann von Hörbach.

Bezzenberger, Adalbert *(1851–1922)* Studium der Sprachwissenschaften und des Sanskrits in Göttingen. 1874 Habilitation ebd. Seit 1879 Ordinarius für vergleichende Sprachwissenschaften. Seit 1891 ostpreuß. Landesarchäologe im Nebenamt. Forschungsschwerpunkt: Baltische Philologie.

Baethgen, Friedrich *(1849–1905)* *Redaktion, Baethgen, NSHE; DBETh, Bd. 1, 80; BBKL, online, Bd. I, 341f.*
Studium der ev. Theologie in Göttingen und Kiel, 1878 Habilitation ebd. Seit 1884 Extraordinarius für Altes Testament ebd., seit 1888 in Halle/Saale, seit 1889 Ordinarius in Greifswald und 1895–99 in Berlin. Verheiratet mit Molly Schmidt. Vertreter der historisch-kritischen Methode in atl. Wissenschaft. Forschungsschwerpunkte: Psalmen und semitische Religionsgeschichte.

Bäumer, Gertrud *(1873–1954)* *Vierhaus, DBE, Bd. 1, 331*
1898–1900 Gasthörerin für Theologie und Germanistik, u.a. bei Harnack, Hermann Gunkel, Wilhelm Dilthey und Erich Schmidt. Seit 1899 in einer Lebens- und Arbeitsgemeinschaft mit Helene Lange. 1904 Promotion bei Erich Schmidt in Berlin. Mitarbeiterin der Friedrich Naumannschen Zeitschrift »Die Hilfe«. 1910–19 Vorsitzende des Bundes Deutscher Frauen. 1919 Teilnahme an der Weimarer Nationalversammlung, 1920–34 MdR (DDP). 1926–33 Delegierte beim Völkerbund in Genf. 1933 Amtsenthebung. Vertreterin des gemäßigten Flügels der bürgerlichen Frauenbewegung.

Ballin, Albert *(1857–1918)* *Vierhaus, DBE, Bd. 1, 349*
Seit 1874 im väterlichen Unternehmen Auswandererexpedition Morris&Co. in Hamburg, wenig spä-

ter dessen Leiter. Seit 1881 Vertretung der Passage der Reederei Edward Carr zwischen Hamburg und New York. Leiter der Passageabteilung der Hamburg-Amerikanischen Packetfahrt AG (Hapag), seit 1888 in deren Vorstand, seit 1899 Generaldirektor der Hamburg-Amerika-Linie. Seit 1891 Erfindung der Vergnügungsreisen zur See. 1902 Abschluss einer Interessengemeinschaft zwischen Hapag und Lloyd mit dem US-amerikanischen Morgantrust. 1883 Heirat mit Marianne Rauert. 1918 Selbstmord.

Barkhausen, Friedrich Wilhelm *(1831–1903)* *BBKL, online, Bd. I, 371f.; Nestle, Barkhausen*
Studium der Mathematik und Naturwissenschaften, dann der Rechte und Staatswissenschaften in Göttingen und Heidelberg. Seit 1854 im Hannoverschen Staatsdienst. Seit 1869 Konsistorialrat und Vorsitzender des Konsistoriums in Stade. Seit 1873 im Kultusministerium in Berlin zur Erarbeitung der Verfassungsrechte der 1866 zu Preußen hinzugekommenen Kirchen. Seit 1881 Direktor der Geistlichen Abteilung im Kultusministerium, seit 1890 Unterstaatssekretär ebd. und seit 1891 Präsident des Evangelischen Oberkirchenrats. Seit 1893 Präsident der Preuß. Hauptbibelgesellschaft. Beteiligung an der Revision der Preuß. Agende von 1894, der Neukonstitution der Verbindung zwischen der ev. Kirche und den Auslandsgemeinden 1899 sowie der Bildung des Evangelischen Deutschen Kirchenausschusses 1903. Außerdem Ausbau der Predigerseminare und Einführung des Lehrvikariats. MdH.

Barth, Karl *(1886–1968)* 1904–08 Studium der Theologie in Bern, Berlin, Tübingen und Marburg bei Harnack und Herrmann. 1908/09 Redaktionshelfer Martin Rades bei der ChW. 1909–11 Hilfsprediger in Genf, 1911–22 Pfarrer in Safenwil im Kanton Aargau. 1922 Dr. theol. h.c. in Münster. 1922–25 Honorarprofessor in Göttingen, 1925–30 Ordinarius für Dogmatik in Münster, 1930–35 in Bonn. Seit 1925 Lebens- und Arbeitsgemeinschaft mit Charlotte von Kirschbaum (1899–1975). Seit 1933/34 prägender Einfluss auf die innerkirchliche Opposition gegen den Nationalsozialismus. 1934 Suspendierung, 1935 Redeverbot und 1935 Versetzung in den Ruhestand. 1935–62 Ordinarius in Basel. 1946 und 1947 zwei Gastsemester in Bonn. 1932–67 Veröffentlichung der Kirchlichen Dogmatik (KD). 1913 Heirat mit Nelly Hoffmann (1893–1976).

Bartsch, Robert von *(1833–1919)* *Lüdicke, Preußische Kultusminister, 19; GStA PK, I. HA, Rep. 76, I. HA, Rep. 76 I, Sekt. 31, Lit. B Nr. 58*
1852–55 Studium der Jurisprudenz in Berlin, Halle/Saale und Breslau. Seit 1857 Referendar, seit 1860 Gerichtsassessor. 1861–64 Hilfsarbeiter im Justizministerium, 1864–79 Kreisrichter in Hirschberg (Schlesien), 1870–74 Obergerichtsrat in Celle. 1874–90 Vortragender Rat in der geistlichen Abteilung, 1890–99 Ministerialdirektor derselben und der Medizinalabteilung. 1897 Dr. theol. h.c. in Berlin. 1899–1900 Unterstaatssekretär. 1893 geadelt.

Bartus, Theodor *(1858–1941)* *Knüppel, Bartus; GStA PK, I. HA, Rep. 76, I. HA, Rep. 76 Vc, Sekt. 1, Tit. XI, Teil V A, Nr. 8, Bd. 1, Bl. 8rv*
1872–89 Seemann. Seit 1889 Hilfsarbeiter im Museum für Völkerkunde in Berlin. 1902–14 Technischer Mitarbeiter der vier Turfan-Expeditionen, später noch Teilnehmer bei Expeditionen nach Mesopotamien und Indien.

Baudissin, Wolf von *(1847–1926)* *BBKL, online, Bd. I, 415; Smend, Baudissin; DBETh, Bd. 1, 96*
1866–72 Studium der ev. Theologie und Orientalistik in Erlangen, Heidelberg, Berlin, Leipzig und Kiel. 1870 phil. Promotion, 1874 Lic. theol. und Habilitation in Leipzig. Seit 1876 Extraordinarius für Altes Testament in Straßburg, seit 1880 Ordinarius ebd. 1880 Dr. theol. h.c. in Gießen. Seit 1881 Ordinarius in Marburg, seit 1900 in Berlin. Schüler von Franz Delitzsch und Heinrich Leberecht Fleischer; der Religionsgeschichtlichen Schule zugehörig. Forschungsschwerpunkt: Altorientalische Umwelt des Alten Testaments.

Bauer, Johannes *(1860–1930) BBKL, online, Bd. I, 418f.*; *Tilitzki, Albertus-Universität, 496*; *DBETh, Bd. 1, 98*
1879–82 Studium der ev. Theologie in Erlangen, Leipzig und Basel. 1882–90 Vikar und Pfarrer im Badischen Kirchendienst. 1884 Heirat mit Minna Ringwald. 1892 Habilitation für praktische-Theologie in Marburg. Seit 1900 Extraordinarius ebd. 1907–10 Ordinarius für Praktische Theologie in Königsberg, seit 1910 in Heidelberg. 1919 Mitglied der verfassunggebenden Landessynode in Baden, seit 1920 Mitglied der Badischen Kirchenleitung. Vertreter eines kirchlichen Liberalismus badischer Prägung. Forschungsschwerpunkt: Schleiermachers Praktische Theologie.

Baumgarten, Otto *(1858–1934) BBKL, online, Bd. I, 422f.*; *Bassi, Baumgarten*; *Bassi, Otto Baumgarten*; *Stahlberg, Seelsorge im Übergang, 206–226*; *DBETh, Bd. 1, 101*
1876–82 Studium der ev. Theologie in Straßburg, Göttingen und Zürich. 1882–87 Pfarrer in Baden. 1888 Lic. theol. in Halle/Saale. Seit 1888 Prediger im Waisenhaus in Rummelsburg als Nachfolger Adolf Jülichers und 1890 Habilitation in Berlin. 1890–94 Extraordinarius für Praktische Theologie in Jena, 1894–1926 Ordinarius und Universitätsprediger in Kiel. Herausgeber der „Monatsschrift für die kirchliche Praxis". 1912–25 Präsident des ESK. Mitarbeiter der ChW. 1883 Heirat mit Emily Alice Fallenstein. Schüler von Albrecht Ritschl. Forschungsschwerpunkte: Homiletik und Reform des Religionsunterrichts.

Baumgarten, Paul Maria *(1860–1948) Weber, Baumgarten, LThK*; *Weber, Paul Maria Baumgarten*; *Heid, Baumgarten*; *Pacelli Edition, Kurzbiografien, online, Baumgarten*
1880–85 Studium der Rechtswissenschaft, Geschichte und Staatswissenschaft in Bonn, Marburg, Breslau; 1885 Dr. iur. in Göttingen. 1885 Studium der Geschichte in Berlin. Seit 1887 Mitarbeiter der Görres–Gesellschaft am Campo Santo Teutonico und seit 1888 zweiter Assistent an der Preuß. Hist. Station. Seit 1888 päpstlicher Kammerherr. Seit 1890 Mitglied der Akademie der adeligen Kleriker und Studium der kath. Theologie an der Università Gregoriana. 1894 Priesterweihe in der Lateransbasilika. Seit 1895 Ablegat in Österreich. 1899–1903 literarischer Leiter der „Allgemeinen Verlagsgesellschaft München". Seit 1901 päpstlicher Hausprälat. Seit 1903 Privatgelehrter der Görres-Gesellschaft und in der päpstlichen Verwaltung. Mitarbeiter von Kardinal Sembratowicz in Wien, seit 1905 in Freiburg i.Br. 1905 Dr. theol. ebd. 1914/15 Presseagent für das AA in Rom. 1920–24 in Rom, seit 1924 in Neuötting. 1899–1902 Herausgeber des dreibändigen Opus „Die katholische Kirche unserer Zeit und ihre Diener in Wort und Bild". Enger Austausch mit Paul Fridolin Kehr. Forschungsschwerpunkte: Vatikanisches Archiv und Bibliothek.

Baur, Ferdinand Christian *(1792–1860) Scholder, Baur, Ferdinand*; *BBKL, online, Bd. I, 427f.*; *DBETh, Bd. 1, 103*
Studium der ev. Theologie in Tübingen. Seit 1817 Professor in der Klosterschule Blaubeuren und seit 1826 Ordinarius für Dogmatik in Tübingen. Vertreter einer kritisch-liberalen Theologie im Anschluss an Schleiermacher und Hegel. Forschungsschwerpunkte: Historisch-kritische Erforschung des Neuen Testaments und der Kirchen- und Dogmengeschichte. Begründer der jüngeren Tübinger Schule.

Bayer, Adolph Hermann *(1834–1892) Lüdicke, Preußische Kultusminister, 95, Nr. 134*; *Lerche, Verzeichnis EOK, 173*; *Bauks, Ev. Pfarrer in Westfalen, Nr. 305, S. 25*
1854–58 Studium der ev. Theologie in Halle/Saale und Bonn. 1858 und 1860 theol. Examina. Seit 1858 Rektor der ev. Schule in Münster. 1860 Ordination. Seit 1860 Pfarrer in Anholt und seit 1863 in Wesel. Seit 1864 Seminardirektor in Moers und seit 1868 Regierungs- und Schulrat in Wiesbaden. 1883–90 Hof- und Domprediger in Berlin, zugleich Oberkonsistorialrat und Mitglied des EOK. 1890–

92 Vortragender Rat im Kultusministerium. 1884–92 Probst von Heiligengrabe. 1860 Heirat mit Ida Haverland.

Behr-Pinnow, Karl von *(1864–1941) Praktiken der Monarchie, Personenregister, Behr, Karl von*
1883–86 Studium der Jurisprudenz in Göttingen, 1886 Promotion. 1886–1904 im Justizdienst. Seit 1904 Kämmerer im Kaiserhaus, 1904–11 Kammerherr und Kabinettsrat Auguste Viktorias. Seit 1905 Beschäftigung mit Säuglingssterblichkeit. Seit 1911 Studien zur Eugenik, 1925 Mitbegründer und Vorsitzender des »Deutschen Bunds für Volksaufartung und Erbkunde«. Entschiedener Gegner der Frauenbewegung. Verheiratet mit Diana Freiin von Vincke († 1910) und seit 1913 mit Maria von Pestel.

Behring, Emil von *(1854–1917) Vierhaus, DBE, Bd. 1, 503; Brocke, Berufungspolitik und Berufungspraxis, 93f.*
Studium der Medizin in Berlin. 1880 Staatsexamen und Promotion. Militärarzt. Seit 1889 Assistent bei Robert Koch. Seit 1893 Extraordinarius in Halle/Saale. 1895 Abschied aus dem Militärdienst und seit 1895 Ordinarius und Direktor des Hygienischen Instituts in Marburg. Begründer der Serumheilkunde. Forschungsschwerpunkte: Bakteriologie und Hygiene.

Below, Georg von *(1858–1927) Vierhaus, DBE, Bd. 1, 513*
1878–83 Studium der Geschichte in Königsberg, Bonn und Berlin. 1883 Dr. phil. in Bonn. Seit 1883 Edition der Landtagsakten von Jülich-Berg. 1886 Habilitation in Marburg, seit 1888 in Königsberg. Seit 1889 Extraordinarius ebd. Seit 1891 Ordinarius in Münster, seit 1897 in Marburg, seit 1901 in Tübingen und 1905–24 in Freiburg i.Br. Forschungsschwerpunkte: Verfassungs- und Wirtschaftsgeschichte. 1917 Gründung der Zeitschrift „Deutschlands Erneuerung" zusammen mit Houston Stewart Chamberlain.

Berendts, Alexander *(1863–1912) Anonym, Berendts, 1912; Frey, Theologische Fakultät Dorpat-Jurjew, 174f.; BBLd, Alexander Berendts*
1881–84 Studium der Geschichte in St. Petersburg, 1884–90 Studium der ev. Theologie in Dorpat. 1891/92 Studium in Berlin bei Harnack, Nicolaus Müller, Paul Scheffer-Boichorst und Wilhelm Wattenbach. 1895 Lic. theol. in Dorpat. 1895/96 Privatdozent. 1896–1911 Dozent und 1911/12 Extraordinarius für Theologie in Dorpat. Herausgeber ntl. Apokryphen im Auftrag der Kirchenväteredition der Kgl.-Preuß. Akademie der Wissenschaften zu Berlin.

Bergen, Diego von *(1872–1944) Vierhaus, DBE, Bd. 1, 552f.*
1895 Dr. iur. 1906–09 Legationsrat in Guatemala, Peking, Brüssel, Madrid und beim Vatikan. Seit 1911 im Auswärtigen Amt in Berlin, 1917–19 Leiter der Politischen Abteilung. 1920–43 Botschafter des Dt. Reichs beim Heiligen Stuhl.

Bergmann, Ernst von *(1836–1907) Vierhaus, DBE, Bd. 1, 563*
1854–60 Studium der Medizin in Dorpat. 1860 Dr. med. und 1864 Habilitation ebd. 1860–64 Assistent, 1864–71 Privatdozent und 1871–78 Ordinarius für Medizin in Dorpat. 1878–82 Ordinariat in Würzburg, 1882–1907 in Berlin. Direktor der I. Chirurgischen Klinik ebd. 1866, 1870/71 und 1877 Kriegschirurg. Forschungsschwerpunkte: Antiseptische Wundbehandlung und Chirurgie.

Bernhard III., Erbprinz von Meiningen *(1851–1928)* Erbprinz von Meiningen. 1869–73 Studium der klassischen Philologie in Heidelberg. 1870/71 Teilnahme am dt.-franz. Krieg. Seit 1873 im Militärdienst. 1905–12 Generaloberst und Generalinspekteur der 2. Armeeinspektion. 1914–18 Herzog von Meiningen. 1878 Heirat mit Charlotte (1860–1919), Schwester Wilhelms II. und Tochter des Friedrich III.

Bernhard, Leopold *(1836–1907)* Berliner Fabrikbesitzer, Nachbar Harnacks und Vater von Ludwig und Johanna Bernhard. 1872 Konversion vom Judentum zum evangelischen Christentum. Verheiratet mit Clara Magdalena Damcke (1849–1938).

Bernhard, Ludwig *(1875–1935)* *Vierhaus, DBE, Bd. 1, 585*
Studium der Staatswissenschaften und des Maschinenbaus in Berlin und München. 1878 Promotion in Berlin. Habilitation ebd. 1903 Dr. iur. Seit 1904 Professor an der Akademie in Posen, seit 1906 Ordinarius für Nationalökonomie in Greifswald, seit 1907 in Kiel. 1908 gegen den Widerstand der Fakultät nach Berlin berufen. Antritt des Ordinariats im Herbst 1909. 1912 im Zentrum einer Debatte um die Zukunft der deutschen Sozialpolitik. Forschungsschwerpunkte: Polenfrage und Sozialpolitik.

Bess, Bernhard *(1863–1939)* *Habermann, Lexikon dt. wissenschaftlicher Bibliothekare, 21; Mish, Otto Scheel, 371*
Studium der Theologie in Marburg. 1890 Dr. phil. und Habilitation ebd. 1890–96 Privatdozent in Marburg. Seit 1896 Hilfsarbeiter an der Universitätsbibliothek in Göttingen, seit 1899 Hilfsbibliothekar, seit 1900 an der Kgl. Bibliothek in Berlin, seit 1902 Bibliothekar an der Universitätsbibliothek in Halle/Saale. 1902/03 Bibliothekar im PHI in Rom. Seit 1910 Bibliothekar und Referent für Theologie an der Kgl. Berlin, 1914–28 Oberbibliothekar ebd. Seit 1891 Mitherausgeber der ZKG. Forschungsschwerpunkte: Hessische Kirchengeschichte und Reformationsgeschichte.

Bestmann, Hugo Johannes *(1854–1925)* *Bestmann, Bestmann, Hugo*
Studium der ev. Theologie und Kunstgeschichte in Leipzig, Tübingen, Kiel und Berlin. 1877 Lic. theol. und Privatdozent in Erlangen. Seit 1882 Lehrer an den Frankeschen Stiftungen in Halle/Saale und seit 1884 Privatdozent ebd. 1884 Dr. phil. ebd. und Dozent in Leipzig. Seit 1886 Pastor in Mölln. 1897 Gründung der Möllner Theologischen Lehrkonferenz. 1898/99 Herausgeber des „Christlichen Herold. Zeitschrift für kirchliche Arbeit und christliche Erkenntnis". 1917 Dr. theol. h.c. in Rostock. Vertreter des konservativen Luthertums Erlanger Richtung. Forschungsschwerpunkte: Geschichte des Kirchenlieds.

Beth, Karl *(1872–1959)* *BBKL, online, Bd. I, 564f.*
Studium der Theologie in Tübingen und Berlin bei Harnack, Pfleiderer und Dilthey. 1897 Lic. theol., 1898 Dr. phil., 1901 Habilitation. 1902 Forschungsreise nach Griechenland und das Osmanische Reich. Seit 1906 Extraordinarius für Systematische Theologie in Wien, seit 1908 Ordinarius ebd. 1922 Gründung eines religionspsychologischen Instituts. Seit 1928 Präsident der „Internationalen Religionspsychologischen Gesellschaft". 1932 Forschungsreise nach Abessinien. 1938 Amtsenthebung. 1939 Emigration nach Chicago wegen der jüdischen Wurzeln seiner Ehefrau, 1939–45 Professor für Religionsphilosophie und -psychologie ebd. Vertreter einer modern-positiven Theologie. Forschungsschwerpunkt: Religionpsychologie. 1906 Heirat mit der Juristin und Orientalistin Marianne Weisl (1890–1984).

Beyschlag, Willibald *(1823–1900)* *BBKL, online, Bd. I, 571f.; DBETh, Bd. 1, 133*
Studium der ev. Theologie in Bonn und Berlin. Seit 1849 Pfarrer im Rheinland, seit 1850 in Trier und seit 1856 in Karlsruhe. Seit 1860 Extraordinarius für Praktische Theologie in Halle/Saale. 1873 Gründung der „Evangelischen Vereinigung" und 1876 der „Deutsch-evangelischen Blätter". 1886 Gründung des Evangelischen Bundes. Vertreter eines unierten Protestantismus in einer Einheitskirche, scharfer Gegner des ultramontanen Katholizismus. Forschungsschwerpunkt: Biblische Theologie für die Praxis.

Bier, August *(1861–1949)* *Vierhaus, DBE, Bd. 1, 653f.*
Studium der Medizin in Berlin, Leipzig und Kiel. 1888 Promotion ebd. 1889 Habilitation. Seit 1894 Extraordinarius in Kiel. Seit 1899 Ordinarius für Chirurgie in Greifswald, seit 1903 in Bonn und 1907–32 in Berlin als Nachfolger Ernst von Bergmanns. 1920 Gründung der Deutschen Hochschule für Leibesübungen. Befürworter des Nationalsozialismus ab 1933. Vertreter eines neovitalistischen Medizinkonzepts. Forschungsschwerpunkte: Amputationen und Rückenmarksanästhesie. 1905 Heirat mit Anna Esau.

Bismarck, Otto von *(1815–1898)* *Schneider, Bismarck; Binder, Bismarck*
1832/33 Studium der Jurisprudenz in Göttingen, 1833–35 in Berlin. Seit 1835 im preuß. Staatsdienst. 1839–44 Bewirtschaftung des Familienguts in Pommern. Seit 1845 Mitglied des Pommerschen Landtags, seit 1847 MdPrA, seit 1854 MdH. 1851–59 preuß. Bundestagsgesandter in Frankfurt a.M. 1859–62 Botschafter in St. Petersburg, 1862 in Paris. 1862–90 Ministerpräsident und Außenminister von Preußen, 1867–71 Bundeskanzler, 1871–90 dt. Reichskanzler. 1871–80 Kulturkampf unter Bismarck, 1878–90 Sozialistengesetze, 1883–89 Sozialgesetzgebung.

Blankenfeld, Thomas *(1435–1504)* Kaufmann und Bürgermeister von Berlin. Vater von Johannes Blankenfeld.

Bode, Wilhelm von *(1845–1929)* *Vierhaus, DBE, Bd. 1, 749*
1864–67 Studium der Jurisprudenz in Göttingen und Berlin. 1867–69 Auditor in Braunschweig. Parallel Studium der Kunstgeschichte in Berlin und Wien. 1879 Dr. phil. in Leipzig. Seit 1872 Assistent an der Skulpturen-Abteilung der Berliner Museen, seit 1883 Direktor der Skulpturen-Abteilung, seit 1890 der Gemäldegalerie und seit 1905 Generaldirektor der Kgl. Museen. 1920 Pensionierung. Ausbau aller genannten Museen zu höchstem Rang. Gründung der frühchristlichen, koptischen, byzantinischen, islamischen, frühmittelalterlichen und ostasiatischen Kunstabteilung. Unterstützer des „Kunsthistorischen Instituts" in Florenz. Neubau des Kaiser-Friedrich-Museums, des Pergamon-Museums und der Museen in Dahlem. 1882 Heirat mit Marie Rimpau, 1894 mit Anna von Gmelin.

Bodelschwingh, Friedrich von *(1831–1910)* *Goltz, Bodelschwingh, Friedrich; BBKL, online, Bd. I, 643–649; Ruhbach, Bodelschwingh; Kaiser, Bodelschwingh; Benad, Bodelschwingh d.Ä.*
Seit 1849 Ausbildung zum Landwirt, seit 1852 landwirtschaftlicher Inspektor bei Neustettin. 1854 Erweckungserlebnis und Entschluss Pfarrer zu werden. Seit 1854 Theologiestudium in Basel, Erlangen und Berlin. Seit 1858 Hilfsprediger in Paris. 1861 Heirat mit Ida von Bodelschwingh und seit 1864 Pfarrer bei Unna. Seit 1872 Leiter der Anstalt für Epileptische bei Bielefeld, die er ausbaute. 1884 Dr. theol. h.c. in Halle/Saale. Aufbau weiterer diakonischer Einrichtung u.a. bei Berlin. 1890 Gründung des Kandidatenkonvikts in Bethel, 1905 der Theologischen Schule. Zusammenarbeit mit der Deutsch-Ostafrikanischen Missionsgesellschaft.

Boeckh, August *(1785–1867)* *Vierhaus, DBE, Bd. 1, 760*
1803–06 Studium der Theologie, dann der Philologie in Halle/Saale. 1807 Dr. phil. Seit 1807 Extraordinarius in Heidelberg, seit 1811 Ordinarius für klassische Philologie in Berlin. 1834–61 Sekretar der philosophisch-historischen Klasse der Akademie der Wissenschaften. Vertreter eines antiquarisch-historischen Philologieverständnisses. Forschungsschwerpunkte: Gräzistik. Begründer der modernen Epigraphik.

Böhmer, Heinrich *(1869–1927)* *Wolf, Boehmer; BBKL, online, Bd. I, 665f.; Haustein, Boehmer*
1889–93 Studium der ev. Theologie und Geschichte in Leipzig und Berlin. 1895 Dr. phil. in Leipzig. 1895–97 Mitarbeiter der „Monumenta Germaniae Historica" in Berlin, 1898 Lic. theol. und Habilitation in Leipzig und seit 1902 Extraordinarius für Kirchengeschichte ebd., seit 1903 in Bonn. Seit 1906

Ordinarius ebd., seit 1912 in Marburg und seit 1915 in Leipzig. Lutheraner mit historisch-kritischer Arbeitsweise. Forschungsschwerpunkte: Luther, Ignatius von Loyola und Jesuitenorden.

Böttinger, Henry Theodore von *(1848–1920) Knoke, Böttinger; Biographisches Handbuch für das Preuß. Abgeordnetenhaus, 1867–1918, 74f.*
1866–70 Studium der Naturwissenschaften in Freiburg i.Br. und Würzburg. 1874 Erbe des Würzburger Hofbräuhauses von seinem Vater Heinrich Böttinger (1820–74). 1878 Heirat mit Adele Bayer (1856–1925). 1880 Eintritt in den Vorstand der Farbenfabriken seines Schwiegervaters Friedrich Bayer (1825–80). Zusammen mit Carl Rumpff, Friedrich Bayer jun., Friedrich Weskott jun. und Carl Duisberg Ausbau der Bayer-Farbenfabriken zu einem Weltkonzern. Seit 1907 Vorsitzender des Aufsichtsrats. 1907 geadelt. Mitglied der Handelskammer Elberfeld. 1889–1909 MdPrA (nationalliberal). 1912 Austritt aus der Nationalliberalen Partei, 1918 Eintritt in die Deutschnationale Partei. 1911–20 Senator der Kaiser-Wilhelm-Gesellschaft.

Bonwetsch, Nathanael *(1848–1925) Frey, Theologische Fakultät Dorpat-Jurjew, 163–165; BBKL, online, Bd. I, 698f.; Mühlenberg, Bonwetsch; DBETh, Bd. 1, 164*
1866–70 Studium der ev. Theologie und Geschichte in Dorpat, 1874/75 Studienaufenthalt in Göttingen und 1877/78 in Bonn. 1871 Ordination. 1870–74 Vikar an der Wolga, 1875–77 in Norka. 1878 Lic. theol. und 1881 Dr. theol. in Dorpat. Seit 1882 Extraordinarius für Kirchengeschichte in Dorpat, seit 1883 Ordinarius. Seit 1891 Ordinarius in Göttingen als Nachfolger von Hermann Reuter. Seit 1893 Mitglied der „Gesellschaft der Wissenschaft“ in Göttingen. Vertreter einer lutherisch-konfessionellen historisch-kritischen Theologie. Forschungsschwerpunkt: Dogmengeschichte der Alten Kirche. 1883 Heirat mit Lydia Degeller.

Bornemann, Wilhelm *(1858–1946) Heinrich, Bornemann; BBKL, online, Bd. I, 704; DBETh, Bd. 1, 165*
1876–79 Studium der ev. Theologie in Göttingen und Leipzig. 1879/80 Hauslehrer, seit 1880 Mitglied des Predigerseminars Loccum, seit 1882 Stiftsinspektor in Göttingen. 1884 Lic. theol. und Habilitation in Göttingen. Seit 1886 Inspektor des Pädagogiums des Klosters Unser Lieben Frauen in Magdeburg. 1898–1902 Ordinarius für Kirchengeschichte und Praktische Theologie in Basel. 1902–31 Pfarrer in St. Nikolai in Frankfurt a.M., seit 1906 Senior des ev.-luth. Predigerministeriums ebd. Seit 1922 Professor für Praktische Theologie ebd. Mitbegründer der Zeitschrift „Die Christliche Welt.“ Schüler Ritschls und Harnacks. Vertreter der Religionsgeschichtlichen Schule. Forschungsschwerpunkte: Alte Kirche und Praktische Theologie.

Bornhäuser, Karl *(1868–1947) BBKL, online, Bd. I, 705; DBETh, Bd. 1, 166*
Studium der ev. Theologie in Halle/Saale und Greifswald. Seit 1890 im badischen Pfarrdienst, seit 1894 Divisionspfarrer in Rastatt. Seit 1902 Extraordinarius für Praktische Theologie in Greifswald, 1905/06 Vertretung der systematisch-theologischen Professur in Halle/Saale. Seit 1907 Ordinarius in Marburg, bis 1911 auch für Systematische Theologie. Vertreter eine biblizistischen Theologie in der Nachfolge Hermann Cremers. Forschungsschwerpunkte: Dogmatische und biblische Fragen.

Bornhak, Conrad *(1861–1944) Lösch, Die Juristische Fakultät der Berliner Universität, 301f.; HUB UA, UK Personalia, Personalia Bornhak Nr. B 343-I+II*
1879–82 Studium der Jurisprudenz in Berlin und Göttingen. 1882 Referendarexamen. 1885 Dr. iur. Seit 1883 Gerichtsreferendar in Berlin, seit 1887 Assessor. 1887 Habilitation in Berlin. 1893/94 Amtsrichter in Prenzlau, 1894–98 in Berlin, 1898–1927 Extraordinarius für öffentliches Recht in Berlin, seit 1901 etatmäßig. 1898–1907 Lehrer an der Kriegsakademie, 1906–31 Dozent an der Technischen Hochschule. Mitarbeiter im Kultusministerium. 1920 Heirat mit Anna Marie Freiin von Liliencron (*1875).

Bosse, Friedrich *(1864–1931)* *Anonym, Bosse, 1952; Habermann, Lexikon dt. wissenschaftlicher Bibliothekare, 31; Tilitzki, Albertus-Universität, 506*
Studium der Philologie in Tübingen, Berlin, Marburg, Heidelberg und Greifswald. 1887 Dr. phil. in Berlin und 1891 Lic. theol. in Greifswald. Seit dem Wintersemester 1892/93 Vertretung des kirchengeschichtlichen Extraordinariats in Königsberg, seit dem Sommersemester 1894 Extraordinarius für Neues Testament und Historische Theologie in Kiel, seit 1899 Extraordinarius in Greifswald. 1903/04 Aufenthalt in der Nervenheilanstalt in Berlin-Zehlendorf. 1905–09 Bibliothekar an der Universitätsbibliothek in Marburg, 1909–19 an der Kaiser-Wilhelm-Bibliothek in Posen, 1919–23 an der Preuß. Staatsbibliothek in Berlin. Sohn von Robert Bosse. Schüler Hermann Cremers. Forschungsschwerpunkt: Alte Kirche.

Bosse, Robert *(1832–1901)* Studium der Jurisprudenz in Heidelberg, Halle/Saale und Berlin. 1861–68 Kammerdirektor des Grafen zu Stolberg-Roßla. Seit 1858 im preuß. Staatsdienst. Seit 1876 Vortragender Rat im Kultusministerium, seit 1881 Direktor der wirtschaftlichen Abteilung im Innenministerium, 1889 Unterstaatssekretär ebd. Seit 1890 Staatssekretär des Staatsrats und seit 1891 des Justizministeriums. 1892–99 preuß. Kultusminister.

Bousset, Wilhelm *(1865–1920)* *BBKL, online, Bd. I, 722; Alwast/Alwast, Bousset; DBETh, Bd. 1, 167f.*
1884–88 Studium der ev. Theologie in Erlangen, Leipzig und Göttingen. 1890 Habilitation im Neuen Testament und seit 1896 Extraordinarius in Göttingen. 1897–1917 Herausgeber der „Theologischen Rundschau". Seit 1915 Mitglied der Göttinger Akademie der Wissenschaften. Seit 1916 Ordinarius in Gießen. Begründer der Religionsgeschichtlichen Schule. Forschungsschwerpunkte: Einfluss der griechischen und orientalischen Umwelt auf Judentum und frühes Christentum. Verheiratet mit Marie Vermehren. Freund von Ernst Troeltsch.

Brandi, Karl *(1868–1946)* *Vierhaus, DBE, Bd. 1, 882*
1886–90 Studium der Geschichte in München und Straßburg. 1890 Dr. phil. ebd. Seit 1890 Mitarbeiter der Badischen Historischen Kommission. 1891–95 Mitarbeiter der Münchner Hist. Kommission. 1895 Habilitation in Göttingen. Seit 1897 Extraordinarius in Marburg, 1902–36 Ordinarius für dt. Geschichte in Göttingen. 1938–46 Leiter der Erforschung der Dt. Inschriften des Herzogtums Sachsen. Forschungsschwerpunkte: Quellenkunde und Diplomatik sowie Geschichte der Renaissance.

Brandl, Alois *(1855–1940)* Studium der klassischen und germanischen Philologie in Innsbruck und Wien. Promotion ebd. Seit 1888 Ordinarius für Anglistik in Göttingen, dann in Straßburg und seit 1895 in Berlin. Wissenschaftspolitische Organisation der Anglistik zusammen mit Althoff. Forschungsschwerpunkte: Mittelenglisch, englische Dialekte und Coleridge.

Bratke, Eduard *(1861–1906)* *Anonym, Bratke, 1952; Faulenbach, Album Professorum, 193–96; Zirlewagen, Biographisches Lexikon, Bd. 1, 92f.*
1880–83 Studium der ev. Theologie in Breslau und Göttingen, 1884/85 in Berlin. 1883 Dr. phil. in Göttingen, 1885 Lic. theol. und 1886 Habilitation in Breslau. 1886–88 Lehrer an einer höheren Mädchenschule ebd. Seit 1889 Extraordinarius für Kirchengeschichte ebd., seit 1890 in Bonn, seit 1903 Ordinarius in Breslau. Schüler Albrecht Ritschls, Hermann Reuters und August Wagenmanns. Heirat mit Bianka Seidel. Forschungsschwerpunkt: Ältere Kirchengeschichte.

Braun, Theodor *(1837–1927)* *Lerche, Verzeichnis EOK, 174*
Im Hannoverschen Justizdienst, u.a. in Celle. Seit 1877 auf einer weltlichen Ratsstelle als Oberkonsistorialrat und Mitglied des EOK. 1891–1904 weltlicher Vizepräsident des EOK.

Braune *(o.D.)* *Albisetti, Schooling German Girls and Women, 266*
Oberlehrer in Posen.

Brentano, Lujo *(1844–1931)* Studium der Rechtswissenschaften in Dublin, Münster, München, Heidelberg, Würzburg, Göttingen und Berlin. 1866 Dr. iur. in Heidelberg, 1867 Dr. phil. in Göttingen, 1871 Habilitation in Staatswissenschaften in Berlin. 1872–82 Ordinarius für Nationalökonomie in Breslau, 1882–88 in Straßburg, 1888–89 in Wien, 1889–91 in Leipzig und 1891–1916 in München. 1874 Heirat mit Valeska Erbreich. Kathedesozialist und Vertreter eines sozialen Liberalismus. Mitbegründer des „Vereins für Socialpolitik". Mitglied der historischen Schule der dt. Nationalökonomen.

Bresslau, Harry *(1848–1926)* *Vierhaus, DBE, Bd. 2, 67*
1866–69 Studium der Jurisprudenz, dann Geschichte in Göttingen und Berlin. 1868 Dr. phil. in Göttingen. Seit 1869 Lehrer in Berlin, 1870–77 in Frankfurt a.M. Seit 1870 Edition der Jahrbücher Heinrichs II. 1872 Habilitation in Berlin. Seit 1877 Ordinarius ebd., 1890–1912 in Straßburg. Seit 1888 Mitglied der Zentraldirektion der Monumenta Germaniae Historica. Forschungsschwerpunkt: Ma. Geschichte. 1874 Heirat mit Caroline Isay. Schwiegervater von Albert Schweitzer.

Brieger, Theodor *(1842–1915)* *Professorenkatalog Marburg, online, Theodor Brieger; zur Mühlen, Brieger; DBETh, Bd. 1, 182; BBKL, online, Bd. I, 748*
1861–65 Studium der ev. Theologie und Geschichte in Greifswald, Erlangen und Tübingen. 1870 phil. Promotion in Leipzig, Lic. theol. und Habilitation in Halle/Saale. Seit 1873 Extraordinarius für Kirchengeschichte in Halle/Saale, 1873–76 Kustos der Universitätsbibliothek, 1876–1886 Ordinarius in Marburg, seit 1886 Ordinarius in Leipzig als Nachfolger von Karl Friedrich August Kahnis. Mitbegründer und Herausgeber der „Zeitschrift für Kirchengeschichte" und Herausgeber der „Beiträge zur Sächsischen Kirchengeschichte". Schüler Ritschls. Forschungsschwerpunkte: Reformationsgeschichte und sächsische Kirchengeschichte.

Brockdorff, Therese Gräfin von *(1846–1924)* geb. Freiin von Loën. 1881–1918 Oberhofdame der Kaiserin Auguste Viktoria.

Brown, Francis *(1849–1916)* *Francis Brown, Papers UTS, 2f.*
1867–77 Studium in Andover, Dartmouth und New York. 1877–79 Studienaufenthalt in Berlin. Seit 1879 Lehrer am Union Theological Seminary in New York, seit 1881 associate professor, seit 1890 Davenport Professor für Hebräisch ebd. 1901 Doctor of divinity der Universität Glasgow. Präsident des Union Theological Seminary. Forschungsschwerpunkte: Assyriologie und Altes Testament.

Brown, William Adams *(1865–1943)* *Brown, Papers; Anonym, Brown, 1952; BBKL, online, Bd. I, 758f.*
Bis 1890 Studium der ev. Theologie in Yale und am Union Theological Seminary. 1890–92 Auslandsaufenthalt in Deutschland, u.a. bei Harnack und Ernst Troeltsch. Seit 1892 Dozent für Kirchengeschichte am Union Theological Seminary in New York. 1898–1930 Professor für systematische Theologie ebd. Repräsentant der ökumenischen Bewegung. 1937 Präsident der Ökumenischen Konferenz in Oxford. Forschungsschwerpunkte: Zeitgenössische Kirche und Ökumene.

Brückner, Benno Bruno *(1824–1905)* *Schmidt, Brückner; Scholz, Brückner; BBKL, online, Bd. I, 764; DBETh, Bd. 1, 187*
Seit 1843 Studium der ev. Theologie in Leipzig. 1850–53 Pfarrer in Sachsen. Seit 1853 Extraordinarius für Neues Testament in Leipzig, 1855–69 Ordinarius ebd. Dr. theol. h.c. in Göttingen. Seit 1856 erster Universitätsprediger und Direktor des Seminars für Praktische Theologie. Mitbegründer der landeskirchlichen Konferenz in Meißen und Initiator des Predigerseminars zu St. Pauli in Leipzig.

1869–98 Propst an St. Nikolai und St. Marien in Berlin als Nachfolger Carl Immanuel Nitzschs sowie bis 1873 Professor für Neues Testament an der FWU. 1872–92 Generalsuperintendent von Berlin. Seit 1867 Mitglied des EOK und 1877–92 geistlicher Vizepräsident desselben. Angehöriger der Mittelpartei. Forschungsschwerpunkt: Neubearbeitung des De Wettschen Johanneskommentars.

Brugger, Philipp *(1865–1943)* *Lüdicke, Preußische Kultusminister, 117; Akten der Reichskanzlei, Weimarer Republik, Kurzbiographien, Philipp Brugger*
1886–91 Studium der Jurisprudenz in Leipzig und Freiburg i.Br. Seit 1891 Referendar, seit 1896 Assessor. 1896–98 Ratsassessor in Leipzig. 1898–1900 Zweiter Bürgermeister in Oppeln, 1900–07 Beigeordneter der Stadt Köln. 1907–19 Vortragender Rat im Kultusministerium bei der geistlichen Abteilung. 1919–21 Regierungspräsident der Universität Köln. 1921–32 Staatssekretär im Reichsinnenministerium.

Brunner, Heinrich *(1840–1915)* *Anonym, Brunner, online; Vierhaus, DBE, Bd. 2, 134*
Studium der dt. Rechtsgeschichte in Wien. 1864 Forschungen bei Waitz, 1865 Habilitation in Wien. Seit 1867 Extraordinarius für Rechtsgeschichte in Lemberg, seit 1868 Ordinarius ebd., seit 1870 in Prag, seit 1872 in Straßburg, seit 1874 in Berlin. Seit 1887 Mitglied der Zentraldirektion der Monumenta Germaniae. Forschungsschwerpunkt: Entwicklung des germanisch-deutschen Rechts.

Budde, Karl *(1850–1935)* *Smend, Budde; Kutsch, Budde; BBKL, online, Bd. I, 795; DBETh, Bd. 1, 200*
1867–73 Studium der ev. Theologie in Bonn, Berlin und Utrecht, 1870 Teilnahme am Deutsch-Französischen Krieg. 1873 Lic. theol. und Habilitation in Bonn, 1873–89 Lehrer an einer höheren Töchterschule in Bonn, 1878–85 Stiftsinspektor. Seit 1879 Extraordinarius für Alten Testament ebd., seit 1889 Extraordinarius, im selben Jahr Ordinarius in Straßburg, 1900–21 in Marburg. Vertreter der historischen-kritischen atl. Wissenschaft. 1885 Heirat mit Helene Clausius. Schüler Adolf Kamphausens. Sammler der Werke Ludwig Richters. Forschungsschwerpunkte: Kommentare zur weisheitlichen und prophetischen Literatur des AT.

Bunge, Gustav von *(1844–1920)* *Denoth, Bunge; BBLd, Gustav Bunge*
1863–71 Chemiestudium in Dorpat. Seit 1863 Mitglied der Livonia. 1872–74 Assistent am chemischen Labor, 1874 Promotion, 1874–85 Dozent für physiologische Chemie in Dorpat, 1882 Dr. med. in Leipzig. 1886–1920 Professor für physiologische Chemie in Basel.

Burdach, Konrad *(1859–1936)* *Vierhaus, DBE, Bd. 2, 222f.*
1876–80 Studium der deutschen und klassischen Philologie in Königsberg, Leipzig und Bonn. 1880 Dr. phil. ebd. 1884 Habilitation in Halle/Saale. Seit 1894 Extraordinarius ebd., seit 1894 Ordinarius. 1897–1900 Studienreise in europäische Bibliotheken und Archive. Seit 1902 Forscher für deutsche Sprachwissenschaft an der Preuß. Akademie der Wissenschaften. Forschungsschwerpunkte: Mediävistische Germanistik und Goethephilologie.

Burgess, John W. *(1844–1931)* 1864–67 Studium der Jurisprudenz am Amherst College. 1869 Zulassung zum Rechtsanwalt für Massachusetts. Seit 1869 Dozent am Knox College. 1871/72 Studium in Göttingen, Leipzig und Berlin. 1872–76 Dozent am Amherst College. 1876–1912 Professor für Politikwissenschaft, Geschichte und Internationales Recht an der Columbia University in New York. 1906/07 Roosevelt-Professor an der Universität Berlin, 1907 Vorlesungen an der Universität Leipzig. 1880 Gründung der Fakultät für Politikwissenschaft. Zu Beginn des Ersten Weltkrieges pro-deutsche Haltung. 1869 Heirat mit Augusta Thayer Jones, 1885 mit Ruth Payne Jewett.

Butler, Nicholas Murray *(1862–1947)* Studium der Philosophie am Columbia College in New York. 1884 Dr. phil. ebd. Seit 1888 Professor für Philosophie am Columbia College, seit 1893 auch für Pädagogik. 1902–45 Präsident der Columbia University New York. Universitätsreformen und Engagement in der Friedensbewegung.

Bücheler, Franz *(1837–1908) Vierhaus, DBE, Bd. 2, 170*
1852–56 Studium der klassischen Philologie in Bonn. 1856 Dr. phil. Seit 1858 Extraordinarius in Freiburg i.Br., seit 1862 Ordinarius ebd., seit 1866 in Greifswald, 1870–1906 in Bonn. Forschungsschwerpunkte: griechisch-römische Epigraphik, Literaturgeschichte und Grammatik. Altkatholik. Verheiratet mit Manuela Schleiden (1846–1914).

Bülow, Bernhard von *(1849–1929) Fesser, Reichskanzler Bülow; Winzen, Reichskanzler Bülow; Auswärtiges Amt, Biographisches Handbuch, Bd. 1, 324–326*
Seit 1867 Studium der Jurisprudenz in Lausanne, Berlin und Leipzig. 1870/71 Kriegsteilnahme. 1871/72 Beginn der Offizierslaufbahn. 1872–74 im Justiz- und Verwaltungsdienst in Metz. 1874 Eintritt in den diplomatischen Dienst. Legations- und Botschaftssekretär in St. Petersburg und Wien, 1876 Attaché in Rom, 1877 in Athen, 1878–84 in Paris. 1884–88 Botschaftsrat in St. Petersburg. 1886 Heirat mit Maria Beccadelli di Bologna, Prinzessin di Camporeale. 1888–93 Gesandter in Bukarest, 1893–97 Botschafter in Rom. 1897–1900 Staatssekretär des Äußeren. 1900–09 preuß. Ministerpräsident und Reichskanzler des Deutschen Kaiserreichs. 1909–15, 1918–29 in Rom lebend.

Bülow, Maria von *(1848–1929) Wilhelmy, Der Berliner Salon im 19. Jh., 617f.*
geb. Beccadelli di Bologna, Marchesa di Altavilla, Principessa di Camporeale. 1867 Heirat mit dem preuß. Diplomaten Karl August Graf von Dönhoff. 1882 Scheidung der Ehe und 1884 vom Vatikan annulliert. 1886 Heirat mit Bernhard von Bülow. Salonnière in Berlin.

Chamberlain, Houston Stewart *(1855–1927)* 1879–81 Studium der Naturwissenschaften in Genf. Wiederholt psychische Zusammenbrüche und Krankheiten. 1884–89 in Dresden, 1889–90 in Wien. Seit 1892 freier Schriftsteller, seit 1909 in Bayreuth. Völkischer Denker. 1878–1908 Ehe mit Anna Horst, 1908 Heirat mit Eva Wagner.

Camerarius, Joachim *(1500–1574) BBKL, online, Bautz, Bd. 1, 891f.*
Seit 1513 humanistische Ausbildung in Leipzig. Seit 1518 in Erfurt, seit 1521 in Wittenberg. Freund Melanchthons und Bekannter Luthers ebd. 1526–35 Gymnasiallehrer in Nürnberg, 1535–41 Professor für Griechisch in Tübingen, 1541–74 in Leipzig. 1530 Unterstützer Melanchthons auf dem Augsburger Reichstag. Forschungsschwerpunkte: Edition antiker Werke und Übersetzung griechischer Werke ins Lateinische. 1527 Heirat mit Anna Truchseß auf Grünsberg.

Chalybaeus, Heinrich *(1840–1911) DBETh, Bd. 1, 231*
1864 Dr. iur. Seit 1864 als Jurist im schleswig-holsteinschen Staatsdienst. Seit 1868 Mitglied des Konsistoriums von Schleswig-Holstein und seit 1882 des Provinzialkonsistoriums in Hannover. Seit 1889 Hilfsarbeiter im Preuß. Kultusministerium in Berlin, seit 1890 Vortragender Rat. Seit 1891 Universitätskurator, außerdem 1891–1903 Konsistorialpräsident in Kiel und 1903–10 in Hannover und Kurator des Klosters Loccum. 1878 Herausgeber der Kirchengesetze und Kirchenverordnungen für Schleswig-Holstein und 1886 der Hannoverschen kirchenrechtlichen Uhlhorn-Chalybaeus-Sammlung.

Chappuis, Hermann von *(1855–1925) Lüdicke, Preußische Kultusminister, 21*
1873–76 Studium der Jurisprudenz in Leipzig, Bonn und Breslau. Seit 1876 Referendar, seit 1882 Gerichtsassessor. 1883–88 Landrat in Schubin (Schlesien), seit 1888 Regierungsrat in Posen. Seit 1890 Hilfsarbeiter im Kultusministerium, seit 1891–1903 Vortragender Rat in zweiten Unterrichtsabteilung, 1903–11 Ministerialdirektor der geistlichen Abteilung. Seit 1911–18 Unterstaatssekretär, 1911–13 der zweiten geistlichen Abteilung, 1913–17 der gesamten Abteilung.

Caprivi, Leo von *(1831–1899)* *Vierhaus, DBE, Bd. 2, 280f.*
1870 Oberstleutnant und Chef des Generalstabs des X. Armeekorps im dt.-franz. Krieg 1870/71. Seit 1871 Abteilungsleiter im Kriegsministerium, seit 1883 Chef der Admiralität. 1890–92 preuß. Ministerpräsident und 1890–94 deutscher Reichskanzler und preuß. Außenminister. Unter ihm eine sog. „Versöhnungsära". Außenpolitische Erfolge durch Handelverträge und innenpolitisch durch eine Heeresreform 1893.

Carnegie, Andrew *(1835–1919)* *Nasaw, Andrew Carnegie*
Seit 1848 Arbeiter in einer Baumwollspinnerei, seit 1849 Arbeiter im Telegraphenamt, anschließend Sekretär und Bereichsleiter bei der Pennsylvania Railroad. Seit 1862/63 Assistent des Kriegsministers Thomas A. Scott in Washington D.C. Seit 1865 Aufbau eigener Unternehmen, v.a. in der Eisenindustrie. 1870 Errichtung seines ersten Hochofens, 1873 Gründung eines Stahlwerks. 1881 Fusion mit der Firma von Henry Clay Frick. 1889 Rückzug aus dem operativen Geschäft. 1899 Trennung von Frick und 1901 Verkauf seines Unternehmens. Drittreichster US-Bürger seiner Zeit. Seit den 1880er Jahren Gründung zahlreicher Stiftungen in den USA und Europa zu Bildungs-, Wissenschafts- und Kulturzwecken. 1886 Heirat mit Louise Whitfield (1857–1946).

Chigi, Antoinette *(1839–1918)* Tochter der Fürsten zu Sayn-Wittgenstein-Sayn Ludwig und Leonilla. 1857 Heirat mit Mario Chigi.

Chigi, Mario *(1832–1914)* Ritter des Malteserordens. 1857 Heirat mit Antoinette von Sayn-Wittgenstein-Berleburg. Seit 1877 Marschall der römisch-katholischen Kirche, 1878 im Konklave. Besitzer der Bibliothek Chigi.

Clemen, Carl *(1865–1940)* *DBETh, Bd. 1, 240; BBKL, online, Bd. I, 1046f.; Professorenkatalog Halle, online, Carl Clemen*
1884–88 Studium der ev. Theologie, Philosophie und Geschichte in Leipzig, Halle/Saale, Tübingen und Berlin. 1889 Dr. phil., 1889/90 Dozent in London, 1892 Lic. theol. und Habilitation in Halle/Saale. Seit 1897 Extraordinarius in Halle/Saale, seit 1903 in Bonn, seit 1910 Extraordinarius Neues Testament in Bonn, seit 1920 Ordinarius ebd. Vorreiter der Religionsgeschichtlichen Schule. Forschungsschwerpunkt: Religionsgeschichte des Neuen Testaments.

Conze, Alexander *(1831–1914)* *Vierhaus, DBE, Bd. 2, 401*
Studium der Jurisprudenz, dann der Altertumswissenschaft in Göttingen, seit 1853 in Berlin. 1855 Dr. phil. ebd. 1857. Studienreise nach Paris und London sowie nach Griechenland. 1860 Reisestipendium des DAI für Italien und Griechenland. 1862 Habilitation in Göttingen. Seit 1863 Extraordinarius in Halle/Saale, seit 1869 Ordinarius in Wien. 1873–75 Leitung der Ausgrabung in Samothrake. 1877–87 Direktor der Berliner Antikensammlung und Mitglied der Zentraldirektion des DAI, deren Vorsitzender seit 1881. 1881–1905 Erster Generalsekretär des DAI. 1878–86 und 1900–12 Leitung der Ausgrabungen in Pergamon. Forschungsschwerpunkte: Griechische und altorientalische Archäologie.

Cornill, Carl Heinrich *(1854–1920)* *BBKL, online, Bd. I, 1133; DBETh, Bd. 1, 255*
Studium der Orientalistik und Theologie in Leipzig, Bonn und Marburg. 1875 Dr. phil. in Leipzig, 1878 Lic. theol. und Habilitation in Marburg. Seit 1877 Repetent ebd. und seit 1886 Extraordinarius für Altes Testament. Seit 1886 Extraordinarius und seit 1888 Ordinarius in Königsberg. Seit 1898 in Breslau, seit 1910 in Halle/Saale. Vertreter der Wellhausenschen alttestamentlichen Literarkritik. Forschungsschwerpunkte: Literar- und Textkritik des Alten Testaments.

Cremer, Ernst *(1863–1922)* *Bauks, Ev. Pfarrer in Westfalen, Nr. 1076, S. 83; GStA PK, VI. HA, NL Althoff, VI. HA, NL Althoff, Nr. 108, Bl. 224r–225v*

1883–87 Studium der ev. Theologie in Greifswald, Halle/Saale und Erlangen. 1887 und 1889 theol. Examina. 1892 Lic. theol. in Greifswald. 1912 Dr. theol. h.c. ebd. Seit 1887 Lehrer am Missionshaus Basel, seit 1888 Hilfsprediger in Montreux/Schweiz, dann in Rheydt. 1888 Ordination. 1889 Lehrer am Johannesstift in Plötzensee. Seit 1889 Pfarrer in Essen-Katernberg, dann in Langerfeld, seit 1891 in Elberfeld. 1891–95 Pfarrer in Lich im Großherzogtum Hessen beim Fürst Solms-Hohensolms in Lich/Hessen. 1895–1902 Extraordinarius für systematische Theologie in Marburg. 1902–21 Pfarrer in Rehme bei Bad Oeynhausen. 1891 Heirat mit Elisabeth Pfannschmidt. Sohn von Hermann Cremer.

Cremer, Hermann *(1834–1903) Cremer, Hermann Cremer; Haußleiter, Cremer; Beintker, Cremer; Graf, Cremer, Hermann; DBETh, Bd. 1, 261; Hildebrandt, Hermann Cremer*
1853–59 Studium der Theologie in Halle/Saale und Tübingen bei August Tholuck und Johann Tobias Beck. 1859 Lic. theol. in Tübingen. Seit 1859 Pfarrer in Ostönnen bei Unna. 1862 Heirat mit Maria Hülsmann. Seit 1870 Ordinarius für systematische Theologie in Greifswald und bis 1890 Pfarrer von St. Marien. Seit 1875 Fakultätsvertreter in der Provinzialsynode und Mitglied der Generalsynode, seit 1886 nebenamtlicher Konsistorialrat in Stettin. Seit 1897 Herausgeber der „Beiträge zur Förderung christlicher Theologie“ zusammen mit Adolf Schlatter. Vertreter der positiven Theologie der Greifswalder Schule. Forschungsschwerpunkte: Neues Testament und Dogmatik.

Croix, Richard de la *(1824–1902) Lüdicke, Preußische Kultusminister, 28*
1841–44 Studium der Jurisprudenz in Berlin. Ab 1844 Auskultator, ab 1846 Referendar, ab 1850 Gerichtsassessor ebd. Ab 1853 Hilfsarbeiter im Kultusministerium, ab 1861 Konsistorialrat und Mitglied des Konsistoriums der Provinz Brandenburg. Ab 1864 Vortragender Rat in der evangelisch-geistlichen Abteilung, ab 1878 in der Unterrichtsabteilung. 1882–90 Ministerialdirektor der Zweiten Unterrichtsabteilung, 1890–96 der Ersten Unterrichtsabteilung.

Daub, Karl *(1765–1836) BBKL, online, Bautz, BBKL I 1231*
Studium der Philosophie, Philologie und Theologie in Marburg. Seit 1790 Privatdozent ebd. Seit 1794 Professor in Hanau, seit 1795 in Heidelberg. Vertreter einer spekulativen Theologie.

Deissmann, Adolf *(1866–1937) Markschies, Adolf Deissmann*
Studium in Tübingen und Berlin. Predigerseminar in Herborn und akademische Qualifikation in Marburg. 1892 Habilitation ebd. 1895–97 Dozent in Herborn, 1897–1908 Ordinarius in Heidelberg, 1908–21 in Berlin. Zahlreiche Forschungsreisen in den Vorderen Orient, 1926–28 Teilnahme an Ausgrabungen in Ephesus. 1914–21 international verbreitete „Evangelische Wochenbriefe“ zur Vermittlung deutscher Ansichten. Delegierter in der Preuß. Generalsynode, 1919 und 1921 Teilnahme an den deutschen evangelischen Kirchentagen, 1925 und 1927 an den Weltkirchenkonferenzen in Stockholm und Lausanne. Seit 1929 Mitglied des ökumenischen Rates für Praktisches Christentum. 1930/31 Rektor der Berliner Universität. 1895 Heirat mit Henriette Wendt. Vertreter einer gemäßigt modernen Theologie. Schwerpunkt: mystische Elemente des Urchristentums.

Delehaye, Hippolyte *(1859–1941) Peeters, Hippolyte Delehaye; Meylan, Hippolyte Delehaye; BBKL, online, Bd. I, 1249; Joassart, Hippolyte Delehaye*
1876 Eintritt in den Jesuitenorden. 1879–82 Studium der Philosophie in Leuven. 1882–86 Lehrer an einem Kolleg in Gent. 1886/87 Studium der Theologie in Innsbruck, seit 1888 in Leuven. 1890 Priesterweihe. Seit 1891 Mitglied der „Gesellschaft der Bollandisten“ in Brüssel, die die Heiligenviten in den historisch-kritischen Ausgaben der Acta Sanctorum edierte. 1892/93 Drittes Noviziatsjahr in Drongen. Seit 1892 Mitherausgeber der „Analecta Bollandiana“, seit 1912 Präsident der Bollandisten. Jan–Nov 1918 in Kriegsgefangenschaft.

Delbrück, Berthold *(1842–1922)* Seit 1859 Studium der klassischen Philologie und vergleichenden Sprachwissenschaft in Halle/Saale und Berlin. 1861 Promotion und Staatsexamen in Halle/Saale. 1864–66 Gymnasiallehrer in Marienwerder (Livland) und Forschungsaufenthalt in St. Petersburg. 1866 Habilitation in Berlin und Extraordinarius in Jena. Seit 1873 Ordinarius für Sanskrit ebd. Forschungsschwerpunkt: Indogermanische Sprachwissenschaft. 1865 Heirat mit Constance Kämtz (1845–1934).

Delbrück, Hans *(1848–1929)* *Harnack, Hans Delbrück*; *Hillgruber, Hans Delbrück*; *Schleier, Hans Delbrück*; *Klein, Delbrück und die „Preußischen Jahrbücher", 29–47*
1866–70 Studium in Greifswald, Heidelberg und Bonn. 1873 Dr. phil. in Bonn. 1870/71 Teilnahme am dt.-franz. Krieg. 1871–73 Hauslehrer des schwedischen Kronprinzen in Neuwied. 1874–79 Erzieher von Waldemar von Preußen. 1881 Habilitation in Berlin. Seit 1885 Extraordinarius in Berlin, seit 1896 Persönlicher Ordinarius. 1882–85 MdPrA und 1884–90 MdR (freikonservativ). Seit 1883 Mitherausgeber, seit 1889 alleiniger Herausgeber der von Heinrich von Treitschke gegründeten „Preußischen Jahrbücher". Forschungsschwerpunkt: Militärgeschichte. 1884 Heirat mit Lina Thiersch, Schwester von Harnacks Frau Amalie geb. Thiersch.

Delbrück, Lina *(1864–1943)* Tochter von Carl Thiersch, Schwester von Amalie Harnack, geb. Thiersch. 1884 Heirat mit Hans Delbrück. Mutter von sieben Kindern, darunter Emmi Bonhoeffer.

Delitzsch, Franz *(1813–1890)* *Köhler, Delitzsch, Franz*; *Plümacher, Delitzsch*; *BBKL, online, Bd. I, 1250f.*; *Smend, Franz Delitzsch*
1831–35 Studium der Theologie, Philosophie und der orientalischen Sprachen in Leipzig. 1835 phil. Promotion, 1842 Lic. theol. und Habilitation und seit 1844 Extraordinarius in Leipzig. Leiter eines pietistischen Zirkels und judenmissionarisch in Leipzig tätig. Seit 1846 Ordinarius für Altes Testament in Rostock, seit 1850 in Erlangen, seit 1867 in Leipzig. Gründer der judenmissionarischen Zeitschrift „Saat auf Hoffnung" (1863), des „Zentralvereins für Mission unter Israel" (1871) und des „Institutum Judaicum Delitzschianum" (1886), eines Seminars zur theologischen Ausbildung von Judenmissionaren. Vertreter des konfessionellen Luthertums mit pietistischen und erweckten Einflüssen. Forschungsschwerpunkte: Historische und theologische Interpretation des Alten Testaments, Übersetzung des Neuen Testaments ins Hebräische (1877).

Delitzsch, Friedrich *(1850–1922)* *Bernhardt, Delitzsch, Friedrich*; *BBKL, online, Bd. I, 1251f.*
1868–73 Studium der orientalischen und indogermanischen Sprachen und Äthiopisch in Leipzig und Berlin. 1873 Dr. phil., 1874 Habilitation für Semitische Sprachen und Assyiologie. Seit 1877 Extraordinarius für Assyriologie in Leipzig. Seit 1885 Ordinarius ebd., seit 1893 in Breslau, seit 1899 in Berlin. Mitbegründer der Deutschen Orientgesellschaft und seit 1899 Direktor der Vorderasiatischen Abteilung der Kgl. Museen. Forschungsschwerpunkt: Babylonisch-assyrische Kultur.

Denifle, Friedrich Heinrich Suso *(1844–1905)* *DBETh, Bd. 1, 286*; *BBKL, online, Bd. I, 1258f.*
1861 Eintritt als Novize in den Dominikanerorden in Graz, 1862 Ablegung des Gelübdes. 1866 Priesterweihe, danach Tätigkeit als Priester in Graz. Seit 1876 Professor ebd. Seit 1889 Generalassistent des Ordensgenerals in Rom und seit 1883 Unterarchivar im Vatikanischen Archiv. Seit 1885 Mitherausgeber des „Archivs für Literatur- und Kirchengeschichte des Mittelalters" zusammen mit Franz Ehrle. 1902 Dr. theol. h.c. in Münster. Bekanntheit durch katholisch-polemische Lutherbiographie 1904. 1905 während einer Reise in München verstorben. Forschungsschwerpunkte: Mittelalterliche Theologie und Mystik.

Dernburg, Friedrich *(1833–1911)* *Hessische Biografie, online, Dernburg, Friedrich*
Seit 1850 Studium der Jurisprudenz in Gießen, Heidelberg und Paris. Hofgerichtsadvokat in Mainz,

seit 1863 in Darmstadt. 1867–75 Mitglied der Zweiten Kammer des Hessischen Landtags. 1871–81 MdR (nationalliberal). 1875–80 Chefredakteur der nationalliberalen „National-Zeitung" in Berlin. Seit 1890 Feuilletonredakteur beim „Berliner Tageblatt". 1893 Teilnahme an der Chicagoer Weltausstellung. Schriftstellerische Tätigkeit Sohn Jakob Dernburgs, Bruder Heinrich Dernburgs. Neffe Karl Friedrich Loenings. Vater Bernhard Dernburgs.

Deutsch, Samuel Martin *(1837–1909)* *DBETh, Bd. 1, 291; Grützmacher, Deutsch*
1854–57 Studium der Theologie in Erlangen und Rostock. 1862–64 Mitglied des Domkandidatenstifts in Berlin, 1864–82 Lehrer am Joachimsthalschen Gymnasium, 1882–85 Professor am Luisengymnasium, 1885–1909 Extraordinarius für Kirchengeschichte in Berlin und seit 1891 Mitglied des Konsistoriums. 1888 Dr. theol. h.c. in Berlin. Forschungsschwerpunkte: Ältere Kirchengeschichte und Mittelalter.

Dibelius, Otto *(1880–1967)* *BBKL, online, Bd. I, 1281–1283; DBETh, Bd. 1, 292f.*
1899–1904 Studium der Theologie in Berlin. 1902 Dr. phil. in Gießen. 1906 Ordination und Lic. theol. bei Harnack in Berlin. Seit 1907 im Pfarrdienst in Brandenburg, Danzig, Pommern, seit 1915 in Berlin. Seit 1921 nebenamtliches Mitglied des EOK. 1925–33 Generalsuperintendent der Kurmark. Seit 1925 Engagement in der ökumenischen Bewegung. 1933/34 Kurprediger in San Remo. Seit 1934 Mitglied im Brandenburger Bruderrat. 1945–66 Bischof der Kurmark, seit 1949 Vorsitzender der EKD. 1954–61 ein Präsident im Weltkirchenrat.

Diels, Hermann *(1848–1922)* *Schröder, Diels*
1867–70 Studium der Altphilologie in Bonn und Berlin, 1870 Promotion in Bonn. 1872–82 Gymnasiallehrer in Flensburg, Hamburg und Berlin. Seit 1881 Mitglied der Kgl. Preuß. Akademie der Wissenschaften, seit 1882 Extraordinarius und seit 1886 Ordinarius für Altphilologie in Berlin. 1895–1920 Sekretar der philosophisch-historischen Klasse der Akademie der Wissenschaften. Forschungsschwerpunkt: Griechische Philosophen. 1873 Heirat mit Bertha Dübell.

Dillmann, August *(1823–1894)* *Baudissin, Dillmann; BBKL, online, Bd. I, 1306; DBETh, Bd. 1, 305*
1840–45 Studium der Theologie, Philosophie und orientalischen Sprachen in Tübingen. 1846–48 Reisen nach Paris, London und Oxford zur Erforschung äthiopischer Handschriften. Seit 1848 Repetent am Stift und seit 1851 Privatdozent in Tübingen, seit 1853 Extraordinarius für Altes Testament in Tübingen. Seit 1854 Extraordinarius, seit 1860 Ordinarius an der philosophischen Fakultät in Kiel. Seit 1864 Ordinarius für Altes Testament in Gießen, seit 1869 in Berlin. Seit 1877 Mitglied der Akademie der Wissenschaften. Vertreter der historisch-kritischen Methode in der atl. Wissenschaft. Forschungsschwerpunkte: Äthiopische Philologie und atl. Kommentare.

Dilthey, Wilhelm *(1833–1911)* 1852–56 Studium der Theologie in Heidelberg und Berlin. 1856 theol. Examen und philologisches Staatsexamen. 1856–58 Schuldienst. 1858–64 freier Schriftsteller in Berlin. 1864 Dr. phil. und Habilitation ebd. 1866–68 Ordinarius für Philosophie in Basel, 1868–71 in Kiel, 1871–82 in Breslau und 1882–1905 in Berlin. Forschungsschwerpunkt: Geschichtliche Lebensphilosophie. 1874 Heirat mit Katharina Püttmann (1854–1932).

Dingelstad, Hermann *(1835–1911)* *Hirschfeld, Dingelstad; DBETh, Bd. 1, 306*
1855–58 Studium der kath. Theologie und Philosophie in Münster. 1859 Priesterweihe ebd. 1859–62, 1865–73 Lehrer in Goch. 1862–65 Studium der Altphilologie in Bonn und Münster. 1865 Dr. phil. ebd. 1873–75 Lehrer an der Rektoratsschule in Goch. 1875/76 Hauslehrer bei Graf Hoensbroech auf Schloss Haag. 1876–89 Lehrer in Vechta (Oldenburg). 1890 Dr. theol. h.c. in Münster. 1889–1911 Bischof von Münster.

Dirksen, Willibald von *(1852–1928) Degener, Wer ist's, 1928, 302; Datenbank der deutschen Parlamentsabgeordneten, Willibald von Dirksen; Auswärtiges Amt, Biographisches Handbuch, Bd. 1, 434f.*
1871–74 Studium der Jurisprudenz in Berlin, Heidelberg und Bonn. 1875 Dr. iur. in Jena und erstes, 1880 zweites juristisches Examen. Seit 1875 im preuß. Justizdienst. 1890–96 Mitglied der Disziplinarkammer in Potsdam. 1881 Eintritt in den Diplomatischen Dienst. 1882/83 im Generalkonsulat in London. Seit 1884 als Hilfsarbeiter im Auswärtigen Amt, seit 1886 Legationsrat, 1888–1903 Vortragender Rat. 1887 geadelt. 1894 dt. Delegierter bei den Beratungen über internationales Privatrecht in Den Haag. 1911–21 Senator der KWG. 1903–12 MdR (Dt. Reichspartei), 1904–13 MdPrA (Reichs- und Freikonservative Partei), 1914–18 MdH. 1880 Heirat mit Marie Helene Schnitzler (1860–1916), 1918 Heirat mit Viktoria von Paleske, geb. von Laffert (1874–1946). Seit 1903 Rang eines Gesandten.

Dittrich, Franz *(1839–1915) Fleischer, Dompropst Dittrich; Wermter, Dittrich, LThK; DBETh, Bd. 1, 310*
1859–63 Studium der kath. Theologie in Braunsberg. 1863 Priesterweihe. 1863–65 in Rom und München. 1865 Dr. theol. und 1866 Habilitation. Seit 1866 Privatdozent in Braunsberg, seit 1868 Extraordinarius, seit 1872 Ordinarius für Kirchengeschichte am dortigen Hosianum. Seit 1903 Dompropst in Frauenburg und 1908–09 Kapitelvikar ebd. Seit 1893 MdPrA (Zentrum). Kirchenhistoriker mit Schwerpunkt auf der Reformationszeit und der Lokalgeschichte Ostpreußens/Ermlands.

Dobschütz, Ernst von *(1870–1934) BBKL, online, Bd. I, 1339; Schenk/Meyer, Biographische Studien, 299–309; DBETh, Bd. 1, 311*
1888–92 Studium der ev. Theologie in Leipzig, Halle/Saale und Berlin als Schüler von Martin Kähler und Adolf Harnack. 1890 Lic. theol. in Berlin und 1893 Habilitation in Jena, seit 1899 Extraordinarius für Neues Testament ebd. Seit 1904 Ordinarius in Straßburg, seit 1910 in Breslau und 1913 in Halle/Saale. 1913/14 Austauschprofessor in Harvard. Forschungsschwerpunkte: Urchristentum und neutestamentliche Textkritik.

Dorner, Isaak August *(1809–1884) DBETh, Bd. 1, 319; BBKL, online, Bd. I, 1361f.*
Studium der Philosophie und Theologie in Tübingen. Seit 1834 Repetent in Tübingen, seit 1838 Extraordinarius ebd. 1843–47 Ordinarius für Systematische Theologie in Königsberg, 1847–53 in Bonn, 1853–62 in Göttingen und 1862–83 in Berlin. Mitglied des EOK ebd. Vertreter einer spekulativen Vermittlungstheologie. Forschungsschwerpunkte: Christliche Glaubens- und Sittenlehre.

Dorner, August *(1846–1920) BBKL, online, Bd. I, 1361; DBETh, Bd. 1, 318*
Studium der ev. Theologie in Berlin, Göttingen und Tübingen. 1867 Dr. phil. in Berlin, 1869 Lic. theol. ebd. Seit 1869 im Kirchendienst in Württemberg, Lyon und Marseille. 1870–73 Repetent in Göttingen. 1874–89 Professor am Predigerseminar in Wittenberg. 1883 Dr. theol. h.c. in Halle/Saale. Seit 1889 Extraordinarius für Systematische Theologie in Königsberg, 1890–1916 Ordinarius ebd. Sohn von Isaak August Dorner. 1876 Heirat mit Mathilde Armbruster (gest. 1890), 1890 mit Alice Hasselmeyer. Rechtshegelianer.

Dorsch, Emil *(1867–1934)* Jesuit. Seit 1911 Dozent für Fundamentaltheologie in Innsbruck.

Drews, Paul *(1858–1912) BBKL, online, Bd. I, 1382; DBETh, Bd. 1, 324; Schenk/Meyer, Biographische Studien, 234–239*
1878–81 Studium der ev. Theologie in Leipzig und Göttingen. Seit 1883 Pfarrer in Sachsen. 1886 Mitbegründer der ChW. Seit 1894 Ordinarius für Praktische Theologie in Jena, seit 1901 in Gießen, seit 1908 in Halle/Saale. Befürworter einer Reform des Studiums der praktischen Theologie. Forschungsschwerpunkte: Reformations- und Liturgiegeschichte.

Droysen, Johann Gustav *(1808–1884)* 1826–31 Studium der Philologie und Philosophie in Berlin. Seit 1831 Tätigkeit am Grauen Kloster und nach der Habilitation in klassischer Philologie 1833 auch an der Berliner Universität. 1840–50 Ordinarius für Philologie in Kiel, 1850–59 in Jena, seit 1859 in Berlin. 1848 MItglied des Verfassungsausschusses. Forschungsschwerpunkt: Griechisches Altertum. 1835 Heirat mit Marie Mendel (1819–47), 1849 mit Emma Michaelis (1829–83).

Dryander, Ernst von *(1843–1922)* *BBKL, online, Bd. I, 1398f.; DBETh, Bd. 1, 327; Andresen, Ernst Dryander*
Studium in Halle/Saale und Tübingen. 1865–67 Hauslehrer in Hamburg, 1867–69 Kandidat des Domkandidatenstifts in Berlin. Seit 1870 Hilfsprediger am Berliner Dom, seit 1872 Diakon in Torgau, seit 1874 Pfarrer in Bonn, seit 1882 an der Dreifaltigkeitskirche in Berlin. Seit 1882 Superintendent ebd. Mitglied des Brandenburger Konsistoriums und seit 1897 Schlossprediger. 1892–1903 Generalsuperintendent der Kurmark, seit 1898 Oberhofprediger. Seit 1903 Mitglied des EOK und seit 1906 dessen geistlicher Vizepräsident. Konservativer Theologe.

Duchesne, Louis *(1843–1922)* *BBKL, online, Bd. I, 1400f.; Waché, Duchesne*
1863–65 Studium der kath. Theologie in Saint-Brieuc und Rom, u.a. bei G.B. de Rossi. 1867 Priesterweihe in Saint-Brieuc. Seit 1871 in Paris, 1873 erneuter Romaufenthalt. 1874 und 1876 archäologische Reisen nach Griechenland und Kleinasien. 1877 Dr. phil. in Paris, seit 1877 Professor für Kirchengeschichte an der École des Carmes und seit 1885 am Institut Catholique ebd. Seit 1888 Mitglied der Académie des inscriptions et des belles-lettres. 1895–1922 Direktor der École française (Palazzo Farnese) in Rom. Seit 1900 Vorsitzender des Kongresses für christl. Archäologie. Seit 1900 päpstlicher Protonotar, seit 1903 Vorsitzender der päpstlichen historisch-liturgischen Kommission für die Revision des Martyrologiums und des Breviers. Seit 1910 Mitglied der Académie française. Pionier der kirchengeschichtlichen Forschung in Frankreich. Forschungsschwerpunkt: Christliche Archäologie.

Dümmler, Ernst *(1830–1902)* *Vierhaus, DBE, Bd. 2, 754*
Studium der Geschichte und Philosophie in Berlin. 1852 Dr. phil. ebd. 1854 Habilitation in Halle/Saale. Seit 1858 Extraordinarius für Geschichte ebd., seit 1866 Ordinarius. Seit 1876 Mitglied der Zentraldirektion der MGH. 1888–1902 Präsident der MGH. Forschungsschwerpunkte: Geschichte der Franken im 9. Jh., Geschichte des Hl. Röm. Reiches Dt. Nation im 10. und 11. Jh. und Edition karolingischer Quellen.

Dulheuer, Paul *(1865–1925)* *Degener, Wer ist's, 1928, 326; Preußisch Dienen und Genießen, 369, Anm. 810; GStA PK, I. HA, Rep. 77, I. HA, Rep. 76, Nr. 519*
1884–87 Studium der Jurisprudenz in Bonn, Leipzig, Freiburg i.Br. und Berlin. 1887 Dr. iur. in Jena. 1887/88 Einjährig-Freiwilliger. 1887–90 Referendar, 1890–93 Regierungsreferendar in Schleswig. 1892 Zweites Staatsexamen. 1893–98 Regierungsassessor in Osnabrück. Seit 1898 Hilfsarbeiter im Finanzministerium, seit 1902 Vortragender Rat, seit 1910 Abteilungsdirigent, seit 1913 Ministerialdirektor der Etats- und Kassenabteilung.

Dziatzko, Karl *(1842–1903)* *Schwenke, Karl Dziatzko*
Studium der klassischen Philologie und bibliothekarische Ausbildung in Bonn. 1865–71 Lehrer in Luzern. 1871/72 Leiter der Universitätsbibliothek Freiburg i.Br. 1872 im Schuldienst in Karlsruhe. 1872–86 Leiter der Universitätsbibliothek Breslau. Seit 1886 Direktor Universitätsbibliothek und erster Professor für Bibliothekswissenschaft in Göttingen. Berater Althoffs.

Ecke, Gustav *(1855–1920)* *Wolfes, Ecke; Ritschl, Evangelisch-theologische Fakultät, 95; DBETh, Bd. 1, 345; Faulenbach, Album Professorum, 220–224*

Studium der ev. Theologie in Halle/Saale und Tübingen. Seit 1880 Pfarrer in Halle/Saale und Suhl. Seit 1893 Leiter des Diakonissenhauses in Bremen. 1899 Lic. theol. h.c. in Halle/Saale. Seit 1900 Extraordinarius für Systematische Theologie in Königsberg. 1900 Dr. theol. h.c. in Tübingen und Ordinarius in Königsberg. 1903–20 Ordinarius für Systematische Theologie in Bonn. Mitglied der Landeskirchlichen Vereinigung der Freunde der positiven Union. Vertreter der positiven Theologie und Schüler Martin Kählers. Forschungsschwerpunkt: Versuch einer Vermittlung zwischen Positiver Theologie und Ritschl-Schule.

Edersheim, Alfred *(1825–1889)* Jüdischer Herkunft. Seit 1841 Studium in Wien. Emigration nach Ungarn und Konversion zum Christentum. Theologiestudium am New College in Edinburgh und in Berlin. 1846 Ordination in der Free Church of Scotland. 1846/67 Judenmissionar in Rumänien. Seit 1849 Pfarrer in Aberdeen. 1875 Ordination in der Church of England. 1876–82 Pfarrer in Dorset. 1880–84 in Lincoln's Inn. Seit 1884 Professor in Oxford. 1846 Heirat mit Mary Broomfield.

Ehrhard, Albert *(1862–1940)* *DBETh, Bd. 1, 357; BBKL, online, Bd. I, 1471f.*
Studium der kath. Theologie am Priesterseminar in Straßburg. 1884 Priesterweihe. Studien in Münster und Würzburg. 1888 Dr. theol. Seit 1889 Professor der Dogmatik am Priesterseminar in Straßburg, seit 1892 Ordinarius für Kirchengeschichte in Würzburg, seit 1898 in Wien, seit 1902 in Freiburg i.Br., seit 1903 an der katholisch-theologischen Fakultät in Straßburg, 1920–27 in Bonn. 1918–20 Aufenthalt in München. 1907 Kritiker des Syllabus Lamentabili. Seit 1897 Herausgeber der Märtyrerakten für die GCS der Preuß. Akademie der Wissenschaften. Forschungsschwerpunkt: Griechische Kirchengeschichte des Ostens (Alte Kirche und Byzanz).

Ehrle, Franz *(1845–1934)* *BBKL, online, Bd. I, 1471f.; DBETh, Bd. 1, 357; Bräuer, Handbuch der Kardinäle, 256f.*
1861–63 Novize in der Gesellschaft Jesu. 1863–65 Jesuitenkolleg in Friedrichsburg bei Münster, 1865–68 Bibliothekar in Maria Laach, 1868–73 Lehrer in Feldkirch. 1873–76 Theologiestudium in Ditton Hall bei Liverpool. 1876 Priesterweihe ebd. Seit 1878 Mitarbeiter der „Stimmen aus Maria Laach". 1878–89 Publizist und Seelsorger in Tervuren bei Brüssel. 1880–95 Forschungen in den Vatikanischen Archiven in Rom. 1890–95 Mitglied des außerordentlichen Beraterkreises für die Vatikanische Bibliothek. 1891 Vorschlag des Kaufs der Biblioteca Borghese, 1902 Ankauf der Biblioteca Barberini und 1923 der Biblioteca Chigi. 1902 Dr. theol. h.c. in Münster. 1895–1914 Präfekt der Vatikanischen Bibliothek. 1914–19 Chefredakteur und Herausgeber der „Stimmen der Zeit" (vormals „Stimmen aus Maria Laach) in Rom, Feldkirch und München. 1919–22 Dozent für Paläographie und Geschichte der Scholastik an der Gregoriana und am Päpstlichen Bibelinstitut. 1922 Kreierung zum Kardinaldiakon (Titelkirche S. Cesareo in Palatio). 1929 Ernennung zum Bibliothekar und Archivar S.E.R. 1885–1900 Herausgeber des „Archivs für Literatur- und Kirchengeschichte des Mittelalters" zusammen mit Heinrich Suso Denifle. Forschungsschwerpunkte: Paläographie, Erhaltung von Handschriften und Geschichte der Scholastik.

Ehrlich, Paul *(1854–1915)* *Vierhaus, DBE, Bd. 2, 867*
Studium in Breslau, Straßburg, Freiburg i.Br. und Leipzig. Seit 1877 Assistent und Oberarzt in Berlin. Seit 1890 Extraordinarius ebd. Mitarbeiter am Institut für Hygienik von Robert Koch. 1896 Leiter des Instituts für Serumforschung in Steglitz, seit 1906 des Insituts für experimentelle Therapie in Frankfurt a.M. 1908 Nobelpreis für Medizin. Forschungsschwerpunkte: Immunologie und Haematologie sowie 1904–14 experimentelle Chemotherapie. 1883 Heirat mit Hedwig Pinkus.

Ehses, Stephan *(1855–1926)* *DBETh, Bd. 1, 358; BBKL, online, Bd. I, 1473*
Studium der kath. Theologie in Würzburg, 1880 Dr. phil. ebd. 1883 Priesterweihe in Eichstätt. Seit

1883 Kaplan am Campo Santo Teutonico in Rom, seit 1885 in Ehrenbreitstein, seit 1887 in Koblenz, danach Priester in Karweiler. Seit 1891 Sekretär des Historischen Instituts der Görres-Gesellschaft in Rom, seit 1895 dessen Leiter. Seit 1901 päpstlicher Hausprälat und seit 1904 apostolischer Protonotar. 1895–1906 Mitherausgeber der „Römischen Quartalschrift für christliche Altertumskunde und für Kirchengeschichte". Forschungsschwerpunkte: Nuntiaturberichte der Reformationszeit und Akten des Konzils von Trient.

Eichhorn, Albert *(1856–1926)* *BBKL, online, Bd. I, 1476f.; DBETh, Bd. 1, 358f.; Lüdemann/Schröder, Religionsgeschichtliche Schule, 63–66*
1875-78 Studium der Theologie in Leipzig, Erlangen und Göttingen. 1878–84 Pfarrer u.a. in Göttingen. 1886 Lic. theol. und Habilitation in Halle/Saale, seit 1888 Extraordinarius für Kirchengeschichte ebd. 1901–13 Extraordinarius in Kiel. Seit 1913 krankheitsbedingter (Parkinson) Rückzug nach Braunschweig. Mitbegründer der Religionsgeschichtlichen Schule. Forschungsschwerpunkt: Ältere Kirchengeschichte.

Eilsberger, Ernst *(1868–1947)* *Lüdicke, Preußische Kultusminister, 110; Vierhaus, DBE, Bd. 2, 889f.*
1886–90 Studium der Theologie, dann der Jurisprudenz in Königsberg und Tübingen. 1890–1902 im juristischen Staatsdienst in Brandenburg und Königsberg. 1892 Dr. iur. in Jena. Seit 1902 Hilfsarbeiter im Kultusministerium, seit 1903 Regierungsrat, 1905–08 Vortragender Rat. Arbeitsschwerpunkte: Turfan-Expeditionen, Kaiserin-Friedrich-Haus für ärztliche Fortbildung und Enzyklopädie „Kultur der Gegenwart". 1907–38 Vorstandsvorsitzender der Deutschen Solvay-Werke AG in Bernburg.

Elena von Montenegro *(1873–1952)* *Gentile, Savoia, Elena di*
Tochter von König Nikola I. von Montenegro. Private Ausbildung, u.a. von einer schweizerischen Lehrerin. Seit 1882 in einer Schule in St. Petersburg. 1897 Heirat mit Vittorio Emanuele. 1900–46 Königin von Italien, Kaiserin von Äthiopien und Herzogin von Savoyen.

Eliot, Charles William *(1834–1926)* *James, Eliot; Eliot, Encycl. Britannica; Eliot, Papers*
1849–53 Studium am Harvard College. Seit 1854 Dozent für Mathematik und Chemie, 1858–63 Assistenzprofessor ebd. 1863–65 Forschungsaufenthalt in Frankreich und Deutschland. Seit 1865 Professor für Chemie am Massachusetts Institute of Technology. 1869–1909 Präsident des Harvard College, das er in dieser Zeit zu einer modernen Universität reformierte. 1858 Heirat mit Ellen Derby Peabody (1836–1869), 1877 Heirat mit Grace Mellen Hopkinson (1846–1924). Schwager des Theologen Francis Greenwood Peabody.

Elster, Ludwig *(1856–1935)* *Lüdicke, Preußische Kultusminister, 103f.; Professorenkatalog Halle, online, Ludwig Elster*
1875–78 Studium der Rechtswissenschaften und Nationalökonomie in Göttingen, Berlin und Leipzig. 1878 Dr. phil. in Jena. 1878/79 Mitarbeiter im Statistischen Bureau in Berlin. 1880 Habilitation in Halle/Saale. 1883 Dozent an der TH Aachen, 1883–87 Extraordinarius in Königsberg und 1887–97 Ordinarius für Nationalökonomie in Breslau. 1897–1916 Vortragender Rat als Nachfolger Althoffs im Universitätsreferat. Seit 1916 Honorarprofessor in Jena.

Engelhardt, Moritz von *(1828–1881)* *Bonwetsch, Engelhardt; Frey, Theologische Fakultät Dorpat-Jurjew, 159–163; DBETh, Bd. 1, 376; BBKL, online, Bd. I, 1513f.*
1846–49 Studium der ev. Theologie in Dorpat. 1850–53 Studienaufenthalte in Erlangen, Bonn, Berlin und Dresden. 1853 Lic. theol. in Dorpat. 1858 Dr. theol. ebd. Seit 1859 Extraordinarius und noch im selben Jahr Ordinarius für Kirchengeschichte ebd. Lehrer Adolf Harnacks, Reinhold Seebergs und Nathanael Bonwetschs. Forschungsschwerpunkt: Ältere Kirchengeschichte. 1855 Heirat mit Amalie von Oettingen (1835–1914), Schwester von Alexander von Oettingen.

Englert, Winfried *(1860–1934)* *Borengässer, Englert, BBKL*
1878–83 Studium der Philosophie und katholischen Theologie in Würzburg. 1881 niedere Weihen, 1882 Subdiakonatsweihe und 1883 Diakonats- und Priesterweihe. 1883–85 Kaplan in Franken. 1885–88 Studium an der Pontificia Accademia di San Tommaso d'Aquino und an der Gregoriana. 1888 Dr. phil. und theol. 1888/89 Repetent in Breslau, 1889–91 Professor für scholastische Philosophie im Priesterseminar in Posen, seit 1891 Extraordinarius für Theologie und Apologetik in Bonn, 1898–1911 Ordinarius ebd. Seit 1911 Kapitularvikar in Aachen.

Enneccerus, Ludwig *(1843–1928)* Studium der Jurisprudenz. 1870 Habilitation in Göttingen. Seit 1872 Extraordinarius ebd., 1873–1921 Ordinarius für römisches Recht in Marburg. 1882–98 MdPrA und 1887–90 sowie 1893–98 MdR (nationalliberal). Vertreter einer historischen Richtung. Forschungsschwerpunkte: Zivilrecht und Bürgerliches Gesetzbuch. Berater Althoffs. 1872 Heirat mit Marie Andrae.

Erasmus von Rotterdam *(1466/69–1466/69)* *BBKL, online, Bd. I, 1524–1532*
Zwischen 1486 und 1488 Eintritt in das Augustinerchorherrenstift in Steyn bei Gouda. Studium des klassischen Altertums und der Patristik. 1492 Priesterweihe. Seit 1493 Sekretär des Bischofs von Cambrai. 1495–99, 1504 Studium in Paris. 1499/1500 und 1505 Englandreise. 1505–08 Italienreise. 1506 Dr. theol. in Turin. Seit 1514 in Basel, seit 1516 Hofrat Karl V. erst in Brüssel, dann in Löwen. 1516 Lösung von dem Gelübde als Augustinerchorherr. 1529–35 im katholischen Freiburg i.Br. Forschungsschwerpunkte: Antike Sprachen und Kultur.

Erdmann, Christian David *(1821–1905)* *Schian, Erdmann; BBKL, online, Bd. I, 1534; DBETh, Bd. 1, 384f.; Neß, Schlesisches Pfarrerbuch, Bd. 1, 43*
Seit 1843 Studium der ev. Theologie in Berlin. Seit 1850 Domprediger in Berlin, 1851 Divisionspfarrer und 1853 Privatdozent für NT in Berlin. Seit 1856 Ordinarius für Neues Testament und Kirchengeschichte in Königsberg und Pfarrer der Altstädtischen Gemeinde. 1864–1900 Generalsuperintendent von Schlesien und seit 1865 Honorarprofessor in Breslau. Engagement im Gustav-Adolf-Verein, 1882 Gründung des Vereins für die Geschichte der evangelischen Kirche Schlesiens. Verheiratet mit Agnes Berg (1887–1901). Schwiegervater von Ernst Kühl.

Erler, Georg *(1850–1913)* *Vierhaus, DBE, Bd. 3, 126*
1869–74 Studium der Philologie und Geschichte in Leipzig. 1874 Dr. phil. 1873–84 Lehrer am Leipziger Nicolai-Gymnasium. 1887 Habilitation ebd. Seit 1890 Extraordinarius ebd., seit 1892 Ordinarius für Geschichte in Königsberg, seit 1902 in Münster. Vorsitzender der Hist. Kommission für Westfalen, 1907–10 Herausgeber der „Beiträge zur Geschichte Niedersachsens und Westfalens". Forschungsschwerpunkte: Papst- und Konziliengeschichte.

Erman, Wilhelm *(1850–1932)* *Milkau, Wilhelm Erman; Habermann, Lexikon dt. wissenschaftlicher Bibliothekare, 71*
Studium der Geographie, klassischen Philologie und Geschichte in Berlin und Leipzig. 1872 Dr. phil. ebd. Seit 1874 Assistent an der Kgl. Bibliothek in Berlin, seit 1879 Kustos, seit 1887 Bibliothekar. 1889–1901 Direktor der Universitätsbibliothek in Berlin, 1901–07 in Breslau, 1907–21 in Bonn. 1878–89 Herausgeber der „Mitteilungen der afrikanischen Gesellschaft in Deutschland".

Erzberger, Matthias *(1875–1921)* *Vierhaus, DBE, Bd. 3, 147f.*
1894–96 Volksschullehrer. Seit 1896 Redakteur der Stuttgarter Zentrumszeitung „Deutsches Volksblatt". 1899 Beteiligung am Aufbau christlicher Gewerkschaften. 1903–18 MdR (Zentrum). Engagement in Kolonial- und Budgetfragen. Im Ersten Weltkrieg Organisation der deutschen Propaganda

in internationalen katholischen Kreisen für Reichskanzler Bethmann-Hollweg. Vertreter eines Verständigungsfriedens. Seit Oktober 1918 Staatssekretär im Kabinett Max von Badens. Im November 1918 Unterzeichner des Waffenstillstands von Compiègne. Seit 1918–20 Mitglied in den Regierungskabinetten. 1920 Wiederwahl in den Reichstag. 1921 Ermordung durch zwei ehemalige Marineoffiziere.

Eucken, Rudolf *(1846–1926)* *Vierhaus, DBE, Bd. 3, 172*
1863–66 Studium der Philosophie und klassischen Philologie in Göttingen und Berlin. 1866 Dr. phil. ebd. 1867–71 Gymnasiallehrer in Husum, Berlin und Frankfurt a.M. 1871–74 Ordinarius für Philosophie in Basel. 1874–1920 in Jena. 1908 Nobelpreis für Literatur. Forschungsschwerpunkte: Aristotelische Philosophie und Philosophie der Weltanschauung. 1882 Heirat mit Irene Passow.

Eulenburg, August Graf zu *(1838–1921)* Im Militärdienst. 1860–62 Begleiter von Friedrich Graf zu Eulenburg bei einer ostasiatischen Expedition. 1866 und 1870/71 persönlicher Adjutant des Kronprinzen Friedrich Wilhelm. 1868–83 Kammerherr und Hofmarschall, seit 1883 Oberzeremonienmeister, seit 1890 Oberhofmarschall und 1907–13 Hausminister. 1864 Heirat mit Hedwig von Witzleben. Vertreter konservativ-agrarischer Interessen.

Eulenburg, Philipp zu *(1847–1921)* Im Militärdienst, danach Jurastudium. 1875 Dr. iur. Seit 1877 im diplomatischen Dienst. 1881–88 Sekretär der preuß. Gesandtschaft in München. Seit 1886 Vertrauter Wilhelm II. Seit 1890 Aufbau eines „Liebenberger Kreises". 1894–1903 dt. Botschafter in Wien. 1906–08 sog. „Eulenburg-Skandal". 1875 Heirat mit Augusta von Sandels (1853–1941).

Falk, Adalbert *(1827–1900)* *Lüdicke, Preußische Kultusminister, 9*
1844–47 Studium der Jurisprudenz in Breslau. 1847 Dr. iur. Seit 1847 Auskultator, seit 1848 Referendar, seit 1850 Gerichtsassessor. Seit 1853 Staatsanwalt in Lyck, seit 1861 Hilfsarbeiter im Justizministerium. Seit 1862 Appellationsgerichtsrat in Glogau, seit 1868 Vortragender Rat im Justizministerium. 1872–79 Kultusminister. 1882–1900 Präsident des Oberlandesgerichts in Hamm. Vertreter einer liberalen Bildungs- und Hochschulpolitik.

Feine, Paul *(1859–1933)* *DBETh, Bd. 1, 410; BBKL, online, Bd. II, 5*
Studium klassischen Philologie und Theologie in Jena. 1883 Dr. phil. ebd. Seit 1883 Lehrer in Jena, Neuwied/Rhein und Göttingen. 1893 Lic. theol. und Habilitation ebd. Seit 1894 Ordinarius für Neues Testament in Wien, seit 1907 in Breslau, 1910–27 in Halle/Saale. Vermittler zwischen kritischer und konservativer Theologie. Forschungsschwerpunkt: Biblisch-theologischen Wissenschaft.

Fell, Winand *(1837–1908)* *Pacelli Edition, Kurzbiografien, online, Fell, Winand; DBETh, Bd. 1, 412*
1857–69 Studium der kath. Theologie in Münster und Bonn. 1861 Priesterweihe in Köln. 1869–71 Studium der Orientalistik in Berlin und Leipzig, 1871 Promotion in Leipzig. 1871–73 Kaplan an St. Ursula in Köln, 1873–86 Religionslehrer am Marzellengymnasium. 1886 Dr. theol. h.c. in Münster. Seit 1886 Ordinarius für Altes Testament in Münster. Forschungsschwerpunkt: Altorientalische Einflüsse auf das Alte Testament.

Ficker, Gerhard *(1865–1934)* *BBKL, online, Bd. II, 29; DBETh, Bd. 1, 419*
1884–87 Studium der ev. Theologie und Kunstgeschichte in Leipzig. 1887 Promotion ebd. 1890 Zurückweisung der eingereichten theologischen Dissertation, 1893 erfolgreiche Promotion zum Lic. theol. Seit 1893 Privatdozent für Kirchengeschichte in Halle/Saale, seit 1903 Extraordinarius ebd. Seit 1906 Professor für Kirchengeschichte in Kiel. Bruder von Johannes Ficker. Forschungsschwerpunkt: Ältere Kirchengeschichte

Fischer, Anton *(1840–1912)* *Bräuer, Handbuch der Kardinäle, 199*
Studium der kath. Theologie in Münster und Bonn, prakt. Ausbildung am Priesterseminar in Köln. 1863 Priesterweihe. 1864–1889 Religionslehrer in Essen. 1886 Dr. theol. in Tübingen. Seit 1888 Mitglied des Kölner Domkapitels. 1889 Ernennung zum Titularbischof von Iuliopolis und Weihbischof von Köln. 1889 Bischofsweihe ebd. Seit 1895 Domdechant. 1902 Wahl zum Erzbischof von Köln und 1903 päpstliche Ernennung. 1903 Kreierung zum Kardinalpriester (Titelkirche: Santi Nereo ed Achilleo). 1903 Teilnahme am Konklave.

Fischer, Emil *(1852–1919)* 1871–74 Studium der Chemie in Bonn und Straßburg. 1874 Promotion ebd. Seit 1875 in München, 1878 Habilitation ebd. Seit 1879 Extraordinarius ebd. 1885–95 Ordinarius für Chemie in Würzburg, seit 1895 in Berlin. 1902 Nobelpreis für Chemie. Forschungsschwerpunkte: Zellkernstoffe und biochemische Naturstoffe. 1888 Heirat mit Agnes von Gerlach († 1895).

Foerster, Erich *(1865–1945)* *Wolfes, Foerster; DBETh, Bd. 1, 431f.; Neß, Schlesisches Pfarrerbuch, Bd. 6, 126f.*
Studium der Rechtswissenschaft und ev. Theologie in Marburg und Berlin. 1890–91 Redaktionshelfer der ChW und Vikar bei Martin Rade in Schönbach (Sachsen). 1891–1903 Herausgeber der „Chronik der Christlichen Welt". Seit 1893 Pfarrer in Hirschberg (Schlesien) und 1895–1935 Pfarrer der Deutschen evangelisch-reformierten Gemeinde in Frankfurt a.M. 1905 Lic. theol. in Marburg und 1907 Habilitation in Frankfurt a.M. Seit 1911 Honorarprofessor für Religionsphilosophie und -geschichte an der Frankfurter Handelsakademie, 1915–33 ordentlicher Honorarprofessor an der neugegründeten Universität. Seit 1903 Mitglied der FChW, seit 1907 Veranstaltung der „Vorträge moderner Theologen". 1915–25 Mitglied des Frankfurter Konsistoriums. Seit 1933 Mitglied der Bekennenden Kirche. Vertreter einer liberalen Theologie. Forschungsschwerpunkt: Entstehung der preuß. Landeskirche. 1894 Heirat mit Ilse Fraas (*1872). Sohn des Ministerialdirektors Franz Foerster.

Fränkel, Bernhard *(1836–1911)* Studium der Medizin. Darnach Arzt in Berlin. 1864, 1866 und 1870/71 Militärarzt. 1872 Habilitation in Berlin. Seit 1875 leitender Arzt am Augusta-Hospital. Seit 1887 Leiter der Universitätspoliklinik für Hals- und Nasenkrankheiten und Extraordinarius. Seit 1897 Honorarprofessor. Forschungsschwerpunkt: Rhino-Laryngologie.

Francke, Kuno *(1855–1930)* 1873–1878 Studium in Kiel, Berlin, Jena und München. 1878 Dr. phil. ebd. 1878/79 Stipendiat in Italien, seit 1879 erst Gymnasiallehrer in Kiel, dann Mitarbeiter der MGH bei Georg Waitz. Seit 1884 Dozent in Harvard, 1896–1917 Professsor für Geschichte der dt. Kultur ebd. 1902 Gründung des Harvard Germanic Museums. Forschungsschwerpunkte: Dt. Literatur- und Kulturgeschichte.

Franke, Johannes *(1848–1918)* *Blunck, Zur Erinnerung an Johannes Franke; Geschichte der Nassauischen Landesbibliothek, 299–316*
Studium der Medizin in Berlin, Göttingen und Heidelberg. 1879 Promotion in Berlin. 1880–84 Hilfsarbeiter an der Universitätsbibliothek in Göttingen, 1884–95 als Kustos. 1895–99 Oberbibliothekar an der Hessischen Landesbibliothek in Wiesbaden. 1899–1902 Direktor der Katalogabteilung der Kgl. Bibliothek. Aufbau der Kaiser-Wilhelm-Bibliothek in Posen. 1902–18 Direktor der Universitätsbibliothek Berlin. 1903–05 Ausbildung von Frauen an der Bibliothek. 1880 Heirat mit der Schriftstellerin Gertrud Franke-Schievelbein (1851–1914).

Franz von Assisi *(1182–1226)* *BBKL, online, Bautz, BBKL II, 95–101*
Bis 1202 im väterlichen Betrieb tätig. 1204 Teilnahme am Städtekrieg zwischen Perugia und Assisi und anschließende Gefangenschaft. 1206–08 Eremit in der Nähe von Assisi. Abfassung einer ersten

Ordensregel. 1209/10 Reise nach Rom und Anerkennung der „Fratres minores“ durch Innozenz III. 1212 Gründung des Klarissenordens für die adlige Klara von Assisi. 1214/15 Missionsreise durch Italien, Südfrankreich, Spanien und Marokko. 1219 Teilnahme am 5. Kreuzzug nach Ägypten und Predigt vor dem Sultan. 1220 Abgabe der Ordensleitung an Petrus Cataneo. 1221 Gründung des Dritten Ordens für Laien. 1221 ausführlichere Ordensregel. 1223 Anerkennung der überarbeiteten Regel. 1224 Stigmatisation. 1228 Heiligsprechung durch Gregor IX.

Friedberg, Robert *(1851–1920)* 1871–74 Studium der Jurisprudenz und Staatswissenschaften in Berlin, Heidelberg und Leipzig. Seit 1877 Privatdozent in Leipzig. 1884 Konversion vom Judentum zum Protestantismus. Seit 1885 Extraordinarius in Halle/Saale, seit 1894 Ordinarius für Staatswissenschaften ebd. 1886–1918 MdPrA (nationalliberal), 1893–98 MdR. Seit 1904 Vorsitzender des Geschäftsausschusses der nationalliberalen Partei, seit 1906 Anführer der preuß. Fraktion. 1917/18 Vizepräsident des preuß. Staatsministeriums. Forschungsschwerpunkt: Steuerrecht. Verheiratet mit Thekla Friedmann (1860–1924).

Friedensburg, Walter *(1855–1938)* *Professorenkatalog Marburg, online, Walter Friedensburg*
1877 Dr. phil. in Göttingen. 1878–80 Mitarbeiter der Reichstagsakten in Göttingen. 1880–83 Hilfsarbeiter im Marburger kgl. Staatsarchiv. 1884 Habilitation in Marburg, 1887 in Göttingen. Seit 1888 erster Assistent am PHI in Rom. Seit 1889 Extraordinarius für Geschichte in Halle/Saale. 1892–1901 Direktor des PHI. 1901–13 Direktor des Staatsarchivs in Stettin, 1913–23 Archivdirektor in Magdeburg. 1910 Dr. theol. h.c. in Greifswald. Forschungsschwerpunkte: Nuntiaturberichte aus dem Deutschland der Reformationszeit.

Friedrich III. *(1831–1888)* Seit 1849 Studium der Jurisprudenz in Bonn. 1858 Heirat mit Prinzessin Victoria von Großbritannien und Irland. 1861–88 Kronprinz mit liberalen politische Einstellungen. 1888 König von Preußen.

Frucht, Anna *(1881–1965)* Ausbildung zur Bibliothekarin, seit 1906 Mitarbeiterin in der Kgl. Bibliothek, 1907 Heirat mit Emil Frucht, seit den 1920er Jahren Leiterin eines Studentinnenwohnheims in Leipzig, 1933 Entlassung. Älteste Tochter Adolf Harnacks.

Frucht, Emil *(1874–1914)* *Zahn-Harnack, Harnack, 2. Aufl., 341f.*
Seit 1892 im preuß. Militärdienst. Seit 1894 Leutnant, seit 1903 Oberleutnant. 1903–07 an die Kriegsakademie kommandiert. 1907 Teilnahme an einer Expedition des Hauptmanns Walther von Marées nach Kleinasien. Dezember 1907 Heirat mit Harnacks Tochter Anna. Im August 1914 im nordfranzösischen Le Cateau gefallen.

Frühwirth, Andreas *(1845–1933)* *BBKL, online, Bd. II, 146; DBETh, Bd. 2, 462*
1863 Eintritt in den Dominkanerorden. 1867 Priesterweihe. 1867–70 Studium in Rom. 1870–76 Theologiedozent und Seelsorger in Graz, 1876–80 Prior in Wien, 1880–84 und 1891 Provinzial in Österreich-Ungarn. 1891–1904 General des Dominikanerordnes. Anregung verschiedener wissenschaftlicher Zeitschriften und Projekte für den Orden. 1904–07 kuriale Aufgaben in und außerhalb Roms. 1907 Ernennung zum Titularbischof von Heraclea und 1907–16 Apostolischer Nuntius in München. 1916–25 Mitglied römischer Behörden, 1925–27 Großpönitentiar, 1927–33 Kanzler der röm. Kirche.

Galilei, Galileo *(1564–1642)* Seit 1580 Studium der Medizin und Mathematik in Pisa und Florenz. 1589–92 Professor für Mathematik in Pisa, 1592–1610 in Padua. Seit 1610 Hofmathematiker in Florenz. 1632/33 Prozess gegen Galilei und sein Werk „Dialog über zwei Weltsysteme“. 1633–42 Hausarrest in der Botschaft der Toskana in Rom, dann in Siena und Arcetri.

Gandtner, Otto *(1822–1895)* *Lüdicke, Preußische Kultusminister, 77f.*
Studium der Mathematik und Physik. Seit 1845 Lehrer, 1846–50 am Gymnasium in Merseburg, 1850–61 in Greifswald. 1861–71 Gymnasialdirektor in Minden, 1871–76 Provinzialschulrat im Provinzialschulkollegium in Berlin. 1876–84 Vortragender Rat im Kultusministerium und 1885–95 Kurator der Universität Bonn.

Gebhardt, Oscar von *(1844–1906)* *BBKL, online, Bd. II, 192; DBETh, Bd. 1, 480*
1862–75 Studium der ev. Theologie in Dorpat, Tübingen, Erlangen, Göttingen und Leipzig. Seit 1875 Volontär an der Straßburger Bibliothek. Bibliothekar, danach Assistent an der Universitätsbibliothek in Leipzig. Seit 1876 Kustos in Halle/Saale, seit 1877 Unterbibliothekar in Halle/Saale, seit 1880 in Göttingen und seit 1884 Bibliothekar an der Kgl. Bibliothek in Berlin. 1889 Verleihung des Professorentitels. Seit 1891 Direktor der Druckschriftenabteilung, seit 1893 Oberbibliothekar an der Universitätsbibliothek in Leipzig. Seit 1882 zusammen mit Adolf Harnack Herausgeber der „Texte und Untersuchungen zur Geschichte der altchristlichen Literatur". Forschungsschwerpunkt: Griechische Handschriften aus der Zeit des Neuen Testaments und der Alten Kirche.

Gennrich, Paul *(1865–1946)* *Wolfes, Gennrich*
1883–86 Studium der ev. Theologie in Berlin. Seit 1887 Hauslehrer erst in Fredersdorf, dann bei Wien. 1888 Ordination. 1893 Lic. theol. und 1896 Habilitation in Berlin. 1896–99 Privatdozent in Berlin. 1899–1906 Direktor des Predigerseminars in Dembowalonka (Wittenburg) bei Briesen (Westpreußen). 1906/07 Konsistorialrat bei der Berliner Kirchenleitung. 1907–11 Ordinarius für Praktische Theologie in Breslau und Universitätsprediger. 1911–17 Generalsuperintendent in der Kirchenprovinz Sachsen. 1917–33 Generalsuperintendent der Kirchenprovinz Ostpreußen, Leiter des Königsberger Konsistoriums und Erster Schlossprediger sowie Honorarprofessor in Königsberg. Vertreter einer Vermittlungstheologie.

George V. *(1865–1936)* Seit 1877 in der Royal Navy und Besuch des Royal Naval College in Greenich. 1886–88 auf Malta, seit 1889 mit eigenem Kommando. Seit 1890 Kommando im Nordatlantik. Seit 1892 Duke of York, seit 1901 Duke of Cornwall und Prince of Wales, seit 1910 George V. 1893 Heirat mit Maria von Teck.

Gerhardt, Paul *(1607–1676)* Seit 1628 Studium der Theologie in Wittenberg. Erzieher u.a. in Berlin. Seit 1651 Propst von Mittenwalde (Kreis Teltow), 1657–66 Diakon an St. Nikolai in Berlin. 1666 Amtsenthebung. Seit 1668 Archidiakon im kursächsischen Lübben. Dichter zahlreicher geistlicher Lieder. 1655 Heirat mit Anna Maria Berthold (1622–68).

Germar, Christian *(1837–1911)* *Spenkuch, Preußische Universitätspolitik, 93*
Seit 1874 Mitarbeiter im Finanzministerium und Referent für den Kultusetat, 1901–06 Ministerialdirektor ebd.

Gierke, Otto von *(1841–1921)* *Vierhaus, DBE, Bd. 3, 817*
Studium der Jurisprudenz in Berlin und Heidelbreg. 1860 Dr. iur. ebd. Seit 1865 Gerichtsassessor. 1867 Habilitation. Seit 1871 Extraordinarius in Berlin, im selben Jahr Ordinarius in Breslau, seit 1884 in Heidelberg, seit 1887 in Berlin. Seit 1872 Mitglied des Vereins für Socialpolitik. Seit 1911 im erblichen Adelsstand. Forschungsschwerpunkt: Genossenschaftstheorie.

Girgensohn, Karl *(1875–1925)* *BBKL, online, Bd. II, 250f.; DBETh, Bd. 1, 502*
1892–96 Studium der Theologie in Dorpat. 1896/97 und 1898–1900 Hauslehrer in Livland. 1897/98 Freiwilliger Militärdienst in St. Petersburg. 1900–01 Studium bei Reinhold Seeberg in Berlin. 1903

Promotion zum Mag. theol. in Dorpat. 1903–07 Privatdozent und Religionslehrer ebd. 1907–16 Extraordinarius der Systematischen Theologie. 1910 Dr. theol. h.c. in Berlin. 1916 Austritt aus der theol. Fakultät wegen Einführung des Russischen als Landessprache. 1918/19 Professor in Dorpat. 1919–22 Ordinarius in Greifswald, 1922–25 in Leipzig. Vertreter einer modern-positiven Theologie. Forschungsschwerpunkt: Religionspsychologie. 1908 Heirat mit Nelly von Oettingen.

Goebel, Siegfried *(1844–1928)* *Goebel, Erinnerungen, V–VII*; *Anonym, Goebel, 1929*; *Faulenbach, Album Professorum, 212–15*; *Lessing, Geschichte Theologie, 189*
1863–67 Studium der Theologie in Erlangen, Halle/Saale und Berlin. 1868–74 Pfarrer in Posen, 1874–89 Hofprediger in der reformierten Gemeinde in Halberstadt und 1889–95 reformierter Konsistorialrat in Münster, seit 1895 Ordinarius für Neues Testament in Bonn. 1894 Dr. theol. h.c. in Greifswald. Reformierter Vertreter der Erlanger Richtung. Forschungsschwerpunkt: Reformiert-theologische Exegese des Neuen Testaments. Cousin von Hermann von der Goltz.

Goltz, Eduard Freiherr von der *(1870–1939)* *BBKL, online, Bd. II, 265*; *DBETh, Bd. 1, 516*
1889–93 Studium der ev. Theologie in Berlin, Halle/Saale und Bonn. 1898–1902 Pfarrer in Vorpommern. Seit 1902 Privatdozent in Berlin. Seit 1906 Leiter des Predigerseminars in Dembowalonka, Wittenburg. Seit 1907 Extraordinarius, 1912–35 Ordinarius für Praktische Theologie in Greifswald. Seit 1925 Konsistorialrat in Stettin. Mitglied der „Evangelischen Vereinigung". Sohn von Hermann Freiherr von der Goltz. Vertreter einer Vermittlungstheologie.

Goltz, Hermann Freiherr von der *(1835–1906)* *Goltz, Freiherr von der Goltz*; *Gennrich/Goltz, Hermann von der Goltz*; *BBKL, online, Bd. II, 265f.*; *Dutzmann, Goltz*; ; *DBETh, Bd. 1, 516*
1853–57 Studium der Theologie in Erlangen, Berlin, Tübingen und Bonn. Seit 1858 Hauslehrer am Genfer See, 1860/61 Reise durch die franz. Schweiz und Südfrankreich zur Erforschung des franz. Protestantismus. 1861–65 Gesandtschaftsprediger in Rom, seit 1865 Extraordinarius für Neues Testament und Dogmatik in Basel, seit 1870 Ordinarius ebd. 1869 Lic. theol. ebd. 1873–76 Ordinarius für systematische Theologie in Bonn. Seit 1876 Propst an St. Petri in Berlin und Mitglied des EOK. Seit 1881 Ordinarius ohne Lehrverpflichtung an der FWU Berlin. 1892–1906 geistlicher Vizepräsident des EOK. Mitarbeit an der preuß. Kirchenverfassung und Teilnahme an der außerordentlichen Generalsynode 1875, außerdem zusammen mit Paul Kleinert Revision der preuß. Agende 1894. Darüber hinaus Beteiligung an der „Eisenacher Konferenz" und 1903 Mitbegründer des „Deutschen Evangelischen Kirchenausschusses". 1863 Heirat mit Anna von Delius. Angehöriger der Mittelpartei. Forschungsschwerpunkte: Dogmatik und Ethik.

Görtz-Wrisberg, Plato Graf von Schlitz *(1816–1901)* *La Corte, Emblematik, 180*
Erbgraf der jüngeren Linie des Hauses von Schlitz, genannt Görtz-Wrisberg auf Schloss Wrisbergholzen.

Goßler, Gustav *(1838–1902)* Studium der Jurisprudenz in Berlin, Heidelberg und Königsberg. 1859 Beginn der juristischen Laufbahn. 1865–74 Landrat in Darkehmen, seit 1874 Hilfsarbeiter im preuß. Innenministerium. Seit 1877 MdR für die Deutschkonservative Partei. 1878/79 am Oberverwaltungsgericht, seit 1879 im Kultusministerium Unterstaatssekretär. 1881 Wahl zum Präsidenten des Reichstages und 1881–91 Kultusminister. Hauptthema seiner Regierungszeit war der nachlassende Kulturkampf und Reglementierung der polnischen Minderheit. Seit 1891 Oberpräsident der Provinz Westpreußen in Danzig.

Goethe, Johann Wolfgang von *(1749–1832)* Kindheit und Jugend in Frankfurt a.M. 1765–68 Studium der Jurisprudenz in Leipzig, 1770/71 in Straßburg. 1771 Lic. jur. 1771–75 Anwalt in Frankfurt a.M., 1772 in Wetzlar. Seit 1775 in Weimar. 1786–88 Reise nach Italien. 1806 Heirat mit Christiane Vulpius (1765–1816).

Gottschick, Johannes *(1847–1907) Gottschick, Gottschick, Johannes; BBKL, online, Bd. II, 276f.; DBETh, Bd. 1, 521*
1865–68 Studium der Theologie in Erlangen und Halle/Saale, 1868–70 im theologischen Konvikt in Magdeburg. 1872–75 Gymnasiallehrer in Halle/Saale, in Wernigerode, 1875–78 in Torgau und anschließend Inspektor des Klosters „Unsrer Lieben Frau" in Magdeburg. Seit 1882 Ordinarius für Praktische Theologie in Gießen, seit 1893 in Tübingen. Seit 1876 Mitarbeiter der „Theologschen Literaturzeitung", 1891 Gründung der „Zeitschrift für Theologie und Kirche", bis 1906 deren Herausgeber. Mitglied der Ritschl-Schule. Forschungsschwerpunkte: Wissenschaftliche Theologie und Kirche.

Grabmann, Martin *(1875–1949)* 1893–98 Studium der Philosophie und Theologie in Eichstätt. 1898 Priesterweihe. 1898–1900 Seelsorger in der Oberpfalz. 1900–02 Studium am Thomaskolleg in Rom. 1901 Dr. phil. 1902 Dr. theol. Seit 1906 Ordinarius für Dogmatik in Eichstätt, seit 1913 in Wien und 1918–39 in München. 1942–49 in Eichstätt. Forschungsschwerpunkte: Mittelalterliche Philosophie und Scholastik.

Grafe, Eduard *(1855–1922) Vielhauer, Grafe; BBKL, online, Bd. II, 283; DBETh, Bd. 1, 524*
1874–79 Studium der Theologie in Leipzig, Tübingen und Berlin. 1880 Dr. phil. in Tübingen. Seit 1880 in Berlin, 1882 Lic. theol. und 1884 Habilitation ebd. Seit 1886 Extraordinarius für Neues Testament in Halle/Saale, seit 1888 Ordinarius in Kiel, 1890–1913 in Bonn. 1889 Dr. theol. h.c. in Straßburg. 1880 Heirat mit Anna Weidenbusch. Schüler Carl von Weizsäckers. Vertreter der historisch-kritischen Methode in der ntl. Wissenschaft und der liberalen Theologie. Forschungsschwerpunkte: Paulinische Schriften und Urchristentum.

Grauert, Hermann von *(1850–1924) Frenken, Grauert; Vierhaus, DBE, Bd. 4, 111*
1868–72 Mitarbeit im väterlichen Geschäft. 1872–76 Studium der Geschichte und Jurisprudenz in Münster, Göttingen, Berlin, Straßburg und München. 1876 Dr. phil. in Göttingen. 1882 archivalische Staatsprüfung. Seit 1882 Mitarbeiter der Hist. Kommission bei der Bayer. Akademie der Wissenschaften im Vatikanischen Archiv. 1883 Habilitation in München. 1885–1923 Ordinarius für Geschichte ebd. Seit 1877 Mitglied der Görres-Gesellschaft, seit 1884 im Vorstand, seit 1889 Vizepräsident, 1920–24 Präsident. Seit 1919 Mitglied der Zentraldirektion der MGH. Seit 1885 Mitherausgeber des „Historischen Jahrbuchs". Forschungsschwerpunkte: Geschichte des dt. Mittelalters und Papstgeschichte.

Gregor der Große *(um 540–604) BBKL, online, Bd. II, 296–304*
Studium der Rechte. 572/73 römischer Stadtpräfekt. Verwaltung des väterlichen Besitzes in Sizilien. Umwandlung des väterlichen Palastes in das Benediktinerkloster St. Andreas in Rom. 575 Eintritt in den Benediktinerorden. 577 Weihe zum Regionardiakon durch Benedikt I. 579–85 Gesandter Pelagius' II. in Konstantinopel. 590 Wahl zum Papst Gregor I. trotz anfänglicher Weigerung der Amtsübernahme. Konzeption des „Patrimonium Petri". 592/93 Bedrohung Roms durch die Langobarden. 599 Friedensschluss mit den Langobarden. Unterstützung der fränkischen Kirche und des Katholizismus gegen den Arianismus. 597 Reise nach England zur Missionierung der Briten. 597 Taufe des englischen Königs Ethelbert durch Augustin von Canterbury (seit 601 Erzbischof ebd.). Förderung des Mönchtums. Wichtigste Werke: „Regula pastoralis" und Homilien.

Gregory, Caspar René *(1846–1917)* *BBKL, online, Bd. II, 344; DBETh, Bd. 1, 529f.*
1865–73 Studium der Theologie in Philadelphia und Princeton, seit 1873 in Leipzig. 1884 Habilitation in Leipzig, seit 1889 Extraordinarius für Neues Testament und seit 1891 Honorarprofessor ebd. 1914–17 Kriegsfreiwilliger im Ersten Weltkrieg. Mitglied des ESK und des Nationalsozialen Vereins. Forschungsschwerpunkte: Ntl. Handschriften und Textkritik.

Greiff, Julius *(1818–1894)* *Lüdicke, Preußische Kultusminister, 26f.*
1836–39 Studium der Jurisprudenz in Berlin. Seit 1839 Auskultator, seit 1841 Referendar in Danzig, seit 1845 Regierungsassessor in Breslau. 1850–61 Mitglied der Generalkommission ebd. Seit 1861 Hilfsarbeiter im Landwirtschaftsministerium, seit 1864 Vortragender Rat. 1873–90 Ministerialdirektor der Unterrichtsabteilung, seit 1882 der Ersten Unterrichtsabteilung.

Greßmann, Hugo *(1877–1927)* *DBETh, Bd. 1, 532; BBKL, online, Bd. II, 347f.; Smend, Gressmann*
Studium in Greifswald, Göttingen, Marburg und Kiel. 1899 Dr. phil. in Göttingen. 1902 Lic. theol. und Habilitation in Kiel. Seit 1906 Mitarbeiter des „Deutschen evangelischen Instituts für Altertumswissenschaft des Heiligen Landes in Jerusalem“. Seit 1907 Extraordinarius für Altes Testament in Berlin und seit 1921 Ordinarius ebd. 1913 Dr. theol. h.c. in Jena. 1908 Heirat mit Hanna Horst. Seit 1924 Herausgeber der „Zeitschrift für die alttestamentliche Wissenschaft“ und seit 1922 Direktor des „Institutum Judaicum“. 1927 Gastprofessur am „Jewish Institute of Religion“ in New York. Schüler Julius Wellhausens. Vertreter der Religionsgeschichtlichen Schule. Forschungsschwerpunkte: Religions- und Literaturgeschichte des Alten Israels.

Grisar, Hartmann *(1845–1932)* Studium der kath. Theologie in Münster und Innsbruck. 1868 Eintritt in Rom in die „Gesellschaft Jesu“. Seit 1871 Professor für Kirchengeschichte in Innsbruck, 1896–1903 in Rom, seit 1902 in Forstenried bei München, dann in Innsbruck. Forschungsschwerpunkte: Reformationszeit und Geschichte Roms und des Papsttums.

Gruhl, Karl Emil *(1833–1917)* *Meyer, Karl Emil Gruhl; Lüdicke, Preußische Kultusminister, 98f.*
1852–56 Studium der Mathematik und Naturwissenschaften in Breslau und Berlin. 1856 Staatsprüfung. Seit 1856 im Schuldienst in Pommern und Westfalen. Seit 1867 Direktor Real- und Mädchenschule in Mülheim a.d. Ruhr, seit 1878 in Barmen. Seit 1882 Provinzialschulrat in Berlin, seit 1893 Hilfsarbeiter im Kultusministerium, seit 1894 Vortragender Rat.

Grünewaldt, Anna Katharina Alexandra Gräfin von *(1859–1913)* 1892–1910 Oberin der Kaiserin-Augusta-Stiftung in Potsdam, die verwaiste Töchter aus Adels-, Offiziers-, Pfarrers- und Beamtenfamilien erzog.

Grünwedel, Albert *(1856–1935)* *Walravens, Grünwedel; Vierhaus, DBE, Bd. 4, 214*
1876–79 Studium der Klassische Philologie, Archäologie und Indologie in München. Seit 1881 im Museum für Völkerkunde in Berlin. Seit 1883 Direktorialassistent, 1891 Titularprofessor, seit 1904 Direktor der indischen Kunstabteilung des Museums. 1902/03 Leiter der ersten und 1905–07 der dritten Turfan-Expedition. Forschungsschwerpunkte: Übersetzung tibetischer Texte, Mythologie des Buddhismus, Archäologie Ostturkestans.

Grützmacher, Georg *(1866–1939)* *Weise/Wolfes, Grützmacher, Georg*
1886–92 Studium der ev. Theologie, Geschichte und semitischen Sprachen in Lausanne, Berlin und Halle/Saale. 1892 Dr. phil. und Lic. theol. in Berlin. 1893 Habilitation für Kirchengeschichte in Heidelberg. Seit 1897 Professor ebd. 1914 Dr. h.c. ebd. Seit 1914 Ordinarius für Kirchengeschichte in Münster. Forschungsschwerpunkt: Alte Kirche.

Grützmacher, Richard *(1876–1959)* *Weise/Wolfes, Grützmacher, Richard*
1895–99 Studium der Theologie in Heidelberg und Berlin. 1899 Erstes theol., 1901 zweites theol. Examen. 1900–01 Vikariat in Friedersdorf bei Seelow (Brandenburg). 1901 Lic. theol. in Berlin. 1902 Habilitation in Greifswald. 1901/02 Inspektor des Greifswalder Studienhauses. 1902/03 Privatdozent ebd. 1903–07 Extraordinarius in Rostock, 1907–12 Ordinarius ebd. 1907 Dr. theol. h.c. in Erlangen. 1912–24 Ordinarius ebd. 1924 krankheitsbedingte Versetzung in den Ruhestand. 1930 wissenschaftlicher Leiter der Lessing-Hochschule in Berlin. Modern-positiver Theologe. Forschungsschwerpunkte: Alt- und Neuprotestantismus.

Gudaschewsky, Adolph *(o.D.)* Kanzleischreiber, Mitarbeiter Althoffs im Kultusministerium.

Günter, Heinrich *(1870–1951)* *Brüggenthies, Günter*
Studium der kath. Theologie in Tübingen. 1893 Dr. phil. ebd. 1894/95 Hilfsarbeiter im Stadtarchiv Rottweil. 1895/96 am Institut für österreichische Geschichtsforschung in Wien. 1897 Habilitation in Tübingen. 1897–1902 Privatdozent für mittelalterliche Geschichte ebd., seit 1902 Extraordinarius. Seit 1923 Ordinarius für Geschichte in München. 1926–29 Herausgeber des Hist. Jahrbuchs. Seit 1930 Mitglied der Historischen Kommission bei BAdW. 1934–48 Leiter der Abt. Jahrbücher der Deutschen Geschichte. 1950 Dr. theol. h.c. in München. Forschungsschwerpunkt: Mittelalterliche Geschichte.

Guenther, Hans Lauchlan von *(1864–1934)* *Kocka/Neugebauer, Protokolle Preuß. Staatsministerium, Bd. 9, 360*
Studium der Jurisprudenz in Heidelberg. Seit 1890 Regierungsassessor beim Polizeipräsidium in Berlin, seit 1891 beim Oberpräsidium in Potsdam, seit 1896 Landrat in Löwenberg. Seit 1901 Hilfsarbeiter in der Reichskanzlei, Vortragender Rat im Staatsministerium, 1907–10 Unterstaatssekretär ebd. 1910–19 Oberpräsident in Schlesien. 1921–26 Bevollmächtigter für Niederschlesien im Reichsrat. 1926–30 stellvertretendes Mitglied des preuß. Staatsrats.

Gunkel, Hermann *(1862–1932)* *Smend, Gunkel; BBKL, online, Bd. II, 395f.; DBETh, , Bd. 1, 551f.; Hammann, Gunkel; Waschke, Gunkel*
1881–84 Studium der Theologie in Göttingen und Gießen. 1885–88 Studienaufenthalte in Leipzig und Göttingen. 1888 Lic. theol. und Habilitation in Göttingen. Seit 1889 Privatdozent in Halle/Saale, seit 1894/95 Extraordinarius für Altes Testament ebd., seit 1895 in Berlin. 1907–20 Ordinarius in Gießen, 1920–27 in Halle/Saale. Begründer der formgeschichtlichen Methode und Vertreter der Religionsgeschichtlichen Schule. Forschungsschwerpunkte: Methodik der atl. Forschung und Religionsgeschichte des AT.

Guthe, Hermann *(1849–1936)* *BBKL, online, Bd. II, 404f.; DBETh, Bd. 1, 553*
1867–70 Studium der Theologie in Göttingen und Erlangen. 1870–73 Hauslehrer in Livland. Seit 1873 Repetent in Göttingen. 1877 Lic. theol. und Habilitation in Leipzig. 1884–1921 Extraordinarius für Altes Testament ebd. Seit 1877 Sekretär und Bibliothekar des „Deutschen Vereins zur Erforschung Palästinas". Vertreter der historisch-kritischen atl. Wissenschaft. Schüler Lagardes und Ritschls in Göttingen. Forschungsschwerpunkte: Geschichte Israels und Palästinakunde.

Hackenberg, Albert *(1852–1912)* *Wolfes, Hackenberg; Zimmermann, Hackenberg*
1872–76 Theologiestudium in Erlangen, Berlin und Bonn. Seit 1878 Vikar in Hottenbach (Hunsrück), 1879 Ordination, bis 1912 Pfarrer der Gemeinde. Mitarbeit am ev. Gesangbuch für Rheinland und Westfalen. 1902 Dr. theol. h.c. der Bonner Theologischen Fakultät. 1887 Mitbegründer des ev. Bundes. Seit 1884 Mitglied der Rheinischen Provinzialsynode, seit 1899 in deren Vorstand, seit 1905 deren Präses. Seit 1900 im Vorstand der Preuß. Generalsynode, 1899–1912 MdPrA (nationalliberal).

Häring, Theodor von *(1848–1928)* *BBKL, online, Bd. II, 446f.; DBETh, Bd. 1, 565*
Seit 1866 Studium der Theologie in Tübingen und Berlin. Nach Jahren im Kirchendienst seit 1873 Repetent am Tübinger Stift. Seit 1876 Diakon in Calw, seit 1881 in Stuttgart. Seit 1886 Ordinarius für systematische Theologie in Zürich, seit 1889 in Göttingen als Nachfolger Albrecht Ritschls, seit 1895 in Tübingen. Vertreter eines konservativen Ritschlianismus in Verbindung mit schwäbischem Pietismus. Forschungsschwerpunkte: Versöhnungslehre und christliche Glaubenslehre.

Hahn, Georg Ludwig *(1823–1903)* *Juncker, Georg Ludwig Hahn*
1841–44 Studium der Theologie in Breslau und Berlin. 1845–47 Qualifikationsstudien. 1846 Dr. phil. in Leipzig, 1847 Lic. theol. in Breslau, 1848 Habilitation ebd. Seit 1857 Extraordinarius für Neues Testament ebd. 1865 Dr. theol. h.c. in Königsberg. Seit 1867 Ordinarius für Neues Testament in Breslau, 1888–99 Leiter des neutestamentlichen Seminars. Forschungsschwerpunkte: Theologie des Neuen Testaments und Geschichte des Apostolikums. Herausgeber der von seinem Vater begonnenen „Bibliothek der Symbole und Glaubensregeln der alten Kirche“. Sohn von August Hahn (1792–1863).

Haller, Johannes *(1865–1947)* *Vierhaus, DBE, Bd. 4, 383*
1883–88 Studium der Geschichte in Dorpat, 1888–90 Hauslehrer auf Schloss Ringen bei Konrad von Anrep und in Koik bei Georg von Gruenewaldt. 1890/91 Studium in Berlin und Heidelberg. 1891 Dr. phil. ebd. 1892–97 und 1901–02 Mitarbeiter im Preuß. Historischen Institut in Rom. 1897 Habilitation in Basel. Seit 1902 Extraordinarius in Marburg, seit 1904 Ordinarius in Gießen, 1913–32 in Tübingen. Forschungsschwerpunkte: Reformkonzilien, Papsttum und später zeitgeschichtliche Themen.

Halley, Albert *(1843–1920)* *Kocka/Neugebauer, Protokolle Preuß. Staatsministerium, Bd. 8/II, 539*
Studium der Jurisprudenz in Bonn. Danach im preuß. Staatsdienst. Seit 1870 in Elsass-Lothringen. Seit 1884 im Innenministerium ebd. Ständiger Kommissar zum Bundesrat für Elsass-Lothringen.

Hansemann, Ottilie von *(1840–1919)* *Wilhelmy, Der Berliner Salon im 19. Jh., 654f.; Wilhelmy-Dollinger, Ottilie von Hansemann*
1860 Heirat mit Adolph Hansemann (1826–1906), Inhaber einer Disconto-Gesellschaft. 1872 geadelt. Mäzenin und Berliner Salonnière. 1913 Bau des ersten Studentinnenheimes.

Harcourt, William *(1827–1904)* *Stansky, Harcourt, William*
1846–52 Studium am Trinity College, Cambridge. Seit 1852 Studium am Lincoln's Inn für Jurisprudenz und seit 1854 Anwalt am Inner Temple. Bis 1855 Journalist für den Morning Chronicle, 1855–59 für den Saturday Review. Seit 1866 Queen's Counsel, seit 1869 Whewell professor of international law in Cambridge. Seit 1868 liberales Mitglied des Parlements für Oxford City. 1873/74 Kronanwalt. 1880–85 Home secretary. 1886, 1892–95 chancellor of the exchequer. 1898 Briefe an „The Times“ gegen den Ritualismus. 1859 Heirat mit Maria Thérèse Lister († 1863). 1876 Heirat mit Elizabeth Cabot Ives.

Harnack, Adolf *(1851–1930)* *Zahn-Harnack, Harnack; Liebing, Harnack; Kantzenbach, Harnack; Burchardt, Adolf von Harnack; Bautz, Harnack; Murrmann-Kahl, Nestor der Wissenschaft*

Harnack, Amalie *(1858–1937)* Tochter Carl und Johanna Thierschs und Enkelin Justus von Liebigs, Schwester Lina Delbrücks. 1879 Heirat mit Adolf Harnack in Gießen.

Harnack, Anna *(1849–1868)* Tochter von Theodosius Harnack, Schwester von Adolf Harnack.

Harnack, Axel *(1851–1888)* *Voss, Zur Erinnerung an Axel Harnack*
1869–74 Studium der Mathematik in Dorpat und Erlangen. 1874 Promotion bei Felix Klein ebd. und

1875 Habilitation in Leipzig. 1876/77 Ordinarius in Darmstadt, 1877–88 in Dresden. 1883–85 Kuraufenthalt in Davos. Seit 1886 Mitglied der Leipziger Akademie der Wissenschaften. Forschungsschwerpunkte: Algebraische Geometrie und Potentialtheorie. 1877 Heirat mit Elisabeth von Oettingen. Zwillingsbruder Adolf Harnacks.

Harnack, Axel von *(1895–1974)* *Habermann, Lexikon dt. wissenschaftlicher Bibliothekare, 111*
1913–20 Studium der Germanistik und Romanistik in Freiburg i.Br. und Berlin, 1920 Promotion. 1921–23 Volontariat an der Universitätsbibliothek Berlin, seit 1923 Bibliothekar an der Preuß. Staatsbibliothek. 1924 Heirat mit Hedwig Thienemann. 1927–29 am Dt. Archäologischen Institut in Rom. 1944–56 Bibliotheksdirektor der Universitätsbibliothek Tübingen, 1947 Habilitation, seit 1947 Privatdozent an der Universität Tübingen. Jüngster Sohn Adolf Harnacks.

Harnack, Elisabet von *(1892–1976)* Landesarchiv Berlin, A Rep. 0001-06, Nr. 11229: Personalakte *Bauer, Agnes von Zahn-Harnack und Elisabet von Harnack, 35–38*; *Kampmann, Harnack zur „Frauenfrage", 77–79*
Ausbildung zur Sozialpädagogin u.a. im Sozialpädagogischen Seminar des »Vereins Jugendheim« von Anna von Gierke. 1914–18 Studium der Nationalökonomie und Geschichte in Berlin. 1918 Referentin am Deutschen Frauenamt in Brüssel. 1918 Dr. phil. 1919–21 Schulpflegerin in Charlottenburg. 1921–27 Geschäftsführerin der Berliner Wohlfahrtsvereinigung, 1927–33 des deutschen paritätischen Wohlfahrtsverbandes. 1921–33 Lehrerin an der Sozialen Frauenschule des „Vereins Jugendheim". 1826/27 Vortragsreise in die USA. 1933 Entlassung. 1936–48 Tätigkeit bei der Inneren Mission. 1948–57 Mitarbeiterin der Abteilung für Sozialwesen der Stadt Berlin. 1951 Mitbegründerin der Zeitschrift „Soziale Arbeit". Jüngste Tochter Harnacks.

Harnack, Erich *(1852–1915)* *Professorenkatalog Halle, online, Erich Harnack*
1869–73 Studium der Medizin in Dorpat. 1873 Dr. med. ebd. 1877 Habilitation in Pharmakologie in Straßburg. Seit 1880 Extraordinarius in Leipzig. Seit 1889 Ordinarius für Pharmakologie in Halle/Saale. Mitherausgeber des „Archivs für experimentelle Pathologie und Pharmakologie". Jüngerer Bruder Harnacks.

Harnack, Helene *(1834–1923)* 1864 Heirat mit Theodosius Harnack.

Harnack, Marie, geb. von Ewers *(1828–1857)* Erste Ehefrau von Theodosius Harnack. Mutter Adolf Harnacks.

Harnack, Otto *(1857–1914)* *BBLd, Harnack, Otto*
1875–79 Studium der Geschichte in Dorpat. 1879–81 in Göttingen und Berlin. 1881/82 Italienreise. 1882–85 Oberlehrer für Geschichte und Deutsch am Livländischen Landesgymnasium in Birkenruh b. Wenden. 1887–89 Direktor der Privatrealschule in Wenden. 1889–91 Mitarbeiter der PrJ. 1891–96 Schriftsteller und Korrespondent in Rom. 1896–1905 Ordinarius für Geschichte und Literatur in Darmstadt, 1905–14 in Stuttgart. Mitarbeiter der Weimarer Goethe-Ausgabe. Jüngster Bruder von Adolf Harnack. Vater des Widerstandskämpfers Arvid Harnack.

Harnack, Theodosius *(1817–1889)* *Drehsen, Theodosius Harnack*; *DBETh, Bd. 1, 582*
1834–37 Theologiestudium in Dorpat, 1840–42 in Berlin, Bonn und Erlangen, seit 1843 Privatdozent in Dorpat, seit 1847 Universitätsprediger, 1848–53, 1866–75 Ordinarius ebd., 1853–66 Ordinarius in Erlangen, 1875 krankheitsbedingte Pensionierung in Dorpat, Vater Harnacks. Vertreter der konfessionell-lutherischen Theologie. Forschungsschwerpunkte: Praktische Theologie und Luthers Theologie.

Hartmann, Johann Philipp *(1829–1911)* *Hegel, Geschichte der Kath.-Theol. Fakultät Münster, 26*
Seit 1848 Studium der Rechtswissenschaften in Bonn, Studium der kath. Theologie in Paderborn. 1854 Priesterweihe. 1854–57 Kaplan in Heiligenstadt. 1857–71 Erzieher der Prinzen Franz und Philipp von Arenberg. 1871 Dr. iur. utr. in Bonn. Seit 1872 Professor an der bischöflichen Akademie Paderborn. 1874 Dr. theol. in Freiburg i.Br. 1874–1907 Professor für Kirchenrecht in Münster. Seit 1884 gleichzeitig Domkapitular, 1897 Prälat.

Hartwig, Otto *(1830–1903)* 1850–54 Studium der Theologie und Philosophie in Marburg und Halle/Saale. 1856 Dr. phil. Seit 1857 Repetent der Marburger Stipendiatenanstalt und bibliothekarische Ausbildung. Bis 1865 Prediger in der evangelischen Gemeinde in Messina (Sizilien). Seit 1866 Hilfslehrer in Rinteln, seit 1867 Bibliothekar in Marburg. 1876–98 Leiter der Universitätsbibliothek Halle/Saale. 1884 Gründung des „Zentralblatts für Bibliothekswesen". Vertreter der preuß. Bibliotheksreform. Berater Althoffs. Forschungsschwerpunkt: Mittelalterliche Geschichte.

Hase, Karl Alfred von *(1842–1914)* *DBETh, Bd. 1, 587*
Studium der ev. Theologie in Jena, Rom und Genf. Dr. phil. in Jena. Seit 1865 Hofdiakon in Weimar. 1870/71 Divisionspfarrer im dt.-franz. Krieg. 1871–89 Militärpfarrer, seit 1876 in Königsberg. 1889–94 Hofprediger in Potsdam. Seit 1894 Konsistorialrat in Breslau, seit 1896 Honorarprofessor für Praktische Theologie und Kirchengeschichte ebd. Sohn von Karl August von Hase. Großvater von Dietrich Bonhoeffer.

Haseloff, Arthur *(1872–1955)* *Vierhaus, DBE, Bd. 4, 475*
Studium der Kunstgeschichte in Berlin, Leipzig, München und Münster. 1896 Dr. phil. ebd. 1896–1900 Forschungsreisen. 1900–06 Hilfsarbeiter bei den Kgl. Museen in Berlin unter Wilhelm Bode. 1901 Habilitation in Berlin. Seit 1909 Titularprofessor. 1906–15 Sekretär der kunsthistorischen Abteilung des PHI. 1915–17 in Halle/Saale, 1917–20 Dozent in Berlin. 1920–37 Ordinarius für Kunstgeschichte in Kiel, zugleich Leiter der Kieler Kunsthalle und des schleswig-holsteinischen Kunstvereins. Seit 1926 Beteiligung an Exkursionskursen für dt. Studierende zum Kunsthistorischen Institut in Florenz. 1932–35 kommissarischer Direktor desselben. 1932 Gastvorlesungen in New York. Forschungsschwerpunkte: Bauten der Hohenstaufen in Unteritalien und Buchmalerei.

Hatch, Edwin *(1835–1889)* *Matthew, Hatch, Edwin*
Herkunft aus einer Familie protestantischer Dissenters, 1852 Konversion zur Church of England durch die Taufe in Birmingham. 1853–57 Studium in Oxford. 1858 Ordination zum Diakon, 1859 zum Priester. 1859–62 Professor für klassische Sprachen in Toronto (Ontario), 1862–67 in Quebec. Seit 1867 Professor in Oxford und 1867–85 Vice Principal of St. Mary Hall. 1882–94 Grinfield lecturer für die Septuaginta. 1883 Dr. theol. h.c. in Edinburgh. Vertreter einer induktiven Methodik, die Harnack beeinflusste. Forschungsschwerpunkte: Septuaginta und ältere Kirchengeschichte. 1863 Heirat mit Bessie Thomas (1838/39–1891).

Hauck, Albert *(1845–1918)* *BBKL, online, Bd. II, 592f.; DBETh, Bd. 1, 589*
1864–68 Studium der Theologie in Erlangen und Berlin, seit 1868 Vikar in München und Feldkirchen, 1874–78 Pfarrer in Frankenheim. Seit 1878 Extraordinarius für Kirchengeschichte in Erlangen, seit 1882 Ordinarius ebd. Seit 1889 kirchenhistorischer Ordinarius in Leipzig. Schüler von Johann Christian Konrad von Hofmann und Gottfried Thomasius. Vertreter der Erlanger Schule und dessen Neuluthertum. Forschungsschwerpunkt: Kirchengeschichte Deutschlands bis zum 15. Jh.

Haupt, Erich *(1841–1910)* *BBKL, online, Bd. II, 601–603; DBETh, Bd. 1, 591; Schenk/Meyer, Biographische Studien, 77–86*
1858–63 Studium der Theologie in Berlin. Seit 1864 Gymnasiallehrer in Kolberg und Treptow an der

Rega. Heirat mit Martha Kawerau, Schwester von Gustav Kawerau. Seit 1878 Ordinarius für Neues Testament in Kiel und Dr. theol. h.c. in Greifswald. Seit 1883 Ordinarius in Greifswald und seit 1884 Mitglied des Stettiner Konsistoriums. Seit 1888 Ordinarius in Halle/Saale und seit 1902 Mitglied des Magdeburger Konsistoriums. 1901–08 Herausgeber der „Deutsch-evangelischen Blätter“, 1900–09 Mitglied des Zentralvorstandes des Gustav-Adolf-Vereins. Vertreter der Mittelpartei. Forschungsschwerpunkte: Neues Testament und zeitgenössische Kirchenpolitik.

Haußleiter, Johannes *(1851–1928)* *BBKL, online, Bd. II, 611f.; DBETh, Bd. 1, 593*
1869–73 Studium der ev. Theologie in Erlangen und Tübingen, 1873/74 in Leipzig. 1874/75 Inspektor des St. Anna-Kollegiums in Augsburg. 1875–86 Gymnasiallehrer in Nördlingen, seit 1886 in Erlangen. 1884 Dr. phil., 1891 Lic. theol. h.c. ebd. 1891/92 Ordinarius für Kirchengeschichte als Nachfolger von Nathanael Bonwetsch in Dorpat, 1893–1921 Ordinarius für Neues Testament als Nachfolger von Adolf Schlatter in Greifswald. Vertreter eines konfessionellen Luthertums Erlanger Prägung. 1894 Dr. theol. h.c. in Dorpat. 1881 Heirat mit Emilie Bullemer (1860–1917). Forschungsschwerpunkte: Biblische und reformatorische Theologie.

Hefele, Carl Joseph von *(1809–1893)* Studium der kath. Theologie in Tübingen. 1833 Priesterweihe. Seit 1836 Privatdozent, seit 1840 Ordinarius für Kirchengeschichte ebd. Seit 1869 Bischof von Rottenburg. Schüler Adam Möhlers. Gegen des Unfehlbarkeitsdogmas.

Hegel, Georg Wilhelm Friedrich *(1770–1831)* 1788–93 Studium der Theologie in Tübingen als Stiftsstipendiat. 1793–97 Hauslehrer in Bern, 1797–1800 in Frankfurt a.M. 1800–07 in Jena, Habilitation ebd. 1807/08 Redakteur in Bamberg, 1808–16 Gymnasialdirektor in Nürnberg. 1816–18 Ordinarius in Heidelberg, seit 1818 in Berlin. 1811 Heirat mit Marie Tucher von Simmelsdorf (1791–1855). Philosoph des Idealismus.

Heinrici, Carl Friedrich Georg *(1844–1915)* *BBKL, online, Bd. II, 687f.; Frenschkowski, Heinrici, Bousset, Harnack, 94f.; Janssen, Heinrici und sein familiärer Hintergrund*
1862–67 Studium der Theologie in Halle/Saale und Berlin, v.a. bei August Twesten. Seit 1868 Domhilfsprediger. 1871 Habilitation im Neuen Testament in Berlin, seit 1873 Extraordinarius für Neues Testament in Marburg, seit 1874 Ordinarius ebd. 1875 Dr. theol. h.c. ebd. Seit 1892 in Leipzig als Nachfolger Theodor Zahns. Konservativer Anhänger der Ritschlschen Theologie. Forschungsschwerpunkt: Griechische Umwelt des Neuen Testaments. 1873 Heirat mit Ellen Wilkinson (1855–81), 1891 Heirat mit Paula Eck (1857–1943).

Hellmann, Gustav *(1854–1939)* *Pelkowski, Gustav Hellmann*
Studium der Meteorologie in Breslau, Berlin und Göttingen. 1875 Dr. phil. ebd. Studienreisen in Europa. Seit 1879 Assistent am preuß. Meteorologischen Institut in Berlin, 1882–85 Interimsdirektor, 1886–1907 Leiter der Abteilung Klimatologie, 1907–20 Direktor des Instituts. Seit 1886 Extraordinarius für Meteorologie in Berlin. 1892–1907 Mitherausgeber der „Meteorologischen Zeitschrift“. Forschungsschwerpunkte: klassische Klimatologie und Meteorologie (Regenmesser).

Helmholtz, Hermann von *(1821–1894)* 1838–42 Medizinstudium Berlin. 1842 Promotion. 1846–48 Militärarzt in Potsdam. Seit 1848 Ordinarius für Physiologie in Berlin, seit 1849 in Königsberg, seit 1855 in Bonn, 1858–70 in Heidelberg, 1870–94 Professor für Physik in Berlin. 1888 Leitung der Physikalisch-Technischen Reichsanstalt. 1883 Nobilitierung. 1849 Heirat mit Olga von Velten, 1861 Heirat mit Anna von Mohl.

Henrici, Paul *(1868–1934)* *Geschichte der Nassauischen Landesbibliothek, 330–332, 335; Habermann, Lexikon dt. wissenschaftlicher Bibliothekare, 121*

Studium der Medizin in Freiburg i.Br., Halle/Saale und München. Sanitätsoffizier im Heeresdienst, 1904 Abschied als Oberstabsarzt. 1904–06 Volontariat an der Kgl. Bibliothek in Berlin. 1906–33 Bibliothekar in Wiesbaden. 1933/34 Direktor der Landesbibliothek Wiesbaden. 1911 Heirat mit Tilly Heß.

Hengstenberg, Ernst Wilhelm *(1802–1869)* *Deuschle, Hengstenberg*
1819–23 Studium der klassischen und orientalischen Philologie und Theologie in Bonn. 1823 Dr. phil. ebd. 1823/24 Hinwendung zu Erweckungskreisen. 1824 Habilitation an der phil. Fakultät in Berlin. 1825 Lic. theol. ebd. Seit 1826 Extraordinarius für Altes Testament in Berlin, seit 1828 Ordinarius ebd. 1827 Gründung der „Evangelischen Kirchenzeitung". Vertreter einer konservativen Erweckungstheologie. 1829 Heirat mit Therese von Quast (1812–61).

Hering, Hermann *(1838–1920)* *BBKL, online, Bautz. BBKL II (1990), 747; DBETh, Bd. 1, 633*
1852–62 Studium der ev. Theologie in Halle/Saale. 1862–78 Pfarrer in Thüringen. 1878 Dr. h.c. in Kiel. 1878–1907 Ordinarius für Praktische Theologie in Halle/Saale und bis 1912 Universitätsprediger. Seit 1894 Konsistorialrat. Vertreter einer positiven Theologie. Forschungsschwerpunkte: Reformatorische Theologie und Homiletik.

Hermelink, Heinrich *(1877–1958)* *Maurer, Hermelink; BBKL, online, Bd. II, 759f.; DBETh, Bd. 1, 639f.*
Studium der Theologie in Tübingen. 1902 Dr. phil. ebd. 1901–04 wiss. Hilfsarbeiter an der Universitätsbibliothek Tübingen, 1904–06 am Staatsarchiv in Stuttgart. 1906 Lic. theol. und Habilitation in Leipzig. Seit 1906 Privatdozent in Leipzig und seit 1909 Pfarrer ebd. 1909 Heirat mit Helene Klemm (1877–1918), 1919 mit Luise Lippold (*1897). Seit 1913 Extraordinarius für Kirchengeschichte in Kiel. 1914 Kriegsteilnahme, dann Gouvernementspfarrer in Warschau. 1915–18 Ordinarius für Kirchengeschichte in Bonn, 1918–35 in Marburg. Nach Zwangsemeritierung 1935–38 Pfarrer in Eschenbach bei Göppingen. 1939–45 Pfarrer in Bayern. Nach 1945 Honorarprofessor für Kirchengeschichte in München und Tübingen. Vertreter einer liberalen Theologie und politischer Ansichten. Forschungsschwerpunkte: Württembergische Kirchengeschichte und neuere Kirchengeschichte.

Hermes, Julius August Ottomar *(1826–1893)* *Lerche, Verzeichnis EOK, 180*
Seit 1842 Studium der Jurisprudenz und Staatswissenschaften in Berlin. Arbeit im juristischen Dienst in Boitzenburg, Berlin und Koblenz. Seit 1856 Hilfsarbeiter beim Evangelischen Oberkirchenrat und seit 1862 Oberkonsistorialrat und Mitglied des EOK. 1878–91 Präsident des Evangelischen Oberkirchenrats als Nachfolger von Emil Herrmann.

Herrmann, Wilhelm *(1846–1922)* *BBKL, online, Bd. II, 771–773; DBETh, Bd. 1, 643*
1866–71 Studium der Theologie in Halle/Saale, u.a. bei Tholuck. 1875 Lic. theol. und Habilitation in Halle/Saale. Seit 1879 Ordinarius für systematische Theologie in Marburg. 1885 Heirat mit Emilie Bergmann. Weiterentwicklung der Ritschlschen Theologie. Forschungsschwerpunkt: Dogmatik.

Hertling, Georg Freiherr von *(1843–1919)* *DBETh, Bd. 1, 643f.; BBKL, online, Wesseling, BBKL XX (2002), 737–757*
Studium der Philosophie in Münster, München und Berlin. 1864 Dr. phil. in Berlin, 1867 Habilitation in Bonn. Seit 1882 Ordinarius für Philosophie in München. 1875–90 und 1896–1912 MdR (Zentrum). 1909–12 Vorsitzender der Zentrumsfraktion. Mitbegründer der „Görres-Gesellschaft zur Pflege der Wissenschaft im katholischen Deutschland" und 1867–1919 deren Präsident. 1912–17 Ministerpräsident des neugegründeten Bayerischen Gesamtstaatsministeriums. 1917–18 Reichskanzler.

Hertwig, Oscar *(1849–1922)* 1868–72 Studium der Medizin in Jena, Zürich und Bonn. 1872 Dr. med. in Bonn, 1876 Habilitation in Jena. Seit 1878 Extraordinarius, seit 1881 Ordinarius für Anatomie in Jena. 1888–1921 in Berlin und dort Leiter des II. Anatomischen Instituts. 1904/05 Rektor der Universität. Forschungsschwerpunkte: Tierische und menschliche Entwicklungsgeschichte und Zelltheorien. 1884 Marie Gesenius (1859–1944).

Hertz, Henriette *(1846–1913)* *Rischbieter, Henriette Hertz*
Malerin und Literatin in Köln und in England. Finanzielle Unterstützung Ludwig Monds bei der Entwicklung der Ammoniak-Soda-Industrie. Finanzierung von drei wissenschaftlichen Vorträgen an der British Academy. Seit 1880 in Rom, anfangs zur Miete im Palazzo Zuccari, 1904 Kauf durch Mittel von Mond. Dort Aufbau einer kunstgeschichtlichen Privatbibliothek und Kunstsammlung. Nach ihrem Tod 1913 Schenkung des Palazzo Zuccari inklusive der Bibliothek und Sammlung an die Kaiser-Wilhelm-Gesellschaft.

Heyl, Hedwig *(1850–1934)* *Vierhaus, DBE, Bd. 4, 822*
1869 Heirat mit Kommerzienrat Georg Heyl (1840–89), Farbenfabrikant in Berlin-Charlottenburg. Aufbau sozialer Einrichtung in dessen Fabrik. 1889–96 Leitung der Fabrik. 1888 Veröffentlichung des Kochbuchs „ABC der Küche" mit ernährungsbewussten Alltagsrezepten (13 Auflagen bis 1926). 1884 Gründung der ersten Haushaltsschule in Berlin, 1890 der ersten privaten Gartenbauschule für Frauen und 1914 zusammen mit Gertrud Bäumer Gründung des „Nationalen Frauendienst". Seit 1919 Berliner Stadtverordnete (DVP). 1920 Dr. med. h.c. in Berlin. In der bürgerlichen Frauenbewegung aktiv. 1904 Leitung des Internationalen Frauenkongresses in Berlin.

Hilgers, Bernhard *(1803–1874)* Studium der katholischen Theologie in Bonn. 1827 Priesterweihe in Köln. 1827–33 Pfarrtätigkeit im Rheinland. 1833 Dr. theol. in Münster und 1834 Habilitation in Bonn. Seit 1840 Extraordinarius, seit 1846 Ordinarius für Kirchengeschichte in Bonn. 1835–43 Pfarrer ebd. 1870 Weigerung der Unterwerfung unter die Dekrete des I. Vatikanischen Konzils.

Hill, David Jayne *(1850–1932)* 1874 Studienabschluss an der Bucknell University. 1877–79 Dozent für Rhetorik. Studienaufenthalte in Berlin und Paris. Seit 1879 Präsident der Bucknell University. 1889–96 Präsident der Universität Rochester. 1898–1903 assistierender Staatssekretär. 1903–05 Gesandter in der Schweiz, 1905–08 für die Niederlande und Luxemburg. 1908–11 Botschafter der Vereinigten Staaten von Amerika in Berlin. 1874 Heirat mit Anna Amelia Lidell, 1886 mit Juliet Lewis Packer.

Hinneberg, Paul *(1862–1934)* Studium der Staatswissenschaften und Philosophie in Berlin. 1888 Dr. phil. in Halle/Saale. Seit 1885 Mitarbeiter Rankes. Seit 1892 Redakteur der „Deutschen Literaturzeitung" (DLZ), seit 1907 der „Internationalen Wochenschrift für Kunst, Kultur und Technik". 1906–14 Edition der Enyzklopädie „Die Kultur der Gegenwart".

Hintze, Otto *(1861–1940)* *Vierhaus, DBE, Bd. 4, 868f.*
1878–80 Studium der Philologie, Geschichte und Philosophie in Greifswald und Berlin. 1884 Dr. phil. 1884–90 Studium der Jurisprudenz in Berlin. 1887–1910 Mitarbeiter der Acta Borussica. 1895 Habilitation in Berlin. Seit 1899 Extraordinarius, 1902–20 Ordinarius in Berlin. 1912 Heirat mit Hedwig Guggenheimer (1884–1942). Forschungsschwerpunkte: Verfassungs-, Verwaltungs- und Wirtschaftsgeschichte.

Hinzpeter, Georg *(1827–1907)* Studium der klassischen Philologie und Geschichte in Halle/Saale und Berlin. 1850 Dr. phil. ebd. Hauslehrer in Berlin, Wrisbergholzen bei Hildesheim, Wiesbaden und Fulda. Seit 1866 Hauslehrer der Söhne des preuß. Kronprinzen, des späteren Friedrich III. in Berlin und 1874–77 in Kassel. Seit 1877 in Bielefeld Vertrauter und Berater Wilhelms. 1875 Heirat mit Jeanne Julie Octavie Darcourt (1831–1905).

Hirschfeld, Otto *(1843–1922) Vierhaus, DBE, Bd. 4, 884*
1859–63 Studium der alten Geschichte in Königsberg, Bonn und Berlin. 1863 Dr. phil. in Königsberg, 1869 Habilitation in Göttingen. Seit 1872 Ordinarius für alte Geschichte in Prag, seit 1876 in Wien. 1876 Gründung des Archäologisch-Epigraphischen Seminars in Wien. 1885–1917 in Berlin. Mitarbeiter an Mommsens Corpus Inscriptionum Latinarum. Forschungsschwerpunkt: Römische Geschichte.

Hitzig, Eduard *(1838–1907) Vierhaus, DBE, Bd. 5, 2*
Studium der Medizin in Berlin und Würzburg. 1862 Dr. med. in Berlin. Seit 1862 praktischer Arzt ebd. Seit 1870 Publikationen zu seinen neurologischen Forschungen. 1872 Habilitation in Berlin. Seit 1875 Ordinarius für Psychatrie und Direktor der „Irrenanstalt“ Burghölzli in Zürich. Seit 1879 in Halle/Saale, 1891–1903 Leiter der ersten Nervenklinik in Preußen. Befürworter einer Vereinigung der Psychatrie mit der Neurologie.

Hoberg, Gottfried *(1857–1924) BBKL, online, Bd. II, 911; DBETh, Bd. 1, 659; Hoberg, leo-bw*
Studium der kath. Theologie in Münster, Dillingen und Bonn. 1881 Priesterweihe. 1881–87 Studium in Bonn und Hausgeistlicher auf dem Kreuzberg. 1886 Habilitation ebd. 1887–90 Ordinarius für Altes Testament in Paderborn, 1890–93 für Neues Testament in Freiburg i.Br., 1893–1919 für Altes Testament ebd. Seit 1903 Konsultor der Päpstlichen Bibelkommission. 1904 Äußerung zu Delitzsch’ Vorträgen über „Babel und Bibel“. Seit 1894 Herausgeber der „Theologischen Rundschau für das katholische Deutschland“, 1895–1905 Schriftleiter der „Literarischen Rundschau“, seit 1895 Mitherausgeber der „Biblischen Studien“ und seit 1910 der „Freiburger theologischen Studien“. Vertreter eines konservativen Traditionalismus. Forschungsschwerpunkte: Geschichte der Vulgata und Pentateuchforschung.

Hoffmann, Ludwig *(1852–1932)* Seit 1871 Ausbildung im Bauwesen und Studium an der Kunstakademie in Kassel, seit 1874 an der Berliner Bauakademie. 1884 höheres Staatsexamen. 1884–86 Studienreisen in Europa. 1887–96 bauliche Ausführung des Leipziger Reichsgerichts zusammen mit Peter Dybwad. 1896–1924 Berliner Stadtbaurat. Ausführung zahlreicher Bauten in Berlin, u.a. Schulen, Krankhäuser und Verwaltungsgebäude. Ausführung des Pergamonmuseums. Vertreter einer sachlich-konstruktiven Bauweise.

Hoffmann, Richard Adolf *(1872–1948) Hoffmann, Richard, ÖBL; BBKL, online, Bd. II, 968; Tilitzki, Albertus-Universität, 551*
Studium der ev. Theologie in Königsberg und Halle/Saale. 1896 Lic. theol. und 1897 Habilitation für ntl. Wissenschaften in Königsberg. Seit 1907 Extraordinarius für Neues Testament ebd. 1910 Dr. theol. h.c. ebd. Seit 1915 Ordinarius in Wien. Vertreter einer historisch-kritischen Erforschung der Bibel und zugleich einer modern-positiven Theologie. Forschungsschwerpunkte: Geschichte des Lebens Jesu und des Urchristentums sowie parapsychologische Interpretation der Bibel und des Christentums. 1919 Heirat mit Maria Kennemann.

Hohenlohe-Langenburg, Hermann Fürst zu *(1832–1913)* Studium der Jurisprudenz in Lausanne und Berlin. Mitglied der Württembergischen I. Kammer. 1871–81 MdR (freikonservativ). Mitbegründer des deutschen Kolonialvereins und bis 1894 dessen Präsident. 1894–1907 Statthalter von Elsass-Lothringen. 1862 Heirat mit Leopoldine von Baden (1837–1903).

Hohenlohe-Schillingsfürst, Chlodwig zu *(1819–1901)* Studium der Rechtswissenschaft. 1842–46 im preuß. Staatsdienst. Mitglied der bayerischen Kammer der Reichsräte (liberale Fraktion). 1848 im Dienst der provisorischen dt. Reichsregierung. 1866–70 bayerischer Ministerpräsident und Außenminister. Seit 1870 Mitglied des Reichsrats, 1871–81 MdR (Liberal). 1874–80 dt. Botschafter in Paris. 1880–85 Staatssekretär im AA. 1885–94 kaiserlicher Statthalter der Reichslande in Elsaß-Lothringen. 1894–1900 dt. Reichskanzler und preuß. Ministerpräsident. Vertreter einer Politik der preuß. Hegemoniestellung. Unterstützer des Kulturkampfes in Preußen.

Hohoff, Wilhelm *(1848–1923)* *Meßner, Hohoff*
Seit 1866 Studium der Philosophie und kath. Theologie in Münster, Bonn, Marburg und Paderborn. 1871 Priesterweihe. 1871–85 Kaplan in Hüffe, 1885–1905 Pfarrer in Petershagen bei Minden. 1874 öffentliche Kontroverse mit August Bebel. Vertreter eine Verbindung von Christentum und Sozialismus.

Holder-Egger, Oswald *(1851–1911)* *Vierhaus, DBE, Bd. 5, 96*
Studium der Geschichte und Philologie in Berlin und Göttingne. 1874 Dr. phil. Seit 1875 ständiger Mitarbeiter der MGH. Seit 1889 Titularprofessor. Seit 1888 Leiter und Herausgeber der Hauptreihe „Scriptores" der MGH und Mitglied der Zentraldirektion. 1902–05 kommissarischer Direktor der MGH. Seit 1905 Redakteur des „Neuen Archivs" (NA). Forschungsschwerpunkt: Edition zahlreicher ma. Quellen.

Holl, Karl *(1866–1926)* *Uecker, Holl; DBETh, Bd. 1, 668f.; Korsch, Holl; Assel, Karl Holl*
1884–86 Studium der Philosophie und Theologie in Tübingen. 1886–89/1890–91 Vikariat in Rottenburg, Tübingen und Stuttgart. 1889 Dr. phil. in Tübingen. 1889/90 Studienaufenthalte Berlin, Gießen und Marburg. 1891 Zweites Theol. Examen. Seit 1891 Stiftsrepetent in Tübingen. Lic. theol. ebd. Seit 1894 Mitarbeiter an der Kgl. Akademie der Wissenschaften in Berlin. 1896 Habilitation ebd. Seit 1900 Extraordinarius für Kirchengeschichte in Tübingen und Dr. theol. h.c. in Berlin. 1903 Heirat mit Maria Pauline Wucherer (*1869). Seit 1906 Ordinarius für Kirchengeschichte in Berlin. Ab 1910 Begründer der Lutherrenaissance. Vertreter einer Weiterentwicklung der Ritschlschen Theologie. Forschungsschwerpunkte: Kirchenväter und Luther.

Holle, Ludwig *(1855–1909)* *Lüdicke, Preußische Kultusminister, 12f.*
1874–78 Studium der Jurisprudenz in Berlin und Göttingen. Seit 1878 Refendar, seit 1883 Gerichtsassessor, seit 1884 Regierungsassessor. Seit 1890 Hilfsarbeiter im preuß. Landwirtschaftsministerium, seit 1891 Vortragender Rat. 1900–04 Landeshauptmann von Westfalen. 1904–07 Unterstaatssekretär im Ministerium für Öffentliche Arbeiten. 1907–09 Kultusminister, seit 1908 wegen Krankheit beurlaubt. 1909 Dr. ing. h.c. in Aachen.

Hollmann, Friedrich Admiral *(1842–1913)* *Hildebrand/Henriot, Deutschlands Admirale, Bd. 2, 135f.*
1857 Eintritt in die Marine. 1859–62 Teilnahme an einer Expedition nach Ostasien. 1863 Offizier, 1864 Leutnant zur See. 1864 Teilnahme am dt.-dän. Krieg. 1870/71 Teilnahme am dt.-franz. Krieg. 1871–73 Erster Offizier bei einer Übungsreise nach Nord- und Südamerika. 1874–81 Mitglied des Admiralstabs. 1876–78 Kommandant von Schulschiffen der Marine. 1881–83 Weltumsegelung mit einem Schulschiff als Kapitän zur See. 1883–90 verschiedene Positionen in der kaiserl. Marine. 1890–97 Staatssekretär im Reichsmarineamt. 1890 Vizeadmiral, 1896 Admiral. Seit 1904 MdH. Seit 1906 Vorsitzender der Motorluftschiff-Studiengesellschaft. Begründer des Dt. Flottenvereins und 1898 Gründungsmitglied der Dt. Orient-Gesellschaft, 1906–13 deren Vorsitzender. 1905 nobilitiert. Berater Wilhelms II.

Holls, Frederick William *(1857–1903)* *Anonym, Holls, 1904, bes. 5–10*
Bis 1878 Studium am Columbia College, 1878–80 an der Law School. Seit 1880 Anwalt in New York City, später auch Mitarbeiter der Legal Aid Society ebd. Gegen Ende der 1890er Jahre Außenstelle

seiner Anwaltskanzlei in Deutschland. 1899 Sekretär der amerikanischen Delegation bei der internationalen Friedenskonferenz in Den Haag. 1889 Heirat mit Caroline M. Sayles. Deutscher Abstammung. Karitatives Engagement in New York.

Höpfner, Ernst *(1836–1915) Lüdicke, Preußische Kultusminister, 90*
1855–58 Studium der Geschichte und Philologie in Halle/Saale und Bonn. Seit 1859 im Schuldienst in Berlin und Neu-Ruppin. 1868–73 Direktor einer Realschule in Breslau. 1873–88 Provinzialschulrat in Koblenz. 1888–94 Vortragender Rat im Kultusministerium für das höhere Schulwesen. 1894–1907 Kurator der Universität Göttingen.

Hoseus, Heinrich *(1842–1897) Bohr/Hartung (Hg.), Wilhelm Windelband, 581; Steinhoff, The Gods of the City, 177, Anm. 13*
1865 Dr. iur. in Erlangen. 1867 Referendarsprüfung. 1888–95 Kurator der Universität Straßburg. 1894–95 Unterstaatssekretär für Kultus und Justiz ebd.

Hubert, Gustav Albert *(1829–1900) Lerche, Verzeichnis EOK, 181*
Konsistorialrat und Oberkonsistorialrat im Konsistorium in Berlin sowie Justitiar bei den Kgl. Museen. 1882–96 Oberkonsistorialrat und Mitglied des EOK.

Hülsen, Christian *(1858–1935) Vierhaus, DBE, Bd. 5, 185*
1876–80 Studium der Archäologie, klassischen Philologie und alten Geschichte in Berlin. Seit dem Studium Mitarbeiter an Mommsens Corpus Inscriptionum Latinarum. Seit 1881 Stipendiat am DAI in Rom. 1887–1909 Zweiter Sekretar des DAI ebd. Seit 1917 Honorarprofessor in Heidelberg. Später Privatgelehrter in Florenz. 1892 Heirat mit Elisabeth Frommel (1858–1919). Forschungsschwerpunkt: Topographie Roms.

Hülsen-Haeseler, Hans Dietrich Graf von *(1852–1908)* Seit 1870 im preuß. Militärdienst, seit 1882 beim Generalstab. Seit 1889 Flügeladjutant Wilhelms II. 1894–97 Militärattaché in Wien. Seit 1897 in Berlin Kommandeur, seit 1899 beim Generalstab des Gardekorps. Seit 1901 Chef des Militärkabinetts, seit 1906 General der Infanterie. 1892 Heirat mit Hildegard von Lucadou (*1875).

Hulbert, Eri Baker *(1841–1907) Anonym, Hulbert, 1907; Hulbert, English Reformation and Puritanism, 4–20*
Bis 1863 Studium der Theologie am Union College und 1863–65 am Hamilton Theological Seminary. 1862–64 Mitglied der Christian Commission in Grant's Army. 1865–68 Pfarrer in Manchester (N.H.), 1868–70 in Chicago, 1870–74 St. Paul (Minn.), 1874–78 in San Francisco (Cal.) und 1878–81 in Chicago. Seit 1881 Professor für Kirchengeschichte im Baptist Union Theological Seminary (Ill.), seit 1892 in der Divinity School der Universität Chicago. Seit 1897 Herausgeber des „American Journal of Theology". Forschungsschwerpunkte: Englische Reformation und Puritanismus.

Hunzinger, August Wilhelm *(1871–1920) BBKL, online, Bd. II, 1188f.*
1891–94 Studium der ev. Theologie in Rostock. Seit 1890 Pfarrverweser, seit 1901 Geistlicher der Inneren Mission in Rostock. 1898 Dr. phil. und 1904 Lic. theol. in Rostock. 1906 Habilitation in Leipzig, seit 1907 Extraordinarius in Leipzig und seit 1909 Ordinarius für Systematische Theologie in Erlangen. Seit 1912 Hauptpastor in Hamburg. Vertreter einer modern-positiven Theologie. Forschungsschwerpunkt: Luthers Theologie.

Huth, Georg *(1867–1906) Vierhaus, DBE, Bd. 5, 220*
1885–89 Studium der Tibetologie und Mongolik in Berlin und Leipzig. 1889 Dr. phil. ebd. 1891 Habilitation in Berlin. 1897 im Auftrag der Petersburger Akademie Forschungen in Ostsibirien. Danach

Hilfsarbeiter am Völkerkundemuseum. 1902/03 Teilnehmer der ersten Turfan-Expedition. 1904 Forschungsaufenthalt in Ostturkistan zum Studium des Türkischen und zur Sammlung von Volksmärchen. Forschungsschwerpunkte: Indo-tibetische Literatur und zentralasiatische Geschichte und Epigraphik.

Hypatia *(um 360–415/16)* *Seiffer, Hypatia*
Studium der Philosophie. Philosophin des Neuplatonismus. Ratgeberin des Orestes, Statthalter von Alexandria. Tochter des Mathematikers Theon von Alexandrien. Lehrerin des Synesius von Cyrene.

Ihne, Ernst von *(1848–1917)* *Hollender, Hofarchitekt des Kaisers und Bibliotheksbau; Sander, Universität und Berliner Mitte, Kap. 2*
Studium an der TH Karlsruhe, Berliner Bauakademie und in Paris. Kontakte zum englischen Könighaus über seinen Vater Wilhelm Ihne. 1878–88 Architekturbüro mit Paul Stegmüller in Berlin. 1888 mit dem Bau des Schlosses Friedrichhofs bei Kronberg/Taunus von Friedrich III. beauftragt. 1888 Ernennung zum kgl.-preuß. Hofbaurat und Hofarchitekten. 1891–95 Umbau des Weißen Saals im Berliner Stadtschloss, 1896–1900 Bau des Kgl. Marstalls, 1898–1904 des Kaiser-Friedrich-Museums (heute Bode-Museum) und 1903–14 der Kgl. Bibliothek an der Straße Unter den Linden. 1906 geadelt. Vertreter einer wilhelminischen Barockarchitektur.

Ippel, Eduard *(1849–1915)* *Schwenke, Umschau und neue Nachrichten, 356f.; Vierhaus, DBE, Bd. 5, 250; Lohse, Bibliotheksdirektoren der ehemals preuß. Universitäten, 240; Schochow, Ippel, Eduard*
Studium der klassischen Philologie und Germanistik. Seit 1874 im Dienst der Kgl. Bibliothek. 1887–99 Bearbeiter des Zettelkatalogs, seit 1899 Mitarbeiter am Realkatalog. 1901–14 Direktor der Benutzungsabteilung der Kgl. Bibliothek, seit 1914 der Katalogabteilung. Trauerrede von Harnack bei der Einäscherung. Forschungsschwerpunkt: Edition des Briefwechsels der Gebrüder Grimm mit Dahlmann und Gervinus.

Justin *(um 100–165)* *Wildermuth, Justinus*
Philosophische Ausbildung. Missionar nach der Bekehrung zum Christentum. Vermutlich Lehrer in Rom. Martyrium in Rom.

Jatho, Carl *(1851–1913)* *Wildermuth, Jatho; DBETh, Bd. 1, 709f.*
Studium der ev. Theologie in Marburg und Leipzig. 1874–76 Religionslehrer in Aachen, 1876–84 Pfarrer in Bukarest, 1884–91 in Boppard und 1891–1911 an der Christuskirche in Köln. 1876 Heirat mit Johanna Becker. Seit 1905/06 Abmahnungen des Superintendenten wegen pantheistischer Predigten. 1911 Amtsenthebung. Danach weitere Predigttätigkeit außerhalb der Kirche.

Joachim, Erich *(1851–1923)* *Vierhaus, DBE, Bd. 5, 348; Leesch, Dt. Archivare, Bd. 2, 286f.*
1870–74 Studium der Geschichte und Germanistik in Leipzig, München, Breslau und Göttingen. 1874 Dr. phil. ebd. Seit 1876 Archivsekretär in Idstein, seit 1881 im Staatsarchiv in Wiesbaden, seit 1884 in Marburg, seit 1887 in Königsberg. 1899–1921 Direktor des Königsberger Staatsarchivs. Vorsitzender des Vereins für die Geschichte von Ost- und Westpreußen. 1881 Heirat mit Johanna Frucht. Forschungsschwerpunkte: Ost- und Westpreußische Geschichte und Geschichte des Dt. Ordens.

Jülicher, Adolf *(1857–1938)* *Klauck, Jülicher; DBETh, Bd. 1, 738*
Seit 1875 Studium der Theologie in Berlin, 1880 phil. Promotion in Halle/Saale. Seit 1882 Prediger am Waisenhaus in Rummelsburg bei Berlin. 1886 Lic. theol. in Berlin, 1887 Habilitation ebd., seit 1888 Extraordinarius, seit 1889 Ordinarius für Neues Testament und frühe Kirchengeschichte in Marburg, 1925 Emeritierung. Vertreter einer modernen Theologie und Befürworter der historisch-kritischen Methodik in der Theologie. Herausgeber der Itala, des Neuen Testaments in altlateini-

scher Überlieferung. Forschungsschwerpunkte: Gleichnisse im NT und Überlieferungsgeschichte des NT.

Kaftan, Julius *(1848–1926)* *DBETh, Bd. 1, 742f.; Göbell, Kaftan, Julius; Raupp, Kaftan, Julius; Schröder, Kaftan, Julius*
1866–71 Studium der ev. Theologie in Erlangen, Berlin und Kiel. Seit 1873 Privatdozent erst in Leipzig, dann in Basel. Seit 1874 Extraordinarius für Systematische Theologie ebd., seit 1881 Ordinarius. Seit 1883 Ordinarius in Berlin. 1890 Mitbegründer des ESK. 1904–25 Mitglied des EOK und seit 1921 dessen geistlicher Vizepräsident. Anhänger der Ritschl-Schule. Forschungsschwerpunkte: Dogmatik und soziale Frage in der Kirche.

Kaftan, Theodor *(1847–1932)* *DBETh, Bd. 1, 743; Göbell, Kaftan, Theodor; Göbell, Kaftan, Theodor; Raupp, Kaftan, Theodor; Bassi, Kaftan, Theodor*
1866–71 Studium der ev. Theologie in Erlangen, Berlin und Kiel. 1873 Heirat mit Sophie Hansen. 1873–80 Pfarrer in Apenrade (Dänemark), 1880–84 Regierungs- und Schulrat in Schleswig und Propst in Tondern. 1886–1917 Generalsuperintendent von Schleswig. Nach 1917 Pfarrer in Baden-Baden. Bruder von Julius Kaftan. Umsetzung zahlreicher kirchlicher Reformen den Gottesdienst, die Visitation und die Theologenausbildung betreffend. Modern-positiver Theologe unter Rückgriff auf frühchristlicher Impulse.

Kahl, Wilhelm *(1849–1932)* *Lüdicke, Preußische Kultusminister, 100; Troxler, Kahl; Landau, Kahl*
1867–73 Studium der Jurisprudenz in Erlangen und München. 1873 Promotion in Erlangen und 1876 Habilitation in München. Seit 1879 Ordinarius in Rostock, seit 1883 in Erlangen, seit 1888 in Bonn und 1895–1921 Ordinarius für Kirchen-, Staats-, Verwaltungs-, Straf- und Strafprozessrecht in Berlin. Seit 1896 nebenamtlicher Vortragender Rat im Kultusministerium. Seit 1902 Mitglied der Kommission zur Reform des Strafrechts, seit 1911 Mitglied der Kommission zu Erarbeitung eines Strafgesetzbuches. Seit 1874 Mitglied der Nationalliberalen Partei, nach 1918 Mitglied der Deutschen Volkspartei. 1919/20 Mitglied der verfassunggebenden Nationalversammlung und 1920–32 Mitglied des Reichstages. Mitglied in der Rheinischen und Brandenburgischen Provinzialsynode und der Preuß. Generalsynode, seit 1922 Mitglied des Deutschen Evangelischen Kirchenauschusses. Einfluss auf das 1909 verabschiedete „Irrlehregesetz“. Forschungsschwerpunkte: Kirchen- und Staatsrecht sowie später Strafrecht.

Kähler, Martin *(1835–1912)* *Faulenbach, Album Professorum, 87f.; zur Mühlen, Kähler; Korthaus, Martin Kähler*
1853/54 Studium der Jurisprudenz in Königsberg, seit 1854 Studium der Theologie in Königsberg, Heidelberg, Halle/Saale und Tübingen. 1860 Lic. theol. und Habilitation in Halle/Saale. 1864–67 Extraordinarius für Neues Testament und Systematik in Bonn als Nachfolger Ritschls. 1867–78 Studieninspektor am schlesischen Konvikt in Halle/Saale und Extraordinarius ebd. Seit 1878 Ordinarius für Systematische Theologie in Halle/Saale. Vertreter der Biblischen Theologie. Forschungsschwerpunkte: Dogmatik und Christologie.

Kahn, Franz *(1861–1904)* *Zittelmann, Franz Kahn; Weber, Theorie der Qualifikation, 14–17*
1879–83 Studium der Jurisprudenz in Berlin, Heidelberg, München, Leipzig unnd Freiburg i.Br. 1883 Dr. iur. in Leipzig. 1885 und 1888 juristische Staatsexamina. 1886–89 Studienaufenthalte in Paris und London. 1890/91 Amtsrichter in Karlsruhe und Bretten. 1891–96 Kuraufenthalte im In- und Ausland wegen einer Tuberkoloseerkrankung. Seit 1896 als Privatgelehrter in Baden-Baden, ab 1900 in Heidelberg. Forschungsschwerpunkt: Internationales Privatrecht.

Kahnis, Karl Friedrich August *(1814–1888)* *DBETh, Bd. 1, 743; BBKL, online, Bd. III, 945–948*
1835–40 Studium der Philosophie und Theologie in Halle/Saale und Berlin. 1842 Lic. theol. und Habilitation in Historischer Theologie. Seit 1844 Extraordinarius für Kirchengeschichte in Breslau, seit 1850 Ordinarius für Dogmatik in Leipzig. 1845 Heirat mit Elisabeth von Schwenkendorf. 1885 krankheitsbedingte Aufgabe seines Lehrstuhls. 1851–57 Mitglied des Missionskollegiums und 1853–57 Redaktionsleiter des „Sächsischen Kirchen- und Schulblattes". Vertreter der konfessionell-lutherischen Theologie und seit 1848 Mitglied der Altlutheraner. Forschungsgebiet: Lutherische Dogmatik.

Kannegießer, Walter *(1867–1925)* *Kannegießer, Lehrerinnen-Seminar Augustenburg, 20, 23f.*
Studium der Theologie und Philosophie in Berlin, Marburg und Halle/Saale. 1891 und 1892 theol. Examina. 1893 Rektorexamen für Mädchenschulen. Seit 1891 Lehrer an Seminaren in Delitzsch und Erfurt. 1894–99 Seminarlehrer in Hessen, 1899–1901 Oberlehrer und stellvertretender Direktor am Kgl. Lehrerinnen-Seminar und der höheren Mädchenschule in Trier. 1901–06 Direktor des Kgl. ev. Lehrerinnenseminars in Augustenburg (heute Dänemark). Seit 1906 Direktor der Kgl. Elisabethschule in Berlin.

Kant, Immanuel *(1724–1804)* 1740–46 Studium in Königsberg. 1746–51 Hauslehrer bei Gumbinnen, 1751–53 bei Mohrungen. 1755 Promotion und Habilitation in Königsberg. 1756 eine dritte Disputation. 1755–70 Vorlesungstätigkeit als Privatdozent. 1766–72 Subbibliothekar an der Kgl. Schlossbibliothek. Seit 1770 Ordinarius für Logik und Metaphysik in Königsberg. 1781 Publikation der „Kritik der reinen Vernunft", 1787 der „Kritik der praktischen Vernunft" und 1790 der „Kritik der Urtheilskraft". Seit 1791 Konflikt mit der Zensur über die religionsphilosophische Schrift „Die Religion innerhalb der Grenzen der bloßen Vernunft". 1793 Druck ders. Forschungsschwerpunkte: Naturphilosophie und kritische Philosophie.

Kästner, Julie von *(1852–1937)* Studium in Lausanne. Seit 1891 Lehrerin in Kassel, 1895–1914 Schulvorsteherin der Heuserschen höheren Töchterschule ebd. Mitglied des Vereins »Frauenbildung – Frauenstudium«. 1919–24 Stadtverordnete für die DDP.

Kattenbusch, Ferdinand *(1851–1935)* *Weinhardt, KattenbuschKloeden, Kattenbusch; DBETh, Bd. 1, 750f.*
1869–72 Studium der Theologie in Bonn, Berlin und Halle/Saale. Seit 1873 Repetent in Göttingen, 1875 Lic. theol. und 1876 Habilitation ebd. 1879 Dr. theol. h.c. ebd. Seit 1878 Ordinarius für systematische Theologie in Gießen, seit 1904 in Göttingen, seit 1906 in Halle/Saale. Seit 1910 Herausgeber der „Theologischen Studien und Kritiken". Schüler Albrecht Ritschls. Forschungsschwerpunkte: Symbolik, Theologiegeschichte und Konfessionskunde.

Kautzsch, Emil *(1841–1910)* *Reiniger, Kautzsch; DBETh, Bd. 1, 751f.; Schenk/Meyer, Biographische Studien, 87–95; Freye, Emil Kautzsch*
1859–63 Studium der Theologie und Orientalistik in Leipzig. 1864 phil. Promotion, 1868 Lic. theol. und Habilitation. Seit 1863 Lehrer am Nikolaigymnasium in Leipzig. Seit 1871 Extraordinarius für Altes Testament in Leipzig, seit 1872 Ordinarius in Basel, seit 1879 in Tübingen, seit 1888 in Halle/Saale. 1877 Mitbegründer und Vorsitzender des „Deutschen Vereins zur Erforschung Palästinas". Zur literarkritischen Schule der Bibelwissenschaften zugehörig. Zur Ritschl-Schule gehörig. Forschungsschwerpunkte: Grammatik der hebräischen Sprache, deutsche Übersetzung des Alten Testaments und dessen Apokryphen sowie Archäologie in Palästina. 1866 Heirat mit Helene Michaelis (1843–1934).

Kautzsch, Rudolf *(1868–1945)* *Professorenkatalog Halle, online, Rudolf Kautzsch*
1888–94 Studium der Klassischen Archäologie und Kunstgeschichte in Halle/Saale, Freiburg i.Br., Berlin und Leipzig. 1894 Dr. phil. in Leipzig und 1896 Habilitation in Halle/Saale. Seit 1898 Direktor des Buchgewerbemuseums in Leipzig. Seit 1903 Extraordinarius in Halle/Saale, dann in Darmstadt nach der durch das preuß. Kultusministerium abgelehnten Beförderung. Seit 1911 Ordinarius in Breslau, seit 1915 in Frankfurt a.M. Akademischer Kunsthistoriker, der expressionistische und abstrakte Malerei anerkannte. Forschungsschwerpunkte: Schrift und Buchillustration sowie Architektur des Mittelalters.

Kawerau, Gustav *(1847–1918)* *Flegel, Kawerau; Dienst, Kawerau; DBETh, Bd. 1, 752*
1863–66 Studium der Theologie in Berlin. Seit 1866 Hilfsprediger, seit 1871 Pfarrer in Langheinersdorf. 1882–86 Professor und Geistlicher Inspektor am Kloster Unser Lieben Frauen in Magdeburg. Seit 1886 Ordinarius für Praktische Theologie in Kiel, seit 1894 Ordinarius und Konsistorialrat in Breslau. Seit 1903 Vorsitzender des „Vereins für Reformationsgeschichte" und seit 1905 Vorsitzender der Kommission zur Herausgabe der Weimarer Lutherausgabe. Seit 1907 Propst der Nikolaikirche in Berlin, ehrenamtliches Mitglied des EOK und Honorarprofessor der FWU. 1883 Dr. theol. h.c. in Halle/Saale und Tübingen sowie 1909 Dr. phil. h.c. in Gießen. Seit 1911 Geheimer Oberkonsistorialrat. Seit 1913 Herausgeber des „Jahrbuchs für Brandenburgische Kirchengeschichte" zusammen mit Leopold Zscharnack. Vertreter eine positiven Theologie, aber Anhänger der Mittelpartei. Forschungsschwerpunkte: Liturgie- und Reformationsgeschichte.

Kehr, Paul Fridolin *(1860–1944)* *Vierhaus, DBE, Bd. 5, 556*
1879–83 Studium der Geschichte in Göttingen. 1883 Dr. phil. ebd. 1884/85 Teilnahme am Kursus des Instituts für Österreichische Geschichtsforschung, 1885/86 erster Forschungsaufenthalt in Rom. 1886–88 Mitarbeiter einer MGH-Edition. 1889 Habilitation in Marburg. Seit 1893 Extraordinarius für Hilfswissenschaften in Marburg, seit 1895 Ordinarius in Göttingen. Seit 1896 Edition der Papsturkunden bis 1198. 1903–36 Direktor des Preuß. Historischen Instituts in Rom. 1915–29 Generaldirektor der preuß. Staatarchive. Leiter des Kaiser-Wilhelm-Instituts für dt. Geschichte. 1919–36 Vorsitzender der Zentraldirektion der MGH. 1908 Heirat mit Doris vom Baur (1888–1979). Forschungsschwerpunkte: Geschichte der Ottonen, Papstgeschichte und zahlreicher ma. Quellen.

Kekulé von Stradonitz, Reinhard *(1839–1911)* 1857–61 Studium der Klassischen Philologie und Archäologe in Erlangen, Göttingen und Berlin. 1861 Dr. phil. ebd. 1863–68 Forschungen am Dt. Archäologischen Institut in Rom. 1868 Habilitation in Bonn. Seit 1889 Direktor der Sammlung antiker Skulpturen und Gipsabgüsse in Berlin. Seit 1896 Leiter des Antiquariums. Seit 1889 Honorarprofessor, seit 1890 Ordinarius für Archäologie in Berlin. 1901/02 Rektor der FWU. Forschungsschwerpunkt: Griechische Plastik. 1877 Heirat mit Anna Helmentag.

Kensit, John *(1843–1902)* *Wellings, Life and Significance*
Buchhändler. 1889 Gründung der Protestant Truth Society. Gegner des Anglo-Katholizismus und ritualistischer Elemente in der anglikanischen Kirche. Verheiratet mit Edith Mary Kensit, geb. Eves.

Ketteler, Wilhelm von *(1811–1877)* 1829–33 Studium der Jurisprudenz in Göttingen, Berlin, Heidelberg und München. 1835–38 Referendar mit Münster. 1841–43 Studium der kath. Theologie in München. 1844 Priesterweihe. 1846–48 Pfarrer. 1848/49 Mitglied des Paulskirchenparlaments. 1849 Propst und fürstbischöflicher Delegat von Brandenburg. 1850 Wahl zum Bischof von Mainz.

Keutgen, Friedrich *(1861–1936)* *Zimmermann, Keutgen, Friedrich*
1879–87 Kaufmann in Manchester. 1887–90 Studium der Geschichte in Gießen, Göttingen und Straßburg. 1890 Dr. phil. ebd. 1895 Habilitation in Jena. Seit 1901 Extraordinarius ebd. 1904/05 Gastdozent

an der Johns Hopkins University in Baltimore. Seit 1910 Professor am Hamburger Kolonialinstitut, 1919–33 Ordinarius für Geschichte an der neu gegründeten Hamburger Universität. Forschungsschwerpunkte: Mittelalterliche Verfassungs- und Wirtschaftsgeschichte sowie britische Kolonialgeschichte. 1897 Heirat mit Annie Wilkinson.

King, Joseph *(1860–1943)* Studium am Trinity College Oxford, am Airedale College, Bradford und 1885 in Gießen und Berlin. Seit 1881 Anwalt in Welford House, Hampstead; seit 1894 in Witley. Seit 1889 Anwalt am Inner Temple, London. 1910–18 liberales Mitglied des Parlaments. Nonkonformistischer Protestant. 1887 Heirat mit Maude Egerton (†1928), 1928 mit Helena Gertrude Martins.

Kirchner, Martin *(1854–1925)* *Lüdicke, Preußische Kultusminister, 101*
1874–78 Studium der Geschichte und Philosophie in Halle/Saale, dann der Medizin, seit 1875 an der Akademie für das Militär in Berlin. 1878 Dr. med. ebd. 1878–96 Militärarzt. 1880 ärztliche Approbation. Seit 1896 Hilfsarbeiter im Kultusministerium, seit 1898 Vortragender Rat. 1900–11 Extraordinarius für Medizin in Berlin. 1911–19 Ministerialdirektor der Medizinalabteilung im Ministerium des Innern. 1884 Heirat mit Marie Petersen. Forschungsschwerpunkt: Hygiene.

Kirn, Otto *(1857–1911)* *DBETh, Bd. 1, 763f.; BBKL, online, Bd. III, 1529f.*
1875–80 Studium der Philosophie und Theologie in Tübingen. 1886 Lic. theol. und 1889 Dr. phil. ebd. 1881–84 Stiftsrepetent ebd. und Reise nach Norddeutschland und England. 1885–89 Diakon in Schwaben. Seit 1889 Privatdozent in Basel, seit 1890 Extraordinarius und seit 1894 Ordinarius ebd. Seit 1895 Ordinarius für Systematische Theologie in Leipzig als Nachfolger von Ernst Luthardt. Vertreter einer gemäßigten Ritschlschen Theologie. Forschungsschwerpunkt: Dogmatik.

Kittel, Rudolf *(1853–1929)* *Dahm, Kittel; DBETh, Bd. 1, 765; Bultmann, Kittel, Rudolf*
1871–76 Studium der ev. Theologie in Tübingen. 1876 Dr. phil. und Lic. theol. 1876–79 im Württembergischen Pfarrdienst. 1879–81 Philosophierepetent am Tübinger Stift, 1881–88 Lehrer am Stuttgarter Karlsgymnasium. 1888–98 Ordinarius für Altes Testament in Breslau, 1898–1923 in Leipzig. 1902–06 Erstausgabe der Biblia Hebraica. 1907 Palästinareise. Kritische Auseinandersetzung mit Wellhausen und Delitzsch. Forschungsschwerpunkte: Biblische Textgeschichte und altorientalische Umwelt des AT. 1882 Heirat mit Emilie Groß.

Klein, Felix *(1849–1925)* *Vierhaus, DBE, Bd. 5, 676*
1865–70 Studium der Mathematik in Bonn, Göttingen und Berlin. 1868 Dr. phil. in Bonn. 1870 Studienreise nach Paris und 1871 Habilitation in Göttingen. Seit 1872 Ordinarius für Mathematik Erlangen, seit 1875 an der TH München, seit 1880 in Leipzig und 1886–1913 in Göttingen. Forschungsschwerpunkte: Einheit der Mathematik und Geometrie. 1875 Heirat mit Anna Maria Hegel (1851–1927), Tochter Karl von Hegels.

Kleinert, Paul *(1839–1920)* *Lerche, Verzeichnis EOK, 183, Nr. 82; DBETh, Bd. 1, 767f.; BBKL, online, Bd. III, 1595–1597*
Studium der ev. Theologie. 1857 Dr. phil in Halle/Saale, 1860 Lic. theol. in Breslau. 1861–63 Diakon in Oppeln, 1863–65 Religionslehrer am Friedrich-Wilhelms-Gymnasium, 1866–77 Prediger an St. Gertraud und 1864 Habilitation in Berlin. Seit 1868 Extraordinarius für Altes Testament und Praktische Theologie in Berlin, 1877–1907 Ordinarius ebd. 1873–91 Mitglied des brandenburgischen Konsistoriums, 1895–1904 Mitglied des EOK. Forschungsschwerpunkte: Verbindung von prakt. Theologie und Ethik mit atl. Begründung.

Klehmet, Reinhold *(1859–1915)* *Auswärtiges Amt, Biographisches Handbuch, Bd. 2, 548*
1877–80 Studium der Jurisprudenz in Berlin und Tübingen. 1880 erstes, 1885 zweites juristisches

Staatsexamen. Seit 1880 im preuß. Justizdienst. Seit 1886 im Auswärtigen Dienst. 1888–92 im Konsulat in St. Petersburg. Seit 1892 Ständiger Hilfsarbeiter im AA, seit 1893 Legationsrat und seit 1896 Vortragender Rat im AA. Staatssekretär im Auswärtigen Amt. 1908–11 Generalkonsul in Athen. Seit 1911 im einstweiligen Ruhestand, seit 1914 im Ruhestand.

Klostermann, August *(1837–1915)* *Sauer, Klostermann*
1855–58 Studium der ev. Theologie in Berlin und Erlangen. 1859–64 Gymnasiallehrer in Bückeburg. 1864–68 Repetent in Göttingen. 1866 Lic. theol. und 1867 Habilitation ebd. Seit 1868 Ordinarius für Altes Testament in Kiel. Vertreter einer positiven Theologie. Forschungsschwerpunkt: Literarkritik des Alten Testaments.

Klostermann, Erich *(1870–1963)* *Plümacher, Klostermann*; *DBETh, Bd. 1, 773*
Studium der ev. Theologie in Neuchâtel, Leipzig, Kiel, Berlin und Erlangen. 1892 Dr. phil. in Kiel und 1901 Habilitation ebd. Seit 1907 Extraordinarius ebd. 1911 Dr. theol. h.c. 1911–18 Professor für Neues Testament und Kirchengeschichte in Straßburg. 1918–23 in Münster, 1923–28 in Königsberg, 1928–36 in Halle/Saale-Wittenberg, 1945–48 ebd. 1936 Zwangsemeritierung. Schüler Harnacks. Forschungsschwerpunkte: Synoptische Evangelien und Origenes-Edition in den GCS.

Knoke, Karl *(1841–1920)* *Perlitt, Äbte von Bursfelde 2. Teil, 271–273*; *DBETh, Bd. 1, 776f.*
Theologiestudium. 1865–67 Hauslehrer. Seit 1867 Stadtschuldirektor in Walsrode und seit 1875 Direktor des Lehrerseminars in Wunstorf. Mitbegründer des „Evangelisch-Lutherischen Vereins der Provinz Hannover" und 1877–82 Herausgeber von dessen Organ „Die Volkskirche". 1882 Dr. theol. h.c. 1882–1911 Ordinarius für Praktische Theologie in Göttingen. 1892–1902 Zweiter und 1902–06 Erster Universitätsprediger. 1904–20 Abt von Bursfelde. Vertreter einer Vermittlungstheologie. Forschungsschwerpunkt: Praktisch-theologische Lehrbücher.

Knopf, Rudolf *(1874–1920)* *Plümacher, Knopf*; *DBETh, Bd. 1, 777*; *Faulenbach, Album Professorum, 236–238*; *Pratscher, Knopf*
1892–96 Studium der ev. Theologie in Wien. 1896 Erstes und Zweites Theologisches Examen. 1898/99 Orientreise für Hermann v. Sodens Ausgabe des NT. 1898 Lic. theol. in Berlin, 1900 Habilitation in Marburg. Seit 1906 Extraordinarius für Neues Testament ebd. 1907 Dr. theol. h.c. Seit 1907 Ordinarius in Wien, seit 1914 Ordinarius in Bonn. Vertreter der Religionsgeschichtlichen Schule. Forschungsschwerpunkte: Ntl. und frühchristliche Textgeschichte und Geschichte des Urchristentums.

Koch, Robert *(1843–1910)* Seit 1862 Studium der Naturwissenschaft, seit 1864 der Medizin in Göttingen. 1866 Dr. med. ebd. 1866 Besuch der Berliner Klinik und eines Kurses bei Rudolf Virchow. 1866 Staatsexamen in Hannover und Arzt in Hamburg. 1866–68 Arzt in Hannover, 1868–70 in Niemegk und Rakwitz. 1870/71 freiwilliger Arzt im dt.-franz. Krieg. Seit 1872 Kreisphysikus in Wollstein. Seit 1873 Studien zur Ätiologie des Milzbrandes, seit 1876 der Wundinfektionskrankheiten. Seit 1880 Mitglied des Kaiserlichen Gesundheitsamtes in Berlin mit eigenem Laboratorium. 1882 Entdeckung des Tuberkelbazillus. 1883 Teilnahme an der dt. Choleraexpedition nach Ägypten und Indien. Indifizierung des Choleraerregers und Entdeckung wirksamer Gegenmaßnahmen. Seit 1885 Ordinarius für Hygiene in Berlin und Leiter des Hygiene-Instituts. 1890 vermeintliche Entdeckung des Tuberkulins. 1891 Gründung des „Instituts für Infektionskrankheiten". Seit 1896 Expeditionen nach Südafrika, Bombay, Java, Neu-Guinea und Rhodesien zur Erforschung von Infektionskrankheiten. 1905 Nobelpreis für Medizin. 1867 Heirat mit Emmy Fraatz (1847–1913), 1893 mit Hedwig Freiberg (1872–1945).

Koffmane, Gustav *(1852–1915)* *Meyer, Verein für Geschichte, 146–148 mit Anm. 12 und 13; Neß, Schlesisches Pfarrerbuch, Bd. 7,305*
1873–76 Studium der Theologie in Breslau bei Hermann Reuter. Zwischenzeitlich Hauslehrer, 1880 Lic. theol. und 1881 Habilitation in Breslau. 1881–84 Privatdozent in Breslau. 1882 Examen zur Zulassung zum Pfarramt, 1882 Ordination. Seit 1885 Pfarrer in Kunitz und seit 1902 Superintendent in Koischwitz in Schlesien. 1903 Dr. theol. h.c. in Königsberg. 1882 Mitbegründer des „Vereins für Geschichte der evangelischen Kirche Schlesiens". Mitarbeit an der Weimarer Lutherausgabe. Forschungsschwerpunkte: Kirchenlatein, schlesische Kirchengeschichte und Lutherforschung. 1885 Heirat mit Johanna Giebe (1864–1948).

Kögel, Rudolf *(1829–1896)* *Kloeden, Kögel; DBETh, Bd. 1, 780; Lerche, Verzeichnis EOK, 183f.*
Studium der Theologie in Halle/Saale bei Tholuck und in Berlin bei Neander, Nitzsch und Ranke. 1852–54 Lehrer in Dresden. 1854–57 Pfarrer in Nakel, 1857–63 in Haag (Holland). Seit 1863 Hofprediger, seit 1873 Oberhofprediger in Berlin, 1864–79 Vortragender Rat im Kultusministerium für die theol. Fakultäten, 1879–91 Mitglied des Oberkirchenrates und Generalsuperintendent der Kurmark. 1868 Dr. theol. h.c. in Bonn. 1880–88 großer Einfluss auf die kgl. Familie. Seit 1884 Mitglied des Staatsrats. Kirchenpolitischer Vertreter der Union und 1872 Mitbegründer der „Positiven Union" zusammen mit Leopold Schultze. 1855 Heirat mit Marie Müller (1832–83), Tochter des Theologen Julius Müller, 1884 Heirat mit Karoline von Bodelschwingh (1845–1902), Tochter des preuß. Finanzministers Karl von Bodelschwingh.

Köhler, Walter *(1870–1946)* *Gewalt, Köhler; DBETh, Bd. 1, 781; Lessing, Geschichte Theologie, 401–403*
Ab 1889 Studium der ev. Theologie in Halle/Saale und Heidelberg. Konsistorialexamen und 1895 Dr. phil. ebd. Studienaufenthalt in Tübingen. Vikar an der französisch-reformierten Gemeinde in Frankfurt a.M. 1898 Lic. theol. in Tübingen, 1900 Habilitation in Gießen. Seit 1904 Extraordinarius ebd. Seit 1909 Ordinarius für Kirchengeschichte in Zürich, seit 1929 in Heidelberg. Vertreter eines von Ernst Troeltsch geprägten Christentumsverständnisses. Forschungsschwerpunkte: Reformationsgeschichte, u.a. Zwingliforschung.

Kolde, Theodor von *(1850–1913)* *DBETh, Bd. 1, 787; Olszewsky, Kolde*
1869–71 Studium der Theologie in Breslau und Leipzig. 1873/74 Studienaufenthalt in Halle/Saale und Promotion ebd. 1876 Habilitation in Marburg. Seit 1879 Extraordinarius in Marburg und seit 1881 Ordinarius für Kirchengeschichte in Erlangen. 1881 Heirat mit Anna Piper. Seit 1894 Herausgeber der „Beiträge zur bayerischen Kirchengeschichte". Schüler von Hermann Reuter. Vertreter eines konfessionellen Luthertums Erlanger Prägung. Forschungsschwerpunkte: Reformationsgeschichte und bayerische Kirchengeschichte.

Köller, Ernst von *(1841–1928)* 1860–63 Studium der Jurisprudenz in Heidelberg und Berlin. Seit 1864 Regierungsreferendar. 1866 Kriegsteilnahme. Seit 1869 Landrat in Cammin (Pommern). 1881–87 MdR (Konservative Partei). 1887–89 Polizeipräsident in Frankfurt a.M. 1889–94 Mitarbeiter des Statthalters Hohenlohe-Schillingsfürst. 1894/95 Innenminister. 1897–1901 Oberpräsident von Schleswig. 1901–08 Staatssekretär in Elsass-Lothringen. Vertreter eine erzkonservativen Politik und Repressionen gegen die dänische Minderheit in Schleswig. 1869 Heirat mit Martha von Köller.

König, Eduard *(1846–1936)* *DBETh, Bd. 1, 781; Meyer, König; Engelken, König, Eduard; Rüterswörden, König*
1867–71 Studium der Klassischen Philologie und Geschichte, dann der ev. Theologie in Leipzig. 1871–76 Oberlehrer in Döbeln, 1872 Heirat mit Alwine Henriette Löfler. 1872 Dr. phil. in Leipzig. 1876–79

Lehrer ebd. 1879 Habilitation ebd. Seit 1885 Extraordinarius ebd. 1888–1900 Ordinarius für Altes Testament in Rostock, 1900–21 in Bonn. 1888 Dr. theol. h.c. in Erlangen. Vertreter einer positiven Theologie. Forschungsschwerpunkte: Berücksichtigung der Orientalistik und Semistik in der atl. Wissenschaft.

Köpke, Reinhold *(1839–1915) Lüdicke, Preußische Kultusminister, 94f.*
1857–62 Studium der klassischen Philologie in Bonn und Berlin. 1862 Dr. phil. ebd. und Staatsprüfung. Seit 1862 Probekandidat, seit 1863 Hilfslehrer in Guben, seit 1869 in Charlottenburg. 1870/71 Kriegsteilnahme. Seit 1873 Gymnasialdirektor in Küstrin, seit 1880 in Landsberg a.W. 1883–90 Provinzialschulrat in Schleswig. 1890–1910 Vortragender Rat in der ersten Unterrichtsabteilung des Kultusministeriums mit dem Schwerpunkt im höheren Schulwesen, 1910–12 Dirigent in der Abteilung für das höhere Schulwesen.

Kopp, Georg von *(1837–1914) Wolf-Dahm, Kopp, Georg; Bräuer, Handbuch der Kardinäle, 164*
1856–58 Eisenbahn-Hilfstelegraphist. 1858–62 Studium der kath. Theologie in Hildesheim. 1862 Priesterweihe ebd. Anschließend Kaplan und Priester. Seit 1866 am Generalvikariat in Hildesheim, seit 1868 Assessor des Generalvikars. 1872–81 Domkapitular und Generalvikar in Hildesheim. 1881–87 Bischof von Fulda. Pionier in der Beilegung des preuß. Kulturkampfes. Seit 1886 MdH. 1887 Dr. theol. h.c. in Münster. Seit 1887 Fürstbischof von Breslau, dadurch auch Mitglied des österreichischen Herrenhauses und des Landtags von Österreich-Schlesien. 1893 Kreierung zum Kardinalpriester (Titelkirche: S. Agnes Fuori le Mura). Seit 1899 Vorsitzender der Fuldaer Bischofskonferenzen. 1906 Erhebung in den Adelsstand. Gemäßigter, preußisch-patriotischer Kleriker.

Koppel, Leopold *(1854–1933) Lembke, Leopold Koppel; Schierhorn, Leopold Koppel*
Banklehre und Tätigkeit in der Dresdner Privatbank Koppel & Co. Seit 1890 Umzug des Bankhauses nach Berlin. 1892 Gründung der Deutschen Gasglühlicht AG, deren Aufsichtsratsvorsitzender. 1905 Gründung der „Koppel-Stiftung zur Förderung der geistigen Beziehungen Deutschlands zum Ausland". Aktivitäten der Koppel-Stiftung: Wissenschaftsförderung in China, Besoldung Albert Einsteins als Akademiemitglied, Aufbau der KWG. 1911–33 Senator der KWG. Verheiratet mit Klara Henriette Halbertam.

Korum, Michael Felix *(1840–1921) DBETh, Bd. 1, 799; Persch, Korum; Steck, Korum*
1857–60 Studium der kath. Theologie am Priesterseminar in Straßburg, seit 1861 an der Jesuitenhochschule in Innsbruck. 1865 Dr. theol. ebd. 1865 Priesterweihe. Seit 1866 Lehrer am Knabenseminar in Straßburg. Seit 1869 Professor für Kirchengeschichte, seit 1872 für Dogmatik am Priesterseminar in Straßburg. Seit 1872 Domprediger am Straßburger Münster, seit 1880 Dompfarrer an der dortigen Kathedrale. Seit 1881 Bischof von Trier. 1893 Einführung der römischen Liturgie in Trier. Seit 1896 päpstlicher Hausprälat, 1916 Verleihung des Palliums. 1903 Beteiligter im „Trierer Schulstreit". Vertreter eine ultramontanistischen Kirchenpolitik. Neubau zahlreicher Kirchen und Aufbau von Pfarreien im Bistum Trier.

Koser, Reinhold *(1852–1914) Vierhaus, DBE, Bd. 5, 883*
1870–74 Studium der Geschichte, Klassische Philologie und Germanistik in Berlin, Wien und Halle/Saale. 1874 Dr. phil. ebd. Seit 1874 Hilfsarbeiter bei der preuß. Akademie der Wissenschaften in Berlin. 1880 Habilitation. 1882–84 Geheimer Staatsarchivar. Seit 1884 Extraordinarius für neuere Geschichte in Berlin, seit 1891 Ordinarius in Bonn. Seit 1896 Direktor, seit 1899 Generaldirektor der Preuß. Staatsarchive und Direktor des Geheimen Staatsarchivs. Seit 1903 Vorsitzender des Kuratoriums des preuß. Historischen Instituts in Rom, 1905–14 Vorsitzender der Zentraldirektion der MGH. Seit 1896 in der akademischen Kommission zur Herausgabe der „Acta Borussica". Seit 1898 Historiograph des preuß. Staates. Forschungsschwerpunkte: Preuß. Geschichte unter Friedrich II.

Köstlin, Julius *(1826–1902) Kawerau, Köstlin; Olszewsky, Köstlin; DBETh, Bd. 1, 784*
Seit 1844 Studium der Theologie und Philosophie in Tübingen und Berlin. Nach Studienende 1848 Vikar in Calw, danach Kandidatenreise durch Deutschland und Europa. Seit 1850 Repetent in Tübingen. Seit 1855 Extraordinarius für Neues Testament in Göttingen, außerdem Dr. phil. und Heirat. 1860 Lic. theol. und Berufung zum Ordinarius für systematische Theologie in Breslau. Seit 1867 Mitglied des Konsistoriums. Seit 1870 Ordinarius für systematische Theologie und Neues Testament in Halle/Saale. Förderung der Weimarer Lutherausgabe als Vorstandsmitglied des „Vereins für Reformationsgeschichte“. Forschungsschwerpunkt: Biographie Luthers (1875).

Kownatzki-Asmus, Alice *(1862–1932) Katalog, Grosse Berliner Kunst-Ausstellung 1899, 34*
1899 Künstlerin in Friedenau, die wahrscheinlich mit dem Maler Hans Kownatzki verheiratet war. Portrait von Amalie Harnack 1901.

Kraus, Franz Xaver *(1840–1901) DBETh, Bd. 1, 803; Persch, Kraus, Franz Xaver*
Studium am Trierer Priesterseminar. 1860–62 Hauslehrer in Paris. 1862 Dr. phil. in Freiburg i.Br., 1864 Priesterweihe in Trier, 1865 Dr. theol. in Freiburg i.Br. Seit 1865 Pfarrer im Bistum Trier. Seit 1872 Extraordinarius für Christliche Archäologie in Straßburg, seit 1878 Ordinarius für Kirchengeschichte in Freiburg i.Br. Politischer Vertrauter der preuß. und dt. Regierung für den Vatikan. Vertreter einer historisch-kritischen kath. Kirchengeschichte. Forschungsschwerpunkte: Denkmälerinventarisation in Deutschland und „Realencykloädie der christlichen Alterthümer“ (1882–86).

Kropatschek, Hermann *(1847–1906) Vierhaus, DBE, Bd. 6, 87*
Studium der Geschichte und Philologie in Halle/Saale. 1869 Dr. phil. Seit 1870 Hilfslehrer ebd. 1870/71 Teilnahme am dt.-franz. Krieg. Seit 1873 Lehrer in Wismar, seit 1878 in Brandenburg a.d.H. Seit 1883 Redakteur der Kreuzzeitung, 1895–1906 deren Chefredakteur. 1879–1906 MdPrA (deutschkonservativ). Seit 1893 Vorsitzender der Unterrichtskommission. 1884–1903 MdR.

Krüger, Gustav *(1862–1940) Plümacher, Krüger; DBETh, Bd. 1, 808*
Seit 1881 Studium der Theologie, Geschichte und Philosophie in Heidelberg, Jena, Gießen und Göttingen, 1884 phil. Promotion in Jena, 1886 Lic. theol. und Habilitation ebd. Seit 1889 Extraordinarius für Kirchengeschichte in Gießen, seit 1891 Ordinarius ebd. als Nachfolger Karl Müllers. Schüler von Karl August von Hase in Jena und Adolf Harnack in Gießen. Vertreter der historisch-kritischen Methode in der Theologie. Forschungsschwerpunkt: Alte Kirchengeschichte.

Krukenberg, Elsbeth *(1867–1954)* Seit 1901 Vorsitzende des „Rheinisch-Westfälischen Frauenverbands“, seit 1902 Herausgeberin der Zeitschrift „Neue Bahnen“. Seit 1904 in einer Lebens- und Arbeitsgemeinschaft mit Lina Hilger in Bad Kreuznach. Mitglied des ESK, der „Freunde der evangelischen Freiheit im Rheinland“ und im „Verein für religiöse Erziehung“. 1909 Mitbegründerin des „Rheinisch-Westfälischen Stimmrechtsverbands“. Seit 1926 Mitglied der Quäker. Tochter des Archäologen Alexander Conze. Verheiratet mit dem Bonner Gynäkologen Georg Krukenberg (1856–1899).

Krüss, Hugo Andres *(1879–1945) Lüdicke, Preußische Kultusminister, 117f.; Habermann, Lexikon dt. wissenschaftlicher Bibliothekare, 175f.; Lohse, Bibliotheksdirektoren der ehemals preuß. Universitäten, 228; Schochow, Krüß und die Staatsbibliothek, 8f.*
1897–1903 Studium der Physik, Chemie und Mathematik in Jena, Würzburg, Marburg und Göttingen. 1903 Dr. phil. und Staatsprüfung in Jena. Seit 1903 Lehramtskandidat in Hamburg. 1904/05 Kommissar für die Gruppe „Wissenschaftliche Instrumente“ der deutschen Unterrichtsausstellung in St. Louis. Seit 1906 Oberlehrer in Hamburg. Seit 1907 Hilfsarbeiter im Kultusministerium in der Abteilung Kunst und Wissenschaft. 1909 Verleihung des Professorentitels. Seit 1918 Vortragender Rat,

seit 1920 Ministerialdirigent, seit 1921 kommissarischer Staatssekretär, seit 1922 Ministerialdirektor der Hochschulabteilung. 1921 Heirat mit Anna Pendexter geb. Doty aus Chicago (1880–1941). An der Planung der Gründung der KWG beteiligt. Seit 1925 Generaldirektor der Preuß. Staatsbibliothek. Schwerpunkt in der internationalen Zusammenarbeit in den 1920er Jahren. Kollaboration mit dem nationalsozialistischen Regime in den 1930er Jahren, 1937 Eintritt in die NSDAP. Organisation der Verlagerung des Buch- und Handschriftenbestandes. Im April 1945 Selbstmord.

Kühl, Ernst *(1861–1918)* *Professorenkatalog Marburg, online, Ernst Kühl; Tilitzki, Albertus-Universität, 568f.*
Studium der Theologie in Berlin. 1882 Dr. phil. in Halle/Saale, 1882/83 Studienreise nach Rom, 1885 Lic. theol. und Habilitation in Breslau. Seit 1887 Extraordinarius für Neues Testament ebd., 1884–93 Konviktsinspektor ebd., 1893–95 Ordinarius in Marburg, 1895–1910 in Königsberg, 1910–18 in Göttingen. 1895 Dr. theol. h.c. in Breslau. Schüler von Bernhard Weiß. 1887 Heirat mit Dorothea Erdmann. Forschungsschwerpunkte: Kommentare zum Neuen Testament und ntl. Christologie.

Kühnemann, Eugen *(1868–1946)* Seit 1886 Studium der Philosophie, Altphilologie und Germanistik in Marburg, München und Berlin. 1889 Dr. phil. in München. 1889–90 Studienaufenthalte in Göttingen, Berlin und Paris. 1895 Habilitation in Marburg. 1903 Vorlesungen in Bonn und Frankfurt a.M. 1903 Gründungsrektor der Akademie in Posen. 1905 Vortragsreise in den USA. Seit 1906 Ordinarius für Philosophie in Breslau. 1906 und 1908 Austauschprofessor in Harvard, 1912 Carl-Schurz-Professor in Wisconsin, 1914–17 und 1932 Vortragsreise in den USA. Forschungsschwerpunkte: Deutsche klassische Literatur und deutsche Philosophie. 1895 Heirat mit Klara Pfeiffer (1869–1935), 1935 mit Elisabeth Reinboth (1899–1945).

Külz, Eduard *(1845–1895)* 1866–71 Studium der Medizin in Berlin und Marburg. 1871 Dr. phil. und 1872 Dr. med. ebd. 1870/71 Interimsleiter der internistischen Klinik in Marburg. 1872 Habilitation ebd. Seit 1877 Extraordinarius, seit 1879 Ordinarius für Physiologie in Marburg. Forschungsschwerpunkt: Diabetes mellitus. 1875 Heirat mit Maria Lange (1849–77), 1879 mit Cleophea Schlemmer (1854–1923).

Kundler, Ernst *(1811–1892)* *Lerche, Verzeichnis EOK, 184*
1841 Ordination, danach Pfarrer in Pommern. Seit 1849 Superintendent, seit 1852 Konsistorialrat in Stettin, 1868–91 Oberkonsistorialrat und Mitglied des EOK.

Kunze, Johannes *(1865–1927)* *DBETh, Bd. 1, 815; BBKL, online, Wesseling, BBKL IV (1992), 828–830*
1884–87 Studium der ev. Theologie in Leipzig. 1888–92 Pfarrer in Sachsen. 1891 Lic. theol. in Leipzig. Seit 1892 Universitätsprediger und Oberlehrer ebd. 1894 Habilitation ebd. Seit 1899 Extraordinarius für Systematische Theologie ebd. Seit 1903 Ordinarius in Wien, seit 1905 Ordinarius für Systematische und Praktische Theologie in Greifswald. Mitherausgeber der NKZ. Schüler Christian Ernst Luthardts. Vertreter eines konfessionellen Luthertums. Forschungsschwerpunkt: Dogmatik.

Kurth, Julius *(1870–1949)* *Museum Lichtenberg, Julius Kurth; Walravens, Julius Kurth*
1890–94 Studium der ev. Theologie in Berlin. 1895 und 1897 Theol. Examina. 1896 Dr. phil. in Heidelberg. 1897 Orientreise, 1897/98 Reise nach Griechenland und Italien als Stipentiat des DAI. 1901 Gestaltung und Auswahl der Inschriften auf dem Straußenhaus des Berliner Zoologischen Gartens. 1901 Ordination. 1899–1910 Prediger und Stadtvikar für Generalsuperintendent Wilhelm Faber in Berlin. 1905 Italienreise nach Ravenna, Rom und Pompei. 1910–35 Pfarrer der Taborkirche in Hohenschönhausen (seit 1920 zu Berlin gehörend). 1900 Heirat mit Elisabeth Heise. Schüler Nicolaus

Müllers. Forschungsschwerpunkte: Christliche Archäologie und Kunst und Kultur Ostasiens, bes. japanische Graphik.

Lamprecht, Karl *(1856–1915)* 1874–77 Studium der Geschichte in Göttingen, seit 1877 in Leipzig. 1878 Dr. phil. ebd. 1878/79 in München. Seit 1879 Hauslehrer beim Kölner Bankier Deichmann. Dort Erforschung der rheinischen Kultur- und Wirtschaftsgeschichte im Auftrag von Gustav Mevissen und gemeinsam Gründung der „Gesellschaft für rheinische Geschichts-Kunde". 1880 Habilitation in Bonn. Seit 1885 Extraordinarius in Bonn, seit 1890 Ordinarius in Marburg, 1891–1915 in Leipzig. Seit Anfang der 1890er Jahre zunehmend wissenschaftsorganisatorisch tätig und Auslöser eines erbitterten Methodenstreits in der Geschichtswissenschaft. Forschungsschwerpunkte: Wirtschaftsgeschichte und rheinische und sächsische Landesgeschichte.

Landmann, Marie *(1859–1942)* *Albisetti, Schooling German Girls and Women, 265*; *Iwicki, Chronik der Pfarrei Oliva, 87, Anm. 301*
Lehrerseminar in Danzig. 1879 Lehrerinnenexamen in Düsseldorf. 1879–86 Lehrerin im Rheinland. 1886 Gründung der Marienschule in Danzig. Bis 1927 deren Schulvorsteherin. 1885 Mitgründerin des „Vereins katholischer deutscher Lehrerinnen" und seit 1903 dessen Vorsitzende. 1904–21 Herausgeberin der Zeitschrift „Mädchenbildung auf christlicher Grundlage". Auszeichnung mit dem päpstlichen Orden „Pro Ecclesia et Pontifice".

Lange, Helene *(1848–1930)* *Troxler, Lange, Helene*
1864–67 Au-pair-Mädchen in einem Internat in Petit Chateau (Elsass). 1867–71 Erzieherin in Osnabrück. 1872 Lehrerinnenexamen in Berlin, danach Hauslehrerin. 1874–76 Lehrerin an der Krahmeschen Höheren Mädchenschule in Berlin und seit 1876 Lehrerin an der Crainschen Höheren Mädchenschule, Aufbau eines Lehrerinnenkurses ebd. 1887 Veröffentlichung der Schrift »Die höhere Mädchenschule und ihre Bestimmung« (Gelbe Broschüre). 1889 Gründung der Realkurse für Frauen in Berlin, 1893 Umwandlung in Gymnasialkurse. 1890 Gründung des „Allgemeinen Deutschen Frauen Lehrerinnenvereins" (ADLV) und dessen Vorsitzende. 1894–1905 Vorstandsmitglied im „Bund Deutscher Frauen" (BDF). Seit 1899 Lebens- und Arbeitsgemeinschaft mit Gertrud Bäumer. Herausgeberin der Zeitschrift »Die Frau« und des »Handbuchs der Frauenbewegung«. Seit 1917 Lehrerin an der Sozialen Frauenschule in Hamburg. 1919–21 Abgeordnete in der Hamburger Bürgerschaft (DDP). Vertreterin des gemäßigten Flügels der bürgerlichen Frauenbewegung.

Langen, Joseph *(1837–1901)* *Krebs, Langen*; *DBETh, Bd. 1, 826*
1855–58 Studium der kath. Theologie in Bonn. 1859 Priesterweihe, seit 1860 Repetent am kath. Konvikt in Bonn. 1861 Dr. theol. in Freiburg i.Br. Seit 1864 Extraordinarius, seit 1867 Ordinarius für Neues Testament in Bonn. 1872 Exkommunikation nach der Ablehnung der Anerkennung der Dekrete des Ersten Vatikanischen Konzils. Bis 1878 altkatholischer Pfarrer in Bonn, außerdem Professor für Kirchengeschichte. 1874/75 Teilnahme an den Unionskonferenzen in Bonn. Seit 1894 korrespondierendes Mitglied der Bayerischen Akademie der Wissenschaften. Vertreter der historisch-kritischen Methode in der katholischen Theologie. Forschungsschwerpunkte: Leben Jesu und dessen antike Umwelt, ökumenische Lehrfragen.

Le Coq, Albert von *(1860–1930)* 1881–87 Kaufmännische Ausbildung. Seit 1887 Mitarbeit im väterlichen Unternehmen. Aufenthalt in den USA, dort Abschluss eines Medizinstudiums. Später im Unternehmen in Darmstadt. Seit 1900 Volontär am Völkerkundemuseum in Berlin. 1901/02 Teilnehmer einer Grabungsexpedition nach Sendschirli in Syrien. 1909 Dr. phil. h.c. in Kiel für Edition kurdischer Texte aus Syrien. Seit 1902 Mitarbeiter in der Indischen Abteilung des Völkerkundemuseums. 1904/05 und 1913/14 Leiter der zweiten und vierten Turfan–Expedition. 1913 Titularprofessor.

Seit 1914 Direktorialassistent, 1923–25 Direktor der Indischen Abteilung. Forschungsschwerpunkte: Auswertung und Präsentation der Turfan–Funde.

Leipoldt, Johannes *(1880–1965)* *DBETh, Bd. 1, 840; BBKL, online, Wesseling, BBKL IV (1992), 1391–1395*
1899–1903 Studium der ev. Theologie und Orientalistik in Berlin und Leipzig. 1903 Dr. phil. ebd. 1905 Lic. theol. und Habilitation ebd. Seit 1909 Ordinarius für Neues Testament in Kiel, seit 1914 in Münster und 1916–59 in Leipzig. Während des Nationalsozialismus deutschchristlich geprägte Fragestellungen, während der SED-Diktatur Präsentation als „fortschrittlicher" Theologe. 1945 Entdeckung des koptischen Thomasevangeliums (Funde von Nag-Hammadi). Forschungsschwerpunkte: Religionsgeschichte des NT und des frühen Christentums.

Lemme, Ludwig *(1847–1927)* *BBKL, online, Wesseling, BBKL IV (1992), 1407–1410; Lessing, Geschichte Theologie, 130–132*
1872–74 Repetent in Göttingen. 1874 Lic. theol. ebd. 1874–76 Domhilfsprediger in Berlin. 1876 Habilitation. 1881 Extraordinarius in Breslau, 1881–84 Ordinarius für systematische Theologie in Bonn, 1884–1919 in Heidelberg. Vertreter einer positiven Theologie. Forschungsschwerpunkt: Biblizistische Dogmatik.

Lempertz, Mathias *(1821–1886)* *Niesen (Hg.), Bonner Personenlexikon, 272*
1845 Eröffnung der Buch- und Kunsthandlung Lempertz in Bonn als Filiale der Kölner Buchhandlung Heberle. 1845 Versteigerung des Nachlasses von Wilhelm von Schlegel, 1860 von Ernst Moritz Arndt und 1877 von Karl Simrock. 1876 Eintritt in den Ruhestand.

Lenz, Max *(1850–1932)* *Vierhaus, DBE, Bd. 6, 358*
1869–74 Studium der Geschichte und Klassische Philologie in Bonn, Greifswald und Berlin. 1874 Dr. phil. 1870 Freiwilliger im dt./franz. Krieg. Seit 1875 Hilfsarbeiter im Marburger Geheimen Staatsarchiv. 1876 Habilitation. Seit 1881 Extraordinarius in Marburg, seit 1885 Ordinarius ebd., seit 1890 in Berlin. 1914–22 Ordinarius am Hamburger Kolonialinstitut und Ausbau desselben zur Universität. Bis 1913 und nach 1924 Vorsitzender der Hist. Gesellschaft zu Berlin. Forschungsschwerpunkte: Reformationsgeschichte und dt. Nationalgeschichte seit der Reformation sowie Geschichte der Universität Berlin.

Leo, Friedrich *(1851–1914)* *Vierhaus, DBE, Bd. 6, 360*
1868–73 Studium der klassischen Philologie in Göttingen und Bonn. 1870/71 Kriegsfreiwilliger. 1873 Dr. phil. in Bonn. 1874/75 Staatsexamen und Lehramtskandidat. 1873/74 und 1875/76 Italien- und Griechenlandreise. 1877 Habilitation in Bonn. Seit 1881 Extraordinarius in Kiel. Seit 1883 Ordinarius in Rostock, seit 1888 in Straßburg, 1889–1914 in Göttingen. 1881/83 Heirat mit Cécile Hensel. Forschungsschwerpunkte: Römische Latinistik und antike Biographie.

Leo X. *(1475–1521)* *Denzler, Leo X.*
Studium der Theologie und des Kirchenrechts in Pisa. 1489 Kreierung zum Kardinal. Seit 1503 in Rom. 1511 Gesandter in Bologna und Oberbefehlshaber über die spanischen und päpstlichen Truppen im Krieg gegen Frankreich. 1513–21 Papst Leo X. 1513–17 5. Laterankonzil. 1521 Bündnis mit Karl V. gegen Frankreich. 1521 Verhängung des Kirchenbanns über Martin Luther. Verleihung des Titels „Defensor fidei" an Heinrich VIII.

Leo XIII. *(1810–1903)* *Bräuer, Handbuch der Kardinäle, 54f.*
1824–28 Studium der kath. Theologie am Collegium Romanum. 1832–37 Ausbildung im päpstl.

Verwaltungs- und Diplomatendienst. 1837 Ernennung zum päpstl Hausprälaten und Priesterweihe. 1838–41 Delegat in Benevent, 1841–43 in Perugia. 1843 Ernennung zum Titularerzbischof von Damietta, zum Nuntius von Belgien und Bischofsweihe. Seit 1846 Bischof von Perugia. 1853 Kreierung zum Kardinal. 1869–71 Teilnahme am I. Vatikanum. 1878–1903 Papst Leo XIII. Förderung des Neuthomismus.

Lewald, Theodor *(1860–1947)* 1878–82 Studium der Jurisprudenz in Heidelberg, Leipzig und Berlin. 1882 Staatsexamen und Promotion. Seit 1885 im preuß. Verwaltungsdienst, seit 1894 Regierungsrat im Reichsamt des Innern. 1904 Reichskommissar für die Weltausstellung in St. Louis. Seit 1910 Ministerialdirektor, seit 1917 Unterstaatssekretär und 1919–21 Staatssekretär im Reichsministerium des Innern. Seit 1919 Vorsitzender im Dt. Reichsausschuss für Leibesübungen (DRA). Engagiert für den bürgerlichen Sport in der Weimarer Republik. Seit 1924 Mitglied im Internationalen Olympischen Komitee (IOC), seit 1927 in dessen Exekutivausschuss. 1930 Beantragung der Vergabe der Olympischen Spiele nach Deutschland. Seit 1933 Präsident des Organisationskomitees für die Olympischen Sommerspiele, die 1936 in Berlin stattfanden. 1937 Rückzug aus dem IOC.

Lexis, Wilhelm *(1837–1914)* *Klein, Wilhelm Lexis*; *Esenwein-Rothe, Wilhelm Lexis*
Studium der Jurisprudenz in Bonn, dann der Mathematik und der Naturwissenschaften. 1859 Promotion. Auslandsaufenthalte zu volkswirtschaftlichen Studien, u.a. während des dt.-franz. Krieges. 1872–74 Extraordinarius für Nationalökonomie in Straßburg, 1874–76 Ordinarius für Geographie in Dorpat, 1876–84 Ordinarius für Nationalökonomie in Freiburg i.Br., 1884–87 in Breslau, seit 1887 in Göttingen. 1872 Begegnung mit Althoff in Straßburg, seit 1893 Althoffs auswärtiger Mitarbeiter. Forschungsschwerpunkt: Mathematisch-statistische Nationalökonomie.

Leyden, Ernst von *(1832–1910)* 1849–53 Studium der Medizin in Berlin und Dr. med. ebd. Seit 1853 Militärarzt an der Charité. Bis 1859 Assistenzarzt in Düsseldorf, Königsberg und Gumbinnen. 1859–63 Oberarzt an der Pepinière in Berlin. 1864 Habilitation ebd. 1865–70 an der Inneren Klinik in Königsberg. 1870/71 Teilnahme am dt.-franz. Krieg. 1872–76 Ordinarius für Innere Medizin in Straßburg, 1876–85 für propädeutische Medizin in Berlin, 1885–1907 Leiter der Ersten Medizinischen Klinik der Charité und seit 1903 Direktor des Krebsinstituts. 1895 Mitbegründer des „Zentralkomitees zur Errichtung von Lungenheilstätten in Deutschland“. 1863 Heirat mit Jenny Schröder (†1864), 1868 mit Marie Oppenheim (1844–nach 1923).

Lietzmann, Hans *(1875–1942)* *Aland, Glanz und Niedergang, 1–155*; *Kinzig, Hans Lietzmann*
1893/94 Studium der klassischen Philologie und Theologie in Jena, 1894–98 in Bonn. 1898 Staatsexamen für das Lehramt. 1896 Lic. theol. in Bonn. 1900 Habilitation ebd. Ab 1902 Herausgabe der „Kleinen Texte für Vorlesungen und Übungen“ für philologische Disziplinen. Seit 1905 Extraordinarius für Kirchengeschichte in Jena, seit 1908 Ordinarius ebd. 1908 Dr. h.c. in Bonn. Seit 1905 Herausgeber des Handbuch zum Neuen Testament. 1912 Reise nach Griechenland, 1913 nach Tunis und Sizilien. 1919 Mitbegründer und erster Vorsitzender der „Gesellschaft für Kirchengeschichte“. Seit 1921 Herausgeber der „Zeitschrift für ntl. Wissenschaft“. Seit 1923 Ordinarius in Berlin und Nachfolger Harnacks. 1926 Eintritt in die Kirchenväterkommission, ab 1930 deren Vorsitzender. 1933 Eintritt in die Bekennende Kirche und Unterschrift unter das Marburger Gutachten zur Bekenntniswidrigkeit des Arier-Paragraphen. 1919 Heirat mit Jutta Höfer (1887–1978).

Liliencron, Rochus *(1820–1912)* *Vierhaus, DBE, Bd. 6, 451*
Studium der Theologie, Orientalistik und Germanistik in Kiel, Jurisprudenz und Geschichte in Berlin. 1846 Dr. phil. in Kiel. Studium der skandinavischen Sprachen in Kopenhagen. 1848 Habilitation in Bonn. Seit 1849 Vertreter der schleswig-holsteinischen Regierung in Berlin. 1851 Extraordinarius für nordische Sprachen in Kiel, 1852–55 Extraordinarius für dt. Literatur in Jena. 1855–68 im

Dienst des Herzogs Bernhard II. von Sachsen-Meiningen. Seit 1869 Redaktor der „Allgemeinen Deutschen Biographie". 1876–1908 Propst des Johannisstifts in Schleswig, als solcher löste er das Stift auf. 1851 Heirat mit Luise Tutein (1826–1908). 1900–10 Vorsitzender der Preuß. Musikgeschichtlichen Kommission zur Herausgabe der Denkmäler Deutscher Tonkunst (DDT). 1890 Dr. theol. in Kiel. Forschungsschwerpunkte: Mittelalterliche und evangelisch-lutherische Musikgeschichte, dt. und nordische Literatur. Edition der „Historischen Volkslieder der Detuschen vom 13. bis 16. Jahrhundert" für die Münchner Historische Kommission.

Link, Adolf *(1860–1899) Tilitzki, Albertus-Universität, 576*
Studium der ev. Theologie in Bonn, Göttingen und Marburg. 1886 Lic. theol. und Habilitation in Marburg. 1890–97 Extraordinarius für Neues Testament in Königsberg. 1894 Dr. theol. h.c. ebd. Forschungsschwerpunkte: Ntl. Exegese und frühchristliche Literatur.

Liesegang, Erich *(1860–1931) Degener, Wer ist's, 1928, 950; Vierhaus, DBE, Bd. 6, 446; Geschichte der Nassauischen Landesbibliothek, 320–336; Habermann, Lexikon dt. wissenschaftlicher Bibliothekare, 195f.*
Studium der Geschichte in Berlin, Marburg und Bonn. 1884–91 Assistent an der Kgl. Bibliothek in Berlin. 1891 Habilitation ebd. 1897–99 Geschäftsführer des „Vereins zur Förderung des Deutschtums in den Ostmarken", Redaktion der Monatsschrift „Die Ostmark". Seit 1897 Professor, 1898 Aufbau der Kaiser-Wilhelm-Bibliothek in Posen. 1899–1929 Direktor der Landesbibliothek Wiesbaden. Redaktion der „Blätter für Volksbibliotheken und Lesehallen". 1901–27 Herausgeber der „Wiesbadener Volksbücher", 1906–14 der „Rheinischen Hausbücherei".

Lipsius, Richard Adelbert *(1830–1892) DBETh, Bd. 1, 857; Alwast, Lipsius*
1848–51 Studium der ev. Theologie in Leipzig. 1854 Dr. phil., 1855 Lic. theol. und Habilitation ebd. Seit 1859 Extraordinarius ebd. 1861–65 Ordinarius für Dogmatik in Wien, 1865–71 in Kiel, 1871–92 in Jena. Seit 1875 Mitherausgeber des „Jahrbuchs für prot. Theologie" und seit 1886 Herausgeber des „Theologische Jahresberichts". 1886 Mitbegründer des „Ev. Bundes" und 1884 des „Allgemeinen ev.-prot. Missionsvereins". Vertreter einer liberalen Theologie. Forschungsschwerpunkte: Apokryphe Apostelgeschichte und „Lehrbuch der prot. Dogmatik" (1876).

Littmann, Enno *(1875–1958) Vierhaus, DBE, Bd. 6, 492*
1894–98 Studium der ev. Theologie, Germanistik und Anglistik in Berlin, Greifswald und Halle/Saale. 1898 Dr. phil. ebd. 1898/99 Aufenthalt in Straßburg. 1899/1900 und 1904 Teilnahme an einer Expedition der Universität Princeton im syrisch-palästinischen Orient. 1906 Expeditionsleiter nach Aksum, Abessinien. Seit 1906 Ordinarius für Orientalistik in Straßburg, 1914–16 in Göttingen, 1918–21 in Bonn und 1921–49 in Tübingen. Forschungsschwerpunkte: Semitische Epigraphik und äthiopische Sprachen.

Loebell, Wilhelm von *(1855–1931) Winzen, Loebell*
Studium der Jurisprudenz in Straßburg und Leipzig. 1884–89 Landrat im Kreis Neuhaus, 1889–1900 des Kreises Westhavelland. 1900–04 Direktor der Landfeuersozietäten. 1904–07 Vortragender Rat in der Reichskanzlei, 1907–09 Unterstaatssekretär ebd. 1914–17 Innenminister, 1917–19 Oberpräsident für Brandenburg. 1898–1900 MdR (Deutschkonservativ), 1901–04 MdPrA. 1884 Heirat mit Margarete von Flottwell (1862–1918), 1920 mit Frida von Flottwell (1895–1967).

Loisy, Alfred *(1857–1940) Weiß, Loisy*
1874–79 Studium am Grand Séminaire von Châlons, 1878/79 am Institut Catholique in Paris. 1879 Priesterweihe und Seelsorgetätigkeit. 1879–81 Studien am Institut Catholique bei Louis Duchesne.

1881–89 Lehrer für Hebräisch und Studium der Assyrologie. 1884 Ablehnung seiner Dissertationsschrift. 1890 Dr. theol. in Paris. 1890–93 Professor für Altes Testament ebd. 1893 Amtsenthebung wegen Infragestellen der Inspirationslehre. 1893–99 Religionslehrer in einem Mädchenpensionat in Neuilly, 1899–1904 an der Ecole pratique des Hautes Etudes der Sorbonne. 1907 Exkommunikation wegen seiner Entgegnung auf Harnacks „Wesen des Christentums" durch die Schrift „L'Evangile et l'Eglise". 1909–26 Professor für Religionsgeschichte am Collège de France. 1924–27 Vorlesungen an der Ecole pratique.

Loening, Edgar *(1843–1919)* *Vierhaus, DBE, Bd. 6, 514; Professorenkatalog Halle, online, Edgar Loening*
Studium der Jurisprudenz in Heidelberg, Bonn und Leipzig. 1867 Dr. iur. 1868 Habilitation in Heidelberg. 1870–72 Tätigkeit beim Regierungspräsidium Elsass. Seit 1872 Extraordinarius in Straßburg. 1877–83 Ordinarius für Staats- und Völkerrecht in Dorpat, 1883–86 in Rostock und seit 1886 in Halle/Saale. Seit 1901 MdH. Forschungsschwerpunkte: Verwaltungs- und Kirchenrecht.

Loofs, Friedrich *(1858–1928)* *Loofs, Friedrich Loofs; Kienzler, Loofs; DBETh, Bd. 1, 867; Schenk/Meyer, Biographische Studien, 96–110*
1877–82 Studium der Theologie in Leipzig, Tübingen und Göttingen. 1881 phil. Promotion in Leipzig. 1882 Lic. theol. und Habilitation ebd. Seit 1886 Extraordinarius in Leipzig und Halle/Saale. Seit 1888 Ordinarius für Kirchengeschichte in Halle/Saale. Schüler Ritschls und Harnacks, wobei er deutlicher die Verbindungen zwischen Neuem Testament und Alter Kirche sieht. 1886 Mitbegründer der Zeitschrift „Die Christliche Welt" zusammen mit Martin Rade und Wilhelm Bornemann. Konsistorialrat in Magdeburg. Forschungsschwerpunkt: Dogmengeschichte.

Lorenzelli, Benedetto *(1853–1915)* *Greipl, Bestände des Archivs, 247; Bräuer, Handbuch der Kardinäle, 205f.*
Studium der kath. Theologie und Philosophie in Bologna und Rom. Dr. theol., Dr. phil. und Dr. iur. utr. 1876 Priesterweihe. 1876–84 Dozent am Päpstlichen Athenaeum Urbaniana der Kongregation Propaganda Fide. 1884–89 Leiter des Collegium Bohemicum in Rom. Seit 1889 Päpstlicher Privatkämmerer und Attaché der Apostolischen Nuntiatur in Österreich. 1890–93 Referendar an der Apostolischen Signatur. 1893–96 Internuntius in Belgien und Luxemburg und Apostolischer Protonotar. 1896 Ernennung und Weihe zum Titularbischof von Sardes. 1896–99 Apostolischer Nuntius in Bayern. 1899–1904 Apostolischer Nuntius in Frankreich. 1904–10 Erzbischof von Lucca. 1907 Kreierung zum Kardinalpriester (Titelkirche: Santa Croce in Gerusalemme). 1914–15 Präfekt der Studienkongregation.

Loewe, Hugo L. *(o.D.)* Direktor im Verlag von August Scherl und stellvertretender Geschäftsführer ebd. Verlagsbuchhändler in Groß-Lichterfelde.

Lucanus, Hermann von *(1831–1908)* *Praktiken der Monarchie, Personenregister, Lucanus, Hermann von*
1851–54 Studium der Jurisprudenz in Heidelberg und Berlin. Danach Eintritt in den preuß. Staatsdienst. Seit 1859 im Kultusministerium, seit 1866 Regierungsrat, seit 1881 Unterstaatssekretär ebd. 1888–1908 Chef des Geheimen Zivilkabinetts Wilhelms II.

Luise von Preußen, Großherzogin von Baden *(1838–1923)* *Siebler, Luise von Baden*
Tochter von Wilhelm I. 1838–49 in Berlin, seit 1849 in Koblenz. Unterricht durch private Lehrkräfte. 1856 Heirat mit Friedrich I. (1826–1907) in Berlin, der seit 1852 badischer Großherzog war. Mutter des Erbherzogs Friedrichs II. und der späteren schwedischen Königin Sophie Marie Viktoria. 1859

Gründung des badischen Frauenvereins, der Hauswirtschaftskurse anbot. 1886 Gründung einer ersten Haushaltungsschule.

Luthardt, Christoph Ernst *(1823–1902) Neukirch, Luthardt; DBETh, Bd. 1, 878*
1841–45 Studium der Theologie in Erlangen und Berlin, wo er Prägungen durch die lutherische Erweckungsbewegung erhielt. 1846 Predigerseminar in München und Ordination, seit 1846 Religions- und Geschichtslehrer. Seit 1851 Repetent in Erlangen. 1852 Lic. theol. und Habilitation ebd. 1854–56 Ordinarius für Dogmatik in Marburg, 1856–95 in Leipzig. Beeinflussung der Leipziger Fakultät zusammen mit Karl Friedrich August Kahnis und Franz Delitzsch in Richtung der lutherischen Erweckungsbewegung. 1868 Gründung der „Allgemeinen Evangelisch-Lutherischen Kirchenzeitung", dem Organ der „Allgemeinen Evangelisch-Lutherischen Konferenz". Außerdem Redaktion des „Sächsischen Kirchen- und Schulblattes" (1857–60), der „Zeitschrift für kirchliche Wissenschaft und kirchliches Leben" und dem „Theologischen Literaturblatt". Vertreter eines konfessionellen Luthertums. Forschungsschwerpunkt: Dogmatik.

Luther, Johannes *(1861–1954) Anonym, Johannes Luthers Leben, 1931; Bigler, Luther, Johannes; Habermann, Lexikon dt. wissenschaftlicher Bibliothekare, 205; Der Nachlass von Johannes Luther, VIIf.*
1881–85 Studium der Germanistik, Anglistik und Romanistik in Berlin. 1885 Lehramtsprüfung. 1887 Dr. phil. in Halle/Saale. 1887–1908 Hilfsarbeiter an der Kgl. Bibliothek in Berlin. Seit 1903 Mitarbeiter der Weimarer Lutherausgabe. 1908–21 Oberbibliothekar und stellvertretender Direktor der Universitätsbibliothek in Greifswald, 1921–27 Direktor ders. 1927–37 Professor für Bibliothekswissenschaften in Greifswald. 1917 Dr. theol. h.c. in Greifswald. Nachfahre eines jüngeren Bruders Martin Luthers, Jakob Luthers.

Luther, Martin *(1483–1546)* 1501–04 Studium an der Artistenfakultät in Erfurt, 1505 kurzzeitiges Studium der Jurisprudenz. 1505 Eintritt in das Kloster der Augustinereremiten in Erfurt. 1507 Priesterweihe. Seit 1508 Theologiestudium in Wittenberg. 1510 Reise nach Rom. Seit 1511 im Augustinerkonvent in Wittenberg, seit 1512 dessen Subprior und seit 1514 Prediger an der Stadtkirche. 1512 Dr. theol. Seit 1513 Professor für biblische Exegese. 1517 Übersendung der 95 Thesen über den Ablaß. 1518 Sermon von Ablaß und Gnade. 1518 Disputation mit Johannes Eck in Heidelberg. Seit 1518 Prozess des Dominikanerordens in Rom gegen Luther. 1519 Disputation in Leipzig zwischen Eck und Andreas Bodenstein von Karlstadt und Luther. 1520 Veröffentlichung der Bannandrohungsbulle „Exsurge Domine", Verbrennung des Corpus Iuris Canonici und Veröffentlichung der reformatorischen Hauptschriften. 1521 Vorladung zum Reichstag in Worms und Verhör Luthers sowie Wormser Edikt mit Reichsacht. 1521/22 auf der Wartburg, dort Bibelübersetzung. 1522 Invokavitpredigten in Wittenberg. 1525 Heirat mit Katharina von Bora und Stellungnahme zum Bauernkrieg. 1530 Confessio Augustana. 1529 Türkenschriften, 1543 Judenschriften.

Löhr, Max *(1864–1931) Gunkel, Max Löhr*
1884–88 Studium der ev. Theologie in Königsberg und Göttingen. 1889 Domhilfsprediger in Berlin. 1888 Dr. phil. in Göttingen, 1890 Lic. theol. in Königsberg. Seit 1892 Extraordinarius in Breslau für Altes Testament. 1903/04 und 1908/09 Forschungsaufenthalte am Institut für die Altertumskunde des Hl. Landes in Jerusalem. 1909–29 Ordinarius in Königsberg. Vertreter einer historisch-kritischen Theologie. Forschungsschwerpunkt: Nachbiblisches Judentum.

Lütgert, Wilhelm *(1867–1938) DBETh, Bd. 1, 875; Eber, Lütgert; Merck, Lütgert*
1886–89 Studium der ev. Theologie in Greifswald und Berlin. 1892 Lic. theol. und Habilitation in Greifswald. Seit 1895 Extraordinarius ebd. 1901 Dr. theol. h.c. ebd. Seit 1902 Ordinarius für Neues

Testament in Halle/Saale als Nachfolger Willibald Beyschlags, seit 1912 Ordinarius für Systematische Theologie ebd. als Nachfolger Martin Kählers. 1929–35 Ordinarius in Berlin. Seit 1904 Herausgeber der „Beiträge zur Förderung christlicher Theologie". 1898 Heirat mit Martha Sellschopp. Schüler Cremers. Jüngerer Vertreter der positiven Theologie. Forschungsschwerpunkt: Biblizistische Dogmatik.

Mahling, Friedrich *(1865–1933) DBETh, Bd. 2, 886; BBKL, online, Wesseling, BBKL V (1993), 555–557*1883–86 Studium der ev. Theologie in Leipzig, Greifswald und Marburg. 1889 Ordination. 1889–92 Pfarrer in Hamburg und Hessen. 1892–1904 Pfarrer der Hamburger Stadtmission. 1904–09 Pfarrer an der Frankfurter Lutherkirche und seit 1906 Konsistorialrat. 1909–32 Professor für Praktische Theologie in Berlin. 1908 Dr. theol. h.c. in Kiel. Seit 1909 Mitglied des Central-Ausschusses der Inneren Mission. Forschungsschwerpunkte: Edition der Gesamtwerke Johann Hinrich Wicherns und Sozialdiakonie.

Mangold, Wilhelm *(1825–1890) Kamphausen, Mangold; Hessische Biografie, online, Wilhelm Mangold*
1845–49 Studium der Theologie in Halle/Saale, Marburg und Göttingen. 1850 Erzieher der Prinzen des Kurfürsten von Kurhessen. 1851 und 1855–57 Repetent am Seminarum Philippinum in Marburg. 1852 Lic. theol. und Habilitation in Marburg und danach Privatdozent für Neues Testament. In Streitigkeiten um Vilmar involviert. Seit 1857 Extraordinarius für Neues Testament in Marburg, seit 1864 Ordinarius ebd. 1864 Heirat mit Rosa Küchler. 1862 Dr. theol. h.c. in Wien. 1871/72 MdPrA für die Nationalliberalen. 1872–90 Ordinarius für Neues Testament in Bonn. Forschungsschwerpunkt: Neues Testament.

Manning, Henry Edward *(1808–1892) Bräuer, Manning*
1827–32 Studium der anglikanischen Theologie in Oxford am Balliol und Merton College. 1832 Priesterweihe und Rektor in Lavington-with-Graffham (Sussex). 1833 Heirat. Seit 1840 Archidiakon in Chichester. Mitglied der frühen Oxford-Bewegung. 1848 Privataudienz bei Papst Pius IX. 1851 Konversion zum Katholizismus und Weihe zum katholischen Priester. 1851–55 Studium in Rom, seit 1857 Propst des Domkapitels von Westminster-Cathedral (London). Seit 1865 Erzbischof von Westminster-Cathedral und Bischofsweihe. 1875 Kreierung zum Kardinalpriester (Titelkirche: SS. Andrea e Gregorio al Monte Celio). 1878 Teilnahme am Konklave. Sozial-karitative Tätigkeit in London. Kirchenpolitisch Ultramontanist und Teilnehmer am I. Vatikanischen Konzil 1869–70.

Manteuffel, Otto Freiherr von *(1844–1913) Degener, Wer ist's, 1909, 885; Datenbank der deutschen Parlamentsabgeordneten, Otto von Manteuffel*
Studium der Jurisprudenz in Göttingen und Halle/Saale. 1866 und 1870/71 Teilnahme am dt.-dt. und am dt.-franz. Krieg. 1872–89 Landrat in Luckau. 1896–1912 Landesdirektor der Provinz Brandenburg. 1877–98 MdR (deutschkonservativ), seit 1883 MdH. 1891–1908 erster Vizepräsident des Herrenhauses, 1908–11 Präsident dess. 1882–1908 Vorsitzender der alten Fraktion. Bis 1911 Vorsitzender der deutschkonservativen Partei. Mitglied der Brandenburgischen Provinzialsynode und der Generalsynode. 1872 Heirat mit Helene von Brandenstein a.d.H. Zöschen (1847–1934).

Manteuffel, Werner Zoege von *(1857–1926) Degener, Wer ist's, 1909, 885; BBLd, Werner Zoege von Manteuffel*
1878–85 Studium der Medizin in Dorpat. 1886 Dr. med. ebd. 1885–89 Assistent an der chirurgischen Klinik. 1889 Habilitation. 1889–99 Dozent. 1899–1905 Extraordinarius für Chirurgie, 1905–18 Ordinarius und Direktor der Fakultätsklinik. 1906 Teilnahme als Konsultantchirurg am russ.-japan. Krieg. Seit 1918 in Reval. 1888 Heirat mit Anna de Vries.

Marcion *(85–nach 144)* *Geyer, Marcion*
Reeder. Ausschluss aus der Gemeinde von Sinope durch seinen Vater, den dortigen Bischof. Seit 139 Mitglied der römischen Gemeinde. 144 Bruch mit der röm. Gemeinde wegen der Reformversuche Marcions. Zahlreiche missionarische Reisen im römischen Reich. Um 155 große marcionitische Gemeinde in Rom.

Marheineke, Philipp Konrad *(1780–1846)* 1798–1802 Studium der Theologie und Philosophie in Göttingen. 1803 Dr. phil. in Erlangen. Seit 1804 theol. Repetent in Göttingen, seit 1905 Extraordinarius in Erlangen und seit 1807 in Heidelberg. Seit 1809 Ordinarius ebd. und seit 1811 in Berlin. Vertreter eine spekulativen Theologie.

Marquardt, Julius *(1849–1932)* *Lühr, Abiturienten des Braunsberger Gymnasiums, 19*
Studium der kath. Theologie. 1871 Priesterweihe. Seit 1872 Studien in Münster. 1874 Habilitation am Lyzeum in Braunsberg. Bis 1876 stellvertretender Religionslehrer Gymnasium ebd. Seit 1878 Extraordinarius, seit 1882 Ordinarius am Braunsberger Lyzeum. 1881 Dr. theol. h.c. in Münster. 1900 Ernennung und 1901 Installation zum Domherr in Frauenburg. Seit 1903 Honorarprofessor. Forschungsschwerpunkte: Patristik und Moraltheologie.

Martin, Marie *(1856–1926)* *Schlemmer, Marie Martin*; *Kampmann, Harnack zur „Frauenfrage", 53–55*; *Kampmann, Martin, Marie*
1885–87 Ausbildung zur Lehrerin. 1887 Lehrerinnenprüfung. 1887/88 und 1890/91 Aufenthalt in Paris und Brüssel. 1891/92 Lehrerin in Bad Neuenahr, 1892–95 Lehrerin in Kassel, 1895–97 Gasthörerin in Göttingen. 1897 Oberlehrerinnenprüfung in Berlin. 1898–1902 Oberlehrerin in Landsberg a. d. Warthe, 1902/03 Seminarlehrerin in Burgsteinfurt, 1903 Oberlehrerin in Trier. 1903–09 Oberlehrerin an der Kgl. Augustaschule in Berlin, 1909–21 an der Elisabethschule ebd.. Nach der Pensionierung 1921 in Kassel-Wilhelmshöhe. Vertreterin des konfessionellen Flügels der bürgerlichen Frauenbewegung.

Martitz, Ferdinand von *(1839–1921)* Studium der Jurisprudenz in Königsberg und Leipzig. 1864 Habilitation in Königsberg. Seit 1868 Extraordinarius ebd. 1872–75 Ordinarius für Staats- und Völkerrecht in Freiburg i.Br., 1875–98 in Tübingen, 1898–1920 in Berlin. 1898–1903 Richter am preuß. Oberverwaltungsgericht und Mitglied des Haager Schiedshofes. Forschungsschwerpunkt: Völkerrecht. 1866 Heirat mit Erminia von Batocki, 1908 mit Olga von Gottberg.

Matthias, Adolf *(1847–1917)* *Lüdicke, Preußische Kultusminister, 106*
1869–73 Studium in Marburg und Göttingen. 1870/71 Kriegsteilnahme. 1873 Prüfung für das höhere Lehramt und Dr. phil. in Jena. 1873/74 Probejahr in Holzminden und Essen. Seit 1874 Lehrer ebd., seit 1880 in Bochum, seit 1882 in Neuwied. 1884/85 Gymnasialdirektor in Lemgo, 1885–98 in Düsseldorf. 1898–1900 Provinzialschulrat in Koblenz. 1900–10 Vortragender Rat in der Abteilung für das höhere Schulwesen im Kultusministerium.

Mausbach, Joseph *(1861–1931)* 1880–83 Studium der kath. Theologie in Münster, Köln und Eichstätt. 1884 Priesterweihe. 1884–92 im Pfarr- und Schuldienst. 1888 Dr. theol. in Münster. Seit 1892 Ordinarius in Münster. Seit 1918 Dompropst ebd. 1919 Dr. theol. h.c. in Bonn. Engagement für die Frauenfrage und Organisator des kath. Theologiestudiums für Frauen. Hauptwerk: Katholische Moraltheologie.

Mayer, Emil *(1854–1927)* *Wolfes, Mayer, Emil*
1872–79 Studium der ev. Theologie in Berlin. 1879 Lic. theol. ebd. Danach Lehrer am Friedrich-Wilhelms-Gymnasium in Berlin. 1893–1919 Professor für Systematische Theologie in Straßburg.

1920–25 Ordinarius in Gießen. Schüler von Isaak August Dorner. Vertreter einer Theologie in der Nachfolge Schleiermachers und Ritschls. Mitarbeiter der „Christlichen Welt". Forschungsschwerpunkt: Christliche Ethik.

McBee, Silas *(1853–1924)* *Stokes, McBee; McBee, Papers*
1876 Diplom an der University of the South at Sewanee (Tenn.). 1878–86, 1887–1907 Mitarbeiter der dortigen Universitätsverwaltung. 1896–1912 Herausgeber von „The Churchman", einer episkopalen kirchlichen Zeitschrift in New York City. 1913 Begründer und Herausgeber von „The Constructive Quarterly". 1919 Dr. h.c. Vertreter einer Ökumenische Theologie. 1877 Heirat mit Mary Estelle Sutton (†1891), nach 1891 mit Louise J. Post.

McGiffert, Arthur Cushman *(1861–1933)* *McGiffert, Papers*
Bis 1885 Studium am Western Reserve College und am Union Theological Seminary. 1885–87 Auslandsaufenthalt in Deutschland, u.a. bei Harnack in Marburg, Frankreich und Italien. 1888 Dr. phil. in Marburg. Seit 1888 Dozent und seit 1890 Professor für Kirchengeschichte am Lane Theological Seminary in Cincinnati, Ohio. Seit 1893 Washburn Professor für Kirchengeschichte am Union Theological Seminary (New York City). 1900 Wechsel von der presbyterianischen in die kongregationalistische Kirche aufgrund eines Disziplinarverfahrens nach der Veröffentlichung seiner Christentumsgeschichte des Apostolischen Zeitalters. 1917–26 Präsident des Union Theological Seminary. Forschungsschwerpunkte: Ältere Kirchengeschichte und Dogmengeschichte.

Meinecke, Friedrich *(1862–1954)* Seit 1882 Studium der Geschichte, Germanistik und Philosophie in Berlin und Bonn. 1886 Dr. phil. und Hauslehrer in Mecklenburg. Seit 1887 Hilfsarbeiter im preuß. Geh. Staatsarchiv, seit 1892 etatsmäßiger Archivar. Seit 1893 Redakteur der „Historischen Zeitschrift", 1896–1935 deren Herausgeber. 1896 Habilitation in Berlin. Seit 1901 Ordinarius für Geschichte in Straßburg neben Martin Spahn, 1905–14 in Freiburg i.Br., seit 1914 in Berlin. Entwicklung vom konservativen Monarchisten zum Vernunftrepublikaner. 1948 erster Rektor der Freien Universität Berlin. 1960 Mitglied im Orden „Pour le mérite". Forschungsschwerpunkte: Dt. Nationalgeschichte seit dem 18. Jahrhundert und Historiographie.

Meinertz, Otto *(1839–1904)* *Lüdicke, Preußische Kultusminister, 102*
1855–58 Studium der Philologie in Bonn. Danach Hauslehrer in Ostpreußen. 1861 Staatsprüfung in Königsberg. Seit 1861 im Schuldienst in Ostpreußen. 1866 Dr. phil. in Königsberg. 1874–83 Gymnasialdirektor in Braunsberg, 1883–95 in Posen. Seit 1895 Hilfsarbeiter im Kultusministerium und Provinzialschulrat in Breslau. 1897–1904 Vortragender Rat im Kultusministerium, Fachreferent für das höhere Schulwesen.

Meinhold, Johannes *(1861–1937)* *Smend, Meinhold; Faulenbach, Album Professorum, 185–190; Strauß, Meinhold; DBETh, Bd. 2, 913*
1879–82 Studium der Theologie in Leipzig, Berlin und Greifswald. 1882–84 Studienaufenthalte in Tübingen, Leipzig und Greifswald. 1884 Lic. theol. und Habilitation in Greifswald. Seit 1888 Extraordinarius für Altes Testament in Greifswald, seit 1889 in Bonn, seit 1903 Persönlicher Ordinarius ebd. Vertreter der historisch-kritischen Methode in der atl. Wissenschaft und Nähe zur liberalen Theologie. Forschungsschwerpunkte: Schriften und Propheten.

Melanchthon, Philipp *(1497–1560)* 1509–12 Studium in Heidelberg, 1512–14 in Tübingen. 1514 Magister Artium ebd. Seit 1518 Professor für Griechisch und Hebräisch in Wittenberg. 1518–21 Hinwendung zur reformatorischen Theologie. 1519 Teilnahme an der Leipziger Disputation und Promotion zum Baccalaureus biblicus. 1521 Veröffentlichung der „Loci communis". Nach 1521 mehrere pädagogische und religionspädagogische Publikationen und schulreformerischer Aktivität. Seit

1529 Vertreter Kursachsens auf den Reichstagen und Religionsgesprächen. Verfasser der Augsburgischen Konfession.

Mendelssohn-Bartholdy, Ernst von *(1846–1909)* *Vierhaus, DBE, Bd. 6, 889*
Studium und kaufmännische Ausbildung. 1869–1908 Bankier im Bankhaus Mendelssohn & Co. Seit 1874 Mitinhaber, seit 1889 Seniorchef. 1896 Verleihung des erblichen Adelstitels. 1907 Schenkung der Villa Falconieri in Frascati an Wilhelm II. Seit 1902 MdH. 1908 Schenkung von Komponisten-Autographen an die Kgl. Bibliothek.

Merkle, Sebastian *(1862–1945)* *DBETh, Bd. 2, 925; Wittstadt, Merkle*
1882–86 Studium der Philosophie und kath. Theologie in Tübingen. 1886 Eintritt in das Priesterseminar in Rottenburg. 1887 Priesterweihe. 1887/88 Seelsorger in Schwäbisch Gmünd. Seit 1888 Repetent für Philosophie am Tübinger Wilhelmsstift. 1892 Dr. phil. in Tübingen. 1894 Studienaufenhalt in Rom in der Vaticana, u.a. zur Edition der Konzilsakten von Trient. Bis 1897 Studienreisen in Italien und Spanien. 1898 Dr. theol. in Tübingen. 1898–1933 Ordinarius für Kirchengeschichte in Würzburg. Forschungsschwerpunkte: Katholische Konzilsgeschichte und Alte Kirche.

Merry del Val, Rafael Kardinal *(1865–1930)* *Grohe, Merry del Val; Bräuer, Handbuch der Kardinäle, 200f.*
1883–85 Studium der kath. Theologie und Philosophie in Ushaw/England. Seit 1885 Mitglied der Pontificia Academia dei Nobili Ecclesiastici und zugleich Studium an der Gregoriana. 1886 Dr. phil., 1891 Dr. theol. in Rom, Lic. iur. can. 1888 Priesterweihe. 1887, bereits vor der Priesterweihe als Monsignore in diplomatischer Mission für Papst Leo XIII. in England aktiv. Seit 1891 päpstlicher Geheimkämmerer und bis 1898 Mitglied der päpstlichen Familie. Seit 1893 Sekretär der Nuntiatur in Wien, dort Mitglied der Kommission zur Prüfung der Gültigkeit anglikanischer Weihen. 1897/98 Apostolischer Delegat in Kanada. Seit 1899 Präsident der päpstlichen Akademie für den kirchlichen Adel. 1900 Ernennung und Weihe zum Titularbischof von Nizäa. 1903 Konklavesekretär. Nach der Wahl Pius X. 1903–14 Pro-Staatssekretär. 1903 Kreierung zum Kardinalpriester (Titelkirche S. Prassede), seit 1914 Erzpriester der Petersbasilika des Vatikans und Präfekt der Kongregation der Fabrik von St. Peter. 1914–22 Sekretär des Heiligen Offiziums.

Meurer, Christian *(1856–1935)* 1876–80 Studium der Philosophie in Bonn und Freiburg i.Br. 1880 Dr. phil. 1880–82 Studium der Jurisprudenz. 1882 Dr. iur. 1882–85 Hauslehrer beim Fürsten Hatzfeldt-Trachenberg. 1885 Habilitation in Breslau. Seit 1888 Privatdozent für Kirchenrecht und Rechtsphilosophie ebd. Seit 1888 Extraordinarius, 1891–1926 Ordinarius für Kirchenrecht in Würzburg. 1907–18 Universitätsvertreter im unterfränkischen Landtag. Seit 1909 Mitglied der Bamberger Disziplinarkammer, seit 1923 Mitglied des Staatsgerichts. Forschungsschwerpunkte: Bayerisches Staatskirchen- und Völkerrecht.

Meyer, Arnold *(1861–1934)* *Kellenberger, Meyer*
Studium der Theologie in Erlangen und Marburg. Pfarrer in Oberkassel, seit 1889 Stiftsinspektor. 1891 Lic. theol. in Bonn. 1904–31 Ordinarius für Praktische Theologie und Neues Testament in Zürich. Vertreter der historisch-kritischen Methode in der ntl. Wissenschaft. Forschungsschwerpunkt: Religionsgeschichte des Neuen Testaments.

Meyer, Eduard *(1855–1930)* *Vierhaus, DBE, Bd. 7, 53f.*
1872–75 Studium der orientalischen Sprachen in Bonn und Leipzig. 1875 Dr. phil. ebd. 1875–77 Hauslehrer in Konstantinopel beim britischen Generalkonsul Sir Philip Francis. 1879 Habilitation in Leipzig. Seit 1879 Bearbeitung eines Hand- und Lehrbuchs über die „Geschichte des Altertums". Seit 1885 Ordinarius für alte Geschichte in Breslau, seit 1889 in Halle/Saale, 1902–23 in Berlin. 1904 und 1909/

10 Forschungsaufenthalte in den USA. 1914–18 aktive Kriegspublizistik. 1884 Heirat mit Rosine Freymond. Forschungsschwerpunkt: Geschichte des Altertums, insbesondere des vorderen Orients.

Meyer, Paul *(1856–1933) Meyer, Droyßig 1852–1901, 90f.; Lüdicke, Preußische Kultusminister, 113; GStA PK, I. HA, Rep. 76, I. HA, Rep. 76 XI, Nrn. 287–289*
1875–78 Studium der Theologie und Philologie in Göttingen. 1879 Erste theol. Prüfung. 1880–82 im Predigerseminar in Loccum. 1882 Zweite theol. Prüfung. 1882/83 Seminarlehrer in Neuwied. 1883 Ordination. 1883–90 Pfarrer der dt.-ev. Gemeinde in Buenos Aires. 1890–92 Seminarlehrer in Droyßig, 1893–98 Direktor des ev. Seminars in Bederkesa, 1898–1904 des Lehrerinnenseminars in Droyßig. 1904 Regierungs- und Schulrat in Düsseldorf. Seit 1904 Hilfsarbeiter, seit 1905 Vortragender Rat im Kultusministerium für das höhere Mädchenschulwesen. 1915–18 Kriegsteilnahme. 1919–21 Vortragender Rat im Kultusministerium. 1888 Heirat mit Clara Krauß (*1865).

Meyer, Philipp *(1854–1927) Mirbt, Philipp Meyer; Brecht, Meyer; Lohrengel, Meyer*
1873–77 Studium der Theologie in Göttingen und Leipzig. 1877/78 Hauslehrer bei Bamberg. Seit 1880 Inspektor im Göttinger Stift, 1881–88 Pfarrer in Smyrna (Osmanisches Reich), 1888–91 in Binnen bei Nienburg. 1883 Heirat mit Antonie Römisch. 1891–95 Studiendirektor des Predigerseminars Erichsburg in Einbeck, 1895–1902 im Regionalkonsistorium in Hannover, 1902–24 im Landeskonsistorium. 1897 Dr. theol. h.c. in Göttingen. 1910–27 Vorsitzender der Gesellschaft für niedersächsische Kirchengeschichte. Tätigkeitsschwerpunkt: Jugendpflege, Fortbildung von Pfarrern und Lehrern. Schüler Albrecht Ritschls. Forschungsschwerpunkte: Griechisch-orthodoxe und niedersächsische Kirchengeschichte.

Mezger, Paul *(1851–1913) Anonym, Mezger, 1913; Wolfes, Mezger*
1869–73 Studium der Theologie in Tübingen. Seit 1873 im Pfarrdienst, seit 1874 Repetent in Maulbronn. 1876 Dr. phil., 1876/77 Studienaufenthalt in Berlin. Seit 1878 Repetent des Tübinger Stifts. Seit 1880 Pfarrer in Aalen, Stuttgart und Tamm. 1896 Lic. theol. und Habilitation in Tübingen. Seit 1896 Dozent und später Extraordinarius für systematische Theologie in Basel, seit 1902 Ordinarius ebd. 1880 Heirat mit Fanny Federhaff. Mitglied der Ritschl-Schule schwäbisch-pietistischer Prägung. Forschungsschwerpunkt: Systematische Theologie und Moderne.

Michaelis, Adolf *(1835–1910)* 1853–57 Studium der klassischen Philologie und Archäologie in Leipzig, Berlin und Kiel. 1857 Dr. phil. ebd. 1857–60 Hauslehrer bei Carl Steinhäuser. 1860 Reisestipendiat des DAI. 1860/61 Reise nach Griechenland und Italien. 1861 Habilitation in klassischer Philologie und Archäologie. 1862–65 Ordinarius für Archäologie in Greifswald, 1865–72 in Tübingen, 1872–1910 in Straßburg. Forschungsschwerpunkte: Antike Topographie, Museographie und Geschichte der Archäologie. Verheiratet mit Luise von der Launitz (1841–1869), 1874 Heirat mit Minna Trendelenburg (1842–1924).

Milkau, Fritz *(1859–1934) Vierhaus, DBE, Bd. 7, 107; Schochow, Milkau; Habermann, Lexikon dt. wissenschaftlicher Bibliothekare, 219f.; Lohse, Bibliotheksdirektoren der ehemals preuß. Universitäten, 227*
1878–84 Studium der klassischen Philologie, Germanistik und Sanskrit in Königsberg. 1888 Dr. phil. ebd. 1884–87 Gymnasiallehrer. 1888–91 Volontariat an der Universitätsbibliothek in Königsberg. 1894 Heirat mit Frieda Hagen (1870–1943). 1891–97 Hilfsbibliothekar in Bonn und Berlin, seit 1897 Bibliothekar in der Katalogabteilung der Kgl. Bibliothek ebd. Seit 1899 Oberbibliothekar im Kultusministerium. 1902–07 Direktor der Universitätsbibliothek in Greifswald, 1907–21 in Breslau. 1911–25 Mitglied im Beirat für Bibliotheksangelegenheiten, seit 1921 dessen Vorsitzender. 1921–25 Generaldirektor der Staatsbibliothek zu Berlin. Seit 1925 Honorarprofessor an der Universität Berlin. 1928

Gründung des bibliothekswissenschaftlichen Instituts ebd. 1931–33 Edition des „Handbuchs der Bibliothekswissenschaft".

Miquel, Johannes von *(1828–1901)* 1846–50 Studium der Rechtswissenschaft in Göttingen und Heidelberg. 1848 Anhänger der republikanischen Bewegung. 1850–57 Briefwechsel mit Karl Marx und Mitgliedschaft im illegalen Bund der Kommunisten. 1850 und 1854 jur. Examina. Seit 1854 Rechtsanwalt in Göttingen. Seit 1857 Göttinger Stadtverordneter, seit 1859 Mitbegründer des Dt. Nationalvereins, seit 1863 Mitglied der zweiten hannoverschen Kammer. Befürworter der Annexion Hannovers an Preußen. 1867–82 MdPrA, seit 1882 MdH. 1867–77, 1887–90 MdR. Engagement zur Vereinheitlichung des dt. Rechts. 1874–76 Mitglied der Reichsjustizkommission. 1877 Dr. iur. h.c. in Berlin. 1865–69, 1876–80 Bürgermeister von Osnabrück, 1880–1887 Oberbürgermeister von Frankfurt a.M. 1884 Mitverfasser der nationalliberalen „Heidelberger Erklärung". 1890–1901 preuß. Finanzminister, seit 1897 stellvertretender Ministerpräsident. 1891–93 Neuordnung des preuß. Steuerwesens.

Mirbt, Carl *(1860–1929)* *Wolf-Dahm, Mirbt*; *DBETh, Bd. 2, 935f.*
Herkunft aus der Brüdergemeine in Gnadenfrei. 1880–85 Theologiestudium in Halle/Saale, Erlangen und Göttingen. 1886 Promotion und 1888 Habilitation in Göttingen als Schüler Hermann Reuters. Seit 1889 Extraordinarius für Kirchengeschichte, seit 1890 Ordinarius in Marburg, seit 1912 in Göttingen. Vertreter der historisch-kritischen Methode in der Theologie. Forschungsschwerpunkte: mittelalterliche Papstgeschichte und Missionswissenschaft.

Misch, Clara *(1877–1967)* Tochter Wilhelm und Martha Diltheys. 1908 Heirat mit Georg Misch. Begleitung Mischs bei seiner Asienreise.

Misch, Georg *(1878–1965)* 1896–1900 Studium der Philosophie und Jurisprudenz in Berlin. 1900 Dr. phil. bei Wilhelm Dilthey ebd. 1905 Habilitation. 1908/09 Studienreise nach Japan, China und Indien. Seit 1911 Extraordinarius in Marburg, 1917–33 Ordinarius für Philosophie in Göttingen. 1933 in den Ruhestand versetzt. 1939–43 in Cambridge, England, 1943–46 in Halderden. Seit 1946 in Göttingen. Vertreter einer Lebensphilosophie.

Moeller, Eduard von *(1814–1880)* Studium der Jurisprudenz in Heidelberg und Berlin. Ab 1835 erste Berufserfahrungen in Minden, Paderborn und Koblenz. Ab 1840 Landrat in Simmern, ab 1844 Staatskommissar bei der Köln-Mindener-Eisenbahn. 1848–66 Regierungspräsident von Köln und stellvertretender Oberpräsident der Rheinprovinz. 1866–70 Verwaltung der annektierten Provinzen Hannover, Sachsens und Kurhessen. Ab 1870/71 Oberpräsident von Elsaß-Lothringen.

Möller, Wilhelm *(1827–1892)* *Kawerau, Möller*
1847–50 Studium der Theologie in Berlin bei August Neander und Carl Immanuel Nitzsch, in Halle/Saale und in Bonn bei Richard Rothe und Isaak August Dorner. 1851 Erstes Theologisches Examen in Koblenz, 1854 Lic. theol. und Habilitation in Halle/Saale. 1854–58 Privatdozent in Halle/Saale. 1858 Zweites Theologisches Examen in Magdeburg und danach Pfarrer in verschiedenen Landgemeinden in Kursachsen. 1863 Dr. theol. h.c. in Greifswald und seit 1873 Ordinarius für Kirchengeschichte in Kiel. Vertreter der Vermittlungstheologie. Forschungsschwerpunkte: Alte Kirche und neutestamentliche Textgeschichte.

Mommsen, Karl *(1861–1922)* *Degener, Wer ist's, 1909, 945*; *Datenbank der deutschen Parlamentsabgeordneten, Karl Mommsen*; *Rebenich, Die Mommsens, 155*
1882–85 Studium der Jurisprudenz in München und Berlin. Seit 1885 Referendar, seit 1890 Gerichtsassessor. Seit 1891 Syndikus der Englischen Gasanstalt in Berlin, seit 1894 Syndikus bei Sie-

mens&Halske, seit 1897 Direktor der Mitteldeutschen Kreditbank in Berlin. 1903–12 MdR (Freisinnige Vereinigung). Zweitältester Sohn Theodor Mommsens.

Mommsen, Theodor *(1817–1903)* 1838–43 Studium der Jurisprudenz in Kiel. Dr. iur., danach Reisen nach Frankreich und Italien. 1848 als Jounalist gegen die dänischen Ansprüche auf Schleswig-Holstein. 1848–51 Professur für Jurisprudenz in Leipzig. Wegen Protests gegen den sächsischen Verfassungsoktroi Verlust der Professur und 1852 Wechsel nach Zürich. Seit 1854 in Breslau und seit 1858 an der Berliner Akademie und seit 1861 Professor an der FWU zu Berlin. 1874–95 Sekretar der Historisch-Philologischen Sektion der Akademie. 1861–87 Vorlesungstätigkeit an der Berliner Universität. 1854–56 Abfassung seiner „Römischen Geschichte“ (Bd. I–III), 1885 Bd. V. 1902 Nobelpreis für Literatur für die „Römische Geschichte“. Mommsens größtes Akademieprojekt war das „Corpus Inscriptionum Latinarum“. 1862–66, 1873–77 MdPrA (Fortschrittspartei), 1881–84 MdR. 1868 Orden „Pour le mérite“, seit 1894 dessen Vizekanzler.

Monts, Anton Graf von *(1852–1930) Vierhaus, DBE, Bd. 7, 183; Auswärtiges Amt, Biographisches Handbuch, Bd. 3, 287f.*
1870–73 Studium der Jurisprudenz in Heidelberg, Berlin und Breslau. 1873 erstes, 1878 zweites juristisches Examen. Seit 1873 im preuß. Justizdienst. Seit 1878 im Auswärtigen Dienst. 1880–82 Legationssekretär in Rio des Janeiro, 1882–84 in Bukarest, 1884–86 in Rom (Hl. Stuhl). 1886–90 Erster Sekretär in Wien. 1890–94 Generalkonsul von Budapest, 1894/95 preuß. Gesandter in Oldenburg. 1895–1902 preuß. Gesandter in München. 1902–09 deutscher Botschafter in Italien. 1908 Heirat mit Henriette Haniel.

Moore, Edward Caldwell *(1851–1943) Harvard Divinity School Library, Moore; Williams, The „Augustan Age“, 173–176*
Bis 1884 Studium am Marietta College (Ohio) und am Union Theological Seminary. 1884–86 Auslandsaufenthalt in Berlin, Göttingen und Gießen, u.a. bei Harnack. 1891 Dr. phil. an der Brown University. 1889–1902 Pfarrer der Central Congregational Church in Providence, Rhode Island. Seit 1902 Professor für Systematische Theologie an der theol. Fakultät der Universität Harvard. Mitglied der ökumenischen Bewegung. Forschungsschwerpunkt: Theologiegeschichte seit Luther.

Mühlau, Heinrich Ferdinand *(1839–1914) BBLd, Ferdinand Mühlau*
1857–62 Studium der Theologie in Leipzig und Erlangen. 1862 Dr. phil. in Leipzig. 1862–67 Lehrer am Teichmannschen Institut, 1868 Lic. theol. und 1869 Habilitation in Leipzig. 1869–71 Privatdozent ebd. Seit 1871 Extraordinarius für Neues Testament, seit 1872 Ordinarius in Dorpat. 1885 Dr. theol. h.c. in Leipzig. 1890–95 Direktor der Dorpater Universitätsbibliothek. 1895–1909 Ordinarius in Kiel. Vertreter einer konfessionell-lutherischen Theologie. Forschungsschwerpunkte: Paulinische Ethik und Mitarbeit am Hebräischen Handwörterbuch von Wilhelm Gesenius. 1869 Heirat mit Marie Fleischer.

Müllenhoff, Emma *(1871–1944)* Schriftstellerin und Übersetzerin für Charles W. Eliot und Francis G. Peabody.

Müller, Friedrich Karl Wilhelm *(1863–1930) Vierhaus, DBE, Bd. 7, 251*
1883–87 Studium der Theologie und der orientatlischen Sprachen in Berlin. Seit 1887 Hilfsarbeiter im Museum für Völkerkunde. 1889 Dr. phil. in Leipzig. Seit 1896 Direktorialassistent, seit 1906 Direktor der Ostasiatischen Abteilung des Völkerkundemuseums. 1901 Reise nach China, Japan und Korea. 1923 Gründung der Zeitschrift „Asia major“. Forschungsschwerpunkt: Ostasiatische Sprachen.

Müller, Karl *(1852–1940)* *Werbeck, Müller, Karl; DBETh, Bd. 2, 955; Ksoll-Marcon, Müller, Karl*
1870–74 Studium der Theologie in Tübingen, 1876 phil. Promotion, danach Studienaufenthalt in Göttingen und Begegnung mit Albrecht Ritschl, 1878 Lic. theol., danach Pfarrer in Friedrichshafen und Ludwigsburg, 1880 Habilitation in Berlin, seit 1882 Extraordinarius für Kirchengeschichte ebd., 1884–86 in Halle/Saale, 1886–91 Ordinarius in Gießen als Nachfolger Harnacks, 1891–1903 in Breslau, 1903–22 Ordinarius für Kirchengeschichte in Tübingen. Seit 1888 korrespondierendes Mitglied der Bayrischen Akademie der Wissenschaften. Vertreter einer ausschließlich historisch arbeitenden Kirchengeschichte. Schüler Albrecht Ritschls, Carl Heinrich Weizsäckers und Julius Weizsäckers. Forschungsschwerpunkte: Verfassungs-, Rechts- und mittlere und alte Kirchengeschichte.

Müller, Nicolaus *(1857–1912)* *Tacke, Müller, Nicolaus; DBETh, Bd. 2, 956*
1876–81 Studium der klassischen Philologie und ev. Theologie in Erlangen, Berlin und München. 1881 Dr. phil. in Erlangen. 1883–85 Studienaufenthalt in Rom als Stipendiat des Dt. Archäologischen Instituts. Fund von 900 Melanchthon-Briefen in der Biblioteca Chigi. 1887 Lic. theol. in Leipzig. Seit 1887 Mitarbeiter an der Weimarer Lutherausgabe in Kiel bei Gustav Kawerau. 1890–1912 Extraordinarius für Kirchengeschichte in Berlin und Direktor des Christlichen Museums der Universität als Nachfolger seines Lehrers Ferdinand Piper. 1897 Dr. theol. h.c. in Berlin. 1900 Vizepräsident des Zweiten Kongress für christliche Archäologie. Mitbegründer des Melanchthon-Hauses in Bretten (1897). Forschungsschwerpunkte: Christliche Archäologie und Reformationsgeschichte.

Müller, Otto *(1858–1945)* 1904–23 Kurator der Universität Kiel und 1904–25 Konsistorialpräsident. 1890 Heirat mit Agnes Schmidt (*1865), Tochter des Theologen Albrecht Schmidt (s.u.) und Schwester von Friedrich Schmidt-Ott.

Müller(-Otfried), Paula *(1865–1946)* Kunstgeschichtliche Studien und Reisen durch Europa. Kirchliche Armenpflegerin. Seit 1899 Engagement beim Aufbau des Deutsch-Evangelischen Frauenbundes. 1901–34 dessen Bundesvorsitzende. Gründung eines „Christlich-Sozialen Frauenseminars" in Hannover. Herausgeberin der „Evangelischen Frauenzeitung". Seit 1903 Forderung nach einem kirchlichen Frauenstimmrecht. 1913 Mitbegründerin der „Vereinigung konservativer Frauen". 1914–18 Leiterin des „Nationalen Frauendienstes" in Hannover. Seit 1918 zweite Vorsitzende der von ihr mitbegründeten „Vereinigung Evangelischer Frauenverbände Deutschlands". Seit 1919 MdR (DNVP). 1930 Dr. theol. h.c. in Göttingen. Tochter von Carl Hugo Müller (1830–1908), Landesdirektor der Provinz Hannover.

Münsterberg, Hugo *(1863–1916)* 1882/83 Studium in Genf, seit 1883 in Leipzig Medizin, seit 1884 Psychologie. 1885 Promotion in Philosophie ebd., 1887 Dr. med. in Heidelberg und Habilitation in Freiburg i.Br. 1887–91 Privatdozent in Freiburg i.Br. und Gründung eines privaten psychologischen Laboratoriums. Seit 1891 Extraordinarius ebd. 1892–95 und 1897–1916 Professor für experimentelle Psychologie in Harvard. 1904 Organisation des Gelehrtenkongresses zur Weltausstellung in St. Louis. Seit 1908 Aufbau des Amerika-Instituts in Berlin und 1910/11 Austauschprofessor ebd.

Mumm, Reinhard *(1873–1932)* *Friedrich, Mumm; DBETh, Bd. 2, 960*
1893–97 Studium der ev. Theologie in Bonn, Halle/Saale und Berlin. 1897 Studienaufenthalt in Utrecht und Lic. theol. in Jena. Seit 1900 Generalsekretär der Freien Kirchlich-Sozialen Konferenz. Förderer der christlich-nationalen Arbeiterbewegung. 1900 Gründung des Gewerkvereins der Heimarbeiterinnen, eines evangelischen Arbeitervereins in Berlin und 1902/03 des Vaterländischen Bauvereins Berlin. 1912–32 MdR (Christlich-Soziale Partei), 1918–28 als Mitglied der DNVP. 1930 Mitbegründer des Christlich-sozialen Volksdienstes. Bis 1932 MdR für diese Partei. 1923–31 Sozialpfarrer in Dortmund-Syburg. Seit 1918 Mitglied im Zentralausschuss für Innere Mission, seit 1921 Mitglied

des Dt. Ev. Kirchentages. 1917 Dr. theol. h.c. in Berlin. Anhänger der „Positiven Union". 1909 Heirat mit Elisabeth Kähler, Tochter des Danziger Superintendenten Ernst Kähler (1890–1967).

Nasse, Berthold von *(1831–1906) Lüdicke, Preußische Kultusminister, 17*
1849–53 Studium der Jurisprudenz in Bonn und Berlin. Ab 1853 Auskultator, ab 1856 Regierungsreferendar in Koblenz, ab 1860 Regierungsassessor, ab 1868 Landrat. Ab 1874 Hilfsarbeiter im Innenministerium, 1881–88 Regierungspräsident in Trier. 1888–90 Unterstaatssekretär im Kultusministerium, 1890–1905 Oberpräsident der Rheinprovinz. 1905 geadelt.

Nathusius, Martin von *(1843–1906) Schlag, Martin von Nathusius; DBETh, Bd. 2, 967f.*
1862–67 Studium in Heidelberg, Halle/Saale, Tübingen und Berlin. 1868/69 kirchliche Examina, 1869–73 Hilfsprediger in Wernigerode, 1873–85 Pastor in Quedlinburg und 1885–88 Pastor in Barmen-Wupperfeld. Seit 1888 Ordinarius für Praktische Theologie in Greifswald. Seit 1871 Herausgeber des „Volksblattes für Stadt und Land zur Belehrung und Unterhaltung" (VB), das er 1879 „Allgemeine Conservative Monatsschrift für das christliche Deutschland" umbenannte. 1890–94 Mitglied des ESK, seit 1896 der FKSK. Vertreter einer konservativ-positiven Theologie und einer christlich-sozialen Ethik sowie eines sozialen Engagements. Forschungsschwerpunkte: Praktische Theologie und kirchlicher Unterricht.

Naumann, Friedrich *(1860–1919) DBETh, Bd. 2, 968f.; Gebhardt, Naumann*
1879–83 Studium der ev. Theologie in Leipzig und Erlangen. 1883–85 Helfer im Rauhen Haus bei Hamburg. Seit 1886 Pfarrer in Langenburg im Erzgebirge, seit 1890 Vereinsgeistlicher der Inneren Mission in Frankfurt a.M. 1895 Gründung der Wochenzeitschrift „Die Hilfe", 1896 des „National-Sozialen Vereins". 1897 Ausscheiden aus dem Pfarrdienst und als Publizist in Berlin tätig. 1898 und 1903 Scheitern der eigenen Partei. 1903 Übertritt in die „Freisinnige Vereinigung". 1903 Dr. theol. h.c. in Heidelberg. 1907–12, 1913–19 MdR (Fortschrittliche Volkspartei). Seit 1919 Vorsitzender der Deutschen Demokratischen Partei und Teilnehmer der verfassunggebenden Nationalversammlung. Vertreter eines modernen Sozialliberalismus.

Naumann, Otto *(1852–1925) Lüdicke, Preußische Kultusminister, 31f.*
1870–74 Studium der Jurisprudenz in Freiburg i.Br., Leipzig und Straßburg. Seit 1874 Referendar in Colmar i.E., seit 1878 Gerichtsassessor in Schlettstadt, 1878/79 in Straßburg. 1879–84 außerordentlicher Kommissar in Straßburg. Seit 1884 Hilfsarbeiter im Kultusministerium, ab 1888 Vortragender Rat. 1907–20 Ministerialdirektor für das Hochschulwesen. 1910 Dr. theol. h.c. in Berlin.

Neander, Johann August Wilhelm *(1789–1850) DBETh, Bd. 2, 969f.*
geb. als David Mendel. 1806 Konversion zum Christentum. 1805–10 Studium der Theologie und Philosophie in Halle/Saale, Göttingen und Heidelberg. 1810 Lic. theol. in Wittenberg. 1811 Habilitation in Heidelberg. Seit 1812 Extraordinarius ebd., seit 1813 Ordinarius für Kirchengeschichte in Berlin. Seit 1836 Konsistorialrat. 1850 Gründung der „Deutschen Zeitschrift für christliche Wissenschaft und christliches Leben" mit Carl Immanuel Nitzsch. Vertreter einer erwecklichen Vermittlungstheologie. Forschungsschwerpunkt: Geschichte der christlichen Religion und Kirche.

Nebe, Gustav *(1835–1919) Goebel, Erinnerungen, 227–245; Westfälische Geschichte Internet-Portal, Personen-Suche , Gustav Nebe; Bauks, Ev. Pfarrer in Westfalen, Nr. 4404, S. 352*
1854–58 Studium der Theologie in Halle/Saale, Heidelberg und Tübingen. 1857 und 1859 theol. Examina. 1858 Hauslehrer in Bodendorf. 1862 Ordination, 1862–68 Pfarrer in Uechtritz/Sachsen, 1868–74 Superintendent in Weißenfels, 1874–83 Oberdomprediger und Superintendent in Halberstadt. 1883–1905 Generalsuperintendent der Kirchenprovinz Westfalen. 1874 Heirat mit Anna Hempel. 1887 Dr. theol. h.c. in Bonn.

Nell, Bernarda von *(1862–1933)* Autorin der „Preußischen Jahrbücher" und des „Hochlands". Tochter des Landgerichtspräsidenten Karl Philipp von Breuning, 1889 Heirat mit Arthur von Nell in Trier. 1890 Geburt von Oswald von Nell-Breuning SJ.

Nernst, Walther *(1864–1941)* 1883–87 Studium der Physik, Chemie und Mathematik in Zürich, Berlin und Graz. 1887 Dr. phil. in Würzburg. 1887–89 Mitarbeiter im physikalisch-chemischen Laboratorium von Wilhelm Ostwald in Leipzig. 1889 Habilitation. Seit 1890 Dozent, seit 1891 Extraordinarius für Physikalische Chemie in Göttingen. 1894–1905 Ordinarius für Physikalische Chemie ebd. Seit 1904 Ordinarius in Berlin und Direktor des II. Chemischen Insituts ebd. Seit 1911 Aufbau naturwissenschaftlicher Forschungsinstitute der KWG. 1920 Nobelpreis für Chemie. Forschungsschwerpunkte: Physikalische Chemie und Festkörperquantenphysik. 1892 Heirat mit Emma Lohmeyer (1871–1949).

Nicolai, Eduard *(1858–1914)* *Schwarzmaier, NL E. v. Nicolai, Biographie*
1875–82 Studium der Jurisprudenz in Heidelberg, Leipzig und Straßburg. 1882 Eintritt in den badischen Staatsdienst. Seit 1887 Sekretär im Innenministerium, seit 1896 im Ministerialrat. Seit 1897 Präsident der Generalintendanz der Großherzoglichen Zivilliste. 1910 geadelt. 1886 Heirat mit Anna Kuhlmann (1859–1921).

Niebuhr, Barthold Georg *(1776–1831)* 1794–96 Studium der Jurisprudenz in Kiel. Seit 1796 Privatsekretär des dänischen Finanzministers Graf Schimmelmann in Kopenhagen. 1798/99 Studium der Agrar- und Naturwissenschaften in Edinburgh. Seit 1803 Leiter des dänischen Ostindienhandels und seit 1804 der Staatsbank. Seit 1806 in der Direktion der Preuß. Seehandlung und Flucht nach Königsberg mit der Regierung. 1807 Berater des Freiherrn vom Stein und des Grafen Hardenberg. 1810–13 Vorlesungstätigkeit an der Berliner Universität. 1816–21 Diplomat in Rom zur Neuorganisation der kath. Kirche in den Rheinprovinzen. Seit 1823 in Bonn, seit 1825 assoziiertes Mitglied der Universität ebd. 1800 Heirat mit Amalie Behrens (1773–1815), 1816 mit Margarethe Hensler (1787–1831).

Niemeyer, Theodor *(1857–1939)* 1875–78 Studium der Jurisprudenz in Leipzig, Heidelberg und Berlin. 1878–83 Referendar. 1883–87 im preuß. Staatsdienst. 1888 Dr. iur. in Halle/Saale und Habilitation ebd. Seit 1894 Ordinarius für Römisches Recht und Reichszivilrecht in Kiel, seit 1912 für internationales Recht, Rechtsvergleichung und Kolonialrecht. Vorlesungstätigkeit in der Kaiserlichen Marineakademie ebd. 1914 Gründung des ersten „Seminars für Internationales Recht" in Deutschland. 1914–18 völkerrechtlicher Sachverständiger für das Reichsmarineamt und das Auswärtige Amt. Seit 1896 Herausgeber von „Niemeyers Zeitschrift für Internationales Recht" und des „Jahrbuchs für Öffentliches Recht". 1917 Mitbegründer der Deutschen Gesellschaft für Völkerrecht". Forschungsschwerpunkte: Völkerrecht und Internationales Recht.

Nippold, Friedrich Wilhelm *(1838–1918)* *Friedrich, Nippold; Dellsperger, Nippold; DBETh, Bd. 2, 990f.*
Studium der ev. Theologie in Halle/Saale, Bonn, Amsterdam und Leiden. 1860 Dr. phil. in Bonn. 1861–63 Orientreise. 1865 Habilitation in Heidelberg und seit 1867 Extraordinarius für Kirchengeschichte ebd. 1867 „Handbuch der neuesten Kirchengeschichte" (1. Aufl.). 1870 Dr. theol. h.c. 1871–84 Ordinarius in Bern, 1884–1907 in Jena. 1888 Mitbegründer des Evangelischen Bundes, 1888–1906 in dessen Zentralvorstand. Vertreter einer Altliberalen Theologie, Gegner des Ultramontanismus und Förderer der Altkatholischen (Christkatholischen) Bewegung. Forschungsschwerpunkte: Niederländische und neueste Kirchengeschichte.

Nitzsch, Carl Immanuel *(1787–1868)* *DBETh, Bd. 2, 992*
1806–10 Studium der Theologie in Wittenberg. 1809/10 Promotion und Habilitation ebd. Seit 1810 Vikar an der Wittenberger Schlosskirche, seit 1813 an der Stadtkirche. 1810–13 Professor für Neues Testament und Dogmatik ebd. Seit 1817 Lehrer am Wittenberger Predigerseminar. 1822–47 Professor in Bonn, 1847–68 in Berlin. Vertreter der Vermittlungstheologie.

Nitzsch, Friedrich *(1832–1898)* *Alwast, Nitzsch; DBETh, Bd. 2, 992*
1850–55 Studium der ev. Theologie und Altphilologie in Berlin, Halle/Saale und Bonn. Ordinarius in Kiel. Seit 1855 Lehrer am Grauen Kloster in Berlin. 1858 Lic. theol. und 1859 Habilitation ebd. Seit 1865 Ordinarius für Systematische Theologie in Wien. 1866 Dr. theol. h.c. in Greifswald. Seit 1868 Ordinarius in Gießen, seit 1870 in Kiel. Vertreter der jüngeren Vermittlungstheologie. Forschungsschwerpunkte: Dogmengeschichte und Dogmatik.

Noesgen, Karl Friedrich *(1835–1913)* *Professorenkatalog Rostock, online, Karl Friedrich Noesgen*
1854–58 Studium der ev. Theologie in Halle/Saale und Berlin. 1857 Lic. theol. in Königsberg und 1858 kirchliches Examen ebd. 1859–61 Hilfsprediger in Schloppe (Westpreußen), 1861–73 Anstaltspfarrer in Graudenz (Westpreußen), 1873–83 Pfarrer bei Nordhausen. 1883 Dr. theol. h.c. in Rostock. 1883–1908 Ordinarius für Neues Testament in Rostock. Seit 1901 Konsistorialrat. Vertreter einer konservativ-positiven Theologie. Forschungsschwerpunkt: Neutestamentliche Theologie.

Nowack, Wilhelm *(1850–1928)* *DBETh, Bd. 2, 998; Anonym, Nowack, online*
Studium der Orientalistik und ev. Theologie in Berlin und Halle/Saale. 1872 Dr. phil., 1873 Lic. theol. in Halle/Saale, 1875 Habilitation und Privatdozent in Berlin und seit 1880 Extraordinarius ebd. 1881–1918 Ordinarius für Altes Testament in Straßburg, ab 1918 Lehrtätigkeit in Leipzig. Schüler Julius Wellhausens. Seit 1892 Herausgeber des Göttinger „Handkommentars zum Alten Testament". Forschungsschwerpunkte: Hebräische Archäologie und Mischna.

Oncken, Hermann *(1869–1945)* 1887–92 Studium der Germanistik, Volkswirtschaft und Geschichte in Berlin. 1891 Dr. phil. Seit 1891 Archiv im Großherzoglichen Haus- und Centralarchiv in Oldenburg. 1898 Habilitation in Berlin. 1905/06 Austauschprofessor an der Universität Chicago. Seit 1906 Ordinarius für mittlere und neuere Geschichte in Gießen, seit 1907 in Heidelberg, 1923–35 in München. 1915–18 Mitglied des badischen Landtags (Nationalliberal). Forschungsschwerpunkt: Neuere Geschichte.

Oppersdorff, Hans Graf von *(1866–1948)* *Degener, Wer ist's, 1909, 1017; Datenbank der deutschen Parlamentsabgeordneten, Hans von Oppersdorff; Anger, Oppersdorff*
1887–89 Studium der Jurisprudenz in Bonn, Berlin und Leipzig. 1889–1930 Fideikommissherr über Oberglogau-Vassiedel. Seit 1900 Vorsitzender des Schlesischen Bauernvereins. Verbandsdirektor des Verbandes schlesischer ländlicher Genossenschaften. 1906 Gründung einer Zentralstelle der christlichen Bauernvereine Deutschlands. Seit 1897 erbliches MdH, seit 1907 MdR (Zentrum). 1904–12 Mitglied des Zentralkomitees der Katholikentage. 1895 Heirat mit Dorothea Prinzessin von Radziwill (1871–1947). Vertreter des sog. integralistischen Katholizismus.

Ostwald, Wilhelm *(1853–1932)* 1872–75 Studium der Chemie in Dorpat u.a. bei Arthur von Oettingen. 1878 Promotion und 1880 Habilitation ebd. Seit 1882 Professor am Rigaer Polytechnikum, 1887–1906 Ordinarius für physikalische Chemie in Leipzig. 1905 erster deutscher Austauschprofessor in Harvard. 1909 Nobelpreis für Chemie. Seit 1910 Mitglied des Monistenbundes. Forschungsschwerpunkte: Katalytische Verbrennung und Farbenlehre.

Oettingen, Alexander von *(1827–1905) Bitter, Oettingen, Alexander; BBLd, Alexander von Oettingen; DBETh, Bd. 2, 1005*
1845–49 Studium der Philologie und ev. Theologie in Dorpat. 1850–53 Studienaufenthalt in Erlangen, Berlin und Bonn, dort u.a. bei Albrecht Ritschl. 1852/53 alttestamentliche und jüdischen Studien in Dorpat und Rostock. 1853/54 Lic. theol. und Habilitation in Dorpat. 1854 Vertretung der systematisch-theologischen Professur ebd. 1856–90 Ordinarius für Dogmatik und Moral ebd. 1861 Ordination und Gründung der lutherischen Gemeinde in Meran. 1853 Heirat mit Anna Sophie von Raumer (1827–63). 1865 Heirat mit Bertha von Engelhardt, geb. von Ewers (1818–1913). 1859–72 Redakteur der „Dorpater Zeitschrift für Theologie und Kirche". Vertreter des Dorpater konfessionellen Luthertums. Lehrer Adolf Harnacks und Reinhold Seebergs. Forschungsschwerpunkte: Dogmatik und Moralstatistik. Bruder von Arthur von Oettingen.

Oettingen, Arthur von *(1836–1920) BBLd, Arthur von Oettingen*
1853–62 Studium der Astronomie und Physik in Dorpat, Paris und Berlin. Seit 1863 Dozent in Dorpat, 1865 Dr. phys. ebd., seit 1866 Extraordinarius. 1867–93 Ordinarius für Physik ebd. 1875 Gründung des meteorologische Observatoriums. 1894–1919 Honorarprofessor in Leipzig. Forschungsschwerpunkte: Akustik und Thermodynamik. Bruder von Alexander von Oettingen.

Oettli, Samuel *(1846–1911) DBETh, Bd. 2, 1005; Kellenberger, Oettli*
1866–70 Studium der ev. Theologie in Basel, Zürich und Göttingen. Seit 1870 Vikar an St. Peter in Zürich, seit 1872 Pfarrer in Roggwil (TG), dann in Wangen. Seit 1878 Extraordinarius für Altes Testament in Bern, seit 1880 Ordinarius ebd., seit 1895 in Greifswald. 1891 Orientreise. 1906 Dr. theol. h.c. ebd. 1875 Heirat mit Anna Diethelm. Vertreter einer pietistisch-konservativen Theologie.

Otto, Rudolf *(1869–1937) DBETh, Bd. 2, 1020; Dienst, Otto*
Studium der ev. Theologie in Erlangen und Göttingen. 1897/98 Lic. theol. und Habilitation ebd. 1905 Dr. phil. in Tübingen. Seit 1906 Extraordinarius in Göttingen. Studienreisen nach China, Japan und Sibirien. 1913 Gründung der Sammlung „Göttinger Quellen der Religionswissenschaft". 1914–17 Ordinarius für Religionswissenschaft in Breslau, 1917–28 in Marburg. 1913–18 MdPrA (Nationalliberal). Vertreter der Religionsgeschichtlichen Schule. Forschungsschwerpunkte: Religionswissenschaft und Religionspsychologie.

Overbeck, Franz *(1837–1905) Lessing, Geschichte Theologie, 212–215; DBETh, Bd. 2, 1021; Dienst, Overbeck*
1856–61 Studium der Theologie in Leipzig, Göttingen und Berlin. 1860 phil. Promotion, 1863 Habiliation und Dr. theol. h.c. in Jena. Seit 1870 Extraordinarius für Neues Testament und frühe Kirchengeschichte in Basel, 1871–97 Ordinarius, danach krankheitsbedingter Rückzug als Privatgelehrter. Nachfolger der kritischen Tübinger Schule Ferdinand Christian Baurs. Seit 1870 mit Friedrich Nietzsche befreundet. Kritiker des zeitgenössischen Christentums und schließlich Agnostiker. Forschungsschwerpunkt: Ursprüngliches Christentum.

Paalzow, Johannes *(1862–1945) Redaktion, Personalverzeichnis der Beamten, 75; Degener, Wer ist's, 1928, 1149; Habermann, Lexikon dt. wissenschaftlicher Bibliothekare, 242; Lohse, Bibliotheksdirektoren der ehemals preuß. Universitäten, 240; Flachowsky, Die Deutsche Bücherei in Leipzig, 106, Anm. 57; GStA PK, I. HA, Rep. 76, I. HA, Rep. 76 I, Sekt. 31, Lit. P, Nr. 48; SBB PK, Kgl. Bibl., Acta Kgl. Bibl. I, 7,2*
1880–83 Studium der Jurisprudenz in Berlin und Tübingen. 1883–89 Justizdienst in Berlin. 1889 Dr. iur. Seit 1889 Hilfsarbeiter in der Kgl. Bibliothek. Seit 1892 Hilfskustos, seit 1893 Kustos ebd. Seit 1893 wiederholt Hilfsarbeiter für Althoff im Kultusministerium. 1899–1902 Oberbibliothekar der

Universitätsbibliothek Marburg. 1907–24 Abteilungsdirektor der Kgl. Bibliothek. 1905 Titularprofessor. 1906 Mitbegründer und bis 1909 Vorsitzender der Vereinigung Berliner Bibliothekare.

Paszkowski, Wilhelm *(1867–1918)* *Lüdicke, Preußische Kultusminister, Nr. 42, S. 144*
1885–90 Studium der Philosophie, neueren Philologie und Germanistik in Berlin. 1890 Staatsprüfung und Dr. phil. 1892–94 Volontär, 1894–99 Bibliotheksassistent, 1899–1904 Hilfsbibliothekar an der Universitätsbibliothek in Berlin. 1904–15 Bibliothekar an der Kgl. Bibliothek in Berlin. Seit 1904 Lehrauftrag für Deutschkurse für Ausländer an der Universität, Leiter der akademischen Auskunftsstelle. Seit 1905 Professor. 1915–17 Referent für Hochschulwesen beim Verwaltungschef des Generalgouvernements Warschau. Seit 1917 Hilfsarbeiter im Kultusministerium.

Paulsen, Friedrich *(1846–1908)* *Miller, Paulsen; Vierhaus, DBE, 703f.*
Seit 1867 Studium der ev. Theologie, dann der Philosophie, Pädagogik und Geschichte in Berlin, Bonn und Kiel. 1871 Dr. phil. und 1875 Habilitation in Berlin. Seit 1878 Extraordinarius für Philosophie in Berlin, seit 1894 Ordinarius ebd. Konservativer Gegner der Reformpädagogik. Schüler waren Ferdinand Tönnies und Eduard Spranger. Forschungsschwerpunkte: Pädagogik und politische Bildung.

Peabody, Francis Greenwood *(1847–1936)* *Hauschildt, Peabody; Williams, The „Augustan Age", 145f.*
1866–72 Studium am Harvard College und an der Harvard Divinity School. Studienaufenthalt in Halle/Saale bei August Tholuck. Seit 1874 Pfarrer der First Parish Church in Cambridge (Massachusetts). Seit 1880 Dozent an der Harvard Divinity School für Homiletik und Ethik, seit 1881 Parkman-Professor ebd. 1886–1913 Plummer Professor of Christian Morals und Universitätsprediger in Harvard. Einführung der Sozialethik als universitäre Diziplin. 1887 Doctor of Divinity in Yale. 1900–07 Dean der Harvard Divinity School. 1905/06 Austauschprofessor in Berlin. 1872 Heirat mit Cora Weld. Vertreter des religiösen „Social Gospel". Forschungsschwerpunkte: Sozialethik und Homiletik.

Pellegrini-Quarantotti *(o.D.)* Römische Adelsfamilie.

Petersen, Eugen *(1836–1919)* *Vierhaus, DBE, Bd. 7, 758*
Studium der klassischen Philologie in Keil und Bonn. 1859 Dr. phil. in Kiel. 1859–61 Studien am Istituto di Correspondenza Archeologica in Rom. 1862 Habilitation in Erlangen. Seit 1864 Lehrer in Husum, seit 1869 in Plön. 1873–79 Ordinarius für klassische Philologie und Archäologie in Dorpat, seit 1879 in Prag. 1882–85 Expeditionen nach Kleinasien. Seit 1886 Erster Sekretär der Athener Abteilung des DAI, 1887–1905 Leitung des DAI in Rom. 1907 Griechenlandreise. 1865 Heirat mit Ida Michaelis (*1837). Forschungsschwerpunkt: Römische Archäologie.

Petran, Ernst *(1867–1923)* *Neß, Schlesisches Pfarrerbuch, Bd. 11, 21; GStA PK, I. HA, Rep. 76, I. HA, Rep. 76 Va, Sekt. 7, Tit. IV, Nr. 19, Bd. VIII, o.Bl.*
1886–90 Studium der ev. Theologie in Greifswald und Halle/Saale. 1890 und 1892 theol. Examina in Breslau. 1893 Ordination. Hauslehrer und Vikar, seit 1894 zweiter Anstaltsgeistlicher in Breslau-Bethanien. Seit 1900 Geistlicher des Kranken- und Diakonissenhauses in Frankenstein/Schlesien. 1911 Lic. theol. 1898 Veröffentlichung der Schrift „Beiträge zur Verständigung über Begriff und Wesen der religiösen Erfahrung". 1894 Heirat mit Lydia Sternberg (†1949). Schüler von Hermann Cremer und Martin Kähler.

Pfeilschifter, Georg *(1870–1936)* 1894 Priesterweihe, seit 1900 Ordinarius für Kirchengeschichte in Freising, seit 1903 in Freiburg i.Br., seit 1917 in München.

Pfleiderer, Otto *(1839–1908) DBETh, Bd. 2, 1049*
1857–61 Studium der ev. Theologie in Tübingen. 1861–64 Vikar in Eningen. Seit 1864 Repetent am Tübinger Stift. Seit 1868 Pfarrer in Heilbronn und seit 1869 in Jena. Seit 1870 Ordinarius für Praktische Theologie in Jena, seit 1874 in Berlin, seit 1876 für Systematische Theologie. Schüler von Julius Weizsäcker und Ferdinand Christian Baur. Vertreter einer altliberalen Theologie. Forschungsschwerpunkte: Dogmatik und Urchristentum.

Pflugk-Harttung, Julius von *(1848–1919) Vierhaus, DBE, 806f.*
Kaufmannslehre in Hamburg. 1870/71 Teilnahme am dt.-franz. Krieg. Bis 1876 Studium der Geschichte und Philologie in Bonn, Berlin und Göttingen. 1876 Dr. phil. in Bonn, 1877 Habilitation in Tübingen, Extraordinarius ebd. 1886–89 Nachfolger Johannes Burckhardts in Basel. 1892–1919 Archivar im Geheimen Staatsarchiv in Berlin. Forschungsschwerpunkte: Neue Systematik der älteren päpstlichen Urkunden bis 1198 und Geschichte der Befreiungskriege.

Pietschmann, Richard *(1851–1923) Bader, Lexikon deutscher Bibliothekare, 194; Leyh, Richard Pietschmann; Leyh, Pietschmann. Nachtrag; Schochow, Pietschmann*
1870–74 Studium der Philologie, Ägyptologie, Orientalistik und Religionswissenschaft in Berlin und Leipzig. 1874 Dr. phil. ebd. 1874/75 Militärdienst. 1875/76 Assistent an der Universitätsbibliothek Greifswald. 1876–87 Kustos in Breslau, 1887/88 in Marburg, 1888–99 in Göttingen. 1899–1902 Direktor Universitätsbibliothek in Greifswald, 1902/03 Abteilungsdirektor der Kgl. Bibliothek. 1903–20 Direktor der Universitätsbibliothek in Göttingen. Seit 1889 Extraordinarius ebd., später Ordinarius für Ägyptologie und Orientalistik, seit 1903 auch für Bibliothekswissenschaft. 1892 Heirat mit Emilie Grünklee (1869–1935). Forschungsschwerpunkte: Orientalistik, Amerikanistik und Bibliothekswissenschaft.

Pischel, Richard *(1849–1908) Vierhaus, DBE, Bd. 7, 851*
1867–70 Studium der Indologie in Breslau. 1870 Dr. phil. 1870/71 Teilnehmer am dt.-franz. Krieg. 1872/73 Bopp-Stipendiat in London und Oxford. 1873 Habilitation in Breslau. 1875–77 Extraordinarius für Sanskrit in Kiel, 1877–85 Ordinarius ebd., 1885–1902 in Halle/Saale, 1902–08 in Berlin. Seit 1903 Vorsitzender des dt. Turfan-Komitees. 1877 Heirat mit Elise Lorenz. Forschungsschwerpunkte: Prakritsprachen und Buddhismus.

Pius IX. *(1792–1878) Bräuer, Handbuch der Kardinäle, 34f.; Wolf, Der Unfehlbare. Pius IX.*
1814–18 Studium der kath. Theologie am Seminario Romano. 1819 Priesterweihe in Rom. 1819–23 Spiritual in einem römischen Waisenhaus. 1823–25 Mitglied einer päpstl. Delegation in Chile. Seit 1827 Vorstand des Hospizes S. Michele in Rom. 1827 Ernennung zum Erzbischof von Spoleto, zum pästl. Thronassistenten und Bischofsweihe. Seit 1832 Bischof von Imola und Titularerzbischof. 1839/40 Kreierung zum Kardinal. 1846–78 Papst Pius IX. 1848–50 im Exil in Gaëta. 1854 Verkündung des Dogmas von der unbefleckten Empfängnis Mariens. Antimodernistische Kirchenpolitik. 1869–71 I. Vatikanum.

Pius X. *(1835–1914) Denzler, Pius X.; Bräuer, Handbuch der Kardinäle, 167f.*
1850–58 im Priesterseminar in Padua. 1858 Priesterweihe. 1858–75 Kaplan, dann Priester in der Diözese Treviso. Seit 1875 Generalvikar und Domherr in Treviso. 1884 Ernennung und Weihe zum Bischof von Mantua, 1893 zum Erzbischof und Patriarchen von Venedig. 1893 Kreierung zum Kardinal. 1903–14 als Papst Pius X. Reformbestrebungen zur Verbesserung der Klerusausbildung, der kirchlichen Predigt und des Unterrichts, zur Reformierung der Liturgie sowie zur Zentralisierung der Kirche. Entschiedener Gegner des Modernismus.

Pius XI. *(1857–1939) Bräuer, Handbuch der Kardinäle, 251f.*
Studium der kath. Theologie in Mailand. 1879 Priesterweihe in Rom. 1879–82 Studium an der Gregoriana, La Sapienza und der Päpstlichen Akademie St. Thomas v. Aquin in Rom, Dr. theol., Dr. iur. can. und Dr. phil ebd. Seit 1882 Dozent für Theologie und Hebräisch in Mailand. 1888–1907 Bibliothekar an der Biblioteca Ambrosiana in Mailand, 1907–11 deren Präfekt. Seit 1907 pästl. Hausprälat. 1912–14 Pro-Präfekt der Vaticana, seit 1914 Präfekt ders. und Apostolischer Protonotar. 1918 Apostolischer Visitator in Polen und Litauen, 1919 Nuntius in Polen. 1919 Ernennung zum Titularerzbischof von Lepanto und Bischofsweihe in Warschau. 1920 Päpstlicher Kommissar für Oberschlesien, West- und Ostpreußen. 1921 Kreierung zum Kardinal und Ernennung zum Erzbischof von Mailand. 1922–39 Papst Pius XI. 1929 Unterzeichnung der Lateranverträge.

Planck, Max *(1858–1947)* 1875–79 Studium der Physik und Mathematik in München und Berlin. 1879 Promotion und 1880 Habilitation in München. 1880–85 Privatdozent ebd. 1885–89 Extraordinarius für theoretische Physik in Kiel, 1889–1927 Ordinarius in Berlin. 1918 Nobelpreis für Physik. Forschungsschwerpunkte: Thermodynamik, Wärmestrahlungstheorie und Spezielle Relativitätstheorie. 1887 Heirat mit Marie Merck (1861–1909), 1911 mit Margarete von Hoeßlin (1882–1949).

Plessen, Hans von *(1841–1929) Vierhaus, DBE, Bd. 7, 872*
Seit 1861 im preuß. Militärdienst. 1866 Teilnahme am dt.-dt. Krieg, 1870 am dt.-franz. Krieg. Seit 1872 im Generalstab, seit 1879 Flügeladjutant Wilhelms I. Generaloberst. 1892–1918 Kommandant des kaiserlichen Hauptquartiers. Seit 1911 Generalfeldmarschall.

Pohl, Julius *(1830–1909)* 1854–57 Studium der kath. Theologie am Lyzeum Hosianum in Braunsberg. 1857 Priesterweihe. 1857–61 Priester im Bistum Ermland. 1861/62 Studium in Rom. Seit 1863 Domvikar des Frauenburger Doms, seit 1881 Domherr ebd. Seit 1902 im Ruhestand.

Porsch, Felix *(1853–1930) Schmitt, Porsch*
Studium der Jurisprudenz in Tübingen, Leipzig, Breslau und Berlin. Seit 1874 Referendar in Breslau. 1876 Dr. iur. ebd. Seit 1878 Gerichtsassessor, seit 1879 Rechtsanwalt. Seit 1881 Mitglied des Rats der Stadtverordneten. 1881–93 MdR (Zentrum), seit 1884 MdPrA. Seit 1898 im Vorstand der Zentrumspartei, seit 1903 Vizepräsident, 1904–29 Fraktionsvorsitzender. Seit 1882 Fürstbischöflicher Konsistorialrat in Breslau. 1896 Heirat mit Elisabeth Müller-Netscher. Vertreter eines konfessionsversöhnlichen Kurses in der Zentrumspartei. Engagement für christliche Gewerkschaften. Mitglied der Görres-Gesellschaft, des Zentralkomitees der Katholikentage, im Aufsichtsrat der Deutschen Bank und in den Vorständen der Berliner Zeitung Germania und der Schlesischen Volkszeitung. 1911 Dr. theol. h.c. in Breslau.

Posadowsky-Wehner, Arthur Graf von *(1845–1932) Vierhaus, DBE, Bd. 8, 38*
Studium der Jurisprudenz in Berlin, Heidelberg und Breslau. 1867 Dr. iur. utr. Seit 1871 in der Innenverwaltung in Posen. Seit 1873 Landrat in der Provinz Posen. Seit 1889 Landesdirektor in der Provinzialvertretung. 1882–85 MdPrA (Freikonservativ). Seit 1893 Reichsschatzsekretär. 1897–1907 Staatssekretär des Reichsamts des Innern und Vizekanzler. 1912–18 MdR (parteillos), 1919/20 MdN, 1928–32 MdL Preußen (Volksrecht Partei). Als Dechant des Hochstifts Naumburg Mitglied der preuß. Generalsynode.

Preuschen, Erwin *(1867–1920) DBETh, Bd. 2, 1070f.; BBKL, online, Wesseling, BBKL VII (1994), 938–941*
1886–89 Studium der ev. Theologie in Gießen. 1889 und 1891 kirchliche Examina in Gießen und Darmstadt. 1890 Lic. theol. in Gießen. 1891–93 Mitarbeiter der Kirchenväter-Kommission zur Edition der „Griechischen Christlichen Kirchenväter" bei der Kgl. Akademie der Wissenschaften in

Berlin. 1894 Dr. phil. in Gießen. 1894–96 Pfarrer in Hessen, 1897–1908 Lehrer an einem Darmstädter Gymnasium. 1908–18 Pfarrer in Hirschhorn am Neckar. Seit 1914 Lehrstuhlvertretung für Johannes Weiß in Heidelberg. 1918–20 Pfarrer bei Gießen und zugleich Extraordinarius für hessische Territorialkirchengeschichte. 1904 Dr. theol. h.c. in Gießen. Begründer und Herausgeber der „Zeitschrift für Neutestamentliche Wissenschaft" seit 1900. Forschungsschwerpunkt: Alte Kirche.

Pütz, Engelbert *(1833–1915)* *Häger, Sein einziges Motiv, 296, Anm. 115*
1851 Eintritt in die Gesellschaft Jesu, seit 1858 Lehrer in Feldkirch, später in Maria Laach. 1872 Ausweisung aus Deutschland, seitdem Tätigkeit in Blijenbeck. 1875–82 Rektor des Kollegs. Prokurator der dt. Ordensprovinz. 1895–1907 Rektor des Jesuitenkollegs Wijnandsrade (niederländische Provinz Limburg), das seit 1894 das Juniorat der dt. Ordensprovinz und 1894–1910 deren Tertiat beherbergte.

Rade, Dora *(1868–1945)* 1889 Heirat mit Martin Rade. Marburger Stadtverordnete der DDP in den 1920er Jahren. Schwester von Friedrich Naumann.

Rade, Martin *(1857–1940)* *Rathje, Welt des freien Protestantismus; Schwöbel, Rade; Graf, Rade; DBETh, Bd 2, 1081*
1875–78 Studium der ev. Theologie in Leipzig. 1878 und 1880 kirchliche Examina. 1881 Lic. theol. in Leipzig bei Adolf Harnack. 1882 Ordination. 1882–92 Pfarrer in Schönbach/Sachsen, 1892–99 an der Paulskirche in Frankfurt a.M. 1899 Habilitation in Marburg, seit 1900 Privatdozent ebd., seit 1904 Extraordinarius für Systematische Theologie ebd., 1917–24 Ordinarius. 1933 Entlassung wegen seiner Gegnerschaft gegen den Nationalsozialismus. 1886 Mitbegründer und 1887–1931 Herausgeber der Zeitschrift „Die Christliche Welt". Seit 1907 Mitherausgeber der „Zeitschrift für Theologie und Kirche". 1919–21 Abgeordneter der preuß. verfassunggebenden Nationalversammlung (DDP). 1889 Heirat mit Dora Naumann, Schwester von Friedrich Naumann. Vertreter einer Ritschlschen Theologie. Publizistisches Engagement für die soziale und die Frauenfrage, Friedensaktivist und Kritiker des Völkersmords in Armenien.

Rahlfs, Alfred *(1865–1935)* *BBKL, online, Wesseling, BBKL VII (1994), 1267–1269; Schaper, Rahlfs*
1881 Dr. phil. in Göttingen. 1883–86 Studium der Theologie und Orientalistik in Göttingen, v.a. bei Paul de Lagarde. 1888–90 Stiftsinspektor. Seit 1891 Privatdozent, seit 1901 Extraordinarius und seit 1919 Ordinarius für Altes Testament in Göttingen. 1907 zusammen mit Rudolf Smend Gründung des Septuaginta-Unternehmens der Göttinger und Berliner Akademien der Wissenschaften, seit 1908 dessen Leiter.

Rampolla, Mariano *(1843–1913)* *Dahm, Rampolla del Tindaro; Bräuer, Handbuch der Kardinäle, 144f.; Gelmi, Rampolla, LThK*
Seit 1856 im Vatikanischen Seminar, seit 1861 im Collegio Capranica. 1866 Priesterweihe. Studien an der Academia dei Nobili Ecclesiastici. 1870 Dr. iur. utr. Seit 1870 Mitglied der Kongregation für außerordentliche kirchliche Angelegenheiten. Seit 1874 Kanonikus an Santa Maria Maggiore. Seit 1875 Rat an der Nuntiatur in Madrid. Seit 1877 Sekretär der Kongregation für die Orientalischen Riten, seit 1880 der Kongregation Propaganda Fide. Seit 1878 Mitglied im Kollegium der Apostolischen Protonotare. 1882 Ernennung und Weihe zum Titularerzbischof von Heraklea. 1882–87 Nuntius in Madrid. 1887 Kreierung zum Kardinalpriester (Titelkirche: S. Cecilia in Trastevere). 1887–1903 Kardinalstaatssekretär Leos XIII. und Vermögensverwalter des Apostolischen Stuhls. Seit 1894 Erzpriester von St. Peter und Präfekt der Kongregation der Fabrik von St. Peter. 1903 Niederlage bei der Papstwahl als zunächst aussichtsreichster Kandidat gegen Giuseppe Sarto. Seit 1902 Präsident der Bibelkommission, seit 1909 Sekretär des Heiligen Offiziums, seit 1910 Präsident der Römischen Thomasakademie, seit 1912 Bibliothekar S.E.R.

Ranke, Ernst Constantin *(1814–1888)* *Heinrici, Ranke, Ernst; Heinrici, Worte der Erinnerung*
1834–37 Studium der Theologie und Philosophie in Leipzig, Berlin und Bonn. 1837–40 Erzieher, seit 1840 im Pfarramt Buchau (Franken). 1842 Heirat mit Theoda Nasse, Tochter des Internisten Christian Friedrich Nasse. Seit 1850 Ordinarius für Neues Testament und frühe Kirchengeschichte in Marburg und theologische Ehrendoktorwürde. 1851–73 Mitglied des Konsistoriums. Forschungsschwerpunkte: Liturgiegeschichte und Marburger Stadtgeschichte.

Ranke, Leopold *(1795–1886)* *Vierhaus, DBE, 175–177; DBETh, Bd 2, 1087f.; Dotterweich, Ranke*
1814–17 Studium der klassischen Philologie und Theologie in Leipzig. Seit 1818 Lehrer für Alte Sprachen und Geschichte in Frankfurt a.O. Seit 1824 Extraordinarius für Geschichte in Berlin, seit 1834 Ordinarius ebd. 1827–31 Archiv- und Studienreise nach Wien und Italien. 1858 Initiative zur Historischen Kommission bei der Bayerischen Akademie der Wissenschaften bei König Maximilian II. von Bayern, seitdem deren Präsident. Forschungsschwerpunkt: Europäische Staatengeschichte der frühen Neuzeit.

Rassfeld, Karl *(1855–1925)* *Rassfeld, Zwei Monate Wallenstein'sche Kriegsführung, Vita; Lohmann, Karl Rassfeld*
1874–81 Studium der Geschichte und Philosophie in Marburg, Leipzig, Berlin 1882 Dr. phil. in Halle/Saale. Seit 1884 Lehrer in Elberfeld. 1892–1907 Direktor der Städtischen höheren Mädchenschule in Elberfeld. 1907–09 Direktor der höheren Mädchenschule und des Lehrerinnenseminars in Essen. 1909–13 Provinzialschulrat in Hannover, seit 1913 in Berlin. Mitglied des Deutschen Vereins für das höhere Mädchenschulwesens.

Recke, Eberhard Freiherr von der *(1847–1911)* 1864–67 Studium der Jurisprudenz in Berlin und Heidelberg. 1870/71 Teilnahme am dt.-franz. Krieg. 1871–75 Referendar und Gerichtsassessor. 1877–81 Landrat von Eckenförde, 1881–86 im preuß. Innenministerium. 1885–89 Regierungspräsident in Königsberg, 1888–95 in Düsseldorf. 1895–99 preuß. Innenminister. 1899–1911 Oberpräsident der Provinz Westfalen, zugleich Kurator der Universität Münster. 1885 Heirat mit Maria von Laer (*1866).

Reinhard, Johannes *(1870–1964)* *Hering, Reinhard, Johannes; DBETh, Bd 2, 1105*
1890–94 Studium der ev. Theologie und Philosophie in Erlangen und Leipzig. 1894 und 1896 kirchliche Examina ebd. 1905 Lic. theol. in Leipzig und 1907 Dr. phil. in Erlangen. 1894–98 Oberlehrer in Leipzig. 1898 Ordination und 1898–1904 Pfarrer bei Wurzen/Sachsen. 1904–12 Oberlehrer, seit 1906 Professor an der Fürstenschule in Grimma. 1912–47 Pastor in Hamburg-Harvestehude. 1925–33 im Kirchenrat und in der Synode, 1940–45 Vertreter des Hamburger Landesbischofs Franz Tügel. Seit 1935 Mitglied des Kirchlichen Disziplinarhofes und seit 1940 Vertreter des geistlichen Beisitzers in der Disziplinarkammer. 1946–53 Mitglied in der Hamburger Bürgerschaft (CDU). 1955 Dr. theol. h.c. in Hamburg. 1915–40 Herausgeber der Zeitschrift „Der Nachbar – illustriertes christliches Sonntagsblatt". Vertreter einer positiven Theologie.

Reinhardt, Karl *(1849–1923)* *Lüdicke, Preußische Kultusminister, 112f.; Vierhaus, DBE, 291; Hessische Biografie, online, Karl Reinhardt*
1867–69 Studium der Klassischen Philologie und Germanistik in Basel, Bonn und Berlin. 1870/71 Teilnahme am dt.-franz. Krieg als Krankenpfleger. 1873 Dr. phil. in Bonn. 1876–80 Lehrer in Bielefeld und Münster. 1880–84 Oberlehrer am Gymnasium in Frankfurt a.M., 1884–86 am Gymnasium in Detmold. 1886–1904 Direktor des Frankfurter städtischen Gymnasiums, 1904–19 Vortragender Rat im Kultusministerium. 1920 Gründungsdirektor der Schule „Schloß Salem". 1877 Heirat mit Auguste Freudenberg. Vertreter einer Reformpädagogik.

Reischle, Max *(1858–1905) DBETh, Bd. 2, 1106; BBKL, online, Wesseling, BBKL VII (1994), 1571–1577; Schenk/Meyer, Biographische Studien, 150–158*
1876–80 Studium der Philosophie und Theologie in Tübingen. 1881/82 Vikariat in Schwäbisch-Gemünd. 1882/83 Studienaufenthalt in Göttingen und Berlin. Seit 1883 Stiftsrepetent in Tübingen, seit 1888 Lehrer am Stuttgarter Karlsgymnasium. 1887 Lic. theol. 1892–95 Ordinarius für Praktische Theologie in Gießen, seit 1895 für Systematische Theologie in Göttingen, seit 1897 in Halle/Saale als Nachfolger Köstlins. Seit 1891 Mitherausgeber der ZThK und der ZEvRU. 1890 Verlobung mit Emma von Buder. Schüler Albrecht Ritschls. Forschungsschwerpunkte: Dogmatik und Religionspädagogik.

Rendtorff, Franz *(1860–1937) Schmidt, Rendtorff, Franz; Winkler, Rendtorff, Franz; Weiling, Rendtorff*
1878–83 Studium der ev. Theologie in Kiel, Erlangen und Leipzig. 1883 Domkandidat in Berlin und weitere Studien an der FWU Berlin. 1884–88 Pfarrer in Westerland, 1888–91 Stiftsprediger in Eisenach und seit 1891 Klosterprediger in Preetz, seit 1896 Direktor des Predigerseminars ebd. Seit 1902 Privatdozent für Praktische Theologie in Kiel, seit 1906 Honorarprofessor ebd. Seit 1910 Ordinarius für Praktische Theologie und Neues Testament in Leipzig und seit 1912 auch Direktor des Leipziger Predigerkollegs. Verheiratet mit Luise Schlatter und Vater von Heinrich Rendtorff. Forschungsschwerpunkte: Liturgiewissenschaften und Begründung einer ev. Diasporawissenschaft.

Renz, Franz Seraph *(1860–1916) Kleineidam, Kath.-theol. Fakultät Breslau, Nr. 37, 149; Hausberger, Renz*
1880–84 Studium der kath. Theologie und Philosophie am Lyzeum in Dillingen. 1884 Priesterweihe in Augsburg. 1884/85 Kaplan in Nördlingen. 1885–91 Präfekt des Dillinger Knabenseminars, 1891–99 Subregens des Priesterseminars, 1899–1901 Direktor des Knabenseminars und 1901–03 Regens des Priesterseminars. 1892 Dr. theol. in München. Seit 1903 Ordinarius für Dogmatik und Apologetik in Münster, 1907–16 für Moraltheologie in Breslau. Forschungsschwerpunkt: Geschichte der eucharistischen Theologie.

Reuchlin, Johannes *(1455–1522)* 1470–77 Studium an der Artisten-Fakultät in Freiburg i.Br. 1473/74 Mentor des Markgrafen Friedrich von Baden nach Paris. 1475 Baccalaureus und 1477 Magister Artium in Basel. 1477–79 Studium der Jurisprudenz in Orléans, 1479–81 in Poitiers. Seit 1481 in Tübingen, 1484 Dr. iur. utr. ebd. Seit 1481 Dolmetscher für Graf Eberhard im Bart von Württemberg. Reise nach Italien mit dem Grafen. Seit 1483 Rat und seit 1484 Beisitzer im Hofgericht. 1486 zweite Italienreise. 1492 Ernennung zum Hofpfalzgrafen in Wien. Seit 1496 in Heidelberg. 1498 dritte Italienreise. 1502–12 Bunderrichter. 1499–1519 in Stuttgart, 1519–21 in Ingolstadt, seit 1521 in Stuttgart. Forschungsschwerpunkt: Hebraistik.

Reusch, Franz Heinrich *(1825–1900) DBETh, Bd. 2, 1112f.*
1843–47 Studium der katholischen Theologie und Sprachen in Bonn, Tübingen und München. 1849 Lic. theol. und Priesterweihe in Köln. 1849–53 Vikar in Köln, 1853–58 Repetent des Theologenkonvikts in Bonn. 1854 Habilitation in Bonn. Seit 1858 Extraordinarius, seit 1861 Ordinarius für Altes Testament ebd. 1870 Weigerung der Unterwerfung unter die Dekrete des I. Vatikanischen Konzils. 1873–78 kirchliche Ämter in der altkatholischen Kirche, danach nur Vertretung. Ablehnung der Aufhebung des Pflichtzölibats in der altkath. Kirche.

Reuter, Hermann *(1817–1889) Kolde, Reuter, Hermann; Heutger, Reuter, Hermann; Graf, Reuter, Hermann*
1837–40 Studium der Theologie in Göttingen und Berlin, 1840 Kirchliches Examen in Hannover, 1841 Lic. theol. und 1843 Habilitation inn Berlin, seit 1852 Extraordinarius für Kirchengeschichte

in Breslau, seit 1855 Ordinarius in Greifswald, seit 1866 in Breslau, seit 1876 in Göttingen. Seit 1881 Abt von Bursfelde. 1876 Gründung der „Zeitschrift für Kirchengeschichte" zusammen mit Theodor Brieger. Vertreter einer historischen Methodik, die sich Kirchen- und Profanhistoriker teilen. Forschungsschwerpunkte: Mittelalter und systematische Theologie.

Reuter, Ludwig *(1836–1905)* Seit 1864 Diakon in Broacker, später Propst und Hauptpastor.

Réville, Jean *(1854–1908)* *Réville, Progress of ecclesiastical history, 636; Krieger, Réville*
Studium der ev. Theologie in Genf, Berlin und Heidelbreg. 1880 theol. Lizentiat in Paris. 1880–83 Pfarrer in Sainte-Suzanne, Dep. Doubs, später Religionslehrer am Lycée Henri IV. in Paris. Seit 1885 Vorlesungen an der École pratique des Hautes Études. 1886 Dr. theol. in Paris. 1894–1907 Professor für Patristik an der Freien prot.-theol. Fakultät der Sorbonne. 1907/08 Professor für Religionsgeschichte am Collège de France. 1884–1908 Herausgeber der „Revue de l'Historie des Religions". Vertreter des liberalen französischen Protestantismus. Forschungsschwerpunkte: Alte Kirchengeschichte und Religionsgeschichte.

Rheinbaben, Georg von *(1855–1921)* 1873–76 Studium der Volkswirtschaft in Heidelberg und Berlin. Danach in der preuß. Verwaltung. Seit 1885 Hilfsarbeiter im Finanzministerium, seit 1889 Vortragender Rat. 1896–99 Regierungspräsident von Düsseldorf. 1899–1901 preuß. Innenminister, 1901–10 Finanzminister. 1910–18 Oberpräsident der Rheinprovinz. Seit 1911 MdH. 1913–20 Präsident der Goethe-Gesellschaft. 1885 Heirat mit Hedwig von Liliencron.

Richter, Maximilian *(1842–1908)* *Lerche, Verzeichnis EOK, 188; DBETh, Bd. 2, 1119*
Studium der ev. Theologie in Halle/Saale und Berlin. 1867 Ordination, danach Geistlicher im Gefängnis, seit 1868 Divisionspfarrer in Glogau, seit 1873 in Breslau, seit 1874 Militäroberpfarrer. Seit 1877 Konsistorialrat und Mitglied des Schlesischen Konsistoriums. Seit 1886 Geschäftsführer des Feldpropstes, 1887–1905 Feldpropst. 1894–1905 Mitglied des EOK und Oberkonsistorialrat.

Richter, Wilhelm *(1836–1915)* *Lerche, Verzeichnis EOK, 188*
Dr. iur. 1866–69 Hilfsarbeiter im EOK, danach Konsistorialrat in Breslau. 1878–89 Oberkonsistorialrat und Mitglied des EOK. 1889–1907 Präsident des Konsistoriums in Stettin.

Richthofen, Ferdinand Freiherr von *(1833–1906)* *Vierhaus, DBE, Bd. 8, 382*
Studium der Naturwissenschaften in Breslau und Berlin. 1856 Dr. phil. in Berlin. Mitarbeiter bei der geologischen Reichsanstalt in Wien: Landesaufnahme von Südtirol und den Karpaten. 1860 Teilnehmer einer Ostasien-Expedition. Rückreise über die USA, dort Landesaufnahme in Kalifornien. 1868–72 Reise durch fast alle Provinzen Chinas zur Erfassung geographischer, wirtschaftlicher und politischer Verhältnisse. Seit 1872 in Berlin, seit 1879 Ordinarius für Geographie in Bonn, seit 1883 in Leipzig, seit 1886 in Berlin. Gründer des Instituts und Museums für Meereskundes. Forschungsschwerpunkte: Chinesische Geographie und die Geomorphologie.

Ritschl, Albrecht *(1822–1889)* *Kienzler, Ritschl, Albrecht; Schäfer, Ritschl, Albrecht; DBETh, Bd. 2, 1130*
Seit 1839 Theologiestudium in Bonn, Halle/Saale, Heidelberg und Tübingen. Dr. phil. in Halle/Saale und theol. Examen. 1846–52 Privatdozent für Ältere Kirchengeschichte in Bonn, 1852–64 Extraordinarius für Neues Testament ebd. Seit 1864 Ordinarius für Dogmatik und Kirchen- und Dogmengeschichte in Göttingen. Seit 1874 Haupt der Ritschl-Schule. Forschungsschwerpunkte: Reformation, Pietismus und Lehre vom Reich Gottes.

Ritschl, Otto *(1860–1944)* *Bizer, Otto Ritschl; Hönscheid, Ritschl, Otto; Faulenbach, Album Professorum, 208–11; Lessing, Geschichte Theologie, 101f.; Honecker, Otto Ritschl; DBETh, Bd. 2, 1130f.*

1879–82 Studium der Theologie in Bonn und Göttingen. 1882–85 Studienaufenthalt in Gießen bei Harnack. 1884/85 Lic. theol. und Habilitation in Halle/Saale. Wechsel von der Kirchengeschichte in die systematische Theologie. Seit 1889 Extraordinarius für systematische Theologie in Kiel, seit 1894 in Bonn als Nachfolger Ernst Troeltschs und 1896–1927 Ordinarius ebd. 1920–22 Fakultätsvertreter in der außerordentlichen Versammlung der Landessynode in Berlin und bei der verfassunggebenden Kirchenversammlung. Mitglied der Ritschl-Schule. Forschungsschwerpunkte: Biographie Albrecht Ritschls, protestantische Dogmengeschichte und Bonner Fakultätsgeschichte.

Roggenbach, Franz Freiherr von *(1825–1907)* 1843–48 Studium der Jurisprudenz in Heidelberg. 1848/49 Sekretär im Reichsministerium des Auswärtigen in Frankfurt a.M. 1849–61 im Dienst der badischen Gesandtschaft in Bonn und an anderen Orten. 1861–65 Präsident des Ministeriums des großherzoglichen Hauses und Handelsminister. 1861–74 Abgeordneter in Baden und im Reichstag. Ab 1871 Kommissar für die Reorganisation der Straßburger Universität.

Rohr, Adolphine von *(1855–1923)* *Hüffmeier, Engagement Wilhelms II. für das Stift zum Heiligengrabe, 178–182*
1875 Heirat mit Louis von Rohr (†1882). Seit 1899 Äbtissin des Klosters vom Heiligen Grabe in Heiligengrabe. 1908 Anerkennung der Klosterschule als „Höhere Mädchenschule“.

Rohrbach, Paul *(1869–1956)* *DBETh, Bd. 2, 1139; Rohrbach, Um des Teufels Handschrift; Mogk, Paul Rohrbach; Bieber, Paul Rohrbach; Anker, Rohrbach; Gustrau, Orientalen oder Christen, 356–430*
1887–90 Studium der Geschichte in Dorpat, 1891–97 Studium der ev. Theologie und Geschichte in Berlin, u.a. bei Harnack und Delbrück. 1891 Dr. phil. in Berlin, 1898 Lic. theol. in Straßburg. 1892/93 Beteiligung am Apostolikumsstreit. 1894 Lehrerexamen, danach Lehrer an zwei höheren Mädchenschulen. 1898–1901 Generalsekretär des ESK. 1903–06 Ansiedlungskommissar für Deutsch-Südwestafrika im Auswärtigen Amt. Seit 1907 Dozent an der neu gegründeten Berliner Handelshochschule. Seit 1914 Mitarbeiter im Nachrichtenbüro des Reichsmarineamtes, 1914–17 Leiter der Pressekontrolle der Zentralstelle für Auslandsdienst. 1919/20 Mitarbeit in der „Arbeitsgemeinschaft für Politik des Rechts“, die sich der Bekämpfung der „Kriegsschuldlüge“ widmet. 1920–26 Mitglied der DDP. Seit 1932 Gegner der Nationalsozialisten. 1935–44 innere Emigration in Berlin. 1896 Reise nach Nischnij-Nowgorod, 1897 nach Turkestan und Armenien, 1898 nach Palästina über Moskau, Armenien, Kurdistan, Syrien, 1900 nach Persien über Turkestan und Armenien, 1908/09 nach Turkestan, China, Deutsch-Ostafrika und Deutsch-Südwestafrika, 1921–24 nach Nord- und Südamerika, 1931 Weltreise, 1932 in den Nahen Osten, 1933/34 und 1938 nach Afrika. Kolonial- und außenpolitischer Publizist. Liberaler Theologe und Vertreter eines deutschen Imperialismus. 1898 Heirat mit Clara Müller.

Roosevelt, Theodore *(1858–1919)* 1876–80 Studium an der Harvard University. 1882–84 Abgeordneter in New York. 1895–97 Leiter der New Yorker Polizeibehörde und deren Reform. 1897/98 stellvertretender Marineminister. 1898 Teilnahme am spanisch-amerikanischen Krieg. 1898–1901 Gouverneur des Staates New York. 1901 Vizepräsident, 1901–09 Präsident der USA. 1906 Friedensnobelpreis für die Vermittlung zum Ende des Russisch-Japanischen Krieges. 1910 Dr. phil. h.c. in Berlin.

Ropp, Goswin Freiherr von der *(1850–1919)* *Busch, von der Ropp; Professorenkatalog Marburg, online, Goswin von der Ropp*
1868–71 Studium der Geschichte in Berlin und Göttingen. 1871 Dr. phil. in Leipzig. 1872–75 Herausgeber der Hanserezesse. 1875 Habilitation ebd. 1878/79 Extraordinarius für Geschichte in Leipzig. Seit

1879 Ordinarius in Dresden, seit 1881 in Gießen, seit 1890 in Breslau, 1891–1919 in Marburg. 1895–1904 Vorsitzender der Prüfungskommission für Archivaspiranten in Marburg. 1897–1919 Vorsitzender der Hist. Kommission für Hessen und Waldeck. 1886 Heirat mit Mathilde Loesevitz (1858–1932). Forschungsschwerpunkte: Dt.-skand. Geschichte des Mittelalters und Geschichte der Hanse.

Rose, Valentin *(1829–1916)* *Jacobs, Valentin Rose; Schröder, Rose*
1846–50 Studium der Klassischen Philologie in Bonn und Berlin. 1843 Dr. phil. in Berlin. 1854–94 wissenschaftliche Reise zu europäischen Bibliotheken. Seit 1855 Hilfsarbeiter an der Kgl. Bibliothek, seit 1859 Assistent, seit 1860 Kustos, seit 1878 Vierter Bibliothekar, seit 1881 Erster Bibliothekar. 1884/85 kommissarischer Leiter der Kgl. Bibliothek. 1886–1905 Direktor der Handschriften-Abteilung der Kgl. Bibliothek. 1872 Heirat mit Marie Poggendorff (1838–1910). Forschungsschwerpunkt: Aristoteles.

Rosen, Friedrich *(1856–1935)* *Vierhaus, DBE, Bd. 8, 529; Auswärtiges Amt, Biographisches Handbuch, Bd. 3, 721–723*
1876–83 Studium des Sanskrit und der neuen Philologie in Berlin, Leipzig, München, Göttingen und Paris. 1883 Erstes Staatsexamen für das höhere Lehramt. 1889 Dr. phil. 1883–89 im preuß. Schuldienst. 1884–98 Lehrer der Söhne des Prinzen Albrecht von Preußen. 1885–87 der Söhne von Lord Dufferin in Indien. 1887 Persienreise. 1887–89 Lehrer am Seminar für oriental. Sprachen in Berlin. Seit 1890 im Auswärtigen Dienst, zuerst in Beirut, 1891 in Teheran, seit 1898 stellvertretender Konsul in Bagdad und 1899 Konsul in Jerusalem. Seit 1900 Leiter des Orientreferats im AA. 1905 Leiter einer Expedition nach Abessinien. 1905–10 Gesandter in Marokko, 1910–12 in Rumänien, 1912–16 in Portugal, 1916–21 in Den Haag. 1921 Außenminister und Unterzeichner des Friedensvertrages mit den USA. 1888 Heirat mit Nina Roche de la Beaume.

Rosenow, Leopold *(1848–1930)* *Degener, Wer ist's, 1928, 1295; Hamburger, Juden im öffentlichen Leben Deutschlands, 369f.*
Seit 1872 in Berlin zuerst im Bankgewerbe tätig, dann Besitzer einer Fabrik für Leisten- und Rahmen. 1904–18 MdPrA (Freisinnige Volkspartei/Fortschrittliche Volkspartei). 1894–1920 Stadtverordneter. Mitglied der Handelskammer. Engagement für Verkehrs- und Sozialpolitik. Vorsitzender der Handels- und Gewerbekommission des Abgeordnetenhauses.

Rotenhan, Wolfram von *(1845–1912)* *Hanus, Preuß. Vatikangesandtschaft, 390–397; Auswärtiges Amt, Biographisches Handbuch, Bd. 3, 729f.*
1862–66 Studium der Jurisprudenz in Würzburg. 1866 erstes, 1869 zweites juristisches Staatsexamen. Seit 1866 im bayer. Justizdienst. 1870–76 Assessor in Hagenau und Straßburg, Elsass-Lothringen. 1876/77 Hilfsarbeiter im AA in Berlin. Seit 1877 im Auswärtigen Dienst. 1877–80 Legationssekretär in Bukarest. 1880–82 Botschaftssekretär in Paris und St. Petersburg. 1882–84 preuß. Gesandtsschaftssekretär beim Heiligen Stuhl. 1884/85 Erster Botschaftsrat in Paris. 1886–90 preuß. Gesandter in Argentinien. 1890–96 Unterstaatssekretär im AA. 1897 Gesandter in Bern. 1898–1908 preuß. Gesandter beim Heiligen Stuhl in Rom. 1909–11 Ministerresident in Marokko.

Roethe, Gustav *(1859–1926)* 1876–81 Studium der klassischen und dt. Philologie in Göttingen, Leipzig und Berlin. 1881 Dr. phil. in Berlin. 1886 Habilitation in Göttingen. 1886–88 Privatdozent ebd. 1888–90 Extraordinarius, 1890–1902 Ordinarius für dt. Sprache und Literatur ebd. 1902–21 in Berlin. 1915/16 Kriegsdienst in Frankreich. Seit 1903 Vorsitzender der Dt. Kommission bei der PAW Berlin. Forschungsschwerpunkt: Mittelniederdt. Handschriften. 1888 Heirat mit Dorothea von Koenen (1868–1954).

Rothe, Richard *(1799–1867)* 1809–20 Studium der Theologie in Heidelberg und Berlin. 1820–22 Ausbildung am Wittenberger Predigerseminar. 1823 Ordination. 1823–28 Gesandtschaftsprediger in Rom. Seit 1828 Professor am Wittenberger Predigerseminar. 1837–49, 1854–67 Ordinarius in Heidelberg und Direktor des dortigen Predigerseminars, 1849–54 in Bonn. 1863 Gründung des „Protestantenvereins". 1823 Heirat mit Luise von Brück (1803–61). Vertreter eines theologischen Liberalismus und einer Kulturtheologie.

Rottenburg, Franz Johannes von *(1845–1907)* *Vierhaus, DBE, 580*
Studium der Rechtswissenschaft in Heidelberg und Berlin. 1865 Dr. phil. ebd. 1865–70 im Justizdienst ebd., 1870/71 freiwilliger Krankenpfleger im dt.-franz. Krieg. 1871–76 Studienreisen nach Frankreich und England. Seit 1876 im Auswärtigen Amt. 1881–91 Leiter der Reichskanzlei unter Bismarck. 1891–96 Unterstaatssekretär im Reichsamt des Innern, 1896–1907 Kurator der Universität Bonn.

Sachau, Eduard *(1845–1930)* *Meissner, Gedächtnisrede Sachau*
Studium der orientalischen Sprachen in Kiel und Leipzig. 1867 Dr. phil. in Halle/Saale. Seit 1869 Extraordinarius für orientalische Philologie in Wien, seit 1872 Ordinarius ebd., seit 1876 in Berlin. 1887 Gründung des Seminars für orientalische Sprachen und dessen Direktor. Berater beim Bau der Bagdadbahn. Forschungsschwerpunkte: Arabische Sprachwissenschaft, Syrisch sowie altaramäische Dialekte. Verheiratet mit Emma Marx (1853–1941), Nichte von Adolph und Ottilie von Hansemann.

Sachsse, Eugen *(1839–1917)* *BBKL, online, Wesseling, BBKL VIII (1994), 1158–1160*
Studium der ev. Theologie in Bonn und Berlin. 1861 Erstes Kirchliches Examen in Koblenz. 1863 Habilitation in Berlin und Zweites Kirchliches Examen in Münster. 1863–83 im Pfarrdienst in Westfalen. 1883–90 Leiter und Erster Professor des Predigerseminars in Herborn. 1890–1913 Ordinarius für Praktische Theologie und Universitätsprediger in Bonn. 1884 Dr. h.c. der Theol. Fakultät Naumburg. Seit 1888/89 Herausgeber der praktisch-theologischen Zeitschrift „Halte, was Du hast" (HWDH). Vertreter einer positiven Theologie. Forschungsschwerpunkte: Katechetik und Homiletik. 1866 Heirat mit Auguste Reeder (†1877), 1880 mit Clara Hartmann.

Sanday, William *(1843–1920)* *Hawke, Sanday*
1862–65 Studium am Balliol und Corpus Christi College in Oxford. Seit 1866 Fellow am Trinity College. 1869 Ordination zum Priester. 1871–76 an verschiedenen englischen Colleges. 1876–82 Principal des Bischofs in Durham, 1883–95 Dean Ireland's Professor für Schriftexegese in Oxford und Fellow am Exeter College. 1895–1919 Lady Margaret Professor und Canon von Christ Church College. Vertreter einer historisch-kritischen Forschung und orthodox-theologischen Position. Forschungsschwerpunkt: Ntl. Exegese. 1877 Heirat mit Marian Woodman Hastings (1855–1904).

Saunders, Thomas Bailey *(1860–1928)* *Foster, Alumni Oxonienses, 1257*; *Anonym, Saunders, 1928*; *Saunders, Who was who*
Studium am King's College (London) und seit 1880 am University College (Oxford). 1885 B.A. und 1888 M.A. Studienaufenthalt in Deutschland. Seit 1886 barrister at law am Inner Temple. 1889–1908 Übersetzer von Harnacks und Schopenhauers Werken ins Englische. 1898–1900 Sekretär der Statutory Commission zur Reorganisation der Universität London. 1913–21 Fellow und Member of the Council des King's College (London) und Mitglied des Senats der Universität London. Seit 1904 Chairman of the Trustees of the Percy Sladen Memorial Funds for assisting scientific research. Mitglied des Savile und des Athenaeum Clubs London. 1887 Heirat mit Contessa Elena Alberti di Poja.

Savigny, Friedrich Carl von *(1779–1861)* 1795–99 Studium in Marburg und Göttingen. 1800 Dr. iur. in Marburg. Seit 1803 Extraordinarius ebd. 1804–07 Archiv- und Bibliotheksreisen. Seit 1808 in Landshut, seit 1810 in Berlin. 1811–26 Mitglied des fakultären Spruchkollegiums, 1817–48 des

Staatsrats, 1819–41 des Revisions- und Kassationshofs und 1826–32 der Gesetzesrevisionskommission. Forschungsschwerpunkte: Römische Rechtsgeschichte und Rechtsphilosophie. 1803 Heirat mit Kunigunde Brentano (1780–1863).

Schäder, Erich *(1861–1936)* *Tilitzki, Albertus-Universität, 615; Führer, Schäder; DBETh, Bd. 2, 1172; Rieger, Heiliger Geist*
1881–86 Studium der Theologie in Berlin und Greifswald. 1887–89 Inspektor des Stifts in Halle/Saale. 1891 Lic. theol. in Greifswald, seit 1894 Extraordinarius in Königsberg, seit 1895 in Göttingen. Seit 1899 Ordinarius Systematische Theologie in Kiel, seit 1918 in Breslau. Schüler Hermann Cremers und Vertreter einer positiven Theologie. Forschungsschwerpunkt: Theozentrische Theologie. Wegbereiter der Dialektischen Theologie.

Schaefer, Aloys *(1853–1914)* *Schmitt, Schäfer, Aloys*
Studium der kath. Theologie in Prag. 1878 Dr. theol. ebd. 1878 Priesterweihe in Dresden. 1879–81 Hofkaplan der Dresdner Hofkirche und Pfarradministrator in Meißen. 1881–85 Professor für biblische Exegese in Dillingen, 1885–95 Ordinarius für Neues Testament in Münster, 1895–1903 in Breslau, 1903–06 in Straßburg. 1906 Bischofsweihe und bis 1914 Apostolischer Dekan von Sachsen.

Schäfer, Dietrich *(1845–1929)* *Vierhaus, DBE, Bd. 8, 736*
Studium der Geschichte in Jena, Heidelberg und Göttingen. Seit 1863 Lehrer in Bremen. 1870/71 Kriegsfreiwilliger im dt.-franz. Krieg. 1871 Dr. phil. in Göttingen. Seit 1877 Extraordinarius, seit 1883 Ordinarius in Jena, seit 1885 in Breslau, seit 1888 in Tübingen, seit 1896 in Heidelberg, 1903–21 in Berlin. Antisemitischer und kolonialistischer Publizist. Im Ersten Weltkrieg annexionistische Position. Seit 1919 Mitglied der DNVP. 1875 Heirat mit Wilhelmine Theobald (1847–1924). Forschungsschwerpunkte: Geschichte der Hanse und See- und Kolonialgeschichte.

Schaff, Philip *(1819–1893)* *Wenneker, Schaff*
1837–40 Studium der Theologie in Tübingen, Halle/Saale und Berlin. 1842 Habilitation in Berlin. Seit 1844 am Predigerseminar in Mercersburg (USA). 1854 Europareise. Seit 1864 Sekretär des New Yorker Sabbathkommitees. Seit 1870 Professor für Symbolik am Union Theological Seminary in New York, seit 1888 für Kirchengeschichte. Herausgeber der „Schaff-Herzog Encyclopedia of Religious Knowledge".

Scheel, Otto *(1876–1954)* *Zirlewagen, Scheel, Otto; Mish, Otto Scheel; DBETh, Bd. 2, 1179; Graf, Scheel*
1895–99 Studium der ev. Theologie in Halle/Saale und Kiel. 1900 Lic. theol. und Habilitation ebd. Seit 1905 Extraordinarius für Systematische Theologie ebd., seit 1906 Extraordinarius für Kirchengeschichte in Tübingen. 1910 Dr. theol. h.c. in Berlin und 1917 Dr. phil. h.c. in Tübingen. Im Ersten Weltkrieg Lazarettpfarrer und Tätigkeit in der Auslandsstelle des Kriegspresseamtes. 1919–24 Ordinarius für Kirchengeschichte in Tübingen, 1924–45 in Kiel. 1910 Heirat mit Eugénie Köppern. Seit 1919 Mitglied der DDP, später der DVP, ab 1933 Mitglied der NSDAP. 1925–33 Mitglied des Vorstandes der Gesellschaft für Schleswig-Holsteinsche Geschichte, 1931–45 Vorsitzender des Vereins für Reformationsgeschichte, 1938–45 Direktor des Kieler „Instituts für Volks- und Landesforschung", 1941–45 Präsident des Deutschen Instituts in Kopenhagen. Vertreter einer völkischen Kirchengeschichtswissenschaft. Forschungsschwerpunkte: Reformations-, schleswig-holsteinische Kirchengeschichte und nordische Geschichte.

Scheffer-Boichorst, Paul *(1843–1902)* *Bloch, Scheffer-Boichorst; Vierhaus, DBE, Bd. 8, 789*
1862–67 Studium der Geschichte in Innsbruck, Göttingen und Berlin. 1867 Dr. phil. in Leipzig. Seit 1867 Mitarbeiter der Regesta Imperii, seit 1872 der MGH in Berlin. Seit 1875 Extraordinarius für

Geschichte in Gießen, seit 1876 Ordinarius in Straßburg, seit 1890 in Berlin. Seit 1898 ordentliches Mitglied der Hist. Kommission bei der Kgl. BAdW. 1891–1902 Mitglied der Zentraldirektion der MGH. Forschungsschwerpunkte: Dt. Geschichte des Mittelalters und Wirtschaftsgeschichte.

Schell, Herman *(1850–1906)* 1868–72 Studium der kath. Theologie in Freiburg i.Br. und Würzburg. 1872 Dr. phil. in Freiburg i.Br. 1873 Priesterweihe in Würzburg. Danach Seelsorger. 1879–81 Studien in Rom. 1883 Dr. theol. in Tübingen. Seit 1884 Extraordinarius, seit 1888 Ordinarius für Apologetik und christliche Archäologie in Würzburg. Vertreter des dt. Reformkatholizismus. 1898 Indizierung seiner Werke. 1899 Unterwerfung ohne Widerruf.

Schellhass, Karl *(1862–1942) Anonym, Schellhass; Lührs, Bremische Biographie 1969, 441*
Studium der Geschichte in Göttingen. 1887 Dr. phil. in Berlin. Seit 1886 Mitarbeiter der „Deutschen Reichstagsakten". 1890–93 zweiter Assistent, 1893–1903 erster Assistent am PHI in Rom. 1903–26 zweiter Sekretär ebd. Seit 1899 Redaktion der Zeitschrift „Quellen und Forschungen aus italienischen Archiven und Bibliotheken".

Schelling, Friedrich Wilhelm *(1775–1854)* Seit 1790 Studium der Philosophie, seit 1792 der Theologie im Tübinger Stift. Seit 1795 Hofmeister in Stuttgart. Seit 1798 Extraordinarius in Jena. Seit 1802/03 Herausgabe des „Kritischen Journal der Philosophie" zusammen mit Hegel. Seit 1803 Ordinarius in Würzburg, seit 1806 Mitglied der Münchener Akademie der Wissenschaften. Seit 1827 Ordinarius in München, seit 1841 in Berlin. Vertreter des philosophischen Idealismus.

Scherl, August *(1849–1921) Treude, August Scherl*
Seit 1864 Lehre im väterlichen Betrieb, danach Leitung des Verlags „Düster & Comp." in Köln. 1878 Gründung des Flora-Theaters zusammen mit seiner Frau. Seit Ende der 1870er Jahre in Berlin, 1883 Gründung eines Presse- und Buchverlages. Verleger des „Berliner Lokal-Anzeigers", seit 1889 der „Berliner Abend-Zeitung", seit 1894 der „Neuesten Berliner Handels- und Börsen-Nachrichten" sowie seit 1881 „Die weite Welt", seit 1899 „Die Woche. Moderne illustrierte Zeitschrift" und 1900–34 „Der Tag". Seit 1907 Verleger der „Internationalen Wochenschrift". Außerdem Hersteller von Adressbüchern für Berlin, Frankfurt a.M., Leipzig, u.a. Städten. 1914 Verkauf seines Unternehmens an den „Dt. Verlagsverein". Heirat mit Flora Rosner (1855–85), 1886 mit Therese Zöttl (1865–1923).

Schiele, Friedrich Michael *(1867–1913) BBKL, online, Wesseling, BBKL IX (1995), 199–201; DBETh, Bd. 2, 1190*
Studium der ev. Theologie in Tübingen und Halle/Saale. Bis 1900 Seminarlehrer in Hessen und im Saarland und Pfarrer. Seit 1900 an Tuberkulose erkrankt und theologischer Schriftsteller in Marburg. Seit 1906 in Tübingen und 1908 Habilitation ebd. Seit 1910 Pfarrer der Dorotheenstädtischen Kirche in Berlin. Seit 1905 verantwortlicher Redakteur der 1. Aufl. der „Religion in Geschichte und Gegenwart" (RGG), 1903–10 im Herausgeberkreis der ChW und 1902–10 Redakteur der CCW, seit 1907 deren Herausgeber. Seit 1904 Herausgeber der „Religionsgeschichtlichen Volksbücher für die deutsche christliche Gegenwart" (RV). Vertreter einer religionsgeschichtlichen Methodik in der Theologie.

Schiemann, Theodor *(1847–1921)* 1867–72 Studium der Geschichte in Dorpat, 1873/74 in Göttingen. 1874 Dr. phil. ebd. Seit 1875 Lehrer in Fellin (Livland), seit 1883 Stadtarchivar in Reval. 1888 Übersiedlung nach Berlin, seit 1889 im preuß. Archivdienst. Seit 1892 Extraordinarius für Geschichte. 1902 Gründung des Seminars für osteuropäische Geschichte an der Universität Berlin. 1906 Ernennung zum Ordinarius. Seit 1904 persönlich mit Wilhelm II. bekannt. Vertreter einer antirussischen Propaganda in seiner Publizistik. Schwerpunkte: Geschichte des Baltikums und Osteuropas.

Schlatter, Adolf *(1852–1938) Seidel, Schlatter; DBETh, Bd. 2, 1193f.*
1871–75 Studium der Theologie in Basel und Tübingen. Nach der Ordination 1875 Pfarrer in der Schweiz. 1880 Habilitation, seit 1888 Extraordinarius in Bern, seit 1888 Ordinarius für Neues Testament in Greifswald. Seit 1897 mit Cremer Herausgeber „Beiträge zur Förderung christlicher Theologie". 1893–98 Ordinarius in Berlin, seit 1898 in Tübingen. Vertreter der positiven-biblisch orientierten Theologie. Forschungsschwerpunkte: Neues Testament und seine jüdischen Parallelen sowie Dogmatik und Ethik.

Schleiermacher, Friedrich *(1768–1834) Schwab, Schleiermacher; DBETh, Bd. 2, 1195f.*
Seit 1783 im Pädagogium der Herrnhuter Brüdergemeine in Niesky bei Görlitz, seit 1785 in Barby/Elbe. 1787–89 Studium der ev. Theologie in Halle/Saale. 1790 und 1794 kirchliche Examina. 1790–93 Hauslehrer der Familie des Grafen Dohna in Schlobitten (Westpreußen). 1793/94 Lehrer in einem Waisenhaus in Berlin, 1794–96 Hilfsprediger in Landsberg/Warthe. 1796–1802 Prediger an der Charité in Berlin. Besucher des Salons von Henriette Hertz in Berlin. 1802–04 Pfarrer in Stolp (Westpreußen), 1804–07 Extraordinarius für Theologie und Universitätsprediger in Halle/Saale. Seit 1807 in Berlin als Privatgelehrter. Seit 1809 Prediger an der Dreifaltigkeitskirche, 1810–14 im Kultusministerium Zusammenarbeit mit Wilhelm von Humboldt. 1810 Mitbegründer der Berliner Universität und Theologischen Fakultät. Seit 1814 Sekretär der Akademie der Wissenschaften und Engagement in der Kirchenpolitik, 1817 erstes Abendmahl mit dem Lutheraner Philipp Marheineke zusammen und seit 1817 Präses der gemeinsamen Kreissynode Berlin. Streit gegen den König für eine synodal-presbyteriale Kirchenverfassung und gegen die Vereinheitlichung der Agenden und Kirchenverfassungen. 1809 Heirat mit Henriette von Willich. Universitätsreformer, Begründer der Praktischen Theologie als wissenschaftlicher Disziplin und Systematischer Theologe.

Schmidt, Albrecht *(1829–1911) Lerche, Verzeichnis EOK, 189; Hessische Biografie, online, Albrecht Schmidt*
Bis 1856 Studium der Jurisprudenz in Bonn. Seit 1857 Justitiar, danach Regierungsassessor in Potsdam. Seit 1863 Konsistorialrat in Berlin, seit 1873 Oberkonsistorialrat in Kassel. Seit 1877 auf einer weltlichen Ratsstelle beim EOK, seit 1878 weltlicher Vizepräsident des EOK. 1878–91 Vizepräsident der Eisenacher Konferenz der landesherrlichen Kirchenregimente. 1891–1904 Präsident des Berliner Konsistoriums. Vater von Friedrich Schmidt-Ott und Agnes Müller.

Schmidt, Carl *(1868–1938) DBETh, Bd. 2, 1203; BBKL, online, Wesseling, BBKL IX (1995), 443–446*
1887–92 Studium der klassischen Philologie, Ägyptologie und ev. Theologie in Halle/Saale und Berlin, u.a. bei Adolf Harnack. 1892 Dr. phil. und 1899 Habilitation in Kirchengeschichte in Berlin. Seit 1909 Extraordinarius für Kirchengeschichte in Berlin, seit 1921 Honorarprofessor und 1928–35 Persönlicher Ordinarius. 1900–33 wissenschaftlicher Beamter der Kirchenväter-Kommission der Kgl. Akademie der Wissenschaften. Seit 1895 Forschungsreisen nach Palästina und Ägypten zum Ankauf von Handschriften, in den 1920er Jahren Entdeckung koptisch-manichäischer Schriften. Forschungsschwerpunkte: Koptologie und Alte Kirche.

Schmidt, Erich *(1853–1913)* 1871–74 Studium der klassischen Philologie in Graz, Jena und Straßburg. 1874 Dr. phil. ebd., 1875 Habilitation in Würzburg. 1875–77 Privatdozent in Würzburg, 1877–80 Extraordinarius für neuere dt. Literaturgeschichte in Straßburg, seit 1880 in Wien. 1881–85 Ordinarius ebd. 1885–87 Direktor des Goethe-Archivs in Weimar. Seit 1887 Ordinarius in Berlin. Forschungsschwerpunkte: Goethe, Lessing und Gegenwartsliteratur.

Schmidt, Hermann *(1832–1893)* *Tilitzki, Albertus-Universität, 207, Anm. 1057; Schmidt, Schmidt, Hermann*
1850–54 Studium der ev. Theologie in Tübingen. 1854–58 Vikar in Korb, Hauslehrer in Berlin und Danzig. 1858–61 Repetent am Tübinger Stift. 1861–63 Stadtvikar in Stuttgart, 1863–69 in Calw, 1869–81 Pfarrer in Stuttgart. 1881–93 Ordinarius für Systematische und Praktische Theologie in Breslau. Forschungsschwerpunkte: Homiletik und Symbolik.

Schmidt, Wilhelm *(1839–1912)* *Tilitzki, Albertus-Universität, 207, Anm. 1057; RE, 3. Aufl., Bd. 22, XXX; Wobbermin, Wilhelm Schmidt; GStA PK, I. HA, Rep. 76, I. HA, Rep. 76 Va, Sekt. 4, Tit. IV, Nr. 32, Bd. V, Bl. 155v–157v*
1859–63 Studium der ev. Theologie in Marburg und Halle/Saale. Dr. phil. 1863 und 1865 kirchliche Examina. Danach Pfarrer in Schönstedt/Thüringen, in Henschleben/Provinz Sachsen und seit 1874 Pfarrer in Cürtow (Neumark). Seit 1894 Nachfolger von Hermann Schmidt in Breslau als Ordinarius für Systematische Theologie. Mitarbeiter der RE 3. Aufl. Positiver Theologe. Forschungsschwerpunkt: Dogmatik.

Schmidt-Ott, Friedrich *(1860–1956)* *Lüdicke, Preußische Kultusminister, 14; Brocke, Schmidt-Ott. Wissenschaft als Machtersatz; Treue, Friedrich Schmidt-Ott*
1878–81 Studium der Jurisprudenz in Berlin, Heidelberg, Leipzig und Göttingen. 1883 Dr. iur. in Berlin. 1882–87 Referendar in Berlin. 1887/88 Assessor ebd. und Hilfsarbeiter im Konsistorium und im Reichsjustizamt. Seit 1888 Hilfsarbeiter im Kultusministerium unter Althoff. Seit 1895 Vortragender Rat. 1895 Heirat mit Meta Ott, deren Mädchennamen er 1920 seinem eigenen hinzufügte. Seit 1903 Abteilungsdirigent für Kunst und Wissenschaft. 1907–17 Ministerialdirigent für Kunst, Wissenschaft, ab 1911 Ministerialdirektor auch noch für die evangelischen geistlichen Angelegenheiten. 1917/18 preuß. Kultusminister. 1911 Mitbegründer der Kaiser-Wilhelm-Gesellschaft. Althoffs engster Mitarbeiter und Schulkamerad Wilhelms II. 1920 Gründer und erster Präsident der Notgemeinschaft der deutschen Wissenschaft (seit 1929 Deutsche Forschungsgemeinschaft). 1934 erzwungener Rücktritt.

Schmiedel, Paul Wilhelm *(1851–1935)* *DBETh, Bd. 2, 1206; Kuhn, Schmiedel, HLS; Schenk, Schmiedel*
Fürstenschüler in St. Afra Meißen. 1871–78 Studium der ev. Theologie in Leipzig und Jena. 1879 Habilitation ebd. 1890–93 Extraordinarius für Neues Testament in Jena. 1892 Dr. theol. h.c. in Straßburg. 1893–1923 Ordinarius in Zürich. Mitarbeit an Erwin Nestles Edition des griech. Neuen Testaments (1927). Übersetzer des ntl. Teils der Züricher Bibel von 1931. Vertreter einer liberalen Theologie.

Schmoller, Gustav *(1838–1917)* *Vierhaus, DBE, 82f.; Bruch, Schmoller*
1857–61 Studium der Staatswissenschaften in Tübingen, 1861 Promotion ebd., seit 1861 Anstellung im Statistischen Büro in Württemberg. Seit 1864 Extraordinarius in Halle/Saale, seit 1865 Ordinarius ebd., seit 1872 in Straßburg, seit 1882 in Berlin, 1873 Gründung des VfS, 1890–1917 Vorsitzender des VfS, seit 1881 Herausgeber des »Jahrbuchs für Gesetzgebung, Verwaltung und Volkswirtschaft im Dt. Reich«, seit 1884 Mitglied des Preuß. Staatsrats, seit 1899 MdH, 1908 nobilitiert. Forschungsschwerpunkte: Wirtschaftsgeschichte und Strukturveränderungen in der Nationalökonomie. 1869 Heirat mit Lucie Rathgen.

Schmoller, Lucie von, geb. Rathgen *(1850–1928)* Seit 1869 Ehefrau von Gustav von Schmoller. Mutter von Ludwig von Schmoller (1872–1951) und Cornelia (Nelly) von Schmoller (1879–1932).

Schneider, Wilhelm *(1847–1909)* *Madey, Schneider; DBETh, Bd. 2, 1212*Studium der kath. Theologie und Philosophie in Paderborn. 1872 Priesterweihe ebd. Promotion, seit 1887 Professor für Moraltheologie und Leiter des Theologenkonvikts. Seit 1892 Mitglied des Domkapitels, seit 1893 Dompropst und seit 1900 Bischof von Paderborn und Apostolischer Vikar von Anhalt.

Schnitzer, Joseph *(1859–1939)* *Lachner, Schnitzer; DBETh, Bd. 2, 1213*
1880–84 Studium der Philosophie und Theologie in Augsburg und München. 1884 Priesterweihe und 1884–89 Priester im Bistum Augsburg. 1889/90 Studienaufenthalte in München und Wien. 1890 Dr. theol. und 1892 Habilitation in München. Seit 1893 Extraordinarius für Kirchenrecht und Kirchengeschichte am Lyzeum in Dillingen, seit 1902 Ordinarius für Dogmengeschichte, Symbolik und Pädagogik in München. 1908 Suspendierung von seinem Lehramt nach seiner Kritik an der 1907 veröffentlichten päpstlichen Enzyklika „Pascendi domini gregis". 1913–33 Honorarprofessor an der phil. Fakultät in München. Nähe zur liberalen protestantischen Theologie Harnacks, Loofs und Weinels. Vertreter einer katholischer Reformtheologie. Forschungsschwerpunkte: Bibelkritik und Geschichte des Urchristentums.

Schönaich-Carolath, Heinrich Prinz zu *(1851–1920)* 1870/71 Teilnahme am dt.-franz. Krieg. 1875–77 Studium der Rechtswissenschaft in Bonn. Seit 1878 Landrat des Gubener Kreises. Erbliches MdH. Seit 1881 MdR (national-liberal). 1888 Heirat mit Margarita von Schönburg-Waldenburg (1864–1937).

Schöppa, Gottlob *(1846–1921)* *Lüdicke, Preußische Kultusminister, 107*
1867–71 Studium der Theologie in Berlin und Halle/Saale. 1871–73 Hauslehrer. 1873/74 Erzieher im Potsdamer Kadettenkorps. Ab 1873 Seminarlehrer in Elsterwerda, ab 1876 in Delitzsch, ab 1883 Seminardirektor ebd. Ab 1893 Regierungs- und Schulrat in Trier, dann in Schleswig. Ab 1900 Hilfsarbeiter im Kultusministerium, 1901–13 Vortragender Rat.

Scholz, Hermann *(1853–1929)* *Graf, Scholz, Hermann*
1871–74 Theologiestudium am Seminar der Herrnhuter Brüdergemeine in Gnadenfeld, seit 1874 Lehrer in Niesky, seit 1877 Hauslehrer in Livland, seit 1879 Pfarrer in Merseburg, seit 1882 Lehrer und Geistlicher am Joachimthalschen Gymnasium in Berlin, 1885 Eintritt in die Landeskirche, 1886–1925 Pfarrer an der Marienkirche, 1904–12 Mitglied der FChW.

Schottmüller, Konrad *(1841–1893)* *Lüdicke, Preußische Kultusminister, 95f.*
1864–68 Studium der Geschichte und Nationalökonomie in Göttingen, Berlin und München. 1868 Dr. phil. in Göttingen. 1869 Staatsprüfung in Berlin. Seit 1869 Lehrer in Berlin, seit 1870 Lehrer am Kadettenhaus ebd., seit 1878 Professor an der Hauptkadettenanstalt in Lichterfelde. 1888–90 Erster Sekretär der Historischen Station in Rom. 1889/90 Bibliothekar an Kgl. Bibliothek. Seit 1890 Hilfsarbeiter im preuß. Kultusministerium, 1891–93 Vortragender Rat.

Schrempf, Christoph *(1860–1944)* *DBETh, Bd. 2, 1226; Winnebeck, Apostolikumsstreitigkeiten, 199, Anm. 46*
Studium der Theologie in Tübingen. Seit 1884 Vikar, 1885/86 Repetent am Tübinger Stift. 1886–92 Pfarrer in Leuzendorf (Württemberg). 1891 Lic. theol. in Tübingen. 1892 Entlassung aus dem Kirchendienst wegen Ablehnung der Liturgie und des Glaubensbekenntnisses. 1896–1906 Lehrer an einer Stuttgarter Handelsschule. 1906 Habilitation in Philosophie in Stuttgart. 1906–21 Privatdozent ebd. 1886 Heirat mit Elisabeth Grunsky (†1907), mit Elise Staub (†1935), 1936 mit Elisabeth Werner (1890–1948).

Schröder, Heinrich *(1863–1937)* *Schröder, Heinrich Schröder zum Gedächtnis*
1884–90 Studium der Germanistik und Romanistik in Berlin und Kiel. 1890 Dr. phil. ebd. Seit 1887

an Marinebildungsanstalten in Kiel. Seit 1909 Herausgeber der „Germanisch-Romanischen Monatsschrift". 1921–24 Studienrat an der Kieler Gelehrtenschule. Engagement für die Verbesserung der Stellung der Oberlehrer.

Schroers, Heinrich *(1852–1928) Borengässer, Schrörs; DBETh, Bd. 2, 1229*
Seit 1871 Studium der kath. Theologie in Bonn, Würzburg und Innsbruck. 1877 Priesterweihe. 1880 Dr. theol. in Würzburg. 1885 Habilitation in Freiburg i.Br. 1886–1915 Ordinarius für Kirchengeschichte an der kath.-theol. Fakultät in Bonn. 1904–26 Vorsitzender des „Historischen Vereins für den Niederrhein". Liberal-katholisch orientierter Theologe.

Schubert, Hans von *(1859–1931) Plathow, Schubert; Fix, Schubert*
Seit 1878 Studium der Geschichte, Germanistik und Philologie in Leipzig, Bonn, Straßburg und Zürich. 1884 Dr. phil. in Straßburg. Seit 1885 Studium der Theologie in Tübingen und Halle/Saale. Seit 1887 Lehrer und Archivar am Rauhen Haus bei Hamburg. Seit 1891 Extraordinarius für Kirchengeschichte in Straßburg, 1892 Lic. theol. ebd. 1892–1906 Ordinarius in Kiel, seit 1906 in Heidelberg. Seit 1897 nebenamtliches Mitglied des Konsistoriums. Sekretär der Heidelberger Akademie der Wissenschaften, Initiator der Werkedition von Nikolaus von Kues. Seit 1918 Vorsitzender des „Vereins für Reformationsgeschichte" und Initiator der Edition der „Quellen zur Geschichte der Wiedertäufer". Anhänger eines liberalen Protestantismus. Forschungsschwerpunkte: Frühmittelalter und Reformationsgeschichte.

Schubring, Anna *(1843–1917) Aland, Glanz und Niedergang, 1266*
1865 Heirat mit Friedrich Schubring (1834–69). 1870 Gründerin und bis 1910 Vorsteherin einer höheren privaten Mädchenschule mit Pensionat in Bonn. Mitglied des Deutschen Vereins für das höhere Mädchenschulwesen. Gründerin des Bonner Lehrerinnenvereins. Tochter des Pädagogen Adolph Diesterweg.

Schulte, Aloys *(1857–1941) Vierhaus, DBE, Bd. 9, 270*
1876–79 Studium der Geschichte an der Akademie in Münster. 1879 Promotion ebd. Seit 1880 Mitarbeiter am „Straßburger Urkundenbuch" in Straßburg, seit 1883 Archivar in Donaueschingen, seit 1885 Archivrat in Karlsruhe. Seit 1886 Mitglied der Badischen Hist. Kommission. Seit 1892 Ordinarius in Freiburg i.Br., seit 1895 in Breslau, seit 1903 in Bonn. 1901–03 Direktor des PHI in Rom. 1920 Mitbegründer des „Instituts für geschichtliche Landeskunde" in Bonn. Forschungsschwerpunkte: Edition ma. Quellen und Wirtschaftsgeschichte des Spätmittelalters.

Schultze, Leopold *(1827–1893)* Studium der Theologie in Halle/Saale u.a. bei Tholuck und Julius Müller (1801–1878) und in Berlin bei Nitzsch und Neander. Lehrer bei der Familie von Jena in Cöthen/Falkenberg (Mark), 1852–62 Pfarrer ebd. 1861–64 Pfarrer in Barmen-Wupperfeld. 1864–1871 Mitglied des Posener Consistoriums und Superintendent ebd. 1869–71 Präses der außerordentlichen Generalsynode und Religionslehrer an einer Mädchenschule. 1871–90 zweiter Generalsuperintendent, 1890–93 erster Generalsuperintendent in Magdeburg und 1871–81 Pfarrer in Meilen bei Magdeburg. 1875 Mitbegründer und Vorsitzender der „Positiven Union". Vertreter einer Vermittlungs- und Unionstheologie. Verheiratet mit Anna Müller, Tochter Julius Müllers.

Schulze, Wilhelm *(1863–1935) Vierhaus, DBE, Bd. 9, 290*
1881–87 Studium der vergleichenden Sprachwissenschaft, Klassische Philologie und Germanistik in Berlin und Greifswald. 1887 Dr. phil. 1890 Habilitation. Seit 1892 Extraordinarius für klassische Philologie in Marburg, seit 1895 Ordinarius für Indogermanische Sprachwissenschaft in Göttingen, 1902–32 in Berlin. Forschungsschwerpunkte: Sprache und Metrik der frühgriech. Epen. Lat. Eigennamen. Erschließung des Tocharischen.

Schumacher, Hermann *(1868–1952) Vierhaus, DBE, Bd. 9, 294*
Studium der Jurisprudenz und Staatswissenschaften in Freiburg i.Br., München, Wien und Berlin. Anschließende Studienreise durch die USA. Seit 1896 Mitarbeiter im Ministerium für öffentliche Arbeiten. 1897/98 Reise durch Südostasien. Seit 1899 Extraordinarius für Staatswissenschaften in Kiel. 1901–04 Erster Studiendirektor der Städtischen Handelshochschule in Köln. 1904–17 Ordinarius für Staatswissenschaften in Bonn. 1906/07 Kaiser-Wilhelm-Professor in New York. 1911 Reise nach Java und Sumatra. 1917–35 Ordinarius in Berlin. Heirat mit Edith Zitelmann. Forschungsschwerpunkte: Weltwirtschaft.

Schürer, Emil *(1844–1910) Harnack, Nachruf Schürer, 1910; Dahm, Schürer; DBETh, Bd. 2, 1231f.*
Seit 1862 Studium der Theologie in Erlangen, Berlin, Heidelberg und Leipzig. 1868 phil. Promotion, 1869 Lic. theol. und Habilitation in Leipzig. Seit 1873 Extraordinarius für Neues Testament in Leipzig, seit 1878 Ordinarius in Gießen, seit 1890 in Kiel und schließlich seit 1894 in Göttingen. 1876 Gründung der von ihm herausgegebenen „Theologischen Literaturzeitung", seit 1881 zusammen mit Adolf Harnack. Vertreter der historisch-kritischen Methode in der Theologie und der Ritschl-Schule. Schüler von Richard Rothe und Heinrich Julius Holtzmann in Heidelberg. Forschungsschwerpunkte: Neutestamentliche Zeitgeschichte und jüdisches Umfeld des NT.

Schwane, Joseph Anton *(1824–1892) Naab, Schwane; DBETh, Bd. 2, 1237*
Studium an der Akademie Münster. 1847 Priesterweihe. 1848–50 Studienaufenthalt in Bonn und Tübingen. 1851 Lic. theol. und 1853 Habilitation. Seit 1859 Extraordinarius für Kirchengeschichte und Symbolik ebd. 1860 Dr. theol. h.c. Seit 1867 Ordinarius für Moraltheologie, Dogmengeschichte und Symbolik in Münster, seit 1881 für Dogmatik. Vertreter der Neuscholastik.

Schwarze, Alexis *(1853–1932) Suchier, Universitätsschriften Halle-Wittenberg*
1880 Dr. phil. in Halle/Saale. Pfarrer in Kunow a.d. Straße (Kreis Saatzig) bei Stargard. 1890 Heirat mit Lucie Caroline Mathilde Kriege.

Schwartzkopff, Philipp von *(1858–1914) Lüdicke, Preußische Kultusminister, 20f.*
1876–79 Studium der Jurisprudenz in Leipzig und Berlin. Seit 1879 Referendar, seit 1883 Regierungsreferendar, seit 1885 Regierungsassessor in Düsseldorf. Seit 1887 Hilfsarbeiter im Kultusministerium zuerst in der zweiten Unterrichtsabteilung, dann in der geistlichen Abteilung. Seit 1895 Vortragender Rat, 1899 –1902 Ministerialdirektor der geistlichen Abteilung und Kunstangelegenheiten. 1902–10 der zweiten Unterrichtsabteilung (Mädchenschulwesen). 1910/11 Unterstaatssekretär. 1911–14 Oberpräsident in Posen.

Schweitzer, Albert *(1875–1965) DBETh, Bd. 2, 1240–1242*
1893–99 Studium der Theologie und Philosophie in Straßburg, Paris und Wien. In Paris Orgelunterricht bei Charles-Marie Widor (1844–1937). 1899 Dr. phil., 1901 Lic. theol. und Habilitation in Straßburg. Seit 1900 Vikar an St. Nikolai. 1901–12 Privatdozent für Neues Testament. 1903–06 Leiter des Thomasstifts. 1905–13 Studium der Medizin in Straßburg und 1913 Dr. med. ebd. Seit 1913 Aufbau eines Tropenhospitals in Lambarene (Gabun). 1914 Internierung durch franz. Kolonialbehörden, 1917 Überführung nach Südfrankreich. Seit 1918 Vikar und Assistenzarzt in Straßburg. Seit 1915 Entwicklung der Ethik unter dem Motto „Ehrfurcht vor dem Leben". Seit 1924 erneut in Afrika. 1953 Verleihung des Friedensnobelpreises. 1959–65 in Lambarene. Forschungsschwerpunkte: Ntl. Theologie, Forschungsgeschichte des NT und Kulturphilosophie. 1912 Heirat mit Helene Bresslau (1879–1957).

Schweitzer, Georg *(1850–1940) Degener, Wer ist's, 1935, 1475; Vierhaus, DBE, Bd. 9, 341f.*
Seit 1873 Wirtschaftsjournalist bei der Nationalzeitung, seit 1875 Leitung des Handelsteils der Frankfurter Zeitung. Auch Handelsredakteur der Vossischen Zeitung, der Post und der Norddeutschen

Allgemeinen Zeitung. Gründung diverser deutscher Kolonialzeitungen in China und Japan. Reiseschriftsteller. Seit 1914 in der Nachrichtenabteilung des Großen Generalstabs. 1914–32 Leitung der Berliner Pressekonferenz. Mitbegründer des Presseballs. Verheiratet mit Bertha Lehmann (1855–1933).

Schwenke, Paul *(1853–1921)* *Vierhaus, DBE, Bd. 9, 345f.; Lohse, Bibliotheksdirektoren der ehemals preuß. Universitäten, 232; Schochow, Berliner Staatsbibliothek, 219–231*
1870 Studium der ev. Theologie in Leipzig, seit 1871 der Klassische Philologie in Breslau. 1875 Dr. phil. in Jena. 1870 Freiwilliger im dt.-franz. Krieg. Seit 1875 Hilfsarbeiter in der Universitätsbibliothek Greifswald, seit 1876 Kustos, seit 1879 in Kiel, seit 1887 Unterbibliothekar in Göttingen. Seit 1893 Direktor der Universitätsbibliothek Königsberg. 1900 Mitbegründer und erster Vorsitzender des „Vereins dt. Bibliothekare". Begründer einer laufenden Bibliotheksstatistik. 1899–1906 Direktor der Druckschriftenabteilung der Kgl. Bibliothek in Berlin. 1906–21 Erster Direktor ders. und seit 1907 Mitglied des ministeriellen Beirats für Bibliotheksangelegenheiten. 1914 Umzug der Kgl. Bibliothek in den Neubau. Forschungsschwerpunkte: Geschichte des älteren Buchdrucks und der Bucheinbände.

Sdralek, Max *(1855–1913)* *Hausberger, Sdralek; DBETh, Bd. 2, 1244*
Studium der kath. Theologie in Breslau. 1880 Promotion in Freiburg i.Br. und Priesterweihe in St. Peter im Schwarzwald. 1882 Habilitation in Breslau. Seit 1884 Ordinarius für Kirchengeschichte und Kirchenrecht in Münster, seit 1896 in Breslau. Seit 1900 Domkapitular. Co-Herausgeber der „Kirchengeschichtlichen Studien" (1891–1903) mit Schrörs und Knöpfler sowie Herausgeber der „Kirchengeschichtlichen Abhandlungen" (1902–10). Liberal-katholisch orientierter Theologe.

Seckendorff, Götz Graf von *(1842–1910)* Kammerherr und Oberhofmeister von Victoria von Preußen, der sog. Kaiserin Friedrich.

Seeberg, Reinhold *(1859–1935)* *Frey, Theologische Fakultät Dorpat-Jurjew, 197–205; Graf/Tanner, Reinhold Seeberg; Jähnichen, Seeberg; Graf, Reinhold Seeberg; Scheliha, Seeberg; Graf, Kulturlutheraner; Dietzel, Seeberg als Ethiker*
1878–82 Theologiestudium in Dorpat, 1883/84 Erlangen und anderen deutschen Städten. 1884 Lic. theol. und Habilitation in Dorpat. 1885–89 Dozent und zweiter Universitätsprediger in Dorpat. 1889 Dr. theol. ebd. 1889–98 Ordinarius für Zeitgeschichte des NT und Patristik in Erlangen, seit 1894 auch für systematische Theologie, seit 1898 in Berlin. Seit 1909 Präsident der FKSK, 1923–33 Vorsitzender des »Centralausschusses der Inneren Mission«. Vertreter der modern-positiven Theologie. Forschungsschwerpunkte: Dogmengeschichte, systematische Theologie und Ethik. 1886 Heirat mit Alla Schneider.

Sehring, Bernhard *(1855–1941)* *Berndt, Bernhard Sehring*
1873–75 Studium der Architektur am Polytechnikum in Braunschweig, 1875–77 an der Kgl. Bauakademie in Berlin. 1877/78 Praktikant bei dem Architekten Karl Hoene in Halle/Saale. 1878/79 Einjährig-Freiwilliger. 1879/80 Studienreise nach Italien. 1880 Aufnahme in den Berliner Architektenverein. 1882 Schinkelpreis für Entwürfe zur Berliner Muesumsinsel unter dem Motto „Spree-Athen". 1883 Großer Akademischer Staatspreis. 1883–85 Staatsstipendiat in Rom. 1886–89 Architekturbüro in Kreuzberg zusammen mit Ernst Peters, seit 1889 freier Architekt und Künstler. Theaterbaumeister. Entwurf für ein Künstlerheim in Rom.

Sell, Karl *(1845–1914)* *Faulenbach, Album Professorum, 199–203; BBKL, online, Wesseling, BBKL IX (1995), 1366–1368; DBETh, Bd. 2, 1248*
1863–67 Studium der Theologie in Halle/Saale, Göttingen und Gießen. 1868 Dr. phil. ebd. 1870/71 Teilnahme am dt.-franz. Krieg. Seit 1871 im Pfarrdienst. 1882–91 Superintendent in Starkenburg, Konsistorialrat in Darmstadt und Extraordinarius. 1883 Dr. theol. h.c. in Gießen. Seit 1891 Ordinarius für Kirchen- und Dogmengeschichte in Bonn. Seit 1891 Mitherausgeber der „Zeitschrift für Theologie und Kirche". 1876 Heirat mit Alwine Flöring (verst. 1878), 1880 mit Luise Flöring (verst. 1881) und 1889 mit Juliane Rieger. Vertreter einer „morphologischen Klassifikation" (Lessing 400) der Kirchengeschichte. Forschungsschwerpunkte: Hessische Kirchengeschichte, Reformationsgeschichte und neuere Kirchengeschichte.

Sello, Erich *(1852–1912)* Sohn des Hofgärtners Emil Sello. Privater Umgang mit Kronprinz Friedrich Wilhelm (Friedrich III.) und Victoria. Seit 1870 Studium der Geschichte und Philosophie in Jena. 1870/71 Teilnahme am dt.-franz. Krieg. Seit 1872 Studium der Jurisprudenz in Berlin. 1873 Referendarexamen, 1878 Assessorprüfung. Seit 1879 Rechtsanwalt in Berlin, seit 1884 auch Notar. Anwalt zahlreicher prominenter Persönlichkeiten, wie Hans Delbrück oder Kuno von Moltke. 1881–84 MdR (Liberale Vereinigung). 1879 Heirat mit Lilli Remberg (1857–1944).

Seltmann, Carl *(1842–1911)* *Seppelt, Seltmann; Köhler, Carl Seltmann*
1862–66 Studium der kath. Theologie in Breslau. 1866 Priesterweihe ebd. 1867–70 Kaplan in Striegau. 1870/71 Missionspfarrer in Wittstock, 1871–84 Priester in Eberswalde. Seit 1884 Domkapitular in Breslau. 1886–1911 Redakteur des „Schlesischen Pastoralblattes". 1896 Dr. theol. h.c. in Freiburg i.Br. Seit 1905 ordentlicher Honorarprofessor in Breslau. Seit 1879 Herausgeber der ökumenisch ausgerichteten Zeitschrift „Ut omnes unum. Auf daß alle eins seien. Korrespondenzblatt zur Verständigung und Vereinigung unter den getrennten Christen. Unter Mitwirkung hervorragender Männer aus beiden Konfessionen". Pionier der ökumenischen Bewegung.

Semisch, Karl *(1810–1888)* *Neß, Schlesisches Pfarrerbuch, Bd. 4, 318*
1829–33 Studium der Theologie in Leipzig. 1833 Erstes Theologisches Examen in Halle/Saale und 1834 Zweites in Breslau. 1834–44 Pfarrer in Schlesien. Seit 1844 Ordinarius für Kirchengeschichte in Greifswald, seit 1855 in Breslau, seit 1866 in Berlin. Nebenamtliches Mitglied im Konsistorium ebd. 1838 Heirat mit Ferdinandine Grimm. Forschungsschwerpunkt: Ältere Kirchengeschichte.

Senestrey, Ignatius von *(1818–1906)* *Kreuzenbeck, Senestrey*
Studium der Philosophie und kath. Theologie am Collegium Germanicum et Hungaricum in Rom. Dr. phil. Priesterweihe und danach Priester im Bistum München. Seit 1843 Präfekt des Priesterseminars in Eichstätt. Später Priester im Bistum Eichstätt. Seit 1853 Domkapitular in Eichstätt und Dr. theol. in Würzburg. 1856/57 Italienreise mit dem Bayerischen König. 1858 Ernennung zum Bischof von Regensburg gegen den Willen des Bistums. 1892 Verleihung des Ehrentitels eines Erzbischofs ad personam und des Palliums. Engagement für eine Erweiterung der kath. Schulbildung im Bistum Regensburg. Vertreter eines ultramontanen Katholizismus und Verfechter des Unfehlbarkeitsdogmas 1870.

Sering, Max *(1857–1939)* 1876–79 Studium der Jurisprudenz und Staatswissenschaften in Straßburg und Leipzig. 1879–83 Referendar im Justizdienst in Elsass-Lothringen. 1881 Dr. rer. pol. in Straßburg. 1883 Forschungsreise nach Nordamerika. 1884 Habilitation in Bonn. Seit 1885 Extraordinarius für Staatswissenschaften ebd. 1889–1906 Ordinarius an der Landwirtschaftlichen Hochschule in Berlin, 1893–97 Extraordinarius an der FWU Berlin und 1897–1925 Ordinarius ebd. Engagement in der Agrarpolitik. Forschungsschwerpunkt: Agrarökonomie. 1889 Heirat mit Anna Busch (1865/69–1939).

Sieffert, Anton Emil Friedrich *(1843–1911)* *Faulenbach, Album Professorum, 158; Graf, Sieffert*
1861–65 Studium der ev. Theologie in Königsberg, Halle/Saale und Berlin, u.a. bei Isaak August Dorner. 1865 Erste Theologische Prüfung, 1867 Promotion und Habilitation im Neuen Testament in Königsberg. Seit 1871 Stiftsinspektor und Privatdozent in Bonn, seit 1873 Extraordinarius ebd. 1878–89 Ordinarius für reformierte Theologie in Erlangen, seit 1889 Ordinarius für Neues Testament und Systematische Theologie in Bonn. Vertreter einer positiven Theologie. Forschungsschwerpunkt: Verhältnis von Offenbarung und heiliger Schrift.

Siegismund, Karl *(1861–1932)* *Degener, Wer ist's, 1928, 1468; Wenzel, Deutsche Wirtschaftsführer, 2134; Vierhaus, DBE, Bd, 9, 437*
1875–79 Buchhandelslehre bei Karl Volckmar und Besuch der Leipziger Buchhändleranstalt. 1879–82 in Bonn, 1883/84 Wien und 1885 in Berlin. Seit 1886 Leitung Verlags „Karl Siegismund" in Berlin. 1897–1910 Vorsitzender der Berliner Vereinigung des Börsenvereins der Deutschen Buchhändler, 1910–16 Vorsitzender des Börsenvereins der Deutschen Buchhändler in Leipzig, 1916–21 dessen zweiter Vorsitzender, 1912 Mitbegründer der Dt. Bücherei. 1890 Gründung der illustrierten Zeitschrift „Deutscher Soldatenhort" (bis 1920). Seit 1920 Geschäftsführer des Verlagsausschusses der Notgemeinschaft der Dt. Wissenschaft. 1903 Heirat mit Anna von Below (1867–1947).

Silberstein, Max *(1857–1925)* *Heine, Max Silberstein; Zum Gedächtnis von Justizrat Dr. Max Silberstein*
Studium der Jurisprudenz in Breslau. Referendar an einem Amtsgericht im Berliner Umland. 1882 Kammergerichtsrat in Berlin. Sozius von Erich Sello in Berlin. Mitglied des Berliner Anwaltsvereins. Schwerpunkt im Zivil- und Fideikommissrecht.

Simons, Eduard *(1855–1922)* *Graf, Simons; Professorenkatalog Marburg, online, Eduard Simons*
1873/74 Studium der Rechtswissenschaft in Bonn, 1875–80 ev. Theologie und Philosophie in Straßburg, Berlin, Zürich und Göttingen. 1881–83 Pfarrer in Rheinfelden bei Basel, 1883–92 in Leipzig. 1890 Lic. theol. in Straßburg. 1893 Habilitation in Bonn. 1902 Dr. theol. h.c. in Straßburg. 1902–11 Extraordinarius für Prakt. Theologie in Berlin, 1911–20 Ordinarius in Marburg, 1920–22 Honorarprofessor in Bonn. Vertreter einer liberalen Theologie reformierter Prägung. Forschungsschwerpunkte: Kybernetik, Konfirmation und Rheinische Kirchengeschichte.

Slaby, Adolf *(1849–1913)* *Vierhaus, DBE, Bd. 9, 483*
1869–73 Studium des Maschinenbaus an der Gewerbeakademie in Berlin. Danach Lehrer an der Gewerbeschule in Potsdam. 1873 Dr. phil. in Jena und 1876 Habilitation in Berlin. Seit 1876 Lehrer an der Gewerbeakademie in Berlin, 1882–1912 Professor für Maschinenlehre und Elektrotechnik an der Technischen Hochschule Berlin. Seit 1884 Leitung eines elektrotechnischen Laboratoriums. Enger Berater Wilhelms II. Forschungsschwerpunkt: Funktelegraphie.

Smend, Rudolf *(1851–1913)* *BBKL, online, Wesseling, BBKL X (1995), 652–655*
1869–74 Studium der Theologie und orientalischen Sprachen in Göttingen, Berlin und Bonn. 1874 Dr. phil. in Bonn, 1875 Lic. theol. und Habilitation in Halle/Saale. Seit 1880 Extraordinarius für Altes Testament in Basel, seit 1881 Ordinarius ebd. Seit 1889 Ordinarius in Göttingen. Initiator der Septuaginta-Edition zusammen mit Alfred Rahlfs, die seit 1907 von der Göttinger Gesellschaft der Wissenschaften gefördert wird. Schüler von Julius Wellhausen und Johann Gildemeister. Forschungsschwerpunkte: Quellenscheidung und Textgeschichte des Pentateuch.

Soden, Hans von *(1881–1945) DBETh, Bd. 2, 1262; BBKL, online, Wesseling, BBKL X (1995), 714–722*
1900–05 Studium der ev. Theologie in Berlin. 1905 Lic. theol. 1905–10 Assistent am Kgl. Preuß. Historischen Institut in Rom. 1910 Habilitation in Berlin. 1910–14 Privatdozent und Lehrer ebd. 1914–18 Divisionspfarrer. Seit 1918 Extraordinarius in Breslau, seit 1921 Ordinarius ebd. Seit 1924 in Marburg. 1933/34 vorübergehend zwangsemeritiert, dann aber wieder Rückkehr ins Ordinariat. Seit 1934 führender Kopf der Bekennenden Kirche in Kurhessen-Waldeck und Mitglied des Reichsbruderrates. Seit 1929 Co-Herausgeber der „Theologischen Rundschau" zusammen mit Rudolf Bultmann. Sohn von Hermann von Soden. 1907 Heirat mit Magdalena von Moeller (1883–1919), 1920 mit Hedwig von Moeller (1877–1963).

Soden, Hermann von *(1852–1914) DBETh, Bd. 2, 1262; BBKL, online, Wesseling, BBKL X (1995), 722–727; Markschies, Hermann von Soden*
1870–74 Studium der ev. Theologie in Tübingen. 1874–80 im Württembergischen Kirchendienst. 1881/82 im Pfarrdienst zuerst in Dresden, 1883–86 in Chemnitz, seit 1888 Pfarrer an der Jerusalems-Kirche in Berlin. 1889 Habilitation, seit 1893 Extraordinarius und seit 1913 ordentlicher Honorarprofessor in Berlin. Finanzielle Förderung seiner Forschung zu den Handschriften des Neuen Testaments durch die Mäzenin Elise König. Mitglied des ESK und Befürworter des Gemeindekonzepts von Emil Sulze. 1881 Heirat mit Gabriele von Schaedtler (1852–1925). Vertreter eines gemäßigt liberalen Protestantismus. Forschungsschwerpunkt: Neutestamentliche Textgeschichte.

Söderblom, Nathan *(1866–1931)* 1883–92 Studium der Klassischen Philologie und ev. Theologie in Uppsala. 1890 Reise in die USA und nach Amsterdam. Seit 1891 Vorsitzender des schwedischen CVJM. 1893 Ordination in Stockholm. 1893/94 Prediger in Uppsala. Seit 1894 kommissarischer Pfarrer der schwedischen Gemeinde in Paris und Seemannspfarrer in Dünkirchen, Calais und Boulogne. 1896–1901 Pfarrer in Paris. 1898 Diplom in Paris, 1901 Dr. theol. an der Sorbonne. Seit 1901 Professor in Uppsala, seit 1912 zusätzlich in Leipzig. 1914 Wahl zum Erzbischof von Uppsala, dem Primas der schwedischen Staatskirche. In den 1920er Jahren Pionier der ökumenischen Bewegung. 1925 Durchführung der „Weltkonferenz für praktisches Christentum" (Life and Work) in Stockholm. 1830 Friedensnobelpreis für seine ökumenische Arbeit. 1894 Heirat mit Anna Forsell. Forschungsschwerpunkte: Religionsgeschichtliche Studien.

Sokolowski, Paul Ernst *(1860–1934) Sokolowski, Lebenserinnerungen; Donnert, Die Universität Dorpat, 65f.; Kraushaar, Aufbruch zu neuen Ufern, 53, Anm. 134; Kolbinger, Das russische Seminar für röm. Recht, 71f., 145f., 205f.; HUB UA, UK Personalia, UK Personalia Sokolowski*
1879 Studium der Geschichte, 1879–84 Studium der Jurisprudenz in Dorpat. 1884–86 Anwalt in Moskau, 1887 in Riga. 1886/87 neun Monate Festungshaft in Warschau. 1888–90 Weiterbildung am russischen Seminar für römisches Recht bei der juristischen Fakultät der Universität Berlin. 1890 Magister jur. in Dorpat. 1892 Dr. iur. in Charkow. 1894–96 Ordinarius in Kiew, 1896–1906 Ordinarius für Römisches Recht in Moskau. 1906/07 Extraordinarius in Berlin, 1907/08 Ordinarius für römisches Recht in Königsberg. 1908–15 Kurator des Lehrbezirks Charkow. 1916–20 auf Schloss Jürgensburg bei Mitau. 1918 nach Jekatarinenburg verschleppt. Seit 1919 im Dienst des lettländischen Justizministers. 1921 Gründer der Rigaer Herder-Gesellschaft. 1933/34 Dozent in Kaunas/Kowno (Litauen).

Spahn, Martin *(1875–1945) Fuchs, Spahn, Martin; Anger, Spahn, Martin*
Seit 1892 Studium der Geschichte in Bonn, Berlin und Innsbruck. 1896 Dr. phil. bei Gustav Schmoller in Berlin, 1898 Habilitation ebd. Seit Frühjahr 1901 Extraordinarius für Geschichte in Bonn, seit Oktober 1901 Ordinarius in Straßburg. 1908–18 im Straßburger Gemeinderat, 1910–12 MdR (Zentrum), 1909–18 Vorsitzender der Zentrumsfraktion im Landtag von Elsass-Lothringen. Seit 1919 in

Berlin, seit 1920 Ordinarius in Köln. Seit 1921 Mitglied der DNVP, 1924–33 MdR (DNVP). 1933–45 MdR (NSDAP).

Spahn, Peter *(1846–1925)* *Fuchs, Spahn, Peter*
1874–87 Amtsrichter in Marienburg, 1887–92 Richter am Landgericht Bonn, 1892–96 am Oberlandesgericht in Posen, 1896–98 am Kammergericht in Berlin. 1898–1904 Reichsgerichtsrat in Leipzig, 1904–10 Oberlandesgerichtspräsident in Kiel und 1910–17 in Franfurt a.M. 1882–1908 MdPrA und 1890–1917 MdR (Zentrum). 1897–1912 Stellvertretender Zentrumsvorsitzender, 1912–17 Vorsitzender der Zentrumsfraktion im Reichstag. 1917/18 preuß. Justizminister. 1919 Mitglied der Nationalversammlung. Vater von Martin Spahn.

Speck von Sternburg, Hermann von *(1852–1908)* *Auswärtiges Amt, Biographisches Handbuch, Bd. 4, 300f.*
Seit 1870 im sächsischen Militärdienst. 1870/71 Teilnahme am dt.-franz. Krieg. 1876–79 preuß. Reitschule in Hannover. Seit 1880 Erster Assistent an der sächsischen Militärreitanstalt in Dresden. Seit 1884 Militärattaché in Washington D.C., seit 1891 in Peking. Seit 1892 im Auswärtigen Dienst. Seit 1893 Legationsekretär, 1894 Ausscheiden aus dem Militärdienst. Seit 1896 in Belgrad. 1898–1900 Erster Sekretär in Washington D.C., seit 1900 Generalkonsul für Britisch-Indien in Kalkutta. Seit 1903 Botschafter in Washington. Verheiratet mit Lilian May Langham.

Spener, Philipp Jacob *(1635–1705)* 1651–59 Philosophisches Grundstudium und Studium der ev. Theologie in Straßburg, Basel, Genf, Lyon und Tübingen. Seit 1663 Freiprediger am Straßburger Münster. 1664 Dr. theol. in Straßburg. 1666–86 Senior des luth. Predigerministeriums und Pfarrer an Barfüßerkirche in Frankfurt a.M. 1670 Gründung eines Collegium pietatis ebd. 1675 Veröffentlichung der „Pia Desideria". 1686–91 kursächsischer Oberhofprediger in Dresden. 1691–1705 Propst von St. Nikolai und brandenburgischer Konsistorialrat. Bestrebungen zur Reform der Kirche zu einem innerlichen Bekenntnischristentum. 1664 Heirat mit Susanna Ehrhardt (1644–1705).

Speyer, James *(1861–1941)* *Liebmann, The fall of the House of Speyer, bes. 6–8*
Studium in Oxford. Mitarbeit im Bankhaus seines Vaters Gustav Speyer in Frankfurt a.M., besonders für die Pariser und Londoner Geschäftssparte. Seit 1885 in New York, seit 1899 Leitung des Bankhauses. Finanzier von Eisenbahnunternehmen und Bildungsinstitutionen. 1897 Heirat mit Ellin Lowery.

Spitta, Friedrich *(1852–1924)* *DBETh, Bd. 2, 1272; BBKL, online, Wesseling, BBKL X (1995), 1024–1031; Meyer-Blanck, Spitta*
1871–75 Studium der ev. Theologie in Göttingen und Erlangen. Seit 1877 Stiftsinspektor in Halle/Saale. 1879 Lic. theol. in Leipzig. Seit 1879 Hilfsprediger an der Schlosskirche in Bonn. 1880 Habilitation ebd. 1881–87 Pfarrer in Oberkassel. Seit 1887 Ordinarius für Neues Testament und Praktische Theologie in Straßburg, seit 1918 in Göttingen. Seit 1896 zusammen mit Julius Smend Herausgeber der „Monatsschrift für Gottesdienst und kirchliche Kunst" (MGkK). 1899 Veröffentlichung des Elsässischen Gesangbuches, zusammen vorbereitet mit dem Alttestamentler Karl Budde. 1899 Heirat mit Mathilde Hiller. Schüler von Ludwig Schöberlein in Göttingen. Vertreter der älteren liturgischen Bewegung und eines theologischen Liberalismus. Forschungsschwerpunkte: Hymnologie und lutherische Gesangstraditionen. Sohn des ev. Pfarrers und Dichters Carl Johann Philipp Spitta.

Sprengel, Auguste *(1847–1934)* 1870–1903 Lehrerin und seit 1879 Leiterin einer höheren Mädchenschule in Waren (Mecklenburg). 1904 Gründung der ersten deutschen Frauenschule in Berlin. Mitglied im Deutschen Verein für das höhere Mädchenschulwesen und im Allgemeinen Wohlfahrts-Verein.

Stade, Bernhard *(1848–1906) Smend, Stade*
1867–71 Studium der ev. Theologie in Berlin und Leipzig. 1871 Dr. phil. und 1873 Lic. theol. in Leipzig. 1871–75 Kustos der Universitätsbibliothek ebd. Seit 1875 Ordinarius für Altes Testament in Gießen und Dr. theol. h.c. Begründer und Herausgeber der „Zeitschrift für alttestamentliche Wissenschaft". Vertreter einer liberalen Theologie. Forschungsschwerpunkte: Hebräische Grammatik und Geschichte Israels.

Stähelin, Rudolf *(1841–1900) DBETh, Bd. 2, 1276; BBKL, online, Wesseling, BBKL X (1995), 1109–1111*
1860–65 Studium der Theologie in Basel, Berlin und Tübingen bei Isaak August Dorner und Carl Immanuel Nitzsch. 1865 Examen und Ordination, 1869 Heirat mit Agnes Maria Stockmeyer, 1866–72 Vikar und Pfarrer im Baseler Umland. 1873 Habilitation in Basel, seit 1874 Extraordinarius und seit 1875 Ordinarius für Kirchengeschichte in Basel. 1880 Dr. theol. in Bern. Vertreter der Vermittlungstheologie. Forschungsschwerpunkt: Schweizer Reformations- und Territorialgeschichte.

Stammler, Rudolf *(1856–1938)* 1874–77 Studium der Jurisprudenz in Gießen und Leipzig. 1877 erstes jur. Staatsexamen und Dr. iur. in Gießen. 1879 zweites jur. Staatsexamen und Habilitation. Seit 1882 Extraordinarius in Marburg, seit 1884 Ordinarius in Gießen und seit 1885 Professor für röm. Recht in Halle/Saale, 1916–21 in Berlin. 1933 Beitritt der NSDAP. Seit 1934 Mitglied des rechtsphilosophischen Ausschusses der Akademie für Dt. Recht. Forschungsschwerpunkte: Pandekten und Rechtsphilosophie.

Stange, Carl *(1870–1959) DBETh, Bd. 2, 1279; BBKL, online, Wesseling, BBKL X (1995), 1153–1159; Fandrich, Carl Stange*
1888–92 Studium der ev. Theologie in Halle/Saale, Göttingen, Leipzig und Jena. 1895 Lic. theol. in Halle/Saale, seit 1903 Extraordinarius in Königsberg. 1903 Dr. theol. h.c. in Halle/Saale. 1904–12 Ordinarius für Systematische Theologie in Greifswald, 1912–35 in Göttingen. Seit 1920 Abt von Bursfelde. Vertreter einer modern-positiven Theologie. Forschungsschwerpunkte: Religionsphilosophie und Lutherdeutung.

Stein, Franz Joseph von *(1832–1909) Schmiesing, Stein, Franz; DBETh, Bd. 2, 1288*
1851–55 Studium der kath. Theologie und Philosophie, 1855 Priesterweihe. 1855–58 Kaplan, 1858–65 Lehrer in Schweinfurt und Würzburg. 1859 Dr. theol. ebd., Seit 1865 Extraordinarius, seit 1871 Ordinarius für Moral- und Pastoraltheologie in Würzburg. 1878 Ernennung zum Bischof von Würzburg, 1870 Bischofsweihe. 1897 Nominierung zum Erzbischof von München und Freising, 1898 Amtsantritt. Anregungen liturgischer Manuale in Würzburg und München.

Stein, Heinrich Friedrich Karl Freiherr vom *(1757–1831) Vierhaus, DBE, Bd. 9, 640–642*
Seit 1772 Studium in Göttingen, seit 1780 im preuß. Dienst. u.a. in der Bergwerksverwaltung. 1804–07 Minister für Wirtschaft und Finanzen. 1807/08 leitender Minister. Seit 1812 Berater des russ. Zaren Alexander I. 1813/14 Logistik und Verwaltung in den Befreiungskriegen. Seit 1817 in Nassau und Westfalen, dort u.a. Gründung der Sammlung von Quellen zur älteren dt. Geschichte, später als Monumenta Germaniae Historica bezeichnet. 1793 Heirat mit Wilhelmine Friederike von Wallmoden-Gimborn (1772–1819).

Stein, Marc Aurel *(1862–1943) Stein, Marc Aurel*
1879–84 Studium der Klassische Philologie und Indogermanistik in Wien, Leipzig und Tübingen. 1883 Dr. phil. 1884 linguistische Studien in Oxford und London. 1885/86 an der Budapester Ludovica Akademie. 1887 Reise nach Britisch Indien. Seit 1888 Principal der Oriental College und Registrar

der Punjab Universität in Lahore. Erforschung der Archäologie von Kaschmir. 1900/01 erste Expedition nach Zentralasien. Seit 1904 britischer Staatsbürger. Seit 1910 Leiter des Unterrichtswesens und des archäol. Dienstes im Nordwesten von Brit. Indien. 1910–29 Leiter des Indian Archaeological Survey. 1907 Entdeckung der sog. „Höhlen der 1000 Buddhas" bei Duanhuang mit einer „Verborgenen Bibliothek", die er zum Teil nach England brachte. 1909 Dr. h.c. in Oxford und Cambridge. 1912 Erhebung in den brit. Adelsstand.

Steinbeck, Johannes *(1873–1967)* *Lessing, Geschichte Theologie, 437–439; GStA PK, I. HA, Rep. 76, I. HA, Rep. 76 Va, Sekt. 7, Tit. IV, Nr. 19, Bd. VIII, o.Bl.*
1893–96 Studium der ev. Theologie in Erlangen und Berlin. 1897 und 1899 theol. Examina. 1897 Lic. theol. in Berlin. 1900–01 Hauslehrer, 1901–03 Inspektor am Domkandidatenstift und Domhülfsprediger. 1903–07 Pfarrer der Thomas-Kirche in Erfurt. Seit 1908 Extraordinarius für Praktische Theologie in Greifswald. Seit 1912 Ordinarius in Breslau. Heirat mit Johanna Dryander, Tochter des Oberhofpredigers Ernst Dryander. Schüler von Franz Hermann Reinhold Frank. Vertreter einer empirisch-kritischen praktischen Theologie. Forschungsschwerpunkte: Katechetik und Kybernetik.

Stern, Ludwig *(1846–1911)* *Jacobs, Ludwig Stern; Lohse, Bibliotheksdirektoren der ehemals preuß. Universitäten, 242*
1865–69 Studium der orientalischen Sprachen in Göttingen und Berlin. Ab 1870 Lehrer in Freienwalde. 1872 Ägyptenreise mit Georg Ebers. 1873/74 Leiter Khediven-Bibliothek in Kairo. Seit 1874 Direktorialassistent in der ägyptischen Abteilung der Kgl. Museen unter Richard Lepsius. 1875 Mitarbeit an einem Glossar zum „Papyrus Ebers". Seit 1875 Katalogisierung der koptischen Bestände in der Kgl. Bibliothek. 1880 Publikation einer „Koptischen Grammatik". 1881 Dr. phil. in Leipzig. Seit 1886 Bibliothekar an der Kgl. Bibliothek. Abwendung von der Ägyptologie und Koptologie und Zuwendung zur Keltologie. Seit 1905 Direktor der Handschriftenabteilung der Kgl. Bibliothek, Verfasser des ersten alphabetischen Katalogs aller Nachlässe. Forschungsschwerpunkte: Ägyptologie, Koptologie, Keltologie.

Steuernagel, Carl *(1869–1958)* *Madey, Steuernagel; Professorenkatalog Halle, online, Carl Steuernagel*
1887–92 Studium der ev. Theologie in Halle/Saale. 1892 Erstes Theologisches Examen und Eintritt in das Wittenberger Predigerseminar. 1894 Dr. phil. in Halle/Saale und 1895 Lic. theol. und Habilitation ebd. 1896 Zweites Theologisches Examen. Seit 1906 Assistent für die christlich-archäologische Sammlung der Universität Halle/Saale. Seit 1907 Extraordinarius für Altes Testament ebd. und seit 1912 etatsmäßiger Extraordinarius ebd. 1914–35 Ordinarius in Breslau und 1946–48 in Greifswald. Vertreter einer alttestamentlichen Forschung im Anschluss an Julius Wellhausen. Forschungsschwerpunkte: Alttestamentliche Kultgeschichte, Einleitung in das AT und Hebräische Grammatik.

Stier, Ewald *(1864–1946)* *Weise/Wolfes, Stier, Ewald*
Studium in Berlin. Seit 1890 Domhilfsprediger, seit 1891 Kreispfarrvikar in Dessau und 1892–1902 Diakonus an der Marienkirche in Dessau. 1902–16 Pfarrer in Alten (Anhalt). Seit 1903 Mitglied und Geschäftsführer der „Freunde der Christlichen Welt" und Mitarbeiter der Zeitschrift. 1908 Reise nach Armenien. Organisator der Armenien-Hilfe im Ersten Weltkrieg. 1917–33 Pfarrer in verschiedenen Anhalter Gemeinden. Seit 1920 Betreuung der „Kirchlichen Chronik". 1920–27 und 1931–33 Mitglied des Landeskirchenrats in Anhalt.

Stintzing, Wilhelm *(1851–1939)* Freund Harnacks aus Erlangen. Sohn des Professors für Römisches Recht Roderich von Stintzing.

Stoecker, Adolf *(1835–1909)* *DBETh, Bd. 2, 1297; Puschner, Stoecker; Jähnichen, Stoecker*
1853–58 Studium der Theologie in Halle/Saale und Berlin, 1863–71 Pfarrer in Seggerde (Altmark) und Hamersleben (Magdeburger Börde). 1871–73 Divisionspfarrer in Metz. 1874–90 Hof- und Domprediger in Berlin. Seit 1877 Leitung der Berliner Stadtmission. 1878 Gründung der Christlich-Sozialen Arbeiterpartei. Seit 1879 antisemitische Agitation. 1879–98 MdPrA, 1881–93 und 1898–1908 MdR. Seit 1887 Herausgeber der „Deutschen Evangelischen Kirchenzeitung". Mitbegründer des ESK und der FKSK.

Stotzingen, Fidelis von *(1871–1947)* *Pacelli Edition, Kurzbiografien, online, Stotzingen, Fidelis*
Seit 1890 Novize in der Benediktiner-Abtei Beuron. 1892 Profess. 1892–98 Studium der kath. Theologie in Rom. 1898 Priesterweihe, Dr. phil und Dr. theol. ebd. 1899–1901 in Beuron. 1901–13 Abt von Maria Laach. 1913–47 Abtprimas der Benediktinischen Konföderation.

Strack, Hermann Leberecht *(1848–1922)* *DBETh, Bd. 2, 1302; Dahm, Strack; Strack, Hermann*
Studium der Theologie und Philologie. 1873 Promotion, anschließend Studienreise nach Russland. Seit 1877 Extraordinarius für orientalische Sprachen in Berlin. 1883 Gründung und seit 1886 Leitung des Institutum Iudaicum in Berlin. Seit 1910 ordentlicher Honorarprofessor. Judenmissionarische Tätigkeit parallel zu seinen Forschungen; trotzdem gegen antisemitische Agitationen. Forschungsschwerpunkte: Jüdischer Ursprung des Christentums und Überarbeitung des „Kommentars zum Neuen Testament aus Talmud und Midrasch" von Paul Billerbeck.

Strauß, David Friedrich *(1808–1874)* 1825–30 Studium der Theologie im Tübinger Stift. 1830 Vikariat, 1831 Promotion in Tübingen. 1831/32 Studium bei Hegel und Schleiermacher in Berlin. 1832–35 Stiftsrepetent, 1835–39 im Kirchendienst. 1839 Dogmatikprofessur in Zürich. Danach freier Schriftsteller.

Strohl-Fern, Alfred *(1847–1927)* *Feo, Strohl-Fern; Thomé, Utopie des Strohl-Fern, 93–112*
Maler, Bildhauer und Kunstmäzen aus dem Elsass. Künstlerausbildung in Paris. Seit 1875 in Rom, seit 1879 Aufbau einer internationalen Künstlerresidenz in Rom.

Studemund, Wilhelm *(1843–1889)* *Vierhaus, DBE, Bd. 9, 801*
Studium der klassischen Philologie in Berlin und Halle/Saale. 1864 Dr. phil. ebd. 1864–68 Studienreise nach Italien. Seit 1868 Extraordinarius, seit 1869 Ordinarius für klassische Philologie in Würzburg, seit 1870 in Greifswald, seit 1872 in Straßburg, seit 1885 in Breslau. Ratgeber des Statthalters Edwin von Manteuffel. Forschungsschwerpunkt: Plautus.

Studt, Konrad von *(1838–1921)* *Vierhaus, DBE, Bd. 9, 804; Westfälische Geschichte Internet-Portal, Personen-Suche , Konrad von Studt*
Studium der Jurisprudenz in Breslau und Bonn. 1864, 1866, 1870/71 Kriegsteilnahme. 1865–67 Gerichtsassessor in Breslau, 1867–75 Landrat in Obornik (Bezirk Posen). Seit 1876 Hilfsarbeiter im Innenministerium, seit 1880 Vortragender Rat. 1882–84 Regierungspräsident von Königsberg, seit 1884 Mitglied des Staatsrats. 1887–89 Unterstaatssekretär im Innenministerium für Elsaß-Lothringen. 1889–99 Oberpräsident von Westfalen. 1899–1907 preuß. Kultusminister. Gründung der Technischen Hochschulen Danzig und Breslau in seiner Amtszeit. 1906 geadelt. Seit 1907 MdH.

Stumpf, Carl *(1848–1936)* Studium der Philosophie, Theologie und Naturwissenschaften in Würzburg und Göttingen. 1858 Dr. phil. und 1870 Habilitation ebd. 1873–78 Ordinarius für Philosophie in Würzburg, 1878–85 in Prag, 1885–89 in Halle/Saale, 1889–94 in München und 1894–1921 in Berlin. 1894 Gründung eines psychologischen Seminars. Pionier der experimentellen Psychologie und der Musikethnologie.

Stutz, Ulrich *(1868–1938)* *DBETh, Bd. 2, 1310f.; Fuchs, Stutz*
Seit 1887 Studium der Rechtswissenschaften in Zürich, seit 1888 in Berlin, dort auch bei Adolf Harnack. 1892 Dr. iur. utriusque. 1894 venia legendi in Basel, seit 1895 Extraordinarius für Deutsches Recht ebd. Seit 1896 Ordinarius für Deutsches Recht und Kirchenrecht in Freiburg i.Br., seit 1904 Ordinarius, 1917–36 in Berlin. 1904 Gründung des Kirchenrechtlichen Instituts. 1898 Heirat mit Elly Windelband (1879–1964), Tochter des Philosophen Wilhelm Windelband. 1912 Dr. phil. und 1914 Dr. theol. h.c. Forschungsschwerpunkt: Eigenkirchenrecht.

Sybel, Heinrich von *(1817–1895)* *Vierhaus, DBE, Bd. 9, 849*
1826–34 Studium der Geschichte und Jurisprudenz in Berlin. 1838 Dr. phil. ebd. 1840 Habilitation in Bonn. Seit 1845 Ordinarius in Marburg, seit 1856 in München, seit 1861 in Bonn. Seit 1875 Direktor der preuß. Staatsarchive in Berlin. Seit 1857 Mitglied der Kgl. BAdW. 1857 Gründung des Hist. Seminars in München und 1859 der „Historischen Zeitschrift". Gründungsmitglied und Sekretär der Hist. Kommission bei der BAdW, seit 1886 ihr Vorsitzender. 1862–64, 1874–80 MdPrA (Nationalliberal), seit 1867 MdR Norddeutschen Bundes. Forschungsschwerpunkte: Ma. Geschichte und Geschichte der Revolutionszeit.

Tangl, Michael *(1861–1921)* *Vierhaus, DBE, Bd. 9, 864f.*
1881–87 Studium der Geschichte in Wien, u.a. am Österreichischen Institut für Geschichtsforschung. 1889 Dr. phil. Danach Tätigkeit als Archivar. 1892 Habilitation in Wien. Seit 1895 Extraordinarius in Marburg und Herausgeber für die MGH. Seit 1897 Extraordinarius in Berlin. Seit 1902 Mitglied der Zentraldirektion der MGH, Leiter der Epistolae-Abteilung, seit 1904 Leiter der Diplomata Karolinorum. 1908 Gründung der Zeitschrift „Archiv für Urkundenforschung". 1914–19 stellvertretender Vorsitzender der Zentraldirektion der MGH. Forschungsschwerpunkt: Edition ma. Quellen.

Thieme, Karl *(1862–1932)* *Schmitt, Thieme, Karl, sen.; Professorenkatalog Leipzig, online, Karl Thieme sen.*
1882–86 Studium der ev. Theologie in Leipzig.1887 Dr. phil. und 1888 Lic. theol., 1890 Habilitation ebd. 1894–1930 planmäßiger Extraordinarius für Systematische Theologie in Leipzig. Vertreter eines konservativen Luthertums. Forschungsschwerpunkte: Lutherische Theologie und Philosophie der Aufklärung.

Thiersch, Johanna *(1836–1926)* *Harnack, Johanna Thiersch*
Geb. in Gießen, katholisch getauft, ab 1852 in München. 1855 Heirat mit Karl Thiersch. Mutter von Amalie Harnack.

Thiersch, Karl *(1822–1895)* *Pagel, Thiersch, Ärzte-Lexikon; Professorenkatalog Leipzig, online, Karl Thiersch*
1840–43 Studium der Medizin in München. 1843 Promotion ebd. Nach Studien in Berlin 1844–46 Assistenzarzt in München. 1845 Approbation. Seit 1847 Arzt in der Pathologischen Anatomie in München. 1849 Habilitation ebd. 1850–53 Militärarzt im dt.-dän. Krieg. Seit 1854 Ordinarius für Chirurgie und Augenheilkunde in Erlangen, seit 1867 in Leipzig. 1870/71 Militärarzt im dt.-franz. Krieg. 1858 Heirat mit Johanna von Liebig, Tochter von Justus von Liebig. Schwiegervater von Harnack.

Tholuck, August *(1799–1877)* *BBKL, online, Wesseling, BBKL XI (1996), 1251–1266; Wenz, Tholuck*
1816/17 Studium der Orientalistik in Breslau, 1817–19 Studium der ev. Theologie in Berlin. Erweckungserlebnisse, die ihn vorübergehend zur Mission tendieren lassen. 1820 Habilitation in Berlin gegen die Widerstände der Fakultät, v.a. Schleiermachers. 1822 Dr. theol. h.c. in Jena. Seit 1823 Extraordinarius für Altes Testament in Berlin. 1825 Forschungsreise zu Handschriftenstudien nach

Leiden, London, Oxford und Paris. Seit 1826 Ordinarius in Halle/Saale. Seit 1827 Mitherausgeber der „Evangelischen Kirchenzeitung für das protestantische Deutschland" (EKZ) zusammen mit Ernst Wilhelm Hengstenberg und Ludwig von Gerlach. 1826/27 und 1829/30 erweckungstheologischer Kontrahent der rationalistischen Hallenser Theologen. 1828/29 Gesandtschaftsprediger in Rom und Handschriftenstudien ebd. 1839–1877 Universitätsprediger. Seit 1822 Mitglied der „Berliner Gesellschaft zur Beförderung des Christentums unter den Juden". 1831 Heirat mit Henriette Heydrich, 1838 mit Mathilde Freiin von Gemmingen. 1871 Stiftung des „Tholuckschen Konvikts" in Halle/Saale durch seine Frau. Vertreter einer pietistischen Erweckungstheologie. Forschungsschwerpunkte: Islamische Mystik, Orientalistik und lutherische Erweckungstheologie.

Thomas von Aquin *(1224/25–1224/25)* *Klettern, Thomas von Aquin; Pesch, Thomas v. Aquin/ Thomismus, 433–436*
Seit 1230 Oblate in Montecassino. Seit 1239 Studium generale in Neapel. 1244 Eintritt in den Dominikanerorden. 1244/45 Inhaftierung durch die eigene Familie. Seit 1245 erst in Neapel, dann in Paris und Köln. 1248–52 als Schüler Albertus Magnus' ebd. und Priesterweihe. 1252–56 Sententiarius in Paris, 1256–59 Magister ebd. 1256 Licentia doceni. 1259–61 in Neapel. 1261–65 Konventslektor in Orvieto, 1265–68 in Rom. 1268–72 Lehrer in Paris und 1272/73 in Neapel. Rezeption des Aristoteles. Hauptwerk: Summa theologiae.

Thönes, Carl *(1843–1895)* *Jösting, Predigt zum Gedächtniß, 20f.; Umbeck, Ansprache des Präses; Pfarrerdatenbank, AEKR , Thönes, Carl*
1865–68 Studium der ev. Theologie in Bonn und Göttingen, u.a. bei Albrecht Ritschl. 1869 und 1870 theol. Examina. 1870 Dr. phil. und Lic. theol. in Bonn. 1871 Ordination. 1869 Hauslehrer, 1870 vorübergehend Stiftsinspektor. 1871/72 Pfarrer in Seelscheid, 1872–74 in Wald (Solingen), 1874–95 in Lennep. 1888–95 Superintendent in Lennep. Mitarbeiter und Redakteur der „Theologischen Literaturzeitung". Vorsitzender des Rheinischen Hauptvereins des evangelischen Bundes. Vater von Adelheid Thönes, Ehefrau von Heinrich Weinel. Schüler Albrecht Ritschls. Vertreter einer liberalen Theologie. Forschungsschwerpunkte: Theologie Schleiermachers und theol. Ethik.

Tilmann, Albert *(1867–1923)* *Lüdicke, Preußische Kultusminister, 102: Nr. 149*
1885–88 Studium der Philologie, dann Rechtswissenschaft in Freiburg i.Br., Straßburg, München und Bonn. Seit 1888 im juristischen Dienst im Rheinland. Seit 1897 Hilfsarbeiter im Kultusministerium, seit 1903 Vortragender Rat in der Abteilung U I. 1917–22 Regierungspräsident in Osnabrück.

Tilmann, Franz *(1865–1936)* *Tilmann, Franz, RPB*
Studium der Theologie in Innsbruck und Trier. 1888 Priesterweihe ebd. 1888–93 Kaplan in Trier, 1893–1901 Pfarrer in Bad Kreuznach, 1901–09 in Koblenz. Seit 1909 Domkapitular in Trier, 1912–35 Generalvikar ebd. Vertreter der kath. Arbeiterbewegung.

Tilmann *(o.D.)* Geistlicher.

Tirpitz, Alfred von *(1849–1930)* 1865 Eintritt in die Marine. 1877/78 Erster Offizier. 1879–86 Dezernent für Torpedoangelegenheiten. 1888 Kapitän zur See. 1892–96 Stabschef beim Oberkommando. 1896/97 Chef eines Kreuzergeschwaders in Asien. 1897 Staatssekretär im Reichsmarineamt. 1898–1916 Marineminister. 1899 Vizeadmiral, 1903 Admiral, 1911 Großadmiral. Vertreter einer preuß. Vormachtstellung auf See. 1908–18 MdH. 1917 Gründung der „Deutschen Vaterlandspartei" zusammen mit Wolfgang Kapp. 1924–28 MdR (DNVP). 1884 Heirat mit Marie Lipke (1860–1948).

Titius, Arthur *(1864–1936) Wobbermin, Arthur Titius; Henning, Titius; Lessing, Geschichte Theologie, 308–311*
1883–90 Studium der Theologie in Königsberg und Berlin. 1890 Lic. theol. und 1891 Habilitation. Seit 1895 Extraordinarius für systematische Theologie in Kiel, seit 1900 Ordinarius ebd., seit 1906 in Göttingen. 1921–32 Ordinarius in Berlin. Seit 1911 Mitherausgeber der „Theologischen Literaturzeitung". Mitglied der Ritschlschen Schule. Seit 1890 Mitglied des ESK. Pionier der ökumenischen Bewegung. Forschungsschwerpunkt: Religionsphilosophie.

Traub, Friedrich *(1860–1939) Troeltsch, Absolutheit des Christentums, KGA 5, 263f.; Troeltsch, Briefe II, KGA 19, 101, Anm. 6; Lessing, Geschichte Theologie, 314–316*
1878–82 Studium der ev. Theologie in Tübingen, 1882 Erstes Theologisches Examen 1883–84 Vikar in Ruith und Plochingen, 1884–85 Vikar in Reutlingen, 1885–88 Repetent am Stift in Tübingen, 1887 Zweites Theologisches Examen, 1889–95 Pfarrer in Leonberg, 1895–1903 Professor am theologischen Seminar in Schönthal (Württemberg), 1903–10 Ephorus ebd. Seit 1910 Ordinarius für Systematische Theologie in Tübingen, Ephorus und Inspektor des Stifts. Ritschlianer. Forschungsschwerpunkte: Systematische Theologie und Religionsphilosophie.

Traub, Gottfried *(1869–1956) BBKL, online, Wesseling, BBKL XII (1997), 417–424*
1887–92 Studium der ev. Theologie in Tübingen, 1892 Lic. theol. und Ordination. 1892–95 Hilfsprediger in Ebingen. 1895 diakoniewissenschaftliche Studienreisen in die Niederlande, Belgien und Norddeutschland. 1895–1900 Repetent am Tübinger Stift. 1898 zweite theol. Prüfung. Seit 1900 Pfarrer in Schwäbisch Hall, seit 1901 in Dortmund. Sozialkirchliches Engagement im „National-sozialen Verein" Friedrich Naumanns und bei Streiks im Ruhrgebiet. Vertreter eines liberalen Protestantismus. Seit 1912 Direktor des „Deutschen Protestantenbundes", seit 1913 Präsidiumsmitglied im „Protestantenverein" und seit 1905 Schriftführer des „Ev. Gemeindeblattes für Rheinland und Westfalen". 1912 Entlassung aus dem Pfarrdienst nach kritischen Äußerungen zum Dienstbeanstandungsverfahren gegen Carl Jatho. Seit 1913 MdPrA (Fortschrittspartei). Seit 1917 Mitglied der „Dt. Vaterlandspartei" und seit 1918 der DNVP. 1920 Beteiligung am Kapp-Putsch als Informationschef. 1921–34 Herausgeber der „München-Augsburger Abendzeitung". Seit 1934 Mitglied der Bekennenden Kirche. Forschungsschwerpunkte: Diakonie und soziale Arbeit der Kirche, theol. Ethik.

Troeltsch, Ernst *(1865–1923) BBKL, online, Wesseling, BBKL XII (1997), 497–562; Rendtorff, Troeltsch; Graf, Ernst Troeltsch*
1884–88 Theologiestudium in Erlangen, Berlin und Göttingen, 1888 Ordination in München, 1891 Lic. theol. und Habilitation in Göttingen. Seit 1892 Extraordinarius in Bonn, seit 1894 Ordinarius in Heidelberg, seit 1915 an der philosophischen Fakultät der FWU Berlin. Seit 1922 Mitglied der PAW. Vertreter der Religionsgeschichtlichen Schule. 1901 Heirat mit Marta Fick.

Trotha, Lothar von *(1848–1920)* 1865 Eintritt in die Infanterie. 1866 Teilnahme am dt.-dt. Krieg, 1870/71 am dt.-franz. Krieg. Seit 1894 Kommandeur der Schutztruppe und stellv. Gouverneur in Deutsch-Ostafrika. 1900/01 Teilnahme an der Niederschlagung des „Boxeraufstands" in China. 1904/05 Oberbefehlshaber der Schutztruppe und Gouverneur in Dt.-Südwestafrika. 1904 Befehlsgeber zur Vernichtung der Herero und Nama. 1872 Heirat mit Bertha Neumann (1850–1905), 1912 Lucy Herber, geb. Goldstein-Brinckmann (1881–1958).

Trott zu Solz, August von *(1855–1938)* 1875–78 Studium der Jurisprudenz in Würzburg, Heidelberg und Leipzig. Seit 1884 Regierungsassessor in Oppeln. 1885/86 und 1888 Begleiter des hessischen Landgraf Friedrich Wilhelm auf dessen Reisen. 1886–92 Landrat des Kreises Höchst/Main, 1892–94 in Marburg. 1894–98 MdPrA. 1894–98 im preuß. Innenministerium. 1898/99 Regierungspräsident in Koblenz, 1899–1905 in Kassel, 1905–09 Oberpräsident der Provinz Brandenburg. 1909–17 preuß. Kultusminister. 1916 Berufung Carl Heinrich Beckers zum Hochschulreferenten. 1917–19 Oberpräsident von Hessen-Nassau. 1921–26 Vertreter Hessen-Nassaus im Reichsrat. 1901 Heirat mit Eleonore von Schweinitz (1875–1948).

Tschackert, Paul *(1848–1911)* *Bonwetsch, Tschackert; Professorenkatalog Halle, online, Paul Tschackert*
Seit 1868 Studium der Theologie, Philosophie und Geschichte in Breslau, 1869–71 Halle/Saale. 1872/73 Hauslehrer in Frankfurt a.O. beim Grafen Frankenstein-Trossin. Seit 1873 Forschungen zu Petrus Alliacenus in Göttingen bei Georg Waitz und Julius August Wagenmann, Dr. phil. in Leipzig. 1875 Lic. theol. und Habilitation in Breslau. Seit 1877 Extraordinarius für Kirchengeschichte in Halle/Saale, seit 1884 Ordinarius in Königsberg, seit 1890 in Göttingen Nachfolger vonWagenmann. 1883 Dr. theol. h.c. in Halle/Saale. Schüler Hermann Reuters und Vertreter der positiven Theologie. Forschungsschwerpunkte: Reformationsgeschichte Preußens und Niedersachsens.

Twesten, August *(1789–1876)* *BBKL, online, Wesseling, BBKL XII (1997), 758–761*
Studium der Philosophie und Philologie in Kiel, der Theologie in Berlin. 1811–13 Hauslehrer in Eimsbüttel. Schüler Schleiermachers. 1813 Promotion in Kiel. 1813/14 Lehrer in Berlin. Seit 1814 Extraordinarius für Systematische Theologie in Kiel, seit 1819 Ordinarius ebd. 1826 Dr. theol. h.c. in Bonn. Seit 1834 in Berlin als Nachfolger Schleiermachers. Seit 1841 im Brandenburgischen Konsistorium, seit 1852 im EOK. 1816 Heirat mit Catharina Amalia Behrens (1795–1878). Vertreter einer Vermittlungstheologie. Forschungsschwerpunkte: Symbolik und Dogmatik.

Tyrrell, George *(1861–1909)* *BBKL, online, Wesseling, BBKL XII (1997), 781–788*
1879 Konversion von der anglikanischen zur katholischen Kirche. Seit 1889 Mitglied der Gesellschaft Jesu (SJ). 1882 Empfang der niederen Weihen. Theologiestudium. 1891 Priesterweihe. Arbeiterseelsorger in Oxford, Preston und St. Helens bei Liverpool. Seit 1894 Dozent für Moraltheologie in London. Seit 1896 in der Redaktion des Periodikums „The Month“. Seit 1900 zunehmend kritischere Haltung zur katholischen Kirche und ihrer Theologie. Publikationsverbot, Untersagung des Priesterdienstes, Indizierung seiner Werke und 1906 Ausschluss aus dem Jesuitenorden. 1907 Exkommunikation durch Pius X. Vertreter eines modern-katholischen Theologie.

Uexküll, Jakob Baron von *(1864–1944)* 1884–90 Studium der Zoologie in Dorpat. 1885/86 Forschungsreise nach Kroatien. 1891–1903 Forscher in Heidelberg, Neapel und auf seinen Gütern in Estland. Seit 1903 in Heidelberg. 1925–40 Leiter des Instituts für Umweltforschung in Hamburg. Seit 1940 auf Capri. Vertreter eines Neovitalismus. Forschungsschwerpunkt: Physiologie. 1903 Heirat mit Gudrun von Schwerin.

Vahlen, Johannes *(1830–1911)* 1848–52 Studium der klassischen Philologie in Bonn. 1852 Dr. phil. ebd. 1852–54 Lehrer am Bonner Gymnasium. 1854–56 Bearbeitung der Gesamtausgabe der Fragmente des Ennius. Seit 1856 Extraordinarius in Breslau, 1858/59 Ordinarius für klassische Philologie in Freiburg i.Br., 1859–74 in Wien, seit 1874 in Berlin. 1864 Begründer des „Corpus scriptorum ecclesiasticorum Latinorum“ (CSEL) in Wien. Zweiter Sekretar der historisch-philosophischen Klasse der PAW. Forschungsschwerpunkt: Textphilologische Forschung. 1858 Heirat mit Sophie Ambrosch (*nach 1837–vor 1862), 1862 mit Amalie Ambrosch (1837–77), 1883 mit Karoline Heistermann v. Ziehlberg, geb. von Nolting (1831–1908).

Valentini, Rudolf von *(1855–1925)* Studium der Jurisprudenz in Straßburg. Seit 1879 Referendar in Köslin. Seit 1882 Verwaltungsjurist, seit 1886 Regierungsassessor in Königsberg. 1888–99 Landrat von Hameln. Seit 1899 im Geheimen Zivilkabinett Wilhelms II. 1906–08 Regierungspräsident von Frankfurt a.O. 1908–18 Chef des Zivilkabinetts.

Victoria *(1840–1901)* 1841–58 Princess Royal von Großbritannien und Irland. 1858 Heirat mit Prinz Friedrich Wilhelm von Preußen. Prinzessin von Sachsen-Coburg und Gotha, Herzogin von Sachsen. Gemahlin von Friedrich III. Nach dessen Tod nannte sie sich in seinem Andenken Kaiserin Friedrich. Mutter Wilhelms II.

Vittorio Emanuele III *(1869–1947)* *Vittorio Emanuele III*
Militärische Ausbildung, seit 1897 Kommandeur in Neapel. Sohn von Umberto I und Margeritha di Savoia. 1896 Heirat mit Elena di Montenegro. 1900–46 italienischer König. Im Ersten Weltkrieg Allianz mit Großbritannien und Frankreich. 1922 kein Widerspruch gegen Mussolinis Marsch auf Rom. 1936–41 Kaiser von Äthiopien und 1939–43 von Albanien.

Villari, Pasquale *(1827–1917)* *Villari, Pasquale; Moretti, Villari*
1848 Beteiligung an dem Aufstand gegen die Bourbonen in Neapel. Seit 1849 in Florenz Archivstudien zu Girolamo Savonarola. 1859–65 Professor für Geschichte in Pisa, 1865–1913 am Istituto Superiore in Florenz. Seit 1878 Mitglied der Accademia dei Lincei, 1902–04 deren Präsident. Mitgliedschaft in zahlreichen europäischen und amerikanischen Akademien. 1891 Orden Pour le mérite. 1870–76, 1880–82 Parlamentsabgeordneter. Seit 1884 Senator, 1891–92 Kultusminister, 1898–1911 Präsident des Istituto storico italiano. Verheiratet mit Linda White Mazini Villari. Forschungsschwerpunkte: Geschichte des Spätmittelalters und der Renaissance.

Vilmar, August Friedrich *(1800–1868)* *DBETh, Bd. 2, 1367f.; Wesseling, Vilmar; Keller, Vilmar*
1818–20 Studium der Klassischen und deutschen Philologie sowie ev. Theologie in Marburg. Seit 1820 Hauslehrer, 1821 Ordination zum Pfarrer. 1824–27 Rektor in Rotenburg/Fulda, 1827–31 Lehrer in Hersfeld, 1831–33 Mitglied der kurhessischen Ständeversammlung (Liberal). Seit 1833 Direktor des kurfürstlichen Gymnasiums in Marburg. 1848–51 Redakteur der restaurativ-konservativen Zeitung „Der hessische Volksfreund“, 1836–55 Mitglied der Unterrichts- und Kirchenkommission und seit 1850 Vortragender Rat im Kasseler Innenministerium. 1851–55 stellvertretender Kasseler Generalsuperintendent, 1852–54 Abgeordneter der 1. Ständekammer des kurhess. Parlaments. Seit 1855 Ordinarius für Dogmatik in Marburg. Seit 1854 Mitarbeiter am „Deutschen Wörterbuch“ der Brüder Grimm. Vertreter einer lutherischen episkopal-pastoral geleiteten Kirche.

Virchow, Rudolf *(1821–1902)* *Goschler, Rudolf Virchow*
1839–43 Studium der Medizin in Berlin. 1843 Dr. med. 1843/44 Unterarzt an der Charité. 1844–46 Assistent bei Robert Froriep in der Pathologie. Seit 1846 Prosektor an der Charité. 1847 Habilitation ebd. 1847 Gründung der Zeitschrift „Archiv für pathologische Anatomie und Physiologie und für klinische Medizin“. 1848/49 Herausgeber der Wochenzeitschrift „Medizinische Reform“. 1849–56 Ordinarius für Pathologische Anatomie in Würzburg, seit 1856 Leiter des Instituts für Pathologische Anatomie an der Universität Berlin und Prosektor der Charité. 1899 Eröffnung des Pathologischen Museums. Außerdem Mitbegründer des Museums für Völkerkunde 1886, für Volkstrachten 1889 und des Märkischen Provinzialmuseums 1874. 1859–1902 Berliner Stadtverordneter. Kommunalpolitisches Engagement für die Modernisierung der Berliner Infrastruktur zur Etablierung einer besseren Hygiene. Seit 1861 MdPrA, 1880–93 MdR. Mitbegründer der Deutschen Fortschrittspartei. Begründer der modernen Pathologie. Forschungen zur Anthropologie und Urgeschichte. 1850 Heirat mit Ferdinande Mayer (1832–1913).

Voigt, Heinrich Gisbert *(1860–1933)* *Tilitzki, Albertus-Universität, 637; Professorenkatalog Halle, online, Heinrich Voigt*
1878–81 Studium der Theologie in Königsberg, Leipzig und Berlin. 1883–94 im Pfarrdienst in Berlin, Ernstbrunn (Österreich) und Köpenick. 1890 Lic. theol. in Königsberg, 1892 Habilitation in Berlin. Seit 1894 Extraordinarius für Kirchengeschichte in Königsberg als Nachfolger von Friedrich Bosse, seit 1899 in Kiel als Nachfolger desselben, seit 1901 in Halle/Saale. Seit 1914 ordentlicher Honorarprofessor, 1921–25 Ordinarius ebd. 1898 Dr. theol. h.c. Königsberg. Forschungsschwerpunkt: Mittelalterliches Mönchtum. Sohn des Königsberger Dogmatikprofessors Heinrich Voigt.

Voigts, Bodo *(1844–1920)* *Lerche, Verzeichnis EOK, 193: Nr. 161*
Seit 1891 Oberverwaltungsgerichtsrat in Berlin. Seit 1894 Präsident des Ev.-Luth. Landeskonsistoriums in Hannover. 1903–19 Präsident des EOK. Seit 1916 Mitglied des Herrenhauses auf Lebenszeit.

Vollert, Ernst *(1855–1931)* *Degener, Wer ist's, 1928, 1621; Wenzel, Deutsche Wirtschaftsführer, 2355*
1869–73 Buchhändlerausbildung in Stargard. 1873–82 Tätigkeiten in Berlin und Bromberg. 1882–88 Kollektivprokurist im Verlag von Paul Parey in Berlin, 1888–91 Geschäftsführer ebd., 1891–1928 zusammen mit Paul Parey Inhaber der Weidmannschen Verlagsbuchhandlung, ein auf die Altertumswissenschaft spezialisierter Verlag. Seit 1907–10 Vorsitzender des Börsenvereins Deutscher Buchhändler zu Leipzig.

Wagenmann, Julius August *(1823–1890)* *Bonwetsch, Wagenmann*
1841–45 Studium der Theologie in Tübingen, 1849–51 Repetent am Stift. 1852–61 Pfarrer in Württemberg. 1861–90 Ordinarius für Kirchengeschichte in Göttingen. 1861–78 Redakteur der „Jahrbücher für deutsche Theologie". Seit 1878 preuß. Konsistorialrat. Forschungsschwerpunkt: Enzyklopädische Artikel.

Wagner, Adolph *(1835–1917)* *Vierhaus, DBE, Bd. 10, 340f.*
Studium der Jurisprudenz in Heidelberg. 1857 Dr. iur. in Göttingen. Seit 1858 Dozent an der Handelsakademie in Wien, seit 1863 in Hamburg. 1865–68 Ordinarius in Dorpat, seit 1868 in Freiburg i.Br., seit 1870 in Berlin. 1872 Gründung des „Vereins für Sozialpolitik" zusammen mit Gustav Schmoller. 1878–85 MdPrA (konservativ). Seit 1890 Mitglied im ESK. Sohn des Physiologen Rudolph Wagner, Bruder des Geographen Hermann Wagner. Forschungsschwerpunkt: Nationalökonomie.

Waitz, Georg *(1813–1886)* *Vierhaus, DBE, Bd. 10, 362f.*
1832–36 Studium der Jurisprudenz, Theologie und Geschichte in Kiel und Berlin. 1836 Dr. phil. ebd. Seit 1836 Mitarbeiter der MGH in Hannover. 1837, 1839/40, 1841 Archivreisen nach Südfrankreich, Paris und Thüringen. Seit 1842 Ordinarius für Geschichte in Kiel, seit 1848/49 in Göttingen. 1848/49 Teilnahme an der Frankfurter Paulskirchenversammlung. Seit 1858 Mitglied der Hist. Kommission bei der Kgl. BAdW, 1865–88 Leiter der Abt. Hanserecesse. Seit 1875 Vorsitzender der Zentraldirektion der MGH in Berlin. Forschungsschwerpunkte: Deutsche Geschichte des Mittelalters, Verfassungsgeschichte und Schleswig-Holsteinische Geschichte. 1842 Heirat mit Clara Schelling (1818–57). 1861 Heirat mit Helene von Hartmann (1831–1915).

Waldemar von Preußen *(1868–1879)* *Beck, Wilhelm II. und seine Geschwister, 122–129*
Sechstes Kind und vierter Sohn Victoria von Preußens. Jüngster Bruder Wilhelms II. 1778 Eintritt als Leutnant in das 1. Garde-Regiment und Aufnahme in den Schwarzen Adlerorden.

Waldeyer-Hartz, Wilhelm von *(1836–1921)* *Vierhaus, DBE, Bd. 10, 373*
Studium der Mathematik und Naturwissenschaften in Göttingen, Studium der Medizin in Greifswald und Berlin. 1861 Dr. med. 1865 Habilitation in Breslau. Seit 1867 Ordinarius für Anatomie in

Straßburg, 1883–1917 in Berlin. 1896–1919 Sekretar der physikalisch-mathematischen Klasse der Preuß. Akademie der Wissenschaften. 1898/99 Rektor der FWU. 1916 Nobilitierung. Forschungsschwerpunkte: Anatomie, Krebsforschung und Neuronenlehre.

Warburg, Emil *(1846–1931) Vierhaus, DBE, Bd. 10, 411*
1863–67 Studium der Chemie in Heidelberg. 1867 Promotion in Physik in Berlin und 1870 Habilitation. 1870/71 Teilnahme am dt.-franz. Krieg. 1872–76 Extraordinarius in Straßburg. 1876–94 Ordinarius für Physik in Freiburg i.Br., 1894–1905 in Berlin. 1905–22 Präsident der Physikalisch-Technischen Reichsanstalt. Forschungsschwerpunkte: Wärmestrahlen und Kapillarelektrizität. Verheiratet mit Elisabeth Gärtner.

Wattenbach, Wilhelm *(1819–1897) Vierhaus, DBE, Bd. 10, 425*
1837–42 Studium der Klassische Philologie und Altertumswissenschaft in Bonn, Göttingen und Berlin. 1842 Dr. phil. in Berlin. Seit 1843 Mitarbeiter der MGH. 1851 Habilitation in Berlin. Seit 1855 Archivar in Breslau. Seit 1862 Ordinarius in Heidelberg, seit 1873 in Berlin. Seit 1875 Mitglied in der Zentraldirektion der MGH, 1886–88 deren kommissarischer Vorsitzender. 1885 Heirat mit Marie von Hennings. Forschungsschwerpunkte: Mittelalterliche und schlesische Geschichte.

Wätzoldt, Stephan *(1849–1904) Wychgram, Stephan Waetzoldt*
1869–74 Studium der Germanistik und Romanistik in Marburg, Berlin und Paris. 1874–78 Erzieher des Herzogs Georg Ludwig von Oldenburg. 1875 Dr. phil. in Halle/Saale. 1876–78 Studium der Jurisprudenz in Bonn. 1878–86 Oberlehrer an einem Lehrerinnenseminar in Hamburg. 1886–94 Direktor der Kgl. Elisabethschule in Berlin, seit 1890 Extraordinarius an der FWU. 1894–97 Regierungs- und Schulrat in Magdeburg, 1897–99 in Breslau. 1899–1904 Vortragender Rat im Kultusministerium für das höhere Mädchenschulwesen.

Weber, Alfred *(1868–1958) Vierhaus, DBE, Bd. 10, 431*
1888/89 Studium der Archäologie und Kunstgeschichte in Bonn, 1889–92 der Jurisprudenz in Tübingen und Berlin. 1892 Erstes, 1897 Zweites Staatsexamen. Dr. iur in Berlin. 1900 Habilitation ebd. 1904–07 Ordinarius für Nationalökonomie in Prag. 1907–33 in Heidelberg. 1918/19 Mitbegründer der DDP. Forschungsschwerpunkte: Nationalökonomie und Kultursoziologie. Bruder Max Webers.

Weber, Ludwig *(1846–1922) Flesch, Ludwig Weber*
1863–68 Theologiestudium in Bonn, Berlin und Erlangen, 1868 Lic. theol. in Bonn. Seit 1868 am Johannisstift in Berlin, seit 1871 im Pfarrdienst, 1881–1914 in Mönchengladbach. Mitbegründer des ESK und der FKSK. Seit 1898 Vorsitzender des Verbands der evangelischen Arbeitervereine. Vertreter einer positiven Theologie.

Weber, Marianne *(1870–1954) Vierhaus, DBE, Bd. 10, 442*
1893 Heirat mit Max Weber. Gasthörerin in Freiburg i.Br. Seit 1894 Engagement in der Frauenbewegung. Seit 1901 Einrichtung von Frauenrechtsschutzstellen. 1919 Mitglied des Badener Landtags (DDP). 1919–24 Vorsitzende des BDF. Seit 1921 Herausgabe der Werke Max Webers. 1922 Ehrendoktor in Heidelberg.

Weber, Max *(1864–1920) Vierhaus, DBE, Bd. 10, 443f.*
1882–86 Studium der Nationalökonomie in Heidelberg, Göttingen und Berlin. 1889 Dr. iur., 1892 Habilitation. Seit 1893 Extraordinarius in Berlin. Seit 1894 Ordinarius für Nationalökonomie in Freiburg i.Br., seit 1896 in Heidelberg. 1903 krankheitsbedingte Aufgabe der Professur. 1909 Gründung der „Deutschen Gesellschaft für Soziologie". 1917/18 in Wien. Seit 1919 Ordinarius in München. 1893 Heirat mit Marianne Schnitger (1870–1954).

Wehner, Anton von *(1850–1915)* *Pacelli Edition, Kurzbiografien, online, Anton von Wehner*
Studium der Jurisprudenz in München. Seit 1874 Rechtanwalt beim Münchner Stadtmagistrat, seit 1875 beim Stadtgericht und beim Bezirksamt. Seit 1879 im bayr. Kultusministerium. Seit 1888 Regierungsrat, seit 1892 Oberregierungsrat, seit 1895 Ministerialrat und seit 1902 kgl. bayr. Staatsrat. 1903–12 bayr. Kultusminister, dabei Reform der höheren Mädchenschulen.

Weinel, Heinrich *(1874–1936)* *Heussi, Theologische Fakultät Jena, 386–389; DBETh, Bd. 2, 1396; Graf, Nachlaß Weinel; BBKL, online, Wesseling, BBKL XIII (1998), 616–622*
1892–98 Studium der ev. Theologie in Gießen und Berlin, u.a. bei Adolf Harnack und Otto Pfleiderer. 1898 Promotion und Lic. theol. in Gießen. 1899 Habilitation im Neuen Testament in Berlin. Seit 1899 Inspektor des Theologischen Stifts der Evangelisch-Theologischen Fakultät in Bonn, 1900 Umhabilitierung dorthin. Seit 1904 Extraordinarius in Jena, 1907–25 Ordinarius für Neues Testament ebd., seit 1925 für Systematische Theologie. 1908 Heirat mit Adelheid Thönes. Mitglied der „Vereinigung der Freunde der Christlichen Welt“. Herausgeber der populärwissenschaftlich-theologischen Reihe „Lebensfragen“. Vertreter der religionsgeschichtlichen Forschung. Forschungsschwerpunkte: Leben Jesu und urchristliche Theologie, später Vertreter einer deutschen Volkskirche.

Weiß, Albert Maria *(1844–1925)* *Rivinius, Weiß, Albert*
Seit 1861 Studium der vergleichenden Sprachwissenschaft in München, seit 1863 der kath. Theologie. 1867 Priesterweihe. Seit 1867 Präfekt und Repetitor im Freisinger Priesterseminar. Seit 1868 publizistische Tätigkeit. 1870 Dr. theol. in München. Seit 1873 Lyzealprofessor. 1876 Eintritt in den Dominikanerorden in Graz. 1876–80 Dozent im Grazer Konvent. 1883/84 in Rom, 1885/86 Dozent im Wiener Konvent, 1887–90 für Kirchenrecht und Exegese. 1890–92 Professor für Gesellschaftswissenschaft an der jur. Fakultät in Freiburg (CH), 1895–98 für Kirchenrecht, 1898–1919 für Fundamentaltheologie. 1890–1910 Redakteur der „Theologisch-praktischen Quartalschrift“. 1919–21 in Wallensee (CH), 1921–25 in Freiburg (CH). Vertreter eines ultramontanen Katholizismus.

Weiß, Bernhard *(1827–1918)* *Gregory, Weiss and New TestamentWeiß, Aus neunzig Lebensjahren; Lüdicke, Preußische Kultusminister, 83, Nr. 103; DBETh, Bd. 2, 1397; BBKL, online, Wesseling, BBKL XIII (1998), 666–672*
Studium der Theologie und Philosophie in Königsberg, Berlin und Halle/Saale bei Karl Rosenkranz, Friedrich August Tholuck und August Neander, nach den theologischen Examina 1848/49 beginnt er 1850 mit seiner wissenschaftlichen Forschung, 1852 Promotion in Jena und Habilitation in Königsberg, seit 1857 Extraordinarius ebd. 1861 Ordination zum Divisionspfarrer und 1862 Lic. theol. in Königsberg. Seit 1863 Ordinarius für Neues und Altes Testament in Kiel. Seit 1876 Ordinarius für Neues Testament in Berlin und seit 1879–80 Mitglied des Konsistoriums. 1880–99 Oberkonsistorialrat und Vortragender Rat im Kultusministerium als Dezernent für die theologischen Fakultäten. Forschungsschwerpunkte: Synoptische Frage und Textkritik.

Weiß, Johannes *(1863–1914)* *DBETh, Bd. 2, 1398; BBKL, online, Wesseling, BBKL XIII (1998), 659–666; Professorenkatalog Marburg, online, Johannes Weiß*
1882–86 Studium der Theologie in Marburg, Berlin und Göttingen. 1886 Theol. Examen in Berlin, 1888 Lic. theol. 1888–90 Privatdozent in Göttingen, 1890 Extraordinarius für Neues Testament ebd., 1895–1908 Ordinarius in Marburg, seit 1908 in Heidelberg. Sohn von Bernhard Weiß. Schüler Ritschls. Teilweise zur Religionsgeschichtlichen Schule gehörig, mit Georg Heinrici Begründer der formgeschichtlichen Methode. Forschungsschwerpunkte: Apokalyptische Predigt Jesu, Paulusforschung und ntl. Formgeschichte. 1889 Heirat mit Auguste Ritschl (1864–1945).

Weizsäcker, Julius *(1828–1889)* 1846–50 Studium der ev. Theologie in Tübingen. 1850 erstes theol. Examen. 1850/51 Studienreise nach Paris, Wien und Berlin. Seit 1852 Repetent am Seminar in Blaubeuren, seit 1855 am Tübinger Stift. 1856 Dr. phil. 1859 Habilitation für Geschichte in Tübingen. Seit 1860 Mitarbeiter der Hist. Kommission bei Kgl. BAdW in München. Seit 1863 Ordinarius für Geschichte in Erlangen, seit 1867 in Tübingen, seit 1872 in Straßburg, seit 1876 in Göttingen und seit 1881 in Berlin. 1860 Heirat mit Agnes Rindfleisch (1835–1865). Forschungsschwerpunkte: Fränkische Kirchengeschichte und ma. Geschichte Deutschlands.

Wellhausen, Julius *(1844–1918)* *DBETh, Bd. 2, 1400; Smend, Wellhausen; Frenschkowski, Wellhausen; Kratz, Wellhausen*
1862–65 Studium der ev. Theologie in Göttingen, v.a. bei Heinrich Ewald. 1865 Erstes kirchliches Examen. 1865–67 Hauslehrer in Hannover. 1867–70 Studium der semitischen Sprachen und Geschichte Israels. 1868–70 Stiftsrepetent. 1870 Lic. theol. und Habilitation. 1872 Dr. theol. h.c. in Göttingen. Seit 1872 Ordinarius für Altes Testament in Greifswald. 1882 Dr. phil. h.c. ebd. Seit 1882 Extraordinarius für semitische Sprachen an der phil. Fakultät in Halle/Saale, seit 1885 in Marburg, 1892 in Göttingen. 1901 Aufnahme in den Orden pour le Mérite. 1875 Heirat mit Marie Limpricht. Pionier der Neueren Urkundenhypothese. Wellhausen-Grafsche Hypothese: Lex post prophetae. Forschungschwerpunkte: Geschichte Israels, Arabistik und Neues Testament.

Wendt, Hans Hinrich *(1853–1928)* *DBETh, Bd. 2, 1402; BBKL, online, Wesseling, BBKL XIII (1998), 752–754*
1872–75 Studium der ev. Theologie in Leipzig, Göttingen und Tübingen. 1875 Dr. phil. und 1877 Lic. theol. in Göttingen. Seit 1881 Extraordinarius ebd. 1883–85 Ordinarius für Neues Testament in Kiel, 1885–93 für Systematische Theologie in Heidelberg. 1893–1925 Nachfolger von Richard Adalbert Lipsius in Jena. Seit 1896 Kirchenrat ebd. Verheiratet mit Marie Schulze, Tochter des Heidelberger Juristen Hermann Schulze. Schüler von Ritschl und Hermann Lotze. Mitglied im ESK. Vertreter einer liberalen Theologie. Forschungsschwerpunkt: Geschichte der johanneischen Schriften.

Wentscher, Marie Elise (Ella) *(1861–1934)* Bis 1907 Direktorialassistentin der Königin Luisenstiftung, ab 1907 Direktorin des Kgl. ev. Lehrerinnenseminars in Augustenburg (heute Dänemark).

Wernle, Paul *(1872–1939)* *Kuhn, Wernle*
Seit 1891 Studium der Theologie in Basel, 1894 in Göttingen, seit 1897 Privatdozent in Basel, seit 1900 Extraordinarius ebd., 1905–27 Ordinarius für Kirchengeschichte. 1903 Dr. theol. h.c. in Marburg. 1925 Dr. phil. h.c. in Basel. 1901 Heirat mit Elisabeth Liechtenhahn, 1924 mit Anna Maria Nussberger. Vertreter des theologischen Liberalismus, Nähe zur Religionsgeschichtlichen Schule. Schweizer Kirchengeschichte.

Wetzel, Paul *(1842–1922)* *Wetzel, Zweckbegriff bei Spinoza, Lebenslauf, 91f.; Pfarrerbuch Sachsen, online, Paul Wetzel*
1862–66 Studium der ev. Theologie und Philologie in Leipzig, 1866 und 1868 theologische Examina. 1866 Studienaufenthalt in Leipzig, danach Hauslehrer in Paunsdorf. Seit 1868 Mitglied des Predigerkollegiums von St. Pauli in Leipzig, seit 1870 Katechet an St. Petri ebd., 1871 Ordination in der Thomaskirche. 1873 Dr. phil. in Leipzig. Lic. theol. 1873–80 Pfarrer in Taucha, 1880–90 in Dornreichenbach, 1890–97 in Mittweida, 1897–1912 in Großbothen. 1877–91 Mitarbeiter der ThLZ. Phil. Diss. über Spinozas Zweckbegriff.

Wever, Hermann *(1853–1911)* *Lüdicke, Preußische Kultusminister, 20*
1873–76 Studium der Jurisprudenz in Heidelberg und Berlin. Seit 1876 Referendar, seit 1881 Gerichtsassessor. Seit 1882 Hilfsarbeiter beim Justizministerium, seit 1884 im Kultusministerium. 1886/87 kommissarischer Justitiar beim Provinzialschulkollegium in Koblenz, 1887–89 etatsmäßige Anstellung. Seit 1889 wieder im Kultusministerium, seit 1890 Vortragender Rat in der geistlichen und der

zweiten Unterrichtsabteilung. 1900–10 Unterstaatssekretär im Kultusministerium, 1902/03 Leitung der geistlichen Abteilung, 1907–10 Leitung der Abteilung für den höheren Unterricht. Bruder von Walther Wever.

Wever, Walther *(1859–1922) Auswärtiges Amt, Biographisches Handbuch, Bd. 5, 261f.*
1879–82 Studium der Jurisprudenz in Berlin und Heidelberg. 1882 Erstes juristisches, 1887 zweites Staatsexamen. 1883 Dr. iur. in Heidelberg. Seit 1882 im preuß. Justizdienst, seit 1887 im Auswärtigen Dienst. Seit 1888 Attaché Otto von Bismarcks in Paris. 1890–95 Vizekonsul in Rumänien, 1895–1900 Konsul in Rio de Janeiro, 1900–09 Konsul in Chicago, 1909 Vizekonsul in Port-au-Prince. 1909–15 Generalkonsul in Neapel. 1915–18 Konsul in Innsbruck und Vizekonsul an anderen Orten. 1919 Geheimer Legationsrat in Prag, 1920/21 Gesandter in Riga. Seit 1921 Kammervorsitz beim Reichskommissar für Auslandsentschädigung. 1888 Heirat mit Anne-Marie von Harbou. Bruder von Hermann Wever.

Weyrauch, Ernst von *(1832–1905) Lüdicke, Preußische Kultusminister, 18f.*
1849–52 Studium der Jurisprudenz in Marburg und Berlin. Ab 1853 Gerichtsreferendar in Fulda, ab 1857 Regierungsreferendar, ab 1859 Regierungsassessor, ab 1861 bei der Polizeidirektion in Marburg. Ab 1863 Hilfsarbeiter im Kurhessischen Innenministerium in Kassel. 1865/66 Generalsekretär des Gesamtministeriums, 1866 Legationsrat im Ministerium des Kurfürstlichen Hauses und der Auswärtigen Angelegenheiten. Ab 1866 Mitglied der Regierung in Hanau, ab 1867 kommissarischer Direktor des Konsistoriums in Hanau, ab 1868 Landrat des Landkreises Kassel, ab 1881 Konsistorialpräsident ebd. 1891–99 Unterstaatssekretär im Kultusministerium. 1889 Dr. theol. h.c. in Marburg. 1888 geadelt.

Wiegand, Heinrich *(1855–1909) Brinkhus, Wilhelm II., Bremen und Norddeutsche Lloyd, bes. 7–9*
1874–77 Studium der Jurisprudenz in Erlangen, Bonn, Berlin und Straßburg. 1877–79 Referendar in Colmar. 1879 zweites Staatsexamen in Lübeck. 1879 Dr. iur. in Göttingen. Seit 1879 Rechtsanwalt in Bremen, seit 1885 Notar. Seit 1889 ständiger Rechtskonsulent des Norddeutschen Lloyd. Seit 1892 Direktor des NDL, seit 1899 Generaldirektor. 1899 Reise nach Ostasien. Initiator weiterer Fabriken und Handelsgesellschaften. Gründer des Nautischen Vereins. 1879 Heirat mit Elisabeth Meyerdirks.

Wieland, Franz *(1872–1957) Weiß, Wieland, Franz*
1890–94 Studium der kath. Theologie in Dillingen. 1894 Priesterweihe. 1894–96 Promotionsstudium in München, 1896 Dr. theol. ebd. 1896/97 Kaplan. 1896–99 Studienaufenhalt in Rom, 1898 Studienreise nach Nordafrika. Seit 1899 Subregens am Lyzeum in Dillingen. Nach Verweigerung des Modernisteneids 1910 Entlassung und Lehr- und Seelsorgeverbot. 1911 Indizierung drei seiner Bücher. Letztlich doch Erlaubnis zum Abhalten der Stillen Messe ohne Volksbeteiligung. Seit 1913 Hilfsarbeiter an der Universitätsbibliothek Tübingen, 1922–37 Bibliothekar ebd.

Wiesinger, August *(1818–1908) Troeltsch, Briefe I, KGA 18,1, 198, Anm. 1*
Seit 1838 Studium der Theologie in Erlangen und Berlin. Danach Pfarrdienst in Franken. 1847 Lic. theol. und Habilitation in Erlangen. Seit 1860 Ordinarius für Neues Testament in Göttingen. Vertreter einer lutherisch-konfessionellen Theologie Erlanger Prägung. Forschungsschwerpunkt: Weiterführung des Biblischen Kommentars von Hermann Olshausen. Verheiratet mit Agnes Ranke (1827–1916).

Wilamowitz-Moellendorff, Ulrich von *(1848–1931) Vierhaus, DBE, Bd. 10, 623f.*
1867–70 Studium der Klassische Philologie in Bonn und Berlin. 1870 Dr. phil. ebd. 1870/71 Teilnahme am dt.-franz. Krieg. 1872–74 Studienreisen nach Italien und Griechenland. 1875 Habilitation in Berlin. Seit 1876 Ordinarius für Klassische Philologie in Greifswald, seit 1883 in Göttingen und seit

1897 in Berlin. Berater Althoffs. Seit 1917 MdH. 1878 Heirat mit Marie Mommsen. Forschungsschwerpunkte: Griechische Poetik und Philosophie.

Wilhelm I. *(1797–1888)* 1814/15 Begleitung seines Vaters in den Napoleonischen Kriegen. Seit 1816 im Militärdienst. 1829 Heirat mit Augusta von Sachsen-Weimar-Eisenach. 1848 trat Wilhelm für eine gewaltsame Niederschlagung des Märzaufstands ein. 1850–58 Generalgouverneur in Koblenz. 1861–88 König von Preußen, seit 1871 Kaiser des Deutschen Reiches.

Wilhelm II. *(1859–1941) Röhl, Kaiser Wilhelm II*
1877–79 Studium in Bonn, 1881 Heirat mit Auguste Viktoria. 1888–1918 preuß. König und deutscher Kaiser.

Wilmanns, August *(1833–1917) Paalzow, August Wilmanns; Lohse, Bibliotheksdirektoren der ehemals preuß. Universitäten, 226*
1854–59 Studium der klassischen Philologie in Bonn und Tübingen. In Bonn Hilfsarbeiter an der Universitätsbibliothek. 1859–62 Hauslehrer bei Eduard Boecking in Gräfenbach. 1863 Dr. phil. in Bonn. 1864–69 Reise nach Italien. 1865–69 Lehrer des Sohnes Henning des preuß. Gesandten beim Heiligen Stuhl in Rom. 1870/71 Bibliothekar in Freiburg i.Br., seit 1871 Bibliotheksleiter ebd. 1870 Habilitation ebd. 1871–73 Ordinarius für klassische Philologie in Innsbruck, 1873/74 in Kiel. 1874/75 Oberbibliothekar in Königsberg, 1875–86 in Göttingen. 1886–1905 Generaldirektor der Kgl. Bibliothek in Berlin.

Wilpert, Joseph *(1857–1944) Heutger, Wilpert; Heid, Wilpert; Heid/Cesarini, Giuseppe Wilpert, 18–31*
1880–83 Studium der kath. Theologie in Innsbruck. 1883 Priesterweihe. 1884–93 Kaplan am Campo Santo Teutonico in Rom. Studium der Kanonistik und der Christlichen Archäologie ebd. 1892 Dr. theol. h.c in Münster. Seit 1903 Apostolischer Protonotar und Mitglied der Commissione di archeologia sacra. 1915–18 Aufenthalt in Freiburg i.Br. bei der Familie des Herder-Verlags, 1918/19 in Breslau, seit 1919 wieder in Rom. 1922 Gründung des Museums S. Callisto. 1923–44 Mitglied im Collegio von S. Maria dell'Anima. Seit 1926 Professor am Ponitificio Istituto di Archeologia christiana. 1928 Vortrag an der Harvard University. Schüler von de Rossi. Forschungsschwerpunkte: Römisch-christliche Archäologie und Ikonographie der Katakomben.

Wobbermin, Georg *(1869–1943) DBETh, Bd. 2, 1427; Wesseling, Wobbermin; Pfleiderer, Wobbermin; Wolfes, Protestantische Theologie, 251–403*
1888–93 Studium der ev. Theologie in Halle/Saale und Berlin, u.a. bei Beyschlag und Harnack. 1893–95 Missionssekretär. 1894 Dr. phil. und 1895 Lic. theol. 1896/97 Handschriftenstudien in griechischen Klöstern im Auftrag Hermann von Sodens. 1898 Habilitation in Systematischer Theologie und Religionsphilosophie. 1898–1906 Privatdozent in Berlin, seit 1904 Titularprofessor ebd. Seit 1906 Extraordinarius in Marburg. 1907 Dr. theol. h.c. in Berlin. Seit 1907 Ordinarius in Breslau, seit 1915 in Heidelberg, seit 1922 in Göttingen, seit 1935 in Berlin. Nach 1933 Mitglied der Deutschen Christen. 1906 Heirat mit Theodora Brockhausen. Vertreter der Religionsgeschichtlichen Schule. Forschungsschwerpunkt: Religionspsychologische Interpretation der Theologie.

Wölfflin, Heinrich *(1864–1945) Vierhaus, DBE, Bd. 10, 709f.*
1882–86 Studium der Philosophie, Archäologie und Kunstgeschichte in Basel, München und Berlin. 1886 Dr. phil. und 1888 Habilitation in München. 1893–1901 Ordinarius für Kunstgeschichte in Basel, 1901–12 in Berlin, 1912–24 in München und 1924–34 in Zürich. Forschungsschwerpunkte: Theoretische Kunstgeschichte und Kunsttheorie.

Wood, Charles *(1839–1934)* *Cobb, Wood, Charles*1858–63 Studium der Jurisprudenz und der modernen Geschichte am Christ Church College, Oxford. 1862–77 Kammerherr des Prince of Wales, dem späteren Edward VII. Seit 1885 Viscount Halifax. Durch das Oxford Movement und Edward Bouverie Pusey beeinflusster Anglo-Katholik. 1868–1919, 1927–34 Präsident der English Church Union. 1869 Heirat mit Lady Agnes Elizabeth Courtenay (1838–1919).

Wrede, Elisabeth *(1870–1955)* 1893 Heirat mit William Wrede, Tochter von Hermann Schultz.

Wrede, William *(1859–1906)* *BBKL, online, Wesseling, BBKL XIV (1998), 88–98*; *Zager, Wrede*
1877–81 Studium der Theologie in Leipzig und Göttingen bei Kahnis, Harnack, Eichhorn, de Lagarde und Ritschl. 1881 und 1886 theol. Examina. 1882–84 im Predigerseminar in Loccum. 1884–86 Repetent am Göttinger Stift. 1887–89 Pfarrer bei Alfeld. 1891 Habilitation im Neuen Testament in Göttingen. Seit 1892 Extraordinarius für Neues Testament in Breslau, seit 1895 Ordinarius ebd. 1895 Dr. theol. h.c. in Göttingen, 1906 Dr. phil. h.c. in Greifswald. 1893 Heirat mit Elisabeth Schultz, Tochter seines Lehrer Hermann Schultz. Vertreter der Religionsgeschichtlichen Schule. Forschungsschwerpunkt: Streng historisch-kritisch geschriebene Religionsgeschichte des NT anstelle einer ntl. durch dogmatische Begriffe geprägten Theologie.

Wychgram, Jakob *(1858–1927)* *Lemp, Jakob Wychgram*
1876–80 Germanistikstudium in Göttingen und Leipzig. 1879 Dr. phil. in Göttingen. 1881–90 Oberlehrer an einer Höheren Mädchenschule in Leipzig. 1890–1900 Mädchenschuldirektor ebd. 1900–08 Direktor der Kgl. Augustaschule in Berlin. 1908–24 Landesschulrat in Lübeck. Seit 1902 Herausgeber der Zeitschrift „Frauenbildung. Zeitschrift für die gesamten Interessen des weiblichen Unterrichtswesens".

Zahn, Theodor *(1838–1933)* *BBKL, online, Wesseling, BBKL XIV (1998), 321–333*; *DBETh, Bd. 2, 1440*
1854 Studium der Theologie in Basel, seit 1856 in Erlangen. 1858–61 Lehrer an der väterlichen Privatschule und Genesung von einem Augenleiden. 1862–65 am Neustrelitzer Gymnasium. 1865–68 Repetent am Göttinger Stift. 1868 Lizentiatenpromotion und Habilitation in Göttingen. 1868–71 Privatdozent, 1871–77 Extraordinarius und Universitätsprediger. 1877/78 Ordinarius für Neues Testament in Kiel, 1878–88 in Erlangen, 1888–92 in Leipzig, seit 1892 wieder in Erlangen. Seit 1894 Mitherausgeber der „Neuen kirchlichen Zeitschrift" (NKZ). 1907 nobilitiert. Vertreter eines konservativen Luthertums. Fachliche Opposition zu Harnack, Neigung zur Frühdatierung der ntl. Schriften.

Zahn-Harnack, Agnes von *(1884–1950)* *Cymorek/Graf, Agnes von Zahn-Harnack*; *Bauer, Kulturprotestantismus und Frauenbewegung*; *Bauer, Agnes von Zahn-Harnack und Elisabet von Harnack, 25–35*; *Kampmann, Harnack zur „Frauenfrage", 73–77*
1900–03 Lehrerinnenseminar. 1903–08 Lehrerin an Privatschulen in Charlottenburg und private Vorbereitung auf das Abitur. 1908–12 Studium Germanistik, Anglistik und Philosophie. 1912 Dr. phil. in Greifswald. 1913–19 Lehrerin an der Mädchenschule Wellmann-von Elpons. Seit 1914 Leiterin des Mädchenklubs „Fröhliche Jugend". 1914–18 Aktivität im „Nationalen Frauendienst". 1919–33 publizistische Tätigkeit in der Frauenbewegung. 1931–33 Vorsitzende des „Bundes Deutscher Frauenvereine". 1926 Mitbegründerin des „Deutschen Akademikerinnenbundes" und bis 1930 dessen erste Vorsitzende. 1946–50 Tätigkeit für den RIAS in Berlin. 1949 Dr. theol. h.c. in Marburg. 1919 Heirat mit Karl von Zahn (1877–1944), Neffe Theodor von Zahns.

Zedlitz-Trützschler, Robert Graf von *(1837–1914)* *Lüdicke, Preußische Kultusminister, 10f.*
1856–63 im Gardes du Corps-Regiment. 1863–81 in verschiedenen öffentlichen Positionen. 1881–86

Regierungspräsident in Oppeln, 1886–91 Oberpräsident in Posen. März 1891 bis März 1892 Kultusminister. 1898–1903 Oberpräsident in Kassel, 1903–09 in Breslau. Ab 1909 Mitglied der Immediatkommission zur Verwaltungsreform. Ab 1910 MdH.

Zeller, Eduard *(1814–1908) BBKL, online, Wesseling, BBKL XIV (1998), 388–402*
1831–36 Studium der Philosophie und Theologie in Tübingen. 1836 Dr. phil. und Vikar. Seit 1838 Repetent in Urach und 1839/40 am Tübinger Stift. 1840 Habilitation in Tübingen. 1842–57 Herausgeber der „Theologischen Jahrbücher". 1847 Heirat mit Caroline Baur, Tochter von Ferdinand Christian Baur. Seit 1847 Extraordinarius für Dogmatik in Bern, seit 1849 Ordinarius ebd. Im selben Jahr Wechsel an die philosophische Fakultät in Marburg, seit 1862 in Heidelberg. 1872–94 Ordinarius für Philosophie in Berlin. Seit 1872 Mitglied der Berliner Akademie und seit 1874 Herausgeber der Edition der „Commentaria in Aristotelem Graeca". Mitglied der Tübinger Schule Ferdinand Christian Baurs und Hegelianer. Forschungsschwerpunkte: Aristoteles und ntl. Textgeschichte.

Zingeler, Karl Theodor *(1845–1923) Brümmer, Lexikon der dt. Dichter, 100f.; Leesch, Dt. Archivare, Bd. 2, 694*
Ausbildung zum Metzger. 1868–71 Studium der Mathematik, Naturwissenschaften und Neueren Sprachen in Bonn. 1871–75 Prinzenerzieher am Sigmaringer Hof. 1873 Dr. phil. in Rostock. Seit 1875 Archivassessor am Fürstlich Hohenzollerischen Haus- und Domänenarchiv in Sigmaringen, seit 1891 Archivleiter ebd., 1899–1915 Archivdirektor. Forschungsschwerpunkt: Geschichte der Hohenzollernschen Lande.

Zöpffel, Richard Otto *(1843–1891) Holtzmann, Zöpffel; BBLd, Richard Zöpffel*
1862–67 Studium der ev. Theologie in Dorpat. 1868 Theol. Examen und Hauslehrer. 1868–70 Studium der Geschichte in Göttingen, u.a. bei Waitz. 1871 Dr. phil. in Göttingen. 1870–72 Repetent am Göttinger Stift. 1872–77 Extraordinarius für Kirchengeschichte in Straßburg, seit 1877 Ordinarius ebd. 1878 Dr. theol. h.c. Göttingen. 1882 Gründung des „Lexikons für Theologie und Kirchenwesen" zusammen mit Heinrich Holtzmann. Mitarbeiter der RE, 2. Aufl. und der ADB. 1872 Heirat mit Selma Wiesinger (1854–1950), Tochter von August Wiesinger. Konservativer Ritschlianer. Forschungsschwerpunkt: Papstwahlen.

Zurhellen, Otto *(1877–1914) Zurhellen, Johannes der Täufer, Lebenslauf, S. 68f.; Zur Erinnerung an Otto Zurhellen; Rade, Otto Zurhellen; Bornemann, Nachruf Zurhellen*
1897–1900 Studium der Theologie in Bonn und Berlin, Schüler von Harnack und Otto Pfleiderer. 1903 Lic. theol. in Bonn. 1900/01 militärisches Dienstjahr. 1901/02 Lehrvikar in Bergisch-Gladbach und 1903/04 Pfarrvikar bei Erich Foerster in Frankfurt a.M., 1904–09 Pfarrer in Seelscheid (Rheinland), 1909–14 Pfarrer in Frankfurt a.M., Mitglied der »Freunde der christlichen Freiheit im Rheinland« und der FChW. 1904 Heirat mit Else Pfleiderer, Tochter von Otto Pfleiderer. Vertreter einer liberalen Theologie. Veröffentlichungen zu religiös-praktischen Fragen, auch zusammen mit seiner Frau.

Zurhellen-Pfleiderer, Else *(1877–1937) Wentscher, Else Zurhellen-Pfleiderer; Wentscher, Zurhellen-Pfleiderer; Wentscher, Zurhellen-Pfleiderer in memoriam; Zahn-Harnack, Zurhellen-Pfleiderer; Nottmeier, Harnack an Zurhellen-Pfleiderer, 99–110*
1898–1901 Gasthörerin an der FWU Berlin, 1901–03 Leiterin an der Reformschule des Vereins Frauenwohl in Hamburg, 1904 Heirat mit Otto Zurhellen. Seit 1904 in Seelscheid, 1909–36 in Frankfurt a.M., seit 1936 bei Else Wentscher in Bonn. Mitglied des ESK, der »Freunde der christlichen Freiheit im Rheinland« und der FChW, Autorin der ChW. Tochter von Otto Pfleiderer, Schülerin Harnacks. In den 1920er Jahren publizistische Gegnerschaft gegen Mathilde von Ludendorffs deutschgläubige-völkische Ideologie. Kritische Auseinandersetzung mit der dialektischen Theologie Karl Barths.

Quellen- und Literaturverzeichnis

Quellen

Übersicht über die genutzten Archive

Archiv der Berlin-Brandenburgischen Akademie der Wissenschaften, Berlin (AdBBAW)
Preußische Akademie der Wissenschaften (1812–1945). Arbeitsstelle Kirchenväterkommission (KVK)

Archives de la Société des Bollandistes Brüssel, Fonds Delehaye
Fonds Delehaye

Archiv des Evangelisch-Sozialen Kongresses, Leipzig (AESK)
A. I. 2.: Sitzungsprotokolle

Archiv des Deutschen Historischen Instituts, Rom (DHI Rom)
Akten mit dem Kultusministerium: R1, Ältere Signatur

Archiv der Humboldt-Universität zu Berlin (HUB UA)
Theologische Fakultät
UK Personalia

Archiv der Oberdeutschen Ordensprovinz SJ
Bestand Ehrle

Archivio del Pontificio Istituto di Archeologia Cristiana, Rom (APIAC)
Briefe Adolf Harnacks an Joseph Wilpert: APIAC X.2.1.

Bayerische Staatsbibliothek, München (BSB München)
NL Josef Schnitzer

Bundesarchiv (BA)
Standort Koblenz: NL Reinhold Seeberg
Standort Lichterfelde: Akten der Reichskanzlei vor 1945

Byzantinisches Institut, Scheyern
NL Albert Ehrhard

Evangelisches Zentralarchiv
Evangelisches Zentralarchiv, 7/4335 und 7/1515

Geheimes Staatsarchiv Preußischer Kulturbesitz (GStA PK), Berlin-Dahlem
Akten des Innenministeriums: I. Hauptabteilung, Rep. 77
Akten des Kultusministeriums: I. HA, Rep. 76
Akten des Zivilkabinetts: I. HA, Rep. 89
Akten des Staatsministeriums: I. HA, Rep. 90
Nachlass Friedrich Althoff: VI. HA, NL Althoff
Nachlass Paul Fridolin Kehr: VI. HA, NL Kehr
Nachlass Friedrich Schmidt-Ott: VI. HA, NL Schmidt-Ott
Nachlass Konrad von Studt: VI. HA, NL Studt

https://doi.org/10.1515/9783112213193-028

Politisches Archiv des Auswärtigen Amtes (AA), Berlin
Deutsches Reich – Zentrale, Abteilung IA: RZ
Deutsches Reich – Auslandsvertretungen: RAV

Staatsbibliothek zu Berlin, Preußischer Kulturbesitz (SBB PK)
Akten der Königlichen Bibliothek
NL Friedrich Althoff
NL Hans Delbrück: NL Delbrück
NL Adolf von Harnack
NL 217 (Adolf von Harnack)
NL 323 (Elisabet von Harnack)
NL Johannes Luther
Sammlung Darmstädter

Staats- und Universitätsbibliothek Göttingen (SUB)
NL Wilhelm Bousset

Thüringer Universitäts- und Landesbibliothek Jena (ThULB)
NL Heinrich Weinel

Universitäts- und Landesbibliothek Halle/Saale (ULB)
NL Friedrich Loofs

Universitätsbibliothek Marburg (UB Marburg)
NL Martin Rade, Ms. 839

Gedruckte Quellen

Carl Peter Adams, Der Kampf um Denifle's Lutherwerk. Dissertation zur Erlangung der Würde eines Dr. theol. vorgelegt der Theologischen Fakultät der Friedrich-Schiller-Universität zu Jena im W.S. [19]43/44. Nicht publiziertes, maschinenschriftliches Exemplar.

Allerhöchste Kabinets-Ordre vom 23sten August 1821, betreffend die Königliche Sanktion der päpstlichen Bulle, d.d. Rom, den 16ten Juli 1821 und die Bulle selbst, in: Gesetz-Sammlung für die Königlichen Preußischen Staaten, Nr. 12, Berlin 1821, 113–152.

Paul Althaus, Aus dem Leben von D. Paul Althaus – Leipzig, Leipzig 1928.

Marie Althoff, Aus Friedrich Althoffs Straßburger Zeit. Erinnerungen für seine Freunde, Jena 1914.

Marie Althoff, Aus Friedrich Althoffs Berliner Zeit. Erinnerungen für seine Freunde, Jena 1918.

Giovanni Alto Svizzero da Lucerna, Splendore dell'antica e moderna Roma nel quale si rappresentano tutti i Tempii, Teatri, Anfiteatri etc., Rom 1641.

Anonym, Kohlschütter, in: Pierer's Universal-Lexikon, Bd. 9. Altenburg 1860, 650.

Anonym, Erklärung zu dem Artikel „Eine neue Dogmengeschichte", in: Sächsisches Kirchen- und Schulblatt 36 (1886), Nr. 7: 18.02.1886, 58f.

Anonym, A. Harnack's Dogmengeschichte., in: ThLBl 7 (1886), Nr. 5: 12.02.1886, 41–43.

Anonym, Entgegnung, in: ThLB 7, Nr. 7: 26.02.1886, 72.

Anonym, Solemacher von Namedy, in: Genealogisches Taschenbuch der Freiherrlichen Häuser 43 (1893), 882.

Anonym, Die landeskirchliche Versammlung betreffs der theologischen Fakultäten am 8. Mai 1895, Berlin 1895.

Anonym, Der sogenannte Fall Spahn. Erste Hälfte (Kirchliche Aktenstücke 10), Leipzig 1902.
Anonym, Der sogenannte Fall Spahn. Zweite Hälfte (Kirchliche Aktenstücke 11), Leipzig 1902.
Anonym, In Memoriam. Frederick William Holls, Privately Printed 1904.
Anonym, Zum Kampfe um die akademische Freiheit, in: CCW 15 (1905), 509–511, 517–520, 548–552.
Anonym, Der Hochschulstreit. Akademische Freiheit und Konfessionelle Verbindungen. Anhang: Urkunden, Verfügungen und Resolutionen, Leipzig 1905.
Anonym, Die Notlage unserer Privatdozenten, in: ChW 20 (1906), Nr. 8: 22.02.1906, 179–183.
Anonym, In Memoriam. Eri Baker Hulbert, in: The Journal of Religion 29 (1907), 217f.
Anonym, Das neue Hörsaalgebäude für die Universität Berlin auf dem Grundstück Dorotheenstraße 5, in: ZBV 27 (1907), Nr. 102, 666f.
Anonym, Wie denkt Professor Harnack über die Enzyklika Pascendi?, in: PrJ 134 (1908), 385–396.
Anonym, Zur Erinnerung an Rudolf von Renvers, in: DMW 35 (1909), 636–638.
Anonym, Alexander Berendts zum Gedächtnis, Dorpat 1912.
Anonym, Zur Erinnerung an D. Paul Mezger Professor der Theologie in Basel geb. d. 14. Juni 1851, gest. d. 27. Okt. 1913, Basel 1913.
Anonym, Obituary: Thomas Bailey Saunders, in: The Times, Friday, Feb 10, 1928, issue 44813, 16, online: https://en.wikisource.org/wiki/The_Times/1928/Obituary/Thomas_Bailey_Saunders [letzter Zugriff: 04.09.2019].
Anonym, Zum Gedenken an D. Siegfried Goebel, Geheimer Konsistorialrat Professor der Theologie in Bonn, Erlangen 1929.
Anonym, D. Dr. Johannes Luthers Leben und Werk, Greifswald 1931.
Fanny von Anrep, Briefe einer Livländerin aus den Jahren 1873–1909, bearbeitet im Auftrag der Baltischen Historischen Kommission von Gertrud Westermann, Landshut 1990.
Franklin Arnold, Die evangelisch-theologische Fakultät. Geschichte, in: Festschrift zur Feier des hundertjährigen Bestehens der Universität Breslau, hg. i.A. von Rektor und Senat von Georg Kaufmann, Bd. 2: Geschichte der Fächer, Institute und Ämter der Universität Breslau 1811–1911, Breslau 1911, 175–199.
Anonym, Atti del congresso internazionale di scienze storiche (Roma, 1–9 Aprile 1903), Volume I: Parte Generale, Roma 1907.
Friedrich Bachmann, Die Königliche Elisabethschule zu Berlin. Entwickelung, Einrichtungen, Bildungsziele, Berlin 1893.
Karl Bader, Lexikon deutscher Bibliothekare im Haupt- und Nebenamt bei Fürsten, Staaten und Städten (ZfB.B 55), Leipzig 1925.
Gertrud Bäumer, Eindrücke vom Internationalen Frauenkongreß, in: Die Frau. Monatsschrift für das gesamte Frauenleben unserer Zeit 11 (1903/04), 577–584.
Gertrud Bäumer, Geschichte der Gymnasialkurse für Frauen zu Berlin, hg. vom Vorstand der Vereinigung zur Veranstaltung von Gymnasialkursen für Frauen, Berlin 1906.
Gertrud Bäumer, Des Lebens wie der Liebe Band. Briefe, hg. von Emmy Beckmann, Tübingen 1956.
Wolf Graf von Baudissin, Dillmann, in: RE 3. Aufl., Bd. 4, Leipzig 1898, 662–669.
Julius Baumann, Denifle's Luther und Luthertum vom allgemeinwissenschaftlichen Standpunkt aus beleuchtet, Langensalza 1904.
Otto Baumgarten, Über die Behandlung des Katechismus, in: Schleswig-Holsteinisches Kirchenblatt 2 (1901), H. 19: 1–3; H. 20: 1f.; H. 21: 5f.; H. 22: 1f.; H. 23: 1f.
Otto Baumgarten, D. Kaftans Auslegung des lutherischen Katechismus, in: Schleswig-Holsteinisches Kirchenblatt 2 (1901), H. 38: 1f.; H. 39: 1f.; H. 40: 1f.; H. 41: 1f.; H. 42: 1f.; H. 43: 1–3; H. 44: 1–3; H. 45: 1–3; H. 46: 1–3; H. 47: 1f.; H. 48: 1–3; H. 49: 1f.; H. 50: 1f.; H. 51: 2–4; H. 52: 1–3.

Otto Baumgarten, Die Voraussetzungslosigkeit der protestantischen Theologie. Rede bei Antritt des Rektorats der Universität Kiel. 5. März 1903, Kiel 1903.

Otto Baumgarten, Neue Bahnen. Der Unterricht in der christlichen Religion im Geist der modernen Theologie, Tübingen/Leipzig 1903.

Otto Baumgarten, Meine Lebensgeschichte, Tübingen 1929.

Paul Maria Baumgarten, Römische und andere Erinnerungen, Düsseldorf 1927.

Wilhelm Baur, Baur, Gustav, in: RE 3. Aufl., Bd. 2, Leipzig 1897, 483–486.

H. Hale Bellot, University College London 1826–1926, London 1929.

Ludwig Bernhard, Das moderne Lohnsystem und die Sozialreform, in: Verhandlungen des 15. Evangelisch-Sozialen Kongresses 1904, Göttingen 1904, 107–120.

Ludwig Bernhard, Die Polenfrage. Das polnische Gemeinwesen im preußischen Staat, Leipzig 1907.

Ludwig Bernhard, Die Städtepolitik im Gebiet des deutsch-polnischen Nationalitätenkampfes, Leipzig 1909.

Ludwig Bernhard, Zur Polenpolitik des Königreichs Preußen, Berlin 1923.

Hermann Bloch, Paul Scheffer-Boichorst, in: HZ 89 (1902), 54–71.

Gottlieb Nathanael Bonwetsch, Wesen, Entstehung und Fortgang der Arcandisciplin, in: ZHTh 43 (1873), 203–299.

Gottlieb Nathanael Bonwetsch, Engelhardt, Moritz von, in: RE 3. Aufl., Bd. 5, Leipzig 1898, 374–379.

Gottlieb Nathanael Bonwetsch, Wagenmann, August Julius, in: RE 3. Aufl., Bd. 24, Leipzig 1913, 778f.

Gottlieb Nathanel Bonwetsch, Tschackert, Paul, in: RE 3. Aufl., Bd. 24, Leipzig 1913, 585–588.

Wilhelm Bornemann, Nachruf auf Otto Zurhellen, in: Frankfurter Kirchen-Kalender für die evangelischen Stadt- und Landgemeinden des Konsistorialbezirks Frankfurt a.M. 28 (1916), 20f.

Conrad Bornhak, Die Rechtsverhältnisse der Hochschullehrer in Preußen. Zum praktischen Gebrauche, Berlin 1901.

Conrad Bornhak, Die Begründung der katholisch-theologischen Fakultät in Straßburg, in: Elsaß-Lothringisches Jahrbuch 12 (1933), 249–269.

Karl Bornhäuser, Die Vergottungslehre des Athanasius und Johannes Damascenus. Ein Beitrag zur Kritik von A. Harnacks „Wesen des Christentums" (BFChTh 7), Gütersloh 1903.

Friedrich Bosse, Der präexistente Christus des Justinus Martyr, eine Episode aus der Geschichte des christologischen Dogmas. Inaugural-Dissertation, zur Erlangung des Lizentiatengrades mit Genehmigung der hochwürdigen theologischen Fakultät der Universität Greifswald nebst den beigefügten Thesen, Greifswald 1891.

Richard Brecht, Meyer, Philipp, in: RGG 2. Aufl., Bd. 3, Tübingen 1929, 2174.

Harry Bresslau, Geschichte der Monumenta Germaniae historica im Auftrage ihrer Zentraldirektion, Hannover 1921.

Ernest W. Brown, Biographical Memoir of George William Hill 1838–1914 (National Academy of Sciences, Biographical Memoirs Vol. III), Washington 1916.

Franz Brümmer, Lexikon der deutschen Dichter und Prosaisten vom Beginn des 19. Jahrhunderts bis zur Gegenwart, Bd. 8, 6. Aufl., Leipzig 1913, online: https://www.deutschestextarchiv.de/book/view/bruemmer_lexikon08_1913?p=104 [letzter Zugriff: 22.11.2022].

John W. Burgess, Antrittsrede des ersten Inhabers der Roosevelt-Professur an der Königlichen Friedrich-Wilhelms-Universität zu Berlin, Berlin 1906.

John W. Burgess, Persönliche Erinnerungen an Friedrich Althoff, in: IWW 3 (1909), 1337–1348.

Wilhelm Busch, Goswin Freiherr von der Ropp, in: HZ 121 (1919), 373–376.

Hermann Cardauns, Die Görres-Gesellschaft 1876–1901. Denkschrift zur Feier ihres 25jährigen Bestehens nebst Jahresbericht für 1900, Köln 1901.

Hermann Cremer, Zum Kampf um das Apostolikum. Eine Streitschrift wider D. Harnack. Berlin 1892.

Hermann Cremer, Diskussionsbeitrag, in: Die landeskirchliche Versammlung betreffs der theologischen Fakultäten am 8. Mai 1895, Berlin 1895, 87f.

Ernst Cremer, Hermann Cremer. Ein Lebens- und Charakterbild, Gütersloh 1912.

Herrmann A. L. Degener (Hg.), Wer ist's? Zeitgenossenlexikon, IV. Ausgabe, Leipzig 1909.

Herrmann A. L. Degener (Hg.), Wer ist's? Unsere Zeitgenossen, IX. Ausgabe, Leipzig 1928.

Herrmann A. L. Degener (Hg.), Degeners Wer ist's?, X. Ausgabe, Berlin 1935.

Ludwig Dehio, Die Kaiser-Wilhelm-Universität Straßburg, in: Das Reichsland Elsass Lothringen 1871–1918, Bd. 3: Wissenschaft, Kunst und Literatur in Elsass-Lothringen 1871–1918, hg. i.A. des wissenschaftlichen Instituts der Elsass-Lothringer im Reich an der Universität Frankfurt von Georg Wolfram, Frankurt a.M. 1934, 1–30.

Adolf Deissmann, Reinhold Seeberg. Ein Gedächtniswort, Stuttgart 1936.

Hans Delbrück, Persönliche Erinnerungen an den Kaiser Friedrich und sein Haus (1888), in: Ders., Erinnerungen. Aufsätze und Reden, Berlin 1902, 64–86.

Hans Delbrück, Die Polenfrage, Berlin 1894.

Hans Delbrück, Politische Korrespondenz, Okt. 1895, in: PrJ 82 (1895), 183–190.

Hans Delbrück, Politische Korrespondenz, Nov. 1895. Nachschrift, in: PrJ 82 (1895), 384.

Hans Delbrück, Politische Korrespondenz, Dez. 1895, in: PrJ 82 (1895), 568–570.

Hans Delbrück, Politische Korrespondenz, Dez. 1898, in: PrJ 94 (1898), 574.

Hans Delbrück, Politische Korrespondenz, Jan. 1899, in: PrJ 95 (1899), 179–184

Hans Delbrück, Politische Korrespondenz, Dez. 1899, in: PrJ 99 (1900), 185–191.

Hans Delbrück, Politische Korrespondenz, Febr. 1900, in: PrJ 99 (1900), 562–569.

Hans Delbrück, Kaiserin Friedrich (1901), in: Ders., Erinnerungen. Aufsätze und Reden, Berlin 1902, 606–625.

Hans Delbrück, Politische Korrespondenz, Nov. 1901, in: PrJ 106 (1901), 564–568.

Hans Delbrück, Die Lehre von Wreschen, Dez. 1901, in: PrJ 107 (1902), 178–186.

Hans Delbrück, Das Professorentum und Ministerialdirektor Althoff, in: PrJ 134 (1908), 373.

Hans Delbrück, Das Professorentum und Ministerialdirektor Althoff, in: Ders., Vor und nach dem Weltkrieg. Politische und historische Aufsätze 1901–1925, Berlin 1926, 235–237.

Hippolyte Delehaye, 9. Ad. Harnack, Mission und Ausbreitung, in: AnBoll 26 (1907), 107–110.

Friedrich Delitzsch, Babel und Bibel. Ein Vortrag, Leipzig 1902.

Friedrich Delitzsch, Zweiter Vortrag über Babel und Bibel, Stuttgart 1903.

Alois Dempf, Albert Ehrhard. Der Mann und sein Werk in der Geistesgeschichte um die Jahrhundertwende, Kolmar i.E. o.J. [1946].

Heinrich Suso Denifle, Luther und Lutherthum in der ersten Entwickelung quellenmäßig dargestellt, Bd. 1, Mainz 1904.

Heinrich Suso Denifle, Luther in rationalistischer und christlicher Beleuchtung. Prinzipielle Auseinandersetzung mit A. Harnack und R. Seeberg, Mainz 1904.

Heinrich Suso Denifle, Luther und Luthertum in der ersten Entwickelung. Quellenmäßig dargestellt. Zweite, durchgearbeitete Auflage, Bd. 1, Mainz 1904.

Heinrich Suso Denifle, Quellenbelege. Die abendländischen Schriftausleger bis Luther über Iustitia Dei (Rom. 1,17) und Justificatio. Beitrag zur Geschichte des Exegese, der Literatur und des Dogmas im Mittelalter, Bd. 1 der Ergänzungen zu Denifle's Luther und Luthertum, Mainz 1905.

Heinrich Suso Denifle/Albert Maria Weiß, Luther und Luthertum in der ersten Entwickelung. Quellenmäßig dargestellt. Bd. 2: bearbeitet von Albert Maria Weiß, Mainz 1909.

Wilhelm Dilthey, Die Jugendgeschichte Hegels, Berlin 1905.

Wilhelm Dilthey, Briefwechsel, Band II: 1882–1895, hg. von Gudrun Kühne-Bertram und Hans-Ulrich Lessing, Göttingen 2015.

Wilhelm Dilthey, Briefwechsel Band III: 1896–1905, hg. von Gudrun Kühne-Bertram und Hans-Ulrich Lessing, Göttingen 2019.

Wilhelm Dilthey, Briefwechsel Band IV: 1905–1911, hg. von Gudrun Kühne-Bertram und Hans-Ulrich Lessing, Göttingen 2022.

August von Druffel, Die Melanchthon-Handschriften der Chigi-Bibliothek, in: SBAW.PPH, München 1876, 491–527.

Louis Duchesne, Histoire ancienne de l'Église, Paris 1906–1910.

Louis Duchesne, L'École française de Rome (1919), in: Michel Gras (Hg.), „À l'École de toute l'Italie". Pour une histoire de l'École française de Rome (Texte 9), Rom 2010, 143–148.

Gustav Ecke, Die theologische Schule Albrecht Ritschls und die evangelische Kirche der Gegenwart. Bd. 1: Die theologische Schule Albrecht Ritschls, Berlin 1897.

Albert Ehrhard, Der Katholizismus und das zwanzigste Jahrhundert im Lichte der kirchlichen Entwicklung der Neuzeit, Stuttgart/Wien 1902.

Albert Ehrhard, Die neue Lage der katholischen Theologie, in: IWW 2 (1908), 65–84.

Ludwig Elster, Universitäten, in: Soziale Kultur und Volkswohlfahrt während der ersten 25 Regierungsjahre Kaiser Wilhelm II. Ein Gedenkwerk in ausgewählten Einzelabschnitten, Berlin 1913, 45–60.

Wilhelm Erman, Althoffs Reformen, in: Ders., Geschichte der Bonner Universitätsbibliothek (1818–1901) (SBWA 37/38), Halle 1919, 237–241.

Karl Esselborn, Baur, Wilhelm, in: RE 3. Aufl., Bd. 23, Leipzig 1913, 167–175.

Rudolf Eucken, Die päpstliche Enzyklika wider die Modernisten, in: IWW 2 (1908), 97–110.

Evangelisch-Sozialer Kongress (Hg.), Die Verhandlungen des dreizehnten Evangelisch-Sozialen Kongresses (VESK), Bd. 13, Göttingen 1902.

Richard Fester, Religionskrieg und Geschichtswissenschaft. Ein Mahnwort an das deutsche Volk aus Anlaß von Denifles „Luther", München 1904.

*Festgabe von Fachgenossen*und Freunden. A. von Harnack zum siebzigsten Geburtstag dargebracht, Tübingen 1921.

Göttinger Bibliothekar [Richard Fick], Steffenhagen und Harnack. Eine bibliotheksgeschichtliche Parallele. Nach Aktenstücken, Briefen und persönlichen Erinnerungen (Hainbergschriften. Arbeiten Göttinger Bibliothekare 8), Göttingen 1940.

Ficker, Schmidt, Woldemar, in: RE 3. Aufl., Bd. 17, Leipzig 1906, 660f.

Theodor Ficker, Hölemann, Hermann Gustav, in: RE 3. Aufl., Bd. 8, Leipzig 1900, 198f.

Ernst Fiechter, Heinrich Weizsäcker zum 70. Geburtstag, in: Württemberg. Monatsschrift im Dienste von Volk und Heimat 1932, 451–453.

Franz Fleischer, Dompropst Dr. Franz Dittrich, in: ZGAE 19 (1916), 409–438.

Erich Foerster, Gefahr und Unrecht der landeskirchlichen Agitation gegen die altpreußischen theologischen Fakultäten, in: ChW 11 (1897), 39–42.

Joseph Foster (Hg.), Alumni Oxonienses. The Members of the University of Oxford 1715–1886, Bd. IV, Oxford 1888.

Johannes Frey (Hg.), Die Theologische Fakultät der Kaiserlichen Universität Dorpat-Jurjew 1802–1903. Historisch-biographisches Album mit Beiträgen früherer und jetziger Glieder der Fakultät, Reval 1905.

Walter Friedensburg, Das Königlich Preußische Historische Institut in Rom in den dreizehn ersten Jahren seines Bestehens 1888–1901, in: APAW.PH, Berlin 1903, 1–154.

Karl Friese, Geschichte der Königlichen Universitätsbibliothek zu Berlin, Berlin 1910.

Fünfzehn Jahre Königliche und Staatsbibliothek, Dem scheidenden Generaldirektor Exz. Adolf von Harnack zum 31. März 1921 überreicht von den wissenschaftlichen Beamten der Preußischen Staatsbibliothek, Berlin 1921.

Fürst Bülow in Rapallo: Der Reichskanzler auf einem Spaziergang, in: Berliner Illustrirte Zeitung 16 (1907), 232.
Paul Gennrich/Eduard Freiherr von der Goltz, Hermann von der Goltz. Ein Lebensbild als Beitrag zur Geschichte der deutschen evangelischen Kirche im 19. Jahrhundert, Göttingen 1935.
Paul Glaue, Wiegand, Friedrich, in: RGG 2. Aufl., Bd. 5, Tübingen 1931, 1917.
Otto Glauning, 8. Der preußische Gesamtkatalog und der Münchner Katalog, in: ZfB 29 (1912), 349–364.
Siegfried Goebel, Erinnerungen eines alten Professors an namhafte Zeit- und Lebensgenossen, Berlin 1926.
Siegfried Goebel, Der Strafprofessor, in: Gotthard-Briefe 75 (1929), 34–38.
Wilhelm Goeters, Siegfried Goebel in Bonn, in: Zum Gedenken an D. Siegfried Goebel. Geheimer Konsistorialrat Professor der Theologie in Bonn, Erlangen 1929, 12–22.
Eduard von der Goltz, Bodelschwingh, Friedrich Christian Karl von, in: RE 3. Aufl., Bd. 23, Leipzig 1913, 232–244.
Eduard von der Goltz, Hermann Freiherr von der Goltz, in: Ders., Christentum und Leben, Bd. V: Führende Persönlichkeiten im 19. Jahrhundert, Halle 1926, 15–38.
Thomas Wakefield Goodspeed, William Rainey Harper, Chicago 1928.
Wilhelm Gottschick, Gottschick, Johannes Friedrich, in: RE 3. Aufl., Bd. 23, Leipzig 1913, 579–587.
Martin Grabmann, P. Heinrich Denifle O.P. Eine Würdigung seiner Forschungsarbeit, Mainz 1906.
Eduard Grafe, Die neuesten Forschungen über die urchristliche Abendmahlsfeier, in: ZThK 5 (1895), 101–138.
Eduard Grafe, Die Schulerklärung der Generalsynode und die zukünftige Vorbildung der Theologiestudierenden, in: ChW 14 (1900), 711–714.
Caspar René Gregory, Bernhard Weiss and the New Testament, in: AJT 1 (1897), 16–37.
Georg Grützmacher, Deutsch, Samuel Martin, in: RE 3. Aufl., Bd. 23, Leipzig 1913, 341–343.
Heinrich Günter, Legenden-Studien, Köln 1906.
Hermann Gunkel, Max Löhr, in: RGG 2. Aufl., Bd. 3, Tübingen 1929, 1707.
Wilhelm Haan (Hg.), Sächsisches Schriftsteller-Lexicon. Alphabetisch geordnete Zusammenstellung der im Königreich Sachsen gegenwärtig lebenden Gelehrten, Schriftsteller und Künstler nebst kurzen biographischen Notizen und Nachweis ihrer im Druck erschienen Schriften, Leipzig 1875.
Theodor Hampe, Götz, Johannes, in: Ulrich Thieme/Fred. C. Willis (Hg.), Allgemeines Lexikon der Bildenden Künstler von der Antike bis zur Gegenwart. Begründet von Ulrich Thieme und Felix Becker, Bd. 14, Leipzig 1921, 321.
*Handbuch*über den Königlich Preußischen Hof und Staat für das Jahr 1887/88, Berlin 1887.
*Handbuch*über den Königlich Preußischen Hof und Staat für das Jahr 1908, Berlin 1907.
Adolf Harnack, Zur Quellenkritik der Geschichte des Gnostizismus. Inauguraldissertation zur Erlangung der Doktorwürde in der philosophischen Fakultät der Universität Leipzig, Leipzig o.J. [1873]
Adolf Harnack, De Apellis gnosi monarchica. Commentatio historica quam summe venerandi theologorum ordinis auctoritate in academia lipsiensi ad impetrandam veniam legendi illustrissimi jctorum ordinis concessu die IX julii a. MDCCCLCCIV hora X in auditorio juridico publice defendet, Leipzig 1974.
Adolf Harnack, Zur Statistik der griechisch-russischen Kirchen, in: ZKG 3 (1878/79), 188–194.
Adolf Harnack, The Present State of Research in Early Church History (1886), in: Ders., Reden und Aufsätze, Bd. 2, Gießen 1904, 217–235.
Adolf Harnack, Berichtigung, in: ThLB 7 (1886), Nr. 7: 26.02.1886, 71f.
Adolf Harnack, Abgenöthigte Verwahrung wider D. Luthardt, vom 22. März 1886, in: ThLZ 11 (1886), Nr. 7: 03.04.1886, 165–167.

Adolf Harnack, Lehrbuch der Dogmengeschichte. Die Entstehung des kirchlichen Dogmas, Bd. 1 (SThL 2,1), Freiburg i.Br. 1886.

Adolf Harnack, Die innere Lage der Kirche beim Beginn des vierten Jahrhunderts und die Bedeutung des Athanasius. Als Manuskript gedruckt, in: Ders./Axel Harnack/Erich Harnack/Otto Harnack (Hg.), Festschrift zur Feier des siebzigsten Geburtstages ihres Vaters Theodosius Harnack Doctors und Professors emer. der Theologie an der Universität Dorpat am 3. Januar 1887, Dresden 1887, 1–16.

Adolf Harnack, August Neander. Rede bei der Feier zum hundertjährigen Gedächtnis der Geburt August Neanders (17. Januar 1889), in: Ders., Reden und Aufsätze, Bd. 1, Gießen 1904, 193–218.

Adolf Harnack, Antrittsrede, in: SPAW, Bd. 2, Berlin 1890, 788–791.

Adolf Harnack, Was wir von der römischen Kirche lernen und nicht lernen sollen (1891), in: Ders., Reden und Aufsätze, Bd. 2, Gießen 1904, 247–264.

Adolf Harnack, Rez.: Hoensbroech, Paul, Warum sollen die Jesuiten nicht nach Deutschland zurück? Eine Frage und eine Antwort, in: ThLZ 16 (1891), 104–109.

Adolf Harnack, In Sachen des Apostolikums, in: ChW 6 (1892), 768–770.

Adolf Harnack, Das Apostolische Glaubensbekenntnis. Ein geschichtlicher Bericht nebst einem Nachwort von D. Adolf Harnack, Berlin 1892.

Adolf Harnack, Antwort auf die Streitschrift D. Cremers: „Zum Kampf um das Apostolikum“ (Hefte der ChW 3), Leipzig 1892.

Adolf Harnack, Geschichte der altchristlichen Litteratur bis Eusebius. Erster Theil: Die Überlieferung und der Bestand der altchristlichen Literatur bis Eusebius, unter Mitwirkung von Erwin Preuschen, Leipzig 1893.

Adolf Harnack, Das Testament Leos XIII. Das päpstliche Rundschreiben an die Fürsten und Völker des Erdkreises vom 20. Juni 1894, in: Ders., Reden und Aufsätze, Bd. 2, Gießen 1904, 265–293.

Adolf Harnack, Die evangelisch-soziale Aufgabe im Lichte der Geschichte der Kirche (1894), in: Ders., Reden und Aufsätze, Bd. 2, Gießen 1904, 23–76.

Adolf Harnack, History of Dogma. Translated from the third German edition by Neil Buchanan, Vol. 1, London/Edinburgh 1894.

Adolf Harnack, Das Christentum und die Geschichte (1896), in: Ders., Reden und Aufsätze, Bd. 2, Gießen 1904, 1–21.

Adolf Harnack, Christianity and History. Translated with the Author's sanction by Thomas Bailey Saunders, London 1896.

Adolf Harnack, Zur gegenwärtigen Lage des Protestantismus. Ein Vortrag (Hefte der ChW 25), Leipzig 1896.

Adolf Harnack, Zur gegenwärtigen Lage des Protestantismus [1896], in: Ders., Reden und Aufsätze, Bd. 2, Gießen 1904, 129–157.

Adolf Harnack, Ritschl und seine Schule (1897), in: Ders., Reden und Aufsätze, Bd. 2, Gießen 1904, 345–368.

Adolf Harnack, Barnabas, in: RE 3. Aufl., Bd. 2, Leipzig 1897, 410–493.

Adolf Harnack, Philipp Melanchthon (1897), in: Ders., Reden und Aufsätze, Bd. 1, Gießen 1904, 171–191.

Adolf Harnack, Geschichte der altchristlichen Litteratur bis Eusebius. Zweiter Theil: Die Chronologie, Erster Band: Die Chronologie der Litteratur bis Irenäus nebst einleitenden Untersuchungen, Leipzig 1897.

Adolf Harnack, Ueber die jüngsten Entdeckungen auf dem Gebiete der ältesten Kirchengeschichte, in: PrJ 92 (1898), 193–219.

Adolf Harnack, Über die jüngsten Entdeckungen auf dem Gebiete der ältesten Kirchengeschichte (1898), in: Ders., Reden und Aufsätze, Bd. 1, Gießen 1904, 313–349.

Adolf Harnack, Die Bedeutung der Reformation innerhalb der allgemeinen Religionsgeschichte [1899], in: Ders., Reden und Aufsätze, Bd. 2, Gießen 1904, 295–326.

Adolf Harnack, Thoughts on the Present Position of Protestantism, translated with the author's sanction by Thomas Bailey Saunders, London 1899.

Adolf Harnack, Die Grundsätze der evangelisch-protestantischen Mission (1900), in: Ders., Reden und Aufsätze, Bd. 2, Gießen 1904, 107–128.

Adolf Harnack, Geschichte der Königlich Preußischen Akademie der Wissenschaften zu Berlin. Im Auftrage der Akademie bearbeitet, 3 Bde, Berlin 1900.

Adolf Harnack, Das geistige und wissenschaftliche Leben in Brandenburg-Preußen um das Jahr 1700, in: Hohenzollern-Jahrbuch 4 (1900), 170–191.

Adolf Harnack, Das Wesen des Christentums. Sechzehn Vorlesungen vor Studierenden aller Fakultäten im Wintersemester 1899/1900 an der Universität Berlin gehalten von Adolf v. Harnack, hg. von Claus-Dieter Osthövener, 3. Aufl., Tübingen 2012.

Adolf Harnack, The Apostles' Creed. A translation from an article in the third edition of Herzog's Realencyclopädie by the Rev. Stewart Means, revised and edited by Thomas Bailey Saunders, London 1901.

Adolf Harnack, What is Christianity? Sixteen Lectures Delivered in the University of Berlin during the Winter-Term 1899–1900. Translated into English by Thomas Bailey Saunders, London 1901.

Adolf Harnack, Die Aufgabe der theologischen Facultäten und die allgemeine Religionsgeschichte, Gießen 1901.

Adolf Harnack, Die Aufgabe der theologischen Fakultäten und die allgemeine Religionsgeschichte nebst einem Nachwort (1901), in: Ders., Reden und Aufsätze, Bd. 2, Gießen 1904, 159–187.

Adolf Harnack, Anhang: Zur Behandlung der römischen Kaisergeschichte auf der Schule (1902), in: Ders., Aus Wissenschaft und Leben (Reden und Aufsätze NF 1), Bd. 1, Gießen 1911, 102–108.

Adolf Harnack, Die sittliche und soziale Bedeutung des modernen Bildungsstrebens (1902), in: Ders., Reden und Aufsätze, Bd. 2, Gießen 1904, 77–106.

Adolf Harnack, Rez.: Karl Bornhäuser, Die Vergottungslehre des Athanasius und Johannes Damascenus, in: ThLZ 28 (1903), 476f.

Adolf Harnack, L'essenza del cristianesimo, traduzione dal tedesco di Antonio Bongioanni (Piccola biblioteca di scienze moderne 59), Turin 1903.

Adolf Harnack, Rez.: Denifle, P. Heinrich, O.P., Luther und Lutherthum, in der ersten Entwicklung quellenmäßig dargestellt, in: ThLZ 28 (1903), 689–692.

Adolf Harnack, Das Konklave (1903), in: Ders., Aus Wissenschaft und Leben, Bd. 1 (Reden und Aufsätze NF 1), Gießen 1911, 341–356.

Adolf Harnack, Einige Bemerkungen zur Geschichte der Entstehung des Neuen Testaments/Osservazioni storiche sulle origini del nuovo testamento, in: RStRel 3 (1903), 227–240.

Adolf Harnack, Einige Bemerkungen zur Geschichte der Entstehung des Neuen Testaments (1903), in: Ders., Reden und Aufsätze, Bd. 2, Gießen 1904, 237–245.

Adolf Harnack, Osservazioni storiche sulle origini del Nuovo Testamento (1903), in: Atti del congresso internazionale di scienze storiche (Roma, 1–9 Aprile 1903), Volume XI: Sezione VII: Storia della Filosofia – Storia delle Religioni, Roma 1904, 123–128.

Adolf Harnack, Der Brief Sr. Majestät des Kaisers an den Admiral von Hollmann, in: PrJ 111 (1903), 584–589.

Adolf Harnack, Der Brief Sr. Majestät des Kaisers an den Admiral von Hollmann (1903), in: Ders., Aus Wissenschaft und Leben (Reden und Aufsätze. NF 2), Bd. 2, Gießen 1911, 63–71.

Adolf Harnack, Prof. Harnack's Letter to the 'Preußische Jahrbücher' on German Emperor's Criticism of prof. Delitzsch' Lectures on 'Bibel and Babel', translated by Thomas Bailey Saunders, London 1903.

Adolf Harnack, Carnegies Schrift über die Pflicht der Reichen, in: Beilage zur Allgemeinen Zeitung am 13.06.1903; auch in: Ders., Aus Wissenschaft und Leben, Bd. 1 (Reden und Aufsätze NF 1), Gießen 1911, 167–171.

Adolf Harnack, Die Notwendigkeit der Erhaltung des alten Gymnasiums in der modernen Zeit (1904), in: Ders., Aus Wissenschaft und Leben (Reden und Aufsätze NF 1), Bd. 1, Gießen 1911, 65–82.

Adolf Harnack, Erklärung, in: ThLZ 29 (1904), 213.

Adolf Harnack, Geschichte der altchristlichen Litteratur bis Eusebius. Zweiter Theil: Die Chronologie, Zweiter Band: Die Chronologie der Litteratur von Irenaeus bis Eusebius, Leipzig 1904.

Adolf Harnack, The Relation between Ecclesiastical and General History (1904). Übersetzt von Thomas Bailey Saunders, in: Contemporary Review 9 (1904), 846–859; auch in: The Living Age 26 (1905), 75–86.

Adolf Harnack, The Relation between Ecclesiastical and General History (1904), in: Howard J. Rogers (Hg.), International Congress of Arts and Science, Vol. IV: Law and Religion, London/New York 1908, 621–635.

Adolf Harnack, Über das Verhältnis der Kirchengeschichte zur Universalgeschichte [1904], in: Ders., Aus Wissenschaft und Leben. Bd. 2 (Reden und Aufsätze NF 2), Gießen 1911, 41–62.

Adolf Harnack, Vom Großbetrieb der Wissenschaft, in: PrJ 119 (1905), 193–201.

Adolf Harnack, Vom Großbetrieb der Wissenschaft (1905), in: Ders., Aus Wissenschaft und Leben (Reden und Aufsätze NF 1), Bd. 1, Gießen 1911, 10–20.

Adolf Harnack, Rez.: Grabmann, D. Dr. Martin, P. Heinrich Denifle, O.P., in: ThLZ 30 (1905), 705f.

Adolf Harnack, Ansprache bei der Übernahme der Generalverwaltung der Königlichen Bibliothek. 2. Oktober 1905, in: Axel von Harnack (Hg.), Adolf von Harnack, Aus der Werkstatt des Vollendeten (Reden und Aufsätze NF 5), Gießen 1930, 3–5.

Adolf Harnack, Zur Einführung, in: Die deutschen Balten. Zu Hilf und Ehren eines bedrohten Bruderstammes, München 1906, 2f.

Adolf Harnack, Rez.: Wieland, Subreg. Dr. Franz, Mensa und Confessio, in: ThLZ 31 (1906), 627f.

Adolf Harnack, Die Beziehungen zwischen Universität und Schule in Bezug auf den Unterricht in Geschichte und Religion (1907), in: Ders., Aus Wissenschaft und Leben (Reden und Aufsätze NF 1), Bd. 1, Gießen 1911, 83–101.

Adolf Harnack, Protestantismus und Katholizismus in Deutschland. Rede zur Feier des Geburtstages Seiner Majestät des Kaisers und Königs gehalten in der Aula der Königlichen Friedrich-Wilhelms-Universität zu Berlin am 27. Januar 1907, in: PrJ 127 (1907), 294–311.

Adolf Harnack, Protestantismus und Katholizismus in Deutschland. Rede zur Feier des Geburtstages Seiner Majestät des Kaisers und Königs gehalten in der Aula der Königlichen Friedrich-Wilhelms-Universität zu Berlin am 27. Januar 1907, Berlin 1907.

Adolf Harnack, Protestantismus und Katholizismus in Deutschland. Rede zur Feier des Geburtstages Seiner Majestät des Kaisers und Königs gehalten in der Aula der Königlichen Friedrich-Wilhelms-Universität zu Berlin am 27. Januar 1907, Berlin 1907.

Adolf Harnack, Protestantismus und Katholizismus in Deutschland (1907), in: Ders., Aus Wissenschaft und Leben, Bd. 1 (Reden und Aufsätze, NF 1), Gießen 1911, 225–250.

Adolf Harnack, Gedanken über Wissenschaft und Leben, in: IWW 1 (1907), 9–16; auch in: Ders., Aus Wissenschaft und Leben, Bd. 1 (Reden und Aufsätze NF 1), Gießen 1911, 1–9.

Adolf Harnack, Andrew Carnegie, in: IWW 1 (1907), 71–78.

Adolf Harnack, Rasse, Überlieferung und Individuum, in: Neue Freie Presse am 25.12.1907, auch in: Baltische Monatsschrift 65 (1908), 25–33.

Adolf Harnack, Die päpstliche Enzyklika des Jahres 1907. Ein Schlußwort, in: IWW 2 (1908), 257–264.

Adolf Harnack, Die päpstliche Enzyklika von 1907 nebst zwei Nachworten (1908), in: Ders., Aus Wissenschaft und Leben, Bd. 1 (Reden und Aufsätze NF 1), Gießen 1911, 251–265.

Adolf Harnack, Religiöser Glaube und freie Forschung (1908), in: Ders, Aus Wissenschaft und Leben, Bd. 1 (Reden und Aufsätze NF 1), Gießen 1911, 267–276.

Adolf Harnack, Der vierte internationale Kongreß für historische Wissenschaften zu Berlin (6.–12. August 1908), in: IWW 2 (1908), 513–520.

Adolf Harnack, I. Die Kaiserin Friedrich (1908), in: Ders, Aus Wissenschaft und Leben, Bd. 2 (Reden und Aufsätze, NF 2), Gießen 1911, 317–323.

Adolf Harnack, Die Neuordnung des höheren Mädchenschulwesens in Preußen (1908), in: Ders., Aus Wissenschaft und Leben, Bd. 1 (Reden und Aufsätze NF 1), Gießen 1911, 109–121.

Adolf Harnack, Anhang. Ein offener Brief an die „Karpathen" (1908), in: Ders., Aus Wissenschaft und Leben, Bd. 1 (Reden und Aufsätze NF 1), Gießen 1911, 121–126.

Adolf Harnack, Nachschrift, in: PrJ 134 (1908), Heft III, Dez. 1908, 396–398.

Adolf Harnack, Friedrich Althoff. Rede, gehalten bei seinem Begräbnis in der Kirche zu Steglitz, in: IWW 2 (1908), 1377–1384.

Adolf Harnack, In Memoriam III. Friedrich Althoff (1908), in: Ders., Aus Wissenschaft und Leben, Bd. 2 (Reden und Aufsätze NF 2), Gießen 1911, 332–338.

Adolf Harnack, Beitrag, in: Frauenbildung. Zeitschrift für die gesamten Interessen des weiblichen Unterrichtswesens 8 (1909), 3.

Adolf Harnack, Pater Denifle, Pater Weiß und Luther (1909), in: Ders., Aus Wissenschaft und Leben, Bd. 1 (Reden und Aufsätze NF 1), Gießen 1911, 295–332.

Adolf Harnack, Lehrbuch der Dogmengeschichte. Mit einem Vorwort von Christoph Markschies, 3 Bde, 4. Aufl., Tübingen 1909 (Nachdruck Darmstadt 2015).

Adolf Harnack, Internationale und nationale christliche Literatur (1909), in: Ders., Aus Wissenschaft und Leben, Bd. 2 (Reden und Aufsätze NF 2), Gießen 1911, 23–40.

Adolf Harnack, Die Borromäus-Enzyklika (1910), in: Ders., Aus Wissenschaft und Leben, Bd. 1 (Reden und Aufsätze NF 1), Gießen 1911, 277–287.

Adolf Harnack, Nachruf auf Professor Emil Schürer, in: ThLZ 35 (1910), 289f.

Adolf Harnack, Zur Kaiserlichen Botschaft vom 11. Oktober 1910: Begründung von Forschungsinstituten (1910), in: Ders., Aus Wissenschaft und Leben, Bd. 1 (Reden und Aufsätze NF 1), Gießen 1911, 39–64.

Adolf Harnack, Anhang: Konfession und Politik (1911), in: Ders., Aus Wissenschaft und Leben, Bd. 1 (Reden und Aufsätze NF 1), Gießen 1911, 287–293.

Adolf Harnack, Die Lutherbiographie Grisars (1911), in: Ders., Aus Wissenschaft und Leben, Bd. 1 (Reden und Aufsätze NF 1), Gießen 1911, 332–340.

Adolf Harnack, III. Der Friede die Frucht des Geistes (1911), in: Ders., Aus Wissenschaft und Leben, Bd. 1 (Reden und Aufsätze NF 1), Gießen 1911, 203–209.

Adolf Harnack, 1. Protestantische Kultur, 2. Protestantische Kultur und Dr. Max Maurenbrecher, in: Ders., Aus der Friedens- und Kriegsarbeit (Reden und Aufsätze NF 3), Gießen 1916, 203–226.

Adolf Harnack, Die Benutzung der Königlichen Bibliothek und die deutsche Nationalbibliothek, mit einem Nachwort (1912), in: Ders., Aus der Friedens- und Kriegsarbeit (Reden und Aufsätze NF 3), Gießen 1916, 227–261.

Adolf Harnack, Über wissenschaftliche Erkenntnis (1913), in: Ders., Aus der Friedens- und Kriegsarbeit (Reden und Aufsätze NF 3), Gießen 1916, 173–201.

Adolf Harnack, Juden und Judenchristentum in Justins Dialog mit Trypho. Nebst einer Collation der Pariser Handschrift Nr. 450 (TU 39,1), Leipzig 1913, 47–98.

Adolf Harnack, Rede, gehalten bei der Einweihung der neuen Königlichen Bibliothek am 22. März 1914: Die Geschichte der Kgl. Bibliothek, in: Ders., Aus der Friedens- und Kriegsarbeit (Reden und Aufsätze NF 3), Gießen 1916, 263–276.

Adolf Harnack, Rede zur „Deutsch-amerikanischen Sympathiekundgebung" (11. August 1914 im Berliner Rathaus), in: Ders., Aus der Friedens- und Kriegsarbeit (Reden und Aufsätze NF 3), Gießen 1916, 283–290.

Adolf von Harnack, Die Leistung und die Zukunft der baltischen Deutschen (1915), in: Ders., Aus der Friedens- und Kriegsarbeit (Reden und Aufsätze NF 3), Gießen 1916, 349–361.

Adolf von Harnack, Die deutsche Universität Dorpat, ihre Leistungen und ihr Untergang (1915), in: Ders., Aus der Friedens- und Kriegsarbeit (Reden und Aufsätze NF 3), Gießen 1916, 362–373.

Adolf von Harnack, Baltische Professoren (1916), in: Ders., Aus der Werkstatt des Vollendeten. Als Abschluss seiner Reden und Aufsätze hg. von Axel von Harnack (Reden und Aufsätze NF 5), Gießen 1930, 147–154.

Adolf von Harnack, Friedensaufgaben und Friedensarbeit. Eine Denkschrift im Sommer 1916 dem Reichskanzler auf Ersuchen eingereicht (1916), in: Ders., Erforschtes und Erlebtes (Reden und Aufsätze NF 4), Gießen 1923, 279–297.

Adolf Harnack, Die Bedeutung der theologischen Fakultäten (1919), in: Ders., Erforschtes und Erlebtes (Reden und Aufsätze NF 4), Gießen 1923, 199–217.

Adolf von Harnack, Albrecht Ritschl 1846–1864. Privatdozent und Professor der evangelischen Theologie an der Universität Bonn. Rede, am 30. April 1922 zum hundertsten Geburtstag (Gedenkfeiern der Universität Bonn für einstige Mitglieder), Bonn 1922; vermehrter Nachdruck in: Ders., Erforschtes und Erlebtes (Reden und Aufsätze NF 4), Gießen 1923, 327–345.

Adolf von Harnack, Erforschtes und Erlebtes (Reden und Aufsätze NF 4), Gießen 1923.

Adolf Harnack, Fünfzehn Fragen an die Verächter der wissenschaftlichen Theologie unter den Theologen (1923), in: Ders., Aus der Werkstatt des Vollendeten. Als Abschluss seiner Reden und Aufsätze hg. von Axel von Harnack (Reden und Aufsätze NF 5), Gießen 1930, 51–55.

Adolf Harnack, L'essenza del cristianesimo. Traduzione dal tedesco di Antonio Bongioanni, III Edizione, Turin 1923.

Adolf Harnack, Brief an Erzbischof Söderblom vom 20. August, in: Friedrich Siegmund-Schultze, Die Weltkirchenkonferenz in Stockholm. Gesamt-Bericht über die Allgemeine Konferenz der Kirche Christi für Praktisches Christentum, Berlin 1925, 80; auch in: Ders., Aus der Werkstatt des Vollendeten. Als Abschluss seiner Reden und Aufsätze hg. von Axel von Harnack (Reden und Aufsätze NF 5), Gießen 1930, 84f.

Adolf Harnack, Über den sogenannten „Consensus quinque-saecularis" als Grundlage der Wiedervereinigung der Kirchen (1925), in: Ders., Aus der Werkstatt des Vollendeten. Als Abschluss seiner Reden und Aufsätze hg. von Axel von Harnack (Reden und Aufsätze NF 5), Gießen 1930, 65–83.

Adolf Harnack, Die Weltkonferenz „für Glaube und Verfassung". Eine Schicksalsstunde der christlichen Kirchen, in: ChW 40 (1926), 722–724.

Adolf von Harnack, Meine Zeitgenossen aus dem achtzehnten Jahrhundert (1929), in: Ders., Aus der Werkstatt des Vollendeten. Als Abschluss seiner Reden und Aufsätze hg. von Axel von Harnack (Reden und Aufsätze NF 5), Gießen 1930, 31–45.

Axel von Harnack, Die Bibliothek Adolf von Harnacks, in: ZfB 49 (1932), 341–350.

Ernst von Harnack (Hg.), Johanna Thiersch, geborene Freiin von Liebig. Briefe aus ihren Jugendjahren 1848–1855. Für die Familie zusammengestellt zum Gedächtnis ihres 100. Geburtstages 1836 am 20. November 1936.

Theodosius Harnack, Die lutherische Kirche Livlands und die herrnhutische Brüdergemeinde [sic]. Ein Beitrag zur Kirchengeschichte neuerer und neuester Zeit, Erlangen 1860.

Ernst Hartung, Fricke, Gustav Adolf, in: RE 3. Aufl., Bd. 23, Leipzig 1913, 484–488.

Arthur Haseloff, Die Kaiserinnengräber in Andria. Ein Beitrag zur apulischen Kunstgeschichte unter Friedrich II. (BPHIR 1), Rom 1905.

Edwin Hatch, Die Gesellschaftsverfassung der christlichen Kirchen im Altertum, Vom Verfasser autorisierte Übersetzung Adolf Harnacks der 2. durchgesehenen Auflage und mit Excursen versehen, Gießen 1883.

Edwin Hatch, Die Grundlegung der Kirchenverfassung Westeuropas im frühen Mittelalter. Vom Verfasser autorisierte Übersetzung Adolf Harnacks, Gießen 1888.

Albert Hauck, Hofmann, Johann, in: RE 3. Aufl., Bd. 8, Leipzig 1900, 234–241.

Albert Hauck, Die päpstlichen Erlasse vom 3. Juli, 8. September und 18. November 1907, in: IWW 2 (1908), 33–44.

Albert Hauck (Hg.), RE, 3. Aufl., Bd. 22: Register und Verzeichnis der Mitarbeiter, Leipzig 1909.

Haus der Abgeordneten, Stenographische Berichte über die Verhandlungen der durch die Allerhöchste Verordnung vom 23. Dezember 1895 einberufenen beiden Häuser des Landtages, Berlin 1896.

Haus der Abgeordneten, Stenographische Berichte über die Verhandlungen des Preußischen Hauses der Abgeordneten. 19. Legislaturperiode, V. Session, 1903, Bd. 3: 5.3.1903–21.3.1903, Berlin 1903.

Haus der Abgeordneten, Stenographische Berichte über die Verhandlungen des Preußischen Hauses der Abgeordneten. 20. Legislaturperiode, I. Session 1904/05, Bd. 3: 16.03.1904–30.04.1904, Berlin 1904.

Haus der Abgeordneten, Stenographische Berichte über die Verhandlungen des Preußischen Hauses der Abgeordneten, 20. Legislaturperiode, I. Session 1904/05, Bd. 7: 09.02.1905–04.03.1905, Berlin 1905.

Adolf Hausrath, Luthers Leben, Bd. 1, Berlin 1904.

Johannes Haußleiter, Luther im römischen Urteil. Eine Studie, Leipzig 1904.

Johannes Haußleiter, Cremer, August Hermann, in: RE 3. Aufl., Bd. 23, Leipzig 1913, 329–335.

Friedrich Heiler, Adolf von Harnack †. Seine Stellung zu Katholizismus und Protestantismus (1930), in: Ders. (Hg.), Im Ringen um die Kirche. Gesammelte Aufsätze und Vorträge, Bd. 2, München 1931, 270–286.

Heinrich Heine, Deutschland. Ein Wintermärchen (1844), online unter: https://www.projekt-gutenberg.org/heine/wintmrch/wintmrch.html [letzter Zugriff: 14.06.2023].

Wolfgang Heine, Max Silberstein. Ein Nachruf, in: Vossische Zeitung, 12.02.1925, Nr. 73, Abend-Ausgabe, S. 4.

Georg Heinrici, Worte der Erinnerung am Grabe von Ernst Constantin Ranke weiland Doctor der Theologie und Philosophie, Consistorialrath und ordentlicher Professor der Theologie auf dem Michaelskirchhof in Marburg am 2. August 1888 gesprochen, Marburg 1888.

Georg Heinrici, Ranke, Ernst Konstantin, in: RE 3. Aufl., Bd. 16, Leipzig 1905, 428–432.

August Heisenberg, Carl de Boor, in: Byzantinische Zeitschrift 24 (1924), 495f.

Herrenhaus, Stenographische Berichte über die Verhandlungen des Preußischen Herrenhauses in der Session 1903, 13.01.1903–01.05.1903, Berlin 1903.

Wilhelm Herrmann, Die Bedeutung der Enzyklika vom 8. September 1907, in: IWW 2 (1908), 83–90.

Georg von Hertling, Erinnerungen aus meinem Leben, Bd. 2, hg. von Karl Graf von Hertling, Kempten/München 1920.

Hilfsausschuß, Bericht des Hilfsausschusses für die notleidenden Deutschen Rußlands zu Berlin von Dezember 1905 bis November 1906, o.O. o.J.

Paul Hinneberg, Vorbemerkung des Herausgebers, in: IWW 1 (1907), 1–4.

Felix E. Hirsch, The Scholar as Librarian. To the Memory of Adolf von Harnack, in: The Library Quarterly. Information, Community, Policy 9 (1939), 299–320.

Heinrich Holtzmann, Zöpffel, Richard Otto, in: RE 3. Aufl., Bd. 21, Leipzig 1908, 708–710.
Eri Baker Hulbert, The English Reformation and Puritanism. With Other Lectures and Adresses, edited by A.R.E. Wyant, Chicago 1908.
Emil Jacobs, Ludwig Stern †, in: ZfB 29 (1912), 26–31.
Emil Jacobs, Valentin Rose, in: ZfB 34 (1917), 168–182.
Emil Jacobs, Adolf von Harnack, in: ZfB 47 (1930), 365–376.
Jahresbericht der Königlichen Bibliothek zu Berlin für das Jahr 1906/07, Burg b. Magdeburg 1907.
Henry James, Charles W. Eliot, President of Harvard University, 1869–1909, Two volumes, Boston 1930.
Jatho und Harnack. Ihr Briefwechsel, mit einem Geleitwort von Martin Rade, Tübingen 1911.
Werner Jösting, Predigt zum Gedächtniß an den heimgegangenen Pfarrer der evangelischen Gemeinde Lennep Carl Thönes. Superintendenten der Kreissynode Lennep gehalten am Sonntag, den 16. Juni 1895, in: Rede des Präses der Rheinischen Provinzial-Synode Umbeck in der Kirche, o.O. [1895], 17–27.
Adolf Jülicher, Die Entmündigung einer preußischen theologischen Fakultät in zeitgeschichtlichem Zusammenhange, Tübingen 1913.
Adolf Jülicher, Zur Geschichte der Theologischen Fakultät, in: Heinrich Hermelink/Siegfried August Kaehler (Hg.), Die Philipps-Universität zu Marburg. 1527–1927. Fünf Kapitel aus ihrer Geschichte (1527–1866). Die Universität Marburg seit 1866 in Einzeldarstellungen, Marburg 1927.
Alfred Juncker, Georg Ludwig Hahn, in: Chronik der Königlichen Universität zu Breslau für das Jahr vom 1. April 1903 bis 31. März 1904, 18. Jahrgang, Breslau 1904, 156–164.
Julius Kaftan, Nord-Schleswig, in: PrJ 95 (1899), 170–178.
Theodor Kaftan, Auslegung des lutherischen Katechismus. Den Amtsgenossen in Kirche und Schule dargeboten von D. Theodor Kaftan. Mit einem Anhang: Der Konfirmations-Unterricht auf Grund des lutherischen Katechismus, 3. Aufl., Schleswig 1901.
Theodor Kaftan, Zur Katechismus-Auslegung, in: Schleswig-Holsteinisches Kirchenblatt 3 (1902), Nr. 6: 21–23; Nr. 7: 27–32.
Adolf Kamphausen, Mangold, Wilhelm, in: RE 3. Aufl., Bd. 12, Leipzig 1903, 190–193.
Walter Kannegiesser (Hg.), Das Königliche evangelische Lehrerinnen-Seminar Augustenburg. Festschrift zur Feier des 25jährigen Bestehens der Anstalt am 30. Mai 1903, Schleswig 1903.
L.C. Karpinski u.a., Alexander Ziwet – In Memoriam, in: Bulletin of the American Mathematical Society 35 (1929), 259f., online: https://www.ams.org/journals/bull/1929-35-02/S0002-9904-1929-04719-0/S0002-9904-1929-04719-0.pdf [letzter Zugriff: 27.11.2023].
Katalog, Grosse Berliner Kunst-Ausstellung 1899, Berlin.
Gustav Kawerau, Möller, Wilhelm, in: RE 3. Aufl., Bd. 13, Leipzig 1903, 212–214.
Gustav Kawerau, Eine Anklage Denifles gegen Luther, Halle 1904.
Gustav Kawerau, Köstlin, Julius, in: RE 3. Aufl., Bd. 23, Leipzig 1913, 784–788.
Paul Kehr, Das Preußische Historische Institut in Rom, in: IWW 8 (1913), 129–170.
Felix Klein, Wilhelm Lexis, in: Jahresbericht der Deutschen Mathematiker-Vereinigung 23 (1914), 314–317.
Gottfried Kögel, Rudolf Kögel. Sein Werden und Wirken. Bd. 1: 1829 bis 1854 (Ordination), Bd. 2: 1854 bis 1872, Bd. 3: 1872 bis 1896, Berlin 1899, 1901, 1904.
Königliche Bibliothek, Die neue Benutzungsordnung der Königlichen Bibliothek zu Berlin, in: ZfB 22 (1905), 182–195.
Walther Köhler, Ein Wort zu Denifle's Luther, Tübingen 1904.
Walther Köhler, Syllabus und Enzyklika wider den Modernismus, in: IWW 2 (1908), 185–192, 207–216.
August Köhler, Delitzsch, Franz, in: RE 3. Aufl., Bd. 4, Leipzig 1898, 565–570.

Theodor von Kolde, P. Denifle, Unterarchivar des Papstes und seine Beschimpfung Luthers und der evangelischen Kirche, Leipzig 1904.
Theodor von Kolde, Reuter, Hermann, in: RE 3. Aufl., Bd. 16, Leipzig 1905, 696–703.
Kolonialpolitisches Aktionskomité (Hg.), Schmoller, Dernburg, Delbrück, Schäfer, Sering, Schillings, Brunner, Jastrow, Penck, Kahl über Reichstagsauflösung und Kolonialpolitik: offizieller stenographischer Bericht über die Versammlung in der Berliner Hochschule für Musik am 8. Januar 1907, Berlin 1907, online: https://nbn-resolving.de/urn:nbn:de:gbv:46:1-8198 [letzter Zugriff: 24.08.2023].
Michael Felix Korum, Unerbauliches aus der Diözese Trier. Darlegung der Verhältnisse höherer Töchterschulen in Trier, St. Johann und Kreuznach, mit Akten belegt, 4. Aufl., Trier 1903.
H.A. Krose S.J., Ergebnisse der deutschen Konfessionszählung vom 1. Dezember 1906 in den Einzelstaaten, in: StML 74 (1908), 46–57.
Hugo Andreas Krüss, Fünfundzwanzig Jahre preußischer Beirat für Bibliotheksangelegenheiten, in: ZfB 50 (1933), 18–21.
Kultusministerium, Verhandlungen über Fragen des höheren Unterrichts, 6.–8. Juni 1900, nebst einem Anhange von Gutachten, hg. i.A. des Ministers der geistlichen, Unterrichts- und Medizinal-Angelegenheiten, Halle a.S. 1901.
Kultusministerium, Neue Lehrpläne und Lehraufgaben für die höheren Schulen in Preußen, in: Centralblatt für die gesamte Unterrichtsverwaltung in Preußen 43 (1901), 471–544.
Kultusministerium, Neuordnung des höheren Mädchenschulwesens, in: Centralblatt für die gesamte Unterrichtsverwaltung in Preußen 50 (1908), 694–717.
Julius Kurth, Die Mosaiken der christlichen Ära. Erster Teil: Die Wandmosaiken von Ravenna, Leipzig/Berlin 1902.
Julius Kurth, Aus Pompeji. Skizzen und Studien. Mit Abbildungen und eigenen Zeichnungen, Berlin 1907.
Helene Lange, Die Neuordnung des höheren Mädchenschulwesens in Preußen, in: IWW 2 (1908), 1257–1270.
Helene Lange, 6. Die Gymnasialkurse in Berlin, in: Erich Dauzenroth (Hg.), Frauenbewegung und Frauenbildung. Aus den Schriften von Helene Lange, Gertrud Bäumer, Elisabeth Gnauck-Kühne, Bad Heilbrunn 1964, 41–44.
Lebrecht Lenssen, Beiträge zur Kritik Hildesheimer Geschichtsquellen des Elften Jahrhunderts. Inaugural-Dissertation zur Erlangung der Doctorwürde bei der philosophischen Facultät der Karl-Eberhardts-Universität zu Tübingen, Tübingen 1878.
Lebrecht Lenssen, Realgymnasium und Gymnasium zu Hagen in Westfalen Festschrift zur Feier des hundertjährigen Bestehens der Anstalt veröffentlicht von ihrem gegenwärtigen Direktor Prof. Dr. Lenssen, Hagen/Westf. 1899.
Eleonore Lemp, Jakob Wychgram, in: Deutsche Mädchenbildung 4 (1928), 1–8.
H.J. Leon, The Jewish Catacombs and Inscriptions of Rome: An Account of Their Discovery and Subsequent History, in: HUCA 5 (1928), 299–314.
Wilhelm Lexis, Althoff, in: Die Woche 9 (1907), Heft 40: 05.10.1907, 1737–1742.
Wilhelm Lexis, Die Neuordnung des höheren Mädchenschulwesens in Preußen, in: IWW 2 (1908), 1153–1162.
Georg Leyh, Richard Pietschmann zum Gedächtnis, in: ZfB 43 (1926), 213–235.
Georg Leyh, Kleine Mitteilungen. Richard Pietschmann, in: ZfB 44 (1927), 189f.
Erich Liesegang, Friedrich Althoff, in: Blätter für Volksbibliotheken und Lesehallen 10 (1909), 1–6.
Livonia, Fünfzigjähr[iges] Stiftungsfest, o.O. 1872.
Georg Löber, D. Dr. Richard Löber. Oberkonsistorialrat und evangelischer Hofprediger in Dresden. Ein Lebens- und Charakterbild, Leipzig 1908.
Georg Loesche, Der vatikanische Luther, in: EKZÖ 21 (1904), 33–36, 50–54, 65–67.

Lohmann, Karl Raßfeld, in: Deutsche Mädchenbildung 1 (1925), 449–452

Friedrich Loofs, Friedrich Loofs (1926), in: Ders., Patristica. Ausgewählte Aufsätze zur Alten Kirche, hg. von Hanns Christof Brennecke/Jörg Ulrich (AKG 71), Berlin/New York 1999, 394–431.

Reinhard Lüdicke, Die Preußischen Kultusminister und ihre Beamten im ersten Jahrhundert des Ministeriums 1817–1917, Stuttgart/Berlin 1918.

Georg Lühr (Hg.), Die Abiturienten des Braunsberger Gymnasiums von 1860 bis 1916. Mit Unterstützung des Historischen Vereins für Ermland, Braunsberg 1916.

Ernst Christoph Luthardt, Rez.: Tatian's Rede an die Griechen übersetzt und eingeleitet von Adolf Harnack. Festschrift Seiner Königlichen Hoheit dem Großherzoge von Hessen und bei Rhein Ludewig IV. zum 25. August 1884 gewidmet von Rector und Senat der Landesuniversität, Gießen 1884, in: ThLBl 7 (1886), Nr. 10: 19.03.1886, 96f.

Ernst Christoph Luthardt, Zur „abgenöthigten Verwahrung" D. Adolf Harnack's, in: ThLBl 7 (1886), Nr. 14: 16.04.1886, 141f.

Martin Luther, An die Burgermeyster und Radherrn allerley stedte ynn Deutschen landen (1524), in: WA, Bd. 15, hg. von Paul Pietsch, Weimar 1899, 27–53.

Hans Mackowsky, Das Redernsche Palais, in: Kunst und Künstler 3 (1905), 311–321.

Marie Martin, Lehrbuch der Mädchenerziehung für Lehrerinnenbildungsanstalten und zum Selbstunterricht, Bd. 1: Allgemeine Erziehungslehre. Lehre vom Menschen mit besonderer Berücksichtigung der weiblichen Natur (Psychologie), Leipzig 1903.

Marie Martin, Der Kulturkampf um die Frauenbildung. Ein Beitrag zur „Mädchenschulreform", in: IWW 2 (1908), 1509–1520.

Marie Martin, Christentum und Frauenbewegung, in: Gertrud Bäumer (Hg.), Die Religion und die Frau. Sieben Vorträge gehalten beim 5. Weltkongress für Freies Christentum und Religiösen Fortschritt, Berlin 1910, 5–17.

Marie Martin, Die letzte deutsche Kaiserin. Ein Erinnerungsblatt auf ihren Sarg, in: ChW 35 (1921), 282–285.

Rudolf Martin, Jahrbuch des Vermögens und Einkommens der Millionäre in Preußen, Berlin 1912.

Joseph Mausbach, Die päpstlichen Kundgebungen des Jahres 1907 und die Lage der katholischen Kirche, in: IWW 2 (1908), 193–206.

Arthur Cushman McGiffert, Dialogue between a Christian and a Jew, New York 1889.

Franz Mehring, Der Fall Delbrück, in: Die Neue Zeit 17 (1898/99), 417–420.

Johannes Meinhold, Wider den Kleinglauben. Ein ernstes Wort an die evangelischen Christen aller Parteien, Freiburg i.Br./Leipzig 1895.

Bruno Meissner, Gedächtnisrede auf Eduard Sachau, in: SPAW.PH 1931, CXLI–CXLIV.

Angelo Mercati, Raccolta di concordati su materie ecclesiastiche tra la Santa Sede e le Autorità Civili, Rom 1919.

Sebastian Merkle, Rez.: P. Heinrich Denifle, Luther und Luthertum, in: DLZ 25 (1904), 1226–1240; auch in: Ders., Ausgewählte Reden und Aufsätze, hg. von Theobald Freudenberger (QFW 17), Würzburg 1965, 588–599.

Sebastian Merkle, Harnack als Ireniker, in: Hochl. 4 (1907), Heft 6, 01.03.1907, 755–763; auch in: Ders., Ausgewählte Reden und Aufsätze, hg. von Theobald Freudenberger (QFW 17), Würzburg 1965, 600–608.

Johannes Meßner, Hohoff, in: LThK, 2. Aufl., Bd. 5, Freiburg i.Br. 1933, 112f.

Christian Meurer, Die Enzyklika gegen den Modernismus, in: IWW 2 (1908), 1–16, 43–56.

Alfred G. Meyer, Karl Emil Gruhl weiland Wirklicher Geheimer Oberregierungsrat. Ein Lebensbild, Leipzig 1918.

Arnold Meyer, Ferienkurse, Theologische, in: RGG 1. Aufl., Bd. 2, Tübingen 1910, 857–861.

Johannes Meyer, Geschichte der Göttinger theologischen Fakultät, in: ZGNKG 42 (1937), 7–107.

Paul Meyer, Droyßig 1852–1902. Eine Festschrift zum 50jährigen Bestehen der Droyßiger Anstalten am 1. Oktober 1902. In Gemeinschaft mit früheren und jetzigen Mitgliedern des Lehrerkollegiums, Breslau 1902.

Adolf Michaelis, Das Verhalten der Straßburger philosophischen Fakultät im Falle Spahn, in: Der Lotse. Hamburgische Wochenschrift für deutsche Kultur 2 (1901), Heft 8, 225–231.

Robert Mielke, Dem Andenken Friedrich Wagners, in: „Brandenburgia." Monatsblatt der Gesellschaft für Heimatkunder Provinz Brandenburg zu Berlin 12 (1903/04), 309–314.

Fritz Milkau, Wilhelm Erman. Ein Nachruf, in: ZfB 50 (1933), 27–43.

Carl Mirbt, D. Philipp Meyer. Ein Nachruf, in: ZGNKG 32/33 (1927/28), VI–XX.

Wesley C. Mitchell, Edwin Robert Anderson Seligman, 1861–1939, in: AER 29 (1939), 911–913.

Theodor Mommsen, Antwort an Herrn Harnack, in: SPAW, Bd. 2, Berlin 1890, 791–793.

Friedrich Karl Wilhelm Müller, Handschriften-Reste in Estrangelo-Schrift aus Turfan, Chinesisch-Turkistan, in: SPAW 9 (1904), 11. Februar, 348–352.

Joseph Müller (Red.), Allgemeine Musikalische Zeitung, IX. Jahrgang, Leipzig/Winterthur 1874.

Nikolaus Müller, Das Schreiben Melanchthons an Joachim Camerarius vom 16. Juni 1525 über Luthers Heirat, in: ZKG 21 (1901), 595–598.

Nikolaus Müller, Die jüdische Katakombe am Monteverde zu Rom, der älteste bisher bekannt gewordene jüdische Friedhof des Abendlandes, Frankfurt a.M. 1911.

Nikolaus Müller, Il cimitero degli antichi ebrei posto sulla Via Portuense. Svolgimento di una lettura tenuta alla Pontificia Accademia Romana di Archeologia nell'adundanza del 24 aprile 1909, in: Dissertazioni della Pontificia Accademia Romana di Archeologia Serie IIa, Tomo XII°, Rom 1915, 205–318.

Nikolaus Müller, Die Inschriften der jüdischen Katakombe am Monteverde zu Rom. Nach des Verfassers Tode vervollständigt und hg. von Nikos A. Bees, Leipzig 1919.

Paula Müller-Otfried, Martin, Marie, in: RGG 2. Aufl., Bd. 3, Tübingen 1927, 2030.

Hugo Münsterberg, XXXVI. Der Internationale Gelehrtenkongreß, in: Amtlicher Bericht über die Weltausstellung in Saint Louis 1904. Erstattet vom Reichskommissar, Berlin 1906, 563–571.

Hugo Münsterberg, Aus Deutsch-Amerika, Berlin 1909.

Hugo Münsterberg, Die deutsche Kultur und das Ausland, in: IWW 4 (1910), 1471–1478.

Hermann Mulert, Die Lehrverpflichtung in der evangelischen Kirche Deutschlands. Zusammenstellung der Bestimmungen und Formeln, die eine Verpflichtung der Geistlichen, theologischen Universitätslehrer und Religionslehrer auf bekenntnismäßige Lehre enthalten, nebst Mitteilungen über die Lehrverpflichtung in der deutschen ev. Kirche der Nachbarländer, besonders der Schweiz, Tübingen/Leipzig 1904.

Friedrich Naumann, Ministerialdirektor Dr. Althoff, in: Die Hilfe 13 (1907), Nr. 36: 08.09.1907, 561.

Eberhard Nestle, Totenschau. von Barkhausen, Friedrich Wilhelm, in: Theologischer Jahresbericht 23 (1903), 1194.

Friedrich Nippold, Die theologische Einzelschule im Verhältniß zur evangelischen Kirche. Ausschnitte aus der Geschichte der neuesten Theologie. Mit besonderer Rücksicht auf die jungritschl'sche Schule und die Streitigkeiten über das liturgische Bekenntniß. Dritte und Vierte Abtheilung, Braunschweig 1893.

Friedrich Nippold, Der Solinger Kirchenstreit und seine Nachwirkungen auf die rheinisch-westfälische Kirche bis zum Fall César. Zugleich eine Ergänzung des fünften Bandes des Handbuchs der neuesten Kirchengeschichte (Die theologische Einzelschule im Verhältnis zur evangelischen Kirche. Ausschnitte aus der Geschichte der neuesten Theologie 7), Leipzig 1907.

Walther Nithack-Stahn, Denifles Luther (FEB 227), Leipzig 1904.

Friedrich Noack, Gerhardt, Heinrich, in: Allgemeines Lexikon der bildenden Künstler, hg. von Ulrich Thieme, Bd. 13, Leipzig 1920, 451f.

Friedrich Noack, Das Deutschtum in Rom seit dem Ausgang des Mittelalters, Bd. 1, Berlin/Leipzig 1927.

Hans Paalzow, August Wilmanns. Generaldirektor der Königlichen Bibliothek in Berlin. Ein Bild seines Lebens zum 25. Todestage, in: ZfB 60 (1943), 1–33, 105–132.

Julius Pagel, Thiersch, Karl, in: Biographisches Lexikon hervorragender Ärzte des neunzehnten Jahrhunderts, Berlin/Wien 1901, 1704f.

Wilhelm Paszkowski, Die Amtliche Akademische Auskunfsstelle an der Königlichen Friedrich-Wilhelms-Universität zu Berlin, Berlin 1910.

Friedrich Paulsen, Friedrich Althoff, in: IWW 1 (1907), 967–978.

Friedrich Paulsen, Die Krisis der katholisch-theologischen Fakultäten Deutschlands, in: IWW 1 (1907), 1127–1144.

Friedrich Paulsen, Rom und die deutsche Theologie. Rückblick und Ausblick, in: IWW 2 (1908), 263–268.

Friedrich Paulsen, Aus meinem Leben (1909/10). Vollständige Ausgabe, hg. von Dieter Lohmeier und Thomas Steensen (Nordfriisk Institut 200), Bräist/Bredstedt 2008.

Francis Greenwood Peabody, Jesus Christ and the Christian Character. An Examination of the Teaching of Jesus in Its Relation to Some of the Moral Problems of Personal Life. The Lyman Beecher Lectures at Yale University 1904, New York 1905.

Francis Greenwood Peabody, Akademische Gegenseitigkeit. Antrittsvorlesung am 30. Oktober 1905 in der Aula der Königlichen Friedrich Wilhelms-Universität zu Berlin in Gegenwart Sr. Majestät des Kaisers in englischer Sprache gehalten, Gießen 1905.

Francis Greenwood Peabody, Jesus Christus und der christliche Charakter. Vorlesungen aus Anlaß des deutsch-amerikanischen Gelehrtenaustausches in englischer Sprache gehalten an der Universität Berlin während des Wintersemesters 1905/6. Autorisierte Übersetzung von E[mma] Müllenhoff, Gießen 1906.

Francis Greenwood Peabody, Was verdanken wir Amerikaner der Theologie Deutschlands, in: ChW 24 (1910), 752–757.

Hans Pehl, Die deutsche Kolonialpolitik und das Zentrum (1884–1914). Inaugural-Dissertation zur Erlangung der Doktorwürde der Philosophischen Fakultät der Johann Wolfgang Goethe-Universität Frankfurt a.M., Limburg a.d. Lahn 1934.

Johannes Penzler (Hg.), Graf Bülows Reden nebst urkundlichen Beiträgen zu seiner Politik. Mit Erlaubnis des Reichskanzlers. Mit dem Bildnis des Reichskanzlers und einem ausführlichen Namen- und Sachregister, Leipzig 1903.

Julius von Pflugk-Harttung, Mein Fortgang aus Basel, Stuttgart 1889.

Pius X., Litterae encyclicae: Pascendi dominici gregis, De modernistarum doctrinis, online: https://w2.vatican.va/content/pius-x/la/encyclicals/documents/hf_p-x_enc_19070908_pascendi-dominici-gregis.html [letzter Zugriff: 25.09.2020].

Friedrich Poske, Bernhard Schwalbe. Gedächtnisrede, Berlin/Heidelberg 1901.

Martin Rade, Eine neue Dogmengeschichte, in: Sächsisches Kirchen- und Schulblatt 36 (1886), Nr. 5: 04.02.1886, 37–42.

Martin Rade, Eine akademische Berufung, in: ChW 2 (1888), 219–222.

Martin Rade, Zur jüngsten Professorenhetze, in: ChW 8 (1894), 1169–1174.

Martin Rade, Zwei Experimente, in: ChW 9 (1895), 406f.

Martin Rade, Pastor von Bodelschwingh und die Universitätstheologie, in: ChW 9 (1895), 429f.

Martin Rade, Die landeskirchliche Versammlung, in: CCW 5 (1895), 161–172.

Martin Rade, Die Verhandlungen über den Bonner Strafprofessor im preußischen Abgeordnetenhause, in: ChW 10 (1896), 272–277.

Martin Rade, Beratung des Kultusetats im preußischen Abgeordnetenhause, in: CCW 6 (1896), 113–127, 129–141.
Martin Rade, Von aktuellen Sachen. 7. Das System Seeberg und die innerkirchliche Lage, in: ChW 22 (1908), 419–424.
Martin Rade, Verschiedenes. Kleine Mitteilungen., in: ChW 22 (1908), 547f.
Martin Rade, Von aktuellen Sachen. 9. Noch einmal das System Seeberg, in: ChW 22 (1908), 683–687.
Martin Rade, Christliche Welt und Freunde der Christlichen Welt, in: RGG 1. Aufl., Bd. 1, Tübingen 1909, 1703–1708.
Martin Rade, Die Stellung des Christentums zum Geschlechtsleben (RV V, 7/8), Tübingen 1910.
Martin Rade, Pfarrer Lic. Otto Zurhellen, in: ChW 28 (1914), 1023f.
Alfred Rahlfs, Der Text des Septuaginta-Psalters (Septuaginta-Studien 2). Nebst einem Anhang: Griechische Psalterfragmente aus Oberägypten nach Abschriften von W.E. Crum, Göttingen 1907.
Karl Rassfeld, Zwei Monate Wallenstein'sche Kriegsführung. September und October 1627. Inaugural-Dissertation verfasst und mit Genehmigung der philosophischen Facultät der Vereinigten Friedrichs-Universität Halle-Wittenberg sammt den Thesen öffentlich zu verteidigen am XIV. Januar 1882, Halle 1882.
Redaktion, Nouvelles et faits divers. Allemagne, in: Le Témoignage. Journal de l'Eglise de la Confession d'Augsbourg 25 (1890), Nr. 52, 415, online: https://gallica.bnf.fr/ark:/12148/bpt6k94115359/f1.image [letzter Zugriff: 14.05.2024].
Redaktion, Personalnachrichten, in: ZfB 15 (1898), 344.
Redaktion, Personalverzeichnis der Beamten an Bibliotheken Deutschlands und Österreich-Ungarns, in: ZfB 17 (1900), 33–94.
Redaktion, Zum Streit über Babel und Bibel, in: CCW 13 (1903), Nr. 10: 05.03.1903, 113–121.
Redaktion, Statistik der Theologiestudierenden, in: CCW 13 (1903), Nr. 10: 05.03.1903, 121–124.
Redaktion, Vom Trierer Schulstreit, in: CCW 13 (1903), Nr. 10, 05.03.1903: 104–111, 124f., Nr. 11, 12.03.1903: 139–141, Nr. 12, 19.03.1903: 151f., Nr. 14, 02.04.1903: 168–172, Nr. 17, 23.04.1903: 208, Nr. 21, 21.05.1903: 253–255, Nr. 34, 20.08.1903: 414f.
Redaktion, Vermischtes, in: HZ 55 (1903), 189f.
Redaktion, Umschau und neue Nachrichten, in: ZfB 22 (1905), 541–553.
Redaktion, Die neue Organisation, in: Evangelisches Gemeindeblatt für Rheinland und Westfalen 21 (1906), 85–87.
Redaktion, Ein „Beirat für Bibliotheksangelegenheiten" in Preußen, in: ZfB 24 (1907), 327–329.
Redaktion, Baethgen, Friedrich, in: NSHE I, New York/London 1908, 419.
Redaktion, Kleine Nachrichten, in: Der Auslandsdeutsche 4 (1921), 401.
Redaktion, Personalnachrichten, in: ZfB 46 (1929), 376.
Reichskommissar, Amtlicher Bericht über die Weltausstellung in St. Louis 1904, Teil 1, Berlin 1906.
Franz Renz, Die Geschichte des Meßopferbegriffes oder der alte Glaube und die neuen Theorien über das Wesen des unblutigen Opfers, 2 Bde, Freising 1901/02.
Franz Renz, Die katholischen Moralsätze bezüglich der Rationalisierung der Geburten, Breslau 1913.
Jean Réville, Progress of Ecclesiastical History, Especially Ancient, During the Nineteenth Century, in: Howard J. Rogers (Hg.), International Congress of Arts and Science, vol. IV: Law and Religion, London/New York 1908, 636–648.
Georg W. Richards, The Place of Adolph von Harnack among Church Historians, in: JR 11 (1931), 333–345.
Albrecht Ritschl, Geschichte des Pietismus, Bd. 1: Der Pietismus in der reformirten Kirche, Bonn 1880.
Otto Ritschl, Die evangelisch-theologische Fakultät zu Bonn in dem ersten Jahrhundert ihrer Geschichte 1819–1919, Bonn 1919.

Alexander Röhricht, Lebenslauf, in: Ders., Thesis Theologicae quas ad licentiati in theologia evangelica honores impetrandos die VII. mensis martii a. MCM hora XI auctoritate ordinis theologorum evangelicorum publice defendet, Bonnae MCM, o.S.

Paul Rohrbach, Die Geschichte der Menschheit (Blaue Bücher), Königstein i.T./Leipzig 1914.

Paul Rohrbach, Um des Teufels Handschrift. Zwei Menschenalter erlebter Weltgeschichte, Hamburg 1953.

Felix Rosen, Eine deutsche Gesandtschaft in Abessinien. Mit hundertundsechzig Abbildungen und einer Karte, Leipzig 1907.

Arnold Sachse, Friedrich Althoff. Ein Charakter- und Lebensbild, in: Deutsche Revue 32 (1907), Heft 4, 175–192.

Arnold Sachse, Friedrich Althoff und sein Werk, Berlin 1928.

William Sanday, An Examination of Harnack's „What is Christianity?" A Paper Read before the Tutor's Association on October 24 1901, New York/London 1901.

Thomas Bailey Saunders, Notes on Technical Instruction in Its Relation to the German Universities, o.O. 1899.

Thomas Bailey Saunders, Professor Harnack and his Oxford Critics, London 1902.

Erich Schäder, Die Bedeutung des lebendigen Christus für die Rechtfertigung nach Paulus, Gütersloh 1893.

Karl Schellhass, Internationaler Historiker-Congress, in: QFIAB 6 (1904), 233f.

Martin Schian, Erdmann, David, in: RE 3. Aufl., Bd. 23, Leipzig 1913, 428–430.

Friedrich Schiele, Greifswald, in: CCW 16 (1906), 77–80, 102, 116–118, 137–152, 218–223.

Adolf Schlatter, Warum ich an der landeskirchlichen Versammlung teilnahm, in: DEKZ 9 (1895), 214f.

Hans Schlemmer, Marie Martin, in: Ingeborg Schnack (Hg.), Lebensbilder aus Kurhessen und Waldeck 1830–1930, Bd. 3 (VHKH 20), Marburg 1942, 297–302.

Carl Schmidt, Der 1. Clemensbrief in altkoptischer Übersetzung, in: SPAW 1907, Erster Halbband: Jan–Jun, Berlin 1907, 154–164.

Carl Schmidt, Der erste Clemensbrief in altkoptischer Übersetzung. Mit Lichtdruck-Faksimile der Handschrift (TU 32,1), Leipzig 1908.

Erich Schmidt, Schmidt, Hermann, in: RE 3. Aufl., Bd. 17, Leipzig 1906, 650–657.

Hermann Schmidt, Die Notwendigkeit und Möglichkeit einer praktischen Vorbildung der evangelischen Geistlichen. Ein Wort an die Synoden der evangelischen Landeskirchen, 2. Aufl., Berlin 1893.

Oswald Schmidt, D. Benno Bruno Brückner, in: Ders./[Paul] Fischer, Zur Erinnerung an D. Benno Bruno Brückner und D. Ewald Friedrich Hoffmann, die beiden ersten Direktoren des Predigerkollegiums zu St. Pauli in Leipzig, Dresden 1913, 2–14.

Rudolf Schmidt, Trübner, in: Ders., Deutsche Buchhändler. Deutsche Buchdrucker. Bd 6, Berlin/Eberswalde 1908, 1076–1077, online: http://www.zeno.org/nid/20011438568 [letzter Zugriff: 25.11.2022].

Friedrich Schmidt-Ott, Althoff und die Bibliotheken, in: ZfB 56 (1939), 101–103.

Friedrich Schmidt-Ott, Erlebtes und Erstrebtes. 1860–1950, Wiesbaden 1952.

Gustav von Schmoller, Worte der Erinnerung an Friedrich Althoff, in: IWW 3 (1909), 287–294.

Gustav von Schmoller, Zwei Reden über Ministerialdirektor Friedrich Althoff, in: Ders., Charakterbilder, München/Leipzig 1913, 112–120.

Joseph Schnitzer, Die Enzyklika Pascendi und die katholische Theologie, in: IWW 2 (1908), 129–140.

Joseph Schnitzer, Legenden-Studien, in: Süddeutsche Monatshefte 5 (1908), Heft 1, 209–216.

Hermann Scholz, Brückner, Benno Bruno, in: RE 3. Aufl., Bd. 23, Leipzig 1913, 257–259.

Franz Rolf Schröder, Meinem Vater, Heinrich Schröder, zum Gedächtnis. Zum 8. Juni 1938 und Schriftenverzeichnis, in: GRM 26 (1938), 257–264.

Heinrich Schrörs, Kirche und Wissenschaft. Zustände an einer katholisch-theologischen Fakultät. Eine Denkschrift, Bonn 1907.

Aloys Schulte, Die Fugger in Rom. 1495–1523. Mit Studien zur Geschichte des kirchlichen Finanzwesens jener Zeit. Bd. I: Darstellung, Leipzig 1904.

Aloys Schulte, Die Fugger in Rom. 1495–1523. Mit Studien zur Geschichte des kirchlichen Finanzwesens jener Zeit. Bd. II: Urkunden, Leipzig 1904.

Victor Schultze, Zöckler, Otto, in: RE 3. Aufl., Bd. 21, Leipzig 1908, 704–708.

Wilhelm Schulze, Gedächtnisrede auf Heinrich Zimmer. Aus den APAW.PH Jg. 1911, Berlin 1911.

Hermann Schumacher, Die Hauptaufgabe des deutschen Banknotenwesens, in: IWW 2 (1908), 1321–1340, 1371–1376, 1391–1404.

Paul Schwenke, Karl Dziatzko, in: ZfB 20 (1903), 133–137.

Paul Schwenke, Friedrich Althoff, in: ZfB 25 (1908), 485–489.

Paul Schwenke, Umschau und neue Nachrichten. Berlin, in: ZfB 32 (1915), 356–358.

Paul Schwenke, Die Bibliothek als Ganzes, in: Fünfzehn Jahre Königliche und Staatsbibliothek. Dem scheidenden Generaldirektor Exz. Adolf von Harnack zum 31. März 1921 überreicht von den wissenschaftlichen Beamten der Preußischen Staatsbibliothek, Berlin 1921, 1–10.

Reinhold Seeberg, Die Kirche und die soziale Frage, in: NKZ 7 (1896), 839–880.

Reinhold Seeberg, Luther und Luthertum in der neuesten katholischen Beleuchtung, Leipzig 1904.

Reinhold Seeberg, Zur Frage nach der Reform der weiblichen Bildung, in: Refor. 5 (1906), 82–86.

Reinhold Seeberg, „Das System Seeberg", in: ChW 22 (1908), 615–618.

Reinhold Seeberg, Die Kirche Deutschlands im neunzehnten Jahrhundert. Eine Einführung in die religiösen, theologischen und kirchlichen Fragen der Gegenwart, 2. Aufl., Leipzig 1904.

Franz Xaver Seppelt, Carl Seltmann, in: BJDN XVI (1911), 127–129.

Friedrich Siegmund-Schultze, Freundschaftsarbeit der britischen und deutschen Kirchen, in: ChW 25 (1911), 752–759.

Kornelis Sietsma, Adolf von Harnack, voornamelijk als dogmahistoricus, Delft 1933.

Eduard Simons, Rheinland, in: RGG 1. Aufl., Bd. 4, Tübingen 1913, 2289–2306.

Gustav Sorof, Zum Gedächtnis Otto Küblers. Rede, gehalten bei der Gedächtnisfeier am 22. März 1912. Beilage zum Jahresbericht des Königlichen Wilhelms-Gymnasiums, Berlin 1913.

Eduard Spranger, Wilhelm Münch zu seinem Gedächtnis und aus seinem Vermächtnis, in: Wilhelm Münch, Geist des Lehramts. Eine Einführung in die Berufsaufgabe der Lehrer an höheren Schulen, 3. Auf., Berlin 1913, V–XII.

Bernhard Stade, Die Reorganisation der Theologischen Fakultät zu Gießen in den Jahren 1878 bis 1882, Gießen 1894.

Statuten der Universität zu Berlin, Berlin 1898.

Edmund E. Stengel, Das Deutsche Historische Institut in Rom 1888–1938, in: FuF 14 (1938), 401f.

K. Stenzler, Das Königlich Preuszische Historische Institut in Rom, in: Monatsschrift für das gesamte Leben der Gegenwart 7 (1904/05), 876–879.

Str., Eine neue Friedensstörung, in: Evangelisches Gemeindeblatt für Rheinland und Westfalen 19 (1903), 344–346.

Marie Stritt (Hg.), Der Internationale Frauenkongress in Berlin 1904. Bericht mit ausgewählten Referaten, Berlin, 1904.

Studentenschaft der Königlichen Technischen Hochschule Hannover (mit Ausnahme der konfessionellen Korporationen) (Hg.), Burschen heraus! Eine Denkschrift zum Kampf um die akademische Freiheit, Berlin 1905.

*Kultusminister von Studt*und die geistliche Schulaufsicht. Stenographischer Bericht der Sitzungen des Preußischen Abgeordnetenhauses am 15. und 16. März 1907, Berlin o.J.

Karl Thönes, Rez.: Schneider, Wilhelm, Die Naturvölker. Mißverständnisse, Mißdeutungen und Mißhandlungen, in: ThLZ 12 (1887), 1–3.

Adelheid Thönes, Die philosophischen Lehren in Leibnizens Théodicée. Inaugural-Dissertation zur Erlangung der Doktorwürde genehmigt von der philosophischen Fakultät der Rheinischen Friedrich-Wilhelms-Universität zu Bonn, Halle 1907.

Jakob Treitz, Michael Felix Korum. Bischof von Trier 1840–1921. Ein Lebens- und Zeitbild, München/Rom 1925.

Ernst Troeltsch, Katholizismus und Reformismus, in: IWW 2 (1908), 15–26.

Ernst Troeltsch, Adolf von Harnack und Ferdinand Christian von Baur, in: Festgabe von Fachgenossen und Freunden A. von Harnack zum siebzigsten Geburtstag dargebracht, Tübingen 1921, 282–291.

Ernst Troeltsch, Die Absolutheit des Christentums und die Religionsgeschichte (1902/1912) mit den Thesen von 1901 und den handschriftlichen Zusätzen, Ernst Troeltsch Kritische Gesamtausgabe, hg. von Trutz Rendtorff in Zusammenarbeit mit Stefan Pautler, Bd. 5, Berlin/New York 1998.

Ernst Troeltsch, Schriften zur Religionswissenschaft und Ethik (1903–1912). Ernst Troeltsch Kritische Gesamtausgabe, hg. von Trutz Rendtorff in Zusammenarbeit mit Katja Thörner, Bd. 6,1, Berlin/Boston 2014.

Ernst Troeltsch, Briefe I (1884–1894). Ernst Troeltsch Kritische Gesamtausgabe, hg. von Friedrich Wilhelm Graf in Zusammenarbeit mit Volker Bendig, Harald Haury und Alexander Seelos, Bd. 18,1, Berlin/Boston 2013.

Ernst Troeltsch, Briefe II (1894–1904). Ernst Troeltsch Kritische Gesamtausgabe, hg. von Friedrich Wilhelm Graf in Zusammenarbeit mit Harald Haury, Bd. 19, Berlin/München/Boston 2014.

Ernst Troeltsch, Briefe III (1905–1915). Ernst Troeltsch Kritische Gesamtausgabe, hg. von Friedrich Wilhelm Graf in Zusammenarbeit mit Harald Haury, Bd. 20, Berlin/Boston 2016.

Ernst Troeltsch, Briefe IV (1915–1923). Ernst Troeltsch Kritische Gesamtausgabe, hg. von Friedrich Wilhelm Graf in Zusammenarbeit mit Harald Haury, Bd. 21, Berlin/Boston 2018.

Gerhard Uhlhorn, Die practische Vorbereitung der Candidaten der Theologie für das Pfarr- und Schulinspectoratsamt. Referat für die Conferenz der deutschen evangelischen Kirchenregierungen in Eisenach, Stuttgart 1886.

Gustav Uhlig, Die Berliner Schulkonferenz vom 6.–8. Juni, in: Das Humanistische Gymnasium 11 (1900), 134–140.

[Philipp Valentin] Umbeck, Ansprache des Präses der Provinzialsynode, Superintendenten Umbeck zu Kreuznach bei der Beerdigung des Provinzial-Synodal-Assessors Superintendenten Lic. Dr. Thoenes, in: Rede des Präses der Rheinischen Provinzial-Synode Umbeck in der Kirche, o.O. [1895], 13–16.

Karl Völker, Georg Loesche. Ein Beitrag zur Geschichte der Wiener evangelisch-theologischen Fakultät. Mit angeschlossener Bibliographie Loesches, in: JGGPÖ 54 (1933), 3–56.

Bruno Volger (Hg.), Sachsens Gelehrte, Künstler und Schriftsteller in Wort und Bild nebst einem Anhang: „Nichtsachsen“, Leipzig 1907/08.

Aurel Voss, Zur Erinnerung an Axel Harnack, in: Mathematische Annalen 32 (1888), 161–174.

Wilhelm Walther, Denifles Luther eine Ausgeburt römischer Moral, Leipzig 1904.

Hans Waitz (Hg.), Geschichte der Wingolfsverbindungen. Im Auftrag des Wingolfsbundes und des Verbandes alter Wingolfiten, Darmstadt 1914.

Walter Wendland, Die Berufung Adolf Harnacks nach Berlin im Jahre 1888, in: JBBKG 29 (1934), 103–121.

Heinrich Weinel, Die Nichtkirchlichen und die freie Theologie. Meine Vorträge in Solingen ihre Gegner und ihre Freunde, Tübingen/Leipzig 1903.

Heinrich Weinel, Jesus im neunzehnten Jahrhundert, Tübingen/Leipzig 1903.

Albert Maria Weiß, Lutherpsychologie als Schlüssel zur Lutherlegende. Denifles Untersuchungen kritisch nachgeprüft. Bd. 2 der Ergänzungen zu Denifle's Luther und Luthertum, Mainz 1906.
Bernhard Weiß, Aus neunzig Lebensjahren. 1827–1918, Leipzig 1927.
Johannes Weiß, Die Predigt Jesu vom Reiche Gottes, Göttingen 1892.
Johannes Weiß, Die Nachfolge Christi und die Predigt der Gegenwart, Göttingen 1895.
Julius Wellhausen, Briefe, hg. von Rudolf Smend in Zusammenarbeit mit Peter Porzig und Reinhard Müller, Tübingen 2013.
Else Wentscher, Else Zurhellen-Pfleiderer, in: ChW 51 (1937), 641f.
Else Wentscher, Else Zurhellen-Pfleiderer, in: PrBl 70 (1937), 116f.
Else Wentscher, Else Zurhellen-Pfleiderer in memoriam, in: PrBl 70 (1937), 504–506.
Georg Wenzel, Deutsche Wirtschaftsführer. Lebensgänge deutscher Wirtschaftspersönlichkeiten. Ein Nachschlagebuch über 13000 Wirtschaftspersönlichkeiten unserer Zeit, Hamburg/Berlin/Leipzig 1930.
Paul Wetzel, Der Zweckbegriff bei Spinoza. Eine philosophische Abhandlung behufs Erlangung der philosophischen Doctorwürde, Leipzig 1873.
Paul Wetzel, Rez.: Schneider, Wilhelm: Das andere Leben. Ernst und Trost der christlichen Weltanschauung, in: ThLZ 16 (1891), 432.
Hermann Wever, Worte der Erinnerung an Friedrich Althoff, in: IWW 3 (1909), 285–287.
Franz Wieland, Mensa und Confessio. Studien über den Altar der altchristlichen Liturgie (VKHSM II,11), München 1906.
Ulrich von Wilamowitz-Moellendorff, Erinnerungen. 1848–1914, 2. Aufl., Leipzig 1929.
Wilhelm II., Erlass zur „Weiterführung der Reform der höheren Schulen“, in: Centralblatt für die gesamte Unterrichtsverwaltung in Preußen 42 (1900), 854–857.
Wilhelm II., Babel und Bibel, in: Die Grenzboten. Zeitschrift für Politik, Literatur und Kunst 8 (1903), 493–496.
Wilhelm II., Ereignisse und Gestalten aus den Jahren 1878–1918, Leipzig/Berlin 1922.
Ernst Wille, Die Villa Bonaparte in Rom und deren Umgestaltung zum Sitze der Königl. Preuss. Gesandtschaft i. J. MCMVIII, o.O. 1908.
Joseph Wilpert, Die Malereien der Katakomben Roms mit 267 Tafeln und 54 Abbildungen im Text, 2 Bde, Freiburg i.Br. 1903.
Joseph Wilpert, Die römischen Mosaiken und Malereien der kirchlichen Bauten vom 4.–13. Jahrhundert, 4 Bde, Freiburg i.Br. 1916.
Karl Wippermann, Deutscher Geschichtskalender für 1903. Sachlich geordnete Zusammenstellung der politisch wichtigsten Vorgänge im In- und Ausland, Bd. 1, Leipzig 1904.
Georg Wobbermin, Wilhelm Schmidt, in: Chronik der Schlesischen Friedrich-Wilhelms-Universität zu Breslau 27 (1912/13), 189–193.
Georg Wobbermin, Arthur Titius. Ökumenische Theologie zur Befriedung der Kirche. Eine Gedenkrede, Berlin 1937.
William Wrede, Untersuchungen zum Ersten Klemensbrief, Göttingen 1891.
William Wrede, Der Prediger und sein Zuhörer, in: ZPrTh 14 (1892), Nr. 1, 16–50.
William Wrede, Rez.: Kabisch, Richard, Die Eschatologie des Paulus in ihrem Zusammenhängen mit dem Gesamtbegriff des Paulinismus, in: ThLZ 19 (1894), 131–38.
William Wrede, Die Predigt Jesu vom Reich Gottes (1894), in: Ders., Vorträge und Studien, Tübingen 1907, 84–126.
William Wrede, Zu dem Artikel „Eine neue biblische Entdeckung“, in: ChW 9 (1895), 353–355.
William Wrede, Rez.: Spitta, Friedrich, Die Apostelgeschichte. Ihre Quellen und deren geschichtlicher Wert, Halle 1891, in: GGA 1895, Bd. 2, Nr. 7, 497–517.

Jakob Wychgram, Zum internationalen Frauenkongreß (1904), in: Ders. (Hg.), Vorträge und Aufsätze zum Mädchenschulwesen, Leipzig 1907, 178–185.

Jakob Wychgram, II. Stephan Waetzoldt (1849–1904) (1905), in: Ders. (Hg.), Vorträge und Aufsätze zum Mädchenschulwesen, Leipzig 1907, 251–272.

Agnes von Zahn-Harnack, Adolf von Harnack, Berlin-Tempelhof 1936.

Agnes von Zahn-Harnack, Else Zurhellen-Pfleiderer (1938), in: Dies., Schriften und Reden 1914–1950, hg. im Auftrag des Deutschen Akademikerinnenbundes durch Dr. Marga Anders und Dr. Ilse Reicke, Tübingen 1964, 124–127.

Agnes von Zahn-Harnack, Adolf von Harnack, 2. Aufl., Berlin 1951.

Ziese, Einige Bemerkungen zu Professor Baumgartens Kritik der Auslegung des lutherischen Katechismus von D. Th. Kaftan, in: Schleswig-Holstein-Lauenburgisches Kirchen- und Schulblatt 58 (1902), H. 9: 78–81.

Ernst Zittelmann, Franz Kahn, in: Zeitschrift für internationales und öffentliches Recht 15 (1905), 1–10.

*Zum Gedächtnis*von Justizrat Dr. Max Silberstein, geb. 28. Oktober 1857, gest. 10. Februar 1925, Berlin 1925.

*Zur Erinnerung*an D. Adolf Kamphausen, Professor der evangelischen Theologie an der Universität Bonn, Reden am Sarge und am Grabe gehalten von Julius Smend und Eugen Sachsse, Bonn 1909.

*Zur Erinnerung*an Otto Zurhellen. Worte der Pfarrer Groenhoff, Foerster und Bornemann mit dem Bilde und einer Ansprache des Verstorbenen, Frankfurt a.M. 1914.

Otto Zurhellen, Johannes der Täufer und sein Verhältnis zum Judentum. Inaugural-Dissertation zur Erlangung des Lizentiaten-Grades in der Theologie der hochwürdigen theologischen Fakultät der Rheinischen Friedrich-Wilhelms-Universität zu Bonn, Bonn 1903.

Literatur

Elektronische Hilfsmittel und Digitalisate

Akten der Reichskanzlei. Weimarer Republik, Kurzbiographien, online: https://www.bundesarchiv.de/aktenreichskanzlei/1919-1933/0000/adr/index.html [letzter Zugriff: 09.01.2024].

Alto, Giovanni, Eintrag im Repertorium Alborum Amicorum, online: https://raa.gf-franken.de/de/suche-nach-stammbuechern.html?permaLink=1618_alto [letzter Zugriff: 26.10.2022].

Anonym, Bossert, Eduard, online: https://www.leo-bw.de/fr/detail/-/Detail/details/DOKUMENT/ubt_-portraits/69101/Bossert%20Eduard [letzter Zugriff: 04.09.2023].

Anonym, Brunner, Heinrich, in: ÖBL, Bd. 1 (1954), 121, online: http://www.biographien.ac.at/oebl/oebl_-B/Brunner_Heinrich_1840_1915.xml?frames=yes[letzter Zugriff: 28.10.2019].

Anonym, Wilhelm Nowack, in: Wissenschaftliche Sammlungen der HU Berlin, online: https://www.sammlungen.hu-berlin.de/objekte/-/17204/ [letzter Zugriff: 06.05.2020].

Anonym, Windelband, Wilhelm, online: https://www.leo-bw.de/fr/detail/-/Detail/details/PERSON/kgl_-biographien/118633635/biografie [letzter Zugriff: 01.11.2022].

Anonym, Cornelius Will, in: Biografien. Menschen aus Bayern, online: https://hdbg.eu/biografien/detail/dr-phil-cornelius-will/3793 [letzter Zugriff: 10.11.2023].

BAdW, J. Lambert Büchler, in: Verstorbene Mitglieder der BAdW, online: https://badw.de/gelehrtengemeinschaft/verstorbene.html?tx_badwdb_badwperson[action]=show&tx_badwdb_badwperson

[controller]=BADWPerson&tx_badwdb_badwperson[partialType]=BADWPersonDetailsPartial&tx_-badwdb_badwperson[per_id]=394[letzter Zugriff: 17.06.2024].

BBAW, Turfanforschung, Broschüre von 2007, online: https://turfan.bbaw.de/projekt.html [letzter Zugriff: 27.02.2023].

Baltisches Biografisches Lexikon digital (BBLd), online: https://bbld.de/ [letzter Zugriff: 09.01.2024].

Friedrich-Wilhelm Bautz/Klaus-Gunther Wesseling, Biographisch-Bibliographisches Kirchenlexikon (BBKL), online: https://www.bbkl.de/index.php/frontend/lexicon.

Francis Brown, Papers Union Theological Seminary, online: https://library.columbia.edu/content/dam/libraryweb/locations/burke/fa/uts/ldpd_4492433.pdf [letzter Zugriff: 07.09.2023].

William Adams Brown, Papers, 1865–1938, online: https://library.columbia.edu/content/dam/library-web/locations/burke/fa/uts/ldpd_5636420.pdf [letzter Zugriff: 28.01.2025].

Datenbank der deutschen Parlamentsabgeordneten Basis, Parlamentsalmanache/Reichstagshandbücher 1867–1938, online: https://www.reichstag-abgeordnetendatenbank.de/ [letzter Zugriff: 09.01.2024].

Charles William Eliot, Papers, 1807–1945, online: https://hollisarchives.lib.harvard. edu/repositories/4/resources/3999 [letzter Zugriff: 23.11.2022].

Charles William Eliot, in: Britannica (EBrit), online: https://www.britannica.com/biography/Charles-William-Eliot [letzter Zugriff: 29.10.2019].

Frankfurter Personenlexikon, Ein Projekt der Frankfurter Bürgerstiftung, online: https://frankfurter-personenlexikon.de/.

Görtz-Wrisberg auf Wrisbergholzen, Familie, online: https://provenienz.gbv.de/G%C3%B6rtz- Wrisberg_-auf_ Wrisbergholzen,_Familie [letzter Zugriff: 18.08.2022].

Harvard Divinity School Library, online: https://library.hds.harvard.edu/exhibits/hds-20th-century/faculty [letzter Zugriff: 09.01.2024].

Hessische Biografie, online: https://www.lagis-hessen.de/de/subjects/index/sn/bio [letzter Zugriff: 21.12.2023].

Hoberg, Gottfried, online: https://www.leo-bw.de/web/guest/detail/-/Detail/details/PERSON/kgl_biographien/116918136/biografie [letzter Zugriff: 19.02.2020].

Hoffmann, Richard Adolf, in: ÖBL 2 (1959), 378f., online: http://www.biographien.ac.at/oebl/oebl_H/Hoffmann_Richard- Adolf_1872_1948.xml?frames=yes [letzter Zugriff: 19.02.2020].

Silas McBee, papers, 1872–1923, online: https://web.lib.unc.edu/afam/index.php/silas-mcbee-papers-1872-1923/index.html [letzter Zugriff: 06.12.2022].

Arthur Cushman McGiffert, Papers 1880–1926, online: https://library.columbia.edu/content/dam/libraryweb/locations/burke/fa/uts/ldpd_4492472.pdf. [letzter Zugriff: 08.01.2024].

Eugenio Pacelli, Kritische Online-Edition der Nuntiaturberichte von 1917 bis 1929: Kurzbiografien, online: https://www.pacelli-edition.de/kurzbiografien.html [letzter Zugriff: 21.12.2023].

Pfarrerbuch Sachsen, online: https://pfarrerbuch.de/sachsen/person/ [letzter Zugriff: 02.09.2020].

Pfarrerdatenbank, Archiv der Evangelischen Kirche im Rheinland, per E-Mail vom 25.08.2020 durch Frau Annika Hansen zur Verfügung gestellt.

Praktiken der Monarchie, Personenregister, online: https://actaborussica.bbaw.de/biogramme/index.xql?section=search [letzter Zugriff: 09.01.2024].

Catalogus Professorum Halensis, online: https://www.catalogus-professorum-halensis.de [letzter Zugriff: 08.01.2024]./

Professorenkatalog der Universität Leipzig, online: https://research.uni-leipzig.de/catalogus-professorum-lipsiensium/ [letzter Zugriff: 08.01.2024].

Marburger Professorenkatalog, online: https://professorenkatalog.online.uni-marburg.de/de/pkat [letzter Zugriff: 10.11.2023].

Catalogus Professorum Rostochiensium, online: https://cpr.uni-rostock.de/ [letzter Zugriff: 08.01. 2024].

Redaktion Tabellenwerke, Labbé, Philipp, online: https://www.fnz.geschichte.uni-muenchen.de/forschung/autoren-tabellenwerke/labbe/index.html [letzter Zugriff: 01.10.2023].

RPPD – Rheinland-Pfälzische Personendatenbank, online: https://rppd.lobid.org/ [letzter Zugriff: 09.01.2024].

Oliver Sander, Die Universität und die Berliner Mitte im späten Kaiserreich. Königliche Bibliothek, Poliklinisches Institut für innere Medizin und der Standort Kastanienwäldchen, Berlin 2000 [Elektronische Ressource HU Berlin].

Angelika Schaser, Gertrud Bäumer, in: NDB online: veröffentlicht am 01.03.2022, zuletzt geändert am 01.10.2022, online: https://www.deutsche-biographie.de/118651870.html#dbocontent [letzter Zugriff: 26.09.2023].

Werner Schochow, Ippel, Eduard, in: Lexikon des gesamten Buchwesens, online [letzter Zugriff: 24.10.2022].

Werner Schochow, Milkau, Fritz, 2, in: Lexikon des gesamten Buchwesens, online [letzter Zugriff: 25.10.2022].

Werner Schochow, Pietschmann, Richard, in: Lexikon des gesamten Buchwesens, online [letzter Zugriff: 24.10.2022].

Wilt-Aden Schröder, Hermann Diels, online: http://www.teuchos.uni-hamburg.de/resolver?Diels.Hermann [letzter Zugriff: 30.10.2019].

Wilt-Aden Schröder, Valentin Rose, online: http://www.teuchos.uni-hamburg.de/interim/prosop/Rose.Valentin.html [letzter Zugriff: 21.10.2022].

Hansmartin Schwarzmaier, Nachlass Eduard von Nicolai, Biographie beim Landesarchiv Baden-Württemberg, Generallandesarchiv Karlsruhe, online: https://www2.landesarchiv-bw.de/ofs21/olf/einfueh.php?bestand=22960 [letzter Zugriff: 24.10.2022].

Soldan, Gustav, online: https://unigeschichte.unibas.ch/materialien/rektoren/gustav-soldan [letzer Zugriff: 11.09.2023].

Stein, Marc Aurel Sir, in: ÖBL, online: http://www.biographien.ac.at/oebl/oebl_S/Stein_Marc-Aurel_-1862_1943.xml?frames=yes118942905 [letzter Zugriff: 11.12. 2020].

Strack, Hermann Leberecht, online: http://www.jewishencyclopedia.com/articles/14064-strack-hermann-leberecht [letzter Zugriff: 29.04.2019].

Stursberg, Hugo, online: http://www.heidermanns.net/gen-print.php?ID=59984 [letzter Zugriff: 21.11.2019].

Tilmann, Franz, online: https://rpb.lbz-rlp.de/cgi-bin/wwwalleg/srchrnam.pl?db=rnam&recnums=0012061 [letzter Zugriff: 16.10.2020].

Die Deutschen Turfanexpeditionen (1902–1914) in ihren Akten, Fotos und Zeichnungen. Ein Kooperationsprojekt zwischen dem Museum für Asiatische Kunst (AKu), dem Ethnologischen Museum (EM) und der Staatsbibliothek zu Berlin – Ostasienabteilung, online: https://themen.crossasia.org/deutsche-turfanexpeditionen/ [letzter Zugriff: 20.03.2023].

Villari, Pasquale, online: http://www.orden-pourlemerite.de/mitglieder/pasquale-villari [letzter Zugriff: 15.12.2020].

Vittorio Emanuele III, in: Dizionario di Storia (2011), online: https://www.treccani.it/enciclopedia/vittorio-emanuele-iii_%28Dizionario-di-Storia%29/ [letzter Zugriff: 16.12.2020].

Internet-Portal „Westfälische Geschichte“, Personen-Suche, online: https://www.lwl.org/westfaelische-geschichte/portal/Internet/dokumentation/personen/suche_personen/haupt.php?urlNeu= [letzter Zugriff: 09.01.2024].

Württembergische Kirchengeschichte online, Personen, online: https://www.wkgo.de/personen/personensuche [letzter Zugriff: 09.01.2024].

Monographien, Sammelbände, Kataloge, Aufsätze und Beiträge

Ruth Ahnert u.a., The Network Turn. Changing Perspectives in the Humanities (Cambridge Elements), Cambridge 2020.

Kurt Aland, Adolf Harnack als wissenschaftlicher Organisator, in: Adolf Harnack in memoriam. Reden zum 100. Geburtstag am 7. Mai 1951, gehalten bei der Gedenkfeier der Theologischen Fakultät der Humboldt-Universität Berlin, Berlin 1951, 460–471 [7–18].

Kurt Aland (Hg.), Glanz und Niedergang der deutschen Universität. 50 Jahre deutscher Wissenschaftsgeschichte in Briefen an und von Hans Lietzmann (1892–1941). Mit einer einführenden Darstellung hg. von Kurt Aland, Berlin/New York 1979.

Kurt Aland, Klostermann, Erich, in: NDB 12 (1979), 124f., online: https://www.deutsche-biographie.de/116234946.html#ndbcontent [letzter Zugriff: 09.01.2024].

James C. Albisetti, Secondary School Reform in Imperial Germany, Princeton 1983.

James C. Albisetti, The Reform of Female Education in Prussia, 1899–1908. A Study in Compromise and Containment, in: German Studies Review 8 (1985), 11–41.

James C. Albisetti, Schooling German Girls and Women. Secondary and Higher Education in the Nineteenth Century, Princeton 1988.

James C. Albisetti, Mädchen- und Frauenbildung im 19. Jahrhundert, Kempten 2007.

Rita Aldenhoff, Nationalökonomie und Kulturwerte um 1900, in: Rüdiger vom Bruch/Friedrich Wilhelm Graf/Gangolf Hübinger (Hg.), Kultur und Kulturwissenschaft um 1900. Krise der Moderne und Glaube an die Wissenschaft, Stuttgart 1989, 45–62.

Jendris Alwast, Geschichte der Theologischen Fakultät. Vom Beginn der preußischen Zeit bis zur Gegenwart (Geschichte der Christian-Albrechts-Universität Kiel 1665–1965, Bd. 2,2), Kiel 1988.

Jendris Alwast, Nitzsch, Friedrich, in: BBKL VI (1993), 955f.

Jendris Alwast, Lipsius, Richard Adelbert, in: BBKL V (1993), 118f.

Angelika Alwast/Jendris Alwast, Johann Franz Wilhelm Bousset, in: Biographisches Lexikon für Schleswig-Holstein und Lübeck, Bd. 12, Neumünster 2006, 37–42.

Andrea Ammendola, Struktur und Bedeutung der Althoffschen Bibliotheksreformen, Köln 2019, online: https://nbn-resolving.de/urn:nbn:de:hbz:6-66908531934 [letzter Zugriff: 24.07.2025].

Norbert Andernach, Der Einfluß der Parteien auf das Hochschulwesen in Preußen: 1848–1918 (SWGB 4), Göttingen 1972.

H. George Anderson, Challenge and Change within German Protestant Theological Education during the Nineteenth Century, in: ChH 39 (1970), 36–48.

Bernd Andresen, Ernst Hermann von Dryander (1843–1922). Oberhofprediger Wilhelms II., in: Michael Häusler/Jürgen Kampmann (Hg.), Protestantismus in Preußen. Lebensbilder aus seiner Geschichte, Bd. 3: Von der Mitte des 19. Jahrhunderts bis zum Ersten Weltkrieg, Frankfurt a.M. 2013, 241–262.

Gunnar Anger, Hille, Philipp, in: BBKL XXIII (2004), 662–665.

Gunnar Anger, Hüls, Peter, in: BBKL XXII (2003), 578–585.

Gunnar Anger, Spahn, Martin, in: BBKL, online [letzter Zugriff: 24.08.2020].

Gunnar Anger, Oppersdorff, Hans Georg von, in: BBKL XXI (2003), 1095–1112.

Josef Anker, Rohrbach, Paul, in: BBKL VIII (1994), 592–608.

Anonym, Bosse, Friedrich, in: NSHE II, Grand Rapids 1952, 237f.

Anonym, Bratke, Eduard, in: NSHE II, Grand Rapids 1952, 254.

Anonym, Brown, William Adams, in: NSHE II, Grand-Rapids 1952, online: http://www.ccel.org/ccel/schaff/encyc02/Page_283.html [letzter Zugriff: 30.04.2019], 278.

Anonym, Schellhass, Karl, in: QFIAB 34 (1954), X.

Ann-Kathrin Armbruster, Philipp Melanchthon und die liberale Theologie, in: Jörg Lauster/Ulrich Schmiedel/Peter Schüz (Hg.), Liberale Theologie heute. Liberal Theology Today (Dogmatik in der Moderne 27), Tübingen 2019, 85–97.

Claus Arnold, Heinrich Suso Denifle OP (1844–1905). Die Wirkungen einer historischen Polemik gegen Luther, in: Andreas Holzem/Volker Leppin (Hg.), Martin Luther. Monument, Ketzer, Mensch. Lutherbilder, Lutherprojektionen und ein ökumenischer Luther, Freiburg i.Br. 2017, 247–268.

Johannes Arnold, „Für eine Dame unerhört". Bernarda von Nell diskutiert mit Adolf Harnack, in: ThPh 85 (2010), 65–80.

Hans-Georg Aschoff, Kirchenfürst im Kaiserreich – Georg Kardinal Kopp, Hildesheim 1987.

Heinrich Assel, Der andere Aufbruch. Die Lutherrenaissance – Ursprünge, Aporien und Wege: Karl Holl, Emanuel Hirsch, Rudolf Hermann (1910–1935) (FSÖTh 72), Göttingen 1972.

Heinrich Assel, Zorniger Vater – Verlorener Sohn. Harnacks Beitrag zur Lutherrenaissance zwischen Theodosius Harnack und Karl Holl, in: Kurt Nowak u.a. (Hg.), Adolf von Harnack. Christentum, Wissenschaft und Gesellschaft (VMPIG 204), Göttingen 2003, 69–83.

Heinrich Assel, Karl Holl. *15. Mai 1866, †23. Mai 1926, in: Ders. (Hg.), Karl Holl. Leben – Werk – Briefe, Tübingen 2021, 17–141.

Heinrich Assel, Karl Holls Reformationsrede „Was verstand Luther unter Religion?" (1917) und das Programm einer Gewissensreligion (1921.1923), in: Ders. (Hg.), Karl Holl. Leben – Werk – Briefe, Tübingen 2021, 447–471.

Annette G. Aubert, The German Roots of Nineteenth-Century American Theology, New York 2013.

Annette G. Aubert, Mediating Theology, in: Grant Kaplan/Kevin M. Vander Schel (Hg.), Oxford History of Modern German Theology, Volume 1: 1781–1848, Oxford 2023, 578–594, online: Oxford Academic[letzter Zugriff: 24.07.2023].

Auswärtiges Amt, Historischer Dienst (Hg.), Biographisches Handbuch des deutschen Auswärtigen Dienstes 1871–1945, 5 Bde, Paderborn 2000–2014.

Wolfgang Ayass (Bearb.), Von der Kaiserlichen Sozialbotschaft bis zu den Februarerlassen Wilhelms II. (1881 bis 1890), 2. Bd., 2. Teil: Die Ausdehnungsgesetzgebung und die Praxis der Unfallversicherung (Quellensammlung zur Geschichte der deutschen Sozialpolitik 1867 bis 1914 II), Darmstadt 2001.

Roger Baecker, Kalweit, Paul, in: BBKL II (1990), 990f.

Gerhard Bätzing, Pfarrergeschichte des Kirchenkreises Homburg von den Anfängen bis 1984. Kurhessisch-Waldeckisches Pfarrerbuch Bd. 3 (VHKH 33), Marburg 1988.

Brigitte Balzer, Die preußische Polenpolitik 1894–1908 und die Haltung der deutschen konservativen und liberalen Parteien (unter besonderer Berücksichtigung der Provinz Posen) (EHS.G 434), Frankfurt a.M u.a. 1989.

Wilfried Barner, Adolf von Harnack zwischen Goethekult und Goethephilologie, in: Kurt Nowak u.a. (Hg.), Adolf von Harnack. Christentum, Wissenschaft und Gesellschaft (VMPIG 204), Göttingen 2003, 143–160.

Ernst Barnikol, Theologisches und Kirchliches aus dem Briefwechsel Loofs – Harnack. Zum Jubiläum von Friedrich Loofs (1858–1928), in: ThLZ 85 (1960), 217–222.

Hans-Georg Bartel, Oettingen, Arthur von, in: NDB 19 (1999), 477–478, online: https://www.deutsche-biographie.de/117108235.html#ndbcontent [letzter Zugriff: 09.01.2024].

Daniela Bartholome, Transatlantische Netzwerke im Kaiserreich. Zur Rolle und Rezeption von Friedrich Paulsen (1846–1908) im deutsch-amerikanischen Kulturaustausch. Von der Fakultät für Geistes- und Erziehungswissenschaften der Technischen Universität Carolo-Wilhelmina zu Braunschweig zur Erlangung des Grades Doktorin der Philosophie (Dr. phil.), genehmigte Dissertation, 2012, online: http://www.digibib.tu-bs.de/?docid=00045125 [letzter Zugriff: 13.01.2021].

Michael Basse, Die dogmengeschichtlichen Konzeptionen Adolf von Harnacks und Reinhold Seebergs (FKDG 82), Göttingen 2001.

Hasko von Bassi, Otto Baumgarten. Ein „moderner Theologe" im Kaiserreich und in der Weimarer Republik (EHS.T 345), Frankfurt a.M./Bern/New York 1988.

Hasko von Bassi, Baumgarten, Otto, in: RGG 4. Aufl., online; [letzter Zugriff: 05.11.2019].

Hasko von Bassi, Kaftan, Theodor, in: RGG 4. Aufl., online [letzter Zugriff: 08.11.2019].

Gisa Bauer, Kulturprotestantismus und frühe bürgerliche Frauenbewegung in Deutschland. Agnes von Zahn-Harnack (1884–1950) (AKThG 17), Leipzig 2006.

Gisa Bauer, Agnes von Zahn-Harnack und Elisabet von Harnack, in: Manfred Gailus/Clemens Vollnhals (Hg.), Mit Herz und Verstand – Protestantische Frauen im Widerstand gegen die NS-Rassenpolitik (Berichte und Studien 65), Göttingen 2014, 21–47.

Friedrich Wilhelm Bauks, Die evangelischen Pfarrer in Westfalen von der Reformationszeit bis 1945 (BWFKG 4), Bielefeld 1980.

Ursula Baumann, Protestantismus und Frauenemanzipation in Deutschland. 1850 bis 1920 (Geschichte und Geschlechter 2), Frankfurt a.M./New York 1992.

Marita Baumgarten, Professoren und Universitäten im 19. Jahrhundert. Zur Sozialgeschichte deutscher Geistes- und Naturwissenschaftler (KSG 121), Göttingen 1997.

Friedrich Wilhelm Bautz, Harnack, Adolf von, in: BBKL II (1990), 554–568.

BBAW (Hg.), Abteilung I. Das preußische Kultusministerium als Staatsbehörde und gesellschaftliche Agentur (1817–1934), Bd. 1.1: Die Behörde und ihr höheres Personal. Darstellung (Acta Borussica NF. 2. Reihe: Preußen als Kulturstaat), Berlin 2009.

BBAW (Hg.), Abteilung I. Das preußische Kultusministerium als Staatsbehörde und gesellschaftliche Agentur (1817–1934), Bd. 1.2: Die Behörde und ihr höheres Personal. Dokumente (Acta Borussica NF. 2. Reihe: Preußen als Kulturstaat), Berlin 2009.

BBAW (Hg.), Abteilung I. Das preußische Kultusministerium als Staatsbehörde und gesellschaftliche Agentur (1817–1934), Bd. 2.1: Das Kultusministerium auf seinen Wirkungsfeldern Schule, Wissenschaft, Kirchen, Künste und Medizinalwesen. Darstellung (Acta Borussica NF 2. Reihe, Preußen als Kulturstaat), Berlin 2010.

BBAW (Hg.), Abteilung I. Das preußische Kultusministerium als Staatsbehörde und gesellschaftliche Agentur (1817–1934), Bd. 2.2: Das Kultusministerium auf seinen Wirkungsfeldern Schule, Wissenschaft, Kirchen, Künste und Medizinalwesen. Dokumente (Acta Borussica NF 2. Reihe: Preußen als Kulturstaat), Berlin 2010.

Barbara Beck, Wilhelm II. und seine Geschwister, Regensburg 2016.

Friedrich Beck, Die „Deutsche Schrift" – Medium in fünf Jahrhunderten deutscher Geschichte, in: ADipl 37 (1991), 453–479.

Horst Beintker, Cremer, Hermann, in: TRE VIII (1981), 230–236.

Matthias Benad, Friedrich von Bodelschwingh der Ältere (1831–1910). Gutsökonom – Pastor – Seelenführer, in: Michael Häusler/Jürgen Kampmann (Hg.), Protestantismus in Preußen. Lebensbilder aus seiner Geschichte, Bd. 3: Von der Mitte des 19. Jahrhunderts bis zum Ersten Weltkrieg, Frankfurt a.M. 2013, 169–194.

Joshua Bennett, August Neander and the Religion of History in the NineteenthCentury „Priesthood of Letters", in: HistJ 63 (2020), 633–659.

Matthias Berg/Helmut Neuhaus, Einleitung, in: Dies. (Hg.), Briefkultur(en) in der deutschen Geschichtswissenschaft zwischen dem 19. und 21. Jahrhundert (SHKBA 106), Göttingen 2021, 9–22.

Klaus Berger, Zimmer, Karl Friedrich, in: BBKL XXV (2005), 1583–1600.

Udo Bermbach, Houston Stewart Chamberlain. Wagners Schwiegersohn – Hitlers Vordenker, Stuttgart 2015.

Paolo L. Bernardini, Ugolini, Biagio, in: DBI 97 (2020), online: https://www.treccani.it/enciclopedia/biagio-ugolini_%28Dizionario-Biografico%29/ [letzter Zugriff: 01.10.2023].
Ralph Berndt, Bernhard Sehring. Ein Privatarchitekt und Theaterbaumeister des wilhelminischen Zeitalters. Leben und Werk, Inaugural-Disseration zur Erlangung des Grades eines Doktors der Philosophie, Cottbus 1998.
Karl-Heinz Bernhardt, Delitzsch, Friedrich, in: TRE VIII (1981), 433f.
Karl-Heinz Bernhardt, De Wette, Wilhelm Martin Leberecht (1780–1849), in: TRE VIII (1981), 616f.
Karl-Heinz Bernhardt, Zur Entwicklung der theologischen Disziplinen in Berlin seit 1810. Die Geschichte des Berliner Lehrstuhls für Altes Testament, in: Beiträge zur Geschichte der Theologischen Fakultät Berlins. Zum 175. Jahrestag der Gründung der Berliner Universität, in: WZ(B).G 34 (1985), 527–532.
Gerhard Besier, Preußische Kirchenpolitik in der Bismarckära. Die Diskussion in Staat und Evangelischer Kirche um eine Neuordnung der kirchlichen Verhältnisse Preußens zwischen 1866 und 1872. Mit einem Vorwort von Klaus Scholder (VHK 49), Berlin/New York 1980.
Gerhard Besier (Hg.), Die Mittwochs-Gesellschaft im Kaiserreich. Protokolle aus dem geistigen Deutschland 1863–1919, Berlin 1990.
Hans Jürgen Bestmann, Bestmann, Hugo Johannes, in: SHBL, Bd. 3, Neumünster 1976, 37–39.
Albrecht Beutel, Thomasius, Gottfried, in: TRE XXXIII (2002), 488–492.
Tilman Beyrich, Wieviel Positivität braucht Theologie? Anfrage an Hermann Cremer, in: Irmfried Garbe/Tilman Beyrich/Thomas Willi (Hg.), Greifswalder theologische Profile. Bausteine zur Geschichte der Theologie an der Universität Greifswald (GTF 12), Frankfurt a.M. 2006, 213–234.
Horst Bieber, Paul Rohrbach – Ein konservativer Publizist und Kritiker der Weimarer Republik (Dortmunder Beiträge zur Zeitungsforschung 16), München-Pullach/Berlin 1972.
Björn Biester, Adolf Harnacks Berufung an die Theologische Fakultät der Universität Giessen 1878/79, in: JHKGV 52 (2001), 111–132.
Björn Biester, Adolf Harnack und die New Yorker Zeitschrift The Outlook. Ein Brief von Lyman Abbott (1895) und ein Bericht von Elbert F. Baldwin (1896), in: METG 18 (2005), 49–61.
Ingrid Bigler, Luther, Johannes, in: DL 3. Aufl., Bd. 10, hg. von Heinz Rupp und Carl Ludwig Lang, Bern 1986, 131.
Hans-Otto Binder, Bismarck, Otto von, in: RGG 4. Aufl., online [letzter Zugriff: 29.07.2019].
Stephan Bitter, Oettingen, Alexander von, in: BBKL XXXV (2014), 1023–1058.
Ernst Bizer, Otto Ritschl (1860–1944), in: 150 Jahre Rheinische Friedrich-Wilhelms-Universität zu Bonn 1818–1968. Bonner Gelehrte. Beiträge zur Geschichte der Wissenschaften in Bonn. Evangelische Theologie, Bonn 1968, 143–152.
Klauspeter Blaser, Geschichte – Kirchengeschichte – Dogmengeschichte in Adolf von Harnacks Denken. Ein Beitrag zur Problematik der historisch-theologischen Disziplinen. Inauguraldissertation zur Erlangung der Doktorwürde der hochwürdigen evangelisch-theologischen Fakultät der Johannes-Gutenberg-Universität zu Mainz, Mainz 1964.
Peter C. Bloth (Hg.), Adolf Harnacks „erste Predigt" und sein Examen pro gradu Dorpat 1871/72, in: ZNThG/JHMTh 6 (1999), 69–95.
Jürgen Blunck, Zur Erinnerung an Johannes Franke, in: Mitteilungen. Staatsbibliothek zu Berlin, Preußischer Kulturbesitz 8 (1999), 147–159.
Heiko Bockstiegel, Uhlhorn, Friedrich, in: BBKL XX (2002), 1481f.
Roland Böhm, Kehr, Paul, in: BBKL III (1992), 1285–1290.
Christfried Böttrich, Tischendorf, Constantin von (1815–1874), in: TRE XXXIII (2002), 567–570.
Jörn Bohr/Gerald Hartung (Hg.), Forschungsgrundlagen. Wilhelm Windelband, Hamburg 2020.
Wera Bollmann, Schmidt, Karl Johannes Ferdinand August Wilhelm Gustav, in: Sabine Pettke (Hg.), Biographisches Lexikon für Mecklenburg, Bd. 3, Rostock 2001, 248–250.

Giulia Bordi, Giuseppe Wilpert e la scoperta della pittura altomedievale a Roma, in: Stefan Heid (Hg.), Giuseppe Wilpert. Archeologo Cristiano. Atti del Convegno (Roma – 16–19 maggio 2007) (SSAC 22), Vatikanstadt 2009, 323–358.

Norbert M. Borengässer, Schrörs, Johann Heinrich, in: BBKL XV (1999), 1259–1264.

Norbert M. Borengässer, Floß, Heinrich Joseph, in: BBKL XLI (2020), 356–368.

Norbert M. Borengässer, Englert, Winfried, in: BBKL XLII (2021), 335–340.

Hendrik Martin van den Bosch, Lutherreceptie bij Adolf von Harnack, in: LuBu 5 (1996), 24–43.

Hendrik Martin van den Bosch, Adolf von Harnacks Lutherreceptie, Kampen 2001.

Martin Bräuer, Handbuch der Kardinäle. 1846–2012, Berlin/Boston 2014.

Martin Bräuer, Manning, Edward Henry, in: BBKL XXXVII (2016), 689–692.

Max Braubach, Aloys Schulte in Rom (1901–1903). Ein Beitrag zur deutschen Wissenschaftsgeschichte, in: Erwin Iserloh/Konrad Repgen (Hg.), Reformata Reformanda. Festgabe für Hubert Jedin zum 17. Juni 1965, Bd. 2, Münster 1965, 509–557.

Jörg Breitschwerdt, Theologisch konservativ. Studien zur Genese und Anliegen der evangelikalen Bewegung in Deutschland (AGP 62), Göttingen 2019.

Ward W. Briggs, Wheeler, Benjamin Ide, in: Ders. (Hg.), Biographical Dictionary of North American Classicists, Westport (CT)/London 1994, 692f.

Jörn Brinkhus (Hg.), Kaiser Wilhelm II., Bremen und der Norddeutsche Lloyd. Die „Lebenserinnerungen“ des NDL-Direktors Heinrich Wiegand (Schriften des Staatsarchivs Bremen 54), Bremen 2017.

Ditmar Brock, Die klassische Moderne. Moderne Gesellschaften, Bd. 1, Wiesbaden 2011.

Bernhard vom Brocke, Hochschul- und Wissenschaftspolitik in Preußen und im Deutschen Kaiserreich 1882–1907: das „System Althoff“, in: Peter Baumgart (Hg.), Bildungspolitik in Preußen zur Zeit des Kaiserreichs (Preußen in der Geschichte 1), Stuttgart 1980, 9–118.

Bernhard vom Brocke, Der deutsch-amerikanische Professorenaustausch. Preußische Wissenschaftspolitik, internationale Wissenschaftsbeziehungen und die Anfänge einer auswärtigen Kulturpolitik vor dem Ersten Weltkrieg, in: ZKA 31 (1981), 128–182.

Bernhard vom Brocke, Friedrich Althoff, in: Wolfgang Treue/Karlfried Gründer (Hg.), Wissenschaftspolitik in Berlin. Minister, Beamter, Ratgeber. Festgabe aus Anlass der 750-Jahr-Feier der Stadt Berlin, Berlinische Lebensbilder, Bd. 3 (EHKB 60), Berlin 1987, 195–214.

Bernhard vom Brocke, Von der Wissenschaftsverwaltung zur Wissenschaftspolitik. Friedrich Althoff (19.2.1839–20.10.1908), in: Berichte zur Wissenschaftsgeschichte 11 (1988), 1–26.

Bernhard vom Brocke, Vorgeschichte, Gründung und Entwicklung der Kaiser-Wilhelm-Gesellschaft zur Förderung der Wissenschaften – Der Anteil Friedrich Althoffs, in: Jürgen Richter (Hg.), Friedrich Althoff. 1839–1908 (Berliner Wissenschaftshistorischen Kolloquium 58), Berlin 1990, 129–163.

Bernhard vom Brocke, Die Kaiser-Wilhelm-Gesellschaft im Kaiserreich. Vorgeschichte, Gründung und Entwicklung bis zum Ausbruch des Ersten Weltkriegs, in: Rudolf Vierhaus/Bernhard vom Brocke (Hg.), Forschung im Spannungsfeld von Politik und Gesellschaft. Geschichte und Struktur der Kaiser-Wilhelm-/Max-Planck-Gesellschaft. Aus Anlaß ihres 75jährigen Bestehens, Stuttgart 1990, 17–162.

Bernhard vom Brocke, Friedrich Althoff – Forschungsstand und Quellenlage; Bemühungen um eine Biographie, in: Ders. (Hg.), Wissenschaftsgeschichte und Wissenschaftspolitik im Industriezeitalter. Das „System Althoff“ in historischer Perspektive (Geschichte von Bildung und Wissenschaft B.5), Hildesheim 1991, 15–44.

Bernhard vom Brocke, Internationale Wissenschaftsbeziehungen und die Anfänge einer deutschen auswärtigen Kulturpolitik. Der Professorenaustausch mit Nordamerika, in: Ders. (Hg.), Wissenschaftsgeschichte und Wissenschaftspolitik im Industriezeitalter. Das „System Althoff“ in historischer Perspektive (Geschichte von Bildung und Wissenschaft B.5), Hildesheim 1991, 185–242.

Bernhard vom Brocke (Bearb.), Hochschulpolitik im Föderalismus. Die Protokolle der Hochschulkonferenzen der deutschen Bundesstaaten und Österreichs 1898 bis 1918, hg. von Bernhard vom Brocke und Peter Krüger (Veröffentlichungen der Forschungsstelle für Universitäts- und Wissenschaftsgeschichte an der Philipps-Universität Marburg), Berlin 1994.

Bernhard vom Brocke, Im Großbetrieb der Wissenschaft. Adolf von Harnack als Wissenschaftsorganisator und Wissenschaftspolitiker – zwischen Preußischer Akademie und Kaiser-Wilhelm-Gesellschaft. Auch ein Beitrag zur vergeblichen Reform der deutschen Akademien seit 1900, in: SLSB 45 (2001), 61–144.

Bernhard vom Brocke, Preußische Hochschulpolitik im 19. und 20. Jahrhundert. Kaiserreich und Weimarer Republik, in: Werner Buchholz (Hg.), Die Universität Greifswald und die deutsche Hochschullandschaft im 19. und 20. Jahrhundert. Kolloquium des Lehrstuhls für Pommersche Geschichte der Universität Greifswald in Verbindung mit der Gesellschaft für Universitäts- und Wissenschaftsgeschichte, Stuttgart 2004, 27–56.

Bernhard vom Brocke, Friedrich Schmidt-Ott. Wissenschaft als Machtersatz. Preußisch-deutsche Wissenschaftspolitik zwischen Kaiserreich und Diktatur. Aus Anlaß des 50. Todestages, in: Dahlemer Archivgespräche 12 (2007), 153–188.

Bernhard vom Brocke, Friedrich Paulsen, Friedrich Althoff und der Kultusbetrieb des Kaiserreichs, in: Thomas Steensen (Hg.), Friedrich Paulsen. Weg, Werk und Wirkung eines Gelehrten aus Nordfriesland (Nordfriisk Instituut 210), Husum 2010, 99–121.

Bernhard vom Brocke, Berufungspolitik und Berufungspraxis im Deutschen Kaiserreich, in: Christian Hesse/Rainer Christoph Schwinges (Hg.), Professorinnen und Professoren gewinnen. Zur Geschichte des Berufungswesens an den Universitäten Mitteleuropas (Veröffentlichungen der Gesellschaft für Universitäts- und Wissenschaftsgeschichte 12), Basel 2012, 55–103.

Dieter Brosius, Das Repertorium Germanicum, in: Reinhard Elze/Arnold Esch (Hg.), Das Deutsche Historische Institut in Rom. 1888–1988 (BDHIR 70), Tübingen 1990, 123–165.

Rüdiger vom Bruch, Wissenschaft, Politik und öffentliche Meinung. Gelehrtenpolitik im Wilhelminischen Deutschland (1890–1914) (HS 435), Husum 1980.

Rüdiger vom Bruch, Weltpolitik als Kulturmission. Auswärtige Kulturpolitik und Bildungsbürgertum in Deutschland am Vorabend des Ersten Weltkrieges (QFG 4), Paderborn/München 1982.

Rüdiger vom Bruch, Universitätsreform als soziale Bewegung. Zur Nicht-Ordinarienfrage im späten deutschen Kaiserreich, in: GeGe 10 (1984), 72–91.

Rüdiger vom Bruch, Bürgerliche Sozialreform im deutschen Kaiserreich, in: Ders. (Hg.), „Weder Kommunismus noch Kapitalismus". Bürgerliche Sozialreform in Deutschland vom Vormärz bis zur Ära Adenauer (Bücher zur Sozialgeschichte und sozialen Bewegung), München 1985, 61–179.

Rüdiger vom Bruch, Historiker und Nationalökonomen im Wilhelminischen Deutschland (1988), in: Ders., Gelehrtenpolitik, Sozialwissenschaften und akademische Diskurse in Deutschland im 19. und 20. Jahrhundert, hg. von Björn Hofmeister und Hans-Christoph Liess, Stuttgart 2006, 45–81.

Rüdiger vom Bruch, Gustav Schmoller: Zwischen Nationalökonomie und Geschichtswissenschaft (1988), in: Ders., Gelehrtenpolitik, Sozialwissenschaften und akademische Diskurse in Deutschland im 19. und 20. Jahrhundert, hg. von Björn Hofmeister und Hans-Christoph Liess, Stuttgart 2006, 230–249.

Rüdiger vom Bruch, Max Webers Kritik am „System Althoff" in universitätsgeschichtlicher Perspektive, in: Berliner Journal für Soziologie 5 (1995), 313–326.

Rüdiger vom Bruch, Adolf von Harnack und Wilhelm II, in: Kurt Nowak/Otto Gerhard Oexle (Hg.), Adolf von Harnack. Theologe, Historiker, Wissenschaftspolitiker (VMPIG 161), Göttingen 2001, 23–37.

Kathrin Brüggenthies, Günter, Heinrich, in: BBKL XXX (2009), 531–536.

Margaret E. Bryant, The London Experience of Secondary Education, London/Atlantic Highlands 1986.

Enno Bünz, Die Monumenta Germaniae Historica 1819–2019. Ein historischer Abriss, Digitaler Sonderdruck aus: Mittelalter lesbar machen. Festschrift 200 Jahre Monumenta Germaniae Historica, Wiesbaden 2019, online: https://www.mgh.de/die-mgh/geschichte-der-mgh [letzter Zugriff: 02.12.2020].

Otto Büsch (Hg.), Handbuch der Preußischen Geschichte. Bd. II: Das 19. Jahrhundert und Große Themen der Geschichte Preußens (Historische Kommission zu Berlin), Berlin/New York 1992.

Christoph Bultmann, Kittel, Rudolf, in: RGG 4. Aufl., online [letzter Zugriff: 28.02.2020].

Marco Buonocore (Hg.), Lettere die Theodor Mommsen agli italiani (StT 519), Vatikan-Stadt 2017.

Lothar Burchardt, Wissenschaftspolitik im Wilhelminischen Deutschland. Vorgeschichte, Gründung und Aufbau der Kaiser-Wilhelm-Gesellschaft zur Förderung der Wissenschaften, Göttingen 1975.

Lothar Burchhardt, Gründung und Aufbau des Preußischen Historischen Instituts in Rom, in: QFIAB 59 (1979), 334–391.

Lothar Burchardt, Adolf von Harnack, in: Wolfgang Treue/Wolfgang Ribbe (Hg.), Wissenschaftspolitik in Berlin. Minister, Beamte, Ratgeber. Festgabe aus Anlass der 750-Jahr-Feier der Stadt Berlin 1987. Berlinische Lebensbilder 3 (EHKB 60), Berlin 1987, 215–233.

Caitlin Burge, Netzwerkanalyse, in: Christopher A. Nunn/Frederike van Oorschot (Hg.), Kompendium Computational Theology, Bd. 1: Forschungspraktiken in den Digital Humanities, Heidelberg 2024, 221–233.

Dominik Burkard, Der Würzburger Lehrstuhl für Kirchengeschichte – eine „cathedra pestilentiae"? Zur Indizierung Sebastian Merkles (1913), in: WDGB 69 (2007), 109–138.

Dominik Burkard, Der Schatten des „Modernismus" auf dem Campo Santo Teutonico?, in: Stefan Heid/Karl-Joseph Hummel (Hg.), Päpstlichkeit und Patriotismus. Der Campo Santo Teutonico: Ort der Deutschen in Rom zwischen Risorgimento und Erstem Weltkrieg (1870–1918) (RQ.S 65), Freiburg i.Br./Basel/Wien 2018, 359–415.

Albrecht von dem Bussche, Die Ritterakademie zu Brandenburg, Frankfurt a.M. u.a. 1989.

William M. Calder III/Alexander Košenina (Hg.), Berufungspolitik innerhalb der Altertumswissenschaft im wilhelminischen Preußen. Die Briefe Ulrich von Wilamowitz-Moellendorffs an Friedrich Althoff (1883–1908), Frankfurt a.M. 1989.

William M. Calder III, Die Rolle Friedrich Althoffs bei den Berufungen von Ulrich von Wilamowitz-Moellendorff, in: Bernhard vom Brocke (Hg.), Wissenschaftsgeschichte und Wissenschaftspolitik im Industriezeitalter. Das „System Althoff" in historischer Perspektive (Geschichte von Bildung und Wissenschaft B.5), Hildesheim 1991, 251–266.

William M. Calder III/Robert Kirstein (Hg.), Theodor Mommsen und Ulrich von Wilamowitz-Moellendorff. Briefwechsel 1872–1903, 2 Bde, Hildesheim 2003.

Victoria Cain, Albert Brickmore, in: Harvard Magazine 2008, online: https://www. harvardmagazine.com/2008/09/albert-bickmore-html [letzter Zugriff: 04.12. 2023].

Mark D. Chapman, The Coming Crisis. The Impact of Eschatology on Theology in Edwardian England (JSNTS 208), Sheffield 2001.

Mark D. Chapman, Theology at the Olympics: St Louis 1904 and London 2012, in: ZNThG/JHMTh 20 (2014), 258–277.

Karl Christ, Von Gibbon zu Rostovtzeff. Leben und Werk führender Althistoriker der Neuzeit, 3. Aufl., Darmstadt 1989.

Alessandra Cimmino, Cugnoni, Giuseppe, in: DBI 31 (1985), online: https://www.treccani.it/enciclopedia/giuseppe-cugnoni_ %28Dizionario-Biografico%29/ [letzter Zugriff: 23.10.2023].

Christopher M. Clark, Kaiser Wilhelm II, London 2000.

Christopher M. Clark, Religion and confessional conflict, in: James Retallack (Hg.), Imperial Germany 1871–1918 (The Oxford Short History of Germany), Oxford 2008, 83–105.

Elizabeth A. Clark, Transatlantic Mentoring. Philip Schaff and Arthur Cushman McGiffert, in: Annette G. Aubert/Zachary Purvis (Hg.), Transatlantic Religion. Europe, America, and the Making of Modern Christianity, Leiden/Boston 2021, 95–114.

Johann Hinrich Claussen, Die Jesus-Deutung von Ernst Troeltsch im Kontext der liberalen Theologie (BHTh 99), Tübingen 1997.

John Clayton, Tillich, Paul (1886–1965), in: TRE XXXIII (2002), 553–565.

Peter G. Cobb, Wood, Charles Lindley, in: ODNB 2008, online: https://doi.org/10.1093/ref:odnb/36997 [letzter Zugriff: 26.11.2023].

Christina Costanza, Einübung in die Ewigkeit. Julius Kaftans eschatologische Theologie und Ethik (FSÖTh 124), Göttingen 2009.

Hans Cymorek, „... doch reicht mein Einfluß nicht weit": Alfred Dove als Berater Friedrich Althoffs, in: Marc Schalenberg/Peter Th. Walther (Hg.), „... immer im Forschen bleiben". Rüdiger vom Bruch zum 60. Geburtstag, Stuttgart 2004, 311–335.

Hans Cymorek/Friedrich Wilhelm Graf, Zwei unbekannte Texte Agnes von Zahn-Harnacks über ihren Vater, in: METG 17 (2004), 83–94.

Hans Cymorek/Friedrich Wilhelm Graf, Agnes von Zahn-Harnack (1884–1950), in: Inge Mager (Hg.), Frauen-Profile des Luthertums. Lebensgeschichten im 20. Jahrhundert (LKGG 22), Gütersloh 2005, 202–251.

Christof Dahm, Kittel, Rudolf, in: BBKL III (1992), 1548–1550.

Christof Dahm, Pius III., in: BBKL VII (1994), 661–664.

Christof Dahm, Rampolla del Tindaro, Mariano, in: BBKL VII (1994), 1314–1317.

Christof Dahm, Schürer, Emil, in: BBKL IX (1995), 1050–1053.

Christof Dahm, Strack, Hermann, in: BBKL XI (1996), 4–8.

Matthias Dall'Asta, Melanchthons Briefe an Joachim Camerarius – eine Relektüre im Horizont ihrer Neuedition, in: Thomas Baier (Hg.), Camerarius Polyhistor. Wissensvermittlung im deutschen Humanismus (NeoLatina 27), Tübingen 2017, 301–324.

Francesco Dante, Chigi, Agostino, in: DBI 24 (1980), online: https://www.treccani.it/enciclopedia/agostino-chigi_(Dizionario-Biografico)/ [letzter Zugriff: 23.10.2022].

Christian Danz, Hegel's Philosophy of Religion, Schelling's Philosophy of Revelation, and Their Immediate Theological Reception, in: Grant Kaplan/Kevin M. Vander Schel (Hg.), Oxford History of Modern German Theology, Volume 1: 1781–1848, Oxford 2023, 541–560, online: Oxford Academic[letzter Zugriff: 24.07.2023].

Gerald Deckart, Deutsch-englische Verständigung. Eine Darstellung der nichtoffiziellen Bemühungen um eine Wiederannäherung der beiden Länder zwischen 1906 und 1914. Inaugural-Dissertation zur Erlangung des Doktorgrades der Philosophischen Fakultät der Ludwig Maximilian-Universität zu München, München 1967.

Wilhelm Deist, Hans Delbrück. Militärhistoriker und Publizist, in: Militärgeschichtliche Mitteilungen 57 (1998), 371–383.

Rudolf Dellsperger, Friedrich Nippold, in: Historisches Lexikon der Schweiz, online: https://hls-dhs-dss.ch/de/articles/010771/2009-08-06/ [letzter Zugriff: 06.05.2020].

Laurenz Demps, Die ehemalige Königliche Bibliothek – Bau- und Nutzungsgeschichte, in: Ingrid Hentschel/Axel Oestreich (Hg.), Kommode. Die Fassadenrestaurierung der ehemaligen Königlichen Bibliothek, Berlin 2012, 13–49.

Georg Denzler, Leo X., in: BBKL IV (1992), 1448–1450.

Georg Denzler, Paul IV., in: BBKL VII (1994), 17f.

Georg Denzler, Pius X., in: BBKL VII (1994), 679f.

Caroline Jagella Denoth, Gustav von Bunge, in: Historisches Lexikon der Schweiz, 08.03.2003, online: https://hls-dhs-dss.ch/de/articles/014312/2003-07-08/ [letzter Zugriff: 31.07.2019].

Heinrich Denzinger/Peter Hünermann (Hg.), Kompendium der Glaubensbekenntnisse und kirchlichen Lehrentscheidungen, 37. Aufl., Freiburg i.Br. 1991.

Matthias A. Deuschle, Ernst Wilhelm Hengstenberg. Ein Beitrag zur Erforschung des kirchlichen Konservatismus im Preußen des 19. Jahrhunderts (BHTh 169), Tübingen 2013.

Otto Dibelius, Adolf Harnack als akademischer Lehrer, in: Adolf Harnack in memoriam. Reden zum 100. Geburtstag am 7. Mai 1951, gehalten bei der Gedenkfeier der Theologischen Fakultät der Humboldt-Universität Berlin, Berlin 1951, 31–35.

Otto Dibelius, Ein Christ ist immer im Dienst. Erfahrungen und Erlebnisse in einer Zeitenwende, Stuttgart 1961.

Karl Dienst, Otto, Rudolf, in: BBKL VI (1993), 1381–1383.

Karl Dienst, Overbeck, Franz Camille, in: BBKL VI (1993), 1390f.

Karl Dienst, Kawerau, Gustav, in: RGG 4. Aufl., online [letzter Zugriff: 12.12.2019].

Dieter Dietrich, Friedrich Althoff und das Ende des preußischen Schulstreites. Vorgeschichte und Inhalt der Schulreform des Jahres 1900. Die Junikonferenz, Norderstedt 2008.

Stefan Dietzel, Reinhold Seeberg als Ethiker des Sozialprotestantismus. Die „Christliche Ethik“ im Kontext ihrer Zeit (Universitätsdrucke), Göttingen 2013.

Helga Döhn (Bearb.), Der Nachlass von Johannes Luther (Deutsche Staatsbibliothek. Handschrifteninventare 6), Berlin 1984.

Hans-Dieter Döpmann, Zur Entwicklung der theologischen Disziplinen in Berlin seit 1810. Die Geschichte des Berliner Lehrstuhls für Kirchengeschichte, in: Beiträge zur Geschichte der Theologischen Fakultät Berlins. Zum 175. Jahrestag der Gründung der Berliner Universität, in: WZ(B).G 34 (1985), 544–553.

Angelika Dörfler-Dierken, Rez.: Benjamin Hasselhorn, Politische Theologie Wilhelms II., Berlin 2012, in: ZKG 125 (2014), 428–430.

Michael Domsgen, Uckeley, Alfred, in: RGG 4. Aufl., online [letzter Zugriff: 26.08.2020].

Erich Donnert, Die Universität Dorpat-Jurev 1802–1918. Ein Beitrag zur Geschichte des Hochschulwesens in den Ostseeprovinzen des Russischen Reiches, Frankfurt a.M. 2007.

Gary Dorrien, The Making of American Liberal Theology: Imagining Progressive Religion 1805–1900, Louisville 2001.

Gary Dorrien, The Making of American Liberal Theology: Idealism, Realism, and Modernity 1900–1950, Louisville 2003.

Gary Dorrien, Social Ethics in the Making: Method, History, White Supremacism, Social Salvation, in: AJTP 29 (2008), 123–145.

Michael Dorrmann, Eduard Arnhold (1849–1925). Eine biographische Studie zu Unternehmer- und Mäzenatentum im Deutschen Kaiserreich, Berlin 2002.

Klaus-Dieter Dorsch, Adolf von Harnacks Ernennung zum Generaldirektor der Königlichen Bibliothek zu Berlin, in: Bibliothek und Wissenschaft 21 (1987), 160–188.

Volkes Dotterweich, Ranke, Leopold, in: BBKL VII (1994), 1324–1355.

Sabine Drecoll, Karl Holl – Der verkannte Patristiker?, in: Heinrich Assel (Hg.), Karl Holl. Leben – Werk – Briefe, Tübingen 2021, 145–174.

Volker Drehsen, Konfessionalistische Kirchentheologie. Theodosius Harnack (1816–1889), in: Friedrich Wilhelm Graf (Hg.), Profile des neuzeitlichen Protestantismus, Bd. 2,1: Kaiserreich, Gütersloh 1992, 146–181.

Volker Drehsen, „Evangelischer Glaube, brüderliche Wohlfahrt und wahre Bildung“. Der Evangelisch-soziale Kongreß als sozialethisches und praktisch-theologisches Forum des Kulturprotestantismus im Wilhelminischen Kaiserreich (1890–1914), in: Hans Martin Müller (Hg.), Kulturprotestantismus. Beiträge zu einer Gestalt des modernen Christentums, Gütersloh 1992, 190–229.

Caren Dreyer, „Turfan" und die Berliner Indologie, in: Maria Framke/Hannelore Bauhaus-Lötze/Ingo Strauch (Hg.), Indologie und Südasienkunde in Berlin. Geschichte und Positionsbestimmung (Studien zur Geschichte und Gegenwart Asiens 4), Berlin 2014, 35–62.

Caren Dreyer, Abenteuer Seidenstrasse. Die Berliner Turfan-Expeditionen 1902–1914. Mit einem Geleitwort von Hermann Parzinger, Leipzig 2015.

Christoph Dröge, Muratori, Ludovico Antonio, in: BBKL VI (1993), 364–366.

Kurt Dülfer/Hans-Enno Korn, Gebräuchliche Abkürzungen des 16.–20. Jahrhunderts. Bearbeitet von Karsten Uhde, 9. Aufl. (Veröffentlichungen der Archivschule Marburg 1), Marburg 2004.

Marten Düring/Ulrich Eumann, Diskussionsforum. Historische Netzwerkforschung. Ein neuer Ansatz in den Geschichtswissenschaften, in: GeGe 39 (2013), 369–390.

Marten Düring u.a. (Hg.), Handbuch Historische Netzwerkforschung. Grundlagen und Anwendungen (Schriften des Kulturwissenschaftlichen Instituts Essen [KWI] zur Methodenforschung 1), Berlin 2016.

Desmond Durkin-Meisterernst u.a. (Hg.), Turfan Revisited – The First Century of Research into the Arts and Cultures of the Silk Road (Monographien zur indischen Archäologie, Kunst und Philologie 17), Berlin 2004.

Martin Dutzmann, Hermann Freiherr von der Goltz (1835–1906), in: Reinhardt Schmidt-Rost/Stephan Bitter/Martin Dutzmann (Hg.), Theologie als Vermittlung. Bonner evangelische Theologen des 19. Jahrhunderts im Porträt (Arbeiten zur Theologiegeschichte 6), Rheinbach 2003, 159–165.

Jochen Eber, Lütgert, Wilhelm, in: BBKL XVII (2000), 870–874.

Gottfried Eberle/Michael Rautenberg, Die Sing-Akademie zu Berlin und ihre Direktoren. Staatliches Institut für Musikforschung, Berlin 1998.

Andreas D. Ebert, Friedrich Theodor Althoff (1839–1908) und die Frauenheilkunde in Preußen, an der Berliner Friedrich-Wilhelms-Universität und in der königlichen Charité, in: Matthias David/Andreas D. Ebert (Hg.), Geschichte der Berliner Universitäts-Frauenklinik. Strukturen, Personen und Ereignisse in und außerhalb der Charité, Berlin/New York 2009, 62–72.

Sybille Ebert-Schifferer (Hg.), 100 Jahre Bibliotheca Hertziana. Max-Planck-Institut für Kunstgeschichte, Bd. 1: Die Geschichte des Instituts 1913–2013, unter Mitarbeit von Marieke von Bernstorff, München 2013.

Wolfgang Uwe Eckart, Friedrich Althoff und die Medizin, in: Bernhard vom Brocke (Hg.), Wissenschaftsgeschichte und Wissenschaftspolitik im Industriezeitalter. Das „System Althoff" in historischer Perspektive (Geschichte von Bildung und Wissenschaft B.5), Hildesheim, 1991, 375–404.

Hermann Ehmer, Anrich, Gustav, in: RGG 4. Aufl., online [letzter Zugriff: 29.07.2019].

Reinhard Elze, Das Deutsche Historische Institut 1888–1988, in: Ders./Arnold Esch (Hg.), Das Deutsche Historische Institut in Rom 1888–1988 (BDHIR 70), Tübingen 1990, 1–31.

Michael Embach, Michael Felix Korum (1881–1921), in: Bernhard Schneider/Martin Persch (Hg.), Beharrung und Erneuerung. 1881–1981, Geschichte des Bistums Trier Bd. 5 (VBAT 39), Trier 2004, 37–47.

Michael Engel, Geschichte Dahlems, Berlin 1984.

Karen Engelken, König, Eduard, in: BBKL IV (1992), 264–279.

Elizza Erbstößer, Kaiserin Auguste Victoria (1858–1921). Versuch einer Biographie, Frankfurt a.M. 2008.

Karl Dietrich Erdmann, Ökumene der Historiker. Geschichte der Internationalen Historikerkongresse und des Comité International des Sciences Historiques (AAWG.PH 3,158), Göttingen 1987.

Ingeborg Esenwein-Rothe, Wilhelm Lexis. Demograph und Nationalökonom (1837–1914) (ErF.A 57), Erlangen 1991.

Günter Eßer, Die Alt-Katholischen Kirchen. Die Kirchen der Gegenwart 5 (BenshH 116), Göttingen 2016.

Bernhard Fabian, Die Reform des preußisch-deutschen Bibliothekswesens in der Ära Althoff: Fortschritt oder Weichenstellung in eine Sackgasse?, in: Bernhard vom Brocke (Hg.), Wissenschaftsgeschichte und Wissenschaftspolitik im Industriezeitalter. Das „System Althoff" in historischer Perspektive (Geschichte von Bildung und Wissenschaft B.5), Hildesheim 1991, 425–441.

Bernhard Fabian (Hg.), Adolf von Harnack. Wissenschaftspolitische Reden und Aufsätze, Hildesheim/Zürich/New York 2001.

Isobel Falconer, Thomson, Sir Joseph John, in: ODNB 2004, online: https://doi.org/10.1093/ref:odnb/36506, 2004/11 [letzter Zugriff: 27.11.2023].

Heiner Fandrich, Carl Stange – Theologe und Wissenschaftsorganisator: personelle und institutionelle Verbindungen deutscher und nordeuropäischer Lutherrenaissance (LKGG 31), Gütersloh 2022.

Georgios Fautouros, Mabillon, Jean, in: BBKL V (1993), 511–514.

Heiner Faulenbach (Hg.), Album Professorum der Evangelisch-Theologischen Fakultät der Universität Bonn, 1818–1933 (Academia Bonnensia, Veröffentlichungen des Archivs der Rheinischen Friedrich-Wilhelms-Universität zu Bonn 10), Bonn 1995.

Heiner Faulenbach, Zum geistigen Wurzelboden des Evangelisch-Theologischen Studienhauses Adolf Clarenbach, in: Karl Heinz zur Mühlen/André Ritter (Hg.), 100 Jahre Evangelisch-theologisches Studienhaus Adolf Clarenbach. 1897–1997 (SVRKG 125), Köln/Bonn 1997, 11–44.

Heiner Faulenbach, Die Evangelisch-Theologische Fakultät Bonn. Sechs Jahrzehnte aus ihrer Geschichte seit 1945, Bonn 2009.

Michael F. Feldkamp, Pius XI. und Paul Fridolin Kehr. Begegnung zweier Gelehrter, in: AHP 32 (1994), 293–327.

Giovanna Caterina de Feo, Note su Alfredo Strohl-Fern „artista pittore", in: Dies. (Hg.), Alfred Wilhelm Strohl-Fern. Atti di convegno presso l'Istituto Svizzero di Roma, 28 novembre 2007, Vetralla 2010, 13–28.

Gerd Fesser, Reichskanzler Bernhard Fürst von Bülow, Berlin 1991.

Ragnhild Fiebig-von Hase, Die politische Funktionalisierung der Kultur. Der sogenannte „deutsch-amerikanische" Professorenaustausch von 1904–1914, in: Dies./Jürgen Heideking (Hg.), Zwei Wege in die Moderne: Aspekte der deutsch-amerikanischen Beziehungen 1900–1918 (Mosaic 2), Trier 1998, 45–88.

Gabriel Finkelstein, Emil du Bois-Reymond. Neuroscience, Self, and Society in Nineteenth-Century Germany, Cambridge (MA) 2013.

Carlo M. Fiorentino, Gotti, Girolamo Maria, in: DBI 58 (2002), online: http://www.treccani.it/enciclopedia/girolamo-maria-gotti_(Dizionario-Biografico)/ [letzter Zugriff: 07.09.2020].

Hermann Fischer/Friedrich Wilhelm Graf, Protestantismus, in: TRE 27 (1997), 542–580.

Karl-Heinz Fix, Schubert, Hans, in: RGG 4. Aufl., online [letzter Zugriff: 05.11.2019].

Sören Flachowsky, „Zeughaus für die Schwerter des Geistes". Die Deutsche Bücherei in Leipzig 1912–1945, Göttingen 2018.

Gisela Fleckenstein, Waal, Anton de, in: BBKL XIII (1998), 123–125.

Christoph Flegel, Kawerau, Gustav, in: BBKL III (1992), 1268–1271.

Stefan Flesch, Ludwig Weber, in: Internetportal Rheinische Geschichte, online: https://www.rheinische-geschichte.lvr.de/Per soenlichkeiten/ludwig-weber/DE-2086/lido/57c833ac8c4c01. 46671070 [letzter Zugriff: 22.05.2023].

Katharina Franz, Ada Weinel geb. Thoenes. Eine Lebensgeschichte aus den Anfängen von Frauenbildung und Reformpädagogik, Rudolstadt/Jena 1998.

August Franzen, Die Katholisch-Theologische Fakultät Bonn im Streit um das Erste Vatikanische Konzil. Zugleich ein Beitrag zur Entstehungsgeschichte des Altkatholizismus am Niederrhein, Köln/Wien 1974.

Frauenforschungsprojekt zur Geschichte der Theologinnen, Göttingen, „Darum wagt es, Schwestern…" Zur Geschichte evangelischer Theologinnen in Deutschland, Neukirchen-Vluyn 1994.
Christian H. Freitag, Die Entwicklung der Amerikastudien in Berlin bis 1945 unter Berücksichtigung der Amerikaarbeit staatlicher und privater Organisationen. Inaugural-Dissertation, Berlin 1977.
Ansgar Frenken, Grauert, Hermann, in: BBKL XXX (2009), 518–522.
Ansgar Frenken, Petrus von Ailly, in: BBKL VII (1994), 320–324.
Marco Frenschkowski, Mani, in: BBKL V (1993), 669–680.
Marco Frenschkowski, Tertullian, in: BBKL XI (1996), 695–720.
Marco Frenschkowski, Wellhausen, Julius, in: BBKL XIII (1998), 716–727.
Marco Frenschkowski, Heinrici, Bousset, Harnack. Bewertungsdiskurse religionsgeschichtlicher Beziehungen Anfang des 20. und Anfang des 21. Jahrhunderts, mit einem Blick auf die Geschichte der Theologischen Fakultät Leipzig, in: Ders./Lena Seehausen (Hg.), Im Gespräch mit C.F. Georg Heinrici. Beiträge zwischen Theologie und Religionswissenschaft, Tübingen 2021, 71–129.
Matthias Freudenberg, Herzog, Johann Jakob, in: BBKL XIX (2001), 674–691.
Andreas Freye, Emil Kautzsch (1841–1910). Alttestamentler und Orientalist (BEATAJ 62), Berlin 2018.
Martin Friedrich, Nippold, Friedrich, in: BBKL VI (1993), 950–952.
Martin Friedrich, Die Religion im Erziehungsprogramm Hinzpeters, in: Stefan Samerski (Hg.), Wilhelm II. und die Religion. Facetten einer Persönlichkeit und ihres Umfelds (FBPG.B 5), Berlin 2001, 59–90.
Norbert Friedrich, Mumm, Reinhard, in: BBKL VI (1993), 348–352.
Sven Fritz, Houston Stewart Chamberlain. Rassenwahn und Welterlösung. Biographie, Paderborn 2022.
Konrad Fuchs, Spahn, Martin, in: BBKL X (1995), 863f.
Konrad Fuchs, Spahn, Peter, in: BBKL X (1995), 865.
Konrad Fuchs, Stutz, Ulrich, in: BBKL XI (1996), 151f.
Christoph Führ, Die preußischen Schulkonferenzen von 1890 und 1900, in: Peter Baumgart (Hg.), Bildungspolitik in Preußen zur Zeit des Kaiserreichs (Preußen in der Geschichte 1), Stuttgart 1980, 189–223.
Werner Führer, Schäder, Erich, in: BBKL VIII (1994), 1508f.
Horst Fuhrmann, „Sind eben alles Menschen gewesen". Gelehrtenleben im 19. und 20. Jahrhundert. Dargestellt am Beispiel der Monumenta Germaniae Historica. Unter Mitarbeit von Markus Wesche, München 1996.
Manfred Gailus, Protestantismus und Nationalsozialismus. Studien zur nationalsozialistischen Durchdringung des protestantischen Sozialmilieus in Berlin (Industrielle Welt 61), Köln/Weimar/Wien 2001.
Irmfried Garbe/Tilman Beyrich/Thomas Willi (Hg.), Greifswalder theologische Profile. Bausteine zur Geschichte der Theologie an der Universität Greifswald (GTF 12), Frankfurt a.M. 2006.
Irmfried Garbe, Die Entstehung des Theologischen Studienhauses Greifswald. Zugleich ein Kapitel zur Genese der Kirchlichen Hochschulen, in: Dies./Tilman Beyrich/Thomas Willi (Hg.), Greifswalder theologische Profile. Bausteine zur Geschichte der Theologie an der Universität Greifswald (GTF 12), Frankfurt a.M. 2006, 149–183.
Michael Garleff, Die Baltischen Länder Estland, Lettland, Litauen vom Mittelalter bis zur Gegenwart (Ost- und Südosteuropa Geschichte der Länder und Völker), Regensburg 2001.
Erwin Gatz, Die Vorverhandlungen zur Gründung der katholisch-theologischen Fakultät an der Universität Straßburg, in: RQ 77 (1982), 86–129.
Erwin Gatz, Das Römische Institut der Görres-Gesellschaft 1888–1988, in: Festschrift zum einhundertjährigen Bestehen der Römischen Quartalschrift und des Römischen Instituts der Görres-Gesellschaft, Bd. 1 (RQ 83), Rom/Freiburg/Wien 1988, 1–18.

Erwin Gatz (Hg.), Die Bischöfe der deutschsprachigen Länder. 1785/1803 bis 1945. Ein biographisches Lexikon, Berlin 2002.

Hacik Rafi Gazer, Adolf von Harnack und die Armenier. Betrachtungen zu einem wissenschaftlichen Austausch um die Jahrhundertwende, in: Armeni syn die menschen genant... Eine Kulturbegegnung in der Staatsbibliothek. Begleitband zur Ausstellung, 16. März – 19. April 2000, hg. von Meliné Pehlivanian, Berlin 2000, 173–200.

Hacik Rafi Gazer, Der Briefwechsel zwischen Adolf von Harnack und Armenischen Theologen, in: Martin Tamcke (Hg.), Blicke gen Osten. Festschrift für Friedrich Heyer zum 95. Geburtstag (SOKG 30), Münster 2004, 347–371.

Winfried Gebhardt, Naumann, Friedrich, in: BBKL VI (1993), 504–506.

Albrecht Geck (Hg.), Autorität und Glaube. Edward Bouverie Pusey und Friedrich August Gotttreu Tholuck im Briefwechsel (1825–1865), Göttingen 2009.

Daniel Geese, Die Aehnlichkeit der beiden Meister. Ferdinand Christian Baur und Adolf von Harnack, in: Martin Bauspieß/Christof Landmesser/David Lincicum (Hg.), Ferdinand Christian Baur und die Geschichte des frühen Christentums (WUNT 333), Tübingen 2014, 387–404.

Josef Gelmi, Rampolla del Tindaro, Mariano, in: LThK, 3. Aufl., Bd. VIII, Freiburg i.Br./Basel/Rom 1999, 823.

Generalverwaltung der MPG (Hg.), 50 Jahre Kaiser-Wilhelm-Gesellschaft und Max-Planck-Gesellschaft zur Förderung der Wissenschaften, 1911–1961. Beiträge und Dokumente, Göttingen 1961.

Pierangelo Gentile, Savoia, Elena di, in: DBI 91 (2018), online: https://www.treccani.it/enciclopedia/elena-di-savoia_%28Dizionario-Biografico%29/ [letzter Zugriff: 16.12.2020].

Dominik Geppert, Glanz und Elend der Hohenzollern (1900–1918), in: Ders. (Hg.), Preußens Rhein-Universität 1818–1918. Geschichte der Universität Bonn, Bd. 1, Göttingen 2018, 371–523.

Albrecht Gerber, Deissmann the Philologist (BZNW 171), Berlin/New York 2010.

Simon Gerber, Über die evangelisch-theologische Fakultät an der Universität Breslau, in: Jahrbuch für Schlesische Kirchengeschichte 97/98 (2018/19), 7–34.

Robert Gerwin, 75 Jahre Max-Planck-Gesellschaft. Ein Kapitel deutscher Forschungsgeschichte. Teil 1: Gründungsgeschichte und erste Aufbauphase der Kaiser-Wilhelm-Gesellschaft, in: Naturwissenschaftliche Rundschau 39 (1986), 1–10.

Dietfried Gewalt, Köhler, Walther, in: BBKL IV (1992), 255–258.

Carl-Friedrich Geyer, Marcion von Sinope, in: BBKL V (1993), 777–779.

Dietrich Geyer, Das russische Imperium. Von den Romanows bis zum Ende der Sowjetunion, hg. von Jörg Baberowski und Rainer Lindner, Berlin/Boston 2020.

Edith Glaser, Weder Eigendynamik noch Erfolgsgeschichte. Der Beitrag der Frauenbewegung zur Bildungsreform im frühen 20. Jahrhundert, in: Claudia Crotti/Fritz Osterwalder (Hg.), Das Jahrhundert der Schulreformen. Internationale und nationale Perspektiven. 1900–1950 (Prisma 9), Bern/Stuttgart/Wien 2008, 63–81.

Garland Wayne Glick, The Reality of Cchristianity. A Study of Adolf von Harnack as Historian and Theologian, New York 1967.

Helmut Glück, Die preußisch-polnische Sprachenpolitik. Eine Studie zur Theorie und Methodologie der Forschung über Sprachenpolitik, Sprachbewußtsein und Sozialgeschichte am Beispiel der preußisch-deutschen Politik gegenüber der polnischen Minderheit vor 1914, Hamburg 1979.

Robert Godding u.a., De Rosweyde aux Acta Sanctorum. La recherche hagiographique des Bollandistes à travers quatre siècles. Van Rosweyde tot de Acta Sanctorum. Actes du colloque international. Bruxelles, 5 octobre 2007 (SHG 88), Brüssel 2009.

Klaus Goebel, V.11 Die Auseinandersetzung um die konfessionelle Schule und das preußische Volksschulunterhaltungsgesetz von 1906, in: Joachim Rogge/Gerhard Ruhbach (Hg.), Die Geschichte der Evangelischen Kirche der Union, Bd. 2: Die Verselbständigung der Kirche unter dem königlichen Summepiskopat (1850–1918), Leipzig 1994, 373–383.

Walter Göbell, Kaftan, Theodor, in: BLSHL, Bd. 7, Neumünster 1985, 108–110.

Walter Göbell, Kaftan, Julius, in: TRE XVII (1988), 518–521.

Walter Göbell, Kaftan, Theodor, in: TRE XVII (1988), 521–523.

J.F. Gerhard Goeters, Bonn, in: TRE VII (1981), 75–79.

Margit Göttert, Victoria und die deutsche Frauenbewegung, in: Rainer von Hessen (Hg.), Victoria Kaiserin Friedrich. Mission und Schicksal einer englischen Prinzessin in Deutschland, Frankfurt a.M./New York 2002, 94–113.

Franz Götting/Rupprecht Leppla (Hg.), Geschichte der Nassauischen Landesbibliothek zu Wiesbaden und der mit ihr verbundenen Anstalten. 1813–1914. Festschrift zur 150-Jahrfeier der Bibliothek am 12. Oktober 1963 (VHKN 15), Wiesbaden 1963.

Hermann Goldbrunner, Von der Casa Tarpea zur Via Aurelia Antica. Zur Geschichte der Bibliothek des Deutschen Historischen Instituts in Rom, in: Reinhard Elze/Arnold Esch (Hg.), Das Deutsche Historische Institut in Rom 1888–1988 (BDHIR 70), Tübingen 1990, 33–86.

Ralf Golling, Das ehemalige Institutum Judaicum in Berlin und seine Bibliothek (Schriftenreihe der Universitätsbibliothek der Humboldt-Universität zu Berlin 57), Berlin 1993.

Ralf Golling/Peter von der Osten-Sacken (Hg.), Hermann L. Strack und das Institutum Judaicum in Berlin. Mit einem Anhang über das Institut Kirche und Judentum (SKI 17), Berlin 1996.

Ingeborg Goltdammer, Paul Hinneberg und die Deutsche Literaturzeitung 1880 bis 1900. Ein Beitrag zur Wissenschaftsgeschichte in Deutschland, Humboldt-Universität Diss., Berlin 1966.

Constantin Goschler, Rudolf Virchow. Mediziner – Anthropologe – Politiker, 3. überarbeitete und ergänzte Aufl., Köln 2021.

Jolanda Gräßel-Farnbauer, Die Gleichstellung von Frauen im Pfarramt. Der Weg zur geistlichen und rechtlichen Gleichheit von Theologinnen in Hessen-Nassau 1918 bis 1971 (AKThG 60), Leipzig 2025.

Friedrich Wilhelm Graf, Licentiatus theologiae und Habilitation, in: Troeltsch-Studien. Untersuchungen zur Biographie und Werkgeschichte. Mit den unveröffentlichten Promotionsthesen der „Kleinen Göttinger Fakultät“ 1888–1893, Bd. 1, hg. von Horst Renz und Friedrich Wilhelm Graf, Gütersloh 1982, 78–102.

Friedrich Wilhelm Graf, Profile: Spuren in Bonn, in: Troeltsch-Studien. Untersuchungen zur Biographie und Werkgeschichte. Mit den unveröffentlichten Promotionsthesen der „Kleinen Göttinger Fakultät“ 1888–1893, Bd. 1, hg. von Horst Renz und Friedrich Wilhelm Graf, Gütersloh 1982, 103–131.

Friedrich Wilhelm Graf, Kulturprotestantismus, in: TRE XX (1990), 230–243.

Friedrich Wilhelm Graf, Kulturprotestantismus. Zur Begriffsgeschichte einer theologiegeschichtlichen Chiffre, in: Hans Martin Müller (Hg.), Kulturprotestantismus. Beiträge zu einer Gestalt des modernen Christentums, Gütersloh 1992, 21–77.

Friedrich Wilhelm Graf, Protestantische Theologie in der Gesellschaft des Kaiserreichs, in: Ders. (Hg.), Profile des neuzeitlichen Protestantismus, Bd. 2,1: Kaiserreich, Gütersloh 1992, 12–117.

Friedrich Wilhelm Graf, Rade, Paul Martin, in: BBKL VII (1994), 1195–1223.

Friedrich Wilhelm Graf, Sieffert, Anton, in: BBKL X (1995), 59–100.

Friedrich Wilhelm Graf, Simons, Eduard, in: BBKL IX (1995), 432–476.

Friederich Wilhelm Graf, Scholz, Hermann, in: BBKL IX (1995), 687–747.

Friedrich Wilhelm Graf, Der Nachlaß Heinrich Weinels, in: ZKG 107 (1996), 201–231.

Friedrich Wilhelm Graf, Adolf Harnack zum „Fall Althoff“. Zwei unbekannt Briefe aus dem Dezember 1901, in: JbUG 1 (1998), 177–204.

Friedrich Wilhelm Graf, Reinhold Seeberg, in: Wolf-Dieter Hauschild (Hg.), Profile des Luthertums. Biographien zum 20. Jahrhundert, Gütersloh 1998, 617–676.

Friedrich Wilhelm Graf/Klaus Tanner, Lutherischer Sozialidealismus. Reinhold Seeberg 1859–1935, in: Friedrich Wilhelm Graf (Hg.), Profile des neuzeitlichen Protestantismus, Bd. 2,2: Kaiserreich, Gütersloh 1993, 354–397.

Friedrich Wilhelm Graf, Der „Kant der Kirchengeschichte" und der „Philosoph des Protestantismus". Adolf von Harnacks Kant-Rezeption und seine Beziehungen zu den philosophischen Neukantianern, in: Kurt Nowak u.a. (Hg.), Adolf von Harnack. Christentum, Wissenschaft und Gesellschaft (VMPIG 204), Göttingen 2003, 113–142.

Friedrich Wilhelm Graf, Rothe, Richard, in: NDB 22 (2005), 119f., online: https://www.deutsche-biographie.de/118603205.html#ndbcontent [letzter Zugriff: 04.10.2023].

Friedrich Wilhelm Graf, Scheel, Otto, in: NDB 22 (2005), 606f., online: https://www.deutsche-biographie.de/117184470.html#ndbcontent [letzter Zugriff: 17.12.2019].

Friedrich Wilhelm Graf, Konservativer Kulturlutheraner. Ein Lebensbild Reinhold Seebergs, in: Ders. (Hg.), Der heilige Zeitgeist. Studien zur Ideengeschichte der protestantischen Theologie in der Weimarer Republik, Tübingen 2011, 211–263.

Friedrich Wilhelm Graf, Cremer, Hermann, in: RGG 4. Aufl., online [letzter Zugriff: 31.07.2019].

Friedrich Wilhelm Graf, Reuter, Hermann, in: RGG 4. Aufl., online [letzter Zugriff: 07.11.2019].

Friedrich Wilhelm Graf, Nur wenig Licht aus Ost-Berlin. Über Adolf Deißmann und die wissenschaftliche Theologie, am Beispiel eines Sammelbandes, in: ThR 87 (2022), 238–314.

Friedrich Wilhelm Graf, Ernst Troeltsch. Theologe im Welthorizont. Eine Biographie, München 2022.

Christine Maria Grafinger, Der deutsche Jesuit Franz Ehrle als Präfekt, in: Andreas Sohn/Jacques Verger (Hg.), Franz Kardinal Ehrle (1845–1934). Jesuit, Historiker und Präfekt der Vatikanischen Bibliothek. Akten der Tagung in Rom (19.–20. Februar 2015) (CEFR 551), Rom 2018, 125–146.

Martin Grandjean, Introduction to Social Network Analysis. Basics and Historical Specificities, 30.06.2021, online: https://zenodo.org/record/5083036 [letzter Zugriff: 13.07.2023].

Conrad Grau, Die Berliner Akademie der Wissenschaften in der Zeit des Imperialismus. Teil 1: Von den neunziger Jahren des 19. Jahrhunderts bis zur Großen Sozialistischen Oktoberrevolution (Studien zur Geschichte der Akademie der Wissenschaften der DDR 2/1), Berlin 1975.

Conrad Grau, Die Preußische Akademie der Wissenschaften zu Berlin. Eine deutsche Gelehrtengesellschaft in drei Jahrhunderten, Heidelberg/Berlin/Oxford 1993.

Alexander Greguletz, Der Beitrag Friedrich Althoffs zur Entwicklung des preußisch-deutschen Bibliothekswesens, in: ZfB 95 (1981), 137–145.

Egon Johannes Greipl, Die Bestände des Archivs der Münchner Nuntiatur in der Zeit von 1877 bis 1904, in: RQ 78 (1983), 192–269.

Nicholas Griffin, Pattison, Andrew Seth Pringle, in: ODNB 2004, online: https://doi.org/10.1093/ref:odnb/35415 [letzter Zugriff: 27.11.2023].

Johannes Grohe, Merry del Val, Rafael, Kardinal, in: BBKL V (1993), 1331–1333.

Carola Groppe, Im deutschen Kaiserreich. Eine Bildungsgeschichte des Bürgertums 1871–1918, Wien/Köln/Weimar 2018.

Dominik Groß, Friedrich Louis Hesse – der erste zahnärztliche Ordinarius, in: Zahnärztliche Mitteilungen 107 (2017), 72–73.

Paul Arnold Grun, Schlüssel zu alten und neuen Abkürzungen. Wörterbuch lateinischer und deutscher Abkürzungen des späten MA und der Neuzeit mit historischer und systematischer Einführung (Grundriss der Genealogie 6), Limburg/Lahn 1966.

Herbert Grundmann, Monumenta Germaniae Historica 1819–1969, München 1969.

Pascale Gruson, Entre la crise moderniste et les exigences de la modernité. Quelques questions posées par la réception de „L'essence du Christianisme" en France, in: Kurt Nowak/Otto Gerhard Oexle (Hg.), Adolf von Harnack. Theologe, Historiker, Wissenschaftspolitiker (VMPIG 161), Göttingen 2001, 319–340.

Cordula Gumbrecht, Acta Turfanica. Die deutschen Turfan-Expeditionen gesehen in den Archiven von Urumchi und Berlin. Inaugural-Dissertation zur Erlangung des Doktorgrades am Fachbereich Geschichts- und Kulturwissenschaften der Freien Universität Berlin, Berlin 2002.

Cordula Gumbrecht, Chinese Passports for the German Turfan Expeditions, in: Desmond Durkin-Meisterernst u.a. (Hg.), Turfan Revisited – The First Century of Research into the Arts and Cultures of the Silk Roads (Monographien zur indischen Archäologie, Kunst und Philologie 17), Berlin 2004, 111–120.

Horst Gundlach, Wilhelm Windelband und die Psychologie. Das Fach Philosophie und die Wissenschaft Psychologie im Deutschen Kaiserreich, Heidelberg 2017.

Maibritt Gustrau, Orientalen oder Christen? Orientalisches Christentum in Reiseberichten deutscher Theologen (KKR 66), Göttingen 2016.

Reimund Haas, Rez.: Norbert Trippen: Theologie und Lehramt im Konflikt, in: ZKG 89 (1978), 244–247.

Alexandra Habermann/Rainer Klemmt/Frauke Siefkes, Lexikon deutscher wissenschaftlicher Bibliothekare 1925–1980 (ZfBB.S 24), Frankfurt a.M. 1985.

Achim Thomas Hack, Patrizi De'Piccolomini, Agostino, in: BBKL XVIII (2001), 1120–1130.

Peter Häger, Sein einziges Motiv ist der Haß gegen den Orden und die katholische Kirche. Der Fall des Kirchenkritikers Paul von Hoensbroech (1852–1923) im Urteil seiner Familie und des Jesuitenordens, in: AHVNRh 208 (2005), 267–326.

Stuart George Hall u.a., Theologiestudium, in: TRE XXXIII (2002), 349–364.

Ernest Hamburger, Juden im öffentlichen Leben Deutschlands. Regierungsmitglieder, Beamte und Parlamentarier in der monarchischen Zeit 1848–1918, Tübingen 1968.

Konrad Hammann, Hermann Gunkel. Eine Biographie, Tübingen 2014.

Christian Hannick, Cyrillus und Methodius, in: TRE VIII (1981), 266–270.

Franciscus Hanus, Die Preußische Vatikangesandtschaft. 1747–1920, München 1954.

Axel von Harnack, Ernst von Harnack 1888–1945. Ein Kämpfer für Deutschlands Zukunft, Schwenningen 1951.

Axel von Harnack, Hans Delbrück als Historiker und Politiker, in: Die Neue Rundschau 63 (1952), 408–426.

Gustav-Adolf von Harnack (Hg.), Ernst von Harnack. Jahre des Widerstands 1932–1945, Pfullingen 1989.

Negley Harte, The University of London. 1836–1986. An Illustrated History, London/Atlantic Highlands 1986.

Negley Harte/John North/Georgina Brewis, The World of UCL, London 2018.

Fritz Hartung, Das persönliche Regiment Kaiser Wilhelms II. (SDAW 3), Berlin 1952.

Benjamin Hasselhorn, Politische Theologie Wilhelms II. (Quellen und Forschungen zur Brandenburgischen und Preußischen Geschichte 44), Berlin 2012.

Benjamin Hasselhorn/Christian Kleinert (Hg.), Johannes Haller (1865–1947). Briefe eines Historikers (DGQNJ 71), München 2014.

Benjamin Hasselhorn, Johannes Haller. Eine politische Gelehrtenbiographie, Göttingen 2015.

Friedrich Hauck, Briefe Adolf Harnacks an Theodor Zahn, in: ThLZ 77 (1952), 497–502.

Karl Hausberger, Renz, Franz Seraph, in: BBKL VIII (1994), 51–53.

Karl Hausberger, Sdralek, Max, in: BBKL IX (1995), 1264–1267.

Eberhard Hauschildt, Peabody, Francis Greenwood, in: BBKL VII (1994), 120–122.

Eberhard Hauschildt u.a., Die Evangelisch-Theologische Fakultät, in: Thomas P. Becker/Philip Rosin (Hg.), Die Buchwissenschaften (Geschichte der Universität Bonn 3), Göttingen/Bonn 2018.

Jörg Haustein, Heinrich Boehmer (1869–1927), in: Reinhard Schmidt-Rost/Stephan Bitter/Martin Dutzmann (Hg.), Theologie als Vermittlung. Bonner evangelische Theologen des 19. Jahrhunderts im Porträt (Arbeiten zur Theologiegeschichte 6), Rheinbach 2003, 213–220.

Joanna Hawke, Sanday, William, in: ODNB 2004, online: https://doi.org/10.1093/ref:odnb/35931 [letzter Zugriff: 26.11.2023].

Eduard Hegel, Geschichte der Katholisch-Theologischen Fakultät Münster 1773–1964 (MBT 30,2), Bd. 2, Münster 1971.

Stefan Heid/Chiara Cesarini, Appendici III. Materiali archivistici di Giuseppe Wilpert a Roma, in: Stefan Heid (Hg.), Giuseppe Wilpert. Archeologo cristiano. Atti del Convegno (Roma, 16–19 maggio 2007) (SSAC 22), Vatikanstadt 2009, 537–648.

Stefan Heid, Paul Maria Baumgarten, in: Ders./Martin Dennert (Hg.), Personenlexikon zur Christlichen Archäologie. Forscher und Persönlichkeiten vom 16. bis zum 21. Jahrhundert, Bd. 1, Regensburg 2012, 135–137.

Stefan Heid, Joseph/Giuseppe Wilpert, in: Ders./Martin Dennert, Personenlexikon zur Christlichen Archäologie. Forscher und Persönlichkeiten vom 16. bis zum 21. Jahrhundert, Bd. 2, Regensburg 2012, 1323–1325.

Georg Heidbrink, Zöckler, Otto, in: BBKL XXVII (2007), 1588–1594.

Martin Hein, Wilhelminischer Protestantismus. Der Zusammenhang von Politik, Kirche und Theologie an der Wende zum 20. Jahrhundert, in: Ders., Weichenstellungen der evangelischen Kirche im 19. und 20. Jahrhundert. Beiträge zur Kirchengeschichte und Kirchenordnung (AKG 109), Berlin/New York 2009, 35–52.

Guido Heinrich, Bornemann, Wilhelm, 30.04.2007, online: https://mbl.ub.ovgu.de/Biografien/1796.htm [letzter Zugriff: 29.01.2025].

Werner Heinrichs, Die Moderne. Bilanz einer Epoche, Konstanz/München 2017.

Hans Heinz, Pius II., in: BBKL VII (1994), 659–661.

Eckart Henning, Althoffs Vermächtnis für Dahlem. Zur Erschließung des Domänenlands für Staatsbauten nach einem unveröffentlichen Plan vom 3. März 1908, in: Domäne Dahlem. Aus Landgut und Museum 3 (1988), 2–12.

Eckart Henning/Marion Kazemi, Bibliotheca Hertziana der Kaiser-Wilhelm-Gesellschaft/Kaiser-Wilhelm-Institut für Kunst- und Kulturwissenschaft/Bibliotheca Hertziana – Max-Planck-Institut für Kunstgeschichte (Bibliotheca Hertziana – Max Planck Institute for Art History), in: Dies., Handbuch zur Institutsgeschichte der Kaiser-Wilhelm-/Max-Planck-Gesellschaft zur Förderung der Wissenschaften 1911–2011. Daten und Quellen, Teil II/1, Berlin 2016, 142–162.

Heinz-Georg Henning, Arthur Titius. Theologische Wissenschaft und Kirchenpolitik, soziales und ökumenisches Engagement zwischen 1890 und 1936, Phil. Diss., Kassel 2008.

Rainer Hering, Reinhard, Johannes, in: BBKL VII (1994), 1537–1542.

Ulrich Herrmann, Ein unveröffentlichtes Gutachten Wilhelm Diltheys zur Reorganisation des preußischen Kultusministeriums aus dem Jahre 1905, in: NSam 10 (1970), 104–123.

Hans-Georg Herrlitz/Hartmut Titze, Die Studiersucht der armen Leute. Göttinger Denkschriften zur Überfüllung der Universität im 18. und 19. Jahrhundert, in: Hans-Georg Herrlitz/Horst Kern (Hg.), Anfänge Göttinger Sozialwissenschaft. Methoden, Inhalte und soziale Prozesse im 18. und 19. Jahrhundert (Göttinger Universitätsschriften A, 4), Göttingen 1987, 96–126.

Karl Heussi, Geschichte der Theologischen Fakultät zu Jena, Weimar 1954.

Nicolaus C. Heutger, Reuter, Hermann, in: BBKL VIII (1994), 102f.

Nicolaus C. Heutger, Wilpert, Joseph, in: BBKL XIII (1998), 1345f.

Helmut Heyer, Zur Geschichte des Evangelisch-Theologischen Studienhauses Adolf Clarenbach in Bonn 1897–1971, in: Karl Heinz zur Mühlen/André Ritter (Hg.), 100 Jahre Evangelisch-theologisches Studienhaus Adolf Clarenbach 1897–1997 (SVRKG 125), Köln/Bonn 1997, 45–53.

Hans H. Hildebrand/Ernest Henriot, Deutschlands Admirale 1849–1945, 3 Bde, Osnabrück 1988–1990.

Bernd Hildebrandt, Hermann Cremer – Haupt der „Greifswalder Schule", in: Irmfried Garbe/Tilman Beyrich/Thomas Willi (Hg.), Greifswalder theologische Profile. Bausteine zur Geschichte der Theologie an der Universität Greifswald (GTF 12), Frankfurt a.M. 2006, 133–148.

Andreas Hillgruber, Hans Delbrück, in: Hans-Ulrich Wehler (Hg.), Deutsche Historiker, Bd. 4, Göttingen 1972, 40–52.

Michael Hirschfeld, Dingelstad, Hermann, in: BBKL XXV (2005), 294–299.

Jan Höffker, Das Christentumsverständnis Wilhelm Boussets. Evangelische Theologie im Spannungsfeld von Historismus und Rationalismus (FKDG 117), Göttingen 2020.

Jürgen Hönscheid, Ritschl, Otto, in: BBKL VIII (1994), 402–407.

Dieter Hoffmann, Wissenschaft und Bürokratie. Hermann von Helmholtz und Friedrich Althoff im Spiegel ihres Briefwechsels, in: Bernhard vom Brocke (Hg.), Wissenschaftsgeschichte und Wissenschaftspolitik im Industriezeitalter. Das „System Althoff" in historischer Perspektive (Geschichte von Bildung und Wissenschaft B.5), Hildesheim 1991, 245–250.

Godehard Hoffmann, Kaiser Wilhelm II. und der Benediktinerorden, in: ZKG 106 (1995), 363–384.

Boris Hogenmüller, Zwingli, Ulrich, in: BBKL XXXIII (2012), 1585–1600.

Günter Hollenberg, Englisches Interesse am Kaiserreich. Die Attraktivität Preußen-Deutschlands für konservative und liberale Kreise in Großbritannien 1860–1914 (VIEG 70), Wiesbaden 1974.

Martin Hollender, Der Hofarchitekt des Kaisers und der Bibliotheksbau Unter den Linden. Zum 150. Geburtstag von Ernst von Ihne (1848–1917), in: Mitteilungen der Staatsbibliothek zu Berlin 7 (1998), 59–79.

Bo Kristian Holm, Sozial-theoretische Aspekte im Werk Karl Holls exemplifiziert anhand seines Aufsatzes „Luthers Kirchenbegriff" (1915), in: Heinrich Assel (Hg.), Karl Holl. Leben – Werk – Briefe, Tübingen 2021, 413–431.

Walther Holtzmann, Das Deutsche historische Institut in Rom, in: VAFLNW.G 46 (1955), 7–43.

Martin Honecker, Otto Ritschl (1860–1944), in: Reinhardt Schmidt-Rost/Stephan Bitter/Martin Dutzmann (Hg.), Theologie als Vermittlung. Bonner evangelische Theologen des 19. Jahrhunderts im Porträt (Arbeiten zur Theologiegeschichte 6), Rheinbach 2003, 190–196.

Hubert Houben, Tommaso da Gaeta, in: DBI 96 (2019), online: https://www.treccani.it/enciclopedia/tommaso-da-gaeta_(Dizionario-Biografico)/ [letzter Zugriff: 21.06.2024].

Thomas Albert Howard, Protestant Theology and the Making of the Modern German University, Oxford 2006.

Ernst Rudolf Huber, Das persönliche Regiment Wilhelms II., in: ZRGG 3 (1951), 134–148.

Ernst Rudolf Huber, Deutsche Verfassungsgeschichte seit 1789, Bd. IV: Struktur und Krisen des Kaiserreichs, 2. verbesserte und ergänzte Aufl., Stuttgart 1982.

Ernst Rudolf Huber/Wolfgang Huber, Staat und Kirche im 19. und 20. Jahrhundert. Dokumente zur Geschichte des deutschen Staatskirchenrechts, Bd. III: Staat und Kirche von der Beilegung des Kulturkampfes bis zum Ende des Ersten Weltkriegs, Berlin 1983.

Katharina Huber, Burckhardt, Carl, in: Historisches Lexikon der Schweiz (HLS), Version vom 26.03.2003, online: https://hls-dhs-dss.ch/de/articles/005943/2003-03-26/ [letzter Zugriff: 07.09.2023].

Katharina Huber, Burckhardt, Carl Christoph, in: Historisches Lexikon der Schweiz (HLS), Version vom 10.04.2003, online: https://hls-dhs-dss.ch/de/articles/004448/2003-04-10/ [letzter Zugriff: 07.09.2023].

Gangolf Hübinger, Kulturprotestantismus und Politik. Zum Verhältnis von Liberalismus und Protestantismus im wilhelminischen Deutschland, Tübingen 1994.

Gangolf Hübinger, Harnack, Rade und Troeltsch. Wissenschaft und politische Ethik, in: Kurt Nowak/Otto Gerhard Oexle (Hg.), Adolf von Harnack. Theologe, Historiker, Wissenschaftspolitiker (VMPIG 161), Göttingen 2001, 85–102.

Thomas Hübner, Adolf von Harnacks Vorlesungen über das Wesen des Christentums unter besonderer Berücksichtigung der Methodenfragen als sachgemäßer Zugang zu ihrer Christologie und Wirkungsgeschichte (EHS.T 493), Frankfurt a.M. 1994.

Wilhelm Hüffmeier, Der Herrscher, der niemals reif wurde. Kaiser Wilhelm II. Eine Portraitskizze, in: Ders./Jürgen Kampmann (Hg.), Wilhelm II. – Kaiser, König, Kirchenmann. Ein Herrscher, der niemals reif wurde? Im Auftrag der Arbeitsgemeinschaft der EKU-Stiftung für Kirchengeschichtliche Forschung (UnCo 28), Bielefeld 2014, 11–42.

Wilhelm Hüffmeier, Das Engagement Wilhelms II. für das Kloster Stift zum Heiligengrabe, in: Ders./Jürgen Kampmann (Hg.), Wilhelm II. – Kaiser, König, Kirchenmann. Ein Herrscher, der niemals reif wurde? Im Auftrag der Arbeitsgemeinschaft der EKU-Stiftung für Kirchengeschichtliche Forschung (UnCo 28), Bielefeld 2014, 169–189.

Axel C. Hüntelmann, Paul Ehrlich. Leben, Forschung, Ökonomien, Netzwerke, Göttingen 2011.

Herbert Immenkötter, Julius II., in: BBKL III (1992), 392–394.

Zygmunt Iwicki (Hg.), Chronik der Pfarrei Oliva. Angefangen 1904, Danzig 1999.

Manfred Jacobs, Liberale Theologie, in: TRE XXI (1991), 47–68.

Traugott Jähnichen, Seeberg, Reinhold, in: BBKL IX (1995), 1307–1310.

Traugott Jähnichen, Adolf Stoecker (1835–1909). Das zwiespältige Erbe des „politischen Theologen" des Kaiserreichs, in: Michael Häusler/Jürgen Kampmann (Hg.), Protestantismus in Preußen. Lebensbilder aus seiner Geschichte, Bd. 3: Von der Mitte des 19. Jahrhunderts bis zum Ersten Weltkrieg, Frankfurt a.M. 2013, 195–218.

Bruno Jahn, Der Kaiser Friedrich Museumsverein (KFMV) und seine ehemaligen jüdischen Mitglieder/Mitglieder jüdischer Herkunft, Berlin 2018.

Nittert Janssen, Vermittlung theologischer Forschungsergebnisse durch Ferienkurse und das Engagement der „Religionsgeschichtlichen Schule" (1892–1914), in: Alf Özen (Hg.), Historische Wahrheit und theologische Wissenschaft. Gerd Lüdemann zum 50. Geburtstag, Frankfurt a.M./Berlin/Bern 1996, 105–111.

Veronika Janssen, Georg Heinrici und sein familiärer Hintergrund, in: Marco Frenschkowski/Lena Seehausen (Hg.), Im Gespräch mit C.F. Georg Heinrici. Beiträge zwischen Theologie und Religionswissenschaft, Tübingen 2021, 25–44.

Johanna Jantsch, Die Entstehung des Christentums bei Adolf von Harnack und Eduard Meyer (Habelts Dissertationsdrucke 28), Bonn 1990.

Johanna Jantsch(Hg.), Der Briefwechsel zwischen Adolf von Harnack und Martin Rade. Theologie auf dem öffentlichen Markt, Berlin/New York 1996.

Oliver Janz, Bürger besonderer Art. Evangelische Pfarrer in Preußen 1850–1914 (VHKB 87), Berlin/New York 1994.

Bernard Joassart, Hippolyte Delehaye. Hagiographie critique et modernisme (SHG 81), Brüssel 2000.

Klaus Johanning, Der Bibel-Babel-Streit. Eine forschungsgeschichtliche Studie (EHS.T 343), Frankfurt a.M./Bern/New York 1988.

Detlef Joseph (Hg.), Rechtsstaat und Klassenjustiz. Texte aus der sozialdemokratischen „Neuen Zeit" 1883–1914, Freiburg i.Br./Berlin 1996.

Martin H. Jung, Der Protestantismus in Deutschland von 1870 bis 1945 (KGE 3,5), Leipzig 2002.

Ilo Käbin, Die medizinische Forschung und Lehre an der Universität Dorpat/Tartu 1802–1940. Ergebnisse und Bedeutung für die Entwicklung der Medizin (Sydsvenska medicinhistorska sällskapets arsskrift Supplementum 6), Lüneburg 1986.

Jürgen Kahl, National-Zeitung, Berlin (1848–1938), in: Heinz-Dietrich Fischer (Hg.), Deutsche Zeitungen des 17. und 20. Jahrhunderts (Publizistik – Historische Beiträge 2), Pullach 1972, 177–189.

Burkhard Kairies, Zum russischen Spracheinfluss in Bildung und Literatur in Livland im 19. Jahrhundert (Studien zur Slavistik 26), Hamburg 2011.

Jochen-Christoph Kaiser, Bodelschwingh, Friedrich von, in: RGG 4. Aufl., online [letzter Zugriff 04.09.2019].

Christina Kalloch/Stephan Leimgruber/Ulrich Schwab, Lehrbuch der Religionsdidaktik. Für Studium und Praxis in ökumenischer Perspektive (GrTh), Freiburg i.Br. 2009.

Carl-Jürgen Kaltenborn, Kontroverstheologie zur Weltgestaltung. Adolf von Harnacks Berliner Wirksamkeit, in: Günter Wirth (Hg.), Beiträge zur Berliner Kirchengeschichte, Berlin 1987, 197–216.

Claudia Kampmann, Adolf Harnack zur „Frauenfrage". Eine kirchengeschichtliche Studie (AKThG 49), Leipzig 2018.

Claudia Kampmann, Adolf Harnacks Beteiligung an der Schulreform 1900, in: ZKG 129 (2018), 179–218.

Claudia Kampmann, Der Patristiker als Idealtypus des Kirchenhistorikers. Adolf Harnacks Konzeption der Kirchengeschichte im Kontext theologischer Lehrstuhlbesetzungen, in: Dies. u.a. (Hg.), Kirchengeschichte. Historisches Spezialgebiet und/oder theologische Disziplin (Theologie – Kultur – Hermeneutik 28), Leipzig 2020, 243–263.

Claudia Kampmann, Friedrich Althoffs Berufungspraxis in der evangelischen Theologie. Hermann Cremer und Adolf Harnack als Protagonisten des „Systems Althoff", in: ZNThG/JHMTh 28 (2021), 49–81.

Claudia Kampmann, Martin, Marie, in: BBKL XLIX (2024–25), Spalten in Vorbereitung, online [letzter Zugriff: 31.01.2025].

Friedrich Wilhelm Kantzenbach, Harnack, Adolf von (1851–1930), in: TRE XIV (1986), 450–458.

Friedrich Wilhelm Kantzenbach/Joachim Mehlhausen, Neuluthertum, in: TRE XXIV (1994), 327–341.

Grant Kaplan/Kevin M. Vander Schel (Hg.), Oxford History of Modern German Theology, Volume 1: 1781–1848, Oxford 2023, online [letzter Zugriff: 24.07.2023].

Grant Kaplan, The Catholic Tübingen School in Its First Generation, in: Ders./Kevin M. Vander Schel (Hg.), Oxford History of Modern German Theology, Volume 1: 1781–1848, Oxford 2023, 422–438, online: Oxford Academic[letzter Zugriff: 24.07.2023].

Gerhard Karpp, Die Theologische Literaturzeitung. Entstehung und Geschichte einer Rezensionszeitschrift (1876–1975), Köln 1978.

Hanna Kasparick, Apostolikumsstreit und Agendenreform (1892–1895), in: Joachim Rogge/Gerhard Ruhbach (Hg.), Die Geschichte der Evangelischen Kirche der Union, Bd. 2: Die Verselbständigung der Kirche unter dem königlichen Summepiskopat (1850–1918), Leipzig 1994, 318–331.

Hanna Kasparick, Lehrgesetz oder Glaubenszeugnis? Der Kampf um das Apostolikum und seine Auswirkungen auf die Revision der Preußischen Agende (1892–1895) (UnCo 19), Bielefeld 1996.

Thomas Kaufmann. Die Harnacks und die Seebergs. „Nationalprotestantische Mentalitäten" im Spiegel zweier Theologenfamilien, in: Manfred Gailus/Hartmut Lehmann (Hg.), Nationalprotestantische Mentalitäten. Konturen, Entwicklungslinien und Umbrüche eines Weltbildes (VMPIG 214), Göttingen 2005, 165–222.

Donald Keene, Emperor of Japan. Meiji and His World, 1852–1912, New York 2002.

Edgar Kellenberger, Meyer Arnold, in: Historisches Lexikon der Schweiz (HLS), Version vom 02.07.2007, online: https://hls-dhs-dss.ch/de/articles/010754/2007-07-02/ [letzter Zugriff: 29.07.2019].

Edgar Kellenberger, Samuel Oettli, in: Historisches Lexikon der Schweiz (HLS), Version vom 28.07.2010, online: https://hls-dhs-dss.ch/de/articles/010776/2010-07-28/ [letzter Zugriff: 06.05.2020].

Rudolf Keller, Vilmar, August, in: NDB 26 (2017), 814f., online: https://www.deutsche-biographie.de/118627074.html#ndbcontent [letzter Zugriff: 25.03.2020].

Jürgen Kerner, Kamphausen, Adolf, in: BBKL III (1992), 1005–1007.

Christoph Kienemann, Der koloniale Blick gen Osten. Osteuropa im Diskurs des Deutschen Kaiserreiches von 1871, Paderborn 2018.

Klaus Kienzler, Loofs, Friedrich, in: BBKL V (1993), 219–221.

Klaus Kienzler, Ritschl, Albrecht, in: BBKL VII (1994), 396–401.

Bethany Kilcrease, The Great Church Crisis and the End of English Erastianism, 1898–1906 (Routledge Studies in Modern British History 10), Abingdon/New York 2017.

Chun-Shik Kim, Deutscher Kulturimperialismus in China. Deutsches Kolonialschulwesen in Kiautschou (China) 1898–1914 (MGA 8), Wiesbaden 2004.

Wolfram Kinzig, Hans Lietzmann (1875–1942), in: Reinhard Schmidt-Rost/Stephan Bitter/Martin Dutzmann (Hg.), Theologie als Vermittlung. Bonner evangelische Theologen des 19. Jahrhunderts im Porträt (Arbeiten zur Theologiegeschichte 6), Rheinbach 2003, 220–231.

Wolfram Kinzig, Harnack, Marcion und das Judentum. Nebst einer kommentierten Edition des Briefwechsels Adolf von Harnacks mit Houston Stewart Chamberlain (AKThG 13), Leipzig 2004.

Wolfram Kinzig, Der Kaiser und der „Evangelist des Rassismus". Houston Stewart Chamberlains Brief an Anne Guthrie über seine erste Begegnung mit Wilhelm II., in: ZNThG/JHMTh 11 (2004), 79–125.

Wolfram Kinzig, Harnack, Houston Stewart Chamberlain, and the First World War, in: ZNThG/JHMTh 22 (2015), 190–230.

Wolfram Kinzig/Claudia Kampmann (Hg.), Der Briefwechsel zwischen Adolf Harnack und Friedrich Althoff (1886–1908). Kommentierte Edition mit Einleitung, Biogrammen und Registern. Eingeleitet und kommentiert von Claudia Kampmann (DGQNJ 83), Berlin 2025.

Hans-Martin Kirn, Protestantenverein, in: TRE XXVII (1997), 538–542.

Werner Klatt, Hermann Gunkel. Zu seiner Theologie der Religionsgeschichte und zur Entstehung der formgeschichtlichen Methode, Göttingen 1969.

Hans-Josef Klauck, Jülicher, Adolf, in: BBKL III (1992), 772f.

Jonas Klein, „Der Prophet des Staatsgedankens". Hans Delbrück und die „Preußischen Jahrbücher" (1883–1919) (SHKBA 111), Göttingen 2023.

Erich Kleineidam, Die katholisch-theologische Fakultät der Universität Breslau 1811–1945, Köln 1961.

Bernd Klettern, Thomas von Aquin, in: BBKL XI (1996), 1324–1370.

Wolfdietrich von Kloeden, Kattenbusch, Ferdinand, in: BBKL III (1992), 1239–1241.

Wolfdietrich von Kloeden, Kögel, Rudolf, in: BBKL IV (1992), 238–240.

Jürgen Kloosterhuis (Bearb.), Preußisch Dienen und Genießen. Die Lebenszeiterzählung des Ministerialrats Dr. Herbert du Mesnil (1875–1947) (Veröffentlichungen aus den Archiven Preussischer Kulturbesitz 21), Köln/Weimar/Wien 1998.

Sophia Kluge, Baugeschichte im Spannungsfeld von Reform und Tradition. Der Karlsruher Architekt Hans Zippelius (1873–1956), Wien/Köln/Weimar 2020.

Josef-Wilhelm Knoke, Der Unternehmer und Wirtschaftsbürger Henry Theodor von Böttinger 1848–1920. Inaugural-Dissertation zur Erlangung des Doktorgrades durch die Philosophische Fakultät der Heinrich-Heine-Universität Düsseldorf, Düsseldorf 2016, online: https://docserv.uni-duesseldorf.de/servlets/DerivateServlet/Derivate-45534/Dissertation_Knoke_Josef_Wilhelm.pdf [letzter Zugriff: 25.10.2022].

Michael Knüppel, Theodor Bartus (1858–1941) – Anmerkungen zu seinem siebzigsten Todestag, in: Pommern. Zeitschrift für Kultur und Geschichte 4 (2010), 14–18.

Peter Koch, Lexis, Wilhelm, in: NDB 14 (1985), 421f., online: https://www.deutsche-biographie.de/119014874.html#ndbcontent [letzter Zugriff: 05.11.2020].

Huldrych M.F. Koelbing, Emil Du Bois-Reymond, in: Historisches Lexikon der Schweiz (HLS), Version vom 16.04.2004, online: https://hls-dhs-dss.ch/de/articles/014339/2004-04-16/ [letzter Zugriff: 29.10.2019].

Franz Kössler, Personenlexikon von Lehrern des 19. Jahrhunderts. Berufsbiographien aus Schul-Jahresberichten und Schulprogrammen 1825–1918 mit Veröffentlichungsverzeichnissen, Gießen 2008, online: http://geb.uni-giessen.de/geb/volltexte/2008/6106/ [letzter Zugriff: 11.01.2023].

Jürgen Kocka/Wolfgang Neugebauer (Hg.), Die Protokolle des Preußischen Staatsministeriums 1817–1934/38, Bd. 4/II: 30.03.1848–27.10.1858 (Acta Borussica NF 1. Reihe), hg. von der BBAW, bearbeitet von Bärbel Holtz, Hildesheim/Zürich 2003.

Jürgen Kocka/Wolfgang Neugebauer (Hg.), Die Protokolle des Preußischen Staatsministeriums 1817–1934/38, Bd. 7: 08.01.1879–19.03.1890 (Acta Borussica NF 1. Reihe), hg. von der BBAW, bearbeitet von Hartwin Spenkuch, Hildesheim/Zürich/New York 1999.

Jürgen Kocka/Wolfgang Neugebauer (Hg.), Die Protokolle des Preußischen Staatsministeriums 1817–1934/38, Bd. 8/I: 21.03.1890–09.10.1900 (Acta Borussica NF 1. Reihe), hg. von der BBAW, bearbeitet von Hartwin Spenkuch, Hildesheim/Zürich/New York 2003.

Jürgen Kocka/Wolfgang Neugebauer (Hg.), Die Protokolle des Preußischen Staatsministeriums 1817–1934/38, Bd. 8/II: 21.03.1890–09.10.1900 (Acta Borussica NF 1. Reihe), hg. von der BBAW, bearbeitet von Hartwin Spenkuch, Hildesheim/Zürich/New York 2003.

Jürgen Kocka/Wolfgang Neugebauer (Hg.), Die Protokolle des Preußischen Staatsministeriums 1817–1934/38, Bd. 9,23.10.1900–13.07.1909 (Acta Borussica NF 1. Reihe), hg. von der BBAW, bearbeitet von Reinhard Zilch, Hildesheim/Zürich/New York 2001.

Joachim Köhler, Carl Seltmann (1842–1911). Ein Breslauer Domherr als Pionier der Ökumenischen Bewegung, in: ASKG 66 (2008), 101–120.

Ulrich Köpf, Tübinger Schulen, in: TRE XXXIV (2002), 165–171.

Bernhard Körner, Pater Heinrich Denifle, Martin Luther und die Reformation, in: Andreas Sohn/Jacques Verger/Michel Zink (Hg.), Heinrich Denifle (1844–1905). Un savant dominicain entre Graz, Rome et Paris. Ein dominikanischer Gelehrter zwischen Graz, Rom und Paris, Paris 2015, 243–261.

Ingo Kolasa, Der Bibliotheksbau Unter den Linden. Geschichte und Entwicklung, in: Jahrbuch Preußischer Kulturbesitz 32 (1995), 145–204.

Florian Kolbinger, Im Schleppseil Europas? Das russische Seminar für römisches Recht bei der juristischen Fakultät der Universität Berlin in den Jahren 1887–1896 (Studien zur europäischen Rechtsgeschichte 173), Frankfurt a.M. 2004.

Dietrich Korsch, Lutherisch-nationale Gewissensreligion. Karl Holl (1866–1926), in: Friedrich Wilhelm Graf (Hg.), Profile des neuzeitlichen Protestantismus, Bd. 2,2: Kaiserreich, Gütersloh 1993, 336–353.

Rudolf Korth, Die preußische Schulpolitik und die polnischen Schulstreiks. Ein Beitrag zur preußischen Polenpolitik der Ära Bülow (Marburger Ostforschungen 23), Würzburg 1963.

Michael Korthaus, Martin Kähler (1835–1912). Theologe und Christ, in: Michael Häusler/Jürgen Kampmann (Hg.), Protestantismus in Preußen. Lebensbilder aus seiner Geschichte, Bd. 3: Von der Mitte des 19. Jahrhunderts bis zum Ersten Weltkrieg, Frankfurt a.M. 2013, 219–239.

Erkki Ilmarie Kouri, Der deutsche Protestantismus und die soziale Frage, 1870–1919. Zur Sozialpolitik im Bildungsbürgertum (AKG 55), Berlin/New York 1984.

Rolf Kramer, Kölnische Volkszeitung (1860–1941), in: Heinz-Dietrich Fischer (Hg.), Deutsche Zeitungen des 17. bis 20. Jahrhunderts (Publizistik – Historische Beiträge 2), Pullach 1972, 257–267.

Sebastian Kranich, Die Sächsische Evangelisch-Soziale Vereinigung. Von der Gründung 1903 bis zum Beginn des Ersten Weltkrieges 1914. Eine historisch-systematische Studie (RKM 13), Gütersloh 2006.

Reinhard G. Kratz, Wellhausen, Julius (1844–1918), in: TRE XXXV (2003), 527–536.
Margret Kraul, 3. Höhere Mädchenschulen, in: Christa Berg (Hg.), Handbuch der deutschen Bildungsgeschichte. 1870–1918. Von der Reichsgründung bis zum Ende des Ersten Weltkriegs, Bd. 4, München 1991, 279–303.
Elisabeth Kraus, Die Familie Mosse. Deutsch-jüdisches Bürgertum im 19. und 20. Jahrhundert, München 1999.
Friedhilde Krause, Adolf von Harnack als Bibliothekar, in: Standpunkt 8 (1980), 162f.
Friedhilde Krause, Baurat Anton Adams und der Neubau der Königlichen Bibliothek zu Berlin, in: ZfB 104 (1989), 312–318; Nachdruck in: Dies., Rund um die Bibliothek. Gesammelte Aufsätze und Studien, Berlin 1998, 78–86.
Friedhilde Krause, Adolf von Harnack als Generaldirektor der Königlichen Bibliothek bzw. der Preußischen Staatsbibliothek zu Berlin, in: SLSB 45 (2001), 145–155.
Friedhilde Krause (Hg.), „Auswählen, Verwalten, Dienen...“. Dienstprotokolle aus der Amtszeit Adolf von Harnacks an der Königlichen Bibliothek/Preußischen Staatsbibliothek 1905 bis 1921 (Beiträge aus der Staatsbibliothek zu Berlin Preußischer Kulturbesitz 12), Berlin 2001.
Gerhard Krause, Achelis, Ernst Christian, in: TRE I (1995), 399–402.
Felix Kraushaar, Aufbruch zu neuen Ufern. Die privatrechtlichen und rechtshistorischen Dissertationen der Berliner Universität im ersten Drittel des 20. Jahrhunderts im Kontext der Rechts- und Fakultätsgeschichte. Zugleich ein Beitrag zur Geschichte des Wirtschaftsrechts (Grundlagen des Rechts 53), Berliner Juristische Universitätsschriften, Berlin 2014.
Andreas Krebs, Langen, Joseph, in: BBKL XXXIII (2012), 764–771.
Christoph Kreutzmüller, Zum Umgang der Kaiser-Wilhelm-Gesellschaft mit Geld und Gut. Immobilientransfers und jüdische Stiftungen 1933–1945 (Forschungsprogramm Geschichte der Kaiser-Wilhelm-Gesellschaft im Nationalsozialismus. Ergebnisse 27), Berlin 2005.
Johannes Kreuzenbeck, Senestrey, Ignatius, in: BBKL XX (2002), 1328–1331.
Klaus-Stefan Krieger, Réville, Jean, in: BBKL VII (1994), 110f.
Margit Ksoll-Marcon, Müller, Karl, in: BBKL VI (1993), 294.
Regina-Bianca Kubitscheck, Grimm, Jacob, in: BBKL XXXVI (2015), 471–481.
Thomas K. Kuhn, Paul Wilhelm Schmiedel, in: Historisches Lexikon der Schweiz, Version vom 21.11.2012, online: https://hls-dhs-dss.ch/de/articles/010830/2012-11-21/ [letzter Zugriff: 14.05.2020].
Thomas K. Kuhn, Paul Wernle, in: Historisches Lexikon der Schweiz, online: https://hls-dhs-dss.ch/de/articles/010912/2016-07-18/ [letzter Zugriff: 07.05.2023].
Frank-Michael Kuhlemann, Das protestantische Milieu auf dem Prüfstand. Anmerkungen zu: Gangolf Hübinger, Kulturprotestantismus und Politik. Zum Verhältnis von Liberalismus und Protestantismus im wilhelminischen Deutschland, Tübingen 1994, in: ZNThG/JHMTh 3 (1996), 303–312.
Wolfgang Kuhoff, Synesios von Kyrene, in: BBKL XXXIX (2018), 1380–1408.
Ernst Kutsch, Budde, Karl, in: RGG 3. Aufl., Bd. 1, Tübingen 1957, 1468f.
Karl Ernst Laage, Theodor Storm. Neue Dokumente, neue Perspektiven. Mit 35 unveröffentlichten Briefen (Husumer Beiträge zur Storm-Forschung 6), Berlin 2007.
Raimund Lachner, Schnitzer, Joseph, in: BBKL IX (1995), 582–588.
Michael La Corte, Emblematik als Teil der profanen Innenraumgestaltung deutscher Schlösser und Herrenhäuser. Vorkommen – Form – Funktion, Göttingen 2019.
Hubert Laitko, Friedrich Althoff und die Wissenschaft in Berlin. Konturen einer Strategie, in: Bernhard vom Brocke (Hg.), Wissenschaftsgeschichte und Wissenschaftspolitik im Industriezeitalter. Das „System Althoff“ in historischer Perspektive (Geschichte von Bildung und Wissenschaft B.5), Hildesheim 1991, 69–85.

Hubert Laitko, „Weltbetrieb der Wissenschaft“. Reflexionen und Streiflichter vom Beginn des deutsch-amerikanischen Professorenaustausches 1905/06, in: Dahlemer Archivgespräche 12 (2006), 44–130.

Peter Landau, Kahl, Wilhelm, in: RGG 4. Aufl., online [letzter Zugriff: 07.11.2019].

Wolfgang Leesch, Die deutschen Archivare 1500–1945. Bd. 2: Biographisches Lexikon, München 1992.

Hartmut Lehmann, „Über vierzig Jahre kamen sie Sonntag für Sonntag, mit ihren Frauen, zusammen“. Adolf von Harnack und Hans Delbrück, in: Kurt Nowak/Otto Gerhard Oexle (Hg.), Adolf von Harnack. Theologe, Historiker, Wissenschaftspolitiker (VMPIG 161), Göttingen 2001, 71–84.

Reinhard G. Lehmann, Friedrich Delitzsch und der Babel-Bibel-Streit (OBO 133), Freiburg (CH)/Göttingen 1994.

Tomas Lehmann/Christoph Markschies, Christliche Archäologie und Christliches Museum an der Humboldt-Universität zu Berlin, in: Sabine Schrenk/Ute Verstegen (Hg.), Forschungsgeschichte als Aufbruch. Beiträge zur Geschichte der Christlichen Archäologie und Byzantinischen Kunstgeschichte, XXIV. Tagung der Arbeitsgemeinschaft Christliche Archäologie, Heideberg 2022, 17–44.

Hans H. Lembke, Leopold Koppel. Investor und Wissenschaftsmäzen. Einfluss und Macht eines Financiers im Hintergrund (1854–1933), Wiesbaden 2020.

Claudia Lepp, Protestantisch-liberaler Aufbruch in die Moderne. Der deutsche Protestantenverein in der Zeit der Reichsgründung des Kulturkampfes (RKM 3), Gütersloh 1996.

Otto Lerche, Verzeichnis der Mitglieder und wissenschaftlichen Mitarbeiter des Evangelischen Oberkirchenrats 1850–1950, in: Oskar Söhngen (Hg.), Hundert Jahre Evangelischer Oberkirchenrat der altpreußischen Union 1850–1950, Berlin 1950, 171–194.

Charlotte A. Lerg, Universitätsdiplomatie. Wissenschaft und Prestige in den transatlantischen Beziehungen 1890–1920 (Transnationale Geschichte 12), Göttingen 2019.

Eckhard Lessing, V.9 Positive und „liberale“ Theologie im Zusammenhang der preußischen Kulturpolitik, in: Joachim Rogge/Gerhard Rubach (Hg.), Die Geschichte der Evangelischen Kirche der Union. Ein Handbuch, Bd. 2: Verselbständigung der Kirche unter dem königlichen Summepiskopat (1850–1918), Leipzig 1994, 331–355.

Eckhard Lessing, V.12 Religionsgeschichtliche und modern-positive Theologie, in: Joachim Rogge/Gerhard Rubach (Hg.), Die Geschichte der Evangelischen Kirche der Union. Ein Handbuch, Bd. 2: Verselbständigung der Kirche unter dem königlichen Summepiskopat (1850–1918), Leipzig 1994, 384–401.

Eckhard Lessing, Geschichte der deutschsprachigen evangelischen Theologie von Albrecht Ritschl bis zur Gegenwart, Bd. 1, 1870–1918, Göttingen 2000.

Georg Leyh, Die deutschen Bibliotheken von der Aufklärung bis zur Gegenwart, in: Ders. (Hg.), Handbuch der Bibliothekswissenschaft, III,2, Wiesbaden 1957, 1–491.

Heinz Liebing, Harnack, Adolf von, in: NDB 7 (1966), 688–690, online: https://www.deutsche-biographie.de/118546058.html#ndbcontent [letzter Zugriff: 01.06.2021.

Heinz Liebing, Die Marburger theologische Fakultät im preußischen Staate, in: JHKGV 28 (1977), 42–55.

George W. Liebmann, The Fall of the House of Speyer. The Story of a Banking Dynasty, London/New York 2015.

Barbara Liedtke, Völkisches Denken und Verkündigung des Evangeliums. Die Rezeption Houston Stewart Chamberlains in evangelischer Theologie und Kirche während der Zeit des „Dritten Reichs“ (AKThG 37), Leipzig 2012.

Marc Lienhard, Histoire de la faculté, in: Ders. (Hg.), La faculté de théologie protestante de Strasbourg hier et aujourd’hui (1538–1988). Mémorial du 450e anniversaire de la Faculté, Straßburg 1988, 13–75.

David Lincicum, Ferdinand Christian Baur and the Tübingen School, in: Grant Kaplan/Kevin M. Vander Schel (Hg.), Oxford History of Modern German Theology, Volume 1: 1781–1848, Oxford 2023, 561–577, online: Oxford Academic[letzter Zugriff: 24.07.2023].

Sönke Linck, Die polnische Landschaft als Objekt deutscher Kolonialrhetorik: Das Beispiel der Preußischen Jahrbücher (1886–1914), in: Andrew Demshuk/Tobias Weger (Hg.), Cultural Landscapes. Transatlantische Perspektiven auf Wirkungen und Auswirkungen Deutscher Kultur und Geschichte im östlichen Europa (Schriften des Bundesinstituts für Kultur und Geschichte der Deutschen im östlichen Europa 52), München 2015, 69–97.

Ralph-Jürgen Lischke, Friedrich Althoff und die preußisch-deutsche Wissenschaftspolitik, in: Friedrich Althoff 1839–1908. Beiträge zum 58. Berliner Wissenschaftshistorischen Kolloquium 6. Juni 1989 (Akademie der Wissenschaften der DDR. Institut für Theorie, Geschichte und Organisation der Wissenschaft. Kolloquien Heft 74), Berlin 1990, 16–34.

Ralph-Jürgen Lischke, Friedrich Althoff – preußischer Wissenschaftspolitiker und weitblickender Förderer der Wissenschaften, in: ZfG 38 (1990), 878–887.

Ingo Löppenberg, Praktizierter Zivilismus. Das Zentrum, seine Kolonialpolitk und die Deutschen Schutztruppen, in: Andreas Linsenmann/Markus Raasch (Hg.), Die Zentrumspartei im Kaiserreich. Bilanz und Perspektiven, Münster 2015, 131–155.

Anna-Maria Gräfin von Lösch, Der nackte Geist. Die Juristische Fakultät der Berliner Universität im Umbruch von 1933 (Beiträge zur Rechtsgeschichte des 20. Jahrhunderts 26), Tübingen 1999.

Jan Lohrengel, Sie erkennen uns als Brüder an. Der Hannoveraner Oberkonsistorialrat Philipp Meyer (1854–1927) und die Orthodoxie, in: JGNKG 111 (2013), 171–190.

Gerhart Lohse, Die Bibliotheksdirektoren der ehemals preußischen Universitäten und Technischen Hochschulen 1900–1985. Mit einem Exkurs: Die Direktoren der Preußischen Staatsbibliothek 1900–1945 (Veröffentlichungen aus den Archiven Preussischer Kulturbesitz 26), Köln/Wien 1988.

Hartwig Lohse, Tote und „scheintote Literatur". Miszelle zu einem bisher unbekannten Erlaß U I Nr. 43 vom 9.1.1905 von Fr. Althoff, in: Bücher für die Wissenschaft. Bibliotheken zwischen Tradition und Fortschritt. Festschrift für Günter Gattermann zum 65. Geburtstag, hg. von Gert Kaiser in Verbindung mit Heinz Finger und Elisabeth Niggemann, München/New Providence/London 1994, 143–157.

Erik Lommatzsch, Kaiserin Auguste Victoria (1858–1921). Die allerhöchste Sozialarbeiterin des Deutschen Reiches, in: Michael Häusler/Jürgen Kampmann (Hg.), Protestantismus in Preußen. Lebensbilder aus seiner Geschichte, Bd. 3: Von der Mitte des 19. Jahrhunderts bis zum Ersten Weltkrieg, Frankfurt a.M. 2013, 285–303.

Thomas Michael Loome, Liberal Catholicism, Reform Catholicism, Modernism. A Contribution to a New Orientation on Modernist Research, Mainz 1979.

Wilfried Loth, Zentrum und Kolonialpolitik, in: Johannes Horstmann (Hg.), Die Verschränkung von Innen-, Konfessions- und Kolonialpolitik im Deutschen Reich vor 1914 (Akademie-Vorträge 29), Schwerte 1987, 67–83.

Gerd Lüdemann, Die Religionsgeschichtliche Schule, in: Bernd Moeller (Hg.), Theologie in Göttingen. Eine Vorlesungsreihe (Göttinger Universitätsschriften 1A), Göttingen 1987, 325–361.

Gerd Lüdemann/Martin Schröder, Die Religionsgeschichtliche Schule in Göttingen. Eine Dokumentation, Göttingen 1987.

Gerd Lüdemann/Alf Özen, Religionsgeschichtliche Schule, in: TRE XXVIII (1997), 618–624.

Wilhelm Lührs (Hg.), Bremische Biographie: 1912–1962, hg. von der Historischen Gesellschaft zu Bremen und dem Staatsarchiv Bremen, Bremen 1969.

Georg Lutz, Die Nuntiaturberichte und ihre Edition, in: Reinhard Elze/Arnold Esch (Hg.), Das Deutsche Historische Institut in Rom 1888–1988 (BDHIR 70), Tübingen 1990, 87–121.

Peter Maaß, Friedrich Althoff und der Neubau der Königlichen Bibliothek zu Berlin, in: Über Bücher, Bibliotheken und Leser. Gesammelte Beiträge zum 60. Geburtstag von Horst Kunze (ZfB.B 86), Leipzig 1969, 100–109.

Johannes Madey, Schneider, Wilhelm, in: BBKL IX (1995), 568f.

Johannes Madey, Steuernagel, Carl, in: BBKL XVI (1999), 1468.

William Madges, Roman Catholic Historical Criticism, in: Grant Kaplan/Kevin M. Vander Schel (Hg.), Oxford History of Modern German Theology, Volume 1: 1781–1848, Oxford 2023, 699–715, online: Oxford Academic[letzter Zugriff: 24.07.2023].

Sabine Mangold, Eine „weltbürgerliche Wissenschaft" – Die deutsche Orientalistik im 19. Jahrhundert (Pallas Athene 11), Wiesbaden 2004.

Sabine Mangold-Will, Kaiser Wilhelm II. und der Babel-Bibel-Streit. Wissenschaft, Offenbarung, Antisemitismus und die Legitimation des Monarchen, in:*Eva Cancik-Kirschbaum/Thomas L. Gertzen (Hg.)*, Der Babel-Bibel-Streit und die Wissenschaft des Judentums. Beiträge einer internationalen Konferenz vom 4. bis 6. November 2019 in Berlin (Investigatio Orientis 6), Münster 2021, 107–127.

Bernhard Mann (Bearb.), Biographisches Handbuch für das Preußische Abgeordnetenhaus 1867–1918, unter Mitarbeit von Martin Deerry, Cornelia Rauh und Thomas Kühne (Handbücher zur Geschichte des Parlamentarismus und der politischen Parteien 3), Düsseldorf 1988.

Christoph Markschies, Hellenisierung des Christentums. Sinn und Unsinn einer historischen Deutungskategorie (ThLZ.F 25), Leipzig 2012.

Christoph Markschies, Adolf von Harnack, in: Ders., Berolinensia. Beiträge zur Geschichte der Berliner Universität und ihrer Theologischen Fakultät (AKG 145), Berlin/Boston 2021, 84–96.

Christoph Markschies, Harnacks Bild des Ersten Clemensbriefs und die zeitgenössische Forschung, ebd., 129–144.

Christoph Markschies, Adolf von Harnack. Vom Großbetrieb der Wissenschaft, ebd., 168–192.

Christoph Markschies, Adolf von Harnack. Ein Gießener Theologe als deutscher Wissenschaftsorganisator, ebd., 193–210.

Christoph Markschies, Hermann von Soden (1852–1914). Einige Bemerkungen über einen Berliner Professor und Pfarrer, der zu Unrecht vergessen wurde, ebd., 283–304.

Christoph Markschies, Adolf Deissmann. Ein Heidelberger Pionier der Ökumene, ebd., 305–350.

Christoph Markschies, Carl Schmidt und kein Ende. Aus großer Zeit der Koptologie an der Berliner Akademie und der Theologischen Fakultät der Universität, ebd., 485–510.

Christoph Markschies, „Dann kam eine Dame nach der anderen". Beobachtungen zu den ersten Studentinnen und Pfarrerinnen in Berlin-Brandenburg, ebd., 541–553.

Christoph Markschies, Der Kaiser als Hobbywissenschaftler. Wilhelm II. – Frömmigkeit – Kommunikation – Wissenschaftspolitik, in: Eva Cancik-Kirschbaum/Thomas L. Gertzen (Hg.), Der Babel-Bibel-Streit und die Wissenschaft des Judentums. Beiträge einer internationalen Konferenz vom 4. bis 6. November 2019 in Berlin (Investigatio Orientis 6), Münster 2021, 89–105.

Gottfried Maron, Harnack und der römische Katholizismus, in: ZKG 80 (1969), 176–193.

Harald Matern, Gelebte Religion ohne Dogma und Kirche. Zum Religionsbegriff bei Adolf von Harnack, in: Georg Pfleiderer/Harald Matern (Hg.), Die Religion der Bürger. Der Religionsbegriff in der protestantischen Theologie vom Vormärz bis zum Ersten Weltkrieg, Tübingen 2021, 770–802.

Michael Matheus, Disziplinenvielfalt unter einem Dach. Ein Beitrag zur Wissenschaftsgeschichte aus der Perspektive des Deutschen Historischen Instituts in Rom (DHI), in: Sabine Ehrmann-Herfort/Michael Matheus (Hg.), Von der Geheimhaltung zur internationalen und interdisziplinären Forschung. Die Musikgeschichtliche Abteilung des Deutschen Historischen Instituts in Rom 1960–2010 (BDHIR 123), Berlin/New York 2010, 1–82.

Olaf Matthes, James Simon. Mäzen im Wilhelminischen Zeitalter (Bürgerlichkeit – Wertewandel – Mäzenatentum 5), Berlin 2000.

H.C.G. Matthew, Hatch, Edwin, in: ODNB 2004, online [letzter Zugriff: 26.11.2023].

Rudolf Mau, V.2 Die Formation der kirchlichen Parteien. Die Dominanz der „Positiven Union", in: Joachim Rogge/Gerhard Ruhbach (Hg.), Die Geschichte der Evangelischen Kirche der Union, Bd. 2: Die Verselbständigung der Kirche unter dem königlichen Summepiskopat (1850–1918), Leipzig 1994, 233–247.

Golo Maurer, Preußen am Tarpejischen Felsen. Chronik eines absehbaren Sturzes. Die Geschichte des Deutschen Kapitols in Rom 1817–1918, Regensburg 2005.

Wilhelm Maurer, Das Erbe des 19. Jahrhunderts. Zum Gedächtnis an Heinrich Hermelink, in: ThLZ 84 (1959), 491–500.

Georg May, Die Errichtung von zwei mit Katholiken zu besetzenden Professuren in der philosophischen Fakultät der Universität Straßburg im Jahre 1902/03, in: Hans Lentze/Inge Gample (Hg.), Speculum iuris et ecclesiarum. Festschrift für Willibald M. Plöchl zum 60. Geburtstag, Wien 1967, 245–281.

Charles E. McClelland, Die disziplinär organisierte Forschungsuniversität, 1860–1918, in: Heinz-Elmar Tenorth/Rüdiger vom Bruch (Hg.): Geschichte der Universität Unter den Linden, Bd. 1, 2012, 425–658.

Eginhard P. Meijering, Theologische Urteile über die Dogmengeschichte. Ritschls Einfluss auf von Harnack (BZRGG 20), Leiden 1978.

Eginhard P. Meijering, Der „ganze" und der „wahre" Luther. Hintergrund und Bedeutung der Lutherinterpretation A. von Harnacks (MNAW.L 46), Amsterdam/Oxford/New York 1983.

Eginhard P. Meijering, Die Hellenisierung des Christentums im Urteil von Adolf von Harnack (VAW.L 128), Amsterdam/Oxford/New York 1985.

Walter Melchior, Geschichte des Evangeliums in Solingen in 450 Jahren, Solingen 1985.

Daniele Menozzi, Roman Catholicism, in: Joel D.S. Rasmussen/Judith Wolfe/Johannes Zachhuber (Hg.), The Oxford Handbook of Nineteenth-Century Christian Thought (Oxford Handbooks), Oxford 2019, 485–502, online: Oxford Academic [letzter Zugriff: 24.07. 2023].

Marzia Di Mento, „Lavorare non disperare": quattrocento anni di studi e richerche sulla catacomba ebraica di Monteverde, in: Daniela Rossi/Marzia Di Mento (Hg.), La catacomba ebraica di Monteverde: Vecchi dati e nuove scoperte, Rom 2013, 1–50.

Marzia Di Mento, Appendice 3. Carteggio, in: Daniela Rossi/Marzia Di Mento (Hg.), La catacomba ebraica di Monteverde: Vecchi dati e nuove scoperte, Rom 2013, 383–402.

Arno Mentzel-Reuters u.a., Phönix aus der Asche. Theodor Mommsen und die Monumenta Germaniae Historica. Katalog zur Ausstellung der Monumenta Germaniae Historica in München und der Monumenta Germaniae Historica an der Berlin-Brandenburgischen Akademie der Wissenschaften, Berlin/München 2005.

Otto Merck, Lütgert, Wilhelm, in: RGG 4. Aufl., online [letzter Zugriff: 28.02.2020].

Dietrich Meyer, Der „Verein für Geschichte der evangelischen Kirche Schlesiens" und das Konsistorium in Breslau. Ein Beitrag zur Geschichtspflege und Erinnerungskultur der Evangelischen Kirche der Provinz Schlesien, in: Joachim Bahlcke/Roland Gehrke (Hg.), Institutionen der Geschichtspflege und Geschichtsforschung in Schlesien. Von der Aufklärung bis zum ersten Weltkrieg (Neue Forschungen zur Schlesischen Geschichte 26), Köln/Weimar/Wien 2017, 143–182.

Rudolf Meyer, Eduard König 1846–1936, in: 150 Jahre Rheinische Friedrich-Wilhelms-Universität zu Bonn 1818–1968. Bonner Gelehrte. Beiträge zur Geschichte der Wissenschaften in Bonn. Evangelische Theologie, Bonn 1968, 153–160.

Michael Meyer-Blanck, Friedrich Spitta (1852–1924), in: Reinhard Schmidt-Rost/Stephan Bitter/Martin Dutzmann (Hg.), Theologie als Vermittlung. Bonner evangelische Theologen des 19. Jahrhunderts im Porträt (Arbeiten zur Theologiegeschichte 6), Rheinbach 2003, 183–189.

Henri Meylan, Le père Hippolyte Delehaye (1859–1941), in: RThPh 37 (1949), 39–42.

Thomas Miller, Paulsen, Friedrich, in: BBKL XXXI (2010), 997–1019.

Carsten Mish, Otto Scheel (1876–1954). Eine biographische Studie zu Lutherforschung, Landeshistoriographie und deutsch-dänischen Beziehungen (AKZG Reihe B, Darstellungen 61), Göttingen 2015.

Bernd Moeller (Hg.), Theologie in Göttingen. Eine Vorlesungsreihe (Göttinger Universitätsschriften 1A), Göttingen 1987.

Bernd Moeller, Adolf von Harnack – der Außenseiter als Zentralfigur, in: Kurt Nowak/Otto Gerhard Oexle (Hg.), Adolf von Harnack. Theologe, Historiker, Wissenschaftspolitiker (VMPIG 161), Göttingen 2001, 9–22.

Bernd Moeller (Hg.), Deutsche Biographische Enzyklopädie der Theologie und Kirchen, 2 Bde, München 2005.

Walter Mogk, Paul Rohrbach und das „Größere Deutschland". Ethischer Imperialismus im Wilhelminischen Zeitalter. Ein Beitrag zur Geschichte des Kulturprotestantismus. Mit zwei Karten der ehemaligen deutschen Kolonien in Afrika (Das wissenschaftliche Taschenbuch. Abt. Geisteswissenschaften 8), München 1972.

Francesco Mores, Cultura storica, teologia, scienza tedesca. Louis Duchesne all'Indice?, in: Rivista di storia del cristianesimo 5 (2008), 175–199.

Mauro Moretti, Villari, Pasquale, in: DBI 99 (2020), online: https://www.treccani.it/enciclopedia/pasquale-villari_%28Dizionario-Biografico%29/ [letzter Zugriff: 15.12.2020].

Rudolf Morsey, Zwei Denkschriften zum „Fall Martin Spahn" (1901). Ein Beitrag zur preußisch-deutschen Wissenschaftspolitik, in: AKuG 38 (1956), 244–257.

Karl Heinz zur Mühlen/André Ritter (Hg.), 100 Jahre Evangelisch-theologisches Studienhaus Adolf Clarenbach 1897–1997 (SVRKG 125), Köln 1997.

Karl-Heinz zur Mühlen, Martin Kähler (1835–1912), in: Reinhard Schmidt-Rost/Stephan Bitter/Martin Dutzmann (Hg.), Theologie als Vermittlung. Bonner evangelische Theologen des 19. Jahrhunderts im Porträt (Arbeiten zur Theologiegeschichte 6), Rheinbach 2003, 166–171.

Karl-Heinz zur Mühlen, Brieger, Theodor, in: RGG 4. Aufl., online [letzter Zugriff: 31.07.2019].

Ekkehard Mühlenberg, Göttinger Kirchenhistoriker im 18. und 19. Jahrhundert, in: Bernd Moeller (Hg.), Theologie in Göttingen. Eine Vorlesungsreihe (Göttinger Universitätsschriften 1A), Göttingen 1987, 232–255.

Ekkehard Mühlenberg, Bonwetsch, Gottlieb Nathanael, in: RGG 4. Aufl., online [letzter Zugriff: 29.07.2019].

Christoph Müller, Hugo Preuß (1860–1925). Privat-Dozent Dr. Hugo Preuß, in: Festschrift 200 Jahre Juristische Fakultät der Humboldt-Universität zu Berlin. Geschichte, Gegenwart und Zukunft, hg. von Stefan Grundmann u.a., Berlin/New York 2010, 701–732.

Michael Murrmann-Kahl, Nestor der Wissenschaft. Adolf von Harnack, in: EK 28 (1995), 728–731.

Michael Murrmann-Kahl, Vermittlungstheologie, in: TRE XXXIV (2002), 730–737.

Heinz Mussinghoff, Theologische Fakultäten im Spannungsfeld von Staat und Kirche. Entstehung und Auslegung der Hochschulbestimmungen des Konkordats mit Preußen von 1929, dargelegt unter Berücksichtigung des Preußischen Statutenrechts und der Bestimmungen des Reichskonkordats (VKZG 27), Mainz 1979.

Christine Mundhenk, Briefe, in: Günther Frank (Hg.), Philipp Melanchthon. Der Reformator zwischen Glauben und Wissen. Ein Handbuch. Unter Mitarbeit von Axel Lange, Berlin/Boston 2017, 303–319.

Museum Lichtenberg im Stadthaus, 500 Jahre Reformation. Dr. Julius Kurth. Gelehrter, Pfarrer, Künstler, Berlin 2017.

Erich Naab, Schwane, Joseph Anton, in: BBKL IX (1995), 1151f.

Anne C. Nagel, Martin Rade – Theologe und Politiker des Sozialen Liberalismus. Eine politische Biographie (RKM 4), Gütersloh 1996.

Anne C. Nagel, Hitlers Bildungsreformer. Das Reichsministerium für Wissenschaft, Erziehung und Volksbildung 1934–1945 (Die Zeit des Nationalsozialismus. Eine Buchreihe), Frankfurt a.M. 2012.

David Nasaw, Andrew Carnegie, London 2007.

Josef Negwer, Geschichte des Breslauer Domkapitels im Rahmen der Diözesangeschichte vom Beginn des 19. Jahrhunderts bis zum Ende des Zweiten Weltkriegs, hg. von Kurt Engelbert, Hildesheim 1964.

Dietmar Neß, Schlesisches Pfarrerbuch, hg. vom Verein für Schlesische Kirchengeschichte, 11 Bde, Leipzig 2014–2018.

Helmut Neubach, Statt einer Universität eine Königliche Akademie in Posen, in: Peter Wörster (Hg.), Universitäten im östlichen Mitteleuropa. Zwischen Kirche, Staat und Nation – Sozialgeschichtliche und politische Entwicklungen, unter Mitarbeit von Dorothee M. Goeze, zugleich Völker, Staaten und Kulturen in Ostmitteleuropa, Bd. 3, i.A. des Johann Gottfried Herder-Forschungsrats hg. von Dietmar Willoweit und Klaus Roth, München 2008, 127–144.

Werner Neuer, Adolf Schlatter. Ein Leben für Theologie und Kirche, Stuttgart 1996.

Karl H. Neufeld, Adolf von Harnack. Theologie als Suche nach der Kirche (KKTS 41), Paderborn 1977.

Karl H. Neufeld, Adolf Harnacks Konflikt mit der Kirche. Weg-Stationen zum „Wesen des Christentums" (IThS 4), Innsbruck/Wien/München 1979.

Karl H. Neufeld, Ritschl und Harnack in der Frage nach der christlichen Tradition, in: Joachim Ringleben (Hg.), Gottes Reich und menschliche Freiheit. Ritschl-Kolloquium (Göttingen 1989), Göttingen 1990, 131–143.

Johannes Neukirch, Luthardt, Christoph Ernst, in: BBKL V (1993), 440–442.

Susanne Neumann, Friedrich Althoff und die Königliche Bibliothek zu Berlin. Entwicklungen im deutschen Bibliothekswesen in der Zeit von 1882 bis 1907. Diplomarbeit Studiengang Bibliothekswesen. Fachhochschule Köln, Köln 2007.

Marco De Nicolò, Tommasini, Oreste, in: DBI 96 (2019), online: https://www.treccani.it/enciclopedia/oreste-tommasini_(Dizionario-Biografico) [letzter Zugriff: 23.10.2023].

Franz W. Niehl, 2. Vom Katechismus zur Lebenswelt: Religionsunterricht, Schule und Kirche von 1881 bis 1981, in: Bernhard Schneider/Martin Persch (Hg.), Beharrung und Erneuerung. 1881–1981, Geschichte des Bistums Trier, Bd. 5 (VBAT 39), Trier 2004, 400–413.

Josef Niesen (Hg.), Bonner Personenlexikon, 3. Aufl., Bonn 2011.

Thomas Nipperdey, Deutsche Geschichte 1866–1918, Bd. 1: Arbeitswelt und Bürgergeist, Bd. 2: Machtstaat vor der Demokratie, 2. Aufl., München 1991/92.

Christian Nottmeier (Hg./Komm.), Ein unbekannter Brief Max Webers an Adolf Deissmann, in: METG 13 (2000), 99–131.

Christian Nottmeier (Hg.), Adolf von Harnacks Briefe und Karten an Else Zurhellen-Pfleiderer, in: ZNThG/JHMTh 8 (2001), 96–145.

Christian Nottmeier/Claus-Dieter Osthövener (Hg.), Adolf von Harnacks Briefwechsel mit Gustav von Bunge, in: ZNThG/JHMTh 12 (2006), 287–340.

Christian Nottmeier, Protestantische Theologie und auswärtige Kulturpolitik. Das Beispiel Adolf von Harnack, in: Claus Arnold/Johannes Wischmeyer (Hg.), Transnationale Dimensionen wissenschaftlicher Theologie (VIEG 101), Göttingen 2013, 71–87.

Christian Nottmeier, „Die Kunst, die Rede auf das zu bringen, was ich wünsche". Adolf von Harnack und Wilhelm II., in: Wilhelm Hüffmeier/Jürgen Kampmann (Hg.), Wilhelm II. – Kaiser, König, Kirchenmann. Ein Herrscher, der niemals reif wurde? Im Auftrag der Arbeitsgemeinschaft der EKU-Stiftung für Kirchengeschichtliche Forschung (UnCo 28), Bielefeld 2014, 79–112.

Christian Nottmeier, Adolf von Harnack und die deutsche Politik 1890–1930. Eine biographische Studie zum Verhältnis von Protestantismus, Wissenschaft und Politik (BHTh 124), 2. Aufl., Tübingen 2017.

Christian Nottmeier, Freundschaft und Entfremdung. Karl Holl, Adolf von Harnack und der liberale Protestantismus zwischen Kaiserreich und Republik im Spiegel einer Gelehrtenfreundschaft, in: Heinrich Assel (Hg.), Karl Holl. Leben – Werk – Briefe, Tübingen 2021, 283–313.

Kurt Nowak, Bürgerliche Bildungsreligion? Zur Stellung Adolf von Harnacks in der protestantischen Frömmigkeitsgeschichte der Moderne, in: ZKG 99 (1988), 326–353.

Kurt Nowak, Geschichte des Christentums in Deutschland. Religion, Politik und Gesellschaft vom Ende der Aufklärung bis zur Mitte des 20. Jahrhunderts, München 1995.

Kurt Nowak, Historische Einführung. Adolf von Harnack. Wissenschaft und Weltgestaltung auf dem Boden des modernen Protestantismus, in: Ders. (Hg.), Adolf von Harnack als Zeitgenosse. Reden und Schriften aus den Jahren des Kaiserreichs und der Weimarer Republik, mit einem bibliographischen Anhang von Hanns-Christoph Picker, Berlin/New York 1996, 1–95.

Kurt Nowak, Sozialpolitik als Kulturauftrag. Adolf von Harnack und der Evangelisch-Soziale Kongress, in: Jochen-Christoph Kaiser/Wilfried Loth (Hg.), Soziale Reform im Kaiserreich. Protestantismus, Katholizismus und Sozialpolitik (KoGe 11), Stuttgart 1997, 78–93.

Kurt Nowak, Leibniz und Harnack. Kontinuität und Wandel des Akademiegedankens, in: Ders./Hans Poser (Hg.), Wissenschaft und Weltgestaltung. Internationales Symposion zum 350. Geburtstag von Gottfried Wilhelm Leibniz vom 9. bis 11. April 1996 in Leipzig, Hildesheim 1999, 299–322.

Kurt Nowak, Theologie, Philologie und Geschichte. Adolf von Harnack als Kirchenhistoriker, in: Ders./Otto Gerhard Oexle (Hg.), Adolf von Harnack. Theologe, Historiker, Wissenschaftspolitiker (VMPIG 161), Göttingen 2001, 189–237.

Kurt Nowak, Evangelische Kirchengeschichte von der Französischen Revolution bis zum Ende des Ersten Weltkriegs, in: Thomas Kaufmann u.a. (Hg.), Ökumenische Kirchengeschichte, Bd. 3: Von der Französischen Revolution bis 1989, Darmstadt 2007, 19–90.

Friederike Nüssel, Unionen. I. Deutschland und Europa, in: Dies./Thomas F. Best/Jörg Winter, Unionen, kirchliche, in: RGG, 4. Aufl., online: http://dx.doi.org/10.1163/2405-8262_rgg4_COM_025229 [letzter Zugriff: 19.04.2023].

Michael A. Obst (Hg.), Die politischen Reden Kaiser Wilhelms II. Eine Auswahl, Paderborn 2011.

Dieter Oelschlägel, „Geist der Liberalität und Gerechtigkeit"? Friedrich Theodor Althoff und die jüdischen Wissenschaftler (Gegen Verdrängen und Vergessen 13), Leipzig 2019.

Hans-Josef Olszwesky, Köstlin, Julius, in: BBKL IV (1992), 293–298.

Hans-Josef Olszewsky, Kolde, Theodor Ritter von, in: BBKL IV (1992), 339–345.

Claus-Dieter Osthövener, Historismus und Tradition. Zur Gelehrtenfreundschaft zwischen Friedrich Loofs und Adolf von Harnack, in: Jörg Ulrich (Hg.), Friedrich Loofs in Halle (AKG 114), Berlin/New York 2010, 63–119.

Hans Otte, Uhlhorn, Gerhard (1826–1901), in: TRE XXXIV (2002), 242–244.

Christian Padrutt, Allgemeine Zeitung (1798–1929), in: Heinz-Dietrich Fischer (Hg.), Deutsche Zeitungen des 17. bis 20. Jahrhunderts (Publizistik – Historische Beiträge 2), Pullach 1972, 131–144.

Edith Pàsztor, Ammannati, Iacopo, in: DBI 2 (1960), online: https://www.treccani.it/enciclopedia/iacopo-ammannati_(Dizionario-Biografico)/ [letzter Zugriff: 24.10.2023].

Kiran Klaus Patel, Überlegungen zu einer transnationalen Geschichte, in: ZGW 52 (2004), 626–645.

Wilhelm Pauck, The Significance of Adolf von Harnack's Interpretation of Church History, in: USQR Special Issue (1954), 13–24.

Wilhelm Pauck, Harnack and Troeltsch. Two Historical Theologians, New York 1968.

Stefan Paulus, Vorbild USA? Amerikanisierung von Universität und Wissenschaft in Westdeutschland 1945–1976 (Studien zur Zeitgeschichte 81), München 2010.

Paul Peeters, Le R. père Hippolyte Delehaye, in: AnBoll 60 (1942), I–LII.

Joachim Pelkowski, Gustav Hellmann – Preußens ergiebigster Meteorologe, Bd. 1: Leben und Wirken, Bd. 2: Eine Werkschau (Geschichte der Meteorologie in Deutschland 13,1+2), Offenbach a.M. 2021.

Lothar Perlitt, Professoren der Theologischen Fakultät in Göttingen als Äbte von Bursfelde. 2. Wahrung und Wandlung der Tradition, in: Hans-Walter Krumwiede (Hg.), Festschrift zum 65. Geburtstag von Landessuperintendent i.R. Dr. Kurt Schmidt-Clausen, unter Mitwirkung von Hans Goetting (JGNKG 83), Blomberg (Lippe) 1985, 261–314.

Martin Persch, Korum, Michael, in: BBKL IV (1992), 528–535.

Martin Persch, Kraus, Franz Xaver, in: BBKL IV (1992), 616–620.

Otto Hermann Pesch, Thomas von Aquino/Thomismus/Neuthomismus, in: TRE XXXIII (2002), 433–474.

Martin Petzoldt, Gründung und Entwicklung der „Theologischen Literaturzeitung“ und die Mitarbeit von Leipziger Universitätstheologen, in: Andreas Gößner (Hg.), Die Theologische Fakultät der Universität Leipzig. Personen, Profile und Perspektiven aus sechs Jahrhunderten Fakultätsgeschichte (BLUWiG A 2). Unter Mitarbeit von Alexander Wieckowski, Leipzig 2005, 351–369.

Georg Pfleiderer, Wobbermin, in: RGG 4. Aufl., online [letzter Zugriff: 04.09.2020].

Hanns-Christoph Picker, Nachweis der Drucke. Unter Mitarbeit von Martin Koenitz, in: Kurt Nowak (Hg.), Adolf von Harnack als Zeitgenosse. Reden und Schriften aus den Jahren des Kaiserreichs und der Weimarer Republik, Teil 2, Berlin/New York 1996, 1601–1654.

Reinhard Piechocki, Der Staatliche Naturschutz im Spiegel ihrer Wegbereiter. 1. – Wilhelm Wetekamp (1859–1945): „Feind jeder Verweichlichung und Verpimpelung“, in: Natur und Landschaft 81 (2006), 46f.

Michael Plathow, Schubert, Hans von, in: BBKL IX (1995), 1040f.

Eckhard Plümacher, Delitzsch, Franz Julius, in: TRE VIII (1981), 431–433.

Eckkard Plümacher, Klostermann, Erich, in: BBKL IV (1992), 89–92.

Eckkard Plümacher, Knopf, Rudolf, in: BBKL IV (1992), 165f.

Eckkard Plümacher, Krüger, Gustav, in: BBKL IV (1992), 699–703.

Christine Svinth-Værge Põder, Karl Holls Entdeckung und Analyse von Luthers Römerbriefvorlesung, in: Heinrich Assel (Hg.), Karl Holl. Leben – Werk – Briefe, Tübingen 2021, 365–381.

Joachim Pöhls, Tägliche Rundschau (1881–1933), in: Heinz-Dietrich Fischer (Hg.), Deutsche Zeitungen des 17. bis 20. Jahrhunderts (Publizistik – Historische Beiträge 2), Pullach 1972, 349–363.

Ludwig Pollak, Römische Memoiren. Künstler, Kunstliebhaber und Gelehrte 1893–1943 (StArch 72), hg. von Margarete Merkel Guldan, Rom 1994.

Klaus Erich Pollmann, Landesherrliches Kirchenregiment und soziale Frage. Der evangelische Oberkirchenrat der altpreußischen Landeskirche undd die sozialpolitische Bewegung der Geistlichen nach 1890 (VHKB 44), Berlin/New York 1973.

Klaus Erich Pollmann, Wilhelm II. und der Protestantismus, in: Stefan Samerski (Hg.), Wilhelm II. und die Religion. Facetten einer Persönlichkeit und ihres Umfelds (FBPG.B 5), Berlin 2001.

Reiner Pommerin, Der Kaiser und Amerika. Die USA in der Politik der Reichsleitung 1890–1917, Köln/Wien 1987.

Georg Potschka, Kölnische Zeitung (1802–1945), in: Heinz-Dietrich Fischer (Hg.), Deutsche Zeitungen des 17. bis 20. Jahrhunderts (Publizistik – Historische Beiträge 2), Pullach 1972, 145–158.

Robert L. Powers, Adolf von Harnack, Werner Jaeger, and the Crisis of Weimar Culture (CMW 11), Tübingen 2024.

Wilhelm Pratscher, Rudolf Knopf als Exeget, in: Karl Schwarz/Falk Wagner (Hg.), Zeitenwechsel und Beständigkeit. Beiträge zur Geschichte der Evangelisch-Theologischen Fakultät in Wien 1821–1996 (Schriftenreihe des Universitätsarchivs, Universität Wien 10), Wien 1997, 277–294.

Domenico Proietti, Monaci, Ernesto, in: DBI 75 (2011), online: https://www.treccani.it/enciclopedia/ernesto-monaci_(Dizionario-Biografico)/ [letzter Zugriff: 23.10.2023].

Zachary Purvis, Theology and the University in Nineteenth-Century Germany, Oxford 2016.

Zachary Purvis, Education and Its Institutions, in: The Oxford Handbook of Nineteenth-Century Christian Thought, Oxford 2017, 305–322, online [letzter Zugriff: 10.01.2024].

Zachary Purvis, Where is August Neander in Modern History? On Berlin's First Church Historian, in: Kevin M. Vander Schel/Michael P. DeJonge (Hg.), Theology, History, and the Modern German University (Christentum in der modernen Welt 1), Tübingen 2021, 135–164.

Zachary Purvis, The *Corpus Reformatorum*and Other Major Editing Projects, in: Grant Kaplan/Kevin M. Vander Schel (Hg.), Oxford History of Modern German Theology, Vol. 1: 1781–1848, Oxford 2023, 670–683.

Uwe Puschner, Stoecker, Adolf, in: BBKL X (1995), 1507–1511.

Jean-Louis Quantin, Louis Duchesne (1843–1922), Rom und die deutsche Wissenschaft, in: Stefan Heid/Karl-Joseph Hummel (Hg.), Päpstlichkeit und Patriotismus. Der Campo Santo Teutonico: Ort der Deutschen in Rom zwischen Risorgimento und Erstem Weltkrieg (1870–1918) (RQ.S 65), Freiburg i.Br./Basel/Wien 2018, 332–358.

Manfred Rasch, Thesen zur Preußischen Wissenschaftspolitik gegen Ende des Wilhelminischen Zeitalters, in: Berichte zur Wissenschaftsgeschichte 12 (1989), 240–252.

Manfred Rasch, Kommunalisierung, Regionalisierung und Konzentrierung: Aspekte preußischer Wissenschaftspolitik unter Friedrich Althoff und seinen Nachfolgern, in: Bernhard vom Brocke (Hg.), Wissenschaftsgeschichte und Wissenschaftspolitik im Industriezeitalter. Das „System Althoff" in historischer Perspektive (Geschichte von Bildung und Wissenschaft B.5), Hildesheim 1991, 109–122.

Joel D.S. Rasmussen/Judith Wolfe/Johannes Zachhuber (Hg.), The Oxford Handbook of Nineteenth-Century Christian Thought (Oxford Handbooks), Oxford 2019, online: Oxford Academic [letzter Zugriff: 24.07.2023].

Peter Rassow, Adolf von Harnack als Kulturpolitiker und Organisator der Wissenschaft, in: Zweite ordentliche Hauptversammlung der Max-Planck-Gesellschaft vom 12.–14. September 1951, Göttingen 1951, 33–51.

Christina Rathgeber, 2. Strukturelle Vorgeschichte und Gründung des Kultusministeriums, in: BBAW (Hg.), Abteilung I. Das preußische Kultusministerium als Staatsbehörde und gesellschaftliche Agentur (1817–1934), Bd. 1.1: Die Behörde und ihr höheres Personal. Darstellung (Acta Borussica NF 2. Reihe: Preußen als Kulturstaat), Berlin 2009, 4–19.

Johannes Rathje, Die Welt des freien Protestantismus. Ein Beitrag zur deutsch-evangelischen Geistesgeschichte dargestellt an Leben und Werk von Martin Rade, Stuttgart 1952.

Werner Raupp, Kaftan, Julius, in: BBKL XIV (1998), 1128–1133.

Werner Raupp, Kaftan, Theodor, in: BBKL XIV (1998), 1133–1144.

Bernhard M.G. Reardon, Modernismus, in: TRE XXIII (1994), 129–138.

Stefan Rebenich, Theodor Mommsen und Adolf Harnack. Wissenschaft und Politik im Berlin des ausgehenden 19. Jahrhunderts. Mit einem Anhang: Edition und Kommentierung des Briefwechsels, Berlin/New York 1997.

Stefan Rebenich, Mommsen, Harnack und die Prosopographie der Spätantike, in: StPatr 29 (1997), 109–118.

Stefan Rebenich, Die Altertumswissenschaften und die Kirchenväterkommission an der Akademie. Theodor Mommsen und Adolf Harnack, in: Interdisziplinäre Arbeitsgruppe Berliner Akademiegeschichte im 19. und 20. Jahrhundert. Die Königlich Preußische Akademie der Wissenschaften zu Berlin im Kaiserreich, hg. von Jürgen Kocka unter Mitarbeit von Rainer Hohlfeld und Peter Th. Walter (Interdisziplinäre Arbeitsgruppen Forschungsberichte 7), Berlin 1999, 199–233.

Stefan Rebenich, Orbis Romanus. Deutungen der römischen Geschichte im Zeitalter des Historismus, in: Kurt Nowak u.a. (Hg.), Adolf von Harnack. Christentum, Wissenschaft und Gesellschaft (VMPIG 204), Göttingen 2003, 29–49.

Stefan Rebenich, Die Mommsens, in: Volker Reinhardt (Hg.), Deutsche Familien. Historische Portraits von Bismarck bis Weizsäcker, München 2005, 147–179.

Stefan Rebenich/Gisa Franke (Hg.), Theodor Mommsen und Friedrich Althoff. Briefwechsel 1882–1903 (DGQNJ 67), München 2012.

Stefan Rebenich, „Geben Sie ihm eine gute Ermahnung mit auf den Weg und den Ordinarius." Berufungspolitik und Schulbildung in der Alten Geschichte, in: Christian Hesse/Rainer Christoph Schwinges (Hg.), Professorinnen und Professoren gewinnen. Zur Geschichte des Berufungswesens an den Universitäten Mitteleuropas (Veröffentlichungen der Gesellschaft für Universitäts- und Wissenschaftsgeschichte 12), Basel 2012, 353–372.

Stefan Rebenich, Wissenschaftspolitik in Briefen. Althoff, Mommsen und Harnack, in: Matthias Berg/Helmut Neuhaus (Hg.), Briefkultur(en) in der deutschen Geschichtswissenschaft zwischen dem 19. und 21. Jahrhundert (SHKBA 106), Göttingen 2021, 59–78.

Redaktion, La Guardia Svizzera Pontificia. Note Storiche, in: Rivista militare della Svizzera italiana 53 (1981), 168–190.

Redaktion, Saunders, Thomas Bailey, in: Who was who 1916–1928, Vol. II., 5. Aufl., London 1992, 724.

Frank Reiniger, Kautzsch, Emil, in: BBKL III (1992), 1265–1267.

Trutz Rendtorff, Adolf von Harnack und die Theologie. Vermittlung zwischen Religionskultur und Wissenschaftskultur, in: Kurt Nowak/Otto Gerhard Oexle (Hg.), Adolf von Harnack. Theologe, Historiker, Wissenschaftspolitiker (VMPIG 161), Göttingen 2001, 397–417.

Trutz Rendtorff, Troeltsch, Ernst (1865–1923), in: TRE XXXIV (2002), 130–143.

Joachim Rex, Die Berliner Akademiebibliothek. Die Entwicklung der Bibliothek der Akademie der Wissenschaften in drei Jahrhunderten, anhand der Quellen dargestellt (BBBW 44), Wiesbaden 2002.

Elke Richter, Gebaute Diskrepanz. Das Gebäude der Königlichen Hofbibliothek in Berlin 1774 bis 1970, Cottbus 2017.

Elke Richter, Die Königliche Hofbibliothek in Berlin 1774–1970. Ein Bauwerk zwischen Tradition und Transformation (Die Bauwerke und Kunstdenkmäler von Berlin, Beiheft 41), Berlin 2020.

Klaus-Dieter Rieger, Heiliger Geist und Wirklichkeit. Erich Schaeders Pneumatologie und die Kritik Karl Barths (TBT 176), Berlin/Boston 2017.

Uwe Rieske-Braun (Hg.), Moderne Theologie. Der Briefwechsel Adolf von Harnack – Christoph Ernst Luthardt, Neukirchen-Vluyn 1996.

Julia Laura Rischbieter, Henriette Hertz. Mäzenin und Gründerin der Bibliotheca Hertziana in Rom (Pallas Athene 14), Stuttgart 2004.

Julia Laura Rischbieter, Henriette Hertz (1846–1913). Salonnière und Gründerin der Bibliotheca Hertziana, in: Sybille Ebert-Schifferer (Hg.), 100 Jahre Bibliotheca Hertziana. Die Geschichte des Instituts 1913–2013, unter Mitarbeit von Marieke von Bernstorff, München 2013, 20–35.

Albrecht Ritschl/Wilhelm Herrmann, Briefwechsel 1875–1889, hg. von Christophe Chalamet/Peter Fischer-Appelt/Joachim Weinhardt in Zusammenarbeit mit Theodor Mahlmann, Tübingen 2013.

Karl Josef Rivinius, Weiß, Albert Maria, in: BBKL XIII (1998), 647–652.

Karl Josef Rivinius, Im Dienst der Mission und der Wissenschaft. Zur Entstehungsgeschichte der Zeitschrift Anthropos (SIA 51), Fribourg 2005.

John C. G. Röhl, The Kaiser and His Court. Wilhelm II and the Government of Germany, Cambridge 1994.

John C. G. Röhl, Wilhelm II. Der Weg in den Abgrund. 1900–1941, München, 2008.

John C. G. Röhl, Wilhelm II. Into the Abyss of War and Exile 1900–1941, Cambridge 2014.

John C. G. Röhl, Kaiser Wilhelm II, 1859–1941. A Concise Life, Cambridge 2014.

Dietrich Rössler, Positionelle und kritische Theologie (1970), in: Ders., Überlieferung und Erfahrung. Gesammelte Aufsätze zur Praktischen Theologie, hg. von Christian Albrecht und Martin Weber, Tübingen 2006, 140–154.

Antje Roggenkamp-Kaufmann, Religionspädagogik als „Praktische Theologie". Zur Entstehung der Religionspädagogik in Kaiserreich und Weimarer Republik (APrTh 20), Leipzig 2001.

Antje Roggenkamp, Uhlhorn, Gerhard, in: RGG 4. Aufl. online [letzter Zugriff: 26.08.2020].

Joachim Rohde, Zur Entwicklung der theologischen Disziplinen in Berlin seit 1810. Die Geschichte des Berliner Lehrstuhls für Neues Testament, in: Beiträge zur Geschichte der Theologischen Fakultät Berlins. Zum 175. Jahrestag der Gründung der Berliner Universität, in: WZ(B).G 34 (1985), 539–543.

Joachim Rohde, Die fakultätsgeschichtlichen Phasen im Rahmen der gesellschaftlich-politischen Veränderungen. Die Theologische Fakultät Berlins in der Zeit des deutschen Kaiserreiches (1871–1918), in: Beiträge zur Geschichte der Theologischen Fakultät Berlins. Zum 175. Jahrestag der Gründung der Berliner Universität, in: WZ(B).G 34 (1985), 580–586

Meinolf Rohleder/Burkhard Treude, Neue Preußische (Kreuz-)Zeitung, Berlin 1848–1939, in: Heinz-Dietrich Fischer (Hg.), Deutsche Zeitungen des 17. und 20. Jahrhunderts (Publizistik – Historische Beiträge 2), Pullach 1972, 209–224.

Jan Rohls, Protestantische Theologie der Neuzeit I. Die Voraussetzungen und das 19. Jahrhundert, Tübingen 1997.

Jan Rohls, Protestantische Theologie der Neuzeit II. Das 20. Jahrhundert, Tübingen 1997.

Hans Rollmann, Ernst Troeltsch in Amerika. Die Reise zum Weltkongreß der Wissenschaften nach St. Louis (1904), in: Horst Renz (Hg.), Ernst Troeltsch zwischen Heidelberg und Berlin (Troeltsch-Studien 2), Gütersloh 2001, 88–117.

Daniela Rossi/Marzia Di Mento (Hg.), La catacomba ebraica di Monteverde: Vecchi dati e nuove scoperte, Rom 2013.

Kurt Rossmann, Wissenschaft, Ethik und Politik. Erörterung der Grundsatzes der Voraussetzungslosigkeit in der Forschung. Mit erstmaliger Veröffentlichung der Briefe Theodor Mommsens über den „Fall Spahn" und der Korrespondenz zu Mommsens öffentlicher Erklärung über „Universitätsunterricht und Konfession" aus dem Nachlass Lujo Brentanos (Schriften der Wandlung 4), Heidelberg 1949.

Ulrike Rother, Die theologischen Fakultäten der Universität Straßburg. Ihre rechtlichen Grundlagen und ihr staatskirchenrechtlicher Status von den Anfängen bis zur Gegenwart (RSWV 84), Paderborn/München 2001.

Ulrich Rottschäfer, Friedrich von Bodelschwinghs Plan einer freien theologischen Fakultät, in: JWKG 75 (1982), 249–272.

William V. Rowe, Adolf von Harnack and the Concept of Hellenization, in: Wendy E. Helleman (Hg.), Hellenization Revisited. Shaping a Christian Response within the Greco-Roman World, Lanham/New York/London 1994, 69–98.

Udo Rüterswörden, Eduard König (1846–1936), in: Reinhard Schmidt-Rost/Stephan Bitter/Martin Dutzmann (Hg.), Theologie als Vermittlung. Bonner evangelische Theologen des 19. Jahrhunderts im Porträt (Arbeiten zur Theologiegeschichte 6), Rheinbach 2003, 172–177.

Gerhard Ruhbach, Bodelschwingh, Friedrich von, Vater und Sohn, in: TRE VI (1980), 744–747.

Martin Rumscheidt (Hg.), Adolf von Harnack. Liberal Theology at Its Height. The Making of Modern Theology, Bd. 6, London/San Francisco 1989.

Jessica Dello Russo, The Monteverde Jewish Catacombs on the via Portuense, in: Roma Subterranea Judaica 4 (2010), 1–37, online: http://www.catacombsociety.org/wp-content/uploads/2015/04/The_Monteverde_Jewish_ Catacombs_on_the_v.pdf [letzter Zugriff: 13.10.2023].

Renate Sälter, Die Vilmarianer. Von der fürstentreuen kirchlichen Restaurationspartei zur hessischen Renitenz (QFHG 59), Darmstadt 1985.

Stefan Samerski (Hg.), Wilhelm II. und die Religion. Facetten einer Persönlichkeit und ihres Umfelds (FBPG.B 5), Berlin 2001.

Stefan Samerski, Papst und Kaiser, in: Ders. (Hg.), Wilhelm II. und die Religion. Facetten einer Persönlichkeit und ihres Umfelds (FBPG.B 5), Berlin 2001, 199–233.

Georg Sauer, Klostermann, August, in: BBKL IV (1992), 88f.

Ekkart Sauser, Leo IX., in: BBKL IV (1992), 1443–1448.

Rolf Schäfer, Adolf von Harnack – eine Symbolfigur des Kulturprotestantismus, in: Hans Martin Müller (Hg.), Kulturprotestantismus. Beiträge zu einer Gestalt des modernen Christentums, Gütersloh 1992, 139–149.

Rolf Schäfer, Ritschl, Albrecht/Ritschlsche Schule (1822–1889), in: TRE XXIX (1998), 220–238.

Joachim Schaper, Rahlfs, Alfred, in: RGG 4. Aufl., online [letzter Zugriff: 26.08.2020].

Klaus Schatz, Vaticanum I. 1869–1870, Bd. 3: Unfehlbarkeitsdiskussion und Rezeption, Paderborn 1992.

Klaus Schatz, Vatikanum I und II, in: TRE XXXIV (2002), 532–552.

Klaus Schatz, Geschichte der deutschen Jesuiten (1814–1983). Bd. II: 1872–1917, Münster 2013.

Imke Scheib, Christlicher Antisemitismus im Deutschen Kaiserreich. Adolf Stoecker im Spiegel der zeitgenössischen Kritik (AKThG 57), Leipzig 2021.

Heinz Scheible, Überlieferung und Editionen der Briefe Melanchthons, in: HdJb 12 (1968), 135–161.

Judith Schepers (Bearb.), Dokumentation der römischen Zensurverfahren gegen deutschsprachige Publikationen (1893–1922), in: Hubert Wolf/Judith Schepers (Hg.), „In wilder zügelloser Jagd nach Neuem". 100 Jahre Modernismus und Antimodernismus (Römische Inquisition und Indexkongregation 12), Paderborn/München/Wien/Zürich 2009, 525–686.

Arnulf von Scheliha, Seeberg, Reinhold, in: TRE XXX (1999), 729–733.

Dietmar Schenk, Die Hochschule für Musik zu Berlin. Preußens Konservatorium zwischen romantischem Klassizismus und Neuer Musik, 1869–1932/33 (Pallas Athene 8), Stuttgart 2004.

Günter Schenk/Regina Meyer, Biographische Studien über die Mitglieder des Professorenzirkels „Spirituskreis" (Schriftenreihe zur Geistes- und Kulturgeschichte), Halle 2007.

Wolfgang Schenk, Schmiedel, Paul Wilhelm, in: BBKL IX (1995), 478–482.

Hubert Schiel, Korum, Felix, in: NDB 12 (1979), 605f., online: https://www.deutsche-biographie.de/118715100.html#ndbcontent [letzter Zugriff: 15.09.2020].

Eike Schierhorn, Leopold Koppel – Wer war das?, in: Beiträge zur Astronomie- und Physikgeschichte. Berliner Wissenschaftshistorische Kolloquien XII (Kolloquien Heft 61), Berlin 1987, 117–128.

Martin Schindel, Uckeley, Alfred, in: BBKL XVII (2000), 1397–1431.

Thomas Schlag, Martin von Nathusius und die Anfänge protestantischer Wirtschafts- und Sozialethik (TBT 93), Berlin/New York 1998.

Hans Schleier, Hans Delbrück. Ein politischer Historiker zwischen Preußenlegende, amtlicher Militärgeschichtsschreibung und historischer Realität, in: Gustav Seeber (Hg.), Gestalten der Bismarckzeit, Berlin 1978, 378–403.

Michael Schmaus, Denifle, Heinrich, in: NDB 3 (1957), 595–597, online: https://www.deutsche-biographie.de/119161699.html#ndbcontent [letzter Zugriff: 16.08.2022].

Jürgen Schmiesing, Stein, Franz Joseph, in: BBKL XL (2019), 1302–1309.

Franz Schmidt, Anfänge deutscher Kulturpolitik im Auslande, in: ZfP 3 (1956), 252–258.
Johann Schmidt, Rendtorff, Franz, in: SHBL, Bd. 2, Neumünster 1971, 207f.
Johann Michael Schmidt, Bousset, Wilhelm (1865–1920), in: TRE VII (1981), 97–101.
Christoph Schmitt, Porsch, Felix, in: BBKL XXIX (2008), 1087–1096.
Christoph Schmitt, Schäfer, Aloys, in: BBKL VIII (1994), 1515–1518.
Christoph Schmitt, Thieme, Karl, sen., in: BBKL XIV (1998), 1549–1551.
Christoph Schmitt, Winer, Johann Georg Benedikt, in: BBKL XIII (1998), 1397–1399.
Mathias Schmoeckel, Universitärer Aufschwung und staatliche Eingriffe (1870–1900), in: Dominik Geppert (Hg.), Preußens Rhein-Universität 1818–1918. Geschichte der Universität Bonn, Bd. 1, Göttingen 2018, 253–370.
Franz Schnabel, Althoff, Friedrich, in: NDB 1 (1953), 222–224, online: https://www.deutsche-biographie.de/118644890.html#ndbcontent [letzter Zugriff: 01.06.2021].
Gury Schneider-Ludorff, Adolf Harnacks Romdeutungen und die Reorganisation des Preußischen Historischen Instituts, in: Martin Wallraff/Michael Matheus/Jörg Lauster (Hg.), Rombilder im deutschsprachigen Protestantismus. Begegnungen mit der Stadt im „langen 19. Jahrhundert". Unter Mitarbeit von Florian Wöller (Rom und Protestantismus 1), Tübingen 2011, 59–69.
Martin Schneider, Bismarck, Otto von, in: BBKL XXXVI (2015), 172–184.
Udo Schnelle (Hg.), Reformation und Neuzeit 300 Jahre Theologie in Halle, Berlin/New York 1994.
Werner Schochow, 325 Jahre Staatsbibliothek in Berlin. Das Haus und seine Leute. Buch und Ausstellungskatalog (Ausstellungskataloge/Staatsbibliothek Preußischer Kulturbesitz 27), Wiesbaden 1986.
Werner Schochow, Hugo Andres Krüß und die Preußische Staatsbibliothek, in: Bibliothek. Forschung und Praxis 19 (1995), 7–19.
Werner Schochow, Die Berliner Staatsbibliothek und ihr Umfeld. 20 Kapitel Preußisch-Deutscher Bibliotheksgeschichte. Mit einem Geleitwort von Peter Vodosek, Frankfurt a.M. 2005.
Klaus Scholder, Baur, Ferdinand Christian (1792–1860), in: TRE V (1980), 352–359.
Bastiaan Schot, Wilhelm II., die Evangelische Kirche und die preußische Polenpolitik, in: Stefan Samerski (Hg.), Wilhelm II. und die Religion. Facetten einer Persönlichkeit und ihres Umfelds (FBPG.B 5), Berlin 2001, 133–170.
Georg Schreiber, Friedrich Althoff und die deutsche Wissenschaftspolitik. Zugleich ein Beitrag zur Geschichte des Auswärtigen Amtes, in: Boris Rajewsky/Georg Schreiber (Hg.), Aus der deutschen Forschung der letzten Dezennien. Dr. Ernst Telschow zum 65. Geburtstag gewidmet, 31. Oktober 1954, Stuttgart 1956, 15–22.
Markus Schröder, „Wiedergewonnene Naivität". Protestantismus und Bildung nach Adolf von Harnack, in: Arnulf von Scheliha/Markus Schröder (Hg.), Das protestantische Prinzip. Historische und systematische Studien zum Protestantismusbegriff (Kohlhammer Theologie), Stuttgart 1998, 119–135.
Markus Schröder, Kaftan, Julius, in: RGG 4. Aufl., online [letzter Zugriff: 08.11.2019].
Beate Schroedter, ...denn lebensgroß gezeichnet und vermessen stehst Du im Künstlerbuch. Porträts deutscher Künstler in Rom zur Zeit der Romantik. Katalog einer Ausstellung in Zusammenarbeit mit der Bibliotheca Hertziana und der Casa di Goethe in Rom im Winckelmann-Museum, Stendal, Ruhpolding/Mainz 2008.
Michèle Schubert, Auseinandersetzungen über die Aufgaben und Gestalt des Preußischen Historischen Instituts in Rom in den Jahren von 1900 bis 1903, in: QFIBA 76 (1996), 383–454.
Werner Schüßler, Tillich, Paul, in: BBKL XII (1997), 85–123.
Ulrich Schwab, Schleiermacher, Friedrich Daniel Ernst, in: BBKL IX (1995), 253–270.
Christa Schwarz, Dokumente zur Geschichte des bibliothekarischen Frauenberufs im wissenschaftlichen Bibliothekswesen Deutschlands 1907 bis 1921 (Schriftenreihe der Universitäts-Bibliothek zu Berlin 5), Berlin 1969.

Karl Schwarz, Loesche, Georg, in: BBKL V (1993), 170–172.

Herman H. Schwedt, Schröder, Peter Joseph, in: BBKL IX (1995), 984–988.

Siegfried M. Schwertner, Internationales Abkürzungsverzeichnis für Theologie und Grenzgebiete. Zeitschriften, Serien, Lexika, Quellenwerke mit bibliographischen Angaben, 3. überarbeitete und erweiterte Auflage, Berlin/Boston 2014.

An die Freunde. Vertrauliche d.i. nicht für die Öffentlichkeit bestimmte Mitteilungen 1903–1934, Nachdruck mit einer Einleitung von Christoph Schwöbel, Berlin/New York 1993.

Christoph Schwöbel, Rade, Martin, in: TRE XXVIII (1997), 91–95.

Horst Seebass, Adolf Kamphausen, in: Reinhard Schmidt-Rost/Stephan Bitter/Martin Dutzmann (Hg.), Theologie als Vermittlung. Bonner evangelische Theologen des 19. Jahrhunderts im Porträt (Arbeiten zur Theologiegeschichte 6), Rheinbach 2003, 129–139.

J. Jürgen Seidel, Schlatter, Adolf, in: BBKL IX (1995), 232–235.

Franz Seiffer, Hypatia von Alexandrien, in: BBKL II (1990), 1232f.

Clemens Siebler, Luise Marie Elisabeth von Baden, in: BadBio NF 2 (1987), 12–14, online: https://www.leo-bw.de/fr/detail/-/Detail/details/PERSON/kgl_biographien/118729667/biografie [letzter Zugriff: 23.10. 2022].

Kai Detlev Sievers, Die Köllerpolitik und ihr Echo in der deutschen Presse 1897–1901 (QFGSH 47), Neumünster 1964.

Notger Slenczka, Die Theologische Fakultät 1880–1945, in: Heinz-Elmar Tenorth (Hg.), Geschichte der Universität Unter den Linden 1810–2010. Transformation der Wissensordnung, Bd. 5, Berlin 2010, 53–106.

Melvin Small, The American Image of Germany 1906–1914, The University of Michigan, Ph.D. 1965, University Microfilms, Ann Arbor, Michigan 1965.

Rudolf Smend, Wellhausen in Göttingen, in: Bernd Möller (Hg.), Theologie in Göttingen. Eine Vorlesungsreihe (Göttinger Universitätsschriften A1), Göttingen 1987, 306–324.

Rudolf Smend, Julius Wellhausen, in: Ders., Deutsche Alttestamentler in drei Jahrhunderten. Mit 18 Abbildungen, Göttingen 1989, 99–113.

Rudolf Smend, Bernhard Stade, ebd., 129–142.

Rudolf Smend, Johannes Meinhold (1861–1937), ebd., 148–159.

Rudolf Smend, Hermann Gunkel (1862–1932), ebd., 160–172.

Rudolf Smend, Hugo Gressmann, ebd., 173–181.

Rudolf Smend, Der geistige Vater des Septuaginta-Unternehmens, in: Detlef Fraenkel/Udo Quast/John W. Wevers (Hg.), Studien zur Septuaginta – Robert Hanhart zu Ehren. Aus Anlaß seines 65. Geburtstages (MSU XX) = AAWG.PH 3. Folge, Nr. 190, Göttingen 1990, 332–344.

Rudolf Smend, Karl Budde (1850–1935), in: Reinhard Schmidt-Rost/Stephan Bitter/Martin Dutzmann (Hg.), Theologie als Vermittlung. Bonner evangelische Theologen des 19. Jahrhunderts im Porträt, Rheinbach 2003, 178–182.

Rudolf Smend, Ein Fakultätswechsel. Julius Wellhausen und die Theologie, in: Irmfried Garbe/Tilman Beyrich/Thomas Willi (Hg.), Greifswalder theologische Profile. Bausteine zur Geschichte der Theologie an der Universität Greifswald (GTF 12), Frankfurt a.M. 2006, 57–75.

Rudolf Smend, Baudissin, Wolf, in: RGG 4. Aufl., online [letzter Zugriff: 29.07.2019].

Rudolf Smend, Der Vater. Franz Delitzsch (1813–1890). Bibelforscher und Judenmissionar, in: Eva Cancik-Kirschbaum/Thomas L. Gertzen (Hg.), Der Babel-Bibel-Streit und die Wissenschaft des Judentums. Beiträge einer internationalen Konferenz vom 4. bis 6. November 2019 in Berlin (Investigatio Orientis 6), Münster 2021, 81–86.

Oskar Söhngen (Hg.), Hundert Jahre Evangelischer Oberkirchenrat der altpreußischen Union 1850–1950, Berlin 1950.

Paul von Sokolowski, Lebenserinnerungen, in: Baltische Hefte 4 (1958), 228–235.
Henry C. Soussan, The Gesellschaft zur Förderung der Wissenschaft des Judentums in Its Historical Context (SWALBI 75), Tübingen 2013.
Robert Spät, Die „polnische Frage" in der öffentlichen Diskussion im Deutschen Reich, 1894–1918 (Studien zur Ostmitteleuropaforschung 29), Marburg 2014.
Hartwin Spenkuch, Preußische Universitätspolitik im Deutschen Kaiserreich. Dokumente zu Grundproblemen und ausgewählten Professorenberufungen in den Philosophischen Fakultäten zur Zeit Friedrich Althoffs (1897 bis 1907), in: BBAW (Hg.), Abteilung II. Der preußische Kulturstaat in der politischen und sozialen Wirklichkeit, Bd. 13 (Acta Borussica NF 2. Reihe: Preußen als Kulturstaat), Berlin/Boston 2018, S. 2–100.
Helmut F. Spinner, Das „System Althoff" und Max Webers Kritik, die Humboldtsche Universität und die Klassische Weltordnung: Die Ideen von 1809, 1882, 1914, 1919, 1933 im Vergleich, in: Bernhard vom Brocke (Hg.), Wissenschaftsgeschichte und Wissenschaftspolitik im Industriezeitalter. Das „System Althoff" in historischer Perspektive (Geschichte von Bildung und Wissenschaft B.5), Hildesheim 1991, 503–563.
Thomas Stahlberg, Seelsorge im Übergang zur „modernen Welt". Heinrich Adolf Köstlin und Otto Baumgarten im Kontext der praktischen Theologie um 1900 (APTh 32), Göttingen 1998.
Peter Stansky, Harcourt, Sir William, in: ODNB 2004, online [letzter Zugriff: 26.11.2023].
James M. Stayer, Luther und die Schwärmer. Karl Holl und sein Wechsel von der Kirchengeschichte zur Systematischen Theologie, in: Heinrich Assel (Hg.), Karl Holl. Leben – Werk – Briefe, Tübingen 2021, 433–445.
Friedemann Steck (Hg.), Adolf Harnack: Marcion. Der moderne Gläubige des 2. Jahrhunderts, der erste Reformator. Die Dorpater Preisschrift (1870). Kritische Edition des handschriftlichen Exemplars mit einem Anhang (TU 149), Berlin/New York 2003.
Karl Gerhard Steck, Korum, Felix, in: RGG 3. Aufl., Bd. 4, Tübingen 1960, 25.
Andreas Stegmann, Religion – Sittlichkeit – Kultur. Karl Holls Entfaltung der ethischen Konsequenzen von Luthers „Gewissensreligion" in seinen Aufsätzen „Der Neubau der Sittlichkeit" und die „Die Kulturbewegung der Reformation", in: Heinrich Assel (Hg.), Karl Holl. Leben – Werk – Briefe, Tübingen 2021, 383–411.
Anthony J. Steinhoff, The Gods of the City. Protestantism and Religious Culture in Strasbourg, 1870–1914 (Studies in Central European History 43), Leiden/Boston 2008.
Klaus Martin Stiegler, Germania (1871–1938), in: Heinz-Dietrich Fischer (Hg.), Deutsche Zeitungen des 17. bis 20. Jahrhunderts (Publizistik – Historische Beiträge 2), Pullach 1972, 299–315.
Peter Stitz, Der akademische Kulturkampf um die Daseinsberechtigung der katholischen Studentenkorporationen in Deutschland und Österreich von 1903 bis 1908. Ein Beitrag zur Geschichte des CV (Der weiße Turm 3), München 1960.
Allen H. Stokes, McBee, Silas, in: Dictionary of North Carolina Biography, hg. von William S. Powell, Bd. 4, Chapel Hill/London 1991, 119f.
Hans Strauß, Johannes F.H. Meinhold (1861–1937), in: Reinhardt Schmidt-Rost/Stephan Bitter/Martin Dutzmann (Hg.), Theologie als Vermittlung. Bonner evangelische Theologen des 19. Jahrhunderts im Porträt (Arbeiten zur Theologiegeschichte 6), Rheinbach 2003, 197–203.
Jürgen Strötz, Wilhelm II. und der Katholizismus, in: Stefan Samerski (Hg.), Wilhelm II. und die Religion. Facetten einer Persönlichkeit und ihres Umfelds (FBPG.B 5), Berlin 2001, 171–198.
Robert Stupperich, Die Entwicklung der Kirchengeschichte an der Friedrich-Wilhelms-Universität zu Berlin 1871–1945, in: Studium Berolinense. Aufsätze und Beiträge zu Problemen der Wissenschaft und zur Geschichte der Friedrich-Wilhelms-Universität zu Berlin. Gedenkschrift der westdeutschen Rektorenkonferenz und der Freien Universität Berlin zur 150. Wiederkehr des Gründungsjahres

der Friedrich-Wilhelms-Universität zu Berlin, hg. von Hans Leussink/Eduard Neumann/Georg Kotowski, Berlin 1960, 3–20.

Robert Stupperich (Hg.), Wort und Wahrnehmung. Briefe Adolf Schlatters an Hermann Cremer und Friedrich von Bodelschwingh (JVWKG.B 7), Bethel bei Bielefeld 1963.

Robert Stupperich (Hg.), Hermann Cremer. Haupt der „Greifswalder Schule". Briefwechsel und Dokumente (MDF 97), Köln/Wien 1988.

Wolfram Suchier, Bibliographie der Universitätsschriften von Halle-Wittenberg 1817–1885. Nebst einem Anhang enthaltend die außerordentlichen und Ehrenpromotionen sowie die Diplomerneuerungen (Arbeiten aus der Universitäts- und Landesbibliothek Sachsen-Anhalt in Halle 3), Berlin 1953.

Andreas Tacke, Nikolaus Müller – Christlicher Archäologe, Melanchthon- und Reformationszeitforscher, in: JBBKG 61 (1997), 8–37.

Andreas Tacke, Müller, Nicolaus, in: BBKL XXII (2003), 852–866.

Giovanni Tassani, Tittoni, Tommaso, in: DBI 95 (2019), online: https://www.treccani.it/enciclopedia/tommaso-tittoni_(Dizionario-Biografico)/ [letzter Zugriff: 28.01.2025].

Gerd Tellenbach, Zur Geschichte des Preußischen Historischen Instituts in Rom (1888–1936), in: QFIAB 50 (1971), 382–419.

Jonathan D. Teubner, Jesus and the Ascent of Wissenschaft: A Reassessment of Adolf von Harnack's wissenschaftliche Theologie, in: Kevin M. Vander Schel/Michael P. DeJonge (Hg.), Theology, History, and the Modern German University (Christentum in der modernen Welt 1), Tübingen 2021, 267–291.

Rudolf von Thadden, Eine preußische Kirchengeschichte, Göttingen 2013.

Annelise Thimme, Hans Delbrück als Kritiker der wilhelminischen Epoche (Beiträge zur Geschichte des Parlamentarismus und der politischen Parteien 6), Düsseldorf 1955.

Alexander Thomas, Geschichtsschreibung und Autobiographie. Hans Delbrück in seiner „Weltgeschichte", in: Wolfgang Hardtwig/Philipp Müller (Hg.), Die Vergangenheit der Weltgeschichte. Universalhistorisches Denken in Berlin 1800–1933, Göttingen 2010.

Christine Thomé, Die panartistische Utopie des Alfred Strohl-Fern. Eine Künstler-Villa in Rom (Beiträge zur Kunstwissenschaft 89), München 2010.

Erik Thomson, Dorpat-Tartu in alten Ansichten, Zaltbommel 1982.

Christian Tilitzki, Die Albertus-Universität Königsberg. Ihre Geschichte von der Reichsgründung bis zum Untergang der Provinz Ostpreußen (1871–1945), Bd. 1 1871–1918, Berlin 2012.

Paul Tillich, Der Werdegang eines deutschen Theologen. Ein Brief an Thomas Mann, in: Ders., Impressionen und Reflexionen. Ein Lebensbild in Aufsätzen, Reden und Stellungnahmen (Gesammelte Werke 13), Stuttgart 1972, 22–27.

Renate Tobies, Zum Verhältnis von Felix Klein und Friedrich Althoff, in: Friedrich Althoff 1839–1908. Beiträge zum 58. Berliner Wissenschaftshistorischen Kolloquium 6. Juni 1989 (Akademie der Wissenschaften der DDR. Institut für Theorie, Geschichte und Organisation der Wissenschaft. Kolloquien Heft 74), Berlin 1990, 35–56.

Franziska Torma, Turkestan-Expeditionen. Zur Kulturgeschichte deutscher Forschungsreisen nach Mittelasien (1890–1930) (Kulturgeschichten der Moderne 5), Bielefeld 2011.

Anthony S. Travis, Perkin, Sir William Henry (1838–1907), in: ODNB 2004, online: https://doi.org/10.1093/ref:odnb/35477 [letzter Zugriff: 07.12.2022].

Burkhard Treude, August Hugo Friedrich Scherl (1849–1921), in: Heinz-Dietrich Fischer (Hg.), Deutsche Presseverleger des 18. bis 20. Jahrhunderts (Publizistik-historische Beiträge 4), Pullach bei München 1975, 232–239.

Wolfgang Treue, Friedrich Schmidt-Ott, in: Ders./Wolfgang Ribbe (Hg.), Wissenschaftspolitik in Berlin. Minister, Beamte, Ratgaber. Festgabe aus Anlass der 750-Jahr-Feier der Stadt Berlin 1987. Berlinische Lebensbilder 3 (EHKB 60), Berlin 1987, 235–250.

Norbert Trippen, Theologie und Lehramt im Konflikt. Die kirchlichen Maßnahmen gegen den Modernismus im Jahre 1907 und ihre Auswirkungen in Deutschland, Freiburg i.Br./Basel/Wien 1977.

Walter Troxler, Mathieu, François-Désiré, in: BBKL V (1993), 1014f.

Walter Troxler, Kahl, Wilhelm, in: BBKL XV (1999), 779–782.

Walter Troxler, Lange, Helene, in: BBKL XV (1999), 848–851.

Thomas Uecker, Holl, Karl, in: BBKL II (1990), 1001–1003.

Jörg Ulrich (Hg.), Friedrich Loofs in Halle (AKG 114), Berlin/New York 2010.

Lode Vereeck, Das deutsche Wissenschaftswunder. Eine ökonomische Analyse des Systems Althoff (1882–1907) (Volkswirtschaftliche Schriften 514), Berlin 2001.

Anthonie F. Verheule, Wilhelm Bousset. Leben und Werk. Ein theologiegeschichtlicher Versuch, Amsterdam 1973.

Ekkehart Vesper, Harnack als Bibliothekar, in: Jahrbuch Preußischer Kulturbesitz 17 (1981), 37–49.

Giorgio Levi della Vida, Assemani, Stefano Evodio, in: DBI 4 (1962), online: https://www.treccani.it/enciclopedia/stefano-evodio-assemani_(Dizionario-Biografico)/ [letzter Zugriff: 20.06.2024].

Philipp Vielhauer, Eduard Grafe (1855–1922), in: 150 Jahre Rheinische Friedrich-Wilhelms-Universität zu Bonn 1818–1968. Bonner Gelehrte. Beiträge zur Geschichte der Wissenschaften in Bonn. Evangelische Theologie, Bonn 1968, 130–142.

Rudolf Vierhaus, Adolf von Harnack als Wissenschaftsorganisator, in: Max-Planck-Gesellschaft Jahrbuch 1980, Göttingen 1980, 98–108.

Rudolf Vierhaus (Hg.), Deutsche Biographische Enzyklopädie (DBE), 12 Bde, Berlin/New York 2005–12.

Walther Völker, Adolf von Harnack als Kirchenhistoriker. Vortrag in der Universität Mainz am 7. Mai 1951, in: ThZ 7 (1951), 209–227.

Cyrille Vogel, La faculté de théologie catholique de 1902 à 1918, in: RevScRel 43 (1969), 225–263.

Friedemann Voigt, Die Goethe-Rezeption der Protestantischen Theologie in Deutschland 1890–1932, in: Volker Drehsen/Wilhelm Gräb/Dietrich Korsch (Hg.), Protestantismus und Ästhetik. Religionskulturelle Transformationen am Beginn des 20. Jahrhunderts (VWGTh 19), Gütersloh, 2001, 93–119.

Hans-Erich Volkmann, Die Polenpolitik des Kaiserreichs. Prolog zum Zeitalter der Weltkriege, Paderborn 2016.

Brigitte Waché, Monseigneur Louis Duchesne (1843–1922). Historien de l'Église, Directeur de l'École française de Rome (CEFR 167), Rom 1992.

Brigitte Waché, Louis-Marie-Olivier Duchesne, in: Stefan Heid/Martin Dennert (Hg.), Personenlexikon zur Christlichen Archäologie. Forscher und Persönlichkeiten vom 16. bis zum 21. Jahrhundert, Bd. 1, Regensburg 2012, 441–443.

Joachim Wächter, IV.9 Die Landeskirchen der alten und der neuen Provinzen (nach 1866), in: Joachim Rogge/Gerhard Ruhbach (Hg.), Die Geschichte der Evangelischen Kirche der Union, Bd. 2: Die Verselbständigung der Kirche unter dem königlichen Summepiskopat (1850–1918), Leipzig 1994, 151–170.

Falk Wagner, Zur Theologiegeschichte des 19. und 20. Jahrhunderts, in: ThR 53 (1988), 113–200.

Patrick Wagner, Notgemeinschaften der Wissenschaft. Die Deutsche Forschungsgemeinsaft (DFG) in drei politischen Systemen, 1920 bis 1973 (Studien zur Geschichte der Deutschen Forschungsgemeinschaft 12), Stuttgart 2021.

Kazimierz Wajda, Hans Delbrücks Konzept der Polenpolitik und sein Polenbild, in: Hans Henning Hahn (Hg.), Stereotyp, Identität und Geschichte. Die Funktion von Stereotypen in gesellschaftlichen Diskursen (Mitteleuropa-Osteuropa 5), Frankfurt a.M. 2002, 305–312.

Hartmut Walravens, Albert Grünwedel – Leben und Werk, in: Desmond Durkin-Meisterernst u.a. (Hg.), Turfan Revisited – The First Century of Research into the Arts and Cultures of the Silk Roads (Monographien zur indischen Archäologie, Kunst und Philologie 17), Berlin 2004, 363–369.

Hartmut Walravens (Hg.), Julius Kurth (1870–1949). Berliner Japansammler, Gelehrter und Pfarrer. Mit seinem unveröffentlichten Sharaku-Schauspiel. Mit einem Beitrag zu Japan-Exlibris von Setsuko Kuwabara (Asien- und Afrika-Studien der Humboldt-Universität zu Berlin 51), Wiesbaden 2017.

Hartmut Waldminghaus, Die evangelischen Pfarrhäuser in Lüdenscheid. Vom Wiedenhof bis zur Teilung der Evangelischen Kirchengemeinde Lüdenscheid im Jahr 1966, in: Der Reidemeister. Geschichtsblätter für Lüdenscheid Stadt und Land 185 (2011), 1545–1556.

Adam Wandruszka, Neue Freie Presse (1848–1939), in: Heinz-Dietrich Fischer (Hg.), Deutsche Zeitungen des 17. und 20. Jahrhunderts (Publizistik – Historische Beiträge 2), Pullach 1972, 225–239.

Ernst-Joachim Waschke (Hg.), Hermann Gunkel (1862–1932). Mit Beiträgen von Konrad Hammann, Udo Schnelle, Stefan Schorch, Rudolf Smend und Ernst-Joachim Waschke (BThSt 141), Neukirchen-Vluyn 2013.

Christoph Weber, Der „Fall Spahn", die „Weltgeschichte in Karakterbildern" und die Görres-Gesellschaft, in: RQ 73 (1978), 47–110; 74 (1979), 186–268.

Christoph Weber, Baumgarten, Paul Maria, in: LThK III, Bd. 2, Freiburg i.Br. u.a. 1994, 93.

Christoph Weber, Der päpstliche Hausprälat Dr. iur. Dr. theol. h.c. Paul Maria Baumgarten und das deutsche Rom. Eine Skizze aus dem goldenen Zeitalter der Archivforschung in der Epoche Leos XIII., in: RQ 101 (2006), 60–74.

Dorothea Weber, 150 Jahre Corpus Scriptorum Ecclesiasticorum Latinorum, in: Victoria Zimmerl-Panagl/ Lukas J. Dorfbauer/Clemens Weidmann (Hg.), Edition und Erforschung lateinischer patristischer Texte. 150 Jahre CSEL. Festschrift für Kurt Smolak zum 70. Geburtstag, Berlin/Boston 2014, IX–XI.

Helmut Weber, Die Theorie der Qualifikation. Franz Kahn, Etienne Bartin und die Entwicklung ihrer Lehre bis zur universalen Anerkennung der Qualifikation als allgemeines Problem des Internationalen Privatrechts (1890–1945) (Tübinger Rechtswissenschaftliche Abhandlungen 62), Tübingen 1986.

Hans-Ulrich Wehler, Krisenherde des Kaiserreichs 1871–1918. Studien zur deutschen Sozial- und Verfassungsgeschichte, 2. Aufl., Göttingen 1979.

Hans-Ulrich Wehler, Deutsche Gesellschaftsgeschichte, Bd. 3: Von der „deutschen Doppelrevolution" bis zum Beginn des Ersten Weltkriegs 1849–1914, München 2008.

Christoph Weiling, Rendtorff, in: NDB 21 (2003), 422f., online: https://www.deutsche-biographie.de/sfz105290.html#ndbcontent [letzter Zugriff: 07.11.2019].

Joachim Weinhardt, Wissenschaftliche Theologie und Kirchenleitung in der altpreußischen Landeskirche des 19. Jahrhunderts. Eine Übersicht, in: Ulrich Köpf (Hg.), Wissenschaftliche Theologie und Kirchenleitung. Beiträge zur Geschichte einer spannungsreichen Beziehung für Rolf Schäfer zum 70. Geburtstag, Tübingen 2001, 281–326.

Joachim Weinhardt, Wilhelm Bender (1845–1901). Von der Vermittlungstheologie zur revolutionären Religionsphilosophie, in: ZNThG/JHMTh 10 (2003), 26–64.

Joachim Weinhardt, Die Reorganisation der Theologischen Fakultät der Universität Straßburg im ersten Jahrzehnt nach dem deutsch-französischen Krieg 1870/71. Adolf Harnack, Paul Lobstein und andere „bekenntnistreue Lutheraner" als Gegengewicht zu Heinrich Holtzmann, in: ZNThG/JHMTh 14 (2007), 191–237.

Joachim Weinhardt (Hg.), Albrecht Ritschls Briefwechsel mit Adolf Harnack. 1875–1889, Tübingen 2010.

Joachim Weinhardt, Kattenbusch, Ferdinand, in: RGG 4. Aufl., online [letzter Zugriff: 17.04.2019].

Wilhelm Weischedel (Hg.), Idee und Wirklichkeit einer Universität. Dokumente zur Geschichte der Friedrich-Wilhelms-Universität zu Berlin. Gedenkschrift der Freien Universität Berlin zur 150. Wiederkehr des Gründungsjahres der Friedrich-Wilhelms-Universität zu Berlin, Berlin 1960.

Christian Weise/Matthias Wolfes, Grützmacher, Georg, in: BBKL XVII (2000), 508–514.
Christian Weise/Matthias Wolfes, Grützmacher, Richard, in: BBKL XVII (2000), 514–528.
Christian Weise/Matthias Wolfes, Stier, Ewald, in: BBKL XVII (2000), 1330–1338.
Otto Weiß, Der Modernismus in Deutschland. Ein Beitrag zur Theologiegeschichte, Regensburg 1995.
Otto Weiß, Wieland, Franz Sales, in: BBKL XIII (1998), 1083–1087.
Stefan Weiß, Pflugk-Harttung, Julius Albert Georg von, in: NDB 20 (2001), 358f., online: https://www.deutsche-biographie.de/116173327.html#ndbcontent [letzter Zugriff: 05.01.2024].
Wolfgang Weiß, Loisy, Alfred, in: BBKL V (1993), 190–196.
Wolfgang Weiß, Paulus, Apostel, in: BBKL VII (1994), 45–57.
Manfred Weitlauff, Adolf von Harnack, Theodor Mommsen, Martin Rade. Zu drei gewichtigen Neuerscheinungen, in: ZKG 111 (2000), 210–246.
Manfred Weitlauff, „Catholica non leguntur?" Adolf von Harnack und die „katholische" Kirchengeschichtsschreibung. Mit einem Briefanhang, in: Kurt Nowak/Otto Gerhard Oexle (Hg.), Adolf von Harnack. Theologe, Historiker, Wissenschaftspolitiker (VMPIG 161), Göttingen 2001, 240–317.
Martin Wellings, Anglo-Catholicism, the ‚Crisis in the Church' and the Cavalier Case of 1899, in: JEH 42 (1991), 239–258.
Martin Wellings, The First Protestant Martyr of the Twentieth Century: The Life and Significance of John Kensit (1853–1902) in: SCH(L) 30 (1993), 347–358.
Günter Wendel, Die Kaiser-Wilhelm-Gesellschaft 1911–1914. Zur Anatomie einer imperialistischen Forschungsgesellschaft (Studien zur Geschichte der Akademie der Wissenschaften der DDR 4), Berlin 1975.
Steffen Wenig, Äthiopien und Eritrea vor 100 Jahren – Historische Fotografien von Theodor von Lüpke. Die Deutsche Aksum-Expedition 1906 unter der Leitung des deutschen Orientalisten Enno Littmann (Orbis Aethiopicus), Frankfurt a.M. 2006.
Steffen Wenig (Hg.), In Kaiserlichem Auftrag. Die Deutsche Aksum-Expedition 1906 unter Enno Littmann. In Zusammenarbeit mit Wolbert Schmidt, Burkhard Vogt und Kerstin Volker-Saad, Bd. 1: Die Akteure und die wissenschaftlichen Unternehmungen der DAE in Eritrea (Forschungen zur Archäologie Außereuropäischer Kulturen 3.1), Aichwald 2006.
Erich Wenneker, Schaff, Philip, in: BBKL VIII (1994), 1561–1568.
Gunther Wenz, Tholuck, Friedrich August Gottreu (1799–1877), in: TRE XXXIII (2002), 425–429.
Wilfrid Werbeck, Müller, Karl, in: TRE XXIII (1994), 399–403.
Ernst Manfred Wermter, Dittrich, Franz, in: LThK 2. Aufl., Bd. 3, Freiburg 1959, 428f.
Klaus-Gunther Wesseling, Althoff, Friedrich, in: BBKL XVI (1999), 29–48.
Klaus-Gunther Wesseling, Vilmar, August Friedrich, in: BBKL XII (1994), 1414–1423.
Klaus-Gunther Wesseling, Wobbermin, Ernst Gustav Georg, in: BBKL XIII (1998), 1455–1462.
Birgit Weyel, Praktische Bildung zum Pfarrberuf. Das Predigerseminar Wittenberg und die Entstehung einer zweiten Ausbildungsphase evangelischer Pfarrer in Preußen (BHTh 134), Tübingen 2006.
Christian Wiese, Wissenschaft des Judentums und protestantische Theologie im wilhelminischen Deutschland. Ein Schrei ins Leere? (Schriftenreihe wissenschaftlicher Abhandlungen des Leo-Baeck-Instituts 61), Tübingen 1999.
Bernd Wildermuth, Jatho, Carl, in: BBKL II (1990), 1579f.
Bernd Wildermuth, Justinus, in: BBKL III (1992), 888–895.
Petra Wilhelmy, Der Berliner Salon im 19. Jahrhundert (1780–1914) (VHKB 73), Berlin/New York 1989.
Petra Wilhelmy-Dollinger, Ottilie von Hansemann, in: Internetportal Rheinische Geschichte, online: https://rheinische-geschichte.lvr.de/Persoenlichkeiten/ottilie-von-hansemann/DE-2086/lido/603f6e32604379.20962497 [letzter Zugriff: 16.07.2024].

George H. Williams, The „Augustan Age". Religion in the University, the Foundations of a Learned Ministry and the Development of the Divinity School. = Bd. 2 von Rodney L. Petersen (Hg.), Divinings: Religion at Harvard. From its Origins in New England Ecclesiastical History to the 175th Anniversary of The Harvard Divinity School, 1636–1992, Göttingen/Newton (MA) 2014.

Angela Windholz, Et in academia ego. Ausländische Akademien in Rom zwischen künstlerischer Standortbestimmung und nationaler Repräsentation, Regensburg 2008.

Friedhelm Winkelmann, Albert Ehrhard und die Erforschung der griechisch-byzantinischen Hagiographie. Dargestellt an Hand des Briefwechsels Ehrhards mit Adolf von Harnack, Carl Schmidt, Hans Lietzmann, Walther Eltester und Peter Heseler (TU 111), Berlin 1971.

Eberhard Winkler, Rendtorff, Franz, in: RGG 4. Aufl., online [letzter Zugriff: 07.11.2019].

Julia Winnebeck, Apostolikumsstreitigkeiten. Diskussionen um Liturgie, Lehre und Kirchenverfassung in der Preußischen Landeskirche 1871–1914 (AKThG 44), Leipzig 2016.

Peter Winzen, Reichskanzler Bernhard von Bülow. Mit Weltmachtphantasien in den Ersten Weltkrieg. Eine politische Biographie, Regensburg 2013.

Peter Winzen, Friedrich Wilhelm von Loebell (1855–1931). Ein Leben gegen den Strom der Zeit, Wien/Köln/Weimar 2019.

Hans-Ulrich Wipf, Studentische Politik und Kulturreform. Geschichte der Freistudenten-Bewegung 1896–1918 (Archiv der deutschen Jugendbewegung 12), Schwalbach/Ts. 2004.

Günter Wirth, Zwischen den Stühlen. Ernst Troeltsch und die Berliner Universität, in: Horst Renz (Hg.), Ernst Troeltsch zwischen Heidelberg und Berlin (Troeltsch-Studien 2), Gütersloh 2001, 118–184.

Johannes Wischmeyer, Theologiae Facultas. Rahmenbedingungen, Akteure und Wissenschaftsorganisation protestantischer Universitätstheologie in Tübingen, Jena, Erlangen und Berlin. 1850–1870 (AKG 108), Berlin/New York 2008.

Johannes Wischmeyer, Volck, Wilhelm, in: BBKL XXXI (2010), 1407–1418.

Wolfgang Wischmeyer (Hg.), Aus der Werkstatt Harnacks. Transkription Harnackscher Seminarprotokolle Hans von Sodens (Sommersemester 1904 – Wintersemester 1905/06) (AKG 91), Berlin/New York 2004.

Folkart Wittekind, Geschichtliche Offenbarung und die Wahrheit des Glaubens. Der Zusammenhang von Offenbarungstheologie, Geschichtsphilosophie und Ethik bei Albrecht Ritschl, Julius Kaftan und Karl Barth (1909–1916) (BHTh 113), Tübingen 2000.

Klaus Wittstadt, Merkle, Sebastian, in: BBKL V (1993), 1302–1317.

Madeline Woker, Edwin Seligman. Initiator of Global Progressive Public Finance, in: Journal of Global History 13 (2018), 352–373.

Ernst Wolf, Heinrich Boehmer 1869–1936, in: 150 Jahre Rheinische Friedrich-Wilhelms-Universität zu Bonn 1818–1968. Bonner Gelehrte. Beiträge zur Geschichte der Wissenschaften in Bonn. Evangelische Theologie, Bonn 1968, 161–168.

Günter Wolf, Rudolf Kögels Kirchenpolitik und sein Einfluss auf den Kulturkampf. Inaugural-Dissertation zur Erlangung der Doktorwürde der Evangelisch-Theologischen Fakultät der Rheinischen Friedrich-Wilhelms-Universität zu Bonn, Bonn 1968.

Hubert Wolf, Priesterausbildung zwischen Universität und Seminar. Zur Auslegungsgeschichte des Trienter Seminardekrets, in: RQ 88 (1993), 218–236.

Hubert Wolf, Der Historiker ist kein Prophet. Zur theologischen (Selbst-)Marginalisierung der katholischen deutschen Kirchengeschichtsschreibung zwischen 1870 und 1960, in: Ders., Die katholisch-theologischen Disziplinen in Deutschland 1870–1962. Ihre Geschichte, ihr Zeitbezug, Paderborn 1999, 71–94.

Hubert Wolf, Katholische Kirchengeschichte im „langen“ 19. Jahrhundert von 1789 bis 1918, in: Thomas Kaufmann u.a. (Hg.), Ökumenische Kirchengeschichte, Bd. 3: Von der französischen Revolution bis 1989, Darmstadt 2007, 91–177.

Hubert Wolf/Judith Schepers, „Wenn auch der Heilige Stuhl keine Mühe scheut, solche Schriften zu verbannen…“ Einleitung zur Dokumentation der römischen Zensurverfahren gegen deutschsprachige Publikationen (1893–1922), in: Dies. (Hg.), „In wilder zügelloser Jagd nach Neuem“. 100 Jahre Modernismus und Antimodernismus in der katholischen Kirche (Römische Inquisition und Indexkongregation 12), Paderborn u.a. 2009, 493–523.

Hubert Wolf, Der Unfehlbare. Pius IX. und die Erfindung des Katholizismus im 19. Jahrhundert. Biographie, München 2020.

Barbara Wolf-Dahm, Kopp, Georg von, in: BBKL IV (1992), 501–506.

Barbara Wolf-Dahm, Mirbt, Carl, in: BBKL V (1993), 1569–1573.

Matthias Wolfes, Protestantische Theologie und moderne Welt. Studien zur Geschichte der liberalen Theologie nach 1918 (TBT 102), Berlin/New York 1999.

Matthias Wolfes, Steinmann, Theophil, in: BBKL X (1995), 1317–1329.

Matthias Wolfes, Gennrich, Paul, in: BBKL XV (1999), 608–625.

Matthias Wolfes, Kappstein, Theodor, in: BBKL XVI (1999), 833–840.

Matthias Wolfes, Mayer, Emil, in: BBKL XVI (1999), 1029–1039.

Matthias Wolfes, Buder, Paul, in: BBKL XVII (2000), 198–200.

Matthias Wolfes, Ecke, Gustav, in: BBKL XVII (2000), 287–296.

Matthias Wolfes, Hackenberg, Albert, in: BBKL XVII (2000), 551–553.

Matthias Wolfes, Mezger, Paul, in: BBKL XVII (2000), 969–976.

Matthias Wolfes, Weingarten, Hermann, in: BBKL XX (2002), 1528–1535.

Markus Wriedt, IV. Prägungen. 1. Bildung, in: Albrecht Beutel (Hg.), Luther Handbuch, 3. Aufl., Tübingen 2017, 270–276.

Nigel Yates, Anglican Ritualism in Victorian Britain 1830–1910, Oxford 2000.

Johannes Zachhuber, Theology as Science in Nineteenth-Century Germany. From F.C. Baur to Ernst Troeltsch, Oxford 2013.

Johannes Zachhuber, Zwischen Idealismus und Historismus. Theologie als Wissenschaft in der Tübinger Schule und in der Ritschlschule (AKThG 46), Leipzig 2015.

Johannes Zachhuber, Theology and Early Historicism, in: Grant Kaplan/Kevin M. Vander Schel (Hg.), Oxford History of Modern German Theology, Volume 1: 1781–1848, Oxford 2023, 357–377, online: Oxford Academic[letzter Zugriff: 24.07.2023].

Werner Zager, Wrede, William, in: TRE XXXVI (2004), 337–343.

Agnes Ziegengeist, Der Briefwechsel zwischen Konrad Burdach und Erich Schmidt (Mit 14 ungedruckten Briefen), in: Zeitschrift für Germanistik NF 5 (1995), 353–367.

Erik Zimmermann, Albert Hackenberg (1852–1912). Ein rheinischer Präses (SVRKG 170), Bonn 2006.

Gunnar B. Zimmermann, Keutgen, Friedrich, in: Franklin Kopitzsch/Dirk Brietzke (Hg.), Hamburgische Biografie. Personenlexikon, Bd. 6, Göttingen 2012, 157f.

Marc Zirlewagen, Scheel, Otto, in: BBKL XXIV (2013), 1281–1287.

Marc Zirlewagen, Biographisches Lexikon der Vereine Deutscher Studenten, Bd. 1, Mitglieder A–L, Norderstedt 2014.

Personenverzeichnis

https://doi.org/10.1515/9783112213193-029

Ortsverzeichnis

https://doi.org/10.1515/9783112213193-030